L'AGRICULTURE

ET

LES INSTITUTIONS AGRICOLES DU MONDE

AU COMMENCEMENT DU XXᵉ SIÈCLE

PAR

L. GRANDEAU

RAPPORTEUR GÉNÉRAL DE L'AGRICULTURE A L'EXPOSITION UNIVERSELLE DE 1900
DIRECTEUR DE LA STATION AGRONOMIQUE DE L'EST
MEMBRE DE LA SOCIÉTÉ NATIONALE D'AGRICULTURE DE FRANCE
INSPECTEUR GÉNÉRAL DES STATIONS AGRONOMIQUES
PROFESSEUR AU CONSERVATOIRE NATIONAL DES ARTS ET MÉTIERS
RÉDACTEUR EN CHEF DU *JOURNAL D'AGRICULTURE PRATIQUE*

TOME II

(ORNÉ DE 126 PHOTOTYPIES, GRAPHIQUES ET CARTES)

PARIS

IMPRIMERIE NATIONALE

MCMV

L'AGRICULTURE

ET

LES INSTITUTIONS AGRICOLES DU MONDE

AU COMMENCEMENT DU XXᵉ SIÈCLE

L'AGRICULTURE

ET

LES INSTITUTIONS AGRICOLES DU MONDE

AU COMMENCEMENT DU XXᵉ SIÈCLE

PAR

L. GRANDEAU

RAPPORTEUR GÉNÉRAL DE L'AGRICULTURE À L'EXPOSITION UNIVERSELLE DE 1900
DIRECTEUR DE LA STATION AGRONOMIQUE DE L'EST
MEMBRE DE LA SOCIÉTÉ NATIONALE D'AGRICULTURE DE FRANCE
INSPECTEUR GÉNÉRAL DES STATIONS AGRONOMIQUES
PROFESSEUR AU CONSERVATOIRE NATIONAL DES ARTS ET MÉTIERS
RÉDACTEUR EN CHEF DU *JOURNAL D'AGRICULTURE PRATIQUE*

TOME II

(ORNÉ DE 126 PHOTOTYPIES, GRAPHIQUES ET CARTES)

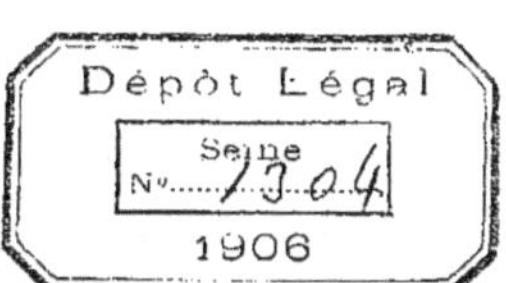

PARIS

IMPRIMERIE NATIONALE

M CMV

AGRICULTURE, HORTICULTURE, ALIMENTS.

LIVRE III.

EUROPE OCCIDENTALE (MOINS LA FRANCE).
(Suite.)

ITALIE, ESPAGNE, PORTUGAL.

CHAPITRE XXIV.
ITALIE.

A. CONSIDÉRATIONS GÉNÉRALES.

SUPERFICIE. — POPULATION. — CLIMAT. — TERRAINS PRODUCTIFS, IMPRODUCTIFS ET INCULTES. — TERRAINS À BONIFIER. — IRRIGATIONS. — *LATIFUNDIA*. — FORÊTS : LEUR EXTENSION; LEURS PRODUCTIONS; IMPORTATION ET EXPORTATION DES BOIS D'ŒUVRE; FORÊTS DE L'ÉTAT; LÉGISLATION FORESTIÈRE. — CHÊNE-LIÈGE. — CHASSE. — RACES ITALIENNES DE CHIENS DE CHASSE. — IMPORTATIONS ET EXPORTATIONS. — VALEUR TOTALE DES PRODUITS DU SOL.

SUPERFICIE ET POPULATION[1]. — La superficie du royaume d'Italie, pays très agricole, est de 286,682 kilomètres carrés; sa population, de 28,459,628 habitants au dernier recensement (31 décembre 1881), était officiellement estimée, à la fin de 1898, à 31,678,790 d'habitants. La densité de la population par kilomètre carré, de 93.50 en 1871, de 99.28 en 1881, était de 110.48 en 1898. Plus d'un tiers de cette population est adonné à l'agriculture. L'Italie est le pays qui fournit le plus fort contingent d'émigrants. Bien qu'à consulter la statistique de la consommation par tête d'habitant, il semble que les conditions de la vie soient médiocres, il est incontestable que la situation économique et financière de l'Italie s'améliore.

CLIMAT. — L'Italie peut se diviser en quatre zones : du Nord, de l'Est, de l'Ouest et du Midi. Dans la première (Piémont, Lombardie,

[1] J'ai revisé les chiffres de superficie et de population des pays décrits dans ce volume, d'après l'édition de 1905 des tables géographiques et statistiques du Prof. V. Juraschek, ce qui explique les divergences, d'ailleurs peu considérables, que révélerait au lecteur la comparaison avec les tableaux du chapitre 1 du livre premier de ce rapport.

Vénétie et partie de l'Émilie), que le Pô divise en deux bandes, celle de gauche, entre les Alpes et le fleuve, celle de droite, entre le Pô et les Apennins, l'été est court et chaud (température maxima à Milan : + 37° 5); l'hiver, long et rigoureux (froid maximum à Alexandrie : — 17° 7). Les sautes de température sont assez brusques. A mesure que l'on descend vers le Sud, les extrêmes de froid et de chaud diminuent. La température moyenne est plus élevée sur le versant méditerranéen (Ligurie, Toscane, province romaine et Campanie [14°3]) que sur le versant adriatique (partie de l'Émilie, Marches et Abruzzes [13°9]). Dans la région méridionale et insulaire (Calabre, Basilicate, Pouilles, Sicile et Sardaigne), elle oscille entre 16° et 18°, et entre les maxima de froid et de chaleur il n'y a pas plus de 14°. Contrairement, en effet, à ce que croient certaines gens la température estivale ne s'élève pas en Italie à mesure que l'on descend vers le Sud, et l'été est moins chaud à Palerme qu'à Milan. Enfin, d'une façon générale, le climat est, à même altitude, plus tempéré et plus égal sur le littoral que dans l'intérieur des terres.

Répartition du sol. — Pays de montagnes et de collines où l'on ne rencontre qu'une seule grande plaine, la plaine lombarde, l'Italie, dont plusieurs zones sont d'une fertilité merveilleuse, n'utilise pas, au point de vue de la production agricole, les trois quarts de son territoire. La répartition des terres y est, en effet, la suivante :

		SURFACE TOTALE.	
		hectares.	p. 100.
Terrains	productifs (forêts comprises)..	20,283,000	71
	improductifs..............	4,647,451	16
	incultes.................	3,774,392	13

Sur ces 3,774,392 hectares, un million seraient susceptibles de recevoir une culture plus ou moins intensive.

Je parle plus loin (p. 50 et suiv.) des terrains à bonifier. La superficie des terrains bonifiables dépasse 700,000 hectares, dont 595,000 environ à la charge de l'État : sur ces derniers, 285,000 hectares sont déjà améliorés; la dépense totale de la transformation sera de 300 millions. Les provinces qui ont surtout profité de ces bonifications sont celles de Rovigo, Padoue, Venise, Ferrare, Ravenne, Grosseto, Aquila, etc. La superficie des terres irriguées en Italie est actuellement de 1 million 670,000 hectares. Il faudrait dépenser environ 800,000 millions pour irriguer encore 1,400,000 hectares. Le principal canal d'irrigation est le canal Cavour.

Enfin, les *latifundia* tiennent dans la répartition du sol en Italie une place qu'on ne peut passer sous silence. Une relation de voyage de M. Fr. Lenormant, qui se rapporte au Basilicate, donne à leur sujet d'intéressants renseignements.

« Tout le vaste espace compris entre les montagnes et la mer dans un sens, les deux fleuves de l'Agri et du Sinno dans l'autre sens, forme un seul domaine, propriété du prince de Gérace, sur le territoire de Policoro. La superficie en est d'environ 140 kilomètres carrés ; c'est le *latifundium* tel que, depuis la fin de la République romaine, il a été l'obstacle à tout progrès de l'agriculture italienne et l'un des plus puissants facteurs de la dépopulation du pays. L'ancien couvent est maintenant un château délabré, que le propriétaire ne vient jamais visiter ; c'est là qu'habite l'intendant, qui exploite la terre en son nom. Vingt-cinq mille têtes de bétail, des buffles en majeure partie, paissent dans les forêts marécageuses qui s'étendent du côté de la mer. Pour les parties du domaine qui sont en labour, leur exploitation emploie 4,000 hommes au temps des grands travaux, et 250 seulement le reste de l'année. Ce dernier chiffre est celui de la population qui habite dans les différentes *massarie* répandues sur l'étendue du domaine. Au moment des labours et de la récolte, les montagnards descendus par bandes de la Basilicate viennent se faire embaucher comme ouvriers pour la durée des travaux. Sur leur route, ils gîtent dans de véritables caravansérails, aussi rudimentaires, aussi barbares et aussi repoussants de saleté que ce qu'on peut voir de pire en Orient.

« Au moment des labours, on voit dans les champs jusqu'à vingt ou trente charrues marchant en ligne, ou bien un front de plusieurs centaines d'hommes qui s'avancent en retournant la terre avec la houe. Le *fattore,* l'intendant et ses agents sont à cheval, parcourant incessamment le front de bandière des travailleurs, les excitant à la besogne, les dirigeant, pressant et gourmandant ceux qui faiblissent. On dirait une troupe sur le champ de manœuvre, commandée par ses officiers montés. Rien de pittoresque comme ce spectacle ; c'est la culture entreprise à la façon d'une expédition militaire. Dans les grosses chaleurs, lorsqu'on a fait les moissons, c'est une véritable campagne, aussi meurtrière que s'il fallait affronter le feu de l'ennemi. L'agriculteur est ici un soldat, qui livre un combat en règle contre les influences hostiles de la nature, et il ne se passe pas de journée sans que quelqu'un des travailleurs ne tombe pour ne plus se relever sur le champ même qu'il moissonne, foudroyé par la fièvre paludéenne ou frappé par l'insolation. Je laisse à penser ce que sont ces ravages de la malaria lorsque le soir, après une journée pénible, les *contadini* mal nourris, trempés de sueur, n'ont pour coucher que des hangars mal clos ou des appentis de feuillage, où pénètrent librement le froid de la nuit et les exhalaisons humides des marais.

« Les causes qui produisent cette cruelle misère des campagnes sont nombreuses et s'enchaînent d'une façon presque fatale. Elles découlent toutes du régime des *latifundia*, c'est-à-dire du petit nombre de propriétaires, de l'immensité exagérée de leurs domaines, du manque presque complet de la moyenne et de la petite propriété. A ceux-ci se joint l'absentéisme général de l'aristocratie territoriale, qui vit dans les grandes villes, dans les anciennes capitales ou dans les villes somptueuses qui les entourent, et, au lieu de s'occuper du soin de ses propriétés rurales, évite de les visiter et en laisse le soin à ses intendants. Dans ces conditions, l'unique souci du grand propriétaire est de tirer un revenu fixe de ses domaines sans avoir à s'en occuper autrement que pour en toucher la rente.

« Ainsi s'est formée cette classe des *fattori* ou *mercanti di campagna*, qui prennent à bail, moyennant une redevance fixe, l'exploitation des grands domaines et ont su s'imposer partout comme les intermédiaires indispensables entre le propriétaire et les paysans. Ils sont là ce que la ferme générale était sous l'ancien régime entre l'État et les contribuables, et de même ils s'engraissent aux dépens des uns et des autres. On cite des intendants de propriétaires aristocratiques qui, à ce métier, sont devenus rapidement millionnaires. Ce que rend la terre à son propriétaire, avec ce système d'exploitants intermédiaires, le domaine de Policoro peut nous en faire juger. Avec sa superficie de 140 kilomètres carrés, c'est à peine s'il produit au prince de Gérace 296,000 francs par an. Même dans l'état d'imperfection de la culture, administré directement, il donnerait un bien autre revenu. Mais il faudrait pour cela secouer une paresse incurable et savoir s'arracher à la molle vie de Naples, pour aller passer une partie de l'année dans un pays dont le séjour paraîtrait à un raffiné d'élégance mondaine un exil au milieu des sauvages.

« Quant au paysan, ce n'est le plus souvent qu'un simple ouvrier agricole, plongé dans la plus dure pauvreté, vivant au jour le jour, sans qu'un salaire trop minime lui permette d'espérer même améliorer sa condition par l'épargne. Ou bien par le fait attaché à la glèbe, ou bien habitué à une vie nomade qui exerce sur lui une influence démoralisante, c'est à peine s'il possède ses instruments de travail et, pour ainsi dire, jamais il n'est propriétaire de la demeure insalubre et insuffisante qu'il occupe, dans les bourgs infects où la longue insécurité du pays l'a forcé à s'entasser. Les *contadini* de la majeure partie de l'ancien royaume de Naples habitent, à la façon de l'Orient, des villes de plusieurs milliers d'âmes, dont l'agglomération assurait, dans une certaine mesure, une protection réciproque contre les brigands et les pirates. A part quelques maisons bourgeoises, le bourg est possédé tout entier par un grand propriétaire, en général celui dont les paysans cultivent les domaines. A son égard, ils sont des tenanciers sans bail fixe, sans garantie d'aucune sorte, que la simple volonté du propriétaire ou de son intendant peut, du jour au lendemain, expulser de leur demeure et jeter dehors sans feu ni lieu, sans travail et sans ressources. Le paysan de ces contrées est donc toujours « l'animal « farouche » dont parle La Bruyère « noir livide, tout brûlé du soleil, attaché à la « terre qu'il fouille et remue ». C'est de lui qu'on peut dire, sans exagération, qu'il se retire la nuit dans des tanières, où il vit de pain noir, d'eau et de racines [1]. »

Forêts. — L'Italie dont le déboisement, commencé dès l'antiquité, s'est continué à travers les siècles, n'a plus que 4,257,454 hectares de forêts, répartis de la façon suivante :

PROVINCES.	SURFACE TOTALE. hectares.	SURFACE BOISÉE. hectares.	P. 100.
Piémont	2,937,800	496,397	16.9
Lombardie	2,431,700	401,753	16.5
Vénétie	2,454,800	365,867	14.9
Ligurie	705,800	306,483	43.4
Émilie	2,064,000	253,737	12.3
Marche et Ombrie	1,945,700	386,005	19.8
Toscane	2,232,400	100,676	4.5
Latium	1,208,100	242,675	20.1
Sud-Adriatique	3,563,900	384,849	20.8
Sud-Méditerranéen	4,132,900	718,499	17.4
Sicile	2,574,000	104,547	4.1
Sardaigne	2,407,800	396,166	16.4
Taux moyen de boisement			14.5

Généralement pauvres en bois d'œuvre [2], les forêts italiennes produisent surtout du bois à brûler et des charbonnettes.

L'État ne possède pas plus de 140,000 hectares de forêts, dont 52,000 seulement ont été déclarés inaliénables.

Jusqu'en 1877, les lois forestières, faites au temps où le pays était divisé, restèrent en vigueur. Elles se distinguaient par leur extrême diversité; c'est ainsi que dans les États pontificaux, il y avait interdiction absolue de couper même un arbre, tandis que dans la Toscane la liberté était illimitée. Le projet de loi forestière du Ministre de l'agri-

[1] *La Grande Grèce, paysages et histoire* (1881), par Fr. Lenormant.

[2] L'importation, pour 1898, a été de 487,960 tonnes, valant 35,262,298 francs, et l'exportation, de seulement 67,761 tonnes, valant 4,130,762 francs; quant à la production annuelle, elle serait, d'après une évaluation faite en 1886 et reproduite par l'*Annuaire statistique italien* de 1898, de 1,374,000 millions.

culture d'alors, projet dont diverses raisons avaient retardé la discussion au parlement, put enfin être voté, et le 20 juin 1877 entra en vigueur le nouveau code forestier, dans lequel le législateur a eu surtout en vue l'action bienfaisante des forêts sur la consolidation du sol, sur le régime des eaux, et, accessoirement, sur la santé publique.

Chêne-liège. — Le chêne-liège est disséminé sur la plus grande partie du littoral méditerranéen de la Péninsule, dans les bois et souvent sur les sables maritimes de la région de l'olivier. Les premiers démasclages faits en Italie furent exécutés en 1859 par des bouchonniers français du Var proscrits à la suite du coup d'État de 1851. Aujourd'hui encore la plupart des forêts de liège, qui appartiennent toutes à des particuliers, sont affermées à des sociétés françaises ou espagnoles. Une partie des belles forêts de la Sardaigne a été détruite par l'exploitation abusive de l'écorce à tan, du charbon et de la potasse, et par le parcours. L'étendue totale des forêts italiennes de chêne-liège peut être évaluée à 80,000 hectares, donnant une production de 38,000 quintaux (8,000 pour l'Italie continentale; 12,000 pour la Sardaigne; 12,000 pour la Sicile). L'importation du liège est d'environ 9,000 quintaux, et l'exportation, de 23,000 quintaux, en moyenne.

Chasse. — Les occasions de beaux coups de fusil sont nombreuses en Italie, où on rencontre l'ours, le blaireau, le loup, le renard, la martre, et même le chamois et le mouflon. Durant l'hiver, les chasses au renard sont suivies à Rome, avec d'autant plus de faveur que la campagne romaine offre des obstacles presque uniques au monde, les anciens murs, du Latium. Au printemps, on court le cerf.

Parmi les chiens de chasse italiens, on trouve les *spinoni*, grands et blancs, à poils plus drus que les griffons noirs; les braques italiens, blancs et oranges, qui, bien qu'ayant une ossature puissante, sont plus élégants et plus légers que les braques allemands : ils ont le nez très fin et sont aptes à la chasse au bois et en plaine.

Importations et exportations. — Dans l'*Annuaire statistique italien* de 1900, on relève les chiffres suivants concernant l'importation et l'exportation des produits agricoles; ces chiffres se rapportent à 1898.

OBJETS.	UNITÉ DE MESURE.	IMPORTATIONS.		EXPORTATIONS.	
		QUANTITÉ.	VALEUR.	QUANTITÉ.	VALEUR.
			francs.		francs.
Vins................	Hectolitres.	79,076	2,611,982	2,503,402	71,436,341
Spiritueux...........	Idem.	11,642	6,313,840	16,106	2,884,020
Huile d'olives........	Quintaux.	162,441	15,431,895	411,741	40,353,122
Autres huiles (non compris les huiles minérales).............	Idem.	106,790	5,831,291	2,560	170,485
Bière...............	Hectolitres.	50,941	2,178,375	260	7,800
Café...............	Quintaux.	133,917	14,062,055	"	"
Sucre brut...........	Idem.	717,238	20,082,664	"	"
Sucre raffiné.........	Idem.	13,748	508,676	752	27,824
Confitures et conserves..	Idem.	1,135	181,000	19,819	3,171,040
Tabac en feuilles......	Idem.	114,005	15,390,675	"	"
Bois, racines, etc. (pour teintures et tanneries).	Idem.	398,502	8,960,855	402,602	9,359,946
Chanvre, lin, jute et autres plantes fibreuses (sauf coton).............	Idem.	289,737	9,328,305	489,231	37,391,932
Coton...............	Idem.	1,328,588	111,601,392	51,931	1,869,516
Laine...............	Idem.	102,083	30,631,405	31,314	7,138,485
Cocons..............	Idem.	19,672	17,172,930	4,164	2,776,200
Soie................	Idem.	17,690	61,996,500	67,969	316,025,400
Bois d'œuvre.........	Tonnes.	485,948	35,201,938	48,826	3,562,682
Tresses et sparterie.....	Quintaux.	1,323	333,740	21,072	7,461,960
Peaux brutes.........	Idem.	205,499	36,262,177	97,918	17,141,802
Blé.................	Tonnes.	914,481	210,330,630	535	147,125
Maïs...............	Idem.	374,258	44,910,960	6,838	1,094,080
Riz.................	Idem.	23	6,900	40,143	13,713,665
Légumes secs........	Idem.	24,677	4,935,400	21,314	4,795,650
Pâtes...............	Quintaux.	41	1,763	110,310	4,743,330
Oranges et citrons......	Idem.	13,856	466,760	1,970,550	24,321,264
Fruits secs..........	Idem.	36,493	2,243,952	404,621	29,799,215
Graines oléagineuses....	Idem.	513,293	16,944,572	14,286	432,404
Chevaux.............	Nombre.	26,467	21,173,600	1,724	862,000
Bêtes à corne.........	Idem.	12,510	2,558,670	37,540	12,505,490
Moutons et chèvres.....	Idem.	9,538	133,532	35,948	538,473
Porcs...............	Idem.	1,288	32,663	47,887	8,671,457
Volailles (vivantes et mortes)...........	Quintaux.	703	90,380	87,534	11,262,015
Poissons (secs et conservés).............	Idem.	503,373	30,053,940	22,524	1,954,434
Beurre.............	Idem.	1,583	372,435	59,802	14,176,925
Fromage............	Idem.	39,695	5,166,350	96,597	12,557,610
OEufs..............	Idem.	2,687	322,440	314,891	37,786,920
Corail travaillé.......	Kilogrammes.	3,017	452,810	160,286	24,045,180

Valeur totale des produits du sol. — Pour compléter ces considérations générales, il est intéressant d'indiquer la valeur totale des produits du sol italien. D'après la statistique officielle italienne, elle se résume dans un total de 4,385 millions de francs ainsi répartis :

	Millions de francs.
Céréales, fourrages, plantes textiles, châtaignes, vin, huile d'olive, oranges, citrons, tabac, cocons de vers à soie	2,873
Bois et forêts	88
Animaux sur pied, viande, laine, lait, peaux, etc.	1,424
Total	4,385

Ce relevé ne comprend pas certains produits, non négligeables, tels que la volaille, les œufs, le gibier, les fruits, les légumes, etc., qu'on peut évaluer approximativement à 515 millions de francs, portant ainsi l'ensemble de la production agricole de l'Italie aux environs de 5 milliards de francs.

Bien que ce chiffre ne soit pas très élevé, les agronomes italiens n'en sont pas moins autorisés à revendiquer, pour l'agriculture, la première place dans le bilan économique de leur pays et à faire appel au concours de l'État et au zèle des particuliers pour le développement d'une branche de production aussi intimement liée à la prospérité du pays.

B. AGRICULTURE.

PRODUCTION AGRICOLE. — IMPORTANCE DE LA CULTURE DES CÉRÉALES POUR L'ITALIE. -- FROMENT. — MAÏS; LA PELLAGRE. — RIZ; LES RIZIÈRES. - POMMES DE TERRE. — RAVES. — BETTERAVES. — RENDEMENT DES TEXTILES. — FOURRAGES ET PRAIRIES. — OLIVIER; SON PARASITE; HUILE. — IMPORTANCE DES CULTURES FRUITIÈRE ET MARAÎCHÈRE; EXPORTATION. — AURANTIACÉES : PRODUCTION; EXPORTATION; RÉGIONS DE CULTURE; CONSOMMATION. — CHÂTAIGNES. — FIGUES. — RAISINS DE TABLE. — AMANDES. — CAROUBES. — PISTACHES. — CHANVRE; ROUTOIRS; FUMURE. — LIN. — TABAC. — SAFRAN.

Production agricole [1]. — Au cours de cette étude, on trouvera des tableaux des diverses productions. Voici d'abord un relevé présentant

[1] Les chiffres ci-contre, bien qu'empruntés aux statistiques officielles italiennes, ne sont qu'approximatifs. «Les évaluations faites chaque année pour se rendre compte

l'ensemble des produits agricoles (rendement moyen total et par hectare pendant la période 1892-1893, 1896-1897) :

PRODUITS.	SUPERFICIE CULTIVÉE.	PRODUCTION MOYENNE TOTALE.	RENDEMENT MOYEN EN HECTOLITRES.	VALEUR TOTALE.
	milliers d'hect.	milliers d'hectol.	par hectare.	milliers de francs.
Blé..........................	4,565	42,762	9.80	784,912
Maïs.........................	1,927	24,849	13.33	274,449
Avoine.......................	459	6,454	14.06	49,567
Orge.........................	309	2,938	9.58	26,913
Seigle.......................	142	1,524	10.75	16,107
Riz..........................	170	5,354	32.24	68,895
Haricots, etc................	441	1,365	3.09	20,023
Fèves, etc...................	419	3,339	8.11	44,895
Vin..........................	3,452	27,316	8.37	730,032
Huile........................	1,042	2,310	2.21	339,105
		milliers de quint.		
Pommes de terre..............	196	7,277	37.17	57,406
Châtaignes...................	410	2,423	5.89	43,267
Lin..........................	52	188	3.63	19,878
Chanvre......................	105	715	6.93	58,126
		milliers de kilogr.		
Tabac........................	5	6,166	//	5,273
		milliers d'onces.		
Cocons.......................	//	41,277	38.67	134,486
		milliers de fruits.		
Oranges, citrons.............	45	3,355,400	20.100	65,755

Céréales. — « L'Italie, écrit M. Jules Hélot[1], est un des pays d'Europe les plus riches en cultures alimentaires et particulièrement en céréales. Ces récoltes y occupent une superficie de plus de 7,500,000 hectares, soit 26 p. 100 de l'ensemble du pays. Blé, maïs, seigle, orge et riz rencontrent dans un grand nombre de provinces des conditions favorables. Le maïs est la céréale caractéristique de la vallée du Pô, où il contribue largement à la nourriture du peuple des campagnes, soit en pain, soit en *polenta*. Le riz trouve dans les régions basses et chaudes de la vallée du Pô, en Lombardie et en Vénétie, des

des changements survenus dans les superficies consacrées aux diverses cultures, ainsi que dans les récoltes, sont fondées sur des recensements anciens déjà et qui diffèrent entre eux par la méthode employée, l'époque où ils ont été faits et par leur propre valeur technique. »

C'est ainsi que s'exprime le distingué directeur général du Service italien de la statistique, professeur L. Bodio, dans un ouvrage paru à Rome en 1891 et intitulé : *Quelques données sur le mouvement économique de l'Italie.*

[1] Rapport de la Classe 39.

champs propices. » La valeur totale de la production des céréales italiennes est de 1,600 à 1,700 millions.

Froment. — Le blé est cultivé dans toute l'étendue de l'Italie [1]. Cependant la surface consacrée à cette culture a légèrement diminué. Si, en effet, l'on s'en rapporte à une étude écrite par M. V. Niccoli, professeur d'économie rurale à l'Ecole supérieure d'agriculture de Milan et publiée par la Société des agriculteurs italiens [2], elle serait tombée de plus de 4 millions et demi d'hectares (1875-1879) à un chiffre très peu supérieur à 4 millions. Cette diminution est compensée par l'augmentation des rendements (aujourd'hui environ 12 hectolitres par hectare), due aux progrès faits dans les procédés culturaux. Ces rendements sont cependant bien insuffisants encore, et c'est très justement que M. Éd. Ottavi, le distingué directeur d'*Il coltivatore*, s'afflige de cette situation médiocre qu'il compare aux rendements obtenus dans les autres pays. La production moyenne des récoltes a été dans la période 1884-1899 de 48 millions d'hectolitres, les plus faibles (1888 et 1889) dépassant de peu 40 millions d'hectolitres, et les meilleures s'élevant à 51 millions (1896) et à 50 millions (1891). L'importation est supérieure à 3 millions d'hectolitres. Signalons, parmi les blés italiens, le *Rieti*, vigoureux et productif, ayant le grand avantage d'être précoce et pour lequel l'échaudage n'est, par conséquent, pas à redouter, comme avec les autres variétés à grands rendements provenant des régions septentrionales.

Maïs. — Après le blé, la céréale la plus importante pour l'Italie est le maïs (*granturco*), dont la production moyenne (1884-1899) a été de 27 millions d'hectolitres [3] et qui, comme le blé, se cultive dans presque tout le royaume d'Italie [4]. Le rendement moyen oscille, suivant les années, entre 13 à 18 hectolitres, à l'hectare. Les meilleurs maïs italiens sont ceux de la Vénétie, les *pignolini* (maïs Pignolo ou à dent de chien), puis ceux de la province de Bergame. Les variétés

[1] La province qui en produit le plus est celle de Poggia (2,500,000 hectolitres), puis celles d'Alexandrie, de Ferrare, de Bologne, de Pérouse, de Florence, de Rome, de Lecce, de Caserte, de Palerme, de Catane et de Trapani.

[2] Au sujet de ces études, voir p. 41.

[3] Plus forte récolte : 33,500,000 hectol. (1884); plus faible : 21,000,000 (1894).

[4] Notamment dans les provinces de Milan et de Caserte (production moyenne 1 million et demi d'hectolitres), de Brescia, de Crémone, d'Udine, de Trévise et de Padoue.

précoces, dites *quarantino, cinquantino, sessantino*, sont aussi très répandues. On trouve encore en Italie le maïs Caragua, le maïs à bec, qui présente une pointe courbe à l'extrémité supérieure du grain, le maïs velu, le maïs à grains vêtus et le maïs à glumes rousses.

Dans presque toute l'Italie, et surtout dans le nord de la péninsule, le maïs, sous forme de *polenta*, constitue la base de l'alimentation humaine (on importe dans certaines années plus de 1,750,000 hectol. de maïs; il est vrai que cette importation est fort irrégulière). L'usage prolongé et exclusif du maïs est considéré comme la cause efficiente de la pellagre[1],

[1] «Contre ce terrible fléau, la pellagre, qui décime les populations agricoles et les classes peu aisées des travailleurs, depuis si longtemps, et d'une manière toujours croissante, le Gouvernement et les grandes associations de l'Italie se sont finalement décidés à entrer en lutte ouverte et légale. Il y a lieu d'espérer que, les progrès de la science aidant, ceux de l'hygiène finiront par avoir raison d'affections endémiques pour lesquelles, en somme, les mesures législatives sont d'une application difficile, on peut dire même parfois dangereuse.

«Nous voulons parler de la loi votée par le Sénat, le 14 juin 1902, pour combattre les effets de la pellagre, alors que l'étiologie, la prophylaxie et les remèdes préventifs et curatifs du mal sont encore imparfaitement élucidés et, dans leurs points essentiels, controversés et même obscurs.

«Les effets, eux, ne sont malheureusement que trop connus. Dans le Milanais, la Vénétie, une partie du Piémont et d'autres localités de l'Italie, comme, du reste, dans certaines régions du Midi de la France, de l'Europe jusqu'au Danube, et de l'Amérique du Sud, la pellagre fait son apparition sous la forme d'une maladie cutanée, une sorte de lèpre qui se traduit par des rougeurs sur la face, le cou, les mains, avec un malaise général, un profond abattement, suivi de troubles digestifs et nerveux, puis de vertiges et, enfin, de faiblesse ataxique. Les abominables symptômes de l'érythème pellagreux s'atténuent l'hiver, pour reparaître au printemps, sous l'aspect de plaques érysipélateuses qui ne tardent pas à

donner lieu à des accidents cérébraux, au délire. La folie se déclare et le patient succombe à des accidents cachectiques de plus en plus graves.

«La mortalité des pellagreux, pas plus que leur nombre, en dehors de ceux qui sont admis dans les hôpitaux, n'ont pu être sérieusement établis. Ils augmentent naturellement au fur et à mesure que la statistique est mieux faite. Le plus grand obstacle provient de ce que les pellagreux, où qu'ils soient, ne réclament l'assistance médicale qu'au troisième degré de la maladie, déjà presque incurable.

«Aussi, rien de plus arbitraire que les relevés produits dans les nombreuses enquêtes administratives, d'après lesquels le nombre de pellagreux par rapport à 1,000 habitants des campagnes, variait en 1880, entre 31.70 pour la Lombardie, 30.52 pour la Vénétie et 23.66 pour l'Émilie. (*Annali di Agric. La pellagra in Italia,* 1879. Roma, 1880.)

«Or, sur cette proportion moyenne si considérable, certains arrondissements de la Vénétie accusaient, par exemple :

Padoue..............	57.37 p. 1000.
Rovigo..............	37.07
Venise..............	34.61

tandis que, dans les autres provinces de Lombardie et d'Émilie (*Inchiesta agraria. Relazione di Em. Morpurgo,* vol. IV, s. 1882).

Brescia figurait pour.....	80.03 p. 1000.
Ferrare..............	55.34
Plaisance.............	51.51
Bergame.............	46.42
Crémone.............	44.84

«Les décès des pellagreux dans les hôpitaux

terrible maladie qui fait beaucoup de victimes dans les classes pauvres de la population.

Riz. — La culture du riz diminue d'extension en Italie, notamment aux environs de Turin et d'Ivrée, pour diverses causes : concurrence des riz asiatiques, influence fâcheuse de cette culture sur l'hygiène

ne s'appliquent d'ailleurs pas seulement aux classes rurales, mais aussi aux habitants des villes ou des petites bourgades.

« La statistique aurait fait ainsi constater que sur 1,000 pellagreux entrant dans les hôpitaux du Piémont, du Milanais et du Modenais, 300 à 400 seulement sont des ouvriers agricoles (G. Heuzé, *L'Agric. de l'It. sept.*, 1864, 324); que sur 100 pellagreux, on compte ordinairement moitié plus d'hommes que de femmes, et beaucoup plus de malades ayant dépassé la trentaine.

« Outre que les chiffres officiels laissent beaucoup à désirer, pour donner une idée exacte de l'étendue du désastre causé annuellement par la pellagre, il y a lieu d'ajouter que l'étiologie, dans l'état actuel de la science, laisse encore bien à souhaiter, et qu'au dernier Congrès de Bologne les doutes resurgirent les mêmes, quant aux causes internes ou externes, zymotiques ou parasitaires du mal.

« Ce n'est pas que les recherches aient fait défaut depuis déjà nombre d'années, mais loin d'avoir été conduites d'après un plan expérimental méthodique, ou renouvelées avec l'aide de nos connaissances récentes sur les virus et parasites, sur les maladies spontanées, miasmatiques et sporadiques, elles sont restées sans lien, sans consécration prophylactique qui permît de prévenir en toute sécurité la production du mal, d'en préserver les individus et les populations.

« Depuis les études de Strombio sur le *mal rosso* des hôpitaux de Legrano, qui remontent à l'avant-dernier siècle et que Marzari confirma, l'éminent docteur Ballardini, de Brescia (1844), fut le premier, après s'être rangé de l'avis que le maïs était la cause unique du mal, à signaler, comme agent toxique du maïs, le *verdet*, sorte de champignon verdâtre attaquant

et dénaturant le grain servant à l'alimentation. Et, de fait, une grande épidémie, qui décima Pressaglia en 1853 et 1854, fut attribuée exclusivement par le docteur Zampiceni à l'introduction de maïs atteints du *verdet* et importés en grande partie des provinces danubiennes.

« Quelle part revient à telle ou telle variété de cette céréale, à la nature géologique des terrains, au degré de maturité du grain, aux conditions de nourriture, ou ambiantes? Rien ne fut précisé, ni démontré, touchant le développement de ce parasite fungoïde, du genre *sporisorium* (*verderame*) qui occupe le sillon oblong correspondant au germe, dans le grain déjà emmagasiné, envahit et absorbe le germe même, et détermine des granules mycéloïdes, à saveur âcre, deux fois moins volumineux que les cellules polyédriques du grain de maïs sain. (Lévy, *Traité d'hygiène*, II, p. 684.)

« D'autres recherches sont venues depuis déposséder le *verdet* de son principe toxique, et accuser du méfait un alcaloïde (*pellagrazéine*), développé par l'altération putride du maïs qui est mal conservé ou récolté à un état de maturité imparfaite. L'ébullition ne détruit pas le poison; d'où le danger de la *polenta*, des gaudes et même des milias, préparés avec une farine avariée.

« L'alcaloïde entrevu par le chimiste Lombroso fut déterminé postérieurement par Pellogio, Brugnatelli, Carlo Erba, etc.

« Dans une étude approfondie, soumise en 1877 à l'Académie des Lincei de Rome, par notre regretté ami Antonio Selmi, sur la composition chimique du maïs sain et du maïs altéré, sur les causes de la pellagre et sur les mesures à prendre quant au commerce et à la préparation des aliments du maïs avarié, le

de la région et rendements moindres constatés dans certaines rizières (en d'autres au contraire, à Novare par exemple, les rizières deviendraient beaucoup plus rémunératrices). La preuve en est donnée par le fait que la production annuelle de 9,798,000 hectolitres dans la période 1870-1874, tombe à 7,281,000 (1879-1883), puis

savant professeur se refusait à admettre qu'un alcaloïde fourni par le grain en fermentation pût expliquer par son ingestion les phénomènes morbides de la pellagre. Ces effets seraient plutôt attribuables, sans qu'il pût le démontrer, à la présence simultanée de l'acroléine ammoniacale et d'une espèce de diastase (*zéastase*) qui motive les perturbations des fonctions stomacales et la dégénérescence des tissus. Il eût été, dès lors, permis d'admettre, suivant les conclusions du Dr Ballardini, que le *verdet* résultant d'une altération profonde, non équivoque, du grain de semence, pût servir d'indice quant au mal, mais il n'en était pas la cause, puisqu'un grain avarié, non infesté par le mycélium, pouvait l'engendrer. Aussi, fallait-il conclure que du moment où le maïs avait fermenté, il était indispensable de le retirer du commerce et d'en prohiber la consommation. (A. Selmi, *Delle alterazioni alle quali soggiace il granturco* [R. Accad. dei Lincei] Roma, 1877.)

« Bien d'autres motifs ont été allégués pour établir l'étiologie de la pellagre, sans recourir à l'action du maïs altéré, quoique les pires conditions d'alimentation hygiénique et de logements insalubres ne soient jamais parvenues à la déterminer en dehors des localités où l'on mange du maïs avarié. Ce n'est donc ni un mal de misère, ni une affection solaire. Il ne suffit pas d'habiter des locaux humides et non aérés, ou de consommer d'autres aliments de mauvaise qualité pour être atteint de cette triste lèpre; mais comme l'a si justement fait remarquer l'éminent agronome et ancien ministre, sénateur Jacini, dans la grande enquête de 1880 qu'il a dirigée, la nourriture exclusive de farine fermentée, ou mal soignée et cuite sans sel, jointe à l'existence toute de fatigue des paysans dans des

lieux insalubres, favorise la production de la pellagre. (*Inchiesta agraria.* Vol, VI, 2, 1882. — *Relazione del Conte Stefano Jacini*, p. 92.)

« Il est difficile d'admettre, malgré les cas exceptionnels constatés à l'hôpital de Mantoue par le Dr Quintavalle, à l'appui de ceux qu'a soigneusement observés le professeur Lussana, qu'elle soit transmissible et héréditaire, quoique parfois confondue avec l'alcoolisme.

« Après tant de travaux et d'hypothèses, l'étiologie de la pellagre en est donc mal connue encore à ce point, qu'au Congrès de Bologne de 1902, le professeur Di Pietro a accusé de propriétés vénéneuses les spores du *Penicillum glaucum*, et le professeur Ceni, celles des deux parasites infectieux, l'*Aspergillus fumigatus* et l'*Aspergillus florescens*, dont il a constaté la présence sur les cadavres des pellagreux. Ainsi, la science n'a pas dit son dernier mot; dès lors, entre virus et parasite, comment le législateur pourrait-il réglementer sans crainte d'erreur?

« La question est d'autant plus brûlante qu'après être resté si longtemps impassible et inerte devant les progrès d'un mal qui cause dans le pays les plus grands ravages organiques et économiques, le gouvernement italien s'est décidé à mettre en mouvement le Parlement, et que le Sénat a finalement sanctionné, le 14 juin 1902, sans revenir sur la longue discussion de la Chambre des députés, une loi contre la pellagre.

« Aux termes mêmes du rapport de l'honorable Badaloni, qui a souligné les observations et les vœux de la Société des agriculteurs italiens dans la session de janvier, dénonçant les périls d'une pareille loi, son but social ne saurait être que loué et encouragé; mais, en raison même des effets ruineux causés, par l'appli-

à 6,292,260 (1884-1888), enfin à 5,857,800 (1892-1899). L'exportation est, cependant, notable encore.

Près de la moitié de la récolte provient de la Lombardie, et plus d'un tiers du Piémont. Si nous cherchons à connaître de façon plus précise les principaux centres de production, nous voyons qu'ils se trouvent

cation des mesures prescrites, aux budgets des communes et des provinces, en même temps que des modifications peut-être inopportunes ou injustifiées dans la culture d'une céréale d'une importance aussi considérable, il y a lieu de craindre qu'elles ne permettent pas de résoudre le douloureux problème de la pellagre. (*Bollettino quindicinale della Soc. degli Agric. Italiani.* [Ugo Patrizi, *La recente legge contro la pellagra*, 15 août 1902].)

«Des dix-neuf articles que comprend la nouvelle loi, ceux concernant les mesures prophylactiques stipulent l'interdiction de la vente et de l'usage du maïs avarié, sous quelque forme que ce soit, qu'il vienne du pays même ou de l'étranger; la publication d'un règlement qui détermine les conditions auxquelles le maïs peut être livré au bétail et à l'industrie. Les contrevenants à la présente loi sont passibles de prison et de graves amendes dont les produits seront versés aux établissements sanitaires, aux maires et officiers de santé des communes, chargés de la surveillance et de la statistique des cas de contravention et de maladie. Les comices, d'ordre des conseils provinciaux, pourront être invités, s'il y a lieu, à modifier les conditions de culture. Les préfets seront autorisés à faire construire aux frais des communes, selon les clauses de la loi sur les emprunts pour travaux d'amélioration sanitaire (8 février 1900), des séchoirs de maïs, des greniers et des magasins de dépôts.

«La loi, enfin, met, à compte à demi, à la charge de la commune et la province, l'alimentation gratuite des indigents privés de maïs.

«Quant aux mesures curatives, la loi oblige, en cas d'insuffisance ou d'inefficacité du traitement des pellagreux à domicile, de les recueillir pour les traiter dans des hospices spéciaux (*pellagrosari*) ou hôpitaux, avec l'assistance, qu'ordonneront les préfets, des commissions provinciales ou communales, pouvant se constituer en syndicats.

«Enfin, le Gouvernement coopère à l'extinction du fléau, moyennant une somme de 100,000 francs, inscrite à chacun des budgets de l'Agriculture et de l'Industrie, soit au total 200,000 francs, en même temps qu'il distribue gratuitement le sel aux familles pellagreuses.

«La quote-part du Trésor pourra, à juste titre, paraître bien médiocre, inscrite aux budgets de deux ministères, et la livraison gratuite du sel, sous la responsabilité immédiate des officiers de santé, avec toutes les difficultés que soulève l'application des droits fiscaux en matière de sel, semblera également dérisoire. Mais là où la loi rencontrera des obstacles presque insurmontables, c'est dans l'obligation imposée aux communes, frappées du fléau, et aux provinces, de nourrir gratuitement et de traiter les indigents pellagreux et de consommer, pour la plupart, leur ruine financière. Comment, d'ailleurs, attendre de préfets ou de commissions préfectorales qu'ils imposent des modifications ou des suppressions de culture, en tenant compte des niveaux, des variétés plus ou moins précoces, des modes de récolte, etc.?

«Certains savants, comme Lombroso, n'ont-ils pas été jusqu'à proscrire le soixantain et le cinquantain, en conseillant de leur substituer l'*eliplicum aureum* et le *pumilio*?

«Or, il s'agit d'une plante non seulement alimentaire, qui donne jusqu'à 50 et 60 hectolitres de grain, de 8,000 à 9,000 kilogrammes de paille, permettant de nettoyer le sol et de l'entretenir en bon état, et fournissant au bétail, comme aux populations, une nourriture abondante et riche en albuminoïdes et en graisse, mais encore d'une plante industrielle de premier

autour de Mortara, de Novare et de Vercelli (la première de ces villes est située dans la province de Pavie-Lombardie et les deux autres sont les seules à produire du riz en Piémont).

Les meilleurs terrains sont ceux d'alluvion, argileux ou argilo-calcaires, tels ceux de la Basse-Émilie.

C'est en raison de la qualité de ces terrains que les riz de cette région, qui portent dans le commerce le nom de « riz de Bologne », sont si estimés. La composition et la température de l'eau influent également sur la production des rizières; c'est ainsi que dans les régions de Vercelli, de Novare, de Mortara, arrosées par les eaux du canal Cavour, la récolte est d'autant plus précoce que les rizières sont plus éloignées de la naissance, si on peut ainsi dire, du canal.

Enfin, des expériences ont montré que la meilleure composition d'engrais est celle qui apporte par hectare 250 kilogrammes de

ordre, qui est la base de deux fabrications puissantes : l'amidonnerie et la distillerie. L'amidon de maïs est très estimé, de même que son alcool est un des mieux cotés dans le commerce. Les résidus, drèches et tourteaux, forment d'excellents aliments pour les animaux; les germes fournissent une huile appréciée ; les spathes sont utilisés pour la confection des paillasses, ou comme matière première pour la pâte du papier; enfin, les rafles moulues peuvent servir de nourriture aux bêtes, tandis qu'enduites de résine, elles constituent d'excellents allume-feu.

« Mais enfin, et c'est en cela que l'intérêt de l'agriculture domine, le maïs cultivé forme le couronnement de l'édifice agricole et l'élément de richesse des pays du Midi, comme de ceux appartenant à la région de la vigne. C'est donc avec la plus grande circonspection qu'il peut être pris des mesures, en vertu de règlements émanant du Gouvernement, contre une culture établie de temps immémorial; des agents de police bromatologique peuvent-ils être autorisés par la loi à retirer à l'industrie et au bétail une matière première aussi précieuse, susceptible d'être portée sur les marchés de consommation ?

« Sans doute la présence de mycodermes faciles à reconnaître est un sûr indice de fermentation ou d'avarie du maïs, mais elle ne saurait justifier son exclusion du commerce qui approvisionne l'industrie et le bétail des déchets de cette industrie.

« Il n'en est pas de même du rôle fort utile d'agents signalant la nécessité de séchoirs efficaces, de greniers mécaniques ou silos qui protègent le maïs contre l'humidité; de la suppression de toute garde du grain à domicile; enfin, de l'établissement de moulins et de minoteries coopératives qui empêchent le paysan d'être la victime des fraudes des boulangers et des meuniers de campagne. On comprendra toutefois que ce sont là toutes dispositions préventives et accessoires. La loi arme les pouvoirs publics pour étouffer le mal, mais non pour faire succomber financièrement l'administration sous l'obligation de nourrir des pellagreux et de traiter des aliénés; il importe maintenant que la science se prononce, sans attendre que les médecins succombent à leur tour par impuissance à guérir le mal, sinon à le prévenir. » (A. RONNA, *Journal d'agriculture pratique*, septembre 1902.)

phosphate, 150 kilogrammes d'azote, 200 kilogrammes de potasse. Voici quelques résultats d'expériences de fumure :

		PRODUCTION EN GRAMMES.			
		PAILLE.	RIZ.	GRAINS VIDES.	TOTAL.
Sans engrais............		271	198	4	473
Engrais	sans phosphate.....	307	207	5	519
	sans azote.........	490	373	8	871
	sans potasse.......	705	521	14	1,240
	complet, phosphate, azote, potasse....	862	596	16	1,474

RACINES. *Pommes de terre.* — La culture de la pomme de terre occupe aujourd'hui en Italie une superficie d'environ 200,000 hectares.

La faiblesse des rendements pourrait être corrigée par l'introduction de bonnes variétés et la diffusion de méthodes rationnelles de culture.

L'exportation a été sans cesse progressant : elle dépassait, à la fin du xixe siècle, 40 millions de kilogrammes.

Raves. — La rave se cultive surtout dans le centre et le Sud de l'Italie. On la sème en août; elle succède au froment en culture dérobée; sa récolte dure de novembre aux premiers jours du printemps. Le rendement à l'hectare est de 30,000 kilogrammes.

Betteraves. — La culture de la betterave sucrière prend, depuis quelques années, en Italie, un grand et heureux développement. Les surfaces occupées par cette plante étaient, en 1899, de 10,860 hectares, dont 2,643 en Ombrie.

FOURRAGES ET PRAIRIES. — Bien que les trois quarts de l'Italie soient en vallonnements et qu'un quart seulement soit formé de plaines, la culture fourragère occupe le premier rang dans le pays après celle des céréales; sa superficie augmente, du reste, chaque année (actuellement elle est 5,500,000 hectares). Admirablement irriguée, la plaine du Pô, notamment, possède un grand nombre de prairies, dont certaines fournissent jusqu'à six coupes chaque année (les célèbres marcites).

D'après le recensement de 1881, complété par les données recueillies à la fin de 1890, le rendement des cultures fourragères peut être approximativement évalué à :

Foin de prairies naturelles	quintaux. 60,599,691	Légumineuses fourragères	quintaux. 79,600,542
Herbages	62,233,057	Racines fourragères	3,084,043

OLIVIER ET HUILE D'OLIVE. — On trouve des oliviers en grand nombre dans toutes les provinces d'Italie, sauf au Piémont et dans les îles; leur culture occupe environ un million d'hectares et donne un revenu annuel de 320 millions. Son importance doit rendre les agronomes italiens très attentifs à la crise oléicole que traverse en ce moment leur pays, crise due, pour la plus grande partie, à la présence d'un parasite de l'olive, le *Cyclocanium oleaginum*, qui a surtout exercé ses ravages dans le Latium. En 1901, le Gouvernement a décidé qu'un prix de 10,000 francs serait accordé à la personne qui trouverait un remède efficace contre la mouche de l'olivier (*Mosca olearia*); de son côté, le conseil de la province de Bari a voté un prix de 50,000 francs.

La moyenne annuelle de la production de l'huile, de 1884 à 1898, a été de 2,400,000 hectolitres. Dans la meilleure année de cette période 1890, le chiffre de 3 millions a été dépassé. En 1899, la production est tombée à 920,000 hectolitres. La province qui produit le plus d'huile est celle de Lecce (en moyenne 336,000 hectolitres durant les années 1896-1898), puis celle de Bari (222,000). L'Italie est le pays qui exporte, de beaucoup, la plus grande quantité d'huile d'olives. Voici les chiffres de cette exportation :

Moyennes annuelles. { 1878–1887	646,240 quintaux.	
1888–1897	522,080	
1898	411,748	
1899	506,352	
1901	424,334	

En comparant les chiffres de la production et de l'exportation on peut évaluer la consommation moyenne par habitant à 6 kilogrammes d'huile par année.

FRUITS ET LÉGUMES. — «Le terrain accidenté de l'Italie, écrit le professeur Dominique Tamaro, directeur de l'École d'agriculture pratique

IMPRIMERIE NATIONALE.

de Gumallo del Monte, la diversité de ses sols, son climat généralement doux, l'abondance de la radiation solaire, sont des conditions très favorables à la culture fruitière. »

Voici les superficies occupées par les légumes et les fruits et la valeur de la production :

	SUPERFICIE.	PRODUIT ANNUEL.
	hectares.	millions de francs.
Plantes légumineuses	850,000	75
Pommes de terre	200,000	50
Plantes potagères (de grande et de petite culture)	150,000	300
Aurantiacées, orangers, citronniers, etc.	43,000	70
Mûriers	225,000	45
Châtaigniers	412,000	45
Fruits à noyaux, amandes, petits fruits	250,000	180
Totaux	2,130,000	765

Dans ce tableau ne figure pas l'olivier que nous venons d'étudier, ni la vigne que nous examinerons plus loin (p. 23 et suiv.).

Au total, ces cultures, en exceptant celle du mûrier, ont fourni un revenu de 720 millions dont 60 environ représentent la part de l'exportation. Ces 720 millions assurent à l'Italie la première place, après la France, dans la production des fruits et légumes. Voici le tableau des exportations exprimées en quintaux :

OBJETS.	AUTRICHE-HONGRIE.	BELGIQUE.	FRANCE.	ALLE-MAGNE.	SUISSE.	ÉTATS-UNIS.
Figues sèches	39,217	7,432	"	3,938	"	"
Oranges et citrons	685,650	11,102	"	358,839	14,871	4,153,587
Amandes amères sans coquille	23,176		2,856	62,314	"	"
Caroubes	25,357		"	"	"	"
Châtaignes	28,966	1,210	"	56,551	"	"
Noix et noisettes	25,132		"	"	"	"
Plantes potagères pour la table	66,236		"	67,566	26,928	"
Pommes de terre	102,085	20,335	"	104,929	22,645	"
Fruits frais	136,711	"	"	151,259	37,947	"
Raisins de table	"	"	"	53,330	"	"

Aurantiacées. — Les oranges douces et amères, citrons, limons, cédrats, constituent pour l'Italie une part importante du revenu agricole. La moyenne de la récolte annuelle (1884-1898) n'est pas, en effet, inférieure à 3 milliards et demi de fruits; durant cette période, les plus faibles récoltes (1885, 1889, 1897) tombaient à 3 milliards et les meilleures (1890 et 1898) atteignaient 4 milliards; la récolte de 1899 a dépassé 4 milliards et demi. Quant au nombre des arbres, il était à la dernière statistique de 17,175,923 dont 8,278,758 citronniers et 7,533,759 orangers. Le tableau suivant indique l'exportation :

ANNÉES.	FRUITS [1]		ESSENCE.		ÉCORCE FRAÎCHE ET SÈCHE.		SUCS CUITS ET CRUS.		VALEUR TOTALE.
	quintaux.	francs.	kilogr.	francs.	quintaux.	francs.	quintaux.	francs.	francs.
1895	2,206,870	33,215,810	485,953	7,531,806	12,702	317,550	46,080	2,425,440	43,500,606
1896	2,372,369	33,359,494	527,604	7,122,054	10,572	264,900	43,986	2,294,040	43,040,488
1897	2,342,806	25,524,517	586,014	7,618,182	8,816	220,400	45,441	2,243,028	35,606,127
1898	1,970,550	24,321,264	458,351	5,958,563	7,250	181,250	31,529	1,511,124	31,972,201
1899	2,392,175	24,340,025	588,822	8,243,508	28,052	701,300	33,366	1,596,732	34,881,565

[1] Un quintal représente en moyenne 800 fruits.

La moyenne quinquennale de l'exportation italienne des oranges durant les cinq dernières années du xixᵉ siècle est de 2,036,954.

C'est dans les provinces méridionales de l'Italie que la culture des aurantiacées est le plus prospère : Palerme compte 4 millions de pieds; Messine, Reggio de Calabre, Catane, Plaisance, chacune 3 millions. Les oranges et mandarines de Sardaigne sont renommées.

Les côtes de Sorrente, de Naples, de Caserte, donnent une bonne production. Au Nord, ces cultures sont pratiquées dans la rivière de Gênes et sur les côtes du lac de Garde. Durant l'hiver, les citronniers sont protégés de différentes façons.

On estime que la consommation moyenne annuelle de chaque Italien est de 81 fruits.

Châtaignes. — Les châtaigniers couvrent en Italie 400,000 hectares et la production annuelle des fruits est d'environ 3 millions de quintaux, consommés pour la plus grande partie dans le pays. L'exportation ne dépasse guère 100,000 quintaux par an. Dans la province de Naples, on cultive une variété très estimée, qui est exportée en France.

Figues. — C'est surtout l'Italie australe et la méridionale qui cultivent le figuier, souvent concurremment avec l'olivier et la vigne; on le trouve également dans les terrains rocheux.

Raisin de table. — Le plus grand nombre des provinces italiennes récoltent du raisin de table; la Sicile et la Sardaigne s'adonnent tout particulièrement à la culture de ce fruit. On estime la production annuelle à 250,000 quintaux, dont 60,000 environ sont exportés.

Amandes. — Parmi les autres cultures arbustives — dont le tableau de la page 18 indique l'importance relative en Italie — citons celle de l'amandier; la récolte annuelle des amandes peut être évaluée à 150,000 quintaux de fruits décortiqués, dont plus de 60 p. 100, soit 95,000 quintaux, sont fournis par la seule province de Bari.

Caroubier. — Les fruits de cet arbre, qui reçoivent des utilisations diverses (nourriture des bestiaux et industrie), ne sont pas consommés par l'homme. Le caroubier a son principal centre de culture dans la province de Syracuse qui, sur une production totale de 870,000 quintaux de caroubes, en fournit 750,000, soit 86 p. 100. Dans les conditions ordinaires, la balance entre les ventes et les achats du dedans et du dehors se solde par un excédent de 30,000 à 60,000 quintaux au profit de l'exportation, mais, par exception, en 1895, à une importation de 101,414 quintaux de caroubes, l'Italie n'opposait qu'une exportation de 44,744 quintaux.

Pistaches. — Enfin, 1900 hectares, dont 1850 situés dans la province de Catane, sont occupés par la culture du pistachier et produisent, en moyenne, par hectare, 15.20 quintaux de pistaches, représentant une récolte totale de 28,875 quintaux — sur laquelle l'exportation ne prélève annuellement qu'une cote-part de 200 à 800 quintaux.

Textiles. — La culture des plantes textiles n'a pour l'Italie qu'une importance relative, et leur rapport annuel ne dépasse pas une centaine de millions; encore cette somme est-elle presque entièrement produite par le lin et le chanvre.

Chanvre. — Le chanvre surtout doit retenir notre attention : il est certain, en effet, qu'il est, en peu d'autres pays, cultivé aussi intensivement et aussi soigneusement qu'en Italie (étendue moyenne en cultures : 1 o 4,2 9 4 hectares), notamment dans les provinces de Ferrare et de Bologne, et que, si, dans certains pays, on en produit autant et même plus, nulle part on n'en produit de meilleure qualité.

Fig. 194. — Routoir.

«Le terrain, écrit M. Gustave Heuzé, qui s'étend de Bologne à Rovigo est si favorable au chanvre qu'il y atteint 4 et 6 mètres d'élévation. Le Bolonais a toujours livré au commerce des filasses, du chanvre ayant des qualités remarquables. C'est par les manipulations spéciales qu'il fait subir aux tiges après leur rouissage, qui a lieu dans des couloirs très bien disposés, et à la filasse après qu'elle a été peignée et tramée, qu'il obtient des fibres d'une grande finesse et ayant beaucoup d'éclat».

L'Italie est un des principaux pays producteurs de chanvre de l'univers, puisque, avec les 7 2 5,000 quintaux qu'elle produit en moyenne (à l'hectare : 7 quintaux de fibre textile et d'étoupe), elle se classe de suite après la Russie (2,2 5 o,ooo quintaux) et l'Autriche-Hongrie (7 8 o,ooo quintaux). L'exportation de l'Italie est d'environ 4 o o,ooo quintaux dont le quart (qualité moyenne) est destiné à l'Angleterre, un cinquième (bonne qualité) à l'Allemagne et un cinquième (qualité moyenne) à la France.

La fumure qui donne les meilleurs résultats est celle qui contient :

Superphosphate...........................	4o à 5o p. 100.
Matière organique à action lente...............	15 2o
Matière organique à action rapide (ou sel d'ammoniaque)	15 2o
Nitrate..................................	10 15
Sel de potasse.........................	7 8
Plâtre................................	de quoi parfaire les 100.

Il en faut de 6 à 1o quintaux par hectare.

Il importe de tenir toujours le terrain bien égal, pour que les plantes croissent de façon uniforme. On sème le plus souvent au printemps : mars ou avril ; en certaines régions, dès février, même à la fin janvier, aussitôt que l'état du terrain le permet. La plante arrive à maturité de la mi-juillet à la mi-août.

Lin. — Le lin occupe en Italie 52,35o hectares dont 2o,ooo en Lombardie (autour de Crémone) et 12,25o en Sicile, et donne une récolte de 192,7oo quintaux (1899). Les autres régions où on cultive le lin sont le Piémont, les Marches, l'Ombrie et la Romagne. (A noter qu'en Sicile, on cultive surtout en vue de la graine.) Le rendement moyen est de $3^{qx}61$ de matière textile par hectare. L'importation est légèrement plus forte que l'exportation.

Tabac. — L'aire de la culture du tabac est fixée annuellement par l'État selon les réserves en magasin. En 1898, cette culture fut autorisée jusqu'à concurrence de 134,175,ooo pieds ; les cultivateurs n'en plantèrent, du reste, que 80,35o,916. La superficie plantée était de 4,936 hectares ; la récolte fut de 52,251 quintaux métriques. Cette même année, l'importation a été de 15,39o tonnes de tabac en feuilles, de 55 tonnes de cigares et de cigarettes de toutes qualités. Quant à l'exportation, elle est alimentée surtout par des cigares fabriqués, imitation manille, havane et autres (1,82o tonnes en 1898, contre 334 tonnes seulement de tabac en feuilles) ; nulle en 1895, elle va chaque année se développant, en même temps que l'importation diminue. Des expériences assidues auxquelles on s'est récemment livré, on peut conclure que la production des tabacs type Levant peut avoir un certain avenir dans l'Italie méridionale.

Safran. — Le safran, principalement cultivé dans les deux provinces d'Aquila et de Cagliari, sur une étendue de 450 hectares, donne une récolte d'environ 8.89 quintaux à laquelle, pour faire face aux exigences de la consommation, doit venir s'ajouter une importation annuelle de 2,000 quintaux.

C. VITICULTURE ET VIN.

SUPERFICIE DU VIGNOBLE ITALIEN. — PHYLLOXÉRA : SES RAVAGES ; LUTTE CONTRE LE FLÉAU. — NATURE DU VIGNOBLE ITALIEN. — PRODUCTION, CONSOMMATION, IMPORTATION ET EXPORTATION DU VIN. — LES DIFFÉRENTS CRUS. — EAUX-DE-VIE.

Viticulture. — L'étendue du vignoble italien est de 3,461,561 hectares; si l'on veut bien se souvenir qu'il n'occupait en 1870 que 1,926,832 hectares, on voit qu'il a presque doublé en 30 ans. Cependant, l'Italie fut attaquée par le phylloxéra en 1879 (3 communes contaminées); aujourd'hui, le terrible fléau a étendu ses ravages, et en 1898, 702 communes étaient infestées, ce qui représentait environ le huitième du vignoble italien. M. P. Le Sourd écrit à ce sujet : « En tenant compte de la rapidité de l'infection, on peut dire que c'est une chance que le dommage n'ait pas été plus considérable encore. Mais soutenu par les propriétaires les plus intéressés, le gouvernement a résolument entrepris la lutte et, sur la proposition des députés des Pouilles, on a voté une loi qui oblige toute commune à constituer un comité de défense contre le phylloxéra. Ce comité est chargé de veiller, par des visites attentives, à la découverte de foyers possibles d'infection et au trafic des plants, comme aussi de pourvoir à la constitution de pépinières de cépages américains, pour en expérimenter l'adaptation, et, enfin, d'instruire les viticulteurs, au moyen de conférences, de réunions et d'enseignements spéciaux ». C'est, du reste, en suivant l'exemple de la France, dans l'introduction des plants américains que l'Italie compte trouver le secours le plus efficace. Aussi les crédits dont dispose annuellement dans ce but le Ministère de l'agriculture ont-ils été décuplés : 600,000 francs au lieu de 60,000 francs. Après le phylloxéra et bien loin de lui, il faut citer le mildew, l'oïdium, la cochylix, le blackrot, qui ne sont pas sans causer aussi des dégâts.

La vigne est répandue dans toute l'Italie : 7,202 communes, sur 8,253, la cultivent. Le plus souvent, elle est associée à d'autres cultures. Voici ce qu'écrit sur ce point le commandeur Pavoncelli, ancien ministre et député au parlement italien :

« Ici l'ormeau ou le peuplier accompagne la vigne pour lui permettre de se soutenir en hauteur, tandis que tout autour les céréales ou d'autres produits fournissent au vigneron un supplément de ressources, en même temps qu'elles donnent à la famille agricole l'occasion d'un travail suivi. Cet état de choses est, en tous cas, un effet des temps malheureux pendant lesquels l'agriculteur n'avait pas de moyens de communication. Alors il devait tirer d'une même terre tout ce qui était nécessaire à lui-même et aux siens, remplir toutes les conditions pour profiter d'un climat si variable, et récolter tout ce qu'il était obligé de fournir comme payement au citadin propriétaire du sol. C'est un usage ancien que conserve avec un soin religieux le viticulteur des régions moyennes et septentrionales de l'Italie. Dans les régions méridionales, c'est le figuier, le poirier, l'olivier que l'on marie le plus volontiers à la vigne, quoique ce mariage ait pour conséquence de diminuer la durée d'existence de celle-ci. Qui sait si, dans les régions les plus méridionales, la rareté de la pluie ne nous enseigne pas à donner la préférence à l'olivier qui a besoin de peu d'eau, même sur la vigne à qui les pluies d'été sont si nécessaires pour donner une bonne récolte ».

Production vinicole; consommation; importation et exportation [1]. — Relativement à l'étendue du vignoble, la production du vin est, ou plutôt fut un peu faible en Italie; c'est cette association de culture, dont je viens de parler, qui en est cause. La qualité laissa également à désirer. Aujourd'hui de grands progrès ont été accomplis; les types sont bien unifiés, et la production atteint 30 millions d'hectolitres.

[1] Les chiffres de la *production* sont pris dans la statistique des produits agricoles publiée par le Ministère de l'agriculture d'Italie, et ceux de l'*importation* et de l'*exportation* dans la statistique publiée par la Direction générale des douanes italiennes. Les chiffres de la *con-*

Les chiffres moyens des dix années 1890-1899 sont les suivants :

	QUANTITÉS.	VALEURS.
	hectolitres.	francs.
Production.............	30,289,666	817,820,982
Importation............	77,769	2,099,763
Consommation...........	28,427,349	767,538,322
Exportation	1,940,086	52,382,322

Voici, d'autre part, le tableau statistique que donne le commandeur Pavoncelli :

	PRODUCTION MOYENNE.	COMMERCE.	
		IMPORTATION.	EXPORTATION.
	hectolitres.	hectolitres.	hectolitres.
1870-1874.....	27,539,000	"	"
1879-1883.....	36,760,000	"	"
1890..........	29,457,000	14,480	904,327
1891..........	36,992,000	8,495	1,158,540
1892..........	33,972,000	7,785	2,417,166
1893..........	32,164,000	22,376	2,328,993
1894..........	25,817,000	55,619	1,911,987
1895..........	24,246,000	104,223	1,675,023
1896..........	28,600,000	121,540	1,609,070
1897..........	28,350,000	205,295	2,386,376
1898..........	32,940,000	76,887	2,432,521
1899..........	31,800,000	139,257	2,354,570

L'Italie — comme l'Espagne, plus qu'elle-même peut-être — n'est pas sans éprouver de sérieuses difficultés pour le placement à l'étranger de ses vins [1]; ces difficultés ont déjà retenu l'attention des techniciens, et divers remèdes à la situation ont été proposés, notamment l'organisation de caves coopératives.

LES DIFFÉRENTS CRUS. — C'est au rapport de M. P. Le Sourd que nous demanderons un rapide aperçu des principaux vins italiens : « L'Italie a présenté une certaine quantité de vins de liqueur et quelques vins secs de qualités diverses. En fait de vins de luxe, citons

sommation sont établis par l'addition de la production et de l'importation, et en soustrayant du produit l'exportation. Les chiffres de la valeur sont établis chaque année par une commission spéciale qui siège au Ministère des finances. L'exportation des vins italiens donne les chiffres suivants pour les trois dernières années du XIXᵉ siècle :

	hectolitres.
1897.................	2,386,376
1898...............	2,432,521
1899...............	2,354,570

[1] Voir p. 92, note 1.

le marsala, dont la saveur et l'arome rappellent le xérès; le lacryma christi, d'une finesse exquise; le délicieux zucco; le malvoisie; le vernaccia. Au-dessus de tous les vins rouges secs, on place le chianti di Brolio, qui a de la délicatesse, du parfum et de la fraîcheur, d'autres chianti viennent ensuite, ils se rapprochent du premier sans en avoir la finesse. Notons encore le vin d'Asti, le grignolino, le barolo, le gebbiolo, etc.; les produits riches et corsés de Bari, de Barletta, etc.; et ceux de Sicile, les scoglietti, qui sont aussi forts en couleur et servent dans les coupages. Au nombre des vins blancs, signalons les capri. »

Quelques détails sur ces principaux crus ne seront pas inutiles. Voici tout d'abord l'*asti*. L'arrondissement de ce nom qui le produit « est éminemment vinicole et a conquis une grande importance par son type spécial de barbera, universellement connu; le muscat donne beaucoup dans toute la province : 1,000 kilogrammes de raisin fournissent 740 litres de vin dont 705 de première qualité et 35 de deuxième; on prépare divers types de muscat : le moscato spumante, le moscato uso champagne; puis les muscats non mousseux : le sec (genre sauterne), le passito et le muscat pour vermout ». Continuons notre étude en descendant vers le Sud. Dans la province de Gênes les vins blancs dits *delle cinque terre* sont célèbres; ils ont de l'alcool, sont de bon usage, assez fins, de couleur jaune d'or, aromatiques, recherchés par le commerce. Puis voici la *canina* de la Romagne, d'un goût particulier, et qui se vend toujours un bon prix.

La province de Florence exporte des vins de table. Les vins des collines de la Grève, le long de la voie du Chianti, sont très bons, plus colorés et plus rudes que le chianti; ils sont limpides et ont une couleur grenat, du parfum et de la saveur. Le *chianti* lui-même est généralement préparé avec 7 dixièmes de sangioveto, 2 dixièmes de canaiulo et 1 dixième de malvasia; les variétés les plus réputées sont celles de Brolio, le vin de Montefollonico, le vin noble de Montepulciano, le vin de San Biagio, le montalbuccio des collines de Sienne. C'est sur la plage vésuvienne, au bord de ce golfe de Naples dont la beauté inspira les mots fameux « vedere Napoli et poï morire! », que le raisin greca della Torre fournit le vin au nom entre tous poétique, le *lacryma Christi*. La Pouille, elle, tient le premier rang pour les vins de coupage. Sur les côtes de la mer Thyrrénienne, à Formie, à Gaète et à Mondragone, on rencontre d'excellents vins de table; c'est dans cette zone et plus précisément vers Falciano de Carinola qu'on croit trouver le coteau Faustiano célébré comme le pays d'origine du meilleur *salerne*.

Il ne nous reste plus qu'à dire quelques mots des vins de Sicile : le *muscat de Syracuse*, « à l'arome exquis, très limpide, de couleur jaune doré, aimable et velouté, avec un joli parfum, très riche en matières extractives et en sucre », et le *marsala*, qui se récolte dans les vignobles de la province de Trapani; le marsala, foncé, sec, n'est pas sans analogie avec le madère: tous les ans les petits propriétaires de la région s'engagent à fournir des quantités déterminées de moût aux négociants en vin de Marsala, qui, de leur côté, leur font des avances d'argent.

Eaux-de-vie. — L'Italie produit en moyenne, tous les ans, 78,000 hectolitres d'alcool de vins et de marcs, ces derniers ayant généralement une saveur empyreumatique prononcée.

D. ÉLEVAGE.

EFFECTIF, VALEUR ET RENDEMENT DU BÉTAIL. — CARACTÈRE DE L'ÉLEVAGE. — CHEVAUX; LE CHEVAL SARDE. — COURSES DE CHEVAUX. — ÂNES. — MULETS. — BÊTES À CORNES; LEURS CARACTÉRISTIQUES; LEUR PRODUCTION. — BUFFLES. — MOUTONS : PRODUCTION LAINIÈRE; PRINCIPAUX TYPES. — LA CHÈVRE MALTAISE. — PORCS. — IMPORTANCE CROISSANTE DE L'INDUSTRIE LAITIÈRE; LAITERIES COOPÉRATIVES; EXPORTATION DU BEURRE ET DU FROMAGE; PRINCIPAUX FROMAGES; FROMAGES DE BREBIS, DE CHÈVRE, DE LAITS MÉLANGÉS. — AVICULTURE; SON IMPORTANCE; EXPORTATION : LA POULE ITALIENNE.

L'Italie n'est généralement pas riche en bétail. Voici quels sont les chiffres qui se rapportent à l'année 1890 et sont extraits d'un rapport de la Direction générale de l'agriculture d'Italie :

Chevaux............	720,000 [1]	Moutons............	6,900,000
Ânes.............	1,000,000	Chèvres............	1,800,000
Mulets et bardots..	300,000 [2]	Porcs.............	1,800,000
Bêtes à cornes......	5,000,000		

[1] Y compris les chevaux de l'administration militaire. Non compris ces derniers, voici des chiffres plus récents, ceux de 1894 : 702,390; 1900 : 773,396. — [2] 1894 : 307,615; 1900 : 328,161.

Selon une évaluation de même source, la valeur du bétail était alors de 2,191,200,000 francs, répartis de la façon suivante :

	PRIX PAR TÊTE.	VALEUR TOTALE.
	francs.	francs.
Chevaux.....................	600	432,000,000
Ânes........................	70	50,000,000
Mulets et bardots	400	120,000,000
Bœufs.......................	275	1,375,000,000
Moutons	12	82,800,000
Chèvres.....................	13	23,400,000
Porcs.......................	60	108,000,000

Quant au tableau du produit annuel du bétail, il n'en a pas été dressé depuis 1883; voici celui qui l'a été à cette date :

	francs.		francs.
Viande..........	569,705,000	Peaux..........	46,800,000
Os.............	7,500,000	Travail des adultes	
Laine	35,000,000	et accroissement	
Laitage	198,735,000	des jeunes.....	321,170,000

Au total, cela donne 1,178,910,000 francs. Mais la valeur du bétail ayant augmenté, on estimait qu'à la fin de 1890 le rendement brut annuel ci-dessus devait s'élever à 1,424 millions.

Dans la Haute-Italie, l'élevage est intensif; on fait choix de races sélectionnées, et le système de la stabulation domine. Dans l'Italie centrale, selon les points, on préfère soit la stabulation, soit l'envoi à la montagne; dans le Sud et dans quelques îles, on pratique l'élevage en plein air; le Ministère de l'agriculture n'a pas ménagé ses efforts pour faire abandonner ce système; il a subventionné les constructions. Enfin, dans le Sud, également, le nombre des pasteurs nomades est assez élevé.

Chevaux. — L'Italie a été longtemps très réputée pour l'excellence de ses chevaux de selle; le cheval napolitain, notamment, a fait les beaux jours des manèges et des cirques. D'une façon générale, du reste, les chevaux italiens sont généralement de trait léger ou de selle; cependant, on rencontre des chevaux de gros trait dans la Basse-Lombardie, et des carrossiers aux environs de Salerne, de Rome et dans les Pouilles. «Actuellement, c'est le croisement qui domine. Dans le haras du Roi à San Rossore et dans le haras le plus renommé de la péninsule, appartenant à M. le commandeur Bréda, situé à six kilomètres de Padoue, dans un pays de plaines immenses, le croisement adopté est celui du mélange du sang russe avec le sang américain, donnant des résultats satisfaisants avec les petites juments italiennes près du sang, très courtes, ressemblant à nos ponnettes du Gers[1] ».

Les chevaux italiens les plus remarquables sont ceux des Calabres et les sardes. Petits (1 m. 45) mais robustes, souples et endurants, ces derniers ont le plus souvent une robe baie, quelquefois une robe grise ou une alezane. Le front est large, les oreilles petites sont toujours tenues droites; l'œil, plutôt grand, est à fleur de tête; les narines sont larges et la bouche est grande. L'aspect général dénote de l'intelligence. Le cou est plutôt court et fort. La queue est bien attachée. Le cheval sarde est incontestablement le meilleur cheval de selle italien; il est particulièrement utile pour voyager dans les montagnes. En Sicile, on rencontre des descendants d'arabes. Enfin, des chevaux vivent à l'état demi-sauvage dans les Maremmes de Toscane.

Les haras de l'État ont été organisés par la loi du 26 juin 1887. Le premier volume du Stud-Book a paru en 1880.

La véritable capitale du monde des courses en Italie est Milan, dont l'hippodrome (de San Siro) a une piste excellente. C'est le Jockey-Club italien qui a la direction des courses : la plus importante des sociétés locales est la Société lombarde. Les courses d'obstacles sont dirigées par la Société des steeples-chases d'Italie. Le budget des courses au galop est d'environ 700,000 francs, dont 130,000 pour les courses d'obstacles. L'épreuve dotée le plus richement est, après le Grand Prix Ambroisien (100,000), le classique et relativement ancien Grand Prix du Commerce, dont l'allocation est de 50,000 francs, et où nos représentants ont déjà triomphé. Comme autres prix importants, je citerai le Derby Royal (20,000 francs), qui se dispute à Rome, et le Prix du Prince Amédée, de 20,000 francs également, que l'on court à Turin. Les écuries de course italiennes sont analogues

[1] H. Vallée de Loncey, *Journal d'agriculture pratique.*

aux nôtres. Les courses au trot ont chaque année en Italie plus de vogue. Pour cette spécialité aussi, c'est Milan qui tient le premier rang; sa société, le Trotter Italien, est la plus importante de tout le pays en ce qui concerne le trotting, qui, du reste, est surtout répandu dans le nord de la Péninsule.

Ânes. — Malgré les efforts d'un certain nombre de comices agricoles, qui ont établi des stations de remonte, on se plaint dans beaucoup de régions, où autrefois existaient des races asines appréciées, de ne plus pouvoir trouver que difficilement de bons sujets.

Mulets. — C'est en Sicile et dans le sud de l'Italie que l'élevage du mulet est le plus développé.

Bêtes à cornes. — Les races bovines italiennes proviennent de diverses souches. «Tantôt, écrivait le D\u0072 Hector George dans un article du *Journal d'Agriculture pratique*, qui lui fut inspiré par le concours de 1900, le pelage est gris fer pâle avec le cornage en lyre et l'avant-train très élevé par rapport à la croupe, comme cela se voit dans l'asiatique; tantôt le pelage est pie-rouge ou pie-noire comme dans le jurassique; tantôt, le cornage et le pelage rappellent soit la race des Alpes, soit l'ibérique. Enfin, Tampelini a signalé quelques-uns des caractères de la race d'Aquitaine, assertions dont A. Sanson a pu vérifier l'exactitude sur des bœufs de l'Émilie exposés en vente au marché de la Villette. Les caractères de conformation ne sont pas moins variables que ceux du pelage et les uns et les autres peuvent se mélanger entre eux de façons très diverses».

Certains auteurs ont voulu voir dans la race *romagnole* une variété spéciale. A ce sujet, le D\u0072 George disait dans l'article précité : «Dans le taureau romagnol, le cornage, la tête fine, le pelage gris fer, pelage gris pâle sur le train, renforcé à la tête, à la croupe, aux membres, rappellent absolument la race asiatique, mais la conformation de l'arrière-train, surtout, en diffère absolument et se rattache à la race jurassique. Nous retrouvons là les mêmes masses musculaires, la même croupe, la même culotte aussi haute que le garrot». Et il concluait : «Le caractère du croisement saute aux yeux».

M. Émile Thierry, zootechnicien distingué, estime que la variété romagnole comme la *bellunaise* sont les dérivés de la race des steppes, originaire des steppes de Russie et de Hongrie.

Feu M. de Clercq, président du syndicat des éleveurs français de schorthorns, estimait que les reproducteurs italiens « très développés, avec de grandes cornes dirigées vers le ciel en forme de lyre, tous de couleur blanche, mais avec les muqueuses noires, manquent en général de rein, mais sont massifs et vigoureusement constitués ».

Les bovidés italiens sont élevés surtout en vue du travail et de la boucherie; seules, les variétés qui se rapprochent de la race alpine sont exploitées pour la production laitière.

Dans la campagne romaine et dans les marais du Volturno, de Poestum et de l'Ofanto, on trouve des buffles à demi sauvages.

Moutons. — Les Romains avaient pris aux Grecs et entouraient chez eux de soins délicats les moutons de Tarente, à laine fine et soyeuse. Columelle donnait aux éleveurs les préceptes qu'il jugeait nécessaires. C'était le système de la stabulation qui était en usage; en outre, les animaux portaient continuellement une couverture. Comme reproducteurs, ils atteignaient des sommes équivalentes à 5,000 à 6,000 francs de notre monnaie. Un prix pareil, payé pour des béliers, est un signe certain du notable degré de perfection auquel avaient déjà atteint les méthodes d'élevage.

Il est certain que l'élevage des moutons est aujourd'hui l'objet de moins de soins. Cependant, bien que le nombre des moutons ait diminué en Italie, la vente de la laine est encore d'un bon rapport pour le pays (en 1895 : 9,777,000 kilogrammes). Sur certains points, on a consacré à cet élevage les terrains occupés par les vignes phylloxérées.

On peut ramener les types de moutons italiens à trois : 1° la grande race de la Pouille, à tête busquée, à oreilles tombantes; 2° la race de Bergame essentiellement laitière; 3° la race negretti, qu'il ne faut pas confondre avec la sous-race mérinos du même nom; elle est basse sur jambes et produit une laine noire de belle qualité. Petites et de toison ordinaire, les brebis de Sicile et de Sardaigne sont très bonnes laitières.

Certains croisements tentés avec des rambouillets et des mérinos ont donné de bons résultats.

La chèvre maltaise. — C'est ici le lieu de parler de la chèvre maltaise, que certains auteurs ont prétendu détenir le record parmi toutes les chèvres laitières de l'univers. Elle n'atteint pas, la plupart du temps, plus de 65 à 70 centimètres au garrot et donnerait, d'après les chevriers de la Valette, autant de lait que les meilleures laitières suisses, dont le poids est supérieur de 20 à 40 kilogrammes et qui mesurent de 20 à 30 centimètres de plus au garrot. A Paris, elle donne, dans une lactation, de 600 à 650 litres de lait. En Algérie et en Tunisie notamment, il faut compter sur une moyenne de 3 litres de lait par jour. Après la mise-bas, on obtient 4 litres, quelquefois 5. Ce volume est considérable, comparé au poids de l'animal et à la quantité restreinte de nourriture dont il est susceptible de se contenter. A Malte, on alimente intensivement les chèvres au moment où elles sont laitières ; elles arrivent ainsi à ingérer alors chacune de 2 kilogrammes à 2 kilogr. 500 de fèves par jour, ce qui développe énormément chez elles la sécrétion lactée. A Malte, en Tunisie, en Algérie, les chèvres circulent sur des pâturages arides et desséchés, et ce régime d'exercice au grand air les prédispose à se nourrir abondamment quand elles rentrent au bercail. On trouve des maltaises de toutes les couleurs communes à la chèvre ; cependant, la toison n'affecte jamais la disposition des nuances observées chez la chèvre alpine. Elle est rousse, brun clair ou foncé, noire, blanche ou grise. Elle entremêle aussi ces couleurs en des taches bien accentuées, Quelques-unes, cependant, sont péchardes. La maltaise a les poils généralement longs, les oreilles légèrement cassées vers le bout et facilement tombantes, caractères empruntés à l'un de ses auteurs, la chèvre de Syrie. On la trouve aussi très fréquemment avec des oreilles très courtes à la façon de la chèvre de la Mancha, autre branche de ses ascendants. Il existe des chèvres de Malte très authentiques, à poil ras. Encore que la robe ne fasse rien pour la qualité de la bête, et qu'elle soit, ainsi que la couleur, des plus variées, la nuance qui domine dans la race et qui paraît le mieux la caractériser, est le jaune brunâtre, le fromenté plus ou moins foncé. «La race à fixer, écrit M. J. Crépin, nous paraît devoir atteindre cette couleur avec du poil long et des oreilles légèrement tombantes et relevées vers le bout. L'œil est foncé et doux à la façon de celui de la gazelle : la tête plutôt allongée, le chanfrein droit, le mufle légèrement renflé. Les cornes contournées et grêles font généralement défaut. Elles sont, en tous cas, en régression comme dans toutes les races d'élite chez lesquelles la domestication fort ancienne a fait œuvre de sélection. La chèvre de Malte est ordinairement maigre, parce que l'abondance de sa nourriture profite surtout à son lait.» La chèvre étant, à Malte, nourrie à la mangeoire et sans alimentation arbustive, y a perdu en partie l'instinct déprédateur que l'on reproche à sa congénère de France. Certes, elle est turbulente comme tous les caprins, mais elle est plus facile à conduire en troupeau que tout autre animal de son espèce. Entraînée à brouter, elle se comporterait un peu comme les moutons.

Signalons, enfin, les pratiques auxquelles se livrent les Maltais pour déterminer l'activité de la glande mammaire. «Pendant les derniers mois de la gestation, le pis de la bête est soumis à des massages prolongés, à des frictions douces et onctueuses. Cette opération est répétée le plus souvent possible, et l'animal non seulement s'y prête volontiers, mais en manifeste une vraie satisfaction. Il témoigne, d'ailleurs, un grand attachement à son chevrier, qui a pour lui les tendresses de l'Arabe pour son cheval. Après quelques semaines de ce régime, le sang afflue à la mamelle, les glandes descendent et se développent au bas du pis vers les trayons; d'où la forme bizarre de cet organe étroit du haut et globuleux du bas. Cette même conformation existe chez la chèvre de Nubie. A l'encontre de ce qui se fait partout, le Maltais ne trait jamais sa bête à fond L'épuisement du pis à chaque traite et la traite aux heures fixées sont considérés, on le sait, par les Suisses, grands connaisseurs en la matière, comme une condition essentielle pour le maintien d'une abondante lactation. Le Maltais prétend le contraire. Il laisse toujours dans chaque trayon la valeur d'un verre à Bordeaux de lait, afin, dit-il, d'entretenir la chaleur qui attire le lait. Il trouve même excellente la pratique de ne puiser à la mamelle que par petites quantités et par fréquentes répétitions; il y voit un appel constant à le sécrétion lactée et arrive, en effet, à tirer de ses bêtes de prodigieuses quantités de lait. »

Porcs. — Les porcs sont nombreux en Italie. L'élevage se pratique soit en plein air et, dans ce cas, on vise surtout la quantité, soit dans des porcheries, auquel cas on fait l'engraissement. En Lombardie et en Vénétie on a compris l'avantage d'installer, pour l'écoulement des sous-produits, des porcheries auprès des laiteries. Les résidus des rizières servent également à l'alimentation des porcs.

Il faut citer la race *napolitaine*, variété de la race ibérique, et qui est assez répandue jusqu'en France, non seulement dans le Sud, mais encore dans le Centre et dans l'Est. La face est allongée et effilée; les joues sont tombantes; les oreilles, relativement petites, pointues, relevées et dirigées en avant; l'œil est petit; le col, court et peu épais; assez fines, les soies sont peu abondantes; le corps n'est pas très long. Généralement noirs, les individus de cette race sont rustiques, vigoureux, agiles, ils aiment à vivre en liberté; ils mangent beaucoup, mais sont assez précoces et donnent plus de chair que de graisse. Les jambons sont recherchés. Les femelles ont rarement plus de huit à dix petits. Les variétés de la race napolitaine sont nombreuses.

Industrie laitière. — Depuis la fondation de coopératives en Lombardie, en Vénétie et dans la vallée d'Aoste, l'industrie laitière a pris en Italie un grand développement, que le Gouvernement a favorisé par tous les moyens. En même temps, les procédés de fabrication se sont améliorés. La Direction générale de l'agriculture estime que la production a été, en 1895, de 74,328,000 kilogrammes de fromage, 15,922,000 kilogrammes de beurre, 11,874,000 kilogrammes de fromage de lait caillé (ricalla), et 5,278,000 kilogrammes de produits divers de laitage[1]; quant à l'exportation, elle s'est élevée, de 1890[2] à 1899 : celle du beurre, de 30,962 quin-

---

[1] Ces chiffres se rapprochent assez de la moyenne de cette période. Ils représentent une valeur de 120 millions de francs.

[2] Les chiffres de 1890 sont déjà en progrès; ainsi la période 1871-1875 nous indique, par an, une exportation de 1,360 tonnes de beurre et de 2,061 tonnes de fromage.

taux à 6o,o73 quintaux, et celle du fromage, de 59,773 quintaux à 1o4,3a8 quintaux.

Le beurre de Lombardie — d'une réelle saveur — s'est acquis sur le marché de Londres une certaine réputation; on en exporte également en Égypte.

Les fromages italiens ont depuis longtemps une grande renommée. Il faut citer notamment le *parmesan* (Lodi), à pâte dure, qui convient particulièrement pour être râpé[1]; le *stracchino* (Brescia), à pâte tendre, qui n'est pas sans analogie avec le camembert; le *gorgonzola* (genre roquefort)[2]. Le *castelmagno*, fromage piémontais peu connu, est du même genre; pour le rendre plus fort on y fait un trou, on y verse un petit verre d'alcool, puis on le laisse se faire pendant quelques jours. Le *cacciocavalo* (cascaval) napolitain se distingue, par son aspect et par son goût, du fromage du même nom fabriqué en Turquie et dans les pays limitrophes et dit *kacher*; il est surtout recherché, dans les pays d'importations, par les connaisseurs originaires de l'Italie méridionale[3]. Le *romano*, comme son nom l'indique, est originaire des environs de Rome; il est sec, semblable au parmesan, employé de préférence à la préparation du macaroni ou comme dessert[4]. Un autre fromage à citer, est le fromage de poivre, dans la préparation duquel entre une forte proportion de cette épice et qui est exclusivement fourni par la Sicile[5].

La production de fromage de brebis a atteint, en 1891, 18 millions 9a6,857 kilogrammes. Les plus renommés sont ceux de la région romaine (3,165,ooo kilogrammes à 1 fr. 85 le kilogramme) et de Sicile (35,6oo kilogrammes à 1 fr. 7o le kilogramme). La pâte de ce dernier est très prisée des connaisseurs. Très salé, le fromage blanc de Sardaigne a peu de valeur; il sert à l'approvisionnement des

---

[1] Le parmesan est de forme cylindrique: le poids des fromages varie entre 15 à 35 kilogrammes; leur prix oscille entre 1 fr. 5o et 2 fr. 7o, selon la qualité et la densité; le parmesan, en effet, est d'autant plus apprécié qu'il est plus lourd.

[2] Le gorgonzola, du poids de 8 à 1o kilogrammes, blanc, se vend 1 fr. 4o le kilogramme; vert, 1 fr 6o; l'exportation de ce fromage n'est possible qu'en hiver car, sous l'influence de la chaleur, il s'altère facilement.

[3] Il se vend de a francs à 2 fr. 5o le kilogramme.

[4] On l'expédie dans des formes de 6 à 7 kilogrammes et il se vend de 1 fr. 5o à 1 fr. 7o le kilogramme.

[5] Il est vendu de 1 fr. 4o à 1 fr. 5o le kilogramme.

navires. Citons encore le *pecorino*, qui, comme son nom l'indique, est exclusivement fabriqué avec du lait de brebis — de la Toscane et de la Romagne [1].

On fait de moins en moins de fromage de chèvre, ce qui n'a rien d'étonnant, le nombre des chèvres allant en diminuant.

A signaler, enfin, le fromage obtenu avec des laits mélangés de brebis et de chèvre; parfois, on y ajoute du lait de vache; ainsi au Mont-Cenis, où ce fromage est dit : *mariannese* ou *marianengo*.

Volaille. — L'aviculture est prospère en Italie qui est, concurremment avec la Russie, un des principaux fournisseurs du marché européen, mais elle ne s'y est pas toujours pratiquée d'après les procédés les plus perfectionnés. La poule italienne se distingue par ses pattes jaunes, sa grande crête, pendante chez la pondeuse. Il y a des poules de toutes couleurs, mais la couleur perdrix, celle que les amateurs désignent sous le nom de *leghorn*, domine. C'est une excellente pondeuse; sa chair est médiocre.

De 1890 à 1899, l'exportation des volailles vivantes et mortes s'est élevée de 55,328 quintaux à 103,585, et celle des œufs de 152,852 quintaux à 337,977 quintaux, représentant environ 40 millions de francs.

Les chiffres de 1900 sont (en quintaux) :

Importation.	Volailles	vivantes	683
		mortes	278
	Œufs		2,406
Exportation.	Volailles	vivantes	66,889
		mortes	28,341
	Œufs		357,369

L'exportation des œufs se porte sur la Grande-Bretagne (50 p. 100), l'Allemagne, la Suisse; celle de la volaille, sur l'Allemagne, la France, la Suisse.

[1] Il vaut environ 1 fr. 50 le kilogramme.

E. SÉRICICULTURE, APICULTURE, ENTOMOLOGIE.

SÉRICICULTURE : SON IMPORTANCE POUR L'ITALIE; COCONS RECUEILLIS ANNUELLEMENT; GRAI-
NAGE; RACES INDIGÈNE, DE L'EXTRÊME-ORIENT, MÉTISSE; RENDEMENT MOYEN; LA STATION
SÉRICICOLE DE PADOUE; LES OBSERVATOIRES SÉRICICOLES. — APICULTURE. — ENTOMO-
LOGIE; LA STATION ROYALE D'ENTOMOLOGIE AGRICOLE DE FLORENCE.

SÉRICICULTURE [1]. *Son importance.* — «La soie est pour l'Italie la production la plus importante», estime le commandeur Pavoncelli, et,
dans son rapport consacré aux «Insectes utiles et à leurs produits»,
le Dr Félix Henneguy, professeur au Collège de France, écrit :
«L'Italie est la première nation de l'Europe au point de vue séricicole;
la quantité de soie qu'elle livre annuellement à la consommation dépasse de beaucoup l'ensemble de la production des autres pays européens. Malgré la crise que traverse l'industrie de la soie, en Italie
comme ailleurs, ce sont encore les soies italiennes qui, avec celles de
l'Orient, alimentent nos grandes fabriques de soieries.»

Le tableau suivant (en kilogrammes) des cocons recueillis annuellement indique du reste l'importance de la sériciculture italienne.

ANNÉES.	INDIGÈNES BLANCS ET JAUNES.	MÉTIS JAUNES.	JAPONAIS ET CHINOIS.	TOTAUX.
1880	11,118,000	//	30,445,000	41,573,000
1885	16,071,000	//	16,196,000	32,267,000
1890	21,636,000	12,432,000	6,675,000	40,743,000
1895	20,580,000	19,740,000	1,754,000	42,074,000
1899	13,364,000	27,200,000	1,023,000	41,587,000

Pendant la période 1880-1899, la plus mauvaise année fut 1882,
avec un total de 31,869,000 kilogrammes, et la meilleure 1893,
avec 47,624,000 kilogrammes.

[1] «La sériciculture est ancienne en Italie. Il est probable qu'elle a été introduite (on dit vers l'an 1060) dans la Calabre, par les habitants de cette province, dont les communications avec la Grèce étaient continues; il est probable aussi qu'elle a été apportée en Sicile par les Arabes, au temps du morcellement de leur empire, et qu'elle y resta long-temps cachée, progressant lentement. Roger Ier, roi de Sicile (le même que Roger II, comte de Sicile), victorieux en Grèce, emmena en captivité des ouvriers en soie : c'étaient surtout des tisseurs. L'arrivée de ces captifs grecs eut lieu à Palerme, en 1146, et Roger entreprit tout de suite et accomplit par eux une sorte de vulgarisation de l'art des Arabes et des Grecs.

La quantité moyenne d'onces (1 once = 27 grammes) de graines de vers à soie mises à l'incubation s'élève à 1,168,481 qui, à raison de 34 kilogr. 93 par once de graine, produisent une récolte totale de 40,817,493 kilogrammes de cocons.

Voici encore quelques chiffres — relevés dans l'introduction de la Statistique décennale française de 1892. Cette année, on a élevé des vers à soie dans 5,139 communes; le nombre des éleveurs a été de 531,869, qui ont employé, chacun en moyenne, 1 once 97, et, ensemble, 1,046,091 onces; le rendement total a été de 34,641,491 kilogrammes, d'une valeur de 116,779,243 francs; le rendement moyen d'une once de graines a été de 33 kilogr. 12; le prix de vente moyen en Italie a été de 3 fr. 38 par kilogramme de cocons et de 11 fr. 70 par once de semence.

Grainage. — Quand la pébrine eut envahi les magnaneries italiennes, les éleveurs firent tout d'abord venir des graines du Japon; puis, lorsque le système Pasteur se fut répandu chez nous, ils s'adressèrent aux graineurs français.

Il y a quelques années, enfin, ils se décidèrent à installer, sur le modèle des nôtres, des établissements de grainage, où ils ont obtenu de bons résultats.

Races. — Le tableau de la page précédente montre la progression descendante suivie par les graines du Japon. Voici ce qu'écrit à ce sujet le savant professeur italien E. Verson :

« On est aujourd'hui unanime à reconnaître que le rendement d'une once de graines indigènes est, à tous égards, supérieur à celui d'une

---

Les documents originaux font défaut. Ce n'est qu'au xiii° siècle qu'on trouve la mention de l'élevage des vers à soie et du filage de la soie. Au xiv° siècle, l'un et l'autre étaient répandus dans plusieurs états, et donnaient un produit assez certain pour qu'on les ait soumis à une réglementation et qu'on ait frappé les cocons d'une taxe. Quoi qu'il en soit, la fabrication des étoffes précéda la production de la soie, et les progrès en Italie de la culture du mûrier et de l'éducation des vers furent longtemps faibles et partiels. On se plaignait encore de ce fait à la fin du xvi° siècle. Les choses prirent un autre cours au xvii° siècle. Depuis lors, cette industrie, qui devait devenir une des richesses les plus solides de la péninsule, n'a pas cessé de s'accroître, mais toujours avec lenteur ». (Rapport du Jury de la Classe 34 « Soies » à l'Exposition de 1878, par Natalis Rondot, président de la section des Industries textiles à la Commission permanente des valeurs de douane, délégué de la Chambre de commerce de Lyon.)

once de graines japonaises. Mais comme dans l'Italie septentrionale celles-ci réussissent plus sûrement, les petits cultivateurs ne peuvent courir le risque de perdre un certain mais modeste bénéfice dans l'espoir d'une rémunération plus productive mais hasardeuse. Aussi tous les efforts furent-ils tournés vers un croisement qui réunirait la grande générosité des races indigènes pures à la vigoureuse rusticité des importations orientales. Les recherches furent couronnées de succès, et la diffusion des graines métisses fut extrêmement rapide. En 1889, les statistiques indiquent qu'on en cultive 350,000 onces. Dès lors le chiffre de la culture de la graine indigène retombe aux environs de 325,000 onces, c'est-à-dire qu'il redevient ce qu'il était avant qu'on ait tenté de l'acclimater dans la Haute Italie. Quant aux graines du Japon et de Chine, on n'en cultive plus que ce qui est nécessaire pour assurer le métissage. »

En 1899, le rendement moyen (en kilogrammes) par once de graines a été de 42.39.

La Station séricicole de Padoue. — « La *Station séricicole de Padoue*, fondée en 1871, est, par les recherches scientifiques et expérimentales effectuées par son personnel, une de celles qui ont le plus contribué aux progrès de la sériciculture moderne. Elle est dirigée par un savant éminent, M. Verson. Outre une magnanerie et une petite filature, l'établissement comprend des laboratoires, une riche bibliothèque et un musée renfermant tous les appareils nécessaires pour l'élevage des vers à soie et les opérations de grainage, ainsi qu'une collection de toutes les variétés de cocons. Les 27 volumes de publications périodiques édités par la station, sans compter les nombreux mémoires publiés dans des recueils scientifiques, tant en Italie qu'à l'étranger, témoignent de l'activité de son personnel. M. Verson, grâce à ses patientes recherches, a pu découvrir chez le ver à soie, déjà étudié cependant par un grand nombre de naturalistes, des détails d'organisation intéressants qui avaient complètement échappé à ses prédécesseurs. Son traité du ver à soie (*Trattato teorico-pratico sul filugello e l'arte sericicola*), publié en collaboration avec M. Quajat, sous-directeur de la station, renferme un résumé des principales recherches faites à le station de Padoue; c'est actuellement le meilleur traité de sériciculture que nous possédions, il sera consulté avec profit par les praticiens même les plus expérimentés. Depuis sa fondation, la Station de Padoue a été fréquentée par 800 élèves. »

Observatoires séricicoles. — Après la Station de Padoue, il faut signaler les *observatoires séricicoles,* destinés à donner aux sériciculteurs les conseils et les secours techniques désirables et qui, au nombre de cinquante-six, fonctionnent actuellement en Italie et surveillent surtout le commerce de la graine de ver à soie.

APICULTURE. — On manque de données statistiques concernant l'apiculture italienne; celle-ci serait assez prospère. Il y aurait intérêt à connaître le nombre des ruches, les quantités de cire et de miel produites chaque année. D'après les renseignements fournis, en 1878, à feu Balbiani, professeur au Collège de France, par la *Société centrale d'encouragement pour l'apiculture,* la production annuelle du miel était évaluée, à cette époque, à 1,533,880 kilogrammes, et celle de la cire, à 380,820 kilogrammes[1]. La cire d'Italie est une des plus estimées.

ENTOMOLOGIE. — « L'Italie, écrit le Dr Félix Henneguy, est un des pays de l'Europe où l'entomologie agricole est le plus en honneur. La *Station royale d'entomologie agricole de Florence* a été fondée en 1875 et relève directement du Ministère de l'agriculture, de l'industrie et du commerce. Son budget annuel s'élève à 13,000 francs, sans y comprendre les appointements du personnel. Elle possède une riche collection d'insectes et une collection d'échantillons de plantes attaquées par les animaux nuisibles. Ses travaux ont été, presque tous,

---

[1] Le rapporteur du Jury de la Classe 38 « Insectes utiles » de l'Exposition de 1878, feu Balbiani, signalait « l'importance que l'apiculture a prise en Italie, grâce surtout à la fondation, en 1870, de la *Société d'encouragement pour l'apiculture,* à laquelle se sont promptement affiliées de nombreuses sociétés locales ». Un autre rapporteur de 1878, M. Vilmorin, écrivait : « En Italie, l'apiculture n'est pas à proprement parler une industrie, ou plutôt c'est une industrie accessoire de toutes les exploitations agricoles ; les ruches perfectionnées commencent à être adoptées dans tout le pays. L'exportation du miel est considérable ; celle de la cire a également une certaine importance, bien que celle-ci se consomme principalement dans le pays, à cause de son emploi dans les cérémonies du culte. »

publiés dans les *Annales du Ministère de l'agriculture italien;* ils ont, en général, une haute valeur scientifique et renferment des données pratiques importantes. »

F. INSTITUTIONS AGRICOLES ET BONIFICATIONS DE TERRES.

LA SOCIÉTÉ DES AGRICULTEURS ITALIENS; SA GRANDE RÉCOMPENSE ANNUELLE. — LE CERCLE ŒNOPHILE ITALIEN; CANONS PARAGRÊLES. — SYNDICATS AGRICOLES. — UNIONS AGRICOLES CATHOLIQUES. — FÉDÉRATIONS. — LUTTE CONTRE LE TRUST DES PRODUCTEURS D'ENGRAIS. — CRÉDIT AGRICOLE : ASSOCIATIONS SCHULZE-DELITSCH; CAISSES RAIFFEISEN; CAISSES RURALES CATHOLIQUES. — ASSURANCES AGRICOLES. — ENSEIGNEMENT AGRICOLE : ÉTABLISSEMENTS D'ENSEIGNEMENT SUPÉRIEUR ; ÉCOLES SPÉCIALES ET ÉCOLES PRATIQUES; CHAIRES AMBULANTES. — STATIONS AGRONOMIQUES. — IMPORTANCE DES BONIFICATIONS DE TERRES; LA MALARIA. — L'*AGRO ROMANO*. — LE DELTA DU PÔ : TERRAINS GAGNÉS À LA CULTURE; FUMURES; CULTURES PRINCIPALES; BÉTAIL; FOURRAGES; BÉNÉFICES RÉALISÉS. — LA FORCE MOTRICE ET LE LABOUR HYDRAULIQUE; LA PROPRIÉTÉ DU VOMANO.

LA SOCIÉTÉ DES AGRICULTEURS ITALIENS. — La Société des agriculteurs italiens, présidée avec une haute autorité par le marquis de Caselli, a fait éditer, à l'occasion de l'Exposition de 1900, pour les offrir à la Société des agriculteurs de France, une série de très intéressantes monographies auxquelles, pour cette étude, j'ai eu plus d'une fois l'occasion d'emprunter des renseignements. Cette association mérite une mention spéciale. Je ne puis, à mon grand regret, énumérer tous les services qu'elle a rendus à l'agriculture italienne; je citerai cependant la haute récompense annuelle qu'elle accorde, la « Couronne d'or », dont le ruban porte le millésime et l'exergue : « Au Mérite Agricole éminent – La Société des Agriculteurs italiens. » Il y a deux ans, cette récompense était décernée au professeur Grassi (de Rome), auquel revient l'honneur d'avoir démontré que la malaria provient du moustique dit *anophèle*, et d'avoir indiqué le mode de transmission de la maladie.

Pour montrer, du reste, la très haute estime en laquelle est tenue la « Couronne d'or », il suffit de rapporter les noms des candidats qui la sollicitèrent, concurremment avec le professeur Grassi. La Caisse d'épargne de Bologne, pour 1° son initiative en faveur des améliorations foncières, 2° le crédit accordé aux cultivateurs et aux propriétaires de la région, 3° la fondation d'un haut enseignement universitaire agricole; l'ingénieur Tosi (de Forli), pour les progrès réalisés dans l'exploitation de San Mauro en Romagne et, notamment, pour l'amélioration de la race bovine, amélioration consacrée lors du concours de 1900; l'ingénieur Maraini, pour son initiative, ses efforts en vue de l'extension de la culture de la betterave, qui occupe actuellement environ 70,000 hectares et la création de plusieurs sucreries prospères consolidant l'industrie nationale; enfin, la Société coopérative de Lodi, qui avait posé sa candidature plus tardivement que ne le permettaient les termes du règlement.

Le Cercle œnophile italien et les canons paragrêles. — La première exposition du Cercle œnophile italien eut lieu à Turin, en 1866. Après avoir porté ses assises à Florence, quand cette ville fut capitale du royaume, le cercle organise aujourd'hui, à Rome même, son exposition de vins, de liqueurs et d'huiles. Parmi les objets qui ont attiré l'attention, il faut citer les canons paragrêles, *gradinifughi*, comme les appellent les Italiens. L'exposition qu'il leur réserva fut pour beaucoup dans leur diffusion. Pendant quelque temps, en effet, on n'avait recours aux canons paragrêles que dans le nord de l'Italie. Aujourd'hui, Rome a montré l'exemple au sud de la péninsule et il y a plus de 2,000 canons prêts à fonctionner en Italie. Les stations de tir se sont propagées, et des syndicats se sont formés de toute part. « Chaque station de tir, a écrit M. A. Ronna, vice-président de la Société nationale d'encouragement à l'agriculture, comporte, pour une bouche à feu, un abri dans lequel on loge, en outre, l'approvisionnement de poudre, de bourres et de capsules nécessaires pour une cinquantaine de coups. » Il paraîtrait qu'au prix de 350 francs on peut protéger 25 hectares. « C'est bien peu, ajoute M. Ronna, si l'on parvient à sauver seulement 1/5 de la récolte, mais c'est beaucoup si on ne sauve rien. L'agriculture, plus encore que la viticulture, ne saurait faire de faux frais. » La question des canons paragrêles est toujours à l'étude, les résultats constatés jusqu'ici sont tout à fait contradictoires.

Syndicats agricoles. — Dans le rapport très documenté qu'il présenta, en 1900, au Congrès international des Syndicats agricoles et associations similaires, M. le comte de Rocquigny, vice-président de la Commission d'organisation de ce Congrès, résume ainsi la situation actuelle des syndicats agricoles et des unions de syndicats en Italie :

« L'Italie, où les agriculteurs ont tant à bénéficier des ressources de l'association professionnelle, s'est empressée de vulgariser l'institution des syndicats agricoles. Aucune loi spéciale n'y favorisait leur implantation; mais on a cru pouvoir escompter la tolérance bienveillante dont l'Administration use, en ce pays, à l'égard de toute institution vraiment utile, et préparer ainsi les modifications éventuelles à introduire dans la législation. Il s'est créé, de toutes pièces, des syndicats agricoles exactement modelés sur les syndicats français, tels que les grands syndicats de Turin, de Padoue, de Plaisance, etc., qui sont des associations de fait régies par les principes généraux du droit, mais dépourvues de la personnalité civile. Ils ont généralement pour objet l'achat collectif des marchandises nécessaires à l'exploitation du sol. Un autre type est également pratiqué avec succès, celui du syndicat agricole coopératif, *Consorzio agrario cooperativo*, qui a emprunté la forme d'une société anonyme coopérative de consommation régie par le code de commerce. Tel est le Syndicat agricole coopératif de Parme, l'un des plus remarquables du royaume. Enfin, les Unions agricoles catholiques, habilement organisées par l'Œuvre des Congrès et des Comités catholiques italiens, sont encore des syndicats agricoles d'essence particulière, conçus avec le large programme de travailler à relever moralement, intellectuellement et économiquement les conditions de l'agriculture... En Italie, nous rencontrons la Fédération nationale des syndicats agricoles italiens, dont le siège est à Plaisance, les diverses fédérations de caisses rurales, l'Association des banques populaires, la Fédération des laiteries coopératives Agordines, dans la province de Bellune, la Ligue nationale des sociétés coopératives italiennes, les Unions agricoles catholiques, etc... »

A cet exposé, j'ajouterai, prenant pour guide M. le commandeur Cavalieri, député, président de la Fédération des sociétés agricoles italiennes, quelques mots concernant la lutte entreprise par la Fédération contre le trust des producteurs italiens d'engrais qui avaient porté le prix de l'unité d'acide phosphorique de 36 à 56 centimes, lutte fort aiguë et au cours de laquelle la Fédération eut à constituer entre les agriculteurs une coopérative au capital de 2 millions 500,000 francs. Cette coopérative obtint d'un industriel qui se retirait, une promesse de vente de ses trois fabriques dont la production pouvait atteindre 400,000 quintaux de superphosphate. «Dès que l'affaire fut connue, écrit M. le commandeur Cavalieri, le trust s'alarma et proclama la nécessité de revenir à la libre concurrence et les prix retombèrent à 40 centimes l'unité. »

Crédit agricole. — J'ai déjà eu l'occasion de rappeler ce mot d'un paysan italien. Dans la petite commune où il habitait, on venait de créer une association du type Raiffeisen; il en était membre et on lui demandait son opinion. «Nous sommes cent membres qui nous épions les uns les autres », répondit-il. C'est que d'Allemagne, les institutions de crédit mutuel se sont, sous l'influence de M. Luzzati, répandues en Italie : en 1897, il n'y a pas moins de 762 caisses populaires du modèle Schulze-Delitsch. Elles ne sont, il est vrai, pas exclusivement agricoles; mais, dès 1883, M. Léon Wollemborg avait, en quelque sorte, porté les associations Raiffeisen au nombre de 53 en 1901. D'autre part, un prêtre, don Luigi Cerruti, curé de Gambarau, en Vénétie, créait un grand nombre de caisses rurales catholiques.

Assurances agricoles. — Je viens de parler (p. 42) de l'institution des canons paragrêles. Il est inutile d'insister sur la relation qui existe forcément entre son développement et les assurances agricoles. Du reste, en Italie, les compagnies d'assurance ont immédiatement essayé de tirer parti de ce mouvement, donnant des primes aux organisateurs de postes de tir et accordant un rabais à leurs clients. Ainsi que le remarque justement le distingué président de la Fédération des sociétés agraires italiennes, commandeur Cavalieri, si ces tirs réussissent, l'assurance devra, sinon disparaître, du moins être réduite à un simple appoint.

Quant à la situation actuelle, la série de documents ci-joints (fig. 195, 196, 197, 198) en donne une indication.

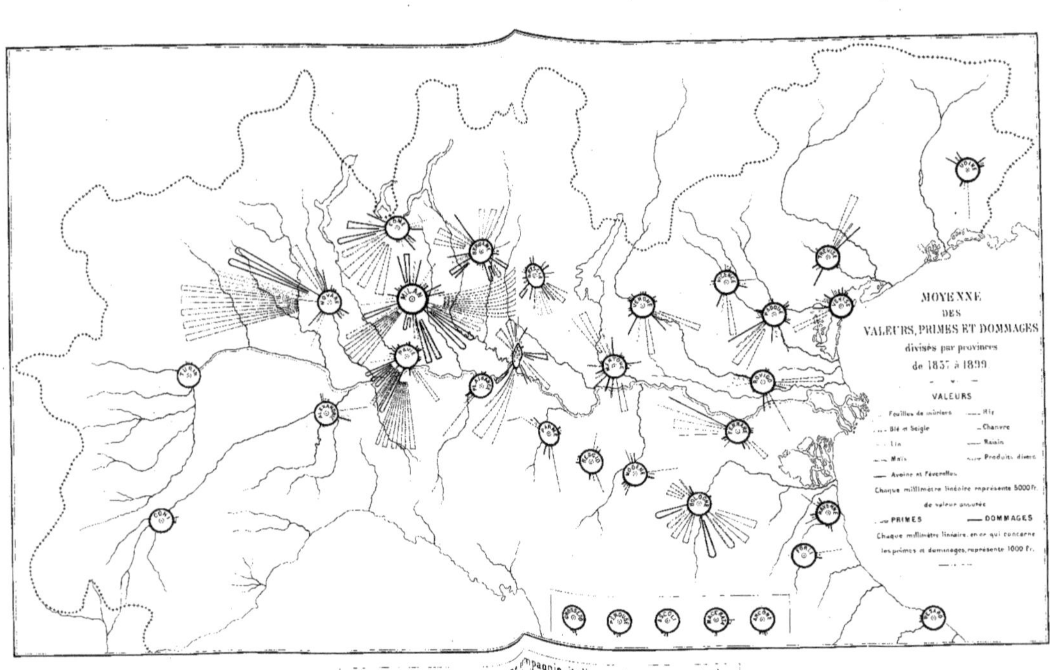

Fig. 195. | Document communiqué par une compagnie italienne de secours mutuels

(Ce document et le suivant émanent de deux compagnies différentes d'assurances mutuelles contre la grêle. Grâce à une intelligente et sage application du principe de prévoyance, la création des compagnies italiennes d'assurances mutuelles contre la grêle a rendu de grands services aux agriculteurs italiens.)

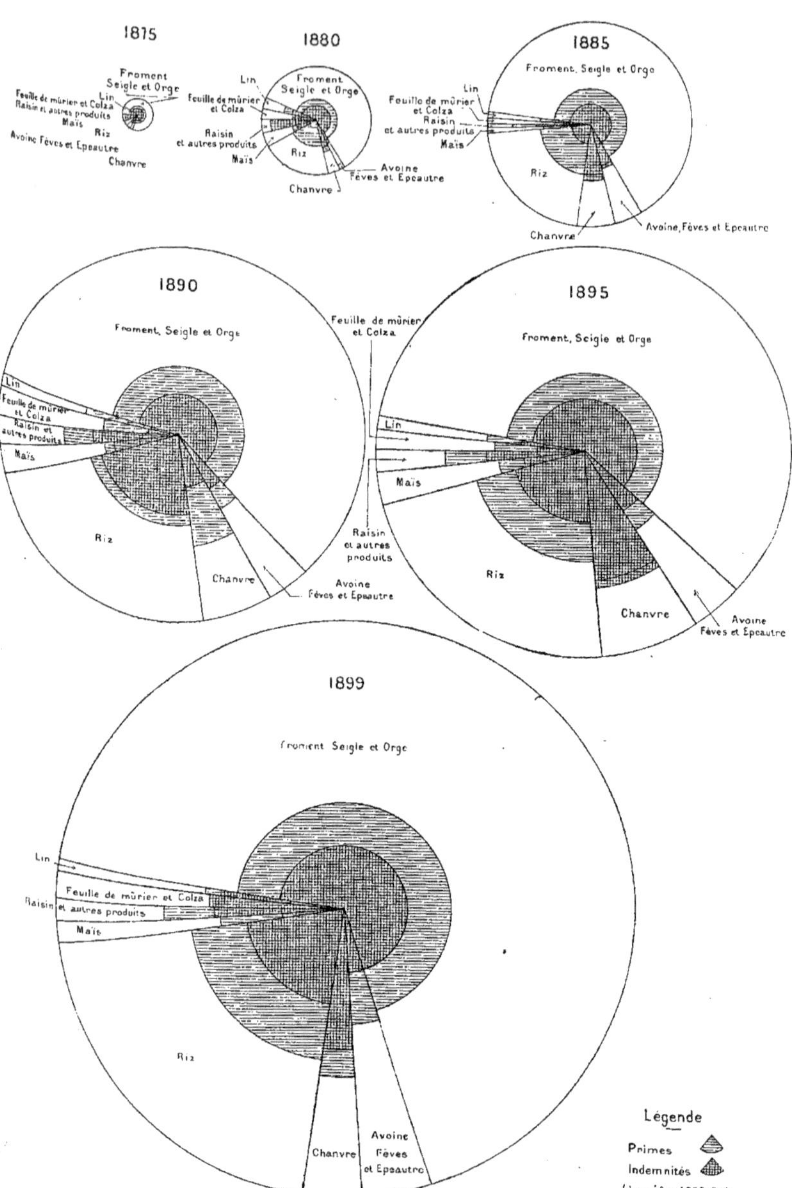

Fig. 196. Diagramme de capitaux assurés, de primes perçues, d'indemnités payées (voir fig. 195).

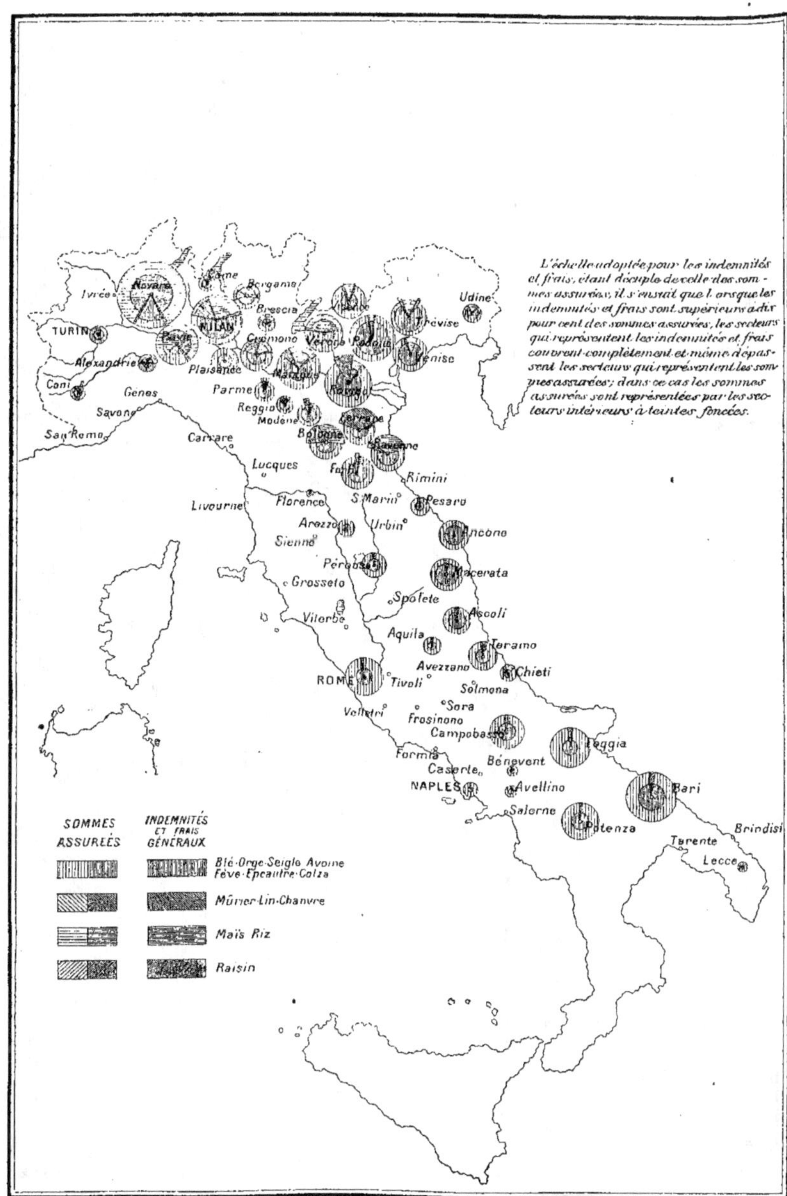

Fig. 197. Distribution, par provinces, des assurances consenties
par une société d'assurances à primes fixes contre la grêle, et des indemnités et frais généraux.

(Cette distribution, par groupes de produits, se rapporte à la moyenne annuelle des cinq années 1894 à 1899.
Les sommes assurées sont indiquées par les secteurs de cercles comprenant la partie à teintes claires et la partie
centrale à teintes foncées; les indemnités et frais généraux par les secteurs de cercle de teintes foncées.)

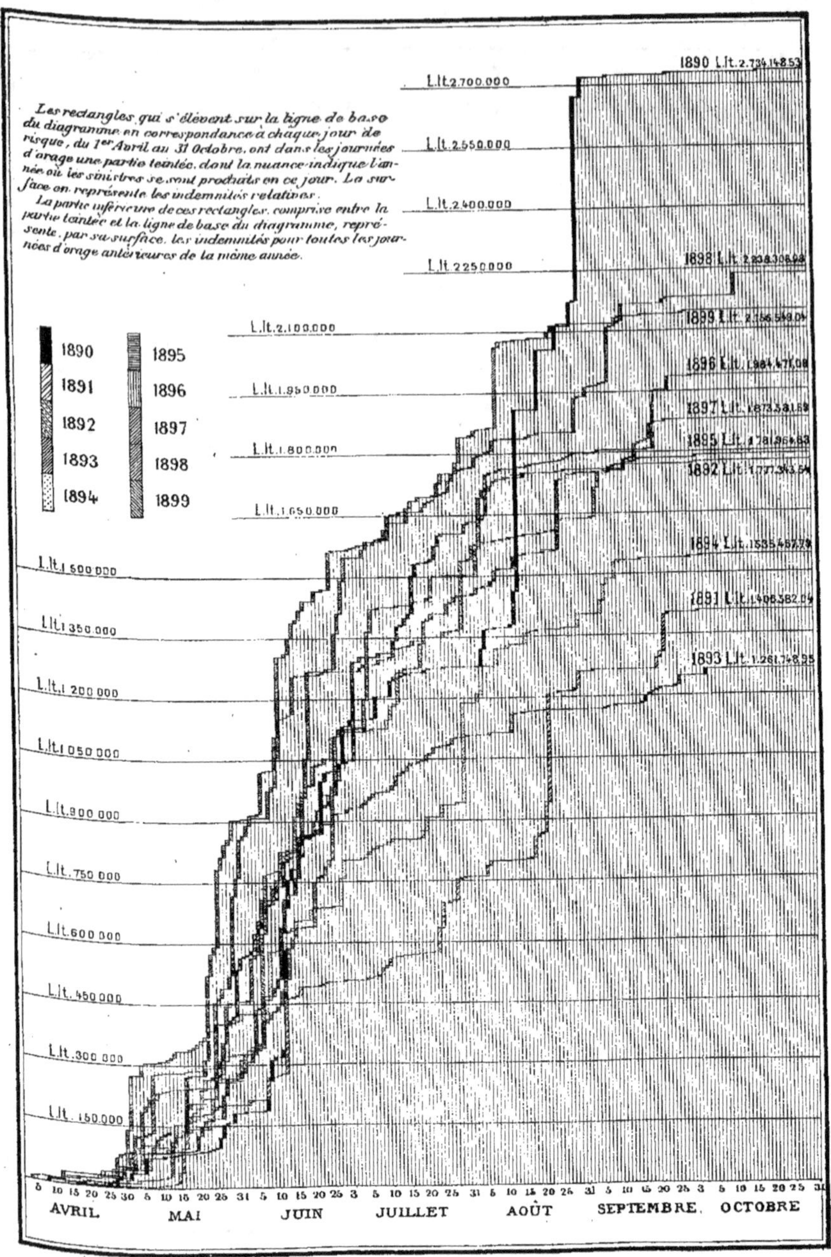

Fig. 198. Diagramme de sinistres.

(Ce document qui émane de la même source que le précédent [fig. 197], indique, pour la période 1890-99, les journées d'orage avec grêle ayant atteint, chacune de ces années, les produits assurés, les indemnités dues pour chaque journée d'orage, les indemnités dues pour toutes les journées d'orage antérieures de la même année.)

Enseignement agricole. — L'enseignement agricole est assez récent en Italie. Le carte que nous empruntons au 2ᵉ volume du rapport de M. L. Dabat, sur l'*Enseignement agricole*, indique la répartition des établissements qui le donnent aujourd'hui.

Je renverrai le lecteur au travail étendu de M. Dabat, ce qui me permettra de consacrer quelques lignes seulement à cette question.

L'École supérieure d'agriculture de Milan a été fondée, en 1870, sur l'initiative de la Représentation de la province et avec le concours de la Municipalité et de l'État. En l'année scolaire 1899-1900, la personnel enseignant comprenait le directeur, le secrétaire, 3 professeurs ordinaires, 6 professeurs extraordinaires chargés des cours. Le nombre des élèves et des auditeurs, qui suivit toujours une progression ascendante, atteignait 103.

L'École supérieure d'agriculture de Portici est de deux ans plus jeune que celle de Milan; elle a été fondée en 1872 par la province de Naples avec le concours du Ministère de l'Agriculture. En 1899-1900, le personnel enseignant comprenait, outre le directeur et le secrétaire, 4 professeurs ordinaires, 7 professeurs extraordinaires et 9 chargés des cours. Le nombre des élèves et auditeurs était de 75.

L'Institut agronomique expérimental de Pérouse, qui fonctionnait déjà, ne reçut sa constitution actuelle qu'en 1896. Le cours complet dure trois années; en 1898-1899, le nombre des élèves inscrits fut de 58, et celui des auditeurs temporaires, de 8. Sur ce total de 60, 52 étaient des propriétaires, 3 des employés de l'État. Le personnel enseignant comprenait 20 personnes.

L'Institut forestier de Vallombroso a, après divers essais, été inauguré en 1869. Le cours dure quatre années. Le personnel enseignant comprenait, en 1899, 11 personnes. De 1872 à 1899, le nombre des diplômés a été de 249.

Le tableau de la page 49 donne l'état complet des écoles spéciales et des écoles pratiques tel que le publie l'Annuaire statistique italien de 1900.

L'enseignement agricole serait, en Italie, plus développé qu'il ne l'est si le nombre des élèves était proportionnel au nombre des écoles.

ROYAUME D'ITALIE
CARTE
DES
INSTITUTIONS
D'ENSEIGNEMENT AGRICOLE
ET DES
ÉTABLISSEMENTS VÉTÉRINAIRES
ET
FORESTIERS
SUISSE
MER ADRIATIQUE
MER TYRRHÉNIENNE
MER IONIENNE
CORSE
SARDAIGNE
SICILE
ILES EOLIENNES
Institutions d'enseignement agricole et établissements vétérinaires
et d'enseignement forestier.
Noms et situation.
Noms et situation.
Iles Pélagie
Iles Lampeduse

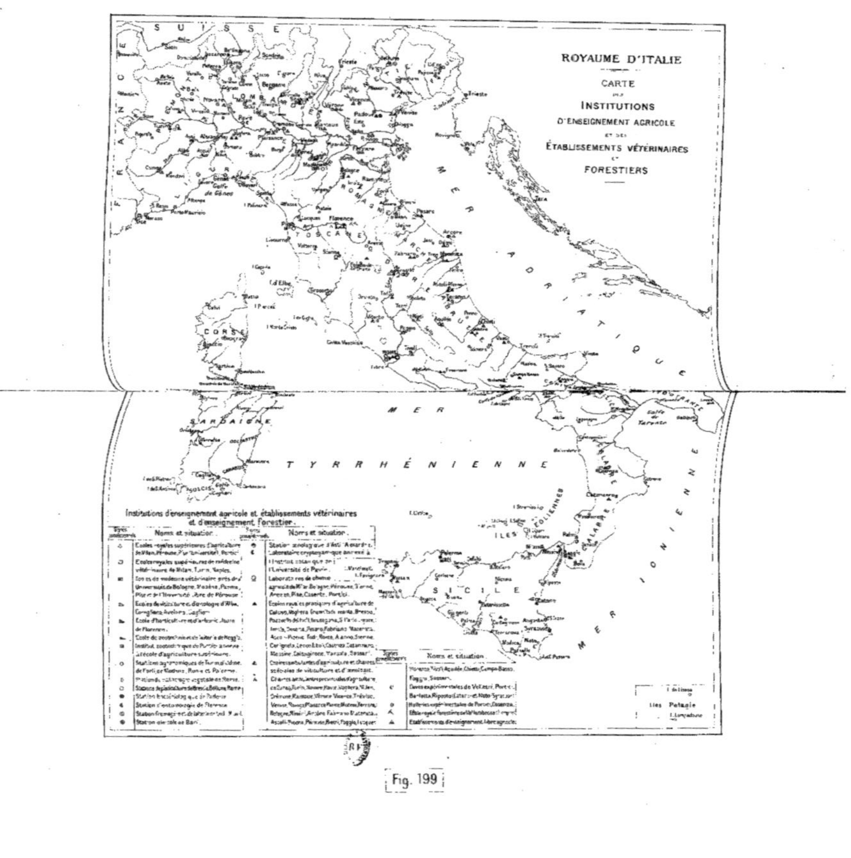

Fig. 199

SIÈGES.	ANNÉE de la FONDATION.	NOMBRE DE PROFESSEURS y compris les chargés de cours.	NOMBRE DES ÉLÈVES.		NOMBRE de LICENCIÉS dans l'année 1897-1898.
			1897-1898.	1898-1899.	
ÉCOLES SPÉCIALES.					
VITICULTURE ET OENOLOGIE.					
Alba...... { Cours supérieur..........	1898	} 8	35	} 12	} 8
{ Cours élémentaire.........	1881			35	
Avellino.... { Cours supérieur..........	1879	} 13	58	73	7
{ Cours inférieur..........			53	55	9
Cagliari........................	1886	6	36	38	11
Catane (cours supérieur)...............	1890	11	47	40	11
Conegliano.. { Cours supérieur..........	1876	} 14	58	73	8
{ Cours inférieur..........			37	44	12
CULTURE DE L'OLIVIER ET FABRICATION DE L'HUILE.					
Bari.............................	1881	3	7	8	2
POMOLOGIE ET HORTICULTURE.					
Florence........................	1882	8	32	31	7
ZOOTECHNIE ET FROMAGERIE.					
Reggio d'Émilie..................	1879	7	47	48	14
TOTAL { Cours supérieur...		} 70	163	198	26
des 8 écoles spéciales. { Cours inférieur...			247	259	63
ÉCOLES PRATIQUES.					
Alanno (Teramo)................	1880	4	39	50	8
Ascoli Piceno..................	1882	4	35	38	7
Brescia........................	1882	7	112	137	//
Caltagirone (Catane)...........	1881	5	42	51	14
Caluso (Turin).................	1892	5	31	32	9
Cantazano......................	1881	4	27	31	6
Casena (Forli).................	1882	5	39	41	7
Cerignole (Foggia).............	1889	6	21	35	1
Cosenza........................	1881	4	24	26	3
Éboli (Salerne)................	1882	4	24	20	4
Fabriano (Ancone)..............	1882	4	46	49	18
Grumello del Monte (Bergame)....	1887	4	30	38	11
Imola (Bologne)................	1883	4	35	35	9
Lecce..........................	1879	4	34	29	11
Macerata.......................	1881	4	37	41	5
Marsala (Trapani)..............	1896	3	//	24	//
Padoue (Brusegana).............	1883	5	67	72	17
Pesaro.........................	1881	3	27	31	4
Piedimonte d'Alife (Caserte)...	1888	5	17	20	4
Pozzuolo (Udine)...............	1881	3	33	37	11
Rome...........................	1882	5	46	52	9
Saint-Hilaire de Ligurie (Gênes)...	1893	3	31	32	8
Scerni (Chieti)................	1879	4	35	33	8
Sessari........................	1894	4	24	36	6
Todi (Pérouse).................	1883	5	38	40	9
Voghera (Pavie) { Cours supérieur..........	1894	} 4	38	45	} 12
{ Cours inférieur..........			19	10	
TOTAL des 26 écoles pratiques........		112	951	1,085	201

Il y a donc, au total, 5 écoles spéciales de viticulture et d'œnologie, 1 d'oléiculture, 1 de pomologie et d'horticulture, 1 de zootechnie et de fromagerie et 26 écoles pratiques — soit 34 écoles pour 1,137 élèves seulement (derniers chiffres).

De bien plus grands services sont rendus par les chaires ambulantes d'agriculture, dont les zélés titulaires instruisent les populations rurales, avec lesquelles ils sont en rapports constants. Leur institution date de 1885. Elles sont au nombre de 6, dont 5 de viticulture et d'œnologie, 1 de zoologie et de fromagerie.

Stations agronomiques. — Les stations agronomiques sont au nombre de six : Modène, Turin, Rome, Palerme, Udine, Forli, fondées toutes quatre entre 1870 et 1872; les quatre premières sont autonomes; les deux dernières, annexées à des instituts techniques. En outre, il y a à Padoue une *Station bacologique*, à Lodi une *Station de fromagerie*, à Asti une *Station œnologique* et à Rome une *Station de pathologie végétale* (toutes quatre indépendantes et annexées à des instituts supérieurs), à Florence une *Station entomologique* et à Pavie un *Laboratoire cryptogamique*.

Bonifications de terrains. — Les bonifications de terrains ont pour l'Italie une importance toute particulière[1], d'autant que la mise en culture intensive est le meilleur moyen de combattre le fléau de la malaria, qui ravage ou plutôt rend absolument déserts tant de territoires de Pise au cap Misène, ainsi qu'au sud de l'Italie. La preuve, du reste, que «la malaria est le résultat de l'abandon des cultures» ne nous est-elle pas donnée par ce fait que bien des terrains sur lesquels elle a maintenant établi son «humide empire» furent peuplés et passèrent pour salubres? Que de champs autrefois fertiles, que d'anciens beaux vergers, sur lesquels l'homme ne saurait même plus habiter! Et, non seulement bien des terres sont laissées aujourd'hui à l'état

[1] «C'est par millions qu'il faudra bientôt compter les hectares conquis, à la suite de travaux souvent gigantesques et par des associations d'efforts encore bien rares dans l'histoire agricole de l'Europe.» (Georges Carle, *Journal d'agriculture pratique*.) Il est vrai que les terrains à bonifier sont loin encore de manquer (voir p. 2).

inculte, qui assuraient la richesse d'une population nombreuse, mais encore la malaria ne présente pas moins de 2 millions de cas par an, et elle occasionne, dans la population rurale seule, plus de 15,000 morts.

L'agro romano. — On donne le nom d'*agro romano* à la vaste plaine, coupée de quelques ondulations, qui s'étend du pied des collines sabines, tiburtines et laziales jusqu'à la mer. Les lois de 1878 et de 1885 en prévoient la bonification, la première au point de vue hydraulique, la seconde au point de vue agricole, mais seulement dans une zone ayant, avec Rome pour centre, un rayon de 10 kilomètres environ. L'*agro romano* tout entier a une superficie de 208,000 hectares, mais la zone des 10 kilomètres, en en défalquant la partie occupée par la ville même, les cours d'eau et les routes, n'a qu'une superficie de 28,560 hectares, dont 7,530 forment en quelque sorte la banlieue de Rome.

La bonification complète peut se diviser en trois parts : 1° assèchement des grands marais (à la charge du Gouvernement); 2° écoulement des eaux stagnantes et régularisation des eaux vives (à la charge des groupements obligatoires de propriétaires); 3° bonification agraire (à la charge des propriétaires eux-mêmes, d'après un plan dressé par la Commission). La première partie de l'œuvre est presque achevée; la seconde, assez avancée; quant à la troisième, elle est en retard; mais il est juste de reconnaître que, dans ces dernières années, on a manifesté de ce côté quelque énergie.

Et que l'on ne croie pas que l'œuvre accomplie soit vaine. Lors du VII° Congrès international d'agriculture, tenu à Rome en avril 1903, les congressistes furent à même de se convaincre «qu'on peut avoir raison de la légendaire insalubrité» de la campagne romaine par un drainage rationnel des terres.

Le delta du Pô. — Mais ce qui, peut-être, intéressa le plus les congressistes ce furent les immenses bonifications de la province de Ferrare[1]. La récente mise en valeur des anciens terrains submergés du delta du Pô a, du reste, retenu l'attention du Jury en 1900.

[1] «La mise en valeur de ces terres — sorte de Hollande ensoleillée, — rendues cultivables à la suite de l'établissement de puissantes machines élévatoires comme celles de Codigoro ou du Marazzo, qui, par leur travail, maintiennent l'eau à 1 m. 50 au-dessous du niveau

Depuis un quart de siècle, environ 90,000 hectares y ont été conquis
à la culture; ces travaux ont été entrepris par l'État et par des sociétés
particulières ; ils ont demandé de grands efforts. Il a fallu, en effet,
non seulement établir des canaux pour élever les eaux superficielles,
mais encore se servir de pompes puissantes pour dessécher les terrains
situés à un niveau inférieur à celui de la mer. Dans une communication faite, il y a deux ans, à la Société nationale d'agriculture de
France, M. Micheli cite, en exemple, un domaine qui n'a pas moins
de 863 hectares, divisé en 38 métairies, formant une population de
5 à 600 habitants.

Très riche en éléments fertilisants, la terre ne demande qu'un
apport supplémentaire d'engrais phosphatés; on le lui donne sous
forme de scories, à la dose de 5 à 600 kilogrammes par hectare
chaque année; au total, la principale amélioration, ce sont les travaux de nivellement, car il importe que l'asséchement soit parfait, et
on peut estimer que la dépense pour ces travaux monte, en moyenne, à
24,000 francs par hectare. L'assolement est généralement le suivant :
blé, chanvre fumé, blé, fourrages, soit du trèfle pendant deux ans ou
de la luzerne pendant six à sept ans. On cultive également le maïs
qui est, pour les habitants, l'aliment par excellence. La culture principale est le blé. Le chanvre pousse à merveille, mais des ennemis
divers : vent, grêle, humidité, compromettent sa culture; aussi la
betterave à sucre a-t-elle tendance à le remplacer.

Le bétail qu'on rencontre le plus souvent est celui de la race romagnole. Chaque métairie possède de 20 à 25 bœufs, et «à l'automne
les puissantes charrues, attelées de 10 à 12 paires de ces grands
bœufs, gris, à grandes cornes, viennent rompre la monotonie de ce
paysage aux interminables successions de champs plats et de carrés,
séparés seulement les uns des autres par quelques rangées d'arbres,
sur lesquels courent des sarments de vignes ». Ce bétail est nourri avec
les fourrages récoltés sur place, et, à ce sujet, il est intéressant de

du sol, donna lieu à l'application d'un véritable plan de colonisation. Le sol y fut divisé
par des chemins régulièrement tracés; des
fermes (*corti*) furent construites en vue d'y
abriter un nombreux bétail, et toutes reliées
entre elles et à la ferme principale par le télé-
phone. » (Georges CARLE, *Journal d'agriculture
pratique.*)

noter qu'au mois de mai, les blés sont tellement forts, qu'on doit les écimer et que ce seul écimage assure du fourrage vert aux animaux de la métairie pendant trois semaines.

Fig. 200. — Château d'eau du Vomano et canal d'amenée [1].

c, canal d'amenée supporté par des chevalets h. — A, château d'eau de 13 mètres de hauteur.
F, canal de fuite. — a, câble télédynamique. — e, fils de la sonnerie électrique.

Que peuvent donner les cultures entreprises? M. Micheli assure que l'hectare donne 200 francs quand il est planté en fourrages, 215 francs avec des blés, 263 francs avec du chanvre, 399 francs

[1] Cliché de la Librairie agricole, ainsi que ceux des figures 201 à 204 inclus.

avec de la betterave à sucre. Or, le prix d'un hectare de ces terres, y compris la construction des bâtiments, n'est pas supérieur à 1,100 fr. et celui du cheptel étant de 300 francs, le revenu n'est pas inférieur à 6 p. o/o.

La force motrice et le labour hydraulique. — Il m'a paru que ces généralités sur les bonifications seraient plus intéressantes si je les accompagnais d'un exemple. C'est à un article de A. Ronna, paru dans le *Journal d'agriculture pratique*, que je le demanderai :

« L'installation de la force hydraulique au Vomano [1] comprend : un canal d'amenée; un château d'eau; un moteur; des appareils de transmission.

« Le canal d'amenée, d'une longueur de 100 mètres environ, construit en bois sur chevalets, se branche sur le canal d'irrigation qui dérive ses eaux du torrent Vomano.

« La prise d'eau du canal d'irrigation, située à 40 mètres environ d'altitude au-dessus du niveau de la mer, dans la commune de Canzano, fut concédée dès 1819 par le Domaine, pour alimenter le moulin de Torrio. D'une longueur totale de 15 kilomètres, après qu'on l'eût prolongé à partir du moulin, avec une pente moyenne de 2.03 p. 1000, le canal débite actuellement 3 mètres cubes par seconde.

« Le canal d'amenée *c* débouche au-dessus d'un château d'eau A (fig. 200), tronconique de 1 mètre de diamètre au sommet, et 1 m. 40 à la base, dont la hauteur est de 13 mètres. Construit en bois et cerclé en fer, ce château d'eau est muni d'un fond percé d'un orifice par lequel s'échappe la colonne d'eau dont la puissance de chute a été calculée de 70 chevaux environ.

« Le moteur (fig. 201) consiste en une roue R de 1 mètre de largeur et de 1 mètre de diamètre, avec 10 palettes planes en bois que réunissent des disques extérieurs, également en bois.

« L'axe de rotation du moteur actionne une poulie à gorge P qui transmet la force par un câble à une poulie motrice de 2 mètres de

[1] Vomano, propriété créée par l'éminent agronome, feu le sénateur Devincenzi, dont l'amitié a été pour moi si précieuse, est situé dans les Abruzzes. L. G.

diamètre, monté sur un bâti à chevalet, avec socle sur traverses
(fig. 202).

«Cette disposition est si simple qu'elle peut être établie dans toutes
les localités, sans le secours d'un ingénieur; elle correspond à une
dépense de deux à trois milliers de francs, suivant la longueur du canal
d'amenée. Aussi, rien du chef de la dépense, comme du mécanisme,
ne met obstacle à l'installation d'autant de moteurs semblables pour
le travail de tout un district, quand on possède une chute d'eau assez
puissante.

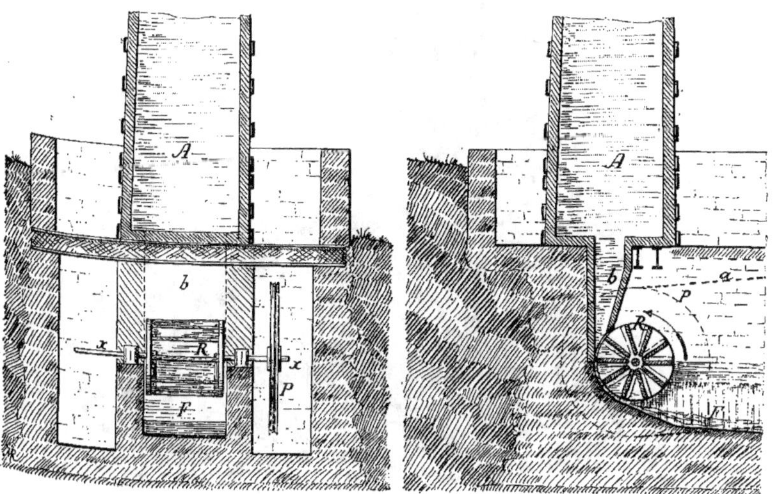

Fig. 201. — Coupes verticales de l'installation du moteur hydraulique.

A, partie inférieure du château d'eau. — b, buse d'arrivée de l'eau. — R, roue hydraulique en bois,
à 10 palettes radiales de 1 mètre de diamètre et 1 mètre de largeur. — x, axe de rotation. —
F, canal de fuite. — P, poulie à gorge. — a, câble télédynamique.

«Un câble télédynamique, tel que celui dont Hirn fut le premier à
proposer l'application, transmet la force à la poulie motrice, raccor-
dée par une courroie à un double tambour sur lequel sont enroulés
les câbles de travail, servant à régler la vitesse, à reprendre ou à suspendre la marche.

«La transmission télédynamique, dont les preuves sont faites depuis si longtemps déjà dans l'industrie pour le transport de la force à
de grandes distances, se trouve ici réduite à sa plus simple expres-

sion. Il a fallu toutefois rechercher expérimentalement le diamètre du câble répondant, pour un poids minimum, à une vitesse de 20 à 30 mètres par seconde, qui atteint parfois 50 mètres, sans rien sacrifier de l'effet utile. Des essais ont été répétés depuis 1884, avec différents câbles en fer, puis en acier, jusqu'à ce que le choix ait été fixé définitivement sur les câbles en acier de 0 m. 007 de diamètre.

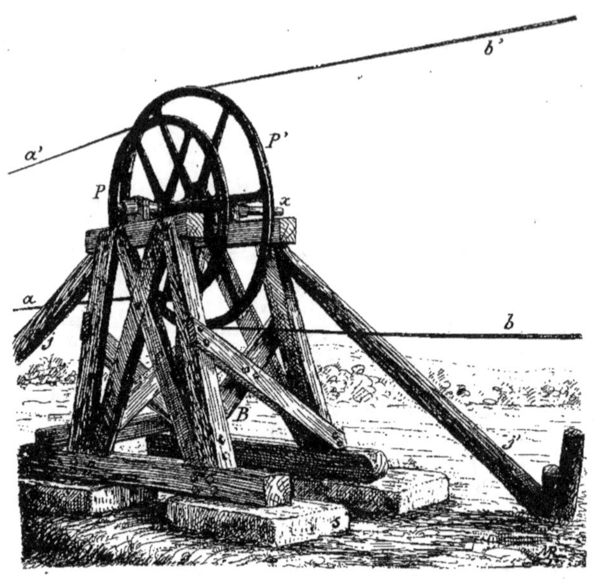

Fig. 202. — Poulie motrice.

aa′, *bb′*, câbles télédynamiques. — PP′, poulies à gorge. — *x*, partie de l'arbre sur laquelle on cale une poulie pour la commande par courroie du treuil. — B, bâti à chevalet, en bois. — *jj′*, jambes de force. — *s*, socles en pierre.

« Dans l'appareil qui fonctionne actuellement, la longueur des câbles de travail, de 0 m. 021 de diamètre, est de 1,400 mètres pour le travail de 18 hectares, réparti sur deux sections de 7 hectares chacune : 700 mètres depuis le tambour jusqu'à l'instrument, et 700 mètres pour le retour jusqu'au tambour.

« Le matériel de labourage proprement dit appartient au type connu sous le nom de *Round-about*. Il consiste en poulies de renvoi, en poulies-guides, en poulies à ancre, en porte-câbles sur roues, et dans la série des instruments de labour, la plupart perfectionnés, ou remplacés par d'autres modèles, à savoir : la charrue, le cultivateur, la petite herse, la grande herse, les rouleaux, le niveleur, etc. L'ensemble du matériel initial, y compris le tambour et le câble, représente une dépense totale d'environ 14,000 francs.

« La propriété du Vomano est divisée, sur 100 hectares, en onze sections rectangulaires, bordées de chemins d'une contenance de 9 hectares chacune, dont huit dans la partie plane, et trois dans la partie déclive. A deux sections voisines correspond une station, avec poulies fixes de soutien et de renvoi (fig. 203). La poulie motrice et le tambour mobiles sont transférés d'une station à l'autre avant de commencer le travail. La figure 204, enfin, donne la vue générale d'une installation angulaire.

« La manœuvre par elle-même ressemble en tous points à celle de la culture à vapeur. En réponse au signal des drapeaux hissés

Fig. 203. — Poulies de renvoi.

aa′, câble télédynamique. — *nn′*, poulies en bois. *hh′*, charpente.

à l'extrémité du sillon qui va s'ouvrir, ou qui vient de s'achever, l'ouvrier préposé au tambour hisse à son tour un drapeau qui annonce que la marche est reprise, ou qu'elle est suspendue. C'est ce même ouvrier qui donne le signal par une sonnerie au garde-écluse pour l'admission ou le retrait de l'eau dans le château d'eau.

« Avec l'aide d'une dizaine d'ouvriers, le premier pour le service de l'écluse et du moteur, le second pour la surveillance des poulies de renvoi et le graissage, deux pour le tambour, quatre pour le déplacement des poulies à ancre, et deux garçons pour celui des porte-câbles, la manœuvre est assurée.

« La charrue à bascule, avec deux socs de chaque côté, a été modifiée, en vue des labours à 40 centimètres par la substitution aux socs en fer de socs en acier. Dirigée par un homme sur le siège, avec l'assistance de deux journaliers qui dégagent les mottes et les touffes d'herbe, elle emploie de 4 à 5 minutes pour parfaire un sillon de 300 mètres de longueur par section. Elle opère de la sorte un défoncement à 40 centimètres dans une terre argileuse des plus fortes et compactes sur 2 à 3 hectares par journée de travail de huit à dix heures.

Fig. 204. — Vue générale d'une installation angulaire.

PP', poulies à gorge. — x, poulie de commande du travail par la courroie c et la poulie x'. — tt', tambours du treuil. — nn'n", poulies de renvoi du treuil. — 1 et 2, câbles de traction passant sur les poulies d c et le support s.

« Pour opérer le défoncement à 40 centimètres dans la même terre, sur 3 hectares, pendant une même journée de travail, au moyen d'une charrue défonceuse de grand modèle, attelée à trois paires de bœufs vigoureux et servie par trois hommes, la dépense se chiffrerait à 320 francs[1] et l'opération durerait vingt jours. Si l'on voulait l'exé-

[1] Ce prix de 320 francs, calculé sur un coût réduit de 5 francs pour la journée de travail d'une paire de bœufs payée dans l'Italie centrale, est un minimum.

cuter en un seul jour, il faudrait umployer 10 charrues avec 20 paires de bœufs.

«En regard de cette dépense, celle de la journée de labour hydraulique exécuté au Vomano peut s'évaluer comme il suit :

MAIN-D'ŒUVRE.

1 contremaître	3 00
2 ouvriers à 2 francs	4 00
6 ouvriers à 1 franc	6 00
3 aides à 0 fr. 50	1 50
Huile, graisse, etc.	3 00
Usure, réparations, etc.	4 00
Intérêts et amortissement par jour, pour 100 journées de travail	7 00
Total	28 50

«Ce prix de revient équivaut à un douzième de celui que fournit la force animale et à un tiers environ de celui tant de fois calculé du labourage à vapeur, avec le système *Round-about*, le moins compliqué, pour un prix moyen de la tonne de houille.

«D'après une toute récente évaluation du coût du défoncement à l'aide de deux locomotives-treuils de 14 chevaux, à la profondeur de 0 m. 50, les frais de travail par hectare, non compris l'amortissement et l'entretien, s'élèveraient à 80 francs[1]. — le service de l'eau et du combustible comptant pour 18 francs et le charbon pour 34 francs, soit ensemble 52 francs, dont le labour hydraulique n'a pas à connaître.

«Or, à cette dépense de 80 francs, calculée sans amortissement ni entretien, qu'exige le défoncement d'un hectare avec deux locomotives, correspond celle de 28 fr. 50 pour défoncer 3 hectares, en recourant à la force hydraulique, c'est-à-dire 9 fr. 50 par hectare, intérêts et amortissement compris, la profondeur du défoncement étant de 40 centimètres.

«En Algérie, sur la ferme du Bey (70 hectares en 1898), le dé-

[1] RINGELMANN, Défoncements par locomotives-treuils. *Journal d'agriculture pratique*, 15 novembre 1900.

foncement par voie d'entreprise, opéré à l'aide des locomotives-treuils, à la profondeur de 40 à 50 centimètres, aurait coûté[1] de 300 à 325 francs par hectare; c'est trente fois le prix que coûte le défoncement, ou mieux, le labour hydraulique.

«Quand, par l'emploi de l'eau comme force mécanique, on obtient une aussi forte économie de temps et d'argent, il n'y a pas intérêt à classer les divers systèmes : treuils à manège avec 4 chevaux, treuils à vapeur à simple effet (8 chevaux), ou à double effet (10 chevaux), et à deux locomotives (14 chevaux), suivant l'étendue qu'il s'agit de labourer.

«Pour les opérations secondaires autres que les labours : hersage, roulage, nivellement, etc., cette énorme économie est encore bien plus considérable. Il en résulte qu'elles peuvent être renouvelées autant de fois qu'il est jugé nécessaire, en associant le plus souvent divers instruments : cultivateur et herse, herses ensemble, rouleaux, etc., de manière à ce que les mottes, une fois brisées dans les sols les plus tenaces, la terre reste parfaitement ameublie, nette et unie.

«En résumé, comparé au travail de la force animale, comme à celui de la vapeur, le cheval hydraulique, à tout instant disponible, ressort à moins de 0 fr. 40 par jour, au lieu de 5 francs pour le cheval ou la paire de bœufs et de 2 fr. 70 pour le cheval-vapeur[2]. »

Et M. A. Ronna conclut :

«Ainsi le grand objectif de notre agriculture contemporaine : abaisser le prix de revient des forces motrices qui actionnent son matériel de labourage, de semailles, de récolte, de transport, etc., est réalisé et toujours réalisable, grâce à la force motrice de l'eau, indépendamment des attelages, des stocks et du prix des combustibles, et en toutes saisons. »

<hr>

[1] Ringelmann, *loc. cit.* — [2] Lecouteux, L'agriculture par les forces hydrauliques. *Journal d'agriculture pratique*, 1884, t. I, p. 869.

G. PÊCHE.

Les lacs et les torrents des Alpes sont poissonneux, ainsi que les eaux italiennes. Aussi la pêche a-t-elle en Italie de l'importance; son rendement est de 48 millions. Ses produits donnent lieu à certaines industries. C'est ainsi que, grâce au bon marché de la main-d'œuvre, le travail du corail est toujours prospère en Italie. Le poisson est également l'objet de préparations : mariné, salé, ou à l'huile, et est exporté aux États-Unis et dans les pays du Levant. Il faut, cependant, convenir que l'importance de la pêche n'est pas, en Italie, en rapport avec l'étendue des côtes; de plus, elle va sans cesse en diminuant et, actuellement, s'exerce plutôt dans les eaux étrangères.

PÊCHE EN MER. — 22,736 bâtiments; 98,822 pêcheurs; 14,001,073 francs, tels sont les chiffres que donne l'Annuaire statistique italien de 1900 et qui indiquent : le premier, le nombre des bateaux de pêche; le second, celui des hommes qui se sont, en 1898, livrés à la pêche du poisson et des mollusques; le troisième, enfin, le revenu de l'année, revenu inférieur du reste à la moyenne. La valeur totale des bateaux est estimée à 5,500,000 francs, et celle des engins à 7,500,000 francs.

Si, au lieu de considérer la pêche en mer dans sa totalité, nous nous en tenons à la grande pêche, c'est-à-dire à celle faite soit dans les eaux italiennes hors des districts de pêche où sont inscrits ceux qui s'y livrent, soit dans les eaux étrangères, nous trouvons qu'elle occupe (non compris les pêches du corail et des éponges) 1,437 bâtiments, d'un tonnage total de 23,769 tonneaux et 7,481 hommes d'équipage. Il est à remarquer que la grande pêche est très en progrès; en 1881, en effet, le nombre des bateaux s'y livrant n'était que de 1,074.

Il n'est pas sans intérêt d'indiquer les lieux de pêche visités par les
pêcheurs italiens.

LIEUX DE PÊCHE.	NOMBRE DE BÂTIMENTS.	TONNAGE TOTAL.	ÉQUIPAGE.
Autriche	820	7,427	3,650
Grèce	53	676	540
Crète	14	186	146
Possessions anglaises en Méditerranée	3	28	20
Turquie d'Europe	3	30	24
Égypte	4	55	57
Tunisie	76	672	635
Algérie	2	28	12
Total	973	9,102	5,004

La pêche du thon mérite une mention spéciale. En cette même année
1898, elle occupa, en effet, 3,689 pêcheurs, et le produit fut de
44,094 quintaux, d'une valeur de 2,775,243 francs. Ce revenu est,
du reste, exceptionnel et, si nous examinons les statistiques depuis
1880, nous trouvons que la meilleure année (1887) n'avait donné
que 2,235,270 francs; la plus mauvaise fut 1895, avec seulement
790,293 francs. Signalons aussi la pêche de la sardine et celle de
l'anchois, de moindre importance.

Les *lavorieri*. — Les lagunes de Commacchio ont une superficie de
29,158 hectares et abritent 24 riches pêcheries, comprenant 49 *lavorieri*. Qu'est-ce qu'un lavoriero? Je crois intéressant, prenant pour
guide une communication de M. A. Bellini au Congrès international d'aquiculture et de pêche de 1900, de donner quelques détails
à ce sujet.

L'idée première première des lavorieri, sans doute plus vieille que
notre ère, dut être inspirée aux pêcheurs — les lagunes communiquant directement avec la mer et les marécages couvrant une étendue
beaucoup plus vaste qu'aujourd'hui — par le désir de barrer la route
aux poissons migrateurs descendant les rivières en automne et de ne
leur ménager que quelques points de sortie où leur capture fût aisée.

Le dispositif premier paraît avoir été un treillis en osier (*grisidi*), embrassant la forme d'un V, avec, à la pointe, une ouverture garnie d'une nasse. Mais la nasse était d'un maniement malaisé, et elle fut avantageusement remplacée par une clôture fixe en roseaux, de forme carrée ou semi-circulaire; à son tour — opposant une trop grande résistance au courant d'eau de mer lors de la remonte des poissons — cette clôture fut modifiée et on lui donna la forme d'une pointe de flèche. Placée à l'extrémité des points convergents et ouverte, tout en facilitant l'entrée du poisson voyageant en bandes serrées, elle empêchait son retour en arrière. Ensuite, une seconde clôture semi-circulaire (*baldresca*) en treillis de roseaux à mailles plus larges fut destinée à laisser passer les anguilles en retenant les autres espèces. Enfin, — encore pour les anguilles, pour celles n'entrant pas par la pointe extrême tournée vers la mer (*otela di sotto o di pizzo*), — on ajouta sur les deux côtés deux nouveaux dispositifs en V (*otela di cento o di dosana*). En somme, les trois enceintes — de dimensions très différentes — sont, en quelque sorte, rentrantes les unes dans les autres. En outre, on a soin de placer des ouvrages à mailles très larges pour empêcher les algues de la mer d'entrer dans le *lavoriero*. Les diverses parties sont toutes construites en roseaux; enfoncées d'un demi-mètre environ dans la vase, elles sont défendues contre le courant par une charpente en bois. Telle est l'ingénieuse disposition d'un *lavoriero*. A la montée des poissons, on laisse les lagunes en communication avec la mer; à leur descente, le *lavoriero* les empêche de passer. Quant aux trois enceintes, elles servent seulement — les claies étant à mailles plus ou moins serrées — à sérier les espèces de poissons : les unes étant retenues dans la première enceinte, les autres parvenant à la seconde, d'autres encore à la troisième.

Un *lavoriero* coûte actuellement, pour une surface de 2,226 mètres carrés, 2,100 francs, c'est-à-dire tout près d'un franc le mètre; certains bons esprits demandent qu'un treillis métallique remplace en partie le roseau, estimant que l'augmentation du prix de revient serait plus que compensée par la diminution des frais d'entretien.

Parmi les poissons pris, c'est l'anguille qui joue le principal rôle. Elle a coutume de rester dans la lagune jusqu'à sa « maturité »; c'est à ce moment, — septembre à novembre — surtout aux nuits

obscures de forte marée, qu'elle cherche à descendre. Elle est retenue.
Et, sous la direction du chef de famille (*caprione*), les pêcheurs n'ont
plus qu'à la retirer de l'otèle. Pour ce faire, on se sert d'épuisettes
(*oveghe, voghetta, voghettino*), dont la plus grande, munie d'un manche
d'environ 2 mètres de long, peut contenir jusqu'à 200 kilogrammes
de poisson que l'on met dans une *bolaga*, grand panier dont la contenance atteint 1,000 kilogrammes d'anguilles.

CORAIL. — D'une communication faite, en 1900, au Congrès international d'aquiculture et de pêche, par MM. Paul Gourret, directeur
de l'École des pêches maritimes de Marseille, et Eugène Coste, membre
de la Chambre de commerce de Tunis, j'extrais ces quelques lignes
où sont caractérisées les diverses variétés de corail : la rouge, la
blanche, la rose et la noire — qui semblent au demeurant n'être
toutes que des modifications d'une même espèce, la rouge (*corallium
rubrum*) :

« La couleur blanche serait due, d'après les pêcheurs, à une maladie, et cette opinion est très vraisemblable, puisque, sauf la couleur,
il n'y a aucune différence entre le type commun et la variété blanche. À
l'appui de cette thèse, Lacaze-Duthiers cite un échantillon du Muséum
de Paris en partie blanc et en partie rouge. Ce naturaliste a vu à la Calle
un petit bijou de corail qui, du rouge le plus vif, passe au blanc le
plus pur par toutes les nuances les mieux dégradées et les mieux fon-
dues. Cette décoloration ne proviendrait-elle pas de la profondeur,
les échantillons blancs se rencontrant de préférence dans les grands
fonds, au-dessous du gisement habituel du corail rouge? La variété
rose, que les Italiens appellent « peau d'ange » et qui a une grande
valeur, offre une belle carnation rose et fraîche. Quant à la variété
noire, elle est due à une altération du corail. Le corail noir, mort ou
pourri, est, en effet, un corail plus ou moins décomposé, détaché de
la roche, tombé sur la vase et altéré, de la circonférence vers le centre,
par des dégagements sulfhydriques. Dans l'Océan, on connaît une autre
espèce de corail, le *corallium secundum Dana*, qui se rencontre aux
îles Sandwich. Il ne porte des polypes que sur l'un des côtés de son
zoanthodème; son sarcosome est rouge écarlate, tandis que le poly-

pier est rose pâle ou blanchâtre. Gray a décrit une nouvelle espèce, *corallium Johnsonii*, de l'archipel de Madère. Il offre des polypes sur un seul côté, et son polypier est toujours blanc. »

La profondeur où se trouvent les bancs de corail est variable. Le plus souvent, ils sont situés entre 15 et 150 brasses de fond; on en trouve parfois par 10 mètres seulement, de même il y en a par plus de 350 mètres. Ces derniers sont, du reste, inexploités, la pêche devenant fort difficile au-dessous de 100 mètres, et les coraux des grands fonds étant de taille exiguë. Non moins que la profondeur, l'éloignement du rivage varie. Dans le golfe de Lion, les bancs touchent la côte, tandis qu'à Sciacca (Sicile), ils en sont distants de 15, de 20 et même de 30 milles. Le corail se fixe sur les corps résistants, au-dessous des aspérités des rochers. Il évite généralement ceux qui sont tournés vers le Nord, et, tout en se plaçant du côté de la lumière, il se met à l'abri des rayons trop directs.

Quel est l'habitat du corail? La Méditerranée (y compris l'Adriatique), la mer Rouge, l'Atlantique entre Madère et le cap Vert, les côtes du Japon. Nous n'avons à nous occuper ici que de la Méditerranée. « C'est dans le bassin occidental de cette mer que le corail trouve les meilleures conditions de développement. En Afrique, il se répand de Tlemcem à Bizerte; il abonde principalement dans l'Algérie orientale et dans la Tunisie occidentale — les environs de la Calle, de l'île de la Galile, des Sorelles et de Bizerte étant les meilleurs gisements de cet alcyonaire. En Sicile, les bancs de Sciacca au sud, de Favignana et de Trapani à l'est, des îles de Lipari au nord, sont exploités par de nombreux pêcheurs. Le littoral italien en entier abrite également le précieux cœlentéré qu'on trouve notamment dans les eaux de Palmi en Calabre, sur divers points de la Gollura, à Torre del Greco près de Naples, à Sainte-Marguerite de Ligurie. En Sardaigne, on le pêche sur la côte septentrionale, depuis le cap della Testa jusqu'à Isola Rossa, ainsi que dans les eaux occidentales, dans le golfe d'Alghero, à Carloforte. Il y en a en Corse, principalement dans le détroit de Bonifacio. Les côtes des Alpes-Maritimes et de Provence, depuis Villefranche jusqu'au cap Couronne, près de Marseille, qui étaient assez riches pendant le moyen âge, sont actuellement épuisées et inexploitées (bancs de

Villefranche, Antibes, Cannes, Saint-Tropez, la Ciotat, Cassis, Riou, cap Couronne). Plus loin, on en trouve dans les eaux orientales de l'Espagne, notamment aux îles Baléares et à Barcelone. Le corail était naguère encore recueilli dans l'Adriatique, sur la côte dalmate, depuis Budua jusqu'à l'île de Grossa, à l'ouest de Zara, et de ce point aux îles d'Unie et de Cherso dans le golfe de Quarnero. »

Le plus beau corail étant celui de l'Algérie, nous examinerons dans l'étude que nous consacrerons à la pêche en France[1] les différentes qualités, ainsi que ce qui concerne l'industrie coraillère.

Les statistiques officielles italiennes, publiées en 1900, donnent les renseignements suivants :

PORTS D'ARMEMENT.	BANCS DE PÊCHE.	NUMÉROS DES BARQUES.	TONNAGE.	ÉQUIPAGES.	DÉPENSE TOTALE pour toutes les barques.	CORAIL PÊCHÉ.		
						QUANTITÉ.	VALEUR	
							par KILO-GRAMME.	TOTALE.
					francs.	kilogr.	francs.	francs.
Torre del Greco (Naples).	Sicile.	54	882	713	517,200	188,100	4[1]	752,400
Carloforte (Cagliari)....	Sardaigne.	80	18	108	11,970	414	95	39,330
Alghero (Cagliari)......	Idem.	34	34	136	51,000	408	90	36,720
Torre del Greco (Naples).	Idem.	49	19	118	95,000	323	90	29,070
Poncza (Gaete).......	Idem.	25	9	54	15,705	90	90	8,100
Sainte-Marguerite de Ligurie (Gênes)......	Idem.	27	19	95	23,750	304	80	24,320
Totaux.........		156	1,127	1,224	714,625	189,639	449	889,940

[1] Le peu de valeur du corail sicilien, notamment celui de Sciaccia, provient de ce qu'il est terne et n'a pas de grosses branches.

Si aux bâtiments portés dans le tableau précédent, nous joignons ceux qui pêchent dans les eaux gréco-italiennes, nous trouvons qu'au total 506 sont armés en Italie. Ce nombre paraît très important, si l'on tient compte que l'armement total des autres pays n'est que de 106 ; mais, pour le juger à sa juste valeur, il faut le comparer au chiffre correspondant, il y a une cinquantaine d'années : un millier de bâtiments montés par plus de 7,000 hommes d'équipage. Cette décadence provient de ce qu'une pêche peu prévoyante a épuisé certains bancs.

[1] P. 728 et suiv.

Les corailleurs italiens font usage de barques ou gozzi et de coralines, divisées en trois catégories. Les grandes mesurent ordinairement 13 m. 20 de longueur, 3 m. 25 de largeur, 1 m. 40 de profondeur. Leur jauge est de 14 à 16 tonneaux; leur équipage, de 8 à 10, rarement 12 matelots, un mousse, un patron et un second ou poupier. Elles ont une grande voile latérale et un ou plusieurs focs. Les petites coralines sont demi-pontées, jaugent moins de 6 tonneaux et sont montées par 5 à 6 hommes.

L'engin de pêche, c'est la *croix de Saint-André* : deux pièces de bois croisées, au bout desquelles sont accrochés des fauberts (paquets de chanvre détordu) ou de vieux filets. Cette croix, dont la longueur des bras varie suivant l'importance de la coraline qui s'en sert[1], est mise à l'eau dans des fonds n'excédant pas 100 brasses et remorquée lentement, de façon à ce que les fauberts accrochent et brisent les branches; quand on estime suffisante la récolte, on hisse la croix avec un cabestan. Cette opération est très pénible; en outre, quand le vent cesse, les matelots sont obligés d'avoir recours aux avirons pour assurer la marche voulue. Les petites coralines rallient la terre durant la nuit; il n'en est pas de même des grandes. Celles-ci, pourvu que la mer le permette, pêchent sans interruption; l'équipage est divisé en deux équipes qui ont coutume de se relayer toutes les six heures. A côté de la croix de Saint-André proprement dite, il faut citer deux de ses variantes : l'*ordegno*, en usage dans l'Adriatique, qui a l'inconvénient de perdre une bonne partie des branches qu'il brise, et la *gratte en fer*, dont se servent les Espagnols et qu'ils ont introduite dans les eaux algériennes. C'est un engin destructif; le plus souvent, il déracine le corail tout entier. On a également tenté du scaphandre; malgré les difficultés pour le scaphandrier de marcher sur un sol très inégal et la fréquence de l'enroulement du tube à air sur les roches, la pêche est très fructueuse; mais il a fallu y renoncer, car, au-dessous de 30 mètres, la pression de l'eau cause de nombreux accidents mortels.

[1] Une coraline de 16 tonneaux fait usage d'une croix dont les bras ne mesurent pas moins de 2 mètres et à laquelle sont accrochés de 32 à 34 fauberts, un à chaque extrémité des bras, les autres accrochés à des cordes liées à la croix.

Éponges. — La majeure partie des pêcheurs napolitains d'éponges
ne sont autres que d'anciens coraillers. Ils montent des bateaux d'assez
fort tonnage et opèrent depuis Lampédouse (île italienne placée en
plein cœur de la Méditerranée) jusqu'en face de Sousse, en passant de
Madhia au large des îles Kerkennah, dans le golfe de Gabès, au large
de l'île de Djerba, et jusqu'à la frontière de la Tripolitaine, en somme
tout le long de la côte tunisienne sud. J'ai déjà indiqué[1] que leur
façon de pêcher est de toutes la plus destructive; ils se servent en
effet d'une *gangava*, sorte de chalut qui ramasse les grosses éponges
comme les plus petites et ne respecte même pas les bancs.

Les pêcheurs siciliens montent des sortes de balcinières assez
hautes de bord (*barquette*), sans gouvernail ni voilure, à deux bancs,
armant seulement une paire d'avirons, et qui, au
nombre de huit à douze, sont amenés sur les bateaux de fort tonnage à la façon des doris des terre-
neuviens. Les Siciliens ne pêchent qu'autour des îles
Kerkennah, près de Sfax; quelquefois au pied, le
plus souvent au harpon, à des profondeurs maxima
de 15 mètres[2]. «Comme il s'agit avant tout, écrit
M. Paul Gourret, directeur de l'École professionnelle
des pêches maritimes de Marseille, d'apercevoir le
précieux cœlentéré, diverses circonstances favorables

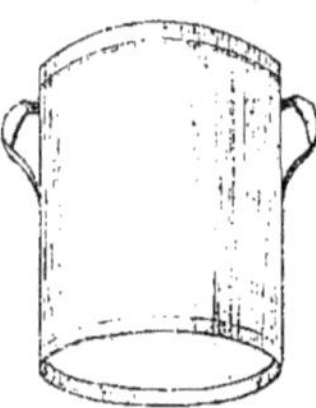

Fig. 205.
Bouquière sicilien
(miroir pour la capture
des éponges)[3].

doivent se présenter. Il faut d'abord que les éponges ne soient pas
masquées à la vue par la végétation sous-marine; cette condition est
remplie d'octobre à fin janvier, période pendant laquelle les diverses
algues et zoostères sont tombées. Il faut aussi que le soleil soit assez
haut pour éclairer le fond. Il faut, enfin, non seulement que les courants ne soient pas forts, ni que la houle agite trop la surface, mais
encore que les eaux soient limpides. Pourtant, lorsque la surface
est ridée, le pêcheur peut apercevoir le fond en se servant d'un miroir, sorte de lunette de calfat, nommé *spechio* ou *bouquiere* par les
Siciliens. Importé à Sfax, en 1876, par les Grecs, cet instrument est

---

[1] Voir t. 1, p. 317 et 318.

[2] Les Napolitains pêchent même par les
fonds de 70 mètres.

[3] Cliché extrait du *Compte rendu du Congrès
international d'aquiculture et de pêche de 1900.*
(Augustin Challamel, édit.)

un cylindre en fer battu de o m. 3o de diamètre sur o m. 4o de hauteur, fermé sur l'une des bases par une vitre transparente mastiquée,
ouvert sur la base opposée. Il suffit de l'immerger de quelques centimètres par la base fermée pour apercevoir le fond avec beaucoup
de netteté. L'emploi de ce miroir est préféré à celui qu'on formait
autrefois en versant de l'huile à la surface de l'eau. » Les Siciliens se
servent, comme harpon, d'une *fuscina* ou *fuscia*.

Lampédouse est, je l'ai dit, une île italienne; c'est un centre de
pêche de l'éponge, situé dans les eaux italiennes. Voici les renseignements que donne l'Annuaire statistique italien de 1900, au sujet
de la pêche qui s'y est faite en 1898 :

Nombre de barques............................		144
Tonnage......................................		3,157
Équipage.....................................		856 hommes.
Production de la pêche. { Quantité...............		63,144 kilogr.
{ Valeur................		610,091 fr.

CHAPITRE XXV.

ESPAGNE [1].

A. CONSIDÉRATIONS GÉNÉRALES.

SUPERFICIE ET POPULATION. — CLIMAT. — SÉCHERESSE. — RÉPARTITION DU SOL. — RÉGIONS D'ÉLEVAGE.
FORÊTS : IMPORTATION ET EXPORTATION DE BOIS D'ŒUVRE; CHÊNE-LIÈGE.

Non compris les Baléares et les Canaries, l'Espagne a une superficie de 492,230 kilomètres carrés et une population de 17,937,461 habitants; cette population est plus dense dans la région littorale que sur le plateau de l'intérieur [2]. Le climat est relativement rude [3]; la pluie, rare. «Partout où elle a de l'eau, écrit l'éminent géographe F. Schrader, l'Espagne est merveilleusement fertile. » Mais encore que ce soit, «par excellence, le pays des barrages», le mauvais aménagement des eaux est cause que près d'un quart des terres reste improductif. Du reste, s'il est vrai que quelques-uns des barrages donnent de très bons résultats «généralement, le prix de revient du mètre cube d'eau est fort élevé et, en tout cas, le capital engagé est généralement très grand, ce qui met rarement ces travaux à la portée des agriculteurs [4]». Aussi cette question de l'eau est-elle primordiale pour le paysan espagnol, et de fait — les coutumes sont là pour nous le montrer [5] —

[1] L'absence complète de documents statistiques sur l'agriculture de l'Espagne à l'Exposition de 1900 m'a empêché de donner à ce chapitre l'importance que j'aurais désirer lui accorder.

[2] L'augmentation de la population est d'environ 63,000 âmes par an. Aux recensements (1897 comme 1887), le classement par profession indique un peu moins de 50 p. 100 comme sans profession et non classés, et près de 28 p. 100 d'agriculteurs.

[3] Forte chaleur en été; l'hiver, certaines années, froid terrible. Dans les provinces de Teruel, de Soria, de Burgos et de Léon, le thermomètre est descendu jusqu'à 16 degrés Réaumur au-dessous de zéro, et à Madrid, la moyenne s'est trouvée de 7 degrés au-dessous de zéro, durant plusieurs jours. La variété du climat est, du reste, assez grande : maritime sur la côte de l'Atlantique, méditerranéen à l'Est, au Centre et au Sud, il est, en Andalousie et sur les rivages de Grenade, de Murcie et de Valence, véritablement africain.

[4] H.-J. MARTIN, ingénieur agronome, *Journal d'agriculture pratique.*

[5] En voici un exemple :

«Le Guadalaviar ou Turia, malgré ses quatre beaux ponts de pierre, est absolument à sec les trois quarts de l'année. En revanche, il déborde quelquefois l'hiver et cause des dégâts terribles. Depuis les montagnes de l'Aragon, où cette rivière prend sa source, les riverains lui font de nombreuses saignées pour les irrigations : aussi, l'été, est-elle souvent sans une goutte d'eau.

«Les irrigations sont, depuis des siècles, la

elle tient dans ses préoccupations une des premières places. La sécheresse cause, du reste, encore en Espagne de véritables famines (1905,
notamment). C'est à l'eau des puits que les provinces de Carthagène,
d'Alicante, de Cadix doivent la réussite de leurs belles récoltes; dans
la plaine de Tortosa, l'irrigation à l'aide de puits représente, pour
l'agriculture, une dépense annuelle de deux millions de francs. La Galice et les Asturies sont, à cause de l'abondance de leurs pluies et de
la douceur de leur climat, plus particulièrement favorables à l'élevage.

principale source de richesse du pays ; bien avant 1238, année de la conquête par Jayme ou Jacques Ier el Conquistador, les Arabes avaient mis à exécution le vaste projet de dé-river, au moyen de huit canaux principaux, les eaux du Guadalaviar qui allaient se perdre dans la Méditerranée; ces canaux existent en-core. Le plus important, celui de Moncada, est comme la grande artère qui se subdivise en un nombre infini de veines ou canaux plus petits, nommés *acequias*, chargés de porter la fertilité jusque dans les moindres champs de la *huerta*. Grâce aux plus ingénieuses com-binaisons de digues, *azudes*, qui permettent d'élever et d'abaisser le niveau à volonté, les Arabes surent éviter deux inconvénients op-posés : celui de ne pas donner assez d'eau à un champ et celui de l'inonder outre mesure. Chaque champ est arrosé à *manta*, c'est-à-dire que l'eau s'y répand en nappe et couvre la surface comme ferait un vaste manteau. Re-tenue par un bourrelet de terre qui entoure le champ, l'eau s'écoule chez le voisin quand la terre a assez bu.

«La fertilité des environs de Valence est proverbiale; la terre ne se repose jamais, et une récolte ne tarde pas à être remplacée par une autre. Nous avons vu des tiges de maïs qui atteignaient cinq mètres de hauteur, et il y en a qui arrivent à huit mètres. La culture du riz, importante dans la huerta, est mal-heureusement insalubre, car elle a lieu dans des terrains marécageux, dont les émanations occasionnent quelquefois des fièvres.

«L'importance des irrigations fait qu'on en-tend quelquefois parler de voleurs d'eau : c'est ainsi qu'on appelle ceux qui la détournent à leur profit, en la gardant plus longtemps qu'ils n'y ont droit. Pour juger les *cuestiones de riego* (les questions d'arrosage), on a créé, il y a déjà huit siècles, le tribunal des eaux. Ce singulier tri-bunal fut, dit-on, institué par Al-Hakem-Al-Mostansir-Bilah, vers l'an 920. Jayme el Con-quistador, qui eut le bon esprit de conserver en partie les lois et usages des vaincus, se garda bien de toucher à cette institution, qui s'est maintenue jusqu'à nos jours dans sa forme primitive, et avec toute la simplicité orientale. C'est bien la justice la plus patriarcale qu'on puisse imaginer : pas de soldats ni de gen-darmes, pas d'huissiers pour appeler les causes, pas d'avocats ni d'avoués pour représenter les parties: les juges ou *sindicos* sont de simples laboureurs élus par des laboureurs.

«Tous les jeudis à midi, la *cort dos acequieros* (la cour des eaux) se réunit en plein air devant le portail latéral de la Seu, ce qui fait qu'on l'appelle aussi quelquefois la *cort de la Seu* (la cour de la cathédrale). Nous n'eûmes garde de manquer l'audience, et avant midi nous étions au premier rang, mêlés à la foule des *labra-dores*. Les juges, représentant les *acequias* de la *huerta*, étaient à leur poste et siégeaient sur un simple canapé recouvert de velours d'Utrecht, appartenant au chapitre de la ca-thédrale, lequel est tenu de fournir les sièges. Il paraît que cette obligation remonte à l'époque où une mosquée occupait l'emplace-ment actuel de la cathédrale; la mosquée a été détruite par les chrétiens, mais cette es-pèce de servitude est conservée. Le canapé compose tout le mobilier du tribunal : une

Il faut, enfin, signaler que les capitaux manquent souvent. Les cultures occupent environ 40 p. 100; les prairies et les pâturages, 10 p. 100; les forêts, 17 p. 100 suivant les uns, 13 p. 100 suivant les autres.

Forêts; chêne-liège. — Cette dernière appréciation est celle de M. A. Mélard, inspecteur des eaux et forêts, auquel j'emprunte les lignes suivantes : «Les fleuves ont en Espagne un débit irrégulier, car on ne trouve à la tête de leurs bassins, ni grands lacs, ni glaciers, et les pluies sont inégalement réparties entre les diverses saisons. A une période de basses eaux succèdent fréquemment des inondations. Il faudrait donc que l'Espagne eût de grandes masses boisées, constituées en couverts épais, faisant l'office de régulateurs pour le débit des cours d'eau. Il n'en est pas ainsi. On attribue, il est vrai, à l'Espagne, une surface forestière qui serait d'environ 6,500,000 hectares, soit 13 p. 100 du territoire et 37 ares par habitant. Mais ces forêts doivent être peu productives en matière ligneuse, car, en examinant les statistiques douanières, on constate que les importations de bois sont très supérieures aux exportations[1]. Il ne s'ensuit pas que les forêts de l'Espagne soient sans valeur ni sans utilité. Elles satisfont à la consommation locale sur bien des points et elles donnent, en quantités considérables, du liège très apprécié à l'étranger, et qui, en 1898, a fait l'objet, à l'état brut ou à l'état façonné, d'exportations s'étant élevées à la somme de 31,800,000 francs. » Au cours du dernier siècle, un grand

table serait inutile, car l'usage du papier, des plumes et de l'encre est tout à fait inconnu à ces juges vraiment bibliques.

«La cloche du Micalet (cloche de la cathédrale) ayant sonné midi, la séance commença. Les premiers plaideurs qui se présentèrent étaient deux robustes paysans, vêtus du costume national. Le plaignant exposa ses griefs en les appuyant des gestes les plus énergiques, auxquels son adversaire ne se fit pas faute de répondre avec une véhémence pour le moins égale à la sienne. Le *sindico* de leur *acequia*, gros laboureur dont la mine prospère faisait penser à Sancho, écouta les parties, tranquillement assis sur son canapé, puis se leva et les interrogea. La cour, dont les membres portaient le même costume que les plaideurs, délibéra et rendit ensuite son jugement. Le gros *sindico*, qui n'avait pas pris part à la délibération, fit connaître la sentence. La cour condamnait le délinquant à soixante *sueldos*, environ onze francs d'amende. Ce fut ensuite le tour de quelques autres; et, au bout d'une heure, la séance étant levée, les juges et plaideurs reprirent le chemin de l'*hostal* où ils avaient laissé leurs montures. » (G. Doré et Ch. Davillier. *Tour du monde*, 150ᵉ livraison, Voyage en Espagne.)

[1] Voici les chiffres concernant les bois d'œuvre :

	1888.	1898.
Importation .	29,020,700	1,534,423
Exportation .	30,330,590	810,544

nombre de forêts ont disparu; dans la région de Menca notamment, on a abattu beaucoup d'arbres pour faire du charbon.

Venons-en au liège. C'est l'Espagne qui fournit les meilleures qualités et la plus grande quantité de bouchons à champagne, pour la confection desquels la Catalogne emploie 15,000 quintaux de liège tous les ans. La superficie des forêts de chêne-liège n'est pas exactement connue. Les évaluations varient entre 250,000 et 400,000 hectares; cette essence serait répandue sur une bonne partie à l'état de subordonnée seulement. Ce qui est certain, c'est la répartition de ces forêts en trois groupes : en Catalogne, dans l'Estramadure, en Andalousie. La plus grosse portion appartient aujourd'hui à des particuliers. C'est en Catalogne que les premières exploitations régulières ont été faites, il y a environ un siècle et demi. La proportion du liège surfin est considérable dans cette région de petite propriété, où l'on exploite surtout encore du liège de première qualité, utilisé pour la fabrication des bouchons à champagne. Généralement, les forêts ne sont, cependant, pas bien traitées. En Estramadure, c'est la grande propriété qui domine. On manque de chiffres exacts sur la production; les meilleurs calculs la fixent entre 240,000 et 250,000 quintaux. L'exportation est en moyenne de 240,000 quintaux et l'importation de 13,000 quintaux.

B. AGRICULTURE.

PROCÉDÉS CULTURAUX. — CÉRÉALES. — POMMES DE TERRE. — CULTURE MARAÎCHÈRE. — ARBORICULTURE : ORANGES, ETC. — HUILES D'OLIVE. — CULTURES INDUSTRIELLES. — TABLEAU DE LA PRODUCTION MOYENNE.

Les procédés culturaux sont généralement assez arriérés; c'est ainsi que l'ancienne araire romaine, qui gratte la terre superficiellement sans l'ameublir à une profondeur de plus de 5 à 6 centimètres, est encore en usage, dans tout le pays.

Le froment est récolté en juin, il croît en Andalousie, en Aragon, dans la Vieille-Castille, dans les cantons irrigables de la Nouvelle-Castille et de l'Estramadure [1]; le pays doit, dans une très large part,

[1] «La région du centre de l'Espagne est celle qui produit le plus de blé. Son climat est presque continental. Elle comprend les plaines de l'Estramadure et une partie des provinces d'Aragon, de Valence, de Murcie, de l'Andalousie et des provinces castillanes.» (Rapport du Jury de l'Exposition de 1878, par Gustave HEUZÉ.)

recourir à l'importation. La production de l'orge atteint 25 millions d'hectolitres par an (récoltés dans toute l'Espagne); elle remplace l'avoine dans la nourriture des chevaux. Le seigle se trouve dans les montagnes du Nord; le maïs, récolté en septembre, dans l'Estramadure, l'Andalousie et la province de Valence; il entre pour une large part dans l'alimentation; la production annuelle est de 6 millions de quintaux métriques environ (forte importation). Le riz (1,200,000 hectolitres) est l'objet de grands soins dans les plaines irrigables de l'Andalousie, de Murcie et de Valence, dans le delta de l'Èbre. On récolte annuellement 18,000,000 d'hectolitres de pommes de terre, principalement sur le versant de l'Atlantique; des patates, dans l'Andalousie.

La culture maraîchère et l'arboriculture sont particulièrement soignées. Les melons et les pastèques sont excellents. Les pois chiches — qui entrent dans certains des meilleurs mets du pays — sont réputés, ceux de Castille, surtout, connus sous le nom de *garbanzo;* ils contribuent dans une large part à l'alimentation du pays. La vigne fera l'objet d'une étude particulière (p. 85 et suiv.). Les pommes des provinces basques et des Asturies fournissent un bon cidre; dans le reste du pays, la culture du pommier ne se fait qu'en vue de la récolte pour la table. L'exportation des citrons et celle des mandarines sont très importantes; elles ont représenté, en 1897, une valeur de 52 millions de francs; elles se portent surtout vers la France (en 1897 : 55,970,129 kilogrammes). L'écorce des fruits du bigaradier est expédiée aux Pays-Bas, où elle est utilisée à la fabrication du curaçao. La réglisse vient de la Navarre, de Cordoue, de Séville. Il y a beaucoup d'ananas dans la province de Murcie. Elche et Alicante exportent les dattes de leurs forêts de palmiers; la Biscaye et la Galice, des amandes, des noix, des noisettes et des châtaignes. Citons aussi — cultures moins importantes — celles des poires, des pêches, des cerises, des figues. En Andalousie et sur les rivages de Grenade, de Murcie et de Valence, on rencontre même la canne à sucre. (Production moyenne du sucre de canne, 1897-1898 à 1901-1902 : 29,903,752 kilogr.)

Dans les provinces valenciennes, la récolte en oranges (1898-1899), fut de 40 millions d'arrobas[1], soit 500,000 tonnes, dont on

[1] Arroba = 12 kilog. 500.

exporta 27 millions 500,000 arrobas en Angleterre et dans le nord de l'Europe; 4 millions 500,000 en France; 3 millions 500,000 dans l'intérieur de l'Espagne; 8 millions 500,000 furent consommées dans le pays, et, enfin, 8 millions 500,000 arrobas se perdirent par suite des inondations. L'orange de Murcie, qui est très bonne, s'expédie : 200,000 caisses à Paris et 1 million en Angleterre. Alméria, Malaga et Séville exportent en Angleterre de 100,000 à 400,000 caisses. La valeur de l'orange dépend de sa qualité, de son diamètre ou de sa *marca;* celles de 64 à 76 sont déjà très estimées; celles de 80 à 88 sont les plus chères et les plus rares. Les oranges sanguines et les mandarines sont expédiées en petites caisses et à des prix élevés. Les prix de l'arroba, dans la première saison, sont de 0 pes. 75 à 1 peseta pour les oranges des champs et de 1 pes. 75 à 2 pes. 25 pour les qualités supérieures[1]. (Valeur moyenne totale de l'exportation : 35 millions de francs.)

On trouve en Espagne des oliviers jusqu'à une altitude de 1,370 mètres. Les régions les plus riches sont les vallées du Guadalquivir et les pentes moyennes de la Sierra Morena. Certaines provinces — celles de Cordoue, de Jaen, de Séville, notamment — produisent de 400,000 à 600,000 hectolitres d'olives chacune. Les olives de la région de Séville sont particulièrement grosses. Voici les chiffres de la superficie occupée et de la production :

	SUPERFICIE.	PRODUCTION.
	hectares.	hectolitres d'olives.
1890.	1,153,817	1,641,829
1901.	1,266,863	2,946,277

La récolte annuelle produit entre 2 millions et 2 millions et demi d'hectolitres d'huile d'une valeur d'environ 250 millions de pesetas.

[1] «L'oranger valencien n'est pas l'arbre de haute futaie que l'on trouve en Andalousie, c'est un grand arbuste présentant tous les caractères de la force et de la vitalité. Son feuillage, abondant au point de cacher le fruit, éblouit l'œil par le brillant métallique de sa couleur verte. En général, il ne dépasse guère dix mètres en hauteur; il affecte la forme pyramidale et ressemble à un énorme buisson dont les rameaux commencent au ras du sol. A l'époque de la maturité, les branches plient et quelquefois rompent sous le poids des fruits. La cueillette des oranges commence vers le 15 du mois d'octobre et se termine à la mi-juin. Les premières oranges sont enlevées de l'arbre bien avant leur maturité. Il est indispensable que les marchés, le plus souvent lointains, vers lesquels on les exporte, soient abondamment fournis du 15 novembre aux fêtes de Noël.» (BELVÈZE, *Bulletin consulaire, 1878.*)

« La fabrication, écrit dans le rapport consacré aux « Produits agri-
« coles alimentaires d'origine végétale » M. Jules Hélot, était restée fort
arriérée jusqu'à ces dernières années; mais aujourd'hui ces huiles sont
dans leur préparation l'objet de beaucoup plus de soins. » Elles sont
très souvent « limpides, pures, et d'une bonne odeur ». La consommation intérieure est très importante; quant à l'exportation annuelle,
elle représente, en moyenne, une valeur de près de 20 millions.

Le tabac est cultivé dans l'Andalousie et la vallée de l'Ebre. La
culture du safran est répandue; ses produits sont estimés [1]. Comme
autres cultures industrielles, je citerai : au nord, les betteraves, le lin
et le chanvre; au sud-est, les arachides, l'alfa; en Andalousie, le
cotonnier (le plus fort chiffre à la valeur des importations agricoles);
puis, la réglisse [2], etc. Du reste, si elles sont assez répandues, les
cultures industrielles sont peu développées. Nous donnons ci-contre,
pour terminer cette courte revue de l'agriculture, un tableau indiquant
— d'après les chiffres officiels du Ministère espagnol de l'agriculture
— la production moyenne.

[1] « Le safran d'Espagne, dit safran d'Alicante ou de Valence, a été introduit dans le
pays par les Arabes; on le récolte dans les provinces d'Aragon, de Murcie, de Mancha, etc.
Lorsqu'il est de bonne provenance, il rivalise
avec celui du Gâtinais, avec lequel il a de
grandes ressemblances, en un peu plus sec.
Les prix sont sensiblement les mêmes. Ils se
ressentent de ce que la production générale de
l'Espagne est très variable; leurs fluctuations
paraissent embrasser des périodes de dix ans.
A mesure, en effet, que croissent les stocks
entre les mains des producteurs et des spéculateurs, la valeur de cet article descend au
point qu'on a vu le prix de la livre (460 gr.)
s'abaisser à 3 ou 4 douros (35 à 40 francs le
kilogramme). A partir de ce moment, on
commence à arracher les safrans et on cesse de
planter. Alors, en peu d'années, la production s'étant raréfiée et les stocks étant nuls,
les prix remontent et atteignent parfois le prix
de 16 douros la livre (150 francs le kilogramme). La production moyenne est de
25,000 kilogrammes, quantité qui, si l'on en

défalque ce qui est nécessaire à la production,
reste de 15,000 à 20,000 kilogrammes. L'Espagne exporte son safran dans tout l'univers,
mais spécialement en Asie. » (Rapport du Jury
de la Classe 59 « Sucres et produits de la confiserie. Condiments et stimulants », par L. DE-
RODE, président de la Chambre de commerce de
Paris.)

[2] « C'est d'Espagne que nos fabricants français tirent la plus grande partie des bois de
réglisse qu'ils travaillent. Autrefois, comme
les rhizomes longs et traçants qui constituent
le bois de réglisse nuisaient aux autres cultures, les propriétaires, en Espagne, considé-
raient comme un service l'enlèvement de cette
plante envahissante; mais, actuellement, les
fabricants s'assurent, par des marchés à long
terme, le privilège de cette exploitation, qui
se trouve concentrée dans un petit nombre
de mains. » (Rapport du Jury de la Classe 59
« Sucres et produits de la confiserie. Condiments et stimulants », par L. DERODE, président
de la Chambre de commerce de Paris.)

PRODUITS AGRICOLES.	PÉRIODE QUI A SERVI À L'ÉTABLISSEMENT de la moyenne.	SUPERFICIE OCCUPÉE.	PRODUCTION.	
			QUANTITÉ.	VALEUR.
		hectares.	quintaux métriques.	pesetas.
Blé	1892–1901	3,525,409	27,431,034	710,907,955
Orge	1897–1901	1,375,775	13,461,555	255,787,736
Seigle	1897–1901	753,077	5,648,105	119,962,680
Avoine	1897–1901	374,433	2,741,795	46,798,198
Maïs	1897–1901	455,156	5,709,817	127,854,018
Riz	1897–1901	33,720	1,778,022	62,976,784
Alpiste	1897–1901	2,448	15,798	736,687
Panais	1897–1901	1,237	23,672	457,668
Saina (1)	1897–1901	1,075	5,436	86,179
Pois chiches	1897–1901	169,524	826,671	65,328,756
Haricots	1897–1901	189,749	1,114,127	55,115,863
Fèves et fèveroles	1897–1901	198,328	1,565,766	36,252,786
Pois	1897–1901	15,153	97,281	2,416,693
Lentilles	1897–1901	14,983	126,585	6,476,885
Vesces communes	1897–1901	20,522	137,458	3,318,733
Almortas (*Latyvus sativus*)	1897–1901	12,644	74,943	1,881,754
Algarrobas (2)	1897–1901	87,399	481,551	9,319,704
Alverjones (*vitia calcavata*)	1897–1901	21,588	152,910	2,687,691
			hectolitres.	
Vins	1892–1901	1,444,456	21,154,757	360,560,433
			quintaux métriques.	
Olives	1892–1901	1,160,261	2,196,742	189,826,817
Patates	1901	243,220	22,992,082	199,331,857
			kilogrammes.	
Betterave sucrière	1901–1902	21,357	553,400,000	23,402,700
			quintaux métriques.	
Betterave fourragère	1901	10,277	3,233,106	9,607,474
Navets	1901	95,927	10,267,254	21,808,233
Safran	1901	11,947	1,415	12,853,525
Lin	1901	4,759	filasse 24,948 / graines 13,372	4,787,731
Chanvre	1901	5,168	49,888	5,750,627
Oranges	1901	42,035	6,268,439	50,990,437
Limons	1901	1,188	115,359	1,551,320
Caroubiers	1901	97,983	1,249,606	13,010,310
Grenades	1901	2,162	90,763	812,951
Amandes	1901	41,408	763,123	25,114,304
Figues	1901	24,940	1,158,810	9,638,386
Pommes à cidre	1901	2,081	337,220	3,027,444 (3)
VALEUR TOTALE de la production moyenne de l'Espagne				2,440,441,319

(1) La *Saina* est une graminée : la blanche, *Setavia italica* et la noire, *Penicilliaria spicata*.
(2) *Erbum monanthum*, excellente, légumineuse annuelle.
(3) Cidre compris.

C. UN DOMAINE EN ANDALOUSIE.

LA NATURE EN ANDALOUSIE. — LE DOMAINE D'EL ALAMILLO. — AMÉLIORATION DES TERRES. — DIFFICULTÉ DE NOURRIR LE BÉTAIL DE LABOUR. — BONS RÉSULTATS OBTENUS AVEC LE MAÏS CARAGUA. — MOYENNE DES RÉCOLTES. — RÉSULTATS FINANCIERS. — SULLA; RÉSULTATS OBTENUS AVEC DE LA TERRE À BACTÉRIES.

Je n'ai pas le loisir d'étudier les diverses régions de culture de l'Espagne et ne puis ni dire les admirables efforts grâce auxquels les Catalans ont rendu très productif leur pays, qui n'était pas dans les plus fertiles de l'Espagne, ni décrire les plaines de la Manche, cette « terre promise de la chasse à courre du lièvre »[1]; mais je tiens à consacrer quelques pages à l'Andalousie, pays de domaines, « exemple de ce que de mauvaises méthodes culturales, le déboisement et le manque d'eau peuvent faire d'un pays naturellement fertile ».

Il est vrai qu'une réaction sérieuse commence à reconstituer la richesse de la région. Voici un exemple de ce que l'on y peut obtenir avec des soins intelligents. Il s'agit du domaine d'El Alamillo, situé dans une région vallonnée au confluent du Genil et du Guadalquivir. Disons, d'abord, quelle en est la nature. La partie haute du pays est formée de sable calcaire, et la partie basse, d'argile en couche épaisse recouverte de galets roulés. Dans les vallées coulent quelquefois (huit jours par an) d'impétueux *arroyos* (torrents), qui laissent des traces profondes de leur passage. La végétation spontanée est caractérisée par les palmiers nains et les lentisques, qui font ressembler la région à l'Algérie. Favorisés par un climat très doux et n'ayant par suite que peu de besoins, les ouvriers ne sont guère laborieux. La culture est très extensive; les façons culturales sont sommaires; aussi le revenu par hectare n'est-il pas élevé. Les animaux souffrent beaucoup, pendant la saison sèche, du manque de fourrage, et tous les efforts tendant à obtenir le maximum de rendements sont entravés par la

[1] On se sert, pour cette chasse, d'une race de chiens, qui paraît avoir dans son ascendance des chacals, et fut, probablement, laissée dans le pays par les Maures. Ces chiens « conservent une unité de forme, de couleur, de particularités telles, qu'ils sont difficiles à distinguer l'un de l'autre ». Rapides et endurants, ils poursuivent, pendant de longs kilomètres, les lièvres auxquels le manque de buissons, de plis de terrain ne permet pas de s'échapper. Quand le lièvre est pris et que le chasseur le rejoint, il l'éventre avec son couteau et donne la curée aux chiens.

Fig. 206. — Maïs géant caragua (domaine d'El Alamillo) [1].

[1] Cliché de la Librairie agricole, ainsi que le cliché 209.

sécheresse. Seul l'olivier, très abondant, reçoit quelques soins. Le domaine d'El Alamillo appartient au sénateur comte de San-Bernardo, ancien ministre de l'agriculture, dont la mort récente a privé l'Espagne de l'un des plus ardents promoteurs du progrès agricole. Agronome distingué, mon regretté ami San-Bernardo a cherché l'amélioration de ses terres dans trois procédés : la profondeur des labours, les semailles convenablement faites et les fumures, notamment les scories et le nitrate de soude, jointes à l'arrosage ; il prit l'orge pour base de ses assolements. Mais je lui laisse la parole :

« La terre d'El Alamillo, entre Cordoue et Séville, de 1,600 hectares d'un seul tenant, est divisée en une ferme de 400 hectares soumise à la culture triennale, 100 hectares d'oliviers et 1,100 de pacages. La mauvaise distribution des pluies, commune à tous les pays du midi de l'Europe, ne permettant pas la réussite des prairies artificielles ni celle des racines fourragères, la nourriture des animaux de travail est subordonnée, soit à l'attente des pluies d'automne, qui feront pousser l'herbe des pacages, ce qui oblige, à cause de leur irrégularité, à ne jamais faire les labours en temps utile, soit à nourrir le bétail, à prix d'argent, avec paille et grains, le foin étant inconnu. Mais comme les labours doivent se faire au moment propice en terre très argileuse, sous peine d'insuccès complet, c'était tout un problème à résoudre que celui de la nourriture des bœufs en prenant comme base obligatoire la paille à utiliser, qui est très peu nutritive et ne peut fournir des rations économiques. »

Consulté à ce sujet par mon ami, je lui conseillai de rechercher un peu d'eau dans le domaine et d'essayer une culture fourragère très intensive, estimant que le puissant soleil du climat chaud, compenserait l'imperfection de l'arrosage. Le conseil fut suivi, et voici ce qu'a écrit M. de San-Bernardo, au sujet du résultat obtenu, tant au point de vue agricole qu'au point de vue financier :

« Les travaux de captage d'un petit ruisseau d'un débit de 3 litres à la seconde, l'amenée de l'eau de 3 kilomètres par une conduite fermée pour éviter l'évaporation, et la construction d'un petit réservoir pour l'arrosage, qui ont occasionné une dépense de 9,000 francs, ont permis d'arroser trois hectares, qui, malgré leur surface infiniment petite par rapport à la superficie des terres en culture, ont changé absolument les termes du problème.

«Après analyse de la terre, le maïs géant caragua sur fumure avec 50,000 kilogrammes de fumier de ferme complétés par 666 kilogrammes de scories, 500 kilogrammes de nitrate de soude et 170 kilogrammes de superphosphate par hectare pouvant donner deux récoltes successives, nous parut la plante préférable. Avec une fumure aussi puissante le maïs a atteint, en moyenne, 4 m. 30 de hauteur et une végétation tropicale, dont la photographie (fig. 206) donne une légère idée; il a fourni une récolte de plus de 90,000 kilogrammes par hectare, tous les facteurs d'une énorme production se trouvant réunis : chaleur, humidité et fumure convenable. Le maïs semé au commencement d'avril, où les gelées tardives ne sont plus à craindre chez nous, est fauché le 1er août, et, après une nouvelle fumure minérale, la terre est ensemencée en seconde récolte de maïs, qui est fauché avant les premiers froids de novembre; ce qui permet sous notre climat, pour utiliser le reste de cette forte fumure, de semer encore de l'orge ou de l'avoine pour fourrage, qui donne, au printemps, une coupe de 27,000 kilogrammes, tout en laissant le temps de préparer de nouveau la terre pour le maïs.

«Quoique la récolte ait dépassé 90,000 kilogrammes dans une année favorable, la moyenne de trois années est inférieure à ce chiffre, soit par année :

Maïs.	75,000 kilogr.
Maïs.	65,000
Orge ou avoine.	27,000
Total de matière verte par hectare...	167,000

«Ces quantités de fourrages ont fourni, par hectare, 3,340 rations de 50 kilogrammes[1], et, pour trois hectares, 10,000 rations de bœuf, ou 5,000 journées d'une paire, ou 125 journées de 40 paires, ce qui nous permet de labourer nos terres au moment voulu; une bonne pré-

[1] La ration de maïs seule n'est pas complète, on la figure telle pour plus de clarté : la dépense supplémentaire nécessaire pour la compléter est payée par le nombre de kilogrammes de maïs donnés en moins.

paration mécanique des terres est devenue possible, et le problème agricole est résolu. Le côté financier n'est pas moins favorable :

DÉPENSES COMMUNES AUX TROIS RÉCOLTES.

9,000 francs de dépenses initiales à 6 p. 100.............	540 francs
Fermage au prix ordinaire (30 francs l'hectare × 3)..........	90
Fumures { 150,000 kilogrammes de fumier à 8 francs. 1,240 / 2,000 kilogrammes de scories........ 200 / 1,500 kilogrammes de nitrate de soude. 450 / 500 kilogrammes de superphosphate.. 60 }	1,950
Ensilage de 250,000 kilogrammes (moitié de la récolte), à 3 fr. 75 les 1,000 kilogrammes..................	637

PREMIÈRE RÉCOLTE.

Labour.............	215
Semence maïs..............	160
Arrosage..............	200
Fauchage.............	137
	712

DEUXIÈME RÉCOLTE.

Labour.............	126
Semence maïs..............	160
Arrosage..............	200
Fauchage.............	137
	623

TROISIÈME RÉCOLTE.

Labour.............	72
Semence orge ou avoine..............	45
Arrosage..............	12
Fauchage.............	80
	209
Total..................	5,061

qui, divisés par 10,000, donnent comme prix 0 fr. 51 par ration.

« Le taux de placement de fonds démontre ainsi, nettement, que les propriétaires peuvent faire d'excellentes opérations financières chez eux. Auparavant les bœufs nourris avec paille et grains dépensaient, par jour et par tête, 1 fr. 25, soit : fèves 0 fr. 75; paille 11 kilogrammes, 0 fr. 50. Le bénéfice est facile à calculer :

10,000 rations à 1 fr. 25..................	12,500 francs
10,000 rations à 0 fr. 51 (prix actuel)..............	5,100
Bénéfice..................	7,400

«Les dépenses initiales ayant été de 9,000 francs, c'est un place-ment annuel à 82 p. 100. »

Là ne se sont pas arrêtées les expériences faites au domaine de El Alamillo. C'est ainsi qu'il a été noté que le maïs à grains préparait admirablement le sol pour le blé, qui était destiné à lui succéder. In-connu jusque-là dans le pays, le sulla a fort bien réussi[1]. Quant au

[1] «Dans le prix des fumures, l'azote entre pour plus de la moitié en dépense totale; aussi l'agriculteur est-il partout amené à chercher toutes les combinaisons possibles pour se pro-curer cet élément fertilisant à bon marché. Trop de cultivateurs encore ont le tort de ne pas re-courir à la source d'azote que leur offrent gra-tuitement les plantes légumineuses, et que les beaux travaux d'Hellriegel et Wilfarth et ceux de leurs continuateurs, ont récemment révélée de façon à permettre à la grande culture de l'utiliser. Pénétrés de ces idées, presque incon-nues dans le milieu où nous travaillons, bien moins favorable que d'autres, à raison du manque de pluies normales et surtout des sé-cheresses intermédiaires d'une durée de deux à trois mois entre les chutes d'eau, conditions qui rendent énormément difficile la réussite des légumineuses, nous avons consulté, en 1895, notre savant ami, M. L. Grandeau, sur la possibilité, dans notre cas spécial de climat sec et chaud, de réussir dans cette voie, que nous considérons comme capitale en agricul-ture. Il s'agissait de trouver, dans la famille des légumineuses, une plante à racines assez puis-santes pour aller chercher l'humidité dans les couches profondes. Il nous conseilla d'essayer le *sulla*, dont feu M. Knill s'occupait beaucoup en Algérie. Nous étant procuré une petite quantité de semences de sulla, nous ensemen-çâmes, avec toutes les précautions possibles, une parcelle d'expérience, à la porte même du château d'Alamillo, pour pouvoir en suivre le développement tous les jours : la levée après ébouillantage de la graine et la végétation furent normales et, au printemps suivant, nous eûmes le plaisir de voir la plante se développer, très fournie, et dépasser 1 mètre de hauteur,

fleurir et donner sa semence; la démonstration était faite... Le sulla étant bisannuel est des-tiné à former prairie artificielle remplaçant l'année de jachère de l'ancienne culture anda-louse, comme le conseillait M. Knill. La levée fut parfaite et le développement satisfaisant jusqu'au mois de mars : les sécheresses habi-tuelles commencèrent alors et les plantules périrent peu à peu, à notre grand désappointe-ment, car nous croyions le succès assuré d'a-près notre essai dans la parcelle d'expérience. A quelle cause attribuer cet insuccès? Les blés étaient bien fumés; quoique la terre fût très argileuse, on avait forcé sur la dose de potasse précisément pour favoriser la croissance de la légumineuse. Après mûre réflexion, nous avons cru pouvoir accuser le manque de pluies; la céréale étant plus avancée, et partant plus vigoureuse, avait dû absorber toute l'humidité du sol et il n'en restait pas assez pour le sulla, de là sa mort. Il importait pourtant de réussir plus que d'expliquer un insuccès. C'est alors que songeant aux récents travaux des physio-logistes et notamment à ceux de Nobbe, qui recommandait l'emploi de la nitragine, nous eûmes l'idée de chercher de ce côté. Une col-line de 2 hectares à peu près fut destinée à ces nouvelles expériences : on la divisa en par-celles qui reçurent différentes doses d'engrais. Ne pouvant nous procurer une assez grande quantité de semence en un seul endroit, force fut de la tirer de deux sources différentes, en prenant la précaution de faire venir en Anda-lousie, avec la semence, de la *terre* du champ où le sulla avait grainé. Une seule des livrai-sons de semence fut accompagnée de terre, qu'on nous expédia en sacs. D'après les études des bactériologistes, cette terre devait contenir

pois chiche qui demande des soins plus particuliers, il n'a pas été délaissé non plus et de petits emplacements lui ont été consacrés.

les bactéries qui favorisent l'absorption de l'azote atmosphérique, et cette nitragine rurale devait permettre le développement du sulla. Pour comparer et bien étudier les résultats de l'emploi des semences des deux sources différentes, on divisa le champ en deux moitiés presque égales. Après l'épandage de semence, et, dans une moitié du champ, l'épandage de la terre reçue, il n'y avait qu'à attendre la première pluie; après la chute de celle-ci, la levée commença, mais très inégale dans la moitié sans addition de terre et bonne dans l'autre (celle qui avait reçu la terre de sulla). Les plantes continuèrent à croître normalement, mais on avait à redouter la sécheresse de printemps : beaucoup d'herbes adventices avaient poussé aussi en même temps que la légumineuse; on bina pour débarrasser le sulla de ces ennemis qui pouvaient aspirer l'humidité; après *plusieurs binages*, les plantes purent réussir à passer l'été, elles restaient très vertes, tandis que tout autour d'elles les plantes indigènes étaient grillées par les 50 degrés de chaleur qu'on constatait dans les mois chauds. A noter qu'à l'une des extrémités du champ il restait un petit triangle dans lequel on ne voyait pas de sulla. Nous y reviendrons plus loin. Il fallait attendre l'année suivante. Chose étonnante, on n'apercevait presque pas de différence attribuable aux engrais, dans les parcelles fumées; les parcelles témoins, sans fumure, n'en présentaient pas de sensible avec ces dernières. Dans la moitié du champ à laquelle on n'avait pas donné de terre ayant porté du sulla, la levée fut très inégale; les plantes avaient un aspect si chétif et si maladif qu'on pouvait augurer qu'elles ne résisteraient pas. C'est ce qui est arrivé. Le printemps venu, les sullas étaient superbes dans la moitié *terrée;* dans l'autre, il n'en restait presque plus.

« La récolte des graines permit d'ensemencer deux nouveaux hectares, qui reçurent en même temps *de la terre,* ils ont donné pleine récolte. En vue d'étudier plus directement l'effet des bactéries, on établit simultanément un petit champ d'expériences, dans deux parcelles *contiguës sans allée de séparation :* ces deux parcelles ne reçurent pas d'engrais, on y sema la même quantité de semence et on les cultiva d'une manière identique; la seule différence était qu'une des parcelles avait reçu de la terre à bactéries et l'autre pas. A la levée, elles se ressemblaient; à la fin de l'hiver, dans la parcelle sans terre, presque toutes les plantes avaient disparu et, fauchées à la fin du mois d'avril, les deux parcelles donnèrent les poids suivants exactement déterminés et que nous rapportons à l'hectare :

SULLA VERT.

kilogr.

Parcelle { sans terre...... 840
{ avec terre...... 38,180

« L'inoculation de la terre a donc produit une récolte 45 fois plus élevée que celle de la parcelle non *terrée.* La pratique de l'inoculation du sol est bien simple : ne possédant pas de machine spéciale pour décortiquer la semence, voici comment nous avons procédé : après le fauchage, on a battu la récolte sur l'aire, à l'aide des juments; la semence était ainsi mal nettoyée et mélangée de feuilles et fragments de tiges. Dans cet état, le volume de mélange nécessaire pour ensemencer un hectare correspondait, d'après sa teneur en graine, à peu près à un mètre cube; on a mélangé ce volume à autant de terre ayant produit du sulla puis semé à la volée ces deux mètres cubes. Cette année (1901), nous avons pu créer quatre nouveaux hectares de sulla par ce système, ayant récolté l'an dernier 1,450 kilogrammes de graine. Le sulla est bien levé, et il a un excellent aspect avec les dernières pluies d'automne.

« Quelques plantes des anciennes semailles et de la grande parcelle d'essai sans inoculation par la terre vivent encore; elles ne prospèrent guère, bien entendu, mais n'ont pas péri

D. VITICULTURE ET VIN.

SUPERFICIE PLANTÉE EN VIGNE.— PRODUCTION.— RAVAGES CAUSÉS PAR LE PHYLLOXÉRA ; RECONSTITUTION DES VIGNOBLES. — LE VIGNOBLE DE JEREZ : PROCÉDÉS DE VINIFICATION ; LES PRINCIPAUX CÉPAGES ; NATURE DES TERRAINS ; SUPERFICIE. — LE VIGNOBLE DE MALAGA ; RAISINS SECS. — LE VIGNOBLE DE VALENCE. — LES VINS ESPAGNOLS. — VINS DE LIQUEUR : XÉRÈS ; MANZANILLA ; TINTILLA DE ROTA ; MALAGA ; TARRAGONE ; MISTELLES. — VINS ORDINAIRES : BLANCS, ROUGES. — EXPORTATION : SITUATION CRITIQUE DU MARCHÉ.

VITICULTURE. — L'Espagne est un des principaux pays viticoles. En effet, toutes les provinces du pays produisent du vin et, malgré les terribles ravages, exercés depuis quelques années dans ces vignobles par le phylloxéra, nous trouvons : en 1899, une superficie plantée de 1,459,768 hectares et une production de 21,152,991 hectolitres ; en 1900, une superficie plantée de 1,407,343 hectares et une production de 22,559,033 hectolitres; en 1901, une superficie plantée de 1,400,523 hectares et une production de 22,398,643 hectolitres[1].

comme la plus grande partie des plantes de ces parcelles. A quoi attribuer cette anomalie et le plein succès de notre premier champ d'expérience? La terre de ce dernier n'avait jamais, de mémoire d'homme, porté de légumineuses : il nous semble probable, conformément aux recherches récentes de Nobbe, Hiltner, etc., que le fait est dû à la présence en abondance de bactéries à l'état neutre, dans ces terres, comme en rase campagne.

«Nous avons dit plus haut que dans le triangle supérieur du champ de deux hectares, qui a servi à l'expérience, il n'avait pas poussé de sulla. Une enquête minutieuse nous a appris que la provision de terre ayant manqué à l'un des hommes qui la répandait, il avait laissé ce coin (le petit triangle) du champ sans en donner, *croyant*, dit-il naturellement, qu'on ne s'en apercevrait pas. » (Lettre du Comte de San-Bernardo au *Journal d'agriculture pratique*.)

[1] Voici, à titre de comparaison, les chiffres de 1890 : 1,706,501 hectares et 29,875,620 hectolitres.

Répartition par province de la surface plantée en vignobles (en hectares) :

Barcelone (132,155), Lérida (119,077), Valence (113,759), Tarragone (111,028), Valladolid (91,185), Saragosse (88,544), Alicante (86,335), Zamora (80,000), Madrid (71,631.08), Huesca (54,026), Logroño (52.392), Ciudad-Real (50,538), Tolède (48,607), Navarre (48,153), Castille (47,325), Cuenca (40,516), Burgos (38,000), Malaga (33,819), Murcie (33,297), Guadalajara (30,998), Albacete (28,921), Grenade (28,030.09), Palencia (26,955), Baléares (22,833), Léon (21,820), Cadix (20,640), Teruel (19,986), Orense (18,271), Badajoz (18,115), Avila (14,506), Cordoba (14,402.66), Salamanque (14,264), Alava (13,293), Caceres (11,755), Ségovie (11,193), Séville (10,920), Jaen (9,482.49), Huelva (7,754), Alméria (5,185.02), Pontevedra (4,747.55), Sória (4,028), Vizcaya (2,874), Canaries (1,534), Oviedo (1,242), Santander (879.67), Coruña (516,50), Guipuzcoa (41.50). Total : 1,706,501.04.

Répartition par province de la production vinicole (en hectolitres) :

Valence (2,502,698), Barcelone (2,378,790), Lérida (2,143,386), Alicante (1,899,370), Saragosse (1,593,792), Valladolid (1,276,590), Navarre (1,059,366), Madrid (1,002,820), Huesca (972,468), Logroño (943,056), Ciudad-Real (909,684), Tolède (777,712), Castille (757,200), Murcie (732,534), Cuenca (729,288), Burgos (608,000), Malaga (541,104), Baléares (502,326), Albacete (462,736), Cadix (454,080),

«Partout où la défense contre le phylloxéra devient impossible, écrit, dans son rapport sur le «Matériel et les procédés de la viticulture », M. H. Saint-René Taillandier, vice-président de la Société des viticulteurs de France et d'ampélographie, et où la loi le permet, les viticulteurs sont entrés résolument dans la voie de la reconstitution à l'aide des cépages américains ». Ce sont les provinces de Tarragone, de Cadix, de Malaga, de Séville et de Barcelone qui ont été les plus éprouvées. C'est ainsi que la province de Barcelone, dont le vignoble avait une superficie de 130,000 hectares, n'a plus, en 1897, que 5,000 hectares de vigne, et encore sont-ils contaminés; mais les viticulteurs de la région, loin de se décourager, affrontèrent résolument le rude labeur de la reconstitution et, en 1900, les deux tiers du vignoble étaient reconstitués. Dans la plupart des régions, on emploie concurremment tous les porte-greffes employés en France, «en se préoccupant seulement de les adapter aux sols qui leur conviennent ». Il est à noter seulement que dans les terrains calcaires de la province de Malaga le riparia, d'abord accueilli avec une grande faveur, a dû, depuis, être remplacé par le rupestris du Lot et l'aramon (rupestris ganzin n° 1).

Vignoble de Jerez. — «Les vins doux de l'Espagne, parmi lesquels nous citerons les Grenaches, les Moscatels, sont les meilleurs vins de dessert qu'un connaisseur puisse mettre sur sa table ». Ainsi s'exprimait, dans le Rapport de la section de l'agriculture et des aliments, présenté à la suite de l'Exposition internationale de Philadelphie en 1876, M. E. Martel. Les vins de Jerez étant «les vins de liqueur les plus renommés de l'Espagne[1] », il est intéressant de dire quelques mots du procédé de fabrication employé, procédé assez particulier : «On attend, pour vendanger, que le raisin soit à son plus haut degré de maturité. La vendange est étendue sur des paillassons où on la laisse au soleil, un ou plusieurs jours, suivant le type de vin

---

Grenade (448,480), Palencia (431,280), Guadalajara (419,832), Teruel (359,748), Léon (349,120), Avila (261,108), Orense (255,794), Cordoba (230,432), Salamanque (228,224), Badajoz (217,380), Séville (196,560), Caceres (141,060), Jaen (132,748), Alméria (91,072),

Pontevedra (85,446), Lugo (73,122), Gerona (62,220), Sória (56,392), Vizcaya (34,488), Canaries (33,748), Oviedo (17,388), Santander (14,064), Coruña (7,224), Guipúzcoa (492). Total : 29,875,620 hectolitres.

[1] H. Saint-René-Taillavdier.

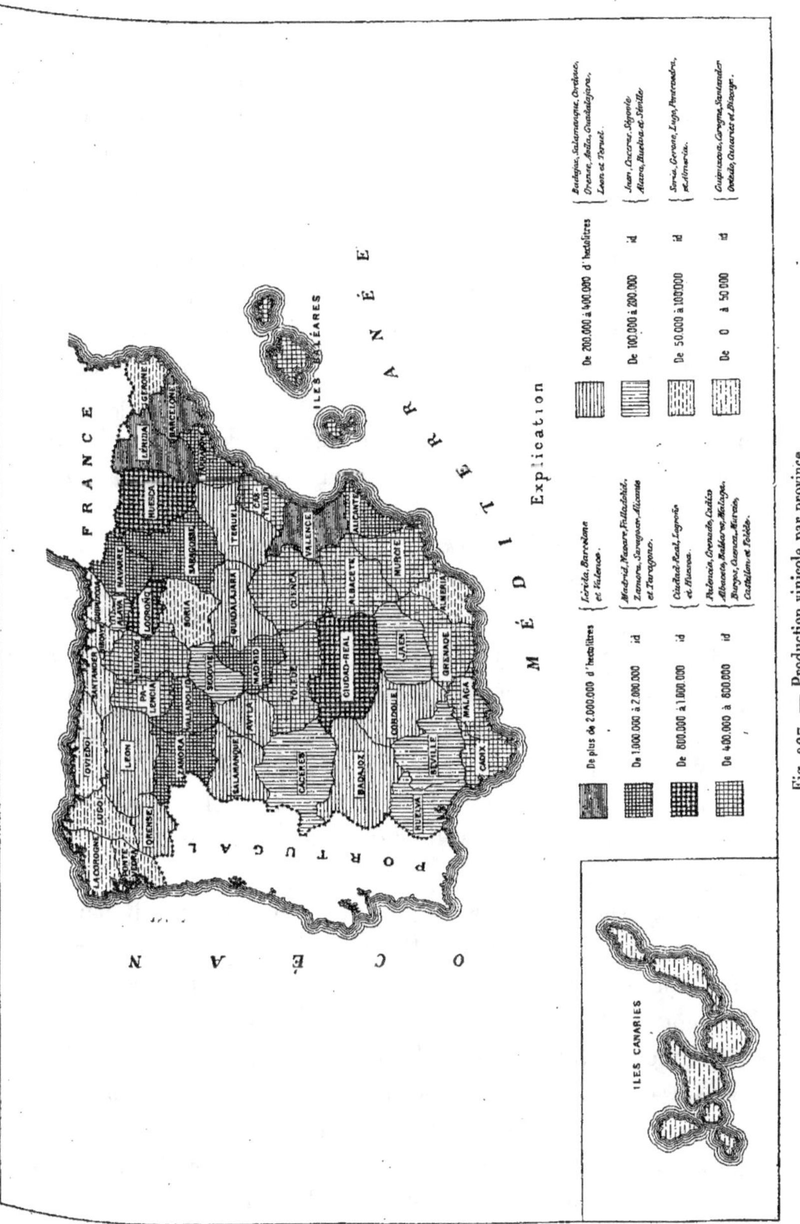

Fig. 207. — Production vinicole par province.

que l'on se propose d'obtenir. Il se produit ainsi une dessiccation partielle, qui concentre les moûts, par carburation. Ces moûts sont, au sortir du pressoir, logés dans des fûts de 5 hectolitres, où s'opère une première fermentation qui dure environ quatre mois. On procède alors à un soutirage, et la fermentation se faisant avec une grande lenteur ne se termine, en général, que vers la troisième année. »

Les cépages producteurs de vins de Jerez étaient autrefois très variés. Aujourd'hui, ils sont presque réduits à six variétés pour les vins secs et à trois pour les vins doux. A vrai dire, il en existe bien encore quelques autres variétés, mais leur peu d'importance dispense de les mentionner. Ces neuf variétés sont le *palamino blanco*, qui produit la majeure partie des vins secs de premier cru; le *mantuo de Pila* et le *tellane*, qui donnent de bons vins de classe courante: le *perruno* et l'*albillo*, avec lesquels on obtient également des vins secs très estimés; enfin, le *pedro ximenes* et le *moscatel*, producteurs de vins doux supérieurs. Quant aux terrains sur lesquels sont plantées les vignes qui donnent les divers crus de Jerez, ils peuvent se ramener à deux types: les calcaires et les argileux, les sablonneux (la coulée sablonneuse ne formant qu'une couche superficielle) étant en somme une extension des argileux. Généralement les calcaires produisent des vins de premier cru, qui atteignent de très hauts prix et dont le *Macharnudo* est le plus estimé. Les argileux, dont la production est le plus souvent d'un tiers par hectare supérieure à celle des calcaires, donnent des crus secs et doux de classe courante.

La superficie du vignoble de Jerez, qui comprend la partie la plus importante de la province de Cadix, était, en 1899, de 20,514 hectolitres, avec une production de 23,70 quintaux de raisins à l'hectare.

Vignoble de Malaga. — Le vignoble de Malaga a une étendue d'environ moitié moindre que celui de Jerez : en 1899, 10,434 hectares produisant, en moyenne, par hectare 25 quintaux de raisins, soit au total 208,921 quintaux, dont un peu moins d'un quart est destiné à la fabrication du vin. Presque tout le reste est séché et destiné à la table. Les raisins secs de Malaga ont, du reste, une grande réputation et donnent lieu à un commerce important.

Vignoble de Valence. — Enfin, citons les vignobles de Valence. Bien que n'étant pas celle où la superficie plantée en vignes est la plus grande, cette province est celle dont la production est la plus forte : en 1899, 2,968,960 hectolitres.

Vins. — Voici les lignes inspirées à M. P. Le Sourd par l'exposition des vins espagnols en 1900 : «Nous avons retrouvé le malaga, si chaud, avec son bouquet si pénétrant; le pedro ximénés, absolument exquis par le moelleux, le velouté, le fondu, la finesse, la suavité, la pureté et l'intensité du bouquet; les xerés liquoreux et parfumés ou secs, à bouquet très suave; les moscatels divers, très savoureux et d'une franchise de goût remarquable; des malvoisies; des vins de Rota, rouges et liquoreux; l'alicante, etc. A côté de ces vins sucrés, nous avons vu des vins de consommation courante, bien faits, et de gros vins colorés et alcooliques, servant de matière première pour les coupages. C'est ainsi que les provinces d'Alicante, d'Alava, de Logroño et de Valence ont de très beaux produits. Parmi les vins de consommation courante, c'est celui de Valdepenäs que, d'un commun accord, nos voisins d'au delà des Pyrénées placent au premier rang. Par sa fraîcheur et son fruité, il mérite cet honneur. Au point de vue français, nous considérons comme les meilleurs les vins rouges de la Catalogne (Barcelone, Tarragone, Lérida, Gerone, etc.), des provinces d'Alicante et de Valence, de celles de Zamora, de Riojas et de la Manche. Les contrées où l'on trouve le plus de vins blancs de coupage sont la Catalogne, les deux Castilles, l'Estramadure et l'Andalousie.»

Seuls, les vins de Jerez et de Malaga peuvent être dits vins généreux. J'ai dit plus haut que les xerés sont généralement considérés comme les plus estimés; à un moment donné, ils constituaient une des principales richesses de l'Espagne. Les principaux types de vins secs, ceux qu'on peut appeler «les grands vins» et qui ont fait la grande renommée du vignoble qui les produit, sont : les xérès Finos, les xérès Amontillados, les xérès Olorosos. Le pedro ximénès et le moscatel sont des vins doux, justement appréciés; que de fois le premier des deux n'a-t-il pas été appelé «le roi des vins doux!».

Outre les xérès, la province de Cadix produit le manzanilla, très fin et pâle, d'un bouquet exquis, d'un degré alcoolique élevé ($15°$) et qui se conserve bien, et le tintilla de Rota, très liquoreux, de couleur très foncée, de peu de degrés et qu'on fait avec un raisin à grains petits et très noirs, appelé tintilla. Le manzanilla et le tintilla de Rota sont tous deux estimés. Le premier, qui se consomme en forte proportion dans les provinces de Cadix et de Séville, s'exporte au Sud-Amérique et en Angleterre. Ce dernier pays et la France sont les principaux consommateurs de tintilla de Rota.

Au total, sur les 486,110 quintaux de raisins récoltés en 1900 dans la province de Jerez, 447,334 furent destinés à la vinification et ont produit 352,459 hectolitres, ce qui peut être considéré comme une production moyenne.

Dans la région de Malaga, les vins doux dominent ; leur réputation est universelle ; ils sont moins recherchés qu'autrefois en Amérique, qui fut longtemps leur principal marché. Par contre, l'exportation pour les divers pays d'Europe a beaucoup augmenté. Les 45,927 quintaux de raisins qui ont été, en 1899, livrés à la vinification ont produit 21,129 hectolitres.

Il y a encore quelques types de vins de liqueur, notamment en Catalogne : ceux dits de Tarragone, puis des grenaches et des muscats qui ne sont pas sans valeur. Cette même Catalogne, Valence et la Manche font en quantité des mistelles rouges et blanches, vins mutés à l'alcool.

Parmi les vins ordinaires, je parlerai d'abord des vins blancs dont « la production, de tout temps importante en Espagne, a pris un développement considérable par suite des demandes, d'abord du marché français, ensuite de l'Amérique et tout dernièrement de la Suisse ». On peut distinguer quatre types principaux : les vins de la Manche, au centre de l'Espagne ; ceux de Séville et de Huelva, dans l'Andalousie ; enfin, à l'Est, ceux de Villafranca de Panaclès. Ces derniers s'assimilant mieux que tous autres aux vins suisses, et notamment à ceux du canton de Vaud, c'est vers la Suisse que se porte l'exportation : tandis qu'au contraire les vins de la Manche et ceux de l'Andalousie se portent sur la France. Parmi ces derniers vins, ceux de Séville passent pour avoir plus de finesse et être moins chargés en couleur, tandis que ceux de Huelva sont réputés comme «un peu plus lourds, de bonne tenue et se madérisant facilement».

Les vins rouges diffèrent beaucoup suivant les régions; leurs caractéristiques communes sont la beauté de la couleur, la richesse en alcool et en extrait sec. Les rioja sont fruités, d'une couleur rouge vif; leur degré en moyenne ne dépasse pas 12; une bonne méthode de vinification permet d'en faire des produits supérieurs, se rapprochant plus que tous autres des vins français. Les aragon, notamment les huesca, sont vineux, droits de goût; atteignant souvent 14 à 15 degrés, ils conviennent pour le coupage avec les vins français.

. Les vins de Catalogne, notamment les priorato, ont une grande diversité de types; intelligemment travaillés, ils sont adaptés avec habileté au goût du pays auquel on les destine. Quant aux navarre et aux castille, ils sont estimés, mais consommés dans leur lieu de production.

EXPORTATION. — L'exportation a été, en 1900, de 3,818,111 hectolitres, représentant une valeur de 76,362,220 pesetas; en 1899, nous trouvons 4,794,081 hectolitres et 95,881,623 pesetas. Il y a donc eu baisse sensible de l'exportation. «On commence fortement à se plaindre, écrit M. P. Le Sourd. La pénurie des affaires sur tous les marchés espagnols et les bas cours qui se pratiquent maintenant pour les divers types de vin ne stimulent pas le viticulteur à soigner sa production, que la distillerie absorbe en majeure partie. Cependant, il y a quelques maisons qui exportent encore sur les marchés de la Plata et qui peuvent, par hectolitre, payer 2 et 3 pesetas de plus que la distillerie. En admettant que le supplément de récolte trouve sortie sur les autres marchés d'exportation et alimente la consommation intérieure, il est bien difficile aux commerçants de payer par hectolitre 1 peseta ou 1 peseta 50 au-dessus des cours pratiqués par les distillateurs. Et cependant cette majoration ne suffit pas à couvrir les frais spéciaux que les cultivateurs ont à supporter, pour le sulfatage, le soufrage et les autres soins si nombreux que réclame la vigne. En ce cas, le propriétaire, se désintéressant de la qualité, s'attache à produire la quantité. Par suite, on craint que les beaux vins rouges corsés, de bonne tenue et de conservation, ne disparaissent complètement des régions où on les trouvait jadis en abondance. Il faudra compter davantage sur les événements atmosphériques, qui peuvent dans beaucoup de cas avoir une certaine influence sur la nature des vins, que sur les soins apportés par le producteur. Cependant, actuellement, il y aurait avantage à avoir de beaux vins de coupage, car ce sont les seuls qui peuvent donner lieu à quelques transactions. »

Longtemps les vins d'Espagne furent surtout dirigés vers la France; puis de 1899 à 1900, nous voyons l'exportation diminuer de moitié (d'environ deux millions à cent); c'est la cause principale de la situation critique des viticulteurs espagnols. En outre, les marchés de l'Amérique du Sud, des Antilles et de la Suisse, qui avaient, pour l'Espagne, la plus grande importance après le marché français, diminuent aussi leur demande. Seules, la Grande-Bretagne, l'Asie et l'Océanie ont augmenté le chiffre de leurs achats[1].

Si nous cessons d'examiner la totalité des exportations vinicoles de l'Espagne, pour ne nous occuper que de celle des vins de Jerez et similaires, nous avons, en 1899, 47,019 hectolitres représentant 5,642,336 pesetas, et, en 1900, 44,376 hectolitres, d'une valeur de 5,325,120 pesetas. Il est à remarquer que, pour cet article, l'importation en France a augmenté de 4,559 hectolitres, tandis que celle en Grande-Bretagne baissait de 3,281 hectolitres. La situation est donc, ici, l'inverse de ce que nous avons vu pour la totalité de l'exportation. Enfin, l'exportation des raisins, a été, en 1899, de 176,716 quintaux.

[1] Voici ce qu'écrit (1901) au sujet de l'exportation M. P. Le Sourd; on remarquera la comparaison avec les exportations italiennes : «L'Italie ne peut pas, sur les marchés français, soutenir la concurrence des vins espagnols qui paient le même droit de douane que les vins italiens, mais qui sont favorisés par le change. Le marché suisse est surtout alimenté par les vins français et espagnols (ces derniers, en 1899, ont fourni à ce pays 603,000 hectolitres, alors que l'Italie ne lui en livrait que 348,000), et l'on estime que l'exportation italienne en Suisse ne dépassera guère cette année 150,000 hectolitres. L'Allemagne a accordé à l'Espagne, le 1er juillet 1899, le régime de la nation la plus favorisée, et l'importation des vins espagnols dans l'empire allemand s'est élevée, en un an, de 71,000 à 121,000 hectolitres; dans le même temps, l'importation des vins italiens est descendue de 117,000 à 88,000 hectolitres. »

E. ÉLEVAGE.

BÊTES À CORNES : AIRE GÉOGRAPHIQUE DE LA RACE IBÉRIQUE; SES CARACTÉRISTIQUES; EFFECTIF DES BOVIDÉS ESPAGNOLS. — LE TAUREAU DE COMBAT : IMPORTANCE ET DIFFICULTÉ DE SON ÉLEVAGE; *VAQUEROS* ET *CABESTROS*; L'ESSAI; QUALITÉS QUE DOIT RÉUNIR UN BON TAUREAU DE COMBAT; MODES DE TRAJET DU LIEU D'ÉLEVAGE AUX ARÈNES; ANCIENNETÉ DES GANADÉRIAS. — CHEVAUX. — ÂNES. — MULETS. — LE MOUTON MÉRINOS; SES CARACTÉRISTIQUES; EFFECTIF DES MOUTONS; LA *MESTA;* ESTIVAGE; LES DEUX BRANCHES DE LA RACE MÉRINOS. — CHÈVRES; LA MURCIENNE. — PORCS. — AVICULTURE. — SÉRICICULTURE. — APICULTURE.

BÊTES À CORNES. — La race ibérique est répandue, aujourd'hui, non seulement dans toute la péninsule hispanique, mais encore dans la partie septentrionale des Pyrénées, dans les îles du bassin occidental de la Méditerranée, en Italie et dans le nord de l'Afrique, jusqu'en Tunisie. « Sa taille moyenne varie de 1 m. 25 à 1 m. 30; la tête et les membres sont petits, courts et fins; le col est court et très épais, avec un fanon très développé; le corps, allongé et souvent fléchi sur le dos; la poitrine, large; le garrot, épais; le train postérieur, serré; la croupe, courte et pointue; l'attache de la queue, très haute et fortement saillante. Le pelage dominant est le fauve, mais on rencontre également toutes les nuances du jaune très dégradé au brun. Ordinairement d'un gris ardoise, les muqueuses ont, dans certaines variétés, une teinte dégradée jusqu'au rose; les cornes, le plus souvent de ton gris ardoise, elles aussi, étant alors à leur base d'un blanc jaunâtre. » Les individus de la race ibérique sont sobres et courageux; peu abondante, la viande qu'ils donnent a bon goût; les vaches ne sont pas laitières. On ne distingue pas de nombreuses variétés, et encore ces variétés diffèrent-elles peu entre elles. Les sujets des Pyrénées sont excellents travailleurs. Ceux des Asturies et de la Galice ont été améliorés par des croisements avec les races bretonne et anglaises.

Le nombre des bêtes à cornes s'accroît rapidement en Espagne : en 1864, il y en avait 1,400,000; en 1878, 2,350,000; certains estiment qu'aujourd'hui il doit y en avoir près de 3 millions; mais le recensement de 1895 n'indique que 2,243,916 têtes. Les bovidés se rencontrent partout, dans les régions peu propres à la culture, telles que la Castille et l'Estramadure. La province de Léon entretient avec le Portugal un grand mouvement d'échanges. Les taureaux de combat ont, tant pour le commerce intérieur que pour l'extérieur, une toute particulière importance; aussi m'a-t-il paru nécessaire d'en parler avec quelque détail.

Le taureau de combat. — L'élevage du taureau de combat est difficile entre tous et coûteux; aussi, écrivent dans leur *Guide tauromachique* MM. Ned et Lancey, « les *ganaderos* (éleveurs) ne sont-ils presque jamais indemnisés ; c'est donc plutôt un luxe de posséder une *ganaderia* ». La première condition pour réussir est, bien entendu, de choisir habilement les reproducteurs.

Durant sa première année, « soit en liberté dans de vastes pâturages, soit dans de grands enclos aménagés à cet effet », le jeune taureau ne voit, en fait d'êtres humains, que ses *vaqueros* (vachers), toujours à cheval et armés d'aiguillons. Le rôle de chien de berger est tenu par les *cabestros* (vieux bœufs à longues cornes), qui ne tardent pas à prendre sur les jeunes bêtes une réelle influence. Tous les taureaux, même ceux élevés dans les ganaderias les plus fameuses, ne sont pas capables d'être de bons taureaux de combat; c'est pour reconnaître ceux qui sont aptes à le devenir que, lorsque les jeunes veaux ont deux ans, a lieu la *tienta* (essai), à la suite de laquelle les animaux reconnus bons sont marqués au fer rouge de la devise de la ganaderia; cette opération, appelée *herradero*, est l'occasion de fêtes et de chasses. La tienta se fait, soit *por acoso* (en pleine campagne), soit *en toril*. On écarte la bête. Deux *derribadores*[1] la renversent, et quand elle se relève et se dispose à rejoindre le gros du troupeau, un cavalier armé d'une pique lui barre le chemin; le taureau ne sera reconnu digne de devenir animal de combat que s'il affronte une ou deux fois la pique; fuit-il, on ne saurait attendre de lui, plus tard, la bravoure nécessaire aux sujets destinés aux grandes courses. La tienta por acoso est de beaucoup la plus usitée en Andalousie, qui est, par excellence, la région d'élevage du taureau; dans la tienta en toril, il arrive souvent, en effet, que la bête accepte la pique bien que la craignant, et cela parce que le manque de terrain ne lui permet pas de l'éviter.

Le courage ne suffit pas à un taureau de combat. Encore que l'on

---

[1] Du verbe *derribar* (renverser).

élève, en Navarre, des animaux légers qui peuvent fournir de bonnes courses, on exige généralement que la bête soit de poids; elle doit, en outre, n'avoir aucun défaut physique. M. Jules Vidal a écrit d'elle que «son poil est luisant, doux au toucher; ses extrémités sont sèches; les tendons et les articulations, bien accusés; le sabot est court, petit et rond; les cornes, fortes à la base, sont noires et polies et aux bouts bien semblables; la queue est longue et fournie; les yeux sont noirs et vifs; les oreilles, fines et mobiles».

Fig. 208. — Au toril : toros à la veille de paraître aux arènes; à gauche, un cabestro.

Le taureau vit, en général, une quinzaine d'années; c'est entre cinq et six ans qu'il paraît aux arènes[1]. A cet âge, où il est en pleine possession de sa force, le *toro* espagnol est un fauve puissant et impétueux. On pense donc que le trajet à lui faire effectuer de la ganaderia aux arènes est assez malaisé. Il se fait de nuit et en choisissant autant que possible les passages peu fréquentés. Voici comment est disposé le convoi (*enciero*) : «Tout d'abord un bouvier à cheval; derrière lui, marche le *cabestro* de tête, suivi de près par les autres bœufs entourant les toros. D'autres gardiens, armés de piques, ferment la marche et stimulent le bétail par la voix et avec la fronde, qui leur permet de le faire tourner, soit à droite, soit à gauche, en frappant le bout des cornes (appelé *piton*), très sensible à la douleur. Ainsi on parcourt très souvent, au triple galop, des espaces considérables... Si un *toro* s'échappe, deux ou trois cabestros, lancés à sa poursuite, le ramènent au troupeau.» Les arènes sont-elles trop éloignées, on met les bêtes en cage, et le transport se fait par voies ferrées. Cet *encajonamiento*, opération fort délicate, se paie fort cher, l'entrepreneur

[1] Le prix d'un taureau pour la *plaza* varie de 1,000 à 2,500 francs.

étant responsable des accidents pouvant survenir durant le trajet[1]. Faire entrer le taureau dans la cage n'est pas toujours aisé. Pour y parvenir, la cage, très éclairée, est placée au fond d'un couloir obscur. Puis, on lève la porte à coulisse, et avec une sorte de pique, appelée *castigadora*, le *vaquero* pousse le fauve; celui-ci ne fait pas trop de difficultés, attiré qu'il est par la lumière.

Tels sont les détails qu'il m'a paru intéressant de donner sur l'élevage du taureau de combat. L'élevage date du jour de la première présentation du bétail en plaza de Madrid; les Espagnols ont établi, se basant sur cette ancienneté, des règles minutieuses quant à l'ordre d'entrée des taureaux dans l'arène, au cas où, dans une corrida, il y a des produits de plusieurs élevages. La plus vieille et la plus célèbre ganaderia est celle du duc de Veragua.

CHEVAUX. — Qui ne sait la grande réputation qu'ont eue durant des siècles les genêts d'Espagne? Avant le pur-sang anglais, l'andalous était peut-être le plus estimé comme cheval de luxe et de selle. De fait, ses allures très douces conviennent pour la selle et le manège. Il est délicat. Aujourd'hui, les chevaux de ce pays appartiennent à plusieurs types : dans le Nord, on trouve des sujets gras et vigoureux, aptes au transport; en Andalousie, au contraire, ce sont les descendants des chevaux arabes que les Maures laissèrent dans le pays[2] : animaux petits et élégants, tout à la fois pleins de feu et résistants. Le recensement de 1895 porte à 338,788 le nombre des chevaux espagnols. Certaines estimations doublent ce chiffre. Le principal centre de commerce est la grande foire annuelle de Séville.

ÂNES ET MULETS. — Au nombre de près d'un million et demi (suivant recensement de 1895, mulets : 787,550; ânes : 684,893)[3], les mulets et les ânes espagnols sont courageux et résistants. Les

---

[1] L'*encajonamiento* d'une corrida de six taureaux se paye 600 pesetas, location des cages comprise.

[2] Robe foncée, baie ou noire et miroitée; fine tête à profil convexe; encolure, souvent racée, et, comme la queue, garnie de crins longs, fins et ondulés; conformation générale assez belle (la croupe est pourtant souvent trop oblique).

[3] Ici aussi désaccord avec certaines estimations : mulets, 100,000; ânes, 130,000.

célèbres baudets d'Espagne conviennent du reste à la production mulassière [1]. On les accouple aux juments andalouses, dont le mulet
espagnol rappelle ainsi les formes. Il a généralement le pelage foncé,
le poil ras et brillant, la démarche légère et le regard vif. « Sa tête,
écrit M. E. Lavalard, est grosse et busquée, mais bien portée; il a l'encolure courte, le garrot élevé, le poitrail étroit, les reins longs et la
croupe horizontale. » C'est, bien entendu, dans les régions montagneuses et dans celles où les communications laissent à désirer, que l'on
rencontre le plus d'ânes et de mulets. L'exportation de ces derniers
prime leur importation.

Moutons. — Toute la population ovine du monde se rattache à
deux races principales. L'une, qui, suivant l'expression de M. René
E. Bossière, « jusqu'à ces dernières années régnait en maîtresse », n'est
autre que la race mérinos qui, sans doute importée par les Maures,
parut au delà des Pyrénées vers le xive ou le xve siècle. « Longtemps,
écrivait feu Lefour, inspecteur général de l'agriculture, le mérinos a
fait la richesse de l'Espagne, qui, jusqu'à la fin du xviiie siècle, s'en
est en quelque sorte « réservé le monopole ».

Voici comment M. Émile Thierry résume les caractéristiques de la
race mérinos : « Cette race est dolichocéphale. Le front est convexe en
tous sens; les arcades orbitaires sont effacées. Le chanfrein, légèrement
convexe, est large jusqu'au bout du nez, qui est mousse. La bouche est
grande à raison de l'arcade incisive large. La tête, à l'aspect massif, s'accentue encore par les plis de la peau existants toujours en travers du
chanfrein. Les cornes, très fortes, sont triangulaires à la base, contournées en spirale, plus ou moins rapprochée des joues, et recouvertes à la
base d'une laine mousse. Les cornes manquent presque toujours chez
les femelles et dans certaines variétés chez les mâles. L'oreille courte,
large, horizontale, passe aux spires des cornes. Le squelette est fort;
les membres sont gros; les jarrets, larges. Ceux-ci présentent une disposition unique particulière à cette race, et que A. Sanson décrit ainsi :
« Cette disposition consiste en ce que l'articulation du jarret, plus

____

[1] Au Portugal, où on en importe chaque
année un assez grand nombre, on a recours
à eux et à leurs fils pour obtenir de bons
produits.

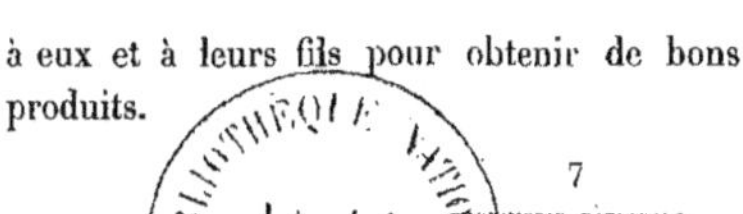

« large que dans aucune autre race, et aussi celle du boulet écartent les
« tendons fléchisseurs de la face postérieure du métatarsien principal,
« ce qui élargit la région du canon, et donne à la station du membre
« un aspect particulier et absolument caractéristique. » Les pieds sont
larges. Le col est court et gros; le garrot, saillant; le dos, souvent
creux; la croupe, large et oblique. La toison, lourde et tassée, est
tout à fait spéciale à la race mérinos. Elle est très étendue et recouvre
le corps depuis le bout du nez jusqu'aux onglons. Les mèches, composées de brins plus ou moins larges, sont ordinairement carrées. Le
brin, dont le diamètre varie de 1 à 3 centièmes de millimètre, est
très onduleux. Le poids de la toison va de 1 à 6, 7 et 8 kilogrammes.

Fig. 209. — Mouton mérinos.

La peau est riche en follicules
sébacés donnant un suint jaunâtre, citrin, onctueux et assez
fluide. À raison même de sa surface excessive, la peau présente
de nombreux plis, surtout dans
la région du cou où ces plis forment des *cravates*. On ne les voit
plus dans les variétés améliorées.
Aucune autre race ne donne une
laine aussi fine, aussi souple,
aussi élastique et aussi résistante. Sauf chez les variétés améliorées,
la viande a un goût de suint qui la fait peu estimer. La race n'est pas
précoce; les moutons ne peuvent être livrés à la boucherie qu'à l'âge
de deux ans. Le mérinos redoute surtout l'humidité et contracte facilement, principalement dans les contrées où le sol et l'atmosphère
sont humides, la *pourriture* ou *cachexie aqueuse*. »

Dire exactement le nombre des moutons qui sont élevés en Espagne
n'est pas aisé. On peut seulement affirmer que, proportionnellement au
chiffre de ses habitants, l'Espagne est le pays d'Europe qui a la population ovine la plus nombreuse. Cette population, que d'aucuns disent
approcher, aujourd'hui encore, de vingt millions, serait, suivant le
recensement de 1895, de 14,169,940 têtes; ce qui est certain, c'est
que son nombre a diminué, tant par la concurrence — que, par leur

bas prix, les laines d'Australie font aux laines d'Espagne[1] — que par la restriction du privilège de la *mesta*. Qu'est-ce que la mesta? Une puissante association que formèrent autrefois entre eux les propriétaires de moutons. A cette époque, il y avait dans le pays de grands espaces inhabités. Grâce aux influences dont elle disposait, la mesta obtint, d'une part, que ces espaces fussent abandonnés aux moutons et, d'autre part, que, pour faciliter la migration des troupeaux du sud au nord durant les chaleurs, les propriétés particulières fussent soumises au droit de libre parcours. Pour cet estivage, les troupeaux se divisaient en deux branches, qui ont pris le nom des lieux où ils estivaient: la branche léonaise, considérée comme la meilleure, à laine douce et fine, et la branche soriane.

La race léonaise hivernait dans l'Estramadure, aux environs de Lérida, Cadres, Sérénas, tandis que la branche soriane hivernait plus à l'est. Les troupeaux se mettaient en route vers le 15 avril, se dirigeant vers le nord; arrivés à leurs cantonnements à la fin juin, ils séjournaient quelques jours dans les *esquileas*, où on procédait à la tonte. La race léonaise, dont les *cavaques* ou troupeaux portaient les noms de leurs propriétaires: *negretti* (taille élevée, laine fine, courts et nerveux), *infantado, perales, montaros* (à laine plus douce), passaient le Tage à Almarès; une partie s'arrêtait dans la chaîne qui sépare l'Estramadure du Léon et la Vieille-Castille; l'autre pénétrait dans le Léon; quelques troupeaux allaient jusqu'aux Asturies. Les troupeaux de la race soriane se dirigeaient plus à l'est: les uns montaient jusqu'à la montagne de la Navarre; d'autres s'arrêtaient dans les vallées du haut Douro et dans les sierras qui séparent les deux Castilles.

Cette transhumance ne saurait étonner. Comment en pourrait-il être autrement, lorsque, au plus fort de la chaleur et de la sécheresse de l'été, on peut, non loin des plaines dénudées, trouver des pâturages que leur altitude sauve durant la saison chaude[2].

---

[1] Valeur de l'exportation de la laine en suint: 1899, 14 millions; 1900, 7 millions et demi.

[2] C'est ce que notait justement le rapporteur du Jury de la Classe 46 «Produits agricoles non alimentaires» de l'Exposition de 1878: «Il est difficile qu'il en soit autrement en présence d'étés très chauds, presque toujours accompagnés de sécheresse, lorsqu'à peu de distance des plaines brûlées par le soleil, on peut trouver dans la plus grande partie du pays des pâturages qui, à cause de leur altitude, restent productifs pendant toute la saison chaude.»

Indépendamment des troupeaux transhumants, il y en a beaucoup de sédentaires.

Chèvres et porcs. — Voici les chiffres du recensement de 1895 : 2,646,064 chèvres et 2,064,513 porcs. Ces derniers abondent surtout dans le nord et le nord-ouest, là où les chênes sont nombreux; ils donnent lieu à une assez active exportation de charcuterie. Quant aux chèvres, on les trouve dans les districts montagneux, notamment ceux du Léon. Il est à noter que l'Espagne est, après la Turquie, le pays d'Europe dont la population caprine est la plus nombreuse.

Signalons, parmi les diverses variétés, la chèvre de Murcie, qui a de grandes analogies avec la maltaise. Comme «brouteuse», elle tient le premier rang. En effet, elle tond volontiers une pelouse lorsqu'elle a l'habitude de paître au champ; cependant, il ne faut pas oublier que la chèvre ne mange, en général, les graminées qu'à défaut des plantes arborescentes et légumineuses, pour lesquelles elle montre une préférence marquée.

Aviculture. — «La race *andalouse* est aussi rustique qu'elle est jolie, sa rusticité provient sans doute des nombreux croisements dont elle dérive. Il est difficile d'imaginer un plus magnifique oiseau que le coq andalous; la silhouette est d'une parfaite harmonie, le camail abondant et tranchant bien, par sa teinte foncée, sur la nuance du restant du plumage qui, à part les lancettes et la queue également foncées, est d'un très joli bleu d'argent, chaque plume lisérée de bleu très foncé; haut perché, fort et élégant; en exceptant les coqs combattants, qui se rapprochent du genre faisan, c'est le plus gracieux de tous les habitants de nos basses-cours. Les poules sont des pondeuses hors ligne de gros œufs à coquille blanc de lait. Les poussins s'élèvent très facilement et s'emplument vite.

«La race *de Minorque*, comme forme, volume et qualités, diffère très peu de l'andalouse; le plumage est entièrement noir. Chose curieuse : dans une couvée d'andalous bleus, on trouve des minorques dignes de figurer dans un concours. Ceci est une preuve de plus que la race de Minorque a servi à la fabrication de l'andalouse. La minorque a de très chauds partisans en Angleterre où elle est fort répandue. M. W. E. Garfick, qui l'a beaucoup pratiquée, écrit ce qui suit à son sujet : «Après quinze ans d'expériences sur différentes races, nous «n'hésitons pas à déclarer la minorque celle qui produit le plus grand «poids en œufs dans l'année. D'autres pondent peut-être un plus «grand nombre d'œufs, et encore nous en doutons. Nous n'avons ren- «contré aucune race supportant aussi bien la captivité. Elle semble «mieux prospérer dans une petite cour, pourvu qu'elle soit tenue pro- «prement et pas en trop grand nombre, qu'en pleine liberté. Tout ceci «tend à confirmer tout ce qui s'est dit si souvent : *La minorque est la* «*poule de l'ouvrier.*» Le travailleur anglais a fait preuve d'intelligence en adoptant cette poule, comme il l'a fait depuis huit ou dix ans, et cela ne l'a pas empêchée d'être tout aussi bien appéciée par les riches[1].»

Au total, ici comme pour les autres branches d'élevage, excès notable de l'importation sur l'exportation.

SÉRICICULTURE ET APICULTURE. — Bien que la maladie[2] des vers à soie ait fort éprouvé[3] la sériciculture espagnole[4] — on estime qu'on a abattu les deux tiers des mûriers, — celle-ci a encore une certaine

[1] *La basse-cour productive*, par Louis BRÉCHEMIN, directeur de la *Revue avicole*, secrétaire de la Société nationale d'aviculture.

[2] Elle se déclara en 1853; l'Espagne perdit bientôt quelques-unes de ses races indigènes dont les cocons étaient riches en soie et dont la soie était de la meilleure qualité, et dut s'approvisionner de graines japonaises.

[3] La récolte est tombée, en trente ans, de 15 millions de kilogrammes de cocons (1850) à 810,000 kilogrammes (1880). La production en soie est estimée à 80,000 kilogrammes environ, dont la majeure partie est exportée en France. L'Espagne importe 130,000 kilogrammes de soie grège et 20,000 kilogrammes de soie ouvrée pour l'alimentation de ses tissages.

[4] «L'Espagne est la première terre d'Europe où l'on ait cultivé le mûrier, élevé le ver à soie et filé la soie. Cette industrie y fut introduite par les Arabes, très probablement par les Arabes Yéménites ou Syriens; elle était florissante, au x⁰ siècle, principalement sous le calife de Cordoue, Abder Rhaman III, de la dynastie arabe des Ommiades. Elle avait acquis un grand développement, au xii⁰ siècle, sous les Almohades et devint très prospère sous les rois maures de Grenade. Elle avait été précédée, comme en Italie, par le tissage d'étoffes faites de soie d'Orient. Mais en Italie, aux xii⁰ et xiii⁰ siècles, les tisseurs faisaient surtout usage de soie d'Espagne. On voit, dans les anciens traités italiens du xiv⁰ et du xv⁰ siècle sur l'art de la soie, que la soie d'Espagne était celle dont le prix était le plus élevé». (Rapport du Jury de la Classe 34, «Soies», par M. Natalis RONDOT, président de la section des industries textiles à la Commission permanente des valeurs en douane, délégué de la Chambre de commerce de Lyon [Exposition de 1878].)

importance; mais il faut recourir à l'importation de la soie. L'apiculture est prospère; le nombre des ruches est d'environ 1,700,000
et la production du miel est de 19,000 tonnes; le miel de Castille est
assez réputé, ainsi que celui des Baléares.

F. BALÉARES ET CANARIES.

BALÉARES : SUPERFICIE; POPULATION; FLORE; VITICULTURE ET VIN; ARBORICULTURE; FORÊTS;
PORCS; MIEL. — CANARIES : SUPERFICIE; FLORE; FORÊTS; CULTURES DIVERSES.

Baléares. — 5,014 kilomètres carrés et 311,649 habitants, telles
sont la superficie et la population des Baléares, dont la flore offre,
suivant le mot de M. Paul Maudry, «un mélange des flores de l'Europe
occidentale et de l'Europe orientale». L'industrie est peu prospère
et l'archipel est resté entièrement agricole; il devra sans doute à son
isolement, aussi bien qu'à l'absence de matières premières, l'avantage
de le demeurer. Le sol est plus soigneusement cultivé que sur le continent. La pêche donne de son côté de bons revenus; les Pityuses abritent dans leurs criques un grand nombre de barques.

Tant pour l'étendue des terrains qu'elle occupe que par les bénéfices qu'elle donna fort longtemps, c'est la viticulture qui tient la
première place aux Baléares. «Mais, écrit M. P. Le Sourd, à dater
de l'expiration, en 1892, du traité de commerce franco-espagnol,
le mouvement d'exportation vers la France des vins de Majorque
s'est arrêté brusquement. D'autre part, la reconstitution du vignoble
français coïncida avec l'invasion rapide des vignes majorquines par le
phylloxéra.» Cette invasion, sur 23,000 hectares plantés en vignes,
en détruisit entièrement 12,500 et n'en laissa indemnes que 1,000. A
cette époque, la production annuelle de l'Archipel atteignait presque
un million d'hectolitres; en 1899, elle était tombée à 65,000, dont
5,000 seulement furent exportés. L'année 1900, un léger relèvement
se produisit dans la production qui dépassa 150,000 hectolitres. Les
vins de Bénisalem sont très appréciés. «Les plus connues des variétés
de cépages cultivées aux Baléares sont le moscatel et le moscatel romani,
le malvoisie, le mallar, le montona, le pedro jimenez, le giro, le pam-
polrodat et l'aigonul, qui donnent des vins liquoreux et généreux;
le batista, l'escursach, le garnache, le juanillo et le vinater qui, avec le

gorgollona et le valent blanc, produisent des vins de table ; enfin, les variétés à grands rendements, tels le jogouen, qui donne jusqu'à 150 hectolitres par hectare ; le valent noir riche en couleur, le lopez, l'œil de lièvre, l'argamusa, le sabater, l'abgula, etc. Le gorgollona, base des vins rouges de Majorque, produit, dans les districts de Palma et d'Inca, de 1,600 à 2,200 kilogrammes de vendanges par hectare, dans les années ordinaires, tandis que le jogouen, dans un bon terrain et dans une bonne année, arrive à donner dix fois plus, soit 16,000 kilogrammes de raisin par hectare. »

Après la viticulture, c'est l'arboriculture qui occupe aux Baléares la place la plus importante.

Les fruits sont le plus souvent expédiés en France, notamment les oranges de Majorque, qui sont belles, à peau jaune, mince et lisse. Les olives sont petites, mais succulentes. Par la quantité et la qualité de leurs fruits, les figuiers assurent la richesse des terres peu fertiles. Il faut encore citer les caroubiers, les amandiers, les citronniers, les bigaradiers.

Les deux arbres les plus répandus sont le pin d'Alep et le chêne.

Les porcs sont nombreux à Majorque. Le miel des Baléares est estimé.

CANARIES. — Les sept îles qui forment l'archipel des Canaries ont une superficie totale de 7,624 kilomètres carrés et une population de 358,564 habitants. La mer est poissonneuse, mais la faune, pauvre. Le sol est fertile et la flore riche, sauf sur les points où la sécheresse vient contrarier cette fertilité. Dans les belles forêts de jadis on trouvait le *Pinus canariensis,* dont il n'était pas rare de voir des spécimens ayant 30 mètres de haut et 9 mètres de circonférence au tronc ; il y avait, en outre, des bruyères arborescentes de 25 mètres de haut. On peut voir encore les débris d'un dragommia, qui n'avait pas moins de 18 mètres de circonférence au tronc et que Humboldt estimait vieux de cent siècles. Généralement les procédés culturaux ne sont pas perfectionnés. A peine peut-on récolter les céréales nécessaires. Par contre, la diversité des climats fait que l'on trouve dans l'archipel à peu près tous les fruits. Les raisins donnent de bons vins secs ou doux : muscat et malvoisie. La culture de la banane est très lucrative, et les terrains qui lui sont consacrés valent jusqu'à 25,000 francs l'hectare. Les bas prix de la cochenille ont fait délaisser cette culture, autrefois prospère. Le tabac est de fort bonne qualité.

G. PÊCHE.

NOMBRE DES BATEAUX PÊCHEURS ET DES HOMMES D'ÉQUIPAGE. — PRINCIPALES PÊCHERIES. — RÉGLEMENTATION DE LA PÊCHE. — PÊCHE DES ÉPONGES. — LE CORAIL D'ESPAGNE : PÊCHE; EXPORTATION. — INSTITUTIONS DE PRÉVOYANCE.

PÊCHE EN MER. — Les statistiques évaluent à onze mille environ le nombre des bateaux pêcheurs qui opèrent sur les côtes d'Espagne; ces onze mille bateaux jaugent, au total, 32,000 tonneaux et sont montés par 57,000 hommes d'équipage. La quantité de poissons pris peut être estimée entre 70 et 80 millions de kilogrammes.

M. A. de Navarrete, capitaine de corvette, dans l'intéressante communication qu'il fit au Congrès international d'aquiculture et de pêche de 1900, — où il était délégué officiel du gouvernement espagnol, — divise en trois portions l'ensemble des côtes d'Espagne :

1° La première portion (658 milles) s'étend, sur l'Atlantique, de la frontière française à la frontière portugaise; elle est riche en poissons sédentaires, demi-sédentaires et voyageurs; c'est dans la partie nord-ouest que se trouvent les superbes *rios de Galicia*; les pêcheries les plus importantes ont pour objet la capture du merlan, du pajell ou rousseau, du congre et de la sardine;

2° Riche également, la seconde région comprend les 175 milles qui séparent le Guadiana, frontière sud du Portugal, de la pointe où se place la limite imaginaire des eaux de l'Atlantique et de la Méditerranée; ce sont les espèces voyageuses : thons, maquereaux et sardines, qui se pêchent sur ces côtes;

3° La troisième région, enfin, englobe toutes les côtes méditerranéennes de l'Espagne (828 milles); on y prend surtout le thon, la sardine, le merlan, le rouget, la sole, etc.

L'usage des engins de pêche est réglementé jusqu'à la distance de 6 milles de la côte. Pour rendre la surveillance plus efficace, il y a dans chaque province maritime des comités locaux. Un comité central, installé à Madrid, au Ministère de la Marine, groupe tout ce qui intéresse l'aquiculture et la pêche maritime, tant au point de vue scientifique qu'au point de vue industriel.

Éponges et corail. — Il y a sur les côtes d'Espagne « des éponges qui, vu leur conformation, quoique quelques-unes soient excellentes de qualité, ne peuvent guère être employées ou très peu, et ne donnent pas lieu à une pêche suivie[1] ». Mais si les marins espagnols n'ont pas l'occasion de se livrer sur leurs côtes à la pêche des éponges, ils s'y adonnent, par contre, de façon assez suivie, sur les côtes de Cuba. Ce sont généralement d'anciens marins, venant le plus souvent des Baléares, qui traversent l'Atlantique dans ce but.

« Le corail d'Espagne, écrivent MM. Paul Gourret, directeur de l'École des pêches maritimes de Marseille, et Eugène Coste, membre de la Chambre de commerce de Tunis, en général de ton très foncé et rouge sang, manque parfois de transparence, par suite de la présence d'une infinité de filaments déliés, entrecroisés en tous sens et appartenant à une plante parasite (*Achlya fcrax*). »

La pêche dure du mois d'avril à la fin de juillet. On se sert de bateaux catalans, semblables à ceux utilisés pour les autres pêches, jaugeant en moyenne deux tonneaux et demi et montés par cinq hommes. « Tels étaient, du reste, les Catalans, qui venaient naguère encore rechercher le corail dans les eaux de Cassis et de la Ciotat; ceux qui se rendaient au cap Vert avaient de plus grandes dimensions. » En 1883, on comptait quarante barques; en 1889, la quantité de corail brut importé d'Espagne en France a été de 329 kilogrammes.

Institutions de prévoyance. — En Espagne, chaque port de pêche a sa société d'assurances et de secours mutuels, dite *cofradia*. Ces sociétés assurent à leurs membres les secours médicaux et pharmaceutiques en cas de maladie, non seulement du pêcheur, mais encore des membres de sa famille; en outre, à partir de l'âge de 60 ans, le pêcheur reçoit de la société à laquelle il appartient, une pension quotidienne

[1] Georges Weil, Communication faite au Congrès international d'aquiculture et de pêche de 1900.

de o fr. 5o; si le pêcheur meurt, sa famille reçoit une indemnité; enfin, les sociétés font des avances à leurs membres et assurent le matériel de pêche de façon à ce que les pêcheurs n'éprouvent aucune perte en cas de sinistre.

Les syndicats professionnels que forment les patrons pêcheurs, à Barcelone et à Badalona, ne sont pas sans analogie avec les sociétés de secours mutuels. Ils viennent notamment en aide à leurs associés en cas de naufrage ou d'échouement d'embarcation.

CHAPITRE XXVI.

PORTUGAL[1].

A. CONSIDÉRATIONS GENÉRALES.

ASPECTS DE LA NATURE, CARACTÈRES DE LA CULTURE ET DE L'ÉLEVAGE. — SUPERFICIE. — RÉPARTITION DU SOL. — POPULATION. — CLIMAT. — CONSTITUTION DU SOL. — FORÊTS : SUPERFICIE; RÉGIONS; LES DIVERSES ESSENCES; EFFORTS DU GOUVERNEMENT POUR LE REBOISEMENT. — PÊCHES PRINCIPALES; QUANTITÉ DE POISSON PÊCHÉ; EXPORTATION. — DIRECTION DE L'AGRICULTURE ET FONCTIONNAIRES QUI EN RELÈVENT. — L'INSTITUT AGRONOMIQUE ET VÉTÉRINAIRE DE LISBONNE. — ENSEIGNEMENT SECONDAIRE AGRICOLE. — ÉTABLISSEMENTS SCIENTIFIQUES. — SOCIÉTÉS D'AGRICULTURE. — CRÉDIT AGRICOLE. — MOUVEMENT COOPÉRATIF.

«Peu de pays, à étendue égale, présentent autant que le Portugal des aspects divers de la nature et nous montrent des différences aussi sensibles dans les flores spontanées locales, une variété aussi grande dans le régime et les pratiques agricoles. Un voyageur, qu'on supposerait transporté subitement du centre du Minho au centre de l'Alemtejo, croirait ces deux points à des milliers de lieues l'un de l'autre.

«Il est dans une région ondulée, à horizons généralement limités, d'un vert très varié. Dans des vallées étroites, où pas une miette de terre n'est négligée, le vert brillant du maïs, le vert frais des petits prés humides, est encadré le long des haies vives par la vigne grimpant aux arbres; et, sur les pentes, le vert gai des grands chênes à feuilles caduques, le vert noir des pins, viennent enclore ce paysage restreint. Des paysans et des paysannes — car la femme travaille ici autant et plus que l'homme — cultivent leurs champs, isolés ou par tout petits groupes de la même famille. Dans les prés ruminent deux ou trois bœufs luisants et déjà gras, tandis que, plus haut, sur les collines, entre les grands ajoncs à fleurs d'or et la bruyère fleurie d'un rose violet, paissent les petits troupeaux de la petite culture, une douzaine de vaches ou une vingtaine de moutons, confiés à la garde d'un tout jeune garçon ou d'une toute jeune fille. Partout l'empreinte de la culture divisée, morcelée à l'extrême, faisant vivre tant bien que mal le paysan, peu progressive, mais excessivement soignée par le travail manuel.

[1] Les clichés qui illustrent ce chapitre sont extraits du *Portugal agricole*, ouvrage édité à l'occasion de l'Exposition de 1900, par l'Imprimerie nationale à Lisbonne.

Fig. 210. — Villageoise de Vianna do Castello (Minho).

Fig. 211. — Campagnard de Corriça (Minho).

Fig. 213. — Chars rustiques chargés de gerbes de blé (environs d'Evora, Alemtejo).

« Transporté en Alemtejo, notre voyageur imaginaire trouverait un autre paysage, plus aride et plus large. Le ton est moins intense, car les trois arbres dominants, l'olivier et les deux chênes à feuilles persistantes, ont tous les trois un vert un peu éteint, bleuâtre avec l'olivier; brun avec le chêne-liège, et surtout avec le chêne-vert. La lande inculte, aux grands cistes glauques, aux lavandes argentées, est aussi un peu grise. Vers la fin de l'été, les chaumes d'énormes champs de blé jaunissent à perte de vue; et les grandes prairies naturelles jaunissent aussi, très pâles sous le bleu violent du ciel. C'est peut-être triste, mais c'est grandiose. Les bestiaux isolés ou par petit groupes ne se rencontrent pas ici; maintenant, ce sont de grands troupeaux de bœufs ou de vaches à pelage rouge pâle, « de la couleur du blé », comme disent les gens du pays, ou d'interminables troupeaux de moutons noirs, sous la garde de bergers à moitié nomades. L'homme est relativement rare; on ne voit plus le paysan à chaque bout de champ; mais à peine, très distancés, quelques bergers et quelques vachers. Sur certains points des équipes de centaines d'ouvriers travaillent la terre pour le compte des grands propriétaires. C'est la grande, la très grande, la trop grande culture peut-être, progressive cependant et riche par ses produits variés : le blé, l'huile, le liège, la laine, les grands élevages de cochons.

« Nous avons cherché dans le Minho et l'Alemtejo des points extrêmes de comparaison; mais, hors de là, combien d'aspects intéressants et divers de la culture portugaise. La région qui produit les vins, dits *de Porto*, le long du Douro; les grandes régions vinicoles du centre; l'exploitation pastorale des montagnes du nord; la vallée moyenne du Tage, avec ses riches alluvions, ses vastes champs de blé, ses nombreux élevages, autant de tableaux à tracer, tous différents et tous caractéristiques. Et l'Algarve encore, ressemblant au Minho par sa population nombreuse et par sa petite culture; mais animé, comme vivifié par la chaleur plus grande, avec ses cultures et ses industries agricoles très spéciales, l'amandier, le figuier, le caroubier, le travail des feuilles du palmier nain ! »

Ainsi s'exprime le comte de Ficalho, de l'Académie royale des sciences, dans l'introduction du magistral volume consacré au Portugal agricole, par MM. B.-C. Cincinnato da Costa et D. Luiz de Castro, de l'Institut agronomique de Lisbonne. J'ai tenu à citer ces deux pages qui rendent fort bien les divers aspects de la culture portugaise, tels que je les ai constatés dans mes visites à ce beau pays.

Superficie et population. — La superficie du Portugal est de 8,962,529 hectares ainsi répartis :

Superficie sociale...	Lieux habités.........	27,000	
	Routes et chemins de fer.	30,034	148,369
	Fleuves et rivières.....	91,335	
Superficie cultivable	productive..........	4,800,000	8,600,000
	inculte.............	3,800,000	
Superficie non susceptible de culture..................			214,160

La population est de 5,064,211 habitants.

Climat et constitution du sol. — Les deux tableaux ci-dessous indiquent le climat du Portugal et la constitution du sol de ce pays :

CLIMAT.

		TEMPÉRATURE.		PLUIES.	
		HIVER.	ÉTÉ.	HIVER.	ÉTÉ.
		degrés.	degrés.	millimètres.	millimètres.
Régions	du Nord...............	8,3	20,2	364,8	88,6
	du Sud...............	9,9	22,5	232,0	41,4
	du littoral............	10,1	20,7	327,0	66,0
	de l'intérieur..........	8,1	21,9	269,8	64,0
	d'une altitude supérieure à 1,000 mètres.........	3,3	6,9	649,3	137,3

CONSTITUTION GÉOLOGIQUE DU SOL.

RÉGIONS.	TERRAIN PRÉDOMINANT.
Minho...................	Éruptif, archaïque, primaire.
Traz-os-Montes............	
Haut-Alemtejo............	Archaïque, primaire, éruptif.
Région du Guadiana........	
Beira intérieure...........	Éruptif, primaire.
Beira littorale............	Tertiaire, secondaire.
Estramadure.............	Secondaire, tertiaire.
Région du Sorraia.........	Tertiaire.
Bas-Alemtejo littoral.......	Tertiaire, primaire.
Algarve.................	Primaire, secondaire, tertiaire.

IMPRIMERIE NATIONALE.

CARTE
RÉGIONALE
DU
PORTUGAL
1900
TRAZ OS MONTES
ENTRE DOURO E MINHO
BEIRA ALTA
BEIRA BAIXA
ESTRAMADURA
ALEMTEJO
ALGARVE
VIANNA DO CASTELLO
BRAGANÇA
MIRANDA
BRAGA
VILLA REAL
MONCORVO
PORTO
LAMEGO
GUARDA
PINHEL
AVEIRO
VIZEU
COIMBRE
FIGUEIRA DA FOZ
COVILHA
CASTELLO BRANCO
LEIRIA
THOMAR
PORTALEGRE
ELVAS
SANTAREM
ALMEIRIM
LISBONNE
EVORA
SETUBAL
BEJA
FARO
LAGOS
TAVIRA
SILVES
Légende
Provinces
Départements
Chemins de fer
Echelle

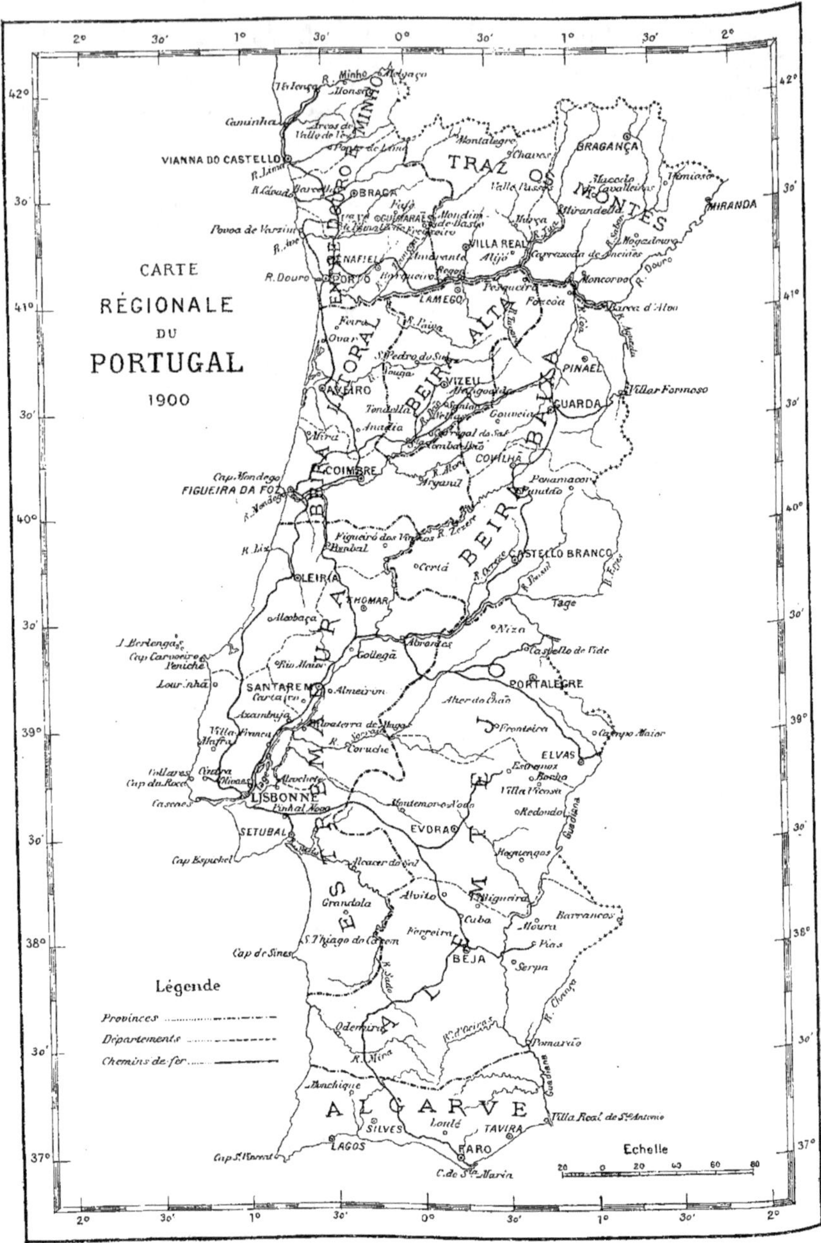

Fig. 214.

PORTUGAL
ESQUISSE GÉOLOGIQUE
d'après la Carte
de MM. Delgado et Choffat.
VIANNA DO CASTELLO
BRAGANÇA
MIRANDA
VILLA REAL
LAMEGO
GUARDA
Villar Formoso
CASTELLO BRANCO
FIGUEIRA DA FOZ
SANTAREM
PORTALEGRE
Campo Maior
LISBONNE
SETUBAL
EVORA
Valença
Caminha
Povoa de Varzim
Lourinhã
Collares
Cascaes
LAGOS
FARO
Villa Real de Sto Antonio
Peniche
R. Minho
R. Lima
R. Lavado
R. Ave
R. Douro
R. Mondego
R. Liz
Tage
Marco d'Alva
Cap Mondego
I. Berlengas
Cap Carvoeiro
Cap da Roca
Cap Espichel
Cap de Sines
Cap St Vincent
C. de Sta Maria
Pomarão
LÉGENDE
formations sédimentaires
Cenozoïque
Q Quaternaire et Moderne (d: dunes)
Pliocène
Oligocène et Miocène
Nappe basaltique
Sénonien
Mésozoïque
Turonien
De l'Aptien au Cénomanien
Néomanien
Néo-Jurassique
Lusitanien
Jurassique moyen
Lias
Triasique Infralias
Paléozoïque
Permo-carbonique (H²·³)
Carbonique inférieur
Dévonique
Silurique (www quartzites)
Cambrique
Archaïque
Roches éruptives
Y Granite ancien et G tertiaire
φ Foyaïte, П. Porphyres, et roches éruptives diverses
Δ Diorites
Basalte et roches éruptives récentes
Échelle
20 0 20 40 60 80

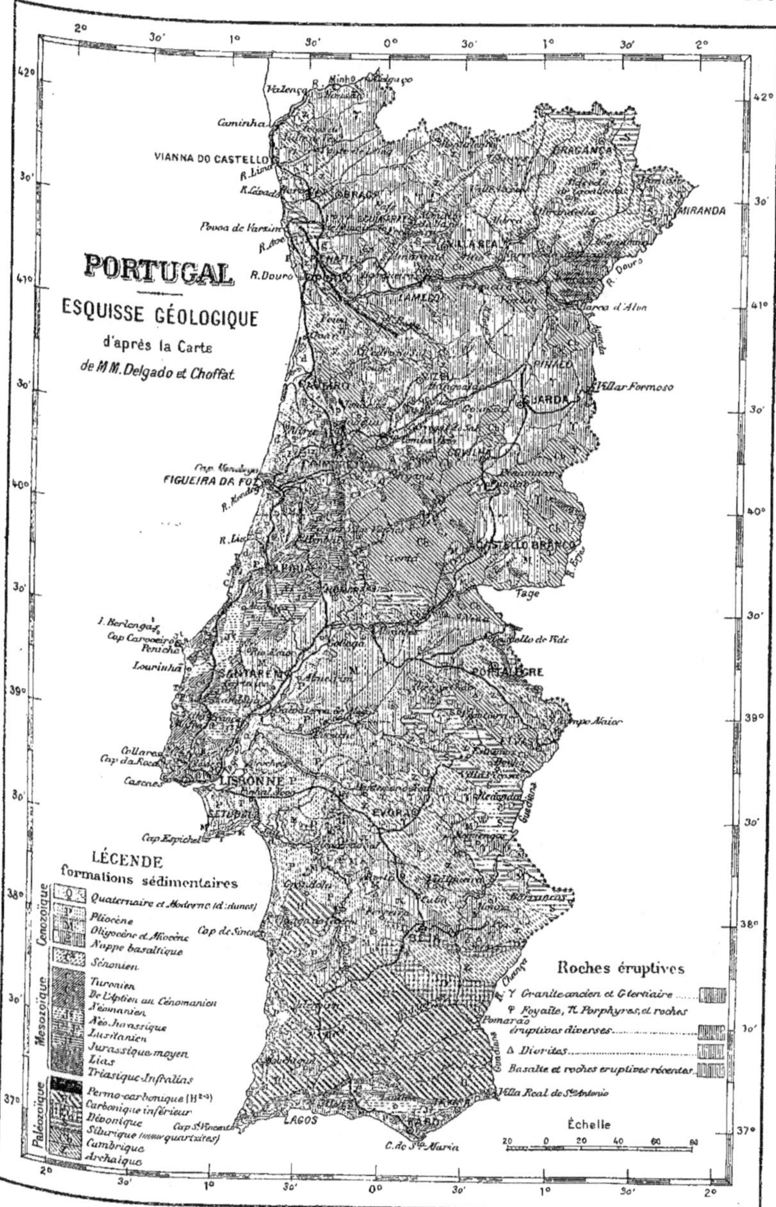

Fig. 215.

8.

Forêts. — La surface boisée du Portugal ne paraît pas dépasser 5oo,ooo hectares. Dans le sud, on trouve de vastes forêts de chênes-liège (v. p. 152 et suiv.) et de chênes verts; au nord, ce sont le chêne rouvre et le châtaignier qui dominent; le long des côtes, enfin, c'est le pin maritime. Le pin parasol (*Pinus pinea*) formait, il y a quelques années, des massifs importants dans les vallées du Tage et du Sado. Mais cette espèce étant très recherchée, tant pour les constructions navales que pour les traverses de chemins de fer, on s'est livré à des coupes excessives; puis, on lui a, presque partout, substitué le pin maritime qui se développe plus rapidement et plus facilement. Assez récemment introduit, l'*Eucalyptus globulus* s'est parfaitement acclimaté et rapidement répandu.

Le Portugal ne se suffit pas en bois d'œuvre.

Depuis 188o, le gouvernement a entrepris la fixation des dunes. En 1886, on a décrété l'expropriation des sols incultes que leurs propriétaires ne veulent point reboiser. En outre, des semences d'arbres sont données gratuitement, et, en 1892, une loi relative aux travaux hydrauliques défendit aux propriétaires de peuplements forestiers compris dans le périmètre des inondations, de faire dans leurs forêts des coupes à blanc étoc. Ces diverses mesures, bien accueillies par l'opinion publique, ont déjà donné de bons résultats.

Pêche. — La pêche est pour le Portugal une industrie importante, puisque son produit annuel est supérieur à 20 millions et que le nombre des pêcheurs est de près de 4o,ooo.

La pêche la plus importante est celle de la sardine, qui se fait sur toute la côte; elle n'a pris son essor qu'en 1883, alors que plusieurs mauvaises années de pêche sur les côtes bretonnes engagèrent quelques usiniers français à transporter leur matériel en Portugal. Après 1891, le poisson, très abondant jusque-là, devint plus rare. En général, les conserves portugaises, inférieures aux françaises, ne peuvent lutter contre ces dernières que grâce à leur bas prix. Cette infériorité tient, en partie, à ce qu'on pêche en Portugal avec de grandes seines; or, la sardine est un poisson très délicat, et on la détériore en l'entassant brutalement dans ces grands filets.

Fig. 216. — Un exemplaire monumental de *Quercus Ilex* (à Tisnada, Alemtejo).

La pêche du thon n'est pratiquée que sur la côte de l'Algarve.

Dans les parages de l'archipel des Açores on poursuit la baleine; 80 bateaux environ se livrent à cette pêche, ils harponnent par an plus de 50 baleines.

Voici le tableau du rendement des pêcheries :

ESPÈCES.	1896.	1897.	1898.
	francs.	francs.	francs.
PÊCHE MARITIME.			
Thon	1,982,000	1,862,000	1,564,000
Sardine	8,772,000	9,496,000	9,665,000
Poissons { plats	160,000	360,000	133,000
Poissons { d'autres formes	7,791,000	7,460,000	7,577,000
Huîtres	8,000	"	"
Moules et autres mollusques	144,000	222,000	100,000
Langoustes et homards	180,000	261,000	249,000
Crabes	473,000	715,000	62,000
Crevettes	400,000	22,000	65,000
Algues	176,000	733,000	690,000
Totaux	19,726,000	21,131,000	20,105,009
PÊCHE FLUVIALE.			
Saumon	3,000	4,000	4,000
Alose	107,000	205,000	240,000
Lamproies	23,000	22,000	3,000
Autres espèces	109,000	192,000	290,000
Totaux	242,000	423,000	537,000
Totaux généraux	19,968,000	21,554,000	20,642,000

EXPORTATION (1898).

Huîtres		3,000 francs.
Autres coquillages		164,000
Poisson frais et salé. { Thon		528,000
Poisson frais et salé. { Sardine		1,384,000
Poisson frais et salé. { Autres espèces		453,000
Poisson en conserve. { Thon		1,076,000
Poisson en conserve. { Sardine		7,000,000
Poisson en conserve. { Autres espèces		66,000
Total		10,674,000

On trouve aux Açores, et particulièrement autour des îles du Cap Vert des éponges tenant le milieu entre l'éponge américaine et celle de la Méditerranée. Les bancs sont situés à d'assez grandes profondeurs. Les pêcheurs du pays ne les exploitent point; quant aux pêcheurs d'éponges grecs ou italiens, leurs bateaux ne sauraient supporter les mauvais temps de l'Atlantique.

ENSEIGNEMENT ET INSTITUTIONS AGRICOLES. — Je terminerai ce chapitre de considérations générales par quelques pages consacrées aux institutions, tant officielles que privées, dont le but est d'encourager l'agriculture et l'élevage et aux établissements d'enseignement agricole; je les emprunte à la *Notice statistique* très documentée, écrite par le vicomte de Wildik.

« Tout ce qui a rapport à l'agriculture est du ressort du Ministère des travaux publics, du commerce et de l'industrie, et de la dépendance immédiate de la Direction générale de l'agriculture, subdivisée en quatre bureaux : agronomie, statistique et enseignement, forêts, bétail.

« Des agronomes nommés par le Ministère sont chargés, dans les chefs-lieux des districts et partout où il y a des stations agronomiques, des divers services agricoles régis ou contrôlés officiellement. Il y a aussi dans chaque district un vétérinaire chargé spécialement de l'intendance des bestiaux et de tout le service officiel vétérinaire, de la direction des haras et de l'enseignement professionnel et zootechnique.

« L'*Institut agronomique et vétérinaire*, de Lisbonne, est un bel établissement. On y professe un cours supérieur d'agriculture et de sylviculture et la médecine vétérinaire. Ses principales annexes sont : le laboratoire de chimie, le laboratoire de fermentations et de technologie rurale, le laboratoire de microscopie, les musées des produits agricoles et du génie rural, le cabinet de physique agricole, le champ d'expériences et les collections ampélographiques des usines oléicole et vinicole, des salles de démonstration, des infirmeries pour animaux malades, une laiterie et une vaste bibliothèque. Il dispose, en outre, à Montalègre, d'une ferme de grande étendue offerte par son propriétaire comme champ d'expériences pour toute espèce de travaux agricoles. Une laiterie y est annexée, ainsi qu'une fabrique de beurre.

« Le *Laboratoire de bactériologie* rend des services très importants. On y prépare, pour être vendus aux éleveurs du pays, du sérum contre le charbon des animaux.

« L'enseignement secondaire est donné par :

« 1° l'*École nationale d'agriculture*, installée à S. Martinho do Bispo, près de Coïmbre, qui a pour but principal de former des agriculteurs, en leur donnant l'instruction théorique nécessaire et le plus grand nombre possible de connaissances pratiques relatives à la culture; on prépare, en outre, des élèves assez instruits pour suivre avantageusement les cours de l'enseignement supérieur;

« 2° l'*École des régisseurs agricoles*, de Santarem, qui enseigne les travaux manuels de l'art rural, et donne une instruction plus développée que les écoles élémentaires.

« L'enseignement primaire agricole est donné dans les *écoles élémentaires* de Vizeu, de Baïrrada, de Torres Vedra, de Faro et de Porto, qui délivrent à leurs élèves le diplôme d'ouvrier rural.

« Parmi les établissements affectés aux recherches agronomiques, nous devons mentionner tout spécialement :

« 1° Le *Laboratoire de nosologie végétale*, créé pour l'étude des épiphyties qui attaquent les cultures et la rédaction des instructions à suivre dans leur traitement; il est placé sous la dépendance du Ministère des travaux publics;

« 2° La *Station de chimie agricole*, de Lisbonne, dont le but est de rendre service aux agriculteurs en faisant l'analyse des matières agricoles et à laquelle est adjoint un champ d'expériences affecté aux essais culturaux et des engrais, à la culture de la vigne américaine et de l'européenne, et à celle des oliviers, ainsi qu'un poste d'observations de météorologie agricole;

« 3° La *Station pour l'encouragement de l'agriculture de la province de Traz-os-Montes*, qui, ayant pour but principal l'étude et la diffusion de la sériciculture, a reçu, en outre, la mission de perfectionner l'agriculture de la province, d'y attirer l'immigration au moyen du défrichement des terrains incultes et du développement cultural.

« Plusieurs institutions de crédit agricole se sont établies successivement et ont contribué largement à la prospérité de l'agriculture.

Nous citerons entre autres, la vieille et utile institution des *greniers communaux*, les *miséricordes* des banques de crédit agricole de Faro et de Vizeu, et la *Caisse économique d'Aveïro.*

« Il s'est fondé des associations ou syndicats dont le but est de protéger les intérêts des agriculteurs et de favoriser le développement de l'agriculture et des industries corrélatives. Citons l'*Association rurale de l'agriculture portugaise*, fondée en 1860, et qui eut une influence heureuse tant par ses publications que par les conférences et les congrès qu'elle a organisés; la *Ligue des agriculteurs du Bas-Alemtéjo*, fondée en 1875; la *Ligue des agriculteurs du Douro*; la *Ligue agraire du Nord*; la *Ligue des agriculteurs de la Beïra*, dont le siège est à Vizeu; la *Ligue agricole de Torres Vedras*; l'*Association vinicole de Madère*; et l'*Union vinicole et oléicole du Sud*, dont le siège est à Vianna de l'Alemtéjo (la plupart de ces sociétés sont coopératives).

« Des syndicats agricoles se sont formés dernièrement. Leur nombre, qui est actuellement de trente, tend à augmenter. Ils rendent déjà à leurs syndiqués d'importants services. »

B. AGRICULTURE.

RÉPARTITION DES CULTURES. — CÉRÉALES : MAÏS; FROMENT; AVOINE; ORGE. — RIZ. — LIN; PRÉPARATION RURALE DE SA FIBRE. — CHANVRE. — AUTRES TEXTILES. — OLIVIER; LES MOULINS À HUILE; EXPORTATION DE L'HUILE. — FRUITS. — LÉGUMES.

RÉPARTITION DES CULTURES. —— Jetons un coup d'œil sur la répartition des cultures :

Prairies, pâturages et jachères	1,920,000 hectares.
Céréales	1,104,000
Plantations d'arbres fruitiers	768,000
Vignobles	336,000
Légumes, pommes de terre, jardinage	288,000

CÉRÉALES[1]. —— Le maïs, le froment et le seigle constituent en Portugal la base de l'alimentation dans les proportions suivantes : 50 p. 100 de la population consomment surtout du maïs; 34 p. 100, du froment; 16 p. 100, du seigle.

[1] Le Portugal est obligé d'avoir recours à l'importation.

Si nous laissons de côté les cultures secondaires (l'orge et l'avoine qui accompagnent le froment et le riz, que l'on ne rencontre que dans les terrains marécageux des vallées du Vouaga, du Moudego, du Taop, du Sado, du Mira et du Guadiana), nous voyons que le maïs domine dans les régions au climat humide, au sol fertile, où la population est dense, la propriété morcelée et la culture intensive; que le froment est au contraire la céréale de la grande culture des climats secs et chauds; que le seigle, enfin, s'accommode d'un climat âpre et inégal, d'une terre pauvre et accidentée et que les sols où on le cultive sont souvent placés sous le régime communal.

Voici comment se répartit la production des principales céréales, en litres :

RÉGIONS.	MAÏS.		FROMENT.		SEIGLE.	
	QUANTITÉS.	P. 100.	QUANTITÉS.	P. 100.	QUANTITÉS.	P. 100.
Maïs.............	411,075,000	81	12,243,000	7	21,312,000	12
Froment..........	15,225,000	3	143,418,000	82	26,640,000	15
Seigle............	81,200,000	16	19,239,000	11	129,648,000	73
Totaux........	507,500,000	100	174,900,000	100	177,600,000	100

Productions moyennes : maïs, 567,023,550 litres (1896-1900); blé, 279,150,055 litres (1897-1901).

Le rendement moyen en farine de maïs est de 42 p. 100. Les espèces les plus productives sont celles à la paille haute, courte et grosse.

Les variétés de froment peuvent se résumer à trois : le *Triticum sativum*, le *Triticum turgidum*, le *Triticum durum*. Le poids moyen par hectolitre de blés durs est de 80 kilogr. 2 et celui des blés tendres de 75 kilogr. 2. Parmi les blés durs, c'est le *Labeiro* qui est le plus dense, et parmi les blés tendres, c'est le *Ribeiro*; celui-ci peut, grâce aux engrais phosphatés, atteindre 81 kilogrammes. On a tenté d'acclimater des espèces étrangères; celles que l'on a fait venir de France ont donné les meilleurs résultats.

On cultive trois variétés de seigle : celle de printemps ou *centesinho* (densité : 70 kilogrammes l'hectolitre); celle d'hiver (72 kilogr.); enfin, le seigle multicaule ou *ramoso* (74 kilogr.).

PORTUGAL
ESQUISSE
d'une Carte de la Production
des
CÉRÉALES
Dressée sous la direction
du
Dr ANSELMO D'ANDRADE
1900

Légende
Récolte des Céréales
(Blé, Seigle et Mais)
par
100 habitants
Plus de 500 hectolitres
Plus de 400 et moins de 500 hectolitres
Plus de 300 et moins de 400 hectolitres
Plus de 200 et moins de 300 hectolitres
Plus de 100 et moins de 200 hectolitres
Moins de 100 hectolitres

Légende
Limites de départements
Chefs-lieux de départements

Échelle

VIANNA DO CASTELLO
BRAGANÇA
MIRANDA
PORTO
VILLA REAL
AVEIRO
VISEU
GUARDA
COIMBRE
FIGUEIRA DA FOZ
CASTELLO BRANCO
LEIRIA
THOMAR
SANTAREM
PORTALEGRE
ELVAS
LISBONNE
SETUBAL
EVORA
BEJA
FARO
LAGOS
SILVES
TAVIRA
Villa Real de Sto Antonio
Cap St Vincent
C. de Sta Maria

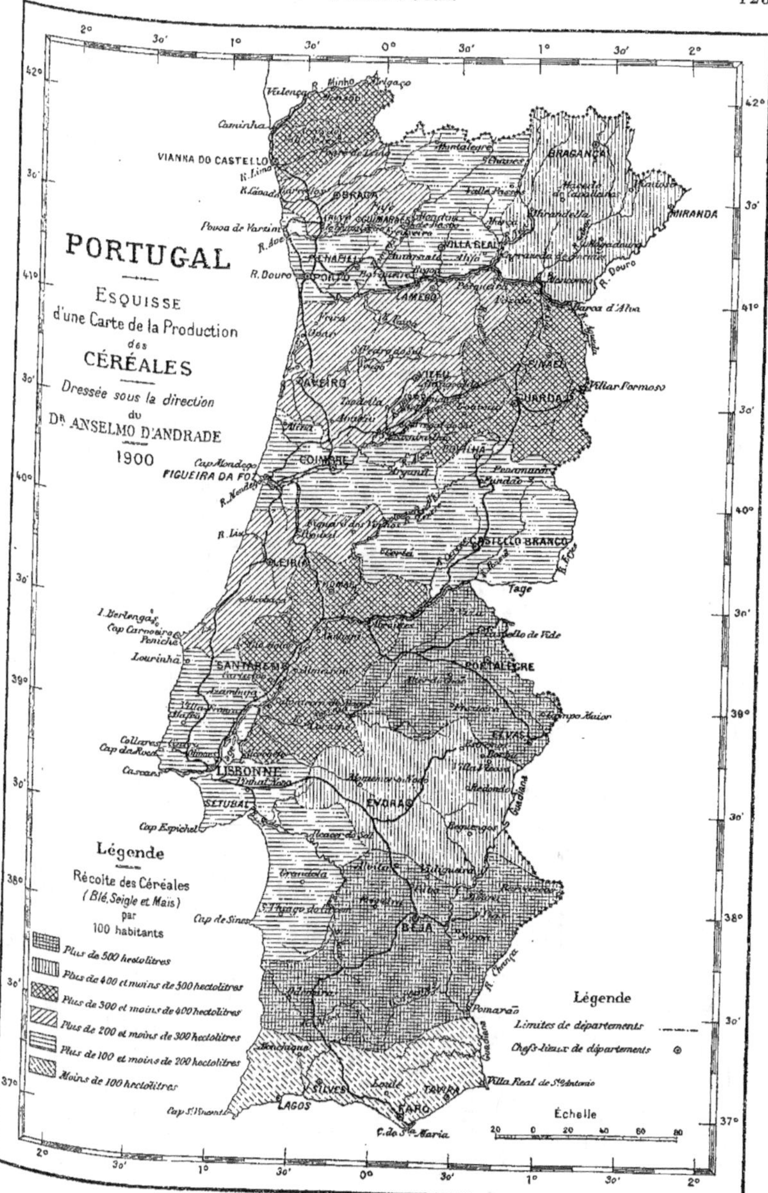

Fig. 217.

L'IMPORTATION DES CÉRÉALES EN PORTUGAL
CONVENTIONS
Blé
Riz
Maïs
Orge
Echelle..0,0025 par 2.000.000 Kᵒˢ
1870
1871
1872
1873
1874
1875
1876
1877
1878
1879
1880
1881
1882
1883
1884
1885
1886
1887
1888
1889
1890
1891
1892
1893
1894
1895
1896
1897
1898

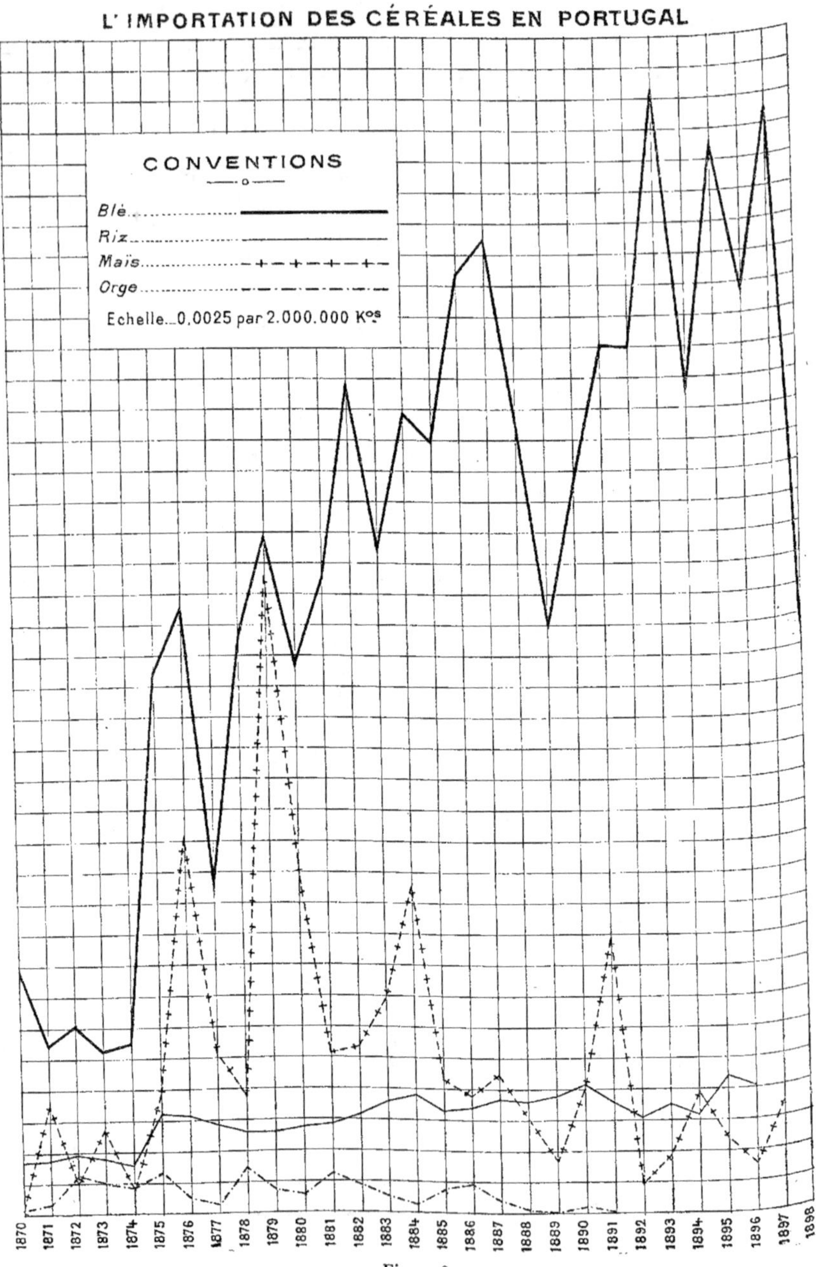

Fig. 218.

L'avoine est la céréale la plus récemment introduite en Portugal ; seule, l'*Avena sativa* (variété de printemps et variété d'hiver) forme l'objet d'une culture assez importante.

L'orge est de deux types : le *Hordeum vulgare* et le *Hordeum celeste*, ce dernier beaucoup plus rare.

Enfin, on trouve deux variétés de riz : le *praganudo* (*Oryza sativa communis*) et le *carolino* (*Oryza mutica*). A submersion permanente, la production des deux espèces est sensiblement égale ; le carolino se contente à la rigueur d'un arrosage périodique, mais sa production tombe dès lors au tiers.

Textiles. — « Portugaise par essence, écrit M. A. A. Telles de Menezes, professeur d'agriculture en Portugal, la culture du lin a toujours été depuis les temps les plus reculés et demeure encore de nos jours, en ce pays, la plus importante de toutes les cultures de plantes textiles. Attachée au sol, pour ainsi dire, par la tradition séculaire et à nos coutumes nationales, par une sorte de culte druidique, cette culture a traversé chez nous une série de phases qui, pour avoir eu le regrettable pouvoir de ruiner en partie son antique splendeur, n'ont jamais réussi malgré tout à la bannir de nos campagnes. »

Encore que tous les sols du Portugal conviennent à la culture du lin, le climat humide et la fraîcheur des terres du nord aident particulièrement à son développement. Sa culture n'est pas soumise à un assolement régulier. Les trois variétés répandues sont : 1° le *lin de Galice*, printanier, correspondant aux *lins froids* français, à la fibre très blanche, fine et résistante ; 2° le *lin mauresque*, automnal, correspondant aux *lins chauds* français, peu exigeant, à la fibre plus longue, mais moins blanche et moins fine que celle du lin de Galice ; 3° le *lin de Riga*, bien acclimaté.

Il est intéressant d'indiquer le mode de préparation rurale de la fibre du lin : le rouissage est particulièrement primitif ; le plus souvent, il consiste, en effet, en l'immersion des tiges dans une eau courante ou stagnante. Le teillage est l'occasion, dans le Minho notamment, d'une fête très typique, dont j'emprunte le récit à un écrivain portugais : « Les jeunes filles du village, formant un rond dans l'aire, battent en cadence le lin nouveau avec la lame dure de l'espade, les unes avec une écorce cylindrique grossière et primitive, les autres avec l'*eppadelladouro*, pièce de bois ornementé. C'est un tourbillon où le lin disparaît comme par enchantement. Les mains des femmes qui le distribuent n'arrivent pas à fournir à toutes les demandes, mais en revanche, comme leurs yeux se mouillent à la vue de ces blondes quenouillées qui doivent un jour servir à former leur trousseau!»

Les diverses opérations subies par la fibre l'amènent à l'état de lin fin ou sérancé. On estime qu'un hectare de terrain produit en moyenne 400 kilogrammes de lin en rame et que ces 400 kilogrammes donnent 50 kilogrammes de bourre valant 3,000 reis, 60 kilogrammes d'étoupes valant 9,600 reis et, enfin, 40 kilogrammes de lin sérancé valant 16,000 reis, soit au total un revenu de 28,600 reis[1] à l'hectare.

Parmi les autres plantes textiles, la plus importante en Portugal est le chanvre, souvent cultivé en compagnie de lin. Les *canameiras* (chennevières) de Villariça, situées dans la fertile vallée de Traz-os-Montes, sont justement célèbres. La culture y est d'une très grande simplicité; on y emploie en général 14 *alqueires* de graines par arpent, chaque alqueire donnant approximativement 48 kilogrammes de filasse nettoyée — ce qui constitue un rendement excellent et rarement atteint dans les chennevières de la plupart des autres pays.

Disons quelques mots des textiles secondaires. La ramie, dont on doit l'introduction en Europe à l'agriculture française, s'est fort bien acclimatée. Le sparte est abondant. Le palmier (*Chamærops humilis*), qui croît sans la moindre culture, est utilisé par l'industrie locale. L'agave américain, enfin, connu dans le pays sous le nom de *Piteira*, est commun.

Olivier et huile d'olive. — L'olivier se rencontre dans tout le Portugal; mais les meilleures régions oléifères sont l'Alemtejo, le Ribatejo, la Beira Baxa, la Beira Alta et, enfin, la contrée dite «terre chaude», dans le Traz-os Montes. Ces dernières années ont vu au Por-

[1] D'après le taux légal, 540 reis valent 3 francs. Un conto de reis signifie un million de reis.

Fig. 219. — Usine agricole pour la fabrication de l'huile (domaine des environs d'Evora, Alemtejo).

tugal se réaliser des progrès dans la fabrication de l'huile : amélioration des anciens pressoirs et création de grandes usines bien outillées. La majorité des moulins à huile est actionnée par les cours d'eau; il en est qui le sont par des chevaux, des mulets, quelquefois des bœufs; certains sont munis des deux systèmes et n'ont ainsi recours à la traction animale qu'autant que le cours d'eau est en partie à sec. Enfin, un certain nombre des nouveaux moulins sont actionnés par des moteurs à vapeur. Un moulin ordinaire donne, par 24 heures, de 30 à 75 décalitres d'huile; les moulins à vapeur ont un travail plus rapide et plus régulier que les autres.

Le Portugal produit beaucoup plus d'huile d'olive qu'il n'en consomme. Voici quelles ont été les moyennes annuelles de ses exportations :

	décalitres.		décalitres.
1876–1880	165,526	1886–1890	95,673
1881–1885	103,835	1891–1895	123,063

L'augmentation a continué, et l'exportation s'est élevée à 214,476 décalitres, en 1896; à 216,340, en 1897. Les meilleurs clients du Portugal sont le Brésil (154,833 décalitres, valant 185,799,600 reis), les colonies portugaises de l'Afrique (43,774 décalitres), la Grande-Bretagne (7.285,200 décalitres).

Fruits. —— Le climat et le sol du Portugal sont également favorables à la culture fruitière. Voici des chiffres concernant l'exportation des fruits et se rapportant à l'année 1898 : caroubes, 200,858,000 reis; amandes en coquilles et en noyau, 482,076,000; ananas, 241,413,000; figues sèches, 396,007,000.

Légumes. —— J'ajoute quelques chiffres concernant l'exportation des légumes : pommes de terre, 459,394,000; oignons, 263,829,000; légumes secs, 210,130,000.

En outre, la consommation locale, notamment en pois et en haricots, est très importante. Aussi les cultures maraîchères, surtout aux environs des villes et dans le voisinage des agglomérations rurales, occupent-elles de vastes espaces.

C. VITICULTURE ET VIN.

IMPORTANCE DE LA VITICULTURE EN PORTUGAL.
PRODUCTION ANNUELLE MOYENNE. — MALADIES DE LA VIGNE. — EXPORTATION DES VINS.
CARACTÉRISTIQUE DE CHACUNE DES RÉGIONS VINICOLES.

Sauf deux communes : Banamas et Mertola, situées à l'extrémité Est de l'Alemtejo, tout le Portugal produit du vin. Laissant de côté le vin de Madère que nous trouverons plus loin dans l'étude consacrée à l'île qui lui a donné son nom (p. 158 et 159), comment, en parlant des crus portugais, ne pas citer tout de suite le plus justement illustre d'entre eux : le porto, au parfum pénétrant, à la saveur délicate, vif, ferme dans sa jeunesse et qui prend, en vieillissant, une couleur ambrée et un arome de plus en plus spiritueux.

M. Cincinnato da Costa, qui est d'avis «que, tout compte fait, le capital représentatif de la production vinicole totale annuelle du Portugal ne saurait être portée à moins de 25 milliards de reis[1]», estime la production annuelle moyenne à 5,760,000 hectolitres (y compris la production des îles qui concourt à ce total pour 100,000 hectolitres environ). Cette production est inférieure à ce qu'elle était avant l'invasion des maladies. «Des renseignements, écrit M. Paul Le Sourd dans son rapport sur les vins et eaux-de-vie de vin, recueillis tout récemment par la Direction générale de l'agriculture du Portugal, il résulte que sur une superficie de 231,500 hectares de vignes cultivées, tant sur le continent que dans les îles adjacentes, 141,090 hectares sont entièrement phylloxérés, 77,410 sont suspects et 7,000 seulement demeurent jusqu'à présent entièrement indemnes... De toutes les affections, c'est le phylloxéra qui a fait le plus de ravages dans les vignes de crus supérieurs; le mildew, dans celles de qualité inférieure». Le tableau (p. 135) de l'exportation des vins portugais montre du reste le mal causé par les maladies.

---

[1] «Je me base, écrit M. Cincinnato da Costa, sur les chiffres approximatifs suivants :

1 million de pipes de vins communs, d'une contenance de 5 hectolitres, à raison de 18,000 à 20,000 reis la pièce, valent en moyenne 19 milliards de reis;

60,000 pipes de différents vins généreux, Porto et Madère surtout, en les cotant au plus bas à 100,000 reis, valent 6 milliards de reis;

soit, au total, 25 milliards de reis».

CARTE VITICOLE
DU
PORTUGAL
Dressée sous la direction
de
B. C. Cincinnato da Costa
Professeur
à l'Institut Agronomique de Lisbonne
1900
Légende
Vignes hautes en treilles (ramadas)
ou en arbres (uveiras); produisent des
vins de table dits (vinhos verdes)
Vignes basses; produisent des vins
de table rouges et blancs
Vignes basses; produisent des
vins de liqueurs: Porto, Carcavellos,
Muscat, etc.
N.B. Les hachures fortes indiquent des
vignobles suivis; les hachures faibles
indiquent des vignobles interrompus,
d'espace à espace, par d'autres cultures.
Surface totale occupée
en vignobles 200.000 hectares
Nombre total des plants 589.000.000.
Échelle
VIANNA DO CASTELLO
BRAGANÇA
MIRANDA
Caminha
Villa Real de Traz os Montes
PORTO
AVEIRO
GUARDA
COVILHA
COIMBRE
Cap Mondego
FIGUEIRA DA FOZ
CASTELLO BRANCO
LEIRIA
THOMAR
Alcobaça
SANTAREM
PORTALEGRE
ELVAS
Collares
Cap du Roca
Cascaes
LISBONNE
SETUBAL
Cap Espichel
EVORA
BEJA
Cap de Sines
Monchique
LAGOS
SILVES
FARO
TAVIRA
Villa Real de St Antonio
Pomarão
Cap S. Vincent
C. de Sta Maria

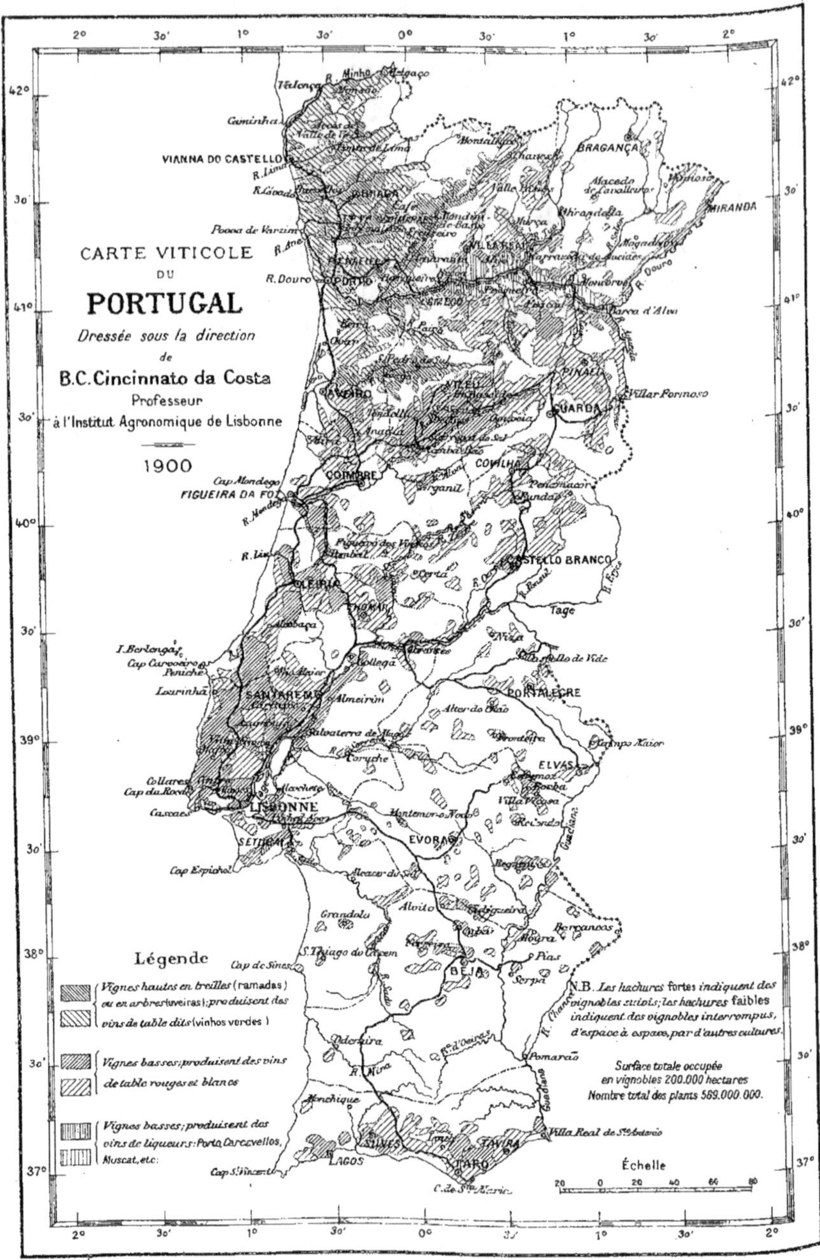

Fig. 220.

Prenant pour guide M. Cincinnato da Costa, je vais passer rapidement en revue les différentes régions vinicoles du Portugal.

1° *Région d'Entre-Douro-et-Minho* (production moyenne annuelle : 1,700,000 hectolitres). — La vigne y est cultivée en bordure des champs cultivés, particulièrement en uneiras[1] et en camadas[2]. Le vin a une certaine acidité; aussi la région est-elle dite des « vins verts ».

2° *Région de Traz-os-Montes* (production moyenne annuelle : 175,000 hectolitres). — Les vignes sont basses; les vins sont pour la plupart spiritueux; ce sont des « vins murs ». Cette région a été très cruellement atteinte par le phylloxéra; elle est aujourd'hui en reconstitution.

3° *Région du Douro* (production moyenne annuelle : 285,000 hectolitres). — La capitale — si on peut employer ce mot prétentieux à l'occasion de cette petite bande viticole, patrie du porto (que l'on ne peut obtenir dans aucune autre région) — est la jolie et riche ville de Regna. La vigne est cultivée dans les vallées, en échelons, soutenus par des *géos* (murailles en pierres sèches). « Ces degrés, escaladant les versants abrupts, forment de toutes parts des espèces d'amphithéâtres garnis de plantes vigoureuses et verdoyantes qui, au moment où la végétation est dans son plein, donnent à cette contrée à part un aspect singulièrement caractéristique et pittoresque, en même temps qu'enchanteur et imposant. Les vignes revêtent des versants escarpés plongeant sur le Douro ou ses affluents et s'étendant des points les plus bas, où elles touchent aux cours d'eau, jusqu'à la cime des montagnes, se déployant gracieuses et opulentes, au-dessus des courants impétueux. Comme si elles étaient fières de leur situation et des fruits délicats qu'elles produisent, elles semblent vouloir se piquer d'honneur d'être par elles-mêmes grasses et fécondes, en se dérobant aux soins manuels des hommes, et presque inaccessibles, ne laisser cueillir qu'avec beaucoup de difficultés leurs grappes opimes, au moment où elles achèvent de mûrir sur les cimes, parmi les anfractuosités sauvages ». Les vins sont traités dans les magasins-entrepôts de Villa Nova de Gaïa.

[1] Plants de vignes qui enveloppent de leur végétation les arbres tuteurs et passent, en se ramifiant, d'un côté à l'autre de la route. — [2] Treille.

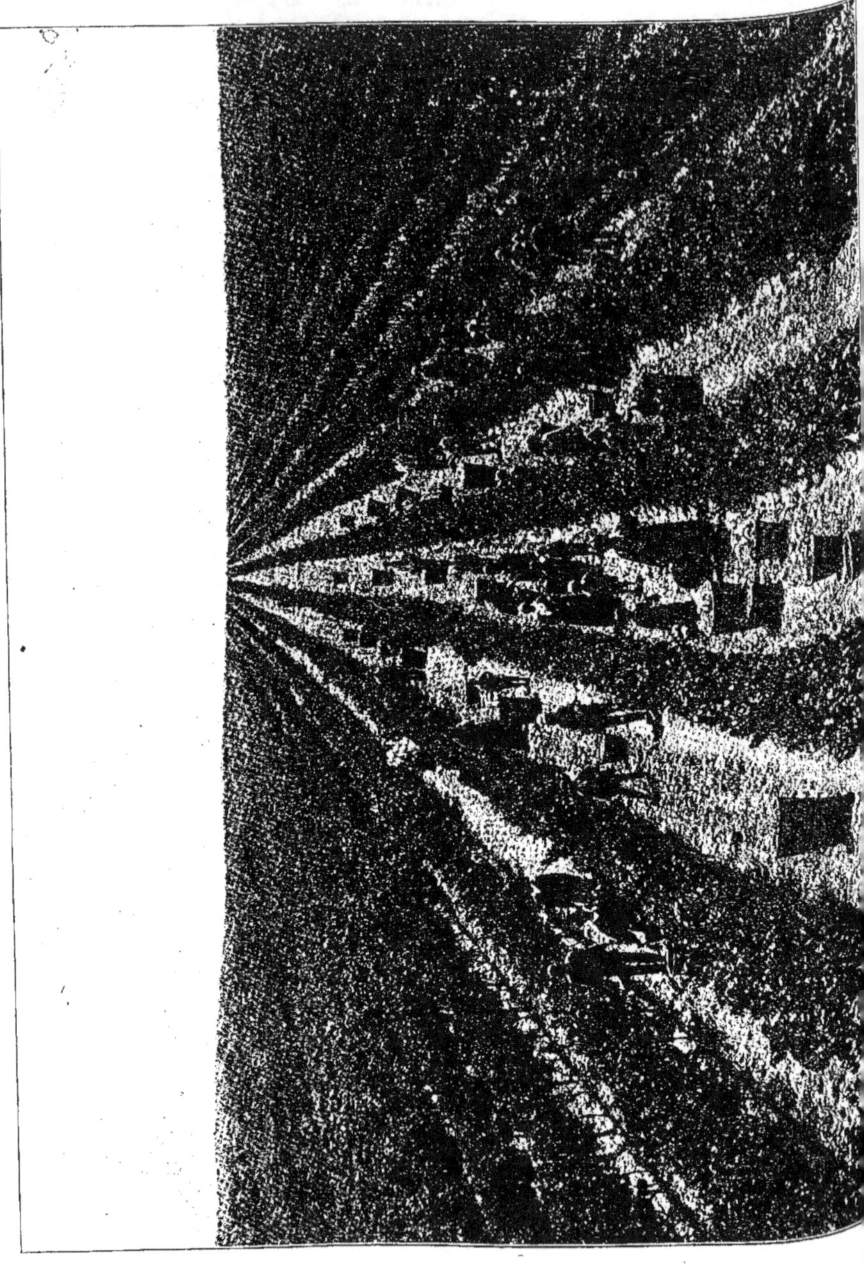

CARTE VINICOLE
DU
PORTUGAL
Dressée sous la direction
de
B.C. Cincinnato da Costa
Professeur
à l'Institut Agronomique de Lisbonne
1900
R. Minho
R. Lima
R. Cávado
R. Ave
R. Douro
R. Tamega
R. Paiva
R. Vouga
R. Alva
R. Mondego
C. Mondego
R. Mondego
R. Zezere
R. Ocreza
R. Ponsul
R. Erjes
R. Tua
R. Sabor
R. Douro
R. Coa
R. Agueda
Tage
R. Sorraia
R. Guadiana
R. Sado
R. Nisa
R°. d'Ocíras
R. Chança
R. Guadiana
Légende
Production vinicole:
III   285.000 hectolitres
XI   210.000
IV   200.000
II   175.000
VIII   130.000
XII   90.000
VII   80.000
V   70.000
Production vinicole totale: 5.660.000 hectolitres
Légende
Production vinicole :
X   2.000.000 hectolitres
I   1.700.000
IX   400.000
VI   320.000
Échelle
20   0   20   40   60   80

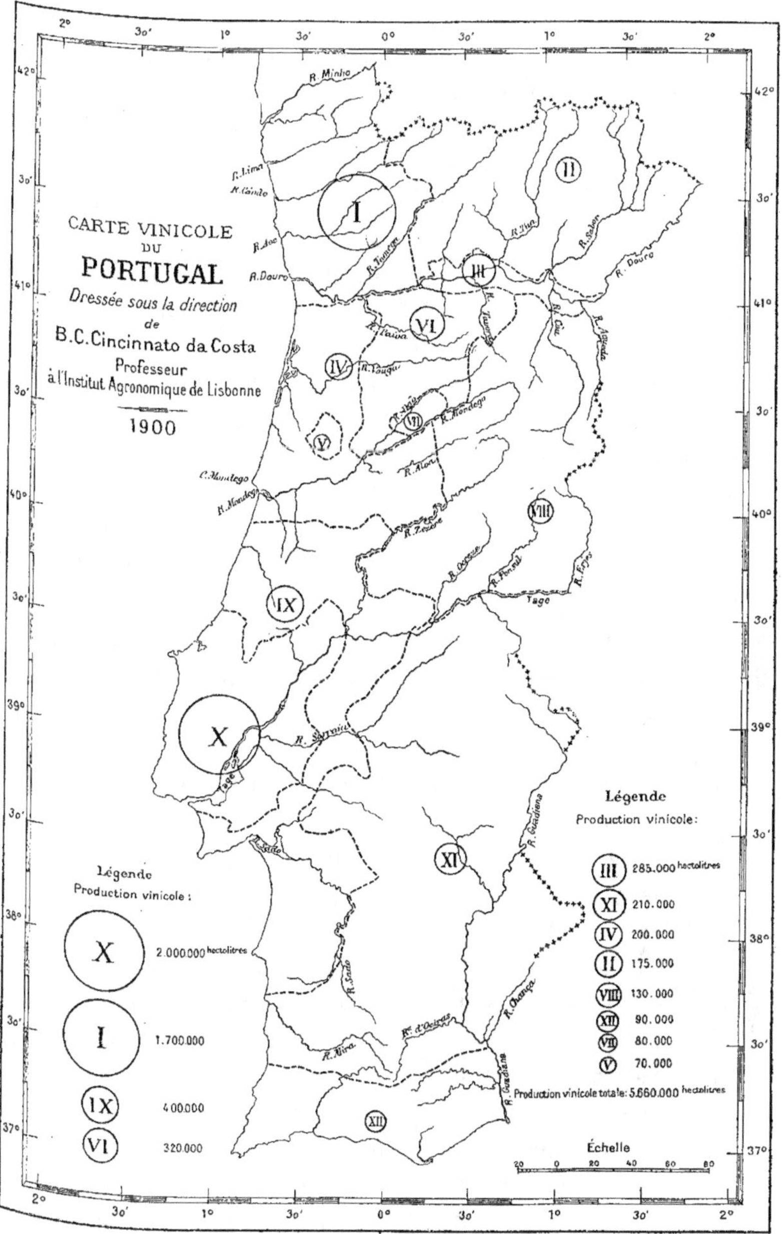

Fig. 222.

4° *Région de la Beira littorale* (production moyenne annuelle : 200,000 hectolitres). — Les vignes sont d'ordinaire à l'état de souches basses. La production principale consiste en vins ordinaires, rouges ou blancs, dont certains atteignent un prix élevé. Il y a, en outre, quelques vins verts.

5° *Région de la Bairrada* (production moyenne annuelle : 70,000 hectolitres). — Les vins, bons pour le transport, sont corsés, bien gradués comme esprit et presque toujours riches en tanin. Le phylloxéra a fait de grands ravages dans cette région, actuellement en voie de reconstitution par la plantation de cépages américains.

6° *Région de la Beira Alta* (production moyenne annuelle : 320,000 hectolitres). — Importante au point de vue vinicole, cette région est surtout remarquable par ses vins de table blancs et rouges; les blancs notamment se prêtent à la fabrication des vins mousseux.

7° *Région du Dão* (production moyenne annuelle : 80,000 hectolitres). — Cette région, d'une petite superficie, produit des vins très fins.

8° *Région de la Beira Baixa* (production moyenne annuelle : 130,000 hectolitres). — Étendue, cette région est relativement peu riche en vignobles.

9° *Région de l'Estramadure* (production moyenne annuelle : 400,000 hectolitres). — La production dominante est celle des vins de Leiria, destinés à la distillerie.

10° *Région du Bassin du littoral du Tage* (production moyenne annuelle : 2,000,000 d'hectolitres). — Cette région, qui a beaucoup souffert du phylloxéra, mais où l'on a résolument pris le parti de replanter avec cépages américains — est celle qui contient les vignobles les plus étendus. Des plantations ininterrompues de 600,000 à 1 million de cépages n'y sont pas rares. Le vignoble du Poceirao, avec ses 2,400 hectares en plaine d'une seule pièce, ses 6 millions de cépages, sa production annuelle de 20,000 pipes, est un des plus grands vignobles du monde. (Voir la figure 221.)

11° *Région de l'Alemtejo* (production moyenne annuelle : 210,000 hectolitres). — Cette région n'était pas très vinicole; mais on y a fait, ces dernières années, de considérables plantations de vigne.

GRAPHIQUE
DU
MOUVEMENT D'EXPORTATION DES VINS DU PORTUGAL
depuis 1865 jusqu'à 1898

Exportation totale
Vins rouges
Vins non spécifiés
Vin de Porto
Vin de Madère
Vins blancs
Vins liquoreux

A — Tableau de détail pour
les vins de Madère, blancs et de liqueurs
A

Hectolitres
Hectol. 2.000.000
1.950.000
1.900.000
1.850.000
1.800.000
1.750.000
1.700.000
1.650.000
1.600.000
1.550.000
1.500.000
1.450.000
1.400.000
1.350.000
1.300.000
1.250.000
1.200.000
1.150.000
1.100.000
1.050.000
1.000.000
950.000

Hectol 900.000
850.000
800.000
750.000
700.000
650.000
600.000
550.000
500.000
450.000
400.000
350.000
300.000
250.000
200.000
150.000
100.000
50.000
000

Années

1865 1866 1867 1868 1869 1870 1871 1872 1873 1874 1875 1876 1877 1878 1879 1880 1881 1882 1883 1884 1885 1886 1887 1888 1889 1890 1891 1892 1893 1894 1895 1896 1897 1898

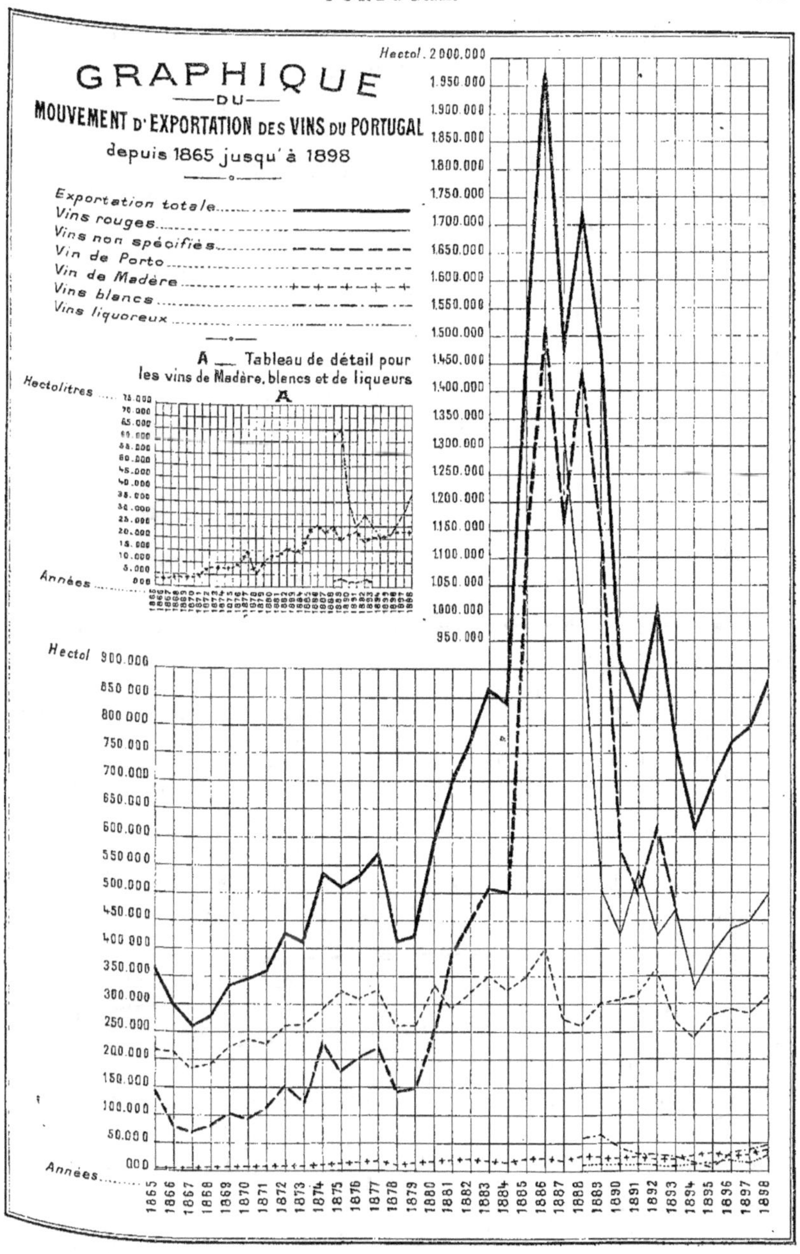

Fig. 223.

12° *Région de l'Algarve* (production moyenne annuelle : 90,000 hectolitres). — Les vins sont généralement capiteux, mais quelque peu déséquilibrés.

TABLEAU GÉNÉRAL DE L'EXPORTATION DES VINS PORTUGAIS DE 1884 À 1898.

ANNÉES.	PORTO.	MADÈRE.	AUTRES QUALITÉS.	TOTAUX.
	hectolitres.	hectolitres.	hectolitres.	hectolitres.
1884.........	332,698	14,974	500,205	847,877
1885........................	347,872	23,088	1,129,811	1,500,771
1886........................	401,428	23,929	1,537,757	1,963,114
1887........................	281,320	21,118	1,164,906	1,467,344
1888........................	268,024	24,140	1,438,722	1,730,886
1889........................	299,868	19,083	1,155,337	1,474,288
1890........................	305,302	20,395	588,144	913,841
1891........................	309,968	23,837	491,969	825,774
1892........................	362,926	19,294	619,527	1,001,747
1893........................	259,285	19,621	490,652	769,558
1894........................	241,086	20,065	350,274	611,425
1895........................	272,509	22,827	387,105	682,441
1896........................	284,561	22,537	453,949	761,047
1897........................	280,992	24,173	477,095	782,260
1898........................	313,284	24,301	526,513	864,098

D. ÉLEVAGE.

EFFECTIF, VALEUR ET RENDEMENT DU BÉTAIL. — CHEVAUX : EFFECTIF; IMPORTATION ET EXPORTATION; DEUX TYPES PRINCIPAUX, LE CHEVAL GALICIEN ET LE CHEVAL DU TYPE ANDALOUS; LE CHEVAL D'ALTER; LES CHEVAUX DU RIBATEJO; DE L'ALEMTEJO; DE L'ALGARVE. — ÂNES. — MULETS. — BOVIDÉS : RACE BARROSA; AUTRES RACES; IMPORTATION ET EXPORTATION. — INDUSTRIE LAITIÈRE. — MOUTONS. — CHÈVRES. — PORCS. — APICULTURE : HISTORIQUE; ÉTAT ACTUEL. — SÉRICICULTURE.

Fixons tout d'abord l'effectif du bétail et sa valeur; puis son rendement.

ESPÈCES.	NOMBRE DE TÊTES.	VALEUR		NOMBRE DE TÊTES	
		TOTALE.	MOYENNE PAR TÊTE.	PAR KILOMÈTRE CARRÉ.	PAR 1,000 HABITANTS.
		francs.	fr. c.		
Chevaline..........	90,000	14,416,666	160 18	0 97	17 82
Asine.............	146,500	4,015,728	27 41	1 58	29 61
Mulassière.........	59,100	9,694,041	165 02	0 64	11 70
Bovine............	817,000	137.932,294	168 82	8 86	161 79
Ovine.............	3,064,100	15,320,500	5 00	33 24	606 78
Caprine...........	998,680	5,043,334	5 05	10 83	197 76
Porcine	1,200,000	47,020,000	39 18	13 02	237 63
TOTAUX.......	6,375,380	233,443,563		69 14	1,262 49

CARTE
DU
PORTUGAL
Représentant la quantité
et la valeur relatives
des animaux agricoles
dans les 17 districts
administratifs.
Dressée par le professeur
Paula Nogueira, de l'Institut
d'Agronomie de Lisbonne.
N
S
R. Minho
VIANNA DO CASTELLO
R. Lima
R. Cavado
R. Ave
R. Douro
R. Vouga
R. Mondego
R. Liz
Cap Carvoeiro
Cap de Roca
Tage
Cap Espichel
Cap Sines
Cap S. Vincent
R. Mira
R. Sado
R. Sorraia
R. Zezere
R. Nabão
R. Taje
R. Guadiana
R. Chança
R. Vascão
Suajo S.
Gerez S.
Barroso
Chaves
BRAGANCE
3
Miranhella
MIRANDA
BRAGA
4
R. Tamega
Mezão S.
VILLA REAL
1,8
Mirandella
R. Tua
R. Sabor
R. Douro
Maia
5,5
PORTO
Monte
muro S.
Moncorvo
Arouca S.
S. Pedro
do Sul
AVEIRO
2,5
VIZEU
2,3
Cara
mulo S.
R. Vouga
Jarmello
GUARDA
1,5
R. Coa
R. Agueda
Estrella S.
COVILHÃ
COIMBRE
2
Gardunha S.
R. Nisa
CASTELLO BRANCO
1,1
Ancião S.
LEIRIA
1,2
Ayres S.
Abrantes
Collega
Chamusca
Marvão S.
PORTALEGRE 2,4
Alter do
Chão
ELVAS
SANTAREM
2,2
Almeirim
R. Tejo
R. Ruiv.
Cintra S.
3
LISBONNE
SETUBAL
Ossa S.
EVORA
3
Alcacer do Sul
Moura
BEJA
2,6
Serpa
Garvão
Hertolin
Monchiqus S.
Loulé
FARO
1
Signes conventionnels
Chevaux
Anes
Mulets
Bœufs
Moutons
Chèvres
Porcs
Les chiffres 1 à 5,5
indiquent la valeur
totale relative du
bétail
Echelle
20 10 0 10 20 30 40 50 60 70 80

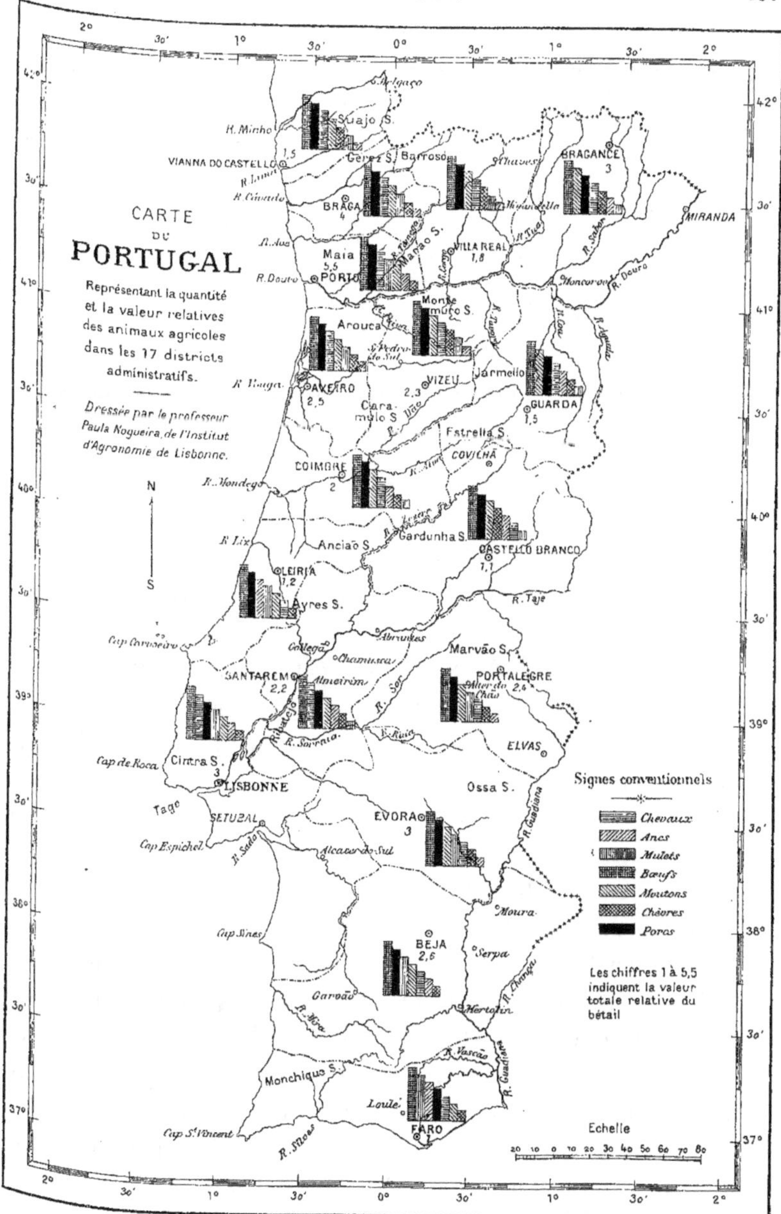

Fig. 224.

RENDEMENT DU BÉTAIL.

PRODUITS DES BESTIAUX.	UNITÉS.	QUANTITÉS.	VALEUR.
			francs.
Viande de boucherie..................	Kilogrammes.	96,310,600	137,840,000
Lait...........................	Litres.	76,906,012	21,889,000
Fumier...................:......	Kilogrammes.	11,570,924,300	128,565,000
Travail..........,...........	Journées.	193,871,000	773,550,000
Laine........................	Kilogrammes.	4,473,586	5,909,000
Peaux	Nombre.	1,492,498	4,659,000
Suif et graisse..................	Kilogrammes.	8,749,870	7,291,000
Totaux....................		//	1,079,703,000

Chevaux. — Nous venons de voir que la population chevaline du
Portugal s'élève à 90,000 têtes. Annuellement, elle donne lieu, en
moyenne, à une importation de 10,000 têtes et à une exportation
de 9,000. M. Paula Nogueira, professeur à l'Institut agronomique de
Lisbonne, a consacré au cheval portugais une intéressante étude, dont
je crois intéressant de reproduire une partie :

« La population chevaline du Portugal actuel rappelle par ses caractères fondamentaux le type asiatique et le type africain. Pour ce qui
regarde la question de l'unité ou de la dualité de race des chevaux
introduits par les Arabes dans la Péninsule hispanique, les chevaux
portugais — montrant deux types : l'un au Nord, l'autre au Sud du
Tage — sembleraient prouver l'importation de deux races, l'une à
profil concave, l'autre à profil convexe; la première serait représentée
par les chevaux habitant les districts placés au Nord du Tage, et la
seconde, par les chevaux qui peuplent surtout les districts au Sud de
ce fleuve. Le cheval portugais à profil concave est-il un type auto-
chtone, ou serait-il plutôt le représentant dégénéré du léger coursier
de l'Yémen, ce type élégant à la tête camuse que les meilleurs
cavaliers de l'Arabie préfèrent encore de nos jours au cheval arabe
à profil droit? Et l'autre variété, le cheval portugais à profil convexe, ne serait-il que le représentant de la race africaine du Chélif,
améliorée et affinée après avoir franchi le détroit de Gibraltar? Voilà
ce qui me semble difficile, sinon impossible de déterminer, tant qu'on

n'aura pas découvert des signes plus sûrs pour suivre les traces qu'ont laissées les types de nos animaux domestiques à travers leurs fréquentes migrations.

« Le type du cheval portugais à profil concave a, dans le pays, le nom de *galliziano* ou *gallego* (galicien), parce que son aire géographique s'étend non seulement au nord du Portugal, mais en Galicie et dans les autres provinces du nord de l'Espagne, jusqu'à la Navarre. Ses principaux caractères sont : tête grosse, courte, légèrement camuse; oreilles petites et dressées; ganaches épaisses, ainsi que l'encolure, dont le bord supérieur est droit et concave; garrot bas; côtes rondes; dos et reins courts, larges et droits; croupe horizontale et large, à hanches grosses, mais saillantes; queue attachée haut, forte et bien fournie de gros crins; ventre proportionné; membres gros, à aplombs réguliers, avec épaules droites; articulations larges; boulets épais; sabots durs et bien conformés; hauteur oscillant entre 1^m,36 et 1^m,45; robe la plus commune baie marron.

« Une sous-race du cheval galicien, remarquable par la taille plus élevée (1^m,48), l'encolure grêle, droite, quelquefois renversée, et les membres un peu en dehors des lignes d'aplomb — conformation fréquente chez les chevaux à profil concave — se trouve à Traz-os-Montes et dans la partie nord des deux Beira, pénétrant aussi en Espagne par les provinces de Léon et de Castille, d'où leur vient le nom vulgaire de castillans, par lequel on désigne ces chevaux en Portugal. En général, le cheval galicien typique est un animal montagnard; descendu dans la plaine, il acquiert plus de taille et devient le cheval castillan.

« Les chevaux de race galicienne sont sobres, rustiques, vifs, peu dociles, mais d'une énergie et d'une résistance surprenantes. A la vieille allure de l'amble qui leur est habituelle, ils peuvent parcourir sans grande fatigue 150 kilomètres en six heures. Deux autres qualités les distinguent encore : leur longévité et la fixité de leurs caractères.

« Dans la province de Minho, ces animaux sont généralement soumis au régime du pâturage; quelques-uns même vivent et se reproduisent à l'état sauvage dans la partie montagneuse de la région, où les agriculteurs, leurs propriétaires, vont annuellement prendre les poulains au lasso, comme le font les gauchos dans les pampas de l'Amérique du Sud. Cependant quelques agriculteurs plus éclairés du Minho ont déjà adopté le régime mixte : les chevaux paissent librement sur la montagne ou dans les vallées pendant le jour, et rentrent le soir à l'écurie, où ils reçoivent une maigre ration de grains de maïs, un peu de paille et du foin ou du vert, selon la saison. La méthode de reproduction est la sélection plus ou moins rigoureuse, ayant surtout en vue l'augmentation de la taille. Le croisement avec d'autres races est généralement repoussé. A plusieurs reprises le gouvernement portugais a envoyé dans le Minho des étalons de race étrangère ; les éleveurs se sont toujours refusés à faire saillir leurs juments par ces reproducteurs [1]. Les poulains commencent à travailler dès l'âge de trois ans ; quelquefois même à deux ans.

« Au premier abord, on s'étonne de voir que les agriculteurs du Nord du Portugal tiennent tant à conserver ce type de cheval presque poney, manquant d'élégance et si peu recherché en dehors de son aire géographique ; mais, quand on examine de près les conditions agricoles de la région, on ne peut s'empêcher d'excuser l'entêtement de ces agriculteurs. En effet, dans la province du Minho, il n'y a que les montagnes et leurs étroits vallons qui puissent fournir aux chevaux quelques ressources alimentaires ; les plaines, formant la partie la plus considérable de la province, sont occupées par les cultures alimentaires de l'homme ; la propriété rurale s'y trouve divisée presque à l'infini ; et la culture dominante est le maïs, dont la presque totalité des grains — transformée en pain, pour nourrir une population excessivement dense — ne peut, par suite, être donnée au bétail. Dans ces conditions, le seul cheval capable de subsister, c'est le petit galicien, qui se contente de brouter les herbes de la montagne et qui, durci par les intempéries auxquelles l'expose son régime, a acquis la vigueur et la résistance nécessaires aux services de selle et de trait où il est habituellement employé.

« Au Sud et à l'Ouest, vers le littoral, surtout dans les plaines

---

[1] Peut-être n'ont-ils pas eu tort.

Fig. 225. — *Corcel, cheval d'Alter, de la maison royale de Bragance.*

d'Aveiro et sur les îles de l'estuaire du Vouga, où les gras pâturages abondent, la production chevaline est assez intense; mais, au lieu du galicien pur, ce sont des métis de plus grande taille, très recherchés pour le service d'attelage.

« Le cheval portugais de race andalouse a la tête sèche, longue et légèrement busquée; les oreilles étroites, de longueur moyenne, bien plantées; les lèvres minces; l'encolure grosse, droite ou un peu rouée, à crinière bien fournie; les côtes plutôt plates que rondes; le dos ensellé, mais sans exagération; la croupe sensiblement avalée, ainsi que le ventre; les hanches non saillantes; la queue longue, à insertion basse, avec des crins abondants, fins et ondulés; les membres, surtout les postérieurs, un peu engagés sous le tronc; les épaules légèrement obliques; les avant-bras et les jambes courts; les canons et les paturons longs; la taille oscillant entre 1^m,38 et 1^m,56. Les robes les plus fréquentes sont la noire, l'alezane et la baie brune ou marron. Moins sobres, moins résistants que les galiciens, les chevaux portugais du type andalous se recommandent par leur docilité, leur souplesse et leurs allures relevées, douces et gracieuses.

« Une sous-race de ce type existe exclusivement en Portugal : ce sont les chevaux d'Alter, dont l'origine remonte à l'an 1748. Ces chevaux, peut-être les plus beaux de la Péninsule, se distinguent des variétés communes du type andalous par une élégante encolure de grandeur moyenne, à bord supérieur légèrement convexe; les bonnes proportions du tronc; le garrot élevé; le poitrail large; les côtes rondes; le ventre peu volumineux; la croupe et l'épaule bien musclées, ainsi que les bras, les fesses et les cuisses; les canons longs, secs et aux tendons fermes et nets; les pieds hauts et étroits, mais solides; la peau très fine et brillante, dessinant en relief les vaisseaux sous-cutanés; la taille comprise entre 1^m,50 et 1^m,60. Le cheval d'Alter, par ses caractères morphologiques, son élégance et son tempérament, est vraiment un cheval de selle et de manège. Parfois fougueux, il est cependant docile et se laisse facilement dresser.

« La sous-race chevaline d'Alter a été formée dans le haras que la maison royale de Bragance possède à Alter do Châo, près de Portalègre, en Alemtejo. Vers le milieu du xviiie siècle, le roi Dom João V, soucieux de l'amélioration des races chevalines du Portugal, fit acheter en Espagne, dans l'Andalousie, une centaine de juments choisies, et avec ces animaux et quelques étalons de la même provenance, il institua, en 1748, le haras d'Alter, ayant, comme dépendances, de vastes pâturages sur les plaines qui avoisinent le bourg d'Alter do Châo. Le roi Dom José, fils et successeur de Dom Joâo V, poursuivit l'œuvre de son père, en introduisant dans les haras d'Alter encore une centaine de juments andalouses, ainsi que d'autres juments de la même race qui existaient en 1757 dans les haras de Portel. Tous ces animaux, soumis au régime du pâturage, vivaient en manades. En 1760, les chevaux nés et élevés dans le haras d'Alter étaient déjà fameux. La cour de Lisbonne les employait pour la selle et aussi pour tirer les luxueuses voitures royales. Les gentilhommes ne voulaient pas d'autres montures pour les parades. En effet, le cheval d'Alter n'avait pas alors de rival pour la grâce des mouvements de la tête et de l'encolure, le relevé des allures douces et commodes et l'élégance des formes.

« Malheureusement la pureté du type d'Alter a subi de fréquentes atteintes au XIXᵉ siècle. En outre, la mode a délaissé l'élégant cheval de manège pour se tourner vers le pur sang anglais. Pendant les guerres de Napoléon Iᵉʳ, en 1812, on a introduit dans le haras d'Alter quelques grosses juments, probablement de race normande, prises aux armées françaises qui avaient alors envahi le Portugal. D'autres intrusions ont été postérieurement faites dans le haras, ce qui a déterminé des déviations du type primitif. L'implantation du système constitutionnel dans le gouvernement de la nation a eu aussi des conséquences assez fâcheuses pour le haras d'Alter, le Parlement ayant voté en 1823 la suppression de la partie la plus importante des pâturages appartenant à ce haras. De 600 juments poulinières qu'il comptait à son actif, il ne lui est en plus resté qu'une centaine, nombre encore plus réduit de nos jours. Quoique bien déchue de son ancienne splendeur, la race d'Alter a toujours de beaux représentants non seulement dans le haras de ce nom, mais dans plusieurs autres centres de production chevaline, surtout dans les districts de Santarem, Lisbonne, Evora, etc.

Fig. 227. — Juments de l'Alemtejo (race Luso-Andalouse).

« Aujourd'hui les Portugais sont revenus de leur engouement pour les races étrangères et cherchent plutôt à sélectionner les bonnes races du pays, n'employant le croisement qu'avec une grande prudence et dans des cas très particuliers. Ainsi, dans le haras d'Alter, les méthodes en pratique sont, d'un côté, la sélection des meilleurs représentants du type, de façon à produire des chevaux de selle, et, d'un autre côté, le croisement — si un tel nom peut être appliqué ici — avec des chevaux de la variété Zapata, importés d'Andalousie, ceci dans le but d'obtenir des produits d'attelage de luxe. Le régime exclusif du pâturage a été remplacé par celui de demi-stabulation; les fourrages sont, tous les ans, emmagasinés en quantités suffisantes. Tout fait donc espérer que, dans un avenir prochain, l'ancien haras royal d'Alter pourra fournir à nouveau des animaux d'élite et recouvrer ainsi l'importance et l'utilité qu'il avait autrefois.

« La population chevaline de la région privilégiée qu'est le Ribatejo constitue une variété que l'on désigne du nom de *ribatejana*. Ce n'est que le type luso-andalous à formes un peu plus épaisses, par suite de l'alimentation plus abondante que, depuis des siècles, reçoivent ces animaux. Ils ont le pied plein et parfois comble, défectuosité qui dépend du sol limoneux des bords du Tage; mais ce défaut, ainsi qu'un certain empâtement des formes, est avantageusement combattu par l'emploi du reproducteur d'Alter, provenant du terrain sec de l'Alemtejo.

« Le type luso-andalous a subi dans l'Alemtejo quelques légères modifications apportées par le mauvais régime alimentaire. Ces modifications se manifestent surtout par la grossièreté du tégument et la grosseur des membres; ces chevaux forment la variété dite *alemtejana*.

« Enfin, dans l'Algarve, province où la domination arabe a subsisté le plus longtemps, on trouve le beau type du cheval luso-andalous presque méconnaissable. Il garde bien encore les caractères et les nobles qualités de sa race, mais l'insuffisance de nourriture a amoindri sa taille, aminci son encolure et rétréci son poitrail. »

Ânes. — Il n'y a point au Portugal de race indigène asine, mais nous trouvons dans le pays deux espèces : l'une, petite et très sobre, est une variété de la race africaine; l'autre, plus grande et moins sobre, une variété de la race espagnole. Les individus de cette dernière espèce viennent tous des provinces limitrophes de l'Espagne; ils sont plus spécialement affectés à la reproduction. C'est surtout dans les lieux où domine la petite culture, ainsi que dans les terrains accidentés et plantés de vignobles, qu'on rencontre les ânes; ils sont, au total, environ 150,000. L'importation et l'exportation — la première venant d'Espagne, la seconde destinée aux colonies portugaises — se balancent à peu près; elles sont importantes (près de 70,000 individus au total) et se sont fortement accrues depuis quelques années.

Mulets. — Les mulets et les bardots ont toujours été nombreux en Portugal. Pour la production des premiers, on choisit généralement les plus robustes des baudets importés d'Espagne, ou de leurs produits nés dans le pays; par contre, pour obtenir un bardot, on se contente le plus souvent d'un cheval de petite taille ou de caractère indocile, si bien qu'en Portugal le bardot est beaucoup moins estimé que le mulet. C'est dans les districts du Nord que la production mulassière a le plus d'importance. Il est à noter que 10 pour 100 environ des mulets et des bardots portugais sont des animaux de trait léger. L'importation et l'exportation se balancent; elles se font surtout avec l'Espagne.

Bêtes à cornes. — On peut classer les bêtes à cornes qui vivent sur le continent portugais en sept races : *gallega, barrosa, arouqueza, mirandeza, brava, turina, transtagana.*

La race *barrosa* — qui tire son nom de son lieu d'origine, le Barroso, région montagneuse du Nord du Portugal — se différencie tant des autres types du pays que des races étrangères. Voici, d'après M. Paula Nogueira, ses caractéristiques :

«Tête courte, grosse et camuse; front large, déprimé au centre; arcades orbitaires fortement saillantes; yeux grands; chanfrein large et droit, se terminant par un mufle épais, retroussé et aplati, noir dans l'espace compris entre les naseaux et la bouche, mais entouré d'une zone de poils blancs; chignon droit; cornes à insertion haute,

10.

grosses et blanches à la base, noires vers la pointe, ayant la forme d'une lyre dont l'envergure dépasse parfois 1 mètre; col court et conclave, avec fanon très développé, allant de la lèvre inférieure jusqu'entre les membres antérieurs; garrot large et bas; épaules bien musclées; côtes arrondies; ligne dorso-lombaire droite; lombes et croupe de largeur moyenne; ventre peu volumineux; queue attachée haut; membres courts et droits à articulations peu épaisses; taille entre $1^m,18$ et $1^m,47$; longueur mesurée du garrot à la base de la queue : $1^m,45$; robe froment plus souvent foncée que claire. »

Fig. 228. — Vache de la race Barrosa (Porto).

Rustiques et sobres, les bœufs barrosas excellent au travail; ils font très bien leurs cinquante kilomètres dans la journée traînant le lourd char auquel ils sont attelés dans les régions les plus accidentées; en outre, ils s'engraissent fort bien; enfin, si les vaches barrosas ne produisent pas plus de douze litres de lait par jour, même à leur meilleure période de lactation, du moins ce lait a-t-il des qualités butyreuses.

La race *turina* est un dérivatif de la race hollandaise, introduit en Portugal à une époque aujourd'hui inconnue. Les races *gallega* et *arouqueza*, bien que bonnes pour la boucherie, ont une aptitude particulière pour le travail. La race *mirandeza* excelle surtout pour le travail;

elle laisse à désirer pour la boucherie. La race *brava*, dont les repré-sentants vivent à l'état de nature dans les plaines de la vallée du Tage, est utilisée pour les courses de taureaux [1]; après qu'ils ont paru plu-sieurs fois dans les arènes, on châtre les taureaux et on les soumet, mais non sans peine, au travail; quant aux vaches, elles servent sur-tout à la reproduction. La race *transtagana*, enfin, a pour principale fonction le travail. A signaler parmi les métis, ceux de zébus. L'impor-tation est plus forte que l'exportation : en 1898, 47,789 têtes repré-sentant une valeur de 1,119,000,000 de reis contre 15,943 têtes représentant 656,000,000 de reis.

INDUSTRIE LAITIÈRE. — La première des beurreries outillées à la moderne en Portugal date de 1891; l'industrie beurrière n'est, du reste, que relativement prospère; la fromagerie, au contraire, l'est tout à fait. De tous les types de fromages, celui de la Serra d'Estrella est, peut-être, le plus ancien et, certainement, le meilleur. Il est préparé avec le lait des brebis noires de la variété dite *bordaleira*. Pendant l'été, les troupeaux de ces brebis paissent sur les hauts plateaux; l'hiver, ils vagabondent gardés par leurs chiens et leurs pasteurs qui passent la nuit dans des *choupanas*, cabanes faites de branches de gui et recouvertes de chaume. Les troupeaux ne sont cantonnés près de l'habitation de leur propriétaire qu'au printemps et en automne. C'est durant le printemps que l'on obtient la qualité de fromage la plus fine.

Voici le tableau des importations et des exportations (année 1898) :

	BEURRE.		FROMAGE.	
	kilogr.	reis.	kilogr.	reis.
Importation	170,179	85,095,000	277,069	110,562,000
Exportation	35,358	19,533,000	44,325	13,779,000

L'importation diminue et l'exportation augmente.

MOUTONS. — Je viens de signaler la race *bordaleira*. Ses caractères sont une tête courte et nue; un front large, légèrement bombé; un chan-

---

[1] Les courses de taureaux au Portugal diffèrent absolument de ce qu'elles sont en Espagne, où le taureau est presque toujours mis à mort, et où un même animal ne paraît jamais deux fois dans l'arène; elles se rappro-chent, en somme, des courses dites *landaises*.

frein droit; un museau mince; des cornes larges, de longueur moyenne, peu contournées ou presque droites, manquant parfois chez les mâles et toujours chez les femelles; des oreilles grandes; un cou long et étroit; une ligne dorso-lombaire horizontale; un corps peu volumineux; des membres longs, grêles et dénudés; une toison noire ou blanche, de poils laineux et jarreux, tantôt feutrés, tantôt en mèches longues et pointues. L'autre race de moutons que l'on rencontre en Portugal, est la race *mérine*, originaire d'Espagne; elle se trouve dans l'Alemtejo et dans l'Estramadure. Le croisement des races mérine et bordaleira a donné naissance à plusieurs types métis. Les bordaleira pèsent, en moyenne, 20 kilogrammes, et donnent 50 pour 100 net de viande; cette viande est de bonne qualité; la toison, qui pèse un peu plus d'un kilogramme, subit un déchet de moitié environ; les brebis sont bonnes laitières. Les mérines pèsent 30 kilogrammes et fournissent une toison en suint de 2 à 6 kilogrammes qui perd de 70 à 80 pour 100 au lavage. Les 1,501,409 moutons à toison blanche donnent annuellement, en moyenne, 2,800,000 kilogrammes de laine; les 1,562,691 moutons à toison noire, 1 million 700,000 kilogrammes. Le rendement annuel en viande est d'environ 10 millions de kilogrammes.

L'exportation est beaucoup plus forte que l'importation. Voici les chiffres de 1898 :

	IMPORTATION.	EXPORTATION.
Nombre de têtes.	82,538	332,142
Valeur en francs.	1,008,000	3,158,000

Il est intéressant de rapprocher les chiffres d'années précédentes :

	IMPORTATION. têtes.	EXPORTATION. têtes.
1889.	9,517	87,591
1893.	7,080	184,234

Chèvres. — Bien que le nombre des chèvres ait tendance à diminuer au Portugal, on en compte, on l'a vu plus haut, près d'un million encore. Il y a deux races principales : celle de la *Serra d'Estrella* et la *charnequeira*. La première est plus corpulente et meilleure laitière, notamment dans sa variété dite *jarmellense* qui ne donne pas moins de 5 à 10 litres par jour; cette variété se trouve surtout dans la région montagneuse de Jarmello. Aux environs de Lisbonne, on trouve la variété *saloia*. La race charnequeïra (trois variétés : *barrosa*, *ribatejane* ou riveraine du Tage, *alemtejane* ou d'au delà le Tage) se trouve sur les flancs escarpés des montagnes aussi bien que sur les terrains arides. La viande de chèvre entre pour une assez forte proportion dans la consommation du pays; le lait sert à faire des fromages assez estimés. Les peaux de chevreaux donnent lieu à un important commerce en vue la de fabrication des gants et des chaussures. L'exportation a été sans cesse en augmentant; elle est aujourd'hui de près de 100,000 têtes de chèvres, contre une importation inférieure à 15,000.

Porcs. — Tant en quantité qu'en qualité l'espèce porcine laisse à désirer en Portugal; aussi l'importation dépasse-t-elle l'exportation de plus de 20,000 têtes par an. La race la plus répandue est la *bisara*, qui croît lentement et s'engraisse difficilement.

Apiculture. — Dans tout le Portugal, les abeilles trouvent les aliments dont elles ont besoin : dans l'Algarve, les sucs très doux des figuiers; dans l'Alemtejo, les fleurs aromatiques des bruyères; à Traz-os-Montes, la riche flore des prairies et des montagnes. Aussi dès le moyen âge, l'apiculture est-elle prospère dans le pays; elle suffit à la consommation locale et fournit même à l'exportation un appoint important; mais le sucre des Îles et du Brésil, la cire du Cap-Vert et de Timor viennent au xvi° siècle faire à la culture apicole portugaise une ruineuse concurrence.

D'autre part, les apiculteurs du pays en sont restés à l'ancien système dit *fixisme*. Les ruches les plus répandues sont de simples cylindres d'écorce détachés intacts du tronc d'un chêne-liège et mesurant en moyenne 0^m,55 de hauteur sur 0^m,30 de diamètre à la base, ou, dans la province de Traz-os-Montes, des troncs creux de chataîgniers, de 1 mètre de haut et d'une base égale à celle des ruches en chêne-liège. Dans les provinces du Nord, on a coutume de transporter au printemps les ruches de la montagne dans les champs. Chacune des ruches ne fournit généralement pas plus d'un demi-litre de miel et un kilogramme de cire. Au total, la production annuelle moyenne est de 750,000 kilogrammes de miel et de 1,100,000 kilogrammes de cire. La moyenne annuelle quinquennale 1894-98 donne, à l'importation, 543 kilogrammes de miel et 81,071 kilogrammes de cire brute; à l'exportation, 47,561 kilogrammes de miel et 221,902 kilogrammes de cire brute. Le *mobilisme* — qui permet à l'apiculteur d'enlever les rayons entiers, sans expulser les abeilles, et qui facilite les essaims artificiels — commence à se répandre en Portugal; ses bons résultats se sont déjà fait sentir.

Sériciculture. — L'élevage des vers à soie a subi au Portugal une crise aussi longue que grave, dont il commence, enfin, à se relever grâce aux tentatives faites par quelques particuliers et aux efforts persévérants du gouvernement, qui a organisé des expositions séricicoles et a distribué des graines choisies de vers à soie et des plants de mûriers. Outre la race indigène, les races élevées dans le pays sont la piémontaise, la grenadine et la japonaise. La production ne suffit pas à la consommation et il faut avoir recours à l'importation pour une quantité d'environ 10,000 kilogrammes.

E. CHÊNE-LIÈGE.

IMPORTANCE DE LA CULTURE DU CHÊNE-LIÈGE EN PORTUGAL.
SON AIRE GÉOGRAPHIQUE. — PROCÉDÉS CULTURAUX. — REPRODUCTION. — RÉCOLTES.
PRODUCTION TOTALE. — EXPORTATION.

Le chêne-liège (*Quercus suber*) couvre en Portugal 210,000 hectares[1] et sa culture est généralement soignée, aussi la récolte de ses écorces fournit-elle l'une des plus importantes branches du commerce portugais. Son véritable habitat est au-dessous du Tage. Le chêne-

[1] M. de Souza-Pimentel estime que les chênes-liège occupent en Portugal 600,000 hectares, généralement en mélange avec le chêne-yeuse. Sauf en terrains calcaires, on les trouve aussi, à l'état isolé, sur presque toute la surface du pays, dans les champs, les vergers, concourant à la constitution des haies.

liège y apparaît «avec son fût normal, court et trapu, aux forts embranchements, à 1^m,50, 2 mètres et 3 mètres au-dessus du sol, avec sa cime majestueuse et touffue». Dans le nord du Portugal, où il vient en mélange avec le pin maritime, il pousse au contraire en hauteur. «Il est vrai que dans le sud, écrit M. Pedro Roberto da Cunha e Silva, inspecteur de services forestiers de Portugal, on favorise le développement des branches principales en les maintenant bien dégagées et libres de rameaux gourmands et de bois mort, pour que l'arbre tout entier puisse également jouir de l'action bienfaisante de l'air et de la lumière.» Certains sujets atteignent, grâce à ces soins, d'énormes proportions et M. da Cunha e Silva raconte en avoir vu un à la décortication duquel étaient occupés vingt rusquiers et sur lequel on ne recueillit pas moins de 1,800 kilogrammes de liège.

Libre de broussailles et labouré, le sol des forêts de chênes-liège — ceux-ci étant fort peu denses — se prête à la culture des céréales. En outre, les glands sont, pour le propriétaire, une autre source de bénéfices.

Encore que la plupart des peuplements portugais de chênes-liège soient de régénération naturelle, il est à noter qu'aujourd'hui un certain nombre de propriétaires augmentent leurs forêts à l'aide de semis artificiels, cueillant à cet effet les glands de la Saint-Martin, et faisant les semis au printemps soit en labourant tout le terrain, soit par bandes, en ouvrant à la charrue des sillons parallèles de 2 mètres de large, éloignés de 8 mètres les uns des autres et au milieu desquels on trace une raie où on lance la semence. La germination est rapide et le brin pousse robuste.

Les récoltes ont lieu tous les neuf ou dix ans. Le climat permet le décorticage sur la plus grande partie de l'arbre[1]. Les meilleurs chênes sont ceux de l'Algarve. Les levées ne se font jamais sur l'arbre tout entier. Pour détacher le liège, le rusquier se sert d'une hachette à large tranchant, avec laquelle il fait dans l'écorce une entaille circulaire et une autre longitudinale sans blesser le liber, auquel, en Portugal comme en France, on donne le nom de *meis*. La production

[1] En résumé, toutes les conditions se trouvent réunies pour obtenir le maximum de production.

Fig. 230. — Vue d'un coin de forêt de chênes-liège après le décorticage (Alemtejo).

annuelle pèse en moyenne, quand elle est desséchée, 50,000,000 de kilogrammes, sur lesquels 11,000,000 seulement sont utilisés pour les besoins locaux et le reste exporté. Aussi le Portugal tient-il partout la tête comme pays exportateur, au moins en ce qui concerne l'écorce brute et les planches. Suivant certains calculs, il fournirait, à lui seul, les 45 centièmes du liège employé. Il est, en somme, le principal pays de production. Il est vrai que son liège est généralement de qualité inférieure à celui du bassin de la Méditerranée — infériorité qui ne nuit en rien à l'exportation, les bouchons ordinaires étant, par suite de leur bon marché, les plus demandés.

F. LES AÇORES ET MADÈRE.

LES AÇORES : SITUATION; SUPERFICIE; CLIMAT; FLORE; RICHESSE DU SOL; RÉGIME DE LA PRO-
PRIÉTÉ; PRINCIPALES CULTURES; BÉTAIL. — MADÈRE : SITUATION; SUPERFICIE; CLIMAT;
FLORE; VITICULTURE ET VIN; CANNE À SUCRE; BÉTAIL.

Les Açores. — Éparses, les Açores occupent dans l'Océan Atlantique une bande dont la longueur mesure 120 lieues sur 17 de largeur. La superficie des terres émergées est de 2,671 kilomètres carrés. La plus grande et la plus importante des îles est San Miquel (surface : 800 kilomètres carrés; longueur : 65 kilomètres; largeur : 18). A Ponta Delgada, où, depuis 1806, on fait des observations météorologiques régulières, la moyenne estivale constatée a été de 24°15, et la moyenne hivernale, de 11°61. La végétation souffre des cyclones. Les brouillards sont très fréquents; mais, ainsi que les pluies, ils ne durent pas longtemps, surtout dans les régions basses. La flore rappelle beaucoup la flore méditerranéenne. La végétation est toujours verte. Il y a profusion de fougères. Malgré la pauvreté des fumures, le sol produit annuellement de deux à trois récoltes.

De grands majorats commencèrent d'être constitués dans ces îles en 1482; mais l'absentéisme de leurs bénéficiaires fut cause de la diffusion d'une sorte de métayage connu sous le nom de *colonia* et qui permet à celui qui cultive un fonds de le transmettre à ses successeurs naturels ou même de l'aliéner, le titulaire du majorat n'ayant le droit d'exiger qu'une certaine redevance. Par suite de ce système, la petite culture domine.

L'oranger prospéra longtemps, et l'exportation atteignit, pour la seule île de San Miquel, 250 millions de fruits, mais la *lagrima*, sorte de gommose meurtrière, a rendu la production insignifiante, et l'ananas — qui ne peut, cependant, être cultivé qu'en serre — a remplacé l'orange. La patate, cultivée en vue de la fabrication de l'alcool, a pris également une grande partie de la place qu'occupait l'oranger; on en distille annuellement 60 millions de kilogrammes en moyenne, donnant 6 millions de litres d'alcool.

Le théier a été introduit dans l'archipel il y a un siècle environ; on en cultive deux variétés : celle à feuilles fusiformes et celle à feuilles arrondies. L'exportation annuelle est en moyenne de 6 millions de kilogrammes de thé noir. Pour la reproduction de l'arbuste, on n'emploie que le semis, plutôt sur pépinière qu'en plant. C'est en décembre, quand les grains se détachent de la plante, que l'on procède au semis. La taille, qui est exécutée en janvier, est l'opération la plus délicate de la culture du théier. Dans les deux premières années, on coupe seulement les branches, les rameaux secs et ceux qui, par leur allongement excessif, menacent de détruire la forme pyramidale convenant à l'arbuste. Dans les années suivantes, bien que coupant plus facilement, on épargne toujours les branches âgées de plus d'un an et on coupe les autres au-dessus de leur second bourgeon inférieur, afin que, l'année suivante, chaque bourgeon ait développé une branche robuste. Lorsque les arbustes ont dix ans, on les taille au-dessus de la souche. Ainsi traitée, une plantation de théier (*Camellia thea*) peut être lucrativement exploitée pendant trente à quarante ans.

L'igname, enfin, qui sert à l'alimentation des classes pauvres, a une très grande importance. On la cultive à sec ou dans l'eau; cette dernière culture a lieu dans le lit ou sur le bord des ruisseaux, dont pour faire la plantation on entrave momentanément le cours. A San Miquel, dans la vallée de Furnas où il existe un cours d'eau chaude, on cultive l'igname dans cette eau.

Il y a à San Miquel une variété de chevaux de la race luso-galicienne, variété de très petite taille. Les ânes sont nombreux dans l'île Graciosa. Quant à la population bovine, elle n'offre pas un type fixe. Les chèvres méritent une mention : elles sont grosses, ont les oreilles droites et mobiles, les poils longs et généralement roussâtres, les cornes très développées, mesurant plus de 0^m,80 chez le bouc et se projetant en haut, d'abord unies, puis séparées en formant un angle d'environ 45 degrés avec une légère courbure en arrière. Les porcs sont très nombreux.

L'industrie fromagère est en honneur.

Fig. 231. — Jument Luso-Galicienne (île Terceira, Açores).

Madère. — Les deux îles les plus importantes de l'archipel de Madère sont Madère elle-même (71,580 hectares), puis Porto-Santo (environ 50 kilomètres carrés). Elles sont séparées par 50 kilomètres de mer très profonde. La flore est analogue à celles des Açores. Madère est justement réputée pour la beauté de ses paysages, la douceur et l'égalité de son climat. La propriété rurale s'est formée comme dans les Açores.

Le tableau ci-dessous de l'exportation (qui se porte surtout, par ordre d'importance, vers l'Angleterre et vers la Russie) prouve l'importance de la viticulture à Madère :

	hectolitres.	contos de reis.
1880..............................	13,480	605
1885..............................	23,088	415
1890..............................	20,395	683
1895..............................	22,827	733
1898..............................	24,301	788

La réputation des vins de l'île date, du reste, de plus de quatre siècles; l'exportation avait même atteint un moment 16,000 pipes; puis, survint l'oïdium, dont les ravages furent tels que l'on songea un moment à abandonner la viticulture. «Quand on a su, écrit M. Paul Le Sourd, qu'il y avait des moyens de combattre les maladies de la vigne, on a repris courage, et la replantation, accompagnée des soins indispensables, a rétabli, en partie, la production, et, comme conséquence, l'exportation. Cependant la solution de continuité a assez nui

Fig. 232. — Cheval Luso-Andalous de Madère (12 ans : 1^m,22).

aux intérêts de l'île... Celle-ci a, du reste, un grand avenir devant elle; mais on remarque qu'il lui manque de l'initiative.» La production totale actuelle est de 100,000 hectolitres. Les Madère sont des vins assez sucrés; les plus estimés sont le bréal, le sercéal, la malvoisie.

L'autre culture importante de Madère est celle de la canne à sucre, qui y occupe environ 1,100 hectares. En moyenne, un hectare de plantation donne 60,000 kil. de tiges et 12,000 kil. de feuilles. Madère possède 48 moulins à sucre, dont 16 sont mus par la vapeur, et 32, par l'eau. La production annuelle du sucre oscille autour de 500,000 kil. En 1899, la production totale du jus saccharin a été de 16,000,000 litres, dont 3,500,000 ont été transformés en sucre et le reste en eau-de-vie.

La variété luso-andalouse de chevaux, qui a été introduite à Madère il y a plus de 500 ans, a rapetissé par suite de la mauvaise qualité des pâturages; la taille varie aujourd'hui entre 1^m,10 et 1^m,30. La variété bovine locale est dite *alvacá*, on ne sait ni d'où ni quand elle a été introduite dans l'île. Elle appartient à ce groupe de races à profil convexe, qui a son aire géographique autour du Jura. Elle n'entre, du reste, que pour un tiers dans l'effectif actuel du bétail bovin de Madère, les deux autres tiers étant constitués par une variété métisse dite *madeirense*. Les animaux de la variété alvacâ sont bons pour le travail, et patients; ils s'engraissent très facilement. Outre les chèvres *charnequeira*, on trouve à Madère la chèvre dite *des Canaries*, à oreilles pendantes et grandes cornes aplaties, projetées en arrière et enroulées en grandes spirales.

[J'ai parcouru, à plusieurs reprises, le Portugal, et je suis heureux de profiter de l'occasion qui s'offre à moi de témoigner ici ma gratitude au personnel du Ministère de l'agriculture de ce beau pays et aux nombreux amis que j'y compte, pour l'accueil empressé qui m'a été fait partout.]

LIVRE IV.

FRANCE.

CHAPITRE XXVII.

CONSIDÉRATIONS GÉNÉRALES.

LA FRANCE AGRICOLE À CENT ANS DE DISTANCE. — BILAN D'UNE ANNÉE MOYENNE. — PROGRESSION ASCENDANTE DES REVENUS DU SOL DEPUIS 1789. — L'OUTILLAGE AGRICOLE. — CONSIDÉRATIONS FINANCIÈRES CONCERNANT L'ÉTAT ACTUEL DE L'AGRICULTURE EN FRANCE : CAPITAL FONCIER, CAPITAL D'EXPLOITATION, PRODUIT BRUT DE L'AGRICULTURE. — PROGRÈS RÉALISÉS; LEURS CAUSES. — CONSTITUTION ET DIVISION DE LA PROPRIÉTÉ EN FRANCE; INCONVÉNIENTS D'UN MORCELLEMENT EXCESSIF; LE BIEN DE FAMILLE; EXCÈS DE LA FISCALITÉ. — CHARGES DE L'AGRICULTURE. — DIVISION DE LA CULTURE. — LA POPULATION AGRICOLE; CAUSE DE SA DIMINUTION. — MODES D'EXPLOITATION; VALEUR FONCIÈRE. — ENGRAIS; COMPARAISON DE CE QUI EST PRIS AU SOL ET DE CE QUI LUI EST RESTITUÉ. — SOL, CLIMAT, PLUIES.

LA FRANCE AGRICOLE À CENT ANS DE DISTANCE. — L'Exposition universelle internationale de 1900, coïncidant avec l'aurore du xxᵉ siècle, appelait tout naturellement une comparaison avec la situation agricole de la France à un siècle de distance. Cette comparaison, je vais la tenter, en m'aidant notamment des documents numériques recueillis et groupés d'une façon si intéressante dans l'étude magistrale dont M. E. Tisserand, alors directeur de l'agriculture, a fait précéder la publication des tableaux de l'enquête décennale de 1882 [1].

Qu'était la France agricole avant 1800? Quelle est-elle aujourd'hui? C'est ce que je vais essayer de montrer [2].

La liberté et la science, sources premières des prodiges accomplis depuis un siècle dans toutes les branches de l'activité humaine, ont ouvert, à l'industrie nationale par excellence — l'agriculture —, une ère de progrès dont la moindre conséquence n'est certes pas la sécurité absolue donnée aux nations civilisées, en ce qui regarde leurs

[1] J'emprunterai à la statistique officielle de 1892 de nombreuses indications complémentaires, tout en regrettant l'absence, dans l'exposition du Ministère de l'agriculture en 1900, de documents statistiques plus récents.

[2] « Avant 1789, la propriété foncière était approximativement répartie comme suit : un cinquième appartenait au clergé; un cinquième à l'État et aux communes. La noblesse, le tiers état et les paysans possédaient le reste par parties à peu près égales. » (L. DE LAVERGNE.)

moyens de subsistance. L'accroissement des rendements du sol de la patrie, d'une part, la création et le développement des relations internationales, de l'autre, ont mis pour toujours notre génération et celles qui la suivront à l'abri des famines qui, il y a moins d'un siècle, sévissaient périodiquement encore.

La liberté et la science ont réalisé cet immense bienfait : la liberté, en affranchissant le possesseur et l'exploitant du sol des entraves de toutes sortes qui pesaient sur eux au temps de nos pères ; la science, en mettant au service de l'agriculture les merveilleuses applications de la chimie, de la physique, de la biologie et de la mécanique, qui lui ont permis de tripler la production indigène du blé et de doubler celle de la viande. Enfin, l'association de la vapeur et de l'électricité a créé les communications et les échanges rapides à travers les continents et les mers, imprimant aux conditions de la vie matérielle et intellectuelle des nations le progrès le plus fécond qu'elles aient accompli à travers les âges.

La liberté et la science ont plus fait, en soixante ans, pour le bien-être de l'humanité et pour le développement de ses intérêts moraux et matériels, que la longue série des siècles antérieurs dont l'histoire inspire à l'observateur attentif une satisfaction profonde d'appartenir au temps présent.

La loi du 28 septembre 1791, sur les *biens et usages ruraux,* tout imprégnée du grand esprit de paix, de justice et de liberté de 1789, consacrant, sous l'inspiration de Turgot, les principes inscrits dans les fameux édits de 1774, 1775 et 1776, sur *la vente et les achats des produits du sol,* fut le premier jalon du progrès agricole. Signal de l'affranchissement du paysan, aurore de la liberté commerciale, la loi du 28 septembre 1791, qu'un citoyen français ne saurait lire sans un profond sentiment de gratitude envers ses auteurs, supprima les barrières de toute nature qu'opposait le régime d'alors à la libre disposition du sol, aux améliorations culturales et à l'utilisation des récoltes.

Les deux premiers articles de la loi — qui la contiennent presque en entier — sont ainsi conçus :

ARTICLE PREMIER. Le territoire de la France, dans toute son étendue, est libre comme les personnes qui l'habitent : ainsi toute propriété territoriale ne peut être sujette qu'aux usages établis ou reconnus par la loi et aux sacrifices que peut exiger le bien général, sous la condition d'une juste et préalable indemnité.

Art. 2. Les propriétaires sont libres de varier à leur gré leurs récoltes et de disposer de leur propriété dans l'intérieur du royaume et au dehors, sans préjudicier aux droits d'autrui et en se conformant aux lois.

Pour saisir l'importance de cette loi et mesurer la grandeur de l'évolution qu'elle devait imprimer à l'agriculture, il faut se reporter à l'organisation économique du pays avant Turgot et se souvenir de la situation misérable créée au cultivateur par l'état social antérieur à 1789, au grand détriment de la nation entière. La plume autorisée d'un éminent écrivain, homme de bien autant que savant agronome, L. de Lavergne, en a tracé le tableau que voici : « L'agriculture ne souffrait pas moins que l'industrie du défaut de liberté. De véritables douanes entre les provinces empêchaient la circulation des produits agricoles, que rendait déjà très difficile l'insuffisance des voies de communication, si bien que telle partie de la France manquait de tout, tandis que ses voisines regorgeaient de blé, de viande ou de vin. L'autorité publique autorisait ou défendait arbitrairement, soit l'importation, soit l'exportation des grains; elle s'arrogeait le droit de vider les greniers, de fixer le prix du blé et même de régler les ensemencements. Toute modification à l'assolement établi était interdite par des intendants ignorants, comme une atteinte à la subsistance publique : on voulait des céréales avant tout et on ne savait pas que la variété des cultures est le plus sûr moyen d'en obtenir. Il était défendu, dans la même pensée, de planter des vignes sans autorisation; le dernier édit qui renouvelle cette prohibition est de 1747, et ce n'était pas une lettre morte. »

On peut augurer, d'après cela, du pas immense que l'agriculture eût franchi, dès la fin du xviiie siècle, sous l'empire d'un changement aussi radical dans la législation, sans les fléaux déchaînés à l'intérieur et à l'extérieur sur notre pays, durant un quart de siècle, par les passions des hommes, par le despotisme et par l'esprit de conquête.

L'économie politique n'est pas seule à participer au grand mouvement d'idées que résume la date de 1789. Cette époque voit éclore

les sciences physiques et naturelles d'où sortira la science agronomique. Lavoisier crée la chimie ; il introduit la notion de mesure dans
l'étude des phénomènes naturels ; il établit l'indestructibilité de la
matière. Son génie devine le rôle de la plante dans la nature : déjà
il voit, dans le végétal, le laboratoire mystérieux où, sous l'action
solaire, la matière minérale se transforme en substance vivante pour
servir d'aliment à l'homme et aux animaux et constituer les matériaux
que la civilisation nous a enseigné à façonner et à appliquer à d'innombrables usages. Pénétré de la nécessité d'introduire la méthode
expérimentale dans l'étude des problèmes agricoles, Lavoisier institue,
dans l'une de ses fermes du Perche, des essais culturaux contrôlés
par l'emploi de la balance. Qui pourrait dire de quelles lumières
la mort, à jamais odieuse, de ce grand homme a privé la science et
l'agriculture ?

Dans le même temps, Haüy fonde la minéralogie ; Buffon, Jussieu,
Laplace, Lagrange, Carnot, Saussure, etc., posent les fondements
des sciences qui, cinquante ans plus tard, deviendront le point de
départ des merveilleuses applications auxquelles le xixe siècle devra
sa caractéristique éclatante.

Les grands esprits de la Révolution ne pouvaient méconnaître la
nécessité d'instruire le peuple, et notamment de répandre dans les
campagnes les connaissances indispensables pour permettre au cultivateur de bénéficier des prescriptions libérales de la loi de 1791.
L'admirable rapport de Talleyrand-Périgord à l'Assemblée constituante fait foi de ces préoccupations : il énonce, dès cette époque,
les principes généraux sur lesquels repose tout notre système d'instruction publique.

L'agriculture a sa place marquée dans les lois relatives à l'organisation de l'enseignement à ses divers degrés. Malheureusement, les
années troublées et la période de guerres extérieures qui les a suivies
paralysent complètement ces généreux projets et en ajournent la
mise à exécution.

Les gouvernements qui se succèdent, après la chute du premier
Empire, reprennent timidement le programme de la Constituante ;
mais c'est à la troisième République qu'appartiendra l'honneur de

faire à l'agriculture, dans l'enseignement public, la place trop long-temps refusée aux 18 millions de citoyens qui la représentent en France.

En comparant la situation agricole de notre pays à cent ans de dis-tance, on peut juger, par les progrès réalisés depuis 1789, progrès dont le point de départ se trouve dans la législation libérale de 1791, du pas de géant qu'aurait fait l'agriculture, si l'instruction technique fût venue, dès l'origine, compléter l'œuvre de la liberté.

En 1789, 36 p. 100 du territoire agricole étaient en jachères ou couverts de landes improductives; on en compte aujourd'hui 13 p. 100 à peine. Les efforts de Parmentier pour propager la cul-ture de la pomme de terre — ce précieux tubercule auquel Arthur Young, dans son voyage en France (1788), déclarait «que les quatre-vingt-dix-neuf centièmes des hommes ne voudraient pas tou-cher» — avaient abouti à la plantation de 4,000 hectares seulement. A l'heure actuelle, cette plante occupe 1,570,000 hectares, soit plus de 3 p. 100 de notre territoire agricole.

A la fin du siècle dernier, Lavoisier estimait à 31 millions d'hecto-litres la récolte du froment sur 4 millions d'hectares, soit un rende-ment inférieur à 8 hectolitres (6 quintaux métriques environ) à l'hectare, mettant à la disposition de chaque habitant, 1 hectol. 64 de blé seulement.

En 1889, le rendement moyen s'élève à 11 quint. métr. 85; en 1899, il atteint 14 quint. métr. 19. Avec une emblavure de moins de 7 millions d'hectares, nous avons récolté en moyenne annuelle, de 1890 à 1899, 85,180,000 quintaux métriques de blé, soit environ 113,600,000 hectolitres de blé, ce qui correspond à 292 litres par tête d'habitant. Il serait facile d'élever le rendement moyen à 20 hec-tolitres, ce qui nous affranchirait totalement de recourir à l'importa-tion étrangère, en nous permettant de suffire à notre consommation et même de devenir exportateurs.

Comme nous le verrons plus loin, la production de la viande de boucherie a plus que doublé depuis 1789. La surface consacrée aux cultures fourragères a augmenté de 60 p. 100 environ, et le nombre des têtes de bétail a suivi la même progression.

Le matériel et l'outillage agricoles, presque nuls il y a cent ans, représentent aujourd'hui un capital de 1,500 millions. La moissonneuse et la machine à battre, inventées à la fin du siècle dernier, se substituent peu à peu, dans toute la France, à la faucille et au fléau, allégeant ainsi, au grand profit des travailleurs agricoles, les rudes labeurs de la moisson et du battage.

Le chiffre total des capitaux mis en œuvre actuellement par l'agriculture française dépasse 100 milliards de francs, dont le dixième environ représente la valeur du bétail, des semences, de l'outillage et des engrais, le sol figurant dans ce chiffre pour les neuf autres dixièmes. C'est à peine si le capital de toutes les autres industries réunies égale le capital agricole.

Bilan d'une année moyenne. — Les produits bruts de l'agriculture française s'élevaient (en 1898) à un peu moins de 12 milliards (11,890,000,000 de fr.); les deux tiers de cette somme représentent la production végétale (céréales, fourrages, vins, légumes, forêts, etc.); le reste s'applique à la production animale (viandes, lait, laines, etc.).

Cette évaluation résulte du groupement des chiffres relevés pour l'année 1898 par les statistiques officielles du Ministère[1].

Le relevé général des récoltes du sol *cultivé*, prairies et herbages compris, assigne une valeur brute de 6,765,115,390 francs à l'ensemble des produits obtenus en 1898, sur les 25 millions d'hectares en culture; en voici le résumé, par catégorie de récoltes :

	SURFACE CULTIVÉE.	VALEUR DE LA RÉCOLTE.
	hectares.	francs.
Céréales	14,509,026	4,145,753,178
Pommes de terre	1,542,957	646,122,475
Betteraves fourragères	436,120	203,747,076
Trèfle	1,134,615	209,007,902

[1] L'année 1898 pouvant être considérée comme une bonne année moyenne, je l'ai choisie de préférence à celle qui a servi aux évaluations de la statistique décennale de 1892, année notablement médiocre et sur laquelle on ne peut s'appuyer pour donner une idée juste de la situation agricole de la France.

	SURFACE CULTIVÉE.	VALEUR DE LA RÉCOLTE.
	hectares.	francs.
Luzerne..................	704,506	195,287,200
Sainfoin	674,648	117,496,587
Prés naturels............	4,434,471	878,199,246
Herbages..............	1,178,387	107,229,196
Colza..................	50,279	17,392,717
Navette..............	8,314	1,567,322
Œillette..............	8,164	3,263,281
Cameline	309	56,066
Chanvre	25,250	18,316,387
Lin..................	19,271	13,531,197
Betteraves à sucre	262,251	183,337,238
Tabac.................	16,892	18,039,560
Houblon	2,844	6,768,752
Totaux	25,012,304	6,765,115,390

Les céréales représentent à elles seules 61.28 p. 100 de la valeur brute de la récolte.

Le chiffre de plus de 4 milliards, correspondant à la valeur des grains, se décompose, entre les diverses céréales, comme l'indiquent les nombres du tableau suivant :

	VALEUR DE LA RÉCOLTE.	PART PROPORTIONNELLE de chaque céréale.
	milliers de francs.	p. 100.
Froment..................	2,513,980	60.64
Avoine..................	881,749	21.27
Seigle..................	309,605	7.47
Orge..................	183,114	4.42
Maïs..................	103,804	2.50
Sarrasin..................	81,026	1.95
Méteil..................	68,223	1.65
Millet..................	4,252	0.10
Totaux	4,145,753	100.00

L'ensemble des céréales couvrant, en 1898, 14,509,000 hectares, la récolte étant estimée à 4,145,753,000 francs, le produit brut moyen en grain aurait donc été de 285 fr. 70 par hectare.

Si nous récapitulons la valeur des plantes fourragères dont nous donnons plus haut le détail, nous arrivons au résultat que voici :

	VALEUR.	PART PROPORTIONNELLE. DE CHAQUE RÉCOLTE.
	milliers de francs.	p. 100.
Prairies naturelles................	878,200	51.3
Trèfle......................	209,007	12.2
Betteraves fourragères............	203,747	11.9
Luzerne	195,287	11.4
Sainfoin....................	117,496	6.9
Herbages	107,230	6.3
TOTAUX................	1,710,967	100.0

Enfin, les plantes industrielles classées par ordre d'importance de la valeur de leur production en 1898 donnent les chiffres suivants :

	VALEUR DE LA PRODUCTION.	PART PROPORTIONNELLE. DE LA RÉCOLTE.
	milliers de francs.	p. 100.
Betteraves sucrières............	183,337	69.99
Chanvre....................	18,316	6.98
Tabac.....................	18,039	6.88
Colza.....................	17,393	6.83
Lin.......................	13,531	5.16
Houblon....................	6,769	2.58
Œillette....................	3,263	1.24
Navette....................	1,567	0.60
Cameline...................	56	0.02
TOTAUX................	262,271	100.00

En résumé, la valeur de la récolte de 1898, s'élevant en nombre rond à 6,765 millions, est répartie comme suit entre les principaux groupes des denrées :

	VALEUR.	PART PROPORTIONNELLE. DES RÉCOLTES.
	milliers de francs.	p. 100.
Céréales....................	4,145,753	61.28
Pommes de terre..............	646,122	9.55
Plantes fourragères............	1,710,967	25.29
Plantes industrielles	262,271	3.88
TOTAUX................	6,765,113	100.00

À ce chiffre, il convient d'ajouter celui qui représente la valeur des pailles et peut être évalué à 120 millions de francs environ, sur la base de 20 quintaux en moyenne par hectare de céréales et au prix de 4 francs le quintal. Le produit du sol sous culture s'élèverait donc à 6,885,000,000 francs.

Pour dresser le bilan approximatif de la production agricole totale, il faut tenir compte de la valeur des produits de la vigne et de quelques arbres fruitiers; ce que nous faisons dans le résumé suivant :

	VALEUR DE LA RÉCOLTE. milliers de francs.
Vignes	916,653
Châtaignes	34,150
Noix	14,190
Olives	14,427
Prunes	14,914
Feuilles de mûrier	10,180
Pommes à cidre	103,329
Total	1,017,843

La culture maraîchère s'étend, d'après la statistique décennale de 1892, sur 386,827 hectares, dont un tiers environ est consacré aux jardins destinés à l'alimentation de la famille.

La valeur de la production de l'horticulture est évaluée par le document officiel à 295,904,444 francs.

L'ensemble de la production du sol cultivé s'élèverait donc, au total, à plus de huit milliards répartis dans les grandes catégories suivantes :

	milliers de francs.
Céréales, racines, plantes industrielles	6,885,113
Vigne et culture arbustive	1,017,843
Horticulture et culture maraîchère	295,904
Total	8,198,860

L'ensemble de la valeur de la production forestière serait, d'après la statistique de 1892, d'environ 290 millions de francs.

Le produit total du sol agricole et forestier de la France peut donc être évalué à 8,489 millions de francs, en nombre rond.

A ce chiffre vient s'ajouter la valeur des produits animaux que la statistique officielle évalue comme suit, pour l'année 1898 :

milliers de francs.

Lait	1,235,300
Laine	61,166
Miel	10,465
Cire	4,789
Viande (animaux abattus)	2,000,000
Total	3,311,711
Production agricole et forestière	8,488,860
Valeur brute totale	11,800,571

Nous avons vu plus haut que, dans l'estimation de la récolte des terres en culture, les céréales et les fourrages représentent ensemble 86.5 p. 100 de la valeur totale, les céréales y figurant pour 61.28 p. 100 et les aliments du bétail pour 25.29 p. 100. C'est donc particulièrement sur ces deux natures de récoltes que l'attention des cultivateurs doit se porter, en vue d'en élever économiquement les rendements. Au premier rang des céréales figure le froment qui occupe la moitié de la surface qui leur est consacrée (7 millions d'hectares sur 14) et plus du quart du territoire arable.

Progression ascendante des revenus du sol depuis 1789. — La valeur de la production du sol en cultures a suivi, depuis 1789, la marche ascendante que voici :

	Millions de francs.	Augmentation p. 100.
1789	2,750	
1840	3,627	31.88
1872	7,664	135.48
1889	8,600	212.73

La population ne s'étant accrue, depuis le commencement du siècle, que de 52 p. 100, on voit dans quelles proportions considérables a augmenté le bien-être des classes rurales[1].

---

[1] Si c'est au point de vue alimentaire que nous nous plaçons, nous voyons que le pain noir disparaît chaque jour davantage pour faire place au pain blanc. De 1815 à 1869, la consommation du froment a plus que doublé ; de 1870 à 1890, elle augmente de plus d'un

Ce court aperçu justifiera, je l'espère, les détails dans lesquels je crois devoir entrer, en m'appuyant sur les documents statistiques du Ministère de l'agriculture, pour faire connaître les conditions agricoles de la France actuelle.

L'œuvre magistrale de M. E. Tisserand[1] nous fournira les principaux éléments de cette étude.

L'accroissement de la production du sol sous culture, que nous venons d'indiquer, est la résultante d'un ensemble de progrès que nous étudierons plus loin; mais les quelques chiffres qui le représentent ne suffisent pas pour mesurer l'étendue du changement survenu, en un siècle, dans les conditions générales de la culture française; pour compléter la comparaison, nous allons mettre sous les yeux du lecteur quelques tableaux récapitulatifs d'un grand intérêt, concernant, à cent ans de distance :

1° La division culturale du territoire français;

2° La comparaison du bétail;

3° L'outillage et le matériel agricole ;

4° La production, la consommation et le prix du blé;

5° La production et la consommation de la viande;

6° La valeur actuelle de l'ensemble de la production agricole.

La superficie du territoire français n'est pas rigoureusement connue. L'évaluation la plus approchée semble être celle qui résulte du travail planimétrique entrepris par le regretté général Perrier, qui donne 53,648,000 hectares, en prenant pour limite la ligne des basses-mers. M. E. Tisserand a admis le chiffre de 52,857,000 hectares, emprunté à l'*Annuaire statistique de la France* pour 1881. C'est celui

cinquième; l'augmentation de 1880 à 1890 est tout particulièrement notable. Les chiffres de la viande fraîche consommée dans les campagnes sont à citer, eux aussi; la population rurale consomme par tête et par an : en 1862, 18 kilogr. 57; en 1882, 21 kilogr. 89; en 1892, 26 kilogr. 25. Sur le chapitre toilette, un plus grand accroissement de dépenses est à signaler, et encore qu'on ait justement pu écrire «que s'il y avait excès d'économie autrefois, il y a aujourd'hui excès inverse», cette augmentation du bien-être est à retenir, et sans s'élever en faux contre la finale de l'enquête de 1892, qui conclut à la gravité de la crise agricole, peut-être pourrait-on noter que cette crise est en bien des points superficielle en somme, et qu'en outre, telles crises locales ou régionales — la crise viticole notamment — influent sur l'état général.

[1] *Statistique agricole de la France*, in-4° avec atlas.

que nous prendrons, afin de ne pas modifier les calculs de l'éminent directeur honoraire de l'agriculture. La chose est d'ailleurs d'importance secondaire, puisque l'évaluation des surfaces en culture, assez exactement relevées par la statistique, est la seule qui nous importe réellement. En défalquant, de la surface totale du pays, les voies de communication, superficies bâties, tourbières, rivières, etc., qui représentent 3,531,000 hectares, il resterait pour les terrains cultivés (forêts comprises) 49 millions 344,000 hectares.

Le recensement des diverses cultures dépasse légèrement le chiffre de 48 millions d'hectares en 1889. Comparons leur répartition à celle que les documents de la fin du siècle dernier permettent d'assigner à la France agricole de 1789 [1] :

DIVISION CULTURALE DE LA FRANCE.

DÉSIGNATION.	1789.		1889.	
	HECTARES.	CENTIÈMES du territoire.	HECTARES.	CENTIÈMES du territoire.
Céréales et graines diverses	13,500,000	28.34	15,400,000	31.95
Pommes de terre.	4,000	0.09	1,488,000	3.09
Prairies artificielles	1,000,000	2.10	3,253,000	6.75
Racines et plantes fourragères. . .	100,000	0.20	1,397,000	2.90
Plantes industrielles.	400,000	0.84	515,000	1.07
Jardins et vergers	500,000	1.05	570,000	1.18
Jachères.	10,000,000	21.00	3,644,000	7.56
Vignes.	1,500,000	3.15	1,920,000	3.98
Châtaigneraies, olivettes, oseraies.	1,000.000	2.10	842,000	1.75
Bois et forêts.	9,000,000	18.89	9,457,000	19.62
Prés et herbages	3,000,000	6.30	5,827,000	12.09
Landes incultes	7,600,000	15.94	3,889,000	8.06
TERRITOIRE RECENSÉ.	47,604,000		48,202.000	

La comparaison de ces tableaux appelle plusieurs remarques intéressantes. En 1789, la culture des céréales et graines diverses était déjà la culture dominante de la France. C'est à peine si la surface qu'elle couvrait il y a un siècle, a augmenté de 1 p. 100, tandis que le rendement à l'hectare a sensiblement doublé. On constate une très

[1] Voir page 236, le tableau indiquant les résultats du recensement du territoire en 1892.

légère augmentation dans les surfaces couvertes de forêts (19.62 p. 100 en 1889, contre 18.89 en 1789) et de vignes : (3.98, contre 3.15); mais il ne faut pas oublier que le phylloxéra a détruit environ 600,000 hectares de vignes qui ne sont pas encore entièrement reconstitués.

Les changements les plus considérables survenus dans le siècle sont relatifs à la diminution des jachères et des terrains incultes et, en sens inverse, à l'accroissement très notable des prairies naturelles et artificielles et des récoltes fourragères. Arrêtons-nous-y un instant.

La jachère morte implique l'assolement triennal, dont elle indique en quelque sorte l'importance numérique dans un pays. En y comprenant les landes, les surfaces *inutilisées* par la culture étaient, en 1789 et en 1889, les suivantes :

	1789.	1889.
	hectares.	hectares.
Jachères	10,000,000	3,644,000
Landes	7,600,000	3,889,000
Totaux	17,600,000	7,533,000

La surface inutilisée a donc diminué de plus de moitié depuis un siècle (56.60 p. 100).

Inversement, par rapport à la superficie totale, l'étendue consacrée aux plantes fourragères de toutes sortes se répartissait, aux deux époques de comparaison, de la manière suivante :

PRAIRIES.

DÉSIGNATION.	1789.	1889.	AUGMENTATION.
	pour cent.	pour cent.	
Prairies artificielles	2.10	6.75	3.2 fois plus qu'en 1789.
Racines et plantes fourragères	0.20	2.90	14.5 fois plus qu'en 1789.
Prés et herbages	6.30	12.09	1.96 fois plus qu'en 1789.
Totaux	8.60	21.74	

sans compter les pommes de terre (1,500,000 hectares au lieu de 4,000).

Si, à la surface des plantes fourragères, on ajoute les 3.09 p. 100 du territoire qui portent des pommes de terre, on constate que les surfaces destinées à fournir au bétail son alimentation s'élèvent, au total, à près du quart du sol cultivé (24.33 p. 100), soit sensiblement au triple de ce qu'elles étaient en 1789.

La progression du gros bétail a suivi une marche plus rapide encore; celle du nombre des chevaux a été moins vite; le nombre des moutons, longtemps stationnaire, a diminué pour des causes de diverses natures; quant aux porcs, on n'a aucune indication sur leur nombre en 1789.

Le tableau suivant résume la situation du bétail [1] :

COMPARAISON DU BÉTAIL.

DÉSIGNATION DES ESPÈCES.	1789.	1889.	AUGMENTATION OU DIMINUTION	
			DU NOMBRE DE TÊTES.	EN CENTIÈMES.
	têtes.	têtes.		pour cent.
Chevaline	2,400,000	2,908,500	+ 508,500	20.88
Bovine	7,655,000	13,395,000	+ 5,740,000	74.94
Ovine	27,034,000	22,880,000	— 4,154,000	— 15.35
Porcine	Inconnu.	6,000,000		

En résumé, la France nourrit aujourd'hui une quantité de bétail beaucoup plus grande qu'il y a cent ans, et trois facteurs principaux ont concouru à ce progrès, savoir :

1° L'augmentation des cultures fourragères (triple environ, 12 millions d'hectares au lieu de 4 millions);

2° L'accroissement des rendements du sol;

3° L'emploi des déchets industriels dans l'alimentation du bétail et une meilleure utilisation des fourrages.

Cette augmentation dans le chiffre de l'élevage a eu nécessairement un retentissement sur la production et sur la consommation de la viande.

---

[1] Voir page 400, les résultats du recensement de 1892.

Le tableau suivant résume les principaux éléments de ce mouvement :

PRODUCTION ET CONSOMMATION DE LA VIANDE.

ANNÉES.	PRODUCTION.	VALEUR.	QUANTITÉ CONSOMMÉE par habitant et par an.
	kilogrammes.	francs.	kilogrammes.
1789	450,000,000	203,000,000	17 00
1812	503,000,000	402,800,000	17 16
1840	670,000,000	536,500,000	19.94
1852	833,000,000	850,000,000	23 19
1862	945,000,000	1,110,500,000	25 10
1882	1,190,000,000	1,632,000,000	30 36
1892	1,359,000,000	1,938,000,000	35 80

La consommation moyenne de la viande a donc à peu près triplé ; mais la faiblesse du chiffre de 1892 indique assez la marge considérable que l'élevage du bétail a devant lui, avant que le cultivateur n'ait à redouter les effets d'une production exagérée.

Nous groupons, dans le tableau suivant, les chiffres généraux relatifs à la production et à la consommation du froment en France :

PRODUCTION ANNUELLE, RENDEMENT À L'HECTARE ET PRIX DU BLÉ.

ANNÉES.	HECTARES EMBLAVÉS.	HECTOLITRES RÉCOLTÉS.	RENDEMENT À L'HECTARE.	PRIX MOYEN À L'HECTOLITRE.
			hectol. lit.	fr. c.
1789	4,000,000	31,000,000	7 75	19 48
1831–1841	5,353,841	68,436,000	12 78	19 02
1842–1851	5,846,919	81,041,000	13 86	19 34
1852–1861	6,500,448	88,986,000	13 68	23 11
1862–1871	6,887,749	98,334,000	14 27	21 68
1872–1881	6,904,503	100,245,000	14 52	24 80
1882–1888	6,958,200	109,453,000	15 73	17 76
1899	6,947,000	128,419,000	18 50	15 02

Le fait le plus intéressant que révèle cette statistique est, à coup sûr, l'accroissement très notable du rendement à l'hectare, qui a plus que doublé depuis le commencement du siècle.

En 1789, le rendement moyen du blé à l'hectare, en Angleterre, était déjà presque égal au rendement moyen du sol français (14 hectolitres 30 à 15 hectol. 20), d'après Arthur Young. Comme en France, il a doublé au delà de la Manche; il atteint actuellement, dans la Grande-Bretagne, couramment 27 à 28 hectolitres.

Lorsque nous nous occuperons des questions agronomiques proprement dites, il nous sera facile d'indiquer les raisons de ces différences et de montrer que rien ne s'oppose à ce que la France arrive à ces hauts rendements, ou, tout au moins, atteigne couramment une production moyenne de 20 hectolitres à l'hectare. Mais poursuivons notre étude comparative de la France agricole à cent ans de distance.

L'OUTILLAGE AGRICOLE [1]. — Les renseignements font à peu près complètement défaut, en ce qui regarde l'outillage agricole au commen-

---

[1] Au sujet du matériel agricole on lit les lignes suivantes, dans le rapport présenté au nom du Jury de la Classe 104 (Grande et petite culture, syndicats agricoles, crédit agricole), par feu Émile Chevalier, maître de conférences à l'Institut national agronomique : «Le chômage des mois d'hiver, qui frappe les journaliers ruraux, contribue beaucoup à les éloigner du village. C'est là un fait relativement récent, et sur lequel on se méprend parfois. Autrefois, beaucoup de nos ouvriers de la campagne étaient occupés, pendant les longs mois d'hiver, à battre les récoltes des cultivateurs; ils tenaient à avoir «une grange» où ils étaient assurés d'avoir régulièrement du travail sans avoir à subir les arrêts dus aux intempéries. Les autres avaient un métier industriel, qu'ils interrompaient au moment des grands travaux des champs, mais qui leur donnait de l'ouvrage durant l'hiver. La situation s'est complètement transformée. L'effet de l'emploi de plus en plus général des machines dans l'agriculture ne saurait comporter une seule et unique appréciation : certaines machines ont amené le chômage; les autres, au contraire, ont été introduites à la suite de la diminution du nombre des ouvriers; certaines autres n'ont eu aucune action sur la main-d'œuvre. Parmi les premières, se trouve précisément la machine à battre, qui a chassé des emplois agricoles une foule de manouvriers, lesquels, durant la première partie de ce siècle, trouvaient une occupation dans le battage au fléau. A l'inverse, les machines comme la faneuse, la moissonneuse, la moissonneuse-lieuse, inconnues hier, et aujourd'hui employées dans presque toutes les exploitations agricoles, ont reçu leur application générale par suite de la pénurie d'ouvriers moissonneurs; il est, en effet, beaucoup de villages où on ne pouvait plus rencontrer un ouvrier pour faire les travaux pénibles, mais lucratifs de la moisson. On a pu, sans doute, remplacer les ouvriers indigènes par des immigrants temporaires, mais ceux-ci deviennent de moins en moins nombreux, et il est permis de prévoir l'époque où, même dans la région du Nord, ne pénétrera plus le moissonneur belge. La troisième catégorie de machines comprend les charrues perfectionnées, les semoirs, etc.; ces machines n'ont eu aucune influence sur l'émigration; leur travail est sans doute plus productif, mais leur emploi n'a pas supprimé celui des ouvriers.» Il est certain que les inconvénients sociaux signalés par É. Chevalier à propos de la machine à battre existent; mais ils sont inévitables. C'est l'augmentation du sol cultivé qui doit occuper les bras que laisse inemployés

cement du siècle: il se bornait, dans la presque totalité des exploitations rurales, à des charrues simples, du modèle le plus primitif et le moins parfait. La moisson se faisait à la faucille; le battage, au fléau; il n'existait aucun des instruments perfectionnés que possèdent, en trop petit nombre encore, les cultivateurs de nos jours. On

(Cliché des *Nouvelles agricoles.*)

Fig. 233. — Labour en planches dans le Bourbonnais.
(Le sous-sol imperméable exige ici un homme pour tenir les mancherons et un autre pour conduire l'attelage de six bœufs.)

évalue à moins d'un million le nombre des charrues simples qui constituaient tout l'outillage de nos pères.

l'usage des machines. Se passer d'elles serait supprimer l'effort des siècles. La culture aujourd'hui doit recourir aux machines... ou ne plus être, tuée qu'elle serait par la concurrence. Ce qui serait à souhaiter c'est que de petites industries domestiques occupassent, durant l'hiver, l'activité des ouvriers agricoles; malheureusement ces petites industries diminuent chaque jour d'importance. «L'émigration, pouvait-on lire dans une monographie agricole exposée en 1900, a commencé avec la diminution des petites industries locales.» Ce n'est, hélas! que trop vrai.

L'inventaire fourni par les statistiques décennales du Ministère de l'agriculture accuse :

	1862.	1882.	1892.
Charrues...............	3,206,000	3,270,000	3,670,000
Herses, rouleaux et scarificateurs................	"	3,000,000	"
Semoirs mécaniques.......	11,000	29,000	52,000
Houes à cheval..........	26,000	195,000	252,000
Faucheuses.............	9,000	20,000	39,000
Faneuses et râteaux........	6,000	27,000	51,000
Moissonneuses...........	9,000	16,000	23,000
Machines à battre.........	101,000	211,000	234,000
Moteurs à vapeur.........	"	9,000	12,000
Moteurs à vent ou hydrauliques................	"	22,000	18,000
Appareils de transport.....	"	"	3,800,000

La répartition des machines agricoles en France, en 1882 et en 1892, est indiqué par le tableau suivant :

MACHINES ET NATURE DES SURFACES sur lesquelles ONT ÉTÉ EFFECTUÉS LES CALCULS.	1882.		1892.	
	NOMBRE DE MACHINES pour 100 hectares.	NOMBRE MOYEN D'HECTARES par machine.	NOMBRE DE MACHINES pour 100 hectares.	NOMBRE MOYEN D'HECTARES par machine.
Charrues : terres labourables...........	12.5	8	14.4	6.9
Semoirs : céréales et racines............	0.17	588	0.30	383
Houes : racines et tubercules...........	10.8	9.7	11	9.1
Faucheuses : prairies naturelles et artificielles, non compris les herbages pâturés.	0.23	434	0.46	217
Moissonneuses : céréales...............	0.10	1,000	0.16	555
Batteuses : céréales diverses (non compris le maïs)......................	1.43	69	1.63	61

En tenant compte du relevé pour chaque nature de machines, nous trouvons approximativement (le nombre des herses, rouleaux et scarificateurs, et des appareils de transport ayant varié, au plus, de 10 à 15 p. 100, entre 1882 et 1892), comme chiffres globaux :

	APPAREILS.
1882...............................	10,000,000
1892...............................	11,500,000

soit une augmentation, en une dizaine d'années, de 1,500,000 appareils. Cette augmentation est encore bien inférieure à la réalité; une nouvelle statistique comprenant la foule des outils horticoles et des appareils employés dans l'intérieur des fermes pour la préparation des aliments, pour le travail du lait, pour la fabrication du vin et du cidre, etc., nous révélerait certainement un total bien supérieur à celui que nous sommes en droit de soupçonner, d'après la statistique de 1892[1]; elle nous montrerait une augmentation continue dans l'importance de notre matériel agricole, importance d'autant plus remarquable au point de vue économique qu'elle résulte de l'introduction, de plus en plus générale, dans toutes les fermes, d'appareils perfectionnés d'une valeur commerciale relativement élevée. Cette transformation de notre outillage agricole s'est faite, au début et pendant un certain nombre d'années, principalement pour les faucheuses et moissonneuses, en recourant à la fabrication étrangère[2].

[1] Communication de M. G. Marsais à la Société nationale d'agriculture (séance du 24 novembre 1897).

[2] Un mot d'historique sur l'outillage agricole nous paraît intéressant. Nous l'empruntons à des notes fournies par le comité d'installation de la Classe 35 (Matériel et procédés des exploitations rurales) à l'Exposition de 1900.

Au commencement de ce siècle, nous demandions nos machines à l'Angleterre. La fabrication de ce genre d'instruments était originaire d'Écosse et s'était bientôt étendue dans tout le Royaume-Uni. Mais, dès 1849, commença en France la construction des instruments aratoires. Elle s'accrut beaucoup en 1855; malheureusement, nous ne fabriquions pas assez bon marché. C'est en 1878 seulement que l'égalité s'établit entre nous et la Grande-Bretagne. Depuis, des usines ont été installées un peu partout en France; toutefois les principaux centres sont Vierzon, Nantes, Orléans, Nevers. Le fer, et plus souvent l'acier et la fonte, sont les matières premières.

L'instrument qui se présente le premier à l'esprit, c'est la charrue. N'est-ce pas le symbole du travail rural? Pendant de longs siècles, la charrue ne fut qu'un instrument rudimentaire; il ne fut perfectionné que de nos jours. Les premières études faites sur la charrue sont celles de l'Écossais Small (1763), dont les conceptions furent appliquées plus tard par Wilkie et Fynlayson. Mais c'est surtout à Grangé, simple garçon de ferme, et à Mathieu de Dombasle que la charrue est redevable de ses améliorations essentielles; ceux qui vinrent ensuite continuèrent seulement leur œuvre. La charrue dont on se sert partout aujourd'hui est la charrue Brabant. Elle nous vient de Belgique. Son emploi s'est rapidement généralisé, grâce à nos constructeurs du Nord, qui l'ont perfectionnée, et ont fait de sa fabrication une industrie essentiellement française. Le prix élevé de la main-d'œuvre et la difficulté de trouver de bons charretiers ont suscité chez les cultivateurs le désir de faire avec un seul conducteur un travail plus considérable : de là sont nés les types de charrues qui, faisant trois ou quatre sillons à la fois, économisent la main-d'œuvre et les chevaux. En 1878, les Anglais présentaient les premiers modèles de ces outils; en 1889, nos forgerons français exposaient des types de polysocs, fort supérieurs (soit simples, soit doubles), au type des doubles Brabant. Certaines charrues sont mues à la vapeur et peuvent, en une journée, remuer 15 hectares de terre, à 0 m. 15 de profondeur. Quelle différence avec la charrue arabe et ses 150 mètres de terre remuée dans le même laps de temps! Le département du Nord, et plus spécialement celui de l'Oise, renferment les usines les plus importantes pour la construction de ces charrues. On évalue à 4,500,000 le nombre des charrues Brabant utilisées en France. On a heureusement modifié les so-

Dans un grand nombre de départements, le cheptel mort est estimé en moyenne de 110 à 130 francs par hectare (d'après les

cles et les porte-socles des autres modèles de charrues. Cependant, il est telles conditions du sol qui exigent le travail de deux hommes (voir fig. p. 177).

Sous le nom de semoirs, on désigne généralement les machines destinées à répandre la graine. Autrefois, on semait «à la volée». Beaucoup de graines se trouvaient ainsi perdues. Avec le semoir, au contraire, le semis se fait en lignes parallèles, régulières, recevant, pour la même longueur, la même quantité de semence. Il paraît que cet instrument était en usage chez les Chinois longtemps avant l'ère chrétienne; il était inconnu des Égyptiens, des Grecs et des Romains. Ce n'est que vers le milieu du xviie siècle que l'on put constater en France l'apparition et l'emploi du semoir mécanique. A son invention et à ses transformations diverses se rattachent les noms de l'Espagnol Lucatelle, qui en donna le principe en 1650; de Giovanni Calvallina, en Italie, en 1660; du marquis de Borro, en 1669; de Jethro Tull, en 1730; de Coke, d'Arbuthnot, de Duckett, de Garrett, d'Hornsby et de Sutryth, en Angleterre; de Hugues en 1830, de Valcourt, de Dombasle, de Jacquet et d'E. Robillard, en France. On consacre au semis 15 millions d'hectolitres de froment, 39 de seigle, 23 d'orge, 8 d'avoine. Ces quantités de semence ont une valeur de 500 millions. Il y a aussi des semoirs d'engrais solide ou liquide.

Bell, en Angleterre, et Mac Cormick, en Amérique, inventèrent la faucheuse et la moissonneuse modernes. Ces machines donnent lieu, aujourd'hui, à une importation considérable. Pour les moissonneuses-lieuses en particulier, il en serait entré 7,000 en France, en 1899. Le pays producteur par excellence est l'Amérique; cela tient aux grands débouchés et aux grands capitaux dont ce pays dispose. Aussi, peu de constructeurs français s'occupent-ils de leur fabrication, qui, depuis 1889, est restée stationnaire en France.

Les râteaux à cheval sont, au contraire, de production française.

Parmi les machines fonctionnant à l'intérieur de la ferme, les plus intéressantes à signaler sont les manèges et les locomobiles-moteurs. Les manèges généralement adoptés sont ceux à plan incliné. Quant aux locomobiles, le détail de leur construction a seul gagné.

A signaler un certain nombre d'installations de moteurs à gaz pauvre, dans de grandes exploitations qui peuvent fabriquer le gaz elles-mêmes. Mais les moteurs qui se sont le plus propagés dans ces dernières années sont les moteurs à pétrole. Un grand nombre de modèles sont offerts aujourd'hui au public, et, si le dernier mot de la construction

de ces instruments n'est pas encore dit, la faveur qu'ils rencontrent dans l'agriculture, les demandes et la concurrence leur présagent de prochains progrès.

Les machines à battre jouent un rôle important dans l'agriculture. Autrefois, on battait au fléau, ou on recourait au dépiquage, c'est-à-dire au piétinement des animaux, ou bien encore à l'emploi de rouleaux. Le dépiquage, encore pratiqué dans le Midi de l'Europe, présente beaucoup d'inconvénients : l'égrenage est très imparfait; la paille et le grain sont salis par les déjections des animaux et par la poussière de l'air. Exécuté au dehors, le travail est nécessairement soumis aux vicissitudes de l'atmosphère et, malgré la sérénité habituelle de ces climats, bien souvent la paille et le grain sont altérés par une pluie subite. L'usage des rouleaux remonte à l'antiquité la plus reculée. Il présente beaucoup d'analogie avec le piétinement des chevaux dont il a, d'ailleurs, tous les inconvénients. Aujourd'hui, non seulement la machine à battre égrène le grain, mais encore le crible, le trie et le livre assez net pour qu'on puisse l'envoyer directement au moulin. Ces machines sont actionnées soit par un manège, soit par une locomobile. La construction des machines à battre est essentiellement française.

Nous ne citerons que pour mémoire les petits instruments : coupe-racines, hache-paille, aplatisseurs, concasseurs, qui sont de production française.

Depuis un certain nombre d'années on se sert, dans les grandes fermes, de machines à vapeur. Elles peuvent actionner tous les instruments agricoles. La culture à vapeur n'est surtout développée qu'en Angleterre, ce mode de culture nécessitant de très grands espaces. Dans les défrichements, son utilité est incontestable. Pour les travaux, par exemple, que le duc de Sutherland entreprit en 1873, dans ses domaines, et qui donnèrent 5,000 hectares à la culture, on employa 23 machines à vapeur et 400 ouvriers.

Au commencement du siècle, le harnachement de bonne qualité nous venait d'Angleterre. L'industrie nationale comprenait mal la ferrure, préparait les cuirs de façon défectueuse. Mais, dès 1825, nos produits égalaient presque les produits anglais. En 1851, nous surpassions l'Angleterre par l'élégance, l'élasticité, la légèreté. Cependant, elle conservait la supériorité dans les attelages de trait et dans ceux de labour. Depuis cette époque, nous nous sommes maintenus au premier rang, cherchant toujours à améliorer la matière première et à obtenir plus de fini et plus d'élégance.

rapports des professeurs départementaux, enquête de 1892)[1]. Prenons comme base certaine un chiffre plus modeste : à raison de 100 francs par hectare cultivé, la valeur du matériel agricole de France représenterait un capital de près de 3 milliards et demi. C'est là le chiffre que donne le distingué directeur de la Station d'essais des machines, M. Ringelmann, qui estime, d'autre part, à 10 milliards la valeur des constructions rurales[2].

CONSIDÉRATIONS FINANCIÈRES CONCERNANT L'ÉTAT ACTUEL DE L'AGRICULTURE EN FRANCE. — Si l'on jette un coup d'œil sur la valeur actuelle de l'ensemble de la production agricole de la France, il est aisé de se convaincre qu'à elle seule, l'agriculture française ne le cède en rien aux autres industries nationales réunies, si elle ne les surpasse. Le tableau suivant fournit cette démonstration évidente.

I. CAPITAUX MIS EN OEUVRE PAR L'AGRICULTURE FRANÇAISE
(EN MILLIONS DE FRANCS).

1. Capital foncier. — Valeur des terres		91,584
2. Capital d'exploitation. Valeur des animaux de la ferme 5,775 Valeur du matériel agricole 1,395 Valeur des semences 537 Valeur du fumier 838		8,545
CAPITAL TOTAL		100,129

II. PRODUITS BRUTS DE L'AGRICULTURE (EN MILLIONS DE FRANCS).

1. Production végétale :

Grains et fourrages	7,203	
Betteraves, houblon, tabac, lin, chanvre	358	
Produit des vignes	1,137	10,133
Produit des jardins maraîchers	902	
Vergers, oliviers, noyers, châtaigniers	199	
Bois et forêts	334	

[1] Bulletins du Ministère de l'Agriculture, 1898.

[2] Les bâtiments ruraux ont de leur côté été perfectionnés. Pendant longtemps on se contenta d'étables plus ou moins propres, plus ou moins bien aménagées ; il suffisait que la bête fût à l'abri. Plus soucieux de l'hygiène, on les veut maintenant bien situées, bien aérées, larges, spacieuses, et telles que les animaux puissent facilement se coucher. Des

2. Production animale :

Chevaux, ânes, mulets..................	80	
Animaux de boucherie...................	1,634	
Lait...................................	1,157	
Laines.................................	77	3,328
Volailles et œufs......................	319	
Cocons de vers à soie..................	41	
Miel et cire...........................	20	

VALEUR TOTALE DES PRODUITS............... 13,461 [1]

Ce relevé, qui porte à plus de *cent milliards* le chiffre des capitaux engagés dans notre agriculture et à treize milliards et demi le produit brut de nos exploitations, pourrait se passer de commentaires. Nous croyons utile cependant de le faire suivre de quelques remarques générales.

En premier lieu, on est frappé de la valeur énorme des semences et l'on entrevoit l'économie considérable que l'agriculture peut réaliser, dans cette catégorie de dépenses, notamment par la propagation de l'emploi du semoir en ligne, beaucoup trop restreint encore.

Le *septième* de notre récolte en céréales est employé à la semaille de l'année suivante ou, ce qui revient au même, le rendement final du blé est de sept grains pour un que l'on jette sur la terre.

Ce rapport est beaucoup trop faible : une culture faite avec les indications que l'expérience nous donne, permettrait d'employer beaucoup moins de semence et d'obtenir une multiplication de grains infiniment supérieure à celle que révèle le rendement moyen de la France [2].

En second lieu, on remarquera que la production du sol a été obtenue presque exclusivement jusqu'ici par l'emploi du fumier de

---

étables entièrement métalliques, d'un nettoyage facile et moins exposées à l'incendie, ont été construites de tous côtés. On s'est aussi attaché à construire des écuries, qu'une circulation d'air entre la boiserie et le mur préserve de toute humidité.

[1] Chiffre minimum. Atteint aujourd'hui plus de 14 milliards.

[2] Le major Hallet obtient à Brighton, en grande culture, 47 fois la semence. Voir *Études agronomiques*, par L. Grandeau (5 séries, 1886 à 1891), et Compte rendu du deuxième Congrès des directeurs des stations agronomiques et des laboratoires agricoles. (*Annales de la science agronomique française et étrangère*, années 1889 et 1890.)

ferme et qu'il y a lieu de développer énormément les fumures complémentaires à l'aide des engrais minéraux. C'est, pour une large part, à l'emploi répété des phosphates, depuis plus d'un demi-siècle, que le sol anglais doit sa supériorité sur le nôtre sous le rapport des rendements.

Une troisième remarque a trait à la possibilité d'accroître, dans une large limite, le revenu agricole, par l'extension de la culture maraîchère et arbustive et la mise en valeur, par les arbres fruitiers notamment, d'une partie des terrains vagues impropres à la culture des céréales ou des fourrages.

Enfin, l'importance du chiffre de la production du lait, des volailles et des œufs attire l'attention et, quand on examine de près les conditions de cette production, on se convainc aisément qu'elle est loin d'avoir atteint son apogée et qu'elle appelle la sérieuse attention des cultivateurs auxquels elle peut créer, presque sans dépense, d'importantes ressources.

Les associations laitières (fruitières), notamment, méritent d'être encouragées et développées dans les pays pauvres, dont elles seront le salut.

Progrès réalisés; leurs causes. — Les progrès énormes que nous venons de mettre sommairement en relief, par la comparaison de la France agricole de 1789 à la France actuelle, ont été amenés grâce à un concours d'éléments variés; sans doute, l'initiative privée, les qualités de race qui font du paysan français le plus laborieux, le plus sobre et le plus économe qu'on puisse rencontrer, ont eu dans ces progrès une part très notable, mais on ne saurait, sans injustice, omettre d'indiquer le rôle très utile de l'État qui, depuis vingt ans surtout, est largement entré dans la voie des subsides à nos institutions agricoles et a organisé l'enseignement agricole à ses divers degrés.

En 1889, à l'entrée de la galerie du quai d'Orsay, où le Ministère de l'agriculture avait disposé les expositions de ses divers services, les visiteurs s'arrêtaient devant une pyramide formée de cubes en carton doré, de dimension décroissante de la base au sommet. Ces cubes représentaient les sommes dépensées par l'État en faveur de l'agriculture, pour les écoles, les concours, les primes culturales, les subventions aux comices, les encouragements aux savants, etc. Une pareille figuration manquait en 1900.

Quelques chiffres donneront une idée de la progression considérable de ces dépenses utiles entre toutes, depuis 1789 jusqu'à nos jours, et notamment sous la troisième République :

	francs.		francs.
1789	112,800	1869	4,054,838
1799 (an XII)	437,000	1889	8,329,705
1829	297,823	1900	14,434,000
1849	1,698,392		

Si l'on tient compte de l'importance du capital agricole, ces subsides sembleront faibles encore et l'on ne pourra s'empêcher de souhaiter que la situation budgétaire de la France permette de doubler, de tripler les dépenses relatives à l'enseignement agricole : peu de capitaux sont placés à un intérêt comparable à celui que les applications de la science et la divulgation des bonnes méthodes de culture, jusque dans la plus humble commune, permettraient à la nation d'en retirer.

L'accroissement d'un *quintal de blé* dans le rendement d'un hectare représente un excédent de produit annuel de 200 millions de francs! On ne saurait donc être taxé d'exagération en affirmant qu'aucun emploi de capitaux ne saurait être, pour la nation entière, aussi rémunérateur que celui qu'on en peut faire pour propager les connaissances agricoles jusque dans nos campagnes les plus reculées.

Le Gouvernement de la troisième République l'a compris, et dans la mesure des exigences budgétaires, il a déjà singulièrement amélioré l'organisation de l'enseignement agricole et concouru, ainsi, à répandre l'instruction dans les classes agricoles.

Le développement très marqué de l'enseignement agricole à tous les degrés et la création des laboratoires de recherches et des stations agronomiques sont d'excellent augure pour le progrès de l'agriculture française. Les institutions qui ont porté l'industrie française à son degré de perfection actuelle manquaient il y a trente ans presque entièrement à l'agriculture. Nul doute que la diffusion de l'enseignement technique parmi les cultivateurs ne produise d'excellents résultats, comparables à ceux dont l'industrie a tant à se louer.

CONSTITUTION ET DIVISION DE LA PROPRIÉTÉ EN FRANCE; LE BIEN DE FAMILLE; EXCÈS DE LA FISCALITÉ. — La constitution de la propriété est l'un des éléments les plus utiles à étudier pour se rendre compte de la situation agricole d'un pays, de la nature des améliorations qu'appelle l'agriculture et de l'avenir qui l'attend[1].

Le territoire français est possédé par cinq grandes catégories de propriétaires qui sont l'État, les départements, les communes, les établissements publics (hospices, établissements de charité, compa-

[1] «La France est un pays agricole par excellence; l'industrie de la culture est sa source vitale, et comme la thèse de la nationalisation du sol trouve des partisans parmi les ignorants, et que les ignorants sont nombreux, il n'est jamais superflu de chercher à corriger les erreurs qui s'accréditent sur la mesure dans laquelle le sol est réparti entre les différents groupes de propriétaires.

«En France, la petite propriété existe de temps immémorial. La division du sol en très petites tenures remonte aux origines des affranchissements ruraux et des accensements qui en furent la conséquence; deux fois arrêté par des séries de malheurs publics, ce mouvement agricole, associé à la conquête simultanée de la liberté civile, reprend au xive siècle, subit un troisième temps d'arrêt pendant les guerres de religion, se relève un instant au xviie siècle pour se ralentir encore et ne revivre qu'après la grande secousse sociale de 1790.

«Mais à partir du xvie siècle, ce n'est plus le paysan qui profite seul de la constitution et de la sécurité du droit de propriété; à peine est-il délivré de la servitude féodale qu'il tombe sous la servitude de l'argent, l'évolution se fait à rebours. Le morcellement continue, mais un groupement parallèle reconstitue les seigneuries et les grands domaines au profit de nouveaux maîtres, issus de la magistrature et du négoce. Le paysan achète ou afferme, il emprunte, et l'hypothèque, à l'heure présente, achèverait sa ruine, si l'instinct de la conservation personnelle ne remédiait pas à la puissance des lois.»

C'est ainsi que débute l'ouvrage consacré par feu Flour de Saint-Genis à la *Propriété rurale en France*, ouvrage couronné en 1901, sur le rapport de M. de Foville, par l'Académie des sciences morales et politiques.

Il y aurait intérêt à remonter, en effet, à plusieurs siècles en arrière et à montrer que «toujours, dans la bonne fortune comme dans la mauvaise, affamé ou à l'aise, le paysan a conservé le goût de la terre, la passion de posséder et, quand il possède, d'acquérir encore». Seulement, suivant les époques diverses, il y aurait lieu de montrer désolation ou prospérité (cette dernière alternative notamment, si nous en croyons l'éminent historien Siméon Luce, dans la première moitié du xive siècle); et cette passion de la propriété, nous pourrions en suivre le constant développement dans le mouvement des mutations foncières. Parmi ces mutations, il en est qui nous semblent touchantes, tellement est modeste leur objet. En voici un exemple tiré du pays d'Auxois : en 1591, Philibert Bouhot vend pour un écu de 3 livres un quarron de jardin, sis au village de Chassey, contenant la semence d'une chapelée de chènevis.

Au sujet de la petite propriété dans l'ancienne France, M. É. Chevalier écrit :

«Malgré le caractère aristocratique de la législation de notre ancienne France, la propriété était déjà divisée. Les affirmations et les témoignages sont nombreux à cet égard, et il ne nous serait pas possible de les reproduire tous ici. En 1738, l'abbé de Saint-Pierre, renseigné par les intendants, remarque que «les journaliers ont presque tous un jardin ou «un morceau de vigne ou de terre». Les grands

gnies de chemins de fer, sociétés anonymes), et enfin les particuliers.

Au point de vue de l'étendue du sol, appartenant à ces divers

propriétaires gémissaient sur les abus du morcellement, et Quesnay s'en plaignait avec eux.
Necker écrivait qu'il existait chez nous une
immensité de petites propriétés rurales. Ce mot,
qui a pu être taxé d'exagération, vient d'être
confirmé par des recherches récentes.

«On connaît le témoignage du célèbre voyageur anglais Arthur Young, qui visitait la
France dans les années 1787, 1788 et 1789.
Hostile, par origine autant que par éducation,
à la petite propriété et à la petite culture, il ne
peut s'empêcher de constater toute l'importance qu'a prise dans notre pays la petite propriété :

Les petites propriétés des paysans se trouvent
partout à un point que nous nous refuserions à
croire en Angleterre, et cela dans toutes les provinces, même celles où prédominent les autres
régimes (fermes et métairies). Dans le Quercy, le
Languedoc, les Pyrénées, le Béarn, la Gascogne,
une partie de la Guyenne, l'Alsace, les Flandres
et la Lorraine, ce sont les petites propriétés qui
l'emportent.

«Et ailleurs :

Il y a dans toutes les provinces de France de
petites terres exploitées par leurs propriétaires, ce
que nous ne connaissons pas chez nous. Le nombre
en est si grand que j'incline à croire qu'elles forment le tiers du royaume.

«Que l'on ne croie pas que, pour Young,
cette situation soit avantageuse; loin de là,
elle est, selon lui, l'indice d'une misère aussi
prochaine que certaine; mais n'anticipons pas.

«D'après une étude locale faite par un
archiviste d'Orléans (C. Bloch, *Étude sur l'histoire économique de la France* [1760-1789),
sur un ensemble de quinze paroisses de la généralité d'Orléans, la répartition de la propriété
donne lieu aux observations suivantes, qui
pourraient s'appliquer à un grand nombre de
régions en France. .

«Le nombre des paysans propriétaires est
infiniment supérieur à celui des bourgeois,

des nobles et des ecclésiastiques réunis. La paroisse qui a la proportion de paysans propriétaires la plus élevée donne 91.4 p. 100, celle
qui a la proportion la moins élevée 50 p. 100,
l'ensemble 80.4 p. 100.

«Bien qu'étant les plus nombreux des propriétaires, les paysans ne possèdent que la
plus petite superficie territoriale. Dans trois paroisses seulement, ils ont la majorité des terres.
La paroisse qui a la proportion la plus forte des
terres possédées par les paysans donne 60.7
p. 100, celle qui a la proportion la plus faible
18 p. 100, l'ensemble 40.5 p. 100.

«Parmi les autres propriétaires, les nobles
surtout, puis les bourgeois, enfin les ecclésiastiques, qui sont, relativement aux paysans,
dans une très faible ou une faible proportion
numérique, détiennent une proportion très
forte ou forte des terres par rapport aux propriétés paysannes. A nombre égal, la superficie
occupée par les autres propriétaires est, suivant le cas, de une fois et demie à quarante fois
plus étendue que celle des paysans.

«Si l'on examine la quantité des terres possédées par les individus dans chaque catégorie
de propriétaires, on voit que les paysans surtout détiennent la petite et très petite propriété;
la très grande propriété est aux mains des
nobles. Les bourgeois occupent à la fois de la
petite, de la grande et de la moyenne propriété,
mais les petits propriétaires sont beaucoup plus
nombreux que les grands.

«Il faut ajouter au fait connu de l'absentéisme des nobles, l'absentéisme, dans une
assez forte proportion, des bourgeois; une
grande partie de ceux-ci sont étrangers aux
localités du territoire desquelles ils possèdent
une portion importante.

«En résumé, à la veille de la Révolution,
dans la région de l'Orléanais, et probablement
dans beaucoup de régions du territoire français,
les petites propriétés étaient très nombreuses,
mais leur total en superficie était inférieur à

groupes, il existe de très grandes inégalités, comme le montre le relevé suivant :

DIVISION GÉNÉRALE DE LA PROPRIÉTÉ.

	hectares.	p. 100.
1° État (forêts et quelques domaines).........	1,011,155	1.91
2° Départements......................	6,513	0.01
3° Communes........................	4,621,450	8.74
4° Établissements publics (hospices, etc.).....	381,598	0.72
5° Propriétés particulières................	45,025,598	85.19
6° Non définies......................	1,810,885	3.43
Totaux..................	52,857,199	100.0

Ce qui frappe tout d'abord, c'est la prédominance considérable de la propriété privée, qui représente, à elle seule, près des neuf

celui des grandes propriétés, aux mains des nobles et d'une partie de la bourgeoisie.

«La division de la propriété allait s'accentuer avec la Révolution. En abolissant les privilèges, «en libérant la petite propriété», suivant le mot de Tocqueville, elle portait une brèche aux grands domaines. Elle fit davantage par la vente des biens nationalisés, c'est-à-dire des biens des émigrés; la dixième partie de la fortune foncière de la France fut mise aux enchères. On a quelquefois évalué à un demi-million au moins le nombre des propriétaires nouveaux qui durent, directement ou indirectement, à ces mesures brutales de confiscation, l'accession à la propriété. Nous ne pensons pas que le nombre des propriétaires nouveaux se soit accru immédiatement, du fait de ces ventes, autant qu'on l'a dit. Beaucoup de capitalistes achetèrent ces biens, et, parmi les paysans, ce furent ceux qui possédaient déjà qui se rendirent acquéreurs. Nous pourrions citer à cet égard ce qui s'est passé dans l'Oise.

«Les biens de première origine (biens des établissements ecclésiastiques supprimés), vendus dans le cours des années 1790 et 1791 et pendant le premier trimestre de 1792, furent presque toujours aliénés en bloc; toutes les terres louées à un même fermier furent comprises dans une seule adjudication. Les grandes fermes, provenant des abbayes bénédictines ou cisterciennes, devinrent ainsi

la propriété de riches bourgeois de Paris.

«Mais, à partir d'avril 1792, les biens nationaux mis en vente furent divisés et passèrent le plus souvent aux mains de nombreux acquéreurs paysans; les biens des fabriques des églises et, plus tard, les biens d'émigrés, ainsi morcelés, furent acquis par les laboureurs du pays.»

Voici, d'autre part, le nombre des cotes foncières depuis 1826 :

ANNÉES.	COTES FONCIÈRES.	ANNÉES.	COTES FONCIÈRES.
1826.......	10,296,693	1883.......	14,240,000
1835.......	10,893,528	1884.......	14,221,000
1842.......	11,511,841	1885.......	14,271,167
1848.......	12,059,172	1886.......	14,259,431
1851.......	12,394,366	1887.......	14,242,085
1858.......	13,118,723	1888.......	14,238,102
1861.......	13,658,018	1889.......	14,211,607
1865.......	41,027,996	1890.......	14,141,080
1871.......	13,820,655	1891.......	14,121,781
1874.......	14,032,000	1892.......	14,045,614
1875.......	14,061,000	1893.......	14,009,779
1876.......	14,117,000	1894.......	13,957,528
1877.......	14,165,000	1895.......	13,936,080
1878.......	14,204,000	1896.......	13,885,710
1879.......	14,237,000	1897.......	13,863,296
1880.......	14,264,000	1898.......	13,833,872
1881.......	14,298,000	1899.......	13,777,896
1882.......	14,336,000	1900.......	13,618,189

L'Administration s'est livrée à des calculs minutieux pour déterminer le nombre de pro-

dixièmes du sol français. L'État, proprement dit, ne possède pas 2 p. 100 du territoire et les communes en ont moins d'un dixième. Près des neuf autres dixièmes appartiennent aux particuliers.

Cette répartition est la caractéristique d'une civilisation avancée, l'État étant propriétaire de la presque totalité du sol chez les nations arriérées ou tout nouvellement conquises à la civilisation.

Au point de vue agricole, le territoire français, d'après le relevé de 1882, se partage comme suit :

		hectares.	p. 100.
Territoire..	agricole	50,560,716	95.7
	non agricole	2,296,483	4.3
	Totaux	52,857,199	100.0

Par territoire agricole, nous entendons avec M. E. Tisserand, tout le territoire productif, y compris les landes dont les plus pauvres donnent encore quelque produit (litière, broussaille ou pâture). Il

priétaires correspondant en moyenne à 100 cotes; en 1851, ce rapport était de 63 p. 100, et en 1879, de 59.4. La progression du nombre des propriétaires serait donc la suivante :

Avant la Révolution (environ).	4,000,000
Vers 1825	6,500,000
Vers 1850. de 7,000,000 à	7,500,000
Vers 1875 (environ)	8,000,000

De ces divers tableaux, il ressort que le nombre des propriétaires a doublé entre la Révolution et 1875, mais que la progression, après s'être ralentie de 1874 à 1882, a fait place, à partir de 1883, à un recul.

Du reste, l'amour du paysan pour la terre n'a pas diminué. Suivant un mot très juste, il a conservé «la passion de posséder et, quand il possède, d'acquérir plus encore». Malheureusement (voir p. 203 et suiv.) le prolétariat rural auquel les guerres civiles ou étrangères n'avait, durant le long cours des siècles, fait subir que des souffrances qu'il s'efforçait de guérir, s'est disloqué par suite du développement industriel du siècle qui vient de finir. Le paysan aime autant la terre; mais le nombre des paysans diminue.

Il faut tenir compte dans ces considérations que, de 1790 à 1890, le territoire *agricole* de la France s'est agrandi de plus de 8 millions d'hectares, comme on peut le voir au tableau suivant :

APPROPRIATION DU SOL.	NOMBRE D'HECTARES.		DIFFÉRENCE POUR 1890.	
	1790.	1890.	En plus.	En moins.
Labours..	21,000,000	27,000,000	6,000,000	"
Prés....	3,750,000	5,000,000	1,250,000	"
Vignes...	1,650,000	2,300,000	650,000	"
Jardins ..	500,000	700,000	200,000	"
Bois.....	12,500,000	8,400,000	"	4,100,000
Landes...	10,000,000	6,700,000	"	3,300,000
Totaux..	49,400,000	50,100,000	8,100,000	7,400,000

Il est seulement regrettable que le petit propriétaire, que 1790 a délivré des charges féodales, soit trop souvent, aujourd'hui, enserré dans une maille d'hypothèques. «En 1900, sur cent propriétaires terriens, il n'en est pas quatre qui soient leurs maîtres.» Cette parole d'un économiste est peut-être sévère; mais, malheureusement, on ne saurait, de façon absolue, s'inscrire en faux contre elle.

suit de là, que tout le territoire agricole est soumis à l'impôt foncier, sauf les forêts domaniales qui ne payent que les centimes départementaux et communaux.

Au point de vue de l'impôt, le territoire de la France se divise en terrain imposable et en terrain non imposable :

		Hectares.	P. 100 en centiares.
IMPOSABLE.			
Territoire agricole, moins les forêts domaniales.		49,561,861	93.76 } 94.66
Propriétés bâties, chemins de fer, canaux		473,298	0.90 }
Soit.		50,035,159	
NON IMPOSABLE.			
Forêts de l'État.	998,754 }	2,822,040 { 1.89 } 5.34	
Autres terres non définies	1,823,186 }		3.45 }
SUPERFICIE TOTALE		52,857,199	100.00

La constitution de la propriété s'établit par les *cotes agraires* (foncières); le relevé des exploitations correspond à la *division* de la culture; ces deux renseignements sont intéressants au point de vue de la répartition de la fortune territoriale privée.

En 1882, on comptait 12,115,277 cotes agraires, d'une étendue moyenne de 4 hect. 09 : ces cotes peuvent être groupées en 3 catégories, correspondant à la petite culture (au-dessous de 10 hectares), à la moyenne culture (10 à 40 hectares), à la grande culture (40 hectares et au-dessus) [1].

[1] Donnons quelques chiffres de 1892.

1° Exploitation de la grande propriété :

40 à 50 hectares.	53,343
50 à 100 hectares.	52,048
100 à 200 hectares.	22,777
200 à 300 hectares.	6,223
Au-dessus de 300 hectares.	4,280
TOTAL.	138,671

À noter surtout l'augmentation, depuis 1882, de la grande propriété, à partir de 100 hectares, augmentation particulièrement notable sur les cotes au-dessus de 300 hectares, qui n'étaient alors qu'au nombre de 2,574 : au-dessous de 100 hectares, il y a diminution.

2° Exploitation de la moyenne propriété :

10 à 20 hectares.	92,047
20 à 30 hectares.	189,664
30 à 40 hectares.	429,407

Ici il y a diminution générale.

3° Exploitation de la petite propriété :

Moins de 1 hectare.	2,235,405
De 1 à 10 hectares.	2,617,558

Légère diminution du nombre des cotes de 1 à 10 hectares; augmentation au-dessous de 1 hectare.

Le tableau suivant indique, du reste, la répartition des cotes agraires :

CONTENANCES.	NOMBRE.	ÉTENDUE		RÉPARTITION PROPORTIONNELLE	
		MOYENNE.	TOTALE.	du nombre des cotes pour 1,000.	de l'étendue pour 1,000.
		hectares.	hectares.		
Au-dessous de 10 hectares...	11,255,374	1 56	17,573,550	921	355
10 à 40 hectares..........	696,579	28 31	12,758,161	66	258
Au-dessus de 40 hectares....	163,324	117 74	19,230,150	13	387
Totaux et moyennes...	12,115,277	4 09	49,561,861	1,000	1,000

D'après cela, les cotes de moins de 10 hectares représentent les neuf dixièmes du nombre total et la surface qu'elles embrassent est à peine supérieure au tiers du territoire; les grosses cotes, qui correspondent aux deux autres tiers de la surface, ne figurent que pour un dixième dans le relevé total des cotes agraires. Ces chiffres donnent, de la division de la propriété en France, une idée qui ne correspond pas cependant au *morcellement* du sol. Celui-ci ne peut être révélé que par le nombre des parcelles, qui est prodigieux, car il ne s'élève pas à moins de 125,214,671. En moyenne, chaque cote agraire représente 10 parcelles (10.33). Dans les départements de l'Est, les moins favorisés au point de vue du groupement de la propriété, on compte 100 parcelles par cote.

Les inconvénients de ce morcellement sont extrêmement graves : ils entraînent le maintien forcé de l'assolement triennal dans plus de 40 départements; les enclaves s'opposent à ce que les propriétaires puissent modifier leur assolement, dans l'impossibilité où ils se trouvent de pénétrer dans leur terrain pour y faire une récolte autre que celle de leur voisin.

Le remembrement du territoire, c'est-à-dire la réunion des parcelles avec suppression des enclaves par la création de chemins d'exploitation, constituerait pour l'agriculture française un des progrès les plus souhaitables. J'y reviendrai plus loin [1].

[1] Voir t. III, p. 115 et suiv. — Il est certain que la petite propriété a elle-même des limites, et tout le bien que l'on peut justement penser d'elle, on ne saurait le penser

C'est ici le lieu de parler du *bien de famille*, que beaucoup de bons esprits rêvent depuis longtemps de voir se créer en France et qui existe dans certains pays : Danemark (*husmandsbrug*; t. I, p. 370 et suiv.), et aux États-Unis (*homestead*; t. III, chap. LI).

de la minuscule propriété. Qu'on m'entende bien! Je n'entends pas blâmer qu'un ouvrier agricole ait sa maisonnette et son jardinet, où, rentrant, il se retrouvera chez lui et travaillera pour lui après avoir dû toute la journée travailler pour un autre. Non, en signalant les inconvénients de la minuscule propriété, j'entends montrer les inconvénients d'une division excessive qui supprimerait, en somme, la petite propriété elle-même.

«Le morcellement du patrimoine a pu être, au début de notre nouveau régime économique, un élément de prospérité pour la culture; mais universel aujourd'hui à tous les degrés de l'échelle sociale, il a dépassé la mesure du bien qu'il devait accomplir et il devient un péril qui s'aggrave à chaque génération.» (Extrait du discours prononcé, en 1865, par M. Pinart, procureur général, à la rentrée de la cour de Douai.)

Ces inconvénients, du reste, sont ceux qui, dès 1806, faisaient écrire à François de Neufchâteau (*Voyage agronomique dans la sénatorerie de Dijon*) :

«Avec les territoires hachés, cisaillés, sans chemins pour arriver aux lambeaux qui les constituent, l'agriculture ne peut pas plus grandir qu'un enfant qu'on garroterait au berceau avec des liens de fer.»

Et cette crainte que la *minuscule* propriété ne tue la *petite* amène à la question de l'hérédité. Ce sera un des honneurs de la Révolution d'avoir décrété *l'égalité des partages*, et les rédacteurs du Code civil ont pu justement affirmer que «c'est par la petite patrie, qui est la famille, qu'on s'attache à la grande». Mais sans toucher au grand et nécessaire principe de l'*égalité* des partages, n'y aurait-il pas quelque chose à faire?

Cambacérès — «La loi sur l'égalité des partages a déjà occasionné beaucoup de désordres dans bien des familles...; vous avez fait un grand acte de justice; vous avez voulu frapper les grandes fortunes, toujours dangereuses dans une république; mais, la loi étant générale, les petits propriétaires ont été atteints.....» (Séance de la Convention du 28 décembre 1793.) — Cambacérès, dis-je, et Thuriot signalaient le morcellement à l'infini des héritages, la dissolution à chaque décès de la petite propriété. En effet, qu'arrive-t-il? Un petit propriétaire meurt, et une des deux solutions suivantes intervient :

1° Partage entre tous les enfants, d'où impossibilité pour chacun d'eux de tirer leur vie d'un lambeau de ce lopin qui, tout entier, nourrissait à peine leur père et sa petite famille ;

2° Un grand propriétaire des environs désire agrandir son domaine; il fera exiger par un des enfants la licitation (et qu'on ne croie pas que j'exagère; je pourrais citer des exemples).

Au total, au lieu d'une petite propriété, il y aura soit des lambeaux inutilisables, soit... l'agrandissement d'une grande propriété. Les deux solutions sont mauvaises.

Comment y remédier? En inscrivant dans la loi une disposition empêchant le morcellement — au-dessous d'un certain degré — de la petite propriété, s'en remettant au hasard — si l'on y tient — du soin d'indiquer quel est le fils qui gardera la terre, tandis que les autres auront l'équivalent en argent, s'il y en a, ou resteront créanciers de leur frère propriétaire.

Lors de la discussion du Code devant le Conseil d'État, Portalis, en somme, se pose nettement en partisan d'un système similaire :

«Là où le père est législateur dans sa famille, la société se trouve déchargée d'une partie de sa sollicitude. Qu'on ne dise pas que c'est là un droit aristocratique. Il est tellement

D'autres nations : Russie, Roumanie, Serbie ont fait, à ce sujet, des lois tutélaires. L'Allemagne, l'Autriche, la Belgique, le Danemark, la Suisse en préparent. Chez nous aussi, l'idée est depuis longtemps à l'ordre du jour. Plus d'une proposition — à la Chambre et au Sénat

fondé sur la raison que c'est dans les classes inférieures que le pouvoir du père est le plus nécessaire. Un laboureur, par exemple, a eu d'abord un fils qui, se trouvant le premier élevé, est devenu le compagnon de ses travaux. Les enfants nés depuis, étant moins nécessaires au père, se sont répandus dans les villes et y ont poussé leur fortune. Lorsque ce père mourra, sera-t-il juste que l'aîné partage également le champ amélioré par ses labeurs avec des frères qui sont déjà plus riches que lui?»

Benjamin Constant (discours au Tribunat, séance du 29 ventôse an VII) réclamera également tout ce qui peut fortifier et perpétuer la famille :

«Rien n'importe moins à la République que la perpétuité des familles; rien n'importe plus à la morale, et par conséquent à la République, que la dépendance des enfants.»

Le Play paraphrasera, non sans esprit, ce que demandaient ces deux grands républicains, tous deux patriotes sagaces :

«La famille-souche, basée sur la liberté testamentaire, assure à la race tous les avantages de la fécondité. Elle fait une large part, dans les nouvelles familles, à l'esprit d'innovation; mais elle conserve, dans les maisons anciennes, les avantages moraux et matériels qui se transmettent avec le culte des tombeaux, les affections du foyer et la coutume de l'atelier. . . . Tandis qu'au sein des classes riches, la famille instable ne produit guère, à chaque génération, qu'un fils souvent insoumis et dissipateur, la famille-souche, dans les mêmes conditions, donne moyennement, outre l'héritier conservateur de la tradition nationale, deux à trois fils, qui assurent aux colonies, comme à la métropole, tous les avantages dérivant d'un caractère entreprenant et d'un sage esprit d'innovation.»

À la solution de ce problème de la succession n'est pas seulement attaché celui de la petite propriété; celui — plus grave encore — de la dépopulation (v. note p. 203) en dépend également. Il y a une dizaine d'années, on a écrit (BOYENVAL, *Les réformes successorales*, 1889) : «On fait des aînés en supprimant des cadets.» Cette phrase d'esprit n'est-elle pas une sentence de condamnation! Le Play, lui, affirme énergiquement que la loi des successions, «en propageant la stérilité dans le mariage, a plus affaibli la France que ne l'eût fait la perte de cent batailles». Et Renan — ce Renan dont tant citent le nom, qui ignorent son œuvre, — Renan écrit, dans ses *Questions contemporaines* : «Un code de lois, qui semble avoir été fait par un citoyen idéal, naissant enfant trouvé et mourant célibataire; un code qui rend tout viager, où les enfants sont un inconvénient pour le père, où toute œuvre, collective et perpétuelle est interdite, où les unités morales, qui sont les vraies, sont dissoutes à chaque décès, où l'homme avisé est l'égoïste qui s'arrange pour avoir le moins de devoirs possible, où l'homme et la femme sont jetés dans l'arène de la vie aux mêmes conditions; où la propriété est conçue, non comme une chose morale, mais comme l'équivalent d'une jouissance toujours appréciable en argent; un tel code, dis-je, ne peut engendrer que faiblesse et petitesse. . . . .» Avant la publication de ce code, Montesquieu allant jusqu'au bout d'une théorie — indéfendable dans son absolutisme — posait, dans son *Esprit des lois*, ce principe que «la loi naturelle ordonne aux pères de nourrir leurs enfants; mais ne les oblige pas de les faire héritiers». — C'est le pôle de la liberté absolue de tester; le collectivisme nous présente l'autre pôle, mille fois plus abominable : la suppression de l'héritage.

— en témoignent. Un projet, dont le texte soumis à l'examen préalable a été adopté par le Conseil d'État, vient d'être déposé par l'honorable M. Ruau, ministre de l'Agriculture (février 1905). Son but est, par l'insaisissabilité, de défendre le petit domaine rural

Enfin, après avoir signalé qu'aux États-Unis comme en Allemagne la loi permet le maintien de la fortune indivise et entière entre les mains de plusieurs héritiers, ne représentant qu'une seule tête, je citerai l'opinion émise sur le morcellement dans le rapport de la Classe 104 :

«Le nombre des cotes foncières, après avoir considérablement augmenté, a, depuis près de vingt ans, une tendance à se réduire. Laquelle de nos trois propriétés s'est le plus accrue au cours de ce siècle? et, en second lieu, ce mouvement se maintient-il, ou a-t-il fait place à une tendance inverse? A la première question, la réponse est très facile. L'examen des cotes foncières à diverses époques avait permis à M. de Foville d'affirmer, en 1885, que la petite propriété avait, sans entamer sérieusement la grande, pu lui enlever des petits morceaux en assez grand nombre. Nos monographies (voir note 2, p. 207) parachèveraient la démonstration, si celle-ci était insuffisante. Les grands domaines sont sans doute moins mobiles que les petites propriétés, et la stabilité leur paraît plutôt acquise; en outre, lorsqu'ils sont vendus, ils le sont en bloc. Mais cette double règle comporte des exceptions. Les grandes propriétés sont parfois démembrées, et, dans certains cantons, des spéculateurs ont pu en dépecer et faire d'une grande ferme plusieurs grandes parcelles qu'ils ont vendues aux cultivateurs du pays. Les partages successoraux ont amené également la division. Mais, depuis vingt ans, si ces démembrements persistent sur quelques points, ils n'empêchent pas le nombre des cotes foncières de diminuer, et cette diminution semble porter sur la petite propriété. Nous avons, à défaut de chiffres du Ministère des finances, ceux que nous fournissent les *Enquêtes décennales agricoles*. Nous y voyons deux séries de chiffres qui sont

concluants. D'une part, le nombre des journaliers agricoles qui sont propriétaires n'a pas cessé de diminuer depuis 1862 : ils étaient 1,134,490 à cette époque, ils étaient tombés à 727,374 en 1882, et ils n'étaient plus que 588,950 en 1892. Mais, d'autre part et pendant le même temps, le nombre des propriétaires cultivant leurs terres et assez riches pour ne pas être obligés d'en cultiver d'autres augmentait : 1,802,352 en 1862, 2,132,730 en 1882, ils étaient 2,183,129 en 1892. Qu'est-ce à dire, sinon que la moyenne propriété s'accroît au détriment de la petite? Ce recul de la petite propriété est déterminé surtout par l'émigration. Certains villages se dépeuplent; à la mort du père, les enfants, qui habitent la ville, vendent la maison et le coin de terre, et ce sont les voisins qui les achètent. L'affaiblissement de la natalité n'y est pas étranger également : le fils unique d'un cultivateur propriétaire épouse la fille unique d'un cultivateur de la même localité; voilà deux patrimoines qui vont se confondre et dont héritera un enfant unique." La crise agricole, qui a empêché certains propriétaires étrangers à la localité de trouver un fermier pour quelques parcelles sans valeur qu'ils détenaient par héritage, a fait qu'ils ont préféré les vendre, et ils les ont vendues à des propriétaires cultivateurs de la localité. Est-on en droit de parler pour cela de «l'agonie de la propriété paysanne»? Celle-ci ne meurt pas; elle s'affirme, au contraire, en s'agrandissant des dépouilles des propriétaires qui émigrent. Un auteur, qui a consacré à la *Propriété paysanne* un volume intéressant, M. Souchon, affirme que la petite propriété a une «influence dépeuplante» et, à l'appui de sa thèse, il cite des chiffres qui prouveraient que, proportionnellement, le nombre des journaliers non propriétaires a moins diminué que celui des journaliers pro-

(valeur maxima : 8,000 francs) contre la licitation, l'hypothèque et la saisie immobilière, qui sont les principaux éléments de démembrement, de morcellement, de destruction de la propriété foncière.

Un autre ennemi se dresse plus redoutable encore que le morcellement : la fiscalité, fiscalité au premier, au deuxième, au troisième degré, qui atteint sous tant de formes la propriété. « L'impôt est l'abus du prince », avait écrit Machiavel. Il semble, en quelque sorte, que Proudhon lui réponde avec son fameux : « La propriété, c'est le vol ».

priétaires. La vérité est que ces journaliers non propriétaires sont le plus souvent des émigrés d'autres contrées, voire même de nations voisines, qui viennent remplir les emplois délaissés par les enfants du pays. Dans les grandes fermes des environs de Paris, les ouvriers sont des Bretons, des Nivernais, des Belges même; nouveaux venus, ils occupent la place des anciens habitants de la localité, qui eux étaient propriétaires. L'effectif de la population rurale de ces régions de grande tenure reste donc sensiblement le même, tandis que les régions de petites exploitations perdent leur population rurale sans pouvoir la remplacer. »

Ici s'offre à l'esprit une question qui n'est pas sans rapport avec celles des héritages et qui, par le côté moral qu'elle présente, mérite de retenir un instant notre attention, ce sont les partages ou remises de terres faites du vivant des parents. Qu'adviendra-t-il le plus souvent au père qui s'est dépouillé pour ses enfants?

« Il donne sa terre moyennant une pension; ce jour-là, il est perdu! car il n'est plus père, il est créancier. Oh! les pensions! les pensions viagères, il n'est rien de plus dépravant : leur côté fatal, c'est leur caractère chronique. Elles courent toujours, comme dit la loi; et, par cela seul, elles deviennent peu à peu pour celui qui paye un sujet d'agacement, ne fut-ce qu'à titre de refrain monotone. Alors arrivent les retards, les demandes de remises, les étonnements à chaque retour de trimestre. Comment, déjà! répond-on en réclamant; déjà, c'est le mot de tous les débiteurs; rien ne fait paraître le temps court comme les échéances. » (*Les pères et les enfants au XIXe siècle*, par E. LEGOUVÉ.)

Le président Bonjean (de la Cour de cassation) traitant au Sénat la même question, s'exprimait ainsi :

« Quand les pères et les mères ne veulent plus se livrer aux pénibles travaux des champs, ils distribuent leurs biens entre leurs enfants, en se réservant une rente viagère, ou même sous la condition d'être nourris, logés et entretenus par leurs enfants. Qu'arrive-t-il souvent? j'ai honte de le dire..... il arrive trop souvent ceci : dans les premiers temps, tout va à merveille; la rente est servie exactement; le donateur est entouré de soins; mais peu à peu le souvenir du bienfait s'affaiblit; les charges seules apparaissent, les rentes ou prestations en nature ne sont plus acquittées que de mauvaise grâce; trop souvent on cherche des prétextes pour s'en dispenser, et trop souvent aussi les malheureux ascendants se trouvent délaissés dans leurs vieux jours par d'indignes enfants qui ne voient plus en eux qu'une charge inutile. »

Il est vrai que ce père — négligé après qu'il a donné — peut-être souhaiterait-on sa mort avec plus de passion encore s'il ne s'était déjà dépouillé. C'est une tristesse que parfois l'enfant oublie ainsi, par amour de l'argent, de la terre, la tendresse filiale. Il fallait bien en dire un mot ici, puisque la classe paysanne est parmi celles où cet exemple abominable est peut-être le plus souvent donné.

Mots que tout cela, certes! mais on ne peut nier la part de vérité qu'ils expriment. A raison de cette vérité, il m'a paru intéressant de faire les quelques citations ci-dessus; je laisse au lecteur le soin de tirer la conclusion et de se pénétrer ainsi de toute l'influence que peut avoir une fiscalité excessive ou *tracassière* sur la prospérité agricole.

Du reste, si l'idéal ne saurait être, à mon avis du moins, de nationaliser à aucun degré les propriétés privées, mais bien de faciliter aux petits l'accession à la propriété, ne faut-il pas diminuer autant que possible tous les empêchements accumulés par cette fiscalité à l'égard de l'achat [1]?

CHARGES DE L'AGRICULTURE. — La statistique agricole, basée sur l'enquête de 1882, établissait comme suit les principales charges que l'agriculture supporte :

		EN MILLIONS DE FRANCS.	
Impôt	foncier principal	119	
	Centimes additionnels	119	297
	Prestations	59	
Impôts indirects		300	
Loyer (revenu foncier)		2,645	
Intérêt du capital d'exploitation à 5 p. o/o		427	
Gages-salaires		4,150	
Valeur du travail effectué par les animaux de ferme pour la culture		3,017	
TOTAL		10,836	

[1] Au sujet de la fiscalité, je citerai quelques extraits du discours prononcé au concours régional de Soissons par M. J. Méline, alors président du Conseil et Ministre de l'agriculture :

«L'agriculture ne souffre pas seulement de l'état du marché sur lequel elle vend ses produits et qui est si profondément troublé; elle souffre aussi, et depuis longtemps, des conditions mêmes dans lesquelles elle est obligée de produire. La première, et la plus dure de ces conditions, c'est l'excès des charges fiscales qui pèsent sur elle et qui deviennent de plus en plus lourdes. Depuis un siècle, le fisc semble vouloir s'acharner sur la terre, et il l'accable sans merci. Elle subit des taxes qui se superposent et s'entrecroisent à profusion; on a eu trop souvent raison de dire qu'elle était la bête de somme du fisc. Le motif en est bien simple: la matière imposable est si facile à atteindre, il lui est si impossible de se dérober, et puis, l'agriculture est si docile de sa nature, si résignée, si peu révolutionnaire!

«Mais ce qui est plus grave encore que l'énormité de l'impôt, c'est son inégalité criante, ce sont les avantages, que dis-je? les avantages! les privilèges fiscaux qu'on prodigue à la propriété et aux valeurs mobilières pendant qu'on accable ainsi la terre. Alors que la propriété immobilière paye jusqu'à 17 p. o/o

Le chiffre des impôts directs et indirects s'élève au total de 597 millions, plus d'un demi-milliard; on pensera sans doute avec nous qu'il n'y a rien de plus juste que d'invoquer la part énorme de contribution de l'agriculture à l'entretien du budget, pour demander aux pouvoirs publics d'accroître, dans de larges proportions, les subventions que réclame le développement de l'enseignement technique et scientifique des populations agricoles.

Nous avons vu tout à l'heure que le produit brut de l'agriculture s'élève annuellement au chiffre de 13 milliards et demi environ. Ce chiffre correspond à un rendement brut de 255 francs par hectare du territoire total et à 387 francs par hectare cultivé, déduction faite de la part afférente aux bois et forêts. Rapporté à la population totale de la France, ce produit brut répond à 337 francs par tête d'habitant et à 1,948 francs par cultivateur. Nous venons de montrer que les charges principales de la culture s'élèvent à 10,836 millions de francs; si l'on retranche cette somme du produit brut, il reste 2,625 millions. Mais ce reliquat ne constitue pas le bénéfice réel du cultivateur, tant s'en faut: car on doit en retrancher les frais généraux et autres, non énoncés dans le tableau ci-dessus des charges que supporte l'agriculture. En évaluant à 40 francs par hectare cultivé et à 7 francs par hectare boisé ces diverses charges complémentaires, on arrive à une somme de 1,470 millions, à soustraire du bénéfice brut de 2,625 millions; il reste, alors, un chiffre de 1,155 millions qui représente, dans une année moyenne, comme 1882, le bénéfice *net* de l'agriculture. Comme le fait très justement observer M. E. Tisserand, grâce à l'esprit d'ordre et d'économie qui caractérise la classe du paysan français, une grande partie de cette somme et une portion notable des salaires passent à l'état d'épargne

d'impôts directs avec les centimes et 25 p. o/o avec les impôts indirects, on ne demande actuellement aux revenus mobiliers que de 5 à 10 p. o/o, et à certains de ces revenus on ne demande même rien du tout.

. . . .

«Le jour où la terre pourra se transmettre aussi facilement, au point de vue fiscal, qu'une obligation de chemin de fer, soyez sûrs que les capitaux lui reviendront d'eux-mêmes, parce qu'elle sera le meilleur et le plus sûr des placements.

«Ramener les bras, les capitaux, les intelligences à la terre, voilà le but supérieur à atteindre, la grande œuvre sociale à accomplir, la question qui domine les autres et qui est la clef de toutes.»

et constituent, pour la France, ces précieuses ressources qui sont un des gages les plus sûrs de son crédit et de sa puissance financière.

Division de la culture. — Elle peut, dans ses grandes lignes, se mesurer directement par le *nombre* et par *l'étendue* des *exploitations*. Par le terme *exploitation*, nous entendons, avec M. E. Tisserand, « l'ensemble des terres cultivées par un seul individu, que ces terres forment un tout compact ou soient composées de parcelles éparses » [1].

En dehors des trois catégories que nous avons indiquées plus haut, l'enquête de 1882 a permis d'en placer une quatrième, la *très petite culture*, qui comprend les exploitations de moins de 1 hectare (jardins potagers, petits vignobles, parcelles cultivées par les ouvriers ruraux). Cela étant, on peut répartir les exploitations, d'après leur nombre et leur étendue, comme l'indique le tableau suivant :

RÉPARTITION DU SOL AGRICOLE D'APRÈS L'ENQUÊTE DE 1882.

DÉSIGNATION.	SURFACE.	NOMBRE des EXPLOI-TATIONS.	ÉTENDUE		RÉPARTITION PROPORTIONNELLE par catégories	
			TOTALE.	MOYENNE de l'exploitation.	du nombre des exploitations.	de l'étendue des exploitations.
			hectares.	hect. cent.	p. 100	p. 100
Très petite culture.....	0 à 1	2,167,667	1,083,833	0 50	38.2	2.2
Petite culture.........	1 à 10	2,635,030	11,366,274	4 30	46.5	22.9
Moyenne culture	10 à 40	727,222	14,845,650	20 41	12.8	29.9
Grande culture........	40 et au-dessus.	142,088	22,266,104	156 71	2.5	45.0
Totaux et moyennes.		5,672,007	49,561,861	8 74	100.0	100.0

[1] La grande et la petite culture, d'une part, et, d'autre part, la grande et la petite propriété, constituent des faits différents de leur nature, encore que la grande culture accompagne fréquemment la grande propriété, de même que la petite culture est le plus souvent la résultante d'une division de la propriété. Il y aurait, toutefois, erreur à penser que l'étendue de la propriété commande celle de la culture. On voit, en effet, de grandes propriétés se diviser en plusieurs exploitations, comme en Irlande, et, à l'inverse, il n'est pas rare que le même cultivateur réunisse entre ses mains et confonde dans une même exploitation les terres de plusieurs propriétaires. « D'ailleurs, ainsi que l'a justement écrit M. Émile Chevalier, le problème de la division de la propriété appelle des réflexions tout autres que celles qu'éveille la question de la grande et de la petite culture. La division de la propriété est un fait heureux au point de vue social; la faible étendue des exploitations agricoles, au contraire, ne présente peut-être pas les mêmes avantages sociaux. »

De la comparaison de ces chiffres ressortent deux faits frappants :

1° La prépondérance, en *nombre*, des très petites exploitations;

2° La faiblesse, en *étendue*, de ces très petites exploitations.

POUR CENT DU NOMBRE
DES EXPLOITATIONS.

En effet, la très petite et la petite culture réunies (jusqu'à 10 hectares), est de........................ 84.7

La moyenne culture (10 à 40 hectares) est de........ 12.8

La grande culture (40 hectares et au-dessus) est de.... 2.5

TOTAL..................... 100.0

NOMS DES DÉPARTEMENTS CORRESPONDANT AUX NUMÉROS PORTÉS SUR LA CARTE CI-CONTRE.

DÉPARTEMENTS.	NUMÉROS.	DÉPARTEMENTS.	NUMÉROS.	DÉPARTEMENTS.	NUMÉROS.
Ain	1	Gard	30	Oise	59
Aisne	2	Garonne (Haute-)	31	Orne	60
Allier	3	Gers	32	Pas-de-Calais	61
Alpes (Basses-)	4	Gironde	33	Puy-de-Dôme	62
Alpes (Hautes-)	5	Hérault	34	Pyrénées (Basses-)	63
Alpes-Maritimes	6	Ille-et-Vilaine	35	Pyrénées (Hautes-)	64
Ardèche	7	Indre	36	Pyrénées-Orientales	65
Ardennes	8	Indre-et-Loire	37	Rhin (Haut-) [Belfort]	66
Ariège	9	Isère	38	Rhône	67
Aube	10	Jura	39	Saône (Haute-)	68
Aude	11	Landes	40	Saône-et-Loire	69
Aveyron	12	Loir-et-Cher	41	Sarthe	70
Bouches-du-Rhône	13	Loire	42	Savoie	71
Calvados	14	Loire (Haute-)	43	Savoie (Haute-)	72
Cantal	15	Loire-Inférieure	44	Seine	73
Charente	16	Loiret	45	Seine-Inférieure	74
Charente-Inférieure	17	Lot	46	Seine-et-Marne	75
Cher	18	Lot-et-Garonne	47	Seine-et-Oise	76
Corrèze	19	Lozère	48	Sèvres (Deux-)	77
Corse	20	Maine-et-Loire	49	Somme	78
Côte-d'Or	21	Manche	50	Tarn	79
Côtes-du-Nord	22	Marne	51	Tarn-et-Garonne	80
Creuse	23	Marne (Haute-)	52	Var	81
Dordogne	24	Mayenne	53	Vaucluse	82
Doubs	25	Meurthe-et-Moselle	54	Vendée	83
Drôme	26	Meuse	55	Vienne	84
Eure	27	Morbihan	56	Vienne (Haute-)	85
Eure-et-Loir	28	Nièvre	57	Vosges	86
Finistère	29	Nord	58	Yonne	87

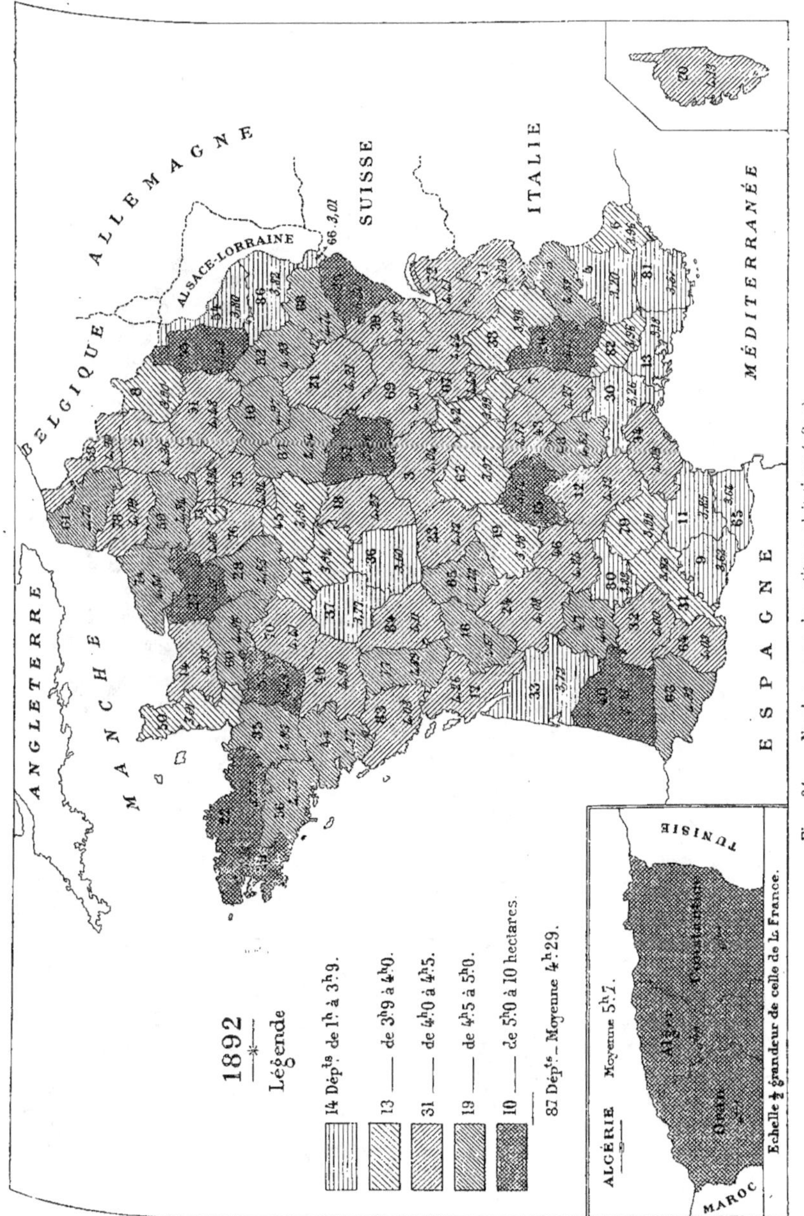

Fig. 234. — Nombre moyen des petites exploitations (1892).

(Pour les noms des départements correspondant aux numéros, voir le tableau de la page 198.)

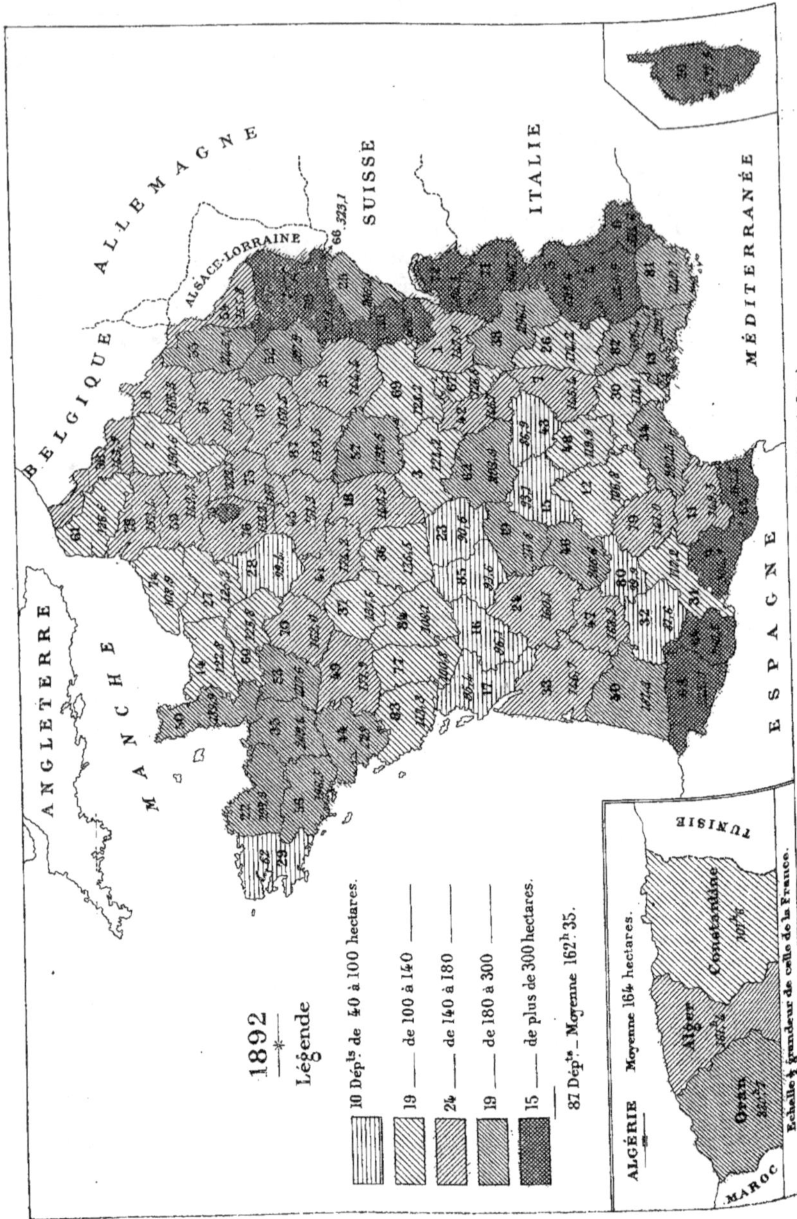

Fig. 235. — Nombre moyen des grandes exploitations (1892).

(Pour les noms des départements correspondant aux numéros, voir le tableau de la page 198.)

Au point de vue de la superficie, les exploitations se classent dans l'ordre inverse.

POUR CENT
DU TERRITOIRE AGRICOLE.
—

Petite et très petite culture...................... 25.1
Moyenne culture............................... 29.9
Grande culture................................ 45.0

Ces rapprochements impliquent des différences très grandes, en ce qui regarde les systèmes de culture d'une part et les questions d'enseignement, de crédit et d'associations syndicales, de l'autre. Mais pour aborder utilement ces importants sujets, il faut connaître préalablement la répartition de la population de la France, en ce qui regarde l'agriculture.

NOMBRE MOYEN DES TRÈS PETITES PROPRIÉTÉS (1892).

13 départements de moins de 0 hect. 50 :

Seine (0,24), Nord (0,38), Loiret (0,39), Somme (0,40), Basses-Alpes (0,40), Haute-Saône (0,42), Charente (0,45), Indre-et-Loire (0,45), Vienne (0,48), Corrèze (0,49), Loire (0,49), Ardèche (0,49).

13 départements de 0 hect. 50 à 0 hect. 55 :

Loir-et-Cher (0,50), Allier (0,50), Tarn-et-Garonne (0,50), Saône-et-Loire (0,50), Rhône (0,51), Eure (0,51), Oise (0,51), Seine-Inférieure (0,52), Marne (0,52), Meuse (0,52), Pas-de-Calais (0,53), Var (0,53), Ariège (0,54).

36 départements de 0 hect. 55 à 0 hect. 65 :

Charente-Inférieure (0,55), Gers (0,56), Alpes-Maritimes (0,57), Deux-Sèvres (0,57), Seine-et-Marne (0,58), Gironde (0,58), Orne (0,58), Haute-Savoie (0,59), Vaucluse (0,59), Bouches-du-Rhône (0,59), Tarn (0,59), Lot (0,59), Landes (0,60), Lot-et-Garonne (0,60), Eure-et-Loir (0,60), Maine-et-Loire (0,60), Sarthe (0,60), Calvados (0,60), Ardennes (0,60), Meurthe-et-Moselle (0,60), Doubs (0,60), Aube (0,61), Nièvre (0,61), Creuse (0,61), Puy-de-Dôme (0,61), Gard (0,61), Aude (0,61), Pyrénées-Orientales (0,62), Indre (0,62), Haute-Loire (0,62), Isère (0,62), Savoie (0,62), Loire-Inférieure (0,62), Cher (0,63), Seine-et-Oise (0,63), Aisne (0,64).

14 départements de 0 hect. 65 à 0 hect. 70 :

> Vendée (0,65), Cantal (0,66), Côte-d'Or (0,66), Hautes-Pyrénées (0,66), Haute-Garonne (0,67), Haute-Marne (0,67), Manche (0,68), Morbihan (0,68), Dordogne (0,68), Ain (0,68), Lozère (0,69), Basses-Alpes (0,69), Vosges (0,69), Yonne (0,69).

11 départements de 0 hect. 70 à 1 hectare :

> Côtes-du-Nord (0,70), Finistère (0,70), Haute-Vienne (0,70), Aveyron (0,70), Hérault (0,70), Hautes-Alpes (0,71), Haut-Rhin (0,72), Ille-et-Vilaine (0,73), Mayenne (0,74), Drôme (0,75), Jura (0,76).

Algérie :

> Alger (0,75), Constantine (0,76), Oran (0,91).

NOMBRE MOYEN DES MOYENNES PROPRIÉTÉS (1892).

22 départements de 10 à 19 hectares :

> Orne (16,9), Haute-Saône (16,9), Dordogne (17,1), Vosges (17,2), Jura (17,4), Lozère (17,9), Haute-Garonne (18,3), Saône-et-Loire (18,4), Loiret (18,4), Manche (18,4), Sarthe (18,5), Tarn-et-Garonne (18,5), Basses-Alpes (18,6), Vaucluse (18,6), Gers (18,6), Hautes-Pyrénées (18,6), Gironde (18,6), Rhône (18,7), Puy-de-Dôme (18,8), Ardèche (18,8), Seine-et-Marne (18,9), Charente (18,9).

17 départements de 19 à 20 hectares :

> Creuse (19), Somme (19,1), Seine-et-Oise (19,1), Loire (19,1), Lot-et-Garonne (19,1), Ariège (19,1), Hautes-Alpes (19,3), Corse (19,4), Savoie (19,4), Haute-Savoie (19,5), Basses-Pyrénées (19,5), Seine-Inférieure (19,6), Côtes-du-Nord (19,7), Ille-et-Vilaine (19,8), Indre (19,8), Charente-Inférieure (19,9), Var (19,9).

24 départements de 20 à 21 hectares :

> Lot (20), Isère (20), Haut-Rhin (20,1), Ardennes (20,1), Yonne (20,1), Calvados (20,1), Pas-de-Calais (20,1), Cantal (20,2), Haute-Loire (20,2), Morbihan (20,3), Aude (20,3), Gard (20,5), Corrèze (20,5), Oise (20,5), Finistère (20,5), Mayenne (20,6), Loir-et-Cher (20,6), Aube (20,6), Ardèche (20,6), Ain (20,7), Eure-et-Loir (20,7), Maine-et-Loire (20,7), Nord (20,7), Loire-Inférieure (20,8).

13 départements de 21 à 22 hectares :

> Côte-d'Or (21), Pyrénées-Orientales (21), Cher (21,2), Haute-Marne (21,2), Meuse (21,3), Meurthe-et-Moselle (21,4), Alpes-Maritimes (21,5), Aveyron (21,6), Tarn (21,7), Nièvre (21,7), Landes (21,8), Marne (21,9), Aisne (21,9).

11 départements de 22 à 40 hectares :

> Haute-Vienne (22,4), Bouches-du-Rhône (22,5), Seine (22,6), Allier (22,9), Doubs (23,2), Vendée (23,2), Hérault (23,8), Eure (24,3), Vienne (24,6), Deux-Sèvres (25,6), Indre-et-Loire (26).

Algérie :

> Oran (20,9), Alger (24), Constantine (25,08).

POPULATION AGRICOLE. — La loi de 1791 a prescrit le premier dénombrement de la population de la France; mais c'est dix ans plus tard seulement que cette opération a pu avoir lieu. Le dénombrement, exécuté en 1801, a donné un chiffre de 27 millions d'habitants; suivant les calculs les plus vraisemblables, on peut admettre que la population s'élevait au maximum à 25 millions d'habitants en 1789. Le dénombrement de 1886 a donné 38,219,000. Le recensement de 1881 portait à 37,672,048 le nombre d'habitants[1]. C'est ce chiffre qui a servi à M. E. Tisserand pour fixer la répartition de la population agricole.

Comment se répartit cette population?

On compte, en France, 36,000 communes (nombre rond): si l'on adopte les conventions des statisticiens qui appellent *commune urbaine* toute agglomération de plus de 2,000 habitants, et *commune rurale*

---

[1] Le Comité de contrôle du dernier recensement de la population française, effectué en 1901, a adressé son rapport au Ministre du commerce. D'après ce rapport, le chiffre «légal» de notre population a été fixé à 38,961,945 habitants, en augmentation insignifiante de 444,613 unités sur le recensement de 1896. La partie de ce rapport offrant la comparaison de la population française à celle de l'Europe montre qu'il y a bien là matière à retenir notre attention. En effet, sans parler de l'accroissement formidable de nations voisines comme l'Allemagne, dont la population dépasse aujourd'hui 56 millions d'habitants, la France, qui, en 1800, représentait 156 millièmes de la population européenne, n'en constitue plus aujourd'hui que les 97 millièmes. La population de l'Europe a plus que doublé dans le dernier siècle, et celle de la France n'a augmenté que de 40 p. 100.

toutes celles dont la population est inférieure à ce chiffre, on arrive à la division suivante :

Communes	urbaines (plus de 2,000 habitants).	2,695	7.5 p. 100.
	rurales (moins de 2,000 habitants).	33,402	92.5
	NOMBRE TOTAL	36,097	100.0

Nous ferons remarquer que le terme de population *rurale* n'est pas synonyme de population *agricole*, puisque, d'une part, les agriculteurs exploitant dans la banlieue d'une grande ville sont dénombrés *urbains*, tandis que les commerçants, industriels, rentiers, vivant à la campagne, sont dénombrés *ruraux*, bien que ne cultivant pas.

La population rurale va en diminuant d'une façon regrettable pour l'agriculture, au profit de la population urbaine, et cette tendance à l'abandon de la campagne pour l'habitation des villes s'accentue à chaque recensement, comme le montrent les chiffres suivants[1] :

	POPULATION URBAINE.	POPULATION RURALE.
	p. 100.	p. 100.
1846...............................	24.42	75.58
1851...............................	25.52	74.48
1856...............................	27.31	72.69
1861...............................	28.86	71.14
1866...............................	30.46	69.54
1872...............................	31.06	68.94
1876...............................	32.44	67.56
1881...............................	34.76	65.24
1886...............................	35.95	64.05

Dans l'espace de quarante années, la population rurale a donc diminué de 10 p. 100, au profit numérique de la population urbaine.

Comme nous venons de le dire, il y a lieu de distinguer la population agricole de la population rurale, ce que permet de faire approximativement le dénombrement officiel des professions, exécuté en 1881.

[1] *La France économique*, par Alf. DE FOVILLE.

RÉPARTITION DE LA POPULATION.

PROFESSIONS.	POPULATION.	PROPORTION PAR PROFESSION.	NOMBRE D'HABITANTS par kilomètre carré.
	habitants.	p. 100.	
Agriculture..............................	18,249,209	48.4	34.52
Industrie...............................	9,324,107	21.7	17.64
Commerce et transport...................	4,644,188	12.3	8.79
Professions libérales, rentiers et professions non dénommées............................	5,454,544	14.6	10.32
Totaux et moyennes	37,672,048	100.0	71.27

La France a perdu, depuis cinquante ans, 0.32 p. 100 de son territoire, soit 171,000 hectares. (Agrandie, en 1860, par l'annexion des deux Savoies et du comté de Nice de 1,279,227 hectares, elle a perdu, en 1871, 1,450,942 hectares. L'annexion de la Savoie et de Nice a augmenté la population française de 689,000 habitants, la perte de l'Alsace et d'une partie de la Lorraine nous a enlevé 1,597,000 habitants.)

En résumé :

		TAUX.
	habitants.	p. 100.
La population non agricole (1882) était de...	19,422,839	51.50
La population agricole (1882) était de......	18,249,209	48.44

C'est dans la Lozère qu'on rencontre le taux le plus élevé de la population agricole (78.95 p. 100), et dans la Seine, le pourcentage le plus bas (2.14 p. 100).

Dans tous les autres départements, la population agricole varie de 20.33 à 75.61 p. 100 sur la population totale. La population agricole (18,249,209) comprend, outre les agriculteurs à proprement parler, leurs familles, femmes, enfants et vieillards[1].

[1] En France, comme déjà je l'ai signalé pour l'Allemagne (t. I, p. 620), ce sont moins les travailleurs eux-mêmes que les familles agricoles qui concourent à la diminution de la population rurale. L'enquête de 1892 est catégorique à ce sujet, comme déjà l'avait été celle de 1882.

Voici encore quelques chiffres plus récents :

La population de la France était, au dernier recensement quinquennal (1901), de 38,641,000 habitants. L'augmentation est insensible depuis 1880, quoique l'émigration soit faible et la mortalité peu élevée (20 à 22 p. 1.000). Par contre, la population urbaine devient sans cesse plus nombreuse et la population rurale, qu'il ne faut pas confondre avec la population agricole, diminue constamment. La première a passé de 11 millions environ en 1872, à 16 millions environ en 1901. La seconde est tombée, pendant la même période, de près de 25 millions à près de 23. La population agricole suit la même marche descendante. Elle formait, en 1876, 53 p. 100 de la population totale; elle se réduit actuellement à 45 p. 100, soit, en chiffre rond, 17 millions de personnes vivant de l'agriculture. Les deux cinquièmes environ comptent comme travailleurs actifs. La densité de notre population est, en moyenne, de 72 habitants pour 100 hectares. Tandis que nous obtenons, pour le nombre, la quatrième place en Europe, après la Russie (105 millions d'habitants), l'Allemagne (52) et l'Autriche-Hongrie (43), nous ne venons ici qu'au sixième rang, après la Belgique (224 habitants pour 100 hectares), la Hollande (152), les Îles Britanniques (124), l'Italie (110) et l'Allemagne (98). Il s'en faut d'ailleurs de beaucoup que cette moyenne arithmétique donne une idée de la répartition ordinaire des habitants à la surface de notre territoire. Dans la majeure partie de la France, la moyenne ne doit guère dépasser 45 habitants pour 100 hectares. Telle région, en effet, comme les Basses-Alpes, n'en a que 17; telle autre, siège d'une grande ville, centre industriel ou bassin minier, en a des centaines; mais la plupart de nos campagnes en comptent de 20 à 60. Aucune région agricole ne dépasse 200. Quelques-unes seulement s'élèvent au-dessus de la centaine, dans les riches plaines du Nord, dans la banlieue de Paris, sur les côtes du pays de Caux et de la Bretagne, où la terre et la mer réclament l'une et l'autre de nombreux travailleurs; enfin, dans le Bordelais viticole. D'autres, un peu plus nombreuses et plus étendues, mais qui occupent tout au plus, avec les précédentes, un quart du territoire, dépassent la soixantaine. Ce sont les vallées de nos grands fleuves et de leurs principaux affluents, les plaines du Toulousain, de Vaucluse, de la Limagne, de la Saône; les pays de vignobles, et, d'une façon générale, ceux où la fertilité du sol ou la nature et la diversité des cultures offrent, à une nombreuse main-d'œuvre, un constant emploi : telle la région lorraine et celles qui s'étendent à l'ouest du bassin de Paris, depuis le Bocage vendéen jusqu'à la basse Normandie. C'est, d'ailleurs, dans nos contrées les plus pauvres que la population est, naturellement, la moins dense[1] : la Champagne pouilleuse, le plateau de Langres, la

---

[1] «Contrées pauvres», l'affirmation est peut-être hasardée pour une partie du Massif central, des Alpes, des Pyrénées, régions d'élevage, où la population — peu dense, il est vrai, — est, du moins, fort à son aise et où le paupérisme est inconnu.

Sologne, la Brenne, les Landes, les Causses, la Camargue et la Crau, les parties les plus élevées des Pyrénées, du Massif Central, des Alpes et de la Corse, se dessinent très nettement sur la carte démographique [1].

Enfin, au sujet de la population agricole et de sa diminution, je citerai quelques pages de l'intéressant rapport sur la Classe 104 [2] du regretté É. Chevalier.

La diminution de la population rurale préoccupe depuis longtemps les économistes et les statisticiens. Ceux-ci avaient obtenu, dès 1846, que, dans les dénombrements officiels, on répartît la population générale de la France en population *urbaine* et en population *rurale*, suivant qu'il s'agissait de localités ayant plus ou moins de 2,000 habitants agglomérés, — distinction sans doute un peu arbitraire, puisqu'une localité inférieure à 2,000 habitants peut n'avoir aucun caractère rural, et qu'à l'inverse une localité, rurale quant à son aspect, quant aux mœurs et à la profession de ses habitants, peut avoir une population supérieure au chiffre précédemment indiqué.

La diminution de la population rurale avait peu varié avant 1846 ; c'est depuis cette date que cette diminution s'est accentuée. Dans la période de cinquante ans qui s'est écoulée de 1846 à 1896, la proportion est descendue de 75.6 p. 100 à 60.9 p. 100 ; à la première date, la population des campagnes représentait plus des trois quarts ; à la seconde, elle ne constitue plus que les trois cinquièmes de la

[1] *Géographie agricole de la France et du monde,* par J. DU PLESSIS DE GRÉNÉDAN, professeur à l'École supérieure d'agiculture d'Angers.

[2] La Classe 104 portait comme rubrique : *Grande et petite culture, Syndicats agricoles, Crédit agricole.* Elle avait donc pour objet les faits sociaux relatifs à la culture et les institutions économiques qui s'y rattachent. Elle comportait à la fois une exposition proprement dite et une enquête qui a permis à un grand nombre de personnes, appartenant aux régions les plus diverses de la France, de répondre à un questionnaire, préparé par le comité d'admission de cette Classe. La circulaire, qui accompagnait le questionnaire, s'exprimait ainsi :

Il (le Comité) fait un appel pressant à tous ceux qui, par leur situation, pourraient le renseigner sur un des nombreux points consignés dans le questionnaire qui suit. Au cultivateur qui a des registres domestiques régulièrement tenus, nous

demandons de vouloir bien nous faire connaître les variations de prix de ses produits, celles des salaires payés à ses ouvriers, etc...; à l'instituteur, de nous révéler, par exemple, le mouvement de la population de sa commune et ses causes...

Le comité faisait d'ailleurs observer qu'il ne cherchait pas à recueillir celles des questions qui relèvent de la statistique générale et sur lesquelles les documents sont nombreux, ni à provoquer des études générales sur la France, mais des études locales destinées à les éclairer et à les confirmer, des monographies de départements, de régions, de communes, d'exploitations agricoles, de ménages d'ouvriers, etc... L'appel, si bien conçu, du comité qui avait le grand honneur d'avoir M. Loubet pour président, a été entendu, et le Jury s'est trouvé en présence non seulement d'une exposition importante, mais encore de monographies nombreuses, dont les intéressantes données ont été utilisées par M. Chevalier au cours de son rapport.

population totale. Ces renseignements généraux, donnés par la statistique, sont confirmés par nos monographies locales. Ici, le nombre des ménages, de 176 qu'il était en 1851, est tombé à 125 en 1899[1]; là, la population s'est trouvée réduite de près de moitié en cinq ans[2]; ailleurs, on nous montre une population qui augmente rapidement de 1807 à 1836, qui continue à s'accroître, mais avec moins de force, de 1836 à 1851, et qui décroît ensuite[3]. A Castelnau-Chalosse, dans les Landes, la dépopulation commence vers 1851. Dans la Drôme, une commune[4] de 789 habitants en perd, dans ce demi-siècle, 250. Le même fait nous est signalé presque partout, et partout on assigne à ce fait, sinon les mêmes causes, du moins le même point de départ. Pour une commune de l'Ouest[5], on nous signale une particularité assez curieuse : la localité est divisée, comme beaucoup de communes de cette région, en plusieurs sections; l'une d'elles constitue le centre, le bourg; les autres sont des hameaux, des fermes ou même des habitations isolées; le chiffre de la population agglomérée a peu varié depuis vingt-cinq ans, tandis que celui de la population éparse n'a cessé de décroître. La même observation nous est faite par l'instituteur de Jouy-le-Châtel (Seine-et-Marne) : la population a diminué davantage dans les hameaux que dans le chef-lieu de la commune[6].

La réduction de la natalité et l'émigration vers les villes sont les deux causes qui agissent ici. La première de ces deux causes, si elle n'est pas spéciale à nos campagnes, y est aussi intense, sinon davantage, que dans les villes. Les familles nombreuses étaient assez fréquentes autrefois; elles sont aujourd'hui l'exception[7]. Un vigneron du Cher disait à M. Duvergier de Hauranne : « Autrefois on avait huit ou dix enfants; lorsqu'il naissait un enfant, on allait défricher un morceau de bruyère, et c'était son avenir. » Bien rares aujourd'hui sont les paysans-propriétaires qui ont quatre ou cinq enfants; bien rares même sont les ouvriers agricoles dont la descendance atteint ce chiffre.

Dans certaines régions, la population diminue, moins par l'effet de l'émigration,

---

[1] *Cuq-les-Vielmur* (Tarn).

[2] *Villenouvelle* (Haute-Garonne).

[3] *Régnié* (Rhône).

[4] *Aurel.*

[5] *Saint-Aignan* (Sarthe).

[6] D'après une note présentée à la Société nationale d'agriculture par M. le comte de Saint-Quentin, le mouvement de la population dans le département du Calvados a été le suivant : de 1800 à 1901, le chiffre de la population a passé de 450,000 à 408,500; mais si de ce nombre on déduit la population des villes, qui a passé de 89,800 à 113,500, on voit que la population des campagnes est tombée de 360,000 à 295,000. Il faut remarquer que ce mouvement décroissant n'a pas été d'ailleurs uniforme et que cette population rurale a augmenté jusqu'en 1832, puis a baissé ensuite, surtout à partir de 1862.

[7] La Bretagne semble avoir gardé, sous ce rapport, ses anciennes mœurs. A *Moustéru* (Côtes-du-Nord) le chiffre des naissances ne diminue que dans une assez faible proportion, et l'excédent se maintient.

qui existe peu ou point, que par l'affaiblissement de la natalité, beaucoup de familles n'ayant qu'un seul enfant, et plusieurs n'en ayant pas[1]. Dans une foule de localités rurales, non seulement les naissances diminuent, mais il y a régulièrement excédent des décès sur les naissances. A Blangy-Trouville, dans la Somme, de 1883 à 1893, en dix ans, on a compté 65 naissances et 91 décès. De la Haute-Marne[2], on écrit ceci :

Depuis quarante ans, les décès l'emportent sur les naissances, et la différence deviendra de plus en plus grande en raison de la réduction de la natalité. Il n'y a plus de familles nombreuses, comme autrefois. Les ménages sans enfants ne sont pas rares. Beaucoup n'en ont qu'un ou deux par accident...

L'auteur d'une monographie sur Viterne (Meurthe-et-Moselle) s'exprime ainsi :

La réduction de la natalité a contribué dans une mesure plus large que l'émigration à la dépopulation; on peut estimer aux deux tiers l'action de la première cause et à un tiers celle de la seconde. Le chiffre des naissances, qui était de 35 à 50 en moyenne de 1820 à 1830, a diminué de moitié de nos jours. Le nombre des décès l'emporte chaque année sur celui des naissances.....

Dans une localité de la Meuse, à Mandres, on fait observer que les mœurs ont tellement changé qu'on tourne en ridicule les pères et mères d'une nombreuse famille : «C'est presque une honte pour des parents d'avoir plus de cinq enfants». Sur une population de 329 habitants, on compte actuellement une moyenne annuelle de 4 naissances et de 8 décès. A Greneuse (Seine-et-Oise), sur 42 familles de cultivateurs, 6 sont sans enfants, et 19 n'ont qu'un seul enfant. A Habère-Lullin, dans la Haute-Loire, on attribue la diminution de la population rurale, plutôt à la réduction de la natalité qu'à l'émigration. A Vaux, dans l'Ain, de 1790 à 1829, il y a eu, pour cette période, un excédent de 239 naissances; mais de 1829 à 1889, l'excédent a porté sur les décès, et il a été de 367; et, en résumé, il y a eu, pendant un siècle, 128 décès de plus que de naissances; mais aussi combien peu nombreuses sont les familles! 38 ménages sont sans enfants, 82 n'en ont qu'un, 44 en ont deux, 14 en ont trois, 3 en ont cinq, «1 seul ménage a onze enfants, et il est l'auteur de la notice sur Vaux[3]». A Dom-le-Mesnil, dans les Ardennes, la population a plus que doublé depuis le commencement du siècle, mais l'augmentation est plutôt apparente, et est due à une immigration d'ouvriers venus se grouper autour d'une usine; depuis 1863, il y a eu un excédent sensible des décès sur les naissances. A Laparade (Lot-et-Garonne), de 1803 à 1833, il y a eu un excédent de naissances; mais depuis 1833, il y a eu excédent des décès : 340 décès de plus que de naissances. «La cause la plus évidente de la dépopulation n'est pas l'émigration sur les villes, mais la réduction du nombre des naissances»,

[1] Le Tourneur (Calvados).

[2] Fays-Billot.

[3] Nous devons citer ici le nom de l'instituteur qui donne un si bon exemple : il se nomme Duraffour.

écrit-on pour Voillecomte (Haute-Marne), où les décès commencent à l'emporter sur les naissances. A Châtillon-sur-Marne, à Sanzay (Deux-Sèvres), à la Chapelle-Montlinard (Cher), à Houécourt, à Chermisey, à Bleurville (Vosges), à Pey (Landes), à Aigues-et-Puypéroux (Charente), on constate une réduction constante et croissante de la natalité. A Arles, l'auteur d'une monographie des plus complètes et des mieux étudiées constate que, du 1er janvier 1811 au 31 décembre 1898, les décès dépassent les naissances de 1,732, soit en moyenne une majorité annuelle de 20 décès. Le canton de Formerie, dans l'Oise, accuse une moyenne annuelle de 168 naissances et de 219 décès.

Sans doute, cette diminution de la natalité ne s'est pas fait sentir partout avec la même intensité. La Normandie, l'Anjou, les plaines de la Garonne, les Pyrénées, le Bas-Languedoc, les Charentes, une grande partie de la Champagne et de la Bourgogne tiennent la tête dans cette fâcheuse tendance[1]. A l'inverse, il est des contrées où les naissances, sans être aussi nombreuses qu'autrefois, se maintiennent à un taux assez élevé; citons, parmi elles, la Bretagne, la Flandre et l'Artois, les Landes, le Roussillon, la région des Cévennes et une partie de la région alpestre[2].

Dans plusieurs de ces monographies, les auteurs ont pris soin de consigner, en face du chiffre des naissances, celui de la population à diverses époques, ce qui nous permet de comparer le coefficient de natalité à ces époques :

A Midrevaux (Vosges), les naissances ont été, par rapport à 100 habitants, de :

> En 1799. . . . . 3.4
> En 1899. . . . . 1.7

A Soing (Haute-Saône) :

> En 1800. . . . . 3.3
> De 1896 à 1898 (moyenne annuelle). 1.4

A Mouzeil (Loire-Inférieure) :

> Jusqu'en 1850. . . . . 3.0 et plus.
> De 1890 à 1900 (moyenne annuelle). 1.8

A Chermisey (Vosges) :

> En 1800. . . . . 3.1
> En 1899. . . . . 0.8[3]

[1] M. Levasseur, *La Population française*, t. II, p. 24, et t. III, p. 154.

[2] A *Novalaise*, petite commune de la Savoie, la situation resterait particulièrement satisfaisante : «Sur les 263 ménages des gens mariés, constatés par le dernier recensement, il y en avait 107, presque la moitié, qui comptaient au moins 5 enfants vivants et présents dans la commune le jour dudit recensement. Si l'on avait tenu compte des absents et des déshérités, je suis certain, dit l'auteur de la monographie, que les quatre cinquièmes des ménages auraient atteint ou dépassé ce chiffre de 5.» C'est là une exception, même pour la contrée, car l'auteur ajoute : «Il y a peu de communes où la natalité soit aussi intense. . . . . .»

[3] Dans le Lot-et-Garonne, la natalité s'est

La réduction de la natalité a été contrebalancée, dans une faible proportion toutefois, par la diminution de la mortalité. Sur ce point encore, nos monographies locales viennent apporter une confirmation aux conclusions de la statistique générale. L'auteur de la notice sur Vénès, dans le Tarn, le constate : « Les décès, dit-il, ont suivi une marche plus régulière avec une tendance à diminuer. » A Saint-Martin-des-Noyers (Vendée), on rapporte que : « si la natalité a un peu diminué, en revanche la moyenne de la mortalité a diminué aussi. . . . ». Même constatation à Saviguy-sur-Braye (Loir-et-Cher). Dans l'Indre, à Lurais, tandis que les naissances ont toujours suivi une marche décroissante, le chiffre des décès est resté stationnaire, pour s'abaisser même dans la période de 1889 à 1899.

Nous ne saurions ici, dans cette étude, forcément écourtée, de la population rurale, aborder l'examen des causes qui contribuent à affaiblir depuis un certain temps l'accroissement de la population française. D'autres auteurs, que nous regardons comme nos maîtres, en ont présenté l'analyse, et nous ne pouvons qu'engager le lecteur à s'y reporter[1]. Au reste, le problème concerne l'ensemble de la population, et non pas spécialement la population de nos campagnes; il comporte, d'ailleurs, une étude des mobiles humains, que nous ne pouvions demander à nos correspondants. Quelques-uns, sans doute, l'ont abordée, sans y insister; les uns n'ont pas vu juste, et ils sont bien pardonnables; les autres ont entrevu la vérité, et en ont mis en relief un des côtés. Il n'est pas sans intérêt de reproduire ici quelques extraits empruntés à nos monographies. Aux yeux d'un habitant de Lurais, dans l'Indre, ce serait la crise agricole qui aurait amené l'affaissement subit de la natalité chez les nouveaux mariés, affirmation qu'il fait suivre de ces lignes :

Tout nouveau-né augmente les convives au repas de famille, accroît les charges des parents et diminue l'aisance des frères.

Une autre monographie, qui nous a été envoyée de la Haute-Marne, contient les réflexions suivantes :

On redoute le souci de l'éducation de plusieurs enfants; on se bâtit des *châteaux en Espagne*, et on voudrait créer à ses enfants une situation qu'on n'a pu qu'entrevoir, et que la mort brise souvent en enlevant celui sur lequel on avait accumulé tant d'espérances[2].

abaissée dans une proportion effrayante. Dans 24 communes du Haut-Agenais, elle n'atteint pas même la moitié de la natalité française, soit 11 p. 1000; quelques-unes n'ont que 8 ou 9 naissances pour 1000 habitants pendant la dernière décade. Ces renseignements ont été recueillis par M. Dumont, envoyé en mission dans cette partie de la France pour étudier le mouvement de la population, et communiqués à M. Levasseur.

[1] M. Levasseur, *loc. cit.*, t. III, p. 148 et suiv.; M. Leroy-Beaulieu, *Traité théorique et pratique d'économie politique*, 1re édit., 4e vol., p. 572 et suiv.; le savant auteur rattache la diminution de la natalité aux goûts de luxe, de sans-gêne et d'ambition qu'engendre la civilisation; celle-ci serait donc la véritable coupable.

[2] *Fays-Billot* (Haute-Marne).

Une localité de Lot-et-Garonne, région où l'infécondité des mariages se fait davantage sentir, la commune de Sainte-Bazeille, au dire de celui qui nous a présenté le tableau, se trouve dans une région privilégiée, où le sol, d'une grande fécondité, donne tous les produits du sol français ; cette fécondité a amené l'aisance et, avec l'aisance, les goûts du luxe et du bien-être.

Dès lors, ajoute-t-il, chaque père, chaque mère de famille ne rêvent plus pour leurs enfants que la fortune qui peut donner tout cela, et, pour arriver à ce résultat, on n'a plus qu'un enfant. Cet enfant se mariera avec une fille unique, le fruit des mêmes calculs, et ces deux êtres réuniront en leurs mains les économies faites par deux familles pendant 30 et 40 ans. ils auront un enfant qu'ils marieront à leur tour dans les mêmes conditions. Ce qui était 25,000 francs chez le grand-père, sera 100,000 francs chez le petit-fils, et, au bout de 60 ans, six personnes ne laisseront qu'un seul représentant, mais il sera riche.

Ce calcul, fait par la plupart des familles de cultivateurs, explique le dépeuplement de la belle plaine de la Garonne et des coteaux, non moins riches, qui la bordent. A l'inverse, la contrée voisine, les Landes, est une région fort pauvre ; les habitants y vivent sobrement, mais ils ont toujours une famille nombreuse, qu'ils parviennent à élever, malgré le peu de ressources que leur procure son sol. Une nombreuse famille, nous dit un autre instituteur, était, avec les mœurs pures d'autrefois, un élément de prospérité ; elle est devenue, avec celles d'aujourd'hui, une cause de ruine inévitable, ce qui constitue une exagération certaine, car, même aujourd'hui, une famille agricole nombreuse peut être un élément d'aisance et de fortune [1]. Il est, d'ailleurs, une cause qui agit défavorablement sur la natalité dans les Basses-Pyrénées : c'est l'émigration des jeunes gens en Amérique, émigration qui amène, comme conséquence indirecte, un certain nombre de jeunes filles à vivre dans le célibat.

L'excédent des décès sur les naissances, que nous avons constaté dans de nombreuses localités, n'est donc pas la conséquence d'un accroissement des décès, mais d'une réduction des naissances. Toutefois la fréquence de ce fait dans les campagnes est due en partie à une cause, que ni les statisticiens, ni nos auteurs de monographies n'ont mise en relief, c'est que la population rurale comprend une proportion assez forte de gens âgés. L'émigration sur les villes éloignant surtout les jeunes gens, on voit, parmi les habitants de la campagne, soit des individus que leur âge a cloués au sol natal, soit des vieillards qui, après une existence passée à la ville, y reviennent finir leurs jours. Sur ceux-ci, la mortalité prélève un plus large tribut.

L'émigration de la population rurale est un phénomène économique, dont le point de départ remonte au milieu du siècle dernier. Il est contemporain de l'établissement des chemins de fer qui ont largement contribué à ce mouvement. Les chemins de fer d'abord, puis le service militaire qui déshabitue du travail des

____

[1] Voir la monographie sur *Habère-Lullin* (Haute-Savoie).

champs et donne le goût de la ville, ont depuis cinquante ou soixante ans drainé la population rurale. Les ouvriers, en effet, habitués aux prix de la journée des travaux publics, n'ont plus voulu accepter ceux que pourrait donner l'agriculture; ils ont voulu partir à la ville, séduits par les salaires plus élevés. Les chemins de fer, une fois construits, ont précipité cette émigration, soit en la facilitant au point de vue matériel, soit en ouvrant l'accès des cadres de leur personne là beaucoup de jeunes gens de la campagne, sur lesquels l'uniforme ou la fonction exerce une fascination irrésistible, et pour lesquels «avoir une place» est l'objet d'une secrète convoitise [1].

Si l'on cherche à dégager le nombre des véritables travailleurs agricoles, c'est-à-dire de ceux qui *opèrent* eux-mêmes, soit comme *chefs d'exploitations*, soit comme *salariés*, on arrive à la répartition suivante :

Individus exerçant eux-mêmes la profession agricole (travailleurs agricoles)	6,913,504	37.79 p. 100.
Membres de leur famille, *sans profession*, mais vivant avec eux et domestiques attachés à leur personne	11,335,705	62.21
Total	18,249,209	100.00

Les travailleurs agricoles se divisent en deux classes, très inégales en nombre :

Cultivateurs proprement dits	6,711,911
Forestiers (bûcherons, charbonniers)	201,593
Total égal	6,913,504

En rapprochant les résultats de ce recensement de la surface cultivée de la France, on constate qu'il y a : 19.26 cultivateurs pour

[1] Les faits particuliers, relevés dans nos monographies, viennent confirmer ce point : A *Freneuse* (Seine-et-Oise), les débuts de l'émigration coïncident, en 1843, avec l'établissement du chemin de fer de Paris à Rouen ; à *Pey* (Landes), avec l'établissement du chemin de fer de Bayonne à Bordeaux ; à *Mousteru* (Côtes-du-Nord), avec l'établissement du chemin de fer de Paris à Brest, en 1858. On signale à *Lurais* (Indre) une émigration qui a suivi l'achèvement, en 1885, de la ligne traversant cette commune, et qui a porté immédiatement sur les terrassiers ayant travaillé à sa construction. Sans apporter autant de précision, les autres études locales relèvent toutes l'influence des chemins de fer, notamment celles sur *Lully* (Haute-Savoie), *Viterne* (Meurthe-et-Moselle), *Dourlers* (Nord), *Soing* (Haute-Saône) . . .

100 hectares cultivés, soit 1 cultivateur pour 5 hectares 20 ares;
2.11 forestiers pour 100 hectares de forêts, soit 1 forestier pour 40 hectares 62 ares de bois.

Voyons maintenant comment se répartissent les travailleurs agricoles :

> Cultivateurs travaillant exclusivement pour leur compte.. 3/10
> Cultivateurs travaillant exclusivement pour autrui...... 5/10
> Cultivateurs partageant leur temps entre la culture de
> leur propre bien et celle du bien d'autrui......... 2/10

On peut, en effet, ranger les travailleurs agricoles dans les six catégories suivantes :

RÉPARTITION DES TRAVAILLEURS AGRICOLES.

1° Chefs d'exploitations	propriétaires cultivant eux-mêmes..	2,150,696
	fermiers..................	968,328
	métayers..................	341,576
	Total..................	3,460,600
2° Auxiliaires ou salariés	régisseurs et commis de ferme....	17,966
	journaliers.................	1,480,687
	domestiques de ferme.........	1,954,251
	Total..................	3,452,904

Les deux grandes catégories de travailleurs agricoles sont donc égales en nombre. Par rapport aux surfaces cultivées, on trouve 1 patron pour 10 hectares et 1 salarié ou auxiliaire pour la même surface.

On peut évaluer à plus de 2 milliards de journées le travail des 6,913,504 individus exerçant la profession agricole, soit à une valeur en argent d'environ 4 milliards cent cinquante millions de francs.

Rapportée à la superficie cultivée, cette somme correspond à une dépense de 119 francs par hectare (forêts non comprises). On voit quelle lourde charge supporte la culture, par cette main-d'œuvre rendue nécessaire par la division des parcelles, la prédominance de la petite culture et l'insuffisance du nombre de machines agricoles.

Voyons quels sont ceux qui font ces journées. Ce sont : 1° les domestiques à gages, lesquels constituent le personnel permanent de l'exploitation; 2° les journaliers agricoles; 3° les ouvriers qui exécutent certains travaux à tâche. Bien des différences les séparent: la nature et la durée de l'engagement, le mode de salaire, les conditions d'existence.

Attachés à l'exploitation agricole, les domestiques à gages donnent tout leur temps à leur patron chez lequel ils couchent et, généralement, sont nourris. Ils reçoivent, en outre, un salaire fixe.

Les journaliers sont payés à la journée. Les uns sont nourris, les autres reçoivent, à la place de la nourriture, un salaire plus élevé. Ils ont une habitation, dans laquelle ils résident avec leur famille. Beaucoup sont propriétaires de leur maison; certains ont des parcelles de terre. Mais pour ceux qui ne possèdent rien, le manque de travail régulier est souvent une cause de graves mécomptes.

Ce qui les sauve, c'est que, pour certains travaux agricoles qui doivent s'exécuter rapidement, l'usage du salaire à tâche s'est maintenu. La culture de la vigne, par exemple, se fait encore généralement ainsi; pour les fauchages, la moisson, les binages, les arrachages de betteraves, le travail se fait aussi à la tâche, et les journaliers se font tous tâcherons. Ils gagnent, de cette façon, de grosses journées, qui compensent un peu le déficit des mois d'hiver.

Sur certains points, le payement se fait partie ou même entièrement en nature. A noter que ce payement s'effectue parfois en travail: un propriétaire d'un coin de terre aura recours, pour le labour, à un voisin ayant un attelage et le rémunèrera par quelques journées de travail.

Un éminent statisticien, M. de Foville, a pu dire que l'histoire des gages et des salaires n'est qu'une «triste succession de tableaux douloureux» et ajouter que «dans ce long combat du travail contre la faim, qui constitue la vie du plus grand nombre des hommes, la faim, en 1788, comme en 1350, était la plus forte: le travail était vaincu d'avance».

Il n'en est heureusement plus ainsi, et si, de 1700 à 1788, le gain moyen du travailleur agricole n'augmenta que de 11 p. 100, durant le dernier siècle, la hausse n'est pas inférieure à 300 p. 100.

Reste à examiner la nature des rapports entre employeurs et

employés. La consultation des monographies, dues à l'enquête faite par la Classe 104, permet de répondre que ces rapports sont bons, souvent même excellents. Si une exception devait être faite, ce serait pour certaines fermes des environs de Paris et pour quelques régions de grande culture où les rapports, par suite de l'éloignement où se tient le patron, ont perdu leur caractère affectueux. Mais d'une façon générale, l'enquête a révélé un état pleinement satisfaisant.

« Dans les relations de patron à ouvrier, en dehors du commandement des travaux, bien entendu, on traite d'égal à égal; il n'y a aucune étiquette à observer, et, pour cela, il n'y a pas de différence entre la grande, la moyenne et la petite culture. En société, tout le monde va de pair; on est comme en famille[1]. »

Et encore :

« La table est la même pour tous; les caractères des rapports sont ceux de la familiarité; les domestiques, ordinairement des jeunes gens, font comme partie de la famille; le dimanche, le domestique sortira avec le fils du patron, la servante avec la fille de la maison. Peu ou pas de distinction entre les maîtres et les domestiques au point de vue du travail, de la nourriture, de la toilette et même des récréations[2]. »

MODES D'EXPLOITATION; VALEUR FONCIÈRE. — Les chiffres donnés plus haut quant à la répartition des travailleurs montrent la prépondérance, très heureuse, de la catégorie du *faire-valoir* direct (propriétaire ou métayer), sur celle des régisseurs ou commis dont le nombre (18,000 à peine) ne correspond qu'à 1/2 p. 100 du chiffre total des chefs d'exploitation. C'est là une condition excellente de stabilité et de démocratisation du sol.

Il est intéressant de rechercher comment les 7 millions de cultivateurs se répartissent au point de vue de la propriété. Le relevé du tableau suivant va nous édifier à ce sujet et nous montrer que plus de la moitié des travailleurs agricoles possède une portion plus ou moins considérable du sol qu'elle cultive.

[1] Monographie sur *Dom-le-Mesnil* (Ardennes).

[2] Monographie sur *Savigny-en-Braye* (Loir-et-Cher).

CULTIVATEURS PROPRIÉTAIRES ET NON PROPRIÉTAIRES [1].

DÉSIGNATION.	PROPRIÉTAIRES.	NON PROPRIÉTAIRES.	RÉPARTITION PAR CATÉGORIES.		PROPORTION	
			Propriétaires.	Non propriétaires.	des PROPRIÉTAIRES.	des non PROPRIÉTAIRES.
			p. 100.	p. 100.		
Cultivant exclusivement leurs terres	2,150,696	//	61.01	//	100.00	//
Fermiers	500,144	468,184	14.19	13.82	51.45	48.35
Métayers	147,128	194,448	4.17	5.74	43.07	56.93
Régisseurs	//	17,966	//	0.53	//	100.00
Journaliers	727,374	753,313	20.63	22.23	49.12	50.88
Domestiques de ferme	//	1,954,251	//	57.68	//	100.00
Totaux	3,525,342	3,388,162	100.00	100.00	50.99	49.01
	6,913,504				100.00	

La répartition de la propriété rurale, en France, peut se résumer en deux ou trois chiffres très simples. Les 12 millions de cotes agraires représentent 125 millions de parcelles appartenant à 4,835,246 propriétaires ruraux, dont : 71.19 p. 100, soit 3,525,342 exploitant eux-mêmes, et 28.81, soit 1,309,904 n'exploitant pas directement.

Ces chiffres n'ont pas une valeur absolue, étant donnée la difficulté de faire un départ rigoureux en catégories, d'après le nombre des cotes, mais ils suffisent pour donner une idée de la répartition de la propriété entre les travailleurs.

Nous avons vu que la France compte près de 5 millions et demi d'exploitations; le régime auquel elles sont soumises présente trois formes bien distinctes : 1° la culture directe, c'est-à-dire l'exploitation par le propriétaire et par ses aides; 2° le fermage (culture à prix

[1] Chiffres de 1882. Voici à titre de comparaison ceux de 1892 :

	PROPRIÉTAIRES.	NON PROPRIÉTAIRES.
Cultivant exclusivement leurs terres.	2,199,220	//
Fermiers	475,778	585,623
Métayers	123,297	220,871
Régisseurs	//	19,091
Journaliers	588,950	621,131
Domestiques de fermes	//	1,832,174
Totaux	3,387,245	3,275,890
	6,663,135	

d'argent et moyennant bail); 3° enfin, le métayage, qui est une forme d'association entre le propriétaire et l'exploitant.

En 1882, les 5,422,334 exploitations se répartissent comme suit, entre ces trois catégories :

CATÉGORIES.	1882.		1892.	
	NOMBRE D'EXPLOITATIONS.	TAUX POUR CENT.	NOMBRE D'EXPLOITATIONS.	TAUX POUR CENT.
Faire valoir direct..................	4,324,917	79.76	3,387,245	70.67
Fermage......................	749,559	13.82	1,061,401	22.15
Métayage....................	347,858	6.42	344,168	7.18
Total	5,422,334	100.00	4,792,814	100.00

Le mode d'exploitation varie avec les régions et les départements : la culture directe atteint le maximum dans la Seine et dans l'Hérault, où elle représente 97.79 et 97.20 p. 100 des exploitations. La culture indirecte a son maximum dans la Mayenne (67.10 p. 100) et dans la Seine-Inférieure (63.41 p. 100). Dans 41 départements, la culture directe représente plus de 85 p. 100 du nombre total des cultures; dans tous les autres, elle oscille entre 70 et 85 p. 100 [1].

[1] Résultats de l'enquête de 1892 [ƒ. v. d. indique que, dans le département, c'est le faire valoir direct qui compte le plus d'unités; m, que c'est le métayage, et ƒ, enfin, que c'est le fermage] :
Ain (ƒ. v. d.), Aisne (ƒ.), Allier (m.), Basses-Alpes (ƒ. v. d.), Hautes-Alpes (ƒ. v. d.), Alpes-Maritimes (ƒ. v. d.), Ardèche (ƒ. v. d.), Ardennes (ƒ. v. d.), Ariège (ƒ. v. d.), Aube (ƒ. v. d.), Aude (ƒ. v. d.), Aveyron (ƒ. v. d.), Bouches-du-Rhône (ƒ. v. d.), Calvados (ƒ.), Cantal (ƒ. v. d.), Charente (ƒ. v. d.), Charente-Inférieure (ƒ. v. d.), Cher (ƒ. v. d.), Corrèze (ƒ. v. d.), Corse (ƒ. v. d.), Côte-d'Or (ƒ.), Côtes-du-Nord (ƒ.), Creuse (ƒ. v. d.), Dordogne (ƒ. v. d.), Doubs (ƒ. v. d.), Drôme (ƒ. v. d.), Eure (ƒ.), Eure-et-Loir (ƒ.), Finistère (ƒ.), Gard (ƒ. v. d.), Haute-Garonne (ƒ. v. d.), Gers (ƒ. v. d.), Gironde (ƒ. v. d.), Hérault (ƒ. v. d.), Ille-et-Vilaine (ƒ.), Indre (ƒ. v. d.), Indre-et-Loire (ƒ. v. d.), Isère (ƒ. v. d.), Jura (ƒ. v. d.), Landes (m.), Loir-et-Cher (ƒ. v. d.), Loire (ƒ. v. d.), Haute-Loire (ƒ. v. d.), Loire-Inférieure (ƒ. v. d.), Loiret (ƒ.), Lot (ƒ. v. d.), Lot-et-Garonne (ƒ. v. d.), Lozère (ƒ. v. d.), Maine-et-Loire (ƒ.), Manche (ƒ. v. d.), Marne (ƒ. v. d.), Haute-Marne (ƒ. v. d.), Mayenne (ƒ.), Meurthe-et-Moselle (ƒ. v. d.), Meuse (ƒ. v. d.), Morbihan (ƒ.), Nièvre (ƒ. v. d.), Nord (ƒ.), Oise (ƒ.), Orne (ƒ. v. d.), Pas-de-Calais (ƒ.), Puy-de-Dôme (ƒ.), Basses-Pyrénées (ƒ. v. d.), Hautes-Pyrénées (ƒ. v. d.), Pyrénées-Orientales (ƒ. v. d.), Haut-Rhin (ƒ.), Rhône (ƒ. v. d.), Haute-Saône (ƒ. v. d.), Saône-et-Loire (ƒ. v. d.), Sarthe (ƒ.), Savoie (ƒ. v. d.), Haute-Savoie (ƒ. v. d.), Seine (ƒ.),

Les avantages du métayage sur le fermage se sont manifestement fait sentir durant la phase difficile que l'agriculture française a traversée, il y a quelques années. La crise a été beaucoup moins intense dans les régions où domine le métayage que dans les départements à fermage.

On a beaucoup parlé de la dépréciation de la propriété foncière, de la baisse des fermages et de la moins-value des terres. Sans méconnaître l'influence fâcheuse exercée par la série de mauvaises récoltes que la France a subies de 1880 à 1887 sur le prix des terres et sur le taux des fermages, il y aurait lieu de se demander si les uns et les autres n'ont pas eu à supporter une réaction provenant, pour une part, d'évaluations antérieures un peu exagérées et, en ce qui regarde les fermages, d'une sorte de coalition des fermiers, en vue d'obtenir des réductions plus considérables que ne l'eût comporté le retentissement des mauvaises récoltes sur les profits de l'exploitation de la terre.

Les chiffres révélés par l'enquête de 1882, quoique déjà anciens, présentent un grand intérêt, en ce qui touche la valeur foncière et locative du sol et les accroissements considérables dont elles ont bénéficié depuis quarante ans.

L'enquête agricole divise les terres en cinq classes, d'après leur qualité. Voici cette répartition proportionnelle en étendue :

1re classe	17 p. 100.
2^e	22
3^e	25
4^e	20
5^e	16
Total	100

Seine-Inférieure (*f.*), Seine-et-Marne (*f.*), Seine-et-Oise (*f.*), Deux-Sèvres (*f. v. d.*), Somme (*f.*), Tarn (*f. v. d.*), Tarn-et-Garonne (*f. v. d.*), Var (*f. v. d.*), Vaucluse (*f. v. d.*), Vendée (*f.*), Vienne (*f. v. d.*), Haute-Vienne (*f. v. d.*), Vosges (*f. v. d.*), Yonne (*f. v. d.*).

On voit que c'est le faire valoir direct qui domine surtout; il tient à partir d'une ligne reliant la Charente-Inférieure aux Ardennes; le fermage, au contraire, est le plus répandu dans le Nord-Ouest. A signaler, si j'ose ainsi dire, quatre enclaves : d'une part, la Côte-d'Or et le territoire de Belfort, qui appartiennent au fermage; d'autre part, la Loire-Inférieure, qui est du domaine du faire valoir direct ainsi que le groupe de l'Orne et de la Manche. Quant au métayage, il ne domine que sur deux points : Landes et Allier.

On remarquera que la 2ᵉ et la 3ᵉ classe réunies représentent presque la moitié du territoire agricole de la France. La même enquête attribue aux différentes classes la valeur vénale suivante, à l'hectare :

VALEUR VÉNALE MOYENNE DE L'HECTARE (1882), EN FRANCS.

NATURE DES CULTURES.		1ʳᵉ CLASSE.	2ᵉ CLASSE.	3ᵉ CLASSE.	4ᵉ CLASSE.	5ᵉ CLASSE.
Terres labourables.............		3,442	2,644	1,863	1,289	826
Prés et herbages		4,467	3,374	2,511	1,838	1,218
Vignes.......................		3,818	3,003	2,251	1,646	1,118
Forêts.	Taillis.............	1,569	1,202	947	725	509
	Futaies...	2,330	1,836	1,433	1,116	762

Depuis 1882, dans certaines régions, la valeur vénale a baissé de 10 à 25 p. 100 ; mais cette diminution, qui tend d'ailleurs à s'atténuer beaucoup[1], laisse encore la terre à un prix très supérieur à celui qu'elle avait en 1852, comme l'indique l'exemple suivant :

DÉSIGNATION.		1852.	1882.	DIFFÉRENCES.	ACCROISSEMENT P. 100.
		francs.	francs.	francs.	
1ʳᵉ classe.	Terres labourables....	2,282	3,442	1,660	50
	Prairies.............	3,282	4,467	1,185	39
	Vignes..............	2,521	3,818	1,297	51.5

Les prix moyens extrêmes sont 826 francs et 3,442 francs à l'hectare, pour la 1ʳᵉ classe ; dans le département des Landes, les écarts

[1] «La valeur des terres ne reviendra probablement jamais au taux ancien, mais l'agriculture commence à remonter la pente, et l'émigration des campagnes est déjà arrêtée ; la valeur de la terre ne descend plus ; elle se relève sur certains points. Un autre fait significatif est que le nombre des propriétés a augmenté de 3,000, malgré la diminution générale de la population rurale. C'est la preuve que l'on cultive avec beaucoup moins de bras. Les nouveaux propriétaires ont été pris parmi des journaliers et des domestiques. La conclusion, au point de vue social, est que la propriété se démocratise de plus en plus. Le jour est proche où chaque travailleur de la terre aura son lopin. Le législateur pourra activer le mouvement par la constitution des biens de famille. Le progrès social n'est pas dans la suppression du capital et de la propriété individuelle, mais dans la participation, de plus en plus grande, des travailleurs à la propriété. La petite propriété est en train de conquérir la France.» (Jules MÉLINE, discours prononcé à Remiremont le 14 août 1904.)

vont de 542 francs à 1,242 francs; dans la Creuse, de 515 francs à 2,095 francs. Le prix le plus bas de tous se rencontre dans la Haute-Marne, où l'enquête a constaté une valeur de 201 francs pour les terres de 5e classe; le prix le plus élevé appartient à la 1re classe des terres labourables du Lot, 6,175 francs à l'hectare. Les prairies varient dans des limites aussi grandes que les terres labourables : minima 201 francs (Corse), 613 francs (Hautes-Alpes); maximum 8,630 francs (Lot).

D'après les tableaux statistiques exposés, en 1889, par le Ministère de l'agriculture, dans la Classe 73 *bis*, on peut établir comme suit le détail sommaire de la valeur foncière du sol français que nous avons dit dépasser 91 milliards :

VALEUR TOTALE FONCIÈRE DU SOL DE LA FRANCE.

Terrains de qualité supérieure	3,829,030,098 francs.
Terres labourables	57,514,810,648
Prés et herbages	14,799,518,127
Vignes	6,887,902,998
Bois et forêts	6,256,930,960
Landes	1,394,522,180
Cultures non dénommées	901,232,663
Total	91,583,947,674

D'où, la valeur générale (moyenne) de l'hectare ressortirait à 1,830 fr. 39.

Le taux des fermages a suivi une progression parallèle à l'accroissement de la valeur vénale du sol, de 1852 à 1882. En voici le résumé :

TAUX MOYEN ANNUEL DES FERMAGES.

CATÉGORIES.	1882.			1862.			1852.		
	TERRES.	PRÉS.	VIGNES.	TERRES.	PRÉS.	VIGNES.	TERRES.	PRÉS.	VIGNES.
	francs.	francs.	francs.	francs.	francs.	francs.	francs.	francs.	francs.
1re	104	151	158	96	152	139	55	112	87
2e	80	120	120	69	104	98	46	79	62
3e	62	91	100	45	72	68	29	50	41
4e	46	68	74	//	//	//	//	//	//
5e	33	50	54	//	//	//	//	//	//

Les données relatives à la valeur vénale du sol et à son loyer se résument, pour la période 1852-1882, en deux chiffres éloquents : la valeur du capital foncier, dans cette période, s'est accrue de 46.80 p. 100 ; celle du loyer, de 45.12 p. 100.

D'après cela, on voit qu'une diminution de 25 p. 100 dans la valeur vénale et dans la valeur locative du sol, en admettant qu'elle se soit produite depuis 1882 dans toute la France, ce qui n'est pas démontré, et qu'elle se maintienne dans l'avenir, ce qui est moins probable encore, laisserait, malgré tout, la propriété foncière dans une situation supérieure de 20 p. 100 à ce qu'elle était en 1852. On ne saurait donc voir dans une crise passagère, provoquée principalement par une série de mauvaises années, crise qui, d'ailleurs, a sévi sur tout le vieux continent, un motif de découragement sérieux. Il faut, au contraire, s'efforcer comme le font avec succès beaucoup de cultivateurs, d'augmenter les rendements du sol et d'arriver, par une diminution dans le prix de revient, corrélative de cet accroissement dans les rendements, à une rémunération plus large des capitaux et du travail engagés dans les exploitations rurales.

En résumé, la situation comparative de l'agriculture à trente ans de distance (1852-1882) se traduisait de la manière suivante :

DÉSIGNATION.	1852.	1882.	AUGMENTATIONS.
	francs.	francs.	francs.
Capital foncier.....................	61,189,000	91,584,000	30 395,000
Loyer de la terre..................	1,824,000,000	2,645,000,000	821,000,000
Impôts........................	229,000,000	267,000,000	68,000,000

Le produit brut annuel a passé, dans le même temps, de 8 milliards 61.000,000 de francs à 13,461,000,000 de francs, en excédent de *cinq milliards et demi de francs* sur la période de 1852. N'y a-t-il pas là un encouragement puissant pour les cultivateurs [1] ?

[1] Au sujet de la question des baux, voici comment s'exprime le rapport de la Classe 104 :

«Un auteur qui a publié de nombreuses études d'économie rurale, M. Dubost, a compulsé une série de baux relatifs à vingt-six domaines appartenant aux hospices de *Bourg*,

ENGRAIS; COMPARAISON DE CE QUI EST PRIS AU SOL ET DE CE QUI LUI EST RESTITUÉ. — Après avoir jeté un coup d'œil sur l'importance relative des principales cultures de la France, nous examinerons les moyens

et a montré les variations de la rente foncière de 1750 à 1866. Le revenu a quintuplé, mais la marche suivie n'a pas été uniforme. » (*Journal des économistes*, 1879.)

Voici d'ailleurs le tableau :

	RENTE PAR HECTARE.
	livres.
1750	14
1774	18
1790	30
1796	45
1810 à 1825	30
1840	45
1850	50
1866	66

«La hausse qui s'observe de 1790 à 1796 tient surtout aux réformes fiscales et à la suppression de la dîme.

«Notre savant collègue, M. Convert, a repris le travail de M. Dubost au point où celui-ci l'avait laissé, et il a pu s'assurer que l'augmentation des fermages des domaines des hospices de Bourg n'était pas arrivée à son terme en 1866, et qu'elle avait continué sans interruption jusqu'en 1876, pour se modérer peu à peu jusqu'en 1879, et pour s'arrêter à partir de 1880. (*La propriété.*)

«M. Lallier avait donné, avant M. Dubost, dans une note, les variations du prix de fermage d'un domaine de 67 hectares, appartenant aux hospices de Sens. Le revenu de ce domaine, *converti en argent et ramené au taux actuel des valeurs*, aurait passé successivement par les phases suivantes :

	PRIX DE FERMAGE.
	francs.
1510	1,620
1549	2,330
1565	2,820
1574	3,000
1576	Pas de preneur.
1598	670
1610	560

1649	840
1740	930
1780	940
1793	Pas de preneur.
1796	900
1812	1,060
1839	1,450
1856	3,275

«Si nous examinons les conditions actuelles de fermage depuis 1856, qui nous ont été fournies par le receveur des hospices, nous voyons que ce domaine, loué à cette époque 3,275 francs, rapportait 48 francs par hectare; il a été reloué, en 1875, 5,750 francs, mais pour une contenance de 99 hectares, soit 58 francs par hectare; il est actuellement loué moyennant 4,000 francs, net d'impôts, alors que précédemment le fermier supportait ces impôts. Ceux-ci étant de 700 francs, le fermage touché par les hospices de Sens se trouve être de 3,300 francs, soit 33 fr. 30 par hectare.

«L'histoire foncière du xixᵉ siècle, pour nous en tenir à ces cent dernières années, présente deux périodes bien distinctes. La première, qui s'étend jusqu'en 1879, est signalée par une hausse progressive de la rente; aucun bail n'était renouvelé sans que le prix du fermage ne fût augmenté. Le fait a été particulièrement frappant à partir de 1840. »

É. Chevalier signale ensuite la crise continue qui se produit depuis 1879. Déjà M. Beyle avait dit que la crise agricole était surtout une crise de fermage. M. Chevalier conclut :

«Comment ne pas se souvenir ici de la célèbre loi de Ricardo, et comment ne pas reconnaître que les faits les plus récents démontrent la vérité de cette théorie? L'économiste anglais attribuait comme fondement de la rente foncière, la fertilité native du sol ou l'avantage tiré de la proximité, et, à l'appui de cette théorie, il montrait que, si une cod'arriver à les accroître en rendement dans des proportions qui les rendraient tout à fait rémunératrices.

Parmi les statistiques des récoltes que le Ministère de l'agriculture exposait, en 1889, au quai d'Orsay, j'ai choisi celle de 1886, année qui correspond à une bonne récolte *moyenne*. Partant des données qu'elle fournit, je chercherai à dresser une sorte de bilan chimique du sol français, en comparant les quantités de principes nutritifs contenus dans les récoltes d'une année à la restitution faite au sol, dans la pratique, par l'apport de fumier de ferme. Cette comparaison aboutira à la nécessité de l'emploi des engrais industriels[1], pour le maintien et, *a fortiori*, pour l'accroissement de la fertilité du sol national. C'est dans l'étude des ressources qu'offrent à l'agriculture les engrais minéraux et le meilleur mode d'utilisation de ces derniers, comme complé-

lonie venait à s'établir dans une contrée encore inoccupée, où les terres se donnent encore en quantité illimitée à ceux qui voudraient les cultiver, il n'y aurait pas de rente et la colonie délaisserait les terres de qualité inférieure. Or, à l'heure actuelle, nos produits agricoles subissent la concurrence de pays neufs, où une grande étendue du territoire est encore inoccupée; mais amener les produits, c'est comme si l'on amenait les terres. Nous nous trouvons donc dans une situation analogue à celle que supposait Ricardo; et c'est ainsi que peuvent s'expliquer la baisse de la rente, le discrédit et l'abandon des mauvaises terres, et, en revanche, la situation privilégiée que gardent les terres voisines des centres de consommation.»

Enfin, au sujet de l'augmentation de la rente foncière, je citerai un extrait d'un discours prononcé au Sénat (séance du 24 mars 1885) par M. Léon Say :

«J'ai entendu récemment à la Société de statistique, disait-il, la lecture d'un mémoire très intéressant dû à l'un des agents du Ministère des finances : c'est l'histoire d'un domaine rural depuis 1523 jusqu'en 1884. Ce domaine, qui avait été détaché de la terre de Bourbilly, fut donné par un Rabutin — le grand-père, je crois, du comte de Bussy-Rabutin, — à titre de récompense à un homme d'armes qui l'avait bien servi.

«Cette terre était donc devenue un fief roturier, qui payait au seigneur une redevance dont Mme de Sévigné a touché une partie. On a pu suivre les comptes de ce petit domaine depuis 1523 jusqu'à nos jours, et on a constaté que la valeur en avait sans cesse augmenté. Le revenu, qui était primitivement de 50 livres, s'élève aujourd'hui à 2,000 francs.

«Eh bien! si, au lieu de ce petit domaine de la Rochette, près Dijon, M. de Rabutin avait donné à son homme d'armes une rente de même importance sur l'Hôtel de Ville, — on venait précisément de créer les rentes sur l'Hôtel de Ville de Paris, — vous pouvez apprécier ce que serait devenue aujourd'hui cette rente que l'homme d'armes avait acquise en 1523; vous pouvez juger ce qu'il en resterait à présent entre les mains de ses héritiers. Je ne sais pas si sur les 50 francs qu'avait touchés leur auteur, ils retireraient aujourd'hui 50 centimes; tandis qu'au lieu des 50 livres que rapportait, en 1523, le domaine donné par Rabutin, ils ont obtenu, dans ces dernières années, un revenu de 2,000 francs.»

[1] Concernant la production et à la consommation des engrais dans le monde, voir livre X.

ment et non comme remplaçants du fumier de ferme, que les cultivateurs trouveront la voie la plus sûre de relèvement de leurs profits.

Commençons par grouper, en un tableau succinct, les principaux éléments de la récolte de 1886, par grandes catégories de produits :

CÉRÉALES. — RÉCOLTE DE 1886.

NATURE DES RÉCOLTES.	NOMBRE D'HECTARES cultivés.	PRODUIT		RENDEMENT À L'HECTARE.		VALEUR TOTALE du grain.
		en HECTOLITRES.	en QUINTAUX métriques.	en hectolitres.	en quintaux métriques.	francs.
Froment.........	6,956,167	107,287,082	81,357,588	15 42	11 84	1,775,127,389
Seigle...........	1,634,283	22,610,273	16.226,710	13 83	9 93	257,732,703
Méteil	337,025	5,169,722	3,811,908	15 34	11 31	71,564,929
Orge	946,700	17,893.146	17,491,326	18 90	12 13	180,598,713
Avoine.........	3,736,094	89,288,731	42,237,261	23 89	11 30	731,373,517
Sarrasin.......	607,990	10,052,856	6,501,232	16 53	10 59	107,262,978
Maïs..........	549,336	8,909,810	6,430,553	16 21	11 71	106,778,873
Millet..........	50,388	662,596	459,973	13 15	9 13	"
TOTAUX ET MOYENNES.	14,817,983	251,874,216	162,516,551			5,230,469,042

La production totale des céréales qui occupe, en France, un peu moins de 15 millions d'hectares, s'élevait, en 1886, à 252 millions d'hectolitres — correspondant à 170 millions de quintaux — valant ensemble 3 milliards 230 millions de francs. Le rendement *moyen* en céréales à l'hectare est de 16 hectol. 67 ou 10 q. m. 99. Le froment représente à lui seul 48.8 p. 100 de la production totale en céréales, avec un rendement moyen de 11 q. m. 84 à l'hectare.

Que représentent les prélèvements faits au sol, par les récoltes annuelles de céréales, en acide phosphorique, en azote et en potasse, c'est-à-dire dans les trois principes nutritifs que la fumure a pour but principal de restituer à la terre, après l'enlèvement des récoltes ? L'évaluation approximative de ces quantités, rendue possible par la connaissance que l'analyse chimique nous a donnée sur la composition des végétaux, est du plus haut intérêt pour le cultivateur; elle peut servir de point de départ positif pour la restitution à opérer par les fumures. Nous allons donc la tenter.

Les statistiques annuelles étant muettes sur les quantités de paille récoltées, nous prendrons, pour les calculer, les chiffres moyens donnés par les expérimentateurs les plus dignes de confiance, sur le rapport de la paille au grain.

Nous admettrons qu'un quintal de grain correspond aux poids suivants de paille :

	kilogr.		kilogr.
Froment	170	Avoine	285
Seigle	300	Sarrasin	135
Méteil	180	Maïs	580
Orge	140	Millet	100.

Ces chiffres sont, il va sans dire, sujets à variations avec les sols, les années, etc. Mais tels qu'ils sont, ils suffisent pour une évaluation approximative du genre de celle que nous nous proposons de tenter et qui ne saurait prétendre à une exactitude rigoureuse.

En les appliquant aux récoltes du tableau précédent, on arrive à une production de paille se décomposant comme suit, pour l'année 1886, prise comme terme de comparaison :

QUANTITÉS, EN NOMBRES RONDS ET EN QUINTAUX MÉTRIQUES, DE PAILLE PRODUITES PAR UNE RÉCOLTE.

	de froment	140,000,000
	de seigle	49,000,000
	de méteil	6,860,000
Paille	d'orge	15,000,000
	d'avoine	95,000,000
	de sarrasin	8,800,000
	de maïs	37,800,000
	de millet	460,000
	Total	352,920,000

Si l'on applique à chacune des catégories de grains et de paille, les teneurs moyennes que l'analyse chimique a révélées en acide phosphorique, azote et potasse, on arrive aux chiffres suivants pour les quantités de grains et de paille récoltés en une année sur le sol français[1].

[1] On trouvera le détail de ces calculs dans mon étude intitulée *l'Épuisement du sol et les récoltes*, Hachette, 1889.

QUANTITÉS D'AZOTE, D'ACIDE PHOSPHORIQUE ET DE POTASSE
CONTENUES DANS UNE RÉCOLTE.

DÉSIGNATION.	AZOTE.	ACIDE PHOSPHORIQUE.	POTASSE.
	tonnes métriques.	tonnes métriques.	tonnes métriques.
Froment et sa paille................	190,700	120,000	219,000
Seigle et sa paille................	47,400	26,600	50,500
Méteil et sa paille................	10,000	5,800	11,000
Orge et sa paille................	28,700	12,000	29,500
Avoine et sa paille................	126,700	51,000	175,000
Sarrasin et sa paille................	20,900	9,000	23,000
Maïs et sa paille................	30,000	17,800	63,000
Millet (pas de documents analytiques).........	"	"	"
Totaux................	454,400	242,200	571,000

En divisant respectivement chacun de ces totaux par le nombre d'hectares cultivés en céréales (en nombre rond, 15 millions d'hectares), on trouve que la récolte enlève par hectare :

Acide phosphorique........................ 30^k 20
Azote.................................... 16 10
Potasse.................................. 38 00

Procédons pour les plantes destinées spécialement à l'alimentation du bétail, comme nous venons de le faire pour les céréales. La culture des plantes fourragères, comprenant les pommes de terre, la betterave fourragère, les prairies artificielles, les prairies naturelles et les herbages, a présenté, pour l'année 1886, les conditions générales suivantes :

PLANTES FOURRAGÈRES ET PRAIRIES.

NATURE DES RÉCOLTES.	NOMBRE D'HECTARES CULTIVÉS.	RÉCOLTE.	RENDEMENT À L'HECTARE.	VALEUR TOTALE.
		quintaux mét.	quint. mét.	francs.
Pommes de terre..............	1,463,251	112,877,643	77 14	559,372,522
Betteraves fourragères..........	317,487	81,430,866	256 48	163,369,772
Trèfle..................	910,260	37,865,902	41 59	204,086,438
Luzerne..................	782,984	36,966,708	47 21	219,931,965
Sainfoin..................	611,000	21,386,029	35 00	120,715,300
Prés naturels et herbages........	5,001,590	165,159,633	33 02	901,454,698
Regains.................	"	31,395,768	"	130,456,573
Totaux..............	9,086,572	487,082,549		2,299,387,268

Si l'on applique, à chacune de ces récoltes, les chiffres moyens donnés par l'analyse chimique des différentes plantes qui les constituent, on trouve qu'elles enlèvent au sol les tonnages suivants des trois principes fondamentaux de l'alimentation des végétaux, dont la restitution doit toujours préoccuper le cultivateur, en raison de leur rareté dans le sol :

DÉSIGNATION.	AZOTE.	ACIDE PHOSPHORIQUE.	POTASSE.
	tonnes métriques.	tonnes métriques.	tonnes métriques.
Pommes de terre	38,200	18,000	66,000
Betteraves fourragères	15,000	7,000	39,000
Trèfle	8,700	3,000	5,000
Luzerne	8,500	2,000	5,400
Sainfoin	4,600	1,000	2,700
Prés naturels et herbages	25,400	7,000	26,400
Regains	6,000	1,800	7,000
Totaux	106,400	39,800	151,500

Restent à faire les mêmes évaluations pour les cultures industrielles.

La statistique officielle de 1886 nous donne les renseignements suivants sur la culture des principales d'entre elles : colza, navette, œillette, cameline, parmi les plantes oléagineuses; chanvre et lin comme textiles; enfin, betterave à sucre, tabac et houblon.

NATURE DES RÉCOLTES.	SURFACES CULTIVÉES EN HECTARES.	RÉCOLTE en QUINTAUX MÉTRIQUES.	RENDEMENT À L'HECTARE.		VALEUR TOTALE.
			HECTOLITRES.	QUINTAUX MÉTRIQUES.	francs.
Colza	72,567	687,696	14 15	9 47	18,704,405
Navette	12,641	62,989	7 77	5 23	1,966,751
OEillette	18,645	177,819	14 39	9 53	6,766,635
Cameline	1,219	10,553	13 77	8 06	265,720
Chanvre (filasse)	60,185	434,703	//	7 22	37,464,344
Chanvre (graines)	60,185	199,833	//	3 75	5,985,371
Lin (filasse)	42,114	301,592	//	7 16	29,560,638
Lin (graines)	42,114	220,639	//	6 32	10,779,539
Betterave à sucre	213,338	68,919,459	//	383 02	141,300,876
Tabac	13,043	223,855	//	14 88	19,941,566
Totaux	537,451	71,239,138			272,735,845

La méthode de calcul, précédemment employée pour déterminer la teneur d'une récolte en azote, acide phosphorique et potasse, a permis d'évaluer les emprunts faits au sol, par les cultures industrielles, aux chiffres suivants :

DÉSIGNATION.	AZOTE.	ACIDE PHOSPHORIQUE.	POTASSE.
	tonnes métriques.	tonnes métriques.	tonnes métriques.
Plantes oléagineuses et textiles.............	16,000	12,500	12,240
Tabac et houblon......................	900	170	1,000
Betteraves à sucre.	20,700	17,509	41,000
Totaux...............	37,600	30,179	54,240

Nous sommes en mesure, à l'aide de cet ensemble de données, de dresser le tableau récapitulatif des emprunts annuels d'une récolte moyenne sur le sol français et de fixer, d'une manière suffisamment approchée, l'appauvrissement qui en résulte, par hectare de terre en culture. Nous partirons du résultat général de ces évaluations pour calculer, après avoir estimé la production du fumier de ferme, l'apport nécessaire à faire en engrais minéraux, afin de combler les déficits et d'accroître la fertilité de nos terres.

RÉCAPITULATION DES CULTURES ET DES EMPRUNTS FAITS ANNUELLEMENT
AU SOL FRANÇAIS PAR UNE RÉCOLTE MOYENNE.

NATURE DES RÉCOLTES.	NOMBRE D'HECTARES SOUS CULTURE.	POIDS TOTAL DE LA PRODUCTION.	VALEUR TOTALE DE LA PRODUCTION.	TENEUR DES RÉCOLTES.		
				AZOTE EN MILLIERS de tonnes.	ACIDE PHOSPHO-RIQUE en milliers de tonnes.	POTASSE EN MILLIERS de tonnes.
		quintaux métriques.	francs.			
Céréales. { Grain....	14,817,983	169,516,551	3,230,469,042 }	454,4	242,2	571,0
(Paille....	"	352,920,000	124,522,000 }	(Paille comprise.)		
Plantes fourragères...	9,086,568	487,081,549	2,299,367,268	106,4	39,8	151,5
Cultures industrielles.	435,152	70,233,438	268,735,845	37,6	30,2	54,2
Totaux........	24,339,703	1,079,751,538	5,923,094,155	598,4	312,2	776,7

Les terres, sous culture, qui couvrent une superficie de 24,340,000 hectares, produisant 1 milliard de quintaux de produits récoltés valant

6 milliards, le produit en quintaux et en argent s'élève par hectare aux chiffres de :

Poids moyen de la récolte, environ. . . . .   4,100 kilogr.
Valeur brute moyenne de la récolte. . . . .   250 francs.

La teneur totale en azote, acide phosphorique et potasse d'une récolte s'élève, en nombres ronds, à :

Azote . . . .   600,000 tonnes.
Acide phosphorique.   300,000
Potasse   775,000

Chacun de ces chiffres, divisé par le nombre d'hectares en culture, donne comme quantités moyennes enlevées annuellement à l'hectare :

Azote. . . . .   25 kilogr.
Acide phosphorique   12
Potasse   32

Si, à titre de renseignement, on attribue à l'azote, à l'acide phosphorique et à la potasse, le prix de ces substances dans les engrais commerciaux, soit 1 fr. 60 le kilogramme d'azote, 0 fr. 30 le kilogramme d'acide phosphorique et 0 fr. 45 le kilogramme de potasse[1], on voit que les quantités de ces trois principes contenues dans une récolte représentent les valeurs suivantes :

Azote, 600,000 tonnes métriques à 1,600 francs.   960,000,000 francs.
Acide phosphorique, 300,000 tonnes métriques
  à 300 francs.   90,000,000
Potasse, 775,000,000 tonnes métriques à
  450 francs.   348,000,000
                    Total.   1,398,000,000

Le prix auquel l'agriculture pourrait se procurer les quantités d'azote, d'acide phosphorique et de potasse contenues dans les récoltes d'une année atteint donc le chiffre colossal de près d'un milliard et demi de francs.

[1] Cours du marché de 1889, voisins d'ailleurs des cours actuels (1905).

Comme c'est à l'état de combinaison, et non sous la forme où nous l'avons admis dans les calculs qui précèdent, que l'agriculture peut acheter l'azote, l'acide phosphorique et la potasse, il n'est pas sans intérêt d'indiquer à quel tonnage d'engrais du commerce correspondent les quantités indiquées ci-dessus.

Les sortes principales et les meilleur marché d'engrais azotés sont : le nitrate de soude et le sulfate d'ammoniaque. Le premier contient, en moyenne, 15.60 p. 100 d'azote, le second 20 p. 100.

Les phosphates naturels, les scories de déphosphoration et les superphosphates constituent les matières courantes auxquelles l'agriculture peut avoir recours pour se procurer l'acide phosphorique. Les phosphates naturels ont une richesse très variable en acide phosphorique : pour fixer les idées, nous supposons qu'on s'adresse au phosphate à 22 p. 100 d'acide réel, ce qui correspond à une teneur d'environ 48 p. 100 de phosphate tribasique de chaux. Les scories renferment de 16 à 20 p. 100 d'acide phosphorique : nous admettions le chiffre moyen de 17 p. 100. Enfin, nous supposons qu'on a recours à des superphosphates de chaux à 12 p. 100 d'acide phosphorique réel.

La potasse nous est offerte au meilleur marché, soit dans le chlorure de potassium et dans le sulfate de potasse à teneur moyenne de 50-52 p. 100 de potasse réelle, soit dans la *kaïnite*, sulfate de potasse et de magnésie mélangé de chlorure de sodium et contenant environ 12 p. 100 de potasse.

Les quantités enlevées par la récolte correspondent, d'après cela, en tonnes métriques :

Nitrate de soude......................	3,846,000 tonnes.
Sulfate d'ammoniaque.................	3,000,000
Phosphate tribasique.................	1,363,000
Scories de déphosphoration	1,764,000
Superphosphate à 12 p. 100..........	2,500,000
Chlorure ou sulfate de potassium 50 p. 100.....	3,875,000
Kaïnite.............................	6,450,000

Tels sont les tonnages énormes d'engrais, dits *chimiques*, qui restitueraient au sol français les prélèvements annuels des récoltes. Mais, heureusement, une partie, trop considérable à coup sûr, mais une partie seulement de ces matériaux est définitivement enlevée par l'exportation des récoltes. Le fumier de ferme constitué par les résidus de l'alimentation du bétail et la litière des étables et des écuries sert à ramener partiellement, dans nos champs, l'acide phosphorique, l'azote et la potasse assimilés par les plantes. Dans quelle mesure la production du fumier permet-elle cette restitution partielle? C'est ce que nous allons examiner.

L'enquête de 1882 indique pour la production totale du fumier de ferme en France le chiffre de 84 millions de tonnes métriques, chiffre trop faible suivant toute probabilité.

En partant de la composition moyenne du fumier frais, par 100 kilogrammes de fumier[1], savoir :

Azote.	3ᵏ 900
Acide phosphorique.	1 800
Potasse.	4 500

les 84 millions de fumier produit par le bétail français correspondraient aux quantités totales suivantes de ces trois substances :

Azote.	327,600
Acide phosphorique.	151,200
Potasse.	378,000

Mais, il s'en faut que la totalité des matières fertilisantes du fumier soient restituées au sol en culture. D'abord — cela n'est que trop notoire — une partie considérable du purin et du fumier est perdue par la négligence du producteur; en second lieu, les vignes, les cultures maraîchères et potagères, que nous n'avons pas fait entrer en ligne de compte dans nos calculs d'épuisement, reçoivent une grande quantité de fumier de ferme. Si donc, pour mettre les choses au mieux, nous partons de cette hypothèse exagérée — la répartition intégrale de 84 millions de tonnes de fumier sur les 24 millions d'hectares sous culture, précédemment énumérés — et que nous sous-

---

[1] Le fumier consommé est plus riche, mais la production a dû être estimée en fumier frais (?).

trayons des quantités d'azote, d'acide phosphorique et de potasse contenues dans une récolte, celles que rapporterait à la terre *la totalité de fumier* de ferme produit, nous arrivons aux rapprochements suivants :

DÉSIGNATION.	AZOTE.	ACIDE PHOSPHORIQUE.	TOTAUX.
	tonnes métriques.	tonnes métriques.	
Enlevés par les récoltes....................	600,000	300,000	775,000
Restitués par le fumier....................	327,600	151,200	378,000
Déficit.................	272,400	148,800	397,000
Soit, en centièmes, déficit de..............	45.4 p. 0/0.	49.6 p. 0/0.	51.2 p. 0/0.

On peut donc affirmer, avec la certitude de rester au-dessous de la vérité, que la quantité annuellement produite de fumier de ferme ne restitue pas au sol *moitié* des trois plus importants principes nutritifs de plantes : le sol devrait, par sa désagrégation, mettre l'autre moitié à la disposition de la récolte suivante dans les exploitations rurales qui n'ont pas recours aux engrais complémentaires.

Appliquons à la restitution les calculs que nous avons faits pour l'épuisement par les récoltes et nous pourrons déterminer approximativement : les quantités d'azote, d'acide phosphorique et de potasse manquant, *à l'hectare*, annuellement.

Le quotient des tonnages indiqués ci-dessus par le chiffre d'hectares cultivés donne un déficit moyen de :

Azote... 11^{k}35
Acide phosphorique........................... 6 40
Potasse 16 60

Les quantités d'engrais nécessaires pour combler le déficit *minimum* de nos terres seraient les suivantes :

Nitrate de soude............................. 1,747,000 t. m.
Sulfate d'ammoniaque....................... 1,363,000
Phosphate tribasique........................ 658,000
Scories de déphosphoration................. 876,000
Superphosphate.............................. 1,240,000
Chlorure ou sulfate de potassium 1,985,000
Kaïnite....................................... 3,300,000

Il résulte clairement de cette discussion que tous les efforts du cultivateur français doivent se porter sur l'emploi, en grand, des engrais minéraux, conjointement à la conservation et à l'utilisation la plus complète possible du fumier produit par notre bétail[1].

Sol, climat, pluie. — Je terminerai ce chapitre de considérations générales, par quelques remarques sur les sols et le climat français, et sur les quantités de pluie tombée en moyenne chaque année.

J'ai déjà eu l'occasion[2] de signaler la supériorité moyenne de notre sol sur le sol anglais. Sur 53 millions d'hectares, plus de 7 millions et demi sont formés de terre végétale riche, et notre territoire non agricole (rochers nus, glaciers, lais de la mer, lits des fleuves et des rivières, routes, canaux, voies ferrées, villes) n'atteint pas 3,100,000 hectares.

Notre climat est d'une exceptionnelle douceur. L'atmosphère n'a peut-être nulle part autant de limpidité que chez nous. Notre « Côte d'azur » a un ciel que le ciel d'Italie, non plus que celui de Grèce, ne sauraient dépasser en pureté, et l'air de l'Ile-de-France est d'une incomparable légèreté. Tous ceux qui ont eu l'occasion de vivre sur les bords de l'Oise en gardent le souvenir. Du reste, les habitants

[1] On pourrait citer encore ici les engrais végétaux : engrais vert que l'on enfouit en retournant la terre ou engrais particulier à certaines régions; c'est ainsi que la fertilisation de l'intérieur de la Bretagne est due principalement à l'ajonc de ses landes que, de temps immémorial, les cultivateurs écobuent sans le brûler, en entraînant chaque fois un peu de terre avec lui, pour le porter à l'écurie, dans les chemins creux et les cours de ferme où il est piétiné; comme excipient d'engrais, l'ajonc y est enrichi plus ou moins par le bétail. Une portion sauvage du sol est employée ainsi à nourrir la portion cultivée. C'est à une autre source d'engrais : algues ou goemons — que certains ont commencé même de cultiver aujourd'hui — que l'on a recours, sur l'étroite bande de sol qui suit les sinuosités du rivage, et a pris le nom de *ceinture dorée* en raison des luxuriantes récoltes de froment. Parfois les deux systèmes de fertilisation se prêtent assistance sur la même ferme. A signaler aussi, ne serait-ce qu'en raison de son originalité, l'engrais de hannetons. Un kilogramme — 1,300 à 1,400 insectes — contient 35 grammes d'azote, 7 grammes d'acide phosphorique, 7 grammes de potasse. Une telle substance fertilisante est, d'après ces chiffres, à peu près aussi riche que le fumier de ferme en acide phosphorique et en potasse, et au moins sept fois plus riche en azote. Il est vrai que dans la pratique elle n'est jamais pure, car on est obligé de faire périr les insectes avec une substance chimique quelconque. (Le plus souvent, on se sert de chaux en poudre et de lait de chaux.)

[2] Tome I, p. 481.

des pays situés sous la même latitude que nous — la latitude privilégiée! — sont unanimes à déclarer que chez eux on souffre plus qu'en
France et de la chaleur et du froid.

Nous ne pouvons non plus nous plaindre de la quantité de pluie;
les 80 centimètres d'eau que notre sol reçoit en moyenne rangent la
France, après la Suisse et les Iles britanniques, parmi les contrées les
mieux arrosées de l'Europe. Voici comment se répartissent nos pluies.
C'est encore l'année 1898 que nous avons choisie; de même qu'en
ce qui concerne les récoltes, cette année peut être prise comme type
de nôtre régime pluvial. Il y aurait seulement — par rapport à la
moyenne — à la signaler comme un peu sèche dans l'Ouest et un peu
pluvieuse dans la Gironde :

STATIONS PLUVIOMÉTRIQUES.	NOMBRE DE JOURS de pluie.	HAUTEUR DE PLUIE en millimètres.
Arras	173	556
Paris	142	553
Mirecourt	110	536
Brest	156	644
Nantes	134	604
Besançon	181	985
Limoges	152	648
Lyon	146	638
Clermont-Ferrand	144	567
Bordeaux	214	664
Toulouse	121	530
Nice	93	1,129
Orthez	103	769
Marseille	86	761
Perpignan	92	840
Ajaccio	67	781

J'ai rangé les stations pluviométriques par ordre de latitude décroissante. On remarquera que les pluies sont en même temps plus
rares et plus abondantes à mesure que l'on descend vers le Sud.

Les sécheresses excessives — comme celle de 1893 — sont heureusement fort rares.

CHAPITRE XXVIII.

AGRICULTURE[1].

A. GÉNÉRALITÉS.

RÉPARTITION DU TERRITOIRE. — VALEUR DE LA PRODUCTION. — JACHÈRES.

RÉPARTITION DU TERRITOIRE. — Voici, par grandes catégories, la répartition du territoire de la France, telle qu'elle résulte des relevés de la statistique décennale officielle de 1892 :

CATÉGORIES DU TERRITOIRE.		SUPERFICIES.	RÉPARTITION et PROPORTION.
		hectares.	p. 100.
1° TERRITOIRE AGRICOLE.			
Terres labourables.	Céréales	14,827,085	28.06
	Grains autres que les céréales	319,705	0.60
	Pommes de terre	1,474,144	2.68
	Autres tubercules et racines pour l'alimentation humaine	128,238	0.24
	Cultures industrielles	531,508	1.00
	Cultures fourragères [1]	4,736,394	9.08
	Jardins potagers et maraîchers	386,827	0.73
	Jachères	3,367,518	6.37
Superficie cultivée.	Terres labourables	25,771,419	48.76
	Vignes	1,800,489	3.40
	Prés naturels	4,402,836	8.33
	Herbages pâturés [2]	1,810,608	3.42
	Bois et forêts	9,521,568	18.03
	Cultures arborescentes, etc	934,800	1.76
	Cultures permanentes non assolées.	18,470,301	34.94
	TOTAUX de la superficie cultivée	44,141,720	83.70
Superficie non cultivée.	Landes, pâtis, bruyères	3,898,530	7.37
	Terrains rocheux et montagneux, incultes	1,972,994	3.73
	Terrains marécageux	316,373	0.60
	Tourbières	38,292	0.07
	TOTAUX de la superficie non cultivée	6,226,189	11.77
	TOTAUX du territoire agricole	50,467,909	95.47
2° TERRITOIRE NON AGRICOLE		2,389,290	4.53
	TOTAUX GÉNÉRAUX du territoire	52,857,199	100.00

(1) Non compris les cultures dérobées.
(2) Y compris les herbages alpestres.

[1] Voir le tableau des importations et des exportations à la fin du Livre IV.

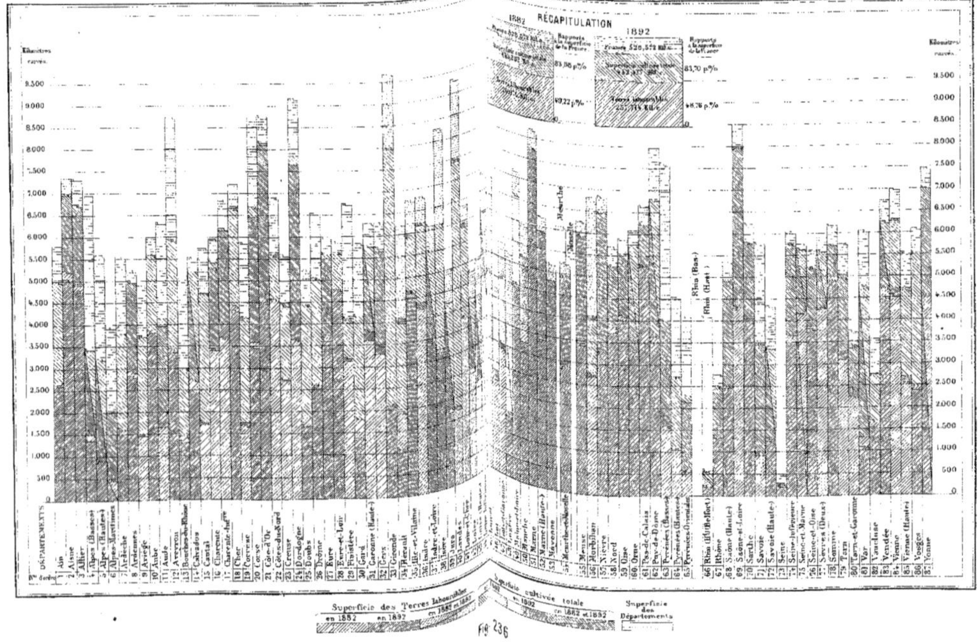

MINISTÈRE DE L'AGRICULTURE
Direction de l'Agriculture
RÉPARTITION PROPORTIONNELLE DES PRINCIPALES SUPERFICIES DU TERRITOIRE EN 1882 ET EN 1892. (1re Feuille).
TERRES LABOURABLES — SUPERFICIES CULTIVÉES — TERRITOIRE TOTAL.
RÉCAPITULATION
1882
1892
Superficie des Terres labourables
Superficie cultivée totale
Superficie des Départements
Fig. 236

La superficie totale de la France étant de 52,857,149 hectares, la surface agricole n'est, on le voit, que de 50,467,909 hectares; ces 2,839,290 hectares — soit 4 1/2 p. 100 de notre territoire — sont occupés par les villes, les routes, les chemins de fer, les canaux, etc.

Il est intéressant, à titre de comparaison, de rapprocher les chiffres relevés en 1840, 1862 et 1882.

COMPARAISON DES CHIFFRES PAR CATÉGORIES DE CULTURES.

CATÉGORIES de CULTURES.	SUPERFICIE (en milliers d'hectares).				DIFFÉRENCES ABSOLUES (en milliers d'hectares)				DIFFÉRENCES RELATIVES			
	1840.	1862.	1882.	1892.	de 1840 à 1862.	de 1862 à 1882.	de 1882 à 1892.	de 1840 à 1892.	de 1840 à 1862.	de 1862 à 1882.	de 1882 à 1892.	de 1840 à 1892.
									p. 100.	p. 100.	p. 100.	p. 100.
Céréales............	14,552	15,621	15,096	14,827	1,069	— 525	— 269	275	7.34	— 3.36	— 1.72	1.88
Pommes de terre....	922	1,235	1,338	1,474	313	103	136	552	33.94	8.33	10.16	59.86
Grains alimentaires autres que les céréales......... / Jardins potagers et maraîchers......	523	718	774	320) / 387)	195	56	— 67	184	37.28	7.79	— 8.65	35.18
Betteraves à sucre...	58	136	240	271	78	104	31	213	134.47	76.47	12.91	367.24
Autres cultures industrielles..........	582	552	276	260	— 30	— 276	— 16	— 322	— 5.15	— 53.62	— 5.80	— 55.32
Racines et tubercules pour l'alim^on h^ne.. / Racines fourragères et fourrages annuels(1).	250	386	1,112	128) / 1,204)	136	726	230	1,082	54.40	188.08	19.78	432.80
Prairies artificielles(2).	1,577	2,773	3.538	3,532	1,196	765	— 6	1,955	5.84	27.59	— 0.38	123.96
Jachères.............	6,763	5,148	3,644	3,368	— 1,615	— 1,504	— 276	— 3,395	— 23.88	— 29.21	— 7.57	— 50.19
Terres labourables.	25,227	26,569	26,018	25,771	1,342	— 551	— 247	544	5.32	— 2.07	— 0.95	2.15
Vignes.............	1,972	2,321	2,197	1,800	349	— 124	— 397	— 172	17.69	— 5.55	— 18.07	— 8.72
Prés naturels et herbages(3).........	4,198	5,021	5,537	5,920	823	516	383	1,722	19.60	10.27	6.89	41.01
Landes et terres incultes(4).........	9,191	7,346	6,167	6,165	— 1,845	— 1,179	— 2	3,026	— 25.11	— 19.70	0.45	— 32.92
Bois et forêts(5).....	8,805	9,317	9,455	9,522	512	138	67	717	5.82	1.48	0.70	8.14
Totaux comparables.	49,393	50,574	49,374	49,178	1,181	— 1,200	— 196	— 215	2.39	— 2.37	— 0.39	— 0.43
Autres surfaces non dénommées (cultures arborescentes en masse, vergers, marais, tourbières, superficie bâtie, voies de communication, rivières, etc.).	3,635	3,734	3,483	3,679	98	— 221	166	44	2.75	— 5.89	4.72	1.21
Territoire de la France.	53,028	54,038	52,857	52,857	1,280	— 1,451	"	— 171	2.41	— 2.67	"	— 0.32

(1) Y compris les fourrages enfouis en vert, mais non compris le trèfle incarnat.
(2) Y compris le trèfle incarnat, les mélanges de légumineuses et les prés temporaires.
(3) Non compris les pâturages et les prés temporaires.
(4) Y compris les pâturages alpestres.
(5) Y compris 266,324 hectares appartenant au sol dit forestier.

Il est nécessaire, pour les comparaisons à établir, de tenir compte des changements survenus depuis 1840 dans l'étendue et la composition du territoire français. Augmenté en 1860 de 1,279,227 hectare (Savoie et comté de Nice), le territoire de la France a été diminué, en 1871, de 1,450,942 hectares. La réduction en surface est donc, en définitive, de 171,715 hectares.

Afin de rendre possible la comparaison entre 1862 et 1882, nous reproduisons d'après l'Introduction de la statistique décennale de 1882, la répartition du territoire de l'Alsace-Lorraine en 1883.

TERRITOIRE DE L'ALSACE-LORRAINE (1883).

Terres labourables	674,119ʰ 8	692,781ʰ 8
Jardins potagers et maraîchers	18,662 0	
Prairies naturelles	178,061 4	
Pâturages	32,264 2	
Vignes	32,686 5	700,262 5
Bois et forêts	443,844 9	
Landes et pâtis	13,405 5	
Emplacements des maisons, édifices et bâtiments	8,115 0	57,897 5
Eaux, routes et chemins	49,782 5	
Total	1,450,941ʰ 8	

On évite d'ailleurs toute cause d'erreurs en rapportant les diverses superficies à 100 hectares du territoire total, aux quatre époques considérées; le tableau ci-contre indique ces rapports.

Si l'on rapproche les chiffres de ce tableau et ceux du précédent, on en tire les conclusions suivantes :

Tout d'abord, on voit que le territoire non agricole a augmenté constamment depuis 1840. C'est la conséquence naturelle de l'augmentation de la propriété bâtie et de l'ouverture de nombreuses voies de communication (chemins de fer, etc.).

Par contre, la superficie non cultivée a diminué progressivement : de 18.02 p. 100 en 1840, elle est tombée à 14.17 en 1862; puis à 12.32 p. 100 en 1882, y compris les pâturages alpestres de montagnes. De 1882 à 1892, cette surface est restée à peu près stationnaire.

MINISTÈRE DE L'AGRICULTURE
RÉPARTITION PROPORTIONNELLE DES PRINCIPALES SUPERFICIES DU TERRITOIRE EN 1882 ET EN 1892. (2ᵉ feuille)
SUPERFICIE NON CULTIVÉE — TERRITOIRE AGRICOLE — TERRITOIRE TOTAL
RÉCAPITULATION
1882
1892
France 528,572 kil. c.

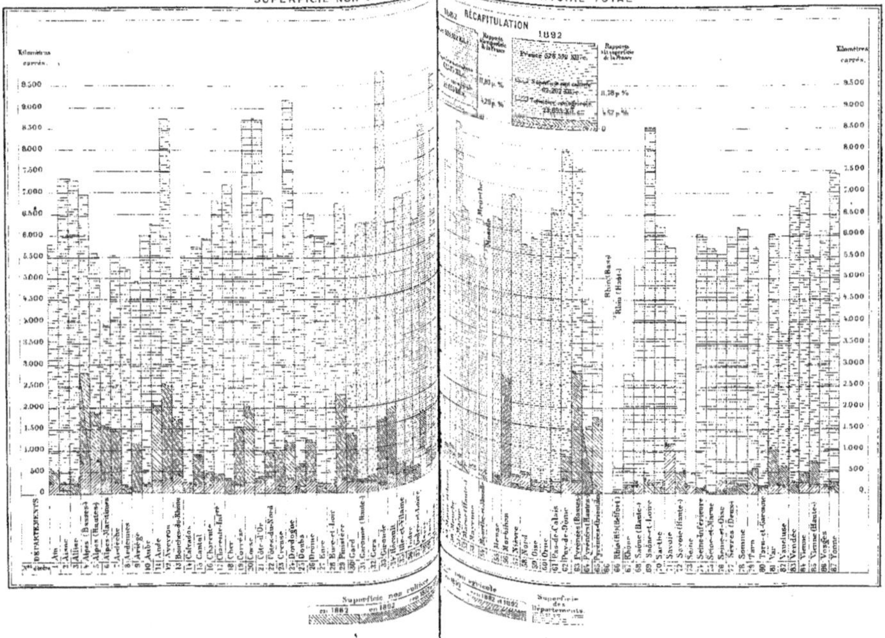

COMPARAISON DES CHIFFRES PAR CATÉGORIES DU TERRITOIRE.

CATÉGORIES DU TERRITOIRE.	RÉPARTITION proportionnelle DES DIVERSES CATÉGORIES				DIFFÉRENCES constatées DE 1840 à 1892.
	en 1840.	en 1862.	en 1882.	en 1892.	
	p. 100.	p. 100.	p. 100.	p. 100.	p. 100.
1° TERRITOIRE AGRICOLE.					
Céréales......................	27.44	28.77	28.56	28.06	0.62
Autres grains alimentaires.... (Cultures potagères et maraîchères) Jardins.........	0.98	1.32	1.46	1.33	0.35
Pommes de terre..........	1.74	2.27	2.53	2.68	0.94
Betteraves à sucre	0.11	0.25	0.45	0.51	0.40
Autres cultures industrielles..	1.09	1.01	0.52	0.49	- 0.60
Racines fourragères et fourrages annuels	0.47	0.71	2.64	3.16	2.69
Prairies artificielles.........	2.98	5.10	6.15	6.16	3.18
Jachères...................	12.76	9.49	6.89	6.37	6.39
Terres labourables......	47.57	48.92	49.20	48.76	1.19
Vignes....................	3.72	4.27	4.15	3.40	- 0.32
Prés naturels et herbages..............	7.83	9.24	10.48	11.20	3.37
Bois et forêts...............	16.61	17.16	17.88	18.03	1.42
Autres (cultures arborescentes en masse, vergers, parcs)..................	2.16	1.91	1.59	1.76	— 0.40
Cultures permanentes et non assolées..	30.32	32.58	34.10	34.39	4.07
TOTAUX de la superficie cultivée [1]..	77.89	81.80	83.30	83.15	5.26
Superficie non cultivée (landes, terres incultes, marais et tourbières), y compris les herbages alpestres.....	18.02	14.17	12.36	12.32	- 5.70
TOTAUX du territoire agricole........	95.91	95.67	95.66	95.47	— 0.44
2° TERRITOIRE NON AGRICOLE. (Propriété bâtie, voies de communication, sommets des montagnes, etc.)..................	4.09	4.33	4.34	4.53	+ 0.44
Territoire de la France	100.00	100.00	100.00	100.00	″

[1] Non compris les herbages alpestres.

La superficie cultivée dans la majorité des départements s'est accrue, jusqu'en 1882, des terrains gagnés sur les landes, pâtis et bruyères; l'accroissement des terres labourables a été moindre que celui des cultures permanentes. A partir de 1882, ces dernières gagnent encore en étendue; les terres arables subissent, au contraire, une réduction.

Entrons dans quelques détails concernant le territoire agricole non cultivé : landes, pâtis, bruyères, sols rocheux ou montagneux, incultes, marécages, tourbières, sols dont le produit est absolument nul ou tellement infime qu'il est inutile d'en faire mention.

En 1892, nous trouvons :

Landes, pâtis et bruyères	3,898,530 hectares.
Terrains, rocheux et de montagne, incultes	1,972,994
Terrains marécageux	316,373
Tourbières	38,292
Soit, au total, une surface de	6,226,189

Cette étendue correspond à 11.77 p. 100 du territoire total et à 12.336 p. 100 du territoire agricole de la France.

Elle est très inégalement répartie. Les départements où elle présente le plus d'importance sont dans l'ordre décroissant :

Basses-Alpes	283,773 hectares.
Basses-Pyrénées	280,947
Aveyron	250,007
Morbihan	244,455
Finistère	220,513
Aude	205,866
Corse	202,893

Voici, mis en regard de ceux de 1892, les chiffres de 1882, première année où la superficie non cultivée a été relevée d'une manière complète :

NOMENCLATURE.	1882.	1892.	PROPORTION POUR 100 de LA SUPERFICIE NON CULTIVÉE du territoire total.	
			1882.	1892.
	hectares.	hectares.	p. 100.	p. 100.
Landes, pâtis et bruyères	3,899,171	3,898,530	7.4	7.370
Terrains, rocheux et de montagnes, incultes	1,978,750	1,972,994	3.7	3.730
Terrains marécageux	328,297	316,373	0.6	0.598
Tourbières	46,319	38,292	0.1	0.072
Totaux	6,252,537	6,226,189	11.80	11.770

Valeur de la production. — Le tableau ci-après résume la valeur de la production brute des diverses catégories de cultures de la France, en 1892. Les chiffres qu'il renferme me semblent trop bas, pour être considérés comme l'expression des résultats d'une année moyenne en raison de l'infériorité relative de la campagne de 1892 comparée aux périodes qui l'ont précédée ou suivie.

CATÉGORIES DE CULTURES.	VALEUR DE LA PRODUCTION BRUTE	
	TOTALE.	À L'HECTARE.
	millions de francs.	fr. c.
Céréales (grains et paille)...............................	4,667 1	314 76
Autres grains alimentaires...............................	92 8	290 15
Pommes de terre et produits maraîchers de grande culture......	766 9	474 48
Cultures industrielles.....................................	373 4	(1) 627 00
Cultures fourragères et prairies artificielles................	1,354 9	301 30
Horticulture..	295 9	764 90
Pépinières et oseraies...................................	12 9	1,143 30
Total et moyenne des terres labourables............	7,563 9	337 11
Prairies naturelles et prés temporaires.....................	1,046 1	222 00
Herbages..	249 8	140 00
Vignes...	904 8	465 93
Bois et forêts..	289 5	//
Cultures arborescentes...................................	331 3	//
Total et moyenne des cultures permanentes et assolées.	2,821 5	//
Total du produit de la superficie cultivée ..	10,385 4	//

(1) Non compris les cultures arborescentes oléagineuses.

Ce tableau montre une fois de plus que la France est surtout un pays de céréales. La valeur de la production brute de celles-ci dépasse les deux cinquièmes et atteint presque la moitié de la valeur totale de la production végétale.

La valeur de la production fourragère (cultures fourragères proprement dites, prairies et herbages) est de 2,651 millions, soit plus du quart de la valeur totale.

La vigne vient ensuite avec une production estimée près d'un milliard ou de 10 p. 100 de la valeur totale; puis, la pomme de terre et les autres tubercules et racines destinés à l'alimentation avec 766 millions;

et, enfin, les autres catégories de cultures qui, ensemble, représentent environ 12 p. 100 de la valeur totale de la production.

Les rapprochements, aux quatre époques décennales, ne peuvent être établis que pour les cultures portées au tableau suivant :

DÉSIGNATION DES CULTURES.	VALEUR TOTALE DE LA PRODUCTION VÉGÉTALE (en millions de francs).			
	1840 (86 départem⁺ˢ).	1862 (89 départem⁺ˢ).	1882 (86 départem⁺ˢ).	1892 (86 départem⁺ˢ.)
Céréales [1]	2,116	3,866	4,081	3,354
Pommes de terre.	202	488	648	670
Betteraves à sucre	29	84	178	174
Colza (graines)	51	90	32	23
Chanvre (graines et filasse)......	86	72	54	31
Lin (graines et filasse).........	57	88	40	19
Prairies artificielles [2]	204	587	997	807
Prés naturels et herbages [3]	463	1,002	1,093	1,277
Vignes..................	419	1,387	1,137	905
Totaux.	3,627	7,664	8,060	7,260

[1] Valeur de la paille non comprise, par suite de la comparaison avec 1840.
[2] Y compris le trèfle incarnat.
[3] Y compris les prés temporaires, mais non compris les pâturages alpestres (voir comparaison avec le passé, pour les prés artificiels, prés naturels et herbages).

Comme on le voit, à ne tenir compte que des cultures relevées ci-dessus, la valeur de la production végétale, en 1892, a été double de celle de 1840; mais, si on compare cette même année 1892 à 1862 et à 1882, on trouve qu'elle leur a été respectivement inférieure de 396 millions et de 800 millions de francs [1].

Toutefois nous ferons observer que, pour les besoins de la comparaison, on a dû écarter certaines catégories de cultures, notamment les cultures fourragères proprement dites, non recensées en 1840, et qui, en 1862, avaient été relevées ensemble sous la rubrique : «Fourrages consommés en vert (féveroles, hivernage, autres fourrages, racines, navets, rutabagas, betteraves à vache, etc.). » Or ces cultures ont pris depuis trente ans une extension considérable, et il est nécessaire d'en tenir compte, si l'on veut avoir une notion exacte

[1] Il y a lieu de rappeler que l'année 1892 a été médiocre comme rendements : il est par suite regrettable qu'elle ait servi de base aux évaluations de la production agricole à dix ans de distance.

de la marche de la valeur de la production végétale, prise dans son ensemble. Pour ce motif, nous mettrons en regard tous les éléments comparables des deux dernières enquêtes décennales, 1882 et 1892; seuls, les jardins potagers et maraîchers, dont la production en valeur n'a pas été directement recensée en 1882, ne pourront trouver place dans ce tableau.

DÉSIGNATION DES CULTURES.	VALEUR TOTALE DE LA PRODUCTION VÉGÉTALE (en millions de francs).		DIFFÉRENCES.
	1882.	1892.	
Céréales (grains et paille)	5,375	4,667	— 708
Grains alimentaires autres que les céréales	148	93	— 55
Pommes de terre	648	670	22
Autres tubercules et racines [1]	322	96 [1]	138
Racines fourragères		364	
Fourrages annuels	227	225	— 2
Cultures industrielles	369	373	4
Prairies artificielles	746	765	19
Prés temporaires	68	59	— 9
Prés naturels	876	987	111
Herbages pâturés (y compris les alpestres)	160	250	90
Vignes	1,137	905	— 232
Bois et forêts	334	289	— 45
Cultures arborescentes fruitières	183	331	148
Totaux	10,593	10,074	— 519

[1] Les racines destinées à l'alimentation humaine, confondues en 1882 avec les racines fourragères, ont été distinguées en 1892.

Il résulte des chiffres relevés dans ce tableau que la valeur des denrées végétales produites par l'agriculture française en 1892 a été inférieure de 519 millions de francs à celle de 1882 [1].

Pour les céréales, les vignes et les graines alimentaires autres que les céréales, la diminution atteint 995 millions, soit un milliard en nombre rond. Les cultures fourragères de toutes sortes viennent atténuer le déficit pour une somme de 347 millions, et les cultures arborescentes, pour 148 millions de francs. Les cultures industrielles et la pomme de terre ont donné une augmentation de 26 millions.

Au résumé, la diminution de la valeur des denrées produites par

[1] Voir la note de la page précédente.

l'agriculture française a porté sur les céréales et sur la vigne. Pour celle-ci, les efforts de nos viticulteurs ont donné leurs fruits, et la culture du précieux arbuste reprend son ancienne prospérité.

En ce qui concerne les céréales, nous croyons devoir rappeler que, si la production de 1892 a été inférieure à celle, exceptionnellement abondante, de 1882, il n'en est pas de même lorsqu'on considère les périodes décennales correspondantes. La production moyenne décennale 1886-1895 a été, au contraire, plus élevée que celle de la période 1876-1885. La différence de valeur de la production annuelle en grains, en faveur de cette dernière période, se trouve ainsi ramenée à 546 millions de francs.

Malgré un ensemble de circonstances particulièrement défavorables, l'agriculture française a fait, depuis 1882, de sérieux progrès.

JACHÈRES. — « Ce n'est pas seulement du blé qui sort d'une terre cultivée, mais une civilisation tout entière », a écrit Lamartine; la réciproque est vraie, et l'amélioration des méthodes culturales, la vulgarisation de l'instruction agricole dans les campagnes, l'emploi de plus en plus répandu des amendements et engrais, diminuent d'année en année la surface occupée par les jachères. C'est ainsi que la jachère morte ne se rencontre plus que très rarement en dehors des contrées pauvres et stériles, et que lorsqu'on emploie encore le système de la jachère, il s'agit de la jachère cultivée, avec cultures dérobées qui permet, par l'emploi judicieux des façons culturales, le nettoyage du terrain, son ameublissement et son aération.

Voici, du reste, des chiffres qui indiquent que, depuis un demi-siècle la réduction de la jachère n'a pas été inférieure à 50 p. 100.

ANNÉES.	SURFACE des JACHÈRES.	PROPORTION DES JACHÈRES	
		à la SUPERFICIE CULTIVÉE en céréales.	à la SURFACE DES TERRES labourables.
	hectares.	p. 100.	p. 100.
1840	6,763,281	46.470	26.67
1862	5,147,862	32.955	19.37
1882	3,643,799	24.130	14.01
1892	3,367,518	22.711	13.00

Les départements sur lesquels les superficies en jachère ont le plus diminué, dans la période 1882-1892, sont :

	hectares.		hectares.
Puy-de-Dôme	21,966	Aveyron	16,745
Vienne	21,861	Gard	16,146
Vendée	21,182	Corrèze	12,731
Finistère	20,397	Loir-et-Cher	12,110
Saône-et-Loire	17,891		

Par contre, dans les départements suivants, la surface occupée par les jachères a augmenté :

	hectares.		hectares.
Corse	13,369	Gironde	4,710
Aude	9,116	Meurthe-et-Moselle	3,923
Gers	6,621	Dordogne	3,701
Bouches-du-Rhône	6,541	Meuse	3,081
Marne (Haute-)	6,284	Manche	2,968

Si, en s'en rapportant aux documents officiels, on établit la proportion pour 100 entre la surface des jachères et celle des terres cultivées dans les différents pays, on a : pour la France, 8.22; pour l'Angleterre, 1.14; pour le Danemark, 9.69; pour la Belgique, 2.43; pour la Hollande, 0.679; pour la Suède, 12.46.

Il s'agit des chiffres de 1892, sauf pour la Belgique, où il a fallu se reporter au dernier recensement précédent (1880).

B. CÉRÉALES.

IMPORTANCE DE LA CULTURE DES CÉRÉALES. — SURFACES OCCUPÉES. — RENDEMENTS. — QUANTITÉ DE SEMENCE EMPLOYÉE À L'HECTARE. — AUGMENTATION DE LA PRODUCTION. — RÉCOLTE DE 1903. — BLÉ. — ÉPEAUTRE. — SEIGLE. — ORGE. — MÉTEIL. — AVOINE. — MAÏS. — SARRASIN. — MILLET.

Nous avons déjà constaté l'importance prédominante des céréales dans l'agriculture française. Elles occupaient, en 1892, plus de la moitié des terres labourables et plus du quart de la superficie totale du territoire; la valeur totale de leurs produits atteignait la somme de 4,667 millions, dont 3,354 millions pour les grains et 1,313 millions pour la paille.

DÉTAIL DE LA CULTURE DES CÉRÉALES.

CÉRÉALES.	NOMBRE D'HECTARES CULTIVÉS.	PRODUCTION TOTALE		VALEUR TOTALE (grains et paille).	PROPORTION P. 100.	
		EN GRAINS.	EN PAILLE.		de la SUPERFICIE.	des VALEURS.
	hectares.	hectolitres.	quint. métr.	francs.	p. 100.	p. 100.
Froment (y compris l'épeautre).......	7,166,459	117,499,297	147,565,594	2,737,835,430	48.33	58.66
Seigle............	1,565,397	34,343,164	34,877,638	445,715,695	10.57	9.55
Orge	851,413	15,808,791	12,440,345	212,214,246	5.74	4.55
Méteil	263,390	4,279,197	5,257,216	85,924,792	1.77	1.84
Avoine.........	3,805,490	86,854,437	61,794,026	940,781,370	25.67	20.16
Maïs..........	535,549	9,327,829	6,692,992	131,019,394	3.61	2.81
Sarrasin.	610,740	10,114,992	9,123,181	109,375,775	4.12	2.34
Millet...........	28,647	320,962	251,152	4,264,273	0.19	0.09
Totaux.......	14,827,085	268,548,669	278,202,144	4,667,130,975	100.00	100.00

Ce tableau montre immédiatement l'importance prépondérante du froment. À lui seul, il occupe près de la moitié de la superficie des terres ensemencées en céréales, et sa valeur entre pour près des trois cinquièmes dans la valeur totale de leurs produits.

L'avoine vient ensuite pour un quart de la superficie et le cinquième de la valeur.

Le seigle, environ pour un dixième; l'orge, pour un vingtième.

Enfin, les autres céréales prises en bloc ne comptent plus que pour un dixième dans la superficie et pour un vingtième dans la valeur totale.

Dans leur ensemble, les céréales occupent :

Par
100 hectares du territoire total................. 28,06 hect.
100 hectares du territoire agricole 29,37
100 hectares de terres labourables 57,53
100 habitants (population totale).............. 38,93
100 cultivateurs [1] 222,50

[1] Les travailleurs agricoles faisant valoir des exploitations pour leur compte ou pour le compte d'autrui comme régisseurs, fermiers ou métayers, ou travaillant à la terre comme journaliers ruraux ou domestiques, sont au nombre de 6,663,135. (Voir p. 213 et suiv.) Nous les appellerons ici, par abréviation, cultivateurs.

Leur production a été :

	GRAINS.	PAILLE.
	hectolitres.	quintaux.
100 hectares du territoire total.......	5o8,oo	5,265,oo
100 hectares du territoire agricole....	532,oo	5,512,oo
Par { 100 hectares de terres labourables.....	1,042,oo	10,795,oo
chaque hectare ensemencé en céréales..	18,11	18,70
chaque habitant (population totale)....	7,oo	7,20
chaque cultivateur................	4o,3o	41,70

Voici les rendements à l'hectare d'une année moyenne :

	PRODUCTION À L'HECTARE.	
	Grains.	Paille.
	hectolitres.	quint. mét.
Froment (y compris l'épeautre)............	16,o	21,7
Seigle......	15,8	21,9
Orge................................	18,2	15,6
Méteil..............	15,8	19,5
Avoine..............................	22,3	18,3
Maïs...............................	18,o	13,1
Sarrasin............................	14,9	12,4
Millet..............................	14,7	12,4
MOYENNES GÉNÉRALES......	18.3	19,3

Le tableau ci-après donne la quantité de semence employée pour chaque céréale et la production correspondant à 1 hectolitre de semence :

CÉRÉALES.	QUANTITÉ de SEMENCE PAR HECTARE.	PRODUCTION POUR 1 HECTOLITRE DE SEMENCE		VALEUR de PRODUCTION CI-CONTRE.
		en grains.	en paille.	
	hectolitres.	hectolitres.	quint. métr.	francs.
Froment (y compris l'épeautre)........	2.07	7.92	9.90	184 21
Seigle..........................	2.16	6.89	10.27	127 75
Orge............................	2.09	8.85	6.94	118 53
Méteil..........................	2.07	7.82	10.00	157 08
Avoine..........................	2.34	9.74	6.92	95 06
Maïs............................	0.48	36.25	25.83	5o8 21
Sarrasin........................	0.69	23.91	21.59	254 10
Millet..........................	0.37	30.26	23.51	4o1 37

Les quantités de semences employées par hectare en 1892 sont un peu inférieures à celles indiquées pour 1882. C'est l'indice d'une amélioration de culture et d'un meilleur choix des graines.

Voici les chiffres de 1862, de 1882 et de 1892 :

CÉRÉALES.	SUPERFICIE CULTIVÉE (EN MILLIERS D'HECTARES).			DIFFÉRENCES			ACCROISSEMENT OU DIMINUTION P. 100.	
	1862 (89 départements),	1882 (86 départements[1]).	1892 (86 départements).	1862-1882.	1882-1892.	1862-1892.	1862-1892.	1882-1892.
Froment (y compris l'épeautre).......	7,457	7,191	7,167	— 266	— 24	— 290	— 3.88	— 0.33
Seigle............	1,928	1,744	1,566	— 184	— 178	— 362	— 18.77	— 10.20
Orge	1,087	976	851	— 111	— 125	— 236	— 19.87	— 12.90
Méteil	514	345	263	— 169	— 82	— 251	— 48.83	— 23.75
Avoine..........	3,324	3,611	3,806	287	195	482	14.50	5.40
Maïs...........	587	548	536	— 59	— 12	— 51	— 8.68	— 2.18
Sarrasin.........	669	645	611	— 24	— 34	— 58	— 8.66	— 5.27
Totaux et moyennes.	17,566	15,060	14,800	— 506	— 260	— 766	— 4.92	— 1.72

[1] En dehors de la circonscription de Belfort.

Si l'on tient compte des surfaces occupées par les céréales en Alsace-Lorraine (1883), la réduction, pour les deux périodes, n'est que de 365,000 hectares, ou 2.39 p. 100. On pourrait signaler une diminution plus forte dans un certain nombre de pays voisins.

Les tableaux suivants donnent la production en grains et en paille des diverses espèces de céréales :

GRAINS.

CÉRÉALES.	PRODUCTION TOTALE (Milliers d'hectolitres.)			DIFFÉRENCES	
	1862. (89 départements.)	1882. (86 départements.)	1892. (86 départements.)	de 1862 à 1882.	de 1882 à 1892.
Froment................	109,457	129,339	117,499	19,882	— 11,840
Seigle................	24,897	28,560	24,343	3,663	— 4,217
Orge	20,515	19,256	15,809	— 1,259	— 3,447
Méteil	7,972	6,166	4,279	— 1,806	— 1,887
Avoine................	81,119	90,798	86,854	9,679	— 3,944
Maïs................	8,648	9,968	9,328	1,320	— 640
Sarrasin................	10,878	11,166	10,115	288	— 1,051
Totaux................	263,486	295,253	268,227	31,767	— 27,026

La récolte de 1882 a été exceptionnellement abondante en grains; comme rendement à l'hectare, elle vient immédiatement après 1874 qui est l'année la plus abondante que nous connaissions; 1892, au contraire, est légèrement au-dessous d'une année moyenne.

PAILLE.

CÉRÉALES.	PRODUCTION TOTALE (Milliers de quintaux.)			DIFFÉRENCES	
	1862.	1882.	1892.	de 1862 à 1882.	de 1882 à 1892.
Froment	145,985	181,756	147,565	35,770	— 34,191
Seigle	34,576	41,916	34,877	7,370	— 7,039
Orge	16,291	15,741	12,440	— 549	3,301
Méteil	11,540	8,963	5,457	— 2,577	— 3,586
Avoine	58,842	69,575	61,794	10,733	— 7,781
Maïs	6,632	7,975	6,692	1,343	— 1,283
Sarrasin	8,768	8,996	9,123	228	127
TOTAUX	282,624	334,952	277,948	52,318	— 57,054

Il est préférable pour avoir une idée exacte du mouvement de la production des céréales, de considérer, non pas des années isolées, mais des périodes. C'est dans ce but que dans le tableau suivant, au moyen des relevés du bureau des subsistances, l'on a groupé la production de dix années, et que l'on en a tiré la production moyenne des périodes correspondantes des années 1862, 1882 et 1892.

CÉRÉALES.	PRODUCTION MOYENNE ANNUELLE.				DIFFÉRENCES		
	PÉRIODE de 1834-1843. (86 départements.)	PÉRIODE de 1856-1865. (89 départements.)	PÉRIODE de 1876-1885. (86 départements.)	PÉRIODE de 1886-1895. (86 départements.)	entre 1834-1843 et 1856-1865.	entre 1856-1865 et 1876-1885.	entre 1876-1885 et 1886-1895.
	hectolitres.	hectolitres.	hectolitres.	hectolitres.	hectolitres.	hectolitres.	hectolitres.
Froment	69,516,611	99,228,068	101,690,929	107,114,407	29,771,457	2,402,861	5,384,504
Seigle	30,884,952	26,966,346	24,976,557	23,500,913	— 3,918,606	— 1,989,789	— 1,475,644
Orge	18,396,529	20,148,585	18,395,779	17,156,421	1,752,056	— 1,752,806	— 1,239,358
Méteil	11,924,945	9,052,580	6,221,569	4,432,287	— 2,872,365	— 2,831,011	— 1,789,282
Avoine	52,175,875	71,148,107	80,718,134	87,270,932	18,972,232	8,570,027	6,552,798
Maïs et millet	7,538,344	9,153,633	9,751,048	9,931,496	1,615,289	597,415	178,447
Sarrasin	8,543,741	10,768,907	10,098,373	9,576,496	2,225,166	670,534	— 522,058
TOTAUX	198,980,997	246,526,226	251,852,389	258,982,952	47,545,229	6,826,163	7,189,211

Les chiffres de ce tableau accusent une augmentation constante de la production moyenne des grains, notamment dans la période comprise entre 1882 et 1892. Si les surfaces emblavées ont diminué, les rendements à l'hectare se sont accrus et la production totale en grains a augmenté.

Il est à noter toutefois que les différences relevées au précédent tableau ne sont pas tout à fait comparables, en raison des changements apportés dans la composition du territoire français.

Si, dans le but de les rendre comparables, nous retranchons de la deuxième période décennale (1856-1865) la portion du territoire (Savoie et comté de Nice) qui n'entre pas dans le décompte de la première période (1834-1843) et si nous ajoutons aux chiffres de la troisième période (1876-1885) la production de l'Alsace-Lorraine, enlevée à la France, nous trouverons les différences moyennes annuelles ci-après :

CÉRÉALES.	DIFFÉRENCE DE PRODUCTION (moyenne annuelle)		
	entre la période 1834-1843 et la période 1856-1865.	entre la période 1856-1865 et la période 1876-1885.	entre la période 1876-1885 et la période 1886-1895.
	hectolitres.	hectolitres.	hectolitres.
Froment.....................	28,677,378	5,345,861	5,384,504
Seigle.....................	— 3,574,560	— 1,404,616	— 1,475,644
Orge.....................	1,515,933	— 362,806	— 1,239,358
Méteil.....................	— 2,739,820	— 2,758,570	— 1,789,282
Avoine.....................	17,558,143	12,396,027	6,552,798
Maïs et millet...............	1,494,238	683,395	178,447
Sarrasin.....................	2,148,531	— 663,184	— 522,058
Totaux.............	45,073,843	13,236,127	7,189,211
Augmentation annuelle......	2,048,765	661,801	718,921

Ces chiffres représentent d'une façon assez exacte les progrès réalisés.

Le tableau suivant rapproche les rendements en grains par hectare en 1840, 1862, 1882 et 1892, année médiocre comme je l'ai dit.

Ce tableau fait ressortir les augmentations successives des rendements par hectare jusqu'en 1882. Quant aux rendements de 1892, ils sont tous inférieurs à ceux de 1882. Pour la période correspondante (1886-1895), ils sont, au contraire, au-dessus de ceux de la période 1876-1885.

CÉRÉALES.	RENDEMENTS PAR HECTARE.						
	1840.	1862.	1882.	1892.	DIFFÉRENCE		
					entre 1840 et 1862.	entre 1862 et 1882.	entre 1882 et 1892.
	hectolitres.	hectolitres.	hectolitres.	hectolitres.	hectolitres.	hectolitres.	hectolitres.
Froment.........	12,44	14,69	17,98	16,40	2,24	3,28	— 1,58
Seigle...........	10,79	12,91	16,38	14,90	2,12	3.47	— 1,48
Orge	14,02	18,87	19,73	18,50	4,85	0,86	— 1,23
Méteil..........	12,99	15,45	17,87	16,20	2,46	2,42	— 1,67
Avoine..........	16,30	24,40	25,15	22,80	8,10	0,75	— 2,35
Maïs............	12,06	14,75	18,17	17,40	2,69	3,42	— 0,77
Sarrasin........	13,01	16,26	17,29	16,50	3,25	1,03	— 0,79

En effectuant les corrections relatives aux modifications du territoire, on arrive à la véritable mesure des accroissements ou diminutions de la valeur de la production en grains pour chacune des céréales et pour chaque période. Cette mesure s'établit de la façon suivante :

AUGMENTATION DE LA PRODUCTION EN CÉRÉALES (GRAINS)
ET VALEUR DES EXCÉDENTS (1876-1885 ET 1886-1895).

CÉRÉALES.	EXCÉDENT ANNUEL DE LA PRODUCTION 1886-1895, par rapport à celle de 1876-1885. (86 départements.)	PRIX MOYEN de L'HECTO-LITRE. (1876 à 1885.)	VALEUR TOTALE DE L'EXCÉDENT de la production annuelle en faveur de la période 1876-1885.	EXCÉDENT ANNUEL DE LA PRODUCTION 1876-1885, par rapport à celle de 1856-1865. (86 départements.)	PRIX MOYEN de L'HECTO-LITRE. (1886 à 1895.)	VALEUR TOTALE DE L'EXCÉDENT de la production annuelle en faveur de la période 1886-1895.
	hectolitres.	fr. c.	francs.	hectolitres.	fr. c.	francs.
Froment.........	5,345,861	21 40	114,401,425	5,384,304	17 60	94,763,750
Seigle	— 1,404,616	14 36	— 20,170,286	— 1,475,644	11 69	— 17,250,278
Orge	— 362,806	12 57	— 4,560,471	— 1,239,358	10 55	— 13,075,227
Méteil..........	— 2,758,570	17 15	— 47,309,475	— 1,789,278	14 35	— 25,676,139
Avoine..........	12,396,027	9 76	120,985,223	6,552,798	8 71	57,074,870
Maïs et millet ...	683,415	15 20	10,387,908	178,447	12 68	2,262,708
Sarrasin........	— 663,184	12 61	— 8,362,750	522,058	10 37	— 5,413,741
A ajouter.....	18,425,303	//	245,774,556	12,215,549	//	154,101,328
A retrancher ..	— 5,189,176	//	— 80,402,982	— 5,026,338	//	— 61,415,385
TOTAUX GÉNÉRAUX.	13,236,127	//	165,371,574	7,189,211	//	92,685,943

Le tableau suivant, enfin, donne la situation exacte pendant la période 1886-1895, correspondant à 1892, par rapport à la période 1876-1885, correspondant à 1882.

CÉRÉALES.	PRODUCTION ANNUELLE TOTALE.		VALEUR de la PRODUCTION ANNUELLE TOTALE.		DIFFÉRENCES de VALEUR.
	1876-1885.	1886-1895.	1876-1885.	1886-1895.	
	hectolitres.	hectolitres.	milliers de francs.	milliers de francs.	milliers de francs.
Froment..........	101,690,929	107,114,407	2,176,185	1,885,206	— 290,979
Seigle...........	24,976,557	23,500,913	358,655	274,725	— 83,930
Orge............	18,395,779	17,156,421	231,225	180,995	— 50,230
Méteil..........	6,221,569	4,432,287	106,690	63,599	— 43,091
Avoine..........	80,718,134	87,270,932	787,806	760,121	— 27,685
Maïs et millet.......	9,751,048	9,931,496	148,215	125,925	— 22,290
Sarrasin..........	10,098,373	9,576,496	127,335	99,312	— 28,023
Totaux........	251,852,389	258,982,952	3,936,111	3,389,883	— 546,228

La valeur des céréales (grains seulement) récoltées durant la période 1886-1895 a donc été, en moyenne, inférieure, par an, de 546 millions à celle de la période 1876-1885.

Il reste à examiner la valeur à l'hectare des produits de la culture des céréales (grains et paille). Voici les moyennes :

CÉRÉALES.	VALEUR A L'HECTARE DU PRODUIT EN GRAINS. (Moyenne annuelle.)							
	POUR LES PÉRIODES				DIFFÉRENCES.			
	1834 à 1843.	1856 à 1865.	1876 à 1885.	1886 à 1895.	1834-1843 à 1856-1865.	1856-1865 à 1876-1885.	1876-1885 à 1886-1895.	1834-1843 à 1886-1895.
	francs.	francs.	fr. c.	fr. c.	francs.	fr. c.	fr. c.	fr. c.
Froment........	197	272	307 90	273 90	75	35 90	— 34 00	76 90
Seigle.........	116	194	196 10	174 50	78	2 10	— 21 60	58 50
Orge.........	116	224	220 10	194 20	108	— 3 90	— 25 90	78 20
Méteil........	158	289	254 70	217 90	131	— 35 70	— 36 80	59 90
Avoine........	101	191	223 80	197 50	90	32 80	— 26 30	96 50
Maïs..........	113	214	223 50	210 70	101	9 50	— 12 80	97 70
Sarrasin........	94	183	191 20	165 40	89	8 20	— 25 80	71 40

Les chiffres de 1886-1895 sont tous au-dessous de ceux de 1876-1885. A l'égard de 1856-1865, on trouve que la valeur à l'hectare de la production, en grains seulement, est à peu près la même qu'en 1886-1895 pour le froment, pour l'avoine et pour le maïs. Les chiffres de cette dernière période sont inférieurs pour toutes les autres céréales.

Voici, enfin, des chiffres plus récents :

ÉTAT DE LA RÉCOLTE DU FROMENT, DU MÉTEIL ET DU SEIGLE EN 1903.

DÉPARTEMENTS.	FROMENT. Surfaces ensemencées. Hectares.	FROMENT. Produit en grains. Hectolitres.	FROMENT. Produit en grains. Quintaux métriques.	MÉTEIL. Surfaces ensemencées. Hectares.	MÉTEIL. Produit en grains. Hectolitres.	MÉTEIL. Produit en grains. Quintaux métriques.	SEIGLE. Surfaces ensemencées. Hectares.	SEIGLE. Produit en grains. Hectolitres.	SEIGLE. Produit en grains. Quintaux métriques.
PREMIÈRE RÉGION (NORD-OUEST).									
Finistère	57 800	1,088,000	843,880	7,620	104,500	76,430	31,050	461,500	321,303
Côtes-du-Nord	100,000	2,200,000	1,600,000	5,500	110,000	77,000	29,000	462,000	330,000
Morbihan	46,000	699,200	542,579	600	10,860	8,253	78,000	1,170,000	854,100
Ille-et-Vilaine	145,100	2,394,150	1,857,860	210	3,024	2,177	3,700	49,136	35,130
Manche	66,000	924,000	720,720	3,000	42,000	31,920	2,000	30,000	22,200
Calvados	63,000	1,323,000	1,025,325	»	»	»	4,700	66,505	49,213
Orne	59,074	1,021,280	796,598	5,415	92,966	70,654	5,932	87,622	64,840
Mayenne	105,600	1,858,560	1,431,091	12,500	237,500	175,750	1,450	34,800	26,000
Sarthe	76,911	1,618,947	1,269,290	18,355	326,793	245,556	19,450	294,728	213,652
Totaux	719,485	13,127,137	10,087,343	53,200	927,643	687,740	168,282	2,656,291	1,916,438
DEUXIÈME RÉGION (NORD).									
Nord	118,560	3,616,080	2,802,462	»	»	»	9,550	276,547	204,644
Pas-de-Calais	140,700	3,939,600	3,053,190	5,000	95,000	69,350	14,500	304,500	219,240
Somme	198,478	3,083,472	2,238,299	6,922	153,504	114,378	14,717	316,415	231,056
Seine-Inférieure	100,000	2,121,000	1,633,000	40	680	496	10,100	175,700	124,700
Oise	103,500	2,870,055	2,218,005	1,000	25,735	19,200	10,500	272,265	198,240
Aisne	140,995	3,648,333	2,756,140	374	7,454	5,560	20,280	450,354	317,500
Eure	90,000	1,890,000	1,474,200	1,000	17,000	13,090	8,000	120,000	86,400
Eure-et-Loir	109,000	2,962,769	2,325,774	945	21,116	15,943	7,729	152,328	111,961
Seine-et-Oise	84,642	2,454,618	1,939,148	1,200	32,448	24,011	12,300	251,166	183,351
Seine	3,620	108,600	84,708	»	»	»	645	14,190	9,933
Seine-et-Marne	111,700	3,258,790	2,532,430	1,000	25,030	19,028	7,300	181,703	133,319
Totaux	1,132,195	29,953,317	23,059,346	17,491	377,967	281,056	115,621	2,515,168	1,820,344
TROISIÈME RÉGION (NORD-EST).									
Ardennes	65,000	1,462,500	1,140,750	400	7,600	5,736	10,000	183,900	134,200
Marne	95,500	2,101,000	1,597,600	800	18,130	9,568	52,000	1,040,000	780,000
Aube	77,157	1,760,722	1,359,278	188	3,760	2,782	23,495	447,179	321,969
Haute-Marne	74,339	1,263,763	954,141	»	»	»	3,772	55,478	39,944
Meuse	83,551	1,324,260	993,193	»	»	»	4,209	70,701	50,904
Meurthe-et-Moselle	72,240	1,223,240	931,896	35	595	452	5,380	86,970	63,358
Vosges	39,117	586,755	445,934	6,580	111,860	81,658	13,395	227,715	161,678
Belfort (Haut-Rhin)	3,910	78,200	60,214	630	11,970	9,097	2,250	40,500	29,970
Totaux	510,814	9,800,440	7,483,006	8,633	148,915	109,293	114,501	2,152,443	1,582,023
QUATRIÈME RÉGION (OUEST).									
Loire-Inférieure	152,000	2,432,000	1,848,320	400	6,000	4,200	2,000	28,000	19,600
Maine-et-Loire	152,195	2,891,705	2,313,364	1,040	20,800	16,640	7,704	146,376	113,441
Indre-et-Loire	99,230	1,984,600	1,547,988	640	9,600	7,200	6,900	100,050	75,140
Vendée	149,500	3,030,000	2,328,000	1,520	30,700	20,800	1,520	23,300	16,900
Charente-Inférieure	133,245	2,465,032	1,922,725	»	»	»	5,020	71,786	51,685
Deux-Sèvres	121,600	2,310,400	1,779,008	3,300	66,000	42,900	6,200	93,000	68,820
Charente	111,000	2,109,000	1,645,020	3,000	60,000	44,000	10,000	120,000	86,400
Vienne	122,650	3,262,490	2,576,877	1,300	27,820	21,138	6,550	127,725	94,517
Haute-Vienne	55,200	899,720	699,676	450	6,750	4,995	60,400	899,960	647,488
Totaux	1,095,620	21,384,947	16,653,978	11,650	227,670	161,873	106,294	1,610,197	1,171,991

DÉPARTEMENTS.	FROMENT — Surfaces ensemencées. Hectares.	FROMENT — Produit en grains. Hectolitres.	FROMENT — Quintaux métriques.	MÉTEIL — Surfaces ensemencées. Hectares.	MÉTEIL — Produit en grains. Hectolitres.	MÉTEIL — Quintaux métriques.	SEIGLE — Surfaces ensemencées. Hectares.	SEIGLE — Produit en grains. Hectolitres.	SEIGLE — Quintaux métriques.
CINQUIÈME RÉGION (CENTRE).									
Loir-et-Cher	71,000	1,782,100	1,397,166	2,750	56,810	43,110	20,700	386,750	290,310
Loiret	92,000	2,028,000	1,565,035	10,000	190,000	139,800	24,800	372,000	271,560
Yonne	101,466	1,945,502	2,517,491	1,445	23,510	17,867	11,478	176,577	132,432
Indre	108,000	2,268,500	1,791,720	550	8,350	6,346	10,000	170,000	127,500
Cher	101,200	1,993,640	1,555,039	900	16,200	12,150	12,200	219,600	162,504
Nièvre	83,000	1,660,000	1,294,800	200	3,400	2,516	8,500	144,500	101,150
Creuse	34,096	594,293	463,558	"	"	"	71,419	1,083,426	790,942
Allier	114,900	2,527,800	1,959,045	"	"	"	24,000	398,400	293,620
Puy-de-Dôme	67,200	1,344,000	1,021,440	450	6,750	4,792	68,050	1,088,800	762,160
Totaux	772,862	16,143,335	12,565,294	16,295	305,020	226,581	251,147	4,040,053	2,932,178
SIXIÈME RÉGION (EST).									
Côte-d'Or	113,400	2,250,990	1,710,752	200	2,800	2,100	9,250	120,350	87,782
Haute-Saône	65,950	1,292,620	969,465	4,190	68,716	49,442	11,514	199,192	143,925
Doubs	29,500	661,950	492,875	2,000	43,400	31,680	1,000	22,500	16,190
Jura	42,500	765,000	566,100	"	"	"	2,000	28,000	19,600
Saône-et-Loire	140,000	2,660,000	2,021,600	"	"	"	16,000	288,000	197,300
Loire	58,650	997,200	776,478	980	16,300	12,008	52,100	901,600	660,053
Rhône	39,543	711,774	598,124	1,233	19,728	14,796	10,637	180,829	130,196
Ain	93,000	1,580,000	1,209,465	1,950	35,100	24,500	5,620	106,780	77,081
Haute-Savoie	30,300	560,550	420,412	1,900	34,200	25,308	1,360	23,120	16,415
Savoie	19,620	313,920	238,579	3,170	52,305	38,705	13,410	227,970	161,858
Isère	113,900	1,756,000	1,334,500	3,250	52,325	37,150	17,350	285,900	197,370
Totaux	746,363	13,550,004	10,338,350	18,873	324,874	235,689	140,241	2,384,141	1,707,670
SEPTIÈME RÉGION (SUD-OUEST).									
Gironde	70,000	1,341,430	1,041,765	500	7,085	5,250	19,000	385,814	279,519
Dordogne	125,902	2,077,383	1,558,037	1,276	16,583	12,109	9,487	151,792	107,772
Lot-et-Garonne	121,278	1,797,339	1,419,898	"	"	"	8,630	66,796	50,100
Landes	33,600	469,266	366,099	540	5,400	3,996	46,870	281,220	199,666
Gers	190,000	1,740,000	1,357,200	"	"	"	1,731	20,772	15,579
Basses-Pyrénées	50,300	814,800	639,600	120	2,160	1,600	280	3,640	2,600
Hautes-Pyrénées	32,600	582,000	466,000	6,250	109,000	81,000	4,300	76,000	55,000
Haute-Garonne	30,600	2,703,420	2,143,812	2,970	56,430	41,758	3,300	59,400	41,877
Ariège	42,150	590,160	460,324	3,850	53,900	40,425	9,450	141,750	106,312
Totaux	726,430	12,115,738	9,452,665	15,506	250,558	186,138	103,048	1,187,184	858,425
HUITIÈME RÉGION (SUD).									
Corrèze	17,595	263,925	205,861	3,530	52,950	39,712	52,080	781,200	578,088
Cantal	6,900	96,600	73,416	660	9,900	7,326	54,770	876,320	630,950
Lot	80,502	1,046,126	829,044	1,050	13,387	10,902	11,375	142,187	103,796
Aveyron	76,200	838,000	645,414	5,000	65,000	48,750	26,500	349,800	262,350
Lozère	10,400	135,200	105,456	3,509	45,617	34,212	39,724	496,550	362,445
Tarn-et-Garonne	100,650	1,811,700	1,449,360	300	5,100	3,881	1,800	28,800	21,312
Tarn	94,000	1,484,000	1,187,200	2,000	34,000	25,840	17,000	306,000	220,320
Hérault	8,000	104,000	78,000	"	"	"	3,168	36,071	25,845
Aude	32,850	657,000	505,890	265	3,710	2,708	4,530	72,480	52,185
Pyrénées-Orientales	3,200	74,200	57,134	765	20,824	15,409	10,530	165,986	115,190
Totaux	427,097	6,510,751	5,186,775	17,079	250,488	188,740	221,477	3,255,394	2,372,481

DÉPARTEMENTS.	FROMENT.			MÉTEIL.			SEIGLE.		
	SURFACES ENSEMENCÉES.	PRODUIT EN GRAINS.		SURFACES ENSEMENCÉES.	PRODUIT EN GRAINS.		SURFACES ENSEMENCÉES.	PRODUIT EN GRAINS.	
	Hectares.	Hectolitres.	Quintaux métriques.	Hectares.	Hectolitres.	Quintaux métriques.	Hectares.	Hectolitres.	Quintaux métriques.
NEUVIÈME RÉGION (SUD-EST).									
Haute-Loire	18,107	298,765	235,128	6,988	103,422	79,118	66,750	907,800	669,960
Ardèche	28,750	388,125	301,245	"	"	"	33,125	450,500	329,315
Drôme	83,009	1,660,180	1,294,940	113	2,142	1,606	5,789	102,037	74,487
Gard	35,500	585,750	462,742	413	5,369	3,919	2,507	35,098	24,568
Vaucluse	61,200	987,156	779,360	405	9,151	6,485	1,009	14,084	9,661
Basses-Alpes	55,935	783,090	626,472	550	7,700	6,160	2,000	32,000	23,040
Hautes-Alpes	23,150	347,250	263,912	1,650	28,050	20,476	6,400	115,200	80,640
Bouches-du-Rhône	39,650	610,600	486,000	"	"	•	132	1,650	1,175
Var	30,800	308,000	240,240	"	"	"	180	1,440	1,036
Alpes-Maritimes	16,300	171,150	133,497	250	2,750	2,063	680	7,820	5,709
Totaux	392,401	6,140,066	4,823,536	10,369	158,584	119,827	118,572	1,667,629	1,219,591
DIXIÈME RÉGION.									
Corse	13,080	111,180	88,944	60	540	405	1,410	12,690	9,266
Totaux généraux	6,536,347	128,705,515	99,588,059	169,156	2,972,259	2,197,342	1,340,593	21,481,190	15,590,407
RAPPEL DES CINQ ANNÉES PRÉCÉDENTES.									
1902	6,563,701	115,530,692	89,240,038	6,192	2,743,703	2,016,992	1,331,755	16,580,719	11,598,338
1901	6,793,783	109,573,810	84,617,540	196,715	3,037,100	2,259,380	1,412,132	20,509,130	14,830,870
1900	6,864,070	114,710,880	88,598,900	200,560	3,212,150	2,379,130	1,419,780	20,889,000	15,087,592
1899	6,940,210	128,418,920	99,459,890	224,030	3,951,500	2,945,690	1,488,900	23,577,000	17,075,630
1898	6,963,711	128,096,149	99,312,290	236,960	4,225,674	3,143,552	1,474,915	23,524,318	16,998,775

BLÉ. — La culture du froment, y compris celle de l'épeautre, occupe 48.33 p. 100 de la surface totale consacrée aux céréales; son grain et sa paille représentent 58.66 p. 100 de la valeur de l'ensemble.

En 1892, la variété d'automne et celle de printemps réunies ont occupé 7,166,459 hectares qui ont produit 117,499,297 hectolitres de grains, d'une valeur totale, avec la paille, de 2,737,835,430 francs.

Ces chiffres donnent :

	FROMENT. hectares.
Par { 100 hectares du territoire total	13,6
100 hectares du territoire agricole	14,2
100 hectares de terres labourables	27,7
100 hectares de terres en céréales	48,5
100 habitants (population totale)	18,4
100 cultivateurs	107,5

La récolte a produit :

FROMENT.

hectolitres.

Par	100 hectares du territoire total..............	222,2
	100 hectares du territoire agricole..........	230,8
	100 hectares de terres labourables..........	455,9
	100 habitants (population totale)..........	306,4
	100 cultivateurs........................	1,763,4

La moyenne des dix récoltes de 1884 à 1893 fait ressortir un rendement moyen annuel de 1,532 hectolitres par 100 hectares cultivés en froment, soit 15 hectol. 32 par hectare.

Relativement à leur territoire total, les départements qui cultivent le plus de froment appartiennent à la région du Nord, à l'Ouest, aux plaines du bassin de la Garonne et du Centre. Tarn-et-Garonne arrive en première ligne avec 28 p. 100. Suivent : la Vendée, 26 p. 100; Lot-et-Garonne, 25 p. 100; Maine-et-Loire, le Nord et le Pas-de-Calais, 24 p. 100; la Charente-Inférieure, 23 p. 100; le Gers, les Deux-Sèvres, 22 p. 100; la Haute-Garonne, Ille-et-Vilaine, la Loire-Inférieure, la Mayenne et la Somme, 21 p. 100; Eure-et-Loir et Seine-et-Marne, 20 p. 100.

Voici, du reste, le classement des dix départements ayant les situations les plus favorables (rendements maxima) :

RAPPORTS À 100 HECTARES DU TERRITOIRE TOTAL.

	hectolitres.		hectolitres.
Nord..................	554	Eure-et-Loir........	439
Pas-de-Calais..........	485	Vendée...............	425
Aisne.................	478	Oise.................	419
Somme...............	451	Seine-et-Oise...........	386
Seine-et-Marne..........	448	Maine-et-Loire..........	354

RAPPORTS À 100 HECTARES DU TERRITOIRE AGRICOLE.

	hectolitres.		hectolitres.
Nord..................	594	Seine-et-Marne..........	453
Pas-de-Calais..........	505	Vendée...............	445
Aisne.................	482	Oise.................	436
Somme...............	469	Seine-et-Oise...........	409
Eure-et-Loir..........	455	Loire-Inférieure.........	386

RAPPORTS À 100 HECTARES DE TERRES LABOURABLES.

	hectolitres.		hectolitres.
Nord	849	Vendée	637
Vaucluse	713	Lot-et-Garonne	618
Aisne	678	Seine-et-Marne	617
Rhône	646	Ain	616
Drôme	643	Loire-Inférieure	614

RAPPORTS À 100 HABITANTS DE LA POPULATION TOTALE.

	hectolitres.		hectolitres.
Seine-et-Oise	906	Lot-et-Garonne	632
Gers	726	Aisne	626
Seine-et-Marne	721	Oise	612
Tarn-et-Garonne	654	Marne (Haute-)	604
Vendée	645	Indre	589

Enfin, voici les dix meilleurs rendements à l'hectare. (Le rendement moyen par hectare, pour la France, est de 16 hectol. 4.)

	hectolitres.		hectolitres.
Seine	26,8	Seine-et-Marne	22,5
Nord	25,5	Eure-et-Loir	21,5
Aisne	23,9	Ardennes	21,4
Seine-et-Oise	23,9	Somme	21,2
Oise	22,8	Haut-Rhin (Belfort)	20,5

Ce sont les départements méditerranéens, les régions montagneuses et les landes qui cultivent le moins le blé.

En supposant la France divisée en trois grandes régions, celle du Nord comprend tous les départements dont la production moyenne est égale ou supérieure à 20 hectolitres par hectare; celle du Centre renferme tous ceux qui produisent en moyenne plus de 15 hectolitres et moins de 20 hectolitres par hectare, et celle du Sud, enfin, ceux dont la production moyenne est égale ou inférieure à 15 hectolitres par hectare.

Voici des chiffres postérieurs à 1892 : la période décennale 1889-1898 donne une production moyenne de 108,700,000 hectolitres. Et la production de 1902 a suffi — comme celle de 1901 : 109,573,810 hectolitres de grains — à la consommation indigène.

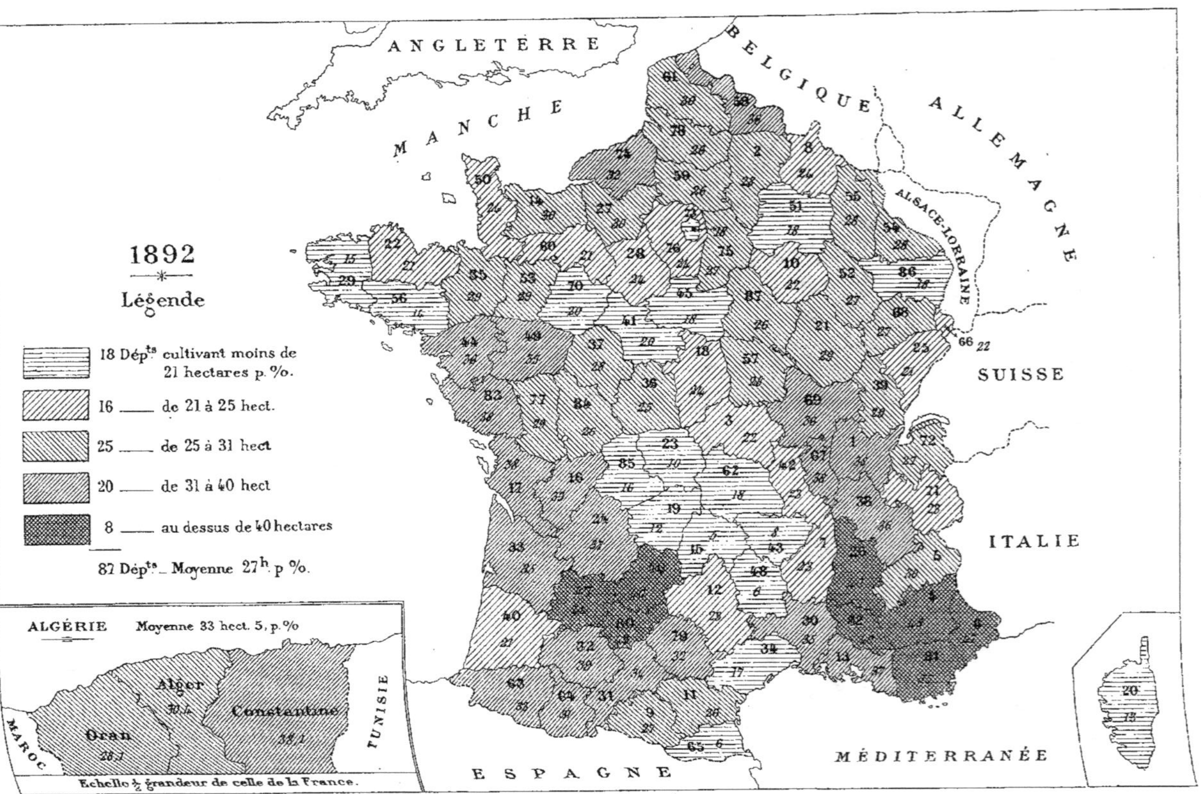

Fig. 238. — Rapport, à 100 hectares des terres labourables, de la superficie en froment.

[Pour les noms des départements correspondant aux numéros, voir le tableau de la page 198.]

Le tableau suivant réunit les rendements moyens durant le dernier siècle :

RENDEMENT MOYEN DU FROMENT PAR HECTARE DE 1815 À 1900.

ANNÉES.	HECTO-LITRES.	ANNÉES.	HECTO-LITRES.	ANNÉES.	HECTO-LITRES.	ANNÉES.	HECTO-LITRES.
1815	8,59	1837	12,56	1858	16,56	1880	14,57
1816	9,73	1838	12,41	1859	13,05	1881	13,91
1817	10,27	1839	11,82	1860	15,13	1882	17,70
1818	11,40	1840	14,62	1861	11,12	1883	15,25
1820	9,47	1841	12,76	1862	14,43	1884	16,20
1821	12,25	1842	12,79	1863	16,88	1885	15,82
1822	10,60	1843	13,00	1864	16,15	1886	15,42
1823	12,09	1844	14,52	1865	13,84	1887	16,14
1824	12,65	1845	12,53	1866	12,33	1888	14,15
1825	12,57	1846	10,23	1867	11,92	1889	15,39
1826	12,18	1847	16,32	1868	16,53	1890	16,55
1827	12,58	1848	14,73	1869	15,34	1891	13,41
1828	11,81	1849	15,21	1871	10,78	1892	15,67
1829	12,79	1850	14,78	1872	17,41	1893	13,82
1830	10,53	1851	14,33	1873	11,99	1894	17,52
1831	11,04	1852	14,13	1874	19,36	1895	17,13
1832	15,52	1853	10,26	1875	14,48	1896	17,42
1833	12,60	1854	15,17	1876	13,90	1897	13,19
1834	11,60	1855	11,36	1877	14,35	1898	18,40
1835	13,43	1856	13,19	1878	13,92	1899	18,50
1836	12,03	1857	16,75	1879	11,43	1900	16,71

Exceptionnellement pour les années 1819 et 1870, les renseignements n'ont pas été recueillis.

1901 donne 16^h,12; 1902, 17^h,60; 1903, 19^h,81; 1904, 15^h,24; 1908, 18^h,46.

En résumé, la France est arrivée à assurer désormais son alimentation en pain — sauf, des cas exceptionnels qu'il est impossible de prévoir ou d'écarter, telles notamment des conditions météorologiques défavorables. Nos récoltes, auxquelles s'ajoutent, d'année en année plus abondantes, celles de l'Algérie et de la Tunisie, nous affranchissent à peu près complètement de l'importation étrangère. Depuis quatre ans (1898-1902), nos importations de blé ont été pour ainsi dire nulles (moins de 150,000 quintaux) et nous avons exporté des quantités de farine qui ont largement compensé les importations de grains.

Si, d'autre part, nous comparons le présent au passé, nous constatons que la superficie cultivée en froment, qui avait augmenté considé-

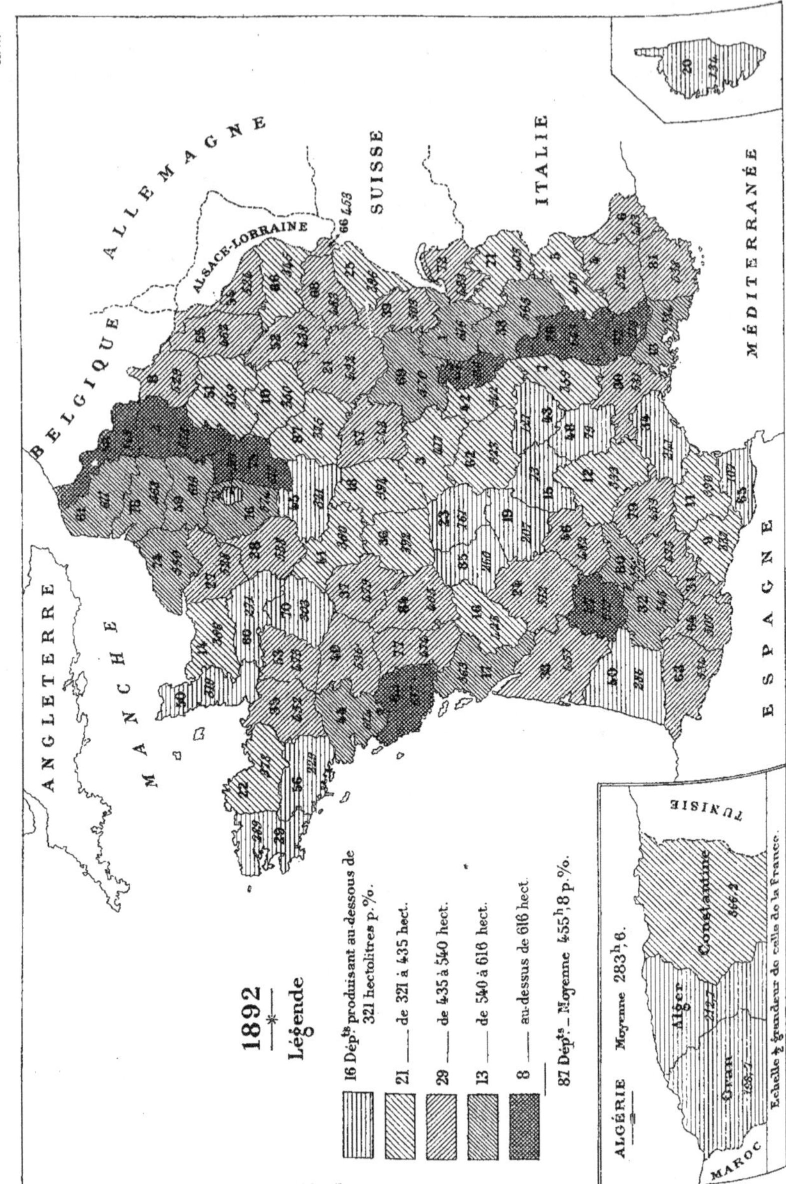

Fig. 239. — Rapport, à 100 hectares des terres labourables, de la production totale du froment. (Pour les noms des départements correspondant aux numéros, voir le tableau de la page 198.)

rablement de 1840 à 1892, a subi ensuite une diminution en 1882 sur 1862, puis en 1892 sur 1882. Pour cette dernière période la réduction est de 24,690 hectares ou 0.34 p. 100. Pour la période qui précède, 1862-1882, en tenant compte de la perte de l'Alsace-Lorraine, la diminution avait été de 99,000 hectares ou, en vingt ans, de 1.3 p. 100. C'est au total, en trente ans, une réduction de 123,690 hectares ou de 1.64 p. 100.

Le rendement le plus élevé est celui de 1874, 19,36 hectolitres. Puis, vient celui de 1882, 17,70 hectolitres. L'année 1894 arrive en troisième ligne avec 17,52 hectolitres; puis, 1872, 17,41 hectolitres. Les rendements des autres années sont tous inférieurs à 17 hectolitres, sauf ceux des années 1903, 19 hect. 81, et 1905, 18 hect. 48.

Résumés en moyennes périodiques, la plupart décennales, les rendements donnent les résultats généraux suivants :

PÉRIODES.	PRODUIT MOYEN PAR HECTARE.	ÉCART entre LES PRODUITS maxima et minima de chaque période.	PÉRIODES.	PRODUIT MOYEN PAR HECTARE.	ÉCART entre LES PRODUITS maxima et minima de chaque période.
	hectolitres.	hectolitres.		hectolitres.	hectolitres.
1816-1820 [1].......	10,22	1,93	1861-1870 [1]......	14,28	5,76
1821-1830.........	11,90	2,26	1871-1880 [1]......	14,60	5,98
1831-1840.........	12,77	3,58	1881-1890........	15,65	3,79
1841-1850.........	13,68	6,09	1891-1895........	15,83	4,11
1851-1860.........	13,99	6,49	1896-1900........	16,84	5,31

[1] 1815, 1870 et 1871 ne sont pas entrés en ligne de compte dans le calcul, les événements ayant empêché d'effectuer des relevés exacts.

On voit que le rendement moyen, par hectare, s'accroît assez lentement, mais d'une façon régulière et continue. D'un autre côté, les écarts de production maxima et minima de chaque période paraissent diminuer depuis un demi-siècle; l'influence des agents atmosphériques semble s'amoindrir au fur et à mesure des progrès de la culture.

Il est intéressant de comparer la situation de la France à celle des États-Unis — l'un des grands pays producteurs de blé. Par suite de l'épuisement du sol, le rendement, aux États-Unis, diminue de 1870 à 1890, de 2.5 p. 100 à l'hectare, tandis que chez nous, de 1862 à 1890, nous constatons un accroissement de 12.6 p. 100, et si nous remontons à 1820, nous trouvons, en l'espace de soixante-dix ans, une augmentation, à l'hectare, de près de 5 hectolitres, et cela en l'absence de fumures complémentaires du fumier de ferme et, pour plus de la moitié de la durée de cette période, sans les améliorations culturales et l'introduction de l'outillage perfectionné qui se sont accentuées depuis moins de vingt ans d'une manière notable. Dans tel pays, où les restitutions au sol sont pour ainsi dire inconnues, la situation est infiniment plus désastreuse encore qu'aux États-Unis. Aux Indes, par exemple, si nous en croyons M. Davis, l'appauvrissement du sol par les cultures séculaires a fait tomber, depuis le temps d'Akbar, les rendements de blé, de 26 p. 100.

Enfin, l'*Introduction* de l'enquête de 1892 nous fournit, encore, les renseignements suivants :

Au point de vue de la superficie cultivée en blé, la France occupe le second rang des pays européens; elle vient, sous ce rapport, immédiatement après la Russie. Deux autres pays, hors d'Europe, les États-Unis et l'Inde britannique, consacrent également à la culture du froment de plus grandes surfaces que la France. (Voir les tableaux du tome Ier, p. 35 et 36.) En ce qui concerne la production en grains, la France arrive en Europe au premier rang. Elle est, après les États-Unis, le pays le plus producteur de froment du monde entier. La Russie, l'Inde, la Hongrie viennent après elle.

Comme rendement à l'hectare, nous sommes moins bien partagés; nous arrivons, sous ce rapport, après le Danemark, la Hollande, la Belgique, le Royaume-Uni et la Suède, et sur le même rang que l'Allemagne. Il est à remarquer toutefois que, dans les pays qui viennent d'être énumérés, le froment occupe, relativement au territoire total, une superficie moins grande qu'en France et qu'on lui réserve les terres les meilleures et les mieux préparées.

Épeautre. — Un mot de l'épeautre. On donne ce nom à deux espèces du genre froment dont, au battage, le grain ne se sépare pas des balles. Le plus petit — peu productif, mais excessivement rustique — fournit une bonne farine de gruau; on le rencontre, en France, dans le Berri et dans le Gâtinais. Les chiffres de production de l'épeautre sont compris dans ceux du blé.

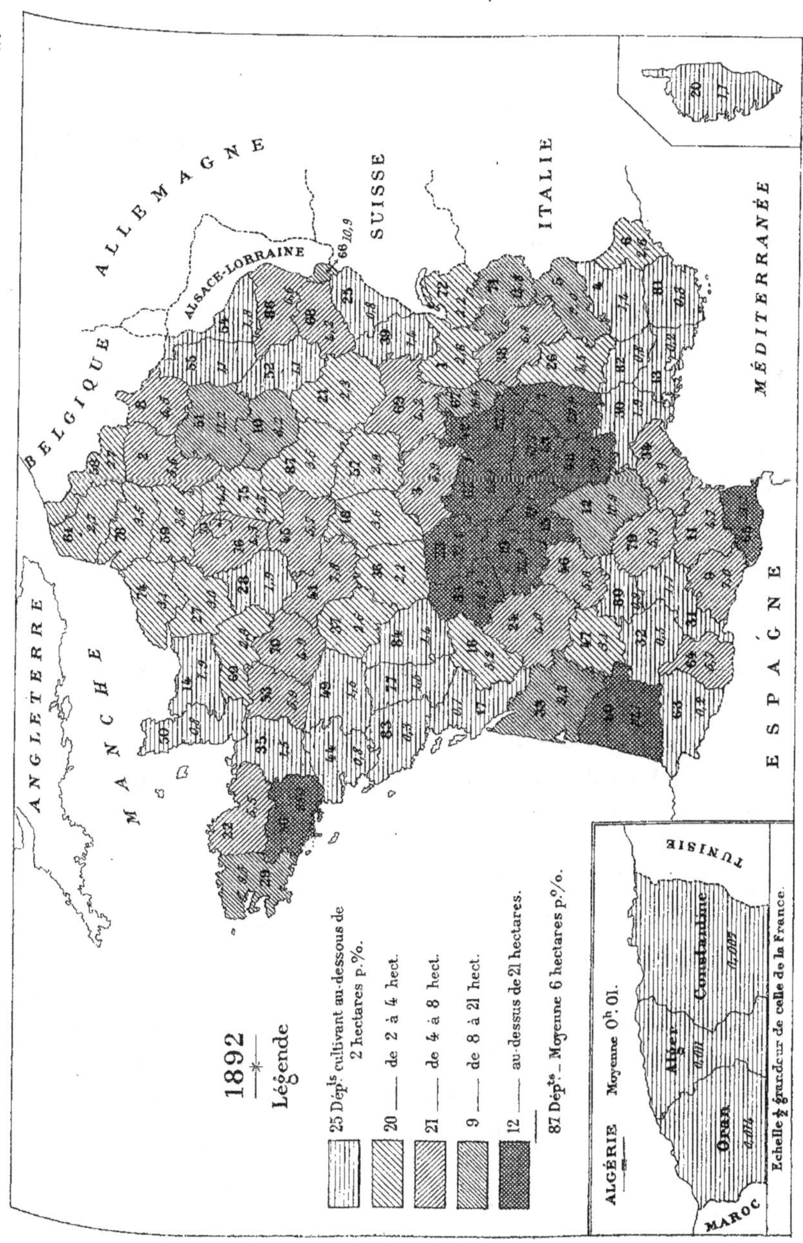

Fig. 240. — Rapport, à 100 hectares des terres labourables, de la superficie en seigle.
[Pour les noms des départements correspondant aux numéros, voir le tableau de la page 198.]

Seigle. — La diminution de la culture du seigle est un indice des progrès de notre agriculture et de l'accroissement du bien-être de nos populations rurales. Le seigle, en effet, est la céréale des terres pauvres, de celles qui sont peu aptes à produire du blé. On ne le rencontre plus, en France, que dans le Centre et en Bretagne, sur les terrains granitiques; dans les landes de Gascogne, de la Bresse et de la Sologne; en Champagne, sur les craies arides du plateau qui s'étend de Reims à Troyes.

Cette culture occupe, en 1892, 1,527,000 hectares, qui ont donné, en moyenne, 24 millions d'hectolitres pendant les dix dernières années; en 1905, elle n'occupe plus que 1,267,000 hectares.

Les départements où la production est la plus considérable sont : la Creuse, le Morbihan, le Puy-de-Dôme, la Marne, la Haute-Loire, la Haute-Vienne.

Récolte en 1892 : 23,558,094 hectolitres; en 1901 : 20,509,130 hectolitres; en 1905 : 18,070,000 hectolitres; la moyenne décennale : 22,757,658 hectolitres (rendement à l'hectare : 15 hectol. 26). De 1882 à 1892, la réduction a été de 178,000 hectares ou 10.20 pour 100. De 1862 à 1882, en tenant compte de la perte de l'Alsace-Lorraine, elle avait déjà été de 148,000 hectares ou de 5.7 pour 100.

Les départements qui, de 1882 à 1892, ont subi la diminution la plus forte, sont dans l'ordre : le Tarn, la Loire, la Marne, l'Aveyron, l'Allier, l'Aisne, la Lozère, l'Isère, la Haute-Loire. Il n'y a eu d'augmentation appréciable que pour la Corrèze (3,923 hectares) et le Cantal (3,493 hectares).

Les farines de seigle de Champagne sont particulièrement renommées.

Orge. — L'orge — dont la culture, ce qui est très regrettable, est restée dans la récente période décennale à peu près stationnaire en France — n'y occupe que 851,413 hectares (1892), et 724,250 hectares (1905) Les départements les plus forts producteurs sont :

	hectolitres.		hectolitres.
Mayenne	784,125	Pas-de-Calais	694,773
Manche	730,195	Ille-et-Vilaine	652,244

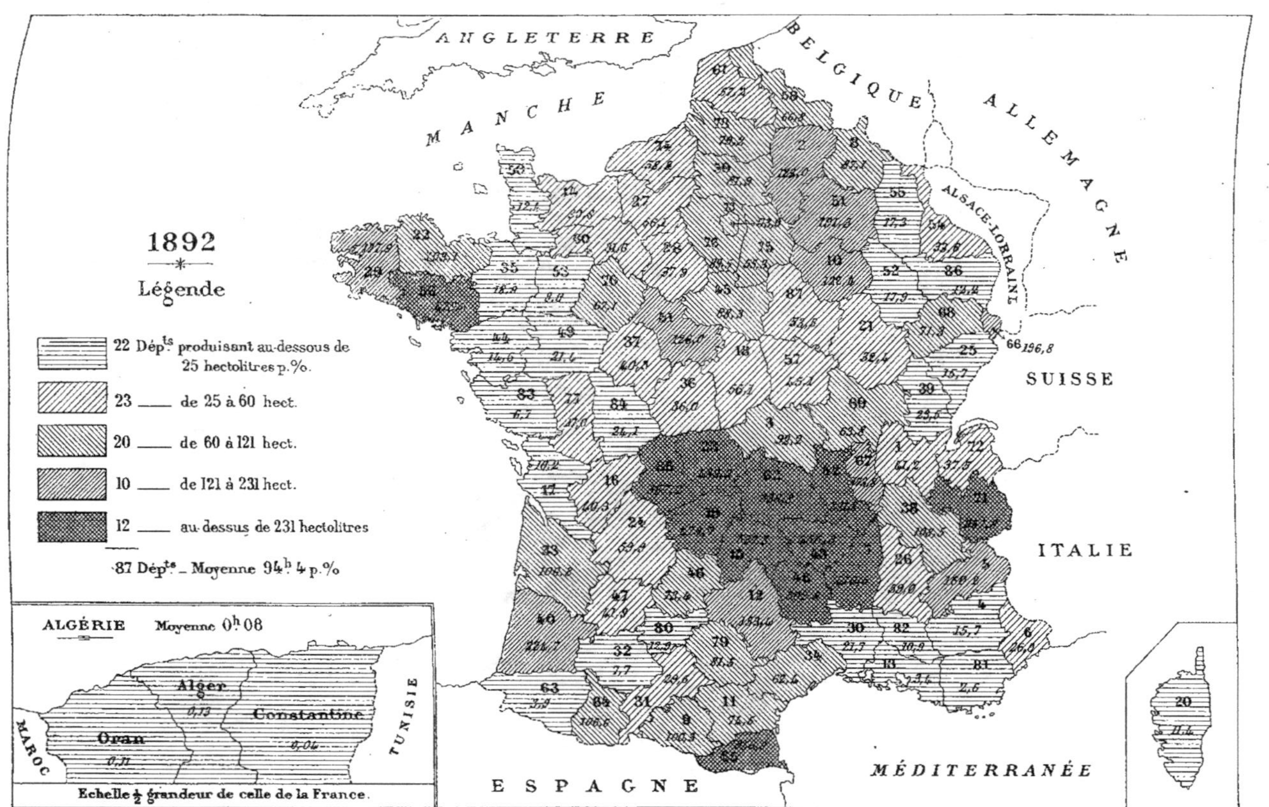

Fig. 241. — Rapport, à 100 hectares des terres labourables, de la production totale du seigle.
[Pour les noms des départements correspondant aux numéros, voir le tableau de la page 198.]

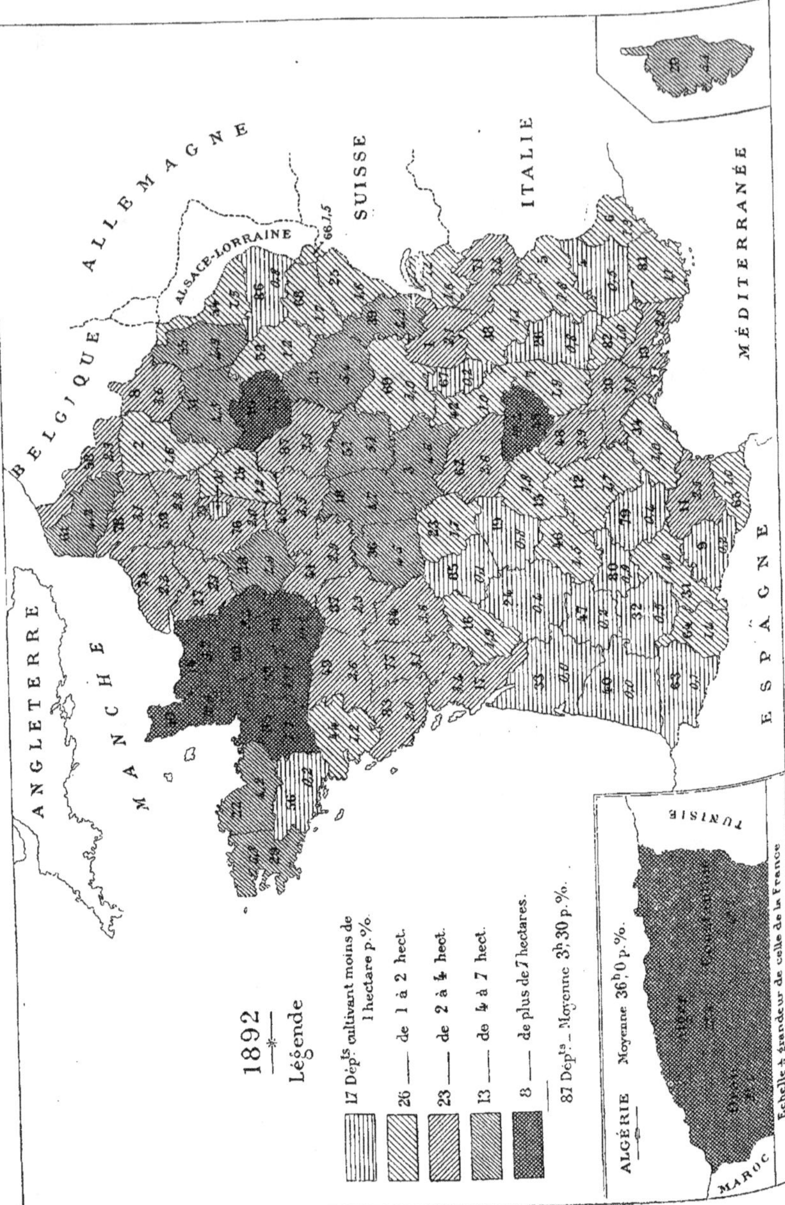

Fig. 242. — Rapport, à 100 hectares des terres labourables, de la superficie en orge.
(Pour les noms des départements correspondant aux numéros, voir le tableau de la page 198.)

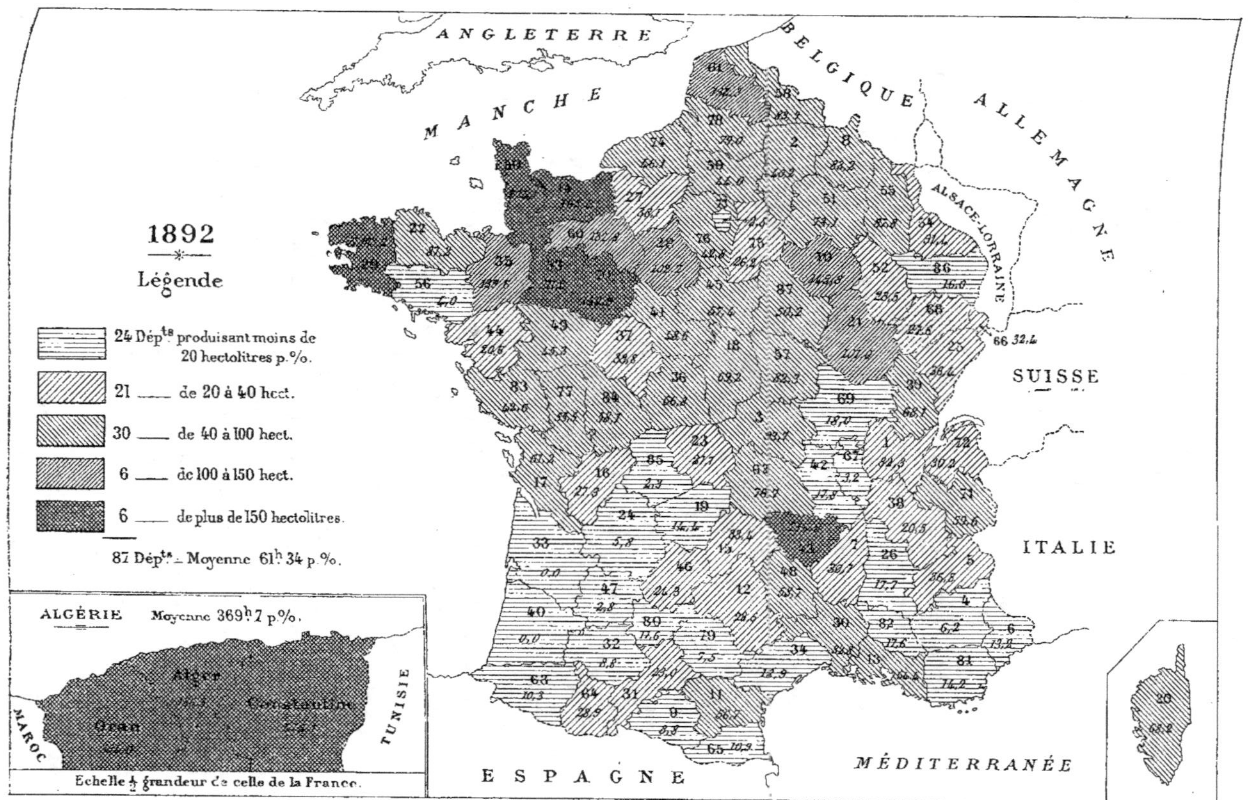

Fig. 243. — Rapport, à 100 hectares des terres labourables, de la production totale de l'orge.
[Pour les noms des départements correspondant aux numéros, voir le tableau de la page 198.]

La période 1892-1901 indique, en moyenne, 840,555 hect., avec une production de 15,389,651 hectol., soit à l'hect. 18 hectol. 31.

Cette culture avait perdu, de 1862 à 1882, 97,000 hectares ou 8.9 p. 100, en tenant compte de la séparation de l'Alsace-Lorraine. De 1882 à 1892, la diminution a été de 125,000 hectares ou 12.90 p. 100. Une seule augmentation notable : l'Allier, qui gagne 2,231 hectares.

Bien que les prix aient baissé dans le dernier quart de siècle, il y aurait grand intérêt à augmenter la superficie consacrée à l'orge, ce qui nous éviterait de recourir à l'importation pour une quantité de 300,000 à 400,000 quintaux par an. L'orge étant la céréale que l'on peut cultiver dans les régions les plus élevées conviendrait très bien à l'utilisation de certaines de nos contrées montagneuses. La culture de l'orge destinée à la brasserie mérite d'attirer de plus en plus l'attention de nos cultivateurs. Une bonne variété d'orge de brasserie, orge Hanna ou orge Chevalier, trouverait aujourd'hui d'importants débouchés à l'étranger. Loin de devenir importateur d'orge, notre pays devrait prendre une place considérable dans le commerce d'exportation de cette céréale, pour le plus grand profit de notre agriculture.

MÉTEIL. — Le méteil donne lieu aux mêmes observations que le seigle. Sa culture est de plus en plus abandonnée et ne se maintient que dans les pays à sols légers, sablonneux, trop pauvres pour porter du froment seul. De 315,010 hectares en 1882, la superficie qu'il occupe est tombée à 263,390 hectares en 1892; à 196,715 hectares en 1901; à 147,300 hectares en 1905.

La production en grains est de 4,279,197 hectolitres en 1892; de 3,037,100 en 1901. Le rendement moyen en 1892-1901 s'inscrit par 15 hectol. 80 à l'hectare. Les départements produisant plus de 200,000 hectolitres de méteil sont :

	hectolitres.		hectolitres.
Sarthe	348,948	Somme	206,431
Loiret	207,561	Mayenne	204,822

AVOINE. — Dans l'ordre d'importance des céréales, l'avoine vient après le froment. Elle occupe un quart de l'étendue consacrée aux céréales et 7.19 p. 100 du territoire total. Sa valeur, grains et paille, en 1892, a été de 940,781,370 francs. Les départements où la production de l'avoine est le plus élevée sont :

	hectolitres.			hectolitres.
Pas-de-Calais	3,669,358		Seine-et-Oise	3,064,790
Somme	3,442,749		Eure-et-Loir	3,019,595
Seine-et-Marne	3,289,310			

Cinq départements produisent de 2 millions à 3 millions d'hectolitres : Aisne, Oise, Nord, Marne, Loiret.

C'est, comme pour le froment, la région septentrionale qui accuse les plus forts rendements; ils atteignent 47 hectolitres 8 dans le Nord.

Le rendement moyen pour toute la France pendant la période décennale 1884-1893 a été de 22 hectol. 61 par hectare; il se maintient (22.18), dans la décade 1892-1901. 25 à 30 quintaux sont fréquemment obtenus dans les bonnes exploitations septentrionales[1].

Si nous jetons un coup d'œil sur le passé, nous voyons que, contrairement à ce qui a lieu pour les autres céréales, la culture de l'avoine augmente en superficie. En 1862, elle occupait 3,323,000 hectares; en 1882, 3,611,000 hectares; en 1892, 3,805,000 hectares. Dans la Vienne seule, l'augmentation est de 20,000 hectares. Les moyennes 1892-1901 sont : surface occupée, 3,906,645 hectares; production, 86,658,153 hectolitres; 3,818,000 hectares en 1905.

Le prix élevé de l'avoine, qui atteint, certaines années, celui du blé, doit, du reste, engager les cultivateurs, particulièrement ceux du Centre et du Nord, à augmenter les surfaces consacrées jusqu'ici par eux à la culture de cette céréale, dont l'importation atteint suivant les années les chiffres élevés de 1 à 2 millions de quintaux.

L'opinion, encore beaucoup trop répandue dans nos campagnes, qui consiste à considérer l'avoine comme une récolte pouvant se passer de fumure, ne saurait trop être réfutée. Il ne s'ensuit pas de ce que l'avoine produit une récolte dans des sols où la plupart des plantes se refuseraient à en fournir, que cette céréale soit indifférente à un approvisionnement plus ou moins abondant de principes fertilisants.

[1] L'avoine convient aux régions froides et redoute la sécheresse. C'est ainsi que les étangs mis à sec fournissent, en général, de belles récoltes d'avoine.

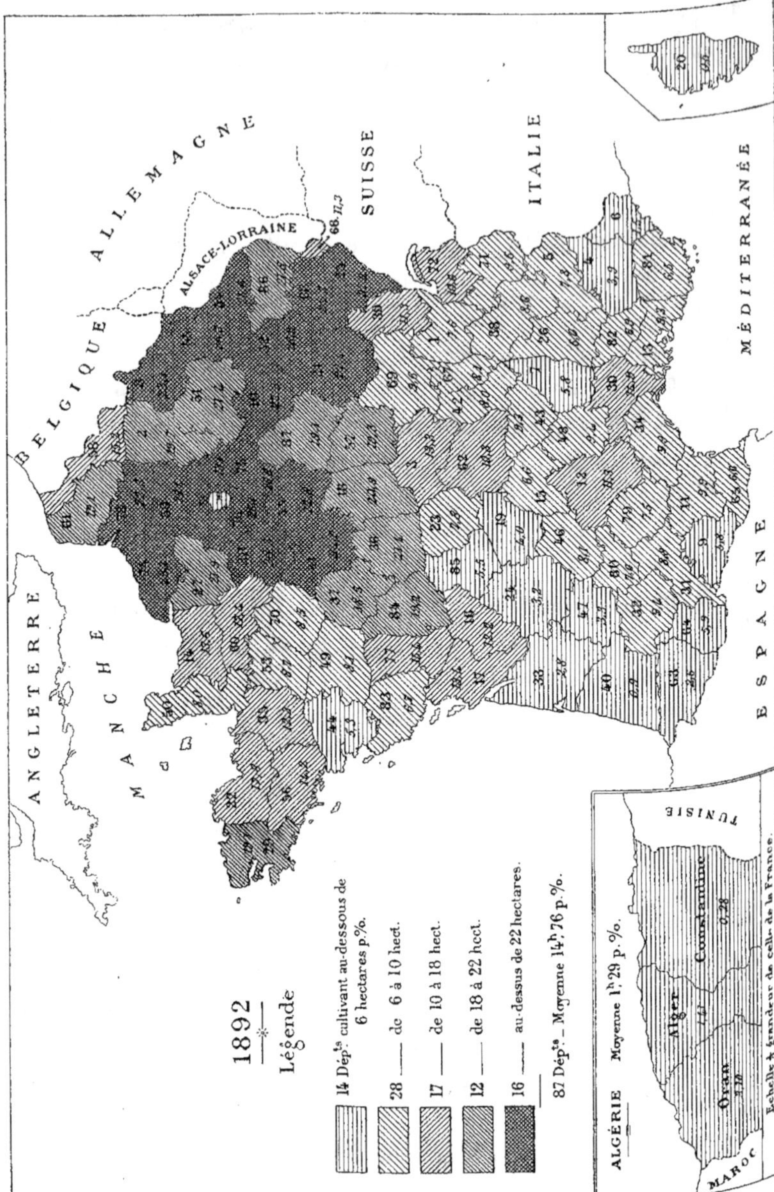

Fig. 244. — Rapport, à 100 hectares des terres labourables, de la superficie en avoine. (Pour les noms des départements correspondant aux numéros, voir le tableau de la page 198.)

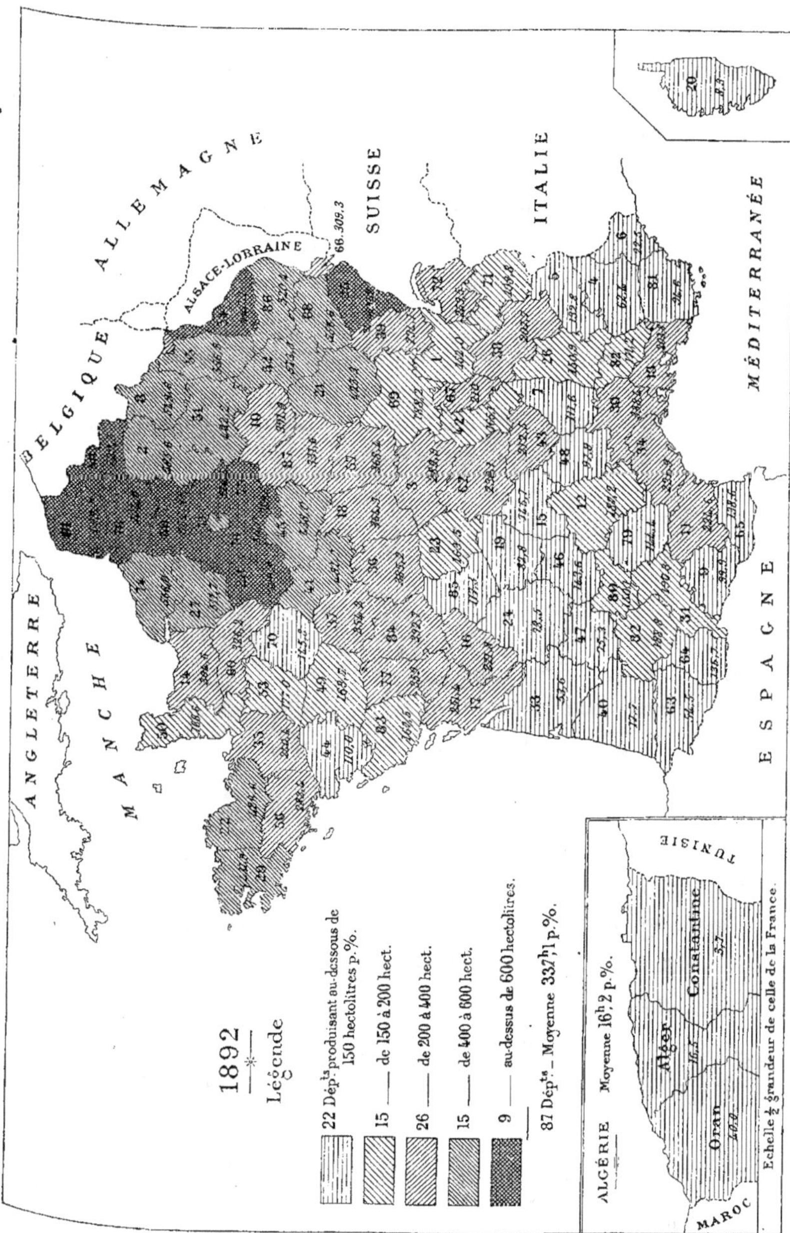

Fig. 245. — Rapport, à 100 hectares des terres labourables, de la production totale en avoine.
[Pour les noms des départements correspondant aux numéros, voir le tableau de la page 198.]

S'il est vrai que sur des terres appauvries, l'avoine est de toutes les céréales celle qui peut le mieux prospérer, il ne l'est pas moins que des terres riches, naturellement ou largement fumées, donnent des récoltes très supérieures à celles des sols pauvres. L'avoine prospère, sans être exposée à la verse ou à des atteintes graves de la rouille, dans des terres très riches, comme le prouve sa culture dans les étangs asséchés ou dans les limons abondamment pourvus d'éléments fertilisants. Cette plante présente donc l'avantage de convenir aux terres les plus variées sous le rapport de leur richesse naturelle.

Pour se faire une idée des exigences de l'avoine, on peut partir des données ci-dessous; une récolte à l'hectare de 20 quintaux de grains et de la paille correspondante contient à peu près les poids suivants de potasse, d'acide phosphorique et d'azote :

	POTASSE.	ACIDE PHOSPHORIQUE.	AZOTE.
2,000 kilogrammes grains	9ᵏ6	13ᵏ6	35ᵏ2
3,000 kilogrammes paille	48 9	8 4	26 8
300 kilogrammes balles	1 4	0 4	1 9
Totaux	59 9	22 4	53 9

L'azote et la potasse sont, d'après cela, les éléments dominants de la récolte. 500 à 600 kilogrammes de scories et 250 kilogrammes de chlorure de potassium ou 600 kilogrammes de kaïnite, auxquels on associe le nitrate de soude, à la dose de 100 à 150 kilogrammes à l'hectare, constituent une bonne fumure pour l'avoine et assurent un rendement considérable. On est, aujourd'hui, en mesure de combattre victorieusement les deux principaux ennemis de nos récoltes d'avoine : le charbon par la préparation de la semence, et la sanve par la pulvérisation de la plante à l'aide du sulfate de cuivre ou de sulfate de fer.

Maïs. — Le maïs a besoin de chaleur et d'humidité; aussi sa culture n'a-t-elle d'importance que dans le Sud-Ouest et sur quelques points de l'Est (Aisne par exemple). Les quatre départements où elle occupe la plus grande superficie et donne les meilleurs rendements sont :

	SUPERFICIE. hectares.	PRODUCTION hectolitres.
Basses-Pyrénées	65,500	1,457,350
Landes	64,630	917,546
Haute-Garonne	48,327	1,058,361
Dordogne	41,924	672,242

Cette culture est stationnaire depuis 1882. On note bien une diminution de surface, mais elle est minime : moins de 12,800 hectares pour toute la France (1892-1901 : 566.886 hect.; 9,329,756 hectol.; 16 hectol. 45 à l'hectare).

Sarrasin. — La superficie occupée par le sarrasin en 1892 a été de 610,740 hectares et sa production en grains de 10.114,992 hectolitres (1892-1901 : 582,028 hect.; 8,888,139 hectol.; 15 hect. 27 à l'hect.). Sa culture n'a d'importance qu'en Bretagne et en Normandie, et dans les régions granitiques du Centre. Voici les départements qui viennent à ce sujet au premier rang :

	SUPERFICIE.	PRODUCTION.
	hectolitres.	hectolitres.
Ille-et-Vilaine	87,941	1,399,764
Côtes-du-Nord	67,348	1,387,266
Morbihan	60,744	1,178,434

La réduction de la culture a été de 35,000 hectares entre 1882 et 1892.

Millet. — Le millet est sans importance. L'étendue cultivée, pour toute la France, n'est, en 1901, que de 34,257 hectares, et sa production, de 392,970 hectolitres (Landes, Gard, Vaucluse). Le rendement moyen est de 11 hectolitres 47 par hectare.

C. FOURRAGES.

Historique. — Superficie. — Production. — Répartition géographique. — Racines fourragères : betteraves, panais, navets, etc. — Fourrages annuels : choux fourragers, soja, etc. — Prairies artificielles : sainfoin, luzerne, chicorée, etc. — Prés temporaires. — Prairies naturelles et herbages pâturés permanents. — Ajonc. — Coup d'œil en arrière.

Historique. — « Les plantes fourragères ont une origine très ancienne, et c'est sans changement qu'elles se sont propagées depuis l'époque romaine jusqu'au milieu du xviiie siècle. Pendant cette longue période, les agriculteurs de l'Europe n'ont connu que la luzerne, le sainfoin ou esparcette, la vesce, le pois, la féverole, le lentillon, la jarosse, le panais et le navet. Tous ces fourrages, dans les successions de

IMPRIMERIE NATIONALE.

cultures, occupaient la *sole* qui ne produisait pas de céréales et qu'on appelle la *jachère*.

« La rénovation agricole qui prit naissance vers 1765 et fut cause de l'introduction en France, en 1785, de la race ovine mérinos, excita le zèle de ceux qui désiraient voir en France l'agriculture prospère.

« Les nombreuses publications qui prirent naissance à cette époque eurent pour résultat d'appeler l'attention des hommes de progrès sur les avantages que possédaient la *betterave disette* ou *champêtre*, la *pomme de terre*, la *carotte fourragère*, la *lupuline* ou *minette*, le *ray-grass*, le *fromental*, le *trèfle incarnat* ou *farouch*, la *chicorée sauvage*, la *navette d'hiver*, la *moutarde blanche*, etc.

« L'introduction dans la culture de la betterave disette s'est faite lentement, mais sa propagation au commencement du xixe siècle a eu les plus heureuses conséquences. Comme le trèfle violet, cette racine a assuré l'avenir du mouton mérinos en France, l'accroissement de la production du blé et l'augmentation du nombre des bovidés.

« Autrefois, la conversion des terres labourables en prairies ou en herbages s'exécutait au moyen des résidus qu'on ramassait dans les granges ou les greniers à foin et qui contenaient de nombreuses graines de plantes nuisibles. C'est André Lévêque de Vilmorin qui, le premier, en 1816, au retour d'un voyage en Angleterre, proposa d'associer, eu égard à la nature et à la fertilité du sol, diverses graines de graminées et de légumineuses, et de substituer ce mélange de semences épurées aux résidus poussiéreux provenant des foins entassés dans les fenils.

« Ce nouveau mode d'ensemencement ayant donné d'excellents résultats, le commerce des graines s'imposa la tâche de faire cultiver isolément les graminées appartenant à la classe qui comprend les plantes des prairies, afin de pouvoir récolter leurs graines à part et les associer à volonté dans des proportions déterminées [1]. »

---

[1] Rapport de la Classe 44 (Produits agricoles non alimentaires), par Gustave Heuzé, inspecteur général honoraire de l'agriculture, membre de la Société nationale d'agriculture de France.

RENSEIGNEMENTS GÉNÉRAUX. — On comprend, sous la désignation de *fourrages*, les racines servant à l'alimentation des animaux, les plantes fourragères annuelles, les prairies artificielles, les prés temporaires, les prés naturels permanents et les herbages pâturés.

La récapitulation des faits généraux relatifs à chacune de ces catégories permet d'établir le tableau suivant (1892) :

FOURRAGES.	SUPERFICIE		VALEUR DE LA PRODUCTION.		VALEUR BRUTE À L'HECTARE.
	TOTALE.	PROPOR-TIONNELLE.	TOTALE.	PROPOR-TIONNELLE.	
	hectares.	p. 100.	francs.	p. 100.	francs.
Racines fourragères........	692,673	6.30	364,331,515	13.70	511
Plantes fourragères annuelles.	816,935	7.40	225,882,393	8.70	279
Prairies artificielles........	2,973,324	27.02	764,658,681	28.75	260
Prés { temporaires........	310,462	2.82	58,903,068	2.25	190
{ naturels..........	4,402,836	40.00	987,181,679	37.04	224
Herbages pâturés (y compris les alpestres)...........	1,810,608	16.46	249,798,578	9.56	137
TOTAUX ET MOYENNES....	11,006,838	100.00	2,650,755,914	100.00	241

Le total des surfaces indiquées dans ce tableau représente par rapport à :

la superficie du territoire français................ 20.82 p. 100.
la superficie du territoire agricole................ 21.80
la superficie des terres labourables............... 42.71

Les fourrages comptent :

Par 100 habitants........................... 29 hectares.
Par 100 cultivateurs.......................... 165

Les prés naturels, puis les prairies artificielles, tiennent la tête comme surface cultivée et comme valeur des produits récoltés. Les herbages pâturés viennent ensuite comme étendue superficielle, mais la valeur de leur production est inférieure à celle des racines fourragères : 9.56 au lieu de 13.70 du total.

Pour la valeur de la production à l'hectare, les racines fourragères arrivent en première ligne avec un produit de 511 francs. Viennent, ensuite, les plantes fourragères annuelles avec 279 francs; puis, les prairies artificielles, 260 francs; les prés naturels, 224 francs; les prés temporaires, 190 francs. Les herbages pâturés viennent au dernier rang avec 137 francs.

Comme nous le verrons plus loin, le poids vif total des animaux de ferme s'élève en France à 6,438,811 tonnes métriques. Rapproché de la superficie des cultures fourragères, ce poids vif correspond, par chaque tonne de poids vivant d'animal, à 1 hectare 70 ares de racines, fourrages et prés dont la production est estimée 410 francs.

Pour une tête de bétail du poids moyen de 500 kilogrammes, la consommation serait donc, par an, la quantité de fourrage récoltée sur 0 hect. 85 et la dépense de nourriture 205 francs.

Ce dernier chiffre n'est qu'une indication approximative, car la production fourragère, prise dans son ensemble, ne représente pas exactement la totalité des aliments consommés par les animaux de la ferme. Il faudrait, en effet, déduire la part employée à la nourriture des chevaux de l'armée, de l'industrie et des particuliers; d'autre part, les animaux de la ferme reçoivent, outre les fourrages ci-dessus, une partie de l'avoine, de l'orge et des pailles des céréales, les pulpes de sucrerie et de distillerie, les drèches de brasseries, les sons et issues provenant de la mouture du froment, des tourteaux, etc.

Voici la liste des départements dont l'ensemble de cultures fourragères occupait (1892) plus de 200,000 hectares :

	hectares.		hectares.
Vendée	248,892	Loire-Inférieure	228,959
Calvados	245,952	Manche	224,734
Orne	239,705	Maine-et-Loire	215,865
Puy-de-Dôme	238,630	Cantal	206,356
Saône-et-Loire	230,532	Allier	205,238

Les départements où il y a le plus de terres en fourrages constituent deux groupes : le premier, situé à l'Ouest et comprenant les départements de la Normandie, du Maine, de l'Anjou, du Poitou, de l'Ille-et-Vilaine, de la Loire-Inférieure, de la Vendée et des Charentes; le second, occupant le plateau central (Puy-de-Dôme, Cantal, Aveyron, Haute-Vienne, Creuse, Allier, Cher, Nièvre, Saône-et-Loire, Doubs).

Les départements les moins riches en ressources fourragères appartiennent à la région du Midi, aux bassins du Rhône et de la Garonne. Le climat sec et chaud de ces départements, le manque d'eaux pluviales et d'eaux courantes ne permettent pas de faire des prairies naturelles ou artificielles, ni même de bonnes pâtures.

Examinons, maintenant, le détail des cultures fourragères.

RACINES FOURRAGÈRES. — Elles jouent un rôle très important. Voici les chiffres de 1892 :

RACINES FOURRAGÈRES.	SUPERFICIE.	PRODUCTION TOTALE.	RENDEMENT MOYEN PAR HECTARE.	VALEUR TOTALE.	PRIX MOYEN du QUINTAL.	VALEUR BRUTE à L'HECTARE.
	hectares.	quintaux.	quintaux.	francs.	fr. c.	francs.
Betteraves fourragères pour l'alimentation du bétail..	390,868	101,533,826	259	232,178,007	2 28	590
Carottes...............	72,129	12,627,809	175	39,798,448	3 15	541
Panais.................	12,658	2,308,188	183	7,633,560	3 37	616
Navets, raves, turneps....	171,337	27,057,594	157	66,449,100	2 46	386
Autres racines (rutabagas, topinambours, etc.)....	45,681	″	″	18,272,400	″	400
TOTAUX ET MOYENNES...	692,673	″	″	364,331,515	″	511

Ce sont, on le voit, les betteraves qui tiennent la première place, tant comme surface que comme valeur de la production. Le chiffre de 1900 indique un nouveau pas en avant: 492,013 hectares[1]. Devant la baisse de prix des sucres, en effet, des agriculteurs ont restreint leurs emblavures en betteraves sucrières; disposant, par suite, de moins de pulpes pour la nourriture de leur bétail durant l'hiver, ils ont planté des betteraves fourragères. Aussi celles-ci occupent plus de 8,000 hectares dans les 13 départements suivants (groupés par ordre d'importance) : Deux-Sèvres, Ille-et-Vilaine, Yonne, Vendée, Maine-et-Loire, Côte-d'Or, Dordogne, Seine-et-Oise, Somme, Loire-Inférieure, Loiret, Aisne, Allier.

Non seulement les betteraves tiennent la première place pour la surface occupée, mais encore pour le rendement à l'hectare; cependant, le prix des panais et des carottes étant plus élevé, il en résulte

[1] Moyenne 1892-1901 : 106,312,159 quintaux pour 433,582 hect., soit 245 quint. 19 à l'hect.

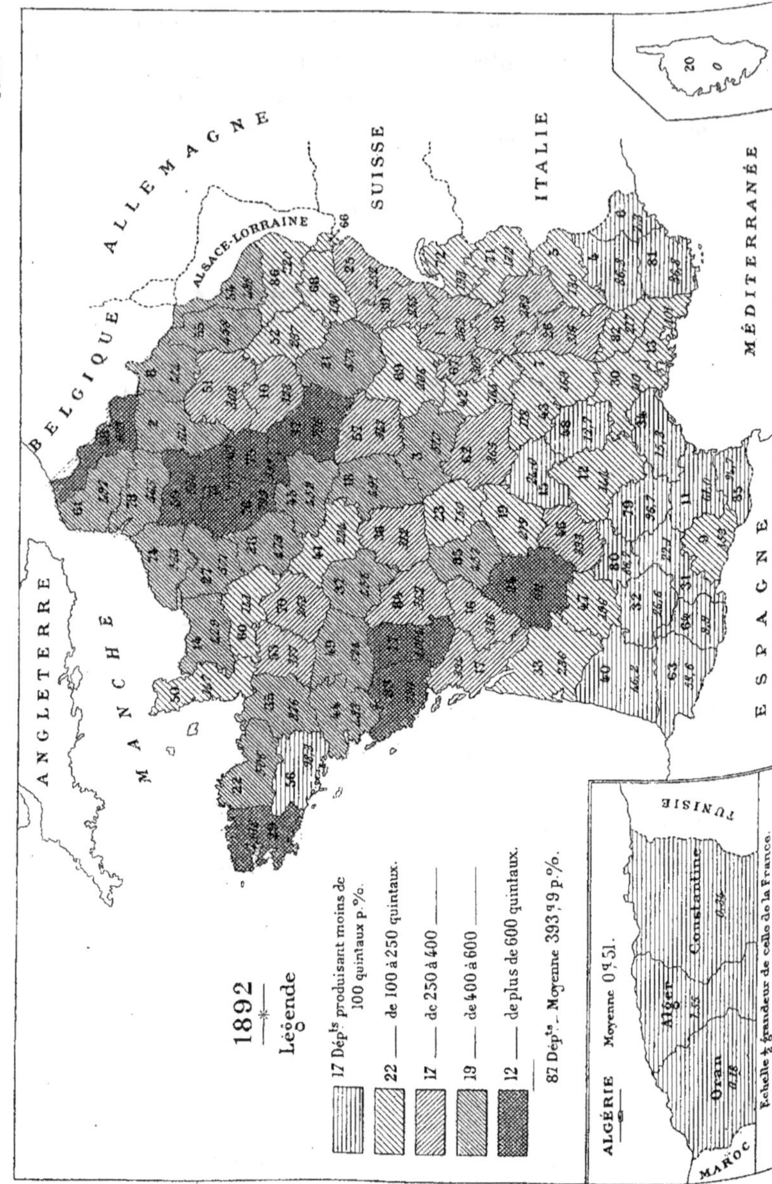

Fig. 246. — Rapport, à 100 hectares des terres labourables, de la production totale des betteraves fourragères. (Pour les noms des départements correspondant aux numéros, voir le tableau de la page 198.)

que, pour ces trois cultures, la valeur brute à l'hectare n'est pas sensiblement différente. Les navets, raves, etc. présentent à l'hectare des rendements en poids et des valeurs brutes moins élevés.

La culture du panais ne s'est répandue qu'assez récemment. Il n'y a pas, en effet, plus de 35 ans qu'un agriculteur distingué du Finistère, M. de Bian, entreprenait une vigoureuse campagne pour propager cette racine fourragère cultivée de temps immémorial sur les côtes bretonnes.

Bien que 50,000 kilogrammes à l'hectare constituent un rendement moyen, il est tels points où on obtient jusqu'à 80,000 kilogrammes. Le panais est pour le sol une culture très épuisante; mais c'est pour le bétail la plus nutritive des racines [1]. Dès que les animaux sont habitués — et ce n'est pas bien long — à son odeur aromatique prononcée, il la prisent tout particulièrement.

Cependant, cette culture ne s'est pas beaucoup répandue et elle n'a de l'importance que dans le Finistère, 1,880,795 quintaux; la Manche, 253,897 quintaux, et les Côtes-du-Nord, 38,984 quintaux (chiffres de 1892, comme les suivants).

Les carottes se cultivent surtout dans l'Ouest et dans le Centre :

	quintaux.		quintaux.
Ille-et-Vilaine	1,147,974	Eure-et-Loir	519,591
Finistère	549,665	Deux-Sèvres	480,455
Charente	538,534	Vendée	326,910
Loiret	531,286	Maine-et-Loire	297,359

Pour les raves, navets, etc., la Dordogne vient en première ligne avec 16,090 hectares produisant 2,233.453 quintaux. Viennent ensuite : la Vendée, 1,945,966 quintaux; la Creuse, 1,612,907 quintaux; le Finistère, 1,485,841 quintaux; Maine-et-Loire, 1,368,988 quintaux; la Loire-Inférieure, 1,197,502 quintaux.

La culture des navets fourragers permet à l'agriculteur d'obtenir à

[1] Mathieu de Dombasle disait déjà que, «dans un bon sol, cette plante donne peut-être un produit supérieur à tout autre en valeur nutritive pour les bestiaux.» A Jersey et à Guernesey, le panais est cultivé sur une grande échelle et les habitants lui attribuent, en grande partie, la saveur exquise et la belle couleur de leurs beurres si renommés. Dans le Finistère, on ne saurait, semble-t-il, s'en passer pour l'élevage des chevaux, de ces chevaux du Léon en particulier, qui sont si justement renommés.

très bas prix un stock important de nourriture. Elle ne réclame ordinairement pas de fumure directe, mais il y a avantage à lui en donner si l'on veut obtenir un fort rendement.

On peut faire consommer les navets sur place par les moutons, ou les arracher au fur et à mesure des besoins jusqu'à l'époque des gelées. Pour conserver les racines pendant l'hiver, il faut les mettre en silos comme les betteraves et les carottes, ou, ce qui est mieux encore, les déposer dans une cave bien sèche ou dans un cellier non humide.

Nourriture moins riche que la carotte et la betterave, le navet renferme environ de 92 à 93 p. 100 d'eau, soit une teneur en matière sèche de 7 à 8 p. 100, sur lesquels l'élément azoté figure pour 1.20 à 1.40 p. 100.

Néanmoins, il peut former la base de l'alimentation des animaux de la ferme pendant une bonne partie de l'hiver, associé à du foin de prairie, de la paille, des tourteaux, etc. Ses feuilles sont également très appréciées par le bétail.

Le rutabaga se rencontre surtout en Bretagne; le topinambour, dans la Charente, la Dordogne, l'Indre, la Vienne et la Haute-Vienne.

FOURRAGES ANNUELS. — Voici les chiffres concernant les fourrages annuels (1892) :

FOURRAGES ANNUELS.	SUPERFICIE.	PRODUCTION TOTALE.	RENDEMENT MOYEN PAR HECTARE.	VALEUR TOTALE.	PRIX MOYEN du QUINTAL.	VALEUR BRUTE à L'HECTARE.
	hectares.	quintaux.	quintaux [2].	francs.	fr. c. [2]	francs.
Vesces ou dravières......	194,880	6,802,733	34,4	36,695,538	5 69	195
Trèfle incarnat..........	248,926	8,657,194	34,7	52,791,720	4 94	171
Maïs fourrage..........	120,290	7,891,756	65,5	27,943,613	3 56	233
Choux fourragers........	180,314	30,208,125	167,0	104,249,510	3 44	574
Seigle en vert..........	41,786	2,005,300	47,9	7,771,270	3 87	185
Escourgeon en vert.	2,759	130,681	47,3	484,742	3 71	175
Autres (moha, etc., et divers pâturés en vert [1]).. ..	19,730	"	"	3,946,000	"	200
Totaux et moyennes...	808,685	"	"	225,882,393	"	279

[1] Non compris 8,250 hectares de fourrages destinés à être enfouis en vert.
[2] Les rendements et les prix moyens sont rapportés au quintal de fourrage sec.

Les rendements de ces divers fourrages sont très différents. Les choux fourragers donnent 167 quintaux, alors que le trèfle incarnat et les vesces n'ont produit, en 1892, que 34 quint. 7 et 34 quint. 4 à l'hectare.

Les vesces ou dravières se cultivent dans tous les départements. Ceux qui en produisent le plus sont : la Seine-Inférieure, 14,361 hectares donnant 555,718 quintaux; Maine-et-Loire, 9,842 hectares, 373,011 quintaux; la Mayenne, 8,402 hectares, 353,716 quintaux.

Le trèfle incarnat se rencontre aussi dans toutes les régions; les départements qui en produisent le plus sont : la Seine-Inférieure, 511,874 quintaux; la Vendée, 335,027 quintaux; la Gironde, 395,673 quintaux; Eure-et-Loir, 375,707 quintaux.

Le maïs fourrage est moins répandu; certains départements le cultivent peu. On le trouve surtout en Vendée, 812,768 quintaux; en Lot-et-Garonne, 700,688 quintaux; en Maine-et-Loire, 413,222 quintaux; dans les Deux-Sèvres, 419,505 quintaux.

La culture des choux fourragers se rencontre seulement dans l'ouest de la France. Les départements qui en cultivent le plus sont : la Vendée, 34,313 hectares, produisant 6,986,127 quintaux; Maine-et-Loire, 33,054 hectares, produisant 5,337,862 quintaux; la Loire-Inférieure, 31,304 hectares, produisant 4,649,149 quintaux. Viennent ensuite les Deux-Sèvres, la Mayenne, Ille-et-Vilaine, les Côtes-du-Nord et la Sarthe. Cette culture n'est productive que sur des terres argilo-siliceuses ou argilo-calcaires, profondes, propres, fertiles, convenablement fumées et bien préparées. Dans de bonnes conditions, les pieds atteignent au printemps 1 m. 50 de hauteur, et on obtient, par hectare, jusqu'à 75,000 kilogrammes de fourrage vert, y compris le poids des feuilles récoltées en septembre et en octobre.

On s'adonne aussi à cette culture dans des régions du Nord. Mais les variétés qu'on y cultive sont moins productives, et le rendement dépasse rarement 50,000 kilogrammes par hectare.

Il faut aussi citer le soja qui, sous le climat de la Bretagne, peut donner à l'hectare de 20,000 à 30,000 kilogrammes de fourrage vert de bonne qualité.

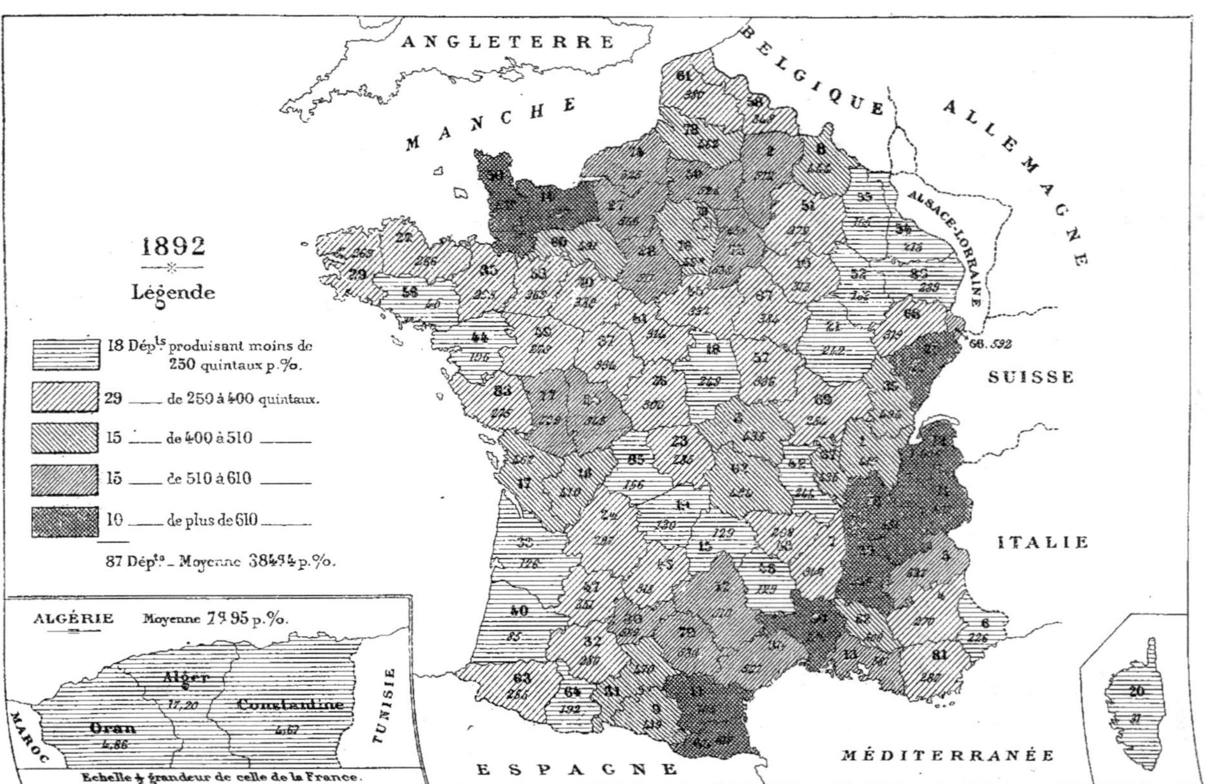

Fig. 247. — Rapport, à 100 hectares des terres labourables, de la production totale des prairies artificielles.
[Pour les noms des départements correspondant aux numéros, voir le tableau de la page 198.]

PRAIRIES ARTIFICIELLES. — Passons aux prairies artificielles (1892) :

CATÉGORIE DES CULTURES.	SUPERFICIE.	PRODUCTION TOTALE.	RENDEMENT MOYEN PAR HECTARE.	VALEUR TOTALE.	PRIX MOYEN du QUINTAL.	VALEUR BRUTE à L'HECTARE.
	hectares.	quintaux.	quintaux.	francs.	fr. c.	francs.
Prairies arti- ficielles. Trèfles........	1,284,239	40,654,132	31,7	283,050,607	7 13	226
Luzerne.......	825,389	31,969,976	38,7	271,200,143	8 48	328
Sainfoin.......	725,465	22,307,397	30,7	180,892,273	8 10	248
Mélanges de lé- gumineuses..	138,231	4,048,239	29,3	29,515,658	7 28	213
TOTAUX ET MOYENNES..	2,973,324	98,979,740	33,95	764,658,681	7 61	260

Les prairies artificielles occupent, par rapport à :

la superficie
{ totale de la France................ 5.66 p. 100.
{ totale du territoire agricole.......... 5.89
{ des terres arables................. 11.53

Elles comptent :

Par 100 habitants de la population totale.......... 7,74 hectares.
Par 100 cultivateurs......................... 44,60
Par 1,000 kilogrammes de bétail (poids vif)........ 0,46

Leur produit correspond à environ 1,560 kilogrammes de fourrage par 1,000 kilogrammes d'animaux vivants.

On trouve des prairies artificielles dans tous les départements. Ceux qui, sous ce rapport, viennent en première ligne sont :

	hectares.		hectares.
Yonne..........	91,065	Allier...........	72.140
Vienne..........	89,366	Marne..........	72,073
Eure-et-Loir......	86,289	Seine-et-Marne....	70,834

Le trèfle se cultive dans toutes les régions, mais les départements qui s'adonnent le plus à cette culture appartiennent surtout à l'Ouest et au Centre :

	hectares.	quintaux.
Allier.........................	50,318	1,383,236
Mayenne.......................	49,876	1.611,111
Seine-Inférieure.................	44,087	1,397,558
Sarthe	43,901	921,921
Orne..........................	40,413	1,083,068
Ille-et-Vilaine..................	35,883	1,266,253
Indre	30,280	732,944
Cher..........................	25,480	490,632

La luzerne prédomine surtout aux environs de Paris :

	hectares.	quintaux.
Seine-et-Marne	42,154	1,488,036
Yonne	39,058	878,805
Aisne	32,053	1,403,921
Eure-et-Loir	30,644	974,479
Oise	29,947	1,048,145
Seine-et-Oise	28,752	898,047

Les plus grandes superficies en sainfoin se trouvent dans les départements suivants :

	hectares.	quintaux.
Eure-et-Loir	32,728	945,839
Yonne	31,440	543,912
Aube	25,246	656,396
Vienne	24,434	696,369
Calvados	21,989	1,027,608
Marne	22,857	354,560

Le sainfoin ou esparcette est une de nos meilleures plantes fourragères. Vivace et rustique, il pousse vigoureusement dans les sols les plus pauvres, dans les calcaires secs et pierreux et dans les sables peu profonds. Les craies de la Champagne, les plateaux pauvres du Rouergue, impropres à d'autres cultures, permettent au sainfoin de donner des récoltes abondantes. Le sainfoin peut venir dans tous les sols; mais il affectionne plutôt les terrains calcaires, et il redoute les terres humides, les argiles et les marnes.

Dans les terres fertiles, il est préférable de cultiver la luzerne, car elle peut fournir deux coupes, tandis que le sainfoin n'en donne qu'une. Il existe bien une variété de sainfoin à deux coupes, mais elle ne se plaît que dans les terres fertiles et donne moins que la luzerne. Le rendement du sainfoin est très variable; suivant les terres, il oscille entre 3,000 kilogrammes et 8,000 kilogrammes de foin sec à l'hectare.

Ce foin est plus nutritif que celui de trèfle; le cheval l'affectionne tout particulièrement. Il est très sain, et ne détermine jamais d'accidents.

La production des graines épuise le pied; il y a lieu, pour cette raison, de ne les récolter que sur des sainfoinières en déclin et destinées à être défrichées. La récolte des graines a lieu en juillet; on fauche le matin et le soir à la rosée, et on bat sur place, afin d'éviter l'égrainage. Les tiges battues sont mangées par le bétail.

La durée de la plante varie avec la nature du sous-sol. Plus celui-ci est calcaire et poreux, plus elle est longue. Elle est aussi limitée, dans une certaine mesure, par la présence des plantes adventices : le chiendent et le brome mou envahissent, peu à peu, le sol et font périr le sainfoin. D'une façon générale, le sainfoin dure moins longtemps que la luzerne, cinq ou six ans environ. On ne doit faire revenir le sainfoin à la même place que tous les sept ou huit ans. Le sainfoin d'Espagne ou *sulla* est limité à l'extrême Midi. On le cultive surtout en Espagne, en Italie, en Algérie, où il donne des fourrages abondants et des plus précieux pour les climats secs. (Voir p. 83 et suiv.)

Les mélanges de légumineuses occupent le plus d'étendue dans la Vienne, 10,256 hectares; l'Aube, 7,642 hectares; le Loiret, 6,396 hectares; l'Orne, 5,538 hectares. 1901 donne pour les graminées et mélanges de graminées, pour une surface de 143,990 hectares, 4,091,414 quintaux, représentant une valeur de 23,823,166 francs.

Il faut dire un mot de la chicorée fourragère, car sa culture pourrait rendre, si elle était plus répandue, les plus grands services en Haute-Provence. C'est une plante vivace, durant de quatre à six ans, et donnant, même en sol non arrosable, une production abondante. Sa production en fourrage est considérable, notamment à partir de la seconde année : 75,000 kilogrammes de fourrage vert à l'hectare. En outre, la chicorée est précoce au printemps et végète tardivement à l'automne. Autre avantage : la chicorée repousse vite sous la dent des animaux, surtout si on a le soin de les faire pâturer avant la pluie. Inconvénient à signaler : le fourrage ne peut être consommé que vert; il noircit, s'effrite et devient dur en séchant.

Les rendements et les prix des plantes fourragères sont très différents suivant les lieux et la nature des récoltes. Le trèfle donne 19 quintaux dans l'Aube et dans la Meuse, et 47 quintaux dans Vaucluse; la luzerne, 20 quintaux dans la Haute-Marne et dans la Meuse, 62 quintaux dans l'Isère; le sainfoin, 12 quintaux dans la Haute-Marne, 44 dans l'Isère; les mélanges, 14 quintaux dans l'Aube, 67 dans le Cantal. Quant aux prix, par quintal, ils varient de 2 fr. 50 en Corse à 3 fr. 50 dans le Lot, pour les mélanges; jusqu'à 11 fr. 70 dans Seine-et-Oise et 13 fr. 20 dans la Seine, pour la luzerne.

Prés temporaires. — Les prés temporaires, à base de graminées, ne diffèrent des prairies naturelles que par leur durée, qui est limitée. Celle-ci dépasse rarement plus de quatre ans. Voici les chiffres relatifs à cette culture (1892) :

SUPERFICIE.	PRODUCTION TOTALE.	RENDEMENT MOYEN PAR HECTARE.	VALEUR TOTALE.	PRIX MOYEN du QUINTAL.	VALEUR À L'HECTARE.
hectares.	quintaux.	quintaux.	francs.	fr. c.	francs.
310,462	8,720,320	28,1	58,903,068	6 75	189

Les prés temporaires occupent par département des étendues très différentes : depuis 101 hectares dans la Corrèze jusqu'à 20,609 hectares dans l'Allier et 26,235 hectares dans le Doubs.

Les rendements et les prix moyens sont moins élevés que pour les prairies artificielles et naturelles.

Les rendements s'élèvent jusqu'à 42 quintaux de foin dans Vaucluse. Le prix le plus élevé est noté dans l'Yonne : 8 fr. 94.

Prairies naturelles et herbages pâturés permanents. — Voyons maintenant les prairies naturelles et les herbages pâturés permanents (1892) :

CATÉGORIE DES CULTURES.	SUPERFICIES.	PRODUCTION TOTALE.	RENDEMENT MOYEN par hectare.	VALEUR TOTALE.	PRIX MOYEN du quintal.	VALEUR BRUTE à l'hectare.
	hectares.	quintaux.	quint.	francs.	fr. c.	francs.
Prairies naturelles :						
irriguées — 1° naturellement par les crues des rivières..	1,323,198	38,024,828	28,1	318,821,476	8 57	240
2° à l'aide de canaux d'irrigation ou de travaux spéciaux..	1,070,787	37,343,837	35,0	275,893,879	7 37	257
non irriguées.............	2,008,851	52,484,658	26,0	392,466,324	7 48	194
Totaux et moyennes ..	4,402,836	127,853,323	29,0	987,181,679	7 72	224
Herbages pâturés — de plaines.........	905,562	22,020,598	24,2	168,229,213	7 63	184
de coteaux.........	611,827	10,156,649	16,6	64,706,925	7 02	102
alpestres..........	293,219	3,385,396	11,5	18,862,440	5 57	65
Totaux et moyennes ..	1,810,608	35,562,643	19,1	249,798,578	6 17	138
Totaux généraux et moyennes générales...........	6,213,444	163,415,966	26,3	1,236,980,257	7 68	199

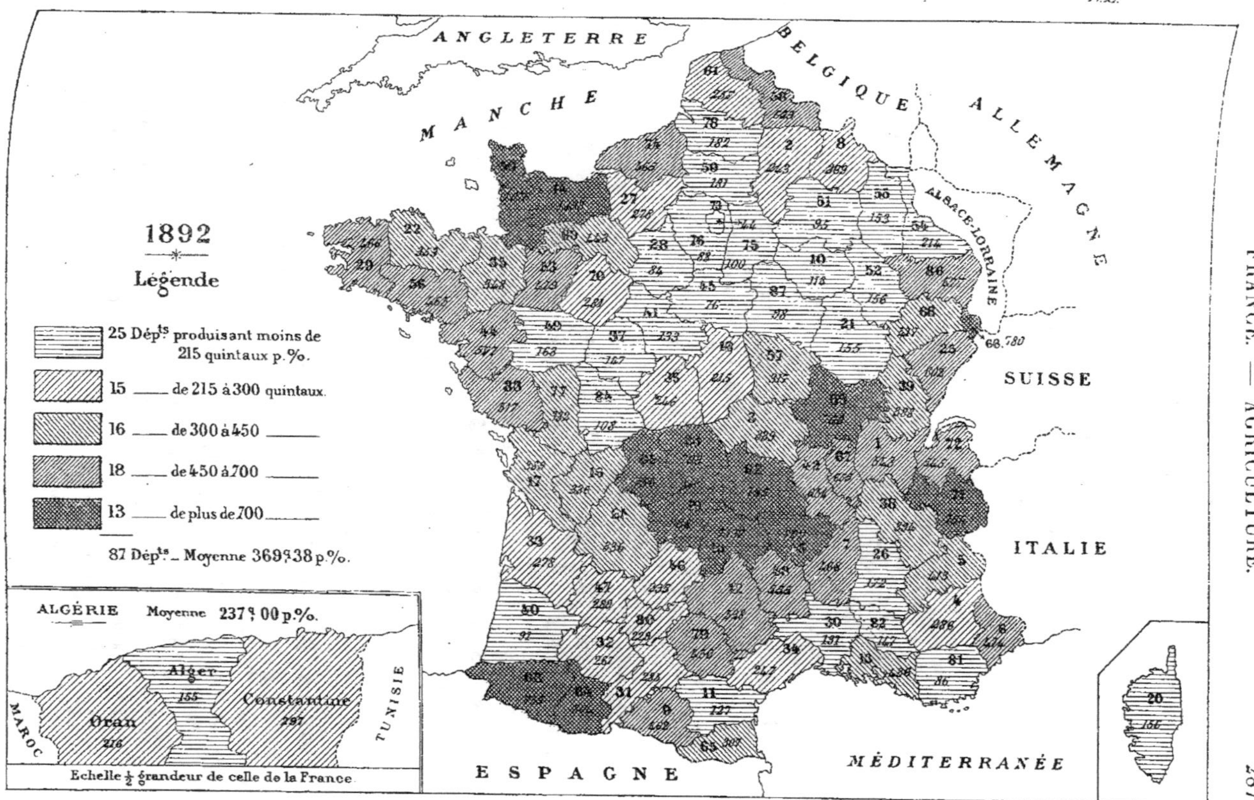

Fig. 248. — Rapport, à 100 hectares de la superficie cultivée, de la production totale des prés et herbages.
[Pour les noms des départements correspondant aux numéros, voir le tableau de la page 198.]

Si, aux totaux du tableau précédent, on ajoute les totaux des prés temporaires, on trouve que les prairies naturelles, prés et herbages, occupent :

Du territoire de la France...................... 12.53 p. 100
De la superficie du territoire agricole............ 12.92
De la superficie des terres labourables et prés........ 20.39

Et qu'ils représentent :

Par 100 habitants........................ 17 hectares
Par 100 cultivateurs....................... 93,20
Par 1,000 kilogrammes de poids vif d'animaux....... 1 hect. 01

Leur production totale correspond à 2,687 kilogrammes par 1,000 kilogrammes de poids vivant des animaux de ferme.

On trouve des prairies naturelles dans tous les départements, mais surtout dans l'Ouest, sur le Plateau central et dans certains départements de l'Est.

Les départements qui comptent plus de 100,000 hectares de prairies naturelles sont, par ordre d'importance :

	hectares.		hectares.
Saône-et-Loire...	143,356	Cantal.........	112,394
Loire-Inférieure..	118,026	Haute-Vienne....	100,096
Vendée.........	113,473		

Voici les départements les mieux dotés de prairies naturelles irriguées par les crues des rivières :

	SUPERFICIE.	PRODUCTION.
	hectares.	quintaux.
Saône-et-Loire.................	53,409	1,727,314
Vendée.......................	38,883	979,219
Loire-Inférieure	37,509	1,176,653
Cher........................	36,272	661,444
Haute-Saône..................	35,449	1,137,056
Charente	33,348	908,145
Maine-et-Loire	32,631	864,631
Indre.......................	31,626	798,640

Les prairies irriguées à l'aide de travaux spéciaux se rencontrent principalement sur le Plateau central et dans les Vosges.

	SUPERFICIE.	PRODUCTION.
	hectares.	quintaux.
Haute-Vienne	61,258	1,896,693
Cantal	51,868	2,863,042
Puy-de-Dôme	44,068	1,687,804
Vosges	42,659	1,421,025
Creuse	41,819	1,388,395
Corrèze	41,581	1,560,692
Saône-et-Loire	38,137	1,270,012
Nièvre	36,316	762,636
Tarn	30,389	1,198,662

Les prairies naturelles non irriguées se rencontrent surtout dans 8 départements de l'Ouest, 2 du Sud-Ouest, 2 du Centre et 2 de l'Est.

	SUPERFICIE.	PRODUCTION.
	hectares.	quintaux.
Doubs	70,643	1,519,401
Gironde	66,250	1,484,000
Loire-Inférieure	59,364	1,465,580
Basses-Pyrénées	58,529	1,980,089
Saône-et-Loire	51,810	1,641,214

Les rendements sont très variables; ils atteignent 51 quintaux dans la Savoie, pour les prairies arrosées naturellement; 50 quintaux dans le Gard, pour les prairies irriguées à l'aide de canaux; et 37 quintaux 7 dans le Calvados, pour les prairies non irriguées.

Les herbages pâturés occupent des superficies étendues dans certains départements voisins de la mer et dans les régions montagneuses de l'Est et du Centre. En tête, vient le Calvados avec 116,181 hectares; puis, la Lozère, 89,556 hectares; le Puy-de-Dôme, 85,870 hectares; le Cantal, 85,464 hectares; l'Orne, 85,305 hectares.

	SUPERFICIE.	PRODUCTION.
	hectares.	quintaux.
Calvados	87,063	2,761,552
Orne	63,867	1,067,245
Manche	57,094	2,173,341
Nord	55,701	1,753,966
Seine-Inférieure	49,625	1,378,790

IMPRIMERIE NATIONALE.

Comme on le voit par le tableau précédent, les herbages de plaines les plus productifs se trouvent principalement dans les départements de la Normandie et dans le Nord.

Les départements qui ont le plus d'herbages de coteaux sont :

	SUPERFICIE.	PRODUCTION.
	hectares.	quintaux.
Calvados	29,087	711,650
Lozère	51,835	414,680
Puy-de-Dôme	40,614	744,758
Cantal	39,257	628,100

Les pâturages alpestres [1] (de montagne) occupent de grandes surfaces dans les départements suivants :

	SUPERFICIE.	PRODUCTION.
	hectares.	quintaux.
Savoie	52,510	757,881
Hautes-Alpes	41,556	270,171
Cantal	25,036	393,012
Haute-Savoie	38,255	414,867

Quant aux rendements par hectare, ils ont atteint : herbages pâturés de plaine, 38 quintaux 1 dans la Manche; herbages pâturés de coteaux, 25 quintaux dans la Seine-Inférieure et dans les Basses-Pyrénées; pâturages alpestres, 21 quintaux 8 dans la Creuse.

Les prix maxima par quintal ont été : de 10 francs dans l'Aisne, de 10 fr. 10 dans la Mayenne et dans la Marne, et de 10 fr. 30 en Seine-et-Oise.

Ajonc. — L'ajonc, dont on a dit justement qu'il était « la plante d'or des terrains primitifs », mérite une mention spéciale. Combustible, fumure minérale après sa combustion, engrais vert, litière, et surtout fourrage, il a des utilisations nombreuses. On ne saurait trop insister sur les services qu'il peut rendre, d'autant qu'il occupe en Bretagne — sa terre classique, pourrait-on dire — en Normandie, en Vendée, en Sologne, en Berry, en Poitou, en Limousin, en Périgord, etc.,

______

[1] J'ai signalé au tome Ier, p. 689 et 690, tout l'intérêt qu'offrent les pâturages alpestres.

en un mot, dans toutes les terres pauvres de formations primitives, de très grandes surfaces de territoires que l'on désigne sous le nom de brandes.

Coup d'œil en arrière. — Pour rendre plus facile la comparaison avec les enquêtes antérieures concernant les cultures fourragères, je vais en grouper les éléments en suivant la méthode adoptée dans l'*Introduction* à l'Enquête décennale de 1882 : les prés temporaires placés dans un même tableau avec les prairies naturelles; le trèfle incarnat avec les prairies artificielles, tandis que les pâturages alpestres sont répartis, comme en 1892, avec les pâtures, les landes, les pâtis, les terrains plus ou moins rocheux et incultes où les troupeaux vont paître et trouvent une nourriture plus ou moins clair-semée.

SUPERFICIE DE L'ENSEMBLE DES CULTURES FOURRAGÈRES.
PRAIRIES NATURELLES ET ARTIFICIELLES.

PRAIRIES.	1840. (86 départements.)	1862. (89 départements.)		1882. (86 départements.)		1892. (86 départements.)	
	hectares.	hectares.		hectares.		hectares.	
PRAIRIES ARTIFICIELLES.							
Prairies artificielles............	1,576,547	2,772,66		2,844,635 }	3,129,677	2,973,324 }	3,222,250
Trèfle incarnat..................				285,042 }		248,926 }	
PRÉS NATURELS ET HERBAGES.							
Prairies naturelles irriguées.......		1,808,118 }		2,360,668 }		2,393,975 }	
Prés secs. { Prairies non irriguées.			5,021,246	1,755,156 }		2,008,851 }	
Prés temporaires.....	4,198,197	3,213,128 }		408,870 }	5,946,260	310,462 }	6,230,677
Herbages pâturés permanents.........				1,421,966 }		1,517,389 }	
Totaux............	5,774,744	7,793,906		9,075,937		9,452,927	

Différences en plus...		
De 1840 à 1862..........................	2,019,062 hectares.
De 1862 à 1882..........................	1,982,031
De 1882 à 1892..........................	376,990

Ces chiffres montrent que l'accroissement des prairies naturelles et artificielles a continué d'une façon notable durant la période comprise entre 1882 et 1892. Il a été de 37,699 hectares par an.

La différence en moins constatée pour l'année 1892 ne doit pas être considérée comme un recul de la production en fourrage des prairies naturelles et artificielles. Elle tient uniquement à ce que la récolte en foin de cette année a été inférieure, environ d'un quart, à celle d'une année moyenne.

PRODUCTION DU FOIN EN 1,000 KILOGRAMMES (TONNES).

CULTURES.	1840.	1862.	1882.	1892.
	tonnes.	tonnes.	tonnes.	tonnes.
Prairies artificielles et trèfle incarnat.	4,725,700	10,366,300	13,480,043	10,763,693
Prairies naturelles, prés temporaires, herbages pâturés de plaines et de coteaux	10,520,203	16,009,500	18,528,519	16,003,057
Totaux	15,245,203	26,375,800	32,008,562	26,766,750
	kilogrammes.	kilogrammes.	kilogrammes.	kilogrammes.
Produit moyen par hectare . .	2,640	3,381	3,527	2,832

Différence en plus. De 1840 à 1862 . . . .   11,000,000 de tonnes.
Différence en plus. De 1862 à 1882   6,000,000
Différence en moins de 1882 à 1892 . . . .   — 5,000,000
Différence de 1840 à 1892   12,000,000

Quant à la valeur du produit des prairies naturelles et artificielles, elle a suivi une progression constante, ainsi qu'il ressort du tableau ci-après :

VALEUR DE LA PRODUCTION FOURRAGÈRE (EN MILLIONS DE FRANCS).

CULTURES.	1840.	1862.	1882.	1892.
Prairies artificielles et trèfle incarnat.	203.7	587.0	796.6	807.4
Prairies naturelles, herbages pâturés de plaines et de coteaux, et prés temporaires	462.6	1,002.2	1,092.8	1,279.0
Totaux	663.6	1,589.2	1,889.4	2,086.4
	francs.	francs.	francs.	francs.
Valeur moyenne par hectare.	117	203	208	213

Différence en plus. De 1840 à 1862 . . . .   923,000,000 de francs.
Différence en plus. De 1862 à 1882   300,000,000
Différence en plus. De 1882 à 1892   195,000,000
Différence de 1840 à 1892 .   1,418,800,000

Augmentation moyenne annuelle :

millions de francs.

1862 à 1882............................... 15
1882 à 1892............................... 19,7

À l'égard des racines, il est indispensable de noter que celles qui servent à l'alimentation humaine n'ont pas été relevées à part en 1882; elles ont été comprises en bloc avec les racines destinées à l'alimentation du bétail, mais on peut admettre que ces deux catégories devaient être entre elles à cette époque dans le même rapport qu'en 1892. Or, cette base étant admise, si l'on retranche pour 1882 les racines destinées à l'alimentation humaine, et si, d'autre part, on écarte le trèfle incarnat qui paraît avoir été rangé, en 1840 et en 1862, dans les prairies artificielles, on trouve :

SURFACE.

hectares.

En 1862................................. 386,411
En 1882................................. 988,144
En 1892................................. 1,252,392 [1]

AUGMENTATION SUR 1882...... 254,338

Le produit brut de ces mêmes cultures a été :

En 1862................................. 5,163,027 tonnes.
En 1882................................. 15,098,922
En 1892................................. 19,116,601 [1]

AUGMENTATION SUR 1882...... 4,017,679

Et en valeur :

En 1862................................. 159,450,526 francs.
En 1882................................. 427,905,694
En 1892................................. 547,422,187 [1]

AUGMENTATION SUR 1882...... 119,516,493

Si l'on groupe les racines fourragères et les fourrages annuels, les prairies artificielles et les herbages de plaines et de coteaux, on trouve, au total, les quantités résumées dans le tableau de la page suivante.

[1] Y compris les cultures dérobées, qui n'ont pas été généralement relevées en 1882.

CULTURES FOURRAGÈRES.

CULTURES FOURRAGÈRES.	SUPERFICIE en milliers d'hectares.		PRODUCTION TOTALE EN FOURRAGES (tonnes de 1,000 kilogr.).		VALEUR DE LA PRODUCTION en millions de francs.	
	1882.	1892.	1882.	1892.	1882.	1892.
Racines et fourrages annuels. .	988,1	1,252,3	15,098,922	19,116,601	427 9	547 4
Prairies naturelles et artificielles et herbages (non compris les alpestres).	9,075,9	9,452,9	32,008,562	26,766,400	1,389 4	2,084 4
Totaux.	10,064,0	10,705,2	47,107,484	45,883,001	2,317 3	2,631 8
Différences p. 100.	6.37 p. 100.		— 2.59 p. 100.		13.57 p. 100.	

Il en résulte qu'en dix ans la superficie a augmenté de 6.37 p. 100 et la valeur des produits de 13.57 p. 100. En ce qui concerne la production, je rappelle que la récolte de 1892 a été notablement inférieure à celle d'une année moyenne. On peut estimer que, dans la période décennale 1883-1892, la masse des fourrages créés en vue de la nourriture du bétail a dû s'accroître d'environ 14 p. 100.

Si nous rapprochons maintenant, pour 1862, 1882 et 1892, les rapports de superficie aux catégories de territoire et de population, nous trouvons les résultats suivants :

ANNÉES.	RAPPORTS DE LA SUPERFICIE DES CULTURES FOURRAGÈRES à 100 hectares				
	DU TERRITOIRE TOTAL.	DU TERRITOIRE AGRICOLE.	DU TOTAL des terres labourables.	DE LA POPULATION totale.	DE LA POPULATION des cultivateurs.
1862.	15,06	15,69	30,78	21,81	111,22
1882.	19,04	19,85	38,45	26,52	145,50
1892.	20,82	21,80	42,71	27 94	160,60
Augmen- { De 1862 à 1882.	3,98	4,17	7,67	4,71	34,28
tations. { De 1882 à 1892.	1,78	1,94	4,26	1,42	15,10

D. VITICULTURE ET VIN.

HISTORIQUE. — SURFACE PLANTÉE. — RENDEMENTS. — MALADIES DE LA VIGNE. — RECONSTITUTION DU VIGNOBLE. — LES VIGNERONS. — DEVIS DE CULTURE. — VALEUR DES VINS. — VINS DE RAISINS SECS, D'EAU SUCRÉE; PIQUETTES. — IMPORTATION ET EXPORTATION. — VINS DE CHAMPAGNE; DE BOURGOGNE; DE BORDEAUX; DU JURA; DES CÔTES DU RHÔNE; DE PROVENCE; DE CORSE; DU LANGUEDOC; DU ROUSSILLON; DE JURANÇON; D'ANJOU; DE SAUMUR; DE TOU- RAINE. — EAUX-DE-VIE DE VIN; COGNAC; ARMAGNAC. — EAUX-DE-VIE DE MARC. — VINAIGRE.

HISTORIQUE. — Viticulture et vinification ont toujours été deux très importantes formes de notre activité nationale.

Dès le début du xviiie siècle, nos vins, dont la consommation n'avait cessé de s'accroître à l'intérieur, étaient comptés parmi les produits essentiels de notre commerce extérieur. Suivant les indications consignées dans le *Dictionnaire* de l'abbé Rozier, nos exportations de ce produit ne représentaient pas moins de vingt et un millions de livres en 1720, et celles de nos eaux-de-vie s'élevaient alors à six millions de livres. C'était beaucoup pour l'époque et, cependant, soixante-huit ans plus tard, en 1788, à la veille de la Révolution française, ces chiffres étaient notablement dépassés; ils atteignaient trente-trois millions de livres pour les vins, et quatorze millions et demi de livres pour les eaux-de-vie. Dans son *Essai sur les richesses territoriales de la France*, Lavoisier estimait alors à 1,568,000 hectares l'étendue de nos vignobles.

De 1789 à 1815, les circonstances n'ont pas été favorables aux entreprises de travaux à longue échéance, et nos plantations ont pris peu d'extension. Cependant, la vigne semble avoir accru légèrement son domaine. Si l'on accepte une évaluation de 1808, son aire de culture aurait, en effet, atteint, à cette date, 1,614,000 hectares, soit une augmentation de 46,000 hectares en vingt-huit ans.

D'une enquête poursuivie avec soin par les agents du fisc, il résulte que la surface des vignobles atteignait, en 1829, 2 millions d'hectares. Les statistiques agricoles l'ont successivement portée à 2,113,000 hectares, en 1835; à 2,913,000 hectares, en 1850. Son accroissement aurait donc été de 600,000 hectares environ pendant la première moitié de ce siècle. Ces chiffres mériteraient, ce semble, confirmation.

La production du vin, qui n'avait que tout à fait exceptionnellement encore dépassé le chiffre de 4o millions d'hectolitres (46 millions d'hectolitres en 184o), et qui oscillait, année moyenne, autour de 34 millions d'hectolitres, s'éleva, en 1847, à 54 millions d'hectolitres, et à 52 millions, en 1848. C'était plus que ne pouvait absorber le marché. Il s'ensuivit une dépréciation considérable : on a vendu les vins de Palus 15o francs et 1oo francs le tonneau de 9oo litres; ceux d'Entre-deux-Mers, 12o et 8o francs; les vins du Mâconnais, de 65 à 45 francs la pièce; les vins du Midi, pour être brûlés, de 21 à 31 francs les 7 hectolitres; les vins de Sologne, 4o et 5o francs la pièce. Nos vignerons du Midi se souviennent encore que, dans certains débits des environs de Montpellier, le vin s'est vendu à raison de deux sous l'heure, avec faculté pour le client de boire à satiété pendant ce temps.

La mévente amena la diminution des superficies, puis survint l'oïdium. De 39 millions d'hectolitres en 1851, la récolte tombe à 11 millions en 1854. Cependant, lorsqu'à l'Exposition de 1855, la viticulture et le commerce français se trouvèrent, pour la première fois, en présence de leurs concurrents étrangers, ce fut, pour nous, l'occasion d'une magnifique victoire, tant par le nombre des exposants que par la qualité des produits, et le rapporteur de 1889, voulant louer l'excellence de nos grands crus, écrivait : «On les a revus tels à peu près qu'en 1855.»

Durant toute la seconde moitié du dernier siècle, chaque Exposition fut pour nous l'occasion de nouveaux succès, et, à son tour, le rapporteur de 19oo, justement orgueilleux des succès de la viticulture française, pourra écrire :

«L'Exposition de 19oo vient de montrer à l'univers la France victorieuse du phylloxéra et des autres maladies de la vigne, ayant reconstitué ses vignobles et reconquis intégralement son antique splendeur. Ce ne sont plus les efforts de notre lutte qu'on a admirés, comme en 1878 ou en 1889; ce sont les merveilleux résultats de notre succès définitif. A côté des crus illustres de tous les pays, figuraient les produits plus modestes de grande consommation, produits dont l'importance commerciale est si grande et qui présentaient, en conséquence, tant d'intérêt pour le Jury. Celui-ci a pu constater que, si la France a conservé les grands vins et les célèbres eaux-de-vie qui font sa renommée universelle, elle dispose, aussi, en abondance et plus que jamais, d'excellents produits courants, de parfaite constitution, de qualité irréprochable et de prix très abordable. »

Surface plantée; rendement. — La surface totale plantée en vigne (1900) est de 1,730,451 hectares, produisant 67,352,661 hectolitres. [Voir à ce sujet l'intéressant tableau de la page suivante reproduisant les chiffres de l'année 1900.]

Le rendement moyen, par hectare, pour toute la France, en 1900, s'est élevé à 39 hectolitres; il avait été, en 1899, de 28 hectolitres; en 1898, de 19 hectolitres; en 1897, de 19 hectolitres; en 1896, de 26 hectolitres; en 1895, de 15 hectolitres; en 1894, de 22 hectolitres; en 1893, de 28 hectolitres.

Revenons en arrière et jetons un coup d'œil sur la production et, en même temps, sur la surface plantée — malgré le manque de données positives.

J'ai dit l'importance des ravages de l'oïdium avant l'Exposition de 1855. Les plus faibles récoltes notées l'ont été à cette époque.

	hectolitres.		hectolitres.
1853	22,662,000	1855	15,175,000
1854	10,824,000	1856	21,294,000

«Ni le mildew, ni le phylloxéra n'ont jamais causé, depuis, une pareille pénurie de vin. Enfin, l'oïdium est vaincu, et, dès 1860, s'ouvre une ère merveilleuse pour la culture de la vigne. On plante avec sagesse et succès. L'Exposition universelle de 1867 a eu lieu dans cette période d'exceptionnelle prospérité, où les surfaces plantées ont passé de 2,205,409 hectares (1860) à 2,350,104 hectares (1869). À cette époque, la moyenne du rendement dépassa 50 millions d'hectolitres. Il n'y a qu'une défaillance, l'année même de l'Exposition de 1867 (38,869,000 hectolitres).

La marche en avant continue ensuite. Le vignoble atteint 2 millions 446,862 d'hectares en 1874.

DÉPARTEMENTS.	HECTARES en VIGNES.	QUANTITÉS RÉCOLTÉES dans chaque DÉPARTEMENT.	HECTO-LITRES par HECTARE.	DÉPARTEMENTS.	HECTARES en VIGNES.	QUANTITÉS RÉCOLTÉES dans chaque DÉPARTEMENT.	HECTO-LITRES par HECTARE.
		hectolitres.				hectolitres.	
Saône-et-Loire	36,754	2,561,560	70	Ain	16,121	475,663	30
Hérault	191,252	11,493,628	60	Indre-et-Loire	49,850	1,479,185	29
Bouches-du-Rhône	28,888	1,720,010	60	Pyrénées (Basses-)	15,662	459,929	29
Loire-Inférieure	26,722	7,510,650	57	Puy-de-Dôme	39,355	1,146,265	29
Vienne	17,950	975,500	54	Isère	26,328	718,103	28
Côte-d'Or	27,947	1,512,165	54	Doubs	4,936	129,372	26
Morbihan	1,761	92,470	52	Savoie	12,138	314,424	26
Vendée	13,734	704,600	51	Cher	7,212	184,451	26
Gard	74,133	3,794,796	51	Seine-et-Marne	3,191	81,275	25
Seine	432	21,803	51	Indre	10,650	265,595	25
Vosges	5,263	260,094	49	Saône (Haute-)	5,795	143,607	25
Aude	133,568	6,313,101	47	Eure	326	8,059	25
Rhône	40,252	1,865,241	46	Tarn-et-Garonne	28,286	697,840	25
Pyrénées-Orientales	63,449	2,891,878	46	Meurthe-et-Moselle	14,897	359,923	24
Seine-et-Oise	5,448	247,632	45	Aube	16,643	399,725	24
Gironde	137,023	5,738,407	42	Meuse	9,210	210,740	23
Savoie (Haute-)	7,102	284,769	40	Ardèche	17,641	359,807	20
Maine-et-Loire	19,374	744,335	38	Sèvres (Deux-)	5,094	85,719	17
Dordogne	27,620	1,059,180	38	Drôme	19,353	297,416	15
Var	45,341	1,729,358	38	Eure-et-Loir	1,060	16,293	15
Marne	15,490	579,103	37	Ardennes	355	5,423	15
Ille-et-Vilaine	19	770	37	Lot-et-Garonne	53,453	805,240	15
Nièvre	6,772	251,013	37	Oise	134	2,001	15
Charente	13,276	473,242	36	Ariège	8,692	124,450	14
Charente-Inférieure	46,882	1,648,853	35	Cantal	260	3,458	13
Yonne	27,374	963,436	35	Aveyron	12,458	158,166	13
Lozère	700	24,500	35	Alpes (Hautes-)	2,625	32,260	13
Landes	20,220	706,518	35	Loire (Haute-)	6,507	78,985	12
Loir-et-Cher	34,027	1,174,709	35	Lot	21,300	218,309	12
Loiret	11,288	389,418	34	Mayenne	569	5,690	10
Aisne	2,498	82,885	33	Vienne (Haute-)	206	2,061	10
Tarn	21,901	698,363	32	Creuse	8	74	10
Loire	16,693	524,993	31	Alpes (Basses-)	6,373	54,912	9
Allier	13,840	434,428	31	Corrèze	7,138	58,922	9
Garonne (Haute-)	35,619	1,107,793	31	Pyrénées (Hautes-)	13,774	98,886	8
Gers	49,590	1,535,770	31	Somme	5	25	7
Jura	10,478	319,937	31	Alpes-Maritimes	15,790	47,449	5
Sarthe	9,064	274,411	30				3
Vaucluse	25,966	780,074	30	Totaux	1,730,451	67,352,661	
Marne (Haute-)	11,156	331,517	30				

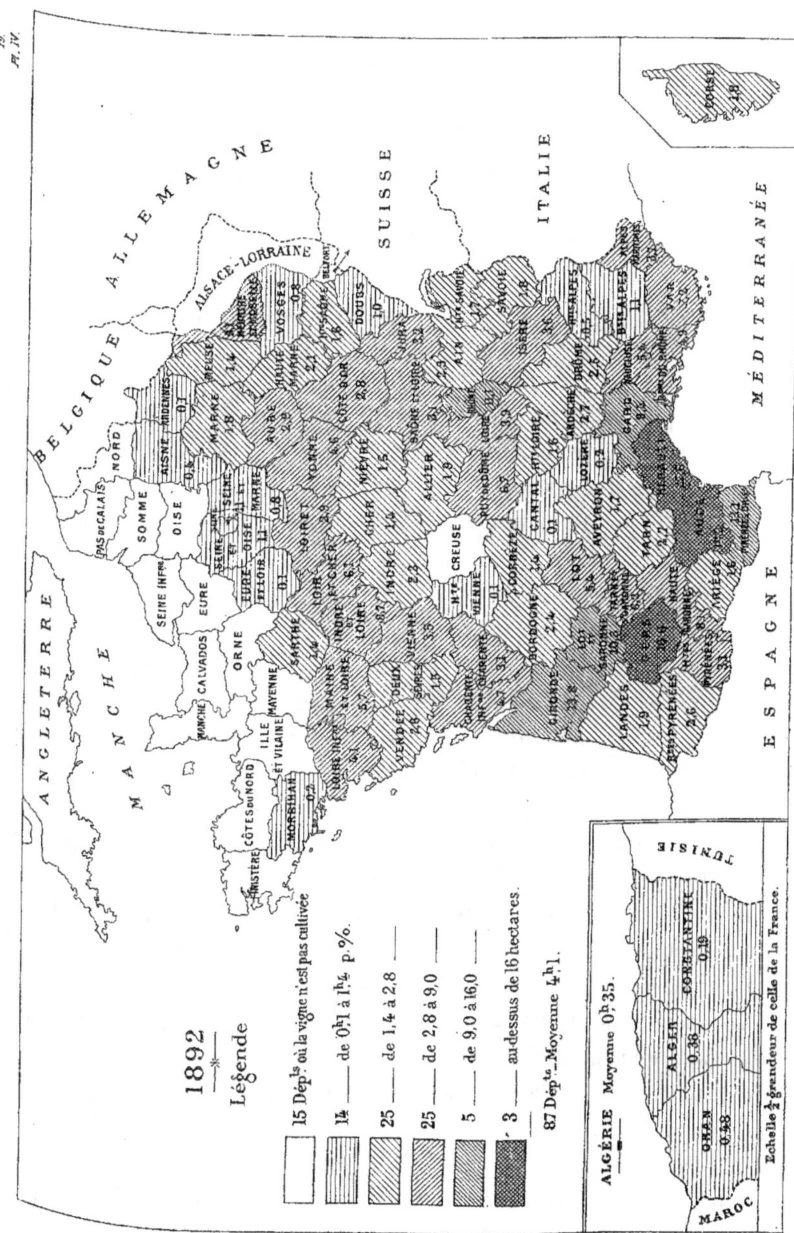

Fig. 249. — Rapport, à 100 hectares du territoire total, de la superficie des vignes.

« L'année suivante (1875) fournit la plus grosse récolte du siècle : 83 millions 632,391 hectolitres! Mais, à partir de ce moment, le phylloxéra sévit avec une intensité croissante. Les surfaces plantées diminuent régulièrement. De 1871 à 1878, la moyenne de la production s'abaisse, malgré les forts rendements de 1874 et de 1875. L'Exposition universelle de 1878 arrive donc en pleine crise phylloxérique; du moins, elle présente cet intérêt spécial de démontrer à l'étranger que le fléau n'a pas tout détruit. Viticulteurs et négociants offrent aux visiteurs les produits des vignobles encore existants, et les fruits des efforts qu'on commençait à faire pour vaincre le mal. Au lendemain de cette Exposition, l'invasion du puceron s'étend avec une telle rapidité que nous revenons en 1879 aux rendements des tristes années qui suivirent 1852, avec moins de 26 millions d'hectolitres.

« Malgré une reconstitution très active, le vignoble, qui était encore de 2 millions d'hectares en 1881, tombe à 1,730,451 hectares en 1890, perdant ainsi 200,000 hectares en dix ans. L'année de l'Exposition de 1889, on ne récolte que 23,223,572 hectolitres. Les surfaces plantées diminuent encore de plus de 100,000 hectares jusqu'en 1897. Puis, nous entrons dans une ère meilleure, grâce aux efforts de nos vignerons, et l'Exposition de 1900 vient montrer la France victorieuse du phylloxéra et des autres maladies de la vigne, ayant reconstitué ses vignobles et reconquis intégralement son antique splendeur. Déjà, en 1899, les 1,697,734 hectares de vignes existant en France ont donné une récolte évaluée à 47,907,680 hectolitres, non compris la Corse et l'Algérie. La qualité a été généralement très satisfaisante. Grâce aux prodigieux efforts déployés par les viticulteurs, nous approchons des rendements antérieurs à l'invasion phylloxérique, qui s'élevaient, en moyenne, à 50 millions d'hectolitres. En 1900, on dépasse 67 millions d'hectolitres. Depuis l'invasion phylloxérique, près de 1 million d'hectares ont été replantés sur racines américaines résistantes. En 1881, le total des vignes américaines replantées était de 8,904 hectares dans 17 départements; en 1889, de 229,801 hectares dans 48 départements; il est aujourd'hui de 961,758 hectares dans 64 départements. Le vignoble du département de l'Hérault, qui n'était autrefois que de 180,000 hectares, en compte maintenant

191,352, dont 175,482 hectares reconstitués en cépages américains, et 15,870 hectares de vignes françaises se décomposant ainsi : 6,659 hectares de vignes anciennes résistant encore; 4,039 hectares de vignes plantées dans les sables; 4,634 hectares soumis à la submersion; 538 hectares à l'irrigation estivale. La récolte de l'Hérault a été de 12,360,000 hectolitres en 1899 et de 11,490,000 hectolitres en 1900. Or la récolte la plus importante des quinze dernières années n'avait été que de 10,097,796 hectolitres. La Gironde suit, avec un vignoble de 137,023 hectares, dont 54,400 hectares reconstitués et une récolte dépassant la moyenne ancienne (5 millions d'hectolitres). L'Aude compte actuellement 133,568 hectares de vignes; le Gard, 74,000 hectares; les Pyrénées-Orientales, 63,000 hectares; la Côte-d'Or, 28,000 hectares (30,000 avant le phylloxéra); la Marne, 15,100 hectares (12,300 antérieurement), etc.

«La submersion est appliquée à 36,200 hectares; on traite 35,874 hectares au sulfure de carbone et 13,848 au sulfo-carbonate de potassium.

«La situation de la viticulture française est donc redevenue prospère. La France, qui avait toujours conservé sa suprématie pour la qualité des produits, a reconquis, par l'étendue de son vignoble, la première place qu'elle avait perdue un instant[1]. »

Je compléterai cet exposé par le tableau des récoltes vinicoles de 1788 à 1901 :

	hectolitres.		hectolitres.
1788...............	25,000,000	1854 (oïdium).....	10,824,000
1808...............	38,000,000	1855 (oïdium).....	15,175,000
1827...............	36,819,000	1856 (oïdium)......	21,294,000
1829...............	30,973,000	1857...........	35,410,000
1830...............	15,282,000	1858...........	45,805,000
1835...............	26,476,000	1859...........	53,910,000
1840...............	45,486,000	1860...........	39,558,450
1845...............	30,140,000	1861...........	29,788,243
1847...............	54,316,000	1862...........	37,110,080
1850...............	45,266,000	1863...........	51,371,875
1852 (oïdium).....	28,636,000	1864...........	50,653,364
1853 (oïdium).....	22,662,000	1865...........	68,924,961

[1] Rapport de la Classe 60 (Vins et eaux-de-vie de vin), par Paul Le Sourd, président du syndicat des journaux spéciaux et professionnels de France, directeur du *Moniteur vinicole*.

	hectolitres.			hectolitres.
1866	63,917,341		1884	34,780,726
1867	38,869,479		1885	20,536,151
1868	50,109,504		1886	25,063,345
1869	71,375,965		1887	24,333,284
1870	53,537,942		1888	30,102,151
1871	57,084,054		1889	23,223,572
1872	50,528,182		1890	27,416,327
1873	35,769,617		1891	30,139,555
1874	63,146,125		1892	29,082,134
1875	83,632,391		1893	50,069,770
1876	41,846,758		1894	39,052,809
1877	56,405,363		1895	26,687,575
1878	48,720,553		1896	44,656,153
1879	25,769,552		1897	32,350,722
1880	29,677,472		1898	32,282,369
1881	34,138,715		1899	47,907,680
1882	30,886,352		1900	67,352,661
1883	36,029,182		1901	57,964,514

Maladies de la vigne. — La viticulture a eu, dans la seconde moitié du xixᵉ siècle, à lutter, comme on a pu le voir dans l'intéressant historique que j'ai emprunté au rapport de M. Le Sourd, contre deux fléaux : les maladies cryptogamiques (oïdium, mildew, black rot) et les insectes (phylloxéra, cochyllis, altise, cochenille, etc.).

L'oïdium a paru en France pour la première fois en 1852. Ses ravages furent terribles et, en certains endroits, réduisirent de 80 p. 100 la production du vin. Expérimenté avec succès au potager de Versailles en 1851 et vulgarisé par Marès, dans son beau domaine de Laissac, près Montpellier, le soufre est, contre l'oïdium, un remède d'une efficacité absolue. Par son application peu coûteuse, le vigneron peut se préserver du mal sans difficulté.

C'est en 1882 que le mildew commença ses ravages qui, non seulement épuisent la vigne, mais encore dénaturent et décomposent le vin récolté sur les plants attaqués.

Heureusement, le remède à ce second fléau ne tarda pas à être découvert, et à peu près par hasard. En Médoc, dans les vignobles traversés ou bordés par de grandes routes, on avait, de temps immémorial, afin de préserver la récolte du maraudage, l'habitude de jeter, sur les feuilles des premiers pieds de chaque rang de vignes, un mélange de chaux et de sulfate de cuivre formant une espèce de vert-de-gris.

Or, dès 1883, on constata que les pieds ainsi vert-de-grisés restaient généralement à l'abri du mal, tandis que le reste des ceps se trouvait complètement dépourvu de feuilles.

Cette découverte fortuite suggéra l'idée d'appliquer à la vigne atteinte un mélange à base de sulfate de cuivre, appelé *bouillie bordelaise*, dont l'usage s'est répandu dans toutes les régions viticoles. Ce spécifique réussit parfaitement, mais à condition que son emploi, beaucoup plus délicat que celui du soufre contre l'oïdium, soit fait avec une attention minutieuse et au moment opportun.

Le black rot a fait son apparition il y a seulement huit ou dix ans. Jusqu'à présent, il est resté cantonné dans une partie des vignobles du Sud-Ouest, principalement dans ceux du Gers, de Lot-et-Garonne, et dans les parties des Landes, de la Gironde, de la Dordogne et du Lot limitrophes de ces deux premiers départements. Ses effets sont foudroyants. En moins de huit jours, une récolte, prête à mûrir et jusque-là intacte, est anéantie. On a recours à l'emploi, à très forte dose, de la bouillie bordelaise.

De tous les insectes qui ont attaqué la vigne, le plus redoutable est le phylloxéra. Les autres, altise, cochenille, cochyllis, etc., ont causé des ravages qui allaient, parfois, jusqu'à la perte totale d'un vignoble, mais ils n'ont pas ce caractère d'épidémie et de permanence qui est la caractéristique du phylloxéra et ils peuvent, du reste, être combattus avec assez de succès.

Depuis 1863, le vignoble de Pujault, près Roquemaure (Gard), souffrait d'un mal dont on n'avait pu définir la cause. La contagion s'étendit au département de Vaucluse et à la Provence, et, vers 1868, il ne fut plus possible de se faire d'illusion sur le danger. Le 15 juillet de cette dernière année, à la suite de fouilles opérées dans les vignobles du château de Lagoy, à Saint-Rémy-en-Crau, MM. Gaston Bazille, Sahut et Planchon, découvrirent l'insecte qui propageait le fléau. C'était le phylloxéra.

Pour le combattre, le sulfure de carbone, proposé en 1869 par le baron Thenard, fut, tout d'abord, largement employé. Puis, sur les conseils de J.-B. Dumas, on y joignit, à partir de 1874, le sulfo-carbonate de potassium. D'autre part, la vigueur persistante des vignes plantées en terrain sablonneux avait frappé l'attention des viticulteurs. Aussi les dunes des bords de la Méditerranée se couvrirent-elles, à partir de 1873, de riches vignobles. Enfin, des essais, faits dès 1863, permirent d'entrevoir les bons effets de la submersion, méthode dont l'application fit, après 1870, de rapides progrès. Par contre, l'emploi des insecticides donna des résultats incomplets; il retardait le mal, mais ne l'arrêtait que très difficilement et au prix de sacrifices coûteux. Ces différents remèdes, qu'il était nécessaire de renouveler chaque année, furent peu à peu abandonnés[1]. Le vigneron se résolut à reconstituer presque partout son vignoble en cépages américains greffés avec la vigne française. Sans doute, ce moyen n'est qu'un palliatif, puisqu'il ne détruit point le phylloxéra; mais la vigne ainsi renouvelée paraît, à certaines exceptions près, indemne des atteintes du terrible puceron, et produit des récoltes très abondantes, sinon de qualité comparable a celle des vieilles vignes françaises.

M. Laliman, propriétaire des environs de Bordeaux, fut, en France, l'initiateur de ce remède. Gaston Bazille, un des premiers, prévit les grands services qu'il pouvait rendre. Déjà, en 1870, il avait émis l'idée de la greffe des vignes sur des arbrisseaux de la même famille, dont les racines opposeraient au phylloxéra une résistance invincible. En 1871, après avoir pris connaissance des faits observés par M. Laliman, il exposait en détail la possibilité de régénérer nos plantations avec les cépages originaires des États-Unis et se mettait aussitôt à l'œuvre. L'espoir conçu à ce moment devint bientôt une certitude. Grâce aux observations et aux travaux de Louis Viallon, de Planchon de Lugol, de la duchesse de Fitz-James, d'Aimé Champin, de G. Foex, de P. Viala, de Milliardet, et d'autres expérimentateurs, les vignes américaines semblent assurer, sinon la perpétuité de nos vignobles, du moins, leur longue durée.

Avant l'invasion du phylloxéra, la superficie du vignoble français dépassait 2,415,000 hectares. Elle était tombée, en 1869, à

---

[1] Sauf, heureusement pour la qualité de nos grands vins, dans quelques crus de Bourgogne (Château du Clos Vougeot, etc.), de Champagne.

1,820,000 hectares environ; en 1897, à 1,690,000; en 1898, à 1,643,493 hectares.

Toutefois, la diminution constatée en ces dernières années n'est, pour ainsi dire, qu'apparente. Elle est due, en effet, à la disparition d'une quantité de vieilles vignes françaises non encore reconstituées, mais qui le seront d'ici peu. D'un autre côté, le nombre des vignes reconstituées en plants américains greffés augmente rapidement.

C'est ainsi qu'en 1881, lorsque fut entreprise en grand cette œuvre de rénovation, on ne comptait en France que 8,904 hectares de vignes reconstituées. En 1896, il y en avait 110,787; en 1889, la quantité était de 283,108 hectares; en 1896, de 797,134 hectares; en 1898, de 888,098 hectares, dont 175,138 dans l'Hérault, 52,616 dans la Gironde, etc. J'ai indiqué plus haut (p. 300), la situation en 1900.

La qualité des vins français, depuis qu'on a découvert le moyen de combattre le mildew, c'est-à-dire depuis 1887, est, en général, moins bonne qu'avant la lutte entreprise contre les ennemis de notre vignoble. Il m'a été donné de constater, en Bourgogne notamment, la supériorité marquée des vins fournis par les anciens cépages français, sur les produits des vignes américaines plantes dans les mêmes crus.

Quoi qu'il en soit, la France aura été le grand laboratoire et le vaste champ d'expériences des savants et des viticulteurs, et le monde entier a profité de leurs travaux [1].

LES VIGNERONS. — Sur les 38 millions de Français, plus du quart vivent de la viticulture. Une grande quantité d'entre eux sont pro-

---

[1] Un délégué au Congrès international de viticulture de 1900, M. Basile Taïroff, consultant au Ministère de l'agriculture et des domaines, en Russie, et rédacteur en chef du *Westuik Winodelia* (messager vinicole), qui paraît à Odessa, a publié dans ce journal, à son retour en Russie, un article dont je veux citer quelques lignes :

«C'est grâce aux recherches minutieuses des éminents savants et praticiens français que la viticulture fut sauvée en France d'abord, et, par suite, dans tout l'univers, et que la vigne ne disparut pas complètement de la surface de la terre.

«Voilà pourquoi M. Foëx a eu raison de terminer son rapport par ces paroles :

«Nous estimons que ce n'est pas sans une «certaine fierté qu'au milieu de beaucoup «d'autres merveilles peut-être plus brillantes, «la France pourra montrer à ses hôtes, venus

priétaires des vignes qu'ils cultivent eux-mêmes. D'autres sont métayers et partagent avec le propriétaire du sol le produit de la récolte.
Les vignobles affermés sont en petit nombre, et la plus grande partie
des propriétés de vignes importantes sont exploitées directement par
les propriétaires, avec un personnel salarié, sous leur surveillance
immédiate ou celle d'un régisseur. Il en est ainsi des grands crus du
Bordelais, de la Bourgogne et des vignobles du Bas-Languedoc.

Le salaire de l'ouvrier vigneron est sensiblement plus élevé que
celui des autres cultivateurs, ce qui s'explique aisément. En effet,
dans les pays vignobles, la prospérité est, à quelques exceptions près,
plus grande qu'ailleurs. La vigne, au surplus, exige de nombreux
travaux, dont certains, comme la taille et le greffage, réclament des
mains exercées.

En moyenne, le salaire, nourriture non comprise, est de 2 francs
en hiver et de 4 francs en été. En Champagne, il est un peu supérieur et atteint fréquemment 5 francs.

Aimant la vigne, le vigneron cherche à réaliser quelques économies qui lui permettront d'acheter le lopin de terre qu'il cultivera
lui-même, tout en travaillant chez le grand propriétaire.

L'œuvre de reconstitution récemment accomplie témoigne hautement de l'intelligence, du courage, et de la ténacité des viticulteurs. Ils
ont su tirer parti des nouvelles conquêtes de la science, et ils tiennent
à honneur de perfectionner sans cesse leurs méthodes et leur outillage.

Devis de culture. — D'après M. H. de Lapparent, inspecteur gé-

«de divers points du monde pour assister à la
«grande fête de la paix et du travail à laquelle
«elle les a conviés, les résultats de cette œuvre
«à laquelle elle a consacré, dans ces trente
«dernières années, une large part de son
«énergie et de sa science.»

«M. Gervais, aussi justement, a dit :

«La France aura été, une fois encore, dans
«cette circonstance, l'éducatrice du monde
«entier : puissent ces profitables leçons res-
«serrer les liens de solidarité et de sympa-
«thie entre tous ceux, d'où qu'ils viennent,

«qu'unit un même amour de la vigne et de
«ses produits.»

. . . .

«Je le dis et le répète : les résultats obtenus par la France dans la viticulture, pour
ainsi dire nouvelle, sont si beaux, si grandioses et merveilleux, qu'on ne peut se défaire, pour un moment, du sentiment de la
plus vive reconnaissance au peuple français,
dont le génie a su conserver à tout l'univers la
vigne, cette plante si précieuse et si belle que
nous avons été sur le point de perdre à jamais.»

néral de l'agriculture, un vignoble bourgeois supérieur, en Médoc, produisant 16 hectolitres à l'hectare, donne lieu aux dépenses suivantes :

Frais de culture et de vendanges..................	426 francs.
Défense contre les parasites, etc..................	232
Fumure.............................	232
Achat de barriques, tonnellerie et livraison.........	65
Frais généraux........................	332
Intérêt d'avances pendant six mois.............	30
Total...................	1,321

Nous empruntons encore à M. H. de Lapparent les exemples suivants : un vignoble artisan ou paysan du Médoc coûte à l'hectare :

Frais de culture, de fumure, de vendanges, de barriques, etc.....................	867 francs.
Frais généraux........................	229
Total....................	1,196

Les frais dans les grands crus classés du Médoc et de la Bourgogne sont notablement supérieurs à ceux que nous venons d'indiquer. Ils atteignent et dépassent même 2,000 francs par hectare. Cet accroissement de frais est dû, en grande partie, à un plus grand emploi de la main-d'œuvre. Certains premiers crus valent, en Bourgogne comme au Médoc, jusqu'à 60,000 francs l'hectare.

Les vignobles soumis au régime de la submersion dans les palus de la Gironde exigent une dépense annuelle de 1,115 francs par hectare.

Dans le midi de la France, un vignoble reconstitué sur porte-greffes américains, avec la taille en gobelet, peut coûter 750 francs d'entretien annuel à l'hectare.

Les vignobles soumis au régime de la submersion dans le midi de la France nécessitent des frais annuels de 1,100 francs à l'hectare, et l'hectare de ces vignes est estimé 8,000 francs.

M. A. Laurent, président de la Société d'encouragement à l'agriculture de l'Hérault, détaille ainsi les frais afférents à la culture d'un hectare de vignes dans la région.

1° Frais provenant du capital foncier et frais d'exploitation à l'hectare :

Valeur du sol : 8,000 francs, intérêt.	400 francs.
Logement du vin, amortissement.	120
Impositions	20
Assurances.	2
Total.	542

2° Frais provenant du capital matières, à l'hectare :

Fumure.	240 francs.
Soufre.	20
Sulfate de cuivre et chaux.	32
Total.	292

3° Frais provenant du capital main-d'œuvre, à l'hectare :

Taille.	40 francs.
Labours.	150
Binages	75
Déchaussage.	27
Binage d'été.	40
Soufrage.	10
Pulvérisation	30
Ébourgeonnage.	10
Ramassage des insectes.	10
Rentrée de la vendange.	80
Soins aux vins.	40
Total.	512

soit en chiffres ronds 1,300 francs au total.

Valeur des vins. — L'Administration des contributions indirectes a donné à la récolte vinicole de 1900 une valeur approximative de 1,264,258,000 francs, dont 123,197,236 francs pour les vins de qualité supérieure (ceux dépassant 50 francs l'hectolitre chez les récoltants) et 1,141,060,680 francs pour les autres.

Voici les chiffres les plus remarquables :

	VINS SUPÉRIEURS.	
	QUANTITÉS.	VALEURS.
	hectolitres.	francs.
Aube	15,700	1,256,000
Côte-d'Or	241,088	17,057,440
Gironde	823,286	48,121,360
Hérault	23,010	1,610,700
Indre-et-Loire	87,280	7,303,920
Jura	17,517	1,080,720
Maine-et-Loire	80,820	5,038,734
Marne	348,240	36,668,358
Saône-et-Loire	10,200	604,000
Sarthe	18,395	998,155
Vaucluse	12,977	757,174
Yonne	16,515	1,018,425

D'après les chiffres ci-dessus, l'hectolitre des vins classés dans la catégorie des vins supérieurs atteindrait, en moyenne, 67 fr. 50. En 1899, on les avait estimés à 95 fr. 30, et, en 1898, on les comptait à 84 fr. 05. La différence en moins, pour 1900, est, on le voit, très importante.

Voici le relevé des vins ordinaires; je ne cite ici, du reste, que les chiffres les plus frappants (au-dessus de 200,000 hectolitres) :

DÉPARTEMENTS.	VINS ORDINAIRES.		DÉPARTEMENTS.	VINS ORDINAIRES.	
	QUANTITÉS.	VALEURS.		QUANTITÉS.	VALEURS.
	hectolitres.	francs.		hectolitres.	francs.
Ain	474,273	10,627,194	Indre-et-Loire	1,291,905	27,130,005
Allier	434,428	10,860,700	Isère	718,103	18,173,278
Ardèche	354,207	7,084,140	Jura	302,420	7,654,915
Aube	384,025	9,600,625	Landes	705,248	11,942,016
Aude	6,313,101	94,696,515	Loir-et-Cher	1,174,769	22,270,700
Bouches-du-Rhône	1,720,010	19,604,808	Loire	524,993	10,499,860
Charente	473,242	12,228,745	Loire-Inférieure	1,510,650	33,232,600
Charente-Inférieure	1,648,853	29,050,768	Loiret	389,418	10,671,386
Côte-d'Or	1,271,077	27,611,195	Lot	218,309	5,457,725
Dordogne	1,054,940	19,358,506	Lot-et-Garonne	805,240	14,183,750
Drôme	292,730	5,465,284	Maine-et-Loire	663,315	16,823,250
Gard	3,792,796	41,012,371	Marne	230,863	9,281,128
Garonne (Haute-)	1,107,793	16,957,755	Marne (Haute-)	331,517	6,719,180
Gers	1,535,770	21,500,780	Meurthe-et-Moselle	359,023	11,845,180
Gironde	4,915,121	94,071,202	Meuse	210,730	6,201,107
Hérault	11,470,718	137,148,616	Nièvre	250,683	8,021,856
Indre	265,595	6,542,595	Puy-de-Dôme	1,146,265	27,783,755

DÉPARTEMENTS.	VINS ORDINAIRES.		DÉPARTEMENTS.	VINS ORDINAIRES.	
	QUANTITÉS.	VALEURS.		QUANTITÉS.	VALEURS.
	hectolitres.	francs.		hectolitres.	francs.
Pyrénées (Basses-) .	459,929	10,118,438	Tarn	698,363	11,671,846
Pyrénées-Orientales.	2,891,878	42,136,620	Tarn-et-Garonne..	697,840	11,459,580
Rhône	1,865,241	43,637,268	Var	1,729,358	27,567,495
Saône-et-Loire....	2,551,360	52,669,000	Vaucluse.	767,097	13,514,559
Sarthe.	256,016	6,464,400	Vendée.	704,600	13,004,760
Savoie	313,824	8,117,230	Vienne.	975,500	1,951,000
Savoie (Haute-)...	281,569	5,991,490	Vosges	260,094	6,443,391
Seine-et-Oise.	247,632	8,667,120	Yonne	946,921	24,703,017

Les totaux — 65,527,188 hectolitres valant 1,141,060,680 fr.
— font ressortir le prix de l'hectolitre de vin de la récolte de 1900
à 17 fr. 40. En 1899, l'hectolitre était estimé valoir 24 fr. 30; en
1898, on le portait à 20 fr. 15, et en 1897, à 23 fr. 70. En addi-
tionnant les chiffres des deux tableaux ci-dessus, les vins de la France
continentale représenteraient :

	QUANTITÉS.	VALEURS.
	hectolitres.	francs.
Vins supérieurs.	1,825,473	123,197,236
Vins ordinaires	65,527,188	1,141,050,680
TOTAUX	67,352,661	1,264.257,916

Il convient d'ajouter à ces résultats ceux de la Corse, de l'Algérie
et de la Tunisie, afin d'avoir l'ensemble de la valeur des récoltes dont
nous disposons. En calculant, sur le taux de 17 fr. 40 l'hectolitre, les
produits de ces divers vignobles donnent comme total général :

	QUANTITÉS.	VALEURS.
	hectolitres.	francs.
France	67,351,661	1.264,257,916
Corse	150,000	2,610,000
Algérie	5,444,179	94,728,715
Tunisie	250,000	4,350,000
TOTAUX	73,195,840	1,365,946,631

La production vinicole de la France et de notre Nord-Afrique représente donc un total de 1,365,946,631 francs. Ce chiffre est infé-

rieur à celui de l'année 1899, malgré l'énorme production de 1900.
Cela tient au fléchissement des cours des vins de la dernière récolte.
Voici, pour comparaison, les résultats des années antérieures, y compris 1893 qui avait donné un rendement de 50 millions d'hectolitres :

| | QUANTITÉS. | VALEURS. |
	hectolitres.	francs.
1893....................................	50,069,770	1,256,527,529
1894....................................	39,052,809	928,929,995
1895....................................	26,687,575	953,719,020
1896....................................	44,656,153	1,296,946,600
1897....................................	32,350,722	919.840,274
1898....................................	32,282,359	1,119,166,341
1899....................................	47,907,680	1,373,388,817
1900....................................	73,195,840	1,365.946,631

On voit l'importance qu'a, pour notre pays, la culture de la vigne ; c'est, bon an mal an, un revenu brut de plus de 1 milliard sur lequel il nous est permis de compter. Tous nos efforts doivent tendre à développer encore cette richesse. surtout par l'amélioration de la culture afin d'obtenir des vins de bonne qualité pouvant être bien payés.

Vins de raisins secs, d'eau sucrée; piquettes. — Ici nous n'avons qu'à indiquer les chiffres : 93,451 hectolitres pour les vins de raisins secs; 1,015,713 hectolitres pour les piquettes simples; 906,368 hectolitres pour les vins d'eau sucrée [1].

Importations et exportations. — Les tableaux suivants présentent les variations depuis 1864, époque où le phylloxéra a fait son apparition dans notre pays. Ils comprennent les importations et les exportations d'Algérie. Or, tandis qu'il y a un quart de siècle, nous envoyions dans notre colonie de 300,000 à 400,000 hectolitres de

[1] La production des vins artificiels que toutes les lois Griffe, Brousse et Turrel n'étaient pas parvenues à enrayer, bien au contraire, se trouve en voie de diminution par la force même des choses, en raison de l'abondance de la dernière récolte : cela résulte des statistiques les plus récentes.

vin, nous en recevons maintenant des quantités de plus en plus considérables. Rien que pendant l'année 1899, il nous en est venu 4 millions et demi d'hectolitres, qui sont compris dans le chiffre de 8 millions et demi de vins importés en France, ce qui réduit réellement de plus de moitié la quantité de vins véritablement étrangers.

PÉRIODE DE GRANDE PRODUCTION (1864 À 1879).

	IMPORTATION.	EXPORTATION.		IMPORTATION.	EXPORTATION.
	hectolitres.	hectolitres.		hectolitres.	hectolitres.
1864...	94,000	2,337,000	1872...	482,000	3,240,000
1865...	74,000	2,768,000	1873...	654,000	3,980,000
1866...	51,000	3,162,000	1874...	681,000	3,232,000
1867...	171,000	2,486,000	1875...	292,000	3,731,000
1868...	360,000	2,705,000	1876...	676,000	3,331,000
1869...	333,000	2,943,000	1877...	707,000	3,102,000
1870...	100,000	2,745,000	1878...	1,603,000	2,795,000
1871...	112,000	3,172,000	1879...	2,938,000	3,047,000

PÉRIODE DES RAVAGES DU PHYLLOXÉRA (1880 À 1891).

	IMPORTATION.	EXPORTATION.		IMPORTATION.	EXPORTATION.
	hectolitres.	hectolitres.		hectolitres.	hectolitres.
1880..	7,221,000	2,488,000	1886..	11,042,000	2,602,000
1881..	7,839,000	2,572,000	1887..	12,282,000	2,402,000
1882..	7,537,000	2,618,000	1888..	12,064,000	2,118,000
1883..	8,981,000	2,538,000	1889..	10,470,000	2,167,000
1884..	8,130,000	2,472,000	1890..	10,830,000	2,162,000
1885..	8,184,000	2,593,000	1891..	12,278,000	2,044,000

PÉRIODE DE LA RECONSTITUTION DES VIGNOBLES (1892 À 1900).

	IMPORTATION.	EXPORTATION.		IMPORTATION.	EXPORTATION.
	hectolitres.	hectolitres.		hectolitres.	hectolitres.
1892..	9,400,000	1,845,000	1897..	7,531,000	1,775,000
1893..	5,895,000	1,659,000	1898..	8,603,000	1,636,000
1894..	4,492,000	1,724,000	1899..	8,465,000	1,716,000
1895..	6,337,000	1,697,000	1900..	5,398,000	1,904,000
1896..	8,814,000	1,784,000			

Le tableau ci-contre présente la distinction entre les vins d'Algérie et les vins de l'étranger importés en France depuis 1885 (la douane ne distinguait pas auparavant les deux catégories).

IMPORTATION DES VINS D'ALGÉRIE ET DE L'ÉTRANGER DEPUIS 1885.

| | ÉTRANGER. | ALGÉRIE. | TOTAL. |
	hectolitres.	hectolitres.	hectolitres.
1885	7,860,000	324,000	8,184,000
1886	10,552,000	490,000	11,042,000
1887	11,524,000	758,000	12,282,000
1888	10,832,000	1,232,000	12,064,000
1889	8,878,000	1,592,000	10,470,000
1890	8,858,000	1,972,000	10,830,000
1891	10,417,000	1,861,000	12,278,000
1892	6,550,000	2,850,000	9,400,000
1893	4,067,000	1,828,000	5,895,000
1894	2,488,000	2,004,000	4,492,000
1895	3,435,000	2,902,000	6,337,000
1896	5,678,000	3,136,000	8,814,000
1897	3,931,000	3,600,000	7,531,000
1898	5,240,000	3,363,000	8,603,000
1899	3,789,000	4,676,000	8,465,000
1900	3,047,000	2,351,000	5,398,000

Il faut noter que si l'exportation ne porte que sur une faible partie de notre production, un dixième, du moins représente-t-elle une grande valeur (250 millions de francs environ), un quart de celle de notre production, et balance ainsi, à peu de choses près, celle de notre importation. C'est que ce sont surtout nos vins et eaux-de-vie de luxe qui ont ce débouché. Leur réputation universelle les fait rechercher partout. Nos meilleurs clients sont :

	hectolitres.
Angleterre (de la Gironde, 200,000 hectolitres)	300,000
Allemagne (de la Gironde, 150,000 hectol.)	250,000
Belgique	250,000
Suisse	160,000
République Argentine	80,000
États-Unis	40,000

Un fait sensible dans notre mouvement d'exportation est la hausse continue de notre exportation de vins mousseux, passée de 11 millions de bouteilles en 1860 à 28 millions aujourd'hui.

Vins de Champagne. — Disons maintenant quelques mots de nos

vins les plus renommés, en commençant par les produits de la Champagne.

C'est à une culture très soignée d'une part, d'autre part à la situation climatérique de la Champagne, à la nature spéciale du sol, que sont dues les qualités essentielles qui distinguent son vin.

La Montagne de Reims, et ses principaux crus : Bouzy, Ambonnay, Verzy, Verzenay. Sillery, Mailly et Rilly, ont, comme qualités distinctives, la vinosité et la fraîcheur. A la côte d'Avize, spéciale par ses vins blancs, et où sont Cramant, Avize, le Mesnil-Oger, Grauves et Cuis, au sud d'Épernay, on reconnaît une grande finesse et une exquise délicatesse; enfin, la vallée de la Marne, avec Ay. Mareuil, Champillon, Hautvillers, Dizy, Épernay, Pierry et Cumières, a des crus au bouquet délicieux.

L'antiquité des vins de Champagne est grande et l'on pourrait, à leur sujet, faire plus d'une citation. Ils étaient renommés bien avant l'invention des vins mousseux.

Celui auquel on doit cette invention, Dom Pérignon, bénédictin de l'abbaye d'Hautvillers, mourut en 1715. Son secret fut vite connu et apprécié, et sur des feuillets d'un registre de commerce de 1743, registre écrit, en partie, de la main de M. Claude Moët, on peut lire des renseignements authentiques sur les débuts du commerce des vins mousseux de Champagne et sur les frais de culture de la vigne à cette époque.

Sans aucun doute, le mélange des raisins des différents crus, l'époque à laquelle il convenait de mettre le vin en bouteilles pour y achever sa fermentation, furent enseignés par les moines eux-mêmes qui, ainsi qu'il ressort du livre de M. Moët, vendaient leurs vins blancs et rouges au commerce. Il en était ainsi des propriétaires de vignes, comme nous le verrons plus loin.

Cependant, ce n'est guère que vers la fin du XVIII⁰ siècle que les maisons dites *de vins de Champagne* fonctionnèrent, telles que nous les connaissons aujourd'hui.

Au début, les bouteilles de vins mousseux tirés par les producteurs eux-mêmes étaient vendues à des commissionnaires patentés qui, en même temps que la commission, faisaient eux-mêmes le commerce.

C'est ainsi que tel propriétaire de vignes, ne se contentant pas de sa propre récolte, dont il tirait la meilleure partie en mousseux, achetait dans la région les produits qui lui étaient nécessaires.

C'est également dans la première moitié du xviiie siècle que l'usage de frapper le vin se répandit.

Le transport des vins était chose délicate : aussi prenait-on les mesures les plus propres à en assurer la conservation en n'expédiant ni par les grands froids, ni par la chaleur et en choisissant le mode préférable, le transport par eau. Emballées dans de la paille, les bouteilles descendaient la Marne jusqu'à Charenton ou suivaient les canaux.

Dans la première moitié et au milieu du xviiie siècle, les envois les plus considérables de vins mousseux paraissent avoir été faits pour Paris et ses environs. On peut constater aussi des expéditions faites pour Nantes, en 1743, et d'autres pour l'étranger.

Depuis cette époque reculée, la consommation du vin de Champagne dans le monde a pris un énorme développement. Le tableau ci-dessous, établi par la Chambre de commerce de Reims et d'Épernay, donne pour chaque année, de 1844-45 à 1900-01 (d'avril à avril), une statistique des plus intéressantes.

MOUVEMENT DE LA CONSOMMATION DES VINS DE CHAMPAGNE.

ANNÉES.	NOMBRE de BOUTEILLES existant en charge au compte des marchands en gros. 1er avril de chaque année.	REPRÉSENTANT en HECTOLITRES.	QUANTITÉS en FÛTS.	TOTAL des EXISTENCES.	NOMBRE de BOUTEILLES expédiées à l'étranger.	NOMBRE de BOUTEILLES expédiées en France aux marchands en gros, aux débitants et aux consommateurs.	IMPORTANCE RÉELLE du commerce.	EXPÉDITION de négociant à négociant dans le département.	TOTAL du MOUVEMENT.
		hectolitres.	hectolitres.	hectolitres.			bouteilles.	bouteilles.	bouteilles.
1844-1845..	23,285,818	194,049 30	"	"	4,380,214	2,255,438	6,635,652	2,577,738	9,213,390
1845-1846..	22,847,971	190,399 99	"	"	4,505,308	2,510,605	7,015,913	2,153,607	9,169,520
1846-1847..	18,815,367	156,780 80	"	"	4,711,915	2,355,366	7,067,281	1,708,204	8,775,485
1847-1848..	23,212,994	192,692 61	"	"	4,859,625	2,092,571	6,952,196	1,234,678	8,186,874
1848-1849..	21,290,185	177,418 92	"	"	5,686,484	1,473,966	7,160,450	884,025	8,044,475
1849-1850..	20,499,192	170,827 11	"	"	5,001,044	1,705,735	6,706,779	1,130,960	7,837,739
1850-1851..	20,444,915	170,375 15	"	"	5,866,971	2,122,569	7,989,540	1,920,435	9,909,975
1851-1852..	21,905,479	182,545 42	"	"	5,957,552	2,162,880	8,120,432	3,234,985	11,355,417

ANNÉES.	NOMBRE de BOUTEILLES existant en charge au compte des marchands en gros. 1er avril de chaque année.	REPRÉSENTANT en HECTOLITRES.	QUANTITÉS en fûts. hectolitres.	TOTAL des EXISTENCES. hectolitres.	NOMBRE de BOUTEILLES expédiées à l'étranger.	NOMBRE de BOUTEILLES expédiées en France aux marchands en gros, aux débitants et aux consommateurs.	IMPORTANCE RÉELLE du commerce. bouteilles.	EXPÉDITION de négociant à négociant dans le département. bouteilles.	TOTAL du MOUVEMENT. bouteilles.
		hectolitres.	hectolitres.	hectolitres.			bouteilles.	bouteilles.	bouteilles.
1852–1853..	19,376,967	161,629 35	"	"	6,355,574	2,385,217	8,740,790	4,156,718	12,897,509
1853–1854..	17,757,769	147,783 67	"	"	7,878,320	2,528,719	10,407,039	5,791,180	16,098,219
1854–1855..	20,922,959	174,359 10	"	"	6,895,773	2,452,743	9,348,516	1,197,094	14,545,610
1855–1856..	15,957,141	133,068 00	"	"	7,137,001	2,562,039	9,699,040	4,262,265	13,961,505
1856–1857..	15,228,294	126,903 34	"	"	8,490,198	2,468,818	10,950,016	4,669,683	15,628,699
1857–1858..	21,628,778	180,240 27	"	"	7,368,310	2,421,454	9,789,764	3,764,445	13,554,209
1858–1859..	28,328,251	236,069 00	"	"	7,666,633	2,805,416	10,472,049	3,281,010	13,753,059
1859–1860..	35,648,124	297,067 35	"	"	8,265,395	3,039,621	11,305,016	4,403,830	15,708,846
1860–1861..	30,235,260	251,961 89	"	"	8,488,223	2,697,508	11,185,731	5,415,599	16,601,330
1861–1862..	30,254,291	252,121 38	"	"	6,904,915	2,592,875	9,497,790	3,977,886	13,475,676
1862–1863..	28,013,189	233,444 61	"	"	7,937,836	2,767,371	10,705,207	4,316,249	15,021,456
1863–1864..	28,466,975	237,205 99	"	"	9,851,138	2,934,996	12,786,134	5,685,484	18,471,618
1864–1865..	33,298,672	277,241 85	"	"	9,101,441	2,801,626	11,903,067	5,429,663	17,332,730
1865–1866..	34,175,429	284,795 77	"	"	10,413,455	2,782,777	13,196,132	4,742,761	17,938,793
1866–1867..	37,608,716	313,405 59	"	"	10,283,886	3,218,343	13,502,229	7,575,430	21,077,659
1867–1868..	37,969,219	299,744 02	"	"	10,876,585	2,924,268	13,800,853	6,077,752	19,878,605
1868–1869..	32,490,881	270,757 34	"	"	12,810,194	3,104,496	15,914,690	6,462,839	22,377,529
1869–1870..	39,272,562	327,271 35	"	"	13,858,839	3,628,461	17,487,300	7,870,964	25,358,264
1870–1871..	39,984,003	333,201 00	"	"	7,544,323	1,631,941	9,178,264	3,209,489	12,387,753
1871–1872..	40,099,243	334,160 36	"	"	17,001,124	3,367,537	20,368,661	11,522,665	31,891,326
1872–1873..	45,329,490	377,745 95	"	"	18,917,779	3,464,059	22,381,838	10,381,079	32,762,917
1873–1874..	46,573,974	393,644 61	"	"	18,106,310	2,491,759	20,598,069	12,545,076	33,143,145
1874–1875..	52,733,674	439,448 23	"	"	15,318,345	3,517,182	18,835,527	8,759,809	27,595,336
1875–1876..	64,658,767	538,824 35	"	"	16,705,719	2,439,762	19,145,881	7,458,562	26,604,043
1876–1877..	71,398,726	594,990 19	"	"	15,882,964	3,127,991	19,010,955	7,714,844	26,725,799
1877–1878..	70,183,863	584,865 99	"	"	15,711,651	2,450,983	18,162,634	9,515,123	27,687,757
1878–1879..	65,813,194	547,444 44	"	"	14,844,181	2,596,356	17,440,537	7,403,757	28,844,942
1879–1880..	68,540,668	571,173 60	"	"	16,524,593	2,666,561	19,191,154	11,518,339	30,709,495
1880–1881..	54,405,964	454,216 48	"	"	18,220,980	2,399,924	20,620,904	12,832,527	32,958,431
1881–1882..	50,071,933	417,267 29	"	"	17,671,366	3,190,869	20,862,235	9,094,285	29,956,520
1882–1883..	57,411,254	478,677 62	"	"	17,642,821	2,869,231	20,512,052	9,496,951	30,009,003
1883–1884..	57,089,027	473,747 31	"	"	18,206,956	2,675,578	20,882,534	5,601,778	26,484,312
1884–1885..	62,268,945	506,262 64	"	"	18,189,256	2,822,601	21,011,854	4,706,426	25,718,283
1885–1886..	83,366,953	666,951 30	"	"	14,923,490	2,752,184	17,675,674	5,224,788	20,900,412
1886–1887..	82,925,678	663,404 79	"	"	16,222,903	2,861,971	19,084,874	3,316,144	22,401,018
1887–1888..	75,218,074	601,744 80	301,474 25	903,219 05	17,257,685	3,076,639	20,334,324	4,986,654	25,390,978
1888–1889..	75,576,232	604,585 85	319,361 66	798,202 50	18,904,469	3,653,615	22,558,084	7,116,970	26,675,055
1889–1890..	63,769,719	510,373 75	566,232 25	826,606 00	19,148,382	1,176,129	23,324,571	4,759,554	28,084,125
1890–1891..	60,273,995	482,191 97	399,852 62	882,044 59	21,699,111	4,077,083	25,776,194	8,386,571	34,162,765
1891–1892..	69,218,464	553,747 61	398,817 37	952,564 96	19,685,115	4,558,881	24,243,996	13,875,201	37,619,197
1892–1893..	65,583,077	524,664 78	477,907 75	1,002,572 53	16,600,678	4,487,535	21,088,213	5,333,323	26,421,536
1893–1894..	86,771,994	694,175 95	661,344 70	1,355,520 65	17,359,349	4,876,518	22,235,867	4,011,597	26,247,464
1894–1895..	108,581,393	868,251 12	424,789 32	1,293,040 44	16,129,374	4,908,281	21,037,655	3,402,293	24,439,948
1895–1896..	109,320,774	874,565 81	294,455 27	1,269,021 08	17,966,840	6,065,845	24,032,685	3,612,981	27,645,666
1896–1897..	111,181,681	889,453 44	361,282 04	1,250,735 48	22,155,798	6,204,115	28,359,913	4,290,925	32,650,838
1897–1898..	101,641,636	113,133 08	347,874 73	1,161,007 31	21,697,188	5,690,599	27,387,787	11,039,367	38,457,184
1898–1899..	106,471,755	351,774 03	413,053 58	1,264,827 61	20,987,897	8,370,570	29,358,467	8,039,529	37,397,996
1899–1900..	99,019,659	792,157 26	383,330 74	1,175,488 00	21,773,513	6,680,923	28,454,436	7,029,518	33,488,954
1900–1901..	100,640,967	805,127 72	476,074 55	1,281,202 27	20,628,261	7,426,794	28,055,045	6,672,208	34,727,253

C'est l'Angleterre qui est notre principale cliente.

Pendant longtemps, en France, on a préféré les champagnes doux; puis, la mode s'est tournée, comme en Angleterre, en Allemagne, en Russie, vers les champagnes secs (*dry* et *extra-dry*); on a fait aussi des champagnes *bruts*. On estimait qu'il était ainsi possible de mieux apprécier la qualité du vin, le sucre pouvant masquer certains défauts. Aujourd'hui, une légère réaction semble se produire en faveur du champagne demi-sec ou demi-doux.

VINS DE BOURGOGNE. — Qui ne connaît nos vins de Bourgogne, les Romanée-Conti, Chambertin, la Tache, Château du Clos-Vougeot, Saint-Georges, Vosnes, Richebourg, Nuits, Chambolle, Musigny, Premeau, Moret, etc., de la côte de Nuits; les Corton, Pomard, Volnay, Beaune, Chassagne, Savigny, de la côte de Beaune, etc.? Ils ont pour caractère une extrême finesse et un goût délicieux, réunissant toutes les qualités des vins parfaits; ils possèdent en même temps du corps, du moelleux, de la vigueur et de la sève, du bouquet, de la force alcoolique; enfin, une couleur rubis qui ravit les yeux.

Et à côté de ces grands vins, que d'autres excellents produits! En effet, ainsi que le remarque justement M. P. Le Sourd, «ces territoires, ces «climats» fournissent, après les vins fins, des «grands ordinaires» et des «bons ordinaires» qui sont fort appréciés».

L'historique des vins de Bourgogne m'entraînerait trop loin; j'en veux dire seulement quelques mots.

Déjà César, qui avait établi son quartier général dans la petite ville d'Anse et qui, chaque jour, était harcelé par les Gaulois, déclarait que c'était au vin que ceux-ci devaient leur force de résistance et leur caractère indomptable. La prospérité de la culture de la vigne dans nos contrées ne devait, du reste, pas tarder à exciter la jalousie des vainqueurs. En l'an 96 de notre ère, l'empereur Domitien, pour débarrasser les vins italiens d'une concurrence gênante, atteignit d'un coup le comble du protectionnisme en ordonnant d'arracher les vignes des Gaules. Mais deux siècles après, avec l'empereur Probus (281), la prospérité viticole renaît.

Dès le VI siècle, Grégoire de Tours raconte «qu'à l'occident de

Dijon sont des montagnes fertiles qui fournissent aux habitants du vin aussi noble que le falerne ».

Puis, les ducs de Bourgogne, fiers de leurs clos de Chenôves-lès-Dijon, de Vosne, de Pomard, de Volnay, s'intitulent : « seigneurs immédiats des meilleurs vins de la chrétienté, à cause de leur bon pays de Bourgogne, plus famé et renommé que tout autre où croît le vin ».

Et les rois d'Europe s'inclinent devant cette royauté en appelant le duc de Bourgogne « le prince des bons vins » (1234).

Au « prince des vins » doit répondre le « vin des princes ». Et de fait, le bourgogne ne tarda pas à devenir la boisson favorite des rois. Une chanson le disait déjà, que chantait Louis XI. Bien des faits nous montrent que la chanson ne mentait pas. Une jolie anecdote à ce sujet. (Je l'emprunte à l'intéressant rapport de M. P. Le Sourd.) La chapelle de Versailles, un dimanche à la messe de la Cour. Chacun est à genoux ; mais un assistant dépasse tous les autres de la tête. Louis XIV lui envoie dire qu'il s'agenouille. On l'assure que l'homme était bien dans cette position. A l'issue de la cérémonie, le roi se fait présenter le géant. C'était un brave vigneron mâconnais venu de sa province dans un char à bœufs, chargé de bourgogne, qu'il voulait présenter à la Cour. Il en devint le fournisseur. Louis XIV prisait le beaune ; Napoléon préférait le chambertin. Dès le xviie siècle, on trouve le bourgogne à la table du shah.

Les rois de l'esprit partagent l'avis des rois de la force. C'est le fougueux patriote romain Pétrarque qui, vilipendant les cardinaux, leur reproche de préférer Avignon à Rome, à cause du *beaune* « qu'ils regardent comme un second élément et comme un nectar des Dieux », et c'est le docte Erasme qui, devenu épique, s'écrie : « O heureuse Bourgogne, qui mérite d'être appelée la reine des hommes, puisqu'elle leur fournit, de ses mamelles, un si bon lait ! »

Le vignoble bourguignon se subdivise en cinq vignobles : 1° vignoble de l'Yonne (superficie 40,000 hectares ; production irrégulière par suite des gelées printanières, en moyenne : 600,000 hectolitres. C'est le pays du vieux Pinot « breuvage de nobles et de chanoines », dont la cave était construite avec le soin d'un palais. Les vins blancs sont les plus connus de la région, et surtout le chablis, à la gamme incroyablement variée et à l'incroyable robustesse[1]); 2° vignoble de la Côte-d'Or (superficie : 30,000 hectares; la « Côte » elle-même étend ses pentes sur une longueur de 60 kilomètres avec une largeur moyenne de 500 mètres. Ces vins de la Côte, combien les proclament les premiers vins du monde! « A une couleur vermeille, écrit un de leurs meilleurs biographes, le Dr Lavalle, à une limpidité parfaite, à une action bienfaisance sur les organes de la digestion, ils joignent une exquise finesse dans le bouquet, une saveur à la fois chaude et délicate qui se prolonge quelques instants et laisse après elle une haleine douce et parfumée. » La « Côte » se divise en côte dijonnaise; côte de Nuits — Chambertin, Musigny, Vougeot, Romarin, Saint-Georges, etc.; côte de Beaune — Corton, Pomard, Volnay, Meursault, etc.,; 3° vignoble de la côte chalonnaise (vins blanc de Bully, etc.); 4° vignoble du Mâconnais (superficie : 40,000 hectares; production moyenne : 800,000 hectolitres); 5° enfin, vignoble du Beaujolais (superficie : 40,000 hectares; production : un million d'hectolitres, et qui montera à un million et demi maintenant que le vignoble est entièrement reconstitué; tandis qu'autre part c'est le pinot qui donne les grands vins, ici le pinot rouge est inconnu, et c'est le gamay qui règne; à signaler les fameux vins gris).

La culture par vigneronnage (métayage) qui, dans les autres régions de la Bourgogne est une exception, est la règle en Beaujolais et en Mâconnais.

Le principe de l'association du capital et de la main-d'œuvre y est appliqué depuis des siècles. Le propriétaire fournit le sol; le vigneron, son travail: au moment de la récolte, les fruits sont partagés en nature. Ce système a produit les plus heureux résultats. C'est lui qui a permis de reconstituer si rapidement le vignoble dans ces deux régions; cette œuvre fut vaillamment et admirablement effectuée. Le travailleur — en Mâconnais comme en Beaujolais — est attaché

[1] « Spiritueux sans que l'esprit se fasse sentir, il a du corps, de la finesse et un parfum charmant: sa blancheur et sa limpidité sont remarquables. Il se distingue surtout par ses qualités hygiéniques et digestives, par l'excitation vive, bienveillante, et pleine de lucidité qu'il donne à l'intelligence. » (J. Guyot.)

au sol, et les familles de vignerons n'y sont pas rares, qui, de père en fils, cultivent la même terre depuis plus d'un siècle.

Vins de Bordeaux. — Les grands crus de Bordeaux : Château-Latour, Haut-Brion, Margaux, Laffitte «possèdent une étoffe soyeuse et ample qui donne à la bouche une sensation exquise». Les palus de moindre qualité jouissent eux aussi d'une bonne réputation aucunement contestée.

En vins blancs, dans le Bordelais, c'est le pays de Sauternes qui produit les meilleurs. Tous ses vins sont formés par le sémillon et le sauvignon. C'est là que se trouve le Château-Yquem, «ce nectar sans rival dans le monde : doré, fin, délicat, liquoreux, savoureux et très parfumé, il résume en lui toutes les qualités qu'on peut désirer». Mais il ne faut pas oublier les graves blancs, infiniment onctueux.

Voici, emprunté à M. Georges Cazeaux-Cazalet, président du comice de Cadillac, la description du vignoble girondin :

«En pénétrant dans l'estuaire de la Gironde, on voit, sur la rive gauche, les coteaux légèrement ondulés du Médoc recouverts de leurs vignes basses, épaisses, vertes, faisant à distance l'effet d'un tapis de gazon très fourni, très beau et parfaitement entretenu. Au milieu de ces vignobles, l'œil est attiré par les châteaux élégants et riches qui ne sont pas le moindre attrait de cette rive.

«Sur la rive droite du fleuve, on distingue très nettement les vignobles plus vigoureux, plus arborescents, à rangs plus espacés du Blayais, du Bourgeais.

«A partir du Bec d'Ambès, laissons la Dordogne à gauche pendant quelques heures et pénétrons dans la Garonne. Sur la rive gauche, c'est toujours le Médoc qui apparaît moins ondulé, car les palus séparent les coteaux de la rivière, et les vignobles des palus sont plus vigoureux, plus espacés.

«Sur la rive droite, les fertiles palus d'Ambès, Saint-Vincent et Montferrand; puis, le commencement des coteaux qui forment une chaîne ininterrompue jusqu'à l'extrémité sud du département et qui donnent, sous le nom de vins de Côtes, de remarquables vins rouges en face de Bordeaux et à Quinsac, à Tabanac, à Langoiran, à Paillet,

Rions jusqu'à Cadillac; puis des vins blancs excellents dans le canton de Cadillac, et, enfin, de Saint-Macaire à la Réole, des vins rouges de consommation courante vendus comme vins d'Entre-deux-Mers.

«Comme dans le Blayais et dans le Bourgeais, les vignes des côtes acquièrent une végétation remarquable. Palissées sur des fils de fer, elles ont 1 m. 75 de haut. Leurs rangs sont espacés de 1 m. 75 à 2 mètres. Elles sont taillées à long bois et produisent beaucoup.

«Occupant tout le sol des côtes, d'aspect très régulier depuis que leur reconstitution est terminée, ces vignobles donnent l'impression d'une fertilité incomparable et d'une culture parfaite.

«En face de ces coteaux, sur l'autre rive de la Garonne (rive gauche), on trouve, en quittant Bordeaux, d'abord les grandes Graves, dont les vins rouges sont universellement recherchés, puis les petites Graves, qui vont jusqu'à Barsac et qui produisent un vin rouge estimé et des vins blancs ordinaires et supérieurs.

«Plus loin, le pays de Sauternes, qui va de Barsac à Langon; et, enfin, après cette dernière ville, les côtes de Saint-Pierre-de-Mons et de quelques communes voisines, qui produisent des vins blancs de grande valeur.

«On trouve néanmoins, dans toute cette contrée, des vins rouges ordinaires de graves et de palus de consommation courante. . . . . . .

«Sur la rive gauche de la Dordogne, c'est une succession presque ininterrompue de vignobles de palus, semblables à ceux des côtes, dont l'aspect n'indique pas tout d'abord une grande vigueur, mais qui sont cependant très productifs. Un peu plus haut que les vignobles des palus sont ceux des premiers coteaux, qui produisent un vin rouge très corsé.

«Sur la rive droite, encore des vignobles de palus, puis, sur les coteaux, les remarquables vignobles de Fronsac, Pomerol, Saint-Émilion, dont les vins rouges sont aussi célèbres que ceux du Médoc.

«Enfin, à l'extrémité, les vignobles de Castillon et de Sainte-Foy-la-Grande, qui produisent, en quantité considérable, des vins rouges et blancs très appréciés. A l'exception des vignes du Saint-Émilionnais qui ont, selon leur âge, l'aspect du Médoc ou celui des vignobles anciens du Sauternois, toutes les vignes des rives de la Dordogne ressemblent à celles des côtes de la Garonne.

« Les vignobles qui viennent d'être énumérés comprennent tous les crus les plus célèbres de la Gironde. On les voit ainsi groupés autour des grandes artères fluviales de ce département. Nous pouvons dire que jamais on ne les trouve à plus de 10 ou 12 kilomètres de leurs cours. En dehors de ces zones étroites, on ne rencontre, en effet, que les vignobles du Bazadais et d'une partie du Blayais; ceux des rives de l'Isle, affluent de la Dordogne, et ceux de l'Entre-deux-Mers, contrées insérées comme un triangle entre les coteaux de la rive droite de la Garonne et les coteaux de la rive gauche de la Dordogne.

« Mais les meilleurs crus de ces territoires se trouvent aussi à de faibles distances des petits cours d'eau qui les sillonnent.

« Le vignoble de l'Entre-deux-Mers, qui est beaucoup plus important que les autres vignobles secondaires, comprend une portion du canton de Créon, le canton de Sauveterre, celui de Monségur, celui de Pellegrue et une partie de celui de La Réole; mais les vignobles sont loin d'en recouvrir toute la superficie; la culture des céréales et l'élevage du bétail y dominent. C'est sur les coteaux seuls que, dans tous ces cantons, la vigne est cultivée presque exclusivement pour produire, avec l'enrageat ou folle-blanche, et avec une culture spéciale simplifiée, les vins blancs de coupage connus sous les noms de vins blancs d'Entre-deux-Mers, du Blayais et du Bazadais.

« Les vignes de ces contrées avaient autrefois l'aspect des vignes méridionales non palissées.

« Les nouvelles plantations sont installées comme celles du Médoc ou celles des côtes selon leur vigueur.

« C'est en somme ces deux types d'installation et de conduite de la vigne qui dominent dans la Gironde et qu'on choisit selon la fertilité du sol et la qualité de vin que l'on veut obtenir. »

Le département de la Gironde a eu, en 1900, la plus abondante récolte qu'il ait jamais obtenue. Les grands crus classés et bon nombre de crus bourgeois ont bénéficié d'une énorme plus-value dans le rendement. Les propriétaires de grands crus ont récolté dans le vignoble blanc 15,000 barriques de plus que l'année précédente et deux fois plus qu'en 1898. Certains châteaux ont fait une vendange plus abondante que celle de 1875 : tels le Château-Laffitte, qui dépasse en 1900 la récolte de 1893. Dans le vignoble blanc, le Château-Yquem, qui avait récolté 960 barriques en 1893, n'en a fait que 836 en 1900.

Voici, avec la récolte en barriques de cette année 1900, la liste des premiers crus :

VIGNOBLE ROUGE.

Château-Laffitte	1,120	Château-Haut-Brion	480
Château-Margaux	1,080		
Château-Latour	600	Total	3,280

VIGNOBLE BLANC.

Château-Yquem	836	Château-Clémens	160
Château-Latour-Blanche	320	Château-Guiraud	640
Château-Peyraguey	128	Château-Rieussec	100
Château-Haut-Peyraguey	96	Château-Sigalas-Rabaud	400
Château-Vigneau	280		
Château-Suduirant	520	Total	3,640
Château-Castet	160		

Vins du Jura. — Ce sont, parmi les vins du Jura, les blancs qui sont les plus renommés; on les divise en trois catégories : les *vins de garde*, les *vins mousseux* et les *vins ordinaires secs*.

Les vins jaunes, dits *de garde*, ont quelque ressemblance avec le xérès. On a vu chez certains propriétaires des vins jaunes de *cent ans*, parfaitement conservés, et on en trouve couramment n'ayant pas moins de quinze à vingt-cinq ans d'âge. Château-Chalon, Nevy, Menetru sont le berceau de ce vin précieux, sur la production duquel celle du vin mousseux l'emporte de beaucoup dans la région. Le centre le plus important est Lons-le-Saulnier; viennent ensuite Arbois, Salins et ses environs. Le vin blanc le plus recherché pour la fabrication de ces mousseux est produit par le pulsard noir et le gamay blanc. Tous les vins mousseux sont expédiés sous la rùbrique vins mousseux de l'Étoile [1], l'un des crus, parce que c'est probablement là d'où sont

[1] L'Étoile, dit-on, doit son nom à de petites pierres en forme d'étoiles que l'on trouve dans le sol de ses vignes.

sortis les premiers vins blancs destinés à la mousse, alors qu'on n'en connaissait qu'imparfaitement la fabrication et que la consommation ne s'étendait guère qu'à la Franche-Comté. Un mot aussi du *vin de paille*, qui, malheureusement, n'est pas dans le commerce, vu son prix fort élevé et la petite quantité qui s'en fait, mais qui est digne des connaisseurs. Les meilleurs raisins, choisis à la vendange, sont délicatement étendus tout l'hiver sur des lits de paille ou suspendus dans des appartements bien secs, et, au printemps, alors que la grappe est presque desséchée, on presse ces raisins sur des petits pressoirs faits exprès, et le jus liquoreux qui en sort est ce qu'on appelle le vin de paille, qui ne se consomme guère qu'une dizaine d'années plus tard.

Vins des côtes du Rhône. — Dévasté l'un des premiers par le phylloxéra, le vignoble des côtes du Rhône reprend, peu à peu, son ancien aspect; malheureusement sa production n'a pas recouvré encore toutes ses qualités d'antan. Ainsi, le territoire de Tain, sur lequel se trouve le célèbre cru de l'Hermitage, dans la Drôme, fournit bien toujours des vins de bonne qualité, mais qui n'ont pas la solidité de leurs aînés, ni leur grand cachet. Les châteauneuf-du-pape, non plus, n'ont pas encore tout le bouquet et la vigueur d'avant l'invasion phylloxérique. Il faut attendre que les vignes replantées aient un peu vieilli. Mais ces vins seront-ils jamais comparables à leurs aînés? L'avenir le dira.

Vins de Provence. — Certaines parties de la Provence, notamment la région de la Garde, près de Toulon, présentent cette particularité qu'on y fait maintenant plus de vins qu'avant le phylloxéra, vins d'une bonne qualité courante, ayant de la couleur, du degré, de l'extrait sec avec un bon goût fruité. La plupart de ces vins servent à la consommation locale. Le Var avait autrefois ses bandols et des vins de liqueur. Les Bouches-du-Rhône produisaient, à Cassis, un vin blanc liquoreux très renommé. Aux environs de Nice, on récoltait le bellet. Tout cela a été détruit par le phylloxéra, mais, avec les nouveaux cépages, ce beau pays commence à revoir d'heureuses récoltes.

Vins de Corse. — Les vins blancs y sont supérieurs aux rouges. On fait de très bons vins secs au cap Corse pour vermout; on fait aussi, çà et là, d'excellents muscats. Les meilleurs vins blancs de l'île sont ceux du cap Corse, façon madère, ceux de liqueur, façon malaga, et le muscat. Les vins blancs secs de Pistro Nera (San Martino) sont aussi assez estimés.

Vins du Languedoc et du Roussillon. — C'est dans cette région que sont les départements du Midi grands producteurs. Tous les vins qu'ils fournissent sont connus aujourd'hui. Voici quelques appréciations du Jury. Il y a : dans l'Aude, de beaux corbières, de jolis minervois, des narbonnes très réussis et pouvant, les uns aller directement à la consommation, les autres, servir dans les coupages pour remonter les produits trop faibles; dans le Gard, plus légers de couleur et de degré, les aramons, les petits-bouschets qui donnent de fortes récoltes de produits droits de goût et vifs, mais qui ont besoin d'être remontés; des vins blancs provenant de raisins rouges, frais et nerveux, en outre bien faits; aussi des vins rosés et quelques muscats; dans l'Hérault, de beaux montagnes, des alicante-bouschets, des aramons plus solides que dans le Gard, mais n'atteignant pas toujours la belle couleur des produits de l'Aude. (Ce département, placé entre les deux autres, a des produits se rapprochant des types de chacun d'eux. Les aramons y ont meilleure tenue; ceux des coteaux ont une fermeté suffisante et beaucoup de fraîcheur. Les vins blancs de Terret-Bourret, de Picpoul, de Clairette sont bien réussis, de même que les vins rosés. Beaucoup de bons vins liquoreux aussi, muscats surtout, jeunes et vieux, fins, veloutés et distingués.)

Enfin, nos vignes des Pyrénées-Orientales — qui formaient autrefois un vignoble bien à part, mais où les moyens de reconstitution sont les mêmes que dans les autres départements de la région — donnent des vins à peu près semblables. «On ne voit plus beaucoup, écrit M. Le Sourd, les banyuls, les collioures, les rancois, les cosperons, les espiras de l'Agli, de ces rivesaltes, de ces grenaches, de ces muscats de jadis. Les vins des plantations nouvelles n'ont pas les qualités de ceux que nous venons de nommer; ils sont plus maigres et n'ont pas leur riche couleur; ils sont cependant nets de goût et bien frais. Dans les bonnes années, ils ont de la couleur et du degré. » Signalons aussi des vins vieux et liquoreux, très fins.

Au total, je ne saurais mieux faire, au sujet du vignoble méridional et de son importance, que de citer cette appréciation d'un homme qui connaît bien la région, M. Leenhardt-Pomier, président de la Société centrale d'agriculture de l'Hérault :

« Au double point de vue de la culture de la vigne et de la production du vin, le département de l'Hérault est, à beaucoup près, le plus important des 77 départements de la France où la vigne est cultivée. On peut même dire qu'il n'est pas de contrée au monde qui lui soit comparable à cet égard. De ce grand vignoble, la presque totalité a été replantée pendant les vingt-cinq dernières années; car le *phylloxéra* avait si bien détruit les anciennes vignes *européennes* que c'est à peine si, sur ses 188,000 hectares actuels de vigne, il en est resté 6,650 survivant des 226,000 hectares qui constituaient, en 1869, avant l'invasion du puceron, le vignoble de l'Hérault. Les autres 182,800 hectares récemment plantés sont, presque tous, greffés sur racines *américaines* résistant au *phylloxéra*. »

Cela ne se rapporte qu'à l'Hérault, mais n'est-ce pas, somme toute, le département le plus important.

M. P. Ferrouillat, directeur de l'École d'agriculture de Montpellier, écrit, d'autre part, à son sujet « qu'il est caractérisé par sa grande fertilité et l'abondance de sa production. Ses vins, quoique étant de bons ordinaires, n'ont pas une valeur marchande élevée. Ils sont généralement vendus et expédiés dans le courant de l'année, avant la récolte suivante. Enfin, la vendange doit pouvoir être vinifiée soit en rouge, soit en blanc, ou partiellement en rouge et en blanc, suivant la demande des acheteurs et la tendance du commerce. Les bâtiments vinaires sont donc installés et outillés pour traiter le plus rapidement et le plus économiquement possible de grandes quantités de raisins, pour loger des récoltes importantes, mais sans la préoccupation d'une longue conservation, et aménagés pour satisfaire aux conditions de la vinification en rouge ou en blanc, à la volonté du producteur. »

Vins de Jurançon. — La Ténarèze et l'Armagnac doivent à leurs eaux-de-vie leur principale célébrité. Nous en parlons ultérieurement (p. 335 et 336). Leurs vins blancs, vifs, nerveux, d'un bouquet assez distingué, ne doivent pas être passés sous silence. Et puis n'est-ce pas dans ces régions que se trouve Jurançon — Jurançon, ses coteaux et ses vins? Ce n'est pas d'aujourd'hui qu'ils ont acquis une juste renommée. Henri d'Albret, prétend-on, en fit boire à Henri IV dès sa naissance. Au xviiie siècle, tout le Nord de l'Europe en achète. La contrefaçon naît de la demande. Et, précautionneux, le Parlement des États de Béarn, voulant défendre le vin de Jurançon, prend, en 1718, un arrêt interdisant « de marquer les vins avec d'autres marques que celles des lieux où ils sont récoltés, et ce, à la peine de 100 livres d'amende pour la première contravention et de punition corporelle en cas de récidive ». La roue de la fortune a tourné depuis. Le vin de Jurançon a perdu de son ancienne réputation, d'autant que sa rareté lui assurant des débouchés locaux suffisants et les moyens de communication laissant à désirer, on négligea trop la publicité. Un syndicat s'est créé depuis quelques années : les procédés scientifiques de vinification se sont répandus, si bien que l'ancienne réputation est en voie de renaissance, et que les viticulteurs profitent du sol de leur pays, graveleux, pierreux, très chargé d'oxyde de fer, favorable, en un mot, à la bonne qualité d'un vin, souple et liquoreux.

Vins d'Anjou, de Saumur, de Touraine. — C'est du vin de ces régions, la région du muscadet (arrondissement de Cholet), que Gargantua disait qu'avec lui on s'attarde volontiers au jeu de « pipée à flaccons ». Il disait encore, en bon juge qu'il en était : « O le gentil vin blanc! et par mon âme, ce n'est que vin de taffetas. Heu, heu, il est à une oreille, bien drapé et de bonne laine ».

Le roi Henri III Plantagenet faisait venir en Angleterre (1246) du vin de chenin noir; Charles VII en offrit à Jean V, duc de Bretagne, quand il vint à Saumur en 1425; les *Bretons* de Bretagne en venaient chercher dans le Verron et plus tard, Rabelais aimait à en « boyre en son breviaire », non moins que vin de « franc pineau ».

Les grands vins produits par les cabernets, qui sont cultivés en foule sous le nom de leur introducteur l'abbé Breton, prêtre de l'abbaye de Fontevrault, sont bouquetés du parfum de framboise, frais et bien vêtus d'une éclatante robe couleur de rubis, corsés, de longue garde dans les caves creusées dans l'étage turonien.

Avant l'importation des cépages de la Guyenne dans la généralité de Touraine et d'Anjou, en 1631-1635, les vins rouges étaient donnés par les fruits du *chenin noir*, aujourd'hui cantonné dans la Sarthe et le Vendômois.

Mais laissons le passé pour le présent, d'autant que l'on constate que, si le vignoble de l'Anjou fut fortement atteint par le phylloxéra, il est aujourd'hui reconstitué et fournit de grosses quantités d'excellents vins. Le commerce a déjà pris contact avec les nouveaux produits du Maine-et-Loire, et il a pu les apprécier assez pour frapper à la porte des propriétaires. Cette région avait jadis des relations avec la Belgique et la Hollande : le terrible puceron les a interrompues, et il importe que ces pays sachent qu'ils peuvent revenir sur les coteaux de la Loire, du Layon, du Loir, de la région du muscadet, et qu'ils y retrouveront la « douceur angevine » à laquelle ils étaient accoutumés.

Signalons les vins gris, dits *rougets*, faits avec des raisins rouges pressurés immédiatement après la vendange; ils sont très recherchés par le commerce et principalement par les fabricants de vins champagnisés de Saumur. Leur prix varie de 40 à 70 francs la barrique, et la production à l'hectare est de 25 à 30 barriques. Depuis que le phylloxéra, en 1888 et années suivantes, a détruit les vignobles, la reconstitution s'est faite assez rapidement avec des précautions et des soins particuliers.

Quelques mots de la Touraine, dont les vins rouges sont fins et agréables avec leur bouquet spécial, et dont les blancs sont très justement appréciés. Les vouvrays vieux, qui sont présentés avec raison comme vins fins, ont du moelleux et une grande distinction.

La Touraine jouit d'un climat tempéré, qui ne connaît ni la rigueur des froids du Nord, ni les ardeurs du soleil du Midi. Il semble que cette nature calme et peu tourmentée ait exercé une influence heureuse sur toutes ses productions. C'est, en effet, par un ensemble harmonieux, par un juste équilibre de toutes leurs qualités, que se font apprécier les vins du pays. « Ils ont cette saveur exquise, ce goût de fruit qui laisse une sensation de fraîcheur, le bouquet délicat, distingué, de bon aloi, que peut seul apprécier un vrai gourmet. Le parfum qui charme l'odorat avant de flatter le goût, c'est bien là le cachet personnel qu'impriment à ces vins le sol plantureux et le doux climat de Touraine. Depuis le plus léger des vins de groslot jusqu'au plus capiteux vouvray, tous ont cette note et on peut parcourir, en les dégustant, la gamme la plus riche et la plus étendue. »

Signalons, aussi, Chinon, « petite ville, grand renom »! Les Bourgueil et les Chinon méritent d'être cités.

Eaux-de-vie. *Cognac.* — Les conditions nécessaires à la bonne qualité de l'eau-de-vie résultent de la nature du sol, du climat, des circonstances atmosphériques qui amènent le vin à maturité, du cépage, du pressurage du raisin, du logement du vin, du temps accordé à la fermentation, de l'élimination des lies, du mode de distillation, des soins donnés à celle-ci, de la force de l'eau-de-vie et de sa conservation.

Il existe en Charentes plusieurs sortes de vignes, possédant des qualités spéciales, notamment la folle blanche, qui a toujours été l'essence dominante; le colombar, le jurançon, le noir de Chartres, le balzac, le saint-émilion, le dégouttant, le pinot, etc. Après distillation comparative de ces différents cépages, la folle blanche mérita les préférences, son raisin n'ayant aucun goût de terroir; il est, toutefois, légèrement aromatisé du parfum de la fleur de vigne, si légèrement qu'on le distingue à peine, mais ce parfum se retrouve concentré dans le bouquet de l'eau-de-vie, et c'est là surtout ce qui caractérise le cépage.

Mais avant d'aller plus loin, quelques renseignements historiques ne seront pas inutiles; je les emprunte, en partie, aux documents publiés par M. Benjamin Berault.

« On ne sait pas au juste l'époque précise où le commerce des eaux-de-vie de Cognac a débuté, ses origines ayant été subordonnées au développement en France de la pratique de la distillation. Les deux

premières maisons ayant dates certaines remontent à 1637. A la fin
du règne de Louis XVI, l'eau-de-vie de Cognac passait déjà pour la
meilleure du monde, et tous les personnages du temps qui ont écrit
sur les provinces de Saintonge et d'Angoumois, tels que Corlieu, Jean
Gervais, Bignou, Bégon, de Bernage, constatent que ce commerce
procurait, dès lors, de bons revenus à tous les habitants des cantons
de l'élection de Cognac où l'on fabriquait l'eau-de-vie.

« D'après les indications que nous avons pu recueillir, il y avait
seulement à Cognac, en 1650, cinq ou six maisons qui s'occupaient à
la fois du commerce des eaux-de-vie et des vins blancs. Telle maison,
très prospère aujourd'hui encore, fut fondée en 1730.

« En 1775, la marque de Cognac était la première sur les marchés
étrangers, et c'est de 1780 que date la fondation des principales maisons anglaises qui ont adopté la spécialité d'acheter nos produits et
de leur assurer ainsi un débouché toujours sérieux et régulier; puis,
l'activité des transactions ayant bientôt motivé la création de nouveaux
établissements, l'extension des affaires sur notre place a pris, dans
le laps d'un demi-siècle environ, des proportions grandioses et fait
affluer dans les coffres-forts du commerce cognaçais l'or et l'argent
des cinq parties du monde.

« Aujourd'hui le nom de Cognac, grâce à ses produits sans pareils,
est réputé sur les places les plus lointaines des deux mondes. Pas une
peuplade sauvage ou civilisée, pas un coin de terre habité où l'eau-
de-vie de Cognac n'ait pénétré, et on pourrait dire d'elle que c'est un
pur esprit qui est présent partout. Les reporters fantaisistes ont souvent dit que, « si un Canadien, un Indien ou un Océanien sait deux
« mots de français, ces deux mots sont Cognac et Paris, et, s'il n'en sait
« qu'un, c'est Cognac ». Il n'y a là rien d'exagéré; c'est la vérité dans
toute son ampleur. Mgr Cousseau, ancien évêque d'Angoulême, aimait
à raconter que, « dînant un jour à Rome avec des cardinaux, il fut inter-
« rogé sur la situation de son diocèse : — Je suis évêque d'Angoulême,
« évêque de la Charente, dit-il; mais personne ne comprenait : Je suis
« évêque de Cognac, ajouta-t-il. A ce nom : Cognac! Cognac! Cognac!
« s'écrièrent tous les convives, oh! le superbe évêché! » — L'anecdote
est charmante, et si elle fait honneur au palais délicat des prélats

romains, elle prouve aussi la renommée universelle du nectar cognaçais.

« Le coin de terre fortuné sur lequel se récoltent les eaux-de-vie de
Cognac est pour ainsi dire à cheval sur les départements de la Charente et de la Charente-Inférieure ; mais c'est la Charente qui possède
les meilleures et les plus nombreuses localités de production. Le sol
et le sous-sol permettent de les classer en six catégories ou crus :
grande champagne ou fine champagne, petite champagne, borderies
ou fins bois, très bons bois, bons bois ordinaires et troisièmes bois ou
derniers bois ; à vrai dire, ces six divisions n'en font que deux grandes :
champagne et bois, chacune comportant des nuances.

« Ces crus figurent d'une façon assez singulière sur les cartes du
vignoble. Au centre se trouve la fine champagne (Segonzac) ; immédiatement autour de ce noyau, règne une zone, ou pour mieux dire,
un anneau qui est la petite champagne ; un troisième anneau représente les grands bois, un quatrième les bois ordinaires, etc., tellement que si l'on teinte diversement le noyau et ses zones concentriques,
on obtient une sorte de cocarde irrégulière. »

Champagne ! le mot signifie ici plaine cultivée en vignes ou en
céréales, par opposition à bois ou bocage, lieu planté d'arbres ; d'où
champanais ou boiseliers, mots saintongeais servant à désigner les
habitants de l'un ou de l'autre cru. La grande champagne, resserrée
entre deux cours d'eau, le Né et la Charente, comprend 21 communes
seulement. Le sous-sol est une craie blanche, friable, fraîche, nommée
chaple dans l'idiome local, et qui n'est pas sans grande analogie avec
la craie de Meudon. Les racines de la vigne vont y puiser cette sève et
ce bouquet moelleux qui ont valu sa brillante renommée à l'arrondissement de Cognac. Le cépage qui produit le meilleur vin de distillation
est la *folle blanche*.

« Après trente ou quarante ans de séjour en bons fûts, estime M. Le
Sourd, la grande champagne a atteint son plus haut degré d'*exquisité*,
c'est alors une liqueur incomparable ; aussi vaut-elle jusqu'à 1,800
et 2,500 francs l'hectolitre. »

La petite champagne embrasse un rayon assez étendu ; elle repose
sur un terrain moins tendre, moins pénétrable et offrant çà et là du

caillou ou du moellon; elle fournit, par suite, une eau-de-vie moins distinguée, moins complète. Comme dans le cru précédent, les vins blancs ont une tendance à tourner à la graisse. L'eau-de-vie qui en provient est très douce de sa nature et prend en vieillissant le cachet de rancio, mais à un degré plus faible que la fine champagne; son prix lui est inférieur de 6 à 10 p. 100, suivant l'éloignement des localités. Cinquante-quatre communes composent la circonscription de la petite champagne, dont vingt-six fournies par la Charente et vingt-huit par la Charente-Inférieure.

Au siècle dernier, les borderies étaient célèbres par leurs vins blancs de Colombar, Coulombar ou Coulombier, dont certaines communes, notamment Saint-Laurent, Saint-André, Louzac, Richemont, Javrezac, Crouin, faisaient un commerce important; les Anglais et les Hollandais venaient les acheter sur place; puis, les dirigeaient sur Nantes d'où ils étaient embarqués à destination de l'étranger.

Entièrement situées sur la rive droite de la Charente, les borderies (au total, 9 communes seulement) ont pour sous-sol une pierre assez dure, offrant par intervalles des gisements de calcaire, des traces d'alluvions et parfois du caillou. L'eau-de-vie a du nerf et du ton, et son séjour dans les vieux logements dont le tanin est en partie dissous lui donne beaucoup de douceur; elle se cote 5 p. 100 au-dessous de la petite champagne.

La circonscription des fins bois (115 communes) est assez variable et irrégulière. L'eau-de-vie qui en provient est un peu plus sèche, plus *courte*, selon l'expression locale, que celle des borderies et se vend quelques francs au-dessous. Le sous-sol est un calcaire résistant, et, sur certains points, l'argile est l'élément dominant.

La nature géologique du sol qui forme la circonscription des bons bois (ou deuxièmes bois) est variée. On y trouve souvent associés dans des proportions différentes l'alluvion, l'argile, le caillou, le sable, le calcaire... On y rencontre des vignes plantées en cépages noirs « balzac et dégouttant » qui donnent un vin corsé, se gardant longtemps généreux et coloré... Le nombre des communes constituant le périmètre des bons bois ordinaires est de 350, dont 111 pour la Charente et 139 pour la Charente-Inférieure.

Restent les troisièmes bois ou derniers bois. Les cantons de Surgères et Aigrefeuille (arr. de Rochefort-sur-Mer), de Tonnay-Boutonne et Saint-Savinien (arr. de Saint-Jean-d'Angély) et de Saint-Porchaire (arr. de Saintes), sont ceux qui donnent les produits les plus prisés dans le cru des derniers bois, dont le littoral de La Rochelle à Royan, plus les îles de Ré et d'Oléron, produisent les types les moins goûtés. Le sous-sol se compose en général de calcaire très dur, d'argile et de dépôts de sable. L'eau-de-vie en est caractérisée par un goût amer de terroir et gagne peu ou point à vieillir.

Voilà, telle qu'elle est adoptée par le commerce cognaçais, la classification qualificative des eaux-de-vie des deux Charentes.

Cette classification commerciale est antérieure à 1875, date à laquelle s'est accentuée la destruction du vignoble charentais par le phylloxéra. Depuis cette époque, la reconstitution du vignoble de distillation, par voie de greffage, a rapidement progressé sans arrêt, et l'assiette de certaines zones de plantation a été un peu modifiée. Aussi le Syndicat central des viticulteurs des Charentes a-t-il jugé utile d'étudier, au fur et à mesure de la reconstitution, les eaux-de-vie des divers crus. Cette étude a eu pour conséquence l'édition d'une carte syndicale des crus en 1895. L'identité de qualité des nouvelles eaux-de-vie à bouquet avec les anciennes a été démontrée.

De ces différents crus sortent, en année moyenne, de 300,000 à 350,000 hectolitres de produits expédiés par nos négociants aux quatre coins du globe et représentant, suivant les prix, de 60 à 90 millions.

Le tableau statistique de la page suivante en donne le relevé officiel pour une période de trente années.

Durant la période décennale 1892-1901, les récoltes dans les Charentes ont été de :

	hectolitres.			hectolitres.
1892	465,864	1897		307,758
1893	1,095,345	1898		845,592
1894	628,491	1899		1,316,489
1895	643,342	1900		2,122,095
1896	1,182,913	1901		2,197,092

Moyenne 1,080,498.

TABLEAU DES VINS RÉCOLTÉS, DES QUANTITÉS DISTILLÉES ET DES EXPÉDITIONS D'EAUX-DE-VIE DE COGNAC, DES ANNÉES 1861 À 1891.

| | VINS | | EAUX-DE-VIE. | |
ANNÉES.	RÉCOLTÉS.	MIS EN DISTILLATION.	PRODUIT DE LA DISTILLATION de l'année.	EXPÉDIÉES DANS L'ANNÉE.
	hectolitres.	hectolitres.	hectolitres.	hectolitres.
CHARENTES.				
1861	2,322,440	1,161,225	165,888	138,035
1862	7,729,200	4,633,200	661,885	153,963
1863	7,524,487	4,514,922	644,988	244,881
1864	8,210,022	4,926,013	703,716	320,621
1865	12,886,295	6,731,777	961,682	340,182
1866	11,159,635	6,695,771	956,538	421,336
1867	5,805,765	3,483,459	497,637	361,528
1868	5,332,192	3,199,315	457,045	331,241
1869	12,383,817	6,668,671	952,667	294,750
1870	8,013,450	4,820,700	688,671	392,510
1871	10,661,784	5,425,000	775,000	229,741
1872	8,671,107	4,628,500	661,214	174,741
1873	2,445,837	1,644,350	234,907	232,643
1874	11,798,102	6,781,320	968,460	160,310
1875	14,124,091	7,798,790	1,114,112	238,725
1876	4,605,478	2,697,980	385,425	388,580
1877	8,557,463	6,215,920	887,988	180,882
1878	6,686,261	4,011,756	573,108	433,660
1879	1,856,510	1,139,060	159,115	478,382
1880	2,709,751	1,625,400	232,200	404,769
TOTAUX	153,483,987	88,813,124	12,682,246	5,921,480
CHARENTES ET VIGNOBLES LIMITROPHES.				
1881	3,937,355	2,086,299	231,811	246,100
1882	2,648,442	1,588,000	176,444	248,976
1883	3,111,908	1,867,144	207,460	222,880
1884	3,294,267	1,976,560	219,618	233,108
1885	1,802,002	1,081,201	120,133	266,586
1886	1,658,206	994,923	110,558	268,076
1887	1,654,103	1,157,872	138,256	257,081
1888	1,384,132	830,479	92,275	240,336
1889	1,019,350	611,610	67,956	274,410
1890	1,163,012	697,807	77,534	280,769
1891	2,766,566	2,250,000	250,000	297,253
TOTAUX GÉNÉRAUX	177,923,330	103,955,019	14,374,687	8,757,063
Expéditions			8,757,063	
RESTAIT dans les chais charentais			5,617,624	

Il ressort de ces chiffres qu'il existe encore des quantités importantes d'eaux-de-vie vieilles dans le pays du vrai cognac et que les jeunes viennent facilement combler les vides qui se sont faits. La distillation peut donner actuellement de 3oo,ooo à 4oo,ooo hectolitres d'eau-de-vie dans le seul pays charentais, dont la reconstitution s'effectue d'une façon régulière.

Il est à remarquer que les eaux-de-vie des nouvelles plantations ne le cèdent en rien, comme qualité, à celles d'autrefois.

«Cette prospérité renaissante, écrit M. P. Le Sourd, invite davantage encore nos propriétaires et négociants charentais à défendre par tous les moyens en leur pouvoir leur marque «cognac». On distille aujourd'hui en Espagne, en Italie, en Hongrie, en Grèce, en Serbie, voire en Turquie, les vins de ces pays, et le produit qu'on obtient de cette distillation est néanmoins qualifié de «cognac» comme s'il provenait de nos Charentes. Évidemment, les distillateurs de ces produits exotiques ont grand intérêt à en dissimuler l'origine, aussi presque tous font-ils suivre leurs raisons sociales du nom de «cognac», qui, placé dans cette condition, a une double signification : indiquer le produit, puis surtout faire croire qu'il vient du pays de Cognac, trompant ainsi doublement les acheteurs.

«Notre commerce des Charentes, devenu moins tolérant, cherche aujourd'hui à défendre ses droits contre des étrangers qui, non contents d'avilir la marque «cognac» en l'employant à couvrir des produits similaires sans valeur, ne craignent pas non plus de contrefaire toutes les marques de notre pays. Il n'est donc pas surprenant que l'on se soit ému de ces usurpations et que des syndicats se soient constitués pour poursuivre devant les tribunaux compétents ceux qui inscrivent sur leurs fûts et leurs caisses le mot «cognac», de façon à faire croire, non seulement qu'il est l'indication spécifique du produit connu sous ce nom, mais surtout le lieu de *leur domicile réel*, ce qui constitue une véritable fraude. »

Armagnac. — Bien que les armagnacs ne possèdent pas le fondu, le parfum et la distinction des produits charentais, ils ont une réelle valeur et tiennent une excellente place par leur finesse et leur bouquet. La production s'étend sur les parties limitrophes de trois départements : le Gers, les Landes, le Lot-et-Garonne. Mais la moitié, au moins, du territoire où se distillent ces produits appartient au premier de ces départements.

La finesse et le moelleux des belles qualités, la rudesse et la sécheresse des produits inférieurs tiennent évidemment à la fois au terrain qui a produit les raisins et à la distillation du vin qu'ils ont fourni. Mais le climat, le sol ont une influence marquée. C'est avec raison qu'un professeur de viticulture à l'École de Montpellier a écrit :

« Le cépage peut être cultivé partout et d'après les mêmes méthodes que dans les Charentes; la distillation peut être faite partout comme à Cognac et avec les mêmes alambics; l'eau-de-vie peut être logée dans des fûts identiques à ceux qu'on emploie dans la région. Mais le terrain, le climat et le cépage ne peuvent nulle part ailleurs se présenter ENSEMBLE, et avec les mêmes caractères que dans les Charentes. La plus légère différence dans le climat, dans le sol, etc., suffit à modifier du tout au tout la nature des eaux-de-vie produites. Aussi, tous les essais de production d'*eau-de-vie de Cognac*, qui ont été faits un peu partout avec les cépages et les méthodes charentaises, n'ont-ils abouti qu'à des échecs. Et ces insuccès auraient pu être prévus. »

« Pour l'Armagnac, note justement M. Le Sourd, il n'y a pas eu insuccès, car ses eaux-de-vie ont de très réelles qualités, mais, et c'est sur ce point que nous attirons l'attention, bien que le cépage produisant les vins qu'on y distille soit exactement le même que celui des Charentes (la *folle blanche*, qu'on appelle dans le pays *piquepoul*), le résultat est différent, le bouquet, le parfum ne sont pas les mêmes et personne ne pourra prendre un cognac pour un armagnac et *vice versa*.

« En France, on ne peut obtenir de véritable cognac, en dehors des Charentes, ni de vrai armagnac en dehors de la région que nous avons délimitée plus haut; à plus forte raison est-il impossible aux pays vinicoles étrangers, malgré le choix des cépages et malgré les soins de la distillation, de produire des eaux-de-vie semblables aux nôtres. »

EAUX-DE-VIE DE MARC. — Dans beaucoup de nos départements vinicoles, on ne distille pas le vin, celui-ci allant à la consommation; mais on produit de l'eau-de-vie avec les marcs pressés ou non. La Bourgogne est particulièrement réputée pour cette sorte d'eau-de-vie qui doit ses qualités spéciales au résidu mis en œuvre.

Celui-ci, en effet, recèle encore du vin, de l'alcool, des acides, des sels, des huiles essentielles, des matières grasses et résineuses; enfin, des matières solides : rafles, pellicules et pépins, etc.

Chacune de ces substances contribue à imprimer à l'alcool une partie de ses caractères. C'est ainsi que l'esprit de marc est imprégné d'odeurs et de goûts composés, bien différents de l'odeur et du goût de l'alcool d'une pureté absolue et de l'esprit-de-vin.

La grappe distillée seule ne produit qu'une liqueur légèrement alcoolique, n'ayant ni l'odeur, ni la saveur de l'eau-de-vie de marc. Les pépins, distillés avec de l'alcool ou avec de l'eau, donnent une liqueur d'un goût agréable. Ils sont donc étrangers au goût spécial de l'alcool de marc. Les matières grasses ne distillent pas avec l'alcool, on les retrouve dans la vinasse, ainsi que les sels, les tartrates de potasse et de chaux.

Vinaigres. — Un mot, enfin, des vinaigres. Autrefois, on n'employait pour la fabrique que les petits vins blancs de l'Orléanais, de la Sologne, du Blaisois, du Poitou. Les fabriques de vinaigre d'alcool ne furent fondées qu'en 1865; elles se sont surtout multipliées depuis l'apparition du phylloxéra. La production totale est de 600,000 à 700,000 hectolitres.

E. LÉGUMES ET FRUITS.

GÉNÉRALITÉS SUR LA CULTURE MARAÎCHÈRE ET LES MARAÎCHERS. — LÉGUMINEUSES : HARICOTS, ETC. — PRODUITS MARAÎCHERS DE GRANDE CULTURE : POMMES DE TERRE, FÉCULE; ASPERGES, ETC. — CULTURES MARAÎCHÈRE ET POTAGÈRE; STATISTIQUES. — TRANSACTIONS LÉGUMIÈRES AVEC L'ÉTRANGER. — CULTURES ARBORESCENTES : GÉNÉRALITÉS; EXCELLENCE DES FRUITS FRANÇAIS; NOS DIVERS ARBRES FRUITIERS; TRANSACTIONS AVEC L'ÉTRANGER; EXCÉDENT DE L'EXPORTATION. — LES ARBRES FRUITIERS LE LONG DES ROUTES. — FRAISES.

Longtemps on se contenta des légumes que fournit chaque saison; puis, la culture forcée fit son apparition. Le jardinier de Louis XIV, La Quintinie, donne les premiers principes de ce système; mais les difficultés s'accumulent devant son œuvre. L'eau lui manque; on·

ne peut, en effet, la tirer qu'à bras; et c'est également à dos d'homme que l'on porte aux halles les produits. N'importe, les principes sont posés[1], et c'est là l'essentiel. A Roubaix, à Tourcoing, à Bailleul (Nord); à Quessy (Aisne); à Rueil et à Nanterre (Seine-et-Oise), on a créé, de nos jours, d'importantes forceries qui ont, en grande partie, arrêté les importations étrangères. Du reste, les cultures fruitières occupent toute l'année dans certaines localités, notamment dans les environs de Paris, de nombreux ouvriers.

Dans la grande culture maraîchère, qui peut se comparer à la grande culture agricole, il est indispensable de combiner les restitutions d'après la nature même du sol; dans ce cas, les engrais commerciaux proprement dits sont presque toujours efficaces, surtout les engrais phosphatés et azotés et les engrais organiques (sang desséché, guanos de poissons et toutes les matières à décomposition relativement lente comme l'humus).

En culture maraîchère, on est obligé de développer beaucoup de chaleur et de faire végéter très rapidement les plantes; on est donc conduit à employer beaucoup de fumier, qu'on se procure d'ailleurs à bon compte, les cultures maraîchères étant situées près des villes, parfois même dans leur enceinte.

Les maraîchers forment une classe de cultivateurs très intéressante.

« Chez eux comme chez les horticulteurs, ainsi que l'a dit M. Viger,

---

[1] « Le choix du terrain se portait tout naturellement sur les parties les plus faciles à irriguer; c'est, du reste, à cette particularité qu'est due la qualification de « maraîcher » appliquée aux cultivateurs de légumes et sous laquelle ils sont encore communément désignés aujourd'hui. Des cloches en verre étaient employées pour avancer la croissance de certains légumes et pour les protéger contre les intempéries; mais la production des primeurs n'était encore exclusivement pratiquée que dans les jardins royaux, ainsi que dans les propriétés des grands seigneurs et des financiers. Enfin, de temps immémorial, les jardiniers employaient en grande quantité dans leurs cultures potagères, les fumiers et les boues des villes, afin d'améliorer le terrain et de permettre d'y faire annuellement plusieurs récoltes. Quelques-uns d'entre eux avaient même entrepris commercialement l'enlèvement de ces boues et fumiers, qu'ils revendaient ensuite à leurs confrères. Ainsi, l'emploi de ces trois facteurs principaux : le fumier, le verre et l'eau était déjà bien établi dans les anciennes exploitations, d'une façon peut-être un peu primitive, mais qui ne devait pas tarder à se perfectionner avec l'extension considérable apportée dans la culture des légumes. » (A. CHATENAY, secrétaire général de la Société nationale d'horticulture de France.)

la profession se transmet des pères aux fils : ils ne cherchent pas pour leurs enfants de débouchés dans le fonctionnarisme, ni dans les professions dites *libérales;* ils trouvent la leur très honorable et élèvent leurs enfants comme ils ont été élevés, dans l'amour du travail et du métier qu'ils exercent.

«C'est ainsi que se constituent des dynasties de maraîchers : certains noms datent de plusieurs siècles, et une famille, celle des Dulac, je crois, peut faire remonter son origine jusqu'au règne de Charles V! Des quartiers entiers de Paris, aujourd'hui couverts d'habitations somptueuses, ont appartenu, il y a des centaines d'années, à quelques-unes de ces familles dont nous avons encore parmi nous des représentants, tels que les Stainville, les Hébrard et autres.

«De tels hommes méritent qu'on les serve non seulement avec plaisir, mais avec déférence, parce que ceux qui sont ainsi attachés au sol aiment deux fois leur patrie!

. . . .

«Mais ce qui est surtout remarquable, c'est que toujours la femme du maraîcher est la collaboratrice la plus intelligente et la plus dévouée de son mari; ces dames, dont quelques-unes ont une véritable fortune, ne dédaignent pas d'aller la nuit porter les produits de la culture du jour et de s'occuper des affaires avec zèle et dévouement[1].»

Légumineuses. — Généralement, les graines des légumineuses (fèves, féveroles, haricots, pois et lentilles) produites en grande culture sont vendues comme légumes secs.

Une partie des surfaces seulement, aux environs des villes ou sur les côtes de la Manche, est cultivée, en vue de l'alimentation urbaine ou de l'exportation en Angleterre, en pois et en haricots vendus à l'état de légumes verts; il n'a pas été possible (enquête de 1892) d'établir une distinction entre les produits récoltés à l'état vert ou à l'état sec.

[1] Discours prononcé au Congrès international d'horticulture de 1900, par M. Viger, son président.

Voici la superficie, la production et la valeur totale de ces cultures (1892) :

NOMENCLATURE.	SUPERFICIE.	PRODUCTION TOTALE.	VALEUR TOTALE.	PRODUIT moyen par HECTARE.	PRIX de L'HECTOLITRE.	PRODUIT brut à L'HECTARE.
	hectares.	hectolitres.	francs.	hectolitres.	fr. c.	fr. c.
Fèves et féveroles......	141,010	2,216,593	33,381,998	15,7	15 06	236 00
Haricots.............	106,037	1,542,613	35,212,764	14,5	22 82	331 00
Pois..............	55,659	867,886	19,068,266	15,5	21 97	340 00
Lentilles...........	11,894	159,178	3,620,821	13,1	29 03	304 00
Autres grains alimentaires non dénommés......	5,105	//	1,480,450	//	//	290 00
Totaux et moyennes.	319,705	4,786,270	92,764,299	//	//	290 15

Les départements où ces cultures ont le plus d'importance sont les suivants :

		NOMBRE D'HECTARES.	PRODUCTION EN GRAINS.
Fèves et féveroles	Pas-de-Calais...........	25,470	438,069 hectolit.
	Nord.............	10,553	224,643
Haricots..	Dordogne............	6,674	78,081
	Haute-Garonne........	5,796	73,030
	Gers...............	4,869	54,436
	Vendée.............	4,387	55,276
Pois.....	Nord.............	3,621	82,504
	Seine-Inférieure........	3,196	41,868
	Pas-de-Calais	2,958	56,964
Lentilles..	Haute-Loire...........	2,630	39,172
	Aisne	1,493	18,543
	Pas-de-Calais	1,280	19,379
	Somme	1,103	14,910

La culture du haricot, pratiquée depuis fort longtemps dans le Soissonnais et la Haute-Garonne, s'est beaucoup développée ces dernières années dans le Sud-Ouest et dans quelques départements du Centre; elle a pris également une grande extension dans la région parisienne, et il est certain que, s'il y avait eu une statistique décennale en 1902, elle eût indiqué une forte avance de ce côté. C'est une culture rémunératrice, qui donne en Seine-et-Oise (haricots flageolets chevrier) un bénéfice net moyen de 230 francs à l'hectare.

Du reste, entre 1882 et 1892, c'était déjà la seule légumineuse dont la superficie de culture ait augmenté, les autres ayant, par suite de baisse des prix, fait place à d'autres légumes, la pomme de terre notamment.

LÉGUMINEUSES EN 1882 ET 1892.

SUPERFICIE. — PRODUCTION. — VALEUR.

NOMENCLATURE.	SUPERFICIE			PRODUCTION TOTALE			VALEUR TOTALE		
	en 1882.	en 1892.	DIFFÉ-RENCES.	en 1882.	en 1892.	DIFFÉ-RENCES.	en 1882.	en 1892.	DIFFÉ-RENCES.
	hectares.	hectares.	hectares.	hectolitres.	hectolitres.	hectolitres.	francs.	francs.	francs.
Fèves et féveroles..	154,388	141,010	−13,373	2,959,127	2,916,593	− 742,534	57,221,966	33,381,998	−23,839,968
Haricots..........	102,183	106,037	+ 3,854	1.622,269	1,542.613	− 79,656	49,003,338	35,212,764	−13,790,574
Pois..............	60,874	55,659	− 5,216	1,090,297	887,886	− 202,411	29,227,959	19,068,266	−10,158,993
Lentilles	14,394	11,894	− 2,500	220,781	159,178	− 61,603	6,619,701	3,620,821	− 2,998,880
Totaux.....	331.834	314,600	−17,234	5,892,474	4,786,270	−1,106,204	142,072,264	91,283,849	−50,788,415

PRODUITS ET PRIX MOYENS.

NOMENCLATURE.	PRODUIT MOYEN PAR HECTARE			PRIX MOYEN DE L'HECTOLITRE			PRODUIT BRUT À L'HECTARE		
	en 1882.	en 1892.	DIFFÉ-RENCES.	en 1882.	en 1892.	DIFFÉ-RENCES.	en 1882.	en 1892.	DIFFÉ-RENCES.
	hectol.	hectol.	hectol.	fr. c.	fr. c.	fr. c.	francs.	francs.	francs.
Fèves et féveroles..	19,1	15,7	− 3,4	19 31	15 06	− 4 25	370	236	− 134
Haricots.........	15,9	14,5	− 1,4	30 20	22 82	− 7 38	479	331	− 148
Pois.............	17,9	15,5	− 2,4	26 80	21 97	− 4 83	480	340	− 140
Lentilles	15,3	13,1	− 2,2	29 98	29 03	− 0 95	460	304	− 152

Chiffres de 1901 : fèves et féveroles, 522,525 quintaux, pour 38,701 hectares; haricots, 1,080,784 quintaux, pour 156,961 hectares; pois, 449,924 quintaux, pour 28,758 hectares; lentilles, 73,293 quintaux, pour 6,971 hectares.

PRODUITS MARAÎCHERS DE GRANDE CULTURE. — Les diverses cultures rangées dans cette catégorie sont les pommes de terre, les racines alimentaires, telles que carottes, navets, panais, raves, turneps, les choux, etc.

La pomme de terre est, de toutes ces plantes, la plus importante au point de vue de la surface cultivée et surtout de la place qu'elle occupe dans l'alimentation générale. Quel chemin parcouru depuis le temps où Arthur Young, dans son voyage en France (1788), déclarait « que les quatre-vingt-dix-neuf centièmes des hommes ne voudraient pas toucher à la pomme de terre ».

IMPORTANCE DES CULTURES MARAÎCHÈRES (1892).

DÉSIGNATION des CULTURES.	SUPERFICIE CULTIVÉE.	PRODUCTION TOTALE.	RENDEMENT MOYEN par hectare.	VALEUR TOTALE.	PRIX MOYEN du quintal.	PRODUIT BRUT à L'HECTARE.
	hectares.	quintaux.	quintaux.	francs.	fr. c.	fr. c.
Pommes de terre.....	1,474,144	154,910,248	105	670,484,642	4 33	454 65
Racines alimentaires :						
Carottes............	30,776	4,279,224	139	20,481,342	4 78	664 42
Navets, panais, raves, turneps	52,479	6,950,289	132	21,008,444	3 02	398 64
Autres produits :						
Choux.............	42,865	7,737,798	180	40,676,897	5 26	946 80
Asperges...........	5,176	//	//	8,306,400	//	1,200 00
Artichauts..........	1,746	//	//			
Topinambours.......	508	//	//	5,991,194	//	651 50
Divers.............	8,688	//	//			
Totaux......	1,616,382	//	//	766,948,919	//	474 48

Les 1,474,144 hectares qu'occupe aujourd'hui la pomme de terre correspondent :

Par rapport { à 100 hectares du territoire agricole ...   2,92 hectares.
{ à 100 hectares de terres labourables ...   5,72

et sa production (154,910,248 quintaux) représente :

Par rapport { à 100 hectares du territoire agricole....   306,00 quintaux.
{ à 100 hectares de terres labourables ...   600,10

Le rendement moyen à l'hectare est de...........   105,00

Les départements où la culture de la pomme de terre est le plus répandue sont les suivants :

	hectares.		hectares.
Saône-et-Loire........	49,585	Puy-de-Dôme.........	37,303
Sarthe..............	44,270	Allier..............	35,325
Dordogne..........	47,842	Maine-et-Loire........	31,167

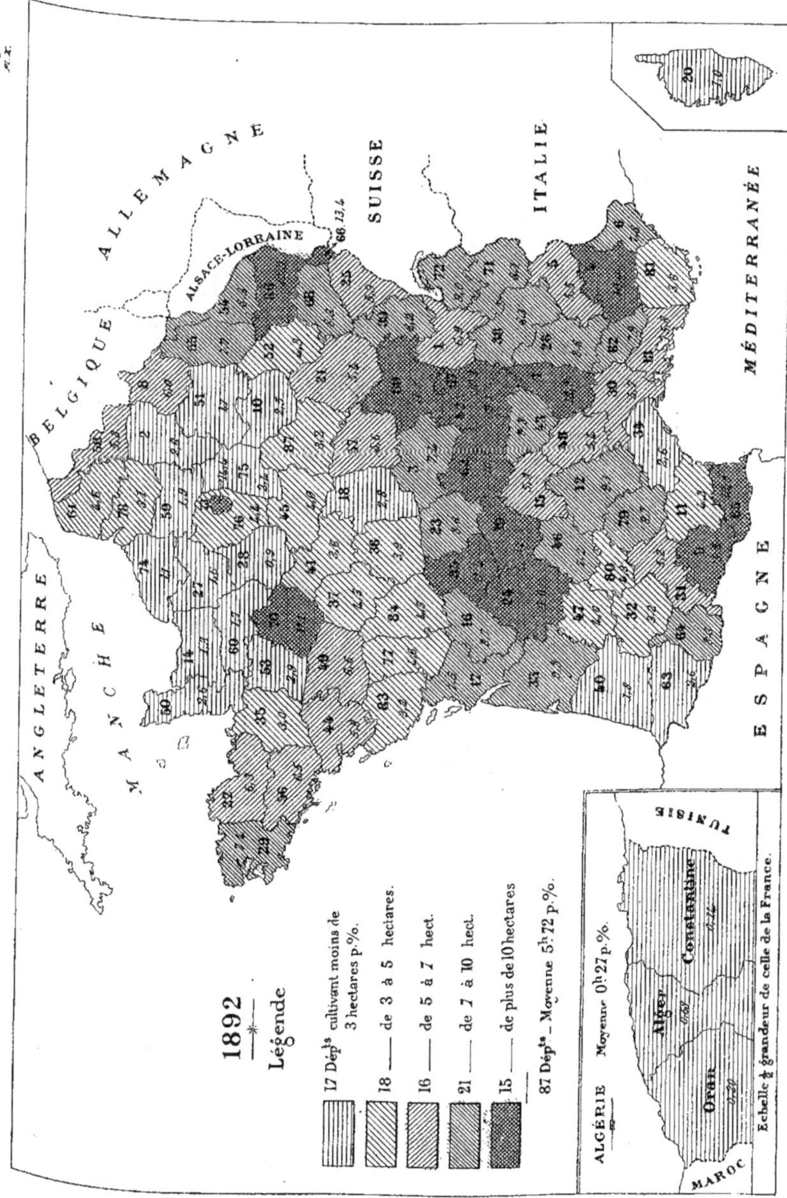

Fig. 250. — Rapport, à 100 hectares des terres labourables, de la superficie en pommes de terre.

[Pour les noms des départements correspondant aux numéros, voir le tableau de la page 198.]

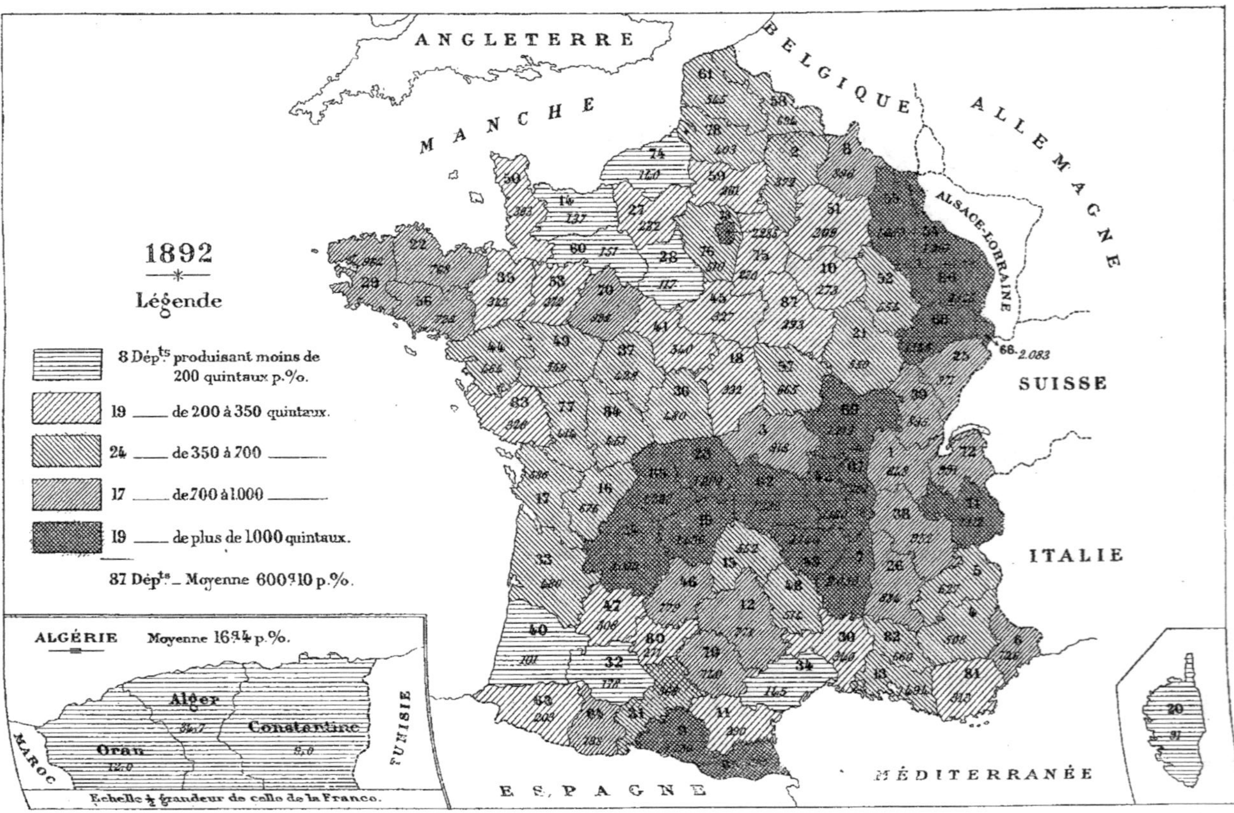

Fig. 251. — Rapport, à 100 hectares des terres labourables, de la production totale des pommes de terre.

Si nous considérons maintenant les rendements les plus élevés par hectare, nous trouvons les départements les plus importants rangés dans l'ordre suivant :

	quintaux.		quintaux.
Vosges	165	Ardennes	149
Seine	158	Doubs	148
Haut-Rhin	154	Meuse	142
Meurthe-et-Moselle	151		

D'une façon générale, les rendements les plus élevés ont été obtenus dans la région du Nord, tandis que les plus faibles sont répartis dans la région du Midi.

La production totale de la France est de 154,910,248 quintaux, d'un prix moyen de 4 fr. 33 le quintal — soit, au total, une valeur de 670,484,642 francs.

Voici maintenant des chiffres de la moyenne décennale 1892-1901 : surface cultivée, 1,537,865 hectares; production, 123,835,239 quintaux; moyenne à l'hectare, 80 quint. 52. Ces chiffres sont en forte augmentation, on le voit, sur les précédents. En effet, la culture de la précieuse solanée prend, chaque année, une plus grande extension; au point de vue cultural, ses avantages sont considérables, la pomme de terre laissant pour le froment, qui la suit, une place excellente, un sol propre; en outre, l'emploi des tubercules rend, pour l'engraissement des porcs, des bœufs, des moutons, les plus précieux services.

L'influence de la variété sur le rendement est considérable. Les variétés nouvelles, créées par semis, entretenues dans leur pureté et leur vigueur par des cultures spéciales et des sélections continuelles, sont celles qui offrent le plus de garanties. Il n'y a, du reste, point de variété qui soit propre à toutes les conditions de climat, de sol, de traitement cultural.

Même dans une culture courante, il est bon de planter deux ou trois espèces. Les conditions météorologiques agissent fréquemment d'une façon très différente sur les variétés, au point de déterminer, d'une année à l'autre, des variations de 3 à 4 p. 100 dans le taux en fécule de la même variété. La culture de plusieurs bonnes variétés égalise les chances et surtout diminue les risques de la maladie. Pour cette même raison, ne viserait-on pas à faire des primeurs, qu'il serait cependant avantageux de cultiver des variétés de maturité différente. Suivant les années, les unes réussissent mieux que les autres. Il est économique de faire se succéder les travaux d'arrachages; pour y arriver, des maturités successives sont très favorables. En général, les variétés mi-tardives et tardives donnent des rendements plus considérables. La végétation de la pomme de terre, c'est-à-dire le grossissement du tubercule, se prolongeant jusqu'en automne, cette plante peut continuer à puiser dans le sol une nourriture abondante, car à cette époque les éléments des engrais sont devenus plus assimilables. Les hauts produits de la pomme de terre, — surtout dans les années à étés plutôt humides, mais favorisés d'un mois de septembre chaud, — sont dus en partie à cette cause[1].

Contrairement aux plantes à racines pivotantes, les pommes de terre doivent trouver leurs éléments nutritifs dans la couche supérieure du sol, car elles ont un enracinement aggloméré et traçant. L'emploi d'une demi-fumure au fumier, enfouie avant ou durant l'hiver, avec complément d'engrais azotés, phosphatés et potassiques au moment de la plantation, donne de bons résultats. Schultz, le célèbre agronome de Lupitz, se trouvait très bien d'une application de 600 kilogrammes de kaïnite et de 300 kilogrammes de superphosphate par hectare sur les soles destinées aux pommes de terre : une fumure verte, le lupin, avait été enfouie avant l'hiver.

Disons, ici, un mot de la fécule :

On donne ce nom à la matière pulvérulente amylacée qu'on extrait de diverses racines, les pommes de terre notamment. Ce fut vers 1773 que Parmentier fut amené, par ses intéressantes recherches sur les substances alimentaires, à reconnaître tout le parti qu'on en pourrait tirer pour l'alimentation et l'industrie. Malgré les efforts qu'il fit pour la diffusion de cette découverte, les premières fabriques importantes ne firent leur apparition que vers 1810-1812, dans les Vosges et à Paris. En 1822, on comptait à Paris 15 féculeries; à

---

[1] Voici les variétés qui ont été, en 1903, les plus résistantes à la maladie : Cérès, Fin de Siècle, Juli dite Belle de Juillet, Professeur Wohltmann, Professeur Mærcker, Topar, Leo, Gloire des Fermiers, Belle Sibérienne, North Pole.

partir de 1830, leur nombre s'accrut, notamment dans les Vosges, l'Oise et le Centre; mais, depuis vingt-cinq ans, il est descendu de 550 à 282. Les principaux centres de production sont : les Vosges (130 usines), l'Oise (25 usines), la Loire et le Puy-de-Dôme et limitrophes (48 usines).

La production annuelle est d'environ 500,000 à 600,000 quintaux. L'importation est plus forte que l'exportation.

Passons maintenant aux autres produits maraîchers de grande culture : carottes, navets, panais, raves, turneps, choux, asperges, artichauts, topinambours, etc.

Les carottes ont été cultivées, en 1892, sur une surface de 30,776 hectares; la production totale a été de 4,279,224 quintaux, soit un rendement moyen à l'hectare de 139 quintaux, qui, au prix moyen de 4 fr. 78, représente une valeur de 20,481,342 francs.

Les navets, panais, raves et turneps ont été cultivés sur une superficie de 52,479 hectares, qui, avec un rendement moyen de 132 quintaux, ont donné une production de 6,950,289 quintaux d'un prix moyen de 3 fr. 02, soit au total 20,989,872 francs.

Les choux présentent une étendue de 42,865 hectares, d'un rendement moyen de 180 quintaux; cela donne, au prix moyen de 5 fr. 26, une valeur de 7,737,798 francs.

La surface cultivée a été pour les autres plantes :

	hectares.		hectares.
Asperges	5,176	Topinambours	508
Artichauts	1,746	Divers	8,688

On peut estimer au minimum à 1,200 francs par hectare le produit brut des cultures d'asperges et d'artichauts, qui donnent, d'après ce chiffre, une production d'une valeur de 8,306,400 francs. Le produit brut à l'hectare pour les topinambours et divers, en prenant les bases de calcul de 1882, est évalué à 651 fr. 50, soit pour la production une valeur de 5,991,194 francs. Les cultures maraîchères autres que les pommes de terre et les racines alimentaires donnent donc, au total, une valeur de 12,923,114 francs.

Depuis quelques années seulement, l'asperge — cantonnée jusque-là dans les jardins — est devenue une plante de grande culture; elle a pris notamment de l'importance dans le Blaisois : c'est ainsi qu'en 1900, dans le seul canton de Coutres, l'étendue des aspergeries atteignait 250 hectares environ. Cette extension de la culture a amené depuis quelques années une baisse des cours, dont le consommateur n'a eu qu'à se louer. Pour une aspergerie bien soignée et en pleine production, le rendement peut varier entre 2,000 et 4,000 kilogrammes à l'hectare. En prenant un chiffre de 3,000 kilogrammes plutôt faible, le bénéfice net à l'hectare est de 721 fr. 25 en moyenne.

Jetant un coup d'œil rétrospectif sur l'ensemble des cultures maraîchères, nous voyons que la superficie et la valeur totales donnent une augmentation de 154,949 hectares pour l'année 1892; la valeur de la production de 1882 à 1892 s'est élevée de 721,882,219 à 765,564,519 francs, soit une augmentation de 43,682,300 francs. L'augmentation porte surtout sur la culture de la pomme de terre qui couvre 136,000 hectares de plus et donne une valeur supérieure de 22,166,737 francs à celle de 1882.

Le tableau ci-dessous indique en détail la comparaison de 1882 et 1892.

SUPERFICIE ET VALEUR.

DÉSIGNATION des CULTURES.	SUPERFICIE			VALEUR TOTALE		
	EN 1882.	EN 1892.	DIFFÉRENCES.	EN 1882.	EN 1892.	DIFFÉRENCES.
	hectares.	hectares.	hectares.	francs.	francs.	francs.
Pommes de terre.	1,337,813	1,474,144	136,331	648,317,905	670,484,642	22,166,737
Racines alimentaires :						
Carottes........	25,750	30,776 [1]	5,026	18,540,664	20,481,342	1,940,678
Navels, panais, raves, turneps.	50,500	52,479 [1]	1,979	19,796,500	21,008,454	1,211,944
Autres produits :						
Choux.........	40,240	42,865	2,625	30,984,800	40,676,897	9,692,097
Asperges........					8,306,400	
Artichauts......	7,130	16,118	8,988	4,212,350		10,085,244
Topinambours...						
Divers.........					5,991,194	
TOTAUX.....	1,461,433	1,616,382	154,949	721,852,219	766,948,919	45,096,700

[1] Y compris les cultures dérobées, qui n'ont pas été généralement relevées en 1882.

Un fait remarquable qui résulte de ces comparaisons est l'augmentation considérable de rendement à l'hectare de la pomme de terre ; il a passé, de 1882 à 1892, de 75 quintaux à 105, soit une augmentation de 40 p. 100. Cette amélioration est due aux progrès des méthodes culturales et à une sélection intelligente des variétés.

RENDEMENTS ET PRIX MOYENS. — PRODUIT BRUT À L'HECTARE.

DÉSIGNATION DES CULTURES.	RENDEMENT MOYEN PAR HECTARE			PRIX MOYEN DU QUINTAL			PRODUIT BRUT À L'HECTARE		
	EN 1882.	EN 1892.	DIFFÉ-RENCES.	EN 1882.	EN 1892.	DIFFÉ-RENCES.	EN 1882.	EN 1892.	DIFFÉ-RENCES.
	quint⁵.	quint⁵.	quint⁵.	fr. c.	fr. c.	fr. c.	francs.	francs.	francs.
Pommes de terre	75	105	+ 30	6 42	4 33	— 2 09	481	455	— 26
Racines alimentaires :									
Carottes..........	160	139	— 21	4 50	4 78	+ 0 28	720	664	— 56
Navets, panets, raves, turneps..........	140	132	— 8	2 80	3 02	+ 0 22	392	399	+ 7
Autres produits :									
Choux	220	180	— 40	3 50	5 26	+ 1 76	770	947	+ 177

La diminution des rendements à l'hectare, constatée pour les racines alimentaires et les choux, tient aux conditions météorologiques et climatériques défavorables en 1892.

Je rappellerai en quelques mots l'historique de la pomme de terre. C'est en 1586 qu'elle fut importée d'Amérique en Europe par Walter Raleigh. Elle jouait le rôle de plante d'ornement ; en 1767, Parmentier la vulgarisa.

Vers 1643 d'ailleurs, elle commençait à être cultivée en Alsace, mais en si petite quantité qu'en 1767, lorsqu'on voulut l'introduire dans d'autres provinces de France, on en trouva difficilement, disent les mémoires du temps, la quantité suffisante pour ensemencer un champ de médiocre étendue. En 1815, on n'en récoltait encore en France que 15 millions de quintaux.

CULTURE MARAÎCHÈRE ET POTAGÈRE. — C'est la statistique décennale agricole de 1892 qui donne, la première, des renseignements détaillés.

a. Sur les jardins consacrés principalement à la vente .

1° Culture maraîchère et potagère;

2° Cultures spéciales florales et d'ornementation;

b. Sur les jardins consacrés à l'alimentation de la famille.

L'importance relative des surfaces occupées par chacune d'elles et la valeur de la production sont consignées dans le tableau suivant.

JARDINS. — SUPERFICIE ET VALEUR DE LA PRODUCTION (1892).

CATÉGORIES.	SUPERFICIE.		PROPORTION P. 100 DE LA SUPERFICIE pour 100 hectares de terres labourables.	VALEUR DE LA PRODUCTION.			
	NOMBRE D'HECTARES.	PROPORTION.		LÉGUMES.	FRUITS.	FLEURS.	TOTALE.
	hectares.	p. 100.	p. 100.	francs.	francs.	francs.	francs.
Jardins consacrés principalement à la vente. — Culture maraîchère et potagère..............	75,750	19.58	0.30	84,419,612	12,411,032	1,768,359	98,599,003
Cultures spéciales florales et d'ornementation [1] ..	4,844	1.25	0.01	"	"	37,048,862	37,048,862
Jardins consacrés à l'alimentation de la famille.....................	206,233	79.17	1.19	135,811,759	23,407,293	1,037,527	160,056,579
TOTAUX..............	386,827	100.00	1.50	220,231,371	35,818,325	39,854,748	295,904,444

[1] Ce chiffre s'applique seulement à la culture agricole des plantes de plein air. On peut estimer à 37,048,862 francs la valeur totale des cultures florales et d'ornementation.

Un tableau des importations et exportations (1892) indiquera l'importance et le mouvement de ce commerce.

NOMENCLATURE des PRODUITS MARAÎCHERS.	IMPORTATIONS.		EXPORTATIONS.		EXCÉDENT DES IMPORTATIONS sur les exportations.	
	POIDS.	VALEUR.	POIDS.	VALEUR.	POIDS.	VALEURS.
	quintaux.	francs.	quintaux.	francs.	quintaux.	francs.
Légumes frais.............	11,993	4,197,701	38,246	15,298,218	26,253	11,100,517
Légumes salés	271	149,147	8,476	5,509,694	8,205	5,360,547
Légumes desséchés.........	111	77,566	3,002	2,702,098	2,891	2,624,532
Plantes et arbustes..........	2,380	1,646,272	2,924	1,559,295	544	— 86,977
Légumes secs et farines......	69,033	17,479,153	13,184	5,838,099	— 55,849	— 11,641,054
TOTAUX..............	"	23,549,839	"	30,907,404	"	7,357,565

Les jardins consacrés à la vente se trouvent principalement autour
des grands centres de population :

Paris. {	Seine.........................	1,477 }	
	Seine-et-Oise..................	3,010 }	5,669 hectares.
	Seine-et-Marne................	1,182 }	
Lyon (Rhône).....................		1,705	
Marseille (Bouches-du-Rhône).................		4,190	
Bordeaux (Gironde).........................		1,833	

Voici l'évaluation, par hectare, de la production des jardins maraîchers et potagers consacrés à la vente en 1892.

31 départements produisant moins de 1,000 francs par hectare :

Corse (350), Landes (384), Côtes-du-Nord (460), Cantal (486),
Vendée (510), Haute-Loire (537), Finistère (550), Deux-Sèvres (580),
Lot (665), Morbihan (691), Hautes-Pyrénées (700), Creuse (740),
Haute-Vienne (741), Aveyron (750), Ille-et-Vilaine (791), Hautes-
Alpes (796), Doubs (870), Charente-Inférieure (890), Mayenne (890),
Gers (894), Sarthe (900), Oise (905), Nièvre (910), Cher (911),
Indre (920), Orne (920), Vaucluse (932), Ardèche (940), Corrèze
(980), Ain (980).

19 départements produisant de 1,000 à 1,200 francs :

Basses-Alpes (1,000), Aude (1,010), Bouches-du-Rhône (1,020),
Haute-Savoie (1,020), Basses-Pyrénées (1,028), Dordogne (1,030),
Savoie (1,067), Tarn (1,080), Vienne (1,090), Tarn-et-Garonne
(1,090), Lozère (1,092), Loire (1,093), Loir-et-Cher (1,110), Var
(1,136), Pas-de-Calais (1,168), Pyrénées-Orientales (1,170), Nord
(1,174), Allier (1,180), Eure (1,180).

15 départements produisant de 1,200 à 1,400 francs :

Jura (1,207), Isère (1,217), Aisne (1,220), Loiret (1,233), Gard
(1,240), Drôme (1,250), Côte-d'Or (1,250), Loire-Inférieure (1,270),
Alpes-Maritimes (1,300), Lot-et-Garonne (1,304), Vosges (1,321),
Haut-Rhin (1,360), Yonne (1,389), Manche (1,390), Rhône (1,390).

8 départements produisant de 1,400 à 1,600 francs :

Somme (1,430), Ardennes (1,435), Charente (1,450), Ariège
(1,470), Calvados (1,484), Saône-et-Loire (1,550), Puy-de-Dôme
(1,550), Seine-et-Oise (1,582).

14 départements produisant plus de 1,600 francs :

Haute-Garonne (1,620), Maine-et-Loire (1,630), Gironde (1,635),
Haute-Saône (1,650), Haute-Marne (1,752), Indre-et-Loire (1,775),
Meurthe-et-Moselle (1,800), Meuse (1,801), Eure-et-Loire (1,860),
Seine-Inférieure (1,870), Aube (1,936), Seine-et-Marne (1,960), Marne
(2,000), Seine (10,665).

Algérie :

Constantine (616), Alger (630), Oran (683).

Le tableau suivant indique, en regard des superficies, la valeur
de la production dans les départements où la culture maraîchère
et potagère présente le plus d'importance au point de vue de la
superficie.

	hectares.	francs.
Bouches-du-Rhône	4,043	4,123,860
Seine-et-Oise	2,701	4,272,982
Morbihan	2,516	1,738,556
Nord	2,027	2,379,698
Vienne	1,915	1,568,200
Gard	1,751	2,171,240
Gironde	1,678	2,743,495
Alpes-Maritimes	1,610	2,093,000
Rhône	1,569	2,180,910
Ille-et-Vilaine	1,505	1,190,455

Quant aux jardins consacrés principalement à l'alimentation de la
famille, ils sont répartis sur une étendue de 306,233 hectares, soit
1 hect. 19 par 100 hectares de terres labourables.

Ils ont produit en 1892 :

Légumes	135,811,759 francs.
Fruits	23,407,293
Fleurs	1,037,527
TOTAL	160,256,579

Soit 54.15 p. 100 de la valeur totale des produits de l'horticulture, ce qui correspond à une production de 33 fr. 28 par tête de
cultivateur.

Les départements où la plus grande surface leur est consacrée,
sont :

	SUPERFICIE.	VALEUR DE LA PRODUCTION.
	hectares.	francs.
Pas-de-Calais	8,652	5,952,576
Sarthe	8,512	2,996,224
Ille-et-Villaine	8,322	1,955,670
Somme	7,977	4,467,120
Aisne	7,576	5,000,160
Manche	7,440	3,575,040
Oise	7,143	4,235,779

Enfin, voici des chiffres rétrospectifs concernant les cultures maraîchères et potagères :

	SUPERFICIE DES JARDINS	
	DESTINÉS à la vente.	POUR L'ALIMENTATION de la famille.
	hectares.	hectares.
1852	35,936	265,417
1882	90,093	339,608
1892	80,594	306,233

La diminution constatée en 1892 sur 1882 s'explique par la plus
grande précision apportée, en 1892, dans l'établissement des ques-
tionnaires de la statistique décennale où l'on a donné au mot jardin
une signification plus étroite que précédemment, et aussi, dans une
certaine mesure par l'extension de la propriété bâtie et des voies de
communication, dans les communes de la banlieue des grandes villes,
extension qui ne peut se faire qu'aux dépens de la superficie consacrée aux jardins.

Je n'entre pas dans de plus grands détails au sujet des cultures
potagères dont je parlerai ultérieurement (p. 605 et suiv.) plus complètement.

Quelques chiffres concernant les transactions avec l'étranger, auxquelles donnent lieu les cultures légumières, sont nécessaires avant
d'aborder l'étude des cultures fruitières.

TRANSACTIONS LÉGUMIÈRES AVEC LES PAYS ÉTRANGERS. — Voici, d'après
les documents officiels, quels sont les principaux produits légumiers

expédiés au delà de nos frontières pendant l'année 1901, ou qui ont été importés dans notre pays pendant le cours de la même année :

EXPORTATION.		NOMBRE DE KILOGRAMMES.	VALEUR EN FRANCS.
Pommes de terre.	Angleterre	100,673,000	
	Belgique	11,261,000	
	Suisse	4,204,000	
	Allemagne	3,350,000	
	Portugal	9,355,000	18,175,000
	Espagne	2,738,000	
	Turquie	3,245,000	
	Brésil	7,400,000	
	Autres pays	39,522,000	
Légumes frais divers.	Angleterre	22,092,000	
	Belgique	3,029,000	
	Allemagne	4,134,000	9,423,000
	Suisse	5,341,000	
	Autres pays	3,096,000	
Légumes.	secs	10,878,000	5,516,000
	conservés ou desséchés.	9,689,000	8,720,000
	salés ou confits	1,968,000	787,000
Cornichons, concombres		1,573,000	1,029,000
Truffes fraîches ou autres		140,000	1,551,000
Champignons, choux à choucroute, chicorées et autres produits non dénommés.		6,000,000	2,500,000
Totaux		249,688,000	47,901,000

IMPORTATION.		NOMBRE DE KILOGRAMMES.	VALEUR EN FRANCS.
Pommes de terre.	Belgique	41,487,000	
	Algérie	9,805,000	6,180,000
	Autres pays	10,517,000	
Légumes frais divers.	Algérie	6,171,000	
	Autres pays	8,074,000	3,560,000
Chicorées (racines).	Belgique	10,192,000	2,214,000
Choux à choucroute.	Alsace	4,300,000	172,000
Légumes.	salés ou confits,	158,000	172,000
	conservés ou desséchés.	222,000	155,000
Champignons, truffes et autres produits non dénommés.		3,000,000	2,500,000
Totaux		93,926,000	14,953,000

«Nous ne faisons pas figurer ici, dans le chiffre des importations, écrit M. A. Chatenay, auquel nous empruntons le tableau précédent, les fèves, pois pointus et autres légumes secs, non plus que leurs farines employées dans l'industrie alimentaire, dont le total atteint 114 millions de kilogrammes, pour une valeur de près de 30 millions de francs. Néanmoins, ces chiffres sont à retenir, et en présence des transformations que les conditions économiques actuelles imposent aux cultures françaises, il serait désirable de voir mettre tout en œuvre pour qu'un pareil appoint vienne grossir encore le produit de l'agriculture nationale. Tout en maintenant, dans le relevé de nos importations, les légumes de primeurs qui nous proviennent d'Algérie et qui pourraient être mentionnés à notre tarif, la différence en faveur de nos exportations atteint donc près de 33 millions de francs.»

Au total, le tableau ci-dessus fait ressortir la part de plus en plus importante que prend la production légumière dans l'ensemble de nos transactions avec les pays voisins. Cette participation pourrait devenir beaucoup plus considérable encore si nos maraîchers voulaient s'attacher, d'une façon plus spéciale, à la culture des produits susceptibles d'être exportés. Il est à désirer que, mieux éclairés, ils cherchent à sortir de leur isolement et à créer des syndicats de vente, qui, sur les marchés étrangers, trouveront facilement pour les produits si appréciés de notre sol des débouchés rémunérateurs.

Cultures arborescentes. — Une fois enlevés à la pépinière, les arbres fruitiers se cultivent individuellement, soit dans les vergers ou les champs, soit sous forme d'arbres de plein vent (culture *extensive*), soit en pyramides, en buissons, en espaliers, etc., dans les jardins potagers, fruitiers, mais toujours en plein air (culture *intensive*), soit, enfin, sous abris vitrés (culture *forcée*) [voir p. 611 et 612].

La culture de plein vent est de beaucoup la plus importante chez nous. Elle s'applique dans nos différents climats à presque tous les arbres fruitiers.

Nous verrons ultérieurement (p. 373 et suiv.) la production en huile de certaines des cultures arborescentes. Le tableau suivant donne seulement le rendement et les valeurs de la production vendue à l'état de fruits (1892).

DÉSIGNATION DES CULTURES.	RENDEMENT.	VALEUR.	PRIX MOYEN de L'HECTOLITRE DE FRUITS.
	hectolitres.	francs.	fr. c.
Olivier..........................	1,000,477	14,556,940	14 55
Noyer...........................	830,323	10,819,109	13 03
Amandier.......................	302,801	5,853,143	19 33
Hêtre...........................	45,501	491,866	10 81
Totaux..............	2,179,102	31,721,058	"
Pommiers et poiriers autres que ceux à cidres.	3,816,249	21,591,756	5 65
Pêchers et abricotiers..................	719,461	6,657,709	9 29
Pruniers........................	991,612	13,738,667	13 85
Cerisiers	789,642	6,886,156	8 72
Châtaigniers....................	5,347,843	34,655,876	6 48
Orangers, citronniers, cédratiers...........	231,458	2,686,379	11 60
Totaux..............	11,893,265	86,216,543	"
Totaux généraux..............	14,072,367	117,937,601	"

La production fruitière de grande culture a donc été de 117,937,600 francs; il faut y ajouter la valeur des fruits produits dans les jardins. Elle est, dans les jardins consacrés à la vente, de 12,411,032 francs et, dans les jardins consacrés à l'alimentation de la famille, de 23,407,293 francs, soit en tout 35,818,325 francs qui, ajoutés à la production fruitière de grande culture, donnent un total de 153,755,926 francs.

Les cultures arborescentes fournissent encore un produit fort important : le cidre.

La récolte, en 1892, a été de 41,084,807 hectolitres de pommes et de poires à cidre.

Le tableau ci-contre indique la valeur et la production des fruits pour la période décennale 1885-1894.

ANNÉES.	CHÂTAIGNES.		NOIX.		OLIVES.		POMMES À CIDRE.		PRUNES.		MÛRIERS. (Feuilles.)	
	PRO-DUCTION.	VALEUR.	PRO-DUCTION.	VALEUR.	PRO-DUCTION.	VALEUR.	PRO-DUCTION.	VALEUR.	PRO-DUCTION.	VALEUR.	PRO-DUCTION.	VALEUR.
	quintaux.	francs.	quintaux.	francs.	quintaux.	francs.	quintaux.	francs.	quintaux.	francs.	quintaux.	francs.
1885	3,903,162	38,049,713	1,590,182	25,028,462	2,250,992	39,793,192	21,926,606	93,289,092	731,964	19,178,655	2,448,467	12,764,978
1886	7,570,827	46,072,476	918,808	18,904,251	1,680,687	29,368,942	10,956,986	79,109,749	472,326	16,876,091	2,130,447	10,192,652
1887	5,862,343	44,870,636	908,076	15,962,005	1,548,912	29,691,880	16,013,988	114,817,188	442,552	18,256,212	2,137,277	10,178,045
1888	4,668,488	40,259,068	1,084,564	21,777,085	2,343,234	45,373,433	12,763,056	103,677,116	556,128	17,872,273	2,082,260	9,207,035
1889	4,682,904	45,461,839	1,055,932	21,435,762	1,344,570	27,034,188	4,169,589	48,132,816	433,688	15,584,952	2,083,920	9,647,913
1890	5,117,873	47,634,426	911,371	18,895,218	1,248,025	29,561,695	9,691,023	94,755,221	339,475	15,889,349	1,970,904	9,290,420
1891	5,011,315	48,838,607	842,320	17,876,063	1,234,249	28,934,983	8,230,728	83,902,723	466,628	13,580,516	1,933,812	9,440,978
1892	5,190,767	49,643,414	836,482	18,463,479	1,220,672	25,908,484	15,987,086	106,895,567	319,505	10,752,418	2,350,568	12,330,384
1893	5,575,288	36,748,495	1,349,827	25,915,958	1,178,457	26,810,545	38,846,474	122,027,012	1,206,588	24,031,665	2,347,588	12,541,568
1894	2,963,845	28,973,810	807,615	20,155,444	1,064,825	20,579,063	16,978,651	104,066,700	1,346,479	24,589,481	2,163,503	12,475,222
Moyenne décennale	5,954,681	42,655,248	1,030,519	20,741,372	1,511,462	30,305,642	15,556,428	95,067,318	630,933	17,661,159	2,164,872	10,806,919
Moyenne décennale (1892-1901)	3,697,491	32,393,278	810,733	18,355,970	1,150,990	21,858,253	20,285,120	106,829,454	766,097	17,536,954	2,080,507	11,031,346

La valeur totale de la production des cultures arborescentes, déduction faite des valeurs qui figurent au résumé de la culture maraîchère et potagère (p. 350), a été en 1902 :

Fruits	117,937,601 francs.
Cidre.	203,000,000
Mûriers (feuilles).	10,384,548
Soit, au total, une valeur de.	331,322,149

La suavité des fruits français — due sans doute à l'incomparable douceur de notre climat — est reconnue par l'univers entier, et leur réputation ne date pas d'aujourd'hui [1].

Énumérons rapidement les principaux arbres fruitiers, les fruits à noyau tout d'abord.

Un de ceux dont l'importance de la récolte étonne est la *prune*. Les vergers de l'Agenais ont, pour cette récolte, une particulière importance. Ils ont eu, ces dernières années, à souffrir de sécheresses persistantes et des attaques de plusieurs insectes. Une première précaution à prendre serait l'arrachage des pruniers morts ou dépérissants, sur lesquels les insectes dits scolytes exercent leurs ravages. L'écorçage des grosses branches et du tronc suffirait, à la condition que les écorces fussent brûlées ensuite. Comme améliorations culturales, la fumure rationnelle du prunier, avec des engrais azotés surtout, donnerait, semble-t-il, de bons résultats. La taille exige également des soins tout particuliers. D'autres variétés sont également à noter : la reine-Claude de la Champagne, du Nord, de l'Anjou et du

[1] Déjà il y a un demi-siècle, alors que l'on n'entreprenait généralement de culture fruitière qu'en vue d'une vente dans les environs immédiats, certaines régions françaises étaient célèbres pour leurs fruits. Les confiseurs recherchaient les abricots d'Auvergne et de la vallée de la Seine, au nord-ouest de Paris, les groseilles de Bar-le-Duc, les mirabelles de Lorraine; les fabricants de liqueurs, les cerises à kirsch des Vosges, les cassis de Dijon, et l'on faisait sécher les prunes d'Agen ou de Tours, les quetsch de nos départements de l'Est, les figues de la Provence, les amandes du Sud-Est et de la Corse, les noisettes du Roussillon, etc. Dans les environs de Paris, les communes de Montreuil, de Bagnolet se livraient à la culture des pêches; Bagneux, Fontenay-aux-Roses fournissaient la capitale de fraises succulentes; Montmorency était célèbre par ses cerises; la Brie envoyait, sur tous les marchés, ses poires et ses pommes alors très renommées. Et je pourrais parler encore des châtaignes et de l'oléiculture (noyers ou oliviers).

Bordelais, la mirabelle de Lorraine, la Sainte-Catherine de Tours, les perdrigons du Var.

L'*abricotier* est plus spécialement cultivé aux environs de Lyon, de Clermont, d'Avignon, de Bordeaux, de Dijon. Saumur, Triel, près Paris, Beaumont sont des centres isolés qui méritent d'être cités. On exporte tous les ans, de France, quelques millions de kilogrammes d'abricots en Angleterre. L'abricot conservé se vend sous différentes formes dont la plus connue est la pâte d'abricot, dite *Pâte d'Auvergne*, que l'on fabrique spécialement à Clermont-Ferrand.

(Cliché de la Société nationale d'horticulture de France).

Fig. 252. — Ferme fruitière à Clermont (Oise).

Le *pêcher*, en plein vent, se trouve surtout dans notre région méridionale, les Pyrénées-Orientales notamment; Rivesaltes, ainsi que Moissac (Tarn-et-Garonne), en possèdent des plantations importantes. On en trouve également dans le Lyonnais, le Dauphiné, la Bourgogne. Montreuil-sous-Bois, Fontenay-sous-Bois, Bagnolet, Vincennes et quelques autres communes des environs de Paris, ont acquis et maintenu depuis plus d'un siècle une universelle réputation par leurs cultures intensives de pêches.

Le *cerisier* a une aire de dispersion beaucoup plus étendue. On en rencontre des exploitations dans toute la France. Signalons le Roussillon et le Languedoc, pour les guignes et les bigarreaux; le Lyonnais et le Bordelais, pour les bigarreaux rouges et noirs; la Bourgogne et la Champagne, pour l'anglaise hâtive; la Picardie et les environs de Clermont (Oise), pour la Montmorency; l'Anjou, pour les cerises à guignolet. Les bords de la Seine, entre Rouen, Villequier et Trouville, donnent des cerises d'exportation pour l'Angleterre, la Suède et le Danemark; enfin, les Vosges, le Jura, la Haute-Saône et le Doubs fournissent les variétés qui servent à la fabrication du kirsch.

L'*olivier* [1] a toujours occupé une place importante dans l'agriculture méditerranéenne. Son aire de culture, limitée au midi par la mer, comprend aujourd'hui les départements suivants : Pyrénées-Orientales, Aude, Hérault, Gard, Ardèche, Drôme, Basses-Alpes, Alpes-Maritimes, Vaucluse, Var et Bouches-du-Rhône. Dans chacun de ces deux derniers départements, la surface cultivée dépasse 20,000 hectares. Cette zone culturale s'étendait autrefois plus au nord et plus à l'ouest. L'olivier a peu à peu reculé vers la mer, cédant la place à la vigne et au mûrier, devenus plus rémunérateurs, grâce au développement des moyens de communication et au perfectionnement de la pratique agricole. Après avoir atteint, en 1866, une surface de 152,230 hectares, l'aire de culture de l'olivier descendait, en 1882, à 125,430 hectares, soit une diminution de 26,000 hectares en moins de vingt ans. Depuis, cette décadence a subi un temps d'arrêt, et la statistique de 1892 semble nous montrer que l'olivier a une tendance à reprendre de l'extension. Il occupait, en effet, à cette époque, une surface de 133,420 hectares pour une production de 2,160,000 hectolitres; il a donc regagné 7,993 hectares en dix ans.

Les progrès vont-ils continuer? On n'oserait l'espérer. Il faudrait plutôt s'estimer heureux si l'olivier conservait la place qu'il occupe aujourd'hui. Il y a, du reste, beaucoup de chances pour qu'il en soit

[1] Voir cultures oléagineuses, p. 373 et suivantes.

ainsi, car les terrains replantés ces dernières années sont, à cause de leur aridité et de leur sécheresse, peu propres à la réussite de la vigne.

Bien conduite, la culture de l'olivier fournit des récoltes de 500, 600 et même 1.000 francs à l'hectare, laissant ainsi un bénéfice élevé. Malheureusement, les méthodes de culture restent encore trop souvent fort insuffisantes; et l'arbre, outre qu'il dégénère fréquemment, faute de soins, ne produit pas la récolte qu'il pourrait donner s'il était moins négligé. L'exemple de quelques plantations bien soignées, qui procurent à leurs propriétaires de beaux revenus, prouve que les bonnes façons culturales, l'emploi d'engrais convenables, la lutte contre les parasites de l'arbre, peuvent rendre très productive l'exploitation de l'olivier.

Les procédés de récolte des olives ont aussi, dans la question, une grande importance. C'est d'eux que dépend, en bonne partie, la conservation des arbres en plus ou moins bon état et la qualité des fruits. La récolte par le gaulage — qui se pratique en frappant à coups redoublés les branches de l'arbre — est un procédé barbare; elle ne devrait pas être en usage dans les cultures soignées. La seule méthode à recommander, bien qu'elle soit la plus longue et la plus coûteuse, est la cueillette à la main, qui, du reste, a une tendance à se généraliser. (C'est le procédé forcément employé pour la récolte des olives vertes destinées à la confiserie.)

Les deux grands ennemis des oliviers sont : la fumagine et le *keiram* ou mouche de l'olive; c'est contre leurs ravages qu'il importe de protéger les oliveraies. Il ne faut pas hésiter à entreprendre la campagne de défense. L'olivier — qui a, on le sait, le privilège de longue vie — est peu exigeant : un labour d'hiver, deux ou trois binages de printemps et d'été, une taille raisonnée faite régulièrement tous les deux ans et un peu d'engrais l'année de la taille lui suffisent. On n'a pas heureusement découvert dans ces derniers temps de maladies nouvelles, et celles qui sévissent sont surtout le résultat d'une négligence prolongée; des soins — relativement peu nombreux — remettront les choses au point. Sur certains points du Var, les cultivateurs sont arrivés à des résultats satisfaisants.

Parmi les *fruits à pépins*, la *poire* donne lieu à un commerce étendu.

Chaque région, chez nous, a ses variétés préférées. Généralement les cultures sont de plein vent. L'espalier, cependant, est nécessaire pour les fruits de choix. L'Ouest est, par excellence, le pays des poiriers; c'est lui qui fournit la majeure partie de l'exportation. Il en est de même de la *pomme*, dont, du reste, on récolte d'importantes quantités, non seulement en Bretagne et en Normandie, mais encore dans le Nord, en Picardie notamment, dans l'Est et en Auvergne. C'est, au demeurant, le fruit le plus répandu chez nous, le plus facile à produire et à conserver. Le commerce auquel il donne lieu se chiffre par millions; on en expédie des wagons et des bateaux pleins. Il faut distinguer la pomme à cidre de la pomme de table. Une excellente espèce, le calville blanc, est surtout cultivée dans les environs de Paris.

La *figue* est infiniment moins répandue. On en rencontre bien en Bordelais, à Argenteuil, en certains points de Bretagne (ceux qui jouissent d'un climat exceptionnellement doux), mais c'est la Provence qui est, chez nous, la vraie région du figuier. Autre arbre fruitier de Provence : l'*oranger*, ainsi que ses congénères [1]. Les oranges de

---

[1] Ces congénères sont :

Le *cédratier*, arbre de petite taille, à feuilles plus allongées que celles des autres espèces, à fleurs grandes, blanches à l'intérieur, pourpres ou violettes à l'extérieur, se succédant pendant toute l'année. Le fruit (cédrat) a une écorce épaisse, très aromatique que l'on mange confite dans le sucre. On désigne sous le nom de poncires des cédrats entiers confits, qui sont expédiés de Corse et d'Italie. On extrait des zestes des cédrats, par compression ou par distillation, une huile essentielle utilisée en parfumerie. La Corse exporte beaucoup de cédrats;

Le *limettier*, plus grand que le cédratier, à fleurs entièrement blanches; il donne un fruit à écorce ferme, à pulpe douce, de forme arrondie, terminé par un mamelon obtus de couleur jaune verdâtre, appelé lime douce, limetta, peretta et bergamotte. Ce fruit, très parfumé mais peu savoureux, sert à la fabrication d'une essence très recherchée en parfumerie et qui entre dans la préparation du parfum appelé Eau de Portugal;

Le *limonnier* ou *citronnier* proprement dit, arbre assez élevé à feuilles grandes, larges, dentelées, à fleurs blanches à l'intérieur, violacées extérieurement; il produit des fruits jaune clair ovoïdes et terminés comme ceux du limettier par un mamelon obtus. Leur grosseur est variable; ils sont appelés limons dans le Midi et citrons dans le Nord. Le jus que l'on retire de la matière pulpeuse est fortement acide; il est nommé couramment acide citrique. On extrait, en outre, du zeste une huile essentielle employée en pharmacie.

Le commerce distingue les oranges amères ou bigarades, les oranges douces et les mandarines.

Récolte de 1901 dans les Alpes-Maritimes et la Corse :

DÉSIGNATION.	ALPES-MARITIMES.		CORSE.	
	POIDS.	VALEUR.	POIDS.	VALEUR.
	quint.	francs.	quint.	francs.
Oranges......	13,406	402,180	3,000	180,000
Citrons.......	21,607	432,140	1,500	63,000
Cédrats......	"	"	16,800	453,600

Provence, celles de Nice, notamment, sont les plus savoureuses, encore que les valence, les jaffa aient plus d'œil et, peut-être aussi, plus de réputation. Nous importons de grandes quantités d'oranges, c'est dire que la culture de l'oranger, comme du reste celle du *mandarinier*, celle du *citronnier*, etc. pourraient être fortement étendues.

Raisin. — La très grande majorité de la récolte des raisins est transformée en vin. Je ne m'occuperai ici que du raisin destiné à la table. Les bonnes, les excellentes variétés ne manquent pas chez nous, en blanc non plus qu'en rouge; certaines ne sont pas connues autant qu'elles le mériteraient, le raisin framboise notamment. Le chasselas doré, dit *de Fontainebleau*, doit être tout d'abord nommé. Tout le monde connaît les chasselas de Thomery, de Conflans-Sainte-Honorine et autres localités de Seine-et-Marne et de Seine-et-Oise. Mais bien peu de personnes soupçonnent quel travail assidu et quels soins minutieux sont nécessaires pour arriver à présenter en juin, très frais d'aspect et de goût, ces magnifiques raisins qui font la gloire, sinon la fortune, de nos cultivateurs des environs de Paris. C'est là une industrie toute spéciale à la région parisienne et qui, jusqu'à ce jour, a trouvé peu de concurrents en France, encore moins à l'étranger.

Citons encore le *coing*, de peu d'importance commercialement, et qui vient de préférence sur le littoral méditerranéen ; le *kaki* du Japon ou *plaqueminier*, introduit en France il y a un quart de siècle et auquel, dans notre pays, peuvent seuls convenir le climat et le sol de la Provence ; puis, source de produits assurés, le *framboisier*, le *groseillier*, le *cornouiller*, le *caroubier*, le *néflier*, le *pistachier*, le *cassis* [1], le *quetsch*, le *noisetier*, si répandu, etc. Ce dernier m'amène à parler du *noyer*, l'arbre des terrains secs et calcaires, et qui ne demande ni

[1] On cultive ce fruit plus particulièrement dans les régions viguobles du Centre et de l'Est de la France, en Bourgogne et dans les environs de Paris. On le consomme peu à l'état de nature : il est aigrelet et a une forte saveur ; mais il sert à la composition d'une liqueur très agréable, estimée en tous pays. Cette liqueur est essentiellement française ; ailleurs, en Russie notamment, on en fait une avec des grains de cassis sauvage qui n'ont pas la saveur du fruit de notre pays. Le cassis de la région dijonnaise est très renommé, les fruits récoltés sur les coteaux de la Côte-d'Or empruntent au terroir de nos vignes célèbres de Bourgogne un parfum très recherché. Les grains de cassis des environs de Paris ont moins d'arome, mais jouissent également d'une fine saveur.

taille ni soins particuliers. On le rencontre en Dauphiné, en Dordogne, dans la Corrèze, la Drôme, le Lot, et, aussi, dans l'Ardèche, le Puy-de-Dôme, la Savoie, la Corse, la Brie et le Morvan. Sa récolte, presque toujours certaine, et d'un transport facile, est l'objet de transactions importantes. Elle peut être, en moyenne, évaluée à 1,156,500 hectolitres, dont 360,000 seulement sont convertis en huile et donnent 37,500 hectolitres, représentant une valeur de 6 millions en huile. (V. p. 374 et 375.)

Après la noisette et la noix, il est naturel de parler de l'*amande*, récoltée presque exclusivement dans le Midi, notamment en Provence et en Corse; on en trouve aussi quelques plantations importantes dans les Charentes, dans les Deux-Sèvres, en Indre-et-Loire. C'est par le *châtaignier* que je terminerai cette revue rapide des cultures arbustives de la France. Se plaisant presque exclusivement sur les terrains granitiques, il habite le Centre et principalement les régions montagneuses : Cévennes, Alpes, Pyrénées, Bretagne. Les départements qui viennent au premier rang sont : la Corrèze, la Dordogne, l'Ardèche, la Corse, la Haute-Vienne. Les châtaignes apportent un appoint très utile à l'alimentation rurale en même temps qu'elles fournissent le sujet d'un important commerce.

Transactions avec les pays étrangers. — Pour bien montrer le rôle que joue l'arboriculture fruitière dans l'ensemble de notre commerce général, nous donnons ci-après une statistique comparative de nos exportations et de nos importations de fruits pendant l'année 1901 :

EXPORTATIONS.

FRUITS FRAIS.	NOMBRE DE KILOGRAMMES.	VALEUR EN FRANCS.
Pommes et poires de table	23,743,000	4,748,000
Pommes à cidre	31,219,000	2,497,000
Raisins de table	1,264,000	510,000
Citrons, oranges, mandarines	3,210,000	444,000
Autres fruits frais	27,657,000	9,680,000

FRUITS SECS.

	NOMBRE DE KILOGRAMMES.	VALEUR EN FRANCS.
Noix	20,850,000	8,340,000
Amandes, noisettes, pistaches	1,491,000	1,045,000
Marrons et châtaignes	9,462,000	1,987,000

FRUITS TAPÉS OU SÉCHÉS.

Pruneaux et prunes.	9,508,000	7,662,000
Figues et raisins.	550,000	220,000
Poires et pommes.	726,000	240,000
Autres fruits séchés.	1,191,000	595,000
Fruits de table confits.	2,222,000	3,962,000
Fruits à distiller.	285,000	164,000
Produits non dénommés.	6,000,000	2,500,000
Totaux.	139,378,000	44,594,000

L'Allemagne du Sud demande à nos départements de Bretagne et de Normandie des pommes à cidre en quantités de plus en plus considérables. Sur les 31 millions de kilogrammes exportés en 1901, 8 millions seulement ont été destinés à la Belgique et à quelques autres pays, tandis que le Wurtemberg et la Bavière en absorbèrent, à eux seuls, plus de 23 millions de kilogrammes.

Nos pruneaux sont très demandés dans les Pays-Bas, en Russie, en Allemagne, aux États-Unis.

Les noix sont expédiées dans les différents pays de l'Europe, et jusqu'en Amérique.

Les grandes capitales du Nord reçoivent régulièrement nos fruits de luxe : pêches, pommes et poires de choix, qui trouvent des prix rémunérateurs à Berlin, à Saint-Pétersbourg et à Moscou.

Enfin, c'est surtout en Angleterre que s'expédie la plus grande partie de nos fruits compris dans cette statistique. Fruits ordinaires et fruits de choix sont assurés d'un excellent débouché chez nos voisins d'outre-Manche, qui en apprécient fort la qualité. Du reste, l'Anjou, la Normandie, la Bretagne — qui ont plus que décuplé leurs plantations fruitières — sont parcourues chaque année, au moment de la maturité, par des courtiers spéciaux qui se livrent au commerce d'exportation, ou qui achètent directement sur place, pour le compte de l'Angleterre.

IMPORTATIONS.

FRUITS FRAIS.	NOMBRE DE KILOGRAMMES.	VALEUR EN FRANCS.
Pommes et poires.	3,938,000	785,000
Raisins de table.	3,387,000	903,000
Oranges, citrons, mandarines.	66,037,000	10,245,000
Autres fruits frais.	6,205,000	1,551,000

FRUITS SECS.

Noix.	730,000	255,000
Amandes et noisettes.	2,607,000	3,303,000
Marrons et châtaignes.	4,737,000	900,000

FRUITS TAPÉS OU SÉCHÉS.

Figues.	13,925,000	3,063,000
Raisins.	3,760,000	2,820,000
Pruneaux et prunes.	500,000	300,000
Pommes et poires.	174,000	140,000
Autres fruits séchés.	1,946,000	973,000
Fruits confits ou conservés	1,433,000	909,000
Produits non dénommés.	4,000,000	1,200,000
TOTAUX.	113,379,000	27,347,000

Sous l'impulsion donnée, en France, aux plantations fruitières, dans le cours de ces dernières années, nos importations de fruits devront diminuer à bref délai, en ce qui concerne, du moins, les poires et les pommes, les prunes et les châtaignes, qui figurent pour un assez gros chiffre dans l'énumération ci-dessus.

Nous serons tenus pourtant de recourir encore longtemps à l'Espagne et à l'Italie pour les oranges, les amandes, les figues, les raisins, que nos départements du Midi ne peuvent nous fournir en quantité suffisante.

L'Algérie et la Tunisie sont probablement appelées dans un avenir prochain à combler, en partie, cette lacune.

En résumé, l'ensemble de nos exportations donne, on le voit, un excédent de 17 millions sur le chiffre de nos importations.

Déjà satisfaisante, cette situation ne peut manquer de s'améliorer considérablement dans l'avenir. Des efforts sérieux sont tentés dans ce but et nous pouvons espérer que la France, avec les qualités exceptionnelles de son sol et la douceur de son climat, deviendra réellement le grand marché fruitier de l'Europe.

Les arbres fruitiers le long des routes. — Tandis que j'en suis à parler des fruits, je voudrais dire un mot de cette question souvent débattue et en faveur de laquelle maints écrivains horticoles ont rompu des lances. Leurs arguments peuvent se résumer à deux. Les voici tels qu'on peut les lire dans un mémoire présenté au Congrès d'arboriculture et de pomologie de 1900, par MM. Lucien-Ch. Baltet et Delaville aîné : « 1° Les arbres forestiers actuellement en usage sur nos routes exigent une dépense d'entretien annuel qui n'est pas compensée par la vente du bois provenant de cette opération; ils ne donnent un produit de quelque valeur qu'au moment de l'abatage. Les arbres fruitiers, au contraire, au bout de quelque temps, donnent tous les ans un revenu appréciable par la vente du fruit à des adjudicataires qui en tirent parti en approvisionnant le marché, le pressurage, la distillation; 2° les cultivateurs dont les champs avoisinent les routes se plaignent du préjudice qui leur est causé par l'ombrage dû à la puissante végétation des arbres forestiers, généralement de grandes dimensions, et surtout par leurs racines traçantes, parfois drageonnantes; le peuplier blanc est particulièrement nuisible. Chez les arbres fruitiers, par contre, le branchage comme les racines ne prennent qu'un développement restreint qui ne peut guère occasionner de réclamations de la part des voisins. »

A cette manière de voir, on a opposé les arguments suivants : Si l'on met des arbres le long des routes, c'est pour donner de l'ombrage; s'ils n'en doivent pas donner, ils sont tout à fait inutiles. Que les propriétaires se plaignent de certaines racines, cela se conçoit, il n'y a qu'à donner la préférence à des espèces ne présentant pas semblable inconvénient; mais de là à bannir les arbres de nos routes, il y a loin. Nous avons le plus admirable réseau routier de l'univers entier, les nationaux de tous les pays, qui ont fait quelque peu de tourisme, le proclament à l'envi. Bientôt le goudronnage, le westrumitage et autres procédés analogues auront fait disparaître le dernier inconvénient, qui était la poussière. Est-ce bien le moment de s'en prendre à l'ombrage, et par suite au tourisme, source de bénéfices pour un pays?

Sans méconnaître ces arguments qui ne sont pas sans valeur, j'estime qu'il y a lieu, dans l'intérêt des cultures limitrophes des routes, de propager la culture des arbres fruitiers sur nos routes, et de les substituer aux essences forestières comme on le fait depuis longtemps dans le Luxembourg, l'Alsace-Lorraine, à la satisfaction de tous.

Fraisiers. — Les fraises n'exigent pour se produire et pour mûrir ni le secours du sécateur ni celui de la serpette, et se cultivent en jardin fruitier aussi bien qu'en plein champ. Elles sont l'objet d'un commerce important. C'est notamment dans le Vaucluse, les Bouches-du-Rhône et le Var que s'en pratique la culture intensive; le rendement, par hectare, y peut atteindre, selon la nature du sol et la variété cultivée, de 4,000 à 12,000 kilogrammes. Les prix varient suivant l'époque de la cueillette : de 3 à 5 francs le kilogramme au début de la saison, ils passent à 60 et 80 francs les 100 kilogrammes pour tomber, enfin, à 20 ou 25 francs. A raison de 50 francs les 100 kilogrammes, en moyenne, le rendement par hectare de fraisiers va de 2,000 à 6,000 francs, pouvant laisser un bénéfice net de moitié. Nos fraisiculteurs sont en relations avec toutes les grandes villes d'Europe. Les fraises de Carpentras jouissent d'une réputation universelle; en avril et mai, on en expédie des quantités énormes (5 millions de kilogrammes par an). Hyères et ses environs envoient leurs fraises des bois. C'est par centaines de wagons que les fraises sont dirigées sur Paris. Dans de nombreuses localités du Midi, les fraisiers ont remplacé la vigne, détruite par le phylloxéra, et la garance, tuée par les couleurs dérivées du goudron de houille.

Le Midi n'est pas seul à faire la culture de la fraise : les collines de Seine et de Seine-et-Oise, la vallée de la Bièvre, les environs de Fontenay-aux-Roses, de Rosny, d'Orsay sont couverts de fraisiers. L'Anjou et la Bretagne, comme le Languedoc, produisent, en grande quantité, des espèces de premier ordre.

F. CULTURES DIVERSES.

BETTERAVE À SUCRE. - OLÉAGINEUSES : OLIVIER, OEILLETTE, NOIX, FAÎNE, COLZA, NAVETTE, CAMÉLINE, ETC. — TEXTILES : LIN ET CHANVRE. — AUTRES CULTURES INDUSTRIELLES : TABAC, HOUBLON, CHARDON À FOULON, CHICORÉE, GARANCE, PASTEL, GAUDE, SAFRAN, MÛRIER. — PLANTES AROMATIQUES. — STATISTIQUES CONCERNANT LES JARDINS ET LES PÉPINIÈRES. — OSERAIES ET VÉGÉTAUX POUR LA VANNERIE.

BETTERAVE À SUCRE. — Parmi les autres cultures, le premier rang appartient à la betterave à sucre, dont la culture a fait de grands et rapides progrès depuis le régime créé par la loi de 1884.

«Les bienfaits de la culture de la betterave sont de plus en plus appréciés des cultivateurs intelligents. Partout où la culture de cette plante a pénétré, les conditions générales de la production agricole se sont améliorées; les rendements en blé et en viande ont augmenté; l'aisance, le bien-être se sont répandus et se sont accrus d'une façon régulière.

«En France, la betterave à sucre a gagné considérablement de terrain depuis un quart de siècle. De 52,000 hectares qu'elle occupait en 1857, sa superficie a passé à 110,000 hectares en 1867 et à 237,170 hectares en 1889. Depuis lors, la culture betteravière a fait de nouveaux et importants progrès, les emblavements ayant dépassé, en 1899, le chiffre de 250,000 hectares et s'élevant, cette année-ci, à plus de 277,000 hectares. En dix ans, la culture de la betterave à sucre a donc augmenté de 40,000 hectares, soit d'environ 17 p. 100.

«Il n'en a malheureusement pas été de même du rendement cultural, dont le taux a plutôt baissé; en 1867, on récoltait, en effet, en France, de 35,000 à 40,000 kilogrammes de racines à l'hectare, tandis qu'en 1889, année très favorable, le rendement ne fut que de 32,364 kilogrammes, et en 1898, de 25,744 kilogrammes. En revanche, l'amélioration des qualités saccharines de la racine a été considérable. Au lieu de 10 à 11 p. 100 de sucre que renfermait autrefois la betterave, on constate aujourd'hui dans la racine des teneurs de 14 à 16 p. 100 de sucre et même au delà, et le rendement industriel, de 5 à 6 p. 100 où il s'était tenu jusqu'en 1884, a progressé à 10.47 p. 100 en sucre raffiné en 1889-1890, et à 12.08

p. 100 en 1898-1899, progression sans laquelle, d'ailleurs, la fabrication du sucre eût cessé d'exister en France.

« En raison de la moindre productivité des races de betteraves très riches en sucre que l'on cultive à cette heure, les frais de production de la tonne de racines se sont accrus et le fabricant a dû payer la betterave plus cher afin d'être certain de son approvisionnement. C'est ainsi que le prix d'achat officiel de la tonne de betteraves a passé de 20 fr. 64 à 20 fr. 99, où il se maintenait avant 1884, à 30 fr. 98 en 1889 et à 30 fr. 24 en 1898. C'est une augmentation de 50 p. 100 environ. Si justifiée qu'elle soit par les progrès de la culture, cette augmentation du coût de la matière première n'en est pas moins exagérée. Elle n'est d'ailleurs supportable pour la fabrique que grâce aux bonis d'impôt résultant de la législation de 1884, bonis qui pourraient disparaître un jour ou l'autre. Aussi la culture et la fabrication française devraient-elles faire tous leurs efforts pour produire et obtenir la betterave dans des conditions moins onéreuses. »

C'est à l'ouvrage de M. G. Dureau, l'*Industrie du sucre à l'Exposition de 1900*, que j'ai emprunté ces quelques lignes.

Voici, d'autre part, ce qu'écrit un autre spécialiste, M. Lapierre, qui n'est pas moins élogieux sur le chapitre de la betterave sucrière :

« La culture de la betterave, dit-il excellemment, a sauvé l'agriculture de nos régions du Nord dans les années de mévente des blés; elle a conduit les cultivateurs à améliorer leurs méthodes; en effet, elle n'est aujourd'hui rémunératrice qu'à la condition de s'adonner à la production de la betterave riche, laquelle exige des procédés perfectionnés; d'autre part, le blé qui succède à la betterave trouve dans le sol un notable excédent d'engrais non encore utilisé, et la production de la betterave riche a pour conséquence naturelle l'augmentation du rendement en blé. La culture de la betterave incite donc à la culture intensive; par la somme considérable d'impôts qu'elle procure à l'État, par les profits rémunérateurs qu'elle offre aux capitaux, par les salaires qu'elle distribue, elle contribue pour une bonne part au développement de la richesse publique. »

La superficie occupée par la betterave en 1892 était de 271,258 hectares.

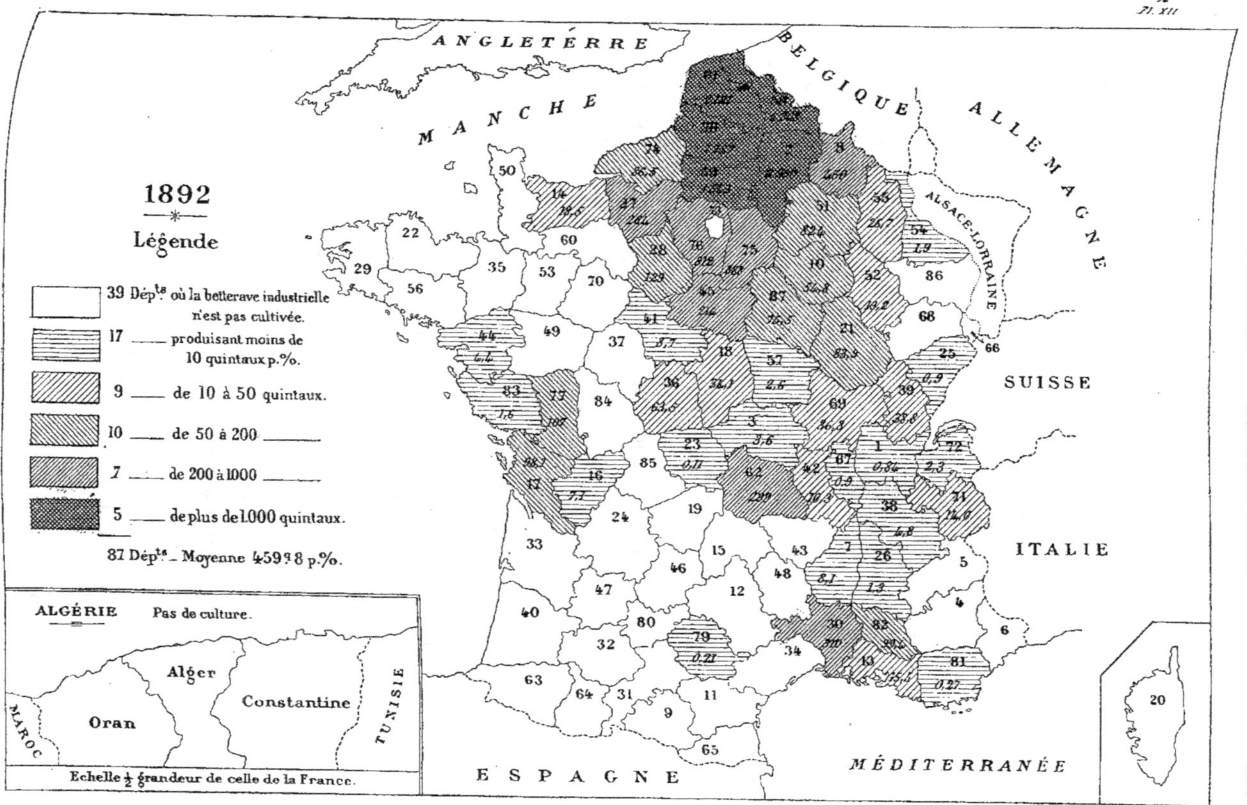

Fig. 253. — Rapport, à 100 hectares des terres labourables, de la production totale des betteraves à sucre.

[Pour les noms des départements correspondant aux numéros, voir le tableau de la page 198.]

Le rendement moyen à l'hectare a été de 267 quintaux; le rendement total, de 72,518,544 quintaux, d'un prix moyen de 2 fr. 39 le quintal, soit, au total, une valeur de 173,738,875 francs.

Les départements qui s'occupent le plus spécialement de cette culture sont les suivants (1892) :

DÉPARTEMENTS.	SUPERFICIE CULTIVÉE.	RENDEMENT.	VALEUR TOTALE.
	hectares.	quintaux.	francs.
Nord.	47,903	15,951,699	38,284,078
Aisne.	61,429	15,050,105	37,625,262
Pas-de-Calais.	37,325	11,122,850	26,583,611
Somme	35,096	8,493,232	21,233,080
Oise.	24,828	6,182,172	14,837,213
Seine-et-Marne.	16,278	3,697,376	8,836,729
Seine-et-Oise	9,992	3,067,544	7,055,351
Ardennes.	5,212	1,303,000	2,645,090

La distribution géographique de la betterave sucrière est intéressante à examiner; nous la voyons surtout répandue dans les plaines du Nord et des environs de Paris, en général dans les pays de culture intensive; elle est à peu près inconnue dans l'Ouest et le Sud-Ouest de la France. Au Midi, on la rencontre seulement dans le Gard et le Vaucluse et sur quelques points des Bouches-du-Rhône.

La loi de 1884 sur le régime des sucres a modifié si considérablement les méthodes culturales qu'on ne peut que fort difficilement comparer l'enquête de 1892 avec les précédentes; en effet, avant 1884, la betterave était vendue au poids (1,000 kilogrammes) sans tenir compte de la quantité de sucre qu'elle renfermait; le cultivateur avait tout intérêt à cultiver des variétés à grand rendement; il recherchait le poids total de racines à l'hectare.

Aujourd'hui la betterave se vend d'après la quantité de sucre qu'elle renferme; les agriculteurs ont donc été conduits à améliorer leur culture et à produire des variétés donnant les plus forts rendements en sucre.

On est arrivé par voie de sélection à obtenir des betteraves dont la teneur en sucre atteint 14,15 et plus même du poids de la racine.

Oléagineuses. — L'huile provient de sources diverses :

a. De graines de plantes exclusivement cultivées pour la production de l'huile (colza, navette, œillette, cameline);

b. De graines de plantes textiles qui sont, en même temps, oléagineuses (chanvre, lin, etc.);

c. Des fruits de certaines cultures arborescentes.

Les tableaux des pages 374 et 375 donnent, au point de vue de la fabrication de l'huile et des tourteaux (résidu servant à l'alimentation du bétail), les quantités produites, leur valeur, le rendement en huile et les prix moyens obtenus par hectare (1892).

Les graines des plantes textiles, lin[1] et chanvre, sont, pour la plus grande partie, vendues au commerce sans transformations (usages médicaux, alimentation). La valeur de ces produits s'élève à 5,900,000 francs pour le chanvre et à 2,200,000 francs pour le lin; c'est donc un total de 8,100,000 francs que nous devrons ajouter à la valeur globale de ces cultures.

Au total, la valeur de la production des cultures oléagineuses s'élève aux chiffres suivants :

Production totale. { Huile......................	58,877,141	francs.
{ Tourteaux	14,825,200	
Graines de lin et de chanvre pour divers usages..	8,100,000	
Total...................	81,802,341	

Les cultures exclusivement oléagineuses entrent dans ces chiffres pour 51.83 p. 100, les cultures textiles et oléagineuses pour 11.99 p. 100, et, les cultures arborescentes oléagineuses pour 36.18 p. 100 — les plus importantes sources d'huile sont le colza, l'olivier et les graines de coton dont le traitement fournit des tourteaux alimentaires pour le bétail et des engrais très appréciés par les agriculteurs du midi de la France.

____

[1] On extrait des graines de lin une huile siccative.

DÉSIGNATION DES CULTURES.	SUPERFICIE CULTIVÉE.	GRAINES OU FRUITS.				HUILE.		TOURTEAUX.	
		PRODUCTION TOTALE.	PRODUCTION MOYENNE par hectare.	VALEUR TOTALE.	VALEUR BRUTE par hectare.	PRODUCTION TOTALE.	VALEUR TOTALE.	PRODUCTION TOTALE.	VALEUR TOTALE.
	hectares.	hectolitres.	hectolitres.	francs.	francs.	hectolitres.	francs.	quintaux.	francs.
1° CULTURES EXCLUSIVEMENT OLÉAGINEUSES.									
Colza..............	67,966	1,228,609	18,00	22,813,574	335	291,865	24,102,813	428,599	7,146,040
Navette.............	11,617	90,948	7,82	1,930,327	166	21,007	2,077,996	33,588	544,087
OEillette............	15,900	246,417	15,49	6,242,454	392	62,491	6,681,554	90,542	1,543,326
Cameline............	992	14,766	14,88	211,635	213	3,575	231,142	5,708	89,880
Totaux..........	96,475	1,580,740	"	31,197,990	"	378,938	33,093,505	558,437	9,323,333
2° CULTURES TEXTILES ET OLÉAGINEUSES [1].									
Lin.................	25,338	208,939	8,20	4,166,333	164	9,558	745,611	16,148	357,970
Chanvre.............	39,774	331,467	8,30	6,426,951	161	4,579	443,145	8,381	138,676
Totaux..........	65,112	540,406	"	10,593,284	"	14,137	1,188,756	24,529	496,646
3° CULTURES ARBORESCENTES OLÉAGINEUSES. (SUPERFICIE PLANTÉE EN MASSE.)									
Olivier.............	133,420	1,160,167	"	16,884,879	"	143,524	18,405,154	243,881	3,105,644
Noyer...............	"	326,127	"	3,355,229	"	37,524	6,062,572	49,469	1,878,001
Amandier............	16,883	1,175	"	24,601	"	181	29,720	184	2,640
Hêtre...............	"	8,281	"	94,055	"	980	97,434	1,462	18,936
Totaux..........	"	1,495,750	"	20,358,764	"	182,209	24,594,880	294,996	5,005,221
Totaux généraux.......	"	3,616,896	"	62,150,038	"	575,284	58,877,141	877,962	14,824,200

[1] Moyenne 1892-1901, quantité de graines récoltée : 106,022 quintaux de chanvre et 135,114 quintaux de lin.

RENDEMENT ET PRIX MOYENS PAR HECTARE.

DÉSIGNATION DES CULTURES.	RENDEMENT MOYEN DE L'HECTOLITRE DE GRAINES OU DE FRUITS		PRIX MOYEN			VALEUR TOTALE DE LA PRODUCTION		
			DE L'HECTOLITRE.		DU QUINTAL			
	en huile.	en tourteaux.	de graines ou de fruits.	d'huile.	de tourteaux.	en huile.	en tourteaux.	TOTAL.
	hectolitres.	quintaux.	francs.	francs.	francs.	francs.	francs.	francs.
1° CULTURES EXCLUSIVEMENT OLÉAGINEUSES.								
Colza....................	0,24	0,35	18,56	82	17	24,102,813	7,146,040	31,248,853
Navette..................	0,23	0,36	21,22	99	16	2,077,994	544,087	2,622,083
OEillette................	0,25	0,36	25,33	107	17	6,681,554	1,543,326	8,224,880
Cameline................	0,24	0,38	14,00	65	16	231,142	89,880	321,022
Totaux.............	"	"	"	"	"	33,093,505	9,323,333	42,416,838
2° CULTURES TEXTILES ET OLÉAGINEUSES.								
Lin.....................	0,21	0,36	19,96	82	22	745,611	357,970	1,103,581
Chanvre.................	0,17	0,31	19,38	100	17	443,145	138,676	581,821
Totaux.............	"	"	"	"	"	1,188,756	496,646	1,685,402
3° CULTURES ARBORESCENTES OLÉAGINEUSES.								
Olivier..................	0,12	0,22	14,55	128	13	18,405,154	3,105,644	21,510,798
Noyer...................	0,11	0,15	13,03	161	18	6,062,572	1,878,001	7,940,573
Amandier................	0,15	0,16	19,33	163	14	29,720	2,640	32,360
Hêtre...................	0,15	0,23	10,81	99	13	97,434	18,936	116,370
Totaux.............	"	"	"	"	"	24,594,880	5,005,221	29,600,101
Totaux généraux...........	"	"	"	"	"	58,877,141	14,825,200	73,702,341

RAPPORT, À 10,000 HECTARES DES TERRES LABOURABLES,
DE LA PRODUCTION TOTALE DES CULTURES OLÉAGINEUSES (1892).

35 départements produisant moins de 40 hectolitres :

> Seine (0), Morbihan (0), Landes (0), Finistère (0,6), Loir-et-Cher (0,8), Loire-Inférieure (1,0), Mayenne (1,2), Basses-Pyrénées (1,2), Eure-et-Loir (1,3), Côtes-du-Nord (1,8), Orne (2,9), Marne (3,8), Indre-et-Loire (5,9), Sarthe (6,9), Ardennes (8,3), Lot-et-Garonne (9,0), Haut-Rhin (9,0), Haute-Garonne (10), Tarn (11), Gironde (11), Gers (16), Cantal (16), Manche (16), Seine-et-Marne (18), Aube (18), Ariège (20), Cher (24), Lozère (26), Hautes-Pyrénées (28), Oise (29), Loiret (34), Vosges (35), Charente-Inférieure (37), Yonne (39), Seine-et-Oise (39).

17 départements de 40 à 100 hectolitres :

> Maine-et-Loire (41), Aude (42), Meuse (43), Aveyron (43), Tarn-et-Garonne (44), Haute-Marne (56), Doubs (58), Nièvre (60), Indre (60), Meurthe-et-Moselle (75), Haute-Saône (84), Deux-Sèvres (84), Vienne (89), Allier (90), Hautes-Alpes (91), Creuse (97), Dordogne (99).

18 départements de 100 à 400 hectolitres :

> Haute-Savoie (105), Charente (111), Côte-d'Or (129), Ille-et-Vilaine (131), Aisne (133), Corrèze (150), Lot (162), Haute-Loire (181), Vendée (182), Jura (185), Haute-Vienne (215), Puy-de-Dôme (224), Isère (241), Corse (252), Basses-Alpes (294), Savoie (298), Loire (319), Ardèche (369).

9 départements de 400 à 800 hectolitres :

> Saône-et-Loire (403), Pyrénées-Orientales (418), Rhône (488), Ain (498), Vaucluse (498), Drôme (511), Nord (593), Eure (597), Somme (621).

8 départements produisant plus de 800 hectolitres :

> Gard (859), Pas-de-Calais (897), Hérault (1,120), Calvados (1,476), Bouches-du-Rhône (1,665), Seine-Inférieure (2,617), Alpes-Maritimes (2,770), Var (4,381).

Pour la France entière : 218,57.

Algérie :

> Oran (0,6), Alger (5,4), Constantine (9,4).

J'ajouterai à ces dernières statistiques quelques indications sur les diverses plantes oléagineuses, en commençant par celles qui donnent une huile comestible.

J'ai déjà parlé plus haut (p. 360 et 361) de l'olivier. Il occupe actuellement, en France, 133,400 hectares. La production est de 2,160,000 hectolitres de fruits, dont 1,161,000 convertis en huile fournissent 143,500 hectolitres. La valeur de production est évaluée pour l'huile à 18,400,000 francs.

L'huile comestible offre deux variétés : l'huile fine ou surfine, dite aussi *huile vierge*, qui a toujours le goût de fruit et qui est le résultat d'une première pression à froid, et l'huile ordinaire, obtenue par une seconde pression des tourteaux que l'on a mouillés d'eau bouillante.

Il convient de faire remarquer que, s'il nous reste des progrès à réaliser pour que la culture de l'olivier produise tout ce qu'elle peut donner, c'est encore en France qu'elle est le plus avancée.

De plus, l'influence française a, dans ces vingt dernières années, contribué d'une façon remarquable à l'extension de l'olivier dans le bassin méditerranéen, grâce à la création de plusieurs établissements français sur différents points du littoral.

Du reste, le souci de dénommer *huile de Nice* les produits qui ne proviennent pas de notre joyau méditerranéen — s'il indique un manque d'honnêteté — n'est-il pas un hommage rendu à l'excellence des huiles niçoises par les autres centres de production oléicole. Parmi ces autres centres, il en est en Provence — Salon, par exemple, — qui ont acquis à leurs produits une réputation non moins grande.

L'œillette, qui n'est plus guère cultivée que dans quelques départements du Nord de la France, le Pas-de-Calais, notamment, voit son aire de production diminuer de jour en jour. Les moyennes décennales 1892-1901 sont de 9,735 hectares sous culture et de 78,824 quintaux de production, soit 8 quint. 09 à l'hectare. L'exportation est principalement destinée à la Belgique.

La récolte moyenne des noix peut être évaluée à 1,156,500 hectolitres, dont 360,000 seulement sont convertis en huile, donnant 37,500 hectolitres, qui représentent une valeur de 6 millions de francs en huile.

Fig. 254. — Atelier de trituration de graines oléagineuses.

Quant à la faîne[1], dont on extrait une huile abondante et douce, elle est surtout fournie par les hêtres des forêts d'Eu, de Crécy et de Compiègne. C'est notamment aux environs de cette dernière ville que s'effectue l'extraction de l'huile destinée au commerce. Ce genre d'exploitation forme une ressource assez importante pour les habitants de la contrée.

Huiles non alimentaires :

C'est vers le milieu du xviiie siècle qu'on a substitué, dans les habitations et les lieux publics, les lampes aux chandelles et aux bougies. Vers la même époque, l'agriculture française s'est adonnée à la culture du colza et de la navette, plantes oléagineuses dont les graines contiennent une huile très combustible.

La culture du colza s'est rapidement développée en France depuis 1785 jusqu'en 1862. A cette dernière date, elle occupait 210,000 hectares qui produisaient pour 90 millions de graines. La baisse du prix des graines oléagineuses récoltées en France — due moins à l'importation de quantités considérables de sésame, d'arachide, de ravison, etc., qu'au développement de l'éclairage au pétrole et à l'électricité — a entraîné la diminution des cultures de colza. Elles ont, de 1892 à 1901, passé de 65,028 hectares à 33,444. La moyenne des années 1892-1901 nous donne 51,514 hectares produisant 571,324 quintaux, soit 11 quint. 09 à l'hectare.

Le colza — dont les principaux centres de production sont la Normandie et la Vendée — est, en somme, le type sauvage de nos choux cultivés; seulement, tandis qu'on s'est attaché à développer chez ceux-ci l'ampleur des feuilles ou le volume des tiges, des racines ou de l'inflorescence, dans le colza, c'est simplement la plus grande production possible en graines que l'on a cherché à obtenir. Presque toujours, le colza est cultivé comme plante bisannuelle; on le sème en été, en place ou en pépinière; on le repique, s'il y a lieu, à l'entrée de l'automne et on le récolte à la fin du printemps suivant.

La navette, qu'on appelait autrefois *rabette*, était très cultivée, en

[1] Fruit du hêtre, la faîne est une capsule hérissée de pointes, qui contient une amande du volume d'une petite aveline et de forme triangulaire, donnant 14 à 16 p. 100 de son poids d'huile fixe et pouvant servir à l'alimentation et aux usages industriels.

1751, dans la Normandie, la Brie et la Flandre. En 1900, elle n'occupe que 6,625 hectares, alors qu'elle s'étendait, en 1862, sur 40,000 hectares. La production est tombée à 30,000 quintaux. Elle est fournie surtout par le Mâconnais, la Bresse, la Bourgogne et la Franche-Comté [1].

La cameline a subi semblable régression. Les chiffres de 1901 sont de 2,048 quintaux pour 215 hectares. De plus, la valeur commerciale du colza a perdu 4 francs, celle de la navette, 6 francs, et celle de la cameline, 10 francs par hectolitre.

TEXTILES. — Les textiles sont le lin et le chanvre; nous venons de nous en occuper en tant que producteurs d'huile; nous n'avons plus à considérer ici que le point de vue textile.

Le chanvre se rencontre dans 77 départements, mais sa culture présente surtout de l'importance dans deux régions :

		hectares.				hectares.
	Sarthe	5,163			Creuse	1,774
	Maine-et-Loire	5,073			Haute-Vienne	1,513
1re région.	Morbihan	3,163	2e région.		Aveyron	1,379
	Côtes-du-Nord	1,408			Corrèze	1,072
	Indre-et-Loire	1,040				

Ces départements fournissent à eux seuls 141,849 quintaux de filasse, soit plus de 52 p. 100 de la production totale.

L'aire culturale du lin dans notre pays est plus restreinte, elle ne comprend que 64 départements, dont les plus importants, comme surface cultivée, sont :

Côtes-du-Nord	3,186		Finistère	1,201
Nord	2,842		Seine-Inférieure	1,165
Landes	1,829		Loiret	1,128
Pas-de-Calais	1,684		Somme	1,078
Vendée	1,277		Basses-Pyrénées	933

[1] On distingue deux variétés de navette : la navette d'hiver, qui est la plus productive et la plus cultivée; la navette de printemps ou navette de mai (ou encore navette annuelle), moins cultivée que la précédente, mais cependant assez répandue dans certains départements où elle réussit mieux. La graine de navette, qui donne lieu à un certain mouvement com-

Ces départements produisent à eux seuls 100,296 quintaux de filasse, soit plus de 64 p. 100 de la production totale.

Le tableau suivant donne les rapports, par département, de la production totale en filasse des cultures textiles à 10,000 hectares de terres labourables.

RAPPORTS, à 10,000 HECTARES DES TERRES LABOURABLES,
DE LA PRODUCTION TOTALE DES CULTURES TEXTILES (1892).

37 départements produisant moins de 50 quintaux :

Seine (0), Seine-et-Oise (0), Eure-et-Loir (0), Ardèche (0), Gard (0), Vaucluse (0), Bouches-du-Rhône (0), Var (1), Lozère (1), Hérault (3), Marne (3), Seine-et-Marne (3), Ardennes (4), Loiret (4), Yonne (5), Côte-d'Or (5), Meurthe-et-Moselle (5), Pyrénées-Orientales (5), Drôme (6), Meuse (7), Corse (8), Loir-et-Cher (9), Haute-Marne (11), Loire (11), Haute-Loire (15), Vosges (17), Aube (18), Aude (22), Basses-Alpes (24), Haute-Saône (27), Aisne (30), Indre (37), Gironde (41), Haute-Garonne (42), Charente-Inférieure (43), Haut-Rhin (44), Rhône (45).

9 départements produisant de 50 à 100 quintaux :

Dordogne (51), Oise (54), Allier (58), Calvados (80), Cher (87), Charente (91), Puy-de-Dôme (96), Jura (96), Alpes-Maritimes (97).

26 départements produisant de 100 à 300 quintaux :

Vienne (102), Eure (106), Tarn (109), Deux-Sèvres (110), Orne (114), Isère (117), Saône-et-Loire (139), Somme (141), Mayenne (143), Gers (147), Lot-et-Garonne (166), Doubs (169), Nièvre (185), Hautes-Alpes (186), Vendée (191), Cantal (201), Manche (205), Pas-de-Calais (224), Loire-Inférieure (226), Seine-Inférieure (228), Lot (232), Haute-Savoie (255), Indre-et-Loire (275), Ille-et-Vilaine (285), Tarn-et-Garonne (285), Aveyron (287).

10 départements produisant de 300 à 600 quintaux :

Ain (328), Hautes-Pyrénées (330), Creuse (340), Basses-Pyrénées (378), Finistère (379), Savoie (384), Haute-Vienne (419), Ariège (450), Corrèze (519), Nord (587).

mercial, ressemble beaucoup à celle du colza ; de bonne qualité, elles doivent être rondes, petites, noires et dures. Elles servent à faire une huile pour usages industriels. La graine de la navette d'hiver pèse de 65 à 68 kilogrammes l'hectolitre ; celle de la navette d'été, 60 à 65. Le rendement en huile de cette graine varie de 30 à 33 p. 100 de son poids.

5 départements produisant plus de 600 quintaux :

Côtes-du-Nord (724), Sarthe (753), Landes (775), Morbihan (808), Maine-et-Loire (843).

Pour la France entière : 164.

Algérie : pas de cultures textiles.

Le tableau ci-dessous donne les renseignements relatifs à ces cultures qui occupent une surface de 65,112 hectares, dont 60.97 p. 100 pour le chanvre et 39.03 pour le lin (1892).

CHANVRE ET LIN (FILASSE).

DÉSIGNATION DES CULTURES.	SUPERFICIE.		PRODUCTION		VALEUR		
	NOMBRE d'hectares.	PROPORTION p. 100.	TOTALE	MOYENNE par hectare.	TOTALE.	du KILOGRAMME.	BRUTE à l'hectare.
			quintaux.	quintaux.	francs.	fr. c.	francs.
Chanvre........	39,774	60.97	268,506	6,7	24,650,025	0 92	622
Lin	25,338	39.03	155,232	6,1	14,998,220	0 96	592
Totaux.....	65,112	100.00	423,738	6,4	39,648,245	0 94	607

La valeur totale des produits récoltés en textiles a été de 39,648,245 francs, le produit brut à l'hectare a varié de 622 francs pour le chanvre à 592 francs pour le lin. Les chiffres moyens de filasse — 1892-1901 — sont, pour le chanvre, 34,213 hectares, 240,342 quintaux; pour le lin, 25,856 hectares, 188,438 quintaux.

La Flandre a toujours été renommée pour la belle qualité de ses lins, de ses toiles et de ses dentelles. C'est pendant le xviiie siècle que l'industrie linière fit de grands progrès dans l'ancienne province de Bretagne, par suite du concours des habiles tisserands de Bruges que Béatrix de Gaure fit venir à Laval, et qui rendirent cette ville célèbre pour la remarquable qualité de ses toiles. Les États de Bretagne ont aussi beaucoup contribué à la prospérité de cette industrie, en faisant venir de Riga, à diverses reprises, des graines de lin récoltées en Livonie, en Courlande, sur les rives de la Baltique. Les principaux centres de la culture du lin sont aujourd'hui les Côtes-du-Nord, le

Finistère, le Nord et la Vendée, contrées plutôt brumeuses que sèches pendant le printemps et l'été.

Les terrains meubles et frais, sans trop d'humidité, sont les plus favorables au lin. Cette plante ne peut revenir dans les assolements qu'au bout de sept ou huit ans. La préparation du sol a la plus grande importance, et il est essentiel d'ameublir la terre par plusieurs labours. Comme engrais, on emploie généralement le fumier de ferme, les tourteaux ou les vidanges; toutefois depuis plusieurs années, grâce aux recherches des agronomes-chimistes, certaines formules d'engrais artificiels donnent d'excellents résultats. Les nitrates de potasse ou de soude, les superphosphates, le sulfate de magnésie, le sel marin, le carbonate de chaux et les sels ammoniacaux associés, procurent au lin les quantités d'azote, d'acide phosphorique, de chaux, de potasse et de magnésie qui lui sont nécessaires pour végéter convenablement.

Le lin, qui est une plante annuelle, se sème ordinairement (en France) de fin février, au plus tôt, à mai; suivant que l'on désire obtenir un produit plus ou moins fin, on répand plus ou moins de semences; la quantité varie de 175 à 200 kilogrammes à l'hectare. C'est ordinairement dans la première quinzaine de juillet que le lin mûri peut être récolté. On l'arrache, on le rassemble en petites bottes que l'on met debout et obliquement l'une contre l'autre pour favoriser la dessiccation. On récolte la graine en froissant le sommet des tiges et en le battant légèrement avec un maillet spécial[1]. Le produit d'un

[1] «Après la récolte, il s'agit de séparer la fibre ou filasse du reste de la tige; on fait subir dans ce but au lin en paille l'opération du rouissage et celle du teillage. Le rouissage n'est autre chose qu'une décomposition des tiges par l'humidité et par les microbes; on emploie plusieurs méthodes. On peut plonger les bottes de lin dans le cours d'une rivière : c'est le rouissage à l'eau courante, qui donne des lins d'une nuance claire et jaunâtre. En Belgique et dans le département du Nord, on rouit le lin dans des fossés dont l'eau ne se renouvelle pas : c'est le rouissage à l'eau stagnante; il donne des lins d'une nuance foncée, grise ou argentée. Enfin, le rouissage se fait aussi en étendant simplement les tiges sur le champ ou dans des prairies et en les laissant exposées à la pluie et à la rosée; cette méthode donne des lins d'une qualité plus ordinaire et d'une couleur terne, grise ou rousse; c'est le rouissage sur terre.

«L'opération du rouissage est toujours délicate, et ses procédés empiriques permettent difficilement d'obtenir des résultats certains. C'est ce qui a provoqué la recherche de diverses méthodes plus rapides, basées : les unes, sur l'emploi de l'eau chaude; les autres, sur celui de certains produits chimiques. Ces procédés industriels n'ont guère donné satisfaction jusqu'à présent parce que l'on n'avait pas considéré que le rouissage n'était en somme qu'une fermentation causée par des microbes, — entre

hectare de lin dans le Nord de la France varie suivant les contrées, il oscille de 450 à 700 francs et plus. Quant au lin en paille, il se vend de 8 à 15 francs et plus les 100 kilogrammes.

En 1840, le nombre d'hectares ensemencés en lin était de 98,241; en 1853, il tombait à 77,600; il se relevait, en 1870, à 117,000. A partir de cette époque, la culture du lin a constamment diminué; elle a atteint son minimum, 27,137 hectares, en 1892. Depuis la prime accordée par le Gouvernement aux cultivateurs, elle a paru se relever; elle a atteint 34,054 hectares en 1895, mais pour retomber à 26,932 en 1896.

Le chanvre se cultive en France un peu partout. Il n'est guère de village où quelque coin de terre plus riche et mieux situé que les autres ne soit transformé en chènevière; mais c'est surtout dans les vallées des grands cours d'eau, là où le sol est formé d'alluvions profondes et conserve une certaine fraîcheur même dans les chaleurs de l'été, que la culture du chanvre vient à occuper une proportion importante du territoire. Les principaux centres de production sont : la vallée de la Loire, principalement entre Saumur et Angers; celle du

autres, par un bacille spécial qu'on a nommé *amylobacter*. Il est probable que, par des cultures raisonnées de ces microbes, on arrivera à régler d'une façon scientifique leur rôle dans le rouissage et à créer ainsi une méthode réellement industrielle de travail. Plusieurs chimistes-biologistes s'occupent actuellement de la solution de ce problème.

«Après le rouissage, le lin est séché, puis broyé entre des rouleaux de fonte cannelés, pour écraser la partie ligneuse de la tige et la séparer ainsi des fibres corticales. Dans certaines contrées, ce broyage s'appelle aussi *macquage*.

«Le teillage proprement dit a pour but de débarrasser complètement les fibres du bois et de la paille, il s'opère en battant à coups réglés les poignées de lin avec un large couteau de bois dur, nommé écangue, que l'on fait glisser le long des tiges : c'est le teillage à la main. Il se fait aussi mécaniquement au moyen de roues verticales à la circonférence desquelles on adapte un certain nombre de couteaux de bois et qui sont mises en mouvement par une pédale ou par la vapeur. Le déchet provenant du teillage, qui se compose de fibres grossières mélangées de paille, s'appelle émouchures; on l'emploie pour faire de très gros fils. Quant au reste de la paille, qui est aussi mélangée de quelques fibres, on l'utilise comme bourre dans les mortiers de plafonneurs. Le lin au sortir du teillage s'appelle lin brut. Autrefois, quand la filature mécanique n'avait pas encore supprimé le filage du lin à la main, l'opération du peignage suivait celle du teillage. Elle constituait une véritable industrie et le lin peigné, dont on distinguait une multitude de sortes différenciées par leur paquetage, se vendait au détail aux fileuses. Aujourd'hui le peignage fait partie de la manutention du lin en filature.

«Le peignage donne un déchet de brins plus courts qu'on appelle étoupes; le lin peigné se nomme aussi parfois long brin ». (E. Debièvre, secrétaire du Comité linier de Lille.)

Loir et de la Sarthe[1], dans leur portion inférieure; celles de l'Isère, auprès de Grenoble, et de la Somme, au-dessus d'Abbeville.

Le commerce distingue les chanvres de l'Anjou, du Maine, de la Bourgogne, de la Picardie, de la Champagne, etc.

Les procédés de culture sont partout à peu près identiques : les semailles se font tard, après que le sol est bien ressuyé et déjà un peu échauffé, c'est-à-dire dans le courant d'avril ou au commencement de mai. Les terres labourées à plat et bien ameublées doivent être sarclées avec soin et tenues bien propres.

La question la plus délicate est celle des engrais, qui exige la plus sérieuse attention dans la culture des départements de l'Ouest. Le cultivateur désire obtenir un grand rendement; l'industriel veut surtout des tiges longues et minces, la longueur du brin diminuant, pour un poids donné, le prix du travail et la ténuité du brin dénotant la finesse de la filasse. Le chanvre doit être le plus haut, en même temps que le plus mince possible. Dans les environs d'Écommoy, il n'est pas rare d'obtenir des chanvres atteignant plus de trois mètres de hauteur, mais on considère deux mètres comme une très bonne moyenne. Il faut observer que le chanvre très fin a plus de valeur que celui qui a 15 à 20 millimètres à 0 m. 50 de la racine.

La filasse de chanvre, comme celle de lin, est blonde, grise ou brune, selon que les tiges ont été rouies dans une eau courante, dans une eau dormante ou stagnante, ou sur un terrain gazonné; en outre, elle est plus ou moins douce ou fine, selon la grosseur des tiges et suivant aussi les procédés en usage dans le sérançage ou l'affinage des filaments.

Lors de la discussion du Tarif général des douanes, loi du 11 janvier 1892, des plaintes s'élevèrent de tous côtés : on demandait une protection efficace pour sauver de la ruine les cultures du lin et du chanvre autrefois si prospères.

C'est pour porter remède à cette situation, et pour ne pas troubler profondément l'industrie de la filature que le Parlement, par la loi du 13 janvier 1892, a décidé d'accorder des primes à la culture des textiles, lin et chanvre, et qu'une somme de 2,500,000 francs a été

[1] Le chanvre occupait autrefois, dans le département de Maine-et-Loire, une place très importante.

inscrite pour six années au budget du Ministère de l'agriculture pour qu'il en puisse faire la répartition.

Le règlement d'administration publique du 13 avril 1892 a déterminé dans quelles conditions ces primes devaient être distribuées. En 1892, les surfaces cultivées devaient occuper une étendue minima de 25 ares pour en bénéficier; les années suivantes, cette surface a été réduite à 10 ares. Ces primes n'ont point empêché que la culture du lin et celle du chanvre perdissent de nouveau de leur importance.

« En présence de cette diminution continuelle, on est en droit, écrit M. Gustave Heuzé[1], de se demander quel est le moyen qu'on peut adopter pour conserver à la France ces cultures industrielles, les seules qui présentent un véritable intérêt dans les circonstances actuelles.

« Quand on étudie ce qui se passe dans les localités où le lin et le chanvre sont cultivés, on constate que ces plantes occupent généralement de très petites superficies et que le petit cultivateur éprouve souvent de grandes difficultés pour se débarrasser du *lin* ou du *chanvre en tige ou en bois* qu'il a récoltés lorsqu'il ne veut pas les transformer en filasses. Dans ce cas, il est, le plus souvent, à la merci des courtiers qui parcourent les campagnes et n'achètent les produits textiles que lorsqu'on accepte des prix qui sont bien au-dessous de leur vraie valeur commerciale.

« Il faut plaindre le cultivateur qui, par suite d'une *mévente*, est obligé d'emmagasiner le lin ou le chanvre qu'il a récolté. La détérioration qu'éprouve alors son produit le décourage et le conduit à abandonner la culture des textiles.

« De ces faits, on peut conclure que l'État prendrait une excellente mesure s'il diminuait la prime (77 fr. 50) qu'il accorde par hectare comme encouragement à la culture du lin et du chanvre, pour accorder une prime spéciale aux industries qui se rendraient acquéreurs, avant ou après le rouissage, du lin ou du chanvre qui auraient été primés. Cette prime pourrait être le tiers de la prime actuelle, soit 26 francs par hectare. Le cultivateur naturellement ne recevrait plus que 52 francs par hectare ou 4 fr. 60 par 8 ares, superficie la plus

---

[1] Rapport de la Classe 41 (Produits agricoles non alimentaires.)

petite qui peut être primée, mais il conserverait l'espérance de vendre à un prix rémunérateur, aux usines s'occupant du rouissage industriel et du teillage des textiles, le produit qu'il aurait récolté, ce qui serait pour lui un véritable encouragement.

« Cette seconde prime ferait naître incontestablement des usines pour le rouissage et le teillage, établissements qui de nos jours sont peu nombreux en France et qui auraient pour conséquence la diminution des importations de lin et de chanvre qui s'élèvent annuellement à 100 millions de kilogrammes, quantité qui représente le produit de 140,000 hectares consacrés à la culture des textiles précités. »

Il est bien à craindre qu'aucune de ces mesures ne relève la culture du chanvre et du lin.

AUTRES CULTURES INDUSTRIELLES. — Le tableau ci-dessous donne la répartition des autres cultures industrielles (1892) :

DÉSIGNATION DES CULTURES.	SUPERFICIE TOTALE.	PRODUCTION TOTALE.	RENDEMENT MOYEN PAR HECTARE.	VALEUR TOTALE.	PRIX MOYEN du QUINTAL.
	hectares.	quintaux.	quintaux.	francs.	fr. c.
Tabac	16,539	239,468	14,41	19,940,493	83,28
Houblon	2,843	34,821	12,24	7,735,287	222,00
Chicorée	1,473	186,620	136,69	1,631,696	8,76
Gaude	169	2,547	15,07	51,947	20,39
Chardon à foulon	1,640	10,369	12,64	649,613	62,64
Safran	477	1,441	3,00	103,952	72,13
Autres	17,577	"	"	22,867,677	"
TOTAUX	40,718	475,266	"	52,980,665	"

Voyons tout d'abord le *tabac*. Le tableau de la page suivante indique que nous sommes obligés de recourir à l'importation et ce, dans une forte proportion, malgré la superficie relativement considérable consacrée par nous à la culture du tabac.

Nous tenons le quatrième rang pour la production ; les États-Unis tiennent le premier ; voici en nombres ronds les chiffres qui l'établissent :

États-Unis d'Amérique	3,288,000 quint. mét.
Autriche-Hongrie	545,000
Allemagne	305,000
France	224,000

QUANTITÉ ET VALEUR DES TABACS.

ANNÉES.	ACHAT DE MATIÈRES PREMIÈRES (tabacs et cigares).					VENTE DE TABACS FABRIQUÉS.	
	TABACS EN FEUILLES INDIGÈNES LIVRÉS PAR LES PLANTEURS (y compris ceux d'Algérie).			TOTAL DES ACHATS DE MATIÈRES PREMIÈRES (tabacs en feuilles et cigares).		Quantités.	Valeurs.
	Quantités.	Valeurs.	Prix moyen par 100 kilogr.	Quantités.	Valeurs.		
	kilogr.	francs.	fr. c.	kilogr.	francs.	kilogr.	francs.
1885...	19,150,000	16,897,000	88 23	40,351,000	47,180,000	36,289,000	375,509,000
1886...	21,841,000	18,379,000	84 14	42,923,000	46,824,000	36,052,000	369,924,000
1887...	24,592,000	21,155,000	86 02	39,343,000	41,123,000	35,830,000	370,111,000
1888...	24,805,000	20,411,000	82 28	36,401,000	36,231,000	36,021,000	370,452,000
1889...	22,165,002	17,476,000	78 84	33,593,000	33,983,000	36,185,000	374,006,000
1890...	19,206,000	15,783,000	82 17	34,276,000	38,071,000	36,205,000	373,101,000
1891...	20,348,000	17,158,000	84 32	36,654,000	38,615,000	36,238,000	372,480,000
1892...	22,727,000	19,654,000	86 47	38,371,000	41,965,000	36,474,000	377,710,000
1893...	23,317,000	20,372,000	87 36	41,735,000	45,629,000	35,910,000	375,442,000
1894...	22,932,000	19,600,000	85 47	44,551,000	48,794,000	35,946,000	377,618,000
1895...	25,581,000	21,771,000	85 10	41,886,000	46,063,000	36,339,000	382,915,000
1896...	26,769,000	23,112,000	86 33	41,062,000	45,751,000	37,291,000	395,885,000

La culture du tabac est très inégalement répartie chez nous entre 22 départements. À eux seuls, six départements représentent les quatre cinquièmes de la surface qui lui est consacrée : ce sont la Dordogne (3,400 hect.); le Lot (2,070 hect.); l'Isère (1,830 hect.); la Gironde (1,470 hect.) et le Pas-de-Calais (1,030 hect.) Dans les seize autres départements, les plantations varient de 7 hectares (Vaucluse) à 710 hectares (Ille-et-Vilaine) et trois départements seulement cultivent plus de 500 hectares de tabac. Les chiffres 1892-1901 sont : 235,481 quintaux pour 16,470 hectares, soit 14^{qx},29 par hectare.

Le tabac est essentiellement une plante de petite culture. Les soins incessants qu'il réclame pendant toutes les phases de la végétation, depuis le semis et la plantation jusqu'à la récolte et le séchage des feuilles, exigent une main-d'œuvre considérable; c'est pourquoi le nombre des cultivateurs entre lesquels se partagent les 16,500 hectares qu'elle couvre est très élevé, près de 58,000, ce qui correspond à une culture moyenne de 29 ares par planteur. Dans certaines exploitations peu nombreuses, on trouve des cultures de 2 à 3 hectares, mais, dans la plupart des cas, c'est sur 8, 10, 20 ares au plus que nos cultivateurs récoltent du tabac. Plus une culture exige de soins et de main-d'œuvre, plus celui qui la pratique doit s'efforcer de réaliser un double objectif : rendement économique maximum, qualité supérieure des produits.

Suivant le climat, la nature du sol et les circonstances diverses qui influent sur la végétation, le tabac contient des proportions de nicotine très différentes : les exemples suivants le montrent :

TABACS SÉCHÉS À 100 DEGRÉS.	TAUX DE NICOTINE. p. 100.	TABACS SÉCHÉS À 100 DEGRÉS.	TAUX DE NICOTINE. p. 100.
Maryland	2.29	Nord	6.58
Alsace	3.21	Virginie	6.87
Pas-de-Calais	4.94	Lot-et-Garonne	7.34
Kentucky	6.09	Lot	7.96
Ille-et-Vilaine	6.29		

La fumure potassique a une influence pour ainsi dire exclusive sur la combustibilité du tabac, qui est la qualité essentielle. Cette fumure augmente en même temps la quantité de la récolte[1].

Le *houblon* est connu en Europe depuis les xiii⁰ et xiv⁰ siècles ; mais c'est seulement en 1800 que Metzinger l'introduisit en Alsace, en 1805 qu'il a été cultivé, pour la première fois, dans la Lorraine et les Vosges, et en 1836 que Noël le propagea en Bourgogne.

En 1840, sa culture occupe chez nous 824 hectares produisant 888 kilogrammes de cônes; en 1862, alors que nous possédons encore l'Alsace, il s'étend sur 4,836 hectares, avec une production s'élevant à 6,628,000 kilogrammes et ayant une valeur de 14,522,700 francs. De 1892 à 1901, la production moyenne est de 33,466 quintaux; la surface sous culture, de 2,872 ; cela donne 11^{qx},65 par hectare. Cette culture se fait surtout au Nord et à l'Est.

Ce sont les houblonnières de la Lorraine et de la Bourgogne qui, en général, produisent chez nous le meilleur houblon et celui qui a le plus de valeur commerciale, bien que les cônes qui le constituent soient un peu petits et arrondis. Les plants qui le fournissent ont été

[1] C'est aux expériences de M. Schloesing qu'on doit la connaissance de ces faits.

importés de l'Alsace et de Spalt. Nos houblons sont, du reste, plus aromatiques que les houblons anglais et belges.

DÉPARTEMENTS DE CULTURE DU HOUBLON (1892).

DÉPARTEMENTS.	SUPERFICIE.	RENDEMENT MOYEN PAR HECTARE.	RENDEMENT TOTAL.	VALEUR.
	hectares.	quintaux.	quintaux.	francs.
Ain	1	14,00	14	3,500
Aisne	104	8 60	901	197,017
Aube	3	13,04	39	7,020
Charente	1	15,00	15	3,000
Charente-Inférieure	11	13,70	151	36,844
Côte-d'Or	945	11,20	10,584	2,667,168
Landes	102	11,00	1,122	333,234
Lot-et-Garonne	1	5,00	5	750
Marne (Haute-)	80	7,00	560	158,480
Meurthe-et-Moselle	612	10,60	6,538	1,553,175
Nord	865	15,00	13,465	2,496,648
Pas-de-Calais	14	9,90	139	34,750
Saône (Haute-)	29	12,00	348	5,916
Saône-et-Loire	20	12,70	254	70,575
Seine-Inférieure	5	7,00	35	5,250
Somme	7	6,00	42	8,400
Vaucluse	11	10,09	110	16,200
Vosges	32	15,60	499	138,920

Le *chardon à foulon* est l'une des *têtes* que produit la *cardère*; grâce à ses crochets dentés et élastiques, il sert à peigner les étoffes de laine. Cette plante bisannuelle est cultivée depuis longtemps dans la région méridionale; on la trouve également depuis trois siècles en Bourgogne; elle croît aussi très bien dans le Bas-Languedoc et dans la vallée de la Seine. Le commerce et l'exportation de ce produit sont assez importants.

La production de la *chicorée à café* prend une extension de plus en plus considérable dans la culture générale de la région du Nord. Ainsi, dans le seul arrondissement de Dunkerque, le produit en cossette, qui était, en 1889, de 1 million de kilogrammes, a dépassé aujourd'hui le chiffre de 7 millions de kilogrammes. Cette culture est donc à même de fournir de nouvelles ressources à l'agriculture, à condition qu'on emploie des variétés de choix sélectionnées, qu'on donne à la terre de bonnes façons culturales et qu'on fasse emploi de fumier court ou d'engrais chimiques.

La magdebourg est la variété qui est maintenant cultivée avec avantage et semble, du reste, le mieux convenir aux terres du Nord; la Belgique, malgré nos droits protecteurs et le prix élevé de ses cossettes, continue à approvisionner les marchés français, à cause de la supériorité incontestable de la qualité de ses racines et de l'abondance de sa main-d'œuvre à bon marché qui lui en facilite la production.

Les *plantes tinctoriales* sont celles qui ont le plus diminué d'importance, — diminution qui a causé de véritables désastres dans certaines régions; en outre, les substitutions d'une plante tinctoriale à une autre — relativement assez fréquentes — rendent ce genre de culture peu certain. On sait que les principes tinctoriaux sont naturels (extraits des végétaux) ou artificiels (obtenus chimiquement). Ce sont ces derniers qui, de notre temps, l'emportent chaque jour davantage sur les premiers. C'est d'autant plus regrettable, au point de vue français, que nous sommes loin de tenir la première place dans l'industrie des matières colorantes artificielles, tandis que nous étions depuis longtemps parmi les principaux producteurs de plantes tinctoriales.

Ainsi déjà, au temps de Charlemagne, il existait à Saint-Denis (Seine) un marché à garance. Cependant, la garance de Smyrne ne fut introduite en France qu'en 1765 par Jean Althen. Elle se développa très vite dans le Comtat et le Bas-Languedoc et fut, pour ces régions, la source de grandes richesses. En 1840, la garance occupait 14,674 hectares, produisant 16 millions de kilogrammes de racines. Cette prospérité ne fit que progresser jusqu'en 1862, année où elle atteignit son apogée, car la culture de cette plante s'étendait alors sur 20,460 hectares, avec un produit de 50 millions de kilogrammes. Mais, à partir de cette date, on importe de Naples des racines dont les poids s'élevèrent annuellement jusqu'à 10 millions de kilogrammes. Notre exportation n'en est pas moins très importante; elle atteint une valeur de 31 millions de francs. Les variétés d'Alsace et d'Avignon étaient les plus estimées. Mais 1869 voit la découverte de l'alizarine artificielle, et la culture de la garance est, en quelques années, abandonnée faute d'acheteurs. Disons-en un mot, cependant.

La garance est une herbacée à rhizomes, que l'on récolte quand elle est âgée de trois ans. Arrachés en octobre, ces rhizomes étaient séchés et battus pour enlever la terre et le chevelu des racines, puis passés à un crible qui séparait l'épiderme et brisait la racine en menus morceaux. Ceux-ci étaient alors broyés sous des meules et convertis en poudre que l'on plaçait dans des barils où ses propriétés tinctoriales s'accroissaient sous l'influence du temps et l'action d'une fermentation particulière.

De même que la garance pour les Vauclusiens, le pastel fut une véritable source de richesse pour les Albigeois ; pendant le moyen âge, il fut seul employé pour teindre en bleu. Au xiiᵉ siècle, il existait à Saint-Denis, près Paris, un marché pour le pastel. Les ordonnances de Jean II, de Charles V et de Charles VII montrent l'importance de sa culture dans les diocèses d'Albi, de Toulouse, de Mirepoix, etc. En 1502, Henri II, par lettres patentes, permet aux marchands de Toulouse d'en exporter en Flandre, en Espagne et en Angleterre.

Aujourd'hui, il est encore cultivé dans les environs d'Albi, mais c'est une culture sans importance aucune ; l'indigo a, en effet, remplacé le pastel.

La gaude ou herbe à jaunir est remarquable par la solidité de sa teinture jaune. On la cultive sur 169 hectares situés dans les environs des grands centres manufacturiers, Elbeuf, Louviers, etc. ; sa production s'élève à 250,000 kilogrammes.

Dès le xiiᵉ siècle, nous voyons le safran cultivé en grand dans le Gâtinais, l'Angoumois, l'Albigeois, le Lauraguais et le Comtat (moins de 500 hectares, contre plus de 1,100 il y a quarante ans). Celui du Gâtinais, bien récolté et conservé, rivalise avec le safran du mont Liban. Vers 1630, la seule commune de Boynes (Loiret) en vend annuellement pour 300,000 livres à la Hollande et à l'Allemagne. En 1766, on en expédie jusqu'aux Indes. Des mesures avaient été prises pour lui conserver sa bonne qualité ; Henri II avait édicté, par arrêt de 1550, des peines corporelles contre les falsificateurs.

Malheureusement la culture du safran est parmi celles dont la production des teintures chimiques a entraîné la diminution. Actuellement, en France, elle ne se pratique plus que dans la partie du Gâtinais qui appartient à l'arrondissement de Pithiviers. Pendant longtemps, elle avait fait, avec celle de la vigne, la prospérité du Gâtinais entier, et il est fort à craindre que les derniers vestiges de la production safranière disparaissent complètement si l'on n'apporte pas un remède à cette situation critique. Cette disparition serait désastreuse pour les populations rurales d'une région où la vigne n'existe plus, par suite de l'invasion phylloxérique, et où la pomme de terre, qui l'a remplacée, est sérieusement menacée par une nouvelle maladie de nature bactérienne. Cette opinion pessimiste d'un agronome ne me paraît pas justifiée.

Il est admis que la production du safran n'est vraiment rémunératrice qu'à la condition que le prix de vente du produit sec ne descende pas au-dessous de 80 francs. Or, le prix de vente actuel n'est que de 70 francs au maximum[1]. La culture, la récolte, et en particulier l'épluchage des fleurs du safran auquel prennent part les enfants et les vieillards, exigent un long travail; il en résulte que l'extinction de la production, en diminuant la main-d'œuvre, en provoquant même le chômage, accentuerait la dépopulation de nombreuses communes de l'arrondissement de Pithiviers, où les petites parcelles occupées par cette plante n'atteignent déjà plus actuellement, d'après les statistiques récentes, que 300 hectares.

Quels remèdes à cette crise? Il faut combattre l'épuisement des terres plantées en safran. Généralement, on ne leur donne que des façons trop superficielles; en outre, les plantes adventices absorbent la majeure partie des éléments fertilisants; enfin, bon nombre de cultivateurs du Gâtinais croient encore que les engrais sont nuisibles au safran. C'est là une erreur qui disparaîtrait bien vite sous l'influence de quelques essais rationnellement conduits, et qui ferait place à la

---

[1] Il faut observer que l'avilissement des cours est dû, en grande partie, à la production abondante du safran en Espagne (v. p. 76) et aussi à la fraude sur la qualité du produit. En 1897, le prix du safran s'est élevé jusqu'à 120 francs le kilogramme. Cette hausse, qui survint après une mévente de plusieurs années, rendit confiance aux safraniers découragés par les maladies qui s'attaquent à cette culture.

conviction acquise par tous les cultivateurs progressistes, que le safran est d'autant plus productif qu'il est cultivé en terrain plus fertile.

L'exportation est aujourd'hui très inférieure à l'importation : environ 28,000 contre 58,000.

Le *mûrier*, qui figure aux tableaux des cultures arborescentes (p. 357), doit également retenir notre attention. La zone de culture — la même que celle de l'industrie séricicole — a chez nous pour limite septentrionale une ligne qui, partant de Bayonne et laissant en dehors le département des Landes, englobe le Lot-et-Garonne, le Lot, fait un crochet pour gagner l'Aveyron et la Lozère, en contournant au sud le Cantal et la Haute-Loire; puis se relève au-dessus de l'Ardèche, de la Loire, du Rhône, de l'Ain, embrasse au-dessous la Haute-Savoie et rejoint par la Savoie la frontière italienne. On commence à effeuiller dès que les bourgeons présentent un certain nombre de feuilles complètement développées. Cette récolte se prolonge pendant 35 à 40 jours. Le produit moyen du mûrier est, pour les arbres à haute tige, soumis à l'aménagement biennal, de 100 kilogrammes de feuilles tous les deux ans. Ce produit augmente progressivement pendant une vingtaine d'années, et atteint 200 kilogrammes, puis se maintient ainsi pendant vingt-cinq à trente ans. Quand le mûrier atteint 50 ans, la décroissance commence et à 65 ans l'arbre dépérit, si on ne le rajeunit pas.

Plantes aromatiques. — On peut citer comme plantes aromatiques la coriandre, l'anis, le cumin, cultivés principalement en Touraine et en Albigeois. L'absinthe est cultivée à Pontarlier et dans le reste du Jura, dans les Alpes, dans les Cévennes et aux environs de Paris. Dans cette dernière région, ainsi qu'en Touraine, en Bas-Languedoc, en Provence, en Anjou, on trouve des cultures de pavot blanc, de ricin, de camomille, de menthe anglaise, de mélisse. Le Bordelais et l'Angoumois sont aussi producteurs de cassis (v. note de la p. 363) et de menthe; le Roussillon également et la Provence, surtout du côté de Grasse.

La réglisse occupe un millier d'hectares dans le val de Loire tourangeau, aux alentours de Bourgueil. Elle s'y récolte meilleure qu'en

Turquie, en Sicile on en Espagne, et sa conservation est plus aisée. On en obtient de 90 à 100 quintaux par hectare tous les cinq ans; ce qui, selon les qualités, représente de 4,000 à 8,000 francs, soit un revenu brut annuel de 800 à 1,600 francs.

Jardins. — Je donnerai seulement ici le tableau suivant, me réservant de traiter des jardins au chapitre XXX, pages 592 et suivantes.

RÉPARTITION PROPORTIONNELLE DE LA SUPERFICIE DES JARDINS
CONSACRÉS À LA VENTE (1892).

10 départements cultivant moins de 300 hectares :

Haut-Rhin (55), Lozère (80), Hautes-Alpes (119), Basses-Alpes (150), Ariège (163), Cantal (168), Haute-Savoie (234), Haute-Loire (251), Tarn-et-Garonne (268), Pyrénées-Orientales (286).

13 départements cultivant de 300 à 500 hectares :

Ardèche (305), Hautes-Pyrénées (334), Landes (354), Aube (375), Creuse (382), Jura (387), Savoie (387), Eure-et-Loir (387), Orne (393), Yonne (412), Basses-Pyrénées (440), Aveyron (456), Haute-Saône (497).

34 départements cultivant de 500 à 1,000 hectares :

Vaucluse (503), Ain (514), Lot (527), Corrèze (530), Lot-et-Garonne (533), Meuse (537), Loir-et-Cher (551), Doubs (570), Vosges (585). Mayenne (611), Loire (620), Ardennes (634), Jura (660), Cher (674), Tarn (700), Gers (720), Haute-Vienne (742), Sarthe (762), Loiret (770), Indre-et-Loire (773), Saône-et-Loire (798), Meurthe-et-Moselle (805), Haute-Marne (813), Côte-d'Or (864), Marne (869), Charente (879), Aude (881), Drôme (917), Indre (918), Puy-de-Dôme (941), Eure (946), Hérault (956), Vendée (961), Corse (984).

20 départements cultivant de 1,000 à 1,600 hectares :

Dordogne (1,055), Nièvre (1,070), Oise (1,095), Loire-Inférieure (1,101), Maine-et-Loire (1,142), Var (1,165), Seine-et-Marne (1,182). Calvados (1,185), Seine-Inférieure (1,186), Deux-Sèvres (1,248), Allier (1,290), Aisne (1,331), Manche (1,355), Somme (1,412), Haute-Garonne (1,432), Charente-Inférieure (1,433), Finistère (1,454), Pas-de-Calais (1,456), Seine (1,477), Ille-et-Vilaine (1,523).

1o départements cultivant plus de 1,600 hectares :

> Côtes-du-Nord (1,627), Rhône (1,705), Gard (1,800), Gironde (1,833), Vienne (1,977), Nord (2,118), Alpes-Maritimes (2,274), Morbihan (2,535), Seine-et-Oise (3,010), Bouches-du-Rhône (4,190).

Algérie :

> Oran (2,558 hect.), Alger (4,423 hect.), Constantine (5,863 hect.).

PÉPINIÈRES. — J'en parlerai plus loin (p. 619 et suiv.), me bornant ici à quelques données statistiques. Les pépinières se rencontrent dans 71 départements et sont de nature et de produits très divers. Le tableau suivant est, à ce sujet, intéressant à consulter.

ÉVALUATION PAR HECTARE DE LA PRODUCTION DES PÉPINIÈRES (1892).

17 départements sans pépinières :

> Finistère, Loir-et-Cher, Indre, Creuse, Deux-Sèvres, Cantal, Lozère, Hautes-Pyrénées, Basses-Pyrénées, Tarn, Tarn-et-Garonne, Gers, Landes.

18 départements produisant moins de 1,000 francs par hectare :

> Charente-Inférieure (290), Charente (450), Drôme (490), Haute-Savoie (600), Corse (600), Jura (600), Haute-Loire (625), Ardèche (700), Haute-Garonne (700), Loire (750), Aude (750), Ariège (800), Nord (800), Pas-de-Calais (830), Aisne (900), Eure-et-Loir (930), Puy-de-Dôme (960), Meuse (970).

18 départements produisant de 1,000 à 1,800 francs :

> Aveyron (1,000), Corrèze (1,000), Vendée (1,000), Aube (1,100), Vosges (1,160), Côte-d'Or (1,200), Haute-Vienne (1,200), Savoie (1,250), Marne (1,250), Calvados (1,270), Haute-Marne (1,300), Somme (1,400), Loiret (1,400), Oise (1,500), Lot (1,500), Hérault (1,600), Yonne (1,700), Ardennes (1,700).

16 départements produisant de 1,800 à 2,700 francs :

> Alpes-Maritimes (1,800), Vienne (1,900), Lot-et-Garonne (2,000), Eure (2,100), Orne (2,100), Côtes-du-Nord (2,130), Meurthe-et-Moselle (2,200), Ain (2,250), Isère (2,300), Basses-Pyrénées (2,300), Vaucluse (2,400), Saône-et-Loire (2,400), Maine-et-Loire (2,500), Loire-Inférieure (2,500), Morbihan (2,500), Manche (2,500).

9 départements produisant de 2,700 à 3,500 francs :

> Dordogne (2,750), Nièvre (2.780), Mayenne (2,800), Indre-et-Loire (2,900), Sarthe (2,900), Seine-et-Marne (3,000), Ille-et-Vilaine (3,300), Seine-Inférieure (3,400), Allier (3,400).

9 départements produisant plus de 3,500 francs :

> Pyrénées-Orientales (3,500), Bouches-du-Rhône (3,500), Var (3,600), Gard (3,800), Cher (3,800), Seine (3,800), Gironde (4,000), Rhône (4,500), Seine-et-Oise (4,700).

Pour la France 2,445 francs.

Algérie :

> Constantine (700 fr.), Alger (800 fr.), Oran (1,180 fr.).

Au total (recensement de 1892), les pépinières couvrent 4,199 hectares donnant une production de 10,260,932 francs.

OSERAIES. — Enfin, il nous reste à dire un mot des oseraies [1] et des végétaux pour la vannerie.

[1] « La culture de l'osier prend d'année en année plus d'extension, et cela à peu près dans toutes les régions et dans tous les sols propres à cette plante. Les temps sont passés où l'on croyait devoir reléguer l'osier dans des terrains de peu de valeur et ne se prêtant guère à d'autres cultures. Aujourd'hui l'osier est employé plus fréquemment par l'industrie. On a reconnu que l'emploi de paniers d'emballage est beaucoup plus économique et beaucoup plus commode pour bien des marchandises, que la caisse en bois. Et, en effet, le panier ne revient pas plus cher que la caisse en bois de sapin de mêmes dimensions; muni d'anses, il est très portatif, et enfin, il peut servir plusieurs fois, tandis que la caisse devient la plupart du temps impropre à l'emballage lorsqu'elle a servi une ou deux fois.

« D'autre part, la vannerie fine a pris de nos jours une extension très considérable; elle est devenue dans beaucoup de régions une industrie importante qui travaille des quantités énormes d'osiers.

« L'utilisation plus fréquente de l'osier a contribué à établir les prix rémunérateurs que l'on paye aujourd'hui presque partout; aussi la culture de cette plante est-elle devenue des plus lucratives. Un agriculteur de mes amis, cultivateur d'osiers expérimenté, m'a affirmé il y a quelque temps, qu'il avait, dans une année favorable, retiré de son oseraie bien soignée et bien fumée, un bénéfice net de *15 francs par are*. C'est énorme. Et si ce n'était que la moitié, ce serait encore extraordinaire.

« Pour qu'une oseraie rapporte et se maintienne dans un bon et durable état de fertilité, il ne faut pas seulement la bien soigner et la bien fumer, mais il faut aussi en savoir faire la récolte. La coupe de l'osier doit s'effectuer avec précaution et selon des règles détermi-

2 1 départements ne cultivent pas d'osier.

Ceux où les oseraies sont le plus nombreux sont :

	ÉTENDUE.	PRODUCTION.
	hectares.	francs.
Ardennes..........................	983	523,325
Aisne	900	299,404
Gironde	585	257,412
Marne (Haute-)...................	493	174,591
Meurthe-et-Moselle...............	415	232,630

nées, sous peine de compromettre l'existence de la plantation.

«Il y a quelque temps, il était d'un usage général de couper les osiers destinés à être pelés, à l'époque de la sève, afin de faciliter le travail de l'écorçage. On enlevait les verges en mai ou juin, ou aussi au moment de la seconde sève. Par ce procédé, on n'endommageait pas seulement les plants, mais on obtenait un produit de peu de valeur. Car les osiers coupés pendant la période de sève sont très cassants; l'extrémité supérieure n'est pas encore suffisamment dure et ligneuse, mais trop herbacée. A cause de la superfétation de la sève, montante à cette époque de l'année, beaucoup de plants périssent pour excès de sève.

«D'autre part, la seconde période de végétation est, la plupart du temps, complètement perdue. Car les pousses venant après cette coupe hâtive n'ont plus le temps de durcir et de former suffisamment leur ligneux pour pouvoir résister efficacement aux gelées hivernales.

«La meilleure époque pour la coupe est incontestablement l'automne ou le commencement d'hiver. Fin octobre ou au commencement de novembre, les osiers ont perdu leur feuillage. On attend les premières gelées, qui finissent par faire mûrir complètement les verges; puis, on commence la récolte avant l'arrivée de la neige.

«Dans les cultures où l'enracinement est faible, ce qui est notamment le cas dans les sols légers et marécageux, on doit seulement couper quand le sol est durci par la gelée, afin de ne pas ébranler les souches par le travail de la coupe. Une légère chute de neige ne doit pas faire interrompre le travail. Mais quand la couche de neige dépasse o m. 10 d'épaisseur, il faut le suspendre. Dans ce cas, la section ne s'effectue pas à ras de sol, les tronçons sur les souches restent trop longs, ce qui compromet la culture entière. Ces tronçons, outre qu'ils enlèvent beaucoup de nourriture à la souche, deviennent un abri pour les insectes nuisibles.

«Il s'ensuit qu'il faut couper les verges à ras de sol et même pénétrer un peu dans la terre avec l'instrument, en sorte qu'il ne reste pas de tronçon ou qu'il soit aussi court que possible. La coupe doit être effectuée pour le mois de mars au plus tard. L'apparition des chatons vers cette époque est un indice que la végétation a commencé et que le travail de la coupe doit être suspendu. Il est, du reste, impossible de donner des règles précises relativement aux dates où doit commencer et finir le travail; la nature du sol, l'exposition de la culture, ainsi que le temps y entrent pour beaucoup.

«Le point essentiel c'est de couper plutôt quelques semaines trop tôt que de commencer trop tardivement. Si les conditions de temps et de travail ne permettent pas de terminer à l'époque prescrite, il vaut mieux laisser les verges pendant deux ou trois ans que de compromettre toute la culture par une coupe intempestive.» (J.-Ph. WAGNER, *Journal d'agriculture pratique*.)

M. de la Barre, propriétaire dans l'Aisne, est l'un des propagateurs les plus ardents de la culture de l'osier. Les belles plantations qu'il a créées, les résultats qu'il a obtenus ont attiré l'attention des visiteurs de l'Exposition de 1900. Ils montrent l'importance que cette culture pourrait prendre dans beaucoup de régions de la France pour le plus grand profit à tirer de terrains peu favorables aux cultures ordinaires. Il est certain que le développement des oseraies créées avec les meilleures variétés de saules — que les expériences de M. de la Barre ont fait connaître — pourrait devenir une source de profits sérieux pour beaucoup de cultivateurs.

Les totaux de la production et de la superficie cultivée en 1892 sont : 7,087 hectares, avec une production de 2,636,958 francs.

L'exportation — légèrement supérieure à l'importation — monte à un million de kilogrammes environ d'osier brut ou écorcé.

Il n'en est pas ainsi du sorgho à balais. Encore que cette culture couvre plus de 5,000 hectares, elle ne suffit pas à notre consommation, et nous sommes obligés d'avoir recours à l'importation.

CHAPITRE XXIX.

ÉLEVAGE.

A. CONSIDÉRATIONS GÉNÉRALES.

IMPORTANCE DE L'ÉLEVAGE EN FRANCE. — CHIFFRES DE L'ENQUÊTE DE 1892. — COMPARAISON AVEC LES ENQUÊTES ANTÉRIEURES. — IMPORTATIONS ET EXPORTATIONS. — CHIFFRES PLUS RÉCENTS. — RÉGIONS D'ÉLEVAGE.

Trois milliards 137 millions, tel est le produit brut de l'élevage en France; ce chiffre montre l'énorme importance, pour notre pays de cette branche de l'industrie agricole. Elle représente, en effet, le tiers du revenu total de notre agriculture, bien que l'élevage n'occupe qu'un quart du territoire cultivé.

Voici ce que constate, au sujet de la valeur du cheptel, l'enquête de 1892 :

ESPÈCES.	NOMBRE D'ANIMAUX EXISTANT AU 30 NOVEMBRE 1892.	VALEUR DES ANIMAUX	
		TOTALE.	PAR TÊTE.
	têtes.	milliers de francs.	francs.
Chevaline	2,794,529	1,166,171	417
Mulassière	217,083	79,167	364
Asine	368,695	33,695	91
Bovine	13,708,997	2,928,928	213
Ovine	21,115,713	465,904	22
Porcine	7,421,073	500,407	68
Caprine	1,845,088	28,384	15
TOTAUX ET MOYENNE	47,471,178	5,202,656	170

Si, à ces chiffres, on ajoute la valeur des animaux de basse-cour, évaluée à 166,385,096 francs, on trouve que la totalité du capital du cheptel vivant de l'agriculture française est représentée par une somme de 5,369,041,096 francs.

Il ressort du tableau précédent que la France est surtout riche en gros bétail. L'espèce bovine, à elle seule, entre pour plus que toutes les autres espèces réunies dans la valeur totale des animaux. Les chevaux occupent le deuxième rang, non en raison de leur nombre, mais à cause du prix élevé qu'ils atteignent par tête. Les porcs représentent un capital plus important que celui des moutons. La chèvre a la plus petite part dans le capital cheptel de la France.

Prise en bloc, la valeur totale des animaux domestiques correspond à : 10,309 francs par 100 hectares du territoire agricole et à 16,266 francs par 100 hectares de la superficie des terres labourables, prés et herbages.

Dans le tableau ci-après, le poids total d'animaux entretenus a servi à classer les départements par ordre décroissant du poids brut ou vif fourni par l'ensemble des animaux de ferme. J'indique seulement les départements où le poids vif du bétail dépasse 100,000 tonnes.

	tonnes.		tonnes.
Nord	158,127	Aisne	117,597
Saône-et-Loire	141,317	Mayenne	117,336
Maine-et-Loire	138,792	Ille-et-Vilaine	114,726
Seine-Inférieure	128,776	Pas-de-Calais	114,256
Manche	127,354	Somme	103,419
Allier	125,776	Loire-Inférieure	102,513
Puy-de-Dôme	122,572	Dordogne	102,339
Calvados	120,642	Sarthe	101,311
Côtes-du-Nord	120,410		
Vendée	120,005	FRANCE	6,438,811
Finistère	117,903		

La carte (fig. 255) indique la répartition du poids vif du bétail (toutes espèces réunies) sur le territoire.

Si nous comparons les chiffres des enquêtes antérieures, nous constatons les différences suivantes :

ESPÈCES.	RELEVÉ DES EXISTENCES.				DIFFÉRENCES RELATIVES	
	1840. (86 départements.)	1862. (89 départements.)	1882. (86 départements.)	1892. (86 départements.)	de 1840 à 1882.	de 1882 à 1892.
	têtes.	têtes.	têtes.	têtes.	p. 100.	p. 100.
Chevaline	2,818,496	2,914,412	2,837,952	2,794,529	0.69	1.53
Mulassière	473,841	330,987	250,673	217,083	— 32.89	— 13.39
Asine	413,519	396,237	395,853	368,695	— 4.11	— 6.86
Bovine	11,761,538	12,811,589	12,997,054	13,708,997	10.50	+ 5.47
Ovine	32,151,430	29,529,678	23,809,493	21,115,713	— 25.94	— 11.31
Porcine	4,910,721	6,037,543	7,146,936	7,421,073	45.55	+ 3.83

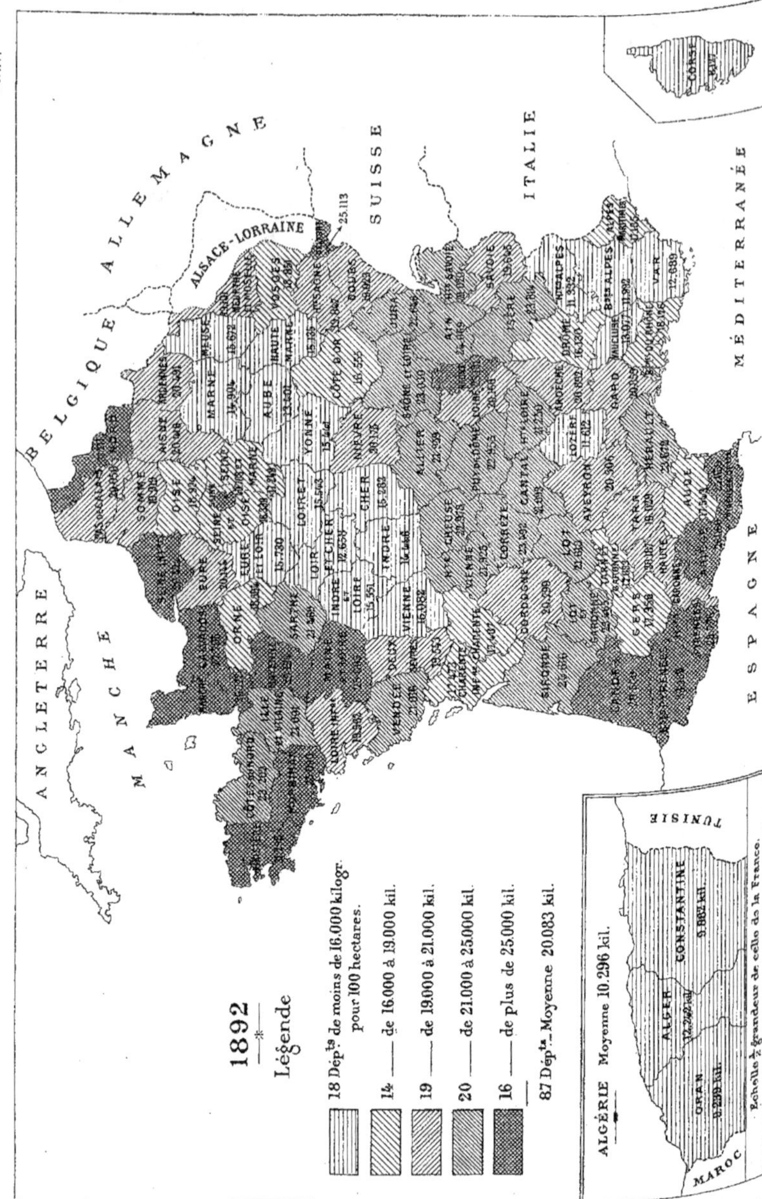

Fig. 255. — Rapport, à 100 hectares des terres labourables, des prairies artificielles et des prés et herbages, du poids vif total de l'ensemble des animaux de ferme (1892).

Pour rendre exacte la comparaison avec les relevés de 1862, il faut déduire de ceux-ci les effectifs de l'Alsace-Lorraine, où il existait en 1862 :

Chevaux	139,980
Têtes de gros bétail	443,258
Bêtes à laine	302,892
Porcs	225,569

En défalquant les existences ci-dessus des totaux de 1862, on arrive au tableau suivant, dont les éléments deviennent tout à fait comparables :

ESPÈCES.	EXISTENCES.			DIFFÉRENCES				EFFECTIFS					
	EN 1862 (Alsace-Lorraine non comprise 86 départements).	EN 1882 (86 départements).	EN 1892 (86 départements).	DE 1862 à 1882		DE 1882 à 1892		EN 1862		EN 1882		EN 1892	
				absolues.	relatives.	absolues.	relatives.	par kilomètre carré du territoire.	par 100 habitants.	par kilomètre carré du territoire.	par 100 habitants.	par kilomètre carré du territoire.	par 100 habitants.
	têtes.	têtes.	têtes.	têtes.	p. 100.	têtes.	p. 100.	têtes.	têtes.	têtes.	têtes.	têtes.	têtes.
Chevaline	2,774,432	2,837,952	2,794,529	63,520	2.29	− 43,423	− 1.53	5.25	8.09	5.37	7.53	5.28	7.28
Bovine	12,368,331	12,997,054	13,708,997	628,723	5.08	+ 711,943	+ 5.47	23.21	36.11	24.60	34.50	25.93	35.75
Ovine	29,226,786	28,809,433	21,115,713	−5,417,353	− 18.53	−2,693,720	− 11.31	55.29	85.34	45.04	63.20	39.94	55.07
Porcine	5,811,974	7,146,996	7,421,073	1,335,022	22.98	+ 274,077	+ 3.83	10.99	16.97	13.52	18.98	14.04	19.35

L'examen des statistiques à des périodes différentes nous donne sur le mouvement des importations et des exportations de précieuses indications. 1882 laissait la France exportatrice de la seule espèce mulassière. Depuis, elle est devenue exportatrice : de façon continue en ce qui concerne les chèvres, et de façon intermittente pour les bovins et pour les porcins, et plus encore pour les chevaux. Voici, résumés par période, les excédents des importations sur les exportations :

ESPÈCES.	1831-1841 (11 ans).	1842-1851 (10 ans).	1852-1861 (10 ans).	1862-1871 (10 ans).	1872-1881 (10 ans).	1882-1891 (10 ans).
Chevaline	14,666	15,413	12,247	7,715	184	− 11,944
Mulassière	− 14,218	− 16,124	− 19,108	− 18,924	− 12,580	− 16,948
Asine	214	571	273	280	1,228	1,663
Bovine	23,183	24,540	74,255	138,164	127,926	61,138
Ovine	93,788	73,894	292,387	872,850	1,654,507	1,629,966
Porcine	133,871	75,017	85,907	116,447	87,524	20,218
Caprine	3,985	5,614	6,940	5,198	4,112	369

A. QUANTITÉS (1892).

CATÉGORIES.	JOURNÉES de TRAVAIL	FUMIER PRODUIT.	POIDS EN VIANDE des ANIMAUX INDIGÈNES abattus et exportés.	ANIMAUX INDIGÈNES ABATTUS et exportés.	LAIT.	LAINE.	OEUFS.	COCONS FRAIS.	MIEL et CIRE.
	nombre.	tonnes.	kilogrammes.	têtes.	hectolitres.	kilogrammes.	nombre.	kilogrammes.	kilogrammes.
Espèce chevaline........	548,252,000	13,016,644	11,767,000 [1]	73,721	"	"	"	"	"
Espèce mulassière......	42,340,560	784,105	204,510 [1]	16,019	"	"	"	"	"
Espèce asine.........	64,478,200	811,399	216,827 [1]	2,813	"	"	"	"	"
Espèce bovine........	621,262,500	51,685,148	727,273,323	5,668,683	77,013,379	"	"	"	"
Espèce ovine	"	9,394,688	126,072,937	7,093,410	" [2]	35,694,416	"	"	"
Espèce porcine........	"	6,943,605	461,385,322	4,945,778	"	"	"	"	"
Espèce caprine........	"	517,142	5,761,511	1,029,936	" [2]	"	"	"	"
Animaux de basse-cour..	"	"	"	62,713,191	"	"	2,885,492,000	"	"
Abeilles et vers à soie...	"	"	"	"	"	"	"	7,793,404	9,893,273
Totaux.......		83,152,731	1,332,681,430		77,013,379	35,694,416	2,885,492,000	7,793,404	9,893,273

[1] Ce chiffre ne comprend pas le poids des animaux exportés comme animaux reproducteurs, ou comme animaux de travail ou de luxe.

[2] On a estimé seulement la valeur du lait de brebis et de chèvre.

B. *VALEURS (1892).*

CATÉGORIES.	TRAVAIL EFFECTUÉ.	FUMIER PRODUIT.	VIANDE des ANIMAUX INDIGÈNES abattus et exportés.	LAIT.	LAINE.	OEUFS.	COCONS FRAIS.	MIEL et CIRE.	TOTAL
	francs.	francs.	francs.	francs.	francs.	francs.	francs.	francs.	francs.
Espèce chevaline.......	1,644,756,000	130,166,440	18,966,150	"	"	"	"	"	1,793,888,590
Espèce mulassière......	92,121,912	7,841,050	5,909,229	"	"	"	"	"	105,872,191
Espèce asine.........	77,373,840	8,113,997	184,273	"	"	"	"	"	85,672,110
Espèce bovine........	1,132,725,000	516,851,480	1,062,890,724	1,223,025,500	"	"	"	"	3,935,492,704
Espèce ovine.........	"	93,946,880	212,761,717	3,549,160	47,554,188	"	"	"	357,811,945
Espèce porcine.......	"	69,436,050	457,101,720	"	"	"	"	"	526,537,770
Espèce caprine........	"	5,171,520	5,585,824	24,119,657	"	"	"	"	34,877,001
Animaux de basse-cour..	"	"	142,949,480	"	"	173,129,520	"	"	316,079,000
Divers.............	"	"	"	"	"	"	31,908,827	15,851,995	47,760,822
Totaux.......	2,946,976,752	831,527,417	1,906,349,127	1,250,694,317	47,554,188	173,129,520	31,908,827	15,851,995	7,203,992,133

Les périodes 1862-1871 et 1872-1881 reflètent, pour les espèces chevaline et porcine, l'effet exceptionnel produit par la guerre.

Si, nous guidant toujours sur l'introduction à l'enquête de 1892, nous récapitulons les produits et revenus du bétail, nous pouvons dresser les tableaux des pages 404 et 405.

Considérant la valeur totale des produits que l'agriculture tire des diverses espèces animales, on voit que celles-ci présentent une importance très différente, qu'indique la proportion pour 100 du revenu de chacune d'elles par rapport à la valeur totale (1892).

CATÉGORIES.	VALEUR TOTALE des PRODUITS ET REVENUS.	RÉPARTITION PROPORTIONNELLE des REVENUS PAR ESPÈCES ANIMALES
	francs.	p. 100.
Espèce bovine....................	3,935,492,704	54,83
Espèce chevaline.................	1,793,888,590	24.98
Espèce porcine...................	526,537,770	7.34
Espèce ovine.....................	357,811,945	4.98
Animaux de basse-cour............	292,254,113	4.07
Espèce mulassière................	105,872,191	1.48
Espèce asine.....................	85,672,110	1.17
Divers...........................	47,760,822	0.67
Espèce caprine...................	34,877,001	0.48
Totaux.....................	7,180,167,246	100.000

L'espèce bovine représente donc la moitié de la valeur totale des revenus de l'agriculture; ensuite vient l'espèce chevaline, qui correspond au quart; puis, l'espèce porcine, et, enfin, l'espèce ovine et les animaux de basse-cour. Comparons d'abord la valeur du travail :

1862.	1882.	1892.	DIFFÉRENCES.		
			1862-1882.	1882-1892.	1862-1892.
francs.	francs.	francs.	francs.	francs.	francs.
2,872,574,049	3,016,927,000	2,946,976,752	+ 144,352,951	— 69,950,258	+ 74,402,703

La diminution de la valeur du travail des animaux, de 1882 à 1892, s'explique par l'extension donnée aux prés et herbages, dont la surface s'est accrue de 386,904 hectares, et par l'emploi, de plus en plus répandu, des machines agricoles perfectionnées.

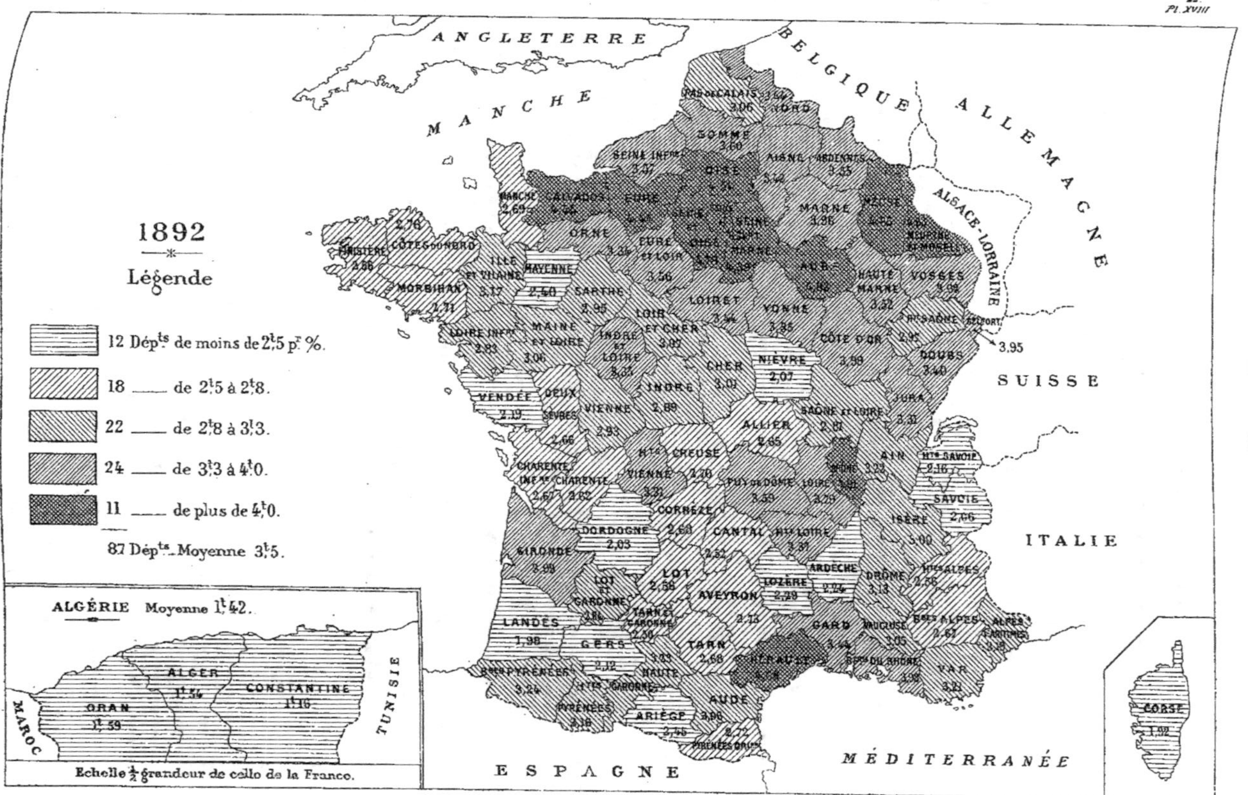

Fig. 256. — Rapport, à 100 habitants de la population générale, de la viande de boucherie provenant des espèces bovine, ovine, porcine et caprine (1892).

Le mouvement de production de la viande de boucherie est résumé dans les tableaux suivants :

ANIMAUX.	NOMBRE TOTAL DES ANIMAUX ABATTUS		IMPORTATIONS POUR LA BOUCHERIE	
	en 1882.	en 1892.	en 1882.	en 1892.
	têtes.	têtes.	têtes.	têtes.
Bœufs, vaches, taureaux.......	2,088,859	2,137,846	105,202	21,839
Veaux....................	3,278,676	3,522,319	46,794	2,212
Moutons et brebis..........	7,259,255	6,997,638	2,008,728	1,349,694
Agneaux et chevreaux........	2,281,393	2,366,112	2,899	"
Porcs.	3,977,342	4,792,933	48,923	12,508

Ce second tableau est particulièrement intéressant au point de vue français :

ANIMAUX.	ANIMAUX FRANÇAIS ABATTUS			ANIMAUX EXPORTÉS		
	EN 1862.	EN 1882.	EN 1892.	EN 1862.	EN 1882.	EN 1892.
	têtes.	têtes.	têtes.	têtes.	têtes.	têtes.
Bœufs, vaches, taureaux	1,465,373	1,983,657	2,116,097	30,764	75,419	24,980
Veaux....................	3,320,779	3,231,882	3,520,107	7,452	8,990	7,589
Moutons et brebis	5,133,752	5,250,527	5,647,944	48,525	30,434	9,533
Agneaux et chevreaux	1,285,612	2,278,491	2,366,112	1,049	1,314	1,485
Porcs.	4,239,291	3,928,419	4,780,425	34,058	50,225	123,967

Si nous considérons seulement le troupeau indigène, nous dressons le tableau suivant, qui compare les animaux abattus au bétail exporté :

ANIMAUX.	ABATTUS ET EXPORTÉS		DIFFÉRENCES	
	EN 1882.	EN 1892.	ABSOLUES DE 1882 à 1892.	RELATIVES DE 1882 à 1892.
	têtes.	têtes.	têtes.	p. 100.
Bœufs, vaches, taureaux	2,059,076	2,140,987	+ 81,911	4
Veaux....................	3,240,872	3,527,696	+ 286,824	8
Moutons et brebis..........	5,280,961	5,657,477	+ 376,516	6
Agneaux et chevreaux........	2,279,808	2,366,112	+ 86,304	4
Porcs.	3,978,644	4,904,392	+ 926,751	23

L'augmentation est considérable pour 1892, non seulement par rapport à 1862, mais aussi à 1882. Cet accroissement de la production de l'élevage national a eu pour cause et effet une augmentation sensible des surfaces utilisées pour les prés et herbages, augmentation que nous avons déjà fait ressortir.

ANIMAUX.	POIDS NET EN VIANDE DES ANIMAUX FRANÇAIS ABATTUS ET EXPORTÉS.						
	PAR TÊTE.			TOTAL.			DIFFÉRENCES	
	En 1862.	En 1882.	En 1892.	En 1862.	En 1882.	En 1892.	absolues 1882-1892.	relatives 18-2-1892.
	kil.	kil.	kil.	1,000 kil.	1,000 kil.	1,000 kil.	1,000 kil.	p. 100.
Bœufs, vaches, taureaux	225	252	265	336,631	515,389	543,833	28,444	5
Veaux	39	49	52	129,801	158,803	183,440	24,637	15
Moutons et brebis..........	18	21	20	93,281	107,593	113,149	556	0.5
Agneaux et chevreaux.......	8	7	9	10,293	16,158	16,654	496	3
Porcs.....................	88	97	94	376,055	385,928	461,385	95,457	24
Totaux et moyenne....	....	....	....	946,061	1,183,871	1,318,461	149,590	12

Voici maintenant la comparaison des valeurs :

ANIMAUX.	COMPARAISON DE LA VALEUR DES ANIMAUX FRANÇAIS ABATTUS ET EXPORTÉS EN 1862, 1882 ET 1892					
	PAR TÊTE.			TOTALE.		
	En 1862.	En 1882.	En 1892.	En 1862.	En 1882.	En 1892.
	francs.	francs.	francs.	1,000 francs.	1,000 francs.	1,000 francs.
Bœufs, vaches, taureaux	264	371	381	394,980	765,282	780,675
Veaux	51	69	80	269,740	223,620	282,215
Moutons et brebis..........	23	30	33	119,192	158,429	191,222
Agneaux et chevreaux........	12	10	15	15,440	22,798	25,195
Porcs.....................	81	116	93	358,961	461,523	456,108
Totaux..........	......	......	......	1,058,313	1,631,652	1,745,415

ANIMAUX.	COMPARAISON DE LA VALEUR DES ANIMAUX FRANÇAIS ABATTUS ET EXPORTÉS EN 1862, 1882 ET 1892. DIFFÉRENCES DE LA VALEUR TOTALE					
	de 1862-1882.		de 1882-1892.		de 1862-1892.	
	Absolues.	Relatives.	Absolues.	Relatives.	Absolues.	Relatives.
	1,000 francs.	p. 100.	1,000 francs.	p. 100.	1,000 francs.	p. 100.
Bœufs, vaches, taureaux	370,302	93	15,393	1.90	385,695	49.4
Veaux....................	53,880	31	58,595	2.07	112,475	39.8
Moutons et brebis...........	39,237	33	32,793	1.71	72,030	37.6
Agneaux et chevreaux........	7,358	47	2,397	9.51	9,755	30.8
Porcs.....................	102,562	28	— 5,415	1.18	97,147	21.2
Totaux..........	573,339	......	103,763	......	675,102	......

La production française en viande avait augmenté, de 1862 à 1882, de 237,810 tonnes; de 1882 à 1892, elle s'est accrue encore de 149,590 tonnes, soit au total, de 1862 à 1892, de 372,400 tonnes de viande nette. Dans ce calcul, il n'a pas été tenu compte de la production en viande de boucherie des espèces chevaline, mulassière et asine qui, dans les enquêtes antérieures, était nulle.

La valeur de la production a suivi la même marche : de 1862 à 1882, elle s'est élevée de 573,339,000 francs; de 1882 à 1892, elle a subi un nouvel accroissement de 103,763,000 francs, — ce qui fait, au total, une augmentation de 675 millions, de 1862 à 1892.

Les prix moyens de l'animal abattu se sont sensiblement élevés.

CATÉGORIES.	AUGMENTATION DU PRIX MOYEN DE L'ANIMAL ABATTU.		
	De 1862-1882.	De 1882-1892.	De 1862-1892.
	francs.	francs.	francs.
Bœufs, vaches, taureaux	107	10	117
Veaux	18	11	29
Moutons et brebis	7	3	10
Agneaux et chevreaux	— 2	5	3
Porcs	35	— 23	12

Voyons maintenant des chiffres plus récents que ceux qui nous sont fournis par l'enquête de 1892 :

CATÉGORIES.	NOMBRE DE TÊTES.	POIDS VIF.	VALEUR	
			DES ANIMAUX.	DES PRODUITS.
		tonnes.	francs.	francs.
Ensemble du cheptel	46,900,000	6,676,000	5,850,000,000	2,791,498,000
PROPORTION P. 100 DE CHAQUE ESPÈCE DANS L'ENSEMBLE.				
Bovine	30.9	62.9	51.3	66.9
Ovine	42.7	8.6	13.7	9.7
Caprine	3.2	0.5	0.7	1.06
Porcine	16.0	8.1	8.5	16
Chevaline	6.2	18.3	24.8	6
Asine	0.6	0.7	0.3	0.05
Mulassière	0.4	0.9	0.7	0.29

La moyenne 1892-1901 indique, comme nombre d'existence : 2,862,954 équidés, 210,502 mules et mulets, 358,947 asinés, 13,461,750 bovidés, 20,878,649 ovins, 1,507,744 caprins, 6,324,198 porcins.

Disons un mot, enfin, sur nos diverses régions d'élevage.

« Notre climat, ainsi que le rappelle dans son intéressante *Géographie agricole* M. J. de Plessis de Grenédan, est favorable aux animaux par l'égalité de sa température et aux fourrages par la bonne répartition de ses pluies. Les sécheresses excessives et vraiment funestes, comme celle de 1893, sont fort rares. Le sol est constitué en majeure partie de plaines légèrement ondulées et suffisamment irriguées. Il présente peu d'altitudes inaccessibles, peu de sommets que les pâturages ne puissent couvrir et peu d'espaces moins élevés qu'il faille laisser en pâturages.

« La région la moins favorisée à cet égard est celle du Sud-Est. C'est la région des hautes cimes et des pentes dénudées, des torrents dévastateurs, des sols rocheux et des grands vents, des étés longs, chauds et secs. Peu de prairies dans la plaine, encore moins dans la montagne, si ce n'est tout à fait au creux des vallées; ici et là, des pâturages entre lesquels s'établit la transhumance. C'est ainsi que le bétail, chassé par la neige, descend dans la Crau provençale pour passer la mauvaise saison et la quitte pendant les chaleurs. Dépeuplée, elle devient alors déserte : « Ni arbre, ni ombre, ni âme ! car, en fuyant la « flamme de l'été, les nombreux troupeaux qui tondent en hiver l'herbe « courte mais savoureuse de la grande plaine sauvage, aux Alpes fraîches « et salubres, s'en sont allés chercher des pâturages toujours verts[1]. »

« Les Pyrénées, le Jura, les Vosges présentent des conditions analogues; mais là, au pied des monts et sur leurs dernières pentes, s'étalent des prairies et des herbages, favorisés par le sol et par les pluies. L'élevage intensif y devient possible sur de bien plus vastes étendues. Le haut Dauphiné, le nord-ouest de la Savoie s'ajoutent à cet égard aux contrées que nous venons de désigner. Le bassin de la Garonne et le Massif Central sont aussi beaucoup mieux partagés que le sud du bassin du Rhône et que les Alpes. Les plaines de la Loire et de la Saône, les régions intermédiaires entre elles; la Lorraine et la partie orientale de la Champagne le sont mieux encore, dans leur ensemble. Au premier rang se placent, enfin, les contrées du climat armoricain, baignées dans l'humidité marine. Dans ces régions dominent les plantureux herbages, les chevaux de prix, les races de bestiaux

[1] Mistral, *Mireille*, ch. viii.

pesantes en chair et riches en lait. L'élevage intensif est le seul que l'on y pratique. Des prairies sans fin s'étendent le long des rivières ou s'abritent dans les plis du terrain et se succèdent, à l'ombre des haies touffues, comme les cases de quelque verdoyant damier.

« Les pays industriels du Nord, où le sol produit trop de choses et de trop précieuses pour que l'on y laisse croître beaucoup d'herbe, ont des fourrages artificiels et de vastes étables où s'engraissent avec les résidus des sucreries, des huileries et des distilleries, des animaux de choix. La Champagne, la Sologne, le Berry offrent, au contraire, des plaines découvertes sur lesquelles les troupeaux de moutons se déplacent avec leur parc et la cabane roulante du berger.

« Chacune des régions pastorales et semi-pastorales possède ainsi son caractère propre et son aspect particulier. Ici, comme dans le Bessin, dans le Sud-Est, dans les régions de transhumance, le bétail vit presque constamment en plein air; là, comme dans les contrées betteravières, il est presque constamment à l'étable. Tel pays vit à peu près uniquement de son bétail comme le Cantal; tel autre, comme l'Anjou, adjoint à l'élevage toutes les sortes de cultures. Il en est, comme la Basse-Bretagne, où tous les animaux pullulent, tandis que certains, comme le Charolais, ne produisent guère que des bêtes à cornes, ou, comme le Berry, des bêtes à laine. Dans un grand nombre, surtout dans les pays d'herbages et dans les régions montagneuses, tous les soins se concentrent sur le bétail, les cultures qui le nourrissent demandant relativement peu de peine. Ailleurs, il faut cultiver pour élever; c'est le cas des bocages de l'Ouest et des plaines du Nord. Ailleurs encore, les cultures sont moins nécessaires, mais les irrigations deviennent indispensables : c'est le cas du Midi, de l'Auvergne et des Vosges, alors que sur les rives de la Saône et de la Loire les prairies sont arrosées naturellement par les fleuves qu'elles bordent. Les pays d'herbe, comme Salers, n'ont pas de litière dans leurs étables, faute de moissons pour en fournir; dans ceux de fauche, comme la Bretagne, des meules énormes de foin et de paille s'entassent de juin à août, dans les cours des fermes dont elles dominent les bâtiments. D'autres différences encore achèvent de donner à chaque contrée sa physionomie distincte. Celles que nous venons de relever suffisent à montrer quelle influence souveraine la nature du sol, son relief et le climat exercent, non seulement sur la répartition des régions pastorales, mais sur la manière dont l'élevage y est pratiqué. Il n'est peut-être pas de branche de l'industrie agricole qui dépende plus complètement, jusqu'en ses moindres détails, des conditions naturelles au milieu desquelles on l'exerce. »

B. CHEVAL, MULET, BARDOT, ÂNE [1].

EFFECTIFS. — RÉPARTITION. — RENDEMENT. — LE CHEVAL DU MERLERAULT. — LE PERCHERON. — LE BOULONNAIS. — LE PICARD. — LE FLAMAND. — L'ARDENNAIS. — LE COMTOIS. — LE BRETON. — LE CHEVAL DU MARAIS DIT «DU BERRY». — LE POITEVIN. — LE LIMOUSIN. — LE NIVERNAIS. — LE CHAROLAIS. — LE CHEVAL CAMARGUE. — CROISEMENTS DU BARBE AVEC LA JUMENT CAMARGUE ET AVEC LA TARBAISE. — LE TARBAIS. — L'ANGLO-ARABE. — L'ANGLO-NORMAND. — LE PONEY DES LANDES DE GASCOGNE. — LE PONEY DU GERS. — LE PONEY DE CORSE. — IMPORTATIONS ET EXPORTATIONS; NOS VENTES DE CHEVAUX DE TRAIT. — MULET; L'ÉLEVAGE EN POITOU. — BARDOT. — ÂNE; SES QUALITÉS.

EFFECTIFS. — Il y a en France (enquête de 1892), entre les mains des cultivateurs, environ 2,800,000 chevaux, d'une valeur totale de 1,166 millions de francs. En voici le détail :

CATÉGORIES.	NOMBRE D'ANIMAUX EXISTANT au 3o novembre 1892		VALEUR DES ANIMAUX		
	TOTAL.	PROPORTIONNEL.	TOTALE.	PROPORTIONNELLE.	MOYENNE PAR TÊTE.
	têtes.	p. 100.	francs.	p. 100.	francs.
ADULTES.					
Chevaux entiers de 3 ans et au-dessus — reproducteurs (étalons).........	8,886	0.32	9,855,048	0.85	1,109
Chevaux entiers de 3 ans et au-dessus — de travail (entiers)..	276,926	9.92	142,997,284	12.26	529
Chevaux hongres de 3 ans et au-dessus...	786,645	28.15	371,202,827	31.83	472
Juments de 3 ans et au-dessus — poulinières employées uniquement à la reproduction....	178,237	6.37	74,288,000	6.37	417
Juments de 3 ans et au-dessus — de travail.........	1,045,096	37.39	434,650,837	37.27	415
TOTAUX ET MOYENNE.........	2,295,790	82.15	1,032,993,996	88.58	430
JEUNES.					
Poulains et pouliches — de 1 à 3 ans......	328,099	11.74	102,850,951	8.82	313
Poulains et pouliches — de l'année (au-dessous de 1 an).......	170,640	6.11	30,326,644	2.60	178
TOTAUX ET MOYENNE.........	498,739	17.85	133,177,595	11.42	267
TOTAUX GÉNÉRAUX ET MOYENNE GÉNÉRALE.	2,794,529	100.00	1,166,171,591	100.00	417

[1] Clichés de la Librairie agricole.

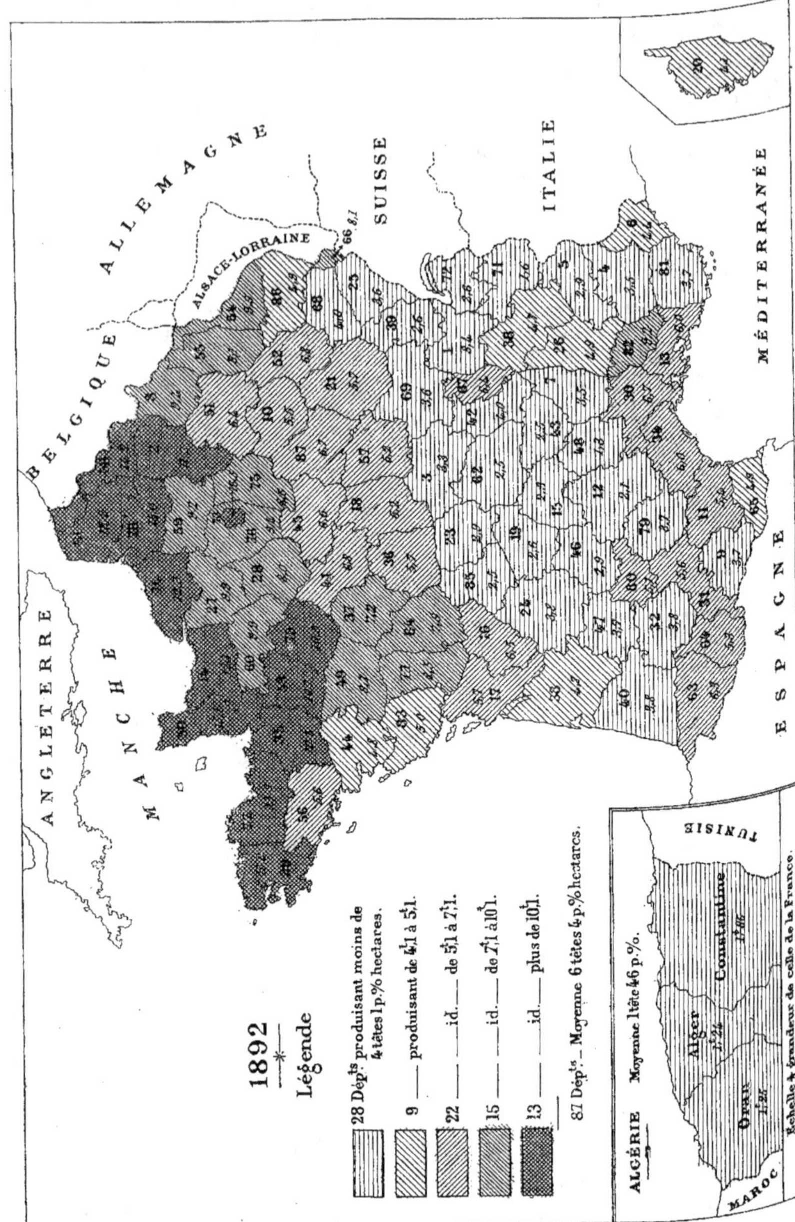

Fig. 257. — Rapport, à 100 hectares du territoire total, du nombre de têtes des espèces chevaline, asine et mulassière (1892).
[Pour les noms des départements correspondant aux numéros, voir le tableau de la page 128.]

Voici les chiffres exacts et les fluctuations de 1881 à 1902. En 1882, la population chevaline de la France était de 2,827,952 ; en 1892, de 2,852,630 ; elle baisse en 1893, 1894, 1895 et 1896 ; elle tombe à 2,812,447 et 2,849,658 ; en 1897, elle monte à 2,899,131 ; en 1900, elle est de 2,903,063 ; en 1902, de 2,926,382.

Distribution. — La distribution de la population chevaline n'est pas égale entre toutes les régions. Il existe, en effet, une partie de la France où le cheval n'est employé qu'exceptionnellement aux travaux de la culture ; le Sud-Ouest est dans ce cas. Dans le Nord, au contraire, les travaux de la culture et les transports se font avec des chevaux. Enfin, dans le Centre, on emploie à la fois les chevaux et les bœufs. De là, les grandes inégalités dans la densité relative de la population chevaline.

En nombres absolus, le Finistère vient en tête avec 106,247 animaux ; puis, les Côtes-du-Nord, 94,650 ; la Mayenne, 85,820 ; la Manche, 85,218 ; l'Aisne, 80,068 ; le Nord, 76,891 ; la Somme, 75,982 ; le Pas-de-Calais, 74,283 ; la Seine-Inférieure, 73,726.

Les chiffres précédents sont ceux de l'enquête de 1892 ; en voici de plus récents, ce qui permet la comparaison.

Le département qui produit le plus de chevaux est toujours le Finistère, 111,924 ; après lui viennent, toujours, les Côtes-du-Nord, avec 96,652 ; puis la Manche, avec 84,999 ; le Nord, avec 84,335 ; le Pas-de-Calais, 80,201 ; l'Aisne, 77,203 ; la Mayenne, bien en baisse, 77164 ; la Somme, 77,075 ; l'Ille-et-Vilaine, 69,394 ; la Seine-Inférieure, 69,069 ; le Calvados, 63,447, etc. On pourrait croire que le Haut-Rhin (territoire de Belfort), qui est le plus petit département français, est celui qui produit le moins de chevaux ; erreur, il en produit encore 3,085, quand la Haute-Savoie n'en fournit que 2,826.

C'est dans la Creuse, la Corrèze, la Lozère, la Haute-Vienne, l'Ariége, la Savoie et les départements limitrophes des Alpes qu'on en rencontre le moins. Dans le Finistère, les Côtes-du-Nord, et en général, dans toute la région de l'Ouest, dominent les étalons et les poulains et pouliches. C'est le pays d'élevage par excellence.

Pour les juments poulinières, on peut citer, avec le Finistère et les

Côtes-du-Nord, les Deux-Sèvres, la Vendée, le Vienne, et, au sud, les Landes et les départements pyrénéens.

Les chevaux de gros traits se rencontrent principalement dans le Nord, le Pas-de-Calais, la Seine-Inférieure, l'Eure, l'Eure-et-Loir, peuplés en majeure partie de boulonnais, de percherons et d'animaux d'origine belge, tandis que les bêtes légères se rencontrent surtout dans la région pyrénéenne, le Sud-Est et la Corse.

Rendement. — Les produits que l'on obtient de l'espèce chevaline sont : le travail, le fumier et la viande de boucherie.

1° Le travail peut s'évaluer de la manière suivante : en admettant un chiffre minimum de 260 journées de travail d'une valeur moyenne de 3 francs et en ne tenant pas compte de celui fourni par les étalons, par les juments poulinières exclusivement réservées à la reproduction, ainsi que par les jeunes de moins de 3 ans, on obtient : 276,926 chevaux entiers fournissant 72 millions de jours de travail, — d'une valeur totale de 216 millions de francs; 786,645 chevaux hongres fournissant 204,527,000 jours de travail, d'une valeur totale de 613,581,000 francs; 1,045,096 juments de travail fournissant 271,725,000 jours de travail, d'une valeur totale de 815 millions 175,000 francs — soit un total de 2,108,667 animaux ayant accompli 548,252,000 jours de travail, d'une valeur totale de 1 milliard 644,756,000 francs.

2° Voici le tableau de la production du fumier (1892) :

CATÉGORIES.		PRODUIT ANNUEL		VALEUR	
		TOTAL.	PAR TÊTE.	TOTALE.	PAR TÊTE.
		tonnes.	tonnes.	francs.	francs.
Étalons		45,318	5.1	453,180	51
Chevaux...	entiers de travail [1]	1,440,015	5.2	14,400,150	52
	hongres	4,168,618	5.3	41,686,180	53
Juments...	poulinières	854,537	4.8	8,545,370	48
	de travail	4,702,932	4.5	47,029,320	45
Poulains...	de 1 à 3 ans	1,039,916	3.2	10,399,160	32
	au-dessous de 1 an	375,408	2.2	3,754,080	22
Totaux		13,016,644	4.6	130,166,440	46

[1] Chevaux employés à la fois au travail et à la reproduction.

La quantité et la valeur du fumier produit (tableau précédent) ont été obtenus en prenant pour base les chiffres portés dans les tableaux et en admettant un prix moyen de 10 francs par tonne.

Ces chiffres peuvent être considérés seulement comme une approximation, tout le fumier produit n'étant pas utilisé directement, par suite des pertes sur les chemins, etc.

3° Une source nouvelle de produits est venue s'ajouter à celles que l'on évaluait en 1882; c'est la vente à la boucherie des animaux âgés ou victimes d'accidents, ne rendant pas la viande impropre à l'alimentation. En 1892, l'âge moyen des animaux abattus a été de 16 ans. 52,019 chevaux d'un poids moyen de 226 kilogrammes ont été livrés à la consommation; ils ont produit 11,767,000 kilogrammes de viande d'une valeur de 8,332,170 francs, la valeur moyenne du kilogramme étant de 0 fr. 71.

En tenant compte des 21,702 chevaux exportés qui, si l'on prend pour base le prix moyen des adultes, soit 490 francs, représentent une valeur de 10,633,980 francs, on arrive à une valeur totale pour les ventes de :

<pre>
A la boucherie. . . . .   8,332,170)
                                                        } 18,966,150 francs.
Au commerce. . . . .   10,633,980)
</pre>

La France est, par excellence, productrice de chevaux de trait; elle tient, du reste, sous ce rapport, le premier rang dans le monde.

Nous allons rapidement passer en revue les principales races — tant celles de trait que les autres [1].

Le cheval du Merlerault. — A tout seigneur tout honneur. Commençons notre revue de la France hippique, par le Merlerault [2] si

---

[1] Nous ne citons que pour mémoire les pur sang anglais — race d'importation — encore qu'à l'Exposition de 1900 nous fussions les plus proches voisins des anglais avec *Le Sancy* et ses fils, qui sont, par un retour atavique curieux et bi-séculaire; de même robe grise que les ancêtres primitifs, chers au Prophète, et cela, malgré tous les efforts de sélection et tous les soins apportés à éloigner cette couleur». En outre, je montre plus loin les succès remportés sur bien des hippodromes étrangers, par nos représentants. La faveur dont jouit notre élevage de sang, nous en avons la preuve, par ce fait que pour un étalon que nous importons, nous en exportons quatre.

[2] Dans le Cotentin.

réputé autrefois dans toute la Normandie pour sa belle production chevaline, le Merlerault qui, vraisemblablement, fournit notre ancien cheval de bataille, celui qui porta les chevaliers français aux quatre coins du monde alors connu? On a fait avec lui comme avec la poule aux œufs d'or du fabuliste : on ne s'est pas contenté de ce qu'il était, on a voulu grandir sa taille; on a tué la race. Et à quoi bon, la grandir, puisque telle qu'elle était, elle était bonne.

« Quelles sont, écrit un hippologue, les qualités primordiales du cheval de selle? Élégance, distinction, sang, belles allures. Or, le cheval normand réalisait au suprême degré ces conditions; c'est le vrai type du cheval du Merlerault, avec une longue encolure, souple, une tête carrée, un port de queue ayant un cachet de haute élégance; il était peut-être un peu raccourci dans son trot, mais au galop, il s'étendait avec la souplesse d'un arabe. »

Il y a malheureusement des gens qui éprouvent toujours le besoin de détruire sous prétexte d'améliorer. Bref, de croisement en croisement, le cheval du Merlerault se raréfia et se gâta. Que ce triste exemple soit toujours sous les yeux de nos éleveurs! J'aurai l'occasion de le leur rappeler, en traitant de telle ou telle autre race.

Un mot encore : le cheval du Merlerault était généralement bai, parfois noir. C'est même par suite de croisements avec lui que l'on trouve du côté du Perche certains sujets de robe foncée.

Le percheron. — C'est, plus que tout autre peut-être, le véritable cheval français[1]. Venu sans doute le premier sur notre sol, il y est resté profondément attaché. Nul autre même ne lui convient vraiment[2]. Race primitive, la race percheronne fut améliorée par quelques couples de sang arabe, qui ont été ramenés par des croisés. « On présume que Geofroy IX, seigneur de Mondoubleau, écrit Beauvais de Saint-Paul, historien de ce petit pays, fut un des seigneurs croisés qui mit le plus de zèle à propager cette race. La tradition nous en a laissé une idée avantageuse; on la recherchait pour les attelages de

---

[1] C'est, selon A. Sanson, la seule race d'origine absolument française; il lui a donné le nom de «séquanaise».

[2] J'aurai lieu de citer (chap. lii et liv) les médiocres résultats obtenus au bout de trois ou quatre générations et même moins par les percherons importés dans les deux Amériques.

luxe, et on la comparait pour la grâce, l'élégance, la vigueur, la finesse et la durée, à la race connue sous le nom de « limousine »[1].

Fig. 258. — *Pâquerette*, jument percheronne, à M. Edmond Perriot, à Margon (Eure-et-Loir).

Prix du Grand Championnat entre les races de trait françaises et étrangères
à l'Exposition universelle de 1900.

Résumons les caractéristiques principales : ramassé; assez fort; taille : 1 m. 55 à 1 m. 60; tête vive et intelligente, un peu longue, portée par une encolure moyenne et droite; crinière soyeuse; garrot

[1] Voici quelques détails empruntés à M. Gustave Heuzé sur l'historique de la race percheronne :

« Suivant M. le comte de Charmettes et d'après une tradition conservée dans la commune de Ceton (Orne), les grandes gens du pays (les croisés) avaient des chevaux d'au delà des mers (de Jérusalem) et ce sont ces chevaux qui, alliés aux juments du Perche, produisirent la *race percheronne*. Cette origine a été plusieurs fois confirmée par les historiens du Maine; elle explique pourquoi on a toujours échoué quand on a cherché à améliorer la race percheronne en l'accouplant avec le cheval anglais.

« Au moment de la suppression de la poste aux chevaux, on chercha à grossir la race percheronne en l'accouplant avec la race boulonnaise ou picarde, mais les résultats ne furent pas heureux. C'est à l'époque de la création des omnibus de Paris qu'on parvint à reconstituer l'ancienne race de trait léger. »

large et bien sorti; dos et reins droits; poitrine ronde et ample; croupe épaisse et légèrement oblique; hanches prononcées; épaule oblique et longue, supportée par un avant-bras long et fortement musclé; genou long; tendon bien développé; canons un peu courts; pieds bons; peu de crins au garrot; membres postérieurs également très beaux, avec le jarret large en tous sens; aplombs réguliers; robe assez caractéristique d'un gris pommelé plus ou moins foncé.

Au total, un très beau cheval, unique comme trotteur rapide de lourdes charges.

Quel est exactement son centre d'élevage? Le Perche « aux bons chevaux », comme on disait, est une ellipse de 100 kilomètres de long sur 80 de large et qui se trouve enclavée au centre de quatre départements : Orne, Sarthe, Eure-et-Loir, Loir-et-Cher. Aux extrémités, pays d'élevage, on fait naître; on élève au centre.

Un hippologue compare la jument percheronne à « une terre féconde que l'on s'attache, autant que possible, à soustraire au système de la jachère ». De fait, les poulinières stériles sont promptement réformées. Pleines, elles n'en travaillent pas moins; dans les fermes du Perche, on n'a pas, de bêtes réservées au travail. Quelques jours de repos avant et après la mise-bas suffisent.

Dès dix-huit mois, le poulain, chez qui la taille et la force physique ont, du reste, devancé l'âge, travaillera aussi. Mais on n'exigera qu'un travail favorisant et non arrêtant l'entier développement des formes. Aussi quand, à cinq ans, on le mènera au marché de Chartres le jour de la Saint-Antoine, il aura laissé quelque chose à tous ceux qui ont concouru à son développement. Il a déjà alors changé plus d'une fois de main; il est même sorti du coin natal; le plus souvent, à trois ans, il s'en sera allé dans quelque ferme de Beauce. Pour l'achat, que, sous certains rapports, on peut qualifier de définitif — il vaut alors de 800 à 1,200 francs, — il est revenu à Chartres, chef-lieu du département, qui obtient généralement le plus grand nombre de récompenses aux concours de la Société hippique percheronne.

Libre, indépendante, cette association, qui n'est pas soumise à un contrôle, donne toute satisfaction aux éleveurs; elle sait agir dans l'intérêt de la race qu'elle s'est donné pour mission de conserver.

Ayant créé un stud-book — dont le premier volume parut en 1883 [1] — et organisant des concours pour les chevaux et juments qui y sont inscrits, elle voit les acheteurs de toutes les nations d'Europe ne pas manquer, non plus que ceux d'Amérique; on se dispute nos magnifiques reproducteurs; les éleveurs des États-Unis surtout les veulent avoir, sans, du reste, bien juger leur véritable caractère. Ils sont cause que l'on a, un instant, donné à nouveau aux étalons trop de gros, tandis que les juments conservaient heureusement la grâce et la légèreté de la race.

On revient aujourd'hui de ce goût pour un empâtement — hors de saison, ici, non moins que de raison. Il faut, je crois, regretter aussi que, pour répondre aux demandes d'acheteurs mal avisés, certains éleveurs, abandonnant la couleur typique et ethnique, le gris, passent au percheron noir.

Signalons, enfin, que de 1895 à 1900, l'effectif des chevaux du Perche s'est élevé de 184,000 à près de 200,000, et qu'en 1900, c'est une jument percheronne, *Pâquerette* (fig. 256, p. 419), qui a remporté le grand championnat des juments entre les races de trait françaises et étrangères [2].

Le boulonnais. — Clair de robe comme le percheron, le boulonnais

---

[1] Après le stud-book percheron américain, publié à Chicago par J.-H. Sanders. Au sujet des stud-books, M. E. Lavalard écrit, dans son ouvrage *Le cheval* (1894) :

«Sans prendre part aux discussions nombreuses qu'amena ce lien généalogique parmi les éleveurs français, surtout ceux de la Société des agriculteurs de France, il faut bien reconnaître que ce n'est pas dans un esprit scientifique et pour l'amélioration de la race que le stud-book fut créé. C'est inspirée par les Américains qui l'avaient devancée dans cette voie, et pour multiplier les débouchés et augmenter les prix, qu'une société hippique régionale se décida à constituer un lien généalogique pour les chevaux percherons.

«Nous ne reproduisons pas ici les statuts et règlements qui ont été adoptés par d'autres sociétés hippiques; mais nous considérons que la mesure est excellente, à la condition formelle que ces stud-books seront tenus avec soin et conscience pour chaque race, et qu'on ne cherchera pas à les mélanger tous ensemble, comme le voulait la Société des agriculteurs de France».

[2] Notons-le ici, ainsi que l'a justement fait remarquer M. Lavalard, à la Société nationale d'agriculture, «le cheval belge, qui a obtenu le prix du championnat des étalons de trait à l'Exposition de 1900, n'a dû cette récompense qu'à la lutte des éleveurs boulonnais contre les éleveurs percherons. Le vainqueur est assurément un beau cheval, ayant le gros que prisent surtout les éleveurs belges, mais il n'aura jamais l'endurance au travail et les allures brillantes du boulonnais et surtout du percheron».

varie du blanc au gris pommelé et au gris fer, parfois légèrement truité; les parties inférieures sont foncées[1].

Le baron de Vaux résume ainsi ses caractéristiques : «La taille varie entre 1 m. 60 et 1 m. 68, la tête est élégante, les ganaches un peu fortes et musculeuses, l'œil bien sorti, le front large, conformation à laquelle il faut tenir, car elle laisse une place suffisante à la masse cérébrale et dénote toujours un animal docile, soumis, facile à dresser, sage à la charrue comme à la voiture. De puissantes attaches relient la tête au cou, qui, bien que fort et d'une moyenne longueur, est cependant flexible et harmonieux; les épaules ont une obliquité très accusée, qui explique le pas allongé et rapide; les muscles sont saillants et le garrot bien sorti; le poitrail est large et laisse aux poumons tout leur jeu; l'avant-bras, très développé, donne à l'animal une grande aisance pour porter en avant les parties inférieures de la jambe. Le genou est large, les canons droits; comparés à la partie haute de la jambe, ils sont plutôt courts; les articulations sont nettes; le poil est soyeux, ce qui indique une race noble. Pour le reste, le corps est cylindrique; le rein est court et large; la croupe, saillante et divisée dans la ligne longitudinale; les jarrets sont larges, secs et réguliers; la queue, bien attachée, est garnie aussi bien que le cou de crins longs et abondants. Le pied est bien proportionné au corps et d'une conformation irréprochable.»

Voici le signalement donné par la commission hippique départementale et inscrit dans le programme du concours de 1903 :

«Ensemble de la tête court et large, œil ouvert et vif, oreille petite et dressée, naseaux ouverts, bouche petite. Chez les juments, la tête un peu plus longue et de moindre volume apparent.

«Encolure épaisse, souvent rouée, crinière touffue, de longueur variable; garrot suffisamment sorti; dos droit et large; croupe arrondie, volumineuse, bien musclée; queue touffue, bien attachée.

---

[1] A propos de la robe et d'une certaine tendance au noir — comme pour le percheron —, M. Viseur écrit dans son *Histoire du cheval boulonnais* : «La robe foncée n'excluait aucune qualité si on la produisait en procédant par sélection. Mais il faut se garder d'un changement brusque qui entraînerait un changement de race. J'estime que le pommelé foncé, toujours beau, reviendra tôt ou tard en faveur, de préférence au noir ou au bai.»

«Poitrail large, proéminent, côte ronde, flancs courts; membres aux saillies musculaires très accusées dans l'épaule et l'avant-bras, dans la cuisse et la jambe; canons courts et épais; articulations larges et solides; contours généraux arrondis ou elliptiques, d'où résulte un ensemble harmonieux et élégant.

Fig. 259. — *Picquigny,* étalon boulonnais des haras du Pin.

«Taille variant de 1 m. 58 à 1 m. 70; robe gris clair dans la majorité des sujets ou gris bleu, gris rouanné. Peu de chevaux sous poil bai, alezan ou noir.

«Le caractère est doux, l'allure leste et agile au pas et au trot.»

«Deux qualités, écrit d'autre part M. Vallée de Loncey, distinguent surtout le cheval boulonnais : l'excessive douceur de son caractère, sa docilité et sa souplesse, la légèreté de ses allures[1]. On ne croirait jamais, à première vue, qu'un animal aux masses musculaires si accusées puisse marcher de ce pas allongé et rapide, et possède un

[1] On distingue deux variétés boulon-naises : la grosse et la petite. Cette dernière a, bien entendu, plus d'aptitude aux allures rapides.

trot qu'il soutient très longtemps avec une aisance et une liberté toute particulière. »

En outre, le boulonnais est l'étalon améliorateur par excellence pour les races de trait que l'on ne veut pas affiner. Il a sur ses congénères des races similaires l'avantage d'être moins accessible au changement de climat. Aussi rustique que l'ardennais montagnard, moins exigeant que l'énorme shire anglais et le belge lymphatique, il est aussi résistant que le percheron.

« Et cela, note justement un hippologue, parce que la contrée qui l'a vu naître, où il a été élevé, l'a aguerri contre toutes les variations de sol et de température [1] ». Un écrivain local a pu dire : « La rudesse

[1] « L'ancien comté du Boulonnais se trouvait borné au nord par le Calaisis, le comté de Guines et l'Ardrésis, à l'est par l'Artois, au sud par le Ponthieu, à l'ouest par l'Océan, et comprenait Boulogne, Étaples, Ambleteuse. Compris dans la Basse-Picardie, il forma pourtant jusqu'en 1790 un petit gouvernement distinct.

« Il compose aujourd'hui la plus grande partie de l'arrondissement de Boulogne dans le Pas-de-Calais. C'est dans ce pays que s'est créée cette puissante race de chevaux, qui en a gardé le nom. Il se divise en Haut-Boulonnais qui offre un sol nu, entièrement livré à la culture, et en Bas-Boulonnais plus accidenté, plus riche en excellents pâturages et en produits agricoles. Le Haut-Boulonnais est séparé du Bas-Boulonnais par les collines du Courset situées à environ 4 kilomètres de Desvres.

« Le Calaisis ne doit pas être séparé du Boulonnais ; il est formé de riches herbages.

« Les populations chevalines, quoique appartenant à la même race, présentent des différences très tranchées dans ces trois régions.

« L'élevage du cheval boulonnais se concentre surtout dans la contrée qui porte le nom de Vimeux, et est une des divisions de la Picardie située au sud-ouest de l'ancienne province, et par conséquent au sud-ouest de la Somme.

« Il est compris entre la Somme et la Bresle et a pour limite, à l'est, une ligne tirée d'Abbeville à Senarpont. Le côté ouest de ce trapèze est formé par le littoral depuis Saint-Valéry-sur-Somme jusqu'au Tréport.

« Mais au fur et à mesure qu'on s'éloigne de ce point vers les provinces environnantes de la Flandre, de l'Artois, de l'Ile-de-France et de l'Aisne, on voit le type boulonnais s'effacer pour prendre les caractères mélangés des autres races de trait. Il se fait dans le Vimeux deux élevages bien distincts, celui des chevaux destinés à devenir étalons et celui des chevaux de commerce.

« Le commerce des boulonnais étalons se fait surtout aux foires de Desvres, de Marquise, de Montreuil et de Saint-Omer, où se trouvent les plus beaux spécimens de la race provenant des environs de Marquise, d'Ardres, de Guines, etc.

« Les poulains, depuis l'âge de douze à dix-huit mois, pouvant se vendre jusqu'à 1,000 et 1,200 francs, sont élevés par les cultivateurs du Vimeux à l'état de stabulation permanente et sont bien nourris, c'est ce qui explique la légèreté de leurs membres. Ils sont entourés de soins, mais ne sont exercés à aucun travail. Nous avons constaté dans ces derniers temps un changement dans ces habitudes, et nous espérons que l'éleveur boulonnais, convaincu de l'excellence de la race qu'il possède, suivra les nouveaux errements qui consistent à donner à l'animal un exercice pouvant non seulement le développer, mais encore comdu sol dans le Boulonnais communique à tout ce qui l'habite, gens et bêtes, une rusticité qu'on ne trouve pas ailleurs, et les accidents de terrains, les coteaux abrupts du Bas-Boulonnais même, rendent les chevaux élevés dans cette contrée faciles à élever dans toutes les parties de l'univers. »

Eugène Gayot estimait que la race boulonnaise forme une population agglomérée de 350,000 têtes, non compris les nombreuses existences éparses. Malgré ce chiffre imposant, les belles qualités qu'elle possède, un long passé [1], cette race n'est pas assez connue en dehors de la clientèle commerciale. « Elle manque de réclame, a-t-on juste-

battre la prédominance du système lymphatique qui se remarque surtout chez les animaux de forte stature comme le cheval boulonnais. » (E. Lavalard, *Le cheval*, 1894.)

M. H. Vallée de Loncey écrit d'autre part : "Le sol du Boulonnais est de nature jurassique, enclavé dans les terrains crétacés du nord de la France. Il présente un aspect assez confus et tourmenté avec les ravins et les collines qui coupent et hérissent sa surface. L'imperméabilité de son sol, d'où jaillissent des sources nombreuses, permet à l'humidité de gravir les pentes des coteaux qui restent verdoyants toute l'année... Dans cette contrée, les pâturages sont rares; en revanche, ils sont riches en principes minéraux : le fer, le phosphate de chaux principalement se rencontrent partout... La culture est extrêmement difficile à cause du nombre et de la raideur des coteaux et des longues distances à parcourir sur des routes caillouteuses, ardues, présentant parfois des descentes dangereuses ; elle exige, en conséquence, un moteur énergique et résistant. D'où la préférence des agriculteurs de la contrée pour le cheval sur le bœuf. Dans le Boulonnais, en conséquence, les travaux agricoles se font avec des chevaux et plus particulièrement avec des juments... En général, ce sont les petits éleveurs qui font naître; les grands éleveurs n'ont pas plus d'une quinzaine de juments... Dans le Boulonnais, tout au contraire du Perche, où la population mâle est l'objet de plus d'attention

et de soins, et se trouve, en conséquence, supérieure à la population femelle, on a souci surtout des juments; ce sont elles, d'ailleurs, qui font les travaux agricoles; les cultures du pays leur laissent assez de repos pendant les mois d'hiver pour la reproduction. La pouliche est vendue à dix-huit mois, mise au travail à deux ans et livrée à la saillie à trois ans. Le climat humide exige la stabulation pendant la plus grande partie de l'hiver. La production du foin naturel étant insuffisante, il faut y joindre la paille, le grain, les fourrages artificiels et les racines. L'avoine est distribuée en grande quantité et les chevaux sont fortement nourris; aussi sont-ils vigoureux, ardents, difficiles à tenir à la main. »

[1] « Il est absolument avéré, d'après les chroniqueurs des temps féodaux, que les chevaliers avec leur pesante armure se remontaient principalement en forts chevaux boulonnais. Dans la période suivante, les chevaux boulonnais furent l'objet d'un commerce très suivi; leur emploi était très apprécié tant pour le service des armées que pour celui des transports publics et de l'agriculture. Plus près de nous, les lourdes et hautes diligences étaient traînées par des chevaux boulonnais. Les célèbres juments, dites *mareyeuses*, transportaient le poisson de Boulogne à Paris, en faisant le trajet de 100 à 120 kilomètres dans une journée, à raison de 16 à 18 kilomètres à l'heure au trot soutenu. » (H. Vallée de Loncey.)

ment... réclamé — comme d'ailleurs la plupart de nos belles races françaises de toutes les espèces. Aux concours, dans les écuries étrangères, vous trouvez des brochures, des notices explicatives, que l'on distribue à tout le monde, destinées à faire connaître et à rehausser l'excellence des races. Chez nous, rien, rien, rien... que le catalogue bien insuffisant! »

Il est à souhaiter que les efforts de l'excellente et plus que centenaire Société d'agriculture de Boulogne réussissent. Grâce à elle, un stud-book a été créé en 1886. C'était utile, car la race était à la veille d'entrer dans une période de décadence; des croisements menaçaient de lui faire perdre ses précieuses aptitudes. Encore que l'on puisse regretter que la Société n'ait pas imité ce qui avait été fait pour les percherons et n'ait pas gardé son stud-book indépendant — elle l'a placé sous le patronage de la puissante Société des agriculteurs de France, dont la création d'un stud-book général des *chevaux de trait* est pour beaucoup une véritable hérésie, — il n'en reste pas moins que ce stud-book, — j'entends celui de la Société de Boulogne, — a rendu de véritables services[1]. Ce n'est pas tout; on a décidé l'organisation de concours dont le premier eut lieu en 1902; et ceci, afin d'obtenir, à l'aide de prix, que les éleveurs conservent dans les départements, un temps déterminé, leurs sujets de valeur[2].

[1] «Dès le début, l'adhésion au stud-book de chevaux de trait des Agriculteurs de France fut résolue dans le but, louable assurément, de s'assurer un puissant patronage. Les chevaux inscrits figurèrent de droit à l'inscription au stud-book général des chevaux de trait, section boulonnaise. Les certificats donnés furent ceux délivrés par la Société des agriculteurs de France.

«Eh bien, nous estimons qu'une race de cette importance, aussi ancienne, aussi authentique, ne doit pas abdiquer ainsi sa personnalité et marquer le pas derrière les «sans famille» du trait. Elle a tout au moins droit d'exiger une certaine indépendance et la libre disposition de ses papiers.

«Au point de vue des débouchés extérieurs, cet effacement lui est préjudiciable.

«Et en voici la preuve : les Américains, dans leur récente loi du 3 mars, ont donné la liste des seuls stud-books français qu'ils reconnaissent. Or, la race boulonnaise n'est pas nommée, comme l'est la race percheronne. Quelle confiance voulez-vous que cela inspire aux importateurs américains? Que leur importe l'inscription dans un stud-book de chevaux de trait français!» (H. VALLÉE DE LONCEY.)

[2] L'idée est excellente. Elle relève du système des primes dites *de conservation*, qui a donné de si bons résultats en Belgique, où un étalon de mérite peut se faire annuellement, avec les différentes primes, de 2,500 à 3,200 francs, sans compter les saillies, ce qui constitue pour l'éleveur des rentes telles, que pas un seul cheval d'ordre supérieur

Le picard et le flamand. — Grands l'un et l'autre (taille atteignant 1 m. 70 ; poids dépassant même 750 kilogrammes), ils étaient assez mal conformés. L'infusion du sang boulonnais les a, dans le dernier quart de siècle, fortement améliorés. Par opposition aux boulonnais, ils sont dits souvent *chevaux de mauvais pays*. Résumons leurs caractères : tête longue et maigre, grandes oreilles un peu tombantes; encolure mal attachée ; poitrail étroit ; épaules courtes ; membres longs; pieds larges et souvent plats ; robe claire.

L'ardennais. — Celui-ci, c'est par l'infusion du sang percheron qu'il s'est modifié. Et encore que l'ancienne race, — qui nous était commune avec la Belgique, — remontât très avantageusement l'artillerie, fût remarquable par la sobriété et l'endurance, on n'en trouve plus guère de représentants de ce côté de la frontière.

Le comtois. — C'est également par suite des croisements avec le percheron et le boulonnais qu'a disparu le vieux cheval comtois, qui rappelait assez les caractères du mulassier poitevin dont nous parlerons plus loin. Il eut une heure de célébrité, et sa force était prisée. C'était un excellent cheval de roulage. Mais où sont les beaux jours du roulage ?

Le breton. — Notre revue du Nord et de l'Est, pays des chevaux de gros trait, est achevée. La Bretagne va nous retenir maintenant. C'est de son cheval que l'on a dit que «sa caractéristique, quel que fût son modèle, bon ou mauvais, était la qualité», et on ajoutait : «Il n'y a pas de rosse en Bretagne, tous les chevaux marchent». Sa qualité n'exclut, au demeurant, pas la quantité. Chaque fermier élève plusieurs poulains. Il se connaît, du reste, en chevaux, les aime, en est fier. «Le travail au trot sur les routes, surtout les jours de marché, constitue une véritable course; le paysan

ne quitte le pays, à moins d'être payé un gros prix.

A signaler aussi la création récente du Syndicat hippique boulonnais, ayant pour but l'union entre les sociétés et l'unité dans la direction de l'élevage. Outre les primes d'entretien et de conservation qu'il peut donner, il a débuté par un excellent recensement des juments, et a fait nommer à vie le jury par le conseil général. Celui-ci montre, du reste, sa sollicitude pour la production chevaline en donnant 40,000 francs par an à titre d'encouragement. Aussi, il faut espérer qu'il saura victorieusement combattre l'indifférence de l'éleveur boulonnais pour le côté commercial.

met, presque toujours malheureusement, un amour-propre extraordinaire à ne pas se laisser dépasser, et il n'est pas rare de voir des chevaux faire, sans arrêt et au maximum de leur vitesse, quatre ou cinq lieues [1] ».

Voici résumée, selon un hippologue, le comte de Villebois-Mareuil, la caractéristique du cheval breton : « Très estimé pour le trait léger, les messageries et les postes, il est sobre, rustique, très énergique, et résiste admirablement aux fatigues. Sa tête est camuse et carrée; son corps, trapu; son encolure, courte et charnue; sa croupe, double; ses côtes sont arrondies; ses membres, forts, courts-jointés; sa taille varie entre 1 m. 52 et 1 m. 57; sa robe est de nuance gris pommelé et truité (quelquefois rouge vineux); son corps est géné-

[1] A propos du goût des Bretons pour tout ce qui touche à l'hippisme, j'emprunte à un article du colonel Basserie, paru dans le *Journal de l'Agriculture* (1895), ce récit de l'inauguration de l'hippodrome de Morlaix, qui eut lieu en 1862 :

« Pour disputer une part de la somme de 4,000 francs, divisée en cinq ou six prix, ou bien l'une des mentions honorables également graduées et en perspective, il n'y a qu'une seule course. Il faut, après tirage au sort, former le départ sur trois rangs. Cela paraît d'abord embarrassant, mais on y arrive. Dans la foule, qui est très nombreuse, l'émotion est grande. La famille, les amis du cultivateur-éleveur, beaucoup parmi les gens des fermes d'où proviennent les pouliches sont là. Il n'y a pas que la pouliche, il y a aussi le cavalier qui intéresse.

« Enfin, le départ donné à 200 mètres des tribunes pour compléter les 2,000 mètres du parcours, le drapeau s'abaisse; le peloton de 35 bêtes s'ébranle; leur groupe bientôt s'allonge; quelques-unes trop ardentes veulent galoper mais elles sont remises au trot. A cent pas cependant, une s'est traversée, a *pointé*, son cavalier a roulé à terre et la bête court seule!... Mais ce cavalier porte un costume de course! C'est un jockey émérite cornouillais qui, la veille, avait accepté de mon-

ter une des deux pouliches d'un jeune fermier Léonard (du pays de Saint-Pol-de-Léon), qui les avait également dressées, mais n'en pouvait monter qu'une puisqu'elles couraient toutes à la fois.

« Qui ne l'a vu ne saurait s'imaginer l'enthousiasme, après la course, de cette foule qui se répandit bientôt dans le Léon. C'était bien là, en effet, le sport de l'agriculture. Il vient seulement de naître, mais il vivra. Tous ces cavaliers improvisés, fiers de se montrer eux-mêmes, c'est-à-dire dans leur costume breton national, venaient de faire preuve qu'il est toujours facile au cultivateur ou à son fils de devenir le cavalier du poulain ou de la pouliche qu'on élève à la ferme. Il fallait voir ensuite le défilé du retour, la descente par la route qui serpente au flanc de la haute colline, depuis la route de Langolvas, pour traverser la ville de Morlaix. Tous ces jeunes chevaux qui avaient couru et ces belles pouliches, lauréates des concours de primes et de l'hippodrome, la tête ornée de flots de rubans et, derrière chacun, le groupe joyeux de la famille et des amis du cultivateur-éleveur! Il fallait voir les spectateurs bordant la route et aux fenêtres dans la ville, tous les mouchoirs s'agitant et entendre tous les *mad! mad! mad!* (bien! bien! bien!) »

ralement trapu; sa constitution, robuste. » Telle est cette race qui, bien étudiée et perfectionnée rationnellement, deviendrait dans sa spécialité une des plus précieuses de l'Europe. Malheureusement la tendance vers le demi-sang lui enlève ses meilleurs types de poulinières. Deux départements s'en préoccupent cependant encore : les Côtes-du-Nord et le Finistère. « Vraiment, ainsi que l'écrit un de ses admirateurs compétents, il serait dommage qu'un beau cheval de trait, trapu, court, ramassé, manquant peut-être un peu de distinction et d'allure, en raison de son épaule droite, mais remarquablement rustique et endurant, disparût parce que l'on n'a pas su l'améliorer dans le sens des aptitudes qui lui manquaient. »

Je reconnais, du reste, que les postiers de demi-sang produits en Bretagne sont de premier rang; 1900 les a vus triompher facilement. Mais une branche d'industrie chevaline n'en exclut pas une autre...[1] Comme il est regrettable que les Bretons n'aient pas compris tout l'intérêt de maintenir leur belle race, et de créer dans ce but un stud-book.

Le cheval du Marais. — Bien charpentés et aptes au service de trait léger, les chevaux du Marais sont généralement achetés, soit au sevrage, soit à l'âge de deux ans, par les cultivateurs berrichons, qui les emploient aux travaux agricoles jusqu'à quatre ou cinq ans, puis les revendent pour les services de transport en commun ou de messagerie. Ils sont dits *chevaux du Berry*. Un certain nombre deviennent chevaux de luxe.

Le poitevin. — Continuant à descendre vers le Midi, nous voici parvenus au Poitou. Le cheval que nous y trouvons convient au tirage

[1] Au total, en Bretagne, il y a, outre la forte race de trait, la race légère de la montagne, qui jouit d'une légitime réputation comme cheval de selle sous le nom générique de cheval de *Corlay* dans les Côtes-du-Nord, et de cheval de la *Cornouailles* dans le Finistère. Chacune de ces deux races naturelles a son centre d'action. Elles sont distinctes par l'origine, ainsi que par le type et la conformation. Mais elles ont certains caractères communs réunissant les qualités primordiales suivantes : naturel doux, rusticité, vigueur, endurance.

«Puis elles possèdent une puissance d'atavisme qui fait qu'elles sont si réfractaires au croisement! Depuis des siècles, elles sont, l'une et l'autre, pures de toute mésalliance; l'infusion du sang oriental, qui se manifeste dans la race de la montagne, remonte à l'époque des croisades. C'est pourquoi le type breton finit par prédominer et par s'imposer, au bout de deux ou trois générations, dans les croisements pratiqués depuis quelque temps avec des races de création récente. » (H. VALLÉE DE LONCEY.)

lourd et lent. Avec sa robe grise, sa conformation un peu défectueuse, il n'est pas sans grande analogie avec le picard. Ce qui le rend supérieur, c'est que les juments de cette race conviennent tout particulièrement à la production mulassière.

Le limousin. — Nous voici dans le centre de la France. Du Poitou au Limousin, le chemin n'est du reste pas long. Il convenait de le faire pour rappeler le souvenir d'une race disparue — comme l'auvergnate, du reste [1], — qui connut des jours glorieux [2] et dont, il y a un siècle encore, on écrivait : «Pas une contrée, pas un État, pas une puissance au monde n'a pu se flatter d'avoir une race qui égale le limousin, tant en finesse qu'en légèreté, en tournure qu'en élégance, en vigueur qu'en durée, tant par son ensemble harmonieux que par son allure; voilà ce qui doit la faire considérer, par les vrais écuyers, comme une des premières races de l'univers [3]». Les limousins avaient, en somme, conservé bon nombre des qualités des races orientales et ils en avaient acquis de nouvelles. Ils avaient de la distinction, de la souplesse et de l'énergie. C'étaient, pour la selle, de véritables chevaux de luxe, brillants dans les promenades comme au manège. De plus, ils joignaient à la force la vitesse et le fond, et rendaient encore d'excellents services à un âge où les autres sont usés. Des croisements mal adaptés ont, suivant une forte expression, empoisonné l'espèce.

Le nivernais. — Est-ce à dire cependant qu'il n'y ait plus de bons chevaux dans le Centre? Non, il s'est reconstitué des races, mais de qualités tout autres que les anciennes et point dans les mêmes régions. Il s'en est constitué, notamment, dans le Nivernais [4]. Le pays

---

[1] «A cet égard les haras n'ont pas rendu service aux contrées où ces deux bonnes sortes françaises étaient produites; à aucun point de vue on n'a remplacé les chevaux limousins et les auvergnats.» (Émile THIERRY, *Le cheval.*)

[2] A l'époque où la race limousine était dans toute sa vigueur productive, on en tirait des chevaux pour les écuries de la Cour et pour servir de monture aux grands seigneurs et aux officiers généraux. Turenne monta dans dix batailles et avait encore en service à sa mort une jument limousine, dite *Pie*, qui avait été élevée dans ses terres. Napoléon, qui ne voulait que des arabes ou des limousins, monta un limousin, l'*Embelle*, de 1806 à 1814: entré ensuite au manège de Versailles, ce cheval ne fut réformé qu'en 1827.

[3] De MALEDEN, *Réflexions sur la réorganisation des haras*, 1803.

[4] Voici quelques intéressants détails au sujet de l'historique du nivernais, je les emprunte à M. H. Vallée de Loncey : «L'appa-

a des pâturages de premier ordre qui donnent de l'os et des muscles, et permet d'obtenir des produits excellents. Pour la selle, le nivernais rappelle le hunter. Il est sans pareil pour la charrue. La Société hippique nivernaise n'a pas ménagé ses intelligents efforts pour encourager cette production et reconstituer la race disparue. Mais ce qu'aujourd'hui on fait surtout, c'est le cheval de gros trait, spécialisé dans le noir, le beau noir lustré. Dans un but d'encouragement, la Société d'agriculture de la Nièvre choisit quelques excellentes juments qu'elle fait saillir à ses frais par des étalons d'élite. Excellente pratique;

rition du cheval de trait nivernais, sous le nom de «Percheron noir», est de date récente et remonte à 1875. A cette époque, l'importante Société d'agriculture de la Nièvre avait la bonne fortune d'avoir pour président une illustration de l'élevage français, M. le comte de Bouillé, qui a fait faire de grands progrès et rendu d'éminents services dans cette contrée.

«Or, voyant que la production du cheval de trait était sans objet, le comte de Bouillé offrit au Conseil général de faire acheter dans le Perche et le Boulonnais les quatre plus beaux étalons qu'on pourrait y trouver et de les revendre à la criée le jour du Concours de Nevers, en imposant aux acheteurs la condition de ne leur faire saillir que les juments des éleveurs de la Nièvre, et de garder au moins six ans ces chevaux dans le département; la Société se chargerait de faire cette vente à ses risques et périls, mais à la condition que le Conseil général voulût bien lui allouer une somme de 2,000 francs par cheval, soit 8,000 francs pour la couvrir des pertes qu'elle pourrait faire.

«Le Conseil général y ayant consenti, la Société fit acheter quatre chevaux noirs et, la vente ayant réussi, la Société put encore acquérir et revendre trois chevaux également noirs, sans dépasser la perte de 8,000 francs.

«En 1878, cette subvention fut portée à 10,000 francs, et chaque année, la Société faisait acheter et revendre des étalons dont

plusieurs avaient quitté la Nièvre à dix-huit mois pour y revenir à trois ans.

«Lorsque la Société des agriculteurs de France décida la création de son stud-book des chevaux de trait français, le comte de Bouillé, qui comprit de suite le parti que pouvaient en tirer les éleveurs nivernais, demanda en leur nom, à la Commission, la formation d'une section spéciale aux chevaux de trait de la Nièvre. C'était entrer d'emblée dans la grande famille des races de trait français.

«La création du *stud-book de la race chevaline nivernaise* fut arrêtée, et la Société d'agriculture de la Nièvre, ayant alors, après la mort du comte de Bouillé, pour président M. Tiersonnier, en approuva les statuts dans la séance du 14 décembre 1891.

«On lit dans ces statuts :

«Les étalons, juments ou pouliches devront, pour obtenir leur inscription au stud-book, être sous *robe noire*.

«Tout animal mâle ou femelle inscrit au stud-book nivernais sera de droit inscrit au stud-book des chevaux de trait français. Néanmoins, pour avoir droit au diplôme délivré par la Société des agriculteurs de France, il devra être versé une somme de 3 francs par tête d'animal inscrit indépendamment du droit d'inscription.

«Depuis cette époque, le cheval noir de la Nièvre, grâce à l'intelligence de ses éleveurs, à leur entente, à la propagande qu'ils ont su faire, s'est ouvert de nombreux et avantageux débouchés. Les Américains commencent à venir à ses concours.»

le Nivernais est prospère aujourd'hui, et son intelligente organisation syndicale lui permet de rester maître chez lui. Le seul reproche qu'on peut faire à la race, c'est un léger manque de taille.

Le charolais. — Celui-ci aussi est en progrès marqué. C'est un animal de trait léger, ayant le même type que l'anglo-normand, mais peut-être plus d'allure. Il trotte par foulées précipitées, et en jetant ses jambes en avant avec fougue et énergie, un peu à la façon de l'orloff. Il constitue, au total, un fort beau carrossier, et est, en outre, plaisant pour la selle. Certains, à vrai dire, lui contestent cette qualité; mais il est incontestable qu'il bénéficie d'un excellent dressage à la selle. Le Charole a, enfin, la bonne fortune de voir à la tête de sa production des éleveurs éminents et expérimentés.

Le cheval camargue et le tarbais. — Nous voici dans le midi de la France, la mer seule nous sépare des pays qui s'enorgueillissent du cheval arabe. Celui-ci est venu ici avec les Sarrazins, il y est resté. Marseille, porte de l'Orient, nous offre dans la Camargue [1] ses petits chevaux qui ont conservé bon nombre des précieuses qualités que présentaient les arabes, abandonnés par les Sarrazins aux jours de revers. Ils dégénèrent un peu, laissés à eux-mêmes. De leur lieu d'origine, ils s'étendent dans la région : on en voit en Hérault, d'une part, et jusqu'aux portes de Nice, de l'autre. Ils servent aux Camisards à

---

[1] «Formée par le delta du Rhône, qui se bifurque un peu au-dessus d'Arles, dans le département des Bouches-du-Rhône, l'île de la Camargue tire son nom d'une divinité locale *Camars*, et non du souvenir du consul romain Marius, le vainqueur des Cimbres (*Caii Marii ager*), Champ de Caius Marius; elle est comprise entre le grand Rhône à l'est et le petit Rhône à l'ouest et a la forme, comme tous les deltas, d'un triangle, occupant une superficie de 75,000 hectares. A sa base se creuse un étang, le Valcarès, rendu célèbre par le roman de Daudet, *Le trésor d'Arlatan;* cet étang mesure 12,000 hectares et sa profondeur varie entre un et deux mètres.

«L'île de la Camargue est une immense plaine sans aucun accident de terrain, steppe morne et silencieuse, aux horizons indécis et où l'on ne rencontre pas la moindre pierre. En dehors des cultures, champs de céréales ou de vignobles groupés, comme les fermes — les mas —, et au nombre de trois à quatre cents au plus, le long des rives du Rhône, l'île est principalement couverte de pâtis ou pâturages et de terrains vagues et marécageux; ces pâturages alimentent 80,000 bêtes à laine, 600 bêtes de trait, 2,000 taureaux sauvages et 3,000 chevaux laissés absolument en liberté et également à l'état demi-sauvage.

«Le climat de la Camargue est extrême : l'été y est aussi rude qu'en Afrique, et en hiver la température y descend souvent au-dessous de zéro, surtout la nuit. La rigueur du climat y est encore augmentée par la bise glaciale, le furieux vent du Nord, le farouche mistral, qui glace les troupeaux blottis derrière

monter leur cavalerie. En 1755, un haras est installé, et certains sujets acquièrent des formes qui leur méritent de figurer dans les écuries royales. Mais, il faut bien le dire, ceux-là ne sont plus de vrais camargues.

Les caractères spéciaux par lesquels se distingue la race sont : taille de 1 m. 44 à 1 m. 52; tête carrée, sèche, un peu forte; chanfrein droit, presque creux; encolure droite, effilée; corps arrondi; croupe de mulet; extrémités sèches et grêles, jarrets larges, paturons courts, mais remarquablement sûrs; robe presque toujours différemment nuancée de blanc ou de gris. «Ces chevaux, écrit le baron de Vaux, sont forts, dociles et pleins de feu. La manière dont ils sont élevés dans toute la liberté de la nature, sur un sol aride où végètent des plantes salées, les rendent agiles, robustes, aptes à résister aux longues abstinences ainsi qu'aux intempéries; ils seraient capables, comme les chevaux d'Orient, de faire 100 kilomètres d'une haleine. Il sont aujourd'hui employés aux travaux de l'agriculture; mais on pourrait améliorer cette race qui manque de beauté et de certaines qualités morales : régulariser ses formes et adoucir son caractère. »

Cette brève énumération de qualités ne suffit pas. Depuis un siècle, beaucoup d'illustres hippologues se sont occupés du cheval de longs murs ou dans des fossés à sec, et dont la violence est si grande que, sous son action, les trains qui traversent la Camargue et la Crau ont souventes fois déraillé. Il n'est pas rare alors de voir l'étang de Valcarès gelé.

«Pendant l'été, sous un soleil ardent, intolérable, le phénomène du mirage y est à peu près continu; enfin, les troupeaux errants de taureaux et de chevaux sauvages, les vols de flamands roses, les compagnies de perdrix et d'outardes achèvent de donner à la Camargue une physionomie orientale très prononcée, un aspect éminemment africain.

«La Camargue est donc un pays de pâturages, mais les nombreux troupeaux qu'elle nourrit en hiver vont, dès le printemps, dans les vastes plaines de la Crau, partent ensuite vers la fin de mai pour les Alpes, séjournent tout l'été dans les montagnes et rentrent, enfin, dans leurs quartiers d'hiver au mois d'octobre.

«Cette migration périodique des bergers provençaux, de la plaine à la montagne et des monts à la plaine, usage remontant aux Romains, qui avaient l'habitude de faire transhumer leurs troupeaux, est en tout point semblable à celle de l'Arabe nomade entre l'Atlas et le Sahara.

«Comme on le conçoit, l'île de la Camargue, avec ses pâtis, est absolument apte à la fondation des haras. »

C'est à un écrivain du Midi, M. Léon Combes, à la fois poète et hippologue, que j'ai emprunté les intéressantes lignes précédentes.

camargue. La question retient les esprits, comme l'étang célèbre de Valcarès, miroitant au soleil, attire les regards du voyageur qui s'attarde sur le roc brûlant, dans les ruines admirables des Bau. Il me reste quelques mots à dire encore des chevaux de la Crau.

J'ai indiqué leur origine et l'installation d'un haras sous Louis XV. Le duc de Newcastle écrivait, en 1660, que des acheteurs se procuraient tous les ans des chevaux barbes de l'âge de deux, trois et quatre ans, les mettaient parmi les poulains de leurs haras et vendaient ensuite indistinctement les uns et les autres comme chevaux nés en Afrique « tant était grande la ressemblance qui existait entre les uns et les autres ».

Cela justifie l'assertion que les chevaux camargues ont beaucoup gardé de leurs ancêtres.

Aujourd'hui les haras de la Camargue, ou plus justement les manades, sont moins nombreuses qu'autrefois, le dépiquage du blé se faisant au moyen de machines. Chaque manade a son *gardian*, qui la surveille à cheval. Elle est composée d'un nombre de chevaux, juments et poulains de tous âges, qui varie entre 20 et 100 têtes. Ils doivent, pendant l'été, se contenter d'herbes desséchées ou des jeunes pousses des roseaux des marais (leur excessive maigreur pendant cette saison, résultat de leur pitoyable nourriture, leur a valu des Provençaux des surnoms peu flatteurs); ils n'en sont pas moins aussi rapides que résistants et avec cela tout à la fois doux et pleins de feu. Ils supporteront les intempéries, aussi bien que les longues abstinences et les cruelles piqûres des moustiques si nombreuses dans cette région. Ils ont gardé la robe claire de leurs ancêtres.

Le croisement de l'étalon barbe avec la jument camargue donne un produit qui convient parfaitement à la cavalerie légère. Les éleveurs de la région prépareraient aussi de bons chevaux de remonte si l'Administration des haras diminuait leurs frais en plaçant un ou deux étalons barbes par arrondissement. Le croisement de ceux-ci ne réussit pas moins bien avec la jument tarbaise et donne, ici encore, des poulains convenant parfaitement aux régiments légers.

A. Sanson dit qu'en donnant ainsi des étalons arabes ou barbes aux juments tarbaises, on ne fait que régénérer la variété par l'infusion du sang originaire pur.

Fig. 260. — Cheval hongre de Tarbes, bai, âgé de 14 ans; taille, 1 m. 52.

Les tarbais, cousins des camargues, sont, en effet, des descendants de la race asiatique. Ils sont quelque peu plus grands (taille de 1 m. 40 à 1 m. 50). Leurs caractéristiques sont résumées ainsi par M. E. Thierry : « Le cheval tarbais a souvent l'encolure du cerf avec la tête portée horizontalement pendant le travail. Cette tête est légèrement convexe, presque rectiligne et fine. Le garrot, le dos et les reins sont bien conformés, la croupe, dite *de mulet*, est bien musclée et ronde. L'épaule est peu oblique, les avant-bras paraissent courts eu égard aux parties inférieures du membre, trop fines. Les aplombs postérieurs laissent parfois à désirer. »

Par ses allures relevées et douces, le tarbais convient particulièrement pour la selle et le manège. Il sert à remonter plusieurs régiments de cavalerie légère.

L'anglo-arabe et l'anglo-normand. — Ce sont deux produits de croisements devenus, on peut dire, des races françaises. En effet, l'anglo-arabe issu du mélange et de l'alternat des deux sangs anglais et arabe — répétition de l'œuvre si heureusement réalisée précédemment dans le duché des Deux-Ponts — l'anglo-arabe constitue aujourd'hui une production spéciale à notre pays. Quant à l'anglo-normand, il provient du croisement de la jument de la plaine de Caen et du pur-sang anglais.

L'anglo-arabe[1] est un merveilleux cheval d'arme, énergique et fort, souple et distingué, vite et résistant[2], et qui tient une place prépondérante dans l'élevage du Sud-Ouest. C'est Pau qui le fait le mieux; Tarbes le pousse peut-être un peu trop dans le sang[3]. Il est du reste en progrès réels. Il figure fort justement dans notre stud-book de pur sang, a un classement particulier dans les concours et jouit d'une détaxe d'environ 160,000 francs, tant en prix de courses qu'épreuves d'étalons, etc. Aux achats annuels de la Commission des haras, qui ont lieu en octobre à Toulouse, les étalons sont payés de 5,000 à 12,000 francs.

En possession de la puissance héréditaire, à l'égal du pur sang, l'anglo-normand est, lui aussi, confirmé aujourd'hui race véritable, qui nous fait le plus grand honneur.

La Normandie avait, outre la jolie race du Merlerault (p. 417), le

[1] Le vainqueur de la course Bordeaux-Paris (1904), Anatole, était, en somme, une jument anglo-arabe; très près de sang. Elle était baie, et mesurait 1 m. 49. Sa course fut remarquable. «Jamais, écrit son propriétaire, M. Ch. Bordes, qui la conduisit de bout en bout, elle ne donna pendant le parcours de signes de fatigue, et sa marche fut de plus en plus rapide. Comme elle ne transpirait pas, en route, je la faisais suer après chaque étape pour éviter une chaleur intérieure qui lui aurait fait mal. Je lui faisais boire les premiers jours de l'eau tiède mélangée à du café et, pendant les deux dernières étapes, du café qu'elle prenait à même une bouteille. Je suis si sûr de ma marche que j'offre de retourner, si on veut tenir le pari, en moins de sept jours à Bordeaux. Plus Anatole marche et mieux elle va.»

[2] «Plus développés, ayant plus de taille que les arabes purs, plus liant, plus net et plus résistant dans ses membres que beaucoup de pur sang anglais, il réalise le type accompli du cheval d'officier de cavalerie légère.» (H. Vallée de Loncey, *Journal d'agriculture pratique.*)

[3] C'est à cette région que s'appliquait peut-être la critique de M. Vallée de Loncey : «Le Midi sud-ouest fera bien, dans sa production trop affinée, trop poussée au sang, de tenir compte de la nécessité du débouché et de s'appliquer à donner du membre, de la soudure, un peu plus d'étoffe aux anglo-arabes qu'il élève, ainsi que le font pour le pur sang anglais certains grands éleveurs.»

descendant du cheval importé par les Northmans, le grand carrossier à l'épaisse étoffe et à la tête un peu difforme, resté tel qu'il s'est
maintenu en Hollande, en Allemagne, en Danemark, animal estimé
jusqu'au commencement du XIXᵉ siècle, pour la selle et l'attelage. On
y trouvait aussi le cheval élégant et fin de l'Orne, celui de la Manche,
grand, étoffé, un peu massif, et, entre les deux, celui du Calvados.
A tous a succédé l'anglo-normand. C'est vers 1820 que parut le
sang anglais. Les gras pâturages normands aidant, la race nouvelle
se sélectionna vite et les sujets manqués ne tardèrent pas à devenir
de plus en plus rares.

Fig. 261. — *Niger*, étalon anglo-normand, aux haras du Pin.

Grands, élancés, les anglo-normands ont le garrot bien sorti, l'encolure longue et droite, la tête moyenne, à front plat, le dos, le rein
et la croupe sur une même ligne horizontale, la queue attachée haut,
les aplombs réguliers et les sabots bien conformés. L'aspect général
paraît souvent assez étriqué.

M. E. Thierry, qui cependant ne les prise guère, les reconnaît « bons carrossiers et bons chevaux de selle, de luxe et de service; beaucoup de sujets sont excellents trotteurs ».

Généralement, la race est peu précoce, véritablement bonne à 7 ou 8 ans seulement, mais fournissant, ensuite, une longue et satisfaisante carrière.

Trois centres d'élevage principaux :

1° Les riches herbages de la plaine de Caen et des arrondissements de Bayeux, Valogne et Saint-Lô, où l'on produit surtout le carrossier de forte taille (1 m. 60 à 1 m. 65);

2° La vallée d'Auge, où l'on n'élevait autrefois que le cheval de trait, et qui produit aujourd'hui des carrossiers;

3° Le département de l'Orne, qui fournit un cheval plus brun et plus petit, recherché pour la remonte des régiments de dragons.

Aujourd'hui on trouve des anglo-normands dans la plupart des dépôts d'étalons; mais, suivant certains connaisseurs, les résultats ne seraient pas toujours satisfaisants.

Les poneys des landes de Gascogne, du Gers et de Corse. — On trouve sur notre sol deux races de poneys, toutes deux ayant de 1 mètre à 1 m. 35, toutes deux aussi, suivant Sanson, variétés de la race asiatique. Ce sont : le poney des landes de Gascogne (conformation générale laissant à désirer; membres peu d'aplomb; tête un peu petite; fortes robes, particulièrement grises; élevés dans les environs de Dax et de Mont-de-Marsan; assez employés à Paris, attelés à deux aux voitures de place)[1]; et le poney de Corse (force extraordinaire et rare agilité; membres fins, pieds petits, queue et crinière très fournies; robe généralement baie, bai brun ou noire, rarement grise ou alezane).

IMPORTATIONS ET EXPORTATIONS. — La rapide revue que je viens de terminer montre la vérité de ce que j'avançais en commençant, à savoir

---

[1] Rapprochons-en les poneys du Gers dont les succès ne se comptent plus. Anatole, dont je viens de parler, est fille d'une jument du Gers. Au dernier concours hippique (1904), nos doubles poneys du Gers ont remporté un prix mérité qui ne peut être que d'un bon encouragement pour eux. Du reste, nos poneys du Gers valent certainement les poneys anglais ou les irlandais; beaucoup, après un brin de toilette, sont vendus comme venant d'Outre-Manche; ils n'en sont pas plus fiers pour cela.

que la France est un pays de chevaux de trait : tandis que certaines bêtes de luxe et de selle nous manquent, en somme, puisque nous en achetons à l'étranger, celui-ci vient nous demander nos admirables bêtes de trait, dont certains types, — les percherons notamment, — sont sans égaux dans l'univers entier. Ce sont ces exportations de chevaux de trait qui rétablissent l'équilibre de nos échanges internationaux. A ne pas oublier nos exportations, signalées plus haut (p. 417, note 1), des sujets de pur sang; ces exportations sont même en sensible augmentation, ainsi que celle de nos demi-sang, très demandés à l'échange. Nous exportons, au total, pour plus de 5 millions de chevaux, tandis que nous n'en importons que pour 2,500.000 francs : c'est la meilleure preuve de l'excellence de notre production chevaline.

Mulets. — J'ai donné les effectifs français de mulets (p. 400), et j'ai indiqué que c'est là une production tout à fait importante pour nous, puisque nous sommes exportateurs de cette espèce animale (10,000 à 15,000 contre une importation de 1,000 à 1,500), exportation qu'explique, du reste, la juste réputation de notre production mulassière.

Voici le rendement en travail et en fumier des mulets (1892) :

| CATÉGORIES. | TRAVAIL. | | FUMIER. | | | |
| | NOMBRE DE JOURNÉES. | VALEUR EN FRANCS. | PRODUCTION | | VALEUR | |
			TOTALE.	MOYENNE par tête.	TOTALE.	MOYENNE par tête.
Adultes	40,872,960	89,920,512	647,155	3.8	6,471,550	38
Élèves { de 2 à 3 ans....	1,467,600	2,201,400	96,861	3.3	968,610	33
{ de 1 à 2 ans....	....	....				
Muletots au-dessous de 1 an.	....	....	40,089	2.3	400,890	23
Totaux........	42,340,560	92,121,912	784,105	3.6	7,841,050	36

A la valeur du travail et du fumier produits, il faut ajouter celle de la viande : il a été consommé 1,368 animaux d'un poids moyen de 149 kilogrammes, ayant produit 204,510 kilogrammes de viande, d'une valeur moyenne de o fr. 66, soit au total 136,735 francs; âge moyen des animaux abattus : 15 ans.

Les exportations s'élèvent à 14,651 animaux d'une valeur moyenne de 394 francs, ce qui représente 5,772,494 francs. L'agriculture a donc livré, soit au commerce d'exportation, soit à la boucherie, 16,019 animaux, d'une valeur de 5,909,229 francs.

Le mulet est surtout recherché dans les pays méridionaux à cause de sa force et de sa sobriété; on ne le rencontre guère que dans le Midi de la France; mais son centre principal d'élevage se trouve à l'Ouest, dans le département des Deux-Sèvres, où 6,000 à 7,000 juments mulassières sont annuellement livrées au baudet. Les Basses-Pyrénées et la Vienne — qui produisent annellement : la première, environ 2,500 mulets; la deuxième, environ 1,500 — constituent avec les Deux-Sèvres, la Vendée et la Charente, les principaux centre d'élevage du mulet.

Les départements du Cantal, de l'Aveyron, du Tarn, du Tarn-et-Garonne, du Gers, des Landes et les départements pyrénéens, surtout celui des Basses-Pyrénées, forment une deuxième région de production mulassière.

Les départements limitrophes des Alpes : Drôme, Ardèche, Gard, Vaucluse, Bouches-du-Rhône, constituent un dernier groupe d'élevage.

Enfin, la Corse voit naître chaque année environ 800 mulets.

Les baudets utilisés pour cet élevage appartiennent à deux races de grande taille, celle du Poitou et celle des Pyrénées-Orientales.

Arrêtons-nous un instant à la production mulassière du Poitou. Elle est fort ancienne. Déjà au xᵉ siècle, un prélat italien demanda une mule à Guillaume IV, alors comte de Poitou. «Et chose particulière, écrit M. J. Métayer[1], cette production a toujours été tellement en honneur chez nous, que, depuis des temps relativement reculés, notre pays a été classé au premier rang pour la remarquable beauté des sujets qu'il a fournis. Actuellement, bien que des pays voisins, et aussi des pays d'outre-mer, s'appliquent à obtenir de beaux

____

[1] *Journal d'agriculture pratique.*

produits, dans cette industrie nous conservons encore la supériorité que nous avons toujours eue. C'est assez flatteur pour nos éleveurs, car en maintes parties de notre production agricole, après avoir long-temps occupé le premier rang, nous nous sommes laissé dépasser, et parfois de beaucoup, par l'étranger. »

Le mulet est, on le sait, l'hybride obtenu par la fécondation de la jument par le baudet.

« La production de l'étalon mâle se fait exclusivement dans le pays. Elle est, bien plus que celle de la femelle, l'objet de toute la sollici-tude de nos éleveurs. Dès que la femelle est fécondée, tous les soins de l'agriculteur portent sur son futur fruit. Le plus grand désir de l'éle-veur est d'obtenir un mâle, dont il fera un étalon, s'il le trouve bien conformé. On comprend facilement qu'il en soit ainsi, car un baudet de belle taille et de bonne conformation vaut actuellement 2,000 à 4,500 francs. Cependant, les prix ont baissé, car il était un temps, relativement rapproché, où les sujets de choix, se vendant 5,000 et 6,000 francs, n'étaient pas rares.

« Le choix de la jument mulassière, quoique moins scrupuleux que celui de l'étalon, est encore l'objet de quelques soins, car on n'a pas été jusqu'ici sans s'apercevoir qu'elle donne sa part dans les carac-tères du produit. Encore ici, nous serions heureux de faire disparaître un préjugé qui nous représente la jument mulassière locale sous les traits que Jacques Bujault lui a si ironiquement tracés « un tonneau monté sur quatre piquets ». Qu'on se rassure sur ce point, Jacques Bu-jault pensait certainement plus de bien de cet animal qu'il n'en disait; mais sur cette question, comme pour beaucoup d'autres, il employait la raillerie, pensant, avec raison, que c'était le meilleur moyen pour engager le paysan à abandonner sa routine pour le perfec-tionnement de sa culture et de son élevage. Malheureusement, il a été cru sur parole, et des personnes peu expérimentées se sont plu à vilipender un animal dont les qualités leur étaient inconnues, parce qu'elles n'avaient pas su les observer. A l'heure actuelle, l'an-cien type de la jument poitevine, à tête lourde, corps, membres volu-mineux et crins très longs, n'existe presque plus qu'à l'état de souvenir. Des croisements avec nos meilleures races : percheronne, bretonne, etc., l'ont transformée à un point tel, que ses caractères anciens ont disparu pour se rapprocher de plus en plus de ceux des races croisantes. En même temps, une nourriture plus substantielle mettait la race « intérieurement mulassière » sur le même pied que ses voisines, pour la vigueur et l'énergie. Actuellement on utilise comme mulassières, et en assez grand nombre, des juments des races bretonne et percheronne. »

L'élevage des jeunes sujets est basé, en Poitou, sur une forte alimentation. Leur dressage est, quoi qu'on en ait dit, très facile. Mâles comme femelles montrant une intelligence bien plus développée que celle du cheval. Voyez-les en montagne; avec quel soin ils cherchent le point où ils doivent marcher. Je me souviens d'un mulet, dans les Alpes, glissé avec sa charge au bord d'un ravin et qui se retenait sur une langue de terre. Il comprenait le danger et ne faisait aucun mouvement. Un cheval se fût certainement jeté au fond du précipice. Le mulet put être remonté avec une sangle par les Alpins.

« A l'âge adulte, les mulets atteignent 1 m. 45 à 1 m. 60; on rencontre même des sujets de 1 m. 70 et du poids de 700 kilogrammes. L'arrondissement de Melle a eu, pendant longtemps, la réputation de fournir les plus beaux échantillons.

« C'est ordinairement à quatre ans qu'a lieu leur préparation pour la grande vente. Elle est l'objet de soins tous particuliers : c'est un véritable engraissement. Pour arriver à ce résultat, rien n'est ménagé : les pommes de terre cuites, les grains, les farines, le pain même leur sont distribués à discrétion, en même temps que les meilleurs fourrages de la ferme. Et au bout de peu de temps, on obtient ces belles mules à l'œil vif et au poil luisant, qui, sous le licol neuf, sont le légitime orgueil du vaillant paysan poitevin!

« La vente de ces produits-là n'est jamais difficile; elle se fait souvent à l'écurie de l'éleveur. Les animaux qui vont sur le champ de foire sont enlevés à des prix parfois très élevés, et expédiés à de grandes distances, portant ainsi au loin le bon renom de notre production nationale. Les principaux acheteurs sont l'armée, les colonies, l'Espagne et surtout le Midi de la France, qui utilise leurs remarquables qualités de vigueur et de résistance pour la culture de ses vignes.

« La vente des mules, en Poitou, a toujours été plus facile que celle des mulets; non pas que celles-là soient plus fortes ni plus résistantes, mais parce qu'elles sont plus douces; elles ne ressentent pas d'ardeurs génésiques, ce qui se produit chez le mulet non castré, au même titre que chez le cheval. De même que chez tous les mâles castrés, les formes du mulet sont moins belles que celles de la mule, ce qui motive la préférence que l'on accorde à cette dernière.

« A voir les excellents résultats obtenus par les éleveurs poitevins, on doit se figurer que l'industrie mulassière a dû être l'objet de protections, ou tout au moins d'encouragements. Il n'en est cependant rien, loin de là. Pendant longtemps, les gouvernements, par un stupide entêtement que rien ne justifie, se sont acharnés après cette industrie dans le but de la détruire, ou tout au moins de la réduire le plus possible. En 1717, notamment, époque de la création des haras, l'intendant général de cette administration lança un règlement interdisant « aux garde-étalons de faire saillir par les *bourriquets* aucune « cavale au-dessus de quatre pieds, à prendre de l'extrémité de la « crinière, près le garrot, jusqu'à la couronne, à peine de confiscation « de leurs bourriquets et 20 livres d'amende, applicables moitié au « profit du dénonciateur, moitié à la caisse des haras ».

« C'était donc interdire à cette industrie de s'étendre, et, ce qui était au moins aussi grave, de s'améliorer, en empêchant les propriétaires de faire saillir par des baudets leurs juments de choix, les seules capables de donner de beaux produits.

« Mais l'industrie mulassière a résisté victorieusement à toutes ces petites misères, et, preuve de son incontestable utilité, elle a été en s'accroissant et en s'améliorant. A l'heure actuelle, dans beaucoup de localités du Poitou, il serait fort difficile de remplacer cet élevage par une culture ou une industrie aussi avantageuse.

« Cependant, depuis quelque temps, par suite de la mévente des vins, les vignerons du Midi ralentissent beaucoup l'activité de leurs achats, et les cours s'en ressentent, à tel point qu'un animal valant autrefois 1,500 francs, arrive à peine à 1,100 ou 1,200 actuellement.

« Il serait facile de créer pour notre *mulasse* de nouveaux débouchés, en faisant connaître sa valeur auprès des personnes qui achètent des animaux pour les utiliser aux transports de toutes sortes. Les qualités d'endurance et de sobriété de nos mulets leur permettent de résister avantageusement à la concurrence des meilleures races de chevaux.

« C'est de la recherche de ces débouchés que s'occupe un syndicat récemment créé dans ce but. »

Il existe un stud-book des animaux de l'espèce mulassière, publié par la Société centrale d'agriculture des Deux-Sèvres, le Comice agricole de Fontenay-le-Comte et le département de la Charente-Inférieure (arrêté du 15 août 1889)[1].

BARDOT. — C'est, pourrait-on dire par boutade, le contraire du mulet. Voyez (fig. 262) comme il se rapproche plus de l'âne que du cheval. Il est moins bien conformé que son demi-frère le mulet. Généralement, les parties de son corps sont peu proportionnées entre elles : d'où, manque d'harmonie. Le plus souvent, son encolure est mince ; son dos, creusé ; sa croupe, tranchante. S'il n'a pas les oreilles courtes du cheval, du moins les a-t-il bien moins longues que ne les ont le mulet ou l'âne. Il n'est pas dépourvu de qualités, loin de là : robustesse et sobriété lui sont départies. Et cependant c'est un déshérité, un méprisé. L'un dit de lui qu'il est un « animal accidentel » ; l'autre le qualifie de « curiosité zootechnique ». Et Eugène Gayot met en doute son existence. Boutade, au demeurant ! L'éminent hippologue reconnaît, en effet, que le bardot n'est pas une impossibilité. A vrai dire, il n'en avait guère rencontré. Et, de fait, on n'en peut citer un élevage — et peu important — qu'en Sicile. Dans notre contrée mulassière : le Poitou, il est

---

[1] « La race mulassière ne peut se décider à prendre part à nos grands concours. Quel maigre contingent la représentait à Vincennes ! Il y avait 8 étalons baudets, 9 ânesses, 3 mulets, 14 mules... Elles étaient cependant bien belles ces grandes mules poitevines de 1 m. 65 à 1 m. 67, si fortement constituées, que tout le monde admirait ; j'ai vu offrir 5.000 francs pour *Faustine*, objet du premier prix. Nous ne nous expliquons pas cette abstention du Poitou et de la Vendée, surtout après avoir réclamé souvent au Ministère de l'agriculture de plus sérieux encouragements. » Telles sont les réflexions qu'inspirait à M. H. Vallée de Loncey, le compétent rédacteur du *Journal d'agriculture pratique*, sa visite de la race mulassière à la section de Vincennes, de l'Exposition de 1900.

inconnu; on y désigne même de ce nom de bardot une variété d'ânes de petite taille. Au total, il ne tient guère de place aujourd'hui dans notre élevage. Sans doute a-t-il dû autrefois en être autrement. Les écrivains et les proverbes sont là pour nous l'attester. « Il a fallu que j'aie fait cette digression; il faut qu'elle passe pour bardot sans payer péage ». Et Le Sage note la région qui fournit ces métis : « L'équipage se composait de trois bardots d'Auvergne. » Pourquoi a-t-on abandonné ce produit? A cause de la difficulté de l'obtenir. Le cheval

Fig. 262. — Bardot.

couvre facilement l'ânesse; mais celle-ci retient difficilement; le part est très pénible pour elle; l'allaitement l'épuise, on le conçoit aisément. La jument n'aura avec un muleton qu'à nous prouver une fois de plus que qui peut le plus peut le moins, tandis que l'ânesse a dans le bardot un produit plus volumineux que ceux qu'elle obtiendrait avec un baudet.

Âne. — Tous les ânes n'ont pas cet air humble que les privations infligent aux malheureux aliborons dont les propriétaires, presque aussi modestes qu'eux, ont à peine de quoi les nourrir. Un bon baudet n'est point à dédaigner; on a vu (p. 441) les prix qu'il atteint. En 1900, à l'exposition de Vincennes, le grand lauréat, *La Fleur XI*, avait son cercle d'admirateurs. Il venait des Deux-Sèvres, comme ses trois autres concurrents primés, comme en venaient aussi les quatre ânesses distinguées par le jury.

« Après le chien, a écrit le marquis d'Imbleval[1], l'âne est le plus intelligent de nos animaux domestiques, et encore, à mon humble avis, l'emporte-t-il sur celui-ci par la rectitude de sa raison; comme le chat, il subordonne le sentiment aux préoccupations de sa petite personne, et si celui-là ne fait pas toujours notre affaire, nous ne pouvons cependant pas leur donner tort ni à l'un ni à l'autre. Il existe une énorme dose de bon sens dans ce crâne encadré d'une paire d'oreilles; neuf fois sur dix, l'entêtement qui le caractérise en fournit une éclatante démonstration. Sa confiance dans le jugement de son maître est très limitée; il n'ignore pas que, dans certaines circonstances, son instinct le servira beaucoup mieux que toute l'intelligence du roi de la création. Il n'a pas la résignation torpide des bovidés et pas davantage la passivité aveugle du cheval; entre les jambes et dans les mains d'un cavalier habile, celui-ci abordera un obstacle où il est à peu près certain qu'il trouvera la mort; du moment où l'âne aura apprécié un danger, et il a un flair merveilleux pour le pressentir, ni menaces ni coups ne triompheront de sa résistance. Ce n'est point lâcheté, c'est calcul. Si le maître fait bon marché de la peau du pauvre baudet, celui-ci a de fortes raisons pour ne la risquer qu'à son corps défendant. Il faut avoir cheminé dans les montagnes, sur le dos de son dérivé, le mulet, pour avoir idée de l'intrépidité et de la prudence transmise par l'âne à son descendant. Si étroite que soit l'arête, si vertigineux que se présente le précipice qui la borde, la monture marche calme et sans donner le moindre signe d'effroi; elle ne se troublerait que dans le cas où vous essayeriez de vous mêler de ses petites affaires, ce qui n'est pas une preuve d'imbécillité, parce que vous ne feriez que les gâter. »

Un autre écrivain, M. Ernest Ponvoisin, écrit : « L'âne a toujours

---

[1] *Illustré parisien.*

besoin de réhabilitation, malgré Buffon, malgré Magne, malgré Sanson qui en ont dit beaucoup de bien. Il a toutes les qualités du cheval et, en plus, une sobriété invraisemblable. Les défauts qu'on lui reproche viennent tous de l'homme, de l'élevage négligé et de l'éducation brutale. »

Il y a trois races d'ânes : la race commune, la race des Pyrénées et la race du Poitou, la plus grande et dont on se sert, je viens de le dire, pour la production mulassière. J'ai indiqué les prix élevés des baudets de cette race. Aussi a-t-on pu écrire que, dans le pays, « c'est une affaire d'État que d'élever un ânon ». Écoutez M. Ayrault : « Quand il naît un ânon dans une ferme, c'est une fête; aucun soin, aucun sacrifice, rien de ce que l'on croit nécessaire n'est épargné pour le faire prospérer. » Et il ajoute qu'un mois avant la mise-bas, le fermier ou son fils — pareille mission ne pouvant être confiée à un étranger — couche dans l'écurie pour ne pas être surpris par l'événement. « Il est des modes, écrit M. Ponvoisin, pour les robes d'animaux, comme il en est pour les robes des femmes. Le baudet de Poitou est d'autant mieux apprécié qu'il est plus poilu. Ce n'est plus un animal, c'est un matelas vivant, touffu; les poils masquent les articulations, couvrent jusqu'aux sabots. Il est plus barbu que le bouc; les oreilles immenses, couchées, divergentes, portent de longues mèches frisées. Le nom de *guenilloux*, de *bourrailloux*, lui convient parfaitement et le dépeint d'une façon imitative. On a garde de le panser, car on est jaloux de sa parure, et c'est maître Aliboron, en se frottant et en se roulant, qui fait, pour son compte, sa principale hygiène. »

Quelques chiffres pour finir.

C'est dans la Corse, dans les Basses-Pyrénées et la Dordogne, au Sud-Ouest; dans la Vienne, à l'Ouest; dans l'Indre, le Cher, la Nièvre et l'Allier, au Centre, que l'on rencontre le plus grand nombre d'ânes : dans chacun de ces départements, on en compte de 10,000 à 17,000. Puis, viennent l'Eure, la Sarthe, Indre-et-Loire, la Haute-Vienne, la Creuse, la Corrèze, la Gironde, l'Ariège, les Hautes-Pyrénées et l'Hérault, avec 6,000 à 9,000 têtes; pour tous les autres départements réunis, il reste à peine la moitié du total.

Voici le tableau indiquant le nombre et la valeur des bêtes asines en 1892 :

CATÉGORIES.	NOMBRE D'ANIMAUX EXISTANT au 30 novembre 1892		VALEUR DES ANIMAUX		
	TOTAL.	PROPOR-TIONNEL.	TOTALE.	MOYENNE PAR TÊTE.	PROPOR-TIONNELLE.
	têtes.	p. 100.	francs.	francs.	p. 100.
ADULTES.					
Animaux de 3 ans et au-dessus.........	322,391	87.44	31,017,093	96	92.05
JEUNES.					
Animaux { de 1 à 3 ans..............	31,610	8.57	2,119,639	67	6.29
de l'année (au-dessous de 1 an).	14,694	3.99	559,202	37	1.66
Totaux et moyenne........	46,304	12.56	2,678,841	58	7.95
Totaux généraux et moyenne générale...	368,695	100.00	33,695,934	91	100.00

Contrairement à ce qu'on a vu pour les espèces chevaline et mulassière, les jeunes ne représentent ici qu'un peu plus du dixième du total des existences. La part proportionnelle des élèves dans la valeur en capital est moindre encore, les huit centièmes à peine. Cela provient de ce que nous recourons pour une certaine proportion à l'importation.

Quant au rendement, si on estime à 200 le nombre de jours de travail annuel fourni par les ânes et à 1 fr. 20 la valeur de la journée, il s'établit de la façon suivante : 322,391 animaux produisent 64,478,200 jours de travail, d'une valeur de 77,373,840 francs.

La production et la valeur du fumier (1892) sont données ci-après:

CATÉGORIES.	PRODUCTION		VALEUR	
	TOTALE	MOYENNE PAR TÊTE.	TOTALE.	MOYENNE PAR TÊTE.
	tonnes.	tonnes.	francs.	francs.
Adultes........................	741,499	2.3	7,414,993	23
Jeunes de 1 à 3 ans.	53,737	1.7	537,370	17
Jeunes de moins de 1 an..............	16,163	1.1	161,634	11
Total......................	811,399	2.2	8,113,997	22

Il a été abattu 2,487 animaux d'un poids moyen de 87 kilogrammes ayant produit 216,827 kilogrammes de viande d'une valeur de 153,393 francs, le prix moyen du kilogramme de viande ressortissant à 0 fr. 70.

En tenant compte des exportations, nous avons 326 animaux d'une valeur moyenne de 95 francs, soit 30,880 francs. Ces chiffres, ajoutés à celui des animaux de boucherie, donnent un total de 2,823 animaux livrés par l'agriculture à la boucherie ou au commerce et représentant ensemble une valeur de 184,273 francs.

C. BOVIDÉS.

IMPORTANCE CROISSANTE DE L'ÉLEVAGE EN FRANCE. — EFFECTIFS. — POIDS. — RÉGIONS D'ÉLEVAGE. — VALEUR. — RENDEMENTS : VIANDE, LAIT, BEURRE ET FROMAGE, TRAVAIL, FUMIER. — ÉNUMÉRATION DES RACES FRANÇAISES. — QU'EST-CE QU'UNE RACE? — LA RACE NORMANDE. — LA RACE FLAMANDE. — LA RACE CHAROLAISE ET LA NIVERNAISE. — LA RACE LIMOUSINE. — LA RACE DE SALERS. — LA RACE FERRANDAISE. — LA RACE BORDELAISE. — LA RACE GARONNAISE. — LA RACE BAZADAISE. — LA RACE GASCONNE. — LA RACE PARTHENAISE. — LA RACE MANCELLE. — LA RACE D'AUBRAC. — LA RACE D'ANGLES. — LA RACE TARENTAISE. — LA RACE MONTBÉLIARDE. — LA RACE D'ABONDANCE. — LA RACE DE VILLARS-DE-LANS. — LA RACE DE MEZENC. — LA RACE FÉMELINE. — LA RACE BRESSANE. — LA RACE TOURACHE. — LA RACE VOSGIENNE. — LES RACES BÉARNAISE, BASQUAISE, D'URT ET ANALOGUES. — LA RACE DE LOURDES. — LA RACE D'AURE ET DE SAINT-GIRONS. — LA RACE MARINE. — LA RACE CAMARGUE. — LA RACE BRETONNE.

L'élevage de la race bovine a pris en France une extension chaque jour croissante, et l'on peut dire que les intelligents efforts de nos éleveurs ont trouvé la meilleure récompense.

Un de nos publicistes techniques les plus compétents[1] pouvait, en 1904, constater dans les termes suivants l'excellence de la situation actuelle, sans qu'on puisse taxer son dire d'exagération :

«En lisant les comptes rendus du marché aux bestiaux de la Villette, on remarque que l'approvisionnement en gros bétail de ce marché ne comporte plus que des animaux français... Nos progrès ont été si grands dans l'élevage du gros bétail qu'on pourrait presque dire que nous sommes menacés de pléthore... En gardant cette allure, nous nous heurterons fatalement, à assez courte échéance, aux mêmes difficultés que pour les blés. »

[1] F. ROLLIN, *Journal d'agriculture pratique.*

Renseignements statistiques. — D'après l'enquête de 1892, l'espèce bovine comprenait en France, le 30 novembre de cette année, 13,700,000 têtes, d'un poids vif total de 39 millions et demi de quintaux[1] et d'une valeur de près de 3 milliards de francs.

CATÉGORIES.			NOMBRE DES ANIMAUX EXISTANT AU 30 NOVEMBRE 1892	
			Total.	Proportionnel.
			têtes.	p. 100.
Adultes.	Taureaux		284,828	2.08
	Bœufs	de travail	1,387,050	10.11
		à l'engrais	427,405	3.12
	Vaches		6,673,460	48.68
	Totaux		8,772,743	63.99
Jeunes.	Élèves de 1 an et au-dessus.	Bouvillons	1,016,423	7.41
		Génisses	1,605,894	11.72
	Élèves de 6 mois à un an		1,226,730	8.95
	Veaux de moins de six mois		1,087,207	7.93
	Totaux		4,936,254	36.01
	Totaux généraux		13,708,997	100.00

Les 6,673,460 vaches ont produit dans l'année (1892) 5 millions 836,256 veaux, soit 87.45 p. 100 de leur effectif, sans tenir compte des pertes causées par maladies et accidents.

L'effectif total de l'espèce bovine correspond à 27,16 animaux par 100 hectares du territoire agricole. En ce qui concerne la répartition des animaux par département, elle est évidemment subordonnée aux spéculations et à l'emploi dont les bestiaux sont l'objet. La carte (fig. 263) indique la répartition de l'espèce bovine par 100 hectares.

Les départements qui font le plus d'élèves sont, par ordre d'importance : le Finistère (145,795), la Vendée, la Manche, la Mayenne, Maine-et-Loire, le Morbihan, Saône-et-Loire, l'Allier, la Seine-Inférieure, les Côtes-du-Nord, qui, à eux seuls, fournissent environ le tiers des 3,850,000 élèves au-dessus de 6 mois que possède la France.

[1] C'est M. E. Tisserand qui, dans sa magistrale introduction à la Statistique de 1882, a, le premier, fait figurer le poids vif des animaux à côté du nombre de têtes dans le dénombrement du bétail.

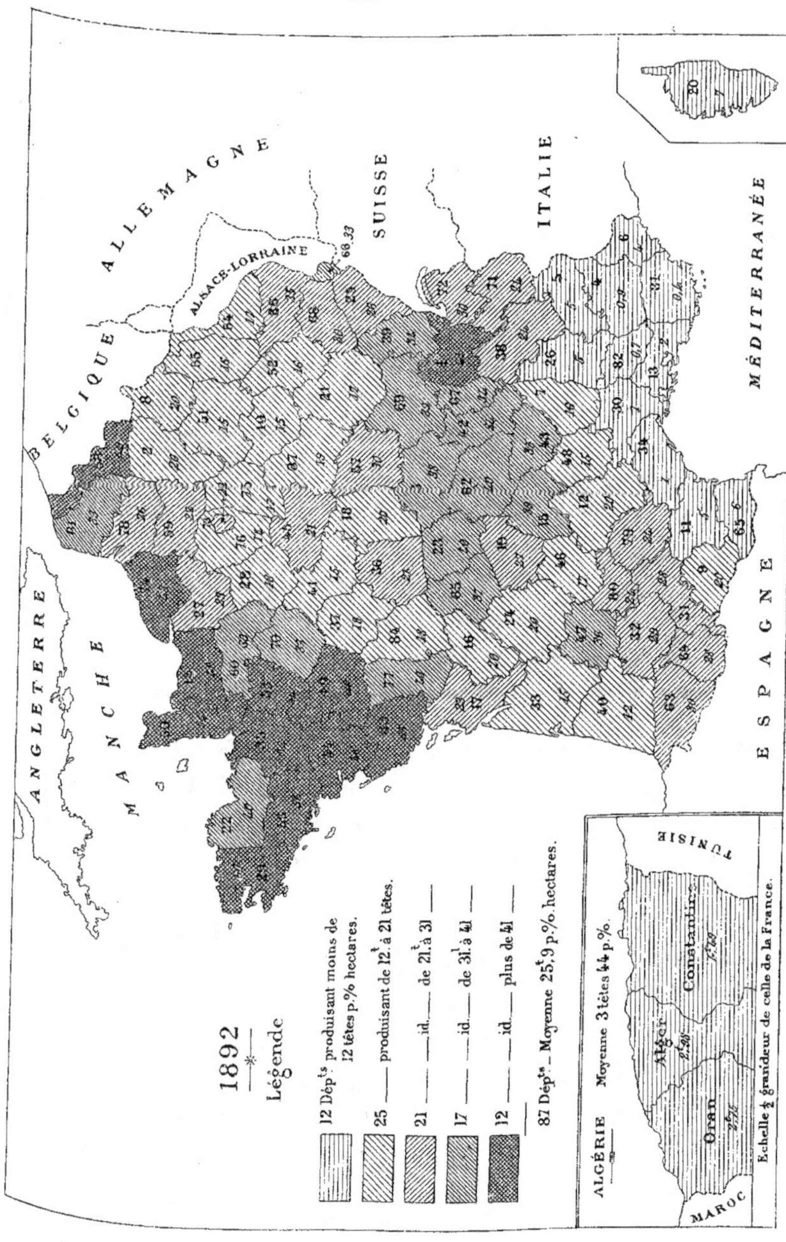

Fig. 263. — Rapport, à 100 hectares du territoire total, du nombre de têtes de l'espèce bovine (1892).

[Pour les noms des départements correspondant aux numéros, voir le tableau de la page 198.]

Voici les éléments fournis par les relevés de 1892 concernant les poids :

CATÉGORIES.	POIDS VIF DES ANIMAUX BOVINS				
	TOTAL EN MILLIERS de kilogrammes.	PROPORTIONNEL.	PAR TÊTE.	par 100 HECTARES DU TERRITOIRE agricole.	par 100 HECTARES DES TERRES labourables, prés et herbages.
	tonnes.	p. 100.	kilogr.	kilogr.	kilogr.
ADULTES.					
Taureaux.	100,615	2.56	353	199	314
Bœufs. . . . . . . (de travail. . .	635,603	16.15	458	1,259	1,987
(à l'engrais. .	227,579	5,78	532	451	712
Vaches.	2,234,907	56.78	335	4,429	6,988
Totaux et moyenne.	3,198,704	81.27	365	6,338	10,001
JEUNES.					
Élèves de 1 an (Bouvillons. .	210,809	5.36	207	418	659
et au-dessus. (Génisses. . . .	308,079	7.83	192	610	963
Élèves de 6 mois à 1 an.	140,281	3.56	114	278	439
Veaux (au-dessus de 6 mois).	77,978	1.98	72	155	244
Totaux et moyenne.	737,147	18.73	149	1,461	2,305
Totaux généraux et moyenne générale. .	3,935,851	100.00	287	7,799	12,306

La distinction des bœufs de travail et des bœufs à l'engrais permet de constater que le plus grand nombre des bovidés de trait se trouve : dans la Dordogne, 67,591 ; la Vendée, 59,309 ; la Charente-Inférieure, 50,629 ; Saône-et-Loire, 50,061 ; la Vienne, 49,159 ; le Lot, 46,235 ; la Loire-Inférieure, 45,540 ; la Haute-Garonne, 45,205 ; l'Allier, 44,357 ; les Landes, 43,911 ; Maine-et-Loire, 43,331. Les bœufs à l'engrais sont surtout nombreux dans la Mayenne, le Finistère, Maine-et-Loire, le Calvados, la Vendée, les Deux-Sèvres, l'Orne, la Dordogne, les Côtes-du-Nord, la Seine-Inférieure, l'Allier, la Vienne et la Charente.

Ces treize départements présentent les nombres maxima : depuis 10,000 bêtes dans la Charente, jusqu'à près de 30,000 bêtes dans la Mayenne.

Les vaches se trouvent en très grand nombre dans les départements bretons (surtout dans l'Ille-et-Vilaine, 242,717). Ce fait s'explique, en partie, par la petite taille des bêtes bretonnes, puisque là où l'on peut entretenir dix animaux de cette race, on nourrirait souvent à peine trois bêtes normandes.

Après ces départements, le Nord, le Rhône, le Puy-de-Dôme, Calvados, la Manche, la Seine-Inférieure, la Haute-Loire, la Loire, la Haute-Savoie, l'Ain, le Cantal, le Pas-de-Calais et la Creuse sont ceux où l'on rencontre le plus de vaches. Voici la liste, par ordre d'importance, des départements ayant plus de 20,00 vaches par 100 hectares de territoire agricole.

Seine	39,09	Calvados	24,81
Ille-et-Vilaine	37,80	Manche	24,15
Nord	31,80	Haute-Loire	23,46
Finistère	29,34	Seine-Inférieure	23,40
Côtes-du-Nord	28,70	Loire	23,10
Morbihan	27,93	Haute-Savoie	22,18
Rhône	26,48	Ain	21,36
Puy-de-Dôme	25,97	Cantal	20,69
Loire-Inférieure	24,91	Pas-de-Calais	20,05

Quant au poids vif, l'Allier, avec 713 kilogrammes; le Tarn-et-Garonne, 684; la Haute-Vienne, 682; la Creuse, 676; la Dordogne, 648; Saône-et-Loire, Seine-et-Marne, l'Ain, l'Aisne, le Cher, la Charente, l'Oise, l'Isère, le Rhône et l'Indre, avec 617, possèdent les bœufs les plus lourds. Le poids des vaches atteint 453 kilogrammes dans le Nord, 415 dans la Seine-Inférieure, 412 dans l'Aisne et dépasse également 400 dans Lot-et-Garonne, Seine-et-Marne, l'Hérault et les Bouches-du-Rhône; le poids élevé que l'on constate pour ces deux derniers départements provient de ce fait que les vaches n'y sont guère entretenues que comme laitières et sont importées de pays où les animaux, d'un gros volume, produisent une quantité importante de lait. La Nièvre, avec sa belle race charolaise, produit les bouvillons les plus pesants, 270 kilogrammes.

Puis, viennent l'Allier, 266 kilogrammes, Seine-et-Oise, la Côte-d'Or, la Somme, la Marne, Seine-et-Marne et la Sarthe; enfin, le Nord, 253 kilogrammes.

Voici, par ordre d'importance, la liste des départements où le poids

vif des bêtes bovines dépasse 12,000 kilogrammes par 100 hectares
de territoire agricole :

	kilogrammes.		kilogrammes.
Nord	19,584	Loire-Inférieure.	13,107
Seine.	16,263	Saône-et-Loire.	12,933
Calvados	15,587	Ain	12,913
Vendée.	15,308	Rhône	12,900
Maine-et-Loire	14,277	Lot-et-Garonne	12,310
Mayenne	14,911	Puy-de-Dôme.	12,292
Manche	14,308	Ille-et-Vilaine.	12,275
Allier.	14,054	Creuse.	12,224
Seine-Inférieure.	13,457	Deux-Sèvres.	12,009

D'autre part, le tableau suivant indique, classés, par ordre d'importance, les départements où le poids vif des bêtes bovines par 100 hectares de terres labourables, prés et herbages, dépasse 17,000 kilogrammes :

	kilogrammes.		kilogrammes.
Nord	21,824	Jura.	18,295
Basses-Pyrénées	21,180	Rhône	18,268
Seine.	20,920	Seine-Inférieure.	18,036
Ain	19,628	Hautes-Pyrénées.	17,713
Finistère	19,533	Puy-de-Dôme.	17,552
Calvados	19,102	Saône-et-Loire.	17,260
Morbihan.	18,989	Vendée.	17,208
Maine-et-Loire.	18,544	Allier.	17,039
Lot-et-Garonne.	18,401		

D'après ces tableaux, il existe quatre groupes principaux de départements présentant une grande densité bovine par rapport à leur territoire.

Le premier, au Nord et à l'Ouest, comprend les départements du Nord et du Pas-de-Calais, d'une part, et de l'autre, tous les départements normands et bretons (sauf l'Eure), puis ceux des Deux-Sèvres, de la Vendée, de Maine-et-Loire, de la Mayenne et de la Sarthe.

Le deuxième groupe, placé au Centre, est composé des départements de l'Allier, de la Nièvre, de la Creuse, de la Haute-Vienne, du Cantal, du Puy-de-Dôme, de la Loire, de la Haute-Loire.

Un troisième groupe, à l'Est, comprend le Haut-Rhin, le Doubs, le Jura, la Haute-Saône, Saône-et-Loire, le Rhône, l'Ain et la Haute-Savoie.

Le quatrième groupe est situé dans le Sud-Ouest et renferme cinq départements seulement : Lot-et-Garonne, Gers, Haute-Garonne, Tarn-et-Garonne et Tarn.

Le groupement de la densité bovine, par rapport à la superficie des terres labourables, prés et herbages, est généralement le même que celui qu'on vient de faire ressortir. Il en diffère toutefois en ce qu'un certain nombre de départements à grandes surfaces non cultivées comme la Corrèze, la Dordogne, les Landes, les Basses-Pyrénées, les Hautes-Pyrénées, l'Ariège, l'Isère, la Savoie et les Vosges, présentent des rapports très élevés. Par contre, Seine-et-Marne et Eure-et-Loir, dont les proportions de superficie cultivée sont les plus considérables de toute la France, offrent par cela même une très faible densité.

Après le poids, voyons la valeur; le tableau suivant (1892) nous l'indique :

| | VALEUR DES BÊTES BOVINES | | | | |
CATÉGORIES.	TOTALE.	PROPOR-TIONNELLE.	par TÊTE.	par 100 HECTARES DU TERRITOIRE agricole.	par 100 HECTARES des TERRES LABOURABLES, prés et herbages.
	francs.	p. 100.	francs.	francs.	francs.
ADULTES.					
Taureaux................	74,982,914	2.56	263	149	234
Bœufs....... { de travail.	491,393,617	16.78	354	974	1,536
{ à l'engrais.	184,952,031	6.32	433	366	578
Vaches.................	1,599,008,766	54.59	240	3,168	4,999
Totaux et moyenne....	2,350,337,328	80.25	268	4,657	7,348
JEUNES.					
Élèves de 1 an { bouvillons. et au-dessous.	158,471,387	5.41	156	314	495
{ génisses.	240,498,283	8.21	150	477	752
Élèves de 6 mois à 1 an..	112,790,231	3.85	92	223	353
Veaux au-dessous de 6 mois.	66,831,271	2.28	61	132	209
Totaux et moyenne....	578,591,172	19.75	117	1,146	1,809
Totaux généraux et moyenne générale.	2,928,928,500	100.00	214	5,804	9,157

Rendements. — Les produits de l'espèce bovine forment le revenu animal le plus important de l'agriculture; ils consistent en viande de boucherie, en lait) vendu soit à l'état naturel, soit sous forme de beurre ou de fromage), en travail et en fumier.

1° *Viande de boucherie.* — Du nombre total des animaux abattus il faut, pour avoir la part du contingent indigène, retrancher le nombre d'animaux exportés.

CATÉGORIES.	NOMBRE D'ANIMAUX ABATTUS POUR LA BOUCHERIE EN 1892.			NOMBRE D'ANIMAUX EXPORTÉS en 1892.	TOTAL DES VENTES FAITES par l'agriculture en 1892.
	EN TOTALITÉ.	IMPORTÉS pour la boucherie[1].	INDIGÈNES.		
	têtes.	têtes.	têtes.	têtes.	têtes.
Bœufs, vaches, taureaux.......	1,950,410	21,208	1,929,202	20,497	1,949,699
Génisses..................	187,436	631	186,805	4,483	191,288
Veaux	3,522,319	2,212	3,520,107	7,589	3,527,696
Totaux..........	5,660,165	24.051	5,636,114	32,569	5,668,683

[1] Ces chiffres ont été relevés à la frontière par les soins des vétérinaires-inspecteurs du bétail.

Le nombre des animaux étrangers amenés aux abattoirs français est minime par rapport à celui des ventes faites par l'agriculture à la boucherie et au commerce, il ne représente que 0.42 p. 100 du nombre des animaux abattus. Depuis, du reste, la situation s'est un peu améliorée, et dès 1900, sans qu'on ait recours à l'importation, la production suffisait amplement à la consommation.

Le poids moyen net en viande est de :

Bœufs, vaches, taureaux..........................	265 kilogr.
Génisses....................................	142
Veaux	52

CATÉGORIES.	BÉTAIL INDIGÈNE 1892.		TOTAL.
	POIDS DE LA VIANDE		
	pour LA CONSOMMATION.	pour L'EXPORTATION.	
	kilogrammes.	kilogrammes.	kilogrammes.
Bœufs, vaches, taureaux..................	511,238,530	5,431,705	516,670,235
Génisses...........................	26,526,310	636,586	27,162,896
Veaux	183,045,564	394,628	183,440,192
Totaux..............	720,810,404	6,462,919	727,273,323
	727,273,323		

Les animaux indigènes livrés à la boucherie et ceux exportés dont on a calculé simplement la quantité et la valeur en viande ont donc fourni le poids total de viande donné par le tableau précédent, ce qui correspond :

Par
{ 100 hectares de territoire agricole, à . . . .   1,441 kilogr.
{ 100 hectares de la surface des terres labourables.
{ prés et herbages, à   2,273,8

Quant à la valeur, le tableau suivant l'indique. On constate comme prix moyen :

Prix moyen
{ des bœufs, vaches, taureaux. 381f 60c
{ des génisses. 191 70
{ des veaux 80 08

CATÉGORIES.	BÉTAIL INDIGÈNE.		VALEUR TOTALE.	PRIX MOYEN.
	VALEUR DES ANIMAUX LIVRÉS à la boucherie.	VALEUR DES ANIMAUX exportés.		
	francs.	francs.	francs.	fr. c.
Bœufs, vaches, taureaux.	736,183,480	7,821,655	744,005,135	381 60
Génisses.	35,810,518	859,397	36,669,909	191 70
Veaux	281,608,560	607,120	282,215,680	80 08
Totaux.	1,053,602,558	9,288,166	1,062,890,724	//

2° *Lait et produit de la laiterie.* — Le produit le plus important de l'espèce bovine, après la viande de boucherie, est sans contredit le lait. Les 5,407,126 vaches laitières ont fourni, en 1892, 77,013,379 hectolitres d'une valeur moyenne de 16 francs l'hectolitre, soit un total de 1,223,025,500 francs, ce qui donne une moyenne par vache laitière de 16 hectolitres, et une valeur de 256 francs par tête.

Les départements produisant plus de 2 millions d'hectolitres sont, par ordre d'importance : le Nord, 3,612,109 hectolitres; la Seine-Inférieure, 2,577,196 hectolitres; la Manche, 2,537,154 hectolitres; Ille-et-Vilaine, 2,527,917 hectolitres; le Pas-de-Calais, 2,464,752 hectolitres; le Calvados, 2,519,815 hectolitres; le Finistère, 2,107,673 hectolitres.

On voit la situation favorable de la Bretagne dont deux départements figurent sur cette liste. Deux autres départements se classent aussi dans les dix premiers : les Côtes-du-Nord avec 1,965,197 hectolitres et la Loire-Inférieure avec 1,826,095, surpassée seulement par Seine-et-Oise (1,882,575).

La production fromagère (1892) est indiquée par le tableau suivant :

CATÉGORIES.		QUANTITÉ de LAIT EMPLOYÉE.	PRODUCTION TOTALE ANNUELLE DE FROMAGE.	VALEUR.	
				PRIX MOYEN DU KILOGRAMME.	TOTALE.
		hectolitres.	kilogrammes.	francs.	francs.
Fromages à pâte dure.	Gruyère ou façon gruyère.....	2,504,252	18,580,077	1.11	20,777,898
	Pâte grasse.....	1,787,086	17,803,950	1.17	20,989,128
	Pâte maigre....	5,518,437	24,130,136	0.84	20,116,738
Fromages à pâte molle.	Pâte grasse....	3,479,254	41,507,643	1.06	43,909,896
	Pâte maigre....	8,313,581	34,631,831	0.64	22,453,297
Totaux..........		21,602,610	136,653,637	0.93	128,246,957

La production beurrière a été de 132,022,660 kilogrammes, d'une valeur moyenne de 2 fr. 24, ce qui représente une valeur totale de 295,070,983 francs.

Beurre et fromage donnent 423,317,940 francs (30.29 p. 100, fromage, et 69.71 p. 100, beurre).

Le prix moyen du kilogramme de fromage de gruyère ou façon gruyère oscille entre 0 fr. 90 et 1 fr. 80; celui des fromages à pâte dure et grasse, entre 0 fr. 50 et 2 fr. 50; celui des fromages à pâte dure et maigre, entre 0 fr. 42 et 1 fr. 75; celui des fromages à pâte molle et grasse, entre 0 fr. 45 et 2 francs; celui des fromages à pâte molle et maigre, entre 0 fr. 31 et 1 fr. 50.

Les départements produisant plus de 6 millions de kilogrammes sont, pour le fromage : Seine-et-Marne, 7,299,785 kilogrammes; le Jura, 6,257,502 kilogrammes; la Haute-Savoie, 6,106,400 kilogrammes; le Cantal, 6,027,049 kilogrammes; pour le beurre : Ille-et-Vilaine, 8,226,040 kilogrammes; le Nord, 7,232,277 kilogrammes; le Calvados, 7,039,451 kilogrammes.

Le prix moyen par département varie de 1 fr. 52 à 3 francs par kilogramme.

La période décennale de 1885-1894 donne comme moyenne :

Lait.		
	Production.....................	75,944,696 hectolit.
	Valeur	1,187,901,517 francs.
	Prix moyen de l'hectolitre..........	15f 64c

3° *Travail.* — En supposant pour les bœufs de travail une moyenne annuelle de 250 journées de travail, estimées à 2 francs l'une, et, pour les 1,525,000 vaches fournissant du travail, 180 jours à 1 fr. 60, on obtient :

	jours de travail.	francs.
1,387,050 bœufs fournissant	346,762,500	valant 693,525,000
1,525,000 vaches.............	274,500,000	439,200,000
Totaux.........	621,262,500	1,132,725,000

4° *Fumier.* — Le tableau ci-dessous fait connaître la production du fumier et sa valeur pour l'espèce bovine en 1892 :

CATÉGORIES.	PRODUCTION DU FUMIER		VALEUR DU FUMIER	
	TOTALE.	MOYENNE PAR TÊTE.	TOTALE.	MOYENNE PAR TÊTE.
	tonnes.	tonnes.	tonnes.	tonnes.
Taureaux.............	1,310,208	4.6	13,102,080	46
Bœufs { de travail.............	6,557,840	4.8	65,578,400	48
{ à l'engrais.............	2,607,170	6.1	26,071,700	61
Vaches.............	31,365,262	4.7	313,652,620	47
Bouvillons.............	3,049,269	3.0	30,492,690	30
Génisses.............	3,854,145	2.4	38,541,450	24
Élèves { de 6 mois à 1 an.........	1,962,768	1.6	19,627,680	16
{ de moins de 6 mois.......	978,486	0.9	9,784,860	9
Totaux.............	51,685,148	3.7	516,851,480	37

On admet généralement qu'une tête de bétail, bien nourrie et recevant une bonne litière, rend en fumier environ 25 fois son poids; en appliquant ce rendement aux 3,935,851 tonnes de bétail bovin, on aurait un poids de fumier égal à 98,396,275 tonnes, chiffre bien supérieur à celui fourni par les commissions cantonales. Mais il faut tenir compte de ce que les litières sont bien souvent insuffisantes, que les fumiers sont fréquemment mal entretenus, enfin qu'un grand nombre d'animaux, passant une notable partie de l'année au pâturage, ne fournissent, dans ces conditions, que leurs déjections.

ÉNUMÉRATION DES RACES FRANÇAISES. — Je ne saurais donner un tableau plus complet des diverses races françaises qu'en citant le classement

élaboré pour l'Exposition de 1900 (concours de Vincennes) par les
soins du Ministère de l'Agriculture. Le voici :

<table>
<tr><td>

1re catégorie : race normande.

2e catégorie : race flamande.

3e catégorie : races charolaise et
nivernaise.

4e catégorie : race limousine

5e catégorie : race de Salers.

6e catégorie : race garonnaise.

7e catégorie : race bazadaise.

8e catégorie : race gasconne à mu-
queuses totalement noires.

9e catégorie : race gasconne à mu-
queuses noires auréolées.

10e catégorie : races parthenaise,
nantaise, vendéenne et mar-
choise.

11e catégorie : race mancelle.

12e catégorie : races d'Aubrac et
d'Angles.

</td><td>

13e catégorie : race tarentaise.

14e catégorie : races montbéliarde
et d'Abondance. — 1re sous-
catégorie : race montbéliarde;
2e sous-catégorie : race d'A-
bondance.

15e catégorie : races de Villars-de-
Lans et du Mezenc.

16e catégorie : race fémeline.

17e catégorie : race vosgienne.

18e catégorie : races béarnaise, bas-
quaise, urt et analogues.

19e catégorie : race de Lourdes.

20e catégorie : races d'Aure et de
Saint-Girons.

21e catégorie : race bretonne.

</td></tr>
</table>

Je ne puis entrer dans de longs détails sur chacune de nos races,
mais je passerai en revue les principales, dans l'ordre de la classification ci-dessus; quant à celles qui ne figurent pas dans cette liste, je
les rapprocherai des variétés avec lesquelles elles ont des affinités.

Le moment est d'autant mieux choisi pour une telle étude, que le
siècle qui vient de finir a vu s'effectuer des transformations importantes. La tendance a été « la spécialisation des spéculations animales
suivant les conditions de milieu commercial, de climat, de productions
du sol, de mode d'exploitation »[1]. L'évolution semble aujourd'hui
terminée, du moins dans ses traits principaux.

Qu'est-ce qu'une race? — Comme introduction à cette étude,
quelques considérations sur ce qu'on entend par race ne semblent pas
inutiles. Dans son ouvrage sur *le Bœuf*, M. Émile Thierry résume ainsi
la discussion engagée à ce sujet :

« Les auteurs ne sont pas d'accord pour définir la race. Pour les

[1] *Étude sur les races, variétés et croisements de l'espèce bovine en France*, par H. DE
LAPPARENT, inspecteur général de l'agriculture
(1902).

uns, la race peut se modifier au point de devenir une espèce. Pour d'autres, la race est immuable. Rossignol et Dechambre nous paraissent donner la définition la plus pratique et, en tout cas, la plus conforme aux données scientifiques modernes : « La race est dans l'espèce un groupe défini, formé sous l'influence des milieux et de l'homme et dont les caractères sont rigoureusement transmissibles par hérédité ». Cornevin a fait une réflexion fort juste à laquelle nous nous rallions, car elle était également dans la pensée des maîtres Baudement et Gayot : « Les éleveurs, dans leur langage, n'employent guère que deux termes : ceux de race et de sous-race, et ils les appliquent plutôt à l'appréciation des caractères qu'à la filiation qu'ils considèrent comme trop sujette à hypothèse. Magne et Tisserant avaient conservé cette manière de parler qu'il n'y a pas d'inconvénient à conserver. » D'ailleurs, avec raison, Rossignol et Dechambre ont dit qu'une classification économique, basée sur les aptitudes qu'ils appellent vocation, a l'avantage de ne tenir compte d'aucun esprit de doctrine et donne aux animaux des qualificatifs tirés exclusivement de la fonction qu'ils remplissent. Pour corroborer leur opinion, ils ajoutent que « déjà par suite de nombreux croisements, bien des races locales ont perdu leurs caractères, et ne sont plus guère reconnaissables; la fusion ne fera que s'accroître et, fatalement, on abandonnera la nomenclature actuellement employée, pour la nomenclature économique adaptationnelle beaucoup plus générale et universelle. » Les caractères de race déterminés par Magne, Tisserant, Sanson, Cornevin, Baron, Rossignol, Dechambre, etc., peuvent se résumer comme suit : longueur et largeur relatives du crâne donnant les races brachycéphales ou à crâne court et les races dolichocéphales ou à crâne long; la ligne du chignon plus ou moins sinueuse, à un ou deux sommets plus ou moins élevés; la largeur des os du nez et du chanfrein; la concavité ou la convexité de la face; la largeur de l'arcade incisive, d'où la bouche petite ou grande; la direction des cornes et leur coupe circulaire ou elliptique; l'ampleur générale des formes et le poids moyen, d'où les races petites, moyennes ou grandes; la longueur relative des membres; l'épaisseur, la finesse et la souplesse de la peau; la longueur et l'ampleur du fanon; la longueur, la finesse et la couleur des poils, parfois même frisés; enfin, les aptitudes au travail, à la boucherie, à la lactation, à la production du fromage et du beurre. »

Spécifiant certains points, le Dr Hector George écrit, d'autre part, (*Journal d'agriculture pratique*) :

« A la base de toute classification, André Sanson a placé l'examen du squelette, et, dans le squelette, il donne le premier rang aux formes crâniennes, les plus fixes de toutes et les plus caractéristiques. Il relègue au second rang les couleurs de la robe ou du pelage, et avec raison. Pour nous en tenir aux races bovines, il y en a six chez lesquelles on peut rencontrer, dans certaines variétés, le pelage rouge et blanc : la race des Pays-Bas, la normande, la bretonne, la race de Norfolk ou de Suffolk (*Red Polled*), la race ferrandaise, la race suisse tachetée (avec ses variétés françaises). En revanche, une même race, comme la batavique, la jurassique, l'auvergnate, peut offrir dans son pelage toutes les variétés de couleur, seules ou associées. Les formes crâniennes sont au contraire identiques dans la même race et distinctes dans les races différentes. La classification d'André Sanson commence par établir deux groupes distincts suivant que le crâne est court (*Brachycéphales*) ou allongé (*Dolichocéphales*). On a beaucoup raillé ces deux mots, inventés d'ailleurs par un savant suédois, Retzius, en 1840, pour l'étude du crâne humain. D'autres classificateurs, étudiant d'abord la face, ont rejeté ces termes et créé les mots de *brachyprosope* et *dolichoprosope*. Ces noms sont-ils plus harmonieux? Chez les Bovidés, rien n'est plus facile à déterminer que l'indice céphalique. Il est donné du premier coup d'œil par la table frontale, de forme *carrée* chez les brachycéphales, de forme *trapézoïdale* (à base inférieure) chez les dolichocéphales. Pour ces derniers, les bouchers eux-mêmes savent les distinguer (comme nous l'avons bien souvent constaté au marché de la Villette) en disant que *le front est resserré en dessous des cornes.* »

La race normande. — La race normande, dit M. l'inspecteur général de Lapparent (*Annales du Ministère de l'Agriculture*, avril 1902), tient le premier rang, en France, comme nombre de têtes, comme poids vif total et comme champ d'expansion. On peut, en effet, porter

à plus de 1,600,000 (sans compter les veaux au-dessous de six mois)
le nombre des animaux qui composent ce groupe, et à près de
500,000 tonnes leur poids vif total.

Fig. 264. — Taureau normand; exposé par M. François Noël, à Saint-Hilaire-Petitville (Manche)[1].
1er Prix au Concours universel d'animaux reproducteurs en 1900.

Des cinq départements normands (Manche, Calvados, Orne, Eure,
Seine-Inférieure), la race s'est répandue dans le Centre, le Nord-Est
et le Nord-Ouest : Eure-et-Loir, Somme, Oise, Loiret, Loir-et-Cher,
Indre, Indre-et-Loire, Cher, Aisne, Seine-et-Marne, Seine-et-Oise,
Mayenne, Marne, Sarthe, Ille-et-Vilaine, sans parler de diverses régions où elle est fréquemment introduite, soit pour alimenter de son
lait les grandes villes, soit pour contribuer à la production du lait
nécessaire aux industries laitières qui se sont multipliées dans un
grand nombre de pays, comme en Vendée et dans les Deux-Sèvres.

[1] Cliché des *Nouvelles agricoles*, ainsi que le suivant.

Expansion qui se comprend de suite, la vache normande étant, parmi les grandes laitières, celle qui perd le moins de ses qualités quand elle est exportée en dehors de son aire géographique principale; accepte le plus facilement les changements de régime soit au pâturage, soit à l'étable; supporte le mieux des températures élevées dans les chaleurs de l'été; donne les plus beaux veaux.

« Si nous cherchons, écrit M. Marcel Vacher, à définir le type du normand, nous trouvons que la tête présente chez le taureau un front large, un peu déprimé entre les orbites, le chignon formant une ligne ondulée. Le profil sera droit, avec le mufle large; mais on n'estimera pas les profils relevés, à tête de bull-dogs, qui se rencontrent encore assez fréquemment. Chez la vache, la tête est plus allongée, les yeux bien saillants, doux et brillants. Le cornage est arqué horizontalement en avant, de couleur blanc jaunâtre, l'extrémité se redressant légèrement chez la vache. Bien que l'ossature se montre toujours forte et anguleuse, les lignes se sont cependant sensiblement améliorées. La poitrine, qui était si souvent *sanglée*, s'est développée sensiblement; la croupe s'est élargie, et la côte, arrondie. Le flanc est court, la queue s'attache régulièrement et le fanon se réduit de plus en plus. Généralement la robe du normand est *bringée;* il y a même en ce moment une tendance marquée à multiplier la robe *bringée caille.* Dans ce cas, le fond de la robe est jaune pâle, les taches blanches restent importantes, surtout à la tête; quant aux *bringeures,* elles s'étendent sur le dos, les flancs, l'encolure et les membres. On dit que la robe est *pagne* lorsque la nuance du fond est rouge très pâle; elle est *caille rouge, caille blonde,* lorsqu'elle est constituée par des taches rouges ou blondes et des taches blanches. Une certaine faveur s'attache aux animaux où dominent le blond et le blanc : ils passent pour être plus laitiers et plus tendres. »

Longtemps on a reproché à la race normande les proportions cyclopéennes de son squelette et les mécomptes qu'elle pouvait donner à l'abattoir. Ces reproches n'ont plus guère lieu de trouver leur objet. Le squelette a été réduit, les formes musculaires amplifiées et corrigées. Le rendement en viande des bœufs gras, c'est-à-dire la proportion pour cent des quatre quartiers au poids vif, peut s'établir entre

63 et 66 p. 100. Quant à une vache grasse, elle peut encore, après avoir fourni une carrière de bonne laitière, peser jusqu'à 700 et 750 kilogrammes, et même 800 kilogrammes.

Fig. 265. — Vache normande; exposée par M. Gustave Noël, à Saint-Vaast-la-Hougue (Manche).
1ᵉʳ Prix et Prix de championnat au Concours universel d'animaux reproducteurs en 1900.

Le produit en lait d'une bonne cotentine varie entre 2,800 et 3,000 litres pour une durée de lactation de huit mois; la moyenne est, à l'époque de l'herbe, de 20 litres par jour pour les deux ou trois premiers mois de lactation. Certains sujets atteignent même un rendement annuel de 4,000 litres, exception qui indique cependant la merveilleuse aptitude de cette race pour la production laitière. Il faut, avec l'écrémage spontané, 22 à 24 litres de lait pour faire 1 kilogramme de beurre, en saison de stabulation, et 28 et 30 litres pendant la saison du pâturage. Ajoutons que les normandes sont très faciles à traire.

Les génisses ne sont saillies qu'à 2 ans, et les taureaux ne font le saut qu'à partir de 14 ou 15 mois. Ces derniers sont gardés, au moins jusqu'à 3 ans, ce qui permet d'en apprécier la valeur et de confirmer, dans une plus grande descendance, les qualités reconnues. La monte a généralement lieu en liberté; mais souvent aussi on conduit les vaches dans un clos où se tient le taureau.

Quelle que soit la destination des veaux (boucherie ou élevage) ils ne tettent jamais leur mère, et sont toujours nourris au baquet. Comme produits de boucherie, ils sont très réputés. Ceux de la Hague, vendus à 3 mois, pèsent 130 à 140 kilogrammes, et ceux du Cotentin, conservés jusqu'à 5 mois, atteignent 200 kilogrammes.

Les génisses cotentines, de plus en plus recherchées, sont généralement vendues *amouillantes*, c'est-à-dire prêtes au veau, vers l'âge de 3 ans. La race normande possède un herd-book, créé en 1884, qui englobe les cinq départements de la Normandie. Son siège est à Caen. Actuellement (mars 1904) le nombre d'animaux inscrits comme issus de parents déjà portés au herd-book dépasse le chiffre de 7,000.

La race flamande. — Belle et de grande taille (1 m. 40 à 1 m. 45), la vache flamande se rencontre beaucoup en Beauce, en Brie et dans les environs de Paris. Mais à vrai dire les sujets de cette race ne se plaisent vraiment que dans les gras pâturages de leur région d'origine (Nord, Pas-de-Calais, Somme, Aisne, Oise). Dans le reste de la France, on n'en trouve que des représentants disséminés et qui ne font pas souche. C'est une race qui mérite toujours l'estime des connaisseurs. Elle est surtout remarquable par l'abondance de sa lactation (moyenne : 3,000 litres de lait d'un vêlage à l'autre), mais son lait est beaucoup moins riche en beurre que celui de la normande, et sa viande est beaucoup moins estimée en boucherie. Elle n'est pas soumise au joug. Son pelage acajou (avec parfois des taches blanches au ventre), sa tête fine rappelant celle du lévrier, ses cornes courtes et aplaties, recourbées en croissant, la caractérisent à l'œil du premier coup. La vache a les membres plus fins et la peau plus fine que la cotentine. Les mamelles volumineuses sont riches en vaisseaux. Un sevrage hâtif est cause que les taureaux sont souvent médiocres. On n'élève pas de bouvillons.

Déduction faite des veaux et aussi des vaches entretenus par des laitiers nourrisseurs dans le voisinage des grandes villes, le nombre de têtes est de 670,000 (pesant 220,000 tonnes), dont 100,000 de flamandes proprement dites; les quatre cinquièmes de ces dernières se trouvent dans le département du Nord. Les sous-variétés sont la *maroillaise*, la *bolonnaise*, l'*artésienne* et la *picarde*.

La race charolaise et la nivernaise. — La race charolaise a d'illustres parchemins et, s'il est vrai qu'aucun bovidé français n'a pris une aussi rapide et une aussi considérable extension[1], il ne faut pas oublier, à cause de la gloire du présent, la renommée du passé; c'est qu'en effet, la race charolaise existe depuis longtemps dans la petite ville de Charolles (Saône-et-Loire). Les prairies naturelles de la région, les embouches, comme on dit là-bas, faisaient, bien qu'on n'ait tenté nulle amélioration raisonnée, des animaux remarquables nombreux et qui étaient particulièrement recherchés; la facilité native qu'ils avaient à prendre la graisse développa rapidement l'élevage en vue de la boucherie. Il y a un peu plus d'un siècle, certains éleveurs se transportèrent avec leurs troupeaux dans la Nièvre. «La race, écrit le Dr Hector George, perdit de sa finesse primitive, elle n'eut plus au même degré le soyeux du poil, la souplesse originelle de la peau, la finesse de la chair. La charpente osseuse s'amplifia, la tête devint plus forte, l'encolure plus épaisse, le fanon plus prononcé, l'aptitude au travail se développa au détriment des qualités de boucherie. Un fait curieux à signaler à propos de l'influence du milieu, c'est que les jeunes animaux transportés des embouches de la Nièvre dans celles du Charolais reprenaient peu à peu les caractères distinctifs de la race originelle. » Les charolais avaient été également transportés dans le Cher. C'est dans ce département que Louis Massé, qui commença son élevage en 1822, devait obtenir une si remarquable amélioration par les seules méthodes de la sélection zoologique et de la gymnastique fonctionnelle. Peu après, le comte de Bouillé tentait, d'un autre côté,

[1] En 1864, M. Chamart arrivait, par un calcul curieux, à établir que le nombre des animaux de race charolaise répartis dans les départements de Saône-et-Loire, Nièvre, Cher et Allier devait approcher de 400,000. Actuellement, il y en a plus d'un million si on compte les croisements où les caractères du charolais dominent. Viennent en tête, Allier et Saône-et-Loire (256,000 têtes chacun), Nièvre (192,000).

des croisements durham ; une épidémie qui ravagea ses étables, empê-
cha que les nouveaux croisements pussent être opérés pendant plus de
douze ans ; dès lors, les métis se reproduisirent entre eux : ce sont ceux
qu'on désigne plus particulièrement sous le nom de race nivernaise,
et pour assurer la pureté de la race ainsi croisée, un herd-book fut
créé, dont le premier volume a paru à Nevers en 1864. Placé sous

Fig. 266. — Bœuf charolais, âgé de 3 ans 6 mois et pesant 1,020 kilogrammes,
à M. Pierre Dodat, aux Jivrillots, à la Ferté-Hauterive (Allier) [1].
Prix d'honneur au Concours général des animaux gras en 1900.

le contrôle de la Société départementale d'agriculture de la Nièvre,
qui organise, toutes les années, des concours où elle distribue pour
plus de 3o,ooo francs de prix, ce herd-book englobe aujourd'hui
l'ensemble de la race. Mais revenons à la race charolaise. Ce fut, en
somme, en France, une des premières qui ait été améliorée, une des
premières où, suivant une amusante expression, les parties molles
aient assuré leur suprématie sur les parties dures, c'est celle où la

[1] Cliché de la Librairie agricole, ainsi que les suivants.

graisse s'infiltre le plus aisément dans les tissus. C'est donc une race qui convient admirablement à la boucherie. Nivernais, charolais, nivernais-charolais sont coutumiers des succès aux concours d'animaux gras : à deux exceptions près, en 1897 (vaches limousines) et en 1900 (bœufs normands) : ce sont toujours eux qui, depuis une quinzaine d'années, ont remporté les prix d'honneur. La facilité d'engraissement de

Fig. 267. — Bœuf nivernais, âgé de 3 ans 7 mois, à M. Alphonse Colas, à Saint-Jean-aux-Amognes (Nièvre); Prix d'honneur au Concours agricole de Paris en 1901.

cette race est telle, qu'il lui est presque impossible de ne pas prendre de gras. Heureusement, les éleveurs, tout en étant dociles à l'engraissement précoce, se sont attachés à ne pas perdre la grande aptitude au travail, et leurs bœufs, avant de venir aux abattoirs, ont exécuté maints transports sur les belles routes du Morvan. Cette double aptitude à l'engraissement et au travail ne leur assure-t-elle pas, du reste, de nombreux débouchés dans le Nord, dans les fermes à betteraves; si, en effet, on y recherche les bœufs qui s'engraissent vite et bien, on tient auparavant à les utiliser; et, pour les durs travaux des labours de défoncement et des charrois de betteraves, il faut des animaux suffisamment grands et bien charpentés. Les charolais de nos jours répondent à ces *desiderata*; ils sont, en somme, à l'extrême limite de la finesse à rechercher pour eux. Les vaches sont peu laitières, mais elles s'engraissent facilement et bien, mieux même et plus rapidement que les bœufs; elles donnent une quantité de morceaux de choix supérieurs à ceux que donne le bœuf; il y a là une fructueuse opération, fréquente aujourd'hui dans le Charolais et dans le Nivernais.

Je donne plus haut (note de la page 467) les chiffres de l'effectif. Il faut encore signaler à ce sujet qu'environ 30,000 bœufs sont achetés annuellement, tant pour aller exécuter les travaux dans les centres sucriers, puis y être engraissés, que pour être mis dans les pâturages d'embouche autres que ceux de la région d'élevage du Charolais. Le poids vif total des charolais, calculé d'après les données de la statistique de 1892, s'élèverait au chiffre imposant de 370,000 tonnes.

Les caractères du type charolais sont les suivants : Tête petite relativement à l'ensemble du corps, à crâne allongé; mufle large à naseaux bien ouverts; lèvres épaisses; oreilles petites, minces, peu fournies; œil grand et ouvert; physionomie douce et calme. La peau forme sous les ganaches des replis qui s'arrêtent à la naissance du cou. Cornes grosses à leur naissance, rondes, allongées et relevées chez les sujets perfectionnés; de couleur blanc ivoire, souvent verdâtres à la pointe chez les sujets moins fins. Taille moyenne de 1 m. 50 pour les taureaux comme pour les vaches. Squelette relativement très réduit, corps ample et long, membres courts, poitrine profonde, reins et croupe larges, culotte rebondie et bien descendue, la fesse formant une forte masse musculaire au-dessus du jarret et dépassant la verticale abaissée de la pointe. Encolure courte, renflée chez les taureaux; gorge bien évidée, sans fanon; queue large à la base, implantée bas, courte, effilée et terminée par une touffe de crins gris. Robe blanche, quelquefois blanc froment, à poils épais, fins et brillants. Peau épaisse, mais souple. Toutes les parties dénuées de poils sont colorées en rose.

Les vaches, médiocres laitières, ne sont employées au travail que sur certains points. L'allure des bêtes de travail est lente. Elles sont résistantes.

Fig. 268. — Taureau charolais-nivernais, âgé de 4 ans 2 mois, à M. Alphonse Colas, à Saint-Jean-aux-Amognes (Nièvre); Prix de championnat à l'Exposition universelle de 1900.

Les bœufs charolais atteignent leur entier développement entre 5 et 6 ans, suivant qu'on exige d'eux plus ou moins de travail. Leur taille moyenne varie alors entre 1 m. 50 et 1 m. 60. C'est à cet âge qu'ils sont vendus, soit pour l'embouche[1], soit pour les contrées de distilleries et de sucreries.

[1] Les emboucheurs de la région charolaise ne se basent pas, pour leurs achats, sur le poids brut de l'animal; ils calculent seulement combien l'animal pourra fournir de viande nette à l'abattoir et combien il mettra de temps pour arriver à un bon engraissement. Ils sa-vent, par l'appréciation de ses qualités, de sa précocité, de son état, dans quel pré il conviendra de le placer, lui réservant les meilleurs s'il est déjà bien parti, les moins bons s'il ne paraît pas prédisposé à s'engraisser facilement. Les emboucheurs charolais engrais

Notons que le syndicat de la race charolaise, qui tient le livre généalogique, ne néglige aucun effort pour propager la race, non plus que pour défendre les éleveurs; notons aussi la constitution à Oyé (Saône-et-Loire) d'une société civile qui entretient une vacherie de race pure charolaise pour en vendre annuellement les produits aux enchères.

Enfin, n'oublions pas que le premier grand marché-concours pour la race charolaise fut créé à Nevers par M. le comte de Bouillé vers 1875; que, depuis cette époque, cette institution n'a fait que progresser et qu'aujourd'hui, aussi bien à Moulins qu'à Nevers, on trouve dans les concours-marchés annuels organisés par les sociétés d'agriculture de l'Allier et de la Nièvre un ensemble remarquable de 300 à 400 taureaux de la race charolaise et que les ventes qui s'y font dépassent souvent le chiffre de 250,000 à 300,000 francs.

La race limousine. — Elle n'est pas sans grand rapport avec la charolaise-nivernaise; arrivée au dernier point de l'amélioration, elle a également une tendance irrésistible à l'engraissement.

Sanson la dit originaire d'Argentan. Ce qui est certain, c'est que depuis un demi-siècle, elle s'est fort développée en Limousin grâce à d'excellents fourrages et sous l'influence de l'accroissement de la consommation de la viande. Déjà le rapporteur de 1878[1] écrivait d'elle «que, même au milieu de nos plus belles races françaises, elle tenait un rang des plus honorables, se distinguant par l'harmonie des formes et par la double aptitude au travail et à l'engraissement». Et il ajoutait: «Après avoir fourni au cultivateur un travail très économique, cette race prend facilement la graisse et donne à la consommation une viande savoureuse. »

Je me contenterai de faire suivre cette appréciation de cette autre, qu'inspirait à M. H. Hitier (*Journal d'agriculture pratique*) le concours

---

sent aussi des vaches de réforme. Il y a même tendance à augmenter les embouches en vaches plutôt qu'en bœufs, parce qu'il faut une moins grande mise de fonds. En outre, la vache peut utiliser des prés de moindre qualité. Les vaches d'embouche sont achetées non saillies, et ce n'est que deux ou trois mois avant la fin de leur engraissement qu'on met un taureau avec elles dans l'herbage.

[1] Ch. du Peyrat, inspecteur général de l'agriculture.

régional de Châteauroux de 1901 : « La race limousine ne le cédait en rien à la race charolaise, mais dans cette catégorie, ce sont surtout les mâles qui offraient le plus bel ensemble. La presque totalité des animaux limousins exposés avaient été amenés par des éleveurs de la Haute-Vienne; quelques-uns provenaient de l'Indre, mais on les reconnaissait au premier abord; l'animal élevé sur les terres calcaires de l'Indre se présentait avec un squelette beaucoup plus développé, et ce n'était plus cette finesse remarquable des bêtes provenant

Fig. 269. — Vache limousine, âgée de 5 ans 6 mois, appartenant à M. Robert, à Aixe (Haute-Vienne);
Grand Prix au Concours général d'animaux reproducteurs en 1896.

des étables de la Haute-Vienne. Malgré que, dans l'ensemble, comme nous le disions plus haut, les taureaux de cette race présentassent à Châteauroux un lot supérieur, cependant ici encore quelques-unes des vaches exposées étaient fort belles, avec les caractères de très bonnes laitières susceptibles de nourrir copieusement leurs veaux. Quand on songe que ce sont les mêmes vaches qui, dans les domaines du Limousin, exécutent tous les travaux, on ne peut qu'avoir encore une plus grande admiration pour les habiles éleveurs de cette race amenée par la seule sélection à un aussi haut degré de perfection ». Ces deux citations inspirées par des expositions que sépare un quart de siècle disent bien l'excellence de la race, devenue meilleure encore par le perfectionnement des formes et le développement de la précocité; l'un comme l'autre ont été obtenus par la sélection des reproducteurs et les soins d'entretien. C'est à eux qu'on doit le squelette peu à peu réduit, les membres affinés, les formes devenues arrondies, de décousues et anguleuses qu'elles étaient, le poitrail et l'arrière-train développés, l'animal, enfin, plus près de terre et mieux roulé, en un mot, se rapprochant de la forme parallélipipédique qui est le signe de la beauté zootechnique. M. A.-Ch. Girard regrette que « le limousin amélioré ait perdu considérablement de sa puissance de travail »; il y a du vrai dans cette critique et il ne faut pas hésiter à réagir, car, à beaucoup d'énergie et à une grande résistance, les limousins joignent une allure assez vive et très simple et ce sont là des qualités supérieures qu'il serait grand dommage de perdre[1].

Notons que la Société d'agriculture de la Haute-Vienne a provoqué vigoureusement le progrès de la belle race limousine par ses concours et foires-concours, et par la création, en 1886, de son herd-book. Signalons aussi le concours spécial de l'État qui se tient, chaque année, fin septembre.

La race de Salers. — C'est de la petite ville de Salers (Cantal), autour de laquelle elle s'est d'abord développée, qu'elle tire son nom. Variété la plus améliorée de la race auvergnate[2] (l'autre variété étant la ferrandaise), elle est facilement reconnaissable à son

---

[1] Voici les caractéristiques de la race : Tête légère dans son ensemble, front large. Cornes rondes, solidement implantées, bien dirigées. Taille : vaches 1 m. 30 à 1 m. 40 : taureaux 1 m. 35 à 1 m. 45. Robe froment sans aucune tache. Muqueuses roses uniformes sans trace de pigment noir. Squelette fin. Développement de la culotte très accentué et particulièrement caractéristique. Vaches peu laitières. Les bœufs sont complètement développés entre 4 et 5 ans. Les vaches sont relativement plus alertes et plus énergiques que les mâles. Le bœuf pèse au travail entre 600 et 650 kilogrammes; engraissé, entre 700 et

800. On obtient un rendement de 58 p. 100.

[2] Comme caractères généraux, la race auvergnate est de grande taille. La hauteur moyenne, au garrot, chez les mâles, dépasse 1 m. 40; le maximum va jusqu'à 1 m. 50. Il y a souvent une grande différence de taille entre le mâle et la femelle. Le squelette est volumineux; la tête, forte; les membres aussi. Le dos est droit et long; la croupe, allongée et large; la base de la queue, toujours saillante. Le corps est ample : la poitrine, profonde. Les membres sont relativement courts, à cuisses épaisses, avec des aplombs le plus souvent irréguliers. Les mamelles, d'un volume

pelage acajou[1], à sa tête large et puissante armée de cornes volumineuses. Elle est remarquable par la qualité de sa viande, ses qualités
laitières, son aptitude au travail. Vraiment, c'est plaisir de voir dans
les exploitations de forêts en montagne ces bonnes vaches de Salers
tirer de lourdes charges dans des chemins où l'homme a presque peine
à marcher. Le bouvier les précède, un bâton à la main. Dans les plus

Fig. 270. — Taureau Salers, âgé de 43 mois, à M. Joseph Labro, à Giou-de-Mamou (Cantal).
Grand Prix au Concours général d'animaux reproducteurs en 1896.

mauvais passages, les vaches s'arcboutent, retenant leur charge, et
l'homme — ou parfois la femme, car il arrive qu'une femme conduise
l'attelage — touche alternativement la bête qui doit faire un pas en
avant. Toucher : il s'agit d'une simple gaule, d'un contact sans plus.
En effet, on a, au Cantal, des soins infinis et une grande douceur pour
les bêtes — fort douces elles-mêmes.

moyen, ont des trayons un peu longs, dont les antérieurs sont le plus ordinairement situés très près des confins de la mamelle. La peau est épaisse; elle forme en avant de la poitrine un fort fanon en sablier ou en bissac, c'est-à-dire rétréci vers sa partie moyenne. La race est pourvue de trois pelages : rouge, blanc, noir.

[1] Plus la nuance est vive, plus elle est estimée. Pour renforcer cette couleur, les éleveurs teignent parfois leurs veaux avec une solution de bois de campêche, avant de les conduire au marché. Cet artifice ne trompe personne, mais néanmoins il produit toujours son effet.

Dans ce département, leur principale utilisation consiste dans l'exploitation du lait, non pour la consommation en nature, mais pour la fabrication du fromage. Le lait des vaches de Salers a une composition assez grossière : il a peu de qualité butyreuse et il est de goût médiocre. Mais, étant riche en caséine, il trouve son emploi tout naturel dans la transformation en fromage[1].

[1] «Le domaine de l'éleveur se compose d'une maison d'habitation et d'un pâturage désigné sous le nom de *montagne*. La maison d'habitation est ordinairement située dans une vallée peu profonde. Les bêtes y passent l'hiver, entassées dans des étables basses et bien closes, pour être préservées contre le froid, et nourries avec du foin d'une façon très parcimonieuse. Les vaches y font leur veau, du 1er mars au 15 avril, parce qu'elles ont été généralement saillies, l'année précédente, du 1er juin au 15 juillet, par un jeune taureau toujours pris dans le troupeau même. Quant à la *montagne*, c'est une étendue de pâturage suffisante pour entretenir quarante vaches et vingt veaux, durant la saison d'été, ou estivage, c'est-à-dire du milieu de mai à la fin de septembre ou au commencement d'octobre. «C'est, dit M. Heuzé (*Primes d'Honneur*, 1867), lorsque la neige a disparu sur les élévations qu'a lieu le départ des troupeaux pour les pâturages. Alors, au réveil de la nature, les vaches s'agitent dans les étables et dirigent leurs têtes vers les meurtrières pour jouir du soleil. Quand le jour du départ est arrivé, le curé bénit les pasteurs, les vaches sortent des étables, mugissent de plaisir, gambadent et agitent leurs clochettes retentissantes. C'est sous la garde d'un vacher, d'un boutilier et des chiens qu'elles s'éloignent des vallées en suivant très exactement les chemins qu'elles avaient parcourus six mois auparavant. Ordinairement, le *départ pour la montagne* a lieu vers le 15 de mai, c'est-à-dire lorsque les corolles carminées de la pâquerette s'épanouissent sur l'herbe qui verdit.» En Auvergne, comme en Suisse, le lait des vaches est traité pour en extraire le fromage, avec cette différence «que le local dans lequel se fait, sur la montagne, le traitement du lait, est connu en Suisse sous le nom de *chalet* et se montre d'une propreté exquise, tandis qu'en Auvergne il est d'une saleté repoussante et s'appelle *buron*» (Sanson). Quand elles vont à la montagne, les vaches sont accompagnées d'un taureau destiné à les féconder, et d'un nombre de veaux égal à la moitié de leur propre nombre, soit vingt veaux pour quarante vaches. Les vaches séjournent en plein air jour et nuit; les veaux sont rentrés à la nuit dans le buron. Deux fois par jour, les vaches sont rassemblées pour la traite. Avant de commencer la traite, on amène à la vache le veau dont elle est la nourrice. Dès qu'il a pu prendre quelques gorgées de lait, le vacher le saisit et l'attache par le cou à l'avant-bras de la vache, qu'il se met ensuite à traire. La présence du veau, dit-on, engage la vache à donner son lait et à ne pas le retenir. La traite terminée, le veau subit la même opération avec sa seconde nourrice. La parcimonie de cet allaitement (qui se complique pour le veau du supplice de Tantale) fait que les pauvres animaux ne se développent que très lentement, et ne se remettent un peu qu'après qu'ils ont pu paître les herbes tendres. C'est là une grande faute zootechnique, et l'on peut en mesurer l'étendue, lorsque l'on met en comparaison les animaux d'élite élevés en vue des concours et allaités au maximun dès leur plus jeune âge. Partout où l'on continuera ces errements, la précocité sera impossible à obtenir.

«A la descente de la montagne, les veaux ne rentrent pas au domaine. Ils sont vendus, sous le nom de *bourrets*, dès le mois d'août, dans des foires qui se tiennent sur de nombreux points du Cantal, à des marchands qui les emmènent par bandes jusqu'en Poitou et

Les progrès accomplis dans la conformation de la race de Salers
par les éleveurs habiles de ce pays sont incontestables. Déjà on a suivi
les sages conseils qu'en 1894, au concours de la race de Salers qui
se tint à Mauriac, donnait M. E. Tisserand, alors directeur de l'agriculture :

«Ne croyez pas, disait-il, qu'en augmentant les facultés lactifères
de votre excellente et robuste race, qui ne demande qu'à vous rému-

en Saintonge, où se tiennent de même, à ce moment, des foires qu'on distingue des autres en les désignant sous le nom de *descente des veaux*. Elles sont, en effet, affectées surtout au commerce de ces taurillons auvergnats, descendant de leurs montagnes. Dans leur nouvelle patrie, on les prépare immédiatement à leurs fonctions définitives par l'émasculation au moyen du bistournage. Puis, on les dresse au joug à l'âge de 18 mois. Les voilà donc promus à la dignité de bœufs de travail. Mais ils ne restent pas toujours entre les mêmes mains. Chaque année, ils changent de propriétaires, et passent des petites exploitations dans des exploitations un peu plus fortes, à mesure qu'ils se développent et qu'ils sont aptes à exécuter des travaux plus pénibles. Et, chaque fois, ils sont revendus avec bénéfice; et, chaque fois, ils deviennent ainsi *créateurs de capital*. Presque tous les bœufs du Cantal se développent ainsi en Poitou, en Saintonge et dans quelques parties de l'Angoumois. Il en reste très peu en Auvergne et dans les départements voisins. Quand ces bœufs sont arrivés au terme de leurs travaux, ils sont achetés par les engraisseurs de la Vendée et de Maine-et-Loire. Ils ont, en général, été si bien soignés pendant leur période de travail, qu'ils sont presque tous précoces, et ont toutes leurs dents à 4 ans au lieu de 5. Plusieurs d'entre eux, en simple état d'entretien, pèsent au delà de 1,000 kilogrammes, ce qui est dû à la profondeur et à l'ampleur de leur poitrine et au grand développement de leurs masses musculaires. Une fois engraissés, ils sont dirigés sur les abattoirs de Paris, où on leur réserve un fort bon accueil et où ils arrivent

rarement au delà de leur cinquième année. Leur chair est excellente et estimée comme elle le mérite. Les vaches réformées comme laitières et comme mères en Auvergne, à un âge beaucoup trop avancé, sont engraissées au pâturage sur les montagnes mêmes; puis, elles sont expédiées principalement au marché de Lyon.» (Dr Hector George.)

J'ajoute quelques renseignements recueillis au cours d'un récent voyage. Les *montagnes* se louent jusqu'à 3,000 et 4,000 francs. Elles constituent, en général, d'excellents placements. Les vaches y montent en mai pour en redescendre vers la mi-septembre ou plus tard, suivant l'altitude de la montagne et son exposition aux vents. Pendant tout le temps de leur séjour, elles y vivent dans une demi-indépendance, ne craignant pas de paître même aux endroits les plus escarpés; mais, malgré cette demi-liberté, restées, en somme, fort douces et ne cherchant jamais à poursuivre les touristes. Tout au contraire, celles qui craignent de se laisser caresser se sauvent; mais méfiez-vous des chiens auxquels, sur bien des points, elles ne sont point habituées; elles font cercle autour d'eux, cornes menaçantes. Trois hommes occupent chaque *buron*, et par conséquent ont la garde du troupeau. Il arrive que certaines montagnes aient deux *burons*, parfois trois même. Il n'y a pas entre ces divers burons et les étendues qui en dépendent de limite bien arrêtée. Chaque vache va où elle veut. Des trois hommes qui habitent chaque buron, un seul s'occupe de la fabrication du fromage; c'est le plus payé. Les vaches adonnées au travail ne vont pas à la montagne.

nérer libéralement de vos soins, vous diminuerez les qualités qui la font rechercher pour la boucherie et le travail et affaiblirez sa rusticité.

« C'est une vérité zootechnique reconnue aujourd'hui que le perfectionnement de la puissance d'assimilation d'un animal en vue de la production laitière profite à l'animal pour tous les autres services qu'on lui demande; une bête bonne laitière devient également une bête excellente pour l'engraissement quand, après avoir cessé de lui faire produire du lait et lorsqu'on ne l'a pas épuisée, usée par une lactation trop prolongée, on lui demande de faire de la graisse; en d'autres termes, le rendement en lait et en viande d'un animal croît proportionnellement à l'accroissement de sa puissance d'assimilation ou d'utilisation des fourrages qu'on lui donne. »

Il importe que les éleveurs de la race de Salers n'oublient pas ces sages paroles, car il ne suffit pas d'améliorer les formes, il faut encore améliorer la machine animale, développer ses aptitudes, sa puissance d'assimilation, de manière à en obtenir le plus de produits avec la moindre dépense et, sous ce rapport, il y a encore de notables progrès à réaliser.

Il ne faut pas oublier, en effet, que si la race de Salers s'est maintenue grâce à ses qualités supérieures comme bête de travail dans la haute Limagne, elle paraît cependant en décroissance, par suite de l'aptitude plus grande à l'engraissement et à la lactation de sa voisine, la race ferrandaise, dont nous allons parler.

On peut évaluer à 480,000 le nombre des Salers au-dessus de 6 mois; 156,000 se trouvent dans le Cantal.

La race ferrandaise. — Un point tout d'abord à mettre en lumière, c'est que tous les ouvrages publiés sur les bovidés du département du Puy-de-Dôme concluent au même type portant différents noms qu'ils empruntent aux localités où ils sont élevés avec le plus de soin : ferrande, ferrandaise, ferrandine, de la Limagne, du Marais, de Latour, de Rochefort, de Saint-Anthême, de Marat, du Brugeron, enfin de Pierre-sur-Haute — du nom du plus élevé des pâturages à vaches de cette région. La Société centrale d'agriculture du Puy-de-Dôme s'attacha, d'une part, à établir le type de la race, puis, à améliorer les sujets par la sélection, sélection que facilita la création d'un herd-book. Du reste, les divergences d'opinions à l'encontre des caractères étaient plutôt de détail et chacun était d'avis que le bovin ferrandais constituait une race distincte ayant ses caractères propres, rustique et parfaitement adaptée à l'agriculture en pays montagneux, prospérant sur les sols granitiques où dépérissent charolais et salers et permettant aussi le développement de l'industrie fromagère dans la montagne, dont elle est une des principales ressources. L'État et le Département subventionnèrent l'œuvre entreprise et le premier concours put avoir lieu à la Bourboule, en 1900. Le succès répondit à l'attente. Le concours devint annuel. Celui de 1903 fut tenu à Clermont-Ferrand même. Ainsi triomphaient ceux qui n'avaient pas redouté les réelles difficultés qu'il avait fallu surmonter pour que ce titre de race, revendiqué par les éleveurs du Puy-de-Dôme, leur fut acquis. Triomphe complet, car cette fois un grand nombre des sujets exposés présentaient bien les caractères du type ferrandais. Aussi, à la suite du concours, son commissaire général, M. Laureillard, professeur départemental d'agriculture, pouvait-il prononcer les paroles suivantes : «La race ferrandaise a été refoulée de toutes parts par l'envahissement des races venues des pays voisins : la charolaise, la salers, la limousine; on a même essayé de la transformer par divers croisements avec des races certes plus améliorées, mais non acclimatées aux mauvaises conditions d'existence et aux durs labeurs; elle s'est maintenue rustique et productive dans les parties les moins bonnes des montagnes d'Auvergne. On ne voulait pas admettre l'existence de la race ferrandaise, à cause du peu d'homogénéité de caractères purement extérieurs, tels que la couleur du pelage, pie rouge ou pie noir, alors que telle autre race, la gasconne, par exemple, est admise dans les concours en deux sous-variétés assez différentes. Mais aujourd'hui, l'entente est faite, le pelage pie rouge est le seul admis pour les inscriptions au herd-book et, si l'appréciation de la nuance est quelquefois délicate, d'autres caractères du crâne et de la face permettent de distinguer facilement la ferrandaise des autres races, dont la pigmentation est peu différente.»

Résumons, en quelques mots, les caractères de la race : robe pie rouge à teinte claire, poil fin, lisse, chignon légèrement touffu; animal très près de terre, cornes blanches fines, avec l'extrémité foncée chez les adultes et bien contournées en l'air, au front court et large, au nez court et à l'œil vif; le garrot large, l'épaule forte, la côte ronde, le rein court et droit, la queue fine, la cuisse droite, mais assez descendue sur le jarret, avec d'excellents membres fins, courts et d'aplomb. Quant aux aptitudes de la race, « elles diffèrent suivant le milieu où elle se trouve localisée; c'est ainsi que les vaches élevées dans les hauts pâturages sont spécialement aptes à la production du lait qui sert à la fabrication de la fourme d'Ambert; ailleurs, ce bétail se fait remarquer par la facilité avec laquelle il supporte les travaux longs et pénibles. L'énergie de ces animaux est telle, que les personnes peu au courant de ce que valent de petits bœufs capables de fournir de très longs voyages, s'étonnent de les voir vendre dans les foires du pays à des prix que ne dépassent pas toujours, si même il les atteignent, des bœufs de la plaine d'une plus haute stature et de formes plus développées. Une tendance assez marquée à prendre promptement la graisse est un caractère commun à la plupart des animaux de la race[1]. »

La race bordelaise[2]. — On désigne, sous ce nom, un groupe d'animaux tels qu'il en existe depuis longtemps dans la Gironde et qui sont élevés aux environs de Bordeaux, sur la rive gauche de la Gironde,

[1] Veyret, professeur d'agriculture de l'arrondissement d'Ambert.

[2] On a pu voir, à l'énumération des races cataloguées en 1900 (p. 460), que la race bordelaise ne formait pas — et ne forme pas dans les concours — une catégorie spéciale. On pense bien que cela n'a pas été sans faire naître les réclamations des éleveurs de cette race et, il y a quelques années, ils ont à ce sujet émis le vœu suivant :

« La race bordelaise qui est disséminée dans tout le Sud-Ouest, se trouve comprise dans tous les concours régionaux, dans la douzième catégorie avec toutes les races étrangères, bien que cette race essentiellement française, ait une valeur réelle et une importance qui lui assignent de droit une catégorie spéciale.

« Il se trouve que pour la catégorie dans laquelle on la classe, il n'y a pas de sous-section, et que le nombre de prix n'est que de deux pour chaque section de mâles.

« Les éleveurs de la race bovine bordelaise demandent, avec raison, pourquoi on n'attribue pas à cette race laitière française un objet d'art, comme aux animaux des autres catégories, voire même aux animaux de basse-cour.

« Cette situation d'infériorité, constatée aux

dans la totalité ou dans une partie des cantons de Langon, Podensac, La Brède, Pessac, Bordeaux, Blanquefort et Castelnau.

On ignore ses origines.

«L'idée, écrit le Dr H. George, à laquelle, de nos jours, on se rattache généralement comme étant la plus plausible, c'est que la race bordelaise est une famille de la race bretonne, importée sur les bords de la Gironde, et dont la taille a été amplifiée par l'introduction de taureaux hollandais. Les deux atavismes reparaissent tour à tour dans diverses parties du corps. C'est ainsi que les cornes sont tantôt relevées latéralement, comme dans la race bretonne, tantôt incurvées en avant, comme dans la race hollandaise. Il n'en est pas moins vrai que cette race bordelaise forme aujourd'hui une race distincte, comme la jersiaise, tout en provenant, très probablement, de la fusion de deux races primitives. [1] »

La race bordelaise commençait à acquérir une certaine importance (elle était notamment recherchée en Espagne, où on la préférait à la race de Saint-Girons comme laitière), lorsqu'elle fut presque complètement détruite par la péripneumonie, en 1870. On essaya de lui substituer la race hollandaise, laquelle n'a pu vivre à sa place. On s'est alors occupé de la reconstituer et de fixer ses caractères dans un livre généalogique établi en 1899.

Les caractéristiques de la race sont résumées au programme du

concours régionaux, par les éleveurs ou exposants bordelais ou girondins, a motivé de nombreuses abstentions.

«La réunion des exposants et des membres du jury (du concours régional de Montauban) émet donc le vœu qu'il soit créé une catégorie spéciale pour la race bovine bordelaise, avec augmentation du nombre des prix pour chaque section, et un objet d'art. »

[1] Voici une autre opinion au sujet des origines de la race bovine bordelaise, elle est de M. Henri Blin.

«La race bovine bordelaise — qui est une race laitière, par excellence — constitue aujourd'hui une population très dense. Par ses caractères spécifiques elle appartient à la race irlandaise, et, par sa souche originale, elle paraît se rattacher à la variété bretonne. Comme cette dernière, elle a pris une extension telle, qu'on la considère comme une véritable race répondant aux conditions agricoles et économiques de la région où elle a été implantée et répandue. La race laitière bordelaise désignée dans le pays sous le nom de race *gouine* a son centre d'élevage sur les bords de la Garonne, aux environs de Bordeaux. De là, elle s'est disséminée dans toute la région du Sud-Ouest, y a obtenu droit de cité, y a son herd-book — et l'on sait combien le livre généalogique est précieux pour poursuivre la sélection, l'unification, le perfectionnement des races. »

concours spécial qui s'est tenu au marché aux bestiaux de Bordeaux, les 14 et 15 novembre 1903.

Conformation générale : corps anguleux, surtout chez la femelle, caractérisé par l'encolure grêle, le garrot saillant, l'épaule plate, le bassin large, les hanches saillantes ; tête dolichocéphale osseuse, front légèrement creux, yeux saillants ; robe : corps pie noir moucheté, tête entièrement noire, extrémités des membres et de la queue noires, mufle, paupières, pourtour de l'anus et de la vulve, peau des mamelles noirs, quelquefois marbrés ; cornes frontales plutôt foncées à la base, noires à leurs extrémités, relevées latéralement, souvent incurvées en avant ; sabots de couleur foncée ; taille variant entre 1 m. 20 et 1 m. 35 ; physionomie douce et intelligente ; démarche élégante et alerte ; tempérament névroso-sanguin.

Indépendamment de ces caractères, qui sont essentiels pour l'inscription au herd-book (bien dirigé et très recherché), les sujets doivent présenter les meilleures qualités laitières, c'est-à-dire avoir la peau du corps fine, souple, douce au toucher ; les mamelles volumineuses non charnues, recouvertes d'une peau souple, plissée après la traite ; les trayons longs, gros, bien écartés, accompagnés de trayons supplémentaires ; les veines mammaires très développées, anguleuses, sinueuses ; les portes du lait très ouvertes ; les veines du pis volumineuses, flexueuses ; l'écusson large très apparent, etc., en un mot, ils doivent offrir tous les signes auxquels on reconnaît, dans toutes les races, les meilleures aptitudes pour la production du lait.

«C'est qu'en effet la vache bordelaise est surtout renommée et exploitée pour son lait[1]. Elle est si bonne laitière, d'après M. de Lapparent, qu'il faut cesser de la traire pour la faire tarir. Aussi ne se hâte-t-on pas de la faire saillir après le vêlage, en sorte que la lactation dure une année entière, pendant laquelle la production totale en lait atteint, en moyenne, 2,500 litres et s'élève souvent même à 3,000[2]. »

[1] A noter que généralement dans le Sud-Ouest, on ne cherche pas à développer les aptitudes laitières, le laitage étant peu employé. Ceux qui en désirent se procurent — à défaut de bordelaises — des vaches de Gâtine ou des bretonnes que l'on rencontre en assez grand nombre dans les régions pyrénennes et landaises jusqu'à Bordeaux.

[2] D' Hector GEORGE.

Mais ce lait n'est pas très riche en matière grasse : il faut une moyenne de 28 litres de lait pour faire un kilogramme de beurre.

Les bordelaises résistent bien au froid et aux brouillards si fréquents dans les contrées basses et humides où elles vivent. Par contre, elles redoutent la chaleur et on les rentre à l'étable, en été, de 10 heures du matin à 5 heures du soir.

Actuellement, l'effectif total est d'environ 2,500 têtes; il augmente rapidement partout où les produits de la culture permettent de substituer la bordelaise à la bretonne. Cette augmentation de la race a été grandement favorisée par les concours de race, et le commerce demande de plus en plus les bonnes laitières bordelaises pour sa clientèle, non seulement de tout le département, mais encore des départements voisins, clientèle qui s'étend de plus en plus. Il ne serait pas étonnant, pense M. de Lapparent, que la bordelaise devînt assez promptement la vache laitière préférée de toute la partie du Sud-Ouest où se fait l'élevage des animaux de travail. Aussi élève-t-on un grand nombre de jeunes.

On utilise les mâles à partir de 15 mois et souvent on les conserve jusqu'à 4 ans. Les génisses sont saillies en liberté entre 18 mois et 2 ans. Les vaches grasses de réforme pèsent de 400 à 450 kilogrammes, avec un rendement de 50 p. 100 en viande nette. Le cuir pèse 5 p. 100 du poids vif[1].

La race garonnaise. — Après la bordelaise, examinons les races de travail[2], la garonnaise tout d'abord. Nous n'avons pour cela qu'à remonter le cours du fleuve; c'est, en effet, sur ses deux rives, entre

---

[1] C'est un taureau de la race bordelaise qui a remporté le premier prix au Concours général agricole de Paris en 1903. Je signale ce fait, la race étant tout nouvellement comprise dans la classification.

[2] Dans toute la partie du Midi où les animaux de travail sont tenus au régime de la stabulation, la crèche est placée très haut. Devant il y a une planche, de sorte que les bovins sont forcés d'y monter pour atteindre leur nourriture. D'où énorme inclinaison des reins et de l'épine dorsale; poids du corps porté sur le train de derrière. Il en résulte une fatigue considérable, des désordres digestifs, des troubles dans la gestation, des avortements fréquents avec leurs fâcheuses conséquences. « J'ignore, dit M. Borie, la raison de cet usage, il est certain que les éleveurs du Midi n'en savent pas, sur ce sujet, plus long que moi. On le fait parce qu'on l'a toujours fait. »

Toulouse et Bordeaux, que nous rencontrons les sujets de cette variété, dont le principal centre de production est situé entre Agen et Marmande, dans les riches plaines qui avoisinent la Garonne. Deux variétés : celle de la vallée et celle des plaines hautes et des coteaux ; cette dernière plus ramassée, plus robuste, résistant mieux au travail. A vrai dire, du reste, il est, le plus souvent, difficile de distinguer les deux variétés, la coutume étant de croiser les taureaux des coteaux avec les vaches de la plaine.

Les animaux sont fort bien soignés ; le bouvier gascon aime ses bœufs et en est fier ; chaque jour, il leur donnera un pansage avec l'étrille, le couteau de chaleur, la brosse et le chiffon de laine. Bien traités, les bœufs sont doux et dociles, familiers même. C'est plaisir de les voir aux jours de fête ou de voyage à la ville, alors qu'au harnachement ordinaire on ajoute, disait l'historiographe de la race, le marquis de Dampierre, « une sorte de camail d'osier recouvert de peaux de mouton blanc, et surmonté d'un plumet qui, posé sur le cou de ces grands bœufs, semble ajouter encore à leur taille et à leur fierté ». Bœufs et vaches sont, en effet, de haute stature et fortement charpentés. Les bœufs sont recherchés pour le charroi. Toute personne ayant été à Bordeaux a pu voir quels lourds fardeaux ils traînent sur les quais. Les éleveurs vendent donc leurs bœufs et font travailler leurs vaches, ce en quoi ils ne perdent pas grand'chose, car elles sont fort mauvaises laitières. On cite le cas où il en a fallu trois pour nourrir un veau, aussi tarit-on le lait dès que le veau est sevré. Mais si elles produisent peu de lait, quelles excellentes travailleuses ! On en voit qui vêlent dans le sillon qu'elles viennent de creuser ; trois jours après la mise-bas, sans dommage, elles se remettent au travail. Les sujets de la race garonnaise sont aptes à l'engraissement et à l'engraissement précoce, mais, comme on pense bien, on ne va pas engraisser les sujets qu'on vient de prendre la peine de dresser et on attend 6 à 8 ans pour les bœufs, souvent plus pour les vaches. Leur viande, dit A. Sanson, est de très bonne qualité, d'un grain fin, bien imprégnée d'une graisse jaune et savoureuse. Au total, résumons, avec le Dr Hector George, les caractères de la race : pelage de couleur froment très clair, muqueuses de couleur rose ;

corps long et près de terre (tout en ayant la taille haute); crâne rétréci entre les cornes (dolichocéphale); chignon saillant, cornes longues, aplaties, à coupe elliptique, descendant sur les côtés du cou. Signalons aussi les quelques défauts de conformation qu'on peut lui reprocher : genoux rentrants, poitrine étroite, manque de largeur des hanches, d'où rapprochement des jarrets et disproportion entre les parties postérieures et les parties antérieures de l'animal. Quant au peu de développement des mamelles, il annonce le peu d'aptitude laitière que j'ai signalée et il est compensé par tout ce que l'ensemble indique de puissance musculaire. Telle qu'elle se présente, la race garonnaise a permis au marquis de Dampierre d'écrire justement: «Elle est une de nos plus belles et de nos meilleures races françaises, une des plus belles et des meilleures du monde; elle manque de finesse, elle peut être perfectionnée encore, mais elle doit l'être par elle-même, et toute infusion de sang étranger n'est pas sans péril et ne doit être tenté qu'avec une grande réserve.» Cette race n'est guère étendue en dehors de son berceau, cependant elle existe actuellement au Brésil où elle est très estimée; elle y est connue sous le nom de race *Chapadeira* ou *Caracou*.

LA RACE BAZADAISE. — Cette race tire son nom de Bazas, ville située à 6o kilomètres au sud-est de Bordeaux, ancienne capitale du Bazadais, aujourd'hui simple chef-lieu d'arrondissement de la Gironde, et qui doit sa renommée actuelle à son bétail bovin. On peut, avec le Dᵣ Hector George, décrire ce bétail, brièvement et justement à la fois, en disant qu'il a la conformation générale de la race d'Aquitaine, variété garonnaise et le pelage de la race des Alpes, variété gasconne. Certains, avec A. Sanson, lui contestent la qualité de race, c'est-à-dire la fixité, ne lui reconnaissant qu'une chose, l'uniformité du pelage, qui est de la couleur du café torréfié, à quoi le marquis de Dampierre répond, non sans quelque apparence de raison, que la race bazadaise «a des caractères propres, très distincts et qui ne permettent pas de la confondre avec les races voisines» et, énumérant ses qualités, il la déclare «près de terre, avec des aplombs parfaits, des membres d'une vigueur et d'une beauté remarquables, les hanches bien ouvertes, les fesses bien faites et descendant près du jarret ». Magne, d'autre part, déclare qu'elle forme bien « une race par l'uniformité de sa perfection ». Du reste, la question n'est-elle pas réglée dans le sens affirmatif par ce fait que les animaux se reproduisent entre eux sans intervention d'élément étranger. A. Sanson reconnaît lui-même ses grandes qualités et fait son éloge — éloge mérité, car c'est une race travailleuse, douée d'une force motrice puissante. Dans le sud du Bazadais, le sol est siliceux et sa médiocre qualité fait que le bétail est beaucoup plus léger. D'une façon générale, le paysan de la région aime et soigne fort bien ses animaux. « Le bouvier, raconte un historiographe de la race, ne frappe jamais ses bœufs, même pendant le travail; il les laisse marcher lentement et à leur aise dans les terrains argileux, sablonneux, que soulève en larges écailles le soc luisant de la charrue; sans cesse, il les stimule par ses paroles, le bœuf y est habitué et il semble qu'elles l'excitent au travail ». Peu laitières, les vaches sont bonnes travailleuses; c'est à des petites vaches bretonnes qu'est confié le soin de nourrir les veaux. Encore que la conformation des bœufs convienne mieux au travail qu'à la boucherie, l'engraissement est loin d'être négligé; la viande est de bonne qualité, et le rendement atteint souvent 70 p. 100. A noter que l'engraissement est facile. Les ventes des bœufs dressés sont, dans le Bazadais, l'objet d'importantes spéculations. On comprend que ces animaux soient recherchés puisqu'il paraît que, attelée à une lourde charrette à deux roues, sous un joug de deux mètres, une paire traîne une charge de 5,000 kilogrammes sur des routes parfois difficiles et fort longues. Pour mettre ces braves bêtes à l'abri des mouches et du soleil, on leur recouvre la tête d'une perruque en peau de mouton et le corps tout entier est vêtu d'une véritable chemise de toile.

La race gasconne. — Bien que, depuis quelques années, il se soit produit une scission dans la race gasconne et qu'on fasse aujourd'hui dans les concours deux catégories : l'une, comme nous l'avons vu, des individus à muqueuses totalement noires, l'autre des individus à muqueuses noires auréolées, je réunirai ici brièvement ce que j'ai à en dire.

Entrer dans des détails, serait risquer de répéter ce que je viens d'écrire des races bordelaise, garonnaise, bazadaise. Même aptitude au travail (égale chez l'un comme chez l'autre sexe)[1]; même inaptitude laitière[2]; mêmes soins de la part du bouvier. Et vraiment, on ne saurait s'étonner de ces similitudes étant donné que ces races ont des centres de production très voisins. Celui de la gasconne est dans l'arrondissement de Lombez; elle se rencontre surtout dans le Gers, la Haute-Garonne, le Tarn-et-Garonne. Les bœufs ressemblent fort à ceux de la race de Schwitz. En effet, les gascons sont vraisemblablement une variété de la race des Alpes. Le marquis de Dampierre résume ainsi sa conformation : «Le corps est parfaitement pris; la côte est arrondie; les reins sont bien faits; les aplombs, excellents; les membres, nerveux; la tête est courte et expressive; son ensemble dénote à la fois l'énergie et la docilité. On peut lui reprocher d'avoir la racine de la queue très saillante et l'épaule plus osseuse que charnue». Le pelage, plus foncé chez le mâle, est fauve ou blaireau; il y a, sur le dos, une raie plus claire. Le Dr H. George dit : «Les muqueuses des ouvertures naturelles (paupières, mufle, anus, vulve) sont pigmentées; l'extrémité des cornes et les onglons sont noirs; le fond des bourses est noir, en coupe désignée sous le nom de *cupule*; le pourtour de l'anus et les lèvres de l'anus sont entourés d'un cercle noir que l'on désigne sous le nom de *cocarde*. On attache une grande importance à ces marques pigmentées que l'on considère comme des indices d'une pureté absolue de la race». On fait travailler les animaux jusqu'à dix, douze ou treize ans; aussi, comme on le pense bien, cet engraissement tardif est difficile et la qualité de la viande laisse à désirer. Sans tomber dans l'excès contraire et affranchir, comme le demandent quelques éleveurs, le bœuf gascon de tout travail, il y aurait avantage à le réformer plus tôt. Il serait profitable d'accoupler

[1] Léger et vigoureux au travail, le bovin gascon voit ses aptitudes mises à l'épreuve dans le Gers, pays accidenté, où les labourages des coteaux sont difficiles et pénibles. Les accidents de terrain font que le joug est le seul mode d'attelage possible. Il est d'usage d'amputer une des cornes de l'animal, pour peu qu'elle gêne par ses dimensions et sa direction; cette amputation, qui ne semble avoir aucun inconvénient, ne diminue pas la valeur de l'animal.

[2] Cornevin estime à 1,500 litres la moyenne annuelle; on se borne à faire nourrir à la vache son veau.

successivement, dans le même espace de temps, des bœufs jeunes encore et dont la boucherie pourrait ensuite tirer un bon parti.

LA RACE PARTHENAISE. — Le fait que des laiteries coopératives des Charentes et du Poitou exigent que leurs participants n'aient que des vaches parthenaises, est une éloquente preuve des grandes qualités beurrières du lait de ces vaches, lait dont la richesse en matière grasse atteint habituellement 5 p. 100. N'est-ce pas une de ces laiteries qui, travaillant le lait de 2 à 3,000 vaches parthenaises, parvint à obtenir, comme moyenne, le kilogramme de beurre avec 15 à 16 litres seulement? C'est donc que la race parthenaise, longtemps considérée comme uniquement propre à la production du travail, après s'être améliorée pour la boucherie, présentant des masses musculaires bien développées, une culotte opulente, un squelette convenablement réduit, a été ensuite développée en vue de la production laitière. Non seulement ce lait donne beaucoup de beurre, mais encore ce beurre est excellent; je signale plus loin le succès qu'il a remporté en Angleterre, dès son apparition sur le marché de Londres (v. p. 513). Fort justement les éleveurs de la race parthenaise ont pensé que seule la création d'un herd-book (1896) pourrait maintenir la pureté de la race et provoquer son amélioration [1]. Ce nom de parthenaise ne fut pas le premier nom de la race, celle-ci étant une variété de la race du bassin de la Loire, dite aussi *vendéenne*, qui occupe une vaste surface entre la Loire et l'embouchure de la Gironde, l'Océan Atlantique et les Cévennes, est dite plus particu-

[1] Les signes de la race parthenaise sont, d'après le règlement du herd-book, les suivants : front carré, plutôt large qu'allongé, plat, plutôt creux que bombé, par suite de la proéminence des arcs des orbitaires. Les animaux purs de cette race ne doivent présenter que trois couleurs, suivant des proportions différentes, mais ayant deux nuances qui varient : le noir, le rouge et le gris perle. La couleur noire doit régner à l'extrémité des cornes, à l'anus, à la marge de l'anus, sur les lèvres de la vulve, à la houppe de la queue, au mufle, aux cils, sur les bords des paupières et à la couronne au-dessus des ongles. Chez les mâles, elle doit tracer une ligne en général peu apparente sur le raphé, de l'anus aux bourses, et occuper l'extrémité de ces dernières. La couleur noirâtre doit exister sur le bord de la lèvre inférieure et les muqueuses de la bouche. Cette coloration peut se présenter sous la forme de marbrures sur la langue ou le palais. La couleur gris perle doit former un cercle autour du mufle, un autour des paupières, ce dernier signe moins accentué chez les mâles. Ces cercles, de 2 ou 3 centimètres de largeur, tranchant entre la couleur noire et le fond de la robe,

lièrement *poitevine* — les autres variétés étant : la *maraichine*, sur le littoral de l'Océan entre la baie de Bourgneuf et l'embouchure de la Gironde; la *nantaise*, dans l'arrondissement de Paimbœuf; la *berrichonne* (Indre, Indre-et-Loire, Loir-et-Cher); la *marchoise*, rousse, aux cornes tordues et relevées à la pointe, dont le bœuf est bon travailleur et bon producteur de viande (Creuse); enfin, la variété d'*Aubrac*, dans l'Aveyron (p. 490). La *poitevine* (Deux-Sèvres) fut d'abord appelée *gâtinelle*, son principal centre de production étant le plateau de Gâtine, puis parthenaise, ses plus importants éleveurs habitant aux environs de Parthenay.

Le nombre total des parthenaises approche d'un million. Les départements qui ont sous ce rapport la situation la plus favorable sont la Vendée (309,000 têtes), la Loire-Inférieure (274,000), les Deux-Sèvres (172,000), la Vienne (104,000), la Charente-Inférieure (81,000).

LA RACE MANCELLE. — Laissons de côté les discussions qu'a fait naître la question des origines de la race mancelle; la plus probable paraît être celle d'un croisement de ses trois voisines de l'Ouest : la normande, la bretonne et la vendéenne. Vers 1840, elle avait une homogénéité suffisante pour que Leclerc-Thouin en ait donné un portrait détaillé dans son *Agriculture de l'Ouest* (1842). C'était alors une race mauvaise laitière, molle au travail, mais robuste, peu exigeante et d'un engraissement facile. Le milieu du siècle marque, on le sait, l'invasion de l'anglomanie dans tous les élevages, celui du cheval

donnent à l'animal une physionomie propre, très saisissable. Mais le gris perle doit encore occuper le dessous du ventre, la face interne des rayons supérieurs des membres et s'étendre postérieurement en remontant le bord des fesses jusqu'à l'anus ou la vulve. La base des oreilles, du côté de l'ouverture de leur conque, l'intérieur de celles-ci, présentent une coloration claire intermédiaire entre le gris perle et le fond même de la robe. Le blanc franc, brillant, formant une tache, si petite qu'elle soit, est considéré comme un signe d'impureté. Les cornes présentent, à leur base, une coloration d'un blanc dégradé se prolongeant jusqu'aux deux tiers de leur longueur, et arrivant au blanc pur au point où elle touche la partie noire. Toutes les surfaces du corps, qui ne sont pas occupées par le noir ou le gris perle de la manière indiquée ci-dessus, présentent une couleur froment plus ou moins foncée. La commission a décidé que, pour le classement au herd-book, il serait tenu compte des caractères permettant de reconnaître l'aptitude laitière, que l'on a tout intérêt à développer en présence de l'extension des beurreries coopératives dans la région.

ne lui suffisant plus; alors certes il y eut d'intéressantes et utiles introductions de reproducteurs, mais aussi que de races sacrifiées — que la sélection et des soins eussent perfectionnées. Cela fait songer à la rage inconsidérée de Viollet-le-Duc et de ses élèves saccageant tout sous prétexte de restaurer. Restaurations! Restaurations! Ah! le joli billet de La Châtre! Sachons respecter l'œuvre de la nature et du temps... Mais revenons à notre race mancelle; on ne la ménagea guère; les durhamistes eurent vite fait de l'expulser de l'Anjou, et, en 1857, la catégorie qui lui était réservée au concours régional du Mans est supprimée. Un seul îlot, la Champagne mancelle (Conlie, Loué, Sillé) — où l'agriculture plus prospère n'eut pas besoin d'avoir recours au chaulage — n'éprouve pas le désir de croiser un bétail bovin assez bon. C'est sur cet îlot de 66,000 hectares et sa population bovine que comptait, en 1895, la Société d'agriculture de la Sarthe pour régénérer l'ancienne race mancelle... Il ne faut point chercher à lui faire regagner le terrain qu'elle a perdu depuis trois quarts de siècle et à lui voir repeupler à nouveau exclusivement le Maine et l'Anjou; il faut seulement améliorer une famille, placée dans des conditions particulières qui lui ont permis de se maintenir jusqu'ici, pour obtenir des reproducteurs mâles et femelles destinés à redonner du sang manceau dans les pays avoisinants, et à revenir au durham-manceau de 1850. Du reste, malgré tous les encouragements, la zone de production ne s'est point accrue. Mais des résultats indéniables ont été obtenus et la population s'est uniformisée. Elle a aussi réalisé maintes améliorations : la charpente, notamment, est moins grossière. Voici, pour finir, le texte des conditions d'inscriptions au livre généalogique : « La couleur du pelage devra être du blond jusqu'au rouge cerise et, autant que possible, sans aucune tache blanche sur le corps, la tête, l'encolure et les membres exceptés. Le mufle et le bord des yeux seront blancs, et les cornes, blanches. »

La race d'Aubrac. — Variété de la vendéenne, racine qui a filé au loin vers les Cévennes. Le rapporteur de 1878, M. Ch. du Peyrat, inspecteur général de l'agriculture, écrivait d'elle qu'elle « offrait d'excellents modèles de la bête de travail, qui joint la force à la patience et à l'énergie». Il signalait « les améliorations considérables » réalisées en vingt ans par la sélection, souhaitant que l'on ne recoure pas à l'alliance avec une race étrangère. Comme il y a un quart de siècle, la race d'Aubrac, bien appropriée au milieu où elle est produite, excelle au travail. Elle fournit de bonne viande, mais peu de lait. Principaux signes caractéristiques : taille moyenne; membres gros; tête forte et courte, cornes noires en lyre ; pelage blaireau ou jaune, plus foncé à la tête, blanchâtre autour du mufle et des yeux noirs. Taille : 1 m. 48 pour les bœufs; 1 m. 30 pour les vaches et les taureaux. La contrée occupée par des animaux se rapprochant de la race d'Aubrac est assez considérable.

La race d'Angles. — Grande analogie avec la gasconne comme aspect, conformation, aptitudes. Plus laitière que l'Aubrac. A peu d'extension.

La race tarentaise. — Elle est dite aussi *tarine*. Elle est originaire de l'ancienne tarentaise, où sur bien des points le bétail est le principal, quand ce n'est pas l'unique, instrument d'exploitation du sol. De son berceau, elle s'est répandue dans toute la Savoie, et elle s'y présente avec ses caractères bien déterminés. Beaucoup de ses animaux vont, en outre, peupler les étables des vallées de l'Isère et du Rhône, ainsi que celles du littoral méditerranéen; un assez grand nombre d'entre eux franchissent même la Méditerranée pour pénétrer en Algérie et en Tunisie; quelques-uns ont été, depuis plusieurs années, jusqu'en Grèce, où ils ont été appréciés, notamment dans les domaines royaux.

C'est donc une race d'exportation en même temps que de production et l'on a pu justement écrire que « tandis qu'elle n'étend plus guère son aire d'exploitation en France, s'y confirmant seulement et s'y installant de plus en plus solidement, l'étranger semble lui promettre une extension nouvelle, quoique, à vrai dire, elle ne puisse suffire à une demande plus grande qu'en agrandissant son centre de production. »

On l'exploite en Savoie pour son lait, pour son travail et pour sa viande ; dans la Tarentaise, on l'élève surtout en vue de la vente, et de grosses affaires se traitent chaque année aux foires de Moutiers et mieux encore de Bourg-Saint-Maurice — son berceau — où affluent les acheteurs du Sud-Est; c'est à la réunion qui suit la descente de la montagne que s'opèrent les marchés les plus importants. « Bien que le marché, écrit M. F. Convert, ait lieu en principe au jour fixé, les animaux arrivent la veille ou même l'avant-veille, et les transactions commencent de suite, de sorte qu'on risque de ne pas trouver facilement les bêtes qu'on voudrait acheter, si on attend le dernier moment pour se décider. Dans toutes les foires de la Savoie on rencontre des sujets courants; c'est à celles de la Tarentaise que se présentent surtout les animaux de choix et que leurs propriétaires peuvent compter sur une clientèle sérieuse. La faveur dont jouit la race tient à ses qualités qui n'ont cessé de se développer grâce à un régime de mieux en mieux compris, malgré les difficultés de l'entretien du bétail en hiver; elle tient aussi à l'homogénéité de l'ensemble des animaux, qui s'est affirmée sous l'action des expositions locales et des concours régionaux; elle tient enfin aux bons résultats qu'elle a donnés dans toutes les contrées méridionales ». Il faut aussi noter que la rusticité des vaches tarines leur permet de s'accommoder d'alimentation et de climats différents sans que la lactation ait trop à souffrir des médiocres conditions d'existence.

La race est relativement petite [1] : 1 m. 30 à 1 m. 40. Sans avoir été abandonnée complètement (tout en conservant les muqueuses noires), la couleur souris a presque entièrement disparu du pelage des tarins pour être remplacée par un froment particulier, tirant plus ou moins sur le rouge chez la vache, plus foncé chez le taureau. La race tarine a de grandes et incontestables aptitudes comme productrice de lait et de viande.

Un livre généalogique a été créé en 1889 [2].

[1] Elle comporte, cependant, des animaux susceptibles d'atteindre un poids assez élevé et les éleveurs du pays distinguent entre les petits tarins et les gros; il n'est pas rare, dans cette dernière catégorie, de trouver des vaches qui arrivent au poids de 600 kilogrammes avec une taille de 1 m. 50; les bœufs, dont la croissance n'atteint son maximum qu'à l'âge de six ans, peuvent peser jusqu'à 600 et 800 kilogrammes.

[2] Voici la description dressée, en 1888, par la Commission du *stud-book* :

Le mâle, dans la race tarentaise, comme cela arrive dans quelques autres races pures, diffère

LA RACE MONTBÉLIARDE. — Judicieusement sélectionnée, la race montbéliarde a acquis des aptitudes au travail et à la production de la viande ; cette dernière aptitude nettement favorisée par les envois d'un certain nombre de sujets dans les sucreries et les distilleries du nord de la France. Les montbéliards sont rustiques, aussi les recherche-t-on sous le climat de Lorraine. Au total, il faut noter qu'ils forment une élite parmi les populations de leur type ; l'affirmation de leurs qualités leur a fait gagner du terrain à l'ouest du berceau de leur race. Les laitières de cette race sont appréciées chez les laitiers-nourrisseurs des grandes villes du Midi.

LA RACE D'ABONDANCE. — C'est une variété tachetée qui exclut le noir des cornes et des onglons, et n'admet que le pelage acajou. Sélectionnée rigoureusement, elle est aujourd'hui très appréciée. Elle a emprunté son nom à une vallée de la Haute-Savoie.

LA RACE DE VILLARD-DE-LANS. — C'est peut-être de toutes les races du Sud-Est celle dont le perfectionnement a été le plus rapide. Aussi mérite-t-elle de retenir notre attention. Du reste, plus d'un spécialiste

légèrement, par la couleur du pelage, de la femelle. Le taureau tarin a, dans sa jeunesse, une robe gris blaireau passant, avec l'âge, au brun foncé et même noir, à la hauteur de l'épaule ; cette teinte foncée se prolonge sur la partie inférieure du corps de l'animal et surtout sur le cou et les jones. Chez la femelle, la robe est généralement grise, même dans sa jeunesse, et généralement la vache tarine est fauve ou mieux d'un froment tout particulier, qui n'appartient à aucune autre race. A part cette différence dans la teinte de la robe des mâles et des femelles, les autres caractères se trouvent reproduits sur tous les animaux de cette race. La race tarine présente, sans exception, chez tous les sujets purs, les caractères suivants : le tour des yeux, l'extrémité des cornes, le sabot, la couronne, le bas du fanon, le bas de la queue, etc., sont noirs plus ou moins mêlés de poils gris, pour les parties velues. Le mufle est aussi noir, cerclé de blanc et large. Le mâle a l'extrémité des bourses tachées de noir. Chez la femelle, les organes génitaux externes sont noirs, ainsi que très souvent la muqueuse externe de l'œil. En général, les animaux de cette race ont la charpente osseuse, assez développée, le corps

ramassé, les jambes courtes, les jarrets larges et droits, la côte ronde, le ventre assez gros, l'encolure moyenne, le fanon détaché et légèrement descendu, avec des poils raides vers le tiers inférieur, la tête courte, le front large, les oreilles velues, le nez droit, les cornes bien posées, blanchâtres et fines à leur base et noires à l'extrémité, les yeux grands et doux ; la peau, dure au toucher, garnie de poils longs et touffus au retour de l'alpage, devient souple après un séjour prolongé dans la plaine. Des taches noires ou brunes, des étoiles au front, des pinceaux de poils blancs dans la queue, ou à l'extrémité de la vulve, sont des caractères de métissage ou de bâtardise.

En 1897, on résolut d'apporter à cette description les modifications suivantes :

La robe est de couleur froment, ni trop foncée, ni trop claire chez le mâle, un peu plus claire chez la femelle. Chez le taureau, la teinte devient plus foncée à la hauteur de l'épaule. Cette teinte foncée se prolonge sur la partie inférieure du corps de l'animal et surtout sur le cou et les joues, sans aller jusqu'au noir.

n'a-t-il pas prédit qu'elle s'imposerait comme la race du Sud-Est. Villard-de-Lans est un canton formé d'un plateau mouvementé de 1,000 à 1,100 mètres d'altitude entouré de hautes murailles calcaires. Il n'y avait là qu'une population métisse qui tenait ses caractères très variables des races de l'Emmenthal et de Schwitz quand, en 1875, un homme, mort aujourd'hui, mais qui, du moins, a eu la satisfaction de voir le succès de son œuvre, M. Bévière, vétérinaire à Grenoble, tenta d'améliorer cette population bovine et de l'uniformiser. Il fonda la station d'élevage de Villard-de-Lans. D'autres hommes de mérite prirent à tâche de l'aider. On étudia le milieu; on sélectionna; on soigna la nourriture, et, à la fin du siècle, on avait fixé une race rustique dont les caractères peuvent se résumer ainsi : pelage uniforme, de couleur froment ordinaire, ni trop rouge, ni trop pâle, sans taches ni fissures; muqueuses rosées; tête petite, courte et expressive; yeux grands et bien ouverts; légère dépression sur le chanfrein; cornes minces, poitrine ample et profonde; côtés ronds; ligne du dos droite; membres fins; articulations larges; taille au-dessus de la moyenne; peau mince et souple au toucher. Les veaux pesaient à six semaines 60 à 80 kilogrammes; ils varient aujourd'hui entre 100 et 120 kilogrammes. La quantité de lait produite a doublé; elle atteint aujourd'hui 20 litres. L'animal, mâle ou femelle, excelle au travail et s'engraisse bien. Aussi les éleveurs, toujours aussi soigneux, voient-ils aujourd'hui la récompense de leurs efforts : leur race, étroitement localisée jusqu'ici, commence à être recherchée dans les contrées voisines; mais, fort justement, ils n'hésitent pas à s'imposer des sacrifices pour conserver leurs meilleurs taureaux.

La race de Mézenc. — Sanson la considère comme un croisement entre l'aubrac et le salers, ayant acquis une certaine fixité. Certains nient la présence de sang aubrac. Le bœuf est gros, court, trapu; le pelage est froment. Les vaches sont peu laitières, mais donnent du lait de bonne qualité. La viande est fine. Les vaches sont, plus que les mâles, employées pour le travail. Les mézencs se trouvent surtout dans la Haute-Loire. Ils ne sont pas très nombreux, et encore leur nombre tend-il à diminuer.

La race fémeline. — Variété de la race jurassique, la race comtoise comprend, elle-même, trois variétés bien distinctes : la *tourache*, la *fémeline* et la *bressane*. La fémeline est la race de la plaine. Elle occupe les bords du Doubs, de la Saône et de l'Ognon, et s'étend jusque dans les plaines de la Bresse, où elle vient se confondre avec la race bressane. C'est la plus nombreuse, la moins imparfaite et la mieux accentuée des trois sous-races. On peut même dire que, seule, elle offre un ensemble assez satisfaisant. Ses caractéristiques sont : corps grand, mais élancé; encolure grêle; tête longue, étroite et mince, portant des cornes fines, souvent rejetées en dehors, blanches ou jaunâtres jusqu'à leur pointe; oreilles minces; fanon peu développé; membres grêles; cuisses peu charnues; peau assez souple. Dans son ensemble, cette race présente des formes fines, d'aspect féminin; ce qui lui a valu le nom de *fémeline*. Le pelage dominant est blond ou châtain clair, dit pelage *froment*, sans aucune marque blanche. Les éleveurs attachent un grand prix à la pureté de ce pelage, en vertu de leur axiome favori : « Le jaune est de l'or; le blanc, de l'argent; le rouge, du cuivre. » Le rendement en lait varie d'ailleurs, comme toujours, avec les individus, l'alimentation et les soins apportés à la traite. Cornevin évalue la production laitière à 1,800 litres en moyenne par année; Thureau à 2,300 litres et il ajoute qu'il n'est pas rare de trouver des vaches dont la lactation atteint jusqu'à 3,000 et même 3,500 litres. D'après feu M. Cordier, le savant directeur de l'École d'agriculture de Saint-Rémy (Haute-Saône), elle serait de 11 à 12 litres par jour.

En général, le lait est consommé dans les ménages. On élève une grande partie des veaux, principalement dans le département de Saône-et-Loire. Les bœufs dits Thureau sont plus forts, plus robustes et plus actifs, ils supportent la chaleur et les intempéries beaucoup plus facilement que les bœufs de toute autre race. D'après M. Ordinaire, ils sont dociles et d'une éducation facile. D'une stature généralement élevée, ils ont les mouvements agiles. Chez eux, la masse est compensée par le volume, et l'activité par la longueur du levier qui, dans le même temps, permet de parcourir une plus grande distance avec moins de fatigue. L'engraissement est souvent tardif. On fait travailler ces bœufs pendant sept ou huit ans. Cependant, la faculté d'engraissement est très développée; le rendement à la boucherie atteint ordinairement 54 p. 100 [1]. Plus tendre que celle du normand, la viande ne diffère guère comme saveur de celle des salers. Comme qualité, sa valeur serait, d'après Cornevin, représentée par le chiffre 6, le maximum étant 10.

Vers le milieu du xixe siècle, la race fémeline avait dégénéré : son existence même était compromise. Quel remède apporter? Les conseilleurs de croisement ne manquaient pas. Mais, comme dit le proverbe, les conseilleurs ne sont pas les payeurs, et, heureusement «les cultivateurs intelligents et réfléchis, ne se laissant entraîner ni du côté de la Suisse, ni du côté de l'Angleterre, entraient résolument dans la voie de l'amélioration de la race par la sélection [2]. » L'effort fut encouragé par les pouvoirs publics [3].

Ainsi, une race presque perdue fut pour ainsi dire retrouvée, restaurée, ressuscitée, et, en une dizaine d'années, tout le bétail du pays fut, suivant une énergique expression, « refondu ».

La race fémeline s'est étendue vers le nord jusqu'en Alsace-Lorraine, où elle entre en concurrence avec les variétés suisses de la même

---

[1] Chez M. Cordier, à l'École d'agriculture de Saint-Remy, les animaux fémelins donnaient un rendement moyen de 58 p. 100. On a constaté, sur des animaux de concours, des rendements dépassant 60 p. 100.

[2] Voir Borie.

[3] En 1858, le préfet de la Haute-Saône, M. Dieu, appelait l'attention du Conseil général sur une délibération du Conseil d'arrondissement de Vesoul, signalant l'abâtardissement général de la race fémeline. Au même moment, un inspecteur général de l'agriculture disait, au concours de Chaumont, en 1858 : «Il y a, dans cette race qui s'amoindrit tous les jours en nombre, envahie qu'elle est par le croisement des variétés suisses ou de la vallée de l'Ognon, des qualités précieuses de finesse, de précocité, qui, développées par un bon éleveur, conserveraient à l'Est le seul type à peu près pur qu'il présente aujourd'hui». Le Conseil général de la Haute-Saône s'empressa de déférer à l'invitation du préfet; et, dès 1859, les veaux âgés d'environ six mois, qui paraissaient devoir être propres à la reproduction, recevaient une prime de 50 francs. Lorsque les jeunes taureaux étaient définitivement appréciés, le département les achetait à l'âge de 1 an ou de 18 mois, au prix de 200 à 300 francs pour les revendre par la voie des enchères publiques, soit aux particuliers, soit aux communes. Le crédit primitif était de 2,500 francs. Au commencement, on eut de la peine à en trouver l'emploi. Mais bientôt il fallut l'augmenter, et on le porta, peu à peu, à 20,000 francs. D'ailleurs, cette avance fut bientôt remboursée, ou à peu près. Car, dans les ventes, les taureaux jouissaient d'une telle faveur, que le prix d'achat payé par le département était atteint et parfois même dépassé par les acquéreurs.

race et avec celles de la race des Alpes. Elle s'étend aussi dans la
Haute-Marne et les Vosges, où elle contracte de fréquentes alliances
avec la race des Pays-Bas, qui atteint en ce point l'extrême limite
méridionale de son aire géographique. Là, la race fémeline risque de
perdre, par le croisement, une partie de ses caractères ethniques.
Si on veut la trouver dans son plus grand état de pureté, il faut la
chercher dans les cantons de Saint-Loup-sur-Augrone, d'Ausances,
de Vauvilles, de Jussey, de Vitren, de Combeaufontaine, de Scey-sur-
Saône, de Port-sur-Saône, de Vesoul, de Champlitte, de Dampierre-
sur-Salon, de Gray, de Pesmes, etc. Depuis quelques années malheureusement, elle serait, au dire de certains auteurs, de plus en plus
« osseuse ».

La race bressane. — Pelage froment clair. Certains individus sont
marqués de blanc ou de noir, la race étant formée d'éléments très
variables, notamment par des mélanges avec la variété suisse tachetée.
La tête est généralement forte. La bressane est laitière, productive de
viande, passable au travail. Elle tend à disparaître.

La race tourache. — C'est la troisième variété de la comtoise — ou
plutôt, c'était, car elle n'existe presque plus. Elle habitait la montagne,
exactement la chaîne du Jura, qui sépare la Franche-Comté des cantons suisses de Neufchâtel et de Vaud. C'était le lait de ses vaches qu'on
convertissait en fromage dans les fruitières. Mais comme on louait à
la Suisse, moyennant 5o francs par tête, 4,ooo à 5,ooo vaches qui
paissaient, pendant les quatre mois d'été, les pâturages du Jura français, ce rapprochement avec le bétail suisse a introduit peu à peu
de notables améliorations dans la race tourache, des modifications de
pelage (avec poil noir et blanc, ou rouge et blanc) rappelant le bétail tacheté suisse; en outre, à cause de la régularité de la conformation et de l'aptitude au travail moteur, on fit venir des montbéliards,
si bien que l'ancienne race tourache se transforma ou disparut.

La race vosgienne. — Bien qu'on ait cherché dans ces derniers
temps à l'améliorer, la race vosgienne tend de plus en plus à être
absorbée par les races montbéliarde et fémeline; du reste, elle n'offre

pas de caractères bien distincts, et l'on a pu dire d'elle qu'elle était le résultat de croisements peu raisonnés. Il faut, cependant, reconnaître sa réelle rusticité qui lui permet de vivre au pâturage une grande partie de l'année; en moyenne, elle donne, par an, 1,500 litres de lait qu'on transforme en fromage.

Les races béarnaise, basquaise, d'Urst et analogues. — Ce sont, en somme, des variétés d'une même race, dont le pelage froment varie du rouge au crème. Petite, élégante de formes et d'aspect énergique, cette race a la poitrine profonde et ample, le corps long et près de terre, le cou court. Bien établi, le train antérieur est un peu plus bas que le postérieur. Les cuisses manquent quelque peu de muscles. Energie, endurance à la fatigue, sobriété rendent cette race excellente au travail. «Résistant aux plus pénibles travaux, écrit M. de Lapparent, s'excitant plutôt que de céder en présence des obstacles, bœufs et vaches gravissent avec entrain les côtes et les chemins les plus ardus, et après avoir traîné de lourds fardeaux, le cou tendu, l'œil en feu, ils arrivent au terme d'une longue course, sans fatigue apparente. » Les vaches sont assez laitières. En 1774, une terrible épizootie ravagea toute la région sauf la vallée de Barétous, dont les animaux — dits *lourdais* — suffirent à reconstituer la population bovine. On estime aujourd'hui le nombre de têtes de la race à 250,000, dont 200,000 dans les Basses-Pyrénées. Des concours spéciaux encouragent les éleveurs de la région et on vient d'établir un *stud-book*.

Il existe des organisations syndicales pour la jouissance des hauts pâturages indivis entre tous les villages d'une même vallée; les animaux y séjournent, sans abri, plus ou moins longtemps suivant l'altitude et l'étendue.

La race de Lourdes. — Assez laitière et quelque peu travailleuse, la petite race de Lourdes est, sous l'un et l'autre rapport, inférieure à celle des vallées d'Aure et de Saint-Girons. La robe varie du froment blond au froment crème. Depuis une dizaine d'années, on sélectionne de façon heureuse. Un livre généalogique a été créé. La Commission du *stud-book* se montre, à juste titre, très sévère pour l'admission. De fait, la race de Lourdes est digne d'attention. Elle est, notamment, peu sensible aux variations de température.

La race d'Aure et de Saint-Girons. — Aure et Saint-Girons sont des vallées des Hautes-Pyrénées. L'histoire en serait intéressante à suivre. Aure avait gardé ses privilèges. Les États y fonctionnaient depuis le xive siècle; le tiers s'y réunissait seul, à l'exclusion de la noblesse et du clergé. Mais laissons les souvenirs d'histoire et venons-en aux bovidés auxquels les deux vallées ont donné leur nom. Ils constituent une petite race dénommée *châtaigne* dans le pays. Bonne pour les travaux légers, elle est, au point de vue de la production laitière, la meilleure de la chaîne des Pyrénées, et les connaisseurs ne manquent pas, qui estiment qu'aucune race importée ne pourrait l'égaler sous ce rapport. En effet, ces petites bêtes, dont la taille varie entre 1 m. 15 et 1 m. 24, donnent de 1,500 et 1,800 litres de lait, pour une période de lactation de huit à dix mois, souvent prolongeable; le lait est très riche en matière grasse. Les vaches font presque tous les travaux, dans la région d'élevage; les bœufs vont travailler dans la plaine ou au débardage des bois. Ils sont agiles et faciles à diriger, mais manquent de patience pour les labours en sols tenaces. La résistance au froid est remarquable chez cette race. De mi-juin à la mi-octobre, la majeure partie des troupeaux est envoyée dans la montagne. Il serait à souhaiter que durant ce temps on descendît deux fois par semaine la crème pour alimenter les beurreries. Actuellement, pendant les périodes de transhumance, le seul avantage que le propriétaire retire d'une vache en lactation est de ne pas payer de frais de garde. Les vaches de la vallée d'Aure sont moins laitières que celles du Saint-Gironnais. On s'est décidé à créer un livre généalogique. Au fond, le plus sérieux obstacle à la restauration de cette excellente petite race laitière, est le manque de bons taureaux susceptibles de donner un bon croisement.

La race marine. — Sans doute d'origine espagnole, «reliquat» des troupeaux transhumants qui, descendant des Pyrénées, venaient jadis hiverner dans les landes encore aujourd'hui son aire, «reliquat» en

32.

diminution, la race marine est de petite taille et près de terre; elle est bien conformée. La robe est gris noir; la tête, enfoncée; les yeux sont vifs; les cornes noires et fines semblent dirigées en avant pour le combat. La vache est mauvaise laitière, mais, comme le mâle, elle excelle pour les transports en sols sableux. Les croisements avec le bazadais donnent de bons animaux de travail. Comme beaucoup d'autres races de la région, la marine diminue devant les importations de bretonnes.

La race camargue. — Les camargues ont le caractère difficile et peu de force dans le travail; elles vivent en *manades*. On ne fait pas de sélection; le bistournage n'ayant lieu qu'à 3 ou 4 ans, il s'établit pour la saillie une concurrence qui amène la prédominance des plus forts. On place dans les manades 6 taureaux pour 100 vaches. Ces manades — surveillées par des gardiens à cheval — vivent continuellement à l'état sauvage, dans cette région d'un caractère si particulier. Les profits de cet élevage sont la location des sujets pour les courses et la production de la viande.

La race bretonne. — «Utile au riche, providence du pauvre.» Peu de races méritent, comme la bretonne, de se voir appliquer ce bel éloge; aucune peut-être n'y a droit autant qu'elle. M. E. Thierry, dans son livre sur le *Bœuf*, a ainsi résumé la louange de cette race : «C'est, une des meilleures par ses qualités laitières et beurrières. La vache est un joli petit animal, rustique, gai, vif, gracieux, doux; elle réalise tout ce qu'une vache peut donner de meilleur. Les animaux de cette race sont toujours très petits, à tête fine, à peau mince et à robe noire ou noire pie. Les mamelles sont bien faites avec de petits trayons disposés en carré. Malgré sa petite taille, la vache donne une moyenne annuelle de 1,400 à 1,600 litres de lait avec 5,7 p. 100 de beurre[1]. Elle s'engraisse très bien. La viande du bœuf est très recherchée. On distingue deux variétés de bretonnes qui ne diffèrent que par la taille et le poids. On trouve aussi une race bretonne, dite de la *Montagne noire*, très petite, avec la robe fauve. Tous

---

[1] Au sujet des qualités beurrières des diverses races, voir t. I, p. 501, note 1.

ces animaux habitent l'ancienne province à laquelle elles doivent leur
nom. Transportée loin de son milieu, la race croît et grandit, mais
perd ses qualités en grande partie. » Encore que ces lignes résument
bien les caractéristiques de la race, comment ne pas parler plus longtemps de « cette jolie miniature de vache, au pelage noir et blanc, à

Fig. 271. — Vache bretonne pie noire, née en 1848, âgée de 7 ans, à M. Allier père; longueur de la
nuque à la queue, 1 m. 63; hauteur, 1 m. 09; circonférence du thorax, 1 m. 68. — 1ᵉʳ Prix de sa
catégorie au Concours des animaux reproducteurs à l'Exposition universelle de 1855.

la tête fine, aux cornes relevées, à l'encolure en cou de cerf, qui jouit
toujours d'une vogue méritée, en raison de sa gentillesse, de sa rusticité, de son lait si riche en beurre, et (s'il faut prévoir le meurtre
d'un si gracieux animal domestique) de la qualité de sa viande [1] ».

Notre gravure (fig. 271) montre un sujet d'il y a une cinquantaine
d'années. Comme les caractères sont déjà bien marqués! On n'a
pas eu besoin de trouver cette race ou de la retrouver; elle est
ancienne dans le pays; on ne l'a pas faite, elle s'est faite elle-même.
Dans le dernier demi-siècle, on l'a seulement un peu améliorée en-

[1] Dʳ Hector George.

core; on a obtenu la perfection du type : vaches aux pis extraordinai-
rement développés, aux mamelles incroyablement gorgées de lait;
taureaux d'une forme irréprochable, très larges, avec un corps cylindrique, un squelette aussi réduit que possible. Et c'est devant les admirables résultats obtenus par la sélection qu'il faut crier casse-cou
à ces éleveurs — du Morbihan notamment — qui croisent les bretonnes avec des taureaux normands, dans l'espoir d'obtenir une plus
grande quantité de viande. Voyons, Messieurs, ne pensez-vous que si
le fabuliste a choisi un sujet d'élevage pour illustrer la moralité de sa
fable intitulée : *La poule aux œufs d'or*, c'est parce que trop souvent
l'éleveur oublie que le mieux est l'ennemi du bien. Les œufs d'or, ici,
ce sont les 12 ou 13 litres de lait que vous obtenez après un ou deux
mois de vêlage. Contentez-vous de savoir en profiter. Créez des coopératives, soignez votre beurre et sachez le vendre; ne perdez pas les
marchés étrangers que vous avez : ainsi vous mériterez bien de votre
Bretagne; mais craignez que des croisements inconsidérés ne fassent
le malheur et la misère de vos petits-enfants. Allons, n'oubliez pas les
précieuses qualités d'endurance et de sobriété de votre race bovine et
que les bovidés normands, eux, sont exigeants : avez-vous à offrir
à votre bétail les grasses prairies du Cotentin? Aujourd'hui, outre
votre lait, vous vendez vos vaches qu'on recherche pour les acclimater
dans bien des régions [1]; si vous gâchez votre race, vous tarirez aussi
cette source de profits.

D. INDUSTRIE LAITIÈRE.

SON IMPORTANCE. — IMPORTATIONS ET EXPORTATIONS; L'EFFORT À FAIRE. — BEURRE; INTRODUCTION
    DES BEURRES DES CHARENTES SUR LE MARCHÉ DE LONDRES; ÉLOGE DU BEURRE D'ISIGNY. —
    FROMAGES; SUPÉRIORITÉ DE NOS PRODUITS; HISTORIQUE; STATISTIQUES; LES PRINCIPAUX
    FROMAGES FRANÇAIS; LE GRUYÈRE; LE ROQUEFORT. — SERVICES QUE REND LA COOPÉRATION
    À L'INDUSTRIE LAITIÈRE; LES FRUITIÈRES; LES LAITERIES COOPÉRATIVES DES CHARENTES
    ET DU POITOU; COOPÉRATIVES POUR LA VENTE À PARIS. — MOYENS D'ÉTENDRE LES INDUSTRIES
    LAITIÈRES; LES STATIONS À CRÉER.

IMPORTANCE DE L'INDUSTRIE LAITIÈRE; IMPORTATIONS; EXPORTATIONS. —
L'industrie laitière a joué et joue de plus en plus un rôle très important dans notre économie agricole. On a pu s'en convaincre par les

____

[1] Chaque année, on en répand en France, dans le Sud notamment, 30.000 à 40,000.

renseignements statistiques de l'enquête décennale de 1892 (p. 404 et 405). En voici de plus récents : la production moyenne du lait 1892-1901 est de 79,226,228 hectolitres, représentant une valeur de 1,206,543,945 francs. Les exportations sont plus fortes que les importations (voir t. III, p. 211); mais elles ne l'emportent pas d'autant qu'il serait à désirer, étant donnée l'excellence reconnue de nos produits.

Pour les beurres, notre grand marché est l'Angleterre. J'ai montré (t. I, p. 513 et suiv.) quelle place nous y avons perdue, alors, cependant, que notre beurre est nettement plus fin que ses concurrents, et alors aussi que les analyses ont montré sa plus grande pureté. Ce sont nos exportations de beurres frais qui ont ainsi diminué; celles de beurres salés ont augmenté, mais pas assez pour rééquilibrer la situation. A noter que l'Angleterre continue à nous acheter la presque totalité du montant de notre exportation en beurres salés. Quant à notre importation, elle est d'un cinquième environ de notre exportation.

Bien que nombre de pays, qui étaient nos clients, aient développé leur industrie fromagère, nos exportations de fromages ont augmenté. Nous exportons surtout du gruyère, du Port-Salut, du roquefort, tous nos fromages à pâte dure. Nos voisins nous achètent, en outre, des fromages à pâte molle et de fantaisie; Marseille, notamment, en exporte en assez grande quantité durant l'hiver.

Nos importations de fromages sont plus que le double en quantités de nos exportations. Elles sont constituées, pour les cinq sixièmes, par l'emmenthal (Suisse) et le hollande (Pays-Bas); puis, viennent : le limbourg (Belgique), le romatour (Bavière), le munster (Alsace), le parmesan et le gorgonzola (Italie), le chester et le stilton (Angleterre). A noter, à propos de l'emmenthal, que l'importation, qui atteignait 9,500 tonnes en 1886, n'est plus aujourd'hui que légèrement supérieure à 6,000 tonnes. En ce qui regarde le lait (soit naturel, soit concentré, soit condensé), depuis quelques années, nous en exportons plus que nous n'en importons.

Au total, nous nous trouvons encore en face d'une situation prospère; mais il y a grave régression, et bien des signes nous indiquent que cette régression ne fera qu'augmenter. Jusque sur le marché de Paris, les beurres danois s'introduisent maintenant. Que faire? Tout d'abord, nous montrer commerçants. J'entends : aller chercher le client chez lui, ne ménager aucun offert pour faire connaître l'excellence de nos produits. La diffusion des fruitières et autres coopératives sera, sous ce rapport, d'un grand secours. En outre, les procédés plus scientifiques employés ne tarderont pas à faire entièrement disparaître le seul défaut que l'on reproche à notre beurre : ne pas bien se conserver. Du reste, il y a reprise dans notre exportation de beurre en Angleterre. Le maximum, atteint en 1889, avait été de 566.524 quintaux. Nous étions tombés (1901) à 311.601 quintaux. 1902 indique un mieux notable, 414.141 quintaux. Il est vrai que l'année 1902 est marquée en Angleterre par une forte augmentation dans les importations; mais il n'en reste pas moins que c'est nous qui en avons le plus profité.

Beurre. — D'où viennent ces nouveaux beurres exportés? Des Charentes. 1902 les voyait pour la première fois apparaître sérieusement sur le marché de Londres; de suite, ils y ont trouvé preneurs dans d'avantageuses conditions. Auparavant, nous n'exportions que nos beurres normands et bretons, excellents, mais — sauf sur certains points — manquant quelque peu d'uniformité. Or, le marché anglais — n'appréciant peut-être pas à sa juste valeur les nuances dans l'arome — veut de l'uniformité, et c'est par cette qualité qu'ont réussi les beurres danois.

On ne saurait parler du beurre français, sans mentionner celui d'Isigny, de l'avis unanime le roi des beurres. C'est bien justement, qu'à la suite d'une visite à l'Exposition de 1900, M. H. Hitier écrivait, à son sujet, dans le *Journal d'agriculture pratique* : «Malgré les progrès réalisés partout, malgré l'ensemencement des crèmes par les microbes réputés les meilleurs, nulle part encore, dans aucun pays, on n'a pu obtenir du beurre ayant cet arome, ce parfum, ce goût exquis qui distingue le produit que nos fermières normandes retirent du lait de nos grasses cotentines élevées dans les herbages du Calvados et de la Manche.» Et, de fait, le consommateur, habitué à ce produit unique, trouve — dès qu'il voyage à l'étranger et qu'on ne peut lui servir du beurre d'Isigny — un goût fort et désagréable à tout produit qu'on lui offre.

FROMAGES. — Non moins que nos beurres, nos fromages indiquent une supériorité marquée sur les produits étrangers. « Nous maintenons, écrit le rapporteur de 1900[1], notre incontestable supériorité dans l'ensemble de nos nombreuses variétés de fromages, que beaucoup de pays cherchent à imiter, qu'aucun d'eux cependant ne parvient, non pas à égaler, mais même à approcher ».

Historique. — Avant d'entrer dans quelques détails à ce sujet, il ne paraît pas inutile de résumer en quelques mots l'historique de notre industrie fromagère. Son ancienneté (j'entends l'ancienneté de certains de ses produits les plus renommés aujourd'hui) étonnera sans doute plus d'un des lecteurs de cet ouvrage.

Déjà Pline et Columelle attestaient l'estime dont, à leur époque, les fromages de la Séquanie jouissaient à Rome. Ces produits devaient, par certaines qualités, ressembler au gruyère actuel.

En 1288, on fabriquait à Déservillers (Doubs) des *fromaiges de fructère*. L'association, dite *fruitière*, fonctionnait donc à cette époque et, selon toute vraisemblance, c'est dans le Jura français qu'elle a pris naissance. Du moins, aucun document ne signale l'existence antérieure de pareilles sociétés dans une autre région; d'ailleurs, les premières associations fromagères de la Suisse ont été constituées à la frontière française, dans les cantons de Vaud et de Neufchâtel. Au milieu du xive siècle, les fruitières étaient en pleine activité dans le haut Jura. On désignait, au xvie siècle, le fromage de Comté sous le nom de *vachelin*, ainsi que le prouve une lettre de Claude de Chabirey, du 11 novembre 1571, concernant un envoi fait au cardinal Granvelle pendant sa vice-royauté de Naples : « *Le tounelez de vachelins, Monsieur le Trésorier y a pourvehu du boustel de Pontarlye et a prins charge de l'envoyer à Gray* ». Au xviie siècle, le nombre des fruitières était considérable en Franche-Comté. Prétextant que ce nombre était excessif et que la vente des fromages s'effectuait en gros, en dehors de la province au « grand préjudice du pays », un arrêt du Parlement de Dôle, du 19 décembre 1654, interdit la fabrication du fromage, à partir du 1er mai suivant. Mais les réclamations énergiques des

<hr>

[1] Rapport de la Classe 40 (Produits agricoles alimentaires d'origine animale), par Claude RIPERT, président du Syndicat général de l'industrie fromagère de l'Est.

députés des États de Franche-Comté parvinrent à faire rapporter cette mesure et à maintenir une industrie qui, en dépit des préjugés économiques, constituait déjà une des richesses de la région. Un intendant de Franche-Comté, d'Harouys, dans un mémoire présenté à Louis XIV en 1698, s'exprime ainsi : « Comme on y élève un grand nombre de vaches qui donnent beaucoup de lait, il y a presque partout des *grangeries* où l'on fait du fromage et du beurre, qui s'envoient dans la plus grande partie des provinces du royaume; mais, pendant cette dernière guerre, les paysans ont trouvé plus de profit de les aller vendre dans les armées d'Italie et d'Allemagne. » Jusqu'au commencement du siècle, le mot *vachelin* fut donné à ces fromages. A cette époque, leurs similaires suisses étant entrés chez nous en plus grande quantité, le nom de *gruyère* fut donné aux uns comme aux autres. Le *roquefort* est également d'origine très ancienne. Pline mentionne les fromages du mont Lozère, que l'on envoyait de Nîmes à Rome. Dans ses *Mémoires pour servir à l'histoire du Rouergue*, Boscq cite un acte déposé dans un cartulaire des archives de Conques (Aveyron), par lequel Frotard de Cornus, donnant en 1070 à ce monastère ses alleuds des Enfruts, de las Menudes, etc., déclarait, entre autres revenus dépendant de ces terres, deux fromages qui devaient lui être payés annuellement par chacune des caves de Roquefort. Le 30 avril 1411, des lettres-patentes de Charles VI proclamèrent l'insaisissabilité des fromages qui se trouvaient dans les caves de Roquefort. Une charte de François Ier autorisa les habitants de Roquefort à prélever un fromage sur chaque lot apporté pour être salé dans les caves, le produit de cette taxe devant servir à l'entretien des murs et des fortifications et à subvenir aux charges de la localité. Un arrêt du Parlement de Toulouse, en date du 31 août 1666, défendit *à tous les marchands et voituriers et autres personnes, de quelles qualité et condition qu'ils soient, qui auront prins et achepté du fromaige dans les cabanes et lieux du voysinage du dict Roquefort, de le vendre, bailler, ny débiter en gros ny en détail pour véritable fromaige de Roquefort, à peine de mil livres et d'en estre enquis »*.

Au xve siècle, il est question du *brie* dans une déclaration de Guillaume Ligier, concierge de l'hôtel du duc d'Orléans, datée du 9 décembre 1407, portant reçu de « *vingt dozaines de fromaiges du païs de Brie, démandés par ledit seigneur, pour donner aux estraines prochains* ». Le poète Saint-Amand, deux siècles plus tard, vantait ce fromage, dont il comparait la couleur à celle de l'or :

> Il est aussi jaune que lui.
> Toutefois ce n'est pas d'ennui,
> Car, sitôt que le doigt le presse,
> Il rit, et se crève de gresse.

Le *camembert* a été fabriqué pour la première fois par Marie Fontaine, femme Harel, qui exploitait, en 1791, une ferme située dans la commune de Camembert, près Vimoutiers (Orne).

A la fin du siècle dernier, le *géromé* (Vosges) avait déjà une certaine réputation. Dans son *Manuel de fromagerie*, Pol le signale comme un des principaux produits français.

Les fromages de *Neufchâtel*, ceux du *Mont-d'Or*, exclusivement préparés alors avec du lait de chèvre, étaient également très réputés.

Peu à peu, du reste, l'ancienne théorie du bétail « mal nécessaire » disparaissant devant une conception nouvelle, qui n'envisageait plus le troupeau seulement comme fournisseur d'engrais, les cultivateurs, comprenant le profit qu'ils pouvaient tirer d'une exploitation directe cherchèrent à accroître la production des fromages.

Statistiques. — Lors de l'enquête décennale de 1882, notre production fromagère s'élevait à 112,539,729 kilogrammes, représentant une valeur de 117,858,364 francs. Voici les chiffres pour 1892 :

CATÉGORIES.	QUANTITÉ DE LAIT EMPLOYÉE.	PRODUCTION TOTALE ANNUELLE de fromages.	VALEUR	
			PRIX MOYEN du kilog.	TOTAL.
	hectolitres.	kilogrammes.	francs.	francs.
Fromages à pâte dure. { Gruyère ou façon gruyère...	2,504,252	18,580,077	1, 11	20,777,898
A pâte grasse............	1,787,086	17,803,950	1, 17	20,989,128
A pâte maigre............	5,518,437	24,130,136	0, 84	20,116,738
Fromages à pâte molle. { Pâte grasse............	3,479,254	41,507,443	1, 06	43,909,096
Pâte maigre............	8,313,851	34,631,831	0, 64	22,453,297
Totaux........	21,602,610	136,653,637	0, 93	128,246,957

Les principaux fromages français. — Je laisse ici de côté le gruyère et le roquefort, dont je parlerai plus loin avec quelques détails. La fabrication a, dans le dernier quart du xixe siècle, été l'objet de progrès remarquables. C'est ainsi que le *géromé* a été l'objet d'innovations heureuses; la réduction de son format est appréciée par beaucoup de consommateurs; les zones de fabrication du *Mont-d'Or* et du *Pont-l'Évêque* se sont considérablement étendues. Pour le *Cantal*, la presse à tome a remplacé, dans nombre de burons, le genou du vacher; un fromage nouveau a fait son apparition (1870): le *Port-Salut*, fabriqué d'abord à l'abbaye du même nom dans la Mayenne et qui se consomme surtout en été; il a obtenu un succès considérable, et plusieurs industriels le préparent aujourd'hui; le *fromage des Pyrénées*, de création relativement récente, a augmenté le chiffre de nos exportations.

Certains fromages n'ont guère qu'une consommation régionale : les *olivet* (Orléanais), les *saint-more* (Touraine), les *valencay* (Poitou), tous trois à base de lait de chèvre. Dans la Bourgogne, c'est un fromage de ce nom, plus un fromage dit *fromage fort*, variété du *cancayotte* de Franche-Comté; en Auvergne, c'est le *laquioles*. Les *tomes* de Savoie sont, en somme, des variétés locales de gruyère maigre.

Les fromages dits *suisses* et *demi-sel*, les *bondons* et les *Gournay* se sont bien répandus à Paris, mais ont peu pénétré autre part.

D'autres, au contraire, ont une consommation beaucoup plus étendue : *camembert, brie, livarot, coulommiers, bourbonnais*, etc.

Je pourrais signaler encore le *Saint-Marcellin* (voir p. 541), le *Saint-Gervais*, la *fourme*, fabriquée dans les burons des monts d'Auvergne et qui y absorbe une telle quantité de lait que les jeunes veaux y sont souvent insuffisamment allaités, la *fourme*, dont la production dépasse 5 millions de kilogrammes et est évaluée 1 franc le kilogramme, etc.

Le gruyère. — «L'industrie du gruyère occupe dans l'est de la France une place considérable dans l'agriculture des pays jurassiens, et l'on peut dire que, dans la montagne du Jura, elle est, avec l'exploitation des forêts, la seule richesse du pays. Six départements, dont cinq situés sur la frontière, sont les producteurs principaux de ce fromage : le Doubs, le Jura, l'Ain, la Savoie, la Haute-Savoie et la Haute-Saône; mais on en fabrique également, en petite quantité, dans beaucoup d'autres départements français et jusque dans le Calvados. On sait, de plus, que le gruyère et l'emmenthal constituent la principale richesse de la Suisse au point de vue agricole.

«En France, la production, d'après les statistiques décennales, a été de près de 15 millions de kilogrammes en 1882 et de 18,500,000 kilogrammes en 1892. On peut estimer qu'actuellement elle atteint de 20 millions à 25 millions de kilogrammes, ayant, au prix moyen de 1 fr. 20 le kilogramme (pris dans les fromageries), une valeur totale d'environ 30 millions de francs.

«Le gruyère est un fromage à pâte sèche, cuit et pressé, à fermentation lente. Son poids est toujours considérable. En Franche-Comté, un fromage pèse en moyenne 35 à 40 kilogrammes; mais en Suisse l'emmenthal pèse en général 100 kilogrammes, ce qui, à raison d'un rendement moyen de 10 p. 100, représente 1,000 kilogrammes de lait. Dans ces conditions, il est bien évident que les producteurs de lait ont dû, au début, s'associer pour fabriquer. Ces associations s'appellent *fruitières*. Actuellement, elles tendent de plus en plus à disparaître pour être remplacées par des sociétés de vente du lait, fournissant ce dernier à un laitier qui fabrique et fait fabriquer pour son compte, et l'opération s'industrialise.

«La fabrication est délicate et exige un praticien soigneux et exercé, surtout étant donné qu'on opère sur de grandes quantités de lait à la fois.

«On compte, en général, sur un rendement en fromage mûr de 8.5 à 9 p. 100 du lait traité, auquel il faut ajouter une certaine quantité de beurre fin et, soit du *serai*, soit du beurre de *brèches*.

«Enfin, les frais de fabrication sont évalués en moyenne à 0 fr. 01 par kilogramme de lait traité, ce qui met le prix de ce dernier à 0 fr. 12 environ le kilogramme».

C'est ainsi que s'exprime le distingué ingénieur-agronome, M. Maurice Beau. D'autre part, dans son rapport déjà cité, M. Cl. Ripert écrit :

«La lutte est vive, à l'égard du gruyère, entre notre pays et la Suisse

qui, elle, se consacre presque exclusivement à cette unique fabrication, qu'elle pratique, du reste, avec un plein succès et qui
obtient, il faut bien le reconnaître, auprès du commerce, une faveur
marquée avec ses beaux types de fromage d'emmenthal. A cette
supériorité reconnue de la forme et de l'aspect de l'emmenthal, nos
producteurs comtois ont, il est vrai, la prétention, assez justifiée
aussi, d'opposer la supériorité de la finesse et de la saveur des gruyères
français. »

Le roquefort. — J'y reviendrai plus loin en traitant des brebis du
Larzac. (p. 529 et suiv.)

La production qui, dans tout le cours du XIXᵉ siècle, avait constamment suivi une progression normale et régulière, a pris, depuis
ces dix dernières années, un plus grand développement encore, et
accuse aujourd'hui un chiffre dépassant 6 millions de kilogrammes,
alors qu'en 1800 il était à peine de 250,000 kilogrammes.

Quant aux exportations, elles ont suivi une progression analogue,
et du chiffre de 100,000 kilogrammes qu'elles présentaient vers 1860,
elles arrivent en ce moment à celui de 1,200,000 kilogrammes.
De 1900 à 1901, il s'était produit dans les prix d'achat du lait une
augmentation de 2 à 3 francs; 1902 marque une semblable élévation
des prix, qui atteignent 33 francs l'hectolitre. C'est là un signe certain
de prospérité.

Il s'est produit, dans les modes de fabrication, une transformation
très heureuse, car celui que certains appellent « le roi des fromages »
est extrêmement exigeant sur les questions de propreté, de température et sur les soins qu'il réclame. « Vous le manquez, écrit dans
le *Journal d'agriculture pratique*, M. Fernand de Barrau, vous le manquez, si vous avez laissé dans le lait la moindre impureté susceptible
d'introduire des ferments mauvais dans la pâte; vous le manquez, si
vous enfournez à une température un peu trop haute ou un peu trop
basse; vous le manquez, si vous ne le maintenez pas exactement au
degré de chaleur voulu, alors qu'il est dans les moules, attendant son
départ pour les caves de Roquefort; vous pouvez le manquer, enfin —
et de vingt autres manières — pour la moindre inattention. Or, les
conditions indispensables pour une fabrication si délicate ne sauraient

se trouver, on le comprend, chez les petits propriétaires ou fermiers qui n'ont ni outillage, ni local spécial, ni d'autre personnel, pour s'occuper du fromage, que leur femme ou leur servante, distraites à tout instant par les mille soins du ménage ». Il faut donc se réjouir de ce qu'aujourd'hui le fromage se fabrique surtout dans des fromageries réunissant le lait de toutes les fermes d'une ou de plusieurs communes. Le temps où chaque ferme, grande ou petite, faisait son fromage « comme elle le pouvait », n'était pas toujours celui d'une production soignée et jamais celui d'un fromage uniforme. La situation actuelle remet les choses au point et assure la continuité de l'exportation par la continuité de la demande, le produit se maintenant lui-même digne de cette demande.

Enfin, en parlant de Roquefort, comment ne pas rappeler les caves fameuses, ces caves merveilleusement propices, créées par la nature elle-même dans les montagnes de l'Aveyron et qui, sous le nom de *florines*, assurent à l'affinage et à la maturation des produits une régularité d'aération et d'hygrométrie des plus favorables.

L'installation de puissants réfrigérants, en prolongeant la durée de conservation des produits, a permis de les écouler pendant toute l'année.

La coopération dans l'industrie laitière. — La coopération est d'un grand secours pour l'industrie laitière; elle lui rend peut-être des services plus grands qu'à aucune autre branche de l'agriculture. On sait les résultats qu'elle a donnés en Danemark notamment [1]. C'est qu'il faut que les vieilles méthodes et les instruments primitifs soient totalement transformés. Écrémeuses centrifuges, barattes, malaxeurs perfectionnés permettent d'abaisser considérablement le prix de la main-d'œuvre, tout en donnant des beurres irréprochables de qualité, et, les petits producteurs isolés reculeraient souvent devant l'achat de ces divers instruments.

Enfin, la coopération, grâce à laquelle on obtient un rendement continu et un produit uniforme, permet, en outre, de supprimer les

---

[1] Voir t. 1, p. 339 et suiv.

intermédiaires, et donne toutes facilités pour créer des marques, ce qu'un grand nombre de consommateurs recherche.

Au total, la coopération n'est pas une arme contre les grands producteurs qui, à l'heure actuelle, font le plus grand honneur à l'industrie beurrière française, mais elle est un moyen pour les petits producteurs de faire aussi bien qu'eux, et les uns comme les autres retireront d'elle ce bénéfice que les marchés étrangers leur seront plus complètement ouverts.

Les fruitières. — J'ai rappelé leur historique (t. I, p. 701 et t. II, p. 509) et montré leur puissance. On sait qu'elles s'attachent à la fabrication du gruyère, et y ont apporté bien des perfectionnements[1]. Leurs procédés de centralisation du lait permettent d'acheter celui-ci plus cher que ne l'achète au même moment la petite fabrication particulière : 0 fr. 10 à 0 fr. 11 au lieu de 0 fr. 07 à 0 fr. 08 au litre, soit un bénéfice de 25 à 30 p. o/o. La stabilité qu'elles présentent permet à l'administration de s'adresser à elles pour des travaux d'amélioration dans la région pastorale : meilleur aménagement et entretien des pâturages; transformation des pacages de moutons en parcours pour le gros bétail. Actuellement plus de 50 fruitières sont subventionnées. Le succès aidant, le principe des fruitières s'est répandu depuis dans les autres régions à gruyère, en Haute-Savoie notamment. Leur nombre y est de 200 en 1880; il a plus que doublé en vingt ans. Le nombre des adhérents aux fruitières atteint 18,500, possédant un peu plus de 51,000 vaches, soit plus de la moitié de l'effectif du département. La quantité de lait travaillée en 1900 a dépassé 720,000 quintaux, qui ont fourni :

Gruyère	gras	1,969 quintaux.
	demi-gras	39,817
	maigre	2,820
Tome		10,714
Beurre		12,021

[1] Ces perfectionnements consistent notamment dans la réfection ou la création de chalets avec une chambre à lait pourvue d'un réfrigérant et de deux caves, dont l'une chauffée; dans l'adoption du thermomètre, du tranchecaillé, de la presse graduée, de l'acidimètre.

Les coopératives des Charentes et du Poitou. — Si la coopération n'a pas encore pris grand développement en Normandie, non plus qu'en Bretagne, il n'en est pas de même dans les Charentes et le Poitou[1]. Les propriétaires de cette région ont été récompensés par l'introduction de leur beurre sur le marché de Londres et le bon accueil qui lui a été réservé. L'exposition de Liège (1905) vient d'être pour eux l'occasion d'un nouveau succès. Pourtant l'industrie beurrière était, dans ces pays, il n'y a pas très longtemps encore, pour ainsi dire ignorée.

On se trouve aujourd'hui en présence d'une production qu'on n'évalue pas à moins de 40 millions de francs et qui tend à s'accroître encore : ainsi ont été ramenées l'aisance et la prospérité un moment disparues à la suite de la destruction du vignoble par l'invasion phylloxérique.

L'Association centrale des *laiteries coopératives des Charentes et du Poitou*, fondée en 1893, embrassait, dès 1900, 87 sociétés; sa production dépassait cette année-là 8 millions, et le beurre était vendu sous les marques respectives des laiteries. L'Exposition fut l'occasion de faire connaître cette œuvre en tous points remarquable.

Coopération en vue de la vente à Paris. — Des coopératives pour la vente à Paris ont été récemment créées ou sont en voie de création. Un mouvement général dans ce sens se dessine notamment dans l'Oise, par suite de l'active intervention du Syndicat de défense agricole. La première de ces coopératives date de la fin de 1901; elle groupe les cultivateurs d'un certain nombre de communes voisines. Il ne s'agit pas encore de vendre au consommateur, mais de supprimer les laitiers : on vend aux crémiers; c'est, en somme, une première étape; il est certain que le but à atteindre est la vente directe. Le consommateur y trouverait doublement son compte, tant à cause du prix plus bas que par la certitude de pouvoir se procurer, non frelaté ni coupé, l'aliment primordial qu'est le lait[2].

---

[1] La première beurrerie coopérative installée dans la région le fut à Chaillé (Charente-Inférieure) en 1887.

[2] Il serait nécessaire d'afficher sur les portes des crémiers les condamnations qu'ils encourent pour vente de lait frelaté; ce serait la seule façon de les frapper sérieusement, et, par suite, de les forcer... à réfléchir.

STATIONS LAITIÈRES. — Les régions laitières se présentent en France avec des caractères assez tranchés : ce sont le Jura et les Savoies, avec leur production en gruyère; les Causses, avec Roquefort pour centre et la production du fromage de ce nom; le Cantal et l'Aubrac, où la fabrication du fromage genre Cantal est avec celle du bleu d'Auvergne le seul mode d'utilisation du lait; les Charentes et le Poitou, où domine l'industrie beurrière sous une forme coopérative; la Bretagne, dont le beurre est aussi la production la plus importante; la Normandie, avec ses fins produits, beurres et fromages à pâte molle. A ces régions principales, on peut encore ajouter les suivantes, où l'industrie du lait forme simplement une branche de la production agricole : la Brie et ses fromages; les environs de Paris et l'approvisionnement de la capitale en lait; les Ardennes et l'Est, où la fabrication du beurre se développe de plus en plus; les Pyrénées, etc.

« Dans chacune de ces régions prise à part, il est bien évident, comme le dit M. Maurice Beau dans une intéressante étude[1], que les producteurs, poursuivant un même but dans les mêmes conditions, ont aussi les mêmes intérêts, qu'il s'agisse de la fabrication, du contrôle, de la nature des produits, de leur vente, etc. Si l'on ajoute à cela que, dans l'état actuel de la production, l'individu isolé reste absolument sans défense contre la masse des antagonistes, principalement au point de vue commercial, et qu'il est nécessaire surtout pour les petits producteurs agricoles de se sentir les coudes et de se soutenir mutuellement, principalement vis-à-vis de l'élément commerçant: acheteur ou vendeur, ainsi que contre la concurrence étrangère, il semble naturel que les cultivateurs fournisseurs de lait ou producteurs de beurres ou de fromages se soient, dans les limites des régions précédentes et à l'intérieur de chacune d'elles, précisément entendus, associés dans le but de défendre leurs intérêts communs en jeu. Lorsqu'on examine la situation dans les pays étrangers, on voit qu'en effet c'est ce qui a lieu, alors que l'organisation fait à peu près complètement défaut en France, — la région charentaise mise à part; — et c'est justement là le point faible de notre production; il est dû au manque d'initiative de l'agriculteur lui-même.

[1] *Journal d'Agriculture pratique.*

« C'est à ce dernier défaut qu'il faut remédier : à côté du producteur, il faut placer une sorte de guide, de conseiller destiné à suppléer à son ignorance et à servir à ce point de vue d'une sorte de trait d'union entre lui et l'extérieur. Voici le système qui, pensons-nous, permettrait d'atteindre ce but; il consiste dans l'établissement : 1° de stations laitières régionales à action limitée à une portion du territoire, comme leur nom l'indique; 2° d'une station laitière centrale, destinée à permettre aux établissements régionaux de travailler en commun, sous une même direction d'idées, quoique d'une manière indépendante, chacun dans sa sphère d'action. La station laitière régionale serait à établir dans chacune des régions ci-dessus indiquées et étendrait son action sur elle seule. Son but serait surtout pratique. Elle comprendrait un ou plusieurs laboratoires de recherches, d'analyse des produits, de contrôle de la production et de technique; une petite laiterie expérimentale servant à la fois aux essais de machines et appareils et aux expériences de fabrication. (Un beurrier ou un fromager connaissant à fond la pratique de l'industrie régionale pourrait y être adjoint, ainsi qu'un mécanicien, tous deux à la disposition des intéressés pour l'installation des laiteries et des appareils, ainsi qu'en cas de mauvais fonctionnement ou de défaut de fabrication. Ces derniers seraient sous la direction d'un conseiller ou inspecteur ambulant, dans le genre de celui des Charentes); un service de renseignements destiné à tenir les producteurs au courant des méthodes, perfectionnements, organisations, etc., du dehors, à leur fournir toutes indications relatives aux questions industrielles et commerciales telles que la fabrication proprement dite, les transports, la vente, les débouchés, la législation, etc. Il y serait joint une école pratique, soit confondue avec la laiterie expérimentale, soit isolée, constituée par une des laiteries de la région ou au contraire indépendante et destinée à former des beurriers ou fromagers, ouvriers ou gérants capables.

« D'une manière générale la station laitière régionale servirait de trait d'union, d'une part entre chacun des producteurs ou groupes de producteurs isolés, les tenant unis dans un même but : le progrès intelligent et rémunérateur; d'autre part, entre l'ensemble de la région en tant que productrice, et l'extérieur. Chaque laiterie garderait sa liberté d'action, guidée simplement par l'établissement, ou bien, comme c'est déjà le fait dans les Charentes, elles pourraient être réunies sous forme d'une association centrale; dans ces conditions, il est bien évident que la coopération est tout indiquée : coopération entre producteurs séparés, et coopération entre laiteries isolées.

« Il est à peu près nécessaire qu'un pareil établissement soit autonome et, comme il aurait pour but exclusif la progression de l'industrie locale, il n'est que juste qu'il soit entretenu, en majeure partie du moins, par les intéressés, soit directement par cotisations, soit indirectement par subventions des départements. Il n'est pas logique, en effet, qu'une station laitière régionale soit sous la dépendance de l'administration centrale, du moins d'une manière directe, à cause des difficultés qu'a cette dernière d'être renseignée rapidement et exactement sur les besoins et les intérêts de la région en question, ni qu'elle soit à la charge de l'État, c'est-à-dire du pays entier, étant donné son caractère restreint. Ceci n'exclut d'ailleurs pas le contrôle de l'État, pouvant s'exercer, d'une part par la nomination du personnel, à qui il serait nécessaire d'assurer des avantages égaux à ceux des fonctionnaires, d'autre part par un droit de surveillance sur les opérations, notamment sur l'emploi des subventions accordées par l'État à titre d'encouragement. Bref, une liberté d'action aussi complète que possible et la seule ingérence de l'administration strictement nécessaire pour procurer à ces organisations la stabilité et la confiance du pays. »

Pour se convaincre de l'utilité d'une pareille organisation, il suffit d'examiner, d'une part, les progrès qui ont été faits dans les régions où il existe déjà quelque chose d'analogue : Jura et Charentes; d'autre part, l'état d'infériorité des contrées où il n'existe rien de semblable, ou bien celles ne possédant que des établissements rudimentaires : Auvergne et Bretagne par exemple.

Les écoles existant déjà pourraient être prises comme points de départ pour l'organisation du système précédent : ce seraient Mamirolle et Poligny dans le Jura, Surgères dans les Charentes, la petite école de Marvéjols dans la Lozère, la fromagerie de Cuelbes dans le Cantal qui, développées et modifiées, serviraient de base à une organisation rationnelle plus étendue dans ces régions.

« Le système précédent est d'ailleurs très élastique et se prête bien à toutes les combinaisons possible; il permet même de faire varier suivant les circonstances, notamment dans les périodes d'essai ou de transition, l'importance du rôle de l'État suivant les conditions. Peut-être le mieux serait-il que ce dernier fondît les établissements en question et les abandonnât ensuite peu à peu aux intéressés dans l'espace de quelques années? En tous cas, l'on n'obtiendra, croyons-nous, de ces organisations le maximum de services que lorsque les producteurs de chaque région seront devenus les maîtres, et qu'ils seront les premiers à avoir intérêt à ce que l'affaire marche bien. »

La station laitière centrale aurait la direction générale du produit laitier en France et s'occuperait des études d'ensemble, scientifiques, techniques et économiques.

E. ÉLEVAGES DIVERS [1].

MOUTONS : RENSEIGNEMENTS STATISTIQUES ; VALEUR ; RENDEMENT ; DÉPÉCORATION ; GÉNÉRALITÉS SUR LE MOUTON À VIANDE ; LE MÉRINOS FRANÇAIS ; LES RACES NORMANDES ; LE BERRICHON ; LE BRETON ;. LE SOLOGNOT ; LES RACES DU PLATEAU CENTRAL ; LE POITEVIN ; LA RACE DU LARZAC ; COMPOSITION DE SON LAIT ; LA RACE DES CAUSSES ; LES RACES LANDAISE ET BÉARNAISE ; LA RACE DE CORSE ; LE DISHLEY-MÉRINOS ; LE SOUTHDOWN-BERRICHON ; LE MOUTON DE LA CHARMOISE. — CHIENS DE BERGER : LE CHIEN DE BRIE ; LE CHIEN DE BEAUCE. — CHÈVRE : SA DÉFENSE ; RENSEIGNEMENTS STATISTIQUES ; VALEUR ; RENDEMENT. — PORCS : RENSEIGNEMENTS STATISTIQUES ; VALEUR ; RENDEMENT ; PRINCIPALES RACES ; LE NORMAND ; LE CRAONNAIS ; LE LIMOUSIN. — LAPINS. — ESCARGOTS.

MOUTONS. — Le tableau suivant donne les relevés effectués en 1892 :

	NOMBRE D'ANIMAUX EXISTANT AU 30 NOVEMBRE 1892	
ADULTES.	total. têtes.	proportionnel. p. 100.
Béliers	328,245	1.56
Brebis	8,804,401	41.70
Moutons	3,887,449	18.41
Totaux	13,020,095	61.67
JEUNES.		
Agneaux et agnelles { de 1 à 2 ans	2,794,979	13.24
de 6 mois à 1 an	2,521,298	11.93
au-dessous de 6 mois . .	2,779,341	13.16
Totaux	8,095,618	38.33
Totaux généraux	21,115,713	100.00

[1] Clichés de la Librairie agricole, sauf ceux des fig. 275 et 276.

Le nombre des béliers est considérable; on compte dans la pratique 70 à 80 brebis et souvent plus pour un bélier. D'après les chiffres donnés plus haut, il y en aurait un pour 27 brebis; mais il faut remarquer que, dans beaucoup de localités, on compte comme béliers des agneaux de l'année, quand ils sont conservés pour la reproduction et lors même qu'ils ne doivent servir pour la lutte que l'année suivante. L'effectif total de l'espèce ovine correspond à 41,84 têtes par 100 hectares du territoire agricole.

A l'inverse de ce que nous avons vu pour l'espèce bovine, c'est dans les départements du Centre que l'on rencontre le plus de moutons. Ainsi, dans l'Aveyron, on compte 729,920 bêtes ovines; dans la Creuse, 629,702; dans la Corrèze, 436,587; dans la Dordogne, 448,175; dans la Haute-Vienne, 587,786; dans le Tarn, 416,345; dans l'Indre, 530,067. Dans les plaines de la Beauce et de la Brie, il y a également beaucoup de moutons : Eure-et-Loir en a 559,510; l'Aisne, 513,199; Seine-et-Marne, 431,646.

Certains départements du Midi en possèdent également un assez grand nombre : les Basses-Pyrénées, 416,597; les Landes, 407,263; les Bouches-du-Rhône, 407,251; la Drôme, 403,354; la Corse, 402,726. Ces quinze départements, à eux seuls, possèdent le tiers de l'effectif total.

D'autre part, les départements les plus riches en gros bétail sont les plus pauvres en moutons, tels sont : ceux qui constituent les anciennes provinces de Normandie et de Bretagne : Maine-et-Loire, la Sarthe; puis, les Vosges, le Doubs, le Jura, le Haut-Rhin, la Haute-Savoie. Au contraire, les départements les plus riches en moutons sont les plus mal partagés, pour le gros bétail : la Creuse, la Haute-Vienne, Eure-et-Loir, les Bouches-du-Rhône, l'Aveyron et l'Indre.

Voici quelques chiffres sur la répartition des ovins :

RAPPORT À 100 HECTARES DU TERRITOIRE TOTAL DU NOMBRE DE TÊTES
DE L'ESPÈCE OVINE. (1892).

21 départements produisant moins de 16 têtes pour 100 hectares :

Savoie (4), Jura (4), Ille-et-Vilaine (4), Seine (6), Haut-Rhin (6), Pyrénées-Orientales (6), Haute-Savoie (7), Sarthe (7), Maine-et-Loire

(8), Finistère (8), Vosges (8), Haute-Saône (10), Loire-Inférieure (11), Orne (12), Calvados (12), Mayenne (13), Ain (14), Rhône (15), Saône-et-Loire (15), Côtes-du-Nord (15).

17 départements produisant de 16 à 32 têtes :

Morbihan (16), Nord (16), Meuse (16), Meurthe-et-Moselle (17), Gers (17), Isère (18), Loire (19), Haute-Marne (19), Lot-et-Garonne (20), Deux-Sèvres (20), Nièvre (22), Indre-et-Loire (22), Gironde (23), Var (26), Alpes-Maritimes (27), Vendée (29), Manche (30).

22 départements produisant de 32 à 52 têtes :

Pas-de-Calais (32), Aube (32), Côte-d'Or (32), Seine-Inférieure (33), Yonne (34), Tarn-et-Garonne (35), Haute-Garonne (35), Hautes-Alpes (38), Loir-et-Cher (38), Allier (40), Charente (40), Loiret (44), Landes (44), Puy-de-Dôme (45), Ardèche (45), Corse (46), Basses-Alpes (47), Marne (47), Charente (47), Dordogne (49), Vienne (50), Eure (50).

17 départements produisant de 52 à 71 têtes :

Seine-et-Oise (52), Ardennes (53), Aude (54), Cher (54), Hautes-Pyrénées (54), Oise (60), Cantal (60), Somme (61), Hérault (62), Drôme (62), Haute-Loire (64), Basses-Pyrénées (64), Gard (66), Lozère (68), Vaucluse (69), Lot (69), Aisne (70).

10 départements produisant 71 têtes et plus :

Tarn (72), Cher (74), Seine-et-Marne (75), Ariège (76), Indre (78), Bouches-du-Rhône (79), Aveyron (83), Eure-et-Loir (95), Haute-Vienne (106), Creuse (113).

Algérie :

Alger (9,92), Oran (19,96), Constantine (21,21).

Voici la liste des départements ayant, comparativement à 100 hectares du territoire agricole, un nombre d'existences supérieur à 70 :

Creuse	116.73	Seine-et-Marne	76.07
Haute-Vienne	110.52	Tarn	75.38
Eure-et-Loir	98.70	Vaucluse	73.46
Bouches-du-Rhône	87.21	Aisne	72.55
Aveyron	86.60	Lot	72.00
Indre	80.49	Pyrénées-Orientales	71.87
Corrèze	77.03	Lozère	70.71
Ariège	76.89		

Pour apprécier d'une façon plus précise l'importance de la production ovine dans une contrée, il convient de déterminer le poids vif des moutons entretenus et leur valeur.

Les résultats relevés en 1892 pour la France sont les suivants :

Valeur des bêtes à laine	totale......................	465,904,593 francs.
	par tête......................	22
	par 100 hectares du territoire agricole......................	923
	par 100 hectares des terres labourables, prés et herbages.......	1,456

Les bêtes adultes comptent dans le poids vif total de l'espèce pour 72.5 p. 100, et les agneaux, pour 27.5 pour 100. Les moutons y entrent pour 23.75 p. 100.

Les chiffres ci-dessous donnent le classement des départements suivant le poids vif des bêtes à laines entretenues dans chacun d'eux, à raison de 100 hectares de leurs territoires agricoles respectifs.

Le poids vif des animaux de l'espèce ovine par 100 hectares du territoire agricole (au-dessus de 2,000 kilogrammes) est le suivant :

	kilogr.		kilogr.
Eure-et-Loir...........	3,613	Oise.................	2,201
Seine-et-Marne........	2,574	Ariège..............	2,181
Bouches-du-Rhône......	2,570	Somme..............	2,104
Aisne................	2,550	Tarn...............	2,097
Aveyron.............	2,478	Indre..............	2,079
Creuse..............	2,401		

On voit que le classement des départements diffère de celui qui a été obtenu d'après le nombre des existences : ce sont les départements d'Eure-et-Loir, de Seine-et-Marne, de l'Aisne, de l'Oise et de la Somme, où l'on entretient de gros et forts moutons mérinos et croisés mérinos, qui occupent le premier rang ; à côté d'eux, viennent se ranger les départements des Bouches-du-Rhône, de l'Aveyron, de la Creuse, de l'Ariège et du Tarn.

La région riche en moutons peut être très aisément délimitée sur une carte. Elle forme une bande de territoire qui part des départements de la Seine-Inférieure, de la Somme, des Ardennes et descend perpendiculairement vers le Sud jusqu'aux Pyrénées et au littoral de la Méditerranée, embrassant sur son trajet la Brie, la Beauce, la Sologne, le Berry, le Plateau central, le Languedoc et la Provence. La région pauvre en moutons comprend : à l'Ouest, la Bretagne et la Normandie ; à l'Est, tous les départements frontières jusqu'à la Méditerranée et la Corse.

Dans ce dernier département, il y a beaucoup de moutons ; mais ils sont de très petite taille.

Voici, enfin, la valeur totale des diverses catégories de bêtes à laine recensées en 1892 :

Poids vif des bêtes à laine	total	584,734 tonnes.
	par tête	28 kilogr.
	par 100 hectares du territoire agricole..	1,159
	par 100 hectares des terres labourables, prés et herbages	1,828

Sur une valeur de 466 millions représentée par les animaux de l'espèce ovine, les béliers, brebis et moutons entrent pour 335 millions et demi et les élèves pour 130 millions et demi, c'est-à-dire pour près d'un tiers, et ce sont les brebis qui fournissent les deux tiers de ce capital pour les adultes.

Produits. — Les produits de l'espèce ovine sont : la viande de boucherie, la laine, le fumier et le lait.

1° Le tableau ci-dessous donne le décompte des animaux français vendus par l'agriculture.

CATÉGORIES.	NOMBRE D'ANIMAUX ABATTUS EN 1892.			NOMBRE D'ANIMAUX EXPORTÉS en 1892.	TOTAL des BÊTES OVINES FRANÇAISES vendues par l'agriculture en 1892.
	EN TOTALITÉ.	IMPORTÉS pour LA BOUCHERIE.	INDIGÈNES.		
Moutons et brebis......	6,997,638	1,349,694	5,647,944	9,533	5,657,477
Agneaux............	1,434,448	"	1,434,448	1,485	1,435,933
Totaux........	8,432,086	1,349,694	7,082,392	11,018	7,093,410

On trouve, au total, pour l'élevage français, une valeur de :

CATÉGORIES.	VALEUR DE LA VIANDE DE L'ESPÈCE OVINE INDIGÈNE EN 1892.		
	VALEUR DES ANIMAUX		VALEUR TOTALE.
	livrés à la boucherie.	exportés.	
	francs.	francs.	francs.
Moutons et brebis..................	190,900,507	322,215	191,222,722
Agneaux.......................	21,516,720	22,275	21,538,995
Totaux...............	212,417,227	344,490	212,761,717

ce qui correspond :

Par
- 100 hectares du territoire agricole, à .... 421^f 50^c
- 100 hectares des terres labourables, prés et herbages, à 665 10

2° Le rendement des 15,195,971 moutons soumis à la tonte a été de 2 kilogr. 35 en suint, soit 35,694,416 kilogrammes, le prix du kilogramme de toison en suint étant estimé à 1 fr. 33, la valeur totale est de 47,554,188 francs.

La moyenne décennale 1892-1901 indique 422,432 quintaux. Cela nous met, avec la monarchie austro-hongroise, au second rang en Europe, précédés seulement par la Russie. Ces 422,432 quintaux représentent une valeur de 58,931,140 francs; ils sont le produit de la tonte de 15,253,568 animaux. La valeur du quintal se trouve établie à 139 fr. 50.

La laine en suint, lavée à dos, et produite par les troupeaux français, varie dans sa manière d'être selon les races. La laine mérinos se divise en *laine surfine* ou *supérieure*, en *laine fine* et en *laine ordinaire*. La première se distingue par sa longueur, son extrême finesse, sa grande élasticité, beaucoup de tassé et une blancheur éclatante.

3° Le tableau suivant indique la production et la valeur du fumier :

Production du fumier
- totale .... 9,394,688 kilogr.
- moyenne par tête 443

Valeur du fumier
- totale 93,946,880
- moyenne par tête 4.43

4° Les 8,804,401 brebis ont fourni une valeur de 3,549,160 fr. de lait.

Dépécoration. — La situation est encore assez bonne quant aux quantités de laine produites, et si la production indigène de la viande est insuffisante, du moins pour une bonne partie les importations nous viennent-elles d'Algérie[1]; mais notre production n'en est pas moins en baisse. En effet, depuis une trentaine d'années, tandis que l'Allemagne ne perdait que 7 millions d'ovins, l'Autriche et la Hongrie réunies, 6 millions, la diminution atteignait chez nous près de 10 millions.

On peut avec M. P. Dechambre, professeur de zootechnie à l'École de Grignon, attribuer la dépécoration, qui se fait surtout sentir sur les races à laine, aux causes suivantes :

Abaissement du prix des laines;

Écart faible entre le prix des laines fines et celui des laines grossières;

Transformation dans l'industrie et le commerce des étoffes;

Extension de la culture de la betterave et de l'élevage des bovins;

Emploi des engrais chimiques;

Arrivages des moutons étrangers;

Préférence accordée aux moutons à viande.

On peut aussi donner de la dépécoration les autres raisons suivantes :

Morcellement de diverses grandes exploitations;

Importants défrichements de terres incultes;

Diminution des jachères;

Extension donnée aux cultures fourragères.

Autrefois le mouton à viande n'était livré à la boucherie qu'à trois ans, il produisait ainsi de la laine, mais sa viande avait moins de valeur. La culture devenue intensive ne permet plus, en bien des points, de laisser le mouton courir la plaine à la recherche de sa subsistance. Aussi, par un régime plus nutritif et des croisements, s'est-on efforcé d'obtenir une plus grande précocité : à 15 ou 18 mois,

---

[1] Les dix douzièmes des moutons d'exportation venus sur le marché de Paris proviennent d'Algérie. Voir t. III, p. 306.

on livre au boucher des animaux suffisamment lourds et très appréciés. Ainsi les bénéfices sont accrus et le consommateur a des viandes de bonne qualité. Les mérinos et autres gros moutons sont donc en diminution marchande depuis un quart de siècle. Au mérinos de la Brie ou du Soissonnais, au dishley-mérinos ont succédé le berrichon, le champenois, le southdown. Ce sont eux que demande le consommateur privé qui n'a pas besoin de grosses pièces. La boucherie de Paris — sauf pour les restaurants, les hôtels, les administrations — demande au producteur de ne pas dépasser, pour les moutons gras, le poids vif de 4o à 45 kilogrammes. Il est vrai que les habitudes locales jouent en ceci un rôle assez important. Telle région (le Nord, etc.) s'accommode fort bien des gros moutons.

Les mérinos français. — «Salut au bélier mérinos français, que ne reconnaîtraient pas ses aïeux espagnols! Quel changement d'avec eux! Comme il a pris de l'ampleur! Comme il a allongé sa laine! Comme il a amplifié sa viande! A cette fourrure qui donne nos vêtements les plus chauds, il a joint une fourniture de viande que l'on a su priver de son goût de suint en rendant l'animal précoce et en le mangeant de bonne heure.

«Aucune race ovine n'a pris une pareille extension. Le nombre de ses individus, répandus aujourd'hui dans les cinq parties du monde (et qui envahirait la sixième, si on la découvrait), se chiffre par plusieurs centaines de millions. Jusqu'à la fin du xviiie siècle, l'Espagne avait gardé jalousement ses mérinos. La France vint, les prit, les modela, et les sema généreusement hors de ses frontières, sur toute la surface du globe.

«C'est là une œuvre bien française, dont nous avons le droit d'être fiers et de revendiquer hautement le mérite.

«Le bélier mérinos moderne redore d'un nouveau lustre le blason de la Champagne, déjà célèbre par ses moutons au temps où Jules César incorpora la Gaule à la République romaine.»

Ainsi chante, avec enthousiasme, le Dr Hector George, la gloire du mérinos français.

C'est en 1775 que Daubenton importa en Bourgogne le mérinos d'Espagne, et l'installa dans son petit domaine de Montbard. Par

suite du traité de 1796, la France put introduire annuellement
100 béliers et 1,000 brebis que l'Espagne s'engageait à lui livrer.
On créa alors une dizaine de bergeries d'État, qui, toutes, disparurent, sauf celle de Rambouillet. L'introduction des mérinos en France
fut cause que le nombre de notre population ovine s'éleva notablement.

Fig. 272. — Bélier mérinos-Rambouillet, âgé de 15 mois, à M. Camus, à Pontru (Aisne).
2ᵉ Prix au Concours de Billancourt (1867).

Je me borne à mentionner nos races du Roussillon, de la Crau,
de Naz, de Rambouillet, du Châtillonnais et du Tonnerrois, de
la Champagne, de l'Île-de-France, du Soissonnais, de la Brie, de la
Beauce, de Mauchamps [1], et des variétés dites *précoces*.

A l'étranger, on recherche beaucoup aujourd'hui le beau développement du Rambouillet. C'est qu'il est utile, dans les accouplements
ou dans les sélections, d'accroître ou de maintenir chez les descendants, par tous les moyens possibles, une taille suffisamment élevée,
la consanguinité affaiblissant presque toujours la stature.

[1] Charmante petite variété, presque disparue aujourd'hui, mais non sans avoir laissé
de traces dans les Châtillonnais et dans le
Tonnerrois. Elle n'était peut-être pas des mieux
conformées, mais sa laine était fine et soyeuse
(voir fig. 273, p. 527). Mauchamps (110 hab.)
est une commune du canton d'Étampes
(Seine-et-Oise).

Le mérinos de Champagne représente un type très amélioré dans le sens de la production de la viande. C'est un excellent animal, d'un poids moyen ne dépassant guère 40 à 45 kilogrammes, atteignant rarement le poids de 50, ce qui en facilite la vente à la boucherie, et donnant, à la fois, une excellente laine et une viande estimée.

Le mérinos de l'Île-de-France ne se distingue guère du mérinos soissonnais. Ce qui le différencie du Champenois et aussi, mais à un degré moindre, du Briard, c'est son poids plus élevé et sa taille plus grande. C'est précisément pour ces raisons qu'il est moins avantageux pour la boucherie, qui vend plus facilement deux gigots de quatre à cinq livres qu'un seul de six ou sept livres. Le mouton soissonnais, ou de l'Île-de-France, est aujourd'hui un type très amélioré, donnant une viande aussi fine que les mérinos précoces de Champagne et de Bourgogne, et fournissant une toison lourde à brin plus fin et plus long. Peut-être cependant, la finesse de cette laine a-t-elle été un peu sacrifiée à l'excellence de la conformation.

Certains bons esprits estiment, en outre, que les laines extra-fines, comme celle du mérinos Naz, n'ont plus leur raison d'être[1].

L'introduction en France du mérinos fut pour la Beauce un véritable bienfait.

Pendant une longue période, cette race a été, en effet, une source de richesses pour la région, donnant une laine qui avait une valeur commerciale très rémunératrice (elle se vendait en suint, de 3 à 4 francs le kilogramme) et assurant la production du blé par l'engrais qu'elle produisait. La Beauce était alors le *grenier de Paris.* Vers 1830, commença la baisse du prix des laines; depuis, par suite de leur bas prix et de la création des chemins de fer, la Beauce s'est trouvée dans la nécessité de diminuer l'effectif de ses troupeaux pour s'adonner à la production du lait et à l'engraissement des veaux et des vaches réformées comme mauvaises laitières. De 1862 à 1892, le nombre des têtes à laine a baissé de 300,000 environ.

[1] Cette race produisait la plus belle laine au point de vue de la finesse, des ondulations, du parallélisme des brins et de la blancheur, mais sa toison ne pesait parfois pas un kilogramme.

M. Étienne Thierry dit à propos des mérinos :

«Quand, dans un concours, on admire les superbes mérinos de toutes les variétés qui, malgré ce qu'on en peut dire, prospèrent et donnent des produits notoires, on est en droit de se demander s'il est sage et habile de négliger, et surtout d'abandonner l'élevage du mouton mérinos amélioré, fournissant à la fois une laine incomparable et une viande parfaite. On ne voit pas bien l'avantage qu'il peut y avoir à produire, dans les régions où le mérinos réussit, des moutons ne donnant que de la viande, rarement supérieure à celle du mérinos et

Fig. 273. — Brebis de Mauchamps, âgées de 19 mois, à M. Graux, à Mauchamps (Seine-et-Oise).
1ᵉʳ Prix au Concours général agricole de 1860 (voir note p. 525).

en très peu moins de temps, et une laine grossière ou presque telle. Ce n'est pas, en effet, ce dernier produit qui contribuera jamais à relever le cours des laines sur le marché français. Le vrai patriotisme, nous semble-t-il, doit ici consister, tout en gagnant autant qu'avec des moutons à laine commune et dits *à viande*, à empêcher l'accaparement absolu de la production et du commerce des laines par les Australiens, les Argentins, etc. Or, on ne peut arriver à ce résultat désiré qu'en conservant et en continuant à améliorer toutes nos variétés de mérinos par la sélection et l'alimentation rationnelle».

Les normands. — La production du mouton prend une extension chaque jour croissante dans cette région privilégiée pour tout élevage qu'est le littoral de la Manche, notamment le département de ce nom.

Robuste, précoce, rustique, le mouton normand est un animal de parcours. La variété de petite taille donne le pré-salé si réputé. La variété de grande taille, que n'effrayent pas de longs parcours dans l'intérieur des terres, fournit, en grande quantité, une viande d'un peu moins bonne qualité. La vaine pâture s'étend dans la région sur de grandes étendues de terrain. On peut, en outre, engraisser économiquement les moutons dans les prairies naturelles consacrées à l'espèce bovine. La race cauchoise est également de long parcours. Très améliorée, elle offre aujourd'hui un ensemble de qualités de premier ordre pour les pays de plaine. Elle n'en est pas moins restée très rustique.

Le berrichon. — Ce n'est pas d'aujourd'hui que dans le Berry, par excellence région à moutons, on s'est inquiété de l'amélioration de la race. Dès 1783, l'assemblée provinciale décidait la formation à Mazières, près d'Issoudun, d'une école de bergers et de pacage et l'achat de béliers de race. Les efforts n'ont pas été perdus puisque aujourd'hui même sur les terres, en apparence, les plus sèches et les moins profondes, les prairies artificielles occupent une large place, et puisque, s'il est vrai que l'on ne trouve peut-être plus de berrichons gras, du moins la race existante est robuste et sobre. Elle occupe, au point de vue de la production de la viande, le premier rang; l'exquisité de la chair, l'importance du rendement dû à la finesse du squelette sont à signaler. La laine aussi, en est estimée. Cette race présente, en outre, une puissance exceptionnelle d'hérédité atavique, et ce n'est pas d'aujourd'hui que sa prépondérance dans les opérations de croisement et de métissage a été remarquée. Dans le Cher, les éleveurs poursuivent et obtiennent par le croisement le véritable mouton de boucherie précoce et d'engraissement rapide, tandis que, dans l'Indre, on vise à l'obtention du type de la race; grâce au flock-book, on réussira à en fixer les caractères.

Le breton. — Il semble un dérivé du berrichon. La viande a un goût de venaison, et la toison est grossière. Par la sélection et l'alimentation, on pourrait améliorer la race.

Le solognot. — On a dit de lui qu'il ressemblait beaucoup à un berrichon défectueux. Sa toison, il est vrai, est grossière, mais sa viande est de bonne qualité et, dans les régions pauvres de Sologne, il vit de tout étant très sobre; il ne demande que de l'espace. Robuste, il ne redoute pas l'humidité. Il sait, au demeurant, exceptionnellement profiter d'une bonne nourriture; une alimentation rationnelle suffirait à le mettre au premier plan. Il faut espérer que les concours institués par le Comité central agricole de la Sologne assureront à cette utile race méconnue la place qu'elle mérite d'occuper.

Les races du Plateau central. — Ce sont le marchois (laine grossière; bon sujet de boucherie, facilement améliorable); le bourbonnais, dérivé du précédent, perfectionné et très recherché; l'auvergnat, un peu plus grand, mais dont, faute de nourriture et d'entretien, la viande laisse à désirer ainsi que la toison; le limousin (mouton de Fouex), [toison de peu de valeur, mais à viande fort bonne].

Le poitevin. — On le croit une variété de la race danoise. La toison ne couvre que le cou, le dos et la croupe. La viande est estimée. Cette race se rencontre en Poitou, en Vendée, dans les Charentes. Elle ne craint pas l'humidité.

La race du Larzac. — Le Larzac, qui fait partie de la région des Causses du Midi, vastes plateaux calcaires, est situé entre Saint-Affrique, Millau, Florac et Lodève, dans la contrée où se trouvent les célèbres caves de Roquefort, renommées dans le monde entier pour leur fromage fabriqué avec du lait de brebis. Le Larzac, au total, s'étend sur une superficie de plus de 100,000 hectares, à une altitude qui varie de 700 à 900 mètres. L'aspect en est des plus tristes.

L'homme a pu mettre en valeur ces déserts grâce à une race ovine spéciale apte à utiliser les chétives graminées, les légumineuses délicates, les herbes rares, mais aromatiques et nourrissantes, qui croissent dans les interstices des rochers dont le sol est jonché. De toute cette pâture sauvage, les brebis fabriquent un lait abondant et savoureux [1], dont on fait les fromages si estimés de Roquefort.

[1] «Tandis que la composition analytique du lait de vache a fait l'objet d'un nombre considérable de travaux, il existe peu de documents sur celle du lait de brebis. Quelques auteurs, notamment Chevalier et Henri, Doyère, Pilhol et Joly (*Recherches sur le*

Les caractères de la race pure, déterminés d'après de vieux documents par une commission compétente, ont été inscrits dans les programmes des concours spéciaux à cette race (les membres du jury ont été invités à en tenir le plus grand compte dans leurs apprécia-

lait, *Académie royale de Belgique*, t. III, p. 1), Gorup-Besanez, Péligot, etc., ont donné quelques chiffres d'analyse; nous devons aussi signaler les observations de Marchand sur la composition du lait de brebis du pays de Caux. Toutefois, ces analyses portent pour la plupart sur des cas isolés, et les conditions de prélèvement ne semblent pas toujours avoir présenté les garanties d'authenticité nécessaires.

«Nous avons pensé combler une partie de cette lacune, en étudiant méthodiquement le lait de brebis d'une partie déterminée de la France; nous avons choisi les régions des Causses, sur lesquelles paissent d'innombrables troupeaux.

«Les analyses ont porté sur 171 échantillons de lait prélevés par nos soins pendant les mois de février, mars et avril, dans seize laiteries alimentées par le lait provenant de plus de cent bergeries disséminées sur les plateaux et les vallées qui avoisinent Millau, Séverac, La Cavalerie, Saint-Rome-de-Cernon, Tournemire, Roquefort, Saint-Affrique et Camarès. Nous avons tenu compte de la nature du terrain et, autant que possible, des influences qui peuvent modifier la composition du lait : la race, l'âge, le nombre de vêlages, etc.

«L'extrait a été pris en faisant évaporer pendant sept heures, au bain-marie, 10 centimètres cubes de lait dans une capsule de platine de 7 centimètres de diamètre. Pour doser le sucre de lait, on a opéré sur 10 centimètres cubes de liquide : le lactose a été titré par la liqueur de Fehling dosée en lactose desséché à 100-110 degrés. Le beurre a été obtenu en traitant le coagulum à l'éther et en pesant la partie extraite; la caséine a été dosée par différence.

«Pour évaluer les cendres, on a versé 50 centimètres cubes de lait dans une capsule de porcelaine tarée après l'avoir additionné d'une goutte de présure (l'addition de la présure a pour effet d'éviter les projections pendant l'évaporation). On a desséché sur un bain de sable chauffé avec précaution, puis incinéré et pesé. La chaux a été dosée par le procédé à l'oxalate d'ammoniaque.

«Nous avons déterminé l'acidité totale (le titrage a été effectué avec de la soude décinormale, en présence de la phénolphtaléine comme indicateur) de chaque échantillon; il serait à souhaiter que toutes les analyses de lait fussent accompagnées de cet élément d'appréciation généralement négligé et qui, cependant, pourrait devenir si important pour l'interprétation des résultats et la détermination de la qualité du lait. Cette acidité est due probablement en grande partie à l'action des sels minéraux sur les indicateurs.

«Voici, à titre d'exemple, quelques chiffres que nous extrayons de notre travail :

DÉSIGNATION.	I. RÉGION DE LA BESSE (terrain granitique).	II. RÉGION D'ESPLAS (terrain schisteux).	III. RÉGION DE ROQUEFORT (terrains argilo-calcaires).	IV. RÉGION DE LA CAVALERIE (terrains calcaires).
	p. 100.	p. 100.	p. 100.	p. 100.
Extrait à 100 degrés.	20.03	19.58	18.90	18.56
Beurre..............	7.40	7.42	6.98	7.10
Lactose.............	5.37	5.35	5.53	5.26
Caséine.............	6.18	5.87	5.54	5.12
Cendre	1.021	0.934	0.961	1.018
Chaux..............	0.247	0.256	0.250	0.238
Acidité.............	3.7	3.0	2.60	2.8
Échantillons analysés.	8	8	10	9

«Si l'on prend la moyenne des analyses de lait de brebis données par Chevalier et Henri, Doyère et les auteurs déjà cités, on a la composition suivante : extrait, 12.4 p. 100; beurre, 4.2 p. 100; lactose, 4 p. 100; caséine, 3.7

tions). Les voici : absence totale de cornes ; tête fine, courte, légèrement busquée, couverte de laine jusque sur le front, les yeux et les
os maxillaires ; oreille belle, large, non tombante ; œil grand, saillant,
à expression douce ; cou robuste, gros et court, avec léger fanon ; rein
ample ; poitrine bien ouverte, épaules larges ; gigots ronds et charnus ;
jambes courtes et fortes ; croupe horizontale ; bassin de la brebis très
ample, le pis très développé ; les mamelles grosses et fermes, ayant
fréquemment quatre mamelons et même six ; laine fine, courte, très
épaisse, en mèches régulières, couvrant toutes les parties du corps,
la tête, le front, les joues et même le dessous du ventre, que la toison
enveloppe.

« La race du Larzac, écrit le Dr Hector George, est exploitée pour
la production du lait, en vue de la fabrication des fromages de Roquefort. Aussi sa population se compose-t-elle surtout de brebis. Elle en
comptait à peine 50,000 au xviiie siècle ; à la fin du xixe siècle, il
y en avait 500,000. Chaque brebis donne, en moyenne, assez de
lait pour fournir, dans une année, 15 à 16 kilogrammes de fromage.
Dans quelques troupeaux, le rendement va jusqu'à 25 kilogrammes,
et, par exception, jusqu'à 30 kilogrammes.

« Presque tous les agneaux mâles sont vendus au boucher quelques
jours seulement après leur naissance. Leurs peaux alimentent les mé-
gisseries et les fabriques de ganterie de Millau et de Meyrueis.

« Dans ces conditions, le produit annuel d'une brebis du Larzac
n'atteint pas moins de 28 à 30 francs. Il est allé, dans quelques cas,
jusqu'à 48 francs, dont 37 fr. 40 pour le fromage, 5 fr. 40 pour

p. 100 ; cendre, 0.7 p. 100. Les chiffres que
nous donnons sont sensiblement plus élevés,
soit que les méthodes analytiques suivies n'aient
pas été les mêmes, soit que le lait de brebis
des régions expérimentées ait une plus grande
richesse en éléments.

« Il est intéressant de comparer la composition du lait de brebis avec celle du lait de
vache. Ce qui frappe tout d'abord, c'est le
poids considérable de l'extrait qui s'élève
fréquemment à 200 grammes par litre, quelquefois même ce chiffre est dépassé, tandis
que le lait de vache, considéré comme très

riche, dépasse rarement 160-165 grammes.
La différence se porte surtout sur la matière
grasse et sur la caséine, dont les poids par
litre atteignent souvent 70 à 80 grammes
pour la première, et 55 à 70 grammes pour
la seconde.

« Le poids des cendres, qui atteint couramment 9 et même 10 grammes par litre, indique, d'autre part, que le lait de brebis est
considérablement plus minéralisé que celui de
vache. » (Communication faite à l'Académie des
sciences, par MM. Trillat et Forestier.)

la laine et 5 fr. 20 pour l'agneau. Ces chiffres varient avec les conditions économiques du moment.

« Au revenu précédent, il faut ajouter celui de la vente du fumier (appelé *miou*), très riche en phosphates et très recherché des vignerons du Languedoc, qui le payent au prix de 3 francs les 100 kilogrammes. Enfin, les brebis trop vieilles sont engraissées, puis vendues à la boucherie au prix moyen de 20 à 24 francs par tête.

« La région du Larzac peut se subdiviser en trois groupes secondaires différenciés par leur altitude : les hauts plateaux, les plateaux intermédiaires et les vallons. Suivant qu'ils vivent sur les parties les plus élevées du Causse, sur les parties moyennes, ou dans les vallons, les animaux de la race du Larzac acquièrent une précocité et un développement bien différents.

« Les brebis des vallons qui entourent le Larzac, vivant dans un climat incomparablement plus doux, nourries avec des fourrages plus précoces, plus substantiels et plus abondants, sont loin de ressembler à celles du plateau proprement dit.

« Dans le courant du xixᵉ siècle, la race du Larzac s'est grandement améliorée sous tous les rapports. Cette amélioration a été due surtout aux progrès de l'alimentation, dus eux-mêmes aux progrès de la culture. On a pu, de la sorte, corriger les défauts des formes corporelles et augmenter la faculté laitière. Autrefois, il fallait le lait de 8 ou 9 brebis pour obtenir 40 kilogrammes de fromage par an, ce qui faisait moins de 5 kilogrammes par tête. Aujourd'hui, ce chiffre a doublé et même triplé.

« Une autre cause a beaucoup contribué aussi au développement des aptitudes de la race du Larzac, c'est l'institution d'un concours annuel à la Cavalerie (Aveyron), au centre du Larzac. Cette institution remonte à 1855. A ce concours, les exposants sont tenus de faire figurer au moins le cinquième de leur troupeau. La plupart ne s'en tiennent pas à cette proportion, et ils conduisent souvent sur le champ du concours le quart, le tiers, la moitié, parfois même la totalité de leurs animaux. En outre, comme complément de cette exposition, les exposants sont tenus de produire l'état authentique de leurs livraisons de fromage aux caves de Roquefort. Le nombre des sujets exposés dépasse souvent 12,000. On juge donc là, non pas seulement quelques sujets de concours, animaux choisis et exceptionnels, mais bien des troupeaux tout entiers ou peu s'en faut. »

Les autres races du Midi. — La race des Causses n'est pas sans ressemblance avec la précédente : elle vit dans les montagnes du Tarn, de l'Aveyron, de la Lozère, etc. Elle est assez recherchée de la boucherie ; la laine, peu abondante, est grossière.

Le béarnais, comme le landais, fournit une viande excellente. Le lait abondant donne un excellent fromage. La laine, longue, est très commune.

La race de Corse. — A laine grossière, mais à chair savoureuse, la race de Corse est très petite (poids, 15 à 20 kilogrammes). Les femelles sont bonnes laitières ; leur lait fournit une crème appelée *braccio*, dont on fait du fromage. Certaines estimations portent le nombre des moutons de l'île à 250,000.

Le dishley-mérinos. — Enfin, il me reste pour clore cette étude, à parler des produits de croisements. Tout d'abord le dishley-mérinos, dont Ém. Thierry résume ainsi les qualités et les exigences : grande production de laine et de viande ; nécessité d'une abondante nourriture ; aliments choisis ; délicatesse ; pâturages humides et longs parcours à redouter.

Lefour, dans son livre *Le mouton*, a écrit à son sujet :

« Le dishley-mérinos reproduit les caractères des types dont il dérive, se rapprochant évidemment davantage de celui dont le sang domine dans le produit. Suivant qu'on s'attache à la finesse de la laine ou aux formes, le croisement doit se modifier. Le demi-sang laisse à désirer pour la toison. Comme homogénéité et finesse, on préfère généralement un quart de sang dishley, lorsqu'on veut réunir des formes étoffées à une finesse intermédiaire de la laine. Avec un huitième et même un seizième de sang seulement, si on opère sur des mérinos de bonne conformation, on obtient déjà de l'ampleur de poitrine, de la largeur de reins et une toison qui, en valeur, se rapproche beaucoup de celle du mérinos. . . »

Indications, à vrai dire, plus faciles à donner qu'à suivre ; car la création du type intermédiaire *uniforme* est bien difficile.

Le D͏ᴿ Hector George, qui ne cache point sa prédilection pour la race mérinos, a écrit au sujet des croisements :

« La création du dishley-mérinos avait pour but, disait-on jadis, d'améliorer la qualité de la viande des mérinos. Car, ajoutait-on sentencieusement « le mérinos n'est pas un animal de boucherie ». Ceux qui émettaient cette doctrine dédaigneuse n'avaient jamais sans doute mis le pied dans un marché aux bestiaux. Sur les quinze à seize mille moutons qui sont en vente deux fois par semaine au marché de la

Fig. 274. — Brebis dishley-mérinos, en laine, âgées de 18 mois, du troupeau de M. Delacour, à Gouzangrez.

Villette, à Paris, il y en a toujours une bonne moitié qui sont de simples mérinos, et qui sont achetés par la boucherie. A côté de cela, combien compte-t-on de dishleys? Peu ou point. Si l'on veut d'ailleurs être édifié sur la qualité de leur viande, il suffit de se renseigner auprès des élèves de l'École de Grignon. Le mérinos pouvait donc se passer de cette protection, qu'on a fait sonner si haut.

« Comme on a trouvé depuis longtemps le moyen d'améliorer le mérinos par les seules méthodes zootechniques, on peut dire qu'il n'a rien gagné à ce croisement, et que le bénéfice a été pour le dishley; car il n'aurait pu modifier sa toison sans le mérinos, tandis que le mérinos a pu améliorer sa conformation et sa viande sans le dishley. Le dishley-mérinos doit être considéré comme un dishley perfectionné, mais non comme un mérinos amélioré. Le mérinos s'en est consolé en envahissant le monde entier, presque d'un pôle à l'autre. »

Mais l'auteur convient que « tel qu'il se présente aujourd'hui, le dishley-mérinos ou dishley français est un fort bel animal, exploité par des éleveurs de premier ordre, qu'il est l'objet de nombreuses exportations à l'étranger [1]; qu'enfin cet élevage, s'il ne compte pas une population très abondante en France, y présente au moins des sujets d'élite qui rachètent le nombre par la qualité et remportent toujours des succès éclatants dans les concours ».

M. Gustave Heuzé se montre beaucoup plus enthousiaste du dishley-mérinos que le Dr H. George. Il croit que cette race de création récente fera à nouveau la fortune de la Beauce : « Quoi qu'on dise, ces animaux métis sont plus précoces et s'engraissent plus promptement que les mérinos purs qu'on signale comme étant très améliorés par la sélection. »

L'entreprise du croisement dishley-mérinos fut commencée en 1840 par Yvart, alors inspecteur général des bergeries de l'État. Les croisements furent opérés dans le troupeau de mérinos que l'État entretenait alors à la ferme de Charentonneau, voisine de l'École vétérinaire d'Alfort, et l'on mit en vente, à cette école, des béliers dishley-mérinos désignés sous le nom de *race d'Alfort*. C'est ce troupeau qui, après avoir été transféré dans le département du Pas-de-Calais, d'abord à la bergerie de Montcavrel, puis à la ferme de Haut-Tingry, fut versé en 1879 à l'École de Grignon, où il persiste encore, et, où il fournit des béliers que l'on met en vente chaque année, et qui, aux enchères publiques, atteignent toujours des prix élevés.

Le southdown-berrichon. — Tête fine et courte; corps cylindrique; membres ronds et minces; toison plate à brin court; au total, un animal plaisant à l'œil, producteur hâtif de viande exquise, mais délicat, demandant une nourriture choisie, exigeant des soins souvent difficiles à donner dans les petites exploitations. On admire chaque année dans

[1] Parmi les plus récentes, il y a lieu de rappeler celle qui a été faite au printemps 1904 au Transvaal par l'habile éleveur de Gouzangrez, M. Delacour.

les concours les beaux produits de la ferme de Mandorie, appartenant à M. E. Fouret.

Le mouton de la Charmoise. — Créé en 1837, par Edmond Malingié, d'un croisement raisonné[1], ce produit est rapide producteur de bonne viande. On le trouve aujourd'hui dans bien des régions diverses de notre pays et il est coutumier de récompenses aux concours d'animaux gras. Ce petit mouton, auquel son créateur donna le nom de son domaine[2], a sur le southdown-berrichon le précieux avantage de la rusticité; il réussit un peu partout, même au Congo. Sa chair est fort bonne et le rendement en est élevé. Notons, enfin, que le mouton de la Charmoise forme aujourd'hui une race — ce qui, suivant la juste observation d'E. Menault, inspecteur général de l'agriculture, «consiste dans la fixité, une persévérance héréditaire, la persistance d'un ou plusieurs caractères propres et visibles.»

Chiens de berger français. — Il serait injuste d'oublier le fidèle compagnon du mouton, l'aide précieux du berger, d'autant que peu de pays possèdent des races comparables aux deux nôtres : la race de Brie et la race de Beauce.

Le *chien de Brie* a la tête garnie de poils formant moustaches et sourcils, laissant l'œil à découvert ou le voilant très légèrement; les poils du corps sont longs, laineux et non frisés; les oreilles sont droites si elles sont coupées, droites recourbées du haut si elles sont laissées naturelles; il est ergoté double aux deux pattes de derrière; la queue entière forme le crochet à l'extrémité; sa taille varie entre 0^m55 et 0^m65. Il est très solide et bien charpenté; sa couleur est soit gris noir ardoisé ou noir parsemé de quelques poils blancs, soit fauve; soit gris fer, soit gris fauve.

Le *chien de Beauce* a la tête à poils ras; les poils du corps sont plutôt gros, courts et presque ras, les oreilles sont droites si elles sont coupées, droites recourbées du haut si elles sont laissées naturelles; il est ergoté double aux deux pattes de derrière; la queue entière

[1] Exactement, suivant Malingié lui-même, à la suite d'une série d'opérations compliquées et par un mélange de sang solognot, de sang tourangeau, de sang mérinos, de sang berrichon et de sang new-kent. — [2] La Charmoise est un domaine qui dépend de la commune de Pont-Levoy (Loir-et-Cher).

forme le crochet à l'extrémité; sa taille est de 0^m 60 à 0^m 70. Il est également solide, bien charpenté et fortement musclé. Sa couleur est soit noire avec ou sans taches feu ou fauves à la tête et aux pattes;

Fig. 275. — Chien de Brie.

soit fauve, soit grise avec taches noires[1].

Pour la garde des troupeaux la couleur à préférer est la plus noire, qui, au crépuscule, se distingue beaucoup mieux des moutons que les couleurs fauves ou grises. C'est pourquoi, dans les Expositions, les chiens de berger de couleur noire, à qualité égale, sont toujours classés avant ceux d'autres couleurs. Les couleurs les plus demandées par les amateurs sont : pour la race de Beauce, les noirs avec feux vifs (bas rouges); pour la race de Brie, les noirs ardoisés, c'est-à-dire les noirs parsemés de quelques poils blancs.

« Tout le monde connaît l'intelligence légendaire des chiens de berger qui, sur des ordres donnés, souvent par gestes, à demi-voix ou sur le ton de conversation, obéissent ponctuellement à leurs bergers et font une police savante du troupeau. Les chiens de berger naissent

Fig. 276. — Chien de Beauce.

avec ces aptitudes spéciales qui font l'admiration de tous ceux qui les étudient; pour en faire des gardiens irréprochables, il suffit.

[1] Il faut citer ici le *Club français du chien de berger*, fondé en 1896, par l'initiative de M. Ém. Boulet, son président; il a pour but « d'encourager l'amélioration, l'élevage et le dressage de nos races si utiles de chiens de berger, collaborateurs indispensables de la ferme, en même temps que fidèles gardiens ».

A cet effet, cette société organise dans différentes contrées des concours de chiens de berger au travail et vulgarise, par des expositions, les plus beaux types. Elle récompense, en outre, les meilleurs bergers. Elle est, à juste titre, subventionnée, par le Ministère de l'agriculture.

de les mettre, dès leur jeune âge, en compagnie de vieux chiens qui deviennent ainsi leurs maîtres [1]. »

Chèvres. — « Je me suis bien des fois élevé contre la sorte de dédain et même d'hostilité que les agronomes en général et bon nombre de zootechniciens professent à l'endroit des chèvres. Ils ne visent en cela que les systèmes de culture plus ou moins intensive, méconnaissant complètement les éminents services qu'elles rendent aux populations pastorales, si nombreuses à la surface du globe ». Ainsi s'exprimait André Sanson. On sait que la lutte est vive entre les défenseurs de la chèvre et ses adversaires — pour le plus grand nombre, amis des forêts, dont les chèvres sont les grandes ennemies. Il faut qu'il soit bien entendu que l'on ne saurait admettre que les chèvres exercent leurs ravages dans les bois. Tout en rendant hommage à leurs qualités, on ne peut comparer les services qu'elles rendent à ceux rendus par les forêts. Si donc on peut défendre la chèvre, c'est à condition que les bois soient défendus plus sérieusement encore contre elle. Ceci dit, je conviens que la lutte est juste « contre toutes les préventions, les préjugés, les pathos que les détracteurs de la chèvre ont répandus calomnieusement sur le compte du plus utile des animaux ». Je me souviens de cette phrase : « Les trois animaux les plus malfaisants sont : la chèvre, la chenille et le crapaud »; cette bêtise montre bien l'état d'esprit de beaucoup d'hommes qui combattent la chèvre sans savoir bien au juste pourquoi. Il est vrai que depuis un quart de siècle des voix autorisées se sont élevées pour sa défense. Des sociétés d'élevage ont été fondées, et l'Académie de médecine elle-même s'est, par vœu émis dans sa séance du 8 avril 1902 (rapport de M. Raillet, membre de cette assemblée), déclarée tout à fait favorable à elle.

« La facilité avec laquelle on entretient la chèvre, même dans les villes, la possibilité qu'elle offre de procurer en toute saison du lait de lactation récente, *la résistance bien connue qu'elle présente à l'infection tuberculeuse*, toutes ces conditions rendraient infiniment avantageuse

[1] Paul Jean, les *Nouvelles agricoles*, 1903.

Fig. 277. — Groupe de chiens de Brie, appartenant à Mlle Raoul-Duval, prix d'élevage à l'exposition canine de Paris en 1905.

l'installation dans les villes et à Paris en particulier, de nombreuses petites chèvreries, propres à fournir, en tout temps et à tous, un lait frais et pur, d'une richesse appropriée aux besoins. »

Notons que lorsque la chèvre est habituée a être nourrie à la mangeoire et qu'elle ne reçoit aucune nourriture arbustive, elle perd en partie son instinct déprédateur[1].

Il y a en France un peu moins de 2 millions d'animaux de l'espèce caprine, qui se répartissent ainsi :

CATÉGORIES.	NOMBRE D'ANIMAUX existant AU 30 NOVEMBRE 1892		VALEUR DES ANIMAUX		
	TOTAL.	PROPOR-TIONNEL.	TOTALE.	par TÊTE.	PROPOR-TIONNELLE.
	têtes.	p. 100.	francs.	francs.	p. 100.
ADULTES.					
Boucs....................	48,541	2.63	1,009,452	21	3.56
Chèvres....	1,335,736	72.39	24,799,474	18	87.37
Totaux...............	1,384,277	75.02	25,808,926	19	90.93
JEUNES.					
Chevreaux	460,811	24.98	2,575,250	6	9.07
Totaux généraux et moyenne générale.	1,845,088	100.00	28,384,176	15	100.00

C'est dans la Corse et dans les départements du Sud-Est, qu'on trouve le plus grand nombre d'animaux de l'espèce caprine. À un degré moindre, la Sarthe, Indre-et-Loire, l'Indre, la Vienne, les Deux-Sèvres constituent aussi une région d'élevage; on en trouve également dans les Landes; mais, d'une façon générale, c'est surtout dans les contrées montagneuses que l'on se livre à l'élevage des chèvres.

Les prix varient dans des limites assez étroites : ils sont inférieurs, surtout chez les jeunes, aux prix correspondants de l'espèce ovine. Aussi la valeur des chevreaux n'entre-t-elle pas même pour un dixième dans l'évaluation de l'espèce caprine tout entière.

Les produits sont : la viande de boucherie, le fumier et le lait.

[1] Voir p. 33.

1° La totalité des animaux abattus (1892) a été de :

Boucs et chèvres................	98,630	1,031,294
Chevreaux	932,664	

dont il faut retrancher les animaux importés, 1,358.

Il reste 1,029,936 animaux indigènes, qui ont produit 5,761,511 kilogrammes de viande, d'une valeur totale de 5,585,824 francs.

2° La production en fumier est évaluée à 517,152 tonnes (moyenne : 280 kilogr. par tête) représentant une valeur de 5,171,520 francs.

3° Les chèvres, au nombre de moins d'un million et demi, donnent du lait pour la somme de 24 millions environ y compris la valeur du fromage; le plus réputé est celui de Saint-Marcellin, en Dauphiné.

Porc. — «A l'époque lointaine où Jules César l'incorporait à la République romaine, la Gaule avait, entre autres genres de célébrité, celle qu'elle devait à la renommée de ses cochons. La vieille race celtique, qui allait à pied jusqu'à Rome, n'est pas encore éteinte et ne songe pas à disparaître. Mais les nécessités économiques, le goût du changement, des habitudes nouvelles ont suscité à cette race indigène des rivaux étrangers, «des enfants qu'en son sein elle n'a point portés». L'Angleterre, qui possédait encore, il n'y a guère plus d'un siècle, notre race celtique aux longues oreilles pendantes, s'avisa de lui couper la tête pour lui substituer la tête des races asiatiques».

Ces lignes du Dr Hector George disent et l'ancienneté de l'élevage du porc chez nous et l'excellence de la race.

Voici quelques chiffres (enquête de 1892) sur le dénombrement de la race porcine.

	NOMBRE D'ANIMAUX EXISTANT AU 30 NOVEMBRE 1892	
	total.	porportionnel.
	têtes.	p. 100.
Verrats....................	43,949	0.58
Truies....................	859,561	11.54
Porcs à l'engrais	3,883,706	52.12
Totaux	4,787,216	64.24
Porcelets.................	2,663,857	35.76
Totaux généraux.....	7,451,073	100.00

(Cela correspond à 14,9 porcs par 100 hect. du territoire agricole.)

On voit combien l'espèce porcine est précieuse pour l'agriculture, puisque avec 859,500 truies on obtient 3,883,706 porcs à l'engrais et 2,663,857 porcelets, soit 6,547,563 animaux. La prolificité de la truie, qui donne de 6 à 12 petits, explique ce résultat.

Dans 26 départements, le nombre des animaux de l'espèce porcine dépasse 100,000. Ce sont : à l'Ouest, les Côtes-du-Nord (154,458), Ille-et-Vilaine (121,346), le Finistère (105,706), la Loire-Inférieure (101,262), Maine-et-Loire (129,228), la Sarthe (127,178), la Manche (120,541), les Deux-Sèvres (117,373), la Charente (136,813), la Vienne (130,114) et la Haute-Vienne (174,831); au Centre, l'Allier (174,762), l'Aveyron (171,377), le Puy-de-Dôme (163,976), la Corrèze (153,486), la Creuse (113,131), l'Indre (103,150); au Nord, le Pas-de-Calais (161,940); à l'Est, Meurthe-et-Moselle (116,194), la Meuse (105,820), les Vosges (104,945) et Saône-et-Loire (243,018); au Sud-Est, l'Ardèche (114,399), la Drôme (118,825); au Sud-Ouest, la Dordogne (214,344), la Haute-Garonne (142,434), le Tarn (153,326), les Basses-Pyrénées (144,377), les Hautes-Pyrénées (103,080). Ces départements comptent, à eux seuls, plus de la moitié du total des existences.

Voici, d'autre part, le rapport, à 100 hectares du territoire total, du nombre de têtes de l'espèce porcine.

19 départements produisant moins de 8 têtes pour 100 hectares :

> Seine-et-Oise (2), Seine-et-Marne (3), Alpes-Maritimes (3), Hérault (3), Basses-Alpes (4), Savoie (4), Seine (4), Eure-et-Loir (4), Aube (5), Hautes-Alpes (5), Yonne (5), Aude (5), Var (6), Loiret (6), Orne (7), Eure (7), Oise (7), Cher (7), Haute-Savoie (7).

20 départements produisant de 8 à 13 têtes :

> Marne (8), Doubs (8), Loir-et-Cher (8), Isère (8), Pyrénées-Orientales (8), Bouches-du-Rhône (8), Gironde (9), Lozère (9), Landes (10), Rhône (10), Côte-d'Or (10), Aisne (10), Indre-et-Loire (11), Corse (11), Gard (12), Cantal (12), Jura (12), Haute-Marne (12), Ardennes (12), Calvados (12).

20 départements produisant de 13 à 18 têtes :

Seine-Inférieure (13), Morbihan (13), Vendée (13), Lot-et-Garonne (13), Tarn-et-Garonne (13), Gers (13), Ariège (14), Ain (14), Nièvre (14), Charente-Inférieure (14), Somme (14), Finistère (15), Loire-Inférieure (15), Indre (15), Haute-Saône (15), Haute-Loire (15), Nord (16), Mayenne (17), Meuse (17), Loire (17).

16 départements produisant de 18 à 21 têtes :

Ille-et-Vilaine (18), Maine-et-Loire (18), Lot (18), Vaucluse (18), Drôme (18), Vosges (18), Deux-Sèvres (19), Vienne (19), Aveyron (19), Basses-Pyrénées (19), Ardèche (20), Puy-de-Dôme (20), Creuse (20), Haut-Rhin (20), Sarthe (20), Manche (20).

12 départements produisant 21 têtes et au-dessus.

Côtes-du-Nord (22), Meurthe-et-Moselle (22), Haute-Garonne (22), Hautes-Pyrénées (23), Dordogne (23), Charente (23), Allier (24), Pas-de-Calais (25), Corrèze (26), Tarn (27), Saône-et-Loire (28).

Algérie :

Constantine (0,17), Alger (0,30), Oran (0,41).

La principale région d'élevage comprend tout le Plateau Central, les départements pyrénéens, ceux du bassin de la Garonne, de la Dordogne et de leurs affluents. Les départements des Charentes, les départements d'Ille-et-Vilaine, du Finistère et des Côtes-du-Nord, ceux des Deux-Sèvres, de Maine-et-Loire, de la Mayenne, de la Sarthe et de la Manche à l'Ouest; ceux du Pas-de-Calais, du Nord et des Ardennes, au Nord, offrent également, par 100 hectares, des poids élevés de porcs. Toute la région de l'Ouest, le long du littoral de l'Océan, présente ainsi une bonne moyenne, ainsi que les départements de l'Est (Meurthe-et-Moselle, Meuse, Vosges), la Champagne, la Franche-Comté et la Bourgogne, avec Saône-et-Loire, qui arrive en tête de la production de poids vif (2,374 porcs pour 100 hectares).

L'ensemble des poids vifs, pour toute la France, est résumé dans le tableau de la page suivante.

RÉSUMÉ DE L'ENSEMBLE DES POIDS VIFS.

CATÉGORIES.	POIDS VIF DES ANIMAUX DE L'ESPÈCE PORCINE				
	TOTAL.	PROPOR-TIONNEL.	PAR TÊTE.	par 100 HECTARES du TERRITOIRE AGRICOLE.	par 100 HECTARES des TERRES LABOURABLES, prés et herbages.
	tonnes.	p. 100.	kilogr.	kilogrammes.	kilogrammes.
Verrats.	4,965	0.86	113	10	16
Truies.	39,397	15.53	104	177	279
Porcs à l'engrais.	414,372	71.97	107	822	1,295
Totaux et moyenne.	508,734	88.36	106	1,009	1,590
Porcelets âgés de moins de 1 an.	67,027	11.64	25	133	210
Totaux généraux et moyenne générale.	575,761	100.00	77	1,142	1,800

Au point de vue du capital que représentent les existences de l'espèce porcine, les relevés de 1892 ont fourni les données consignées ci-dessous :

CATÉGORIES.	VALEUR DES ANIMAUX DE L'ESPÈCE PORCINE				
	TOTALE.	PROPOR-TIONNELLE.	PAR TÊTE.	par 100 HECTARES du territoire agricole.	par 100 HECTARES des terres labourables, prés et herbages.
	francs.	p. 100.	francs.	francs.	francs.
Verrats.	3,911,836	0.78	89	8	12
Truies.	71,705,145	14.33	83	142	224
Porcs à l'engrais.	362,202,984	72.38	93	718	1,133
Totaux et moyenne.	437,819,965	87.49	91	868	1,369
Porcelets.	62,587,938	12.51	24	124	196
Totaux généraux et moyenne générale.	500,407,903	100.00	67	992	1,565

Le prix du kilogramme de l'animal sur pied ressort à :

Verrats. . . . . 0f 78 | Porcs à l'engrais. 0f 87
Truies. . . . . 0 80 | Porcelets. 1 04

On doit remarquer que la valeur des produits est plus élevée que celle des verrats et des truies.

Voyons le rendement. Le nombre des animaux livrés à la boucherie en 1892 a été de 4,792,933 porcs et de 27,973 cochons de lait, soit un total de 4,820,906 animaux d'une valeur totale de 612,203,331 francs, l'âge moyen d'élevage étant de onze mois pour les porcs et de deux mois pour les cochons de lait.

Voici le décompte des animaux français vendus par l'agriculture :

CATÉGORIES.	TOTAL DES ANIMAUX ABATTUS.	IMPORTATIONS POUR LA BOUCHERIE.	ANIMAUX INDIGÈNES ABATTUS.	EXPORTATIONS ET 1892.	TOTAL DES ANIMAUX VENDUS par l'agriculture en 1892.
	têtes.	têtes.	têtes.	têtes.	têtes.
Porcs.........	4,792,933	12,508	4,780,425	123,967	4,904,392
Cochons de lait..	27,773	7,403	20,570	20,816	41,386
Totaux.....	4,820,906	19,911	4,800,995	144,783	4,945,778

Le rendement en viande nette a été de 94 kilogrammes pour les porcs et de 9 kilogrammes pour les cochons de lait, ce qui donne une production totale en viande nette pour la France de :

Pour les porcs.......................... 461,012,848 kilogr.
Pour les cochons de lait. 372,474

Total.............. 461,385,322

Cette production correspond :

Par 100 hectares du territoire agricole, à....... 914^{k} 20
Par 100 hectares de la surface des terres labourables, prés et herbages, à................ 1,442 50

D'autre part, le prix moyen d'un porc à l'engrais étant de 93 francs et celui d'un porcelet étant de 24 francs, on arrive pour la valeur totale des animaux vendus aux chiffres suivants :

Pour les porcs.......................... 456,108,456 francs.
Pour les porcelets...................... 993,264

Total.............. 457,101,720

Cette valeur correspond :

> Par 100 hectares du territoire agricole, à. 905ᶠ 70
> Par 100 hectares de la superficie de terres labou-
> rables, prés et herbages, à. 1,429 10

En calculant comme pour les autres espèces animales, la production et la valeur du fumier, on obtient les résultats suivants :

CATÉGORIES.	PRODUCTION DU FUMIER EN 1892		VALEUR DU FUMIER EN 1892	
	TOTALE.	MOYENNE par tête.	TOTALE.	MOYENNE par tête.
	tonnes.	kilogr.	francs.	fr. c.
Verrats.	61,528	1,400	615,280	14 00
Truies.	1,431,473	1,200	14,314,730	12 00
Porcs à l'engrais	4,660,447	1,200	46,604,470	12 00
Porcelets.	790,157	300	7,901,570	3 00
Totaux.	1,943,605	935	69,436,030	9 30

Un porc produit en France de 100 à 250 grammes de soie, tandis
que, dans les pays froids, il n'en donne pas plus de 40 à 50 grammes.
Le climat influe aussi sur la qualité des soies, ainsi que la diversité
des races. Ainsi la soie de France, de belle qualité, est recherchée
pour sa blancheur et s'emploie dans la brosse à dents et à ongles,
pinceaux d'artistes; la soie ordinaire de notre pays trouve son emploi
dans la brosserie commune et bon marché [1].

« Les animaux appartenant à l'espèce porcine sont certainement les
animaux qui, en France, ont subi depuis trente ans les perfectionnements les plus considérables. Avant la création des concours régionaux, la plupart des porcs élevés en France étaient mal conformés,
minces, hauts sur jambes, et ils se développaient très lentement.

---

[1] La récolte de la soie se fait, en France, de deux façons différentes : la première con- siste à arracher le poil avec un crochet sur l'animal mort, d'où son nom de «soie arra- chée»; la deuxième, à échauder le porc qui vient d'être tué et à le râcler, d'où son nom de «soie échaudée». (Cette dernière soie a une valeur beaucoup moins grande que la soie arrachée, car on enlève de la peau même les poils les plus courts, et il en résulte un déchet de 50 à 60 p. 100 dans la préparation; de plus, les travaux préparatoires pour mettre cette soie en état d'être employée pour la fa- brication de la brosserie, sont plus longs et plus coûteux.) A l'étranger, en général, les soies sont arrachées; il arrive aussi quelquefois que l'on tond le porc, et l'on obtient ainsi ce que l'on appelle la «soie coupée», qui a un

Cette infériorité était due à quatre causes : 1° à la nature même des races; 2° aux bâtiments peu salubres dans lesquels elles étaient élevées; 3° à la nourriture peu abondante et peu substancielle qu'elles recevaient dans les fermes lorsqu'elles n'allaient pas vaguer dans les chemins, les pâturages et les marais; 4° aux accouplements qui avaient lieu, le plus ordinairement, sans qu'on se préoccupât un seul instant des qualités ou défauts des animaux mâles et femelles. A l'époque à laquelle je fais allusion, les porcs n'étaient engraissés que lorsqu'ils avaient atteint seize ou vingt mois, et on ne les livrait à la consommation qu'à l'âge de deux ans. Les produits que donnaient alors les animaux bien engraissés, appartenant aux races normande, craonnaise, périgourdine, bressane, etc., étaient de bonne qualité; mais, à cause de leur défaut de précocité, ils revenaient à un prix qui ne permettait pas aux cultivateurs de réaliser de grands bénéfices. » Ces lignes sont empruntées à un rapport de l'Exposition de 1878, de M. Gustave Heuzé. Les progrès qu'il signale n'ont fait que s'accentuer, progrès rapides qui s'expliquent puisque « par des accouplements judicieux, des soins hygiéniques bien compris et une abondante nourriture, on parvient, chez le porc, à modifier sensiblement la conformation en une seule génération ».

Voyons la situation actuelle des principales races qui sont :

Dans l'Ouest, la normande (augeronne, cotentine, cauchoise, alençonnaise, de Nouant), la craonnaise (angevine), la mancelle (poitevine, vendéenne, angoumoise), la bretonne (la moins améliorée de toutes);

Dans le Centre, la limousine, la périgourdine;

Dans l'Est, la bourbonnaise, la bressane, la vosgienne, l'ardenaise.

peu moins de valeur que la soie arrachée. La mise de la soie en état d'être employée exige une manutention assez longue et compliquée; c'est en France que la préparation de la soie est la plus soignée. Il est à remarquer que, d'une façon générale, la récolte tend à diminuer d'importance dans tous les pays et la moyenne de la qualité à devenir inférieure à ce qu'elle était autrefois; cela provient de ce que la soie n'entre pas en ligne de compte pour l'éleveur qui, ne trouvant son profit que dans la production de la viande, cherche par des croisements de races et par une alimentation spéciale, à engraisser ses animaux le plus rapidement possible, si bien qu'il abat les porcs beaucoup plus jeunes qu'autrefois et que la soie n'a pas le temps de pousser.

Le normand. — Le grand cochon normand est bien le type de cette race porcine celtique aux oreilles longues et pendantes, qui portait jusqu'à Rome la renommée du pays natal. Ces cochons étaient si bons marcheurs, qu'on leur faisait souvent faire à pied le voyage de Rouen; ils étaient, du reste, entraînés, l'élevage en forêt étant considéré comme préférable à l'élevage en stabulation permanente[1].

Le porc normand est resté excellent marcheur. Il est moins bas sur jambes et un peu moins cerclé que ses congénères du Maine et d'Anjou. Il s'engraisse lentement. Sa chair, peu grasse, est excellente. C'est bien l'animal des petits ménages pauvres qui ont besoin de plus de viande que de graisse. Bien nourri, il arrive à 18 mois au poids vif de 400 kilogrammes. L'industrie de la production des gorets est très renommée, partout où est répandue la race normande; la prolificité des femelles y est si grande qu'elles donnent jusqu'à 12 petits.

Les éleveurs de l'Ouest de la France ont, contrairement aux Anglais, résisté à l'infusion du sang étranger, asiatique, et par les seules méthodes zootechniques, sans altération du type de la race ni de ses qualités fondamentales et héréditaires, ils ont obtenu ces perfectionnements que certains prétendaient le monopole des métis anglais, et ils ont formé des variétés améliorées — très estimées — de notre vieille espèce celtique : la *normande* proprement dite (et ses sous-variétés : cauchoise, augeoise); la *craonnaise;* la *mancelle;* la *bretonne,* etc.

De toute la Normandie, c'est la vallée d'Auge qui a les plus beaux sujets; il est sûr que c'est elle qui les nourrit le plus abondamment; aussi est-ce elle qui les a le plus améliorés et qui a obtenu les sujets les plus précoces.

En Basse-Normandie, on utilise souvent l'habitude qu'ont les porcs de fouiller la terre, et de la façon suivante : on place dans les

[1] Dans les anciens marchés publics, une ordonnance spéciale prescrivait aux marchands de diviser les porcs en deux bandes : 1° ceux qui ont été à la glandée, et qui ont été nourris de glands, de faînes et de châtaignes, dont la chair est meilleure et le lard plus ferme; 2° ceux qui ont été nourris de grains à l'étable (avec de l'orge, des fèves, des menus grains, du son, etc.), dont la chair est moins bonne et le lard moins ferme.

vergers pleins de pommiers à cidre des jeunes sujets qui se nourrissent des pommes véreuses et tombées avant leur maturité. En fouillant la terre autour de ces arbres, on prétend que ces cochons la rafraîchissent, ce qui leur a valu le nom de petits cultivateurs.

Le craonnais. — Voyons maintenant le craonnais[1], autre rameau glorieux, descendant également de l'ancienne race celtique. Il a une chair plus fine, plus savoureuse que le normand proprement dit; son lard est plus ferme et se sale mieux. A l'Exposition de 1900, c'est un craonnais qui a remporté le grand prix d'honneur, sur les races étrangères comme sur les françaises.

Fig. 278. — Verrat craonnais, âgé de 9 mois et 20 jours, à M. Victor Molette, à Decize (Nièvre).
1er Prix au Concours régional agricole de Châteauroux en 1901.

Les portées sont nombreuses. Aussi est-il loisible de faire, en vue de la reproduction, une sélection très sérieuse. On choisit les animaux dont la tête faible, les membres bas, le corps court indiquent un squelette réduit[2]. Les porcelets non gardés sont castrés de la quatrième

[1] La race porcine craonnaise tire son nom de la petite ville de Craon (arrondissement de Château-Gontier, Mayenne); dans ce pays, on pratique tout à fois l'élevage et l'engraissement. Craon même est un grand marché de porcelets. Il n'est pas rare de voir aux foires qui se tiennent dans cette ville tous les quinze jours 3,000 porcelets, amenés par les éleveurs des environs. On les expédie dans le monde entier.

[2] La réduction du squelette est généralement un indice très précis du degré d'amélioration. La tête est peut-être la partie la plus caractéristique sous ce rapport, et c'est elle que l'on doit examiner avant tout. Chez les animaux arriérés, elle peut peser 20 kilogrammes, tandis que chez les sujets perfectionnés, elle est réduite à 10 ou 12 kilogrammes.

semaine à la huitième et sevrés à la septième ou à la huitième. A sept semaines, ils pèsent de 24 à 25 kilogrammes; à neuf, de 35 à 36. Le prix moyen des saillies est de 2 fr. 50; pour les verrats renommés, il atteint 4 ou 5 francs. C'est donc là un profit qui n'est pas négligeable. M. Dougny cite un verrat réformé à 36 mois, après avoir, pendant une période active de 30 mois, couvert 700 truies.

Généralement, on réforme les verrats vers l'âge de 2 ans, car ils deviennent lourds, méchants et moins prolifiques. Pour ce qui est de la truie, si elle a soin de ses petits et est bonne laitière, on la garde jusqu'à deux ans et demi et même plus; même alors la viande se vendra à sa valeur. Une truie de 3 ans assez bien engraissée, peut peser 250 kilogrammes, et un beau verrat réformé, 350 kilogrammes. Le revenu procuré par l'entretien des truies et des verrats est important : chaque truie donne deux portées par an; chaque portée est en moyenne de six animaux vivants, qui sont vendus, suivant leur poids, au prix moyen de 50 francs chacun. Cela représente 600 francs pour la valeur des deux portées. L'alimentation est pratiquée exclusivement avec des farineux.

Désireux de conserver la pureté de leur race, les éleveurs du Craonnais ont, depuis 1895, institué des concours auxquels ne peuvent prendre part que les sujets de la race porcine craonnaise, caractérisée comme il suit :

«Un front large et plat, un nez long, large et formant un angle très ouvert avec le front, le corps très allongé et fortement membré, des soies longues souvent abondantes et grossières, d'un blanc jaunâtre ou d'un jaune rougeâtre, les oreilles longues et tombantes, l'œil dégagé.

«Toute tache noire ou brune de la peau ou des soies sera considérée comme indice d'un croisement et entraînera l'exclusion du concours. »

Ces concours ont été largement subventionnés; une heureuse émulation n'a pas tardé à se développer entre agriculteurs et, aujourd'hui, ce n'est pas seulement dans les grandes porcheries justement célèbres pour la beauté de leurs animaux qu'on rencontre le porc précoce : ce sujet, amélioré, on le voit aussi dans les exploitations de petite culture et de moyenne; c'est là un indice certain d'un progrès très sensible.

La race craonnaise a pris une grande expansion; on la trouve nombreuse dans le Centre, dans le Nord et dans l'Ouest de la France.

Le limousin. — Cette race partage seule, avec la craonnaise et la normande, le privilège de former une classe spéciale au Concours général de Paris — de même qu'à l'Exposition de 1900 —, distinction due à son amélioration, due elle-même à la création de son livre généalogique. Le limousin est un rameau du tronc ibérique, dont la tête étroite contraste avec la tête large du celtique. Les oreilles horizontales et de largeur moyenne pointent en avant. Viande et lard sont appréciés. Le limousin était autrefois peu précoce; on ne saurait lui adresser encore de façon justifiée semblable reproche. Les primes distribuées par le comice agricole de Saint-Yrieix ont aidé puissamment à secouer l'apathie des métayers et à assurer l'amélioration de cette race, qui fait l'objet d'un commerce considérable dans toute la région du Midi.

Lapins. — Le nombre des lapins domestiques s'élève à 15 millions (voir p. 553). Les autres intéressent la chasse et non l'agriculture, ou plutôt ils intéressent cette dernière à rebours, par leurs déprédations. Ce chiffre de 15 millions est sensiblement stationnaire. Il représente une valeur d'environ 25 millions et demi qu'on peut également prendre comme valeur de la consommation annuelle et du rendement (voir p. 554). Le commerce extérieur, lui, n'est intéressé que par les peaux et les poils, — trafic assez considérable, mais qui n'augmente guère les revenus de la basse-cour. On élève des lapins dans toute la France; mais les lieux d'élevage principaux sont le nord et le centre du bassin de Paris.

Le lapin domestique est, bien entendu, le descendant du lapin sauvage, dont la domestication a seulement quelque peu modifié les caractères. C'est ainsi que le lapin domestique atteint parfois 4 kilogrammes, tandis que le sauvage n'en pèse guère plus d'un. Une telle augmentation de poids est forcément obtenue aux dépens de la légèreté d'allures et entraîne l'épaississement des formes. On connaît la prolificité du lapin, ainsi que la facilité avec laquelle les petits s'élèvent. Inutile de décrire l'animal : qui n'a vu, en effet, le lapin commun gris, bonne bête de ferme que l'on rencontre dans toute la France.

A citer, comme variété, le *géant normand*, type très agrandi, que l'on trouve surtout dans la région rouennaise et qui — d'un développement beaucoup plus rapide et d'une bien plus grande rusticité que le fameux *géant des Flandres* — donne, avec le lapin commun gris, les meilleurs produits dans les fermes.

Les amateurs se sont évertués à créer des races. Les étudier m'entraînerait trop loin. Faisons exception pour le *lapin bélier*, à cause de son originalité; ses grandes oreilles, retombantes et encadrant une grosse tête longue, lui donnent, en effet, de prime abord une physionomie tout à fait à part parmi les lapins, qu'on se représente toujours les oreilles droites.

Escargots. — Un mot, enfin, sur l'élevage des escargots. Car, ce qui sans doute étonnera bon nombre de lecteurs de cet ouvrage, il existe un élevage d'escargots.

Les deux principales espèces comestibles sont : l'*hélice vigneronne* ou escargot de Bourgogne, et la vulgaire *hélice chagrinée*. La première, qui est le plus grand escargot de nos régions, a une coquille jaune ou fauve, qui mesure de 35 à 45 millimètres de diamètre et autant de hauteur. Elle n'habite que l'Europe septentrionale ou moyenne; elle est, du reste, devenue très rare sur certains points, tellement on l'a recherchée pour la consommation. Vers la fin de l'Exposition de 1900, on vit une pénurie d'escargots se produire sur le marché de Paris, si bien qu'ils s'élevèrent au prix de 55 francs le mille, soit le triple des prix les plus élevés atteints jusqu'alors. Commercialement, l'escargot de Bourgogne est dit *gros-blanc* et l'autre *petit-gris*.

J'ai écrit plus haut : élevage des escargots; ce mot élevage est, à vrai dire, impropre. L'élevage proprement dit est, en effet, impossible, l'escargot demandant pour vivre et prospérer un grand espace et une quantité considérable d'aliments (par les temps de pluie, on compte une voiture de choux environ par 100,000 escargots, et le gros-blanc n'est vendable qu'à partir de sa troisième année), mais on fait des réserves dans des parcs spéciaux. Ces parcs sont généralement installés vers la mi-août ou le commencement de septembre.

F. AVICULTURE [1].

RENDEMENTS. — EFFECTIFS. — VALEURS. — IMPORTATIONS ET EXPORTATIONS. — POULES : LES DIVERSES RACES FRANÇAISES; LA RACE DE LA BRESSE; LA RACE DE BARBEZIEUX; LA RACE DE LA FLÈCHE; LA RACE DE FAVEROLLES; MODE D'EXPLOITATION; LES COQUELEUX. — LE DINDON. — LE CANARD DE ROUEN. — L'OIE DE TOULOUSE. — LA PINTADE. — LE PIGEON-VOYAGEUR.

RENDEMENTS. — Le revenu annuel de la basse-cour française, avec ses 439 millions de francs, dépasse d'une centaine de millions le rendement de l'espèce ovine.

C'est que la France est un pays essentiellement avicole.

Voyons les chiffres éloquents de l'enquête de 1892.

Si l'on admet que la population de la basse-cour reste à peu près stationnaire, et que la vie utile moyenne de tous ces animaux soit d'un an et demi, on obtient le nombre moyen des naissances en divisant le chiffre de la population de chaque espèce par 1,5; pour les lapins, on pourrait admettre que la population entière est renouvelée chaque année.

En se basant sur ces considérations, on arrive pour les naissances aux évaluations suivantes :

		NOMBRE DE NAISSANCES.
	l'espèce galline	36,068,650
	les oies	2,346,360
	les canards	2,455,810
Pour	les dindes et dindons	1,312,000
	les pintades	200,300
	les pigeons	5,394,000
	les lapins	14,936,071

La population restant à peu près stationnaire, le chiffre des nais-

[1] Clichés de la Librairie agricole.

sances serait, si on ne tient pas compte des pertes provenant des maladies ou accidents, celui des animaux livrés à la consommation. En se basant sur les valeurs moyennes par tête, telles qu'elles dérivent des renseignements fournis par les commissions cantonales, on arrive aux valeurs indiquées dans le tableau suivant :

ESPÈCES.	NOMBRE ESTIMATIF DES ANIMAUX LIVRÉS À LA CONSOMMATION en 1892. (Naissances.)	PRIX MOYEN PAR TÊTE.	VALEUR DES QUANTITÉS LIVRÉES À LA CONSOMMATION par l'agriculture en 1892.
	têtes.	fr. c.	francs.
Espèce galline	36,068,650	1 84	66,366,316
Oies.	2,346,360	4 52	10,605,547
Canards.	2,455,810	2 15	5,279,991
Dindes et dindons.	1,312,000	5 19	6,809,280
Pintades.	200,300	3 46	693,038
Pigeons.	5,394,000	0 71	3,829,740
Lapins.	14,936,071	1 71	25,540,681
Total.			119,124,593

Les chiffres fournis par les commissions cantonales qui viennent de nous servir de base pour le calcul de la valeur totale expriment le prix moyen par tête de l'ensemble des existences pour chaque espèce; ils sont évidemment bien inférieurs aux prix moyens de vente de ces animaux lorsque ceux-ci sont engraissés et amenés à l'état où ils peuvent figurer sur les marchés.

Pour nous rapprocher de la vérité, nous admettrons que l'augmentation de valeur, représentée par cette opération, correspond au cinquième de la valeur calculée plus haut. La valeur totale des ventes au commerce pour l'alimentation serait ainsi portée à 142,949,400 francs.

En admettant pour les poules une moyenne générale de production annuelle de 80 œufs[1], et en ne tenant pas compte des œufs pondus par les jeunes au-dessous d'un an, nous aurions une production de

[1] On estime qu'une excellente pondeuse ne peut donner plus de 600 œufs dans toute sa vie : 80 la première année, 120 la deuxième, 120 la troisième, 80 la quatrième et de moins en moins les années qui suivent. Mais la moyenne de ponte doit être ramenée à environ les deux tiers de ces chiffres.

2,885,492,000 œufs qui, au prix moyen de 60 francs le mille, représentent une valeur de 173,129,520 francs.

La production totale en produits de la basse-cour serait :

Pour { les volailles..................... 142,949,480 francs.
{ les œufs 173,129,520

Total.............. 316,079,000

Cette production correspond :

Par { 100 hectares du territoire agricole, à........ 626 francs.
{ 100 hectares des terres labourables, à....... 1,226

Quant au fumier produit par les animaux de basse-cour, encore qu'il possède une certaine valeur, il n'a été l'objet d'aucune évaluation, et l'enquête n'en tient pas compte.

Effectifs et valeur. — Après nous être occupé du rendement, — mettant, pour employer une métaphore agricole, la charrue avant les bœufs, — arrivons aux renseignements statistiques concernant le nombre des animaux de basse-cour, le prix moyen et la valeur totale; ils sont fournis par le tableau suivant :

ESPÈCES.	NOMBRE D'ANIMAUX EXISTANT AU 30 NOVEMBRE 1892.		
	NOMBRE DE TÊTES.	PRIX MOYEN.	VALEUR TOTALE.
		fr. c.	francs.
Poules.................................	54,102,985	1 84	99,923,557
Oies...................................	3,519,741	4 52	15,936,033
Canards................................	3,683,727	2 15	7,906,231
Dindes et dindons......................	1,968,142	5 19	10,231,027
Pintades...............................	300,509	3 46	1,040,992
Pigeons................................	8,091,004	0 71	5,770,375
Lapins [1].............................	14,936,071	1 71	25,576,881
Valeur totale..........................			166,385,096

[1] On remarquera que les enquêtes décennales traitent des lapins en même temps que de la volaille; nous les avons rangés, comme on a vu, parmi les élevages divers (p. 551 et 552).

Le nombre des poules dépasse 1 million dans l'Aisne, qui en compte 1,240,568; le Nord, 1,359,584; le Pas-de-Calais, 1,516,670; la Somme, 1,422,831; la Seine-Inférieure, 1,316,983, et dans un département isolé, Saône-et-Loire, 1,524,405. Les lapins dépassaient le nombre de 350,000 dans le Nord, l'Aisne (665,975), l'Oise, Seine-et-Marne, Seine-et-Oise, la Marne (542,779), l'Yonne, le Loiret, Eure-et-Loir, et dans deux départements isolés, la Vienne et Vaucluse.

Quant aux pigeons, ils sont l'apanage des départements de la région du nord et, au sud, des départements de la Charente-Inférieure, de la Dordogne, du Lot, de Lot-et-Garonne, de la Haute-Garonne, de l'Aveyron, de Tarn-et-Garonne, du Tarn, des Bouches-du-Rhône, du Puy-de-Dôme, de la Haute-Loire, de l'Ain et de Saône-et-Loire.

Les oies se rencontrent très nombreuses dans le sud-ouest (Dordogne, Gers, Landes, Basses-Pyrénées, Haute-Garonne); au centre, dans le Puy-de-Dôme, l'Allier et Saône-et-Loire; et, à l'ouest, dans les Deux-Sèvres, la Mayenne et la Sarthe.

Les dindes et dindons abondent surtout dans l'Isère, la Haute-Garonne, le Gers, et aussi dans la Dordogne, le Tarn, Tarn-et-Garonne, l'Aveyron, la Loire, l'Allier, la Nièvre, le Cher, l'Indre, la Vienne, Loir-et-Cher.

Quant aux canards, on en compte plus de 100,000, à l'ouest, dans la Manche et la Vendée; au sud-ouest, dans la Gironde, la Dordogne, les Landes et les Basses-Pyrénées.

IMPORTATIONS ET EXPORTATIONS. — Comme provenances étrangères, signalons les poulets de Hambourg (de 15,000 à 20,000 pièces); les pigeons d'Italie (de 1,500,000 à 2,000,000); les poulets de Russie et de Norvège (de 2,000 à 5,000); ces deux derniers pays nous envoient aussi des oies.

Nos principaux fournisseurs d'œufs sont, par ordre d'importance : la Belgique, la Russie, l'Italie et la Turquie.

Quant à nos exportations, elles sont presque entièrement absorbées par l'Angleterre.

J'ai déjà eu l'occasion de signaler le fait, et j'ai dit combien nos produits étaient appréciés (t. I, p. 515)[1]. Maints autres marchés nous fournissent l'occasion de réaliser de belles affaires. Notre sol et notre climat convenant tout particulièrement à l'aviculture, et nos races étant celles dont la chair est la plus fine, nous tenons, en effet, le premier rang comme pays exportateur. L'enquête de 1892 établit à ce sujet entre l'Italie et nous un parallèle intéressant :

NOMENCLATURE DES PRODUITS.	FRANCE.		ITALIE.	
	QUANTITÉS exportées en 1892.	VALEUR DES PRODUITS exportés en 1892.	QUANTITÉS exportées en 1892.	VALEUR DES PRODUITS exportés en 1892.
	quintaux.	francs.	quintaux.	francs.
Volailles vivantes............	12,563	2,135,754	58,456	8,066,928
Volailles mortes.............	39,572	9,695,265	16,077	2,572,320
OEufs....................	235,832	21,706,010	236,524	30,748,120
	kilogrammes.		kilogrammes.	
Plumes..................	1,272,248	30,339,384	112,489	1,124,890
Totaux............	//	63,876,413	//	32,512,268

Nos importations sont beaucoup plus faibles que nos exportations.

Mais notre situation prospère ne doit pas nous empêcher de donner à l'industrie avicole un développement chaque année croissant; nos exportations d'œufs, notamment, devraient progresser beaucoup.

Poules. *Les races françaises.* — «Si nous passons une revue rapide des races françaises, nous nous apercevons que presque toutes les régions possèdent leur race classée, provenant certainement de la sélection d'une poule commune, dite de ferme.

«Dans la région du Nord, la poule de ferme est une poule grise, rustique, pondant abondamment, de chair excellente bien que peu abondante, les poulets n'atteignant pas de grosses dimensions; en sélectionnant cette volaille, on en a fait la *Brackel* des concours. On a, bien à tort, essayé d'acclimater dans le nord des poules italiennes qui sont extrêmement sujettes à la diphtérie et ne présentent aucune supériorité sur les poules du pays, bien au contraire.

<hr>

[1] Rien que pendant la semaine de Noël, Londres consomme de 100,000 à 150,000 oies envoyées de France, et sans doute, si nos producteurs s'étaient avisés d'y chercher des débouchés, les autres grandes villes du Royaume-Uni nous feraient-elles aussi, durant la même période, des achats importants.

« L'aviculture étant très en honneur dans le nord, on y élève beaucoup de races exotiques dont les influences se font un peu ressentir dans les fermes; ne voulant nous occuper que des poules indigènes classées, nous laisserons de côté toutes ces variétés.

« Nous devons citer aussi une race nouvellement classée, la *Gauloise*, de taille moyenne, pondeuse.

« Au nord-est, la *poule des Ardennes*, petite volaille vive, rustique, un peu sauvage, très bonne pondeuse, est la plus répandue; elle se rapproche assez de la Gauloise, mais elle est de plumage un peu plus éclatant.

Fig 279. — Poule de Crèvecœur.

« En Normandie, c'est la grosse poule noire qui est la plus réputée dans les fermes, se développant rapidement et pondant de beaux œufs. La race de *Crèvecœur* huppée tient la tête pour la beauté; mais la poule la plus répandue dans les fermes est la *Pavilly* ou *Caumont*, sorte de Crèvecœur à huppe rudimentaire et sans cravate de plumes; la poule de *Caux*, complètement sans huppe, très rustique, ayant les mêmes qualités que les deux autres, se rencontre aussi communément dans les fermes normandes. Ce sont les poules de cette contrée qui fournissent la plus grande quantité des œufs qui s'expédient sur le marché de Londres.

« En poussant plus loin, à l'ouest, nous trouvons la poule *Coucou de Rennes*, au joli plumage gris barré de noir. Encore une volaille de chair excellente, pondant beaucoup et très rustique.

« La poule de *Janzé*, toute noire, est également très répandue dans la région, elle a certainement une parenté avec la Coucou de Rennes, la reproduction de cette dernière donnant beaucoup de sujets noirs.

« La région de *Houdan* est célèbre pour ses élevages de volailles;
cependant, ce n'est guère la charmante poule huppée, au plumage
noir et blanc, qu'on rencontre dans les fermes, c'est partout la *Faverolles*, croisement judicieux de diverses races étrangères, remontant à
près de quarante ans, ayant réussi à produire une volaille qui se développe rapidement et dont nous parlerons plus loin (p. 566) d'une
façon spéciale.

« A *Gournay* et dans les environs, on a sélectionné une volaille de
ce nom pleine de qualités, dont le plumage rappelle exactement celui
de la race de Houdan.

« La race classée du *Gâtinais* est une poule toute blanche de croissance rapide et
excellente pondeuse; cependant, la poule la plus répandue dans les fermes de
cette région est blanche avec
le camail rayé de noir. Les
poules de cette variété demandant à couver de bonne
heure, permettent d'envoyer
au printemps les fins poulets
gâtinais fort appréciés sur

Fig. 280. — Poule de Houdan.

le marché de Paris. Dans la Sarthe, trois races principales sont élevées : la race de la *Flèche*, bonne pondeuse de croissance un peu
lente, mais s'engraissant remarquablement bien; celle du *Mans*, plus
précoce, même qualité de pondeuse que la précédente, et celle de
Courtes-Pattes, également remplie de qualités. Ces trois races sont
de plumage entièrement noir.

« Puis, nous rapprochant du midi, nous trouvons, dans le département de l'Ain, la fameuse *Bresse*, si fine comme chair, poule très rustique et remarquable pondeuse. Il en existe trois variétés : une noire,
une blanche et une grise qui rappelle beaucoup, comme plumage,
la *Brackel* du nord, dont nous avons parlé plus haut.

« Faisant un grand saut, nous trouvons, dans le département de la

Charente, la magnifique poule de *Barbezieux,* volaille haut perchée sur pattes, pondant abondamment et de très gros œufs.

« Jusqu'en Gascogne, nous verrons une poule pleine de qualités, la *Caussade,* vive, rustique, excellente pondeuse et de chair fort appréciée.

« J'en passe et non des moins bonnes.

« De cette énumération rapide, que résulte-t-il ? C'est que chaque partie de la France possède sa poule pratique, répondant bien aux besoins et aux débouchés de la région.

« Autour des races françaises fixées que nous venons de citer, se groupent une foule de volailles de plumages, d'aspects divers, mais de qualités à peu près égales, celles dénommées plus particulièrement poules de ferme. Et, chose curieuse, dans toutes ces poules nous rencontrons des caractères qui sont fixés dans les races pures que nous avons énumérées. Ainsi dans l'Orléanais, j'ai trouvé des poules présentant exactement le même plumage que celui de la Coucou de Rennes. J'ai rencontré dans maintes fermes éloignées de tout centre des poules à plumage bleu liséré de noir, rappelant celui de la poule Andalouse, des coqs au plumage éclatant, rappelant à s'y méprendre la livrée du Combattant du nord. Les volailles au plumage caillouté de la Houdan et de la Gournay ne sont pas rares dans les fermes éloignées de centaines de lieues de ces régions.

« Que l'on ne croie pas que ce sont les chemins de fer qui ont introduit les volailles similaires à d'autres régions, elles y sont connues de temps immémorial ; cela viendrait simplement prouver que, malgré la variabilité de l'espèce, la poule tiendrait à se rapporter à des types généraux assez nombreux d'ailleurs.

« Toutes les races que nous avons citées ont des qualités quelque peu différentes, les unes sont plus réputées comme ponte, les autres ont plus d'aptitudes à prendre la graisse et à grossir vite.

« Les théoriciens ne manqueront pas d'en tirer immédiatement cette conclusion : puisque la poule de Crèvecœur, par exemple, se développe plus vite et pond de plus gros œufs que la Caussade, nous allons la transporter en Gascogne afin d'améliorer la race ; eh bien ! le résultat sera nul. La poule normande ne se pliera pas du tout au climat du midi et perdra toutes ses qualités de gros producteur de viande, en restant beaucoup au-dessous du chiffre de la Caussade.

«Il n'y a que les poules dites de ferme, c'est-à-dire ne se rapportant à aucun type régulier sélectionné, mais tenant un peu de tous, qui peuvent, sans inconvénient, être changées de localité; mais alors cette poule se rencontrant à peu près semblable d'un bout à l'autre de la France, quel intérêt aurait-on à la transporter d'une région à une autre?

«Aucun, cela va de soi.

«Que les volailles de la Flèche, de la Bresse, de Houdan soient infiniment plus fines de chair que les autres volailles de France, cela n'incite nullement à prouver que ces races doivent être répandues dans toutes les basses-cours, afin d'améliorer les volailles en général; constatons, cependant, que le croisement serait très bon.

«Faites couver des œufs de ces poules dans une ferme quelconque et ne donnez pas aux poussins d'autres soins que ceux que vous donnez habituellement; à la première génération, les poulets conserveront naturellement un peu de la finesse de chair de leurs parents; mais, à la deuxième, ils ressembleront exactement comme chair, si ce n'est comme plumage, à tous les poulets qui les entourent.

«Faites l'expérience contraire et donnez aux poussins éclos de vos œufs de poules communes, tous les soins, l'alimentation particulière usités pour les races de la Flèche, Bresse, Houdan; au bout de deux générations, vous produirez des poulets de chair aussi délicate.

«La poule est un volatile essentiellement malléable que l'on peut diriger dans le sens que l'on désire : ponte ou production de la chair.

«Voilà tout le secret de l'élevage.

«Il n'y a pas une seule poule de race qui soit supérieure comme ponte à nos plus vulgaires poules de ferme; quant à la supériorité de la chair, ce n'est nullement une supériorité particulière aux races classées, mais je le répète, uniquement une supériorité de méthode d'élevage, qui transmet ses effets aux descendants, et que peuvent acquérir les poules de ferme soigneusement choisies, sélectionnées et élevées d'une façon spéciale.

«Conclusion : la meilleure race, c'est la poule de chaque pays qui est déjà bien acclimatée et chez laquelle on ne recherchera que les qualités de bonne ponte chez certains sujets, et de développement rapide chez d'autres. »

C'est ainsi que M. Louis Bréchemin, le distingué directeur de la *Revue avicole*, résume le tableau de nos races françaises de poules. Certaines variétés doivent nous retenir plus longtemps.

La race de la Bresse. — Depuis longtemps, les fermières de la région élèvent et engraissent des poulardes justement réputées pour la qualité exquise de leur chair, et que certains préfèrent aux chapons du Mans. Un éleveur, M. C. Bouscasse, écrit : « La chair plus délicate de la Bresse, sa graisse mieux répartie dans les organes charnus et son fumet plus fin, la rangent justement au-dessus du chapon ; il n'est pas jusqu'à son volume moindre qui ne soit un avantage, car, tout en réduisant son squelette à ses plus faibles dimensions, il lui permet de paraître sur un plus grand nombre de tables de connaisseurs. »

En Bresse, du reste, on n'engraisse pas que des poulardes ; on fait aussi du poulet précoce et du chapon remarquable par sa beauté et sa grosseur.

Les caractéristiques de la race sont :

Chez le coq, formes bien proportionnées et pleines de distinction : poitrine large, ouverte, proéminente, dos bien doublé ; camail épais et long, queue ornée de longues faucilles, formant un beau panache ; allures remarquablement vives et gracieuses ; vigilance toujours extrême, vivacité, complaisance pour ses compagnes ; bec court, fort, à corne foncée ; crête forte, simple, droite, à dentelures triangulaires très profondes et aiguës comme chez la poule d'Andalousie ; barbillons longs, pendants, d'un rouge vif comme la crête ; joues nues et rouges ; oreillons assez développés, d'un blanc de neige chez la variété noire bien sélectionnée, et blanc sablé de rouge chez la variété commune ; pattes fortes sans être grosses, de couleur bleu ardoisé et pourvues de quatre doigts bien articulés ;

Chez la poule, volaille de petite taille, assez basse sur pattes, mais arrondie et bien proportionnée, particulièrement charnue à la poitrine et aux ailes — les parties qui fournissent la viande de première qualité, — tête petite ; crête recourbée se rabattant sur l'un des côtés ;

barbillons moyens, rouges comme la crête; oreillons bien blancs;
très bonne pondeuse (le total de ses beaux et gros œufs blancs est,
par année, d'environ 160, pesant 80 grammes. Pour qu'une poule
soit réputée bonne pondeuse, il faut, non seulement qu'elle ponde
beaucoup d'œufs, mais il faut aussi que ces œufs soient gros); ne
couve pas facilement, mais quand elle s'y décide, devient couveuse
assidue et même excellente;

Fig. 281. — Coq et poule de Bresse.

Poussins très rustiques, s'élevant facilement partout, demandant
seulement à être placés au grand air sur un terrain sain, bien enga-
zonné; bons à manger à trois mois.

La variété la plus forte et la plus sélectionnée est la noire[1], qui
est conservée précieusement dans sa pureté, sans aucun mélange,
dans l'arrondissement de *Louhans*, d'où son nom. C'est cette variété
dont je viens d'indiquer les caractéristiques.

Du reste cette poule noire, vive, alerte, qui rappelle le type
général d'une foule de poules que l'on rencontre dans une grande

[1] D'une manière générale, on peut soutenir que dans toutes les races de poules, les
volailles au plumage noir sont de qualité supérieure à celles de couleur variée, élevées ensemble ou dans leur voisinage plus ou moins
immédiat.

36.

quantité de fermes en France[1], du Nord ou du Midi, n'est pas, je l'ai dit, la plus répandue en Bresse; si elle domine dans la région de Louhans, c'est la variété commune de couleur grise ou crayonnée qui l'emporte dans la région de Bourg, et la blanche, aux environs de Beny-Marboz.

Au total, et encore qu'elle manque un peu de taille, la poule de la Bresse est peut-être, de toutes les poules françaises, celle qui réunit la plus grande somme de qualités.

Très exportateurs, les éleveurs du pays ont su, par des soins spéciaux[2], conserver la bonne réputation de leurs volailles, qui prennent particulièrement le chemin de la Suisse et de l'Allemagne.

[1] «On rencontre notamment dans les environs de Rennes, à Janzé particulièrement, une race de poules entièrement noires, qui a quelques analogies lointaines avec la poule noire de la Bresse. Elle en a la couleur, la taille, l'aptitude à prendre la graisse et presque la qualité de la chair; mais elle en diffère par les oreillons, qui sont rouges, par les œufs qu'elle pond, qui sont petits et jaunâtres. Ce double caractère porterait à penser qu'elle pourrait être le résultat d'un croisement ancien avec la race de Langsham, la meilleure race de poule importée d'Asie. Mais on a fait observer, avec justesse, qu'on élevait la poule de Janzé bien avant l'époque de l'importation certaine du Langsham par le major Croad (1872). Il y a donc lieu de croire que la poule de Janzé est tout simplement une des formes, fixée par une sélection intelligente, de la race noire commune que l'on trouve répandue un peu partout dans les différentes régions de la France.» (C. Bouscasse, *Journal d'agriculture pratique*).

[2] «Tous les poulets destinés à la vente sont, dès le plus jeune âge, élevés d'une façon spéciale. Le pays étant très producteur de maïs, c'est cette graine qui sert particulièrement à leur nourriture et leur fait la chair aussi délicate. Du lait cuit avec de la farine de maïs sert à former une pâtée qui leur est donnée aussitôt leur naissance; un peu de millet, de la verdure accompagnent cette nourriture, qui est servie jusqu'à l'âge de six semaines. Le maïs est toujours donné, mais en grains, ce qui n'empêche pas les distributions régulières de pâtée. Quand les poulets se trouvent bien à point pour être soumis à l'engraissement intensif, on les met dans des cageots, dans une pièce où la température est maintenue bien régulière, et les élèves sont gavés trois fois par jour, «emboqués», pour employer l'expression du pays. Les «pâtons» qui sont employés pour cet engraissement sont constitués avec de la farine de sarrasin et de maïs blanc; on les pétrit dans du lait, ils sont de la grosseur du petit doigt et mesurent environ 3 centimètres de longueur. Généralement, le gaveur prend trois poulets à la fois, attachés les uns après les autres, il leur introduit à chacun un pâton dans le bec et recommence jusqu'à ce que la quantité lui paraisse suffisante. Cette quantité est d'ailleurs augmentée progressivement; il faut un certain doigté pour bien opérer, car quelques pâtons donnés en trop auraient bien vite fait d'étouffer l'animal. Cet engraissement est encore assez long : il peut durer jusqu'à deux mois, parfois plus, mais il permet d'obtenir ces sujets si délicats qui ont fait la réputation des éleveurs de la Bresse. Lorsque l'engraissement est terminé, l'éleveur égorge le poulet et, après l'avoir vidé, plumé et troussé, il le fait tremper dix minutes dans une terrine de lait, ce qui blanchit encore la chair. Le poulet

La race de Barbezieux. — C'est Brillat-Savarin lui-même qui écrivait : « On nous servit, entre autre chose, un énorme coq vierge de Barbezieux, truffé à tout rompre ». La race ne diffère de celle de la Bresse que par la taille plus forte et les pattes plus hautes. Moins précoce, aussi. Elle est très répandue dans les calcaires des Charentes. Ses coqs vierges et ses poulardes — surtout truffés — sont succulents. Bonne pondeuse (beaux œufs blancs, nombreux et gros), la poule est couveuse médiocre et même maladroite.

La race de La Flèche. — C'est celle-ci — très répandue dans le département de la Sarthe — qui fournit depuis des siècles ces volailles superbes, élégantes, bien proportionnées, si renommées, sous le nom de poulardes ou de chapons du Mans, pour la qualité exquise de leur chair et leur poids énorme (à l'âge

Fig. 282. — Poule de La Flèche.

d'un an il n'est pas rare d'en trouver qui dépassent 5 à 6 kilogrammes). Le coq surtout est magnifique par sa grosseur et par son plumage, d'un beau noir velouté, à reflets métalliques violacés et verts. Sa crête, très originale, est formée de deux cornes d'un rouge vermillon, réunies à leur base et s'écartant par le haut. La poule est

est ensuite emmaillotté dans un linge confectionné spécialement à cet effet, qui permet d'étirer le poulet et de lui donner une forme allongée tout en chagrinant légèrement la peau, ce qui fait reconnaître, au premier abord, aux connaisseurs, l'origine de cette exquise volaille. Comme on le voit, les éleveurs de la Bresse usent de soins très spéciaux pour l'élevage de leurs sujets, mais ces soins ne sont donnés qu'aux sujets dont le débit est assuré à un prix élevé, car on conçoit qu'ils sont dispendieux. Bon nombre d'éleveurs ne poussent point leurs sujets à ce degré d'engraissement, ils font du poulet courant ; bien que moins affinés comme chair, ces poulets n'en sont pas moins extrêmement délicats, par suite de l'usage du pays de donner de grandes quantités de maïs, même aux sujets en pleine liberté. » (Louis Bréchemin).

.pondeuse médiocre (quoiqu'elle donne de beaux et gros œufs blancs) et mauvaise couveuse. Les poulets sont d'un développement très lent.

La race de Faverolles. — Un mot, enfin, du poulet de Faverolles, qui s'est assez longtemps vendu aux Halles sous le nom de poulet de Houdan. M. L. Bréchemin proclame que « la remarquable finesse de sa chair et son extrême précocité en font, au point de vue pratique, la première volaille du monde ». De fait, elle s'est vite répandue. C'est un croisement de la Houdan (voir p. 559) et d'une race plus vigoureuse. Les caractéristiques fixes ne tiennent pas au plumage, mais au volume dépassant celui de toutes les autres races, à la précocité extrême, à la finesse de chair approchant celle des chapons du Mans. M. L. Bréchemin ramène ces qualités à deux : « de l'ampleur et de la précocité », et il ajoute : « Les considérations de plumage ou autres n'ont aucune valeur auprès de celle qui consiste à produire un superbe poulet en très peu de temps ». Du reste, la Faverolles s'uniformise chaque année; si c'est aux dépens de la rusticité, les gens pratiques en seront quittes pour s'en tenir aux familles non sélectionnées.

Mode d'exploitation. — Le mieux est de viser à la fois la vente des œufs et celle des poulets. D'où l'avantage d'élever des variétés différentes : bresse, minorque, andalouse, pour la ponte; faverolles ou croisement analogue pour la chair, non qu'il soit supérieur à la bresse, mais son incroyable rusticité en fait l'élevage de qui veut obtenir sans grands soins un poulet très précoce. L'Orléanais, la Beauce, la Bresse, un peu de la Normandie sont les seules régions où l'aviculture est véritablement une exploitation. La nature est la grande maîtresse. Les produits sont, je l'ai dit plus d'une fois au cours de ce travail, le bénéfice de la fermière, sauf où ils sont fort nombreux, auquel cas des intermédiaires spéciaux (*coquetiers* ou *coqueleux*) viendront les acheter à bon compte... pour eux. La fermière, en effet, à tort le plus souvent, craint de trop voir augmenter le nombre de becs avides et néglige une source de revenus importants. Le coqueleux, lui, gagne également pas mal avec les œufs qu'il s'en va recueillant dans chaque ferme. C'est ce coqueleux, l'intermédiaire dont il faudrait que le fermier se passât, car c'est lui (qui n'exploite pas et ne court pas les risques) qui retire le plus gros profit.

Le dindon.— Le dindon, qu'on trouve encore à l'état sauvage dans toute l'Amérique du Nord, est un volatile frugivore et légumivore, qui recherche surtout la verdure. Son élevage est facile et constitue une des branches les plus fructueuses des basses-cours. Les mâles de deux ans, de bonne taille, sont les meilleurs. Avec eux, tous les œufs seront fécondés et les germes bien vigoureux. On peut donner une douzaine de femelles à un dindon, mais dès qu'elles commenceront à pondre, on fera bien de retirer le mâle qui ne cesserait de les importuner et de les troubler dans leurs fonctions de couveuses. Les œufs étant gros, il en suffit d'une vingtaine par dinde. Celle-ci est si bonne couveuse, qu'il advient qu'elle se laisse mourir sur ses œufs, si on n'y veille[1].

Pendant les premiers jours, les dindonneaux craignent beaucoup l'humidité, mais, ainsi que l'écrit avec beaucoup de raison l'anglais Tegetmeyer, ils ne sont pas si délicats qu'on le croit généralement, pourvu, bien entendu, qu'ils aient une nourriture substantielle et qu'ils proviennent de parents robustes.

Le dindon noir est le plus rustique. Le blanc, assez délicat, présente l'avantage que ses plumes ayant une valeur assez élevée et l'oiseau pouvant être plumé vif deux fois l'an, il y a, de ce fait, un revenu sérieux qui mérite d'attirer l'attention des éleveurs.

Quant aux dindons bleus que l'on voit de temps en temps dans les concours, ils sont une fantaisie avicole dont tout amateur qui possède un dindon noir et une dinde blanche peut s'offrir le luxe. C'est, en effet, par le croisement du noir et du blanc que l'on obtient le bleu dans l'élevage des oiseaux de basse-cour; les andalous, les hollandais bleus n'ont pas été obtenus — parmi les poules — par d'autres procédés, employés aussi dans l'élevage des lapins. Les dindons bleus ne présentent, du reste, aucune particularité spéciale sur la variété noire et sur la blanche; leur chair est peut-être un peu plus délicate

---

[1] «Les couveuses seront régulièrement levées, au moins une fois par jour; elles sont très douces et se laissent enlever du nid sans même essayer de donner un coup de bec comme le font beaucoup de poules. On aura soin, durant leur repas, de les éloigner de leurs œufs, car elles retourneraient au nid sans prendre le temps de manger ni de se poudrer.»

puisqu'elle marie le lymphatisme de la chair du blanc et la vigueur de celle du noir. Ce serait la seule raison, en dehors de l'originalité du plumage, qui pourrait pousser les éleveurs à faire du bleu.

Redoutant l'humidité, le dindon s'élève plutôt à une certaine distance de la mer, notamment dans les plaines du bassin de la Garonne, au delà du Bordelais, ainsi que dans le Haut-Poitou, le Berry, la Basse-Auvergne, le Bourbonnais, la Bresse et le Bas-Dauphiné.

Le canard de Rouen. —— Parmi les canards, que de variétés! On en crée chaque jour. Nous ne saurions énumérer même les principales et ne consacrerons quelques pages qu'au canard de Rouen [1], descendant du canard sauvage dit « col vert » domestiqué et grossi par les éleveurs normands, le canard de Rouen qui possède le privilège de joindre l'utile à l'agréable. « Cet intéressant palmipède n'est, en effet, pas seulement l'oiseau de basse-cour à la chair savoureuse et d'engraissement précoce, il est également digne de figurer parmi les oiseaux de parc les plus appréciés. Regardez le mâle évoluer d'un mouvement gracieux sur la surface argentée d'un lac; de temps à autre, c'est un plongeon, une furtive disparition dans l'eau, puis, majestueusement l'oiseau reprend sa promenade, son glissement insensible plutôt: son col d'un vert métallique, son plumage éclatant, ses ailes lamées de bleu d'acier rutilent sous les rayons du soleil pour la plus grande joie des yeux. De plumage plus sévère, quoique fort joli cependant, la femelle suit du même mouvement lent et gracieux. Du lac, dirigé vers la rôtissoire, le superbe oiseau conserve tous les droits à notre admiration, c'est un succulent manger; après la joie des yeux, il fait celle de l'estomac [2]. »

Rustique, il est un excellent produit pour le croisement avec les espèces communes, auxquelles il donnera une belle augmentation de

---

[1] « Il semble que c'est parmi les palmipèdes que l'influence de la domestication ait produit ses effets les plus apparents. Voici à quelle différence extraordinaire de poids était passé le canard sauvage domestiqué devenu canard de Rouen : de 1,500 grammes (à l'état sauvage) à plus de 4 kilogrammes (à l'état domestique); nous allons faire à peu près la même constatation pour l'oie de Toulouse. »

[2] Louis Bréchemin, *Journal d'agriculture pratique.*

volume en même temps qu'il améliorera sensiblement les qualités de la chair. On peut obtenir des sujets pesant, à deux mois, 2 kilogrammes. Le pigeon seul a, dans la basse-cour, une croissance aussi rapide.

Veut-on obtenir un sang bien régénéré? On n'a qu'à se procurer une jeune couvée de canards sauvages, nourrir le plus abondamment possible les mâles, puis quand ils sont dans leur deuxième année — dix-huit mois au moins — les accoupler avec de belles femelles de Rouen domestiques; les produits seront essentiellement rustiques, et tout en acquérant une vigueur exceptionnelle, ne marqueront pas une diminution de volume sur leurs ascendants domestiques.

Nous avons vu qu'on obtenait les meilleurs résultats en croisant une jument camargue avec un barbe; c'est que, dans l'un comme dans l'autre cas, on introduit une infusion du sang originel; le canard de Rouen commun, le barboteur de Normandie, n'est, en effet, que le canard sauvage sélectionné uniquement en vue de la précocité et du volume.

Quelles sont les caractéristiques du canard de Rouen, tel qu'il se rencontre le plus communément dans la région rouennaise : oiseau très volumineux; capuche verte, bec jaune, collier blanc entourant complètement le cou; ensemble du plumage du mâle, brun gris; poitrine saumon avec du blanc sur les flancs; miroir des ailes bien nettement marqué, bleu métallique bordé de blanc; plumage de la femelle d'un ton amande, un peu clair, chaque plume marquée d'un trèfle noir comme chez le canard sauvage, miroir des ailes nettement accusé comme chez le mâle; cane très bonne pondeuse; canetons poussant... comme des champignons.

M. Rami, le vainqueur annuel du concours général, exige du mâle les qualités suivantes :

« Premier et principal mérite : le *volume*. Un sujet, même régulier de couleur, est imparfait s'il manque de taille. Un beau Rouen, non engraissé, peut peser 9 livres, et ce poids peut être atteint par des jeunes de l'année, à la condition, toutefois, que la pesée soit faite en novembre ou en décembre, car, au printemps, les mâles se fatiguent auprès des femelles; à cette époque ils maigrissent beaucoup. La moyenne comme poids est de 8 livres; en tous les cas, 7 livres est un minimum. La *longueur* doit s'allier au volume. Le mâle que j'ai actuellement sous les yeux mesure 90 centimètres du bout des pattes à l'extrémité du bec, l'oiseau étant tenu la tête en bas, le cou allongé. La *patte* sera recherchée plutôt longue que courte, elle doit être forte, un peu grosse. En effet, les jeunes acquérant très tôt un poids de 4 ou 5 livres, les sujets à pattes minces fléchissent nécessairement vers l'âge de trois mois et deviennent souvent paralytiques. Le *cou* est assez long; la *station* horizontale, c'est-à-dire que l'animal ne doit pas être renversé en arrière comme le canard de Pékin, ni tenir la gave pendante comme cela s'observe chez les vieux sujets. »

Comme logement, le canard de Rouen n'est pas plus difficile que les autres canards. Il lui faut un bassin d'environ deux mètres où l'eau soit souvent renouvelée; à défaut, on a de grandes chances de n'avoir que des œufs clairs à mettre à couver. À propos des œufs, notons que le mieux est de les retirer aux canes et de les donner à couver à des poules qui les mèneront généralement à bien; durant ce temps, les canes continueront à pondre. Afin de les pousser à une ponte très longue, on leur donne la plus grande quantité possible de nourriture animale : limaçons, hannetons, vers de terre, débris de viande. Les canards de deux ans sont préférables, comme reproducteurs, aux jeunes; quatre femelles est un nombre suffisant pour un mâle si les sujets sont tenus en parquet; si, au contraire, ils vont sur une rivière ou un étang un peu vaste, le mâle étant plus vigoureux, il peut lui être donné un nombre double de femelles.

Une fois les petits éclos, le mieux est de les élever avec une éleveuse artificielle chauffée. Ils sont peu frileux. La poule est toujours un peu déroutée avec les canetons; de plus, si l'on fait couver plusieurs poules à la fois, on réunit toutes les éclosions dans une même éleveuse.

« J'en ai fait, écrit M. L. Bréchemin, plus de vingt fois l'expérience, l'éleveuse artificielle, qu'on peut fabriquer soi-même, est infiniment supérieure à la poule pour l'élevage des canetons. »

Avec une nourriture appropriée, les canetons sont vendables à

deux mois, dépassant, la plupart du temps, deux kilogrammes[1]. On a
tout intérêt à s'en défaire à cet âge; le troisième mois, en effet, les
petits, faisant la plume, n'augmentent que fort peu de poids. Pour
la consommation personnelle, on attend jusqu'à quatre mois, la chair
étant plus faite et de meilleur goût. Les amateurs qui élèvent en vue
des expositions devront attendre de cinq à six mois avant de pouvoir
choisir les plus beaux sujets. Le mâle conserve une livrée analogue
à celle de la femelle jusqu'à près de quatre mois. La nourriture à
donner aux adultes ne diffère point de celle que nous avons indiquée
pour les jeunes. Les canards étant de gros mangeurs, il faut leur
donner surtout des aliments volumineux d'un prix peu élevé (pommes
de terre, verdure) et une petite proportion d'aliments concentrés
(farine de viande, sang, maïs moulu, sarrasin cuit).

Les canards abondent surtout dans les marais de l'Ouest et dans
les plaines du Sud-Ouest au voisinage de l'Océan, particulièrement
dans le Périgord, les Charentes et le Haut-Poitou.

L'oie de Toulouse. — C'est la seule variété dont nous ayons à
parler.

Sans doute descend-elle de l'oie cendrée, qui apparaît encore aujourd'hui dans le nord de l'Europe, et qui niche en Grande-Bretagne,
en Russie, en Norvège.

L'oie sauvage ne dépasse guère 3 kilogr. 5 à 4 kilogr. 5, et l'oie
domestique atteint jusqu'au poids de 11 kilogrammes. Autre remarque : l'oie sauvage se croise parfaitement avec nos oies domestiques. «Il nous semble, d'ailleurs, écrit un spécialiste, que si, de
temps à autre, on pouvait infuser le sang neuf et vigoureux de l'oie
sauvage à notre oiseau domestique un peu lymphatique, cela ne
pourrait être que d'un bon effet. Le meilleur croisement serait celui
du mâle sauvage avec la femelle domestique, afin de ne pas amoindrir la taille, qui, d'ailleurs, à la deuxième génération, deviendrait
aussi volumineuse. »

[1] «Les résultats atteints tiennent tout simplement à la grande richesse en matières azo-
tées des aliments distribués; on a le grand tort
de nourrir les oiseaux de basse-cour presque
exclusivement avec des graines, ce qui est un
non-sens économique.» (L. Bréchemin.)

En effet, le principal intérêt de l'oie de Toulouse est sa croissance rapide et constante, pendant près de huit mois. Cet élevage, pourvu qu'il soit bien compris, peut être pratiqué en petit ou en grand : toujours il se terminera par un profit[1].

L'oie de Toulouse, masse imposante de plumes, de chair et de graisse, est comme le colosse de l'espèce, le triomphe de la sélection intelligente, portant aussi bien sur la précocité, la finesse de la chair que sur l'augmentation de la ponte.

M. L. Bréchemin établit ainsi les caractéristiques de l'oie de Toulouse :

« Elle est d'aspect massif, de formes heurtées, les fanons du ventre traînant à terre, un autre fanon descend le long de la poitrine chez les sujets excessivement poussés à la graisse, qui possèdent aussi une bavette plus ou moins forte se développant sous la gorge. Chez cet oiseau colosse, on sent bien que tout concourt à l'élaboration constante de la viande et de la graisse. Le plumage du mâle et celui de la femelle sont en tout semblables, ce qui rend singulièrement difficile la distinction des sexes. Les plumes de la tête et du cou sont gris de fer et forment des sinuosités très marquées ; à partir de la gorge et jusque sous le ventre, les plumes sont finement lisérées de jaune clair, et ce liséré s'accentue encore sur les plumes de couverture des cuisses. L'abdomen, l'artichaut et le croupion sont entièrement blancs.

« Sur le dos, les plumes sont d'un ton gris brun bien net, et le liséré plus foncé des plumes est bien marqué et va en s'accentuant à partir du cou pour gagner les ailes, où il se détache alors comme des écailles. La queue est grise avec les extrémités blanches. On con-

[1] Le paysan pauvre du Sud-Ouest, qui n'élève qu'une sizaine ou une dizaine d'oies, en tire une ressource très appréciable. En certains autres endroits de la France, en Touraine, en Sologne, en Bretagne, les petits ménages de journaliers possèdent quelques oies, qu'un gamin va mener paître dans les chaumes, emmenant toutes les oies du village parfois au son de la cornemuse ou simplement en les poussant avec une baguette. Pour s'éviter l'entretien d'un mâle coûteux, il est d'usage alors de conduire les oies chez le propriétaire d'un jars, auquel on paye une très légère redevance pour la saillie. C'est une mise en pratique de la coopération intéressante à noter. Le principal reproche que l'on puisse adresser à ces petits éleveurs, c'est de n'élever que l'oie commune, bien rustique, c'est entendu, mais de développement moins rapide et beaucoup moins productive que l'oie de Toulouse.

sidère comme un défaut, dans les concours, les plumes grises ou les plumes noires qui pourraient se trouver sur le croupion. Il faut d'ailleurs que tous les tons que nous avons indiqués soient nettement marqués; le jaune, les tons bronzés sont rejetés par les amateurs qui s'en tiennent au ton général gris brun bien net.

« A vrai dire, ces exigences de plumage peuvent fort bien ne pas être suivies à la lettre par les éleveurs qui n'ont en vue que la production de la chair et de la graisse; cependant, les sujets qui répondent à cette description sont les plus estimés.

« L'œil, bien rond, est petit relativement à la grosseur de la tête; il est brillant, gris très foncé tirant sur le noir, un liséré de couleur rouge brique l'entoure complètement; les pattes et le bec sont de cette même nuance rouge brique. Les sujets à pattes jaunes sont dépréciés.

« Les fanons, qui forment devant la poitrine d'énormes excroissances de chair et de peau et qui sont un peu le complément de la bavette, se présentent d'une façon plus générale chez les femelles; les mâles, cependant, en

Fig. 283. — Oie de Toulouse.

sont souvent pourvus. Mais ces ornements, — si l'on peut employer ce terme, — sont dus surtout à une sélection outrée, à une propension excessive à la production de la chair et de la graisse qui n'est pas sans influencer, d'une façon profonde, les facultés de fécondité de l'oiseau. Ainsi, chez les sujets poussés à ce point, la ponte ne dépasse guère une quinzaine d'œufs que l'on fait couver par les poules, cette oie, trop lourde, trop massive, étant incapable de les couver, tandis que l'oie, plus légère, sans fanon ni bavette, qui est la plus répandue dans toute la région toulousaine, est alerte, court bien, cherche sa nourriture et donne une ponte d'environ 60 œufs.

« Cette grosse oie à fanon et à bavette est, en réalité, un type tout artificiel; si on la laisse courir en liberté, ne la sélectionnant pas outre mesure, on ne tarde pas à la voir retourner au type primitif, alerte et sans fanon ni bavette.

« En résumé, l'élevage de l'oie de Toulouse proprement dite, volumineuse sans exagération, peut être d'un excellent rapport pour tous les cultivateurs. Ce pratique oiseau s'élève sans grands soins, avec de la propreté, un peu d'eau à sa disposition, et des prairies ou des chaumes pour mener paître les oisons. C'est, parmi tous les oiseaux de basse-cour, un de ceux qui donnent les meilleurs résultats. »

Engraissement. — « A Toulouse, le procédé d'engraissement est à peu près le même qu'à Strasbourg (t. I, p. 676 et 677), et dure également de quatre à six semaines. Les oies sont placées dans des épinettes, dans une chambre à température douce et un peu humide, où on ne laisse pénétrer la lumière du jour que pendant les repas. Pour la nourriture, on emploie le grain de maïs blanc (le maïs jaune donnant souvent à la bête une couleur qui la déprécie). Ce maïs blanc, non concassé, le plus souvent à l'état naturel, parfois préalablement gonflé dans l'eau, est introduit d'abord deux fois par jour dans le jabot de l'animal, au moyen d'un entonnoir spécial et d'un petit bâton pour faire couler la graine. Après chaque poignée de maïs, on vide dans l'entonnoir une petite quantité d'eau, pour favoriser la descente du grain dans le jabot, faciliter la digestion, et en même temps aider à l'engraissement, car on sait aujourd'hui que l'eau, loin de contrarier l'embonpoint, l'accélère sûrement. Les oies s'habituent si bien à ce régime, dit M. Pons-Tarde, qu'elles se présentent d'elles-mêmes pour recevoir l'entonnoir.

« Ici encore, dans les derniers jours de l'engraissement, la bête est menacée de suffocation; sa respiration est pénible et précipitée. Aussi l'engraisseuse chargée de gaver les oies doit toujours avoir son couteau à la ceinture pour intervenir au moment d'une catastrophe. Son intervention, d'ailleurs, ne fait jamais que hâter le dénouement suprême[1]. »

Signalons que le Haut-Poitou élève aussi beaucoup d'oies, dont les foies sont employés, concurremment avec ceux des canards-mulets,

______

[1] D' Hector GEORGE.

à la fabrication des pâtés de foie gras qui sont une des spécialités de la région.

Les oies se rencontrent encore en grand nombre dans l'Armagnac, la Basse-Auvergne, le Bourbonnais et la Bresse.

PINTADE. — Entre la basse-cour et la faisanderie, on rencontre la pintade, d'origine africaine, dont les prix, fort élevés il y a quelques années, sont quelque peu descendus aujourd'hui, et dont les petits œufs, au goût délicat, sont toujours achetés assez cher. Son élevage n'est pas sensiblement plus difficile que celui de la poule. A quatre mois, les pintadeaux sont vendables; mais c'est quand ils ont atteint un an que leur vente est la plus avantageuse. « Il est curieux de cònstater, écrit, dans le *Journal d'agriculture pratique*, M. Louis Bréchemin, combien la pintade est admirablement domestiquée, n'ayant même pas ces vélleités de liberté qui, parfois, tourmentent, à certaines époques, les oies et surtout les canards. » Les mâles sont querelleurs; aussi est-il préférable de ne pas tenir les pintades dans une basse-cour exiguë; on peut, d'ailleurs, leur donner d'autant plus aisément de l'espace, qu'elles restent toujours les unes près des autres et rentrent le soir; adultes, elles sont très rustiques, et il leur suffit, en toute saison, d'un hangar pour passer la nuit. C'est en vain qu'on a tenté de les transformer en oiseaux de chasse; « on peut s'en consoler aisément en songeant que, domestiquées, elles n'ont nullement perdu leurs qualités de venaison ».

LE PIGEON VOYAGEUR. — C'est par le pigeon que je terminerai ces quelques notes consacrées à l'aviculture. Aussi bien ne parlerai-je ici que du pigeon voyageur. Pour le demeurant, les chiffres donnés plus haut (p. 553 et suiv.) suffisent. En effet, les amateurs ont tellement suscité de variétés nouvelles de pigeons qu'il serait, comme pour celles des canards, impossible de les énumérer ici, et aucune n'est nettement au premier rang. Donc, nous ne nous occuperons que du pigeon voyageur. Ce brave petit messager de l'air mérite, du reste, que nous ne l'oubliions pas dans cette étude.

L'histoire a depuis longtemps enregistré sa gloire. Que de sièges

où il fut le seul lien entre l'assiégé et le pays! Le prince d'Orange or-
donna que les pigeons dont il s'était servi en 1574 et en 1576[1] aux
sièges de Haarlem et de Leyde fussent, leur vie durant, nourris aux
frais du trésor public, et, après leur mort, embaumés et conservés
à l'Hôtel de Ville.

Dans une circonstance analogue nous n'avons pas montré semblable reconnaissance. Les pigeons du siège — ces admirables petits
messagers, qui, en 1870, s'en allaient en province, emmenés en
ballon, puis revenaient porter à Paris des nouvelles de France —
furent, honteusement, vendus à l'encan au dépôt du mobilier de
l'État. Une anecdote sur leur fidélité : l'un d'eux, capturé, fut exceptionnellement laissé en vie et envoyé par le prince Frédéric-Charles à
sa mère, qui le fit mettre dans une volière. Quatre ans plus tard,
la porte étant ouverte, le petit pigeon s'échappa pour revenir à son
ancien pigeonnier de la rue de Clichy. Il est mort, en 1878, au
Jardin d'acclimatation.

Ce n'est pas qu'en temps de guerre que le pigeon voyageur est appelé
à être utile. L'industrie et l'agriculture, l'horticulture notamment,
pourraient trouver en lui un utile auxiliaire. Je me contente d'un
exemple que j'ai relevé dans une feuille horticole étrangère. Il s'agit
d'un jardinier qui a établi un dépôt de fleurs à Vienne (Autriche),
mais dont l'établissement est assez loin de la ville. Chaque matin
un de ses employés porte à Vienne un panier de pigeons voyageurs,
et dès qu'il arrive une commande, un d'entre eux est lâché; quelques
minutes après, il est de retour au colombier, où une sonnerie électrique signale son arrivée. Ainsi la commande parvient presque aussi
vite que si elle était téléphonée.

Enfin, les Parisiens ont eu souvent l'occasion de voir les pigeons
des journaux du soir rapporter les nouvelles pour la dernière édition
de «leur» journal. Aussitôt lâché, l'oiseau s'élève, décrit un instant

[1] Chez nous, on ne trouve, avant 1815, aucune trace de l'existence des pigeons voyageurs. La première nouvelle du désastre de Waterloo parvint à Paris par un de ces messagers. Les Anglais, en gens pratiques, for-mèrent les premiers colombiers. De chez nos
voisins, le goût de la colombophilie tra-versa le détroit, mais ce n'est guère que vers
1860 que les amateurs de ce sport, se grou-pant, fondèrent les sociétés colombophiles,
dont le but était surtout la création d'un pigeon voyageur type.

de grands cercles, puis soudain ayant trouvé sa direction, pique droit sur elle à tire d'aile.

Les efforts des sociétés dites *colombophiles* ont eu un premier résultat. En effet, par de sérieuses sélections et d'habiles croisements, on a obtenu des individus bien homogènes.

La race actuelle, formée du croisement de pigeons anversois et de liégeois, a pris le meilleur de chacun de ses procréateurs. L'anversois est le produit de l'ancien pigeon belge et du pigeon bec-anglais. C'est un oiseau de forte taille, vigoureux et rapide, mais manquant des qualités que l'on trouve chez le liégeois. Celui-ci, plus petit et moins vite, est d'une intelligence beaucoup plus développée; il est très fidèle à son colombier. C'est le descendant de l'ancien pigeon belge et du pigeon cravate français.

Le pigeon voyageur doit, pour être dans le type de la race, avoir la conformation suivante : corps : court et rablé; taille : au-dessous de la moyenne; poids : de 300 à 400 grammes; tête : busquée et resserrée au-dessus des narines; narines : peu ouvertes et sans callosités; bec : moyen; œil : vif et bien ouvert non entouré de parties charnues[1]; ailes : bien couvertes et munies chacune de dix grandes pennes; sternum : bombé, sans déviations et très allongé vers l'extrémité inférieure; queue : courte et étroite; pattes : fortes et courtes.

L'envergure est très variable chez les voyageurs. De sérieuses observations ont permis de constater qu'habituellement un pigeon de grande envergure avait moins de vitesse, mais beaucoup plus d'endurance qu'un de ses congénères à ailes plus courtes; c'est l'oiseau des courses de longue haleine, c'est le *stayer* (coureur de fond) de l'espèce, dont le pigeon de petite envergure est le *sprinter* (coureur de vitesse).

Il est défendu aux chasseurs de tirer les pigeons voyageurs, qu'ils peuvent facilement reconnaître à leur haut vol[2] et à leur petite taille.

---

[1] Les yeux peuvent être de différentes couleurs : gris perlé, rouges (œil de coq), tricolores ou jaunes d'or. Les oiseaux ayant les yeux de cette dernière couleur peuvent, dit-on, voyager par brouillard intense.

[2] «Le vol du pigeon est capricieux et assu-

Les agents chargés de la police de la chasse, pour s'assurer si les pigeons capturés ou abattus appartiennent aux espèces dont la capture aussi bien que la chasse sont interdites, sont tenus de regarder si les animaux portent sous les grandes pennes des ailes le cachet d'une société ou d'un établissement colombophile.

Je ne veux pas finir sans citer quelques temps faits par les groupes de têtes, dans les grands parcours [1] :

Bordeaux-Paris, lâcher 5 h. 10, arrivée 12 h. 35 ;

Bayonne-Paris, 690 kilomètres, lâcher 5 h. 30, arrivée 2 heures ;

Barcelone-Paris, 845 kilomètres, lâcher 5 h. 30, arrivée le lendemain matin 3 h. 40 ;

Ajaccio-Paris, 925 kilomètres, lâcher 5 h. 30, arrivée le lendemain matin 8 heures.

Il est bien entendu que, pour ces deux derniers parcours, le pigeon s'est perché tant qu'il a fait nuit, pour reprendre son vol aux premières lueurs de l'aurore.

jetti à l'état de l'atmosphère. Alors que, par un temps clair, il s'élèvera à 300 mètres et plus, la moindre perturbation atmosphérique (temps lourd et chaud, menace de pluie ou d'orage) abaissera son vol à moins de 100 mètres du sol. On admet comme moyenne qu'il vole à 200 mètres d'altitude. (C. Tournemine, *les Sports.*)

[1] «La vitesse du pigeon voyageur est très variable, elle oscille entre 700 et 2,000 mètres à la minute, suivant que son vol se trouve aidé ou contrarié par le vent. Par temps calme, on l'évalue à 60 kilomètres à l'heure. Un pigeon voyageant avec vent arrière se dirige sur le colombier poussé par ses propres forces auxquelles vient se joindre celle du vent. D'où voyage en ligne presque directe et gain de temps. Au contraire, si le vent souffle de côté, il est entraîné en dérive, et forcé de louvoyer pour prendre sa route initiale. De même, s'il a le vent debout, la résistance du vent l'élève progressivement dans l'air. Sa ligne de direction forme ainsi avec la ligne droite à suivre un angle d'autant plus ouvert que le vent lui offre plus de résistance. Quand il juge son altitude suffisante, il vient, en plongeant, reprendre la ligne suivie précédemment, et recommencera cette opération tant qu'il sera contrarié par le vent. Il est donc bien évident que, dans ces deux derniers cas, l'oiseau augmente la distance à parcourir, d'où perte plus ou moins grande de temps, suivant la résistance de la force à vaincre.

Le pigeon voyageant tant qu'il fait jour, peut couvrir des distances énormes. mais c'est sur 300 à 600 kilomètres qu'il marche le mieux. Le meilleur temps officiel que j'ai pu constater a été celui du pigeon de M. Lebel qui, en 1896, lors du concours Cherbourg-Paris, arriva premier, fournissant le parcours avec une moyenne de 1,739 mètres à la minute, quoique contrarié par un vent d'ouest sud-ouest. Ce cas ne fut pas d'ailleurs particulier, puisque, à quelques secondes d'intervalle, cinq pensionnaires du colombier de M. Derouard, le sympathique président de la Fédération colombophile de la Seine, rentraient au gîte.» (*Ibid.*)

G. APICULTURE.

RENSEIGNEMENTS STATISTIQUES. — RENDEMENTS. — CENTRES APICOLES. — LA LOQUE. — LE MOBI-
LISME. — DIFFÉRENTES QUALITÉS DE MIEL. — LE MIEL ET LA CIRE FRANÇAIS. — CAUSES DE
LA CRISE APICOLE. — NÉCESSITÉ D'UN ENSEIGNEMENT SPÉCIAL. — LES SOCIÉTÉS APICOLES.

Il y avait, en 1892, 1,603,572 ruches en activité, d'un rendement moyen de 4 kilogr. 65 en miel et 1 kilogr. 49 en cire. La production totale était de 7,498,691 kilogrammes de miel et de 2,394,582 kilogrammes de cire.

Si l'on prend pour prix moyen 1 fr. 43 par kilogramme de miel et 2 fr. 12 par kilogramme de cire, on arrive à une valeur de la production :

Pour le miel............................ 10,760,430 francs.
Pour la cire............................ 5,091,565

Les départements où l'on rencontre le plus de ruches sont les suivants :

Côtes-du-Nord........................... 65,000 ruches.
Finistère............................... 63,548
Ille-et-Vilaine......................... 60,000
Corrèze................................. 56,000

Le prix de la cire dépasse, en moyenne, de 41 p. 100 celui du miel; la production de celui-ci est, par contre, 3.13 fois plus élevée, ce qui donne au miel une valeur totale supérieure de 52.682 p. 100 à celle de la cire.

Il y a eu chez nous, durant une trentaine d'années, régression de l'apiculture, comme le montre le tableau suivant :

ANNÉES.	NOMBRE DE RUCHES D'ABSILLES en activité.	PRODUCTION TOTALE		MOYENNE DU KILOGRAMME		VALEUR TOTALE	
		EN MIEL.	EN CIRE.	DE MIEL.	DE CIRE.	DU MIEL.	DE LA CIRE.
		kilogrammes.	kilogrammes.	francs.	francs.	francs.	francs.
1852.........	1,956,241	6,272,184	1,452,503	//	//	6,094,696	2,722,878
1862.........	2,426,578	14,023,522	2,512,331	1 28	2 45	18,061,166	6,141,878
1882.........	1,974,559	9,781,822	2,632,742	1 40	2 34	13,748,002	6,165,660
1892.........	1,603,572	7,498,691	2,394,582	1 34	2 12	10,760,430	5,091,565
1898.........	1,586,715	7,588,120	2,207,683	1 38	2 15	10,464,699	4,780,151

1899 marque une reprise; en voici la preuve.

MOYENNES.	NOMBRE DE RUCHES D'ABEILLES en activité.	PRODUCTION TOTALE DU MIEL.	VALEUR TOTALE DU MIEL.	VALEUR MOYENNE du kilogr. DE MIEL.	PRODUCTION TOTALE DE LA CIRE.	VALEUR TOTALE DE LA CIRE.	VALEUR MOYENNE du kilogr. DE CIRE.
		kilogrammes.	francs.	francs.	kilogrammes.	francs.	francs.
Décennales (de 1892 à 1901).	1,608,412	7,827,224	11,005,323	1 40	2,224,230	4,840,337	2 17
Triennales (de 1899 à 1901).	1,633,490	8,579,223	12,103,258	1 41	2,354,945	5,090,585	2 17

J'ai indiqué plus haut les départements les plus apicoles (enquête 1892). En réalité, cette industrie n'a pas de domaines bien déterminés.

On peut seulement noter que les ruches sont particulièrement nombreuses en Bretagne, dans le Bas-Berry, le Limousin et le Périgord; dans les campagnes du Gâtinais, de la Champagne, du Valais, de la Haute-Picardie et des Ardennes; dans les plaines de la Franche-Comté et de la Haute-Bourgogne; sur les plateaux du Bas-Dauphiné; dans la vallée du Rhône.

L'apiculteur a été longtemps désarmé en face d'une grave maladie qui atteint souvent les abeilles : la loque, ou pourriture du couvain, qui frappe les larves et les nymphes enfermées dans des cellules et en amène la décomposition.

Un apiculteur polonais, Hilbert, a révélé un remède assez efficace, consistant à projeter sur les rayons des ruches et sur le couvain malade un mélange d'acide salicylique et d'eau.

Depuis quelques années, on obtient, par l'emploi de l'acide formique, un résultat supérieur.

Les principaux progrès réalisés depuis dix ans par l'industrie apicole se rapportent, soit aux systèmes de ruches, soit aux méthodes d'exploitation.

Jadis, on ne se servait que de ruches à rayons fixes; aujourd'hui, on trouve plus d'avantage à utiliser des rayons mobiles. Pour épargner un travail supplémentaire aux abeilles, les mobilistes ont employé des plaques gaufrées en cire, qui facilitent beaucoup la récolte du miel,

On distingue trois sortes de miel : le miel vierge, liquide, parfumé, transparent, légèrement ambré, qui découle sans pression des rayons; le miel brut, obtenu par pression et grâce souvent à l'intervention de la chaleur; le miel purifié, obtenu par la fonte et la clarification du miel brut.

(Cliché de la Librairie agricole.)

Fig. 284. — Ruche à cadres trapézoïdaux (mobilisme).

Le miel des abeilles de montagne est de première qualité, généralement blanc, à odeur douce et agréable, épais, grenu, clair et très pesant; le miel de seconde qualité est celui des prairies et des campagnes à sarrasin; la troisième qualité est produite par les abeilles de bois. Le meilleur miel est celui qu'on sort de la ruche au printemps; celui d'été n'est déjà plus aussi bon, bien que supérieur encore à celui d'automne. Enfin, celui des jeunes essaims est préférable à celui des vieilles abeilles.

Les miels français les meilleurs sont ceux de Narbonne et du Gâtinais. Le miel de Narbonne sent le romarin, comme celui de Crète et de Minorque ; celui de Provence, la lavande ; celui de Bretagne a souvent un arrière-goût désagréable, qui lui vient du sarrasin ; celui de Corse, enfin, a une certaine amertume provenant des fleurs du buis.

Nos cires les plus estimées sont fournies par la Bretagne, les Grandes-Landes et le Gâtinais ; on classe en deuxième ligne et en troisième les cires de Bourgogne et celles de la Basse-Normandie.

On peut s'étonner à bon droit que l'apiculture qui, tout en ne demandant que peu de soins, est, en somme, d'un bon rapport, ne prospère pas dans nos campagnes.

« Les apiculteurs attribuent la crise à la baisse du prix du sucre, qui aurait remplacé le miel dans la confection de beaucoup de préparations pharmaceutiques et dans l'usage domestique. Il est difficile de dire si c'est là vraiment la cause de la diminution du nombre des ruches ; nous ne pouvons que constater le fait et le déplorer s'il est exact.

« La France n'est cependant pas inférieure aux autres nations au point de vue de la fabrication du matériel apicole, des méthodes de culture, de la valeur des apiculteurs et de la qualité des produits. La richesse de sa flore ne le cède en rien à celle des pays voisins, et ses champs pourraient nourrir une population d'abeilles bien supérieure à celle qu'elle possède actuellement.

« Il est possible que le peu d'empressement que manifestent, en général, les agriculteurs français à élever des abeilles tienne à l'inexistence d'un enseignement apicole dans nos campagnes. Il est facile de constater, en effet, que, dans les pays où l'apiculture a pris depuis quelques années un grand développement, tels que la Russie et la Hongrie, c'est à la diffusion des connaissances apicoles parmi les populations rurales qu'est due l'augmentation de la production. Partout où l'enseignement a été organisé officiellement, où les instituteurs font comprendre à leurs élèves l'intérêt qu'il y a à établir des ruches dans les campagnes, non seulement pour la production de la cire et du miel, mais aussi au point de vue du rôle important que jouent les abeilles dans la fécondation des plantes cultivées, l'apiculture a fait des progrès rapides. En France, rien de semblable n'existe encore. Seuls, quelques apiculteurs dévoués, secondés par quelques sociétés privées, au moyen de conférences, ont su créer autour d'eux un centre de production, et ont consacré leur temps et leurs peines à faire connaître les procédés rationnels de culture des abeilles; mais ces exemples sont malheureusement rares.

« Nous ne saurions trop attirer l'attention du gouvernement sur la nécessité de vulgariser les pratiques apicoles par un enseignement spécial, semblable à celui qui existe chez beaucoup de nations étrangères [1] ».

Il existe actuellement, tant en France qu'en Algérie, 31 sociétés d'apiculture [2]. L'une d'elles, la *Société centrale d'apiculture, de sériciculture et de zoologie agricole*, fondée par M. Hamet, en 1856, mérite une mention spéciale. Par son activité, la valeur de beaucoup de ses membres, la propagande qu'elle exerce à l'aide de son organe — *l'Apiculteur*, qui en est à sa quarante-quatrième année d'existence — et ses expositions fréquentes, elle a, en effet, largement contribué aux progrès de l'apiculture en France.

[1] Rapport de la Classe 42 (Insectes utiles et leurs produits; Insectes nuisibles et végétaux parasitaires), par le Dr Félix HENNEGUY, professeur au Collège de France et à l'École nationale d'horticulture de Versailles.

[2] Ces sociétés, classées selon le nombre d'adhérents de chacune d'elles, sont les suivantes :

1. *Société centrale d'apiculture, de sériciculture et de zoologie agricole*, à Paris, fondée en 1856; 2,800 adhérents; organe : *l'Apiculteur*.

2. *Société d'apiculture de l'Aisne*, fondée en 1892; 500 adhérents; organe *l'Abeille de l'Aisne*.

3. *Le Rucher des Allobroges* (Savoie), fondée en 1893; 500 adhérents; organe : *le Rucher des Allobroges*.

4. *Société d'apiculture de l'Aube*, fondée en 1865; 500 adhérents; organe : *la Ruche*.

5. *Société d'apiculture de la Bourgogne*, fondée en 1885; 500 adhérents; organe : *l'Abeille bourguignonne*.

6. *Société d'apiculture de la Meuse*, fondée

en 1890; 500 adhérents; organe : *Bulletin*.

7. *Société d'apiculture du Sud-Ouest*, fondée en 1889; 480 adhérents; organe : *les Abeilles*.

8. *Société d'apiculture de la Somme*, fondée en 1875; 450 adhérents; organe : *Bulletin*.

9. *Société bourguignonne d'apiculture* (Saône-et-Loire), fondée en 1894; 450 adhérents; organe : *Bulletin*.

10. *Société d'apiculture de l'Ain*, fondée en 1899; 450 adhérents; organe : *Bulletin*.

11. *Société d'apiculture de l'Est*, fondée en 1885; 400 adhérents; organe : *l'Abeille de l'Est*.

12. *Société comtoise* (Doubs), fondée en 1885; 350 adhérents; organe : *Bulletin*.

13. *Société de la Champagne apicole*, fondée en 1897; 350 adhérents : organe : *Bulletin*.

14. *Syndicat des apiculteurs de l'Aube*, fondé en 1889 : 300 adhérents; organe : *Bulletin*.

15. *Société d'apiculture d'Avesnes*, fondée en 1883; 300 adhérents; organe : *Bulletin*.

16. *Société des apiculteurs algériens*, fondée en 1894; 270 adhérents; organe : *Nahhla*.

17. *Société haute-marnaise d'apiculture*, fondée

H. SÉRICICULTURE [1].

LA CRISE SÉRICICOLE; SES CAUSES; REMÈDES; LES PRIMES. — RENSEIGNEMENTS STATISTIQUES. — RENDEMENTS. — PRIX DE VENTE. — LA STATION SÉRICICOLE DE MONTPELLIER. — AUTRES STATIONS SÉRICICOLES. — LE LABORATOIRE D'ÉTUDES DE LA SOIE.

Ce fut vers 1820 que la maladie des vers à soie paraît avoir été observée pour la première fois. En 1843, elle se répandit rapidement dans les Cévennes et commença ses dégâts : la production tomba des quatre cinquièmes.

Lorsque Pasteur, en 1865, eut découvert son procédé de grainage cellulaire, on put espérer que la ruine qui menaçait notre industrie séricicole était conjurée. La production annuelle des cocons, qui était tombée à 5,600,000 kilogrammes, se releva, en effet, brusquement, en une année (1866) à 16,400,000 kilogrammes. Éphémère reprise ! À chaque perfectionnement, à chaque augmentation de rendement correspond une régression de l'extension. Feu E. Maillot, qui collabora aux recherches de son illustre maître, Pasteur, et fut, pendant quinze ans, le

en 1899; 270 adhérents; organe : *Revue éclectique d'apiculture*.

18. *Société d'apiculture de la Haute-Savoie*, fondée en 1895; 230 adhérents; organe : *Rucher des Allobroges*.

19. *Société d'apiculture d'Eure-et-Loir*, fondée en 1878; 210 adhérents; organe : *Bulletin*.

20. *Société d'apiculture de la Vallée du Rhône* (Vaucluse), fondée en 1894; 180 adhérents; organe : *Revue universelle d'apiculture*.

21. *Société du Centre* (Indre), 160 adhérents; organe : *Union apicole*.

22. *Société du Midi* (Haute-Garonne), fondée en 1889; 120 adhérents.

23. *Société d'apiculture des Alpes et de Provence*, fondée en 1891; 105 adhérents.

24. *Société d'apiculture du Tarn*, fondée en 1889; 100 adhérents; organe : *Bulletin*.

25. *Société d'apiculture du syndicat d'Anjou*, fondée en 1894; 100 adhérents; organe : *Bulletin*.

26. *Syndicat des apiculteurs de Bretagne* (Côtes-du-Nord), fondée en 1896; 90 adhérents; organe : *l'Abeille de Mérillac*.

27. *L'Abeille du Rouergue* (Aveyron), fondée en 1896; 80 adhérents.

28. *Société d'apiculture de Sainte-Menehould*, fondée en 1896; 80 adhérents.

29. *Société poitevine d'apiculture* (Vienne), fondée en 1899; 70 adhérents; organe : *le Miel*.

30. *Société d'apiculture du Gâtinais*, fondée en 1896; 40 adhérents.

31. *Société d'apiculture d'Oran*, fondée en 1897; 30 adhérents; organe : *Ouest agricole*.

[1] Je donne ici, en note, quelques renseignements sur la sériciculture en général, renseignements empruntés à une étude de M. Joanny Pey :

« Les œufs de ver à soie sont mis en incubation, de façon que leur éclosion coïncide avec la poussée des mûriers et qu'on puisse facilement nourrir les jeunes vers. Cette incubation se fait de diverses manières, mais généralement dans des chambres d'éclosion ou dans des étuves. On a soin d'élever la température progressivement jusqu'à 20 ou 22° Réaumur. L'éclosion a lieu après vingt-cinq ou trente jours. Le ver a environ 3 millimètres.

« Il y en a 33,000 à 36,000 dans 25 grammes d'œufs de races de gros cocons, 45,000 et même 50,000 s'il s'agit de petits cocons.

« On transporte alors les jeunes vers dans la

distingué directeur de la Station séricicole de Montpellier, écrivait en 1878 : «Ce fait mérite d'autant plus d'appeler l'attention qu'il coïncide avec une réduction également considérable de nos vignobles et ne peut, par suite, s'expliquer par la substitution d'une autre culture à la culture du mûrier. Il faut donc chercher ailleurs les causes qui ont pu entraver le développement de l'industrie séricicole juste au moment où elle recevait des découvertes de L. Pasteur des éléments de vitalité. Les causes résident, selon toute apparence, dans des conditions économiques nouvelles de la vie et du commerce. Les frais d'éducation sont bien plus élevés qu'autrefois, et le prix des cocons demeure au contraire très bas. Les soies d'Orient font aux nôtres une concurrence difficile à soutenir. Enfin, la consommation des soies diminue, au moins en France. »

magnanerie, où on les nourrit avec les jeunes pousses de mûrier. Ils sont disposés sur des claies en étagères de dimensions suffisantes pour que l'éducation puisse s'y effectuer. On a calculé qu'une once d'œufs, dont l'éclosion ne nécessite qu'un emplacement de 30 centimètres, aura besoin d'une superficie de 60 mètres carrés lorsque le ver aura atteint son développement maximum.

«Le ver à soie passe par une série de transformations qu'on appelle mue, âge, et qui, au total, représentent 33 à 38 jours, comptés du jour de l'éclosion de l'œuf jusqu'au jour où le ver commence son cocon.

«Le poids de 36,000 vers venant d'éclore et provenant d'une once d'œufs (25 grammes) est d'environ 17 grammes. Au dernier âge, le poids des vers atteint 161 kilogrammes. C'est dire quelle quantité extraordinaire de nourriture a dû leur être donnée.

«Lorsque le ver atteint son maximum de poids, il refuse toute nourriture et cherche une paroi pour y accrocher une bave, qui est la soie; à ce moment, les magnans placent sur les vers des rameaux de bruyères. Les vers y montent, choisissent leur emplacement et tendent autour d'eux une sorte de filet; puis ils continuent à y placer des couches intérieures, et finalement disparaissent à l'intérieur du cocon au bout de trois à quatre jours.

«Le ver enfermé dans le cocon se nomme chrysalide; il se change assez vite en papillon pouvant percer l'enveloppe soyeuse et, par suite, enlever sa plus grande valeur au cocon, qui ne peut se dévider puisque les fils sont coupés.

«Aussi, avant que la chrysalide se soit transformée en papillon, soumet-on les cocons à une température élevée, suffisante pour tuer la chrysalide, mais sans danger pour le fil de soie.

«Telles sont, rapidement esquissées, les grandes lignes de la sériciculture. Les éducations des vers à soie ne suivent malheureusement pas toujours une marche unie et normale. Il arrive que la température, les intempéries, les maladies des vers: muscardine, pébruée, flâcherie, grasserie, mettent en danger une chambrée et quelquefois les éducations de toute une contrée.

«Le décoconnage ou cueillette des cocons se fait ordinairement le septième jour après la montée. Puis on débave les cocons, c'est-à-dire qu'on enlève les premiers filaments soyeux, qui ne sont qu'un déchet de magnanerie, la blaze. Les cocons débavés sont portés sur le marché, où les filateurs viennent les acheter. »

Oui, ce sont bien là les causes, des causes économiques, essentiellement économiques, mais qui ne sont point sans remède, d'autant que nous tenons toujours le premier rang en Europe pour la production des soieries.

Le remède, M. Natalis Rondot l'indiquait dans son beau rapport sur les soies paru en 1885 : «Naguère si simple, écrit-il, l'élevage des vers à soie doit être aujourd'hui, à la fois, une industrie domestique, une industrie conduite en famille, pour être moins dispendieuse, et une industrie conduite d'après des règles sévères pour devenir plus productive. On doit faire appel à la science autant qu'à la pratique, et c'est avec l'aide de la science qu'on relèvera un niveau bien abaissé. On doit encourager les petits grainages faits par chaque éleveur, les petites éducations(d'une ou de deux onces) faites par chaque famille.» Et M. N. Rondot s'écrie : «Une production agricole obtenue en quarante jours, qui donne un travail facile aux femmes et aux enfants, dans ces départements du Midi appauvris par tant de fléaux, cette production ne saurait être abandonnée, et nous sommes fondés à penser qu'elle peut être conservée à notre pays.»

Ce souhait s'est-il réalisé? Voici un tableau indiquant le mouvement de la production jusqu'à 1892 :

ANNÉES.	PRODUCTION DES COCONS.	VALEUR de LA PRODUCTION.	QUANTITÉS DE GRAINES PRODUITES.	VALEUR DE LA GRAINE.
	kilogrammes.	francs.	onces.	francs.
Moyennes avant l'épidémie.....	25,098,151	100,392,602	943,985	4,719,925
1852....................	12,065,542	55,742,804	584,559	2,887,812
1862....................	9,758,804	51,916,837	724,922	9,793,696
1867....................	14,082,945	98,580,515	982,916	18,675,404
1872....................	9,893,163	68,756,424	1,022,207	15,864,652
1877....................	11,703,664	57,113,880	559,843	9,976,402
1882....................	9,711,079	41,003,234	166,383	1,991,417
1887....................	8,575,673	31,815,746	887,574	10,118,343
1892....................	7,793,404	27,557,538	665,440	4,351,289

Cette date de 1892 doit nous retenir, puisque c'est le 13 janvier 1892 qu'a été promulguée la loi accordant des primes pour la sériciculture et pour la filature et que, d'autre part, on sait que 1892 vit la dernière enquête décennale. Que nous dit cette enquête?

Elle nous montre les éducateurs au nombre de 142,544, mettant en incubation 219,801 onces de 25 grammes qui ont produit 7,793,404 kilogrammes de cocons frais, du prix de 3 fr. 49 le kilogramme, soit une valeur de 27,557,538 francs. Le rendement moyen d'une once de graine a été de 34 kilogr. 626. L'élevage a prélevé 243,849 kilogrammes de cocons, qui ont produit en moyenne 2 onces 73, et au total 665,440 onces, dont la valeur moyenne a été de 6 fr. 54, soit en tout 4,351,289 francs. La production des vers à soie atteint une valeur de 31,908,827 francs.

Les départements qui se sont le plus particulièrement occupés de l'industrie séricicole (cocons frais) ont été par ordre d'importance :

	kilogr.		kilogr.
Gard	2,354,264	Drôme	1,173,326
Ardèche	1,663,074	Vaucluse	1,109,714

Ceux qui ont produit le plus de graines :

	PRODUIT.	VALEUR.
	onces.	francs.
Var	420,767	2,692,294
Basses-Alpes	118,586	1,143,355

A eux seuls, ces deux départements représentaient 81 p. 100 de la production totale des graines. Les rendements les plus élevés pour une once de graines ont été observés dans :

Pyrénées-Orientales	58^k 209	Corse	46^k 530
Hautes-Alpes	53 070	Hérault	42 695
Var	47 050	Aude	40 000

La loi de 1892 n'a pas été sans produire quelques bons effets; en effet, les cinq années précédentes donnent comme production :

	kilogr.		kilogr.
1887	8,575,673	1890	7,799,423
1888	9,549,906	1891	6,883,587
1889	7,409,830		

Les chiffres des années suivantes montrent l'augmentation :

	kilogr.		kilogr.
1892	7,677,180	1895	9,292,085
1893	10,028,284	1896	9,315,280
1894	10,578,945		

Ces chiffres sont ceux de cocons ayant bénéficié de la prime.

Nous pouvons établir le tableau suivant :

PRODUCTION TOTALE EN COCONS FRAIS.					RENDEMENT MOYEN D'UNE ONCE (DE 25 GRAMMES) DE GRAINES.				
1892.	1893.	1894.	1895.	1896.	1892.	1893.	1894.	1895.	1896.
kilogr.	kilogr.	kilogr.	kilogr.	kilogr.	kilogr.	kilogr.	kilogr.	kilogr.	kilogr.
7,680,169	9,987,110	10,584,491	9,300,727	9,318,765	33,810	44,384	43,956	43,783	42,025

PRIX DU KILOGRAMME DE COCONS FRAIS VENDUS POUR LE FILAGE.					PRODUCTION TOTALE DES GRAINES.				
1892.	1893.	1894.	1895.	1896.	1892.	1893.	1894.	1895.	1896.
fr. c.	fr. c.	fr. c.	fr. c.	fr. c.	onces.	onces.	onces.	onces.	onces.
3 25	4 34	2 60	2 82	2 56	663,877	472,853	700,959	903,129	713,544

Ce que M. Rondot prévoyait s'est réalisé. Le rédacteur de l'introduction de l'enquête de 1892 écrit, en effet (l'enquête a paru, qu'on ne l'oublie pas, en 1897, les faits sont donc récents), après avoir noté que l'abaissement presque constant des prix de vente a suivi l'augmentation de rendement : « On constate que les grands sériciculteurs disparaissent pour faire place à de petits, qui élèvent chacun des quantités minimes de graines et obtiennent des rendements meilleurs, par suite des soins multiples et constants qu'ils peuvent leur donner, soins bien supérieurs à ceux dont on peut les entourer dans une grande exploitation. »

L'enquête dit d'autre part — fait intéressant à noter, puisque la crise est purement économique — : « L'abaissement progressif du prix des cocons ne provient pas de la surproduction, puisque les soies françaises entrent à peine pour un tiers dans la fabrication des tissus de Lyon, mais du cours bien inférieur des cocons étrangers, obtenus par les méthodes de sélection que nous avons enseignées au monde entier, et dont le prix de revient est bien moindre à cause du bon marché et de la main-d'œuvre. Les prix de vente au filage ayant été de :

1892	3ᶠ 25	1895	2ᶠ 82
1893	4 34	1896	2 56
1894	2 60		

on voit que leur diminution est considérable. »

Voici des chiffres plus récents. (Moyenne quinquennale du nombre de sériciculteurs [1897-1901] : 130,712.)

| RACES. | MOYENNES QUINQUENNALES (1897-1901). | | | VALEUR MOYENNE POUR TOUTE LA FRANCE (ANNÉE 1901). | | |
	QUANTITÉS DE GRAINES de diverses races mises en incubation. (En once de 25 grammes.)	PRODUCTION TOTALE en cocons frais obtenus de ces graines. (En kilogr.)	RENDEMENT MOYEN en cocons frais d'une once (de 25 grammes) de graines.	PRIX DE VENTE d'une once (de 25 gr.) de graines.	PRIX DU KILOGRAMME de cocons frais vendus — pour le filage.	pour le grainage.
Races françaises (race indigène provenant de graines de races françaises).......	187,183	7,542,801	40^{kg}187	8^f 12	2^f 70	3^f 34
Races du Japon provenant de graines directement importées ..	817	27,349	33 085	8 41	3 06	4 84
Races japonaises provenant de graines de race japonaise et reproduction française...........	4,876	187,388	38 169	8 48	2 98	4 40
Races d'autres provenances étrangères..	2,636	98,210	37 322	7 43	2 64	3 39
Total	195,513	7,855,749	//	//	//	//
Moyenne générale..	//	//	40 071	//	//	//

Une loi du 2 avril 1898 a établi, pour jusqu'en 1908, une prime de 0 fr. 60 par kilogramme de cocons produit.

La *Station séricicole de Montpellier* a été fondée le 1er janvier 1874 par le Ministère de l'agriculture. Feu Eugène Maillot, collaborateur de Pasteur, en fut directeur depuis 1874 jusqu'à l'époque de sa mort, survenue prématurément en 1889. Cette station est à la fois un institut de recherches séricicoles et une école de sériciculture, dont l'enseignement s'adresse à deux sortes d'auditeurs : les élèves de l'École nationale d'agriculture de Montpellier et les élèves libres.

Les travaux de recherches ont eu pour objet, jusqu'à ce jour : les statistiques de l'industrie séricicole, l'élevage comparé des races nouvelles ou anciennes, l'étude des croisements, la recherche des meilleures pratiques d'élevage, les expériences sur l'alimentation, l'effet des abaissements de température au moment de la montée sur les quantités et les qualités des cocons récoltés, les maladies des mûriers, etc.

La plus considérable de ces expériences est celle qui a été commencée par Maillot en 1887, et continuée sans interruption depuis lors. Les vers ainsi élevés dans les mêmes conditions, et pour ainsi dire côte à côte, appartiennent à plus de deux cents races ou variétés plus ou moins différentes, provenant de la Chine, du Japon, de l'Inde, de la Perse, du Turkestan, de la Turquie d'Asie, du Caucase, de l'île de Chypre et de l'Italie.

Les mémoires dans lesquels ont été exposées les recherches faites à la station séricicole de Montpellier, de 1874 à 1900, sont au nombre de *quarante-quatre;* ils embrassent les sujets les plus divers du champ des études séricicoles. Les uns ont fait l'objet de publications spéciales; les autres ont paru dans divers recueils, tels que les *Annales de l'École d'agriculture de Montpellier,* le *Bulletin de la Société nationale d'agriculture,* le *Bulletin du Ministère de l'Agriculture,* la *Revue de viticulture,* le *Progrès agricole et viticole,* le *Journal de l'agriculture,* etc. Nous citerons tout particulièrement l'excellent ouvrage de Maillot, devenu classique dès son apparition en 1885 : *Leçons sur le ver à soie du mûrier.*

La Station séricicole de Montpellier est en définitive le principal centre de la sériciculture française.

Les *Stations séricicoles de Manosque* (Basses-Alpes) et d'*Alais* (Gard) sont également des établissements officiels, subventionnés par l'État, mais qui, jusqu'à ce jour du moins, n'ont été que des stations d'enseignement destinées simplement à répandre parmi les éducateurs les bonnes méthodes recommandées par la science.

Le *Laboratoire d'études de la soie* a été fondé par la Chambre de commerce de Lyon et organisé définitivement le 6 janvier 1885. Il a pour but : l'étude complète des cocons de toutes les races domestiques et sauvages au point de vue expérimental, industriel et commercial; les recherches des races des lépidoptères séricigènes sur tous les points du globe; les études chimiques, anatomiques, physiologiques, nosologiques, appliquées à la sériciculture et aux divers arts

de la soie; l'histoire naturelle des diverses espèces et races de vers
à soie, ainsi que celle des insectes qui leur sont nuisibles et des
plantes qui les nourrissent; les éducations expérimentales des vers
à soie domestiques; l'amélioration des races; la sélection en vue du
grainage et de la qualité des soies; l'acclimatation des races sauvages
les plus intéressantes. Ces publications constituent un recueil des plus
importants par la valeur des mémoires qu'elles contiennent[1].

[1] Je me bornerai à indiquer ici les titres des principaux de ces mémoires (ils montrent la variété des sujets étudiés et l'activité des travailleurs): *Étude chimique comparée de la soie du Bombyx mori et de l'Attacus Pernyi*, par J. Raulin; *Étude sur la sécrétion et la structure de la soie*, par L. Blanc; *Sur l'amélioration des races européennes de vers à soie*, par G. Coutagne; *État actuel des connaissances chimiques concernant la soie*, par L. Vignon; *La tête du Bombyx mori à l'état larvaire*, par L. Blanc; *Le nouveau parasite du mûrier* (Diaspis penta-gona), par G. Coutagne; *Développement du ver à soie du mûrier* (Bombyx mori) *dans l'œuf*, par C. Tichomiroff; *Recherches sur les soies artificielles comparées aux soies naturelles*, par L. Blanc; *Sur le croisement de différentes races ou variétés de vers à soie*, par G. Coutagne; *Étude du cocon du Bombyx mori au point de vue des qualités industrielles de la soie*, par J. Raulin; *Essai de classification des lépidoptères producteurs de soie*, par J. Dusuzeau et L. Sonthonnax; *Chaleur spécifique de la soie, de la laine et du coton*, par J. Testenoire, etc.

CHAPITRE XXX.

HORTICULTURE [1].

A. L'ART DES JARDINS [2].

COUP D'ŒIL RÉTROSPECTIF. — LE NÔTRE ET LE JARDIN FRANÇAIS. — LE JARDIN ANGLAIS.
L'ART PAYSAGER MODERNE.

L'art des jardins remonte à une haute antiquité, il suffit de rappeler à son sujet les jardins suspendus de Babylone, les jardins d'Athènes, ceux de Carthage et de Rome, leur décoration de colonnades, de statues et de bassins. Spartien, Varron, Columelle, les deux Pline nous ont laissé des descriptions qui témoignent de l'importance que les Romains attachaient à ces embellissements de leurs demeures.

Au moyen âge, le jardin perd en quelque sorte son caractère artistique : ses allées plantées de végétaux potagers ou médicinaux, suivant la ligne même des remparts, prennent un caractère utilitaire. L'historique de l'horticulture entraînerait trop loin, mais le sujet est en lui-même assez intéressant pour qu'on ne le passe pas tout à fait sous silence.

Avec la Renaissance, renaissent les jardins; on en crée alors qui forment de majestueux décors aux demeures princières des seigneurs — marchands ou condottieri — de l'Italie du xvie siècle. François 1er appelle en France les artistes qui les ont exécutés; ceux-ci créent pour lui Fontainebleau, Chambord, Saint-Germain-en-Laye. C'est leur style, dont Claude et André Mollet seront les continuateurs, qui régnera sans conteste jusqu'à Le Nôtre.

[1] Où finit l'agriculture, où commence l'horticulture n'est pas facile à préciser, et j'aurais pu les réunir dans un même chapitre. Il m'a, cependant, paru préférable d'en traiter séparément, d'autant que, d'une part, l'horticulture a, pour la France, une importance toute particulière, nulle part l'art des jardins n'ayant été porté aussi haut que chez nous, et que, d'autre part, j'ai tenu à consacrer quelques pages à la culture maraîchère, si intéressante et si spéciale. Je remercie M. Abel Chatenay, le distingué secrétaire général de la Société nationale d'horticulture de France, du concours précieux qu'il a bien voulu me prêter pour la documentation de ce chapitre.

[2] Clichés de la Société nationale d'horticulture de France.

Fig. 285. — Mosaïculture au château de Champs (Seine-et-Marne) [1903].

Celui-ci a sa part dans la gloire de Versailles et de Saint-Cloud, qui ont transmis son nom à la postérité. Il avait tracé bien d'autres jardins encore : ceux de Vaux, de Marly, de Sceaux, etc. Sa conception s'adapte parfaitement à l'atmosphère mélancolique et légère de l'Île-de-France. Parcourez ces allées droites, circulez entre ces arbustes verts, minutieusement taillés en cônes, en pyramides, en boules; d'une fenêtre de Versailles, voyez ces parterres presque géométriques, leur majesté triste et guindée vous émouvra; il s'en dégage avec intensité ce quelque chose qui nous vient d'un passé grandiose.

La France donne alors le ton à l'Europe tout entière. Schœnbrunn et Postdam, Péterhof, Willelmshöhe et Nymphenbourg s'inspirent de Versailles.

En Angleterre, Bacon, Bridgeman et surtout William Kent — qui laisse un nom presque aussi illustre que celui de Le Nôtre — posent les principes d'un art nouveau. Les travaux de Dufresny, qui créa, en 1690, les jardins de Mignaux, près Poissy, et dessina, pour la Cour, des plans retrouvés sans qu'ils aient été exécutés, peuvent le faire considérer comme un précurseur, en France, de cette rénovation, dont la méthode fut ensuite appliquée chez nous par Gabriel Thouin, auteur d'un remarquable recueil de plans de jardins, puis par Varé et, de notre temps, par Alphand dont le nom restera attaché à tant de créations importantes de la seconde moitié du xixe siècle.

Sans vouloir comparer ici le jardin français et le jardin anglais, on ne peut s'empêcher de constater que les bois de Boulogne et de Vincennes, les parcs des Buttes-Chaumont, Monceau, de Montsouris (de Paris, la Ville-reine des parcs et des jardins), celui de la Tête-d'Or (de Lyon) — si charmants qu'ils soient — ne font pas oublier Versailles ou Saint-Cloud.

L'art du paysagiste a fait, dans la seconde moitié du siècle dernier, des progrès considérables, sous l'impulsion donnée par les Barillet-Deschamps, les Buhler, les André, pour ne citer que les principaux maîtres, considérés à juste titre comme des chefs d'école. Les architectes-paysagistes français forment aujourd'hui une phalange instruite

Fig. 286. — Scène paysagère au domaine des Créneaux, Meulan (Seine-et-Oise) [1901]

Fig. 287. — Jardins du prince Hussein Kamil Pacha, à Giseh (Égypte) [1902].

et exercée, qui s'applique à propager les traditions les plus pures
de l'art aimable auquel nous devons tant d'œuvres remarquables.
Dans tous les pays de l'Europe, nous pourrions même dire du monde
entier, nos habiles dessinateurs de jardins vont perpétuer le renom
du goût français, et c'est par centaines que l'on compte leurs merveilleuses créations en Allemagne, en Autriche, en Russie, en Portugal, en Égypte, en Roumanie, en Turquie et jusqu'en Amérique.

Fig. 288. — Jardin de La Flora, à Charlottenbourg (Prusse) [1890].

L'architecte-paysagiste moderne tient généralement à faire exécuter
lui-même les plans qu'il a conçus. Aussi s'est-il attaché d'une façon très
sérieuse à étudier, sous tous leurs aspects, les nombreux végétaux
qui doivent entrer dans ses créations. Il sait merveilleusement tirer
parti des ressources naturelles pour les faire servir à l'exécution de
ses plans.

Il forme, en outre, de nombreux élèves, et beaucoup de jeunes
gens sortant des écoles d'horticulture aiment à faire un stage chez
un architecte-paysagiste en renom, qui complète ainsi leur in-

struction professionnelle. La création des propriétés d'agrément, si nombreuses et si variées, confiée à nos architectes-paysagistes, comporte, en effet, les meilleurs enseignements pratiques pour les futurs

Fig. 289. — Un square à Berlin : Döhnhoffplatz (1890).

jardiniers-chefs des domaines privés ou les directeurs de plantations des grandes villes.

B. FLORICULTURE [1].

HISTORIQUE. — IMPORTATIONS DE PLANTES EXOTIQUES. — CRÉATIONS DE TYPES NOUVEAUX. — SPÉCIALISATION. — PROSPÉRITÉ ACTUELLE. — CENTRES DE PRODUCTION. — SURFACE OCCUPÉE. — VALEUR DE LA PRODUCTION ANNUELLE. — EXPORTATIONS ET IMPORTATIONS.

Les premières fleurs dont l'homme s'est plu à entourer sa demeure étaient sans doute celles qui joignaient l'utilité à l'agrément. Puis, peu à peu, à mesure que les conditions de vie deviennent moins rigoureuses, le souci grandit de satisfaire, par un choix judicieux, l'odorat et la vue. On s'efforce, dès lors, de réunir les plantes à parfums et

[1] Clichés de la Société nationale d'horticulture de France.

les végétaux d'ornement. Dès la plus haute antiquité, on trouve de nombreux exemples de cette tendance chez les Perses aussi bien que chez les Égyptiens, les Grecs ou les Romains. Ces derniers tinrent les fleurs en honneur jusqu'aux derniers jours de leur empire. Elles jouaient un rôle important dans les fêtes publiques comme dans les cérémonies familiales. Déjà, on cherche à avancer la floraison des plantes en les cultivant à l'abri de murs exposés au soleil et en les arrosant d'eau chaude : la culture forcée fait donc de bonne heure son apparition.

Charlemagne — à l'universelle attention de qui les fleurs n'échappèrent pas — constitue une exception dans son temps. En effet, de la chute de l'empire romain à la Renaissance, l'Occident a perdu le goût des fleurs, tandis qu'il s'est conservé à Byzance et chez les Maures d'Espagne.

Le luxe des jardins, qui reparaît à l'époque de la Renaissance, entraîne un renouveau de la fleur, d'autant que la jeune Amérique et les autres régions où la passion des voyages commence à conduire nos pères nous envoient des spécimens inconnus en Europe. Le génie de Le Nôtre, la compréhension intelligente et avisée de La Quintinie assurent le succès du mouvement. Le jardin de Versailles est un temple de la Fleur.

Voici les principales introductions de plantes exotiques qui trouvèrent place au Jardin du Roi (actuellement le Jardin des Plantes), à Trianon, à La Malmaison : l'acacia (Amérique du Nord, 1601), le cèdre du Liban (Asie Mineure, 1725), le camélia (Japon, 1739), le cynko biloba (Japon, 1754), l'aucuba (Japon, 1783), l'hortensia (Chine, 1788), le chrysanthème (Inde, 1789), la pivoine en arbre (Chine, 1794), le fusin (Japon, 1804), la glycine (Chine, 1818), la primevère (Chine, 1820), les azalées (Chine, 1823). A partir de cette époque, les introductions deviennent trop nombreuses pour qu'on puisse les énumérer ici.

Et voici que les importations, devenues rares, ne suffisent plus. On imagine les hybridations. De nouveaux types apparaisssent, sinon supérieurs aux originaux, du moins différents. Ces types se compliquent : fixation de quelque accident de nature, d'un croisement sur un croisement, etc..., si bien qu'on serait fort en peine d'indiquer aujourd'hui l'origine première de telle ou telle « création ».

Comme on peut le penser, les conditions de la production changent avec les complètes transformations accomplies dans les produits obtenus; elles changent également suivant les différences qui se manifestent dans la vie sociale. La vente des plantes augmente, mais il faut les vendre meilleur marché; d'où, la spécialisation des producteurs, qui permet des conditions de travail plus favorables. Suivant une juste expression, l'horticulture « s'industrialise », comme nous avons vu s'industrialiser les diverses branches de l'agriculture (élevage, laiterie, etc.). C'est la loi inéluctable. Mais peut-être est-il permis de regretter que cette industrialisation amène peu à peu la disparition de ces producteurs amoureux de leur art qui s'enorgueillissaient, non sans quelque raison, de la création d'une belle fleur comme d'un chef-d'œuvre.

L'horticulture est aujourd'hui dans une situation très prospère. Les débouchés ont presque doublé en vingt ans; mais suivront-ils toujours cette telle marche ascendante? La surproduction ne guette-t-elle pas l'horticulture? Il est certain que la chose est à craindre, et ce danger ne sera évité que par l'habileté des producteurs à renouveler sans cesse par leurs créations le goût et le désir du public.

Les centres de production horticole sont nombreux en France. La région parisienne (Versailles, Bougival, Châtenay, Fontenay-aux-Roses, Montlignon, Vitry-sur-Seine, Montreuil-sous-Bois, Ivry-sur-Seine, etc.) entreprend les floricultures les plus variées. Tous les amateurs connaissent les forceries de lilas et de roses de Montreuil et de Vitry; les champs de violettes qui, entre Bagneux et Arpajon, sont dans leur royaume; les azalées et les rhododendrons, les camélias, les muguets et les lis, et ces variétés innombrables de chrysanthèmes parfois bizarres. Bien d'autres régions sont encore à citer: Orléans, Angers, Caen, Ussel, Nantes, Aubagne, Limoges, Troyes, Montpellier, dont les pépinières alimentent le commerce de gros; Tours, Poitiers, Nancy, qui joignent à l'industrie des pépinières la culture des plantes d'ornement; la région lilloise et ses cultures sous verre; le Lyonnais, Grenoble, Toulouse, Valence, Bayonne, aux chrysanthèmes chaque année nouvellement chiffonnés; la Brie, qui envoie des roses et des rosiers; enfin, notre joyau, la Côte d'Azur qui chaque hiver répand, non seulement à Paris, mais dans toute l'Europe des fleurs pour plusieurs millions de francs.

Je cite plus haut (p. 35o, 3g5 et 3g6), quelques chiffres sur l'étendue des cultures florifères empruntés à l'enquête décennale de 1892. 4,844 hectares seraient occupés par la floriculture en vue de la vente. Si, en outre, on note que les cultures florales et d'orne-

Fig. 290. — Grande serre de Gothenbourg (Suède) [1889].

mentation entrent, d'une part, pour un tiers dans la surface totale des parcs et jardins privés, et, d'autre part, pour un quart dans celle des pépinières, on calcule qu'au total, 1o7,971 hectares, c'est-à-dire o.2o p. 1oo de la superficie totale de la France et o.42 p. 1oo de celle des terres labourables sont consacrés à l'horticulture.

Dans ces conditions, il semble que le chiffre officiel de la valeur globale de la production annuelle (4o millions) doit être trop faible.

On peut penser aussi que les estimations, relatives aux importa-tions et surtout aux exportations, doivent être au-dessous de la réalité. La balance indiquerait une valeur d'environ 900,000 francs en faveur de l'exportation. Beaucoup de personnes estiment qu'en réalité nos exportations horticoles dépassent nos importations de beaucoup plus d'un million de francs.

Ces exportations sont surtout formées des produits du Midi. C'est, en effet, par wagons complets que, pendant toute la saison d'hiver, les colis de fleurs sont expédiés quotidiennement, de la Côte d'Azur dans les pays de l'Europe centrale: Suisse, Allemagne, Autriche, etc., et jusqu'en Russie.

Le nombre et l'importance de ces envois à l'étranger, comme, du reste, de ceux destinés à Paris — en un mot, l'état prospère de notre floriculture provençale, — dépend en grande partie de la bonne organisation des transports par voie ferrée et de l'établissement des tarifs.

Les plantes décoratives d'appartement : palmiers, ficus, araucarias, etc., forment un appoint important dans notre commerce de fleurs avec l'étranger, qui, pour la seule région du Midi, dépasse annuellement 5 millions de francs.

Les roses et les œillets, les violettes, les mimosas, les anémones et les jacinthes sont aussi l'objet d'une exportation extrêmement active et suffisamment rémunératrice.

Indépendamment de la vente directe par les pays de production, il se fait, à Paris, des transactions très importantes avec l'étranger. De nombreuses maisons d'expédition servent d'intermédiaires entre les horticulteurs qui envoient leurs produits aux Halles et la clientèle étrangère.

Le montant de ces exportations — y compris le safran, certaines plantes méridionales et quelques autres spécialités — s'élèverait à environ 22 millions de francs par année. Ces résultats, fort appréciables, iront en s'améliorant encore, car des forceries de grande importance, organisées spécialement en vue d'une production intensive, se sont créées de toutes parts dans ces derniers temps.

Nous sommes, en revanche, tributaires de l'étranger : pour les azalées et diverses plantes de serres, qui nous viennent de la Belgique; pour les bulbes et les oignons à fleurs, dont nous recevons de grandes

quantités des Pays-Bas; pour les griffes de muguets, qui affectionnent
les terrains sablonneux de la Poméranie; les lis des Bermudes et
du Japon, et quelques autres végétaux en nombre peu considérable.

Parmi les produits que nous pourrons peut-être un jour nous dispenser d'acheter à l'étranger, figure l'essence de rose, chiffrant, dans
nos importations, pour une somme annuelle de 1,500,000 francs.

La Bulgarie, jusqu'à présent, produit d'une façon à peu près exclusive, les essences de rose utilisées dans l'industrie des parfums. On
en fabrique bien à Grasse une certaine quantité, mais à des prix

Fig. 291. — Allée de palmiers, Parc aux Roses, à Nice (1898).

très élevés, de sorte que le commerce français s'approvisionne généralement dans les Balkans, pour la presque totalité de ses besoins.
On estime à environ 2,500 hectares la superficie cultivée en rosiers
et à près de 6,000 kilogrammes la production totale d'essence de
rose en Bulgarie. Sur cette quantité, il en est expédié en France environ 1,600 kilogrammes, au prix de 800 à 1,000 francs le kilogramme.

A la suite d'un voyage dans les Balkans entrepris par un de nos compatriotes, M. Gravereaux, amateur distingué, des essais sont actuellement tentés pour assurer à la France la production d'un produit dont elle fait une telle consommation, et nous pourrons espérer voir prospérer bientôt, dans nos départements méridionaux ou même dans les environs de Paris, une nouvelle culture très rémunératrice.

L'Angleterre, enfin, nous expédie régulièrement différents produits de ses cultures forcées : gardénias, arums, liliums, muguets, qui trouvent aux Halles de Paris un excellent débouché.

Fig. 292. — Corbeille de Cannas au Jardin du Luxembourg (Paris).

Tous ces envois ne constituent pas, en somme, un ensemble bien considérable, et nos importations florales ne dépassent guère 9 millions par an.

22 millions d'une part, 9 millions de l'autre, — ce sont les chiffres du distingué secrétaire général de la Société nationale d'horticulture de France, M. A. Chatenay, — nous sommes loin, on le voit, des chiffres officiels. Si ces derniers sont quelque peu étriqués,

par contre, l'ensemble des produits que M. Chatenay compte à son total est peut-être quelque peu élevé. N'importe, la vérité semble plus près de son chiffre que de celui de la statistique officielle.

C. LÉGUMES ET FRUITS FORCÉS OU RETARDÉS.

LA CULTURE MARAÎCHÈRE DANS LES ENVIRONS DE PARIS; BILAN D'UNE EXPLOITATION. — FORÇAGE DES LÉGUMES. — PRIMEURS : POMMES DE TERRE, TOMATES, ASPERGES D'ARGENTEUIL. — CENTRES DE PRODUCTION DES PRIMEURS : DANS LA RÉGION PARISIENNE; SUR LES CÔTES DE BRETAGNE ET CELLES DE NORMANDIE; EN PROVENCE; HORTILLONNAGES D'AMIENS; FORCERIES DU NORD. — ÉTIOLAGE. — CARRIÈRES À CHAMPIGNONS. — PROCÉDÉS POUR RETARDER ET CONSERVER LES FRUITS ET LES RENDRE PLUS BEAUX. — FORÇAGE DES FRUITS.

Plus haut (p. 337 et suiv.), j'ai relevé les statistiques concernant les cultures maraîchères et les cultures fruitières. Je n'y reviendrai donc pas, me bornant ici à donner quelques détails au sujet des cultures et des forceries de légumes et de fruits, qui, les unes et les autres, sont du domaine de l'horticulture.

LA CULTURE MARAÎCHÈRE DANS LES ENVIRONS DE PARIS; BILAN D'UNE EXPLOITATION. — Dans le rayon de Paris, des deux côtés de la Seine, la culture maraîchère occupe plus de 1,500 hectares. Ses principaux centres sont : sur la rive droite du fleuve, Maisons-Alfort, Créteil, Bobigny, Aubervilliers, la Courneuve, Asnières et Gennevilliers; sur la rive gauche, Issy-les-Moulineaux, Malakoff, Montrouge, Bagneux, Arcueil-Cachan, Gentilly et Vitry; enfin, les vallées de la Bièvre et de l'Yvette.

Un praticien émérite, M. J. Curé, secrétaire du Syndicat des maraîchers de la région parisienne, a publié, à l'occasion de l'Exposition universelle de 1900, un livre très intéressant sur l'histoire du jardinage à Paris à travers les âges[1]. L'auteur nous fait assister, dans cet ouvrage très documenté, à la naissance et au développement du jardinage à Paris et dans ses environs; il nous montre l'intérêt que les rois de France attachaient à la création des jardins, la part que les

[1] *Les jardiniers de Paris et leur culture à travers les siècles.* — Considérations historiques. — Développements successifs du jardinage au moyen âge. — Évolution de la culture maraîchère depuis La Quintinie. — Maraîchers de l'époque contemporaine.

moines prirent du temps d'Henri IV à l'assainissement et à la mise en valeur des marécages qui occupaient alors l'espace où s'élèvent aujourd'hui les plus beaux quartiers de Paris. Il décrit les conditions et les mœurs des jardiniers; il fait connaître l'organisation de leurs confréries depuis le moyen âge jusqu'à la Révolution et donne sur les développements successifs du jardinage depuis Charlemagne jusqu'à nos jours de très intéressants renseignements.

Naturellement, la valeur vénale des marais a progressivement augmenté.

On aura une idée de cette augmentation dans le cours du XIXe siècle par les quelques chiffres que voici. Les terrains situés entre le mur de Louis XVI et l'enceinte fortifiée de Louis-Philippe valaient, vers 1850, de 28,000 à 30,000 francs l'hectare. Les emplacements occupés par les maraîchers dans le bas des faubourgs se vendaient déjà, au commencement du siècle dernier, de 80,000 à 100,000 francs l'hectare; ils valent aujourd'hui, pour constructions, de 500 à 800 francs le mètre carré. La culture maraîchère a naturellement reculé vers la banlieue avec cet énorme accroissement de la valeur des terrains. Aujourd'hui, le terrain propice à la culture maraîchère dans la banlieue de Paris se vend en moyenne de 3 à 4 francs le mètre carré.

Quels sont actuellement les frais de premier établissement, les dépenses d'exploitation et la valeur de la production d'un hectare de marais dans les conditions moyennes du jardinage aux portes de Paris? Désireux d'être exactement renseigné à ce sujet, je ne pouvais mieux faire que de m'adresser à M. J. Curé, président du Syndicat des maraîchers de la région parisienne. Grâce à son obligeance, je suis en mesure d'établir le bilan de l'exploitation d'un hectare de terre en culture maraîchère dans le rayon de Paris.

La superficie d'un marais d'un hectare se partage en trois parties inégales :

	sous châssis, couches...............	1,650 m. carrés.
Culture	sous cloches........................	1,450
	de pleine terre....................	6,900
	Total..................	10,000

Les dépenses de premier établissement sont les suivantes :

800 châssis avec leurs coffres...................	12,000 francs.
4,500 cloches de jardin....	4,000
1,500 paillassons.........................	1,500
Un moteur à gaz ou à pétrole................	3,000
Pompe et réservoir à eau, en fer.............	3,000
Canalisation et robinetterie en cuivre............	2,000
Petit outillage..........................	1,000
Un cheval et une voiture.....................	2,000
DÉPENSE TOTALE	28,500

Voici maintenant le détail des frais d'exploitation par année :

Loyer de la terre.........................	2,200 francs.
Contributions et assurance...................	500
Intérêts du capital d'installation à 5 p. o/o	1,425
Amortissement et achat du matériel.............	2,000
Entretien du matériel.......................	1,000
Alimentation et entretien du moteur.............	300
Nourriture du cheval, ferrage et harnais..........	1,500
Frais de halle, place, remisage et frais de retour des femmes.................................	600
Fumiers..................................	4,000
Achat de graines..........................	200
Gages et main-d'œuvre :	
Trois hommes à 2,000 francs l'un..............	6,000
Deux femmes à 1,200 francs l'une..............	2,400
Imprévu..................................	500
TOTAL...................	22,625

Quel est, en regard de ces dépenses, le produit brut annuel d'un hectare de marais ? M. J. Curé l'évalue comme suit :

	PRODUIT BRUT.
	francs.
Sur 1,650 mètres carrés, 800 châssis à 10 francs l'un.	8,000
Sur 1,450 mètres carrés, 4,500 cloches à 1 fr. 25 l'une.	5,625
Sur 6,900 mètres carrés pleine terre à 2 fr. 25 le mètre.	15,525
PRODUIT BRUT TOTAL..................	29,150
La dépense annuelle étant de..................	22,625
Le produit net d'un hectare serait de............	6,525
Auquel il y a lieu d'ajouter l'intérêt du capital engagé.	1,425
Le produit net total s'éleverait donc à............	7,950

La corporation maraîchère du rayon de Paris compte environ douze cents établissements, ce qui représente deux mille quatre cents patrons et patronnes, car il est utile, dit M. J. Curé, de rappeler que dans ce métier, la femme a, sinon plus, du moins autant de travail et de responsabilité que l'homme.

C'est dans son service que se préparent les produits pour la vente, et c'est elle qui va les livrer aux Halles centrales. Ces douze cents établissements occupent environ cinq mille ouvriers des deux sexes, sans compter les enfants qui ne commencent plus à travailler qu'à treize ou quatorze ans, depuis que l'enseignement primaire a été rendu obligatoire.

A première vue, le profit de la culture d'un hectare de marais semblera peut-être très élevé, mais il ne faut pas oublier, comme le rappelle M. J. Curé, que : «si le métier de maraîcher est l'un des plus sains, il est en même temps l'un des plus pénibles que les hommes puissent faire», il est donc juste qu'ils y trouvent une large rémunération de leur travail.

Pour compléter les indications précédentes, il me paraît intéressant de mettre en regard du produit net en argent d'un hectare de maraîchage, l'énumération des divers légumes récoltés et la part qui revient à chacune des principales cultures dans le chiffre du produit total (30,000 francs). C'est également le maraîcher émérite qu'est M. Curé, qui a bien voulu me donner tous les éléments de cette statistique. Il faut noter que ses renseignements se rapportent exclusivement au maraîchage des abonnés aux Halles, au nombre de 1,200 environ.

Les cultures des forains non abonnés, c'est-à-dire des jardiniers qui n'ont pas d'emplacement fixe aux Halles, ne figurent pas dans le relevé suivant.

STATISTIQUE RAPPORTÉE À 1,000 HECTARES.

PRODUCTION ANNUELLE DE LA CULTURE MARAÎCHÈRE À PARIS.

I. *Culture forcée sous châssis, sur couche et à froid.*

On compte un million de châssis qui, en moyenne, produisent tous deux récoltes de laitues, se récapitulant suivant le tableau ci-contre.

RÉCAPITULATION DE LA CULTURE FORCÉE SOUS CHÂSSIS, SUR COUCHE ET À FROID.

Chaque châssis renferme 42 plants de laitue, par saison, ce
qui donne, pour les deux récoltes, 84,000,000 de plants
de salades; en tenant compte du déchet, la production
nette est de 80,000,000 de salade, vendues, en moyenne,
60 francs le mille, soit............................. 4,800,000 fr.

500,000 châssis sont ensuite employés à la culture des navets; ils fournissent chacun 10 bottes en moyenne, soit
au total 5,000,000 de bottes, vendues à raison de 400 fr.
les 1,000 bottes, soit.......................... 2,000,000

Les 500,000 autres châssis servent à la production des carottes, radis, choux-fleurs, etc., et le produit total de ces
récoltes s'élève à................................ 2,000,000

La culture des melons se fait sur 1 million de châssis, chaque
châssis produisant, en moyenne, 3 francs, ce qui correspond pour l'ensemble à............................ 3,000,000

La culture sous châssis représente donc dans une année
moyenne, une production totale s'élevant à........... 11,800,000

M. Curé évalue la perte sur ce chiffre, du fait des diverses
maladies ou parasites, à.......................... 1,800,000

De sorte que le produit total est de.................. 10,000,000

II. *Cultures sous cloche.*

6 millions de cloches produisent en automne des laitues à
froid et autres plantes de culture forcée. Chaque cloche
donnant une production de 0 fr. 50, soit pour les 6 millions
de cloches, un produit de......................... 3,000,000 fr.

Au printemps, les cloches sur couche produisent chacune
trois récoltes de laitues et trois de romaines. Chaque cloche
donne 0 fr. 15 en laitue et 0 fr. 60 en romaine, ensemble
0 fr. 75, soit au total........................... 4,500,000

Les cloches produisent donc...................... 7,500,000

Dans la production précédente, on ne tient pas compte des semis
destinés aux transplantations.

L'ensemble des cultures indiquées plus haut donne donc un produit marchand dont la valeur s'élève à 17,500,000 francs pour
1,000 hectares, soit à 17,000 francs par hectare.

III. *Cultures en pleine terre, à l'air.*

Les cultures de plein air sont très variées, le sol ne restant jamais
inoccupé dans le maraîchage. Outre les cultures à froid du mois
d'avril, où les châssis ne sont occupés que pendant quinze jours à un mois

et par les semis de carottes sur couche avec cloches, les principales cultures de printemps sont les suivantes : navets et chicorées à froid, choux
cœur-de-bœuf, oignons blancs, choux-fleurs, laitues, romaines,
radis, épinards, poireaux, semés sur couche, etc. En été : salades de
toute nature, choux-fleurs, céleris dorés (sur couche) après carottes,
poireaux, etc. A l'automne : scaroles, choux-fleurs, céleris, poireaux
et semis d'automne, tels que mâches, pissenlits, épinards, etc.

Par ces combinaisons de cultures, variées à l'infini, M. Curé estime
que la production moyenne a une valeur de 2 fr. 25 le mètre. En
tenant compte du roulement des châssis dans le marais et des cultures
qu'ils ont hâtées, pendant le temps où ils ont été vitrés, on peut estimer
la valeur de toute la culture :

En pleine terre à......................	15,000,000 francs.
Pour la culture forcée à..................	17,500,000
De sorte qu'au total, la production des 1,000 hec- tares s'élève à......................	32,500,000

chiffre qui représente la valeur réelle de la production maraîchère.
Mais, de même que pour la culture forcée, il faut, pour la culture en
pleine terre, tenir compte des maladies et des accidents de toute
nature qui atteignent fatalement ces cultures. Il n'y a pas à faire entrer
la *mévente* dans les calculs : tous les légumes portés aux Halles étant
vendus, mais parfois très au-dessous des cours normaux, dans le cas
par exemple de maturation trop prompte causée par les temps orageux.
Les produits sont alors dépréciés et vendus à bas prix, ce qui constitue
une perte réelle pour le maraîcher.

En tenant compte des diverses causes de diminution de la valeur
vénale des produits, M. Curé admet que pour les maraîchers abonnés,
c'est-à-dire ceux au nombre de 1,200 environ, qui ont une place
attitrée aux Halles, le chiffre rond de 30 millions de francs représente
la somme réellement encaissée par eux dans une année moyenne.

Il s'est produit depuis trente ans des modifications très sensibles
dans l'utilisation du sol par le maraîchage parisien. Le rendement de
la culture en pleine terre a subi une diminution sensible du fait de la
concurrence des produits du Midi; les petites variétés de légumes ne

peuvent presque plus être cultivées aux environs de Paris; les grosses variétés les remplacent, mais elles sont plantées à espacements beaucoup plus grands et elles occupent la terre plus longtemps; elles donnent, par suite, moins de bénéfice.

La culture forcée, au contraire, a notablement augmenté.

Je vais vous donner, m'écrit M. Curé, un exemple de ce qu'étaient nos cultures maraîchères il y a trente ans : je plantais à cette époque une variété de petits choux cœur-de-bœuf, choux pommés, à raison de 1,500 plants à l'are; le 8 mai, tous les ans, la terre qui avait porté ces choux était libre.

Cette récolte était vendue à raison de 8 francs le cent...	120 francs.
La terre était labourée immédiatement et plantée en romaine sélectionnée qui me fournissait le même produit, à 8 francs le cent, ci.	120
Dans les intervalles des salades on cultivait des choux-fleurs tendres d'été, 450 à l'are, vendus, en moyenne, 0 fr. 30 pièce, ci.	135
Dans les choux-fleurs étaient contreplantés les mêmes légumes (variété d'automne), qui donnaient à raison de 400 plants à l'are, valant chacun, en moyenne, 0 fr. 15.	45
Enfin, je néglige dans ce calcul les semis de mâche, d'un petit rapport.	
L'are de pleine terre produisait donc au total.	420

Je dois ajouter que ces cultures étaient faites dans un terrain extrêmement fertile de la plaine de Grenelle, ce qui y rendait la culture de pleine terre préférable à la culture forcée.

A trente ans de distance, le régime de la culture maraîchère s'est donc modifié par la nécessité de planter aujourd'hui des légumes qui occupent le sol plus longtemps et qui se vendent meilleur marché que les petites variétés d'autrefois.

Forçage des légumes et fruits. — Plus haut (p. 338), j'ai indiqué l'importance qu'avait eue, pour les cultures légumières, le perfectionnement des procédés d'arrosage[1]. Le forçage des légumes à l'aide de

[1] L'arrosage se faisait d'abord à l'aide de rigoles creusées entre les carrés de légumes, et dans lesquelles l'eau était puisée avec des arrosoirs ou bien lancée sur les carrés avec

bâches et de châssis vint achever l'œuvre commencée par l'arrosage. C'est au commencement du XIXᵉ siècle qu'il entra dans la pratique courante des cultivateurs parisiens. Sous l'impulsion donnée par quelques jardiniers plus hardis que les autres, il se propagea rapidement. Il devait être la source de bénéfices importants, mais qui supposent une grande dose de travail, et des soins constants et méticuleux.

PRIMEURS DIVERSES. — Les pommes de terre de primeur se cultivent principalement dans le Midi et dans le rayon de Saint-Malo. Le Midi et l'Espagne en expédient beaucoup à Paris et sur tous les grands centres; les environs de Saint-Malo exportent en Angleterre à partir des premiers jours de mai.

Les pommes de terre de *seconde saison*, c'est-à-dire pouvant être livrées en juin et juillet, procurent souvent tout autant de bénéfice aux planteurs que les variétés extra-hâtives. D'abord, le rendement obtenu est toujours plus considérable; ensuite, les arrivages du Midi étant terminés, les marchés sont dépourvus et les prix sont assez élevés.

La culture des tomates a pris durant ces dernières années une véritable importance. Son berceau est Antibes. Le premier essai date de 1870; il ne fut pas heureux. Après son échec, un Antibois tenta à son tour cette culture sous verre et réussit à avoir des fruits en plein hiver. Chose amusante : quand il les porta à Nice, on était si peu

des pelles ou des écopes. Vers 1830, furent établies les premières pompes à manège. Elles permirent aux jardiniers de s'installer dans n'importe quels terrains, la profondeur de l'eau n'étant plus un obstacle à leur industrie. Ces manèges étaient actionnés par des chevaux; quelques-uns même, tout simplement mus à bras. Des canalisations conduisaient, ensuite, l'eau dans des bacs ou tonneaux, enfoncés dans le sol et répartis sur les points des jardins à arroser, dans lesquels les maraîchers la puisaient facilement. En 1860, sur l'initiative d'Isidore Ponce, alors maraîcher à Clichy, l'on imagina de diriger l'eau dans des réservoirs suffisamment élevés pour permettre d'utiliser la pression ainsi obtenue. Des tuyaux en caoutchouc, munis de lances et se branchant sur les canalisations, remplacèrent les antiques arrosoirs, qui pourtant restent encore utilisés dans de nombreux cas. Enfin, depuis une quinzaine d'années, les moteurs à gaz et au pétrole, voire même électriques, ont, à leur tour, remplacé les chevaux pour l'élévation de l'eau, et les manèges sont délaissés partout où il est possible de le faire. — L'arrosage, grâce à la nappe souterraine, dans laquelle on puise l'eau au moyen de norias, a assuré le développement des jardins de notre littoral méditerranéen. Un exemple: les jardins d'Hyères, de 400 hect., ont passé à 1,200 hect.

habitué, sur le marché, à voir des tomates à cette époque de l'année, qu'il ne put s'en débarrasser à aucun prix. Il ne se découragea cependant pas, revint quelques jours après encore au marché; il trouva acquéreur, et, dans la même saison, on se disputa ses produits à 5 et 6 francs le kilogramme. Aussitôt les imitateurs affluèrent. La tomate, convenablement soignée et poussée fortement à l'engrais humain, donne des fruits au bout de trois à quatre mois; la récolte ne durant qu'un mois et demi, et les prix tombant d'une semaine à l'autre, on comprend que les cultivateurs s'efforcent de hâter, le plus possible, la maturité par des fumures répétées.

Énumérer les diverses cultures de primeurs m'entraînerait trop loin. Je veux seulement rappeler la culture des asperges d'Argenteuil.

Cette petite ville doit, il est certain, une grande partie de sa richesse à leur culture, — culture répandue d'ailleurs un peu partout aujourd'hui. La culture forcée, en effet, s'est de suite emparée de cet excellent légume et les forceries d'asperges alimentent aujourd'hui nos magasins de comestibles pendant une partie de l'hiver.

Centres de production des primeurs. *Région de Paris.* — J'ai dit (p. 339) tout le bien qu'il fallait penser de l'intéressante et vaillante population que forment les maraîchers parisiens.

Levé à une heure du matin pour aller conduire ses légumes aux Halles, rentré chez lui après avoir été en ville charger de fumier sa voiture, le maraîcher doit, aussitôt rentré, surveiller ses cloches et ses châssis, arroser ses carrés de légumes et aider sa femme à recueillir et à préparer la récolte qui sera vendue le lendemain. Bien souvent, le travail n'est terminé qu'à dix heures du soir.

Chaque famille entretient un jardin d'une contenance moyenne de quatre-vingts ares, dans lequel elle trouve une occupation qui ne se ralentit pas pendant tout le cours de l'année.

Le Carreau des Halles est alimenté en légumes de saison ou en primeurs, par plus de quinze cents maraîchers habitant Paris ou le département de la Seine, occupant 1,200 hectares à cette culture soignée, qui fait produire jusqu'à cinq récoltes successives, par année, au même terrain.

Dans le département de Seine-et-Oise, la superficie consacrée aux cultures légumières atteint près de 3o,ooo hectares.

Trois mille quintaux de fumier de cheval sont annuellement employés dans chaque exploitation, dont la production peut atteindre le chiffre énorme de 2oo,ooo kilogrammes par année en salades, choux et choux-fleurs, racines de toutes sortes, melons, tomates, oignons, légumes à cuire, etc., et l'ensemble de cette culture donne annuellement un total de 27o millions de kilogrammes, pour la seule région parisienne.

On estime aujourd'hui à plus de 5 millions de mètres carrés la superficie couverte de vitres, dans les jardins maraîchers de l'agglomération parisienne. Si l'on pouvait évaluer cette superficie pour la France tout entière, on arriverait à un chiffre phénoménal.

Pourtant, depuis que les chemins de fer ont permis d'envoyer les légumes de toutes sortes, des régions plus avantagées par le climat, un coup funeste a été porté à la culture des primeurs des grandes villes, malgré l'excellence de ses produits.

Les bénéfices — on vient de le voir (p. 6o5 et suiv.) — n'en restent pas moins très importants.

Sur les côtes de Bretagne et celles de Normandie. — Les côtes de Bretagne et de Normandie, baignées par le courant du Gulf-Stream et favorisées par une température des plus clémentes, ont vu se développer d'une façon extraordinaire les cultures de légumes destinés, soit à l'expédition sur Paris, soit à l'exportation en Angleterre. Dans le Finistère, dans l'Ille-et-Vilaine, les pommes de terre hâtives, les artichauts, les choux-fleurs, les oignons, sont tout particulièrement l'objet d'un commerce annuel considérable. Il en est de même pour les terrains conquis sur la mer aux environs de Cherbourg, de Pontorson, où les choux et les choux-fleurs, les pommes de terre, les carottes et les panais ont trouvé un sol à leur convenance, ne se fatiguant jamais de la culture, si épuisante pourtant, à laquelle il est constamment livré.

En Provence. — Les terrains irrigables du littoral de la Méditerranée sont, en partie, consacrés à d'importantes exploitations de légumes de primeurs, lesquelles, grâce au climat de la Provence, arrivent, particulièrement pendant les mois de l'hiver et du printemps, à fournir des produits remarquables par leur beauté et leur qualité. Les pois et les haricots, les salades, les aubergines et les piments, les artichauts, les tomates, les concombres, les courges et les cornichons, y sont tout spécialement cultivés et concurrencent les produits de même sorte que l'Algérie envoie aujourd'hui en quantités considérables (Cavaillon, Barbentane, Vaucluse, etc.).

On aura une idée du développement extraordinaire de la culture des primeurs en Provence, par les renseignements suivants sur la production du territoire de la petite ville de Châteaurenard (Bouches-du-Rhône), que j'emprunte à un article récent du *Journal d'agriculture pratique* (1905), article de M. Ardouin-Dumazet, l'auteur si connu du *Voyage en France*.

Châteaurenard est devenu en quelques années le centre le plus considérable de France, peut-être même du monde entier, pour l'expédition des légumes en primeurs; son marché centralise les récoltes d'une riche région fertilisée par la Durance, dépassant même en valeur commerciale la zone de Cavaillon pourtant si opulente. Cela tient au dévolu que les Allemands ont jeté sur Châteaurenard pour l'alimentation de leurs halles. La réputation de ce centre est si bien assise aujourd'hui, qu'on lui attribue la culture de fruits que son climat ne saurait donner. Les commerçants d'Outre-Rhin lui demandent jusqu'à des dattes et des arachides! Et Châteaurenard envoie ces produits — qu'elle se procure facilement à Marseille.

Un chiffre suffira à dire l'importance et le développement prodigieux de ce commerce. La gare qui avait expédié 15,000 colis postaux en 1897, en a mis en route 500,000 en 1904. Pendant la même période de sept années le nombre des wagons est passé de 5,175 à 11,236. Et le mouvement, loin de ralentir, s'accroît dans des proportions invraisemblables, puisque de 1903 à 1904 le nombre des colis postaux s'augmentait de 200,000.

Aujourd'hui, le nom de Châteaurenard-Provence est donc porté au loin par ces milliers de paniers et de caisses. D'autres villes ou bourgs des environs produisent des légumes et les envoient en quantités, mais la petite ville a su centraliser les affaires; même des communes, dotées cependant de stations de chemins de fer, amènent leurs produits sur le marché de Châteaurenard.

Ce prodigieux trafic de produits maraîchers a pour cause première les irrigations. Le flot de la Durance, soit employé directement dans les îles et sur les terres riveraines, soit amené à travers les campagnes par les diverses branches du canal des Alpilles, répand la fertilité et la vie dans un sol qui serait comparable à la Crau, sans ce flot vivifiant. Autour de Châteaurenard, la plaine peut être comparée aux plus riches *huertas* de l'Espagne. Une multitude de *mas* la parsèment, grandes habitations ou modestes bâtisses d'un blanc éblouissant. La terre de culture enveloppe la maison, des filioles dérivées de la Durance apportent la vie, bordées souvent par les grandes haies de roseaux de Provence, plante précieuse, car elle fournit les clayonnages d'abri, les tuteurs pour la tomate, les brins pour la confection des paniers. Si nombreux sont ces mas, que plus de la moitié de la population de Châteaurenard habite la banliene : 3,822 habitants sur les 7,398 de la commune.

La variété est grande des produits de ces jardins; les légumes les plus abondants sont les haricots verts, dont la gare a expédié 5,000 tonnes en 1904, et les choux, qui ont fourni 5,193 tonnes. Viennent ensuite les salades, 2,904 tonnes, et les pommes de terre, 2,664. Ce dernier légume croît dans des terres non soumises à l'irrigation. Les sols soustraits à l'arrosage, soit par la fermeture des vannes, soit par leur élévation au-dessus du plan d'eau, sont consacrés à des plantes ou à des arbustes ne demandant pas autant de fraîcheur. Les pêchers et les abricotiers abondent au point que ces fruits ont figuré pour 3,661 tonnes dans les envois de 1904 ; le raisin en a fourni 2,642, la cerise 759 seulement.

Quant aux pois, qui trouvent de bonne heure la concurrence des jardins du Nord, ils ont fourni seulement le chiffre, coquet encore, de 966 tonnes.

D'autres fruits et légumes viennent ensuite, non spécifiés, parce que chaque espèce ne peut être mise en comparaison pour la quantité, avec celles que j'ai signalées; mais ils ont donné 2,317 tonnes à la voie ferrée, pour un mouvement total de 28,164 dans la seule gare de Châteaurenard, et uniquement de produits maraîchers et fruitiers.

Hortillonnages. — Les jardins maraîchers ou hortillonnages d'Amiens méritent aussi d'attirer l'attention. Ils s'étendent sur un millier d'hectares de tourbières dans la vallée de la Somme, qui, peu canalisée dans les environs d'Amiens, a formé à l'aide de ses alluvions, une multitude d'îlots consacrés, depuis plus de cinq siècles, à la culture des légumes.

Pour le transport des fumiers et des récoltes, de longs bateaux plats, conduits à la perche, sillonnent continuellement les canaux entourant les parties cultivées.

Forceries du Nord. — Signalons, enfin, installées dans la région du Nord et à proximité des mines de charbon, de nombreuses forceries.

Étiolage. — Le blanchiment artificiel de certains légumes, communément désigné sous le nom d'étiolage, jouit aujourd'hui d'une grande faveur auprès des consommateurs qui apprécient beaucoup, en hiver, les produits obtenus par ce procédé.

Les Belges et les Anglais, depuis longtemps déjà, connaissaient et pratiquaient la façon de modifier la nature de certaines chicorées, du chou-marin, en les enfouissant dans des tranchées recouvertes de terreau, en les forçant comme des asperges, en les entassant dans des endroits frais et obscurs ou bien encore en les couvrant de pots ne laissant pénétrer ni air, ni lumière.

Les cultivateurs des environs de Paris, en présence du succès obtenu par les légumes appétissants produits à l'aide de ces divers procédés, se sont également appliqués à une culture qui a pris une assez grande extension.

Nous sommes encore tributaires de la Belgique pour les endives ou witloofs, et de l'Angleterre pour les succulents étiolages de crambé; mais nos maraîchers se sont mis à cultiver en grandes quantités ces produits délicats, recherchés pour les salades de même que pour la cuisson, et de multiples applications de cette culture sont faites journellement à de nouvelles sortes de produits potagers.

CARRIÈRES À CHAMPIGNONS. — Toutes les anciennes carrières des environs de Paris sont livrées généralement à la culture des champignons de couches. Tout autour de la capitale, les champignonnières occupent plusieurs centaines de carrières de plâtre abandonnées qui ont servi à bâtir les maisons avant de nourrir leurs habitants.

Une visite dans ces exploitations souterraines est des plus curieuses; mais elle n'est pas à la portée de tout le monde, car le chemin qui y conduit consiste bien souvent en une échelle verticale, et l'accès n'en est pas toujours sans danger.

Le champignoniste est obligé de descendre, la plupart du temps à 60 ou 80 pieds sous terre, les nombreuses voiturées de fumier de cheval indispensables pour confectionner ses couches, fumier qui doit être remonté à la surface après la production.

Cet important travail est uniquement fait à bras, et il est juste de reconnaître que, si la culture des champignons est rémunératrice, les bénéfices obtenus sont bien justifiés.

PROCÉDÉS POUR RETARDER OU CONSERVER LES FRUITS ET LES RENDRE PLUS BEAUX. — La science aidant, et grâce à l'expérience acquise par nos arboriculteurs, des procédés multiples ont été découverts et employés pour hâter ou retarder la maturité des fruits, pour en améliorer le volume ou la qualité, enfin pour les conserver pendant de longues périodes. Au nombre de ces procédés, il faut citer les chambres à raisins, grâce auxquelles les viticulteurs des régions de Thomery et de Conflans-Sainte-Honorine peuvent conserver à l'état frais, jusqu'aux mois d'avril ou de mai, les appétissantes grappes de chasselas doré qui font les délices des gourmets, à des prix relativement modérés.

L'ensachage des poires et des pommes, qui donne à ces fruits une beauté et une finesse incomparables et les protège efficacement contre les insectes nuisibles et les maladies cryptogamiques, est pratiqué maintenant un peu partout.

Les chambres ou les appareils frigorifiques dans lesquels nos meilleurs fruits d'automne peuvent se conserver pendant toute la saison rigoureuse viendront hâter, à bref délai, le remplacement sur nos tables des fruits fades du cap de Bonne-Espérance — qui font, à Paris, leur apparition vers le mois de janvier —, par des produits dont la qualité laisse peut-être encore un peu à désirer, mais que l'expérience permettra certainement d'améliorer.

Le séchage des fruits, en vue duquel un outillage perfectionné a été fabriqué spécialement dans ces dernières années, facilite l'écoulement de l'excédent des récoltes dans les années d'abondance et permet au commerce de livrer, lorsqu'il y a pénurie, des produits nombreux et variés qui composent encore d'excellents desserts, à la grande joie des ménages modestes.

FORÇAGE DES FRUITS. — Les forceries existaient depuis longtemps à l'état embryonnaire, et nos pères connaissaient assurément le moyen d'avancer la maturité de certains fruits. Dans les grandes propriétés privées, les jardiniers pratiquaient la culture des ananas, le forçage des fraisiers, de la vigne, du pêcher; mais le commerce ne s'était pas emparé de ces procédés, et la consommation des fruits récoltés hors saison demeurait l'apanage de la classe fortunée.

Les Anglais et les Belges nous devancèrent dans cette voie et créèrent des exploitations commerciales qui, prenant une importance de plus en plus considérable, donnèrent l'éveil à certains de nos compatriotes. M. Anatole Cordonnier, de Roubaix, fut le premier qui se livra résolument en France à cette nouvelle culture. Son exemple fut suivi par de nombreux imitateurs, et nos marchés sont maintenant approvisionnés, pendant une partie de l'hiver, de raisins, de pêches, de brugnons, de cerises, etc... produits remarquables d'une industrie plutôt que d'une culture, et pour l'obtention desquels le fer, la vitre et le charbon jouent les principaux rôles. On peut citer aussi les belles forceries établies plus récemment dans les environs de Paris, à Nanterre notamment.

D. PÉPINIÈRES ET GRAINES.

PÉPINIÈRES : LEUR EXTENSION; AMÉLIORATIONS DANS LES CULTURES; CENTRES DE PRODUCTION; RELATIONS AVEC LES PAYS ÉTRANGERS. — GRAINES : RÉGIONS DE CULTURE; ÉTABLISSEMENTS DE VENTE; INTERMÉDIAIRES; COMMERCE EXTÉRIEUR.

PÉPINIÈRES. *Leur extension.* — Le goût de plus en plus prononcé pour les jardins qui caractérise notre époque, la création de parcs et de promenades dans les villes, le développement considérable des cultures fruitières ne pouvaient manquer d'influer d'une façon sensible sur l'industrie de la pépinière[1].

Aussi, dans la seconde moitié du siècle qui vient de finir, de nombreux et importants établissements se sont-ils créés de toutes parts, et les régions dans lesquelles ces exploitations étaient déjà, en quelque sorte, centralisées, ont-elles accru, de façon continue, l'importance qu'elle leur accordait.

Améliorations dans les cultures. — En même temps, de grandes améliorations étaient apportées dans ces cultures, aussi bien en ce qui concerne les jeunes plants, propres aux reboisements ou devant servir à la greffe et à la multiplication des végétaux, que pour la formation de ces magnifiques spécimens d'arbres fruitiers que l'on voit généralement planter aujourd'hui.

[1] Voir, pour les statistiques, p. 396 et 397.

Dans notre siècle de vie à outrance, chacun voulant profiter immédiatement des dépenses qu'il a faites pour se créer un jardin, les pépiniéristes ont la vente de sujets déjà forts.

Le transport des arbres d'agrément à l'aide de chariots spéciaux, qui permettent de planter sans aucun risque des exemplaires âgés de vingt ou vingt-cinq ans, les replantations successives auxquelles sont soumis en pépinière les arbres fruitiers afin d'en assurer la reprise, facilitent à nos architectes-paysagistes la création de ces magnifiques jardins qui présentent, au bout d'une ou deux années, l'aspect de plantations déjà anciennes.

Centres de production. — Les pépinières sont généralement installées dans les environs des grandes villes, à proximité de ces innombrables jardins d'agrément où les citadins viennent se reposer de la vie active et brûlante des affaires; plusieurs d'entre ces centres ont su acquérir une grande réputation dans l'élevage des arbres et des plantes.

Les uns, comme Angers et Nantes, favorisés par un climat plus doux, se sont livrés spécialement à la culture des plantes à feuilles persistantes : magnolias, camélias, rhododendrons, lauriers. On y cultive également, en quantités considérables, les arbres fruitiers qui sont ensuite répandus dans la région dont ils constituent une des principales richesses.

A Orléans, à Ussy, dans le Calvados, ce sont les jeunes plants qui sont élevés, par centaines de millions, pour être ensuite expédiés dans toute la France, en Allemagne, aux États-Unis.

Bourg-la-Reine, Châtenay, Bougival, Louveciennes et autres localités des environs de Paris sont universellement connues pour leurs superbes arbres fruitiers, dressés et formés dans la perfection, et qui sont en plein rapport dès la seconde année de leur plantation.

Vitry-sur-Seine produit les jeunes arbres fruitiers qui peupleront ensuite les fertiles campagnes de la Brie et de la Normandie. On y cultive également, par centaines de mille, les lilas, qui sont l'objet d'une exploitation considérable pour la culture forcée et la fourniture du marché parisien, ou sont expédiés, par wagons entiers, en Italie, en Allemagne et jusqu'aux États-Unis.

Doué-la-Fontaine, Angers, se livrent à la culture des pommiers à cidre et des arbres pour vergers, qui font la richesse de la Normandie et de la Bretagne.

Dans les environs de Brie-Comte-Robert, à Lyon, à Angers, à Orléans, les rosiers ont trouvé leur terrain de prédilection et sont multipliés à l'infini en vue de la vente en France et de l'exportation.

Cabannes, dans les Bouches-du-Rhône, produit les arbres fruitiers qui servent aux plantations commerciales, de plus en plus considérables, du Sud-Ouest et de la Provence.

Les peupliers, qui constituent la richesse de nos terrains irrigués, sont élevés en grande partie en Seine-et-Marne, dans l'Aisne, l'Yonne, l'Aube, etc.

Les orangers, mandariniers, citronniers, sont naturellement multipliés en très grand nombre dans nos départements du littoral méditerranéen.

Enfin, des établissements importants sont répandus sur toute l'étendue du territoire : à Nancy, Versailles, Troyes, Moulins, Poitiers, Limoges, Amiens, Dijon, Montpellier, etc.

Dans son ouvrage sur l'*Horticulture dans les cinq parties du monde*, Charles Baltet évaluait (1895) à 20,000 hectares l'étendue des pépinières françaises et à cinquante millions le montant des affaires réalisées, à 3,000 le nombre des chefs pépiniéristes, et à cent fois autant la totalité des ouvriers et apprentis. Ces chiffres sont certainement, aujourd'hui, au-dessous de la réalité.

Relations avec les pays étrangers. — Sous l'influence bienfaisante des traités de commerce avec les pays étrangers, la production des pépinières françaises, renommées à si juste titre, devait trouver des débouchés importants en dehors de nos frontières.

Aussi, dans la période que nous venons de traverser, nos exportations avaient-elles pris une extension des plus notables, et nos produits étaient-ils recherchés sur les marchés de l'Europe centrale, et notamment sur ceux de l'Allemagne, de la Belgique, de la Suisse et de l'Italie.

Il en était de même pour les États-Unis. Malheureusement — et sans être en état de produire chez eux ce qu'ils achetaient chez nous

— certains pays avec lesquels nous faisions commerce ferment leurs portes à nos produits[1]. Bienfait du protectionnisme!

Aussi le chiffre de nos exportations dépasse à peine, à l'heure actuelle, deux millions cinq cent mille francs, contre environ un million d'importations.

Est-ce à dire que la prospérité des pépinières françaises doive, à bref délai, se trouver compromise? Nous ne le croyons pas. La France, par la douceur de son climat et la fécondité de son sol, restera longtemps le plus grand pays producteur de fruits de l'Europe entière, et les plantations fruitières, dont l'importance s'accroît continuellement sur notre territoire, procureront de plus en plus à nos pépinières des débouchés avantageux.

Les jardins d'agrément suivent également une marche ascendante qui ne semble pas devoir se ralentir, et dans toutes les régions où le commerce et l'industrie prospèrent, on voit se multiplier les propriétés plus ou moins étendues, mais généralement bien soignées, dans lesquelles les plantations jouent toujours un rôle considérable.

Toutes les cités, grandes ou petites, consacrent annuellement des sommes importantes à la création et à l'entretien des squares et de promenades, des avenues et des boulevards, si utiles à l'assainissement et à l'hygiène des villes.

Les pépinières sont donc appelées à progresser encore, et la France continuera, nous l'espérons, à tenir le premier rang dans cette industrie qui s'est si bien développée sur tous les points du pays.

GRAINES. *Régions de cultures.* —— La culture des graines potagères et de fleurs forme une branche très active de la production générale horticole et occupe de vastes étendues de terrain, principalement en Anjou, en Bretagne, dans le Midi de la France, et dans les environs de Paris.

Établissements de vente. —— Le commerce des graines, sauf quelques exceptions, est centralisé à Paris, à Lyon et à Angers, où des établissements, d'une importance souvent considérable, livrent chaque

[1] «Les États-Unis, écrit M. Chatenay, ont commencé; l'Allemagne veut appliquer, à son tour, des tarifs de douane exagérés sur les arbres et les plantes; d'autres suivront.»

année, aux horticulteurs et aux maraîchers de la France entière, les
semences qui leur sont nécessaires. Le nom des Vilmorin, promoteurs
de cette industrie, est connu du monde entier.

Les diverses maisons du quai de la Mégisserie, à Paris, ont une
réputation universelle et durant la principale saison de vente, de novembre à mars, elles expédient quotidiennement des milliers de sacs
et de sachets de toutes sortes de graines.

Il n'est rien de plus curieux à visiter, pendant cette période, qu'un
des magasins où sont effectuées les livraisons. Le spectacle offert par
les centaines d'ouvrières qui vont, de rayon en rayon, collationner
les sachets préparés à l'avance et en emplir leurs éventaires est des
plus intéressants. C'est une véritable ruche en pleine activité. Les
marchands-grainiers occupent, en effet, un personnel nombreux, tant
pour la culture des porte-graines et le service des jardins d'essai que
pour la vente et l'expédition en gros et en détail.

Des laboratoires, spécialement outillés pour les analyses des semences, sont rattachés aux principaux établissements et permettent
d'orienter scientifiquement les hybridations, qui viennent continuellement modifier, et souvent améliorer, les différentes espèces de plantes
et de fleurs.

Enfin, de nombreux cultivateurs, travaillant généralement sous le
régime de contrats, sont occupés dans les régions indiquées plus haut,
à la production des graines qu'habituellement ils livrent toujours aux
mêmes établissements, dont ils peuvent, en quelque sorte, être considérés comme de véritables dépendances.

Le commerce des bulbes et oignons à fleurs, glaïeuls, lis, jacinthes,
tulipes, bégonias, cannas, etc., la vente des fraisiers, des griffes d'asperges et de muguets, des chrysanthèmes, des plantes vivaces, sont,
en outre, à peu près exclusivement pratiqués par les marchands-grainiers, qui ont, de plus, rattaché à leur commerce les fournitures de
petit outillage, tuteurs, papiers-dentelles pour fleuristes, mastics et
insecticides, etc.

Intermédiaires. — Les syndicats agricoles, répandus maintenant
dans tout le pays, servent souvent d'intermédiaires entre les principaux marchands de graines et les acheteurs.

En centralisant, puis en groupant les demandes de ces derniers, ils peuvent s'adresser avec profit au commerce de gros, qui, s'épargnant ainsi des frais de manipulation considérables, est à même de livrer ses marchandises à meilleur compte, de sorte que vendeurs et acheteurs y trouvent leur bénéfice.

Les ventes sont aussi faites directement aux intéressés par de nombreux représentants de commerce, qui parcourent les centres de culture pendant la saison d'été, et se tiennent au courant des besoins de la clientèle.

Commerce extérieur. — Les principaux établissements similaires d'Angleterre et d'Allemagne font également cultiver par contrats d'assez grandes quantités de graines dans l'Anjou et le Midi; mais la vente, à l'extérieur, des graines récoltées en France n'est pas très importante, et quelques maisons seulement se livrent au commerce d'exportation. Les États-Unis notamment achètent encore chez nous une petite partie des semences dont ils ont besoin.

Le total de nos exportations de graines à ensemencer figure dans les tableaux publiés par le Ministère de l'agriculture pour une somme de 13 millions de francs, contre environ 6,500,000 francs enregistrés à l'importation.

E. RÔLE DE LA SCIENCE ET DE L'ASSOCIATION EN HORTICULTURE.

ACTION DE LA SCIENCE : LA CHIMIE AGRICOLE; LA RÉFRIGÉRATION; L'ÉTHÉRISATION; LA LUMIÈRE ÉLECTRIQUE ET LES CULTURES SOUS VERRE. — ENSEIGNEMENT HORTICOLE : L'ÉCOLE NATIONALE D'HORTICULTURE DE VERSAILLES; AUTRES ÉTABLISSEMENTS OFFICIELS; ENSEIGNEMENT LIBRE; L'ENSEIGNEMENT DE L'HORTICULTURE À L'ÉCOLE PRIMAIRE. — SOCIÉTÉS D'HORTICULTURE. — LA SOCIÉTÉ D'HORTICULTURE EN FRANCE. — SYNDICATS HORTICOLES. — L'UNION COMMERCIALE DES HORTICULTEURS ET MARCHANDS GRAINIERS DE FRANCE.

ACTION DE LA SCIENCE. — L'ancien jardinier était, avant tout, un travailleur, dont toutes les opérations étaient basées sur les résultats que son expérience personnelle ou celle de ses devanciers lui avaient fait constater. Bien que foncièrement observateur, il était quelque peu empirique et ne s'attardait pas à rechercher ou approfondir les causes de ses réussites et de ses insuccès, qu'il aimait mieux attribuer à une action supérieure plutôt qu'à des raisons dépendantes de sa volonté.

Le développement de l'instruction générale, la création de l'ensei-

gnement horticole ont mis le jardinier à même de comprendre et
d'appliquer les données théoriques que les savants et les botanistes
lui ont fait connaître. L'emploi — de plus en plus répandu — des
engrais chimiques, les facilités des transports qui lui ont permis
de se livrer au commerce d'exportation l'ont incité à pratiquer des
cultures intensives et raisonnées. Entré dans cette voie, il n'a pas
tardé à rechercher les moyens que pouvait lui fournir la science pour
augmenter ses chances de succès; et son bien-être s'améliorant continuellement, il a pu transformer son industrie et devenir l'horticul-
teur éclairé d'aujourd'hui.

La chimie n'a pas seulement mis à sa disposition des engrais nouveaux, après lui avoir fait connaître la composition et les propriétés des
fumiers, elle a analysé sa terre, lui a indiqué les éléments qui manquent au sol et les moyens d'y remédier. La réfrigération et d'autres
procédés — en permettant le transport et la conservation des produits
bruts — ont eu une répercussion importante sur l'industrie horticole.

Conserver n'est pas tout; faire produire plus vite et davantage
a suscité aussi l'attention des savants. C'est ainsi qu'on a découvert,
il y a quelques années, un procédé destiné à exercer une influence
des plus sensibles sur le forçage des plantes qui prend, de jour en
jour, une extension considérable dans notre pays. Le Dr Johannsen,
professeur de physiologie végétale à l'Université de Copenhague, poursuivant les travaux de Claude Bernard et de P. Bert, relatifs à l'action
des anesthésiques sur les végétaux, a pu constater d'une façon certaine
combien cette influence est réelle, et le résultat probant des expériences qu'il a entreprises à ce sujet a été publié en 1900. Des horticulteurs allemands ont mis immédiatement cette découverte à profit et
l'ont appliquée avec succès au forçage des plantes fleuries pendant
la saison d'hiver. Il a été établi ainsi, d'une façon pratique, que les
vapeurs d'éther et de chloroforme agissent sur les plantes cultivées en
serre, les conduisant à floraison avec une rapidité beaucoup plus
grande que les méthodes usitées jusqu'à ce jour. Il n'est pas difficile
de dégager l'amélioration économique qui résultera de ce fait dans
la culture forcée. Floraison plus rapide, par conséquent économie de
combustible et utilisation plus avantageuse des serres, dans lesquelles

on fera succéder un plus grand nombre de séries des plantes soumises au forçage. L'annonce de ce nouveau procédé a été d'abord accueillie avec une certaine incrédulité par nos horticulteurs français. Pourtant, de divers côtés, des expériences ont été tentées qui ont permis de reconnaître l'exactitude de ces théories, peut-être appelées à provoquer une amélioration importante dans une industrie aujourd'hui déjà si florissante.

Fig. 293. — Poirier Cadillac, planté par La Quintinie.

L'électricité, à son tour, marque sa trace dans l'horticulture, et l'action de la lumière électrique dans les cultures sous verre a été expérimentée sous de nombreuses formes.

Peu concluants encore, les premiers résultats obtenus dans l'électro-culture ont provoqué de nombreuses expériences, qui aboutiront probablement, dans un délai plus ou moins rapproché, à des applications pratiques.

L'enseignement horticole. *L'École nationale d'horticulture de Versailles.* — L'École nationale d'horticulture de Versailles est, de toutes les écoles, celle qui répond le plus complètement au but que ses fondateurs se sont proposé. Je renverrai le lecteur, pour sa description détaillée, au rapport de M. L. Dabat (Classe 5) sur l'enseignement agricole, me bornant à rappeler, d'après lui, l'origine et les principaux traits du développement de cette école. C'est au lendemain de 1870, qu'un agronome éminent, M. Pierre Joigneaux, député de la Côte-d'Or, prit l'initiative de

Fig. 294. Pyramide de poiriers (à l'École de Versailles).

déposer devant le Parlement un projet de loi tendant à créer une école d'horticulture dans le potager de Versailles, alors dirigé par M. A. Hardy.

Ce projet fut adopté en décembre 1873. L'emplacement était, à vrai dire, merveilleusement choisi. L'ancien Potager du Roi, créé par La

Fig. 295. — Poirier en forme de gobelet simple (à l'École de Versailles).

Quintinie, situé dans un endroit des mieux abrités, entouré de toutes parts par des murs élevés, contenant plus de 9 hectares de terrain, possédait déjà des éléments nombreux d'instruction qu'il était facile de mettre en fort peu de temps à la portée des nouveaux élèves. Cette situation se trouvait encore favorisée par le voisinage immédiat des si beaux parcs de Versailles et de Trianon.

Tout fut mis en œuvre pour que le but de la nouvelle fondation soit rapidement atteint. Aussi l'École nationale d'horticulture de Versailles, placée sous l'habile direction de M. Nanot, est-elle aujourd'hui un établissement modèle, copié à l'étranger, admiré partout, et qui fournit chaque année à l'horticulture nationale un nombre important de jeunes gens, instruits aussi bien dans la pratique du jardinage que dans l'étude des sciences qui s'y rattachent.

Les professeurs éminents qui se sont succédé dans cette grande école d'horticulture se sont attachés à former surtout d'habiles praticiens, et si de nombreux élèves sortis de Versailles occupent aujourd'hui un rang élevé dans les grands établissements de commerce horticole, dans la direction des jardins publics ou même dans le professorat, la plupart de leurs camarades se trouvent maintenant dispersés sur tout le territoire français, occupant de plus modestes situations, soit dans le jar-

Fig. 296. — Poirier en forme de gobelet évasé (à l'École de Versailles.)

dinage, soit dans le commerce spécial, et répandant autour d'eux les saines notions puisées dans l'enseignement pratique qui leur a été fourni.

L'enseignement est à la fois théorique et pratique. On tient à donner aux élèves une habileté manuelle suffisante pour leur permettre d'exécuter toutes les opérations culturales sans la connaissance desquelles leur instruction théorique — technique et professionnelle — serait forcément incomplète. On veut qu'ils sachent travailler au moins aussi bien que les jardiniers qu'ils peuvent être appelés à avoir un jour sous leurs ordres.

Le nombre des élèves admis annuellement à la suite d'examens préparatoires est d'environ 40 par promotion. Il est intéressant de consulter à ce sujet le diagramme que l'on trouvera au tome III, p. 12, où il a été placé de façon à ce qu'il soit aisé au lecteur d'établir un rapprochement entre le nombre d'élèves de l'École de Versailles, et celui de nos grandes écoles agricoles. Les études durent trois années et donnent lieu à la délivrance de bourses de voyage. de diplômes et de certificats

Fig. 297. — Pêchers ondulés
(à l'École de Versailles).

d'études accordés à leur sortie aux élèves les plus méritants. Plus de 1,000 jeunes gens ont depuis 1874 passé par l'École nationale d'horticulture, dans laquelle ils ont acquis un ensemble de connaissances qui leur a permis, après un stage de perfectionnement plus ou moins long dans de bons établissements horticoles, de trouver des emplois avantageux.

Autres institutions d'enseignement horticole. — L'enseignement horticole est, en outre, donné dans plusieurs autres écoles spéciales : l'École pratique d'horticulture d'Hyères et les Écoles pratiques mixtes d'Antibes, d'Écully et d'Oraison, l'École des pupilles de la Seine, à Villepreux.

Des éléments de botanique, d'arboriculture et de culture potagère font partie du programme des études de l'Institut agronomique, des Écoles nationales d'agriculture de Grignon, de Rennes, de Montpellier, ainsi que des écoles pratiques d'agriculture et des fermes-écoles réparties sur tout le territoire de la France.

Le Muséum d'histoire naturelle de Paris possède des chaires de botanique, de chimie végétale, de cryptogamie et de culture.

Les cours d'arboriculture du Luxembourg sont suivis par de nombreux amateurs.

De plus, la Ville de Paris et le Département de la Seine ont institué une école municipale et départementale d'arboriculture à Saint-Mandé.

A côté de ces établissements qui relèvent plus ou moins directement de l'État, le jardinage est enseigné dans de nombreuses institutions libres, ainsi que dans certains orphelinats.

Je signale au chapitre xxxiii l'importance que doivent prendre les notions d'agriculture dans les écoles primaires. Il faut que les instituteurs primaires ne négligent pas non plus dans leur enseignement les premiers éléments de l'arboriculture fruitière, de la culture potagère et de la culture florale. Grâce à cette pratique, nos cultivateurs les plus modestes pourront installer auprès de leur habitation, le jardin et le verger qu'ils seront devenus aptes à entretenir d'une façon raisonnée et qui leur fourniront bientôt, en même temps qu'une distraction utile, des produits de toutes sortes, venant augmenter leur bien-être.

Les ouvriers de nos grandes industries ne pourraient-ils pas, dans bien des régions, posséder également le jardinet qui leur rendra, outre d'autres, le grand service de les soustraire à l'action si néfaste des cabarets?

Ne cessons donc pas de demander la création du jardin-école chez l'instituteur. Celui-ci, en inculquant à ses jeunes élèves les principes élémentaires du jardinage, en montrant à leurs yeux attentifs les résultats obtenus avec un peu d'application et de persévérance, ensemencera un terrain qui deviendra fertile dans la suite, et ses leçons seront, plus tard, une source de richesse en même temps qu'une cause d'élévation morale.

L'attention des pouvoirs publics a été appelée déjà à différentes reprises sur ces desiderata qui se réaliseront un jour, nous l'espérons, au grand bénéfice de la population économe et travailleuse des cités et des champs.

L'action bienfaisante des professeurs départementaux d'agriculture à ce sujet est également à signaler, ainsi que celle des conférenciers et des journaux spéciaux.

Les Sociétés d'horticulture. — J'ai déjà parlé et je parlerai plus d'une fois encore au cours de cet ouvrage (notamment au chapitre xxxiii) des services que rend, dans l'agriculture, l'association sous toutes ses formes. J'insisterai seulement sur le trait d'union qui existe, grâce à elle, entre les horticulteurs professionnels et les amateurs. En effet, les réunions périodiques des sociétés d'horticulture, au cours desquelles sont généralement présentés les produits nouveaux ainsi que les spécimens de bonne culture, les concours et expositions qu'elles organisent fréquemment, et qui sont suivies avec passion par de nombreux visiteurs, les cours et conférences dont elles ont pris l'initiative, ont contribué puissamment à répandre le goût de l'horticulture et à en faciliter la pratique.

Certaines de ces Sociétés remontent à plus d'un siècle; celle de Gand, l'une des plus célèbres, fut fondée en 1808[1]. Elle est donc l'aînée, de 14 ans, de la Société nationale d'horticulture de France.

L'impulsion ayant été donnée par la capitale, les sociétés horticoles se multiplièrent bientôt dans toutes les grandes villes, entraînant l'établissement de jardins publics qui servirent de champs d'expériences, en même temps qu'ils constituaient pour les cités un élément hygiénique de premier ordre.

Au total, il existe aujourd'hui en France cent quarante sociétés horticoles. Toutes participent à l'œuvre commune et concourent à la prospérité de l'horticulture, dont elles sont l'âme et le soutien.

Quelques-unes sont constituées par des horticulteurs qui s'intéressent plus spécialement à une seule catégorie de produits. Telles sont la Société pomologique de France[2] et diverses sociétés de

[1] Elle organisa sa première exposition en 1809, alors que Gand était sous-préfecture d'un département français. C'est elle qui préside à ces *Floralies* réputées qui, tous les lustres, réunissent l'élite des horticulteurs, professionnels et amateurs de tous pays.

[2] La Société pomologique de France a beaucoup contribué au perfectionnement de nos cultures fruitières, en étudiant les variétés dont le nombre augmente sans cesse, et en aidant à propager celles que l'expérience indiquait comme devant donner les meilleurs

chrysanthémistes, de rosiéristes, de cultivateurs de fruits de pressoir, lesquelles, tout en possédant un siège social permanent, tiennent chaque année leurs grandes assemblées ou congrès dans les différents centres de la France.

Cette spécialisation, qui a certainement rendu des service incontestés, constitue pourtant un danger, car, poussée à l'excès, elle tendrait à produire une division préjudiciable à l'intérêt commun.

La Société nationale d'horticulture de France. — Elle mérite une mention spéciale. Fondée en 1827, son premier titre fut «Société d'horticulture de Paris»; le nombre des membres fondateurs atteignait quatre cents, comprenant l'élite des personnes qui pratiquaient le jardinage ou s'y intéressaient.

Presque aussitôt on décida la création d'un bulletin mensuel, dont pour le plus grand profit de l'horticulture, la publication s'est poursuivie sans interruption jusqu'à ce jour.

Il fut aussi décidé que la Société organiserait des expositions annuelles, mais ce projet ne put, pour des raisons d'ordre matériel, être réalisé qu'en 1831, époque à laquelle eut lieu à Paris, dans l'Orangerie des Tuileries, la première exposition. Cette manifestation horticole eut un succès retentissant, et les visiteurs accoururent en foule.

Voici, à titre de curiosité, quelques détails rétrospectifs sur cette première exposition française d'horticulture. Vingt-six concurrents, horticulteurs ou amateurs, y prirent part et présentèrent au public quatre cent soixante-douze plantes. Dans ce total figuraient beaucoup de plantes grasses, des orangers, des arbustes à feuillage, très peu

résultats. Cette société, dont le siège est à Lyon et qui va bientôt entrer dans la cinquantième année de son existence, recrute ses membres parmi les arboriculteurs et les pomologues de la France entière. Elle tient, chaque année, des Congrès sur tous les points du territoire, qu'elle parcourt ainsi du Nord au Midi, de l'Est à l'Ouest, apportant tour à tour, dans les régions qu'elle visite, une émulation qui se traduit toujours par de nouveaux perfectionnements dans les cultures locales. Des sociétés semblables rendent les mêmes services

pour l'étude des fruits à cidre, dont elles aident à faire connaître et à répandre les meilleures sortes. Aussi, dans les petits hameaux de Normandie, de Picardie, de Bretagne, nos agriculteurs établissent-ils aujourd'hui leurs plantations d'une façon raisonnée, employant des variétés dont l'analyse leur a fait connaître les proportions exactes de sucre, de tanin, de mucilage qui sont reconnues nécessaires pour la fabrication d'une boisson d'excellente qualité et de bonne conservation.

de plantes annuelles fleuries, quelques palmiers et quarante-sept rosiers en une dizaine de variétés! En outre, sept exposants présentaient des instruments de jardinage et trois libraires-éditeurs avaient apporté dix-sept publications se rapportant à l'horticulture.

Il y a loin de ce modeste début, dont le bilan est si vite établi, aux magnifiques expositions générales que la Société nationale d'horticulture tient aujourd'hui deux fois par année, expositions qu'inaugure le chef de l'État et qui figurent parmi les événements périodiques les plus vivement attendus par toutes les classes de la société parisienne.

Reconnue d'utilité publique en 1852, la Société devenait, en 1860, propriétaire d'un hôtel où elle installait une vaste salle pour ses grandes assemblées et ses expositions partielles, en même temps que des locaux agencés pour ses différents comités.

Elle compte aujourd'hui plus de 4,000 membres; elle est reconnue par tous comme la représentation autorisée de l'horticulture française.

Les syndicats horticoles. — A côté des sociétés d'horticulture et souvent sous leur patronage, des syndicats se sont formés ayant pour but de défendre les intérêts généraux de la corporation.

Certaines de ces associations — par exemple, l'Union commerciale des horticulteurs et marchands-grainiers de France, qui a son siège à Paris et compte parmi ses membres les principaux pépiniéristes et marchands-grainiers de toute la France — publient périodiquement un bulletin contenant, entre autres, des indications de provenance officielle sur les moyens de transports et les tarifs qui s'y rapportent, sur les formalités exigées par les expéditions en pays étrangers, sur les droits de douanes, les questions de halles et marchés, etc., qui rend journellement des services incontestés aux horticulteurs syndiqués. Ceux-ci sont, en outre, tenus au courant de la solvabilité des maisons avec lesquelles ils font des affaires, par de véritables offices de renseignements mutuels, dont ils sont en même temps les agents, et qui offrent ainsi les plus grandes garanties.

CHAPITRE XXXI

FORÊTS, CUEILLETTES, CHASSE.

A. FORÊTS.

DONNÉES STATISTIQUES DIVERSES. — PRINCIPALES ESSENCES. — ARBRES À TAN. — PRODUCTION LIGNEUSE. — REVENUS. — CAUSES DE LA CRISE ACTUELLE. — SYLVICULTURE. — FIXATION DES DUNES. — RESTAURATION DES TERRAINS EN MONTAGNE; TRAVAUX EXÉCUTÉS AU 1er JANVIER 1900. — TRAVAUX DE DÉFENSE CONTRE LES INCENDIES. — DÉBOISEMENTS. — POUR LA SAUVEGARDE DE QUELQUES ARBRES RARES. — MESURES À PRENDRE EN FAVEUR DES PROPRIÉTAIRES DE FORÊTS. — CHÊNE-LIÈGE. — IMPORTATIONS ET EXPORTATIONS.

D'après les indications fournies par la Direction générale des eaux et forêts à l'occasion de l'Exposition de 1900, la surface forestière de France est évaluée à 9,550,000 hectares, contre 9,185,000 hectares en 1878, soit en augmentation de 365,000 hectares.

La répartition de cette surface boisée est la suivante :

	de l'État	1,140,000 hectares.
Forêts	des communes et des établissements publics soumises au régime forestier	1,930,000
	des particuliers et forêts des communes non soumises au régime forestier	6,480,000
	Total	9,550,000

Si, des 1,140,000 hectares de la première catégorie, on déduit 250,000 hectares de terrains à peine peuplés ou même complètement nus, que l'État détient dans un but d'intérêt général (périmètres en cours de reboisement, zone littorale de la région des dunes, terrains vacants ou pâturages de montagne, zone de protection, etc.), il ne reste que 890,000 hectares, et la surface boisée totale se réduit à 9,300,000 hectares.

La superficie de la France étant de 52,000,000 hectares (nombre rond), le taux de boisement est de 17.91 p. 100. Les forêts de l'État se répartissent, suivant leur mode de traitement, en :

Futaie	régulière	360,000	460,000 hectares.
	jardinée	100,000	
Conversion de taillis en futaie		120,000	
Taillis	sous futaie	290,000	
	simple, sarté ou fureté	20,000	
	Total	890,000	

Les forêts communales et d'établissements publics soumises au
régime forestier se répartissent comme suit :

Forêts improductives...................... 110,000 hectares.

Futaie { régulière .... 180,000 } 540,000
{ jardinée................ 360,000 }

Conversion de taillis en futaie............... 20,000

Taillis { sous futaie...................... 1,000,000
{ simple, sarté ou fureté.............. 260,000

TOTAL........... 1,930,000

Les forêts communales non soumises et les forêts des particuliers
sont traitées le plus souvent en taillis simple ou en taillis sous futaie.
Sauf lorsqu'il s'agit de bois résineux, les propriétaires n'adoptent —
malheureusement — qu'exceptionnellement le régime de la futaie,
qui nécessite l'immobilisation d'un capital ligneux considérable. .

« On peut distinguer en France trois grandes régions forestières
qui, sur leurs limites respectives, se fondent plus ou moins entre
elles : la région chaude ou région méditerranéenne et océanique du
Sud ; la région tempérée ou moyenne, qui est la plus développée et
comprend les plaines, les collines et la partie inférieure des montagnes ; et la région froide ou montagneuse.

« Dans la région chaude, qui comprend le pourtour de la Méditerranée, on trouve, comme essences spéciales, le chêne-liège, le chêne
yeuse ou chêne vert, le pin d'Alep, le pin maritime et l'olivier. La
région océanique du Sud, qui s'étend sur les bords du golfe de Gascogne, entre la Gironde et les Pyrénées, est caractérisée par la présence du pin maritime, auquel s'adjoignent, à mesure que l'on s'éloigne
du littoral, le chêne vert, le chêne tauzin, le chêne occidental, le
chêne rouvre et le chêne pédonculé.

« Les espèces d'arbres (essences en langage forestier) de la région
tempérée, qui est de beaucoup la plus étendue, sont : le hêtre, le
châtaignier, le chêne pédonculé, le chêne rouvre, le chêne tauzin,
le chêne chevelu, le charme, l'orme, le frêne, le saule, l'érable, l'aune,
le tilleul, le bouleau, le peuplier, etc. On y rencontre également le
pin sylvestre, qui a été introduit artificiellement.

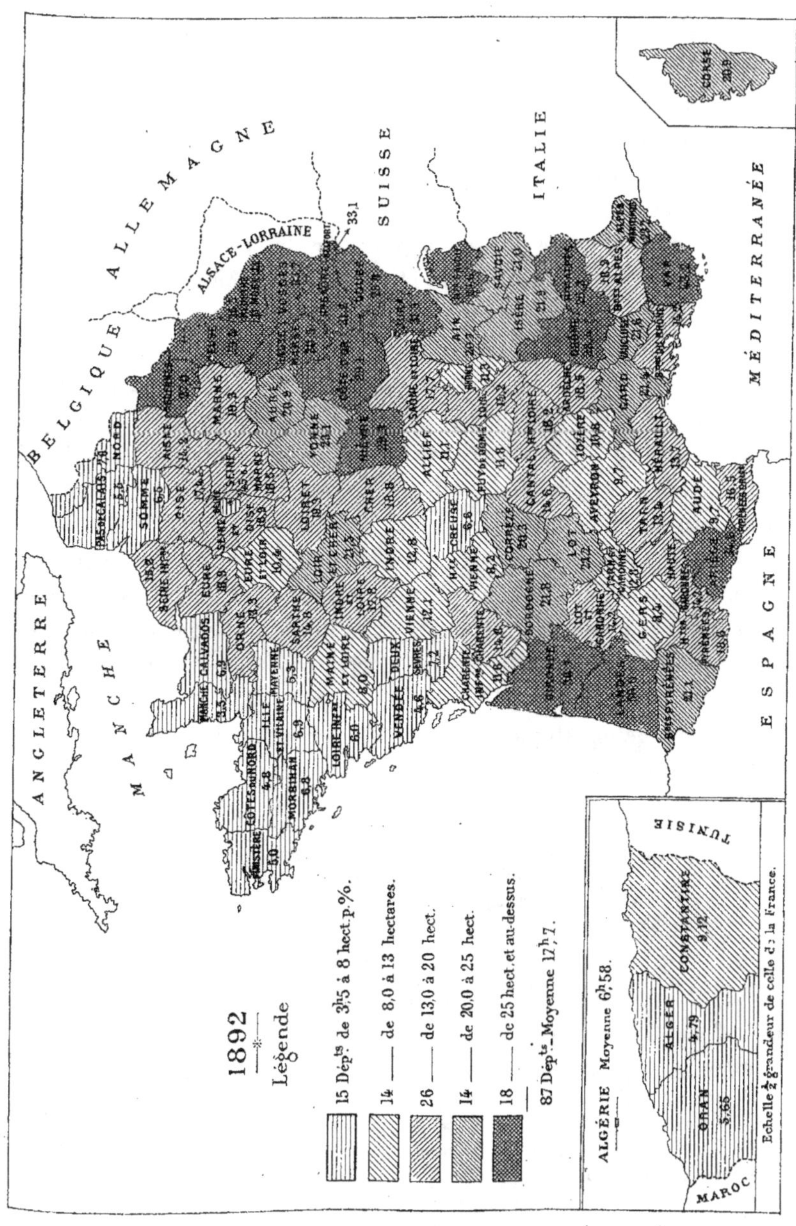

Fig. 298. — Rapport, à 100 hectares du territoire total, de la superficie boisée.

« Les essences spéciales à la région froide ou montagneuse sont : le sapin pectiné, l'épicéa, le hêtre, le pin sylvestre, le pin de montagne et le mélèze, le pin cembro, le pin laricio.

« D'une manière générale, on peut admettre que les bois feuillus occupent environ les trois quarts de l'étendue des forêts, et les bois résineux l'autre quart [1]. »

Les produits ligneux que l'on retire des forêts se divisent en deux grandes catégories : les bois de feu et les bois d'œuvre.

Les forêts fournissent, en outre, des écorces à tan, du liège, de la résine et quelques autres produits de moindre importance.

Un mot au sujet des végétaux tannifères. Ceux que l'on trouve dans nos forêts sont le chêne, l'épicéa, le pin d'Alep, le mélèze, le chêne vert, le kermès ou *garouille* et le sumac. Le tan récolté en France est très apprécié en Allemagne, étant plus riche en tanin que celui qu'on obtient dans les pays froids. En 1898, la France a exporté 49 millions de kilogrammes de tan brut ou moulu; en 1840, elle n'en avait exporté que 2,750,000 kilogrammes [2]. On évalue à 60 millions de kilogrammes la quantité de tan que peuvent fournir annuellement les 9 millions d'hectares de forêts que la France possède.

La production ligneuse totale s'élève annuellement à environ 26 millions de mètres cubes en grumes, savoir :

Groupe I.	Forêts de l'État...............	2,900,000 m. cubes.
Groupe II.	Forêts des communes et des établissements publics soumises au régime forestier...................	4,800,000
Groupe III.	Forêts des particuliers et forêts communales non soumises.........	18,300,000
	Total..............	26,000,000

[1] Rapport de la Classe 51 (Produits des exploitations et des industries forestières), par Eugène Voelckel.

[2] A cette époque, cette écorce ne valait que 7 fr. les 100 kilogr. C'est vers cette date qu'on commença à utiliser, dans diverses usines, le *tanin*, extrait sous forme de suc liquide ou concret des *avenalèdes* ou des noix de galle. De nos jours, par suite de l'augmentation des exportations, le tan est vendu 16 fr. les 100 kilogrammes. Ce prix élevé a engagé divers industriels à extraire le tanin que contiennent divers bois, entre autres le châtaignier et le chêne, après les avoir divisés en

Les deux premiers chiffres sont tirés des documents officiels, le troisième provient de simples évaluations.

Le chiffre total de la production ligneuse se décompose comme suit :

Bois { d'œuvre	6,000,000	m. cubes.
{ de feu	20,000,000	

La répartition de ces produits, pour chacun des trois groupes de forêts, est la suivante :

Groupe I..	{ Bois d'œuvre	1,080,000	m. cubes.
	{ Bois de feu	1,820,000	
Groupe II.	{ Bois d'œuvre	1,250,000	
	{ Bois de feu	3,550,000	
Groupe III.	{ Bois d'œuvre	3,670,000	
	{ Bois de feu	14,630,000	

Le revenu budgétaire en argent des forêts de l'État est d'environ 30,500,000 francs.

Le rendement en argent des forêts des communes et des établissements publics soumises au régime forestier est approximativement de 34 millions de francs.

L'excédent moyen des importations de bois est voisin de 100 millions de francs par an, et cependant trop souvent les produits forestiers ne trouvent pas un écoulement rémunérateur. La raison en est fort simple. Au lieu de bois d'œuvre, nous produisons du bois de feu — que la consommation ne recherche plus, n'en ayant plus que faire. Situation assez comparable à celle où nous serions si nous avions continué à consacrer la même étendue du sol à la culture de la garance, tandis que les matières colorantes artificielles sont venues remplacer les couleurs végétales. Les inventions qui ont porté atteinte à l'industrie du bois de chauffage sont : le gaz, l'électricité, la diffusion du pétrole, l'abandon du charbon de bois pour la métallurgie.

petites bûchettes. Les cossettes ainsi préparées sont épuisées à l'aide d'un liquide chaud. Le jus obtenu est ensuite décoloré et concentré. On le livre aux tanneries, lorsqu'il a de 20 à 25 degrés Beaumé. Les *sumacs*, récoltés en France, en Italie et en Espagne sont toujours recherchés par les tanneries; il en est de même de divers produits exotiques tannifères, tels que le *ratanhia*, le *cachou*, le *kina*, le *mirobolan*, etc.

Il nous faut donc aujourd'hui produire du bois d'œuvre et non plus du bois de feu. Et, pour cela, il importe que nous changions le mode d'exploitation de nos forêts. « Il faut, écrit M. A. Mélard, le distingué inspecteur des eaux et forêts, beaucoup de temps et aussi de la résignation à accepter des sacrifices momentanés de jouissance, pour allonger les révolutions des taillis, pour élever des modernes et des anciens, pour transformer les mauvais taillis en sapinières. Les communes et les particuliers propriétaires de bois commencent à peine à entrer dans cette voie. »

Après ces indications sur la situation actuelle, jetons un coup d'œil sur la sylviculture proprement dite, c'est-à-dire sur les moyens employés : d'une part, pour empêcher le déboisement; de l'autre, pour aider au reboisement.

A ce sujet, on peut lire dans le rapport de la Classe 49 (Matériel et procédés des exploitations et des industries forestières) :

« La période écoulée depuis la dernière Exposition de 1889 a vu s'achever les grands repeuplements forestiers entrepris dans certains massifs domaniaux ruinés ou dans les landes ou vagues qui en dépendaient. Les dégâts causés en Sologne et ailleurs par les grandes gelées de 1879-1880 sont aujourd'hui presque complètement réparés. La mise en valeur des landes de Gascogne est presque achevée; ce qui reste à faire est bien peu de chose à côté de l'immense travail d'assainissement et de boisement exécuté qui, sur certains points, commence à produire une abondante récolte. Les Parisiens sont au nombre des intéressés à ce résultat, car les coupes entreprises dans ces plantations ont permis de leur envoyer ces pavés de bois de pin maritime qui couvrent maintenant un si grand nombre de leurs rues et boulevards. Le travail n'est pas aussi avancé partout; en Bretagne et en maints autres lieux, il est à peine ébauché; on doit cependant reconnaître que les exemples donnés ont produit des fruits, et que l'idée de reboiser les vagues et les landes n'est pas repoussée avec autant d'obstination que par le passé[1]. »

---

[1] Parmi les utilisations du bois, signalons l'industrie du papier. C'est une industrie entre toutes destructrice des forêts. Souhaitons de n'avoir pas à déplorer, par sa faute, la disparition de jeunes plants d'avenir, destinés à fournir du bois d'œuvre. C'est notamment à considérer dans la Nièvre, où la culture du tremble a déjà pris un grand développement.

Fixation des dunes. — Brémontier[1] évaluait à 110,000 hectares le désert de sable, ayant parfois une largeur de 5 à 6 kilomètres, s'étendant de la pointe de Grave à l'embouchure de l'Adour. Les dunes qui étaient disséminées sur le littoral et les îles, entre la pointe de Coubre et l'embouchure de la Loire, en Bretagne et sur les côtes picardes, pouvaient comprendre 41,000 hectares. L'œuvre commencée en 1787 par les premiers essais de Brémontier n'a été terminée qu'à la fin du XIXᵉ siècle. Elle comprend la fixation totale de ces 150,000 hectares au moyen du gazonnement et surtout du reboisement. Dans la situation actuelle, il reste à l'Administration à entretenir une dune littorale gazonnée comprenant :

Entre l'Adour et la Gironde	226 kilomètres
Entre la Gironde et la Loire	153
Sur les côtes de Bretagne, à Quiberon et Sautec	7
Total	386

Une partie du sol des lettes et des dunes a été abandonnée à diverses époques, une autre a été rendue aux propriétaires ou vendue par l'État. D'autres enfin se sont reboisées ou engazonnées naturellement après la

[1] Voici un témoignage de la justice qu'il y a près d'un siècle on rendait déjà à Brémontier, dont l'œuvre était comprise et appréciée ainsi qu'il convient : «Brémontier (Nicolas-Th.), inspecteur général des ponts et chaussées, chevalier de l'Empire, mort à Paris, au mois d'août 1809, âgé de soixante et onze ans. Réunissant aux connaissances des diverses parties de la physique et de l'histoire naturelle, un esprit observateur et inventif, il a exécuté des travaux qui sont l'étonnement des physiciens et des agriculteurs. Ces travaux sont la fixation des sables et la plantation des dunes du golfe de Gascogne. Des montagnes mobiles de sable avaient couvert, depuis plusieurs siècles, une vaste étendue de territoire, et enseveli les habitations, les villages et les plus grands édifices sur les côtes de l'Océan, entre l'embouchure de l'Adour et celle de la Gironde; leur nombre et leur étendue s'augmentaient chaque année, et enlevaient à la culture des terrains précieux, pour les condamner à une éternelle stérilité; leur marche progressive menaçait d'envahir, de proche en proche, tous les champs cultivés, et d'arriver un jour jusqu'aux murs de Bordeaux. Brémontier, ayant fait de ce phénomène dévastateur le sujet de ses recherches, a trouvé le moyen d'en arrêter les funestes effets par des procédés ingénieux, et qui surpassent tous ceux qu'on avait employés jusqu'alors. Il a fait plus encore; il a rendu à la France une contrée devenue déserte. On voit aujourd'hui avec admiration de superbes forêts de pins maritimes s'élever sur l'espace de plusieurs lieues des côtes de l'Océan, où l'on ne voyait auparavant que des sables arides. D'autres arbres, et même la vigne y végètent avec force, et, dans quelques années, d'autres plantes pourront y être cultivées et y prospérer.» Le jugement est de Du Petit-Thouars; il a paru en 1812.

fixation des parties les plus voisines de la mer et de l'Océan. Mais il reste encore entre les mains du service forestier :

Gironde et les Landes........................	51,957 hectares.
Charente-Inférieure et Vendée..................	13,604
Loire-Inférieure.............................	51
Morbihan et Finistère........................	487
Somme et Nord.............................	81
Total	66,180

Sur ce chiffre, 37,916 hectares, situés dans la Gironde et les Landes, sont régulièrement aménagés par des coupes de futaie régulière pouvant produire une régénération naturelle. 13,188 hectares sont mis hors des aménagements et forment une zone de défense entre la dune littorale et les séries régulières.

Le surplus est aménagé et commencera bientôt à entrer en production.

Pour la Gironde et les Landes, la production, qui augmente chaque année, approche déjà de 350,000 francs. Faible encore, le revenu des autres parties prendra bientôt une certaine valeur.

Il ne faut pas oublier que les 16,587 hectares aliénés à diverses époques ont produit 13,726,000 francs et qu'ils sont formés des plus vieux ateliers de fixation, couverts par suite des plus vieux massifs forestiers aujourd'hui en pleine production.

Restauration des terrains en montagne. — La lente désagrégation des montagnes a pour effet de créer à leur surface une série d'éléments mobiles qui, sollicités par l'action continue de la pesanteur, descendent au fond des thalwegs où ils s'accumulent jusqu'à ce qu'une crue les entraîne au loin sous forme de lave compacte. A défaut de ces matériaux, il arrive aussi fort souvent que les eaux de pluie ou celles provenant de la fonte des neiges, rassemblées en grande quantité dans le fond de thalwegs à pente rapide, affouillent leur lit et y puisent directement les éléments de laves dangereuses.

C'est donc, en définitive, contre les conséquences désastreuses d'une concentration et d'un écoulement trop rapide des eaux dans les régions montagneuses qu'il importe de prendre des mesures énergiques.

tout en s'efforçant de diminuer, dans la mesure du possible, l'accumulation des matériaux meubles au fond des thalwegs.

Pour atteindre ce double but, on reboise, on gazonne et on exécute des travaux de correction.

Ce sont les travaux de reboisement qui donnent les résultats les plus complets et les plus satisfaisants. Par leurs racines qui sillonnent d'un réseau inextricable toute la couche superficielle du sol, les arbres lui donnent, en effet, une cohésion considérable; par leurs feuilles et leurs branches, et par l'humus qui s'accumule à leur pied, ils mettent un obstacle presque absolu à l'action directe de la pluie et de la grêle sur la surface du sol. Enfin, au moment des pluies d'orage, les plus à redouter en montagne, l'écoulement des eaux est fortement retardé, l'humus en absorbant une notable partie, et les feuilles, tiges et troncs s'opposant, dans une large mesure, à leur concentration rapide. Ces travaux de boisement constituent, en outre, une richesse considérable pour l'avenir.

Les travaux de boisement, comme ceux de gazonnement et de correction, sont actuellement régis par la loi du 4 avril 1882.

La loi du 4 avril 1882 s'applique, en fait, aux trois régions montagneuses des Alpes, du Plateau Central et des Cévennes, des Pyrénées.

Dans la région des Alpes, elle donnera lieu, d'après les études effectuées par les agents des eaux et forêts, à la création de 66 périmètres devant affecter une étendue de 205,223 hectares, répartis entre huit départements : Haute-Savoie, Savoie, Isère, Hautes-Alpes, Basses-Alpes, Drôme, Vaucluse et Alpes-Maritimes.

Dans la région des Cévennes et du Plateau Central, on aura 34 périmètres devant affecter une étendue de 73,766 hectares, répartis entre neuf départements : Lozère, Ardèche, Haute-Loire, Puy-de-Dôme, Loire, Gard, Hérault, Aude et Aveyron.

Enfin, la région des Pyrénées doit avoir 20 périmètres affectant 36,073 hectares, répartis entre cinq départements : Pyrénées-Orientales, Aude, Ariège, Haute-Garonne et Hautes-Pyrénées.

Ce qui donne pour l'ensemble de la France : 120 périmètres, d'une contenance de 315,062 hectares s'étendant sur vingt-deux départements.

Sur cette surface, 142,745 hectares sont devenus déjà la propriété de l'État et 94 périmètres de restauration ont été constitués, soit partiellement, soit en entier. De plus, 20,229 hectares de terrains nus ou boisés, situés en montagne en dehors des périmètres constitués, ont été achetés par l'État et rattachés à ces périmètres, ce qui élève à 162,974 hectares l'étendue sur laquelle porte l'application de la loi du 4 avril 1882. L'étendue restant à acquérir est donc de 172,317 hectares, dont l'estimation, déjà faite, fixe la valeur à 26,793,094 francs.

La dépense totale, au 1er janvier 1900, atteignait la somme de 66,418,034 francs et on estimait à 112,270,453 francs celle qu'il reste à faire pour assurer le complet achèvement de l'œuvre entreprise.

Les résultats obtenus consistent dans la création de 74,935 hectares de forêts dont l'existence est dès à présent assurée, dans la régénération de 10,406 hectares de forêts ruinés et en voie de disparition rapide et dans la correction d'une quantité très considérable de torrents dangereux, parmi lesquels on peut citer : la Griaz, la Reninges, le Saint-Ruph (Haute-Savoie); le Nant de Saint-Claude, le Nant Ago, le Reclus, l'Arbonne, la Gruvaz, le Sécheron, le Nant Trouble, le Saint-Martin-la-Porte, le Giollaz, le Saint-Julien (Savoie); le Manival, le Tonil, le Saint-Antoine, la Vaudaine (Isère); le Saint-Joseph, la Sainte-Marthe, l'Hermitance, la Saint-Pancrace (Hautes-Alpes); les Sanières, le Bourget, la Valette, le Saint-Pons, le Riou Bourdoux, la Bérarde, le Faut, la Merge, le Labouret, les Auches, le Saint-Jean, la Chaume (Basses-Alpes); la Gardonnette, l'Amalet, le Chambonnet (Gard); le Parlatges (Hérault); le Rialsesse, le Castillon (Aude); le Laou d'Esbas (Haute-Garonne); le Péguère (Hautes-Pyrénées), etc.

Les travaux exécutés par les propriétaires avec subvention de l'État, désignés plus brièvement sous le nom de « travaux facultatifs », ont porté sur une étendue totale de 78,378 hectares définitivement boisés.

Ils ont nécessité une dépense de 9,506,080 francs, dont :

de l'État	....	4,553,363 francs.
A la charge des propriétaires	....	3,356,926
des départements (subvention volontaire)	....	1,595,791

On peut dire d'ailleurs que, de façon générale, les travaux facultatifs consistent uniquement en travaux de reboisement.

Si on totalise l'étendue des massifs créés ou restaurés par l'État, par les communes et les particuliers, on arrive au chiffre imposant de 163,719 hectares de forêts pour une période de quarante années, soit une moyenne d'un peu plus de 4,000 hectares par an. Encore faut-il observer que ce n'est réellement que depuis 1887, après la liquidation des opérations engagées en exécution des lois de 1860 et de 1864, que la loi de 1882 a pu entrer en application complète et permettre l'essor actuel de l'œuvre de la restauration des montagnes.

Cette moyenne est donc un minimum, qui a aujourd'hui presque doublé, l'étendue annuellement reboisée oscillant actuellement entre 6,000 et 8,000 hectares.

Aussi n'est-ce pas sans un certain sentiment de fierté que l'on parcourt aujourd'hui toutes ces régions autrefois dénudées, recouvertes actuellement de beaux peuplements forestiers, jeunes encore, mais couvrant déjà le sol d'un brillant manteau de verdure. Que ce soit dans la Drôme, dans l'Ardèche, dans les Basses-Alpes, dans les Hautes-Alpes, dans le Gard, dans l'Aude, dans la Lozère, l'attention est, à chaque instant, attirée par la nuance plus claire de ces jeunes peuplements. Déjà les voyageurs en relèvent partout l'existence, et cependant toutes les plantations de moins de quinze à vingt ans, ne formant pas massif, passent inaperçues de la foule.

Dans un avenir qui n'est peut-être pas très éloigné, la comparaison attristée que nous sommes accoutumés à voir établir entre les belles montagnes de la Suisse et les Alpes décharnées de France deviendra, il faut l'espérer, une légende à laquelle on aura peine à croire.

Alors, nos montagnes reconstituées ne vomiront plus des torrents de lave et de boue dans les vallées où l'agriculture, sûre du lendemain, pourra apporter toutes les améliorations nécessaires.

Mesures contre les incendies. — «Les forêts résineuses, et tout particulièrement celles de pins qui se trouvent dans des zones plus sujettes aux périodes de longue sécheresse, sont malheureusement très exposées aux incendies. L'importance de ces sinistres est d'autant plus grande qu'aucune enclave, aucun grand cours d'eau ne se trouve au milieu de ces massifs pour arrêter ou limiter le fléau. Le service de surveillance des incendies et les travaux préventifs ont été très étudiés dans ces dernières années; ces études ont permis d'obtenir déjà des résultats importants.

« Dans les dunes de Gascogne, tous les massifs sont divisés par de grandes baies forestières situées à 1 kilomètre les unes des autres et se recoupant perpendiculairement dans des directions parallèles et normales au rivage.

« Ces baies, dites *garde-feu*, ont 10 mètres de largeur et sont entretenues à sable blanc par des nettoyages annuels. Les massifs qui les bordent sont, en outre, nettoyés de la végétation arborescente sur une certaine largeur. Des garde-feu de périmètre complètent le système de défense.

« Dans les Maures et l'Esterel, nommés *région du feu* à raison de la fréquence des incendies[1], le réseau est plus irrégulier à cause de la forme tourmentée du terrain, mais il comprend, en général, un garde-feu de crête et une route forestière dans le fond. Pendant la saison sèche, des postes de surveillance sont installés de distance en distance sur les crêtes et monticules élevés. S'il n'existe pas de points d'observation naturel, on en crée, en établissant des postes élevés au moyen d'échafaudages en bois. Dans certains cas, on a complété le système par l'installation d'avertisseurs téléphoniques; un réseau complet a été terminé dans l'Esterel pendant ces dernières années et, en 1897, trois lignes ont été ouvertes dans les dunes de Gascogne[2] ».

Certains spécialistes réclament l'introduction d'eucalyptus, en très larges bandes; ces eucalyptus étant plantés serrés, il n'y aurait pas de vides laissés et pas crainte, par suite, de propagation d'incendie, l'*Eucalyptus globulus* étant lui-même incombustible[3].

Autre arbre incombustible : le *Niaouli* (*Melaleuca viridiflora*), appartenant à la famille des Myrtacées et originaire de la Nouvelle-

---

[1] Tous ceux qui ont quelque peu voyagé en touristes dans l'Esterel ont été à même de noter les ravages des incendies; cela fait, au milieu des espaces verts, des taches brunes ; le feu a brûlé les aiguilles et les pins dressent leurs branches desséchées.

[2] Rapport de la Classe 49 (Matières et procédés des exploitations et des industries forestières), par Léon Barbier.

[3] Voir le Compte rendu d'intéressantes expériences dans le *Journal d'agriculture pratique*, 19 juillet 1900.

Calédonie, qui, s'il était adapté au climat des régions méridionales, permettrait sans doute de former des rideaux protecteurs, des ceintures préservatrices autour des forêts, et rendrait ainsi d'immenses services [1].

Signalons encore un système consistant en barrières de vignes [2].

Après l'indication des efforts nécessaires pour boiser ou reboiser, ce n'est pas sans quelque mélancolie que l'on lit ces lignes où M. Mélard montre combien est, à eux-mêmes, inutile la néfaste tâche que poursuivent les défricheurs de forêts : «Il est triste de penser à tant de richesses disparues à tout jamais, gaspillées par l'avidité et l'incurie des hommes, alors qu'en les entourant de soins et de protection on les

[1] On ne rencontre que de rares spécimens du *niaouli* en Europe; toutefois, cet arbre a été introduit dans le sud de l'Italie, aux environs de Naples, où on le cultive avec succès. Il existe deux niaoulis à la pépinière de Bône, mais ils diffèrent de l'espèce calédonienne.

«Le tronc du niaouli est blanc cendré, marqué de taches noires. Son écorce est excessivement curieuse; elle est composée d'une épaisse couche de feuillets analogues à du papier à cigarettes. L'épaisseur totale de ces feuillets est telle qu'on pourrait la comparer à un volume de six à sept cents pages; c'est à cette particularité bizarre que le niaouli doit sa propriété incombustible. En outre, la seconde écorce est imbibée d'un liquide, sorte de sève, qui suinte lorsqu'on pique cette écorce assez profondément.

«Le port du niaouli diffère complètement de celui des arbres de nos climats. Les feuilles sont oblongues, elles ne donnent pas d'ombre, car elles sont dans un plan parallèle aux rayons solaires, ce qui permet de faire certaines cultures sous la ramure de l'arbre.

«Le bois, de couleur jaune paille clair, fournit de bonnes planches et il se conserve très bien, grâce aux essences qu'il contient.

«Le niaouli est, d'ailleurs, une essence précieuse à plus d'un titre, car, indépendamment de sa propriété incombustible, il peut agir comme essence assainissante. Les feuilles

détruisent les miasmes, à tel point que les marais de la Nouvelle-Calédonie où il croît ne donnent pas la *malaria*. Les naturels du pays ne boivent des eaux suspectes qu'après y avoir fait infuser quelques feuilles de niaouli.

«En admettant que le niaouli pût s'adapter aux climats de l'Algérie et de la Corse, il serait donc d'une grande utilité pour les régions marécageuses de ces pays.» (Henri BLIN, *Journal d'agriculture pratique*.)

[2] «M. V. Marchand, colonel du génie en retraite et colon à Aïn-Farès (Algérie), préconise un moyen qu'il signalait, dès 1897, dans un mémoire présenté à M. le Ministre de l'Agriculture. Ayant remarqué que les incendies allumés par les Arabes, pour débroussailler, ou par les colons, pour combattre les altises, s'arrêtent net à la limite des vignes, sans que même les ceps de bordure se trouvent sensiblement endommagés, malgré la violence du vent, M. Marchand estime qu'il serait possible d'éviter les incendies en ménageant, de chaque côté des lignes formant limite de propriétés ou de coupes, chemins ou routes divisant en parcelles les massifs boisés, une bande non boisée de 15 mètres de largeur, par exemple, de manière à établir une tranchée de 32 à 40 mètres environ. Ces bandes parallèles étant plantées en vignes, l'incendie ne pourrait franchir ces espaces dépourvus d'aliment et si quelques flammèches poussées par

aurait conservées et améliorées. Ces richesses n'ont guère profité à ceux qui les possédaient, car si les destructions de forêts donnent des bénéfices aux exploitants [1], aux transporteurs et aux commerçants, elles ne laissent la plupart du temps qu'une part minime aux propriétaires. La valeur des bois qui doivent aller se vendre loin des lieux de production se compose pour les 90 et 95 centièmes des frais d'exploitation, de transport et des bénéfices des intermédiaires. Le propriétaire de la forêt n'en touche que le dixième, le vingtième, souvent moins encore. »

Non plus que l'intérêt du pays, ces destructeurs ne respectent la beauté de certains sites. Que de pages il faudrait pour énumérer les actes de vandalisme commis contre des arbres qu'une singularité ou leur grand âge ou leur majesté devraient nous faire respecter ! Quand donc comprendra-t-on que la beauté d'un paysage doit être défendue avec autant de zèle que celle d'un monument, et que le charme de notre terre française doit nous être profondément cher ? L'homme ne peut-il respecter le travail tant de fois séculaire de la nature ? Quelquefois de bons esprits s'émeuvent avant que l'acte ne soit commis, et ils réussissent à l'empêcher. Mais que de fois aussi la

le vent allaient au delà, elles seraient facilement aperçues et éteintes à coups de branchages verts, comme cela se fait ordinairement. De la sorte, toute grande surface boisée serait divisée en petits massifs de forme variée, en quadrilatères, irréguliers généralement, et les incendies seraient alors facilement arrêtés dans le quadrilatère où ils auraient pris naissance. » (*Ibid.*)

[1] Je veux, à ce sujet, citer un fait dont un de mes amis a été le témoin. «Cette année, dit-il, je fus passer le mois d'octobre dans cette admirable Auvergne que l'automne pare d'une infinie mélancolie ; je me promenais dans la solitude, et, tout en me promenant, j'examinais les forêts de sapins. D'un côté, elles étaient superbes ; appartenant à la commune, elles étaient administrées par le service forestier, et, notez-le, *donnaient un bon rapport.* Sur le versant d'en face, les arbres beaucoup plus mesquins avaient, entre eux, des vides. Cette forêt était la propriété d'un particulier, qui, à une petite distance, exploitait une autre forêt. Il l'avait achetée 200,000 francs et faisait en ce moment une coupe... d'importance. Les arbres étaient justement à ce point où, en quelques années, ils eussent pris un notable développement et eussent été d'un bon rapport. Avec les procédés employés par ce vandale... quelque peu imbécile, il était certain que l'affaire serait mauvaise. N'importe, l'exploitant recommençait là une expérience que, dans sa longue vie, il avait — avec un aussi relatif succès — tenté à maintes reprises déjà. On peut rapprocher les traitements que les gens ont pour les arbres de ceux qu'ils font subir aux animaux. Et, de fait, les chevaux et les bovidés dudit exploitant étaient aussi mal traités que mal nourris. Cela scandalisait fort les gens du pays qui ont coutume de soigner avec amour leurs beaux salers».

destruction est consommée quand on s'en aperçoit! Et, il faut bien le
dire, l'Administration — sur ce point — est trop souvent fautive.

Fig. 299. — Chêne géant de la forêt de Compiègne.

C'est avec un véritable serrement de cœur que, non loin de Paris,
sur la berge de la Seine, l'on voyait mettre aux enchères, à raison

de 20 francs par tête, les 300 beaux arbres centenaires dont les feuillages ombrageaient les rives.

Il faut donc respecter les forêts pour leur beauté et pour leur utilité[1], et savoir se contenter de les exploiter raisonnablement. Mais, d'autre part, ceux qui détiennent la propriété forestière devraient être dégrevés. «Il y a en France, a dit M. A. Mélard, des forêts dont l'impôt direct est égal à 20 ou 25 p. 100 du produit brut, et cependant, malgré cette large participation aux dépenses publiques, ces propriétés ne sont l'objet d'aucune surveillance de la part de l'autorité, et leurs propriétaires sont obligés d'instituer et de payer des gardes particuliers.» Peut-être pourrait-on — avec plus d'utilité que pour maintes cultures — instituer des sortes de primes. Ainsi, on mettrait les forêts particulières sous la surveillance du service forestier, et l'État assurerait aux propriétaires de forêts un revenu minimum égal à celui de la rente.

Il existe, en France, quatre centres de production du *liège* : le département du Var avec une partie de l'arrondissement de Grasse (Alpes-Maritimes), le Lot-et-Garonne et les Landes, les Pyrénées-Orientales, la Corse. Disons-en quelques mots.

Dans le Var (région des Maures et de l'Esterel), le chêne-liège pousse rarement en peuplements purs de toutes autres essences; il est généralement en mélange avec le pin maritime, quelquefois avec le pin d'Alep et le chêne vert.

La superficie sur laquelle se trouvent répartis les chênes-liège est de 113,600 hectares, dont 87,400 hectares appartiennent à des particuliers, 17,000 hectares aux communes, 8,300 hectares à l'État. La propriété est très divisée; à côté de grands domaines, on rencontre une foule de petites forêts. Les incendies ont causé de grands

---

[1] Sans revenir sur cette question de l'utilité des forêts, signalée à plusieurs reprises au cours de ce rapport, notamment t. I, p. 55 et suiv., j'appellerai l'attention sur un point mis en lumière par une petite brochure publiée en 1904, à Londres, par le *Board of agriculture and fisheries* : c'est l'influence bienfaisante exercée par les forêts sur les eaux qui alimentent les villes. Je n'entrerai pas dans de longs détails, je note simplement que ces avantages sont : la régularité des cours d'eau, la suppression ou, tout au moins, la diminution des dépôts vaseux, l'augmentation du volume actuel de l'eau, l'égalisation de la température de l'eau.

ravages. Pour se défendre contre eux, on a arraché le sous-bois; les pluies d'hiver ont, par suite, enlevé la couche superficielle du sol et la surface s'est desséchée; aussi le liège n'atteint-il plus l'épaisseur commerciale qu'entre douze et quinze ans, tandis qu'autrefois, il l'atteignait à dix ans, et la production est tombée de 118,000 à 80,000 quintaux [1].

En mélange avec le pin maritime, les massifs du Lot-et-Garonne forment des peuplements assez clairs. Ils couvrent 11,000 hectares, dont les six dixièmes dans le canton de Mézu, et ils produisent 2,500 quintaux métriques. Ils appartiennent tous à des particuliers. Les forêts des Landes sont composées d'un mélange de la variété occidentale et du pin maritime. Elles occupent 13,000 hectares, dont 10,000 aux particuliers et 3,000 aux communes. La production, de 5,000 quintaux métriques, est d'une qualité blanche, souple et fort belle. Les boisements des Pyrénées-Orientales — purs ou en mélange avec le chêne vert — couvrent 1,700 hectares et produisent 2,200 quintaux d'excellent liège.

Les peuplements en Corse se composent de bouquets isolés et appartenant à des propriétaires différents. La contenance en est probablement supérieure à 18,000 hectares. La production approche de 17,000 quintaux. Blanc, léger, souple, ce liège est apprécié. Aujourd'hui, l'on donne aux forêts les soins nécessaires.

Au total, la production française est d'environ 130,000 quintaux. Sauf en Corse — dépourvue de fabriques —, ce liège est travaillé aux lieux de production. On est même obligé d'avoir recours à l'impor-

---

[1] "Les débroussaillements, appelés nettoiements dans les Maures, poussés à outrance, ont dénudé le sol qui, devenu infertile, produit moins de liège et de qualité moindre. Il faut lui rendre la fertilité perdue et, pour cela, lui restituer sa couverture. Le seul moyen pratique est de semer au milieu des lièges du pin maritime, qui mettra le sol à l'abri du soleil et, par l'abondance des branches mortes, lui rendra promptement la couverture et la matière fertilisante. Je sais bien que je vais soulever des polémiques passionnées, mais je ne connais pas d'autre moyen, à moins de recourir à l'introduction du chêne vert, qui ne formera pas massif avant vingt ou trente ans. C'est aux propriétaires à examiner s'ils veulent conserver l'état actuel et laisser le dépérissement de leurs forêts se poursuivre, ou retrouver leur production et leurs revenus d'autrefois en courant quelques risques d'incendie, qu'un aménagement judicieux et un traitement régulièrement suivi feront presqu'entièrement disparaître." (Henri LEFEBVRE, inspecteur des eaux et forêts de l'Algérie.)

tation (environ 225,000 quintaux, dont 107,000 en transit et 118,000 mis en fabrication ou consommés dans le pays). C'est dans le Var que la fabrication est la plus importante. L'exportation a doublé depuis 1871; elle dépasse aujourd'hui largement 50,000 quintaux.

Enfin, il me reste à donner le résumé des importations et exportations. On sait que sous ce rapport notre situation est peu favorable, comme le fait se produit, du reste, pour le plus grand nombre des pays. Le tableau ci-dessous indique le détail des divers chapitres :

VALEUR DE L'IMPORTATION ET DE L'EXPORTATION.

(Moyennes quinquennales 1897-1901, en francs.)

		IMPORTATIONS.	EXPORTATIONS.
Bois à construire	de chêne	9,746,662	2,830,085
	de noyer	475,884	1,136,180
	autres	69,876,121	9,905,234
Merrain.	de chêne	27,121,398	940,508
	autres	204,252	83,816
Bois.	en éclisse	705,102	331,371
	feuillards et échalas fabriqués.	507,019	2,258,507
Perches, étançons et échalas bruts		1,478,750	24,224,874
Bûches, fagots et bourrées		531,619	807,744
Bois d'essences résineuses en rondins		2,794,824	"
Charbons de bois et de chénevottes		625,682	362,949
Paille ou laine de bois		230,535	10,152
Liège brut, râpé ou en planches		4.473,590	2,956,108
Écorces à tan moulues ou non		626,507	4,663,959
Extraits de châtaignier et autres sucs tanins extraits des végétaux		340,429	4,397,859
Autres		89,424	8,251

B. CUEILLETTES [1].

CHAMPIGNONS. — CÈPES. — TRUFFES; TRUFFICULTURE; PRODUCTION; EXPORTATION ET IMPORTATION. PRODUITS DIVERS DES CUEILLETTES.

CHAMPIGNONS. — Laissons ici de côté les champignons de couche, dont j'ai parlé plus haut (p. 617).

La production des champignons de couche et autres s'élève à envi-

[1] Voir le tableau des importations et des exportations t. III, p. 211 et suiv.

ron 20,000 kilogrammes par jour — ce qui, à 1 franc le kilogramme, représente un chiffre annuel d'au moins 7 millions de francs.

Cèpes. — Les cèpes se récoltent dans les contrées boisées, principalement dans le Périgord et dans la Bretagne. La récolte annuelle peut être évaluée à 6 millions de kilogrammes, représentant une valeur de 1 million de francs environ. La presque totalité de la récolte est consommée en France. Cependant, depuis quelque temps, on commence à exporter des conserves.

Truffes. — La truffe est, elle aussi, un champignon. C'est l'opinion de Chatin, de son vivant directeur de l'Ecole supérieure de pharmacie de Paris, qui a fait de longues recherches sur ce cryptogame et son développement. D'après lui, c'est un champignon non parasite dans la vraie acception du mot, quoique vivant ordinairement sous le patronage, pourrait-on dire, de certains arbres, de préférence à tous autres; comme ses congénères du groupe des champignons piperacées, il est souterrain [1].

[1] «Connue depuis les temps les plus reculés, la truffe a été successivement considérée comme le produit d'une fermentation de la terre, comme une exsudation des rameaux et des feuilles, une excrétion des racines, une extravasation de sève à la suite de piqûres de mouches, une galle véritable due à la piqûre d'insectes, un renflement tuberculeux et spontané des racines, etc.

«Il y a une quarantaine d'années, les travaux de Tulasne ont nettement établi que la truffe est un champignon à tubercule souterrain (hypogé) dont la chair, sillonnée de veines sinueuses, renferme des sacs (sporanges ou thèques) dans lesquels on trouve des semences ou spores. Depuis quinze ou vingt ans, cette constatation scientifique n'est plus discutée par les agriculteurs instruits.

«La truffe est-elle un champignon parasite ou saprophyte? Elle ne serait ni l'un ni l'autre, d'après les vues du Dr Frank, professeur à l'Université de Berlin. Ce savant a montré que diverses essences ligneuses sont incapables de se nourrir avec leurs seules radicelles et que les aliments absorbés doivent être préparés par des champignons associés aux jeunes racines.

«Les Cupulifères et les Corylacées (chêne, hêtre, charme, chataignier, noisetier) sont toujours attaquées par le champignon des racines; les saules, les peupliers, les Conifères, le sont fréquemment; le bouleau, l'aulne, le platane, l'orme, le noyer, le tilleul, l'érable, le frêne, etc.. ne le sont jamais.

«Le Dr Frank n'ayant pas trouvé de différence entre le champignon des arbres ordinaires et le champignon porté par les arbres truffiers, a admis que c'est bien ce champignon associé aux racines qui produit les tubercules de truffe. Si ces derniers sont assez rares, c'est que, la plupart du temps, la fructification du champignon est empêchée par diverses conditions externes.

«L'association du champignon et d'une radicelle donne un organe particulier qui a été désigné sous le nom de *mycorhize*. Le

En France, nous avons deux espèces de truffes : la truffe de Périgord et celle de Bourgogne. Bien que cette dernière, de beaucoup inférieure, ait une assez grande valeur sur le marché, sa matu-

champignon fournit à la plante des sels nutritifs et de l'eau; la racine fournit au champignon des matières organiques élaborées par le végétal. Le champignon vit donc sur les racines dans un état de parasitisme particulier qui procure un bénéfice réciproque aux deux plantes associées. Ce mode d'association végétale a reçu le nom de *symbiose*.

«D'après Stahl, les cas de symbiose sont très fréquents. Leur apparition est facilitée dans les sols pauvres en éléments minéraux et bien pourvus en humus; par contre, lorsque la composition du sol se modifie de façon à rendre la nourriture directe des plantes (autotrophie) plus facile, la nourriture par champignon intermédiaire, ou mycotrophie, tend à disparaître. D'ailleurs, pour une même plante, la mycotrophie peut être plus ou moins facultative ou obligatoire.

«Les plantes autotrophes présentent des racines très développées; leur transpiration est abondante, leurs feuilles renferment de l'amidon, de l'oxalate de chaux, des nitrates. Les plantes à mycorhizes présentent ces caractères à un degré plus ou moins affaibli; l'amidon des feuilles peut être remplacé par des hydrates de carbone solubles, la transpiration est très atténuée, les radicelles prennent un aspect extérieur coralliforme et portent des filaments de mycélium qui simulent les poils absorbants.

«Le champignon fournirait à la plante hospitalière surtout des composés organiques, puisque, d'après les recherches de Stahl, les plantes mycotrophes renferment moins de cendres que les plantes à nourriture directe.

«La mycotrophie, le parasitisme et la carnivorie ont comme origine commune les difficultés de nutrition des végétaux dans le milieu où ils croissent, mais ces trois formes particulières d'alimentation restent, cependant, tout à fait indépendantes les unes des autres.

«D'après M. Vuillemin, professeur à la Faculté de Nancy, les mycorhizes manquent sur les plantules de hêtre; elles apparaissent encore plus tard sur le chêne.

«M. Chatin signale plus de trente espèces d'arbres ou d'arbustes truffiers (chêne, noisetiers, charme, pin, etc.). D'autre part, il existe de nombreuses espèces de truffes : truffe noire du Périgord (*Tuber melanosporum*); truffe de Bourgogne ou truffe à crochets (*T. uncinatum*); truffe blanche d'été (*T. æstivum*); truffe blanche d'hiver (*T. hiemalbum*); truffes musquées (*T. moschatum* et *T. brumale*); truffe rousse (*T. rufum*).

«Chaque jour, dit M. Bonnet, les fouilles «de nos rabassiers mettent à découvert des «mélanospores, des brumales, des estivales, «des mésentériques, des truffes rousses di«verses, des musquées, des poivrées, des «macrospores, etc., en un mot des échan«tillons des trente et quelques espèces de «truffes vraies, auxquelles se joignent des «balsamias, des mélanogastres, des généas «et autres tubéracées vivant en mélange dans «les mêmes truffières, près du chêne rouvre, «de l'yeuse, du kermès, du noisetier, du «pin, etc. Ceci, je le répète, est un fait d'ex«périence journailère.» En réalité, dans les bonnes truffières, on ne récolte guère que la truffe noire du Périgord.

«Le chêne est l'arbre truffier par excellence, surtout dans les variétés suivantes : chêne rouvre, noir, sessile, pubescent (*Quercus robur*); chêne blanc ou pédonculé (*Q. pedunculata*); chêne vert ou yeuse (*Q. Ilex*); chêne kermès (*Q. coccifera*). L'yeuse convient bien au climat et aux sols du Midi de de la France; le kermès est envahissant.»
(E. RABATÉ, *Journal d'agriculture pratique*.)

ration s'achevant en automne, alors que la truffe du Périgord a encore la chair blanche, c'est, en somme, la truffe du Périgord qui est la vraie truffe. Elle se rencontre aussi dans le Dauphiné et la Provence. Son acclimatation est possible en sol calcaire et à condition que le climat convienne à la vigne.

La culture du champignon de couche pouvait faire espérer qu'on trouverait un procédé pour développer la reproduction de la truffe, mais, jusqu'à ce jour, rien encore de décisif. Cependant les essais de culture de M. Boulanger, à Étampes, donnent lieu d'espérer une solution favorable pour la création de truffières.

Quel serait le moyen de créer des truffières? Voici celui que préconise notamment Chatin. La truffe devant pouvoir être multipliée, tant par le transport de ses semences, les spores, que de son appareil de végétation et d'extension, le mycélium, il faudra, là où le sol et le climat sont favorables, semer des glands et apporter quelques sacs de terre d'une truffière et les disposer dans le nouveau terrain autour des glands au moment de leur mise en terre. En opérant ainsi, M. Keifer, alors sous-inspecteur des forêts à Albyès, a réussi.

La récolte annuelle des truffes du Périgord est d'environ 2 millions de kilogrammes. 10 francs comme prix originaire est une estimation trop basse.

On voit donc que ces truffes sont l'occasion d'un important revenu [1].

L'exportation est variable; la moyenne décennale en est de 175,000 kilogrammes dont la valeur, au moment de leur sortie, est double environ de leur valeur originaire. Quant à l'importation qui, pour la plus grande part, provient d'Italie, elle ne s'élève pas (moyenne décennale) au-dessus de 11,000 kilogrammes.

La production de la truffe de Bourgogne est d'environ 75,000 kilogrammes.

---

[1] Les départements où la récolte est la plus forte sont : Vaucluse, Basses-Alpes, Lot, Drôme, Dordogne. A signaler, telle commune de Vaucluse, Bédoin, curieux village, situé au pied du mont Ventoux — riche non seulement de beaux platanes sous lesquels rient de jolies filles — mais encore de truffières si productives que leur fermage permet à la commune de payer l'impôt de tous les habitants. Il est vrai qu'il s'agit des fameuses truffes du Ventoux.

Plantes, racines, écorces, feuilles, fruits. — La récolte des produits du règne végétal obtenus sans culture et utilisés pour l'herboristerie, la pharmacie, la teinture, a sensiblement augmenté dans ces dix dernières années. Nous indiquons dans le tableau suivant les principales régions françaises où l'on récolte ces produits.

DÉPARTEMENTS.	PRODUITS.	MARCHÉS.
Seine, Seine-et-Oise, Seine-et-Marne, Oise.	Menthe, mélisse, pavot, absinthe, armoise, belladone, hysope, stramonium.	Un marché pour les plantes médicinales se tient, à Paris, deux fois par semaine, le mercredi et le samedi, rue de la Poterie (Halles centrales).
Côtes-du-Nord, Finistère, Ille-et-Vilaine, Morbihan.	Chiendent, coquelicot, tussilage, fucus, digitale, ciguë, etc.	Pontorson, Quiberon.
Maine-et-Loire..............	Camomille, anis vert, hysope, roses rouges, réglisse, mélisse, menthe.	Bourgueil
Aisne......................	Absinthe, armoise, bourrache.	Leuilly et Saint-Mard, par Vailly.
Nord......................	Guimauve, mauve, chicorée, pavot, bouillon-blanc, etc.	Crespin et Valenciennes.
Vosges....................	Digitale, bouillon-blanc, aconit, arnica.	Nomeny et Saint-Dié.
Gironde, Landes	Térébenthine, colophane, poix, goudron de bois, etc.	Bordeaux.
Isère, Hautes-Alpes, Drôme......	Plantes aromatiques, serpolet, thym, romarin, lavande, tilleul, sureau.	Die, Carpentras, Le Buis, Grenoble.
Alpes-Maritimes..............	Plantes aromatiques, eucalyptus, oranger (fleurs, feuilles, écorce).	Nice, Vallauris, Cannes.
Puy-de-Dôme..............	Arnica, absinthe, armoise, bouillon-blanc, gentiane, pensées sauvages, violette.	Montbrison, Langogne et Le Puy.
Charente, Charente-Inférieure, Vendée.	Graines de lin, moutarde....	Marans (Charente-Inférieure).
Loiret.....................	Safran du Gâtinais........	Pithiviers.

C. CHASSE[1].

Il n'existe pas chez nous de statistique de chasse comme nous avons eu l'occasion d'en signaler en étudiant divers pays étrangers. Il est donc bien difficile d'estimer la quantité de gibier tiré en France.

CHASSE EN BATTUE. — Il n'existe de « chasse » — ce qu'on est convenu d'appeler des « chasses » — que dans un rayon de 25 à 3 lieues autour de Paris. Voyons ce qu'elles peuvent donner. Il y a tout d'abord les chasses présidentielles; puis Ferrières et Bois-Bouran, qui donnent 25,000 pièces par an; Noisiel pourrait sans doute donner autant, mais on y chasse peu. Sept ou huit chasses fournissent entre 18,000 à 20,000 pièces, etc.

Il s'agit, bien entendu là, de la chasse en battue, chasse en somme artificielle. C'est à cette catégorie qu'appartiennent les « chasses d'affaires » et les « chasses politiques ». Certaines coûtent d'entretien jusqu'à 100,000 francs par an; mais on peut avoir quelque chose de très convenable pour 18,000 ou 20,000 francs.

Comme chien, le retriewer anglais suffit; car, en effet, le rôle du chien est ici simplement celui d'un commissionnaire; il n'a qu'à aller chercher le gibier mort et à le rapporter.

CHASSE AU CHIEN D'ARRÊT. — L'autre chasse à tir est celle au chien d'arrêt[2], c'est la chasse des véritables chasseurs; on part le matin

[1] Voir le tableau des importations et exportations à la fin du t. III, p. 211 et suiv.

[2] Le comte Clary, dont la compétence en vénerie est connue de tous, a fait entre les deux chasses à tir : chasse en battue et chasse au chien d'arrêt, le joli parallèle suivant :

« La grande vénerie a ses séductions et ses inconvénients : les chevaux qui bondissent sous leurs cavaliers, les cris de la meute en forêt et les sons du cor sous les grands bois, sont d'ardents plaisirs et les splendides décors d'un drame émouvant.

« Ces joies bruyantes partagées avec la foule des chasseurs ne satisfont pas cependant l'âme

avec son chien ; quand on rentre, on a tiré quelques pièces seulement, mais on les a tirées grâce à son habileté et sans qu'un rabatteur vous les ait en quelque sorte présentées au bout de votre fusil. On a l'occasion de déployer de la perspicacité, le plaisir de déjouer les ruses du gibier.

Pour cette chasse, le chien français (voir p. 659 et suiv.) — notamment le braque Dupuy et le Pont-Audemer — est nettement supérieur au chien anglais

du veneur. Il lui faut quelque chose de plus intime et rien pour lui ne remplace la quête, dès l'aube pâlissante, quand il fait le bois avec son fidèle limier. Cette heure où il prend connaissance du pied, où il choisit la bête, où il se pénètre de la piste jusqu'à voir l'animal par corps ; cette heure est la sienne, celle du veneur, et, s'il peut, il ne la cède à personne.

«Eh bien, le plaisir intime de la chasse avec le chien à la poursuite du gibier, déroutant ses ruses, le recherchant, le trouvant et le poursuivant par intuition, c'est le plaisir quotidien de la chasse à tir, et le chasseur au fusil peut en jouir tous les jours et en toutes saisons.

«Ce plaisir-là, le vrai chasseur seul le goûte, et ce vrai chasseur vous ne le trouverez plus que parmi les gentilshommes ruraux qui vivent dans leurs terres du jour de l'an à la Saint-Sylvestre, qui sont nés le fusil au poing et ne jurent que par saint Hubert.

«A Paris, depuis que les coutumes anglaises nous ont envahis, on ne connaît plus ces jouissances. On s'est mis à créer d'immenses chasses, pour la plupart artificielles, accompagnées d'une fastueuse mise en scène et dans lesquelles on ne chasse plus qu'en troupe et en grande cérémonie, à certains jours désignés d'avance.

«Pour les gens de la crème, pour le dessus du panier des tireurs, plus d'autre façon de chasser ; toutes les autres leur paraissent mesquines et ennuyeuses. D'un passe-temps de grand seigneur, d'un exercice de gentilhomme campagnard, on a fait un sport à la mode, une attraction de bon ton.

«Ce goût pour les grands massacres, qui finiront par faire naître la satiété, car il est certain qu'une trop grande abondance de gibier lasse le chasseur bien plus vite que s'il en rencontrait moins, date de l'Empire. Dans tous les temps, les cours ont déteint sur leur entourage : constamment les petits veulent imiter les grands. C'est en vertu de ce principe et par cette raison que les chasses impériales ont exercé une regrettable influence sur nos grands propriétaires qui, eux aussi, ont voulu avoir beaucoup de gibier. Et, à l'heure qu'il est, les récits merveilleux que font les journaux de sport sur les chasses qui ont lieu chez tel ou tel surchauffent à ce point l'imagination, que c'est à qui fera tuer le plus de faisans. Je connais un domaine où l'on tue chaque année plus de 25,000 pièces ; j'en pourrais citer pas mal d'autres sur lesquels on en abat de 2,000 à 5,000 têtes tous les ans !

«Ces chasses, situées autour de Paris, sont le rendez-vous de tous les sportsmen qu'on cite avec raison comme de grands fusils, mais non pas comme des chasseurs. Ce n'est pas la grande multiplication du gibier que nous blâmons, ce serait absurde, mais le mode de chasse pour le tuer. En effet, pour avoir à la fin de l'année de pareils chiffres à inscrire dans le journal de ses chasses, il n'y a guère d'autre moyen que la chasse en battue. Or la chasse en battue a été la cause de la mort de la chasse au chien d'arrêt, la seule digne, la seule que nos pères estimaient et pratiquaient. Avec la nouvelle manière de procéder, le seul chien qui ait raison d'être maintenant c'est, le retriever des Anglais, un chien à l'état de commissionnaire ne portant plus que des paquets.»

Chasse à courre. — L'entretien d'une chasse à courre coûte au moins 80,000 francs par an. Il faut, en effet, louer environ 10,000 hectares de forêts (il n'est pas rare qu'au cours d'une chasse on sonne trois fois le changement de forêt) et avoir un équipage de 50 à 80 chiens avec 3 à 5 hommes.

On chasse à courre : le cerf, le chevreuil, le lièvre, le sanglier et le loup; c'est le lièvre qui est le plus difficile à atteindre.

Il existe des équipages de chasse un peu dans toute la France : on estime qu'il y en a, au total, environ 350, faisant chacun en moyenne 9 prises par an. 25 à 30 pièces constituant une fort belle année de chasse, le repeuplement naturel suffit amplement à remplacer les pertes causées de ce chef.

C'est en Poitou et en Vendée que les équipages sont les plus nombreux.

Presque tous les équipages de chasse à courre sont croisés de foxhunds, et cela, parce qu'aujourd'hui on veut surtout aller vite, toujours plus vite. Les chiens français, plus sûrs que les anglais et plus fermes, sont plus lents étant plus gorgés. Au total, sauf les chiens blanc et orange de l'équipage de Chambray (Eure), et quelques équipages de griffons vendéens et nivernais, il n'y a plus — à courre — d'équipage de pur sang français que pour la chasse au lièvre, pour laquelle on emploie des bassets relativement lents.

Parmi les invités d'une chasse, le plus grand nombre se contente de saluer le maître d'équipage au départ et d'assister à l'hallali. Seuls, ceux qui ont le bouton suivent de bout en bout. En France, contrairement à ce qui a lieu en Angleterre, il y a un animal de meute; c'est-à-dire que, la chasse commencée, on poursuit continuellement le même animal, et qu'on ne l'abandonnera pas pour tel autre, au hasard de la rencontre; nous devons à cette façon de faire, d'avoir de vrais veneurs, tandis que les Anglais n'en ont pas. On fait les honneurs du pied généralement à quelqu'un qui suit la chasse pour la première fois. Quant à l'hallali, c'est l'acte de servir l'animal dépouillé — posé sur sa peau — aux chiens, qui l'engloutissent en moins de temps qu'il n'en faut pour le dire.

Il n'y a plus que de rares équipages chassant le loup; on n'en connaît, je crois, que trois : un dans le Poitou, un dans le Cher, un autre dans la Haute-Garonne.

L'équipage destiné à la chasse du sanglier se nomme *vautrait*. D'où vient ce mot? Selon certains cynégétistes, d'une ancienne espèce de chiens auxquels leur habitude de se rouler dans la fange avait fait donner le nom de *vautre* (de se vautrer). Quoi qu'il en soit de cette question d'étymologie, il faut pour bien chasser le sanglier, un vautrait de 70 à 80 chiens, afin d'en avoir toujours 40 à 50 à découpler, les autres restant au chenil pour blessures reçues ou maladies. « Étant donnée, écrit un excellent veneur, le baron L. de Dorlodot, l'humeur nomade du sanglier, et plus encore son horreur du dérangement, on doit, pour avoir un nombre assez considérable de ces animaux à prendre chaque année (soit une moyenne de 35), posséder une chasse d'une très grande étendue, de préférence divisée en plusieurs forêts. » Du reste, peu d'équipages se livrent encore à cette chasse, tant à cause de la difficulté de trouver un assez grand nombre de sangliers, qu'à cause des frais considérables qu'entraîne ce genre de chasse.

LOCATIONS DE CHASSES. — La location des droits de chasse dans les forêts domaniales constitue pour l'État une source de revenus qui n'est pas à dédaigner, d'autant qu'elle n'entraîne aucune dépense supplémentaire. En effet, l'État ne pourvoit pas à un repeuplement artificiel du gibier de ses bois.

Il loue parfois à des personnes différentes la chasse à tir et la chasse à courre d'une même forêt. Les cahiers des charges sont, à ce sujet, très explicites : on a le droit de tirer tel animal et point tel autre. C'est ainsi que, dans la forêt de Rambouillet, il y a, par cerf tué, une amende de 500 francs infligée au locataire de la chasse à tir, en faveur du locataire de la chasse à courre.

Il serait seulement à souhaiter que les droits des locataires fussent pris davantage en considération [1]; ces locataires sont, en effet, grave-

----

[1] Cette question de la location des droits de chasse consentie par l'État dans ses forêts a fait couler pas mal d'encre; il est vrai que bon nombre de ceux qui ont protesté à ce sujet ont montré, par la rédaction de leurs protestations, qu'ils sont peu renseignés sur la question.

ment lésés, quand les préfets prennent des arrêtés autorisant n'importe qui — sous prétexte des dégâts causés — à tirer la grosse bête, d'autant que, de plus en plus, ces dégâts, quand il y en a, sont toujours largement indemnisés par les locataires de chasse.

CHIENS DE CHASSE FRANÇAIS. — Après un engouement du plus grand nombre des chasseurs pour les chiens anglais, un retour se dessine aujourd'hui vers les races françaises — retour auquel s'intéresse tout particulièrement la Société centrale pour l'amélioration des races canines. Il est certain que cette dernière aura fort à faire pour réparer les nombreuses bévues commises à ce sujet. S'il est vrai que nous avons toujours des braques Dupuy, des braques du Bourbonnais, avons-nous encore quelques beaux représentants de la race type du vieux braque français, du braque de Charles IX? «C'était, écrit le baron de Vaux, un chien vigoureux et un peu lourd, avec une tête carrée et cassée, au museau assez long, aux babines très tombantes. Il était blanc et marron, moucheté de taches marron plus ou moins grandes. Sa taille était généralement de o m. 55 à o m. 6o, son poil, un peu gros; son fouet, court et gros; ses pieds, longs et larges; ses pattes, fortes, musculeuses et grasses; il avait la cuisse un peu plate, le rein court, large, solide, légèrement bombé, les côtes légèrement arrondies, la poitrine large et profonde, les épaules droites et grasses, le coude n'atteignant pas le dessous du corsage; le cou était assez court, le nez brun; les oreilles étaient plantées un peu bas, longues et grasses et un peu plissées.» Si des braques nous passons aux épagneuls indigènes, pouvons-nous affirmer, qu'à part le Pont-Audemer, nous ayons beaucoup de variétés qui n'aient pas été abîmées par des croisements malheureux? Cependant, nous avions en France «des chiens de meute incomparables, doués de qualités physiques qui ne le cèdent peut-être qu'aux qualités morales».

De ces qualités, n'eut-on, du reste, pas une preuve décisive, alors que le duc de Beaufort s'en vint avec ses chiens chasser chez le doyen des veneurs français, le vicomte de la Besge, récemment décédé, dont les vaillants poitevins l'emportèrent sur les chiens anglais par leur vitesse, leur fond et leur tenue?

Nos principales races de chiens courants sont les suivantes :

1° Les poitevins, dont les qualités spéciales sont le fond, le pied, l'activité, le nez, l'intelligence et l'amour de la chasse; ils sont généralement reconnus pour les premiers chiens de loup du monde. Le Poitou, le Bas-Poitou surtout, a dû être, de tout temps, la terre

Fig. 3oo.
Tête de griffon vendéen [1].

classique de la chasse. C'était du Bocage que sortaient autrefois les plus célèbres meutes de France. Il suffira de nommer le fameux *Souillard*, père des chiens blancs du roi, pour établir le mérite de la vieille race du Bas-Poitou;

2° Les vendéens, qui ont moins d'endurance et de fond que les précédents, et aussi moins de gorge que la plupart des autres races françaises, mais qui ne manquent ni d'intelligence, ni de nez, ni de train, ni d'amour de la chasse. La race du vendéen actuel a été créée par le croisement de la lice vendéenne et de l'étalon anglais. Dans ce sang est venu depuis s'infuser du sang saintongeois et aussi du sang poitevin. Tel qu'il est, le chien vendéen est considéré comme un chien à peu près de pur sang français. Pour maintenir la race dans la pureté la plus grande, on croise de chenils à chenils les plus beaux sujets, et on obtient ainsi des lices reproductrices de premier choix. Ces lices ont généralement de 21 à 23 pouces;

3° Les gascons, nez exquis, voix admirable, du fond, disciplinés; mais massifs, lents et manquant d'initiative;

4° Les chiens fauves de Bretagne, vites, ardents, entreprenants, robustes; mais opiniâtres et indisciplinés;

5° Les chiens de Saint-Hubert, rudes, pleins de fond et d'ardeur, très robustes; mais peu faciles à conduire et d'un bien mauvais caractère;

6° Les chiens d'Artois, réputés les meilleurs pour le lièvre, de moins de taille que les précédents, ayant du nez, de la voix, un train

[1] Cliché de la Librairie agricole.

soutênu, du fond, intelligents et sages sur leur voie; mais assez peu disciplinés.

Ce n'est pas, on le voit ici, le nombre des races, ni leur variété, ni leur qualité qui sont en défaut, et encore n'indiquons-nous que les principales. Tous ces chiens se font remarquer par leur belle conformation, une voix magnifique, un nez d'une exquise finesse, une menée droite et régulière et des mérites remarquables à la chasse.

Il en est de même pour nos chiens d'arrêt. Aucune raison plausible n'oblige donc les Français à s'adresser aux Anglais. On peut même dire que nos races indigènes, parfaitement appropriées à leur pays, s'y comportent et y conviennent mieux que les pointers, les setters, etc., anglais, et qu'elles suffisent parfaitement à toutes nos chasses : plaine, bois et marais.

Nos braques de l'Ariège, de Toulouse, de l'Aveyron, du Bourbonnais; nos braques Dupuy, nos griffons, nos épagneuls, nos barbets ne le cèdent à aucune race étrangère au point de vue plastique, et permettent aux chasseurs et aux éleveurs de se borner aux races indigènes.

Les types réussis de ces chiens ont une boîte crânienne large, ce qui donne l'intelligence par le développement de la cervelle; ils ont l'œil bien ouvert, bon, caressant, intelligent; les oreilles sont bien attachées, pas trop haut et suffisamment fines; l'encolure est assez puissante, sans être épaisse; les jambes et les pattes sont bonnes; le poil est de couleur variée, quelquefois truité, généralement blanc, marqué de plaques brunes; la queue est grosse, signe de force. Enfin, ils sont faciles à dresser, soumis; ils ont, de plus, l'endurance et l'amour de la chasse.

Le Cheval de chasse. — Dans le chapitre consacré aux Îles Britanniques, j'ai signalé[1] les qualités du hunter irlandais. Ce merveilleux sauteur est là-bas le cheval de chasse idéal, d'autant que, en Angleterre, ainsi que le remarque très justement un spécialiste de la question, le cheval, sous toutes les formes, constituant le sport par

[1] Tome I, p. 496 et suiv.

excellence, la chasse est un prétexte pour monter à cheval, et on a adopté un type de cheval caractéristique d'une spécialité définie, en raison de l'aptitude uniforme qu'il doit posséder, c'est-à-dire de galoper à travers un pays découvert, passant par-dessus tout ce qu'il rencontre. En France, il en va tout autrement : l'idée de vénerie domine, et le cheval devient un moyen. Aussi les chasseurs français ne recourent-ils pas à une race définie : c'est plutôt affaire de dressage que d'espèce. Souvent, du reste, il y a peu d'obstacles à affronter; y en aurait-il, comme en Bresse, pays coupé de haies et de fossés et dont le sol est de tout temps humide et gras, ce qu'on recherchera comme cheval de chasse, c'est un animal adroit et habitué aux obstacles qu'il aura à franchir. Cette monture, du reste, saura le plus souvent remplir la tâche que son maître attend d'elle, et l'on cite tel équipage d'une région ardue où une petite limousine « grise comme un cheval de meunier » s'est souventes fois autrement mieux comportée que les hunters les plus renommés.

Chasse au furet. — Après avoir parlé de la chasse au chien, disons quelques mots de la chasse au furet.

A peine acclimaté, le furet meurt chez nous — à l'état libre — l'hiver dans les bois. C'est l'ennemi naturel du lapin; les chasseurs ont exploité cette antipathie; mais comme elle est très forte, il est bon de mettre une muselière aux furets, et même de leur couper les crochets. Certains chasseurs ont coutume de mettre aux furets un grelot; il ne paraît pas que ce soit un bon usage, le grelot risquant de s'accrocher aux racines et son utilité étant minime. On l'emploie, en effet, pour effrayer et faire fuir renards, fouines, putois; mais autant vaut se fier à l'instinct — très sûr — du furet, qui refuse d'entrer dans un terrier quand un de ces animaux s'y trouve. Plus encore que celui du grelot, faut-il déconseiller l'usage qui consiste à attacher au cou du furet une ficelle légère; rares sont les terriers où ce moyen est praticable, et voudrait-on se servir de la ficelle que l'on courrait risque d'étrangler son furet.

Les furetons commencent à chasser à l'âge de trois mois; il faut s'en servir quand ils sont encore très jeunes pour les rendre quelque peu dociles. On nourrit le furet avec du lapin, du pain ou de la farine et du lait. « Il y a, écrit le comte Clary, des amateurs de furetage qui donnent à leur bête des yeux de lapin. Chaque fois qu'il a chassé, ils mettent devant lui un lapin dont on arrache les yeux qu'il mange ; on prétend, par ce moyen, encourager les furets et leur faire connaître le gibier. »

Il est pratique d'avoir à la chasse, plusieurs furets ; le meilleur moyen, c'est de les faire porter dans une boîte remplie de foin et d'étoupes.

Un bon furet se paye de quinze à vingt francs.

Fauconnerie et autourserie. — Après avoir connu une longue période de gloire, la fauconnerie était à ce point oubliée en France que lors de la discussion de la loi sur la chasse en 1844, un député ayant demandé si la chasse au faucon était autorisée ou interdite, un long et général éclat de rire lui répondit seul. Cependant, sous le second Empire, des efforts furent tentés pour rendre à cette forme si particulière de la chasse au vol, quelque peu de sa splendeur d'antan. Cette tentative n'obtint qu'un médiocre succès. Depuis, on a été plus heureux et nous avons aujourd'hui deux équipages de faucon ; aussi, il n'est pas sans intérêt de consacrer quelques lignes à cette forme si particulière de la chasse.

Huber, un fauconnier célèbre du siècle dernier, a divisé les oiseaux de proie employés en fauconnerie en deux grandes classes : les rameurs et les voiliers. Cette division est basée sur la forme des ailes et le mode du vol. Les voiliers, qui comprennent les aigles, les autours et les éperviers volent bas, tandis que les rameurs, faucons de toutes variétés, se perdent dans les nues pour se laisser tomber sur leurs proies.

Le Dr Arbel, amateur passionné de fauconnerie et d'autourserie, écrit au sujet des uns et des autres : « Les rameurs, oiseaux nobles, ont l'œil noir, la mandibule supérieure du bec armée d'une dent, la serre liante ; les voiliers, oiseaux ignobles, ont l'œil jaune ou brun pas de dent au bec, la serre prenante. Chez tout oiseau rameur la plume est rigide, ne se laissant pas traverser par le vent, ce qui permet à l'oiseau de voler contre la brise la plus forte en frappant l'air à coups redoublés, comme un marin frappe le flot de sa rame pour marcher vent debout; mais cette plume, assez rigide pour lutter contre les vents les plus forts, se brise au moindre choc contre un objet résistant : elle n'est pas souple; c'est pour cette raison que le faucon ne chasse jamais sous bois et que ses victimes cherchent toujours leur salut dans les arbres : une perdrix poursuivie par lui se laisse choir comme foudroyée dans le premier buisson qu'elle voit et on peut l'y prendre à la main. Le faucon, du reste, tombe toujours sur sa proie; un proverbe arabe dit de lui qu'il monte au ciel comme la prière et en descend comme la foudre.

Le voilier agit tout autrement; son aile n'est pas pointue, mais arrondie; les plumes en sont souples, elles ne résistent pas au vent, mais permettent à l'oiseau de traverser les branches les plus touffues; c'est en vain que l'animal poursuivi tentera de se réfugier dans un taillis. Est-ce un oiseau, le voilier le prendra de bas en haut en se tournant le ventre en l'air.

Au moral, il n'y a pas moins de différence entre l'autour et le faucon : le premier est cruel et c'est à peine s'il reconnaît l'homme qui a soin de lui; il en est tout autrement du faucon, l'anecdote que voici montre sa fidélité : un croisé fut une fois défiguré à ce point par ses blessures qu'à son retour ni ses chiens ni ses serviteurs ne le reconnurent; sa femme même hésitait; son faucon n'hésita pas et, sans même qu'il l'ait appelé, fut se poser sur son épaule.

La loi de 1844. — C'est la loi du 3 mai 1844 qui régit la chasse. Celle-ci n'est autorisée que durant un certain laps (de l'ouverture à la fermeture), fixé chaque année suivant l'état d'avancement des récoltes, etc., — et aux seules personnes munies d'un permis de chasse (coût : 28 francs)[1]. Ce permis donne le droit de chasser de jour, à

---

[1] C'est Napoléon Ier qui créa le permis de chasse, dit d'abord «permis de port d'armes». Le prix, qui en était de 30 francs, fut réduit quelques années après à 15 francs. En 1834, le montant des permis de chasse fournissait au Trésor la somme de 1,200,000 francs. La loi du 3 mai 1844 substitua le permis de chasse au permis de port d'armes et en fixa le prix à 25 francs, dont 10 francs attribués à la commune où le permis a été délivré.

tir et à courre, sur ses propres terres et sur les terres d'autrui, mais, pour ces dernières, quand on en a l'autorisation du propriétaire (dit *droit de chasse*). Le nombre des permis va, chaque année, en augmentant : en 1844, il y en eut 125,153 ; aujourd'hui, il y en a près du quadruple. Comme conséquence de la défense de chasser après la fermeture, la vente et le colportage du gibier sont alors prohibés. Il va de soi que l'on peut chasser en tout temps et sans permis sur des terres attenant à une habitation et entourées d'une clôture continue empêchant toute communication avec les voisins. Depuis 1896, la police de la chasse est exercée non plus par le Ministère de l'intérieur, mais par celui de l'agriculture, ce qui est plus rationnel [1].

BRACONNAGE. — Les braconniers portent une grave atteinte, non seulement à la jouissance des locataires ou propriétaires de chasse, mais aussi au développement du gibier de toute nature dans notre pays. Rien devant eux n'obtient grâce. Ils tireront la poule faisane qui conduit ses petits aussi bien que le vieux coq, et pour s'emparer d'un seul sujet, ne reculeront pas devant des moyens qui en détruiront, — sans bénéfice pour personne, — un grand nombre ; en outre, ils sont insatiables. Au cours d'une année, ils tueront 50 à 60 cerfs dans un parc dont le locataire n'en aura pas, à courre, pris 25, et ces 50 animaux, représenteront plus de sujets que le repeuplement normal n'en pourra fournir. Les ravages des braconniers sont donc réels, et c'est à juste titre que les chasseurs réclament une sérieuse surveillance et demandent que le voleur d'un faisan soit traité comme le voleur d'un poulet.

Signalons quelques procédés des braconniers ; c'est en les connaissant, en effet, qu'on peut les déjouer.

Les braconniers prennent le faisan au soufre, c'est-à-dire qu'ils

Depuis 1875, le prix en a été augmenté des décimes établis par la loi du 23 avril 1871. Cela l'élève à 28 francs, dont 18 reviennent à l'État, d'où un produit total annuel de 12,600,000 francs.

[1] Je signale à l'attention de ceux de mes lecteurs que la question chasse intéresse spécialement, l'excellent ouvrage paru en 1900, de M. L. Boppe, directeur honoraire de l'École forestière, sous le titre *Chasse et pêche en France*. Ils y trouveront une discussion complète de la législation de la chasse et de la pêche et une étude très détaillée des diverses questions que je n'ai pu qu'effleurer dans ce chapitre.

Fig. 302. — Drap de mort s'abattant.

Fig. 301. — Drap de mort.

mettent du soufre sur l'arbre où l'animal se perche; étourdi, celui-ci ne tarde pas à tomber et le braconnier n'a plus qu'à le ramasser.

Pour le lièvre, pour le chevreuil, c'est le collet; je me souviens, l'an dernier, avoir trouvé, au cours d'une promenade dans une forêt des environs de Paris, un superbe chevreuil pris au collet. Cette fois, les braconniers se trouvèrent avoir travaillé en pure perte; car je prévins du fait les locataires de la chasse, et ils firent chercher le corps chaud encore.

Enfin, pour le perdreau, c'est soit le filet, soit le drap de mort qu'emploient les braconniers. Voici comment ils procèdent avec l'un et avec l'autre :

Au filet, quatre braconniers opèrent ensemble : deux portent le filet, deux chassent, en tapant des mains, les perdreaux qui se jettent dans le filet; en effet, ces oiseaux, on le sait, ont coutume de rester par terre et de marcher; ils ne s'envolent que lorsque les chiens les font lever. Aussi pour paralyser les braconniers a-t-on essayé dans un grand nombre de champs de disposer des pieux avec épines qui accrochent le filet. Le drap de mort (fig. 3o1 et 3o2) est porté par les braconniers qui se sont auparavant enquis de l'endroit où les perdreaux sont nichés; ils les couvrent du drap et n'ont plus qu'à les prendre à la main. Ils les tuent d'un coup de dent.

Bêtes puantes. — Les braconniers ne sont pas les seuls ennemis du gibier; il y a aussi, — plus destructrices encore, — les bêtes puantes : renard, blaireau, martre, putois, belette.

Il y a chez nous deux équipages de chasse au renard, tels que ceux qui existent en Angleterre : l'un a son siège à Pau, l'autre à Arcachon. En grande partie, ce sont, du reste, des Anglais qui suivent ces chasses. En France, on laisse généralement aux valets de chasse le soin de tuer les bêtes puantes, et on leur donne une prime pour ce faire. A l'égard du renard, ils procèdent par le chemin d'assommoir, c'est-à-dire qu'ils déposent dans le sentier que suit la bête une sorte de piège avec une lourde pierre que le renard fait tomber quand il passe dessous; le plus souvent, il a les reins brisés.

La peau du renard n'est utilisée que si l'animal est tué pendant la période des gelées.

Le blaireau — auquel il faut rendre la justice qu'il est grand destructeur d'insectes et de limaces — se chasse au chien : on a même des chiens spéciaux qui s'introduisent dans les terriers et ti-rent l'animal par les oreilles... quand ils ne sont pas tués. Un de mes amis me contait avoir connu un vieux chasseur qui excellait à s'introduire, lui-même, dans un terrier et, armé d'un long couteau, à y tuer le blaireau.

Belettes, martres et putois, à condition bien entendu qu'ils n'élisent pas domicile trop près du colombier ou du poulailler, doivent être assez bien vus du fermier, tant ils détruisent de rats, de souris, de campagnols, de lapereaux. Mais il en va à leur égard tout autrement du chasseur qui ne saurait leur pardonner les ravages qu'ils exercent sur le gibier.

Chiens et chats errants. — Chiens et chats errants comptent aussi parmi les plus terribles ennemis du gibier. Il ne faut pas hésiter à se montrer impitoyable à leur égard. En effet, non seulement ils braconnent, mais encore ils font subir à la basse-cour des dégâts importants. Enfin, et on ne saurait trop insister sur ce point, ce sont de terribles agents de transmission de la rage. On ne doit donc pas les épargner, et l'on ne comprend pas pourquoi tel chasseur, qui, sans aucune pitié, passera une journée à mitrailler d'inoffensifs oiseaux, hésitera à envoyer de vie à trépas un chien errant. On ne saurait objecter que ce chien ou ce chat ont un propriétaire; ce propriétaire n'a qu'à les garder chez lui, car il serait trop aisé d'avoir des animaux pour les faire nourrir aux dépens d'autrui.

Production et élevage du gibier. — A l'heure actuelle nous sommes, pour le gibier, tributaires de l'étranger; l'Allemagne, l'Angleterre, la Bohême, la Hongrie approvisionnent en grande partie nos marchés; et cependant, comment comparer le gibier d'Allemagne par exemple « qui ne vit que de mauvaises graines, d'insectes, de vermisseaux, au nôtre nourri de blé, de céréales de toutes espèces? » Nous devons donc ne négliger aucun effort pour produire et élever du gibier; les propriétaires, les fermiers, les cultivateurs, en somme tous ceux qui, possédant ou détenant la terre, nourrissent ainsi le gibier, ne trouveraient-ils pas, du reste, dans sa production et dans son élevage un revenu assuré? « Mais oui, écrit le comte Clary, président du Saint-Hubert Club de France et qui fait autorité, un revenu assuré. Car nous prétendons que les propriétaires ont parfaitement tort de ne pas vendre leur gibier et de se priver d'un produit certain. Il y a là, nous le savons, un préjugé enraciné. Et cependant en quoi est-il plus humiliant pour le propriétaire de vendre son gibier, que de vendre ses volailles ou son poisson? Comment! le propriétaire serait déshonoré s'il faisait porter au marché les lièvres, les lapins, les perdrix qu'il a élevés, nourris sur ses terres, qui lui ont occasionné des dégâts et quelquefois de grands préjudices! Tout le monde lui jetterait la pierre, on le traiterait de braconnier, car il est bien entendu qu'il n'y a que le braconnier qui a le droit de vendre le gibier qui ne lui appartient pas et qu'il a volé. Mais nous répondons que la vente du gibier est pratiquée sur une grande échelle en Angleterre, en Allemagne, en Hongrie, en Bohême; à tel point que beaucoup de propriétaires dans ces pays se font un revenu annuel très important avec le gibier qu'ils élèvent sur leurs terres. »

Pour rendre possibles la production et l'élevage du gibier, quelles sont les prescriptions d'ordre général? Faire la guerre aux animaux nuisibles; détruire les oiseaux de proie; donner de fortes primes aux gardes pour la prise des braconniers et des

Fig. 303. — Perdrix rouge [1].

tendeurs de collets; récompenser largement les paysans qui prennent renards, fouines, putois ou belettes; puis, acheter les œufs de perdrix de tous les nids qui auront été dérangés ou abandonnés, les faire couver, et soigner, avec sollicitude, la production; se rendre

ainsi acquéreur d'un grand nombre d'œufs souvent prêts d'éclore n'est, en somme, pas très difficile. Pendant le mois qui suit l'éclosion, l'élevage doit se faire à domicile; ensuite la boîte à couvert — abondamment sablée et de bonne dimension — contenant la poule et ses élèves

Fig. 304. — Caille avec ses petits.

est exposée à environ 1 kilomètre de l'habitation, à l'abri autant que possible des chiens et des chats; si ce sont des perdreaux, on choisira un champ ensemencé; si ce sont des faisandeaux, on donnera la préférence à un jeune taillis.

Bien entendu il faut que l'eau pure, l'orge pour l'éleveuse et

[1] Cliché de la Librairie agricole, ainsi que les deux suivants.

les graines variées pour les petits ne manquent pas. Puis, on lèvera la trappe. Pendant les premiers temps il faudra visiter souvent la petite colonie pour renouveler l'eau et la nourriture; il serait même bon de la changer chaque jour de place pour qu'elle trouve toujours, en abondance, des insectes. Ce transbordement devra être effectué le soir quand les petits sont endormis sous la mère. Bien entendu, on ferme toujours la porte pendant la nuit. La jeune compagnie ne tarde pas à être considérablement diminuée; s'agit-il de perdreaux, quelque-

Fig. 3o5. — Couple de faisans.

fois elle disparaît dès le lendemain de son installation. « C'est qu'un couple de perdrix sans poussins ou même une compagnie entière a passé dans le voisinage de la colonie qui a répondu au cri d'appel de ses frères libres. » Si l'éleveur est habile, ce résultat sera du reste le plus souvent obtenu dans les vingt-quatre heures; dès lors l'élevage est assuré. S'agit-il de faisandeaux, les soins à donner sont les mêmes; ils durent seulement un peu plus longtemps que pour les perdreaux.

Il est également possible, et sans grande peine, d'élever des cailles.

CHAPITRE XXXII.

PÊCHE ET PISCICULTURE.

A. PÊCHE MARITIME.

IMPORTANCE DE LA PÊCHE MARITIME; SON RENDEMENT PAR GENRE DE PÊCHE ET PAR ESPÈCES DE
POISSONS. — EXPORTATION. — GRANDE PÊCHE; PÊCHE EN ISLANDE. — PÊCHE HAUTURIÈRE;
PÊCHES DU HARENG, DU MAQUEREAU, DE LA SARDINE, DU THON. — PÊCHE CÔTIÈRE. — PRIN-
CIPAUX PORTS DE PÊCHE. — DUNKERQUE. — BOULOGNE. — DIEPPE. — FÉCAMP. — PAIMPOL.
— GROIX. — LE CROISIC. — LES SABLES-D'OLONNE. — LA ROCHELLE. — ARCACHON. — CETTE.
— MARSEILLE.

PÊCHE MARITIME. — La pêche maritime constitue pour la France
une très importante industrie[1], puisque son revenu annuel est aujour-
d'hui de près de 100 millions, contre 6 millions en 1866. Elle peut se
diviser en grande pêche, pêche de haute mer et pêche côtière. Les
tableaux exposés en 1900 par le Ministère de la marine indiquaient,
pour ces différents genres de pêche, les rendements suivants (année
1898) :

RENDEMENTS PAR GENRE DE PÊCHE.

Grande pêche.....	15,075,683	Pêche à pied.......	6,820,210
Pêche hauturière...	26,269,810	Pêche en étang.....	1.433,063
Pêche littorale.....	36,363,149		

RENDEMENTS PAR ESPÈCES DE POISSONS.

Morue..........	15,075,368	Saumon..........	420,203
Hareng..........	8,545,704	Poissons frais.....	40,030,425
Maquereau.......	3,256,315	Crustacés.........	6,640,157
Sardine..........	9,205,000	Coquillages.......	3,639,470
Anchois..........	614,782	Divers...........	465,897
Thon..........	2,070,363	Germon, etc......	4,753,165

[1] «Pour montrer l'importance de la pêche
maritime en France, il suffit d'indiquer que
pour l'année 1899, et en y comprenant l'Algérie, son rendement s'est élevé à plus de
117 millions de francs; qu'elle a nécessité
25,894 bateaux jaugeant ensemble 166,152
tonneaux; qu'elle a employé 95,395 marins;
que la pêche à pied a été exercée par 56,326
hommes, femmes et enfants; que la valeur de
la flotte de pêche s'élevait à 48,060,272 francs,
et celle des engins, à 24,872,448 francs.» (Rapport de la Classe 53 «Engins, instruments,
produits de la pêche. Aquiculture».)

La pêche donne, en outre, naissance à d'importantes industries secondaires qui emploient un personnel nombreux. Les conserves, ainsi que le poisson frais, sont l'objet d'une exportation, dont les chiffres ci-dessous indiquent l'accroissement :

DÉSIGNATION.	ANNÉE 1889.		ANNÉE 1899.	
	QUANTITÉS.	VALEURS.	QUANTITÉS.	VALEURS.
	kilogr.	francs.	kilogr.	francs.
Poissons frais de mer................	1,109,965	1,061,332	1,066,413	656,570
Poissons secs, salés ou fumés	17,834,758	12,302,363	24,083,614	12,969,725
Conserves marinées ou autres..........	11,831,760	20,440,237	12,777,500	25,207,462
Totaux..............	30,776,483	33,803,932	37,927,527	38,833,757

Les poissons frais de mer sont exportés notamment en Angleterre et en Belgique ; les poissons secs, salés ou fumés, en Angleterre, en Belgique, en Espagne, en Italie et dans certaines colonies françaises (Algérie, Réunion, Martinique, Guadeloupe); les conserves, marinées ou autres, en Angleterre, en Russie, en Danemark, en Allemagne, en Belgique, aux États-Unis, en Suisse et en Algérie. Nous exportons aussi, et principalement en Belgique, des homards frais, conservés ou préparés, pour une somme de 1,200,000 francs.

Voici, du reste, un tableau indiquant, en francs, la valeur des importations et des exportations (moyennes quinquennales 1897-1901) :

		IMPORTATIONS.	EXPORTATIONS.
Poissons de mer frais................		2,673,978	802,244
Poissons secs, salés ou fumés	Morues (y compris le klipfish)...	31,056,346	13,181,516
	Stockfish	310,577	18,451
	Hareng........	22,891	312,211
	Autres........	2,497,967	342,509
Poissons secs, marinés ou autrement préparés..	Sardines.......	1,077,226	18,478,013
	Autres........	1,399,287	1,874,544
Homards et langoustes.	Frais.........	2,542,027	917,433
	Conservés ou préparés.......	3,439,761	38,198
Graisses de poisson....	Huile de baleine.	425,717	2,772
	Huile de morue..	2,274,762	81,569
	Autres........	1,396,051	93,254

Sauf en ce qui concerne le poisson frais, les chiffres précédents s'appliquent également au poisson d'eau douce.

Grande pêche. — La grande pêche se fait dans les mers lointaines, dans les eaux de Terre-Neuve, dans celles d'Islande et dans celles de la mer du Nord. Elle est pratiquée de mars à septembre et a pour objet la pêche et la salaison de la morue. Elle est protégée par l'État, et des primes d'encouragement lui sont attribuées[1]. Son revenu a été, en 1903, de 20 millions. Les marins de Fécamp et de Granville vont à Terre-Neuve (goélettes de 150 à 300 tonneaux, montées par 30 à 36 hommes d'équipage), tandis que ceux de Dunkerque et de Paimpol[2] s'adonnent à la pêche en Islande (goélettes de 100 à 150 tonneaux, avec 20 à 25 hommes d'équipage). Je parle plus loin (p. 684 et suiv.) de Saint-Pierre et Miquelon. En Islande, la pêche se fait avec des lignes à la main, les navires sont gréés en dundees ou en goélettes; le coût en est estimé à 300 francs par tonne de jauge. Depuis quelques années les eaux sont fréquentées par des chalutiers à vapeur (150 anglais, 30 allemands, belges et hollandais) qui viennent y chercher, avec la morue, d'autres poissons, tels que le flétan, le colin, la raie, etc. La France a armé, en 1903, pour la pêche en Islande, 4 bateaux à vapeur, appartenant tous au port de Boulogne.

Au sujet des préparations à faire subir à la morue, le commandant de la station de Boulogne écrit récemment : «Les résultats obtenus cette année par les pêcheurs boulonnais permettent de juger des avantages qu'il peut y avoir à faire subir à la morue une préparation. Il semble que nos chalutiers auraient intérêt à recourir à la méthode flamande, à la mise en barils des beaux poissons; mais ils devront, pour utiliser et tirer le meilleur parti de leur pêche, conserver dans la glace les morues de petite taille et les autres poissons; leur pont n'est pas très vaste et ne pourrait recevoir qu'un nombre limité de barils, et, en consacrant la cale au logement des barils de morue, nos pêcheurs seraient amenés à abandonner sans profit tous les autres

---

[1] La grande pêche constitue pour les marins le meilleur entraînement.

[2] Déjà en 1830, Dunkerque armait 24 navires d'une jauge moyenne de 68 tonneaux, montés par 12 hommes d'équipage en moyenne; quant au port de Paimpol, il a commencé la pêche en 1852, avec un navire de 60 tonneaux.

IMPRIMERIE NATIONALE.

poissons trouvés dans le chalut; les chalutiers anglais et allemands ne pratiquent pas l'exportation. Les barques islandaises, dont le nombre augmente chaque année, font, par contre, aux pêcheurs français, une sérieuse concurrence sur les marchés étrangers. »

Pêche de haute mer. — La pêche de haute mer, dite aussi *pêche hauturière*, se pratique dans le voisinage des côtes et dans les mers qui ne sont pas trop éloignées et sont communes aux pêcheurs de toutes nations; elle a pour principaux objets : le hareng, le maquereau, la sardine, le thon.

Le hareng se poursuit sur le littoral de la Manche et dans la mer du Nord. Les ports qui s'en occupent surtout sont : Boulogne et Fécamp. Le poisson frais se pêche entre Gris-Nez et Alprecht. Le Dogger's Bank, Yarmouth, l'Écosse, les Orcades, Terre-Neuve sont, par ordre d'importance, les principaux centres de pêche avec salaison à bord. Par suite du développement de la pêche, le tonnage s'est accru. Aux lougres de 20 tonneaux, on en a substitué de 5o à 100 tonneaux montés par 16 à 20 hommes[1]. Enfin, depuis une trentaine d'années, les bâtiments à vapeur ont fait leur apparition. « Leur emploi, écrit M. Georges

---

[1] Au commencement du siècle, les bateaux affectés à la pêche du hareng étaient des lougres de 70 tonneaux. Pendant longtemps, ce tonnage resta stationnaire, mais, vers 1852, la pêche s'étant développée, le tonnage allait en s'accroissant. En 1870, avec le premier dundee, le haleur à vapeur fit son apparition. En 1875, presque tous les bateaux en étaient pourvus. Les premiers haleurs étaient des machines verticales de la force de 5 à 6 chevaux, coûtant 5,000 francs. Depuis, on a fabriqué des machines horizontales de la force de 7 à 8 chevaux et d'un prix de 4,000 fr. En 1872, un premier essai de l'hélice fut fait sur un dundee construit en bois, avec l'hélice amovible pour éviter la destruction des filets lors de leur jet à la mer. Mais le résultat n'en fut pas très satisfaisant. Enfin, en 1894, parut le premier steamer construit en fer, ayant une hélice fixe; afin de protéger les filets, cette hélice était renfermée dans une sorte de cage. Les dimensions de ce navire étaient de 121 pieds de long sur 21 de large; il avait coûté 145,000 francs. En 1899, un second navire de même dimension et de valeur à peu près égale fut, comme le premier, construit en Angleterre avec certaines modifications. Ainsi, la cage fut supprimée et on mit un gouvernail à l'avant, ce qui permit de jeter les filets à la mer en faisant machine arrière.

Les navires en bois sont de construction française. Les derniers dundees construits coûtent 45,000 francs et, avec leur matériel de pêche représentent une valeur de 65,000 francs. En effet, on embarque aujourd'hui pour la pêche du hareng, jusqu'à 3oo filets de 27 m. 5o de longueur, sur 3oo à 325 mailles de hauteur, avec environ 6o aussières. Aux États-Unis, on se sert de filets plus grands encore; le plus remarquable est le filet-bourse en forme de barrage circulaire de 5o mètres de profondeur et de 4oo mètres de développement.

Roche[1], a pour but de soustraire l'industrie aux aléas que lui font courir les variations météorologiques; l'usage de cette force permet, en effet, de régulariser le travail en mer, tandis qu'il assure que les produits de ce travail même pourront être livrés à terre dans de bonnes conditions et dans le temps le plus court. Il permet aussi une rapidité plus grande des évolutions, il donne plus de sécurité dans la navigation, souvent difficile des pêcheurs, et diminue la fatigue des équipages dans la manœuvre des engins. Il fournit donc plus de travail que l'usage des bateaux à voiles, à temps égal. » Pour la pêche du hareng, très productive, on a armé, en 1898, 341 navires jaugeant ensemble 27,069 tonneaux et montés par 6,897 hommes. On prend, en moyenne, 50,000 tonnes de poisson par an, d'une valeur approximative de 10 millions de francs.

Dans les ports où l'on pêche le hareng, on pêche également le maquereau; les procédés sont les mêmes. Le maquereau destiné à être consommé à l'état frais se prend dans les eaux françaises, sur le littoral de la Manche, de l'Océan et de la Méditerranée. Celui qui doit être conservé se capture d'avril à juin sur les côtes d'Islande et en août, sur nos côtes, à l'entrée de la Manche. La pêche annuelle est de 13,000 à 14,000 tonnes, valant de 3 à 4 millions de francs.

Quant à la sardine[2], tout notre littoral, sauf le premier arrondissement maritime, en fournit. Sa pêche se fait, suivant les régions, avec des bateaux de 2 à 12 tonneaux montés par 5 à 7 hommes. On la pratique de janvier à novembre, mais jusqu'à la mi-mai les résultats obtenus sont peu importants. On emploie des filets flottants mesurant 42 à 45 mètres de long et 500 à 600 mailles de profondeur. La pêche à la sardine, qui occupe de 15,000 à 20,000 marins, rapporte, en moyenne, une dizaine de millions; mais ce revenu est sujet à de grosses fluctuations. Personne n'a oublié le véritable désastre que produisit récemment en Bretagne une mauvaise année de pêche; d'autre part, j'ai eu l'occasion de dire (p. 116) qu'à la suite de mauvaises

---

[1] *La culture des mers.*

[2] «Je me souviens de ma joie la première fois que j'assistai à la pêche à la sardine. Mon enthousiasme fut tel, que j'achetai un bateau pour jouer, moi aussi, au soleil couchant avec ce courant d'argent vivant et limpide, ce mystère de la vie qui fluait sous les eaux.» (Louis Fabulet.)

années des industriels français s'établirent sur les côtes du Portugal; et dans le chapitre consacré à l'Algérie, j'aurai à signaler un semblable exode de sardiniers de la métropole.

Quant au thon pêché, la majeure partie l'est dans le golfe de Gascogne par des pêcheurs bretons ou vendéens qui rapportent leur pêche dans leurs ports, où ils sont certains de trouver acquéreurs parmi les usiniers qui fabriquent les conserves.

Pêche côtière. — La pêche côtière se fait toute l'année sur tous les points du littoral. La sole, le turbot, la raie, la plie, le congre, le chien de mer, etc., sont les poissons généralement capturés à l'aide de filets traînants appelés *chaluts* dans l'Océan, *ganguis* dans la Méditerranée, ou aux cordes de fond. Les homards et les langoustes sont pris au casier, dans certaines régions rocheuses du littoral, mais surtout depuis l'Alberwarch jusqu'à l'île d'Yeu [1]. Le saumon, pêché dans toutes les rivières océaniques, est activement poursuivi à l'embouchure de la Loire, dans la Dordogne, dans l'Adour et dans la Bidassoa. La crevette est recherchée plus particulièrement dans la Manche, sur les côtes de la Somme, dans la baie de la Seine et sur les côtes vendéennes. Toutes ces pêches donnent des résultats importants.

Au total, le poisson destiné à être consommé à l'état frais, pêché au chalut ou aux cordes de fond, au large ou à la côte, fournit aux pêcheurs français un rendement de plus de 40 millions de francs. Bou-

---

[1] «D'une manière générale, on peut poser en principe que le homard n'existe guère que sur les côtes rocheuses et plus ou moins profondément découpées des formations anciennes. Les côtes éruptives et leurs roches cristallines semblent également favorables à son développement : celles de la Norvège avec leurs fiords, celles de l'Écosse et spécialement celles de l'Ouest, une partie des côtes d'Angleterre et d'Irlande, la presqu'île de la Manche, une partie de la Bretagne. En Amérique, on trouve le homard sur les côtes de l'Océan Atlantique, du Labrador au Delaware. Il est des plus communs au Canada, à l'île d'Anticosti, à Terre-Neuve. Les langoustes sont plus méridionales que les homards et existent sur toutes les côtes rocheuses; on les trouve dans les îles anglo-normandes de la Manche, sur les côtes de la Bretagne, d'Espagne et de Portugal (en particulier dans la baie de Vigo) dans tout le bassin méditerranéen, enfin au Cap de Bonne-Espérance, où se fait un assez important commerce de conserves. Le développement des œufs de homards est très facile jusqu'à l'éclosion des larves, mais la bonne venue de ces dernières est des plus difficiles à cause de leur voracité. Les essais que nous avons entrepris au laboratoire de Tatihou avec M. Thorndicke Nourse n'ont fait que confirmer cette opinion déjà émise par Herrick. Les engins employés pour la capture des homards sont presque partout les mêmes; ils se composent de casiers ou nasses de diverses formes, à un plus ou moins grand

logne et Trouville envoient, pour cette pêche, leurs bateaux jusque dans la mer du Nord; les chalutiers du Nord, de la Somme, de Normandie draguent dans la Manche, jusqu'en vue des côtes anglaises; ceux du golfe de Gascogne vont de Groix au fond du golfe de Biscaye, traînant leurs engins à des profondeurs variant de 30 à 150 mètres, quelquefois à plus de 60 milles au large. Près de 1,000 bateaux de 15 à 45 tonneaux, montés par 5 ou 10 hommes, font cette pêche sur le plateau continental de nos côtes de l'Ouest et du Nord. Dans le golfe du Lion, les pêcheurs de nos côtes métropolitaines ne font pas de longs séjours en haute mer. Ils viennent à terre tous les jours pour vendre le produit de leur travail. Sur les côtes de la Manche, de l'Océan et même d'Algérie, beaucoup de bateaux tiennent la mer de quatre à dix jours.

Ports de pêche. — Les principaux ports de pêche sont, en partant de la mer du Nord et en suivant consécutivement le littoral de la Manche, celui de l'océan Atlantique et celui de la Méditerranée : Dunkerque, Calais, Boulogne, Saint-Valéry, Dieppe, Fécamp, Trouville, Caen, Cherbourg, Granville, Cancale, Saint-Malo, Saint-Brieuc, Paimpol, Douarnenez, Audierne, Quimper, Concarneau, Lorient, Groix, Auray, Noirmoutier, le Croisic, Nantes, les Sables-d'Olonne, la Rochelle, l'île de Ré, l'île d'Oléron, Rochefort, Marennes, la Teste,

nombre d'ouvertures; la matière de ces casiers varie suivant les régions; tantôt ce sont des paniers d'osier sphériques avec une ouverture supérieure et une ou deux anses pour les attacher; tantôt le casier affecte la forme d'un cylindre et les ouvertures, comme celles d'une nasse, forment deux entonnoirs ayant pour base les bases du cylindre et leur sommet à l'intérieur, sur l'axe. Ces ouvertures sont généralement faites de manière que le homard, une fois entré, ne puisse plus ressortir. De ces casiers cylindriques, les uns sont en osier ou en lattes de bois léger; les autres, sur une carcasse en bois formée de cercles de barrique et d'espars, ont un revêtement de filet goudronné ou même de grillage métallique galvanisé; d'autres sont entièrement métalliques. Ces derniers, plus solides, sont, au dire des pêcheurs, moins prenants; le homard, bien que vorace, serait défiant, et le bruit métallique de ses pinces sur le grillage, le ferait souvent fuir. Le casier, lesté d'une lourde pierre, est descendu par 14 ou 15 brasses; une bouée permet de le retrouver pour le lever. Les casiers à homards sont généralement amorcés avec des débris de poissons, des têtes de morues ou de harengs, de jeunes pleuronectes, etc.; souvent cette amorce est enfermée dans une boîte de fer-blanc pour empêcher d'autres animaux de la dévorer avant l'arrivée du homard que l'odeur seule suffit probablement à attirer. » (A.-E. Malard, sous-directeur du laboratoire maritime du Muséum.)

Bordeaux, Arcachon, Bayonne, Port-Vendres, Cette, Martigues, Marseille, Toulon, Antibes, Nice.

Nous allons, prenant pour guide le rapport de la Classe 53 (Engins, instruments, produits de la pêche. Aquiculture), en passer rapidement quelques-uns en revue.

Dunkerque. — Les marins de Dunkerque pratiquent la grande pêche et la petite. 80 navires sont armés pour la pêche de la morue en Islande; leur jauge nette s'élève à 7,577 tonneaux et l'effectif de leurs équipages à 1,404 hommes; le tableau ci-dessous résume les résultats obtenus pendant l'année 1899, qui peut être considérée comme une année moyenne.

DÉSIGNATION des QUARTIERS MARITIMES.	NOMBRE de BATEAUX employés.	TONNAGE.	NOMBRE de PÊCHEURS.	SALAIRES MOYENS.	RENDEMENTS.
		tonneaux.		francs.	francs.
GRANDE PÊCHE.					
Dunkerque.................	81	7,712	1,382	350	2,372,000
Gravelines.................	18	1,262	379	350	450,448
PETITE PÊCHE.					
Dunkerque.................	93	788	300	680	256,000
Gravelines	122	1,860	1,000	800	1,200,698
Totaux.............	314	11,622	2,961	2,180	4,279,146

Boulogne. — Boulogne est le plus important de nos ports pour la pêche côtière. Depuis 1889, les armements ont été plus nombreux, des bateaux d'un plus fort tonnage ont été construits, le nombre des chalutiers s'est accru et la pêche du poisson destiné à être consommé à l'état frais a augmenté dans une très sensible proportion. Boulogne compte maintenant une cinquantaine de vapeurs à hélice, de différents types. Le plus grand est un harenguier-chalutier à hélice *Gris-Nez,* qui mesure 37 mètres de longueur, 196 tonneaux de jauge, un treuil et un cabestan à vapeur indépendants, avec une machine de 400 chevaux indiqués. En 1899, le nombre des bateaux du quartier s'élevait à 488, jaugeant ensemble 16,305 tonneaux. Le nombre des marins inscrits était de 6,053. Parmi tous ces bateaux, le port de Boulogne en avait à lui seul 279, jaugeant ensemble 12,882 tonneaux. Ils étaient montés par 4.065 marins. Le produit annuel de la pêche boulonnaise a triplé en trente ans. En 1899, on obtient 12,605,345 francs, représentant le prix de 35,490,000 kilogrammes de poissons de toutes sortes et de coquillages. Le salaire des marins pêcheurs est mensuel, surtout pour ceux qui ne font que la pêche fraîche; ils peuvent gagner de 1,100 à 1,400 francs par an. On estime à 15,000 personnes environ le nombre des travailleurs qui vivent de la pêche et des industries annexes. Depuis 1883, il existe une station aquicole rattachée au Ministère de l'agriculture, qui subvient aux dépenses annuelles de son fonctionnement, station subventionnée également par le Ministère de la marine et à laquelle est annexée une école professionnelle des pêches maritimes, patronnée par les Chambres de commerce de Dunkerque et de Calais et par le Conseil général du Pas-de-Calais.

Dieppe. — Le port de Dieppe compte, en 1899, 11 vapeurs chalutiers, 8 vapeurs polletais, 4 bateaux armés pour la pêche du hareng, 37 canots. Tous ces bateaux se livrent principalement à la pêche du poisson frais dans la Manche. Le produit total de la pêche s'est élevé, pour 1889, à 1,975,515 francs, y compris la pêche de deux navires terre-neuviens, soit 118,530 francs, et pour 1899, à 1,906,010 francs. Le nombre des pêcheurs est de 526 marins en bateaux et de 576 pêchant à pied. Leur salaire varie de 1,100 à 1,800 francs par homme. Dieppe possède une école de pêche maritime.

Fécamp. — Le port de Fécamp s'occupe principalement de la pêche de la morue. Il envoie ses bateaux à Terre-Neuve, en Islande et au Dogger's Bank. Depuis quelques années, les armements pour Terre-Neuve ont pris un très grand essor. Les navires de Fécamp qui se livrent à cette pêche sont de grands trois-mâts, dont quelques-uns atteignent près de 500 tonneaux de jauge brute; ils sont montés par 30 à 36 hommes d'équipage. Les navires qui vont en Islande sont des dundees de 150 tonneaux de jauge brute, montés par 22 à 25 hommes d'équipage. La pêche de la morue au Dogger's Bank est faite par les dundees armés à la pêche du hareng. Pour la pêche du hareng dans la mer du Nord et la Manche, et la pêche du maquereau dans la mer d'Irlande et la Manche, les bateaux sont des dundees de 120 à 150 tonneaux de jauge brute, montés par 20 à 25 hommes d'équipage. La campagne de 1899 a donné pour le quartier de Fécamp les résultats suivants :

NOMBRE DE BATEAUX.	TONNAGE NET.	NOMBRE de PÊCHEURS.	PRODUITS DE LA PÊCHE	
			EN KILOGRAMMES.	EN FRANCS.
PÊCHE HAUTURIÈRE AVEC SALAISON À BORD.				
124	17,403	3,242	22,235,704	7,112,064
PÊCHE HAUTURIÈRE.				
182	3,274	1,357	7,025,998	1,290,231
PÊCHE CÔTIÈRE EN BATEAU.				
289	4,915	1,703	286,063	170,120
PÊCHE À PIED.				
"	"	1,170	109,180	116,229

Pour la pêche à Terre-Neuve et en Islande, la durée des armements est de neuf à dix mois par an; la saison de pêche est d'environ six mois; le salaire des marins pêcheurs engagés à la part est de 1,000 à 1,200 francs par campagne; pendant la période de désarmement, les mêmes marins peuvent prendre part à la pêche fraîche du hareng dans la Manche. Pour la grande pêche du maquereau, la durée des armements est de quatre mois par an, le salaire des marins engagés à la part est de 300 francs par campagne. Pour la grande pêche du hareng, durée des armements : six mois par année; salaire des pêcheurs engagés à la part : 700 à 800 francs par campagne. Les pêcheurs payés mensuellement reçoivent de 80 à 100 francs par mois. La ville de Fécamp possède une école de pêches maritimes.

Paimpol. — Le port de Paimpol pratique surtout la pêche sur les côtes d'Islande. En voici les résultats :

		1889.	1899.
Nombre	de navires armés	32	36
	d'hommes embarqués	725	860
Salaire	du navire le plus heureux	17,750^f	24,000^f
	moyen	13,400	19,600
	du navire le moins heureux	7,200	13,600

Les salaires sont partagés en 26 parts 1/3. Le capitaine prend 3 parts 40 et le mousse 0,20 de part.

Groix. — Le nombre des bateaux de pêche s'élève à 240 environ, soit : 180 dundees de 35 à 40 tonneaux, 50 petits bateaux creux faisant la pêche côtière. La pêche à la drague se fait de novembre à juin, et la pêche du thon, de juillet à septembre. Le quartier de Groix compte 1.500 pêcheurs sur une population totale de 5,000 habitants. L'industrie de la pêche occupe donc exclusivement la population de l'île. En moyenne, le gain annuel de chaque pêcheur est d'environ 1,000 francs. Le produit de la pêche s'élève de 3,500,000 francs à 4 millions de francs par an. Groix possède une école de pêche dirigée par M. Guillard, qui a été le promoteur de la création de ces écoles.

Le Croisic. — Les bateaux de pêche du quartier du Croisic s'élèvent à 310 (bateaux : 41, jauge totale : 550 tonneaux; chaloupes : 140, jauge totale : 1,000; canots : 127, jauge totale : 160; vapeurs : 2, jauge totale : 70). Ils sont montés par les inscrits maritimes du quartier au nombre de 1,564. Les équipages sont payés à la part. Les vapeurs font toute l'année la pêche à la drague aux plateaux. Les bateaux pontés font, de novembre à mai, la pêche à la drague avec chalut à perche et, de juin à novembre, la pêche au thon. Les chaloupes font, d'octobre à mai, la pêche du homard, de la crevette, du merlan et, un peu, la pêche au chalut; de mai à octobre, elles pêchent la sardine. Les canots font, l'hiver, la même pêche que les chaloupes; l'été, elles poursuivent la sardine, le maquereau, le congre, le lieu, etc. En 1889, la pêche a donné environ 900,000 kilogrammes de poissons, crustacés, huîtres et coquillages, représentant une valeur approximative de 2,200,000 francs. Indépendamment des bateaux dont il vient d'être parlé, il existe encore plusieurs bateaux viviers qui vont sur les côtes du Portugal et aux îles d'Hoedic et d'Houat chercher des chargements de langoustes pour le compte de marayeurs. A leur arrivée, les langoustes sont mises dans des viviers, les uns flottants, les autres creusés dans le roc. La pêche à pied occupe un personnel assez important; elle représente une valeur de 141,000 francs. Il existe au Croisic une école maritime.

Les Sables-d'Olonne. — Par sa situation au centre des côtes du golfe de Gascogne, le port des Sables-d'Olonne contribue à l'approvisionnement de la France en poissons frais et conservés. On y compte 427 bateaux de pêche, tous à voile, correspondant au chiffre total de 4,946 tonneaux. Ce port arme : 1° des chalutiers à voiles, montés par six ou huit hommes, faisant la pêche hauturière et se livrant, l'hiver, à celle du poisson de fond et, l'été, à celle du thon; 2° des embarcations non pontées, pratiquant la pêche au petit chalut et, l'été, celle de la sardine et des crustacés. 3,033 hommes sont employés, la plupart à la pêche en bateaux; quelques-uns seulement pratiquent la pêche à pied. Les filets employés aux Sables sont, la plupart, faits à la main par les femmes dans les familles des pêcheurs et rapportent environ 1 fr. 50 de salaire par jour. Le rendement de 1889 a été de 2 millions 109,246 francs; celui de 1899, de 2,328,756 francs, représentant 3,648,388 kilogrammes de poissons. Une grande partie du poisson frais pêché aux Sables-d'Olonne est expédié en France pour y être consommé; il en est également exporté en Angleterre, en Belgique, en Suisse et dans la haute Italie. Les conserves de sardines et de thon sortent de France, à destination, en général, des deux Amériques. De temps immémorial, les équipages naviguent exclusivement à la part, régime qu'ils préfèrent au salariat. Le salaire moyen du matelot pêcheur est d'environ 2 fr. 50 par jour. Aux ressources de la pêche et de ses dérivés, il y a lieu d'ajouter l'industrie du sel marin dont les produits s'exportent sur navires, à destination des ports de la Manche ou de la mer du Nord, ou sont enlevés par voie ferrée et expédiés pour diverses localités et notamment à Paris. La ville des Sables-d'Olonne a organisé une école municipale de pêche. Il y existe aussi un laboratoire de zoologie marine.

La Rochelle. — Il existe dans ce port 200 bateaux se livrant à la grande pêche; ces bateaux sont gréés en dundee ou en barque et sont montés par 5 à 6 hommes, dont un mousse; ils jaugent en moyenne 20 à 25 tonneaux. La pêche se fait au chalut. Les pêcheurs naviguent à la part; ils partagent, par moitié, avec l'armateur du bateau le produit net de la vente de la pêche. La part d'un matelot pêcheur, calculée sur le rendement de 5 bateaux pendant trois ans, s'élève à

1,075 fr. 90; la part du patron ressort à 1,863 fr. 85. Depuis quelques années, le produit de la vente du poisson de mer, à l'encan municipal, est en progression constante : il s'est monté, en 1899, à la somme de 2,428,842 francs. Il existe, à la Rochelle, une école de pêche.

Arcachon. — Dans le quartier d'Arcachon, où le nombre des marins inscrits est de 3,200, la pêche est pratiquée par 1,100 embarcations environ, montées en général par 2 hommes; 20 vapeurs ayant 12 hommes d'équipage; quelques chaloupes et dundees montées par 5 ou 6 hommes. La pêche se fait soit en mer, soit dans le bassin. Peu de marins pratiquent la grande navigation. La pêche au chalut par bateaux à vapeur prend une certaine extension. En 1889, on armait seulement 6 vapeurs pour cette pêche : actuellement, 4 sociétés ou pêcheries ayant leur siège à Arcachon arment ensemble 20 chalutiers à vapeur montés par 240 hommes. Nous donnons, dans le tableau suivant, la comparaison du personnel, du matériel et des résultats des années 1889 et 1899 (pêche en bateau).

ANNÉES.	NOMBRE		TONNAGE.	VALEUR		
	DES PÊCHEURS.	DES BATEAUX.		DES ENGINS.	DES BATEAUX.	DES PRODUITS.
				francs.	francs.	francs.
1889.......	1,945	900	1,200	500,000	743,800	618,907
1899.......	2,125	1,033	1,573	636,800	1,270,450	1,338,027

Dans la pêche à pied, en 1889, 105 pêcheurs ont obtenu des produits d'une valeur de 2,100 francs; en 1899, 280 pêcheurs sont arrivés à un résultat de 27,536 francs.

Cette. — Il y a, à Cette, deux genres de pêche bien distincts : la pêche à la mer et la pêche dans le port et l'étang. Pour la pêche à la mer, les bateaux en usage sont : 1° les bateaux bœufs : 12 mètres de long, 4 m. 33 de large et 1 m. 70 de tirant d'eau; 2° les bateaux catalans : 7 mètres de long, 2 m. 60 de large, 0 m. 60 de tirant d'eau; 3° les galitos : 5 mètres de long, 2 mètres de large, 0 m. 50 de tirant d'eau. En 1898, la pêche à la mer occupait 595 marins et 153 bateaux. La pêche dans les canaux et l'étang de Thau se fait au moyen de nacelles à fond plat ayant 4 m. 50 à 5 m. 50 de longueur, 1 mètre à 1 m. 50

de large, et o m. 10 à o m. 15 de tirant d'eau. Ces nacelles étaient, en 1898, au nombre de 209, montées par 237 pêcheurs. Dans la même année, le produit de la pêche s'est élevé à 517,651 francs. Il n'y a plus à Cette d'armement pour la grande pêche. Il y existe neuf ateliers de salaisons et d'expédition de poissons frais.

Marseille. — Le nombre des bateaux pourvus d'un rôle régulier était de 831 en 1889, et de 951 en 1899. La plupart sont des bateaux latins avec grandes voiles et foc; quelques-uns sont de genre catalan avec mât penché vers l'avant et soutenant une seule voile. Bien peu sont à demi pontés; la majeure partie est dépourvue de toute espèce de fond. Le tonnage moyen est de 1 tonne 1/2. Leur longueur varie de vingt et un à vingt-cinq pans. (Le pan est de o m. 25.) La pêche qui se pratique dans le quartier de Marseille est uniquement la pêche côtière. Par suite de la topographie sous-marine, les fonds tombent, non loin du littoral, à plus de 200 mètres et sont, par conséquent, dépourvus presque complètement de poissons; les pêcheurs exercent donc leur industrie à la côte même. Le produit de la pêche, en 1899, s'est élevé à 1,069,175 francs. Le nombre des pêcheurs inscrits — de 1,743, en 1889 — atteignait, en 1899, le chiffre de 2,100. Les patrons qui, sauf de rares exceptions, sont tous propriétaires de leurs barques et de leurs filets, retiennent sur le produit de la pêche un quart, plus un second quart pour leur travail quotidien. L'autre moitié est répartie entre les divers matelots. Le salaire journalier de ces derniers est en moyenne de 2 fr. 50. Il existe à Marseille une école des pêches maritimes.

B. LA PÊCHE À SAINT-PIERRE ET MIQUELON.

SITUATION, FLORE, CONFIGURATION, SUPERFICIE, HABITANTS DES ÎLES SAINT-PIERRE ET MIQUELON. — LES BANCS. — LE *FRENCH-SHORE.* — HISTORIQUE. — LES TERRE-NEUVAS. — PROCÉDÉS DE PÊCHE. — APPÂTS. — LE *BAIT-ACT.* — PRÉPARATION DE LA MORUE. — SALAIRES. — LE COURS. — LA PETITE PÊCHE.

A 6 lieues environ de la côte sud de Terre-Neuve et à environ 3,700 kilomètres de Brest, Saint-Pierre et Miquelon sont, dans l'océan Atlantique, comme une minuscule France. Des mousses, des lichens, quelques massifs de sapins rachitiques, telle est la flore du pays. L'île de Saint-Pierre est longue de 7 kilomètres, large de 6 environ. Beaucoup plus vaste, Miquelon a une superficie de 21,531 hectares. Elle se compose de deux parties séparées par une passe autrefois accessible aux navires et ensablée depuis 1783. A l'une des extrémités de l'isthme, la dune de Langlade, plage incomparable, mais où l'on heurte à chaque pas des épaves de navires qui émergent en partie des sables. Un phare construit en 1882 fera perdre à cette partie des îles sa réputation de «cimetière de navires». Il faut encore citer l'Ile-aux-Chiens, îlot qui assure la sécurité de la rade de Saint-Pierre et sur lequel vivent 500 personnes. La population totale est de 6,352 habitants. Cette population, profondément française, est très attachée à la terre embrumée des îles. Je me souviens d'un Saint-Pierrais me disant son ardent désir de repartir et qui ne pouvait prolonger son séjour dans la mère-patrie, tellement était forte en lui la nostalgie de la terre natale. Son cas n'est pas une exception. Il est de notre devoir, à nous, Français, de ne pas oublier ces frères qui vivent au loin, dans des conditions matérielles si rudes parfois[1].

C'est aux *bancs* que se fait surtout la pêche. Qu'est-ce que ces bancs? Le *Grand Banc de Terre-Neuve*[2], triangle dont les côtés n'ont pas moins de 600 kilomètres et dont la superficie est égale à celle de Terre-Neuve elle-même, est un exhaussement sous-marin recouvert de 60 à 100 mètres d'eau, au-dessus duquel voltigent de si nombreux oiseaux de mer, que certains patrons, négligeant de faire le point, se fient à leur présence pour mouiller l'ancre, assurés d'être sur le banc. Le *Banc-à-vert*, le *Banc-de-Saint-Pierre*, le *Banquereau* (ce dernier où le poisson est petit, mais très abondant quand il donne) sont tous trois bien moins importants que le Grand Banc.

Après cette rapide description des îles et des bancs, quelques mots sur le *French-Shore*; empruntés au rapport du jury de la Classe 53 (Engins, instruments, produits de la pêche. Aquiculture) : «Le traité

---

[1] Je citerai notamment la détresse de l'hiver 1904-1905.

[2] Malgré de nombreuses plaintes, les transatlantiques prennent en écharpe le Grand Banc, dont, par humanité, on avait demandé et on demande, en vain hélas! encore, la «neutralisation». Ce serait bien des hommes épargnés chaque année, des hommes dont le paquebot inexorable fracasse, sans même le savoir, la pauvre embarcation et qui se noient dans l'isolement, le silence et la nuit.

d'Utrecht, qui, en 1713, reconnut à l'Angleterre la propriété de l'île de Terre-Neuve, laissait à la France le droit exclusif de pêche sur une partie du littoral qui est dénommée *French-Shore*. Le texte de ce traité est si explicite, qu'il ne semble pas qu'il puisse prêter à des contestations, mais les habitants de Terre-Neuve, empiétant sur les droits reconnus aux pêcheurs français, soulèvent depuis quelques années des conflits. Jusqu'à présent, l'Angleterre a réagi contre cette méconnaissance de la foi due aux traités. Elle paraît cependant envisager, comme une éventualité désirable, la cession de nos droits sur le French-Shore. Nous avons confiance que les avantages que nous trouvons dans la pêche à Terre-Neuve, soit pour le recrutement de nos marins, soit pour le travail qu'elle procure à nos pêcheurs, seront défendus par notre Gouvernement avec autant de fermeté que de clairvoyance. » Et, en effet, outre l'indiscutabilité de nos droits et bien que nos marins aient une préférence pour la pêche sur les bancs, il ne faut pas oublier que la morue se déplace fréquemment, que le hareng pullule au printemps dans la vaste et magnifique baie de Saint-Georges, et qu'il s'est établi le long du French-Shore quelques homarderies françaises. (Écrit avant la dernière convention franco-anglaise.)

C'est en 1568 que le premier navire partit de Fécamp pour Terre-Neuve. Au xviii° siècle, grâce aux nombreux encouragements que l'autorité royale prodiguait aux armateurs, les pêcheries procuraient à la France un revenu de plus de 15 millions et occupaient déjà plus de 400 navires et 10,000 marins. La Révolution marque une période de déclin. En 1815, Fécamp était représenté par 9 navires, d'une jauge moyenne de 115 tonneaux et montés par 29 hommes d'équipage. Le tonnage et le nombre des bateaux s'élevèrent ensuite progressivement chaque année pour arriver, en 1899, au chiffre de 57 navires, d'une jauge moyenne de 257 tonneaux, montés chacun par 32 hommes d'équipage. Avant 1815, la pêche se faisait à Terre-Neuve avec la ligne de main, procédé encore employé par les Américains. Elle se pratique maintenant à la ligne de fond, et les chaloupes qui étaient employées pour aller tendre ces lignes sont remplacées depuis 1875 par les doris (petites embarcations montées par 2 hommes). Le navire affecté à la pêche de la morue fut tout d'abord le lougre, qui a été remplacé par le brick, puis par le brick-goélette et, enfin, par le trois-mâts barque.

Ceux qui se livrent au rude métier de pêcheur sur les bancs s'embarquent de Bretagne ou de Normandie, au nombre de 7,000 à 8,000 chaque année. Un tiers seulement va par vapeurs; le reste fait en voiliers une longue et souvent pénible traversée. A peine débar-

(Cliché de la *Dépêche coloniale illustrée*.)

Fig. 306. — Séchage de morues à Saint-Pierre.

qués, les hommes montent sur les goélettes, qui jettent l'ancre sur les bancs. Puis, avec deux hommes, les doris s'écartent souvent à plusieurs milles de leurs goélettes respectives. Nos pêcheurs ont abandonné, je l'ai dit, la ligne à la main pour la ligne de fond. Il n'est pas rare de prendre dans une seule marée 3,000 morues[1], avec 12,000 hameçons boittés. Les boittes, — choisis d'après le goût capricieux de la morue, — ce sont en première pêche (d'avril à juin), du hareng; en seconde pêche (de juin à juillet), du cape-

[1] La morue est prodigieusement féconde. On a compté dans certaines plus de 9 millions d'œufs.

lan ; en troisième pêche (de juillet à octobre), de l'encornet, un mollusque du genre pieuvre. Depuis une dizaine d'années on fait usage d'une nouvelle boitte : le bulot, grand bigorneau que l'on pêche et dont l'emploi a rendu un immense service à nos pêcheurs, lorsque, en 1886, une loi du parlement de Saint-Jean, le *Bait-Act*, défendit aux habitants de Terre-Neuve de porter aux Français toute boitte nécessaire à la pêche de la morue.

Dès que les lignes sont levées, les doris « rappliquent » vers la goélette, qui, pour qu'ils ne s'égarent pas, corne en temps de brume ou tire des coups de pierrier. A peine le doris a-t-il accosté que les morues sont vidées, lavées, salées. Au bout de trois semaines ou un mois, la goélette rallie Saint-Jean, et tandis qu'après s'être ravitaillée elle repart pour le banc, la morue laissée est à nouveau lavée, débarrassée de son sel et, si le temps le permet (un soleil pas trop ardent, tempéré d'une brise fraîche) exposée sur la grève. Ce séchage est souvent rendu malaisé par la température ; aussi a-t-on, de quelques côtés, tenté — avec succès — du séchage artificiel.

Lorsque le pêcheur est prévoyant, le métier est pour lui assez rémunérateur. Quant aux armateurs, c'est du cours que dépend leur bénéfice. Ce cours, qui se fait à Bordeaux, est influencé par diverses causes, en outre de la spéculation : ainsi l'hiver est-il doux, les productions de la terre plus abondantes sur les marchés font que la morue est moins demandée. Les débouchés, heureusement, sont nombreux. Il y a, enfin, les primes d'encouragement [1].

La petite pêche s'exerce dans des canots à fond plat, dénommés *warys* ; ces embarcations, non pontées, se dirigent, suivant le temps à la voile ou à l'aviron. On en compte, dans la colonie, 453 montés par 1,050 hommes. Le petit pêcheur exploite les fonds de pêche pour son propre compte. Il a un matelot, à qui il abandonne le tiers de sa pêche. Au bout de sa campagne, il peut mettre de côté de 1,200 à 1,500 francs nets.

[1] Voir p. 673, note 1.

C. PÊCHE FLUVIALE.

ÉTENDUE TOTALE DES COURS D'EAU FRANÇAIS. — REVENUS. — IMPORTATIONS ET EXPORTATIONS. —
CAUSES DU DÉPEUPLEMENT. — MALADIES. — CONTAMINATION DES EAUX. — MOEURS DU SAUMON.
— ÉCHELLES À POISSONS. — ABUS DE JOUISSANCE. — PÊCHE DE LA TRUITE À LA MOUCHE. —
BRACONNAGE NOCTURNE À L'ÉPERVIER. — SOCIÉTÉS ET SYNDICATS. — REPEUPLEMENT.

« Bien qu'elle ne possède pas de grands fleuves tels que le Danube ou le Volga, dans lesquels vivent des poissons de dimensions véritablement monstrueuses, la France est un des pays les mieux partagés sous le rapport des cours d'eau. Le développement total de ceux qui sont susceptibles de produire des poissons est de 275,000 kilomètres environ, dont 16,700 sont flottables ou navigables. La moitié de ce dernier parcours, qui constitue le domaine public, est canalisé; sa pêche a rapporté à l'État, en 1899, 647,000 francs, tandis que l'autre moitié n'a rapporté que 318,000 francs. Ce rendement fait ressortir le revenu du kilomètre à 40 francs; mais ce revenu est très inégalement réparti; c'est ainsi que les quarante-quatre derniers kilomètres de la Loire ont rapporté chacun plus de 450 francs; les cinq kilomètres de l'Iton, dans le département de l'Eure, sont loués à raison de 400 francs le kilomètre. Quarante-deux kilomètres de la Vienne ont encore donné 200 francs par kilomètre, tandis que le Cher, barré par de nombreuses écluses, ne rapportait pas plus de 30 francs par kilomètre. Dans l'Est, les rivières sont moins productives. La Meurthe, qui tient la tête, ne rapporte que 160 francs le kilomètre; l'Isère, 141 francs; les cours d'eau de la Savoie tombent à un rendement qui varie de 4 francs à 0 fr. 60 par kilomètre.

« Les lacs ne sont pas beaucoup plus riches : le lac du Bourget, d'une étendue de 4,200 hectares, n'est loué que 5,000 francs; celui d'Annecy (2,700 hectares), 480 francs, tandis qu'en Écosse, le lac Leven, qui n'a que 1,400 hectares, rapporte 75,000 francs. Il est vrai que certaines rivières anglaises rapportent plus de 4,000 francs au kilomètre. Cette comparaison suffit à indiquer à quel point nos eaux de France sont encore loin de produire tout ce qu'elles devraient donner.

. . . .

« Depuis dix ans, nos marchés ont été tributaires de l'étranger pour leur approvisionnement en poissons d'eau douce pour une somme de 52,867,548 francs. Dans ce chiffre, l'année 1899 est comprise pour la somme de 5,079,775 francs, mais on constate une diminution de 800,000 francs sur l'année précédente et de 1,500,000 sur l'année 1896 [1]. »

Cet extrait du rapport du jury de la Classe 53 (Engins, instruments et produits de la pêche. Aquiculture), montre le bien-fondé des doléances des pêcheurs. Les raisons de cet état de choses sont nombreuses. Voici les principales : la maladie; la contamination des eaux; la vidange périodique des canaux de navigation; les travaux de curage, d'endiguement, de régularisation, qui font disparaître aussi bien les plantes sur lesquelles beaucoup d'espèces viennent déposer leurs œufs que les anses, les mottes convenables à l'opération du frai; les remous occasionnés par les bateaux à vapeur, qui suppriment également bon nombre de frayères et détruisent des œufs; les barrages; enfin, la jouissance abusive, que cette jouissance soit le fait des braconniers, des pêcheurs de profession ou des amateurs, observateurs plus ou moins scrupuleux des règlements. Plusieurs de ces causes méritent de nous arrêter quelques instants.

Des maladies, je ne citerai que deux exemples : la disparition presque complète de l'écrevisse dans notre pays, la lèpre qui, dans l'Est de la France, décime, depuis un quart de siècle, le barbeau. On a étudié la marche de ces maladies, on en a déterminé les causes, mais on n'a pu encore indiquer de remède.

La contamination des eaux est amenée par le déversement des égouts, des résidus industriels, le rouissage du lin, etc. D'une manière générale, tous ces déversements sont nuisibles. On a bien pu tenter des décantations, des neutralisations, mais les unes et les autres

---

[1] Pour la période quinquennale 1897-1901. nous trouvons comme valeur, en francs, des importations et des exportations :

	IMPORTATIONS.	EXPORTATIONS.
Salmonidés	4,048,508	46,970
Autres	1,499,682	154,458

Il s'agit de poissons frais; en ce qui concerne les poissons secs, conservés, etc., ils sont compris dans le tableau p. 672.

n'ont pas encore donné de résultats vraiment satisfaisants. Les délinquants n'opèrent que la nuit, et il n'est pas aisé d'établir leur culpabilité. En 1900, au Congrès international d'aquiculture et de pêche, le vœu suivant a été émis : « Les propriétaires ou directeurs d'usines devront être rendus pénalement responsables des délits d'empoisonnement de rivières lorsque ces délits résultent de déversements provenant de leurs usines et effectués par eux ou leurs employés. » La législation anglaise, qui interdit tout déversement d'eaux résiduelles, eaux industrielles, eaux d'égouts, etc. dans les cours d'eau, remédierait, si la France l'adoptait, à cette cause de dépeuplement de nos rivières.

Avant de parler des barrages et du procédé employé pour remédier aux inconvénients qu'ils présentent, quelques mots sur le saumon ne sont pas inutiles. J'ai déjà indiqué la régularité de ses migrations et sa fidélité à revenir chaque année aux mêmes lieux[1].

Le nombre des écrivains de tous ordres qui ont étudié cette question est grand, et leurs observations nous ont valu bien des récits intéressants. Je me bornerai à une citation :

« C'est à dater de la première quinzaine de mai que le saumon, quittant l'onde amère, remonte le courant des fleuves pour aller faire villégiature jusque dans les lacs d'Écosse, de la Suisse et autres pays septentrionaux, où il trouve à la fois des eaux fraîches et limpides, une nourriture délicate et des sites favorables au but qu'il se propose — qui est de déposer son frai, espoir de la perpétuité de sa race, dans les conditions les plus avantageuses à la prospérité des jeunes saumons.

« C'est pendant ce long et périlleux voyage que le saumon déploie toute la vigueur dont la nature l'a si heureusement doué, et qu'il exécute des sauts si prodigieux qu'ils seront toujours un objet d'étonnement, car il est difficile de concevoir comment ce poisson peut s'élancer dans les airs, souvent à quelques mètres de hauteur, pour atteindre le courant supérieur, alors qu'il se trouve au bas d'une chute d'eau. On ne comprend pas davantage comment il peut pénétrer dans la nappe d'eau, à l'endroit même où elle tombe avec fracas, entraînée par la violence du courant.

[1] Tome I, p. 672.

« Au reste, les saumons ne se rendent pas tous dans les lacs, qui sont le terme du voyage pour beaucoup d'entre eux; les uns remontent encore plus haut; les autres — et c'est le plus grand nombre —

Fig. 307. — Vue d'aval de l'échelle installée dans la culée rive droite du barrage de Marlot (Seine) [1].

s'arrêtent à moitié chemin, s'ils trouvent un site commode pour y déposer leur progéniture.

« Maintenant que le lecteur veuille bien se transporter sur les rives si pittoresques de la Vienne, près de la grande usine de Châtellerault. C'est peut-être moins poétique que de le conduire en Suisse ou en Écosse, mais la pêche n'en est pas moins très intéressante et surtout très fructueuse. C'est là, près du barrage établi pour retenir les eaux de la Vienne au profit de l'usine qui avait besoin d'une puissante chute d'eau pour faire mouvoir ses machines, que le saumon est obligé d'employer toutes ses forces, toute son adresse, pour surmonter l'obstacle qu'on a mis à sa marche ascendante vers les lieux propices à sa multiplication. Arrivé devant ce barrage, dont il ne connaît pas la hauteur, le saumon semble réfléchir ; il va et vient d'un air inquiet, redescend le courant comme pour chercher un endroit plus praticable. N'en découvrant point, il repasse devant la formidable chute d'eau que son instinct lui a dit de franchir. Mais l'eau qui tombe avec

Fig. 308. — Vue d'aval de l'échelle installée près de la culée rive gauche du barrage de Marlot (Seine).

une violence extrême lui apprend que pour atteindre le niveau supérieur, il faut un effort proportionné à la grandeur de l'obstacle. Une première fois le saumon se borne à mettre sa tête hors de l'eau; est-ce

[1] Clichés extraits du *Compte rendu du congrès international d'agriculture et de pêche de 1900*, Augustin Challamel, éditeur.

pour mesurer l'espace? quoi qu'il en soit, ce n'est qu'après plusieurs tentatives infructueuses qu'il parvient à atteindre le niveau supérieur [1].

« Il est impossible d'assister à ce prodigieux tour de force sans être

Fig. 309. — Vue latérale de l'échelle installée au barrage de la Blancheterre (Seine).

émerveillé de l'adresse que le saumon déploie en cette circonstance, et on se demande comment il peut trouver dans l'eau même un point d'appui suffisant pour l'exécuter. Il y a quelques années, les saumons étaient si nombreux, qu'il suffisait de s'arrêter quelques instants devant le barrage pour assister à des tentatives de ce genre. Les plus vigoureux ou les plus adroits parvenaient quelquefois au but du premier coup, mais ces cas étaient rares. Pour l'ordinaire, ils n'atteignaient la nappe supérieure qu'après plusieurs tentatives. Il faut que le désir d'arriver dans ces parages élevés soit bien vif, bien impérieux pour leur faire braver tant de fatigues et de dangers, car souvent en retombant ils se blessent dangereusement contre les pointes de rochers ou les pièces de bois du barrage. Alors ils se laissent entraîner par le courant, tout honteux d'avoir échoué dans leur entreprise.

Fig. 310. — Vue latérale de l'échelle installée au barrage de Poses (Seine).

« Eh bien, ces malheureux poissons ne sont pas les plus à plaindre, ils en sont quittes pour redescendre vers les parages qu'ils avaient abandonnés; l'Océan est assez grand pour leur offrir un asile jusqu'à l'année suivante. Mais parmi ceux qui s'élancent avec tant de vigueur il en est peu qui puissent accomplir le grand voyage

[1] En l'air, le saumon fait une évolution sur lui-même.

projeté. On pense bien, en effet, que ces magnifiques poissons qui osent se montrer ainsi à tous les yeux, font naître l'envie de les arrêter au passage. Or les employés de l'usine, journellement témoins de ce spec-

Fig. 311. — Vue d'aval de l'échelle installée sur le déversoir de Saint-Aubin (Seine).

tacle, ainsi que les amateurs de leur chair, et ils sont nombreux, saisissent avec empressement l'occasion de se régaler, eux et leurs amis; ils y manquent d'autant moins que le passage du saumon n'a lieu qu'une fois par année et ne dure que quelques jours, une ou deux semaines tout au plus. [1] »

Ces véritables bonds du saumon, qui permettent à quelques amateurs de le tirer. . . au vol, indiquent bien son grand désir de remonter les cours d'eau. C'est pour lui permettre de le faire aisément que l'on a imaginé les échelles à poissons. Installer utilement une échelle n'est pas chose aisée. «Il ne faut pas croire, écrit M. Caméré, inspecteur général des ponts et chaus-

sées, qu'il suffise d'adapter à un barrage un dispositif muni d'un type ayant fait ses preuves, pour que son succès soit assuré, il y a d'autres facteurs en jeu qui, malheureusement, sont difficiles à modifier.» Dans les échelles dites à cascade ou à chicane, le courant est ralenti par des cloisons en maçonnerie, en bois, etc.; ces échelles doivent avoir une certaine

Fig. 312. — Capture d'un saumon ayant remonté l'échelle, au barrage de Marlot.

dimension et une pente pas trop rapide. Les dimensions peuvent être réduites et la pente notablement augmentée (d'où diminution considérable des frais d'installation), quand le ralentissement du cou-

[1] A. DE FRARIÈRE, *Illustré parisien.*

rant de l'échelle est obtenu par des cloisons d'arrêt liquides, ce qui offre aux poissons un passage direct, de section constante et sans chutes ou remous accentués.

Malheureusement, en France, aux barrages anciens on n'est pas tenu de créer des échelles, ou tout au moins faut-il que le Conseil d'État en décide et alloue une indemnité à l'usinier. Les barrages nouveaux, qui ne sauraient être construits qu'avec l'autorisation de l'État, doivent, eux, être munis d'échelles; mais combien parmi ces échelles sont mauvaises! En outre « il s'est trouvé, paraît-il, des préfets pour louer le droit de pêche en amont du barrage, au propriétaire de ce dernier; il a suffi dès lors à l'intelligent usinier d'installer de convenables engins de pêche au voisinage du sommet de l'échelle pour capturer à coup sûr et s'approprier tous les saumons qui tentaient de remonter les cours d'eau [1]. »

Des abus fréquents de jouissance sont, suivant d'excellents esprits, la cause principale du dépeuplement. Ces abus sont surtout la pêche à la dynamite, l'empoisonnement par les acides, le chlore, la chaux, qui, avec les gros poissons, tuent les alevins par milliers. Les pêcheurs à la ligne, à leur tour, ne se contentent plus des modestes journées d'antan. C'est à ces pêcheurs à la ligne à procédés... perfectionnés que doivent être attribués bien des dépeuplements. M. Xavier Raspail écrit à ce sujet :

« Je veux parler de ces pêcheurs expérimentés qui ne se contentent pas d'aussi maigres prises; c'est à eux que j'attribue la presque disparition, en quelques années, dans le canton situé entre le Pont de Boran et le Pont de Saint-Leu d'Esserent, du nase ou surmulet dont la présence dans l'Oise avait été constatée en grand nombre dès 1880. Ce poisson ne se répand pas indifféremment dans tout le lit de la rivière, il affectionne certains fonds où il se tient en bandes nombreuses et, sa voracité aidant, il ne pouvait manquer d'être rapidement décimé. Les hécatombes qui en furent faites datent de cette année 1880 où, peu initié à l'art de la pêche, j'allai, avec un véritable maître, faire l'ouverture à Toute-Voie; celui-ci avait établi son

---

[1] Rapport du jury de la Classe 53 « Engins, instruments et produits de la pêche. Aquiculture ».

bateau en face de l'embouchure de la Nonette, sur un fond de 3 m. 50, après un minutieux sondage. Pour amorcer, il avait apporté trois litres d'asticots, cinq litres de blé cuit avec du thym, un seau de sang et un baquet de terre argileuse prise au pied de la berge. Son premier soin fut de pétrir cette terre avec le sang et d'en confectionner des boules de la grosseur d'un fromage de Hollande dans lesquelles, après y avoir fait un large trou, il enferma une poignée d'asticots et de blé. Lorsqu'il en eut ainsi une dizaine, il les jeta un peu en avant, de façon que le courant les amenât à toucher le fond juste en face du bateau, à 2 mètres de large; la place, du reste, en était nettement indiquée par des bulles d'air venant éclater à la surface.

« Ces boulettes, m'expliqua-t-il, servent à attirer le poisson, à le réunir sur le coup, puis en même temps à lui faire saisir, sans qu'il se méfie, l'hameçon amorcé de deux ou trois asticots; pour cela, il faut, en jetant la ligne le plus loin possible en avant, bien calculer les distances pour que l'hameçon, qui doit traîner d'au moins trente centimètres sur le fond, vienne exactement passer au milieu des boulettes, il se mêle ainsi aux asticots qui s'échappent sans cesse de la terre qui se délaie en troublant l'eau autour des poissons, dont la méfiance est détournée par l'action qu'ils mettent à saisir cette nourriture offerte en abondance à leur voracité. Il ne faut pas craindre d'augmenter le nombre de ces boulettes et il est nécessaire toutes les heures d'en jeter une ou deux pour entretenir le coup. Dans ces conditions, termina-t-il, avec une ligne bien confectionnée et armée d'un hameçon n° 15, monté sur un crin de cheval, le vent n'étant pas défavorable, on doit faire une bonne pêche.

« Et nous la fîmes en effet; son produit pesé au retour donna 50 kilogrammes de brêmes et de gardons.

« En 1884, le record fut obtenu par le propriétaire d'une filature, M. B., et son fils, qui enlevèrent dans leur journée d'ouverture 63 kilogrammes de nases. Aussi, depuis cinq ou six ans, je n'entends plus parler que de très rares captures de ce poisson et seulement d'individus de faible taille. »

Et cependant telle pêche à la mouche ne procure-t-elle pas, par elle-même, assez de plaisir à ceux qui aiment à s'y adonner, pour qu'ils s'abstiennent d'employer de semblables procédés? «Un pêcheur de truites, écrit le baron de Vaux, marche de pair avec le veneur le plus savant, le tireur le plus adroit; prendre des truites à la mouche est, en effet, un art qui exige un noviciat préparatoire, des exercices multiples; pour y réussir, il faut posséder suffisamment la théorie, avoir du coup d'œil, du sang-froid et une habileté extrême dans le maniement de son outil. La lutte avec la truite est directe, au grand jour, on pourrait presque dire corps à corps. Poisson de surface, hôte des eaux cristallines, elle se laisse facilement entrevoir, et sa vue, espoir d'un butin opime, a déjà soulevé les premières palpitations dans le cœur de celui qui la convoite ; dans ce cas, comme lorsqu'elle se relève subitement au milieu des remous écumeux, son attaque a toujours la vivacité d'une surprise : aussi alerte qu'elle est soupçonneuse, elle s'élance d'un bond, sa cuirasse d'or pointillée de pourpre étincelle un instant au soleil, elle s'enfonce, disparaît. C'est quelque chose comme un éclair qui a passé devant vos yeux éblouis. Mordue par l'hameçon, ses défenses seront énergiques, presque violentes; on la tient, on ne la possède pas encore, on ne la possédera peut-être jamais; elle combattra jusqu'à épuisement de forces, et si le pêcheur ne parvenant pas à dominer son irrésistible émotion, hésite dans ses manœuvres, s'attarde dans ses ripostes, laisse vaciller un instant dans ses mains la ligne dont l'élasticité déjoue les secousses que lui imprime le poisson, il en sera pour ses espérances. »

Il y a, enfin, le braconnage, le terrible braconnage nocturne à l'épervier, malheureusement si répandu dans les cours d'eau qui avoisinent les centres. «Lorsqu'on passe sur un pont, écrit M. Xavier Raspail, il est rare qu'on n'entende pas le bruit des filets tombant sur l'eau. Ce bruit se perçoit facilement à plusieurs kilomètres de distance. Cette pêche qui se pratique du bord est toujours fructueuse, car le poisson vient la nuit jouer dans les herbes; elle devient très destructive à l'époque du frai. Plusieurs espèces de poissons, et surtout la brême, approchent des rives en bandes, se poursuivant à la surface, battant bruyamment l'eau de leur queue ; le braconnier, prévenu ainsi, couvre facilement de son épervier un grand nombre de ces poissons. Un individu, que je savais faire ce métier, m'avoua avoir pris, une nuit de mai, près du pont de Précy, 21 brêmes pesant en moyenne 1 kilogr. 100 ; ce coup d'épervier n'avait pas supprimé moins de 2 millions d'œufs. La destruction s'augmente de tous les alevins ramenés dans le filet et abandonnés sur l'herbe ; j'ai vu, un jour, en parcourant les bords de l'Oise, onze places où l'épervier avait été retiré la nuit précédente sur la berge et, à toutes les places, il y avait une quantité de petits poissons dédaignés par les braconniers. » La plus grande partie du poisson pris est vendu aux cabaretiers du bord de l'eau, qui ouvrent de très bonne heure. Et ainsi ce mode de braconnage augmente, chaque jour, le nombre de ses adeptes. Cependant il serait aisé de les prendre. J'ai dit qu'on entendait de loin le bruit de l'épervier frappant l'eau ; il n'y aurait donc qu'à attendre les délinquants, quand ils reviennent passer le pont pour reprendre le chemin de halage, qui, généralement, leur offre le parcours le plus désert pour rentrer chez eux. Malheureusement, les gendarmes ne s'occupent guère des braconniers, et que peut un garde-pêche seul contre plusieurs individus, le plus souvent décidés coûte que coûte à ne pas se laisser reconnaître[1] ?

Pour combattre les abus de jouissance et le braconnage, un mouvement s'est produit ; il s'est formé 152 sociétés ou syndicats, groupant 25,650 membres et commissionnant 121 gardes particuliers.

Mais empêcher que la situation actuelle empire n'est pas suffisant ; il faut repeupler les cours d'eau dépeuplés. On y parvient : 1° naturellement, en protégeant la merveilleuse puissance prolifique des poissons (prohibition de l'emploi des engins de pêche à petites mailles ; adoption d'un gabarit spécial pour les mailles des engins fabriqués avec

---

[1] « La surveillance paraît plus rigoureusement exercée depuis que, par suite de la reconstitution du Service des Eaux et Forêts (1er janvier 1897), 7,100 préposés forestiers ont été ajoutés pour la surveillance aux agents de la navigation et aux 347 gardes spéciaux, qui faisaient seuls jadis le service. Dans un département où on ne dressait jadis qu'un procès-verbal par an, on en dresse aujourd'hui 64 : c'est quelque chose ; mais il est à craindre que bien souvent l'électeur ne couvre le délinquant et ne lui assure une indulgence devant laquelle échouent les lois les plus sévères et les mieux conçues. » (Rapport du jury de la Classe 53 « Engins, instruments et produits de la pêche. Aquiculture ».)

le grillage métallique; adoption d'un règlement spécial pour l'exercice de la pêche suivant que dans les cours d'eau les salmonidés sont ou non en majorité; protection efficace des frayères naturelles); 2° artificiellement.

Certains bons esprits pensent que peut-être des réserves, établies convenablement et en nombre suffisant, dans lesquelles il serait simplement interdit de pêcher, suffiraient pour le repeuplement. C'est sur les cours d'eau domaniaux que fut tout d'abord établi ce système : à la fin de 1900, ces réserves s'étendaient au total sur 880 kilomètres [1]. Cette année-là, du reste, on en établit également sur des cours d'eau particuliers (99 kilomètres), en accordant une indemnité à leurs propriétaires.

D. PISCICULTURE.

PISCICULTURE D'EAU DOUCE : PREMIÈRES RECHERCHES; ÉTABLISSEMENTS DIVERS. — NOURRITURE DE L'ALEVIN. — MISE À LA RIVIÈRE DES JEUNES ÉLÈVES. — ÉCREVISSES. — GRENOUILLES. — PREMIERS ESSAIS DE PISCICULTURE MARINE. — RÉSULTATS OBTENUS. — L'ÉTABLISSEMENT DE DUNBAR. — PROCÉDÉS DE PISCIFACTURE. — LE PLANKTON.

PISCICULTURE D'EAU DOUCE. — Déjà au XIVᵉ siècle un moine du nom de dom Pinchon se livrait à la fécondation artificielle des poissons. Son idée fut reprise vers le milieu du XIXᵉ siècle, par un pêcheur des Vosges, nommé Rémy, dont les expériences furent assez intéressantes pour que le Collège de France envoyât un de ses membres, le professeur Coste, examiner les résultats obtenus. A la suite de cette visite et sur les conseils de Coste fut décidée la création d'un établissement de pisciculture, et Huningue fut choisie à cause de la pureté de ses eaux. Aux noms de Rémy et de Coste, il faut joindre celui de Géhin, qui concourut au repeuplement de la Moselotte. Nous devons à ces trois hommes d'avoir — le Japon à part, qui fit de bonne heure de la pisciculture de luxe — précédé les autres pays dans la voie de la pisciculture rationnelle; ce sont, du reste, les appareils de Coste qui sont employés partout.

[1] Voici, à titre de curiosité, les parties de cours d'eau du département de la Seine, où, durant 1904, il a été interdit de pêcher soit au filet soit à la ligne flottante : petit bras de la Seine, bief de l'écluse de la Monnaie, bief du barrage de Levallois-Perret, canal Saint-Maur.

Après la perte d'Huningue, notre établissement officiel de pisciculture fut transféré à Bouzay (Meurthe-et-Moselle), dont on se rappelle la destinée tragique. «Il ne semble pas, écrit M. Edmond Perrier, que ces grands établissements créés sous la direction du Service des ponts et chaussées aient donné des résultats importants. Depuis que le Service de la pêche dans les cours d'eau non canalisés est rentré dans le Service des forêts, une tout autre méthode a été suivie. De nombreux et modestes établissements de pisciculture — quelques-uns n'ayant pas coûté plus de 200 francs à établir — ont été répartis sur tout le territoire; on en compte aujourd'hui 111 dont 9 appartiennent encore au Service des ponts et chaussées, 16 sont annexés à des établissements agricoles, 32 dépendent de l'Administration des eaux et forêts et 54 ont été créés par des sociétés privées ou de simples particuliers. Ces établissements contribuent au repeuplement des eaux de leur région; mais, surtout, ils établissent et propagent les méthodes de l'aquiculture, qui est tout autre chose que le simple repeuplement.»

Fournir à l'alevin une nourriture uniquement composée de proies vivantes proportionnées à sa grosseur : telle est la difficulté. Les daphnies, petits crustacés d'eau douce, ont été reconnus le meilleur aliment. Pour leur multiplication, on les met dans des bassins remplis d'eau à laquelle on mélange du fumier et autres détritus organiques pour favoriser leur pullulement; lorsque la colonie est complète, on introduit la truitelle qui se donne à cœur joie d'une nourriture abondante et substantielle, ou on distribue les daphnies dans les bassins d'alevinage. On prépare ensuite à côté, dans un autre bassin, une nouvelle colonie de daphnies... La ration journalière, composée, suivant l'âge des jeunes truitelles, de daphnies, de crevettes, de sang, de viande hachée, de farines diverses, etc., est donnée à heure fixe. Les truitelles arrivent en bandes serrées; elles se présentent par centaines, se précipitent avidement sur la nourriture dont aucune parcelle n'arrive au fond de l'eau.

Quel est l'emplacement nécessaire pour faire de la pisciculture : un bassin de 35 mètres de long sur 3 mètres de large et d'une profondeur d'eau de 0 m. 40 peut contenir 20,000 alevins de 8 à

12 mois, ou 3,000 truites de deux ans (poids moyen 200 à 250 grammes).

Une question fort intéressante pour le repeuplement est celle de l'âge où il faut mettre les élèves à la rivière. On ne saurait, en effet, trop combattre le système qui consiste à les y introduire dès leur plus jeune âge, et il ne faut pas oublier que la voracité des poissons est telle que dans un bassin où on mélange les élèves de différents âges, les plus forts dévorent rapidement les plus faibles.

Le Dr professeur Oltramare, membre de la commission de pêche et de pisciculture du canton de Genève, dont j'ai visité avec beaucoup d'intérêt le bel établissement l'année dernière, écrit à ce sujet : « Il est péremptoirement prouvé que la mise à l'eau de jeunes alevins ne procure, dans la plupart des cas, que des échecs. Nous en avons la preuve formelle à Genève, où, pendant quatre ans, l'administration fit mettre dans le Rhône plus de cent mille alevins de truites arc-en-ciel, sans que jamais un pêcheur en ait retrouvé un seul exemplaire. Et ce serait le contraire qui pourrait étonner, car, assistant un jour à la mise à l'eau de vingt mille alevins de truites, je pus, par une eau claire et calme, voir sortir, de chaque anfractuosité, un chalot ou une perchette, qui happait, prestement, le poisson élevé à grand prix. Or, du jour où renonçant à des usages aussi condamnés par l'expérience, l'État déversa dans le fleuve des poissons de 8 centimètres, âgés par conséquent de plusieurs mois, l'espèce des truites arc-en-ciel devint courante sur nos marchés ».

Une autre opinion confirme la précédente; c'est celle de M. H. Rogers, inspecteur des pêches de la Nouvelle-Écosse, au Canada : « Le déversement d'alevins de saumons non développés a donné partout une déception générale. Pas un sur huit n'échappe à la mort. Lorsque l'on donne la liberté à des alevins non développés, le jeu n'en vaut pas la chandelle. Je ne suis pas l'adversaire de la pisciculture artificielle, mais si l'on veut arriver à quelque résultat, les alevins devraient être, au moins pendant un an, conservés, nourris et soignés avant d'être mis en liberté. Où sont les millions de truites et autres poissons que, depuis douze ou quinze ans, tant de sociétés de pêche ont lâchés dans les cours d'eau? Combien de ces alevins ont été portés adultes au marché? Il est très facile de faire éclore des œufs sans pertes sensibles, mais il est bien difficile d'élever les jeunes poissons; c'est la partie la plus importante de la pisciculture. »

M. Raveret-Wattel, enfin, dont l'autorité sur ce sujet est grande, estimait, il y a une quinzaine d'années, à 99 p. 100 le nombre des alevins mis trop tôt à l'eau et mourant, par suite, d'inanition, et il ajoute : « Faites encore la part de ceux qui sont dévorés par des ennemis, qu'ils n'auraient pas à craindre s'ils étaient plus forts. »

Deux autres élevages d'eau douce sont intéressants : ceux de l'écrevisse et de la grenouille; quelques mots au sujet de ces deux espèces doivent trouver place ici.

Écrevisses. — Les écrevisses aiment la solitude, l'ombre, les retraites cachées; aussi, quand on en veut faire l'élève, faut-il qu'il y ait dans l'eau des pierres, des souches d'arbre et autres abris sous lesquels elles puissent se cacher. C'est, en effet, dans des réduits très étroits, dans des trous que l'écrevisse passe toute la période de l'incubation (novembre à mai). Il faut autant que possible que les eaux soient riches en mollusques. Assez vagabonde, l'écrevisse *à pieds blancs* (*Astacus fontinalis*) habite surtout les eaux peu profondes, vives, froides, à fonds cailloux, et se tient de préférence dans les remous, tandis que, de dimensions plus fortes et de meilleure qualité, l'écrevisse *à pieds rouges* (*Astacus fluviatilis*), étant plus sédentaire, prospère beaucoup mieux en captivité; elle aime les eaux lentes, profondes et peu froides. Les écrevisses sont omnivores : matières végétales, matières animales vivantes ou mortes leur conviennent; mais ce sont les matières animales qu'elles préfèrent. Il est pénible de voir la voracité avec laquelle elles dévorent, vivants encore, les poissons qu'on leur jette. Mars et avril sont les mois qui conviennent le mieux pour l'introduction de l'écrevisse dans un cours d'eau. Les femelles, chargées d'œufs, se cantonnent, en effet, davantage; mais ces œufs, éclosant en mai, assurent ainsi un repeuplement presque immédiat. Si le repeuplement se fait en hiver, il faut choisir un temps doux. Le nombre des mâles doit être, relativement à celui des femelles, dans la proportion de deux pour trois.

Grenouille. — La grenouille est un aliment très apprécié par beaucoup de gens, aussi bien en France qu'aux États-Unis, en Allemagne, en Autriche, en Italie. Dans ce dernier pays, en Piémont notamment, on la mange tout entière, tandis que chez nous on se contente généralement du train de derrière. «La chair de la grenouille, a-t-on écrit, tient du filet de sole, du blanc de poulet et de l'escalope de veau; elle est non seulement un aliment sain et léger, mais encore un manger exquis. » Nous avons en France deux espèces de grenouille : la rousse et la verte; cette dernière s'écarte peu de la mare natale, elle est plus comestible. Cependant, certains amateurs préfèrent la rousse, qui, émigrant dans les champs à l'époque des moissons, est plus grosse et plus en chair. Il est facile de s'emparer de la grenouille rousse; quant à la verte, on la pêche ou on la chasse avec une arbalète dont la petite flèche est retenue par une ficelle; cette chasse compte ses fanatiques. Dans plusieurs régions on fait l'élève des grenouilles : tel éleveur envoie chaque année à Paris 25,000 bâtonnets où les pattes de grenouilles sont attachées par douzaine. Comme lieu d'élevage, il faut choisir un de ces petits étangs alimentés par une source où la grenouille vient frayer d'instinct; en éloigner ses ennemis : poissons et surtout canards. Les têtards donneront au printemps des légions de grenouilles qui, prenant des goûts sédentaires dans les eaux enherbées où les insectes pullulent, nourries au besoin de vers de vase, voire même de déchets de viande, seront toujours sous la main de l'éleveur. En Autriche, on conserve les grenouilles dans des puits dont on a soin de fermer l'orifice. Aux États-Unis, dans le Maryland notamment, des fermes entières sont consacrées à cet élevage peu connu; et on y prépare des conserves. N'est-ce pas dans ce pays, du reste, que l'on trouve des grenouilles géantes dont le poids dépasse un kilogramme, assez fortes pour happer un caneton, le noyer au fond de la mare, puis le manger!

Pisciculture marine. — «Dans ses fécondes ténèbres la mer peut sourire elle-même des destructeurs qu'elle suscite, bien sûre d'enfanter encore plus. » La preuve est faite aujourd'hui qu'il y a dans cette phrase de Michelet plus de grandiloquence que de vérité, et il n'est plus possible de nier que le nombre des poissons diminue partout où la pêche est intensivement pratiquée.

De cette constatation est née la piscifacture.

« La mer s'appauvrit, ensemençons-là ! » tel est le projet hardi qui fut conçu par Spencer Baird en 1872, poursuivi par Marshall Mac Donald aux États-Unis, par Dannewig père en Norvège (1885), par le Dr Nielsen à Terre-Neuve (1889), par Wennyss Fulton et Harold Dannewig en Écosse. On a contesté les résultats des essais. En voici un fort remarquable (au cas où il ne serait pas dû à une cause accidentelle non encore connue) : sur la côte Atlantique des États-Unis, où se trouvent les terrains ensemencés, le nombre des aloses (*Clupea sapidissima*) capturées, qui était en 1880 de 4,140,900, se serait élevé, en 1888, à 7,660,474, augmentant ainsi de 85 p. 100; de plus, cette alose a été transportée sur la côte du Pacifique où elle s'est répandue de proche en proche sur une étendue de plus de 2,000 milles. La culture du homard a, en outre, parfaitement réussi [1].

Comment procède la piscifacture? Il est intéressant de citer à ce sujet quelques pages de M. Edmond Perrier, d'autant que l'on y verra traiter non seulement de la piscifacture elle-même, mais encore de ce mystérieux *plankton* qui, sans que le pêcheur s'en doute, intéresse à un si haut point son industrie.

« L'idée de repeupler les mers comme on repeuple les cours d'eau paraît, au premier abord, absurde. Elle l'est infiniment moins qu'on

---

[1] Dans aucun pays on n'a procédé à des essais de reproduction artificielle de homard sur une plus grande échelle qu'à Terre-Neuve. On a employé les incubateurs flottants inventés par M. Nielsen, et, c'est par millions que des œufs de homards, qui auraient été infailliblement détruits dans les factoreries, ont été amenés à l'éclosion et immergés. L'incubateur Nielsen est un appareil qui se compose d'une boîte en bois blanc oblongue de 1 m. 20 de long sur 0 m. 30 de large et 0 m. 20 de profondeur. Le fond est en courbe (12 pouces au centre pour 9 pouces aux extrémités). La caisse est munie en dehors, sur une grande partie de chaque face latérale, de deux ailerons, aussi en bois blanc, légèrement courbés en hélice, qui donnent prise aux flots sur les incubateurs et produisent le bercement continuel des incubations. Une corde fixée sur le fond à l'extérieur, et s'enroulant à l'autre extrémité sur une pierre lourde, permet de maintenir lâchement l'appareil dans une région déterminée de la côte. Un tube en caoutchouc vulcanisé, de 0 m. 23 de long, fait communiquer l'eau de mer avec celle de la caisse. Dans les angles, les montants sont parcourus de haut en bas par un canal étroit qui assure la circulation de l'air.

ne saurait le supposer. En premier lieu, les poissons s'éloignent beaucoup moins qu'on se l'imaginait autrefois de leur lieu de naissance. Ils montent et descendent suivant que les conditions atmosphériques amènent à la surface une quantité plus ou moins grande de ces algues microscopiques, les diatomées dont vivent les menus crustacés, les copépodes, qui sont l'aliment principal des harengs, des sardines, des anchois, aliment eux-mêmes des maquereaux et des thons.

« Ces prétendus poissons voyageurs sont si bien localisés, que des pêcheurs expérimentés savent reconnaître, à première vue, la provenance des harengs qu'on leur présente. Les poissons plats sont encore plus sédentaires, et les jeunes de la plupart de ces animaux vont tout près de la côte passer les premières années de leur vie dans des régions où les menacent mille dangers, en tête desquels il faut placer les chaluts des pêcheurs de crevettes. Les poissons d'une région constituent par conséquent, contrairement à ce qu'on pense d'habitude, une provision non renouvelable autrement que par le frai, et qui s'épuisera si on l'exploite trop intensivement et si l'on ne protège pas ses régions d'élevage, ce qu'on appelait autrefois ses *frayères;* l'une des difficultés de cette protection, c'est que les frayères des diverses espèces sont placées dans des conditions différentes[1].

« Si l'on réussit à créer dans des conditions suffisamment économiques des frayères artificielles hors de la mer, des frayères qui seront par cela même naturellement à l'abri du chalut[2], le problème de la conservation de la fécondité de la mer ne sera-t-il pas résolu? C'est

---

[1] Ainsi les homards ne pondant pas leurs œufs durant une seule partie de l'année, la seule prohibition qui, à leur égard, semble à la fois scientifique et pratiquement applicable est celle de la pêche des femelles portant œufs, ou « grainées », quelle que soit l'époque de l'année. Le tableau donné par M. Ernest Ehrenbaum paraît établir que sur 3,470 homards pris entre novembre 1892 et juillet 1893, 383 étaient des femelles portant œufs, soit 11 p. 100 du nombre total. Cette prohibition de la pêche des femelles grainées existe en Angleterre dans quatre comtés. Elle devrait être adoptée partout où les incubateurs Nielsen ne sont pas mis en usage. Au Canada, la capture des femelles chargées d'œufs est prohibée; de même, en Portugal, et ce, sous amende de 1,500 à 20,000 reis (soit de 7 fr. 50 à 110 francs environ).

[2] A l'abri de bien d'autres périls encore : ainsi les œufs de certains poissons, des harengs notamment, ne montent pas à la surface; ils restent au fond où ils sont pondus, fixés aux rochers, aux algues, ou aux zoophytes, en sorte qu'il advient souvent que ces pontes soient mangées par des bandes de morues et d'églefins.

ce qu'ont pensé des savants et des praticiens aux États-Unis, au Canada, à Terre-Neuve, en Norvège, en Écosse. Aux États-Unis, les stations de Gloucester et de Woods-Holl ont entrepris l'élevage de la morue, de l'églefin, qui est une sorte de morue, du hareng; 120 millions de jeunes morues ont été jetées à la mer de 1886 à 1891; à l'île de Terre-Neuve, le laboratoire de Dildo s'est occupé de la morue et du homard; il en est de même de celui de Bay-View, au Canada. En Norvège, le laboratoire de Flödevig, près d'Arendal, a produit, depuis 1884, un milliard de morues; enfin, en Écosse, le laboratoire de Dunbar, à l'embouchure du Firth of Forth, s'est occupé non seulement de morues mais aussi de tous les poissons plats, dont il a produit l'an dernier 72 millions environ.

« Comme celui de Flödevig, l'établissement de Dunbar est l'œuvre d'un marin norvégien, le capitaine Dannewig; on peut le considérer comme le type le plus achevé des établissements actuellement existants; c'est donc lui que nous décrirons ici. Il comprend : 1° un vivier pour la conservation des reproducteurs; 2° un bassin de ponte; 3° une machine à vapeur destinée à élever l'eau dans le bassin de ponte; 4° un puits de décharge muni d'un filtre pour recevoir les œufs; 5° une usine d'incubation contenant des boîtes où les œufs sont placés et maintenus, par des moyens spéciaux, dans un état perpétuel d'agitation. L'eau de mer est amenée du vivier dans le bassin de ponte qui est à un niveau plus élevé que les chambres d'incubation; en traversant un système de filtres qui la débarrasse de toute impureté, elle arrive aux chambres d'incubation, d'où elle est finalement rejetée à la mer. Une partie de l'eau du bassin de ponte es utilisée aussi pour mettre en mouvement la roue à auge chargée d'actionner le mécanisme qui maintient les œufs en mouvement constant...

« Il ne saurait être question d'élever le poisson de mer comme on élève des oiseaux de basse-cour, ou même comme on élève aujourd'hui les truites et les moules. On prend seulement le poisson à sa naissance et on le protège jusqu'à un degré de développement, qui est, pour tous les poissons, une période de crise. Ces animaux, à leur naissance, sont, en effet, incapables de se nourrir par eux-mêmes;

souvent même leur bouche n'est encore, pour ainsi dire, qu'ébauchée et incapable de servir à aucun usage. Le jeune animal porte accolée à sa face ventrale une masse nutritive, le *sac vitellin*, qu'il absorbe peu à peu et qui, avantageux au point de vue de son alimentation, est, au point de vue de sa locomotion, une grosse gêne; l'alevin est un voyageur portant sans cesse avec lui sa valise et toutes ses provisions de route. C'est, sans doute, en raison des dangers qu'ils auraient à courir sur le rivage, où les animaux disposés à leur donner la chasse abondent, que les jeunes poissons se tiennent dans la haute mer; ils reviennent au rivage au moment où ils commencent à être allégés de leur sac, et c'est à ce moment qu'ils sont victimes des chalutiers à crevettes. C'est justement cette période de crise qu'il s'agit de leur faire traverser. Il faut les abriter jusqu'au moment où ils sont aptes à se nourrir par eux-mêmes et suffisamment agiles pour échapper à leurs ennemis; il est évident d'ailleurs que les espèces qui fourniraient des résultats pratiques sont celles dont les frayères sont situées dans les zones qu'exploitent plus particulièrement les chalutiers à crevettes : les poissons plats sont, par conséquent, tout indiqués. Pour ceux-ci, pendant longtemps, une difficulté s'est présentée. Le caractère le plus frappant de ces poissons, c'est qu'au lieu de vivre la colonne vertébrale tournée vers le ciel et le cœur tourné vers la terre, comme les autres poissons, ils vivent constamment couchés sur un côté : le côté gauche, pour le carrelet, la limande, la sole, le flet; le côté droit, pour le turbot et la barbue. Ce genre de vie a amené chez ces poissons une difformité toute particulière : la face entière est comme tordue; la bouche s'est déjetée, et les yeux se sont portés sur le côté libre du corps; une des nageoires pectorales s'est même souvent atrophiée. En un mot, la tête des poissons plats est devenue totalement dissymétrique. Or ces poissons naissent symétriques comme les autres et, tant qu'ils le sont, ils vivent près de la surface; ils sont, comme on dit, pélagiques. Puis, peu à peu, ils se déforment, et l'on aura une idée du travail que comporte cette déformation par ce seul fait que l'un des yeux est obligé de contourner le crâne pour gagner sa place définitive.

« C'est une grosse crise que les poissons plats traversent alors et, pendant longtemps, tous ceux qui étaient à ce moment tenus en chartre privée périssaient.

« Dannewig est parvenu à leur faire traverser cette crise tout simplement en leur donnant à manger leur nourriture habituelle, c'est-à-dire tous les menus animaux qu'on récolte en traînant près de la surface de l'eau un filet de toile serrée; c'est tout ce petit monde vivant entre deux eaux qu'Hæckel désigne sous le nom de *plankton*. A l'heure actuelle, les méthodes d'élevage sont si parfaites qu'on ne perd pas plus de quatre œufs sur cent. On a prétendu, il est vrai, que ces jeunes poissons élevés en chartre privée étaient incapables de se nourrir et n'avaient même pas une bouche normalement conformée. Je ne ferai, à cet égard, qu'une remarque. Il faut que les biologistes s'habituent à ne pas considérer comme mystérieuses les causes de leurs échecs, lorsqu'ils ne réussissent pas à obtenir des résultats analogues à ceux que « la nature », comme on dit, obtient spontanément. Si les alevins obtenus dans certaines conditions sont mal conformés, c'est qu'on s'est placé dans des conditions mauvaises; il faut, au lieu de se décourager, chercher pourquoi les conditions sont mauvaises et les changer.

. . . .

« Il y a une soixantaine d'années, l'un des grands physiologistes de l'Allemagne, Johannes Müller, imaginait de promener à la surface de la mer une sorte de filet à papillons lui permettant de recueillir les menus organismes flottants. Ce pêcheur d'invisible dut faire plus d'une fois sourire les hardis matelots de la mer du Nord. Voilà que le filet de Müller est sur le point de nous révéler les causes des migrations des harengs, des sardines, des anchois, des maquereaux, des thons, et de nous permettre de les prévoir. Les menus organismes qui flottent entre deux eaux et que recueille ce frêle réseau sont dans la mer en nombre prodigieux; ils forment un monde qui trouble à peine la transparence des flots, monde que les marins ignorent et qui cependant les fait vivre; ce monde a reçu le nom de *plankton* [1]. Il y a de tout dans le plankton : des algues micro-

[1] « Les changements de coloration des eaux dus aux Diatomées et aux Noctiluques nous permettent seuls de nous imaginer l'abondance du plankton. Nous pouvons ajou-

scopiques, les *diatomées*, à l'alimentation desquelles préside le soleil; des infusoires qui mangent les algues; d'imperceptibles crustacés, des larves sans nombre, qui mangent à la fois les algues et les infusoires et par surcroît se mangent entre eux. Arrivent alors les anchois, les sardines et les harengs qui font la chasse à ce menu gibier; les poissons ichthyophages suivent, suivis eux-mêmes des marsouins. Dans cette course à l'aliment, ce sont les diatomées qui donnent le branle. De leur nombre dépend celui des animalcules que recherchent les poissons migrateurs, l'arrivée ou le départ de ces poissons. Or, la multiplication des diatomées est avant tout liée à la quantité de lumière qui pénètre les eaux, puis à leur température et, dans la mer du Nord, aux variations dans le degré de salure que détermine la prédominance à la surface des courants saumâtres qui viennent de la Baltique ou des courants franchement salés qui viennent de l'Océan.

«Le soleil, seul producteur naturel de lumière et de chaleur, auteur principal des mouvements de l'atmosphère et des eaux, apparaît donc une fois de plus comme le grand distributeur de la richesse sur nos côtes; mais il a, pour ministres de ses largesses, des infiniment petits dont seuls les naturalistes peuvent rattacher les variations incessantes de nombre aux causes météorologiques qui les déterminent. Ce travail ne peut être un travail local; il nécessite le concours de tous les laboratoires maritimes du monde et même l'organisation d'expéditions de longue haleine en haute mer, dont quelques-unes ont déjà été réalisées et ont fourni d'importants résultats.

«La question du plankton devient ainsi une question d'ordre international. La nécessité de l'organisation d'une sorte de syndicat des laboratoires maritimes pour la solution de cette question a été posée;

ter, pour la mieux montrer, que c'est aux dépens de cette masse des petits organismes flottants, et plus spécialement des Copépodes, que les plus gros animaux, les baleines, se nourrissent. Toutefois, l'abondance des êtres planktoniques n'est pas la même pendant toute l'année, et c'est au printemps, pendant les mois de mars, avril, mai, qu'elle atteint son maximum. Cette variation n'est bien marquée que près du rivage, dans les régions peu profondes où le plankton reçoit un apport considérable des animaux vivant sur le fond dont la reproduction a lieu surtout au printemps. Au large, le plankton est plus pauvre et surtout composé d'organismes toujours pélagiques, dont l'abondance n'est pas plus changeante que leurs conditions de vie.»
(L. DANTAN, *La science au xx⁰ siècle*, 1904.)

elle demandera de longues et patientes études qui ne pourront être dirigées que par une commission internationale. Peut-être un jour, en combinant les indications du baromètre et du thermomètre avec celles du photomètre, sera-t-il possible de prédire l'arrivée prochaine de bancs de poissons et de mettre ainsi les pêcheurs en éveil [1]. »

E. OSTRÉICULTURE [2].

L'ÉLEVAGE ET L'OSTRÉICULTURE. — HISTORIQUE DE CETTE DERNIÈRE. — RENDEMENT TOTAL. — REVENU À L'HECTARE. — LA CRISE HUÎTRIÈRE : SES CAUSES; MOYENS DE LES COMBATTRE. — MOULE. — PALOURDE.

« En dehors de l'exploitation des bancs d'huîtres, à laquelle se livrent les bateaux pourvus de dragues, il existe deux sortes d'industries huîtrières bien distinctes et jusqu'à présent très inégales par l'étendue de leurs applications. La première poursuit seulement l'amé-

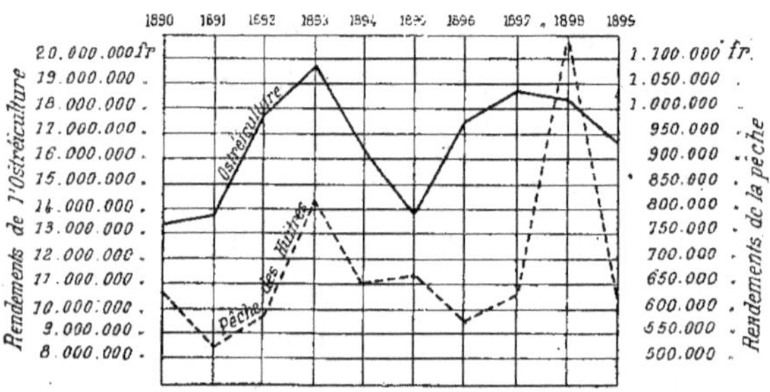

Fig. 313. — Tableau comparatif du rendement de la pêche des huîtres et de celui de l'ostréiculture.

lioration de l'huître pêchée sur les bancs naturels; elle prend des huîtres pour ainsi dire toutes faites, les dépose sur des emplacements reconnus propres à leur communiquer certaines qualités de goût, de forme ou de couleur, et les livre à la consommation lorsqu'elles ont

---

[1] C'est dans l'espoir d'arriver à de telles solutions que l'étude du plankton est simultanément poursuivie sur tant de points des côtes d'Europe, si elle l'est fort peu chez nous. Le groupe des pêcheries de Bergen avait, en 1900, exposé des graphiques donnant une idée bien nette de ce qu'il y a à faire nant une idée bien nette de ce qu'il y a à faire dans cette direction; ils représentaient la distribution du plankton, du 12 au 15 mars 1896, entre Johavet et Sognefjord, et à Kristiansund, le 22 février 1896.

[2] Clichés extraits du *Compte rendu du concours international d'aquiculture et de pêche de 1900*, Augustin Challamel, éditeur.

atteint ces qualités, qui en augmentent la valeur vénale; c'est une sorte d'élevage, analogue à l'opération du fermier qui achète du bétail maigre et l'engraisse avant de l'envoyer au marché. La seconde industrie consiste à recueillir les huîtres à l'état presque embryonnaire, au moment où elles sortent des valves de l'huître mère, à favoriser les premières phases de leur développement par des soins spéciaux, à sauver ainsi de la destruction une foule de germes, qui périraient s'ils étaient abandonnés à eux-mêmes, et par suite à augmenter d'une manière artificielle la récolte de ces produits, que la nature répand avec autant d'insouciance que de prodigalité; cette dernière industrie a été assimilée à l'agriculture, qui multiplie les produits de la terre pour subvenir aux besoins toujours croissants des sociétés humaines; de là le nom d'ostréiculture qu'elle a reçu dans ces derniers temps. » C'est ainsi que s'exprimait, dans une notice faite à l'occasion de l'Exposition de 1878, M. de Bon, directeur des services administratifs au Ministère de la marine et des colonies.

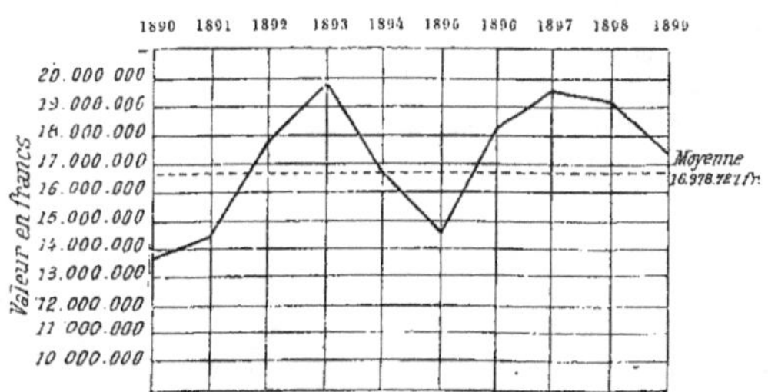

Fig. 314. — Rendements généraux de l'industrie huîtrière.

C'est à M. de Bon, alors commissaire de la marine et chef du service à Saint-Servan, que revient l'honneur d'avoir créé, dans le port de cette ville, il y a une cinquantaine d'années, une sorte de parc d'expérimentation et d'avoir commencé une série d'essais sur les moyens de fixer le frai qui s'échappe des huîtres[1]. Au bout de deux

[1] Déjà, en 1849, dans un mémoire présenté à la séance de l'Académie des sciences du 26 février, M. de Quatrefages proposait le repeuplement des bancs appauvris au moyen d'huîtres fécondées artificiellement et que, aux emplacements les plus riches, on eût déposées sur le fond grâce à une pompe pourvue d'un long tuyau. Et le savant ajoutait en outre : «Je crois que l'élève des huîtres dans les étangs et les réservoirs artificiels deviendrait facile par l'emploi des fécondations artificielles.»

ans de recherches, en 1855, il annonçait au Ministre que «la question de la reproduction artificielle était par lui résolue»; en 1858, il demandait l'autorisation d'essayer, dans un des parcs de Cancale, le système de collecteurs de naissain auquel il s'était arrêté, «sorte de plancher, formé de planches de o m. 15 à o m. 18 de largeur, sou-

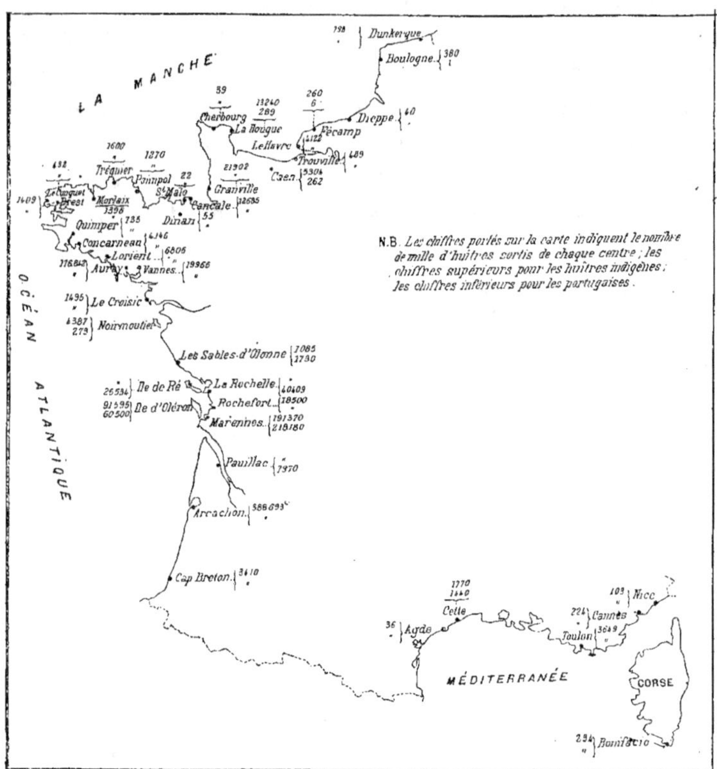

Fig. 315. — Carte ostréicole (1897).

tenu par des piquets et placé à o m. 20 environ au-dessus des huîtres;» en 1859, enfin, il exposa à Rennes des échantillons d'huîtres recueillies par la nouvelle méthode, et se vit décerner une récompense. «Malgré ces débuts satisfaisants, écrit M. de Bon, l'ostréiculture aurait eu sans doute quelque peine à percer, à triompher des obstacles que la routine et les préjugés opposent à toute chose nou-

velle, à attirer l'attention publique et, par suite, à provoquer les
efforts coûteux et persévérants nécessaires à son prompt développement, si elle était restée une œuvre purement administrative, soumise
aux conditions de prudence et de sage réserve qui s'imposent toujours à des fonctionnaires responsables[1]; elle trouva dans Coste un

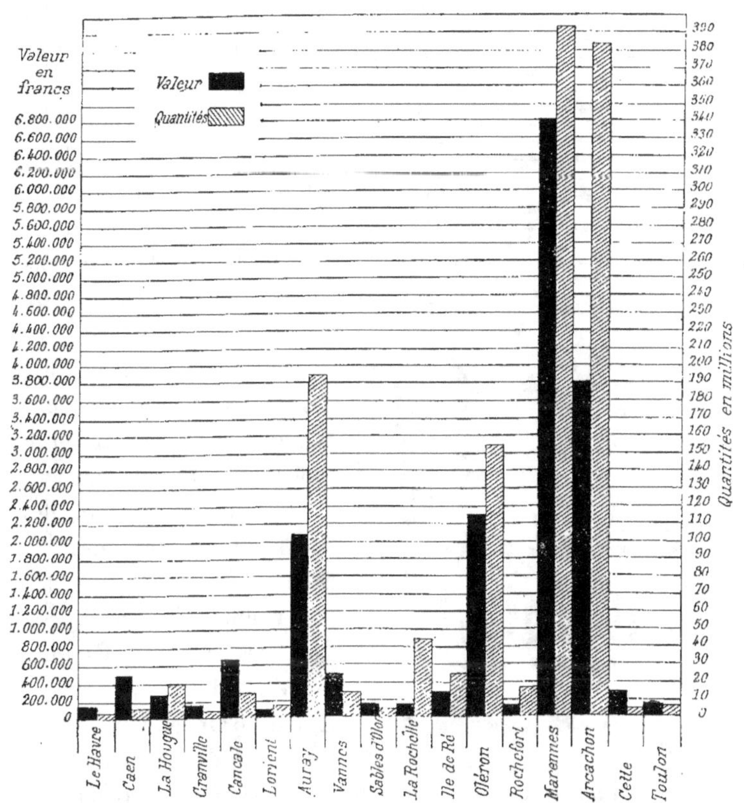

Fig. 316. — Tableau comparatif, par centres, des produits ostréicoles, en 1897
(valeur et quantité).

vulgarisateur hardi, qui mit à son service sa réputation de savant, son
talent de propagande et l'appui déclaré du chef de l'État, qu'il avait
su conquérir par l'ardeur éloquente de ses convictions. » Cet hom-

[1] Il est juste, d'ailleurs, de ne pas passer sous silence le rôle important de l'Administra-tion de la marine, qui sut notamment ne pas se décourager lors des inévitables échecs.

mage aux deux créateurs de l'ostréiculture, MM. de Bon et Coste, ne saurait être mieux complété que par ces lignes que j'emprunte à la notice publiée en tête du Catalogue de la Classe 53 («Engins, instru-

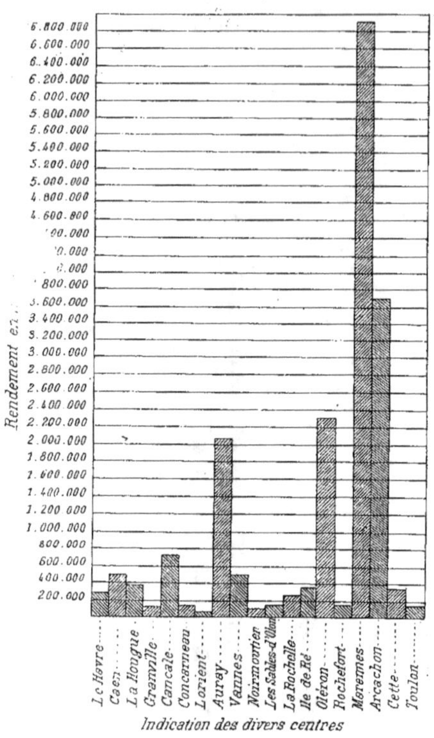

Fig. 317. — Tableau comparatif des rendements en valeur de l'industrie huîtrière (pêche et ostréiculture) dans les divers centres [1897].

ments et produits de la pêche. Aquiculture ») de l'Exposition de 1900 : «Aujourd'hui plus de 10,000 hectares, répartis entre 40,000 établissements, sont exploités par l'ostréiculture et fournissent annuellement un rendement moyen de 14 millions. Dans le seul bassin d'Arcachon, 4,500 hectares de parcs sont en exploitation et le nombre des huîtres livrées à la consommation y est de 300 millions. A côté des anciens établissements de Cancale, Courseulles, Marennes, se sont créés les établissements de Vannes, Tréguier, Belon, les Sables-d'Olonne, et récemment la station de l'étang d'Onégon, ainsi que le centre de Bourgneuf. En somme, la production est telle, que les ostréiculteurs cherchent de nouveaux débouchés. »

Non seulement la vente en France se trouve être surtout alimentée par l'industrie huîtrière française, mais encore la plupart des pays qui nous entourent : Angleterre, Espagne, Portugal, Belgique sont nos tributaires et nous font tous les ans des achats considérables[1]. Il est

[1] Bien que la France ne soit pas seule en Europe à se livrer à l'industrie huîtrière, il est incontestable qu'elle occupe le premier rang. En 1900, l'exposition de la Marine con-

donc intéressant de consacrer quelques pages à cette forme importante de notre activité nationale; dans ces quelques pages j'aurai souvent recours à la très importante communication faite, en 1900, au Congrès international d'aquiculture et de pêche, par M. R. Pottier, commissaire de la marine. Et tout d'abord voici un tableau indiquant le rendement en francs de l'industrie huîtrière pendant la période décennale 1890-1899 (voir p. 716).

Le rendement général moyen a donc été, pour cette période, de près de 17 millions de francs dont les deux tiers ont été fournis par le quatrième arrondissement maritime qui, allant de la Loire à la frontière d'Espagne, comprend la Seudre et le bassin d'Arcachon; grâce au bassin d'Auray, près de la moitié de l'autre tiers provient du troisième arrondissement maritime. Si, au lieu des arrondissements, nous voulons nous occuper des centres seulement, nous voyons que viennent en première ligne : Marennes, où l'on fait l'élevage, l'engraissement et le verdissement, et Arcachon, principal centre de reproduction; se classent ensuite : Oléron (élevage et engraissement), Auray (reproduction, élevage et engraissement). Cancale (pêche[1], élevage et engraissement).

Les établissements ostréicoles les plus nombreux et les plus importants sont donc situés dans les quatrième et troisième arrondissements maritimes, mais il faut noter que, presque sur tous ses points, le littoral français est occupé par des établissements qui, en 1874, couvraient une superficie de 4,565 hectares et qui, un quart de siècle plus tard, en couvrent plus de 11,000. Quant au nombre d'huîtres produit, il dépasse, depuis 1892, un milliard par an, tandis qu'avant 1874 la récolte n'était que légèrement supérieure à 100 millions.

tenait, entre autres objets intéressants, une carte ostréicole indiquant la valeur des huîtres vendues en 1899, en France; cette valeur se décompose ainsi :

Huîtres { portugaises. 3,015,022 francs
{ plates 15,470,716

Total.... 18,485,738

Dans ces chiffres, Marennes comptait pour 6 millions de francs; Arcachon, pour 2,800,000 francs; Vannes, pour 2 millions de francs, et Auray, pour 1,600,000 francs.

[1] Cancale est le centre le plus important pour la pêche; on la fait sur le banc du large et sur les grèves. Viennent ensuite le Havre, l'île de Ré, Rochefort et la Rochelle.

RENDEMENTS, EN FRANCS, DE L'INDUSTRIE HUÎTRIÈRE PENDANT LA PÉRIODE DÉCENNALE 1890-1899.

DÉSIGNATION.	1890.	1891.	1892.	1893.	1894.	1895.	1896.	1897.	1898.	1899.
PÈCHE DES HUÎTRES.										
Drague. Indigènes.	428,268	320,449	311,087	499,474	468,045	424,573	415,404	434,623	876,539	465,123
Drague. Portugaises.	60	13,005	"	20,155	255	"	"	"	"	"
Pêche à pied. Indigènes.	2,831	16,351	31,772	22,252	75,123	266,515	155,071	168,935	249,041	171,985
Pêche à pied. Portugaises.	176,508	162,075	235,676	268,480	103,086	"	"	"	"	"
Total de la pêche des huîtres.	607,667	511,880	578,535	810,636	646,509	651,088	570,475	603,558	1,125,580	637,108
OSTRÉICULTURE.										
Indigènes.	11,188,554	11,902,904	15,427,019	16,738,994	13,299,161	11,696,524	15,623,671	15,673,716	15,366,716	13,541,425
Portugaises.	2,061,652	1,689,057	1,849,644	2,404,872	2,711,529	1,997,931	2,464,107	3,320,309	3,021,022	3,249,282
Total de l'ostréiculture.	13,250,206	13,591,961	17,276,663	19,143,866	16,010,690	13,694,455	17,537,778	18,944,090	18,387,738	16,790,707
Total général de la pêche et de l'ostréiculture.	13,857,873	14,103,841	17,855,198	19,954,502	16,657,199	13,345,543	18,108,253	19,547,648	19,518,318	17,427,815

Cette augmentation de production devait amener un abaissement dans le prix de la marchandise, et c'est ainsi que le rendement moyen brut par hectare, qui dépassait, il y a vingt-cinq ans, 3,000 francs, est tombé aujourd'hui de près de moitié. C'est pour parer à cette baisse que les parqueurs se sont efforcés d'élever le plus grand nombre de mollusques sur le plus petit espace de terrain possible. En 1875 un hectare produit moins de 25,000 huîtres, en moyenne; il en produit aujourd'hui plus de 100,000. On peut se demander si parfois la quantité ne s'obtient pas au détriment de la qualité.

Si elle est active, l'industrie huîtrière est-elle aujourd'hui réellement prospère? Voici ce qu'on peut lire à ce sujet dans le rapport du Jury de la Classe 53 «Engins, instruments et produits de la pêche et de l'aquiculture» :

«L'ostréiculture, avec ses syndicats organisés puissamment, est arrivée à une période d'état : elle a des dé-

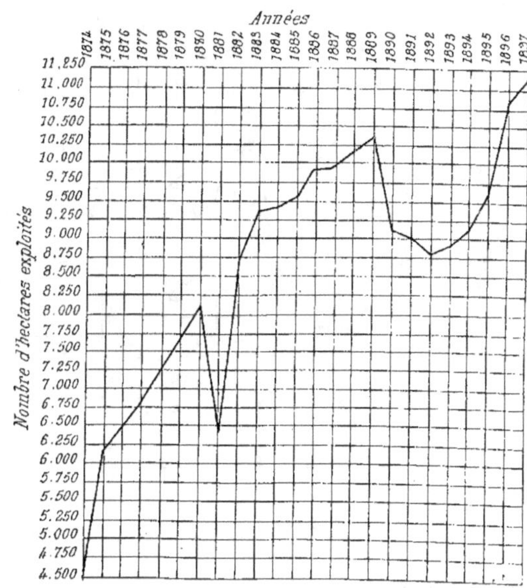

Fig. 318. — Superficie occupée en France par l'ostréiculture.

bouchés assurés, suffit à leur consommation, se contente de ce qu'elle gagne et paraît avoir renoncé à s'ouvrir des débouchés nouveaux tant que les villes n'auront pas modifié leurs tarifs d'octroi et que les chemins de fer n'auront pas abaissé et modifié leurs tarifs de transport. Il est impossible de méconnaître ce que ces revendications ont de fondé. La répartition du tarif de l'octroi de la ville de Paris est, en ce qui concerne les huîtres, particulièrement instructive. Les huîtres y sont réparties en deux catégories et payent, par 100 kilogrammes, un droit de 5 francs ou de 15 francs, suivant qu'elles

pèsent, au cent, plus ou moins de 15 kilogrammes; cette répartition
ne tient absolument aucun compte du poids de l'huître elle-même
relativement à sa coquille, ni de sa qualité. D'autre part, les huîtres
d'Ostende sont frappées d'un droit de 30 francs par 100 kilogrammes, sans doute pour protéger les huîtres françaises. Or Ostende
fait une grande partie de son approvisionnement en France; nos
huîtres de Cancale et de Granville sont engraissées à Saint-Vaast,
elles vont de là à Courseulles, et de Courseulles à Ostende. Il n'y aurait

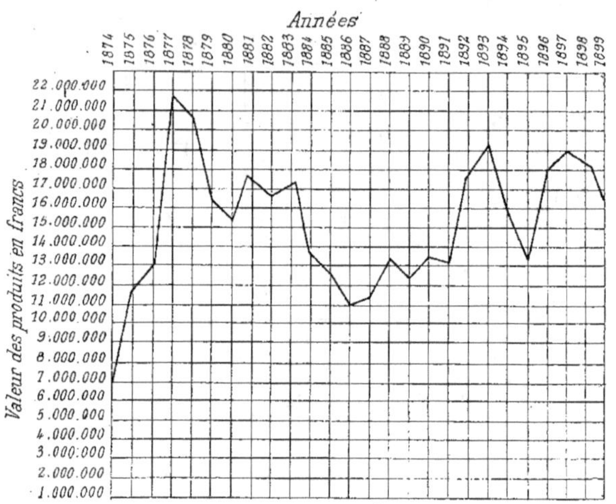

Fig. 319. — Valeur des produits de l'ostréiculture.

aucun inconvénient à ce que les snobs qui exigent des huîtres d'Ostende payent les frais d'octroi des huîtres dont ils ont exigé ce voyage,
mais une telle combinaison fiscale encourage toutes les fraudes. Il
est bien évident que du moment que beaucoup d'huîtres dites d'Ostende sont en réalité de Courseulles, les débitants peu scrupuleux
peuvent acheter des huîtres soit à Dunkerque, soit à Courseulles,
les baptiser huîtres d'Ostende pour le consommateur, et faire payer
à celui-ci des droits d'octroi qu'ils n'ont pas eux-mêmes payés. Il y
aurait tout avantage à créer une catégorie d'huîtres supérieures et
à ne taxer qu'à la douane les huîtres dites d'Ostende. »

M. R. Pottier est plus catégorique encore : «Les plaintes des parqueurs qui voient leur situation gravement compromise, si elle ne se modifie pas à bref délai, s'élèvent de toutes parts : elles n'ont point pour motifs une série de mauvaises récoltes, la stérilité de terrains autrefois féconds, des échecs répétés dans l'emploi de procédés d'élevage, d'engraissement ou de verdissement. Non, la crise actuelle est plutôt commerciale, les produits ne s'écoulent pas en assez grande quantité et les prix de vente, qui suivent une marche presque régulièrement descendante depuis une vingtaine d'années, ne sont plus rémunérateurs. Quelles sont donc les causes de cet état de choses ? A notre avis, d'une part, la trop grande production, amenant l'encombrement du marché, de l'autre le besoin immédiat de réalisation qui empêche les vendeurs de maintenir leurs prix et les livre sans défense à l'exploitation de l'acheteur[1]. Certains ostréiculteurs ont proposé de remédier à l'encombrement des marchés par la réglementation et la limitation de la production; ce serait plutôt, nous semble-t-il, par l'élargissement des débouchés des produits, par la diminution des droits dont ils sont frappés [2], l'abaissement des tarifs de transport[3] et la meilleure organisation des transactions qu'il serait possible, en créant de nouveaux marchés et en y acheminant plus facilement et avec moins de frais les mollusques, de faire cesser cet encombrement si préjudiciable à l'ostréiculture. » Et M. Pottier demande « la consti-

---

[1] «L'ostréiculteur, surtout le producteur, est le plus souvent un brave marin, sachant soigner ses huîtres, mais chez qui le sens commercial n'est pas développé; il n'est pas fixé sur le besoin plus ou moins grand de jeunes huîtres qu'éprouve la région d'élevage à laquelle appartient son acheteur : il est, en outre, la proie des courtiers, en général sans aucune espèce de surface commerciale, rémunérés au prorata des prix de vente, dont l'intérêt, par conséquent, est de pousser à la baisse pour augmenter le nombre de leurs opérations. Éleveur, envoie-t-il ses huîtres aux criées? Son bénéfice est notablement diminué par des frais qui atteignent parfois jusqu'à 3o.71 p. 1oo. Expédie-t-il à des clients marchands? Faute de renseignements précis sur leur honorabilité et leur solvabilité, il est trop souvent victime d'escroqueries, dont la répression pénale n'est pour lui qu'une bien médiocre compensation. »

[2] «Certaines villes frappent les huîtres, qu'elles soient indigènes ou portugaises, blanches ou vertes, d'un droit d'entrée de 25 francs les 1oo kilogrammes; dans d'autres, la taxe n'est plus au poids, mais au nombre, et, pour un mille d'huîtres de petite dimension, dont le prix peut ne pas excéder de 12 à 15 francs, il sera perçu jusqu'à 2o francs de frais d'octroi.»

[3] «Les tarifs sont exagérés; les délais de remise en gare, de transmission entre les divers réseaux, de livraison sont excessifs; la vitesse des trains qui transportent réglementairement les colis d'huîtres, comme d'ailleurs ceux de poissons, est généralement insuffisante.» (V. p. 721 et 722.)

tution du crédit ostréicole, permettant aux parqueurs honnêtes, travailleurs, mais sans grandes ressources, d'échapper à la nécessité de
réaliser leurs produits à date fixe». Et il termine par un vigoureux
appel en faveur du groupement, de la coopération : «Que nos ostréiculteurs, que nos parqueurs se groupent, qu'ils agissent de concert,
qu'ils envoient à frais communs des voyageurs, comme on le fait
dans les autres industries et bientôt, tant en France qu'à l'étranger,
nos huîtres se vendront couramment dans des localités, et elles sont
nombreuses, où elles sont encore considérées comme un aliment de
luxe»[1].

«La méthode qui a réussi pour l'ostréiculture et qui pourrait ouvrir
des voies nouvelles à la pisciculture marine s'applique avec quelques
variantes à d'autres mollusques : sur nos côtes, à la moule, à la palourde, à la coque, au pecten.» C'est ainsi que s'exprimait, dans le grand
discours qu'il prononça, en 1900, au Congrès international d'aquiculture et de pêche, son éminent président, M. Edmond Perrier, membre
de l'Institut et directeur du Muséum. Et, de fait, la culture artificielle
de la moule donnerait lieu à une industrie des plus intéressantes, car
ce mollusque qui, dès 1681, était l'objet d'une ordonnance de protection, alors que l'huître même n'était pas protégée, est fort utile à
l'alimentation[2]. La palourde, cet autre coquillage très estimé, est,
par suite d'une pêche excessive, devenue très rare, et, par suite, son
prix s'est élevé dans de notables proportions. Un ostréiculteur des
Sables-d'Olonne semble avoir réussi dans les recherches qu'il a faites
pour sa culture. «Cette culture, a-t-il dit au congrès précité, peut se

[1] Parmi les vœux du Congrès international d'aquiculture et de pêche de 1900,
figure celui-ci : «Qu'il se crée dans chaque
centre ostréicole une association ostréicole,
ayant pour but la défense des intérêts locaux
et la réunion des renseignements propres à
éclairer le commerce de l'huître, et que ces associations locales se tiennent en relations les
unes avec les autres, afin de pouvoir à l'occasion réunir leurs efforts dans l'intérêt de l'ostréiculture française tout entière».

[2] Il est telle région où les moules sont à
ce point abondantes qu'il suffit, laissant agir
la nature, d'empêcher seulement une exploitation abusive; je pourrais notamment citer les
admirables moulières qui bordent pour ainsi
dire le rivage de Villers-sur-Mer à Réville
(moulières de la pointe de Barfleur), dont
quelques-unes, celles qui se trouvent à l'embouchure de la Vire, donnent des produits très
appréciés sous le nom de moules d'Isigny.
Dans le seul quartier de Saint-Vaast-la-Hougue,
on estimait, pour 1899, la récolte des moules
à 17,860 hectolitres, représentant une valeur
de près de 120,000 francs.

faire dans tous les lieux baignés par la mer. Il résultera de cette nouvelle culture un commerce important qui ne sera guère inférieur à
celui des huîtres et dont le produit sera une source de revenus qui
rejaillira à la fois sur les classes pauvres des côtes et sur les familles
des marins qui voudront s'adonner à ce travail, en même temps qu'il
fournira partout un aliment sain, agréable et à bon marché. L'État
lui-même y trouvera un impôt nouveau par la location de ses terrains
maritimes... La palourde, pour être comestible et avoir une saveur
flatteuse, doit atteindre de 4 à 5 centimètres dans son plus grand diamètre; aussi sera-t-il nécessaire d'en réglementer les dimensions
pour la vente, comme cela a été fait pour les huîtres d'Arcachon. »

F. INSTITUTIONS RELATIVES À LA PÊCHE.

LÉGISLATION. — TRANSPORTS. — ÉCOLES. — PRUD'HOMIES. — COOPÉRATION POUR LA VENTE;
MAREYEURS. — SOCIÉTÉS DE SECOURS MUTUELS. — SALAIRES. — STATISTIQUE. — LABORATOIRES
MARITIMES. — LE COMITÉ CONSULTATIF DES PÊCHES.

En passant en revue quelques-uns de nos ports de pêche, j'ai déjà
eu l'occasion de signaler des institutions intéressantes. J'y ajouterai
quelques observations complémentaires.

Législation.— Vieille de quarante années, la législation des pêches
n'est plus aujourd'hui en harmonie avec les données de la science. Il
serait temps d'en faire une revision, à laquelle, d'après le rapport du
jury de la Classe 53, le Département de la marine paraît, du reste,
« disposé ».

Transports. — Après la question de législation, une des plus intéressantes, sans conteste, est celle des transports. De leur facilité, de
leur rapidité, de leurs tarifs dépend, en grande partie, la prospérité
de la pêche. Le rapporteur de 1889 se plaignait de l'imperfection des
transports; celui de 1900 renouvelle ces plaintes : « Si quelques légères
améliorations, écrit-il, ont été apportées par certaines compagnies, que
d'inertie opposée par d'autres aux réclamations légitimes dont nous nous
faisons l'écho! Telle compagnie, par exemple, excipe de l'insuffisance
du transit du poisson sur tout le parcours de ses lignes pour résister

à la création d'un matériel spécial. Mais l'insuffisance ne serait-elle point la conséquence d'un service défectueux? Avant même d'arriver à ces deux modifications indispensables : la réduction des tarifs, qui nous permettrait d'aborder les marchés étrangers, et la transformation du matériel, qui faciliterait le transport du poisson frais à de grandes distances, que d'améliorations à apporter au service même du transport, au point de vue des délais de transport, de transmission d'un réseau sur un autre, ou de livraison. Tous les congrès de pêche qui se sont réunis dans les dernières années ont été d'accord pour réclamer des modifications urgentes. Au moment où le développement de la pêche à vapeur est poussé partout et où, par conséquent, le rendement de la pêche est appelé à augmenter, il devient de toute nécessité de faciliter par tous les moyens la pénétration, aussi rapide que possible et dans les meilleures conditions, du poisson dans l'intérieur de la France. Des démarches ont déjà été faites dans ce but par le Ministre de la marine, auprès du Ministre des travaux publics. «Nous émettons le vœu qu'elles aboutissent à bref délai, et nous attirons, en même temps, l'attention des pouvoirs publics sur l'intérêt qu'il y a à protéger une source de richesses qui constitue une des branches les plus intéressantes de l'activité française. »

Enseignement professionnel. — Les écoles de pêche — dont l'utilité [1] est si grande — sont, en France, au nombre de 10, situées à Groix, aux Sables-d'Olonne, à Marseille, à Dieppe, à Boulogne, à Arcachon, au Croisic, à la Rochelle, à Fécamp, à Philippeville. Parmi ceux auxquels revient l'honneur d'avoir créé ce mouvement salutaire, il est juste de citer : MM. P. Gourret, auteur du premier projet d'école bien étudié; G. Roché, instigateur de l'utile société d'*Enseignement*

---

[1] «Aujourd'hui, les pêches ne deviennent productives qu'à la condition de s'éloigner de plus en plus des côtes. Les écoles de pêche ont pour objet de donner aux jeunes marins une instruction suffisante pour leur permettre de s'aventurer beaucoup plus loin qu'ils ne le font aujourd'hui, de lire les cartes, de faire le point, de se diriger au moyen des sondages, etc. Un *Manuel du patron pêcheur* a été édité par MM. Roché et Canu, pour jeter les bases de cet enseignement, auquel, d'ailleurs, prépareront désormais, grâce à une mesure prise par M. le Ministre de l'instruction publique, toutes les écoles primaires du littoral. » (Rapport du jury de la Classe 53 «Engins, instruments, produits de la pêche. Aquiculture».)

professionnel et technique des pêches maritimes; E. Cacheux, qui en fut le premier président; Guillard, dont les conférences eurent l'heureux résultat de faire créer l'excellente école de Groix, dont il devint le directeur; Odin, Lavieuville, Canu, Laÿrle, les commissaires Pottier et Dangibeaud, le Dʳ Pineau.

PRUD'HOMIES. — Sur notre littoral méditerranéen et en Corse il existe des prud'homies de pêche que l'on a pu justement rapprocher de ces juges-nautoniers qui, dans la Grèce antique, entendaient sur le port les différends entre pêcheurs et les jugeaient sans procédure. La plus ancienne de ces prud'homies paraît être celle de Marseille à laquelle, suivant un historien marseillais du milieu du xviiᵉ siècle, « il y avait plus de quatre cents ans que les comtes de Provence et les rois de France avaient confirmé leurs anciens privilèges et en avaient accordé de nouveaux ». La Révolution ne les supprima pas. Le nombre des prud'hommes varie de 3 à 5, suivant l'importance des juridictions. Ils sont élus pour un an. Pour être éligible, il faut être Français, âgé d'au moins 40 ans, inscrit et pratiquer depuis un an la pêche dans la circonscription de la prud'homie. Les prud'hommes exercent leurs fonctions gratuitement. C'est eux qui statuent sur les différends entre pêcheurs; règlent la jouissance de la mer et des dépendances du domaine public maritime [1]; déterminent les postes, tours de rôle, sorts ou baux, stations et lieux du départ affectés à chaque genre de pêche; établissent l'ordre suivant lequel les pêcheurs doivent caler leurs filets de jour et de nuit, et fixent les heures auxquelles certaines pêches devront faire place à d'autres; concourent à la recherche et à la constatation des infractions en matière de pêche côtière; administrent, enfin, les affaires de la communauté.

[1] « Alors, en effet, que la plupart des pêcheurs du Nord et de l'Ouest arment de tout temps pour la grande pêche et poursuivent loin des côtes le maquereau, le hareng, la morue, ceux de la Méditerranée, en raison de la topographie sous-marine des grands fonds qui avoisinent le rivage, de la réduction du champ de pêche à une simple bordure littorale, n'ont jamais eu à leur disposition qu'un espace de mer exploitable très limité; de là, l'absolue nécessité de réglementer aussi bien la calaison des filets fixes que la tension des filets dragueurs, de manière à éviter le plus possible des conflits presque inévitables. » (Paul Gourret, directeur de l'École professionnelle des pêches maritimes de Marseille.)

Coopération. — Dans les communautés que nous venons de décrire en parlant des prud'homies, c'est le principe de la coopération qui triomphe. Ce principe doit s'étendre encore; c'est de sa diffusion seule qu'il faut attendre le remède aux maux dont si souvent souffrent les pêcheurs. Il faut que ces derniers s'entendent, notamment pour la vente.

Comment est-elle organisée aujourd'hui?

«Dans les petits ports de pêche de Bretagne, écrit M. L. de Seilhac, au milieu des misérables masures des pêcheurs, s'élèvent quelques maisons propres, presque luxueuses : ce sont les maisons des mareyeurs. Qu'ont fait les mareyeurs pour s'enrichir? Ils ont simplement servi d'intermédiaires aux pêcheurs pour la vente du poisson, car les mareyeurs ne peuvent être comparés aux armateurs du Nord, qui fournissent aux pêcheurs les filets, les bateaux, les engins de pêche. Ils n'ont aucun risque, aucune avance de fonds à faire, et, pour imposer plus sûrement leurs conditions à celui qu'ils voulaient exploiter, ils ont fait entre eux une convention qui les rend solidaires les uns des autres. Des pièces de monnaie, marquées à l'initiale de chacun d'eux, sont jetées dans un chapeau ; le mareyeur dont la pièce sortira la première, sera le maître incontesté de la pêche qui est en ce moment en vente. Personne ne viendra le concurrencer, et il payera le prix qu'il lui conviendra de payer. Lorsqu'après avoir passé toute sa nuit en mer sur une petite barque non pontée, exposé au froid, à la pluie, aux embruns, le pêcheur rentre au port, son premier souci, avant de prendre aucune nourriture, est de vendre son poisson. Presque partout l'entente des mareyeurs a fait disparaître la criée locale. Le pêcheur doit donc débarquer sa prise sur le quai et attendre le bon vouloir de ses acheteurs, ou plutôt de son acheteur. »

Déjà des efforts heureux ont été faits pour l'organisation de la vente; il faut souhaiter pour les pêcheurs que ces efforts aboutissent à une solution prompte et complètement favorable.

Quant aux sociétés de secours mutuels, d'assurances ou d'assistance créées en France pour les marins pêcheurs, elles sont nombreuses.

Salaires. — En France, les pêcheurs qui reçoivent un salaire mensuel sont en minorité, et le mode de rémunération le plus répandu est celui dit *à la part*. Sur le montant brut de la vente, on prélève une moitié ou un tiers qui est réservé pour les frais d'armement; l'autre moitié ou les deux tiers sont divisés en autant de parts qu'il y a d'hommes à bord; le patron peut ou non être avantagé dans la distribution des parts; les mousses et novices reçoivent une rémunération proportionnée aux services qu'ils rendent.

Statistique. — Le congrès international de statistique réuni à La Haye, en 1869, s'intéressa vivement à la statistique de la pêche. Ce fut l'année même de ce congrès que la France publia sa première statistique des pêches. Cette statistique paraît actuellement chaque année sous forme d'un rapport adressé par le Directeur de la marine marchande au Ministre de la marine.

Laboratoires maritimes. — «Au point de vue du nombre et de la qualité des laboratoires maritimes, la France n'a rien à envier à ses voisins. Demeurée très en arrière de l'Angleterre, de l'Écosse, de la Norvège, de la Hollande, des États-Unis, pour l'organisation de son service d'observations et de perfectionnement des pêches maritimes, elle possède depuis longtemps sur ses côtes de nombreux laboratoires maritimes établis généralement dans un but purement scientifique; Boulogne, Wimereux, Luc-sur-Mer, Saint-Vaast-la-Hougue, Roscoff, Concarneau, les Sables-d'Olonne, Arcachon, Banyuls, Cette, Marseille, Tamaris, Villefranche-sur-Mer, Alger, ont des stations dont l'outillage et le personnel peuvent être facilement utilisés pour les recherches côtières : Saint-Vaast-la-Hougue possède même une installation complète pour la piscifacture. Chacune de ces stations, malgré son but théorique, a fait de plus ou moins nombreuses incursions dans le domaine des pêches ; mais chacun travaille pour son compte sans aucun lien avec la marine, et les résultats obtenus n'étant pas coordonés sont difficilement comparables. Il appartient au Ministère de la marine d'enrôler les chercheurs volontaires, de déterminer les questions qu'il convient de poser à chacun d'eux, en raison de sa situation particulière, et de lui en demander la solution rapide.

«La détermination de ces questions et la coordination des réponses obtenues serait naturellement l'œuvre du *Comité consultatif des pêcheries maritimes*, institué près le Ministère de la marine, qui pourrait ajouter à son rôle passif de Conseil du Ministre de la marine, un rôle actif de direction par les recherches scientifiques qui touchent aux pêches maritimes, rôle analogue à celui des *Fisheries boards* d'Écosse, d'Angleterre et des États-Unis [1]. »

G. CONSERVES DE POISSON.

PROCÉDÉS DE CONSERVATION. — CONSERVES DE SARDINES; HISTORIQUE ET IMPORTANCE DE CETTE INDUSTRIE; EXPORTATION; PROCÉDÉS DE FABRICATION. — CONSERVES DE THON, DE HARENGS, DE MAQUEREAUX.

L'art de conserver pendant plusieurs années toutes les substances animales et végétales, tel est le titre d'un ouvrage, édité en 1810, dans lequel Nicolas Appert décrivait le procédé — découvert par lui — de conserver légumes, viande et poisson. Ce procédé, auquel furent apportés depuis certains perfectionnements, est si connu aujourd'hui que je n'en ferai qu'une sommaire description : après une cuisson appropriée, on met le produit à conserver dans une boîte métallique que l'on soude hermétiquement, et qu'ensuite, selon sa grosseur et la nature de son contenu, on maintient plus ou moins longtemps dans une chaudière pleine d'eau en ébullition. Il est aisé de comprendre que le poisson est, parmi les objets d'alimentation, un de ceux dont la conservation reçoit le plus d'applications.

C'est la conservation de la sardine qui nous occupera tout d'abord, car c'est celle qui a, en France, le plus d'importance. La première usine fut fondée à Lorient en 1834. D'autres usines ne tardèrent pas à être créées. A partir de 1835, leur nombre reste à peu près stationnaire. De Camaret aux Sables-d'Olonne, chaque point du littoral où se trouve un petit port compte une ou plusieurs fabriques. La production dépasse parfois même la consommation. De 1880 à 1886, on traversa la mauvaise période que j'ai déjà signalée; la sardine devint très rare sur les côtes de Bretagne, tandis qu'elle donnait lieu sur les côtes du Portugal à une pêche abondante.

[1] Rapport du Jury de la Classe 53 : «Engins, instruments et produits de la pêche. Aquiculture».

Les 150 usines qui, de Camaret aux Sables-d'Olonne, sont occupées à la fabrication des sardines à l'huile emploient un personnel d'environ 13,000 à 14,000 ouvrières, 1,500 à 2,000 soudeurs, 500 ouvriers divers.

Si, d'autre part, on tient compte du nombre des pêcheurs et de celui des hommes et des femmes occupés aux industries annexes, on voit quelle est, pour la Bretagne et la Vendée, l'importance économique de la fabrication des conserves de sardines. Malheureusement la pêche donne, je le répète, des rendements très irréguliers, et si les pêcheurs, grâce à la loi de l'offre et de la demande, voient augmenter les cours et par suite diminuer le fâcheux contre-coup des mauvaises années, il n'en est, hélas! pas ainsi des ouvriers et des ouvrières, pour lesquels une piètre saison de pêche est la misère.

La consommation en France n'est pas estimée à plus de 15 p. 100 de l'exportation; c'est dire l'importance de cette dernière. J'ai sous les yeux un tableau comprenant une période de dix années 1889-1898; le chiffre le plus bas est de 7,302,415 kilogrammes, représentant une valeur de 12,779,221 francs; le chiffre le plus haut, 11,773,757 kilogrammes, pour une valeur de 15,894,572 francs. Ce chiffre n'est, du reste, pas le plus élevé, puisque dans la période qui nous occupe certaines exportations — moins fortes que celle que je viens de citer — ont représenté une valeur supérieure à 18 millions de francs.

Quelques mots seulement de la fabrication. Aussitôt débarquées, les sardines sont saupoudrées de sel, vidées, étêtées, puis jetées dans la saumure. Après les y avoir laissé séjourner un certain temps, on les lave à grandes eaux, puis on les laisse égoutter et sécher à l'air et au soleil. On les plonge, ensuite, une ou deux minutes dans de l'huile bouillante et on les égoutte de nouveau. Après la cuisson, elles sont emboîtées; on verse dans chaque boîte de l'huile d'olive fraîche dont la qualité influe énormément sur la qualité de la sardine. Les boîtes sont hermétiquement fermées, et il ne reste plus qu'à les soumettre à l'ébullition selon le système Appert.

Les conserves de sardines faites en France sont incontestablement, et de beaucoup, les plus fines.

La plupart des usines de sardines fabriquent également du thon conservé; cette conserve est, du reste, la plus importante après celle de la sardine.

Les usines achètent en moyenne, par an, pour 2 millions de francs de thon aux pêcheurs. L'exportation de la conserve de thon est peu importante. Il en est de même pour les conserves de maquereau (faites au vin blanc, à Boulogne et à Dieppe; à l'huile, sur les côtes de Bretagne) et de hareng. Ce dernier est, du reste, conservé surtout par le fumage et le saurissage; et il n'y a que quelques années qu'à Boulogne et à Dieppe on en fait des conserves hermétiques; le plus souvent, ce sont des conserves de harengs marinés au vin blanc.

II. LE CORAIL ET L'ÉPONGE.

BANCS DE CORAIL DES EAUX FRANÇAISES. — ABANDON DE LA PÊCHE. — HISTORIQUE DE L'INDUSTRIE CORAILLÈRE MARSEILLAISE; ÉTAT ACTUEL. — PÊCHE DES ÉPONGES. — SPONGICULTURE.

J'ai déjà longuement parlé du corail et de l'éponge[1], j'aurai encore à y revenir[2]; aussi m'occuperai-je surtout ici de ce qui les concerne, sur les côtes de France.

CORAIL. — Longtemps les eaux de la Corse, principalement dans le détroit de Bonifacio[3], ont été, avec celles de la Sardaigne et celles de la Barbarie, les plus importants centres de la pêche du corail. Auparavant encore — durant le moyen âge — la côte de Provence fut, depuis Villefranche jusqu'au cap Couronne, près de Marseille, assez riche en corail; on peut citer notamment les bancs[4] de Villefranche, d'Antibes, de Cannes, de Saint-Tropez, de la Ciotat, de Cassis, de

---

[1] Voir notamment t. I, p. 314 et suiv. et t. II, p. 64 et suiv.

[2] Voir notamment t. III, p. 335 et suiv., 394 et suiv.

[3] Corail estimé à cause de sa belle couleur vive.

[4] Les arbrisseaux de corail sont attachés isolément ou par petits groupes, à la face inférieure des rochers en surplomb et pendent, par conséquent, dans l'eau, la pointe en bas. En général, les conditions favorables à leur existence se retrouvent sur d'assez vastes étendues; c'est-à-dire que, dans les fonds rocheux, quand il y a du corail sous un rocher, il y en a sous presque tous; c'est là ce qu'on nomme un *banc de corail*. Il est à noter qu'un pied de corail ne meurt pas pour avoir été mutilé; que, tout au contraire, il ne tarde pas à se cicatriser et recommence, comme un arbre taillé, à se ramifier dans toutes les directions. En outre, chaque polype donne naissance à de petites larves vermiformes,

Riou, du cap Couronne. Mais aujourd'hui ces lieux sont pour la plupart épuisés ou inexploités [1]. Les pêcheurs français se sont même à ce point désintéressés de la pêche du corail, que malgré les bancs si importants de notre littoral africain, et bien que très probablement nombre de nos bancs abandonnés comme épuisés aient eu le temps de se reconstituer et soient vraisemblablement aujourd'hui en pleine prospérité, cette pêche est actuellement en Méditerranée aux mains des Italiens et de quelques Espagnols.

En même temps que la pêche du corail, l'industrie de la taille et du façonnage périclitait en France. Nos façonniers renonçant à lutter contre le bas prix de la main-d'œuvre italienne, le marché du corail brut se déplaça; il est aujourd'hui à Gênes, à Livourne, à Naples [2]; il était autrefois à Marseille.

Voici au sujet de l'industrie coraillère marseillaise d'intéressants détails :

«Vers 1376, Julien de Casaulx, qui avait toujours dans les eaux de Sardaigne des navires pêchant du corail pour son compte ou passait avec des patrons de barques divers contrats pour s'en procurer, employait à Marseille des artistes qui travaillaient le corail suivant les exigences de la mode et du luxe. Au xvii⁰ siècle, on travaillait le corail

---

nageuses, qui s'éparpillent assez loin et vont fonder sur le même rocher ou sur les rochers voisins de nouveaux pieds de corail. Ainsi les bancs se reconstituent, se repeuplent par la reprise des anciens pieds, par la formation de pieds nouveaux, et il suffit pour cela de quelques années; un jeune rejeton d'un centimètre acquiert en deux ans un décimètre de hauteur.

[1] Dans le golfe du Lion, il y a des bancs très rapprochés du rivage; ce corail a une couleur très vive et très éclatante, qui le fait estimer, mais, ordinairement court et trapu, il empâte les rochers de sa large base d'où s'élèvent de loin en loin de petits rameaux peu allongés. Il me faut citer au cap Couronne, près de Marseille, une tentative de pêche au scaphandre, faite il y a une dizaine d'années. En un an et demi, six scaphandriers ramenèrent pour 100,000 francs de corail à raison

de 50, 57 et 65 francs le kilogramme. Les premiers jours, chaque bateau, monté par son patron, deux plongeurs et quatre mousses, récoltait jusqu'à 7, 8 et 10 kilogrammes par jour; mais ces bancs furent vite dégarnis et, par suite de la pression à laquelle ils avaient été soumis, une moitié des scaphandriers mourut.

[2] Les acheteurs français et italiens exportent les produits par eux fabriqués dans les contrées suivantes : les Antilles, l'Inde, le Levant, la Russie, la Chine, le Japon, l'Amérique du Sud, la Côte occidentale d'Afrique, les villes maritimes du Nord de l'Europe. Du reste, si, en France, la bijouterie en corail a été délaissée pendant un certain nombre d'années, aujourd'hui, la mode semble remettre en faveur ce joli produit des mers, et le corail rose est de nouveau demandé; il en est de même en Angleterre et aux États-Unis.

à Marseille d'une façon admirable. Le fabricant Germon y excellait en 1619.

« Quelques années après, on citait, avec éloge, dans ce genre d'industrie, André Sallade, Pierre Couchy et J.-B. Lebar qui fournirent plusieurs ouvrages à la ville pour des présents qu'elle eût à faire. Peu de temps avant 1789, les fabricants marseillais de corail formaient un corps sous le patronage de saint Vincent. En 1775, le sieur Rémusat fonda à Marseille dans le domaine de Porte-de-Fer, entre les rues Grignan et de la Paix, une manufacture française de corail dont la description se trouve dans la relation du voyage qu'en l'année 1787 fit, en cette ville, Georges Fish : « La première salle contient la matière « à l'état brut; on y classe à part, comme pièces de cabinet, les bran- « ches les plus belles et les plus pures ou celles qui sont soudées à quelque « objet étranger, et on les nettoye avec soin. Le reste est mis en œuvre « et passe successivement par les mains d'une foule d'ouvriers avant « d'arriver à la forme définitive. Les travailleurs sont répartis entre « divers ateliers. Les uns fragmentent le corail à l'aide de scies à res- « sort d'acier; d'autres, sur des meules de grès, ébauchent les grains, « qu'on fore ensuite. On en voit occupés à user, sur des plaques de fer « couvertes de sable, de longs chapelets de ces grains, qui sont d'abord « lisses et ovoïdes, puis arrondis aux deux bouts par des meules rota- « tives. Après avoir reçu plus loin le dernier poli, les grains passent « au crible pour être classés d'abord par grosseur, puis par nuance « entre ceux du même numéro. Dans la salle principale on les enfile, « on les pèse et une fois leur valeur déterminée, on les empaquète. « Hommes et femmes se partagent la besogne, mais M. Rémusat s'est « réservé la tâche la plus délicate, le classement du corail en bran- « ches, le pesage et l'estimation des marchandises ouvrées. Il n'y a pas « plus de 60 ouvriers actuellement, il y en a eu souvent plus de 200. « Ce recul provient de la diminution des produits de la pêche. » La Révolution fit tomber cette fabrication dans le domaine public. Plusieurs manufactures s'élevèrent. Pendant les guerres de l'Empire, cette industrie fut peu florissante; elle reprit quelque éclat dans les premières années de la Restauration.

« Le tableau suivant, emprunté à Jules Julliany, indique les quantités de corail brut importées, exportées et employées par les fabriques de Marseille, de 1826 à 1830 :

	IMPORTÉES.	EXPORTÉES.	RESTÉES POUR LA FABRICATION.
	kilogr.	kilogr.	kilogr.
1826	6,789	4,244	2,545
1827	9,312	5,136	4,176
1828	6,871	2,118	4,753
1829	4,478	151	4,327
1830	3,694	374	3,320

« Le corail travaillé dans les manufactures de Marseille, écrit Julliany en 1834, est d'abord envoyé à Cassis pour y être percé. A Marseille, on ne fait que le tailler. Cette industrie occupe, à Cassis, 200 ouvriers. Le nombre de manufactures va toujours décroissant. C'est que la mode abandonne les parures de corail. Barbaroux de Mégy fit (1839-1849) de louables efforts pour soutenir et conserver à Marseille la manufacture de corail, genre d'industrie d'une importance moyenne auquel a été jointe une autre industrie non moins importante : la taille et la gravure de coquilles dites *camées*. Les dernières fabriques marseillaises disparurent en 1875, juste cent ans après la fondation de la fabrique de Rémusat. »

ÉPONGES. — Si les éponges des côtes de Corse ne sauraient être, vu leur conformation, que d'un emploi restreint, du moins sur nos côtes de Tunisie, la pêche de l'éponge donne lieu à un trafic très important; il est donc fort regrettable que les pêcheurs français du littoral méditerranéen ne s'intéressent pas à cette pêche, fort lucrative par suite de la hausse des prix payés par les négociants, et qui est, par elle-même, intéressante et peu dangereuse dès qu'elle n'est pratiquée ni en plongeant ni au scaphandre.

Spongiculture. — « Philippi, Cavolini, Lieberkuhn avaient déjà constaté (1785) que les éponges pouvaient être marcottées.

« Vers le milieu de l'Empire, en 1860, on rêvait un peu partout, conformément aux aspirations secrètes du souverain, de faire tourner au profit de l'homme tout ce que la terre produisait. Ce fut l'époque de la fondation et de la grande prospérité de la Société d'acclimatation. Un membre de la Société, Lamiral, eut l'idée d'acclimater les éponges sur les côtes de Provence.

« Les éponges recueillies en Syrie et en Tripolitaine furent amenées dans des caisses à trous, versées dans la baie de Toulon, aux environs de Bandol, Pomègue et Port-Cros, puis immergées.

« Cet essai ne donna aucun résultat, le procédé étant par trop primitif. Les éponges avaient été transportées dans des caisses reliées deux à deux, de manière que l'une servît de réservoir, l'autre d'aquarium, un courant alternatif pouvant être établi de l'une à l'autre par un simple changement de position du réservoir. Les bactéries ont dû les attaquer dès le début [1]. »

Je signale d'autre part les essais tentés sur les côtes de Dalmatie [2] et aux États-Unis [3].

I. LA PERLE ET LA NACRE.

L'HUÎTRE PERLIÈRE; ORIGINE DE LA PERLE. — PERLE D'EAU DOUCE. — CULTURE DE LA PENTADINE. — FORMATION ARTIFICIELLE ET FORMATION NATURELLE DE LA PERLE. — DES DIFFÉRENTES ESPÈCES D'HUÎTRES PERLIÈRES; LEUR HABITAT. — ENNEMIS DE L'HUÎTRE. — PROCÉDÉS DE PÊCHE; RÉGLEMENTATION. — COULEUR ET VALEUR DES PERLES. — IMPORTATION. — NACRE.

Les perles sont produites par des mollusques appartenant à la classe des lamellibranches ou bi-valves dont la coquille est nacrée. « Il existe, écrit l'éminent directeur du Muséum, M. Edmond Perrier, plusieurs espèces de nacre. L'une d'elles se trouve dans le golfe de Gabès, en Tunisie; les autres sont répandues dans toutes les régions chaudes du Pacifique. Elles sont une des richesses de nos colonies océaniennes : leur coquille brute se vend déjà 1,500 francs la tonne, mais elles sont surtout productrices du bijou par excellence, du bijou favori du poète, du bijou sur lequel les musiciens mêmes n'ont pas dédaigné d'écrire leurs mélodies : de la perle. Les artistes ont tout de suite deviné son origine. Naguère le peintre Albert Maignan nous la montrait naissant au sein des vagues diaprées du baiser de deux êtres charmants, quelque page de Neptune épris d'une adorable suivante

[1] Rapport du Jury de la Classe 53 : « Engins, instruments, produits de la pêche. Aquiculture. »

[2] Tome I, p. 719.
[3] T. IV, Chap. LII.

d'Amphitrite. Sans doute cela est vrai, puisque M. Albert Maignan le croit de cette science certaine qui illumine les artistes. Les savants sont moins heureux; ils n'ont su découvrir ni l'heureux page, ni sa bien-aimée et attendent encore que la perle leur livre le secret de sa naissance. Ils la sollicitent cependant d'une façon puissante et peut-être réussiront-ils à obtenir des confidences prochaines. La perle n'est d'ailleurs pas un produit exclusivement marin. La recherche des perles d'eau douce, que nos mulettes savent aussi produire, suscite de temps en temps aux États-Unis, une véritable fièvre semblable à la fièvre de l'or. Les sages utilisent pratiquement les coquilles perlières d'eau douce, très abondantes dans certaines rivières américaines, pour fabriquer les boutons de nacre vulgaire que l'on coud à nos objets de lingerie ou les boutons doubles de nos chemises, de nos faux cols et de nos manchettes. »

Il est intéressant de voir ce qu'ont produit les efforts pour la production de la perle. « Après la mission dont il fut chargé aux pêcheries de Tuamotu, l'inspecteur général des pêches maritimes, Bouchon-Brandely, proposait déjà la culture des pintadines, laissant d'ailleurs au hasard le soin d'y faire pousser des perles. Il pensait les élever dans des caisses ostréophiles analogues à celles qui sont employées sur nos côtes, dans le bassin d'Auray, pour élever les huîtres, et qui y sont connues sous le nom de *Caisses Jardin*. Chaque caisse, portée sur quatre pieds et fermée à claire-voie en haut et en bas, est divisée en compartiments verticaux contenant chacun une huître.

« Les huîtres ainsi parquées ont parfaitement vécu. D'autres essais ont été tentés depuis, par Saville-Kent, dans le Queensland, à Thursday-Islands, dans le détroit de Torrès et à la baie des Requins, sur la côte ouest de l'Australie; par M. Vives, à l'île San-Juan, dans le golfe de Californie. Ils ont simplement consisté à transporter les mollusques dans des lagons facilement accessibles, et à les y laisser prospérer. Les résultats obtenus n'ont rien que d'encourageant, et il est probable que, en particulier dans le détroit de Torrès, où les lagons sont nombreux et hors de la zone des ouragans de la mousson, on arriverait à obtenir un rendement régulier. Par une réglementation intelligente de la pêche, — propre à éviter l'épuisement des bancs, — par le repeuplement des bancs épuisés, par la constitution de bancs artificiels et, peut-être, par une culture véritable, on arriverait sans doute à donner, dans nos colonies du Pacifique tropical, une vive impulsion au commerce des perles et de la nacre. Les Japonais se sont, eux aussi, intéressés à l'élevage des pintadines.

« Mais ce n'est là que la première partie du problème, et cultiver la pintadine ce n'est pas encore produire régulièrement la perle. On n'est malheureusement pas très fixé sur la cause de la production des perles, et même une certaine confusion s'est établie entre les perles et d'autres productions accidentelles, d'une valeur beaucoup moindre.

« La nacre de la coquille des pintadines s'épaissit sans cesse par la superposition de couches nouvelles de nacre, produites par un repli de la peau de l'animal, qui l'enveloppe tout entier, en doublant rigoureusement la coquille. Ce repli, divisé en deux lobes comprenant entre eux l'animal, comme la coquille est divisée en deux valves, est ce qu'on nomme le *manteau*. Si l'on introduit entre la coquille et le manteau un objet quelconque, cet objet sera, au bout d'un certain temps, complètement couvert de nacre; cela arrive à de petits poissons, les *Fierasfer*, qui vivent habituellement en parasites entre les deux lobes du manteau de l'animal, mais s'égarent quelquefois entre la coquille et le manteau. Des brins d'algue, de petits cailloux, sont souvent enfouis de la sorte et donnent naissance parfois à des productions bizarres, comme cette *Croix du Sud* formée de neuf perles, qui est estimée plus de 100,000 francs, et paraît avoir pour noyau un fragment d'algue (*Hormosira Banksii*).

« Les Japonais et les Chinois qui élèvent de grands bivalves, les anodontes, pour l'ornement de leurs bassins, obtiennent des coquilles curieusement sculptées, en introduisant entre le manteau et la coquille de l'animal, des chapelets de perles, des figurines métalliques, etc., que la nacre recouvre et accole solidement au reste de la coquille. Ces faits incontestables ont donné à penser que les perles se produisaient de la même façon. Bouchon-Brandely avait essayé d'en obtenir en refoulant avec une perle de verre le manteau de l'animal. Tout récemment, au laboratoire de Roscoff, un jeune naturaliste, M. Boutan, a réussi à faire recouvrir de nacre par des mollusques univalves de nos côtes, les *Haliotides* — plus connus en Normandie et en Bretagne sous le nom d'*Ormeaux* — des petites boules de plâtre qui ont été présentées à tort à l'Académie des sciences, sinon comme des perles, au moins comme des productions indiquant la façon dont se forment les perles.

« La question de l'origine des perles est tout autre. Les vraies perles se forment, en effet, dans l'épaisseur même du manteau qui les enveloppe de toutes parts et sans aucun contact avec la coquille; elles peuvent se trouver, sans doute, accompagnées par des prolongements du manteau dans l'épaisseur du grand muscle adducteur de la coquille, au voisinage de la charnière, en somme, un peu partout dans le manteau. Elles s'en échappent quelquefois, passent entre le manteau et la coquille, sont alors recouvertes par la nacre comme n'importe quel corps étranger, et il faut enlever celle-ci pour les dégager, ce qui montre bien que le revêtement d'un petit corps, par la nacre, ne saurait être le point de départ d'une perle. Avant d'être enfouies sous la nacre, les perles peuvent être accolées à la coquille, par une couche de celle-ci; elles sont alors adhérentes et perdent quelquefois, par le fait de la cicatrice qui se trouve à la place de leur pédoncule, quand on les détache, une partie de leur valeur.

« Le problème est donc celui-ci : comment faire naître à l'intérieur du manteau l'ampoule au sein de laquelle se formera une perle? On a pensé que cette ampoule pouvait être la conséquence de l'invasion d'un parasite, soit un distome (Philippi), soit un crustacé, le *Limnocharis anodontæ* (Kuchenmeister), soit un acarien, l'*Atax hypsilophora*, soit même un sporozoaïre.

« Des études récentes faites sur place, en Californie, par M. Léon Diguet, voyageur du Muséum d'histoire naturelle, posent un nouveau problème. Dans le manteau des pintadines, et principalement sur ses bords, M. Diguet a observé quatre sortes de formations : 1° des ampoules remplies d'un liquide albumineux; 2° des concrétions cornées; 3° des concrétions cornées, dont certaines parties sont remplacées par de la nacre de perle; 4° des vraies perles. Suivant une opinion, qui tend à se faire jour dans les régions qu'il a visitées, M. Diguet pense que ces quatre formations ne sont que les stades de la formation de la perle. Le précieux joyau commencerait par être liquide, deviendrait assez brusquement corné, puis la corne serait remplacée par la substance brillante et nacrée. Les perles recueillies par M. Diguet sont déposées dans les collections du Muséum; elles ne démontrent pas d'une manière péremptoire que les perles se forment ainsi, mais elles montrent tout au moins que les perles appartiennent à une série de formations beaucoup plus variées qu'on ne le supposait. Un assistant du Muséum, malheureusement enlevé à la science, M. Félix Bernard, a même cru apercevoir, dans les ampoules, des débris d'un petit crustacé, ce qui rendrait quelque crédit à l'hypothèse de l'origine parasitaire de la perle.

«D'autre part, M. Raphaël Dubois, directeur du laboratoire maritime de Tamaris (dépendant de l'Université de Lyon), pense avoir trouvé un moyen de provoquer à volonté la formation des perles chez nos Lamellibranches indigènes; il croit bien aussi que la perle débute par une ampoule remplie d'une substance albuminoïde; ses observations faites sur les dimensions et les transformations de l'ampoule initiale diffèrent, cependant, de celles de M. Diguet sur la Méléagrine par des points d'une certaine importance. »

Mais laissons de côté ces recherches qui n'ont pas encore donné, on le voit, de résultats certains, et tenons-nous-en aux perles que produit la nature. Elles proviennent de mollusques bivalves du genre *Meleagrina*.

Celle que l'on trouve dans le golfe de Gabès, la *Meleagrina radiata*, ne dépasse guère 11 centimètres de diamètre et 200 grammes de poids; sa coquille n'est pas exploitée pour la nacre.

La *Meleagrina, margaritifera*, qui se cantonne dans les mers plus chaudes, atteint 30 centimètres de diamètre et peut peser jusqu'à 10 kilogrammes. C'est la véritable *mère-perle*, on y trouve en moyenne une perle sur quatre coquilles. On la pêche : 1° dans la mer Rouge, le golfe Persique, sur la côte occidentale de Ceylan, à Manaar, sur la côte de Coromandel, à Dahlak, en Abyssinie et à Dschiddah; 2° dans la mer des Antilles, le golfe de Parix, l'île Marguerite, les îles Sous-le-Vent; 3° au Pérou, en Colombie et dans le golfe de Californie; 4° en Australie, à l'intérieur du grand récif, d'où on a extrait, en 1882,

pour 1,750,000 francs de perles, aux îles Sandwich et à la Nouvelle-
Guinée, aux Philippines, aux îles de la Sonde et dans diverses parties
du Pacifique. Les pêcheries françaises sont aux îles Gambier, à Ta-
hiti, aux îles Tuamotu, archipel de 80 îlots dont 75 produisent
des perles dont la valeur totale atteint 600,000 francs par an[1]. Le
Gouvernement français ne tire rien de ces pêcheries, tandis que l'Angleterre, qui a soigneusement réglementé l'exploitation des siennes,
s'en fait un assez beau revenu.

Enfin, les récifs de madrépores de la baie des Requins sont habités
par la *Meleagrina imbricata*, plus petite que la précédente, et qui s'en
distingue en ce que les huîtres s'attachent les unes aux autres et
vivent en masses énormes, tandis que les *Meleagrinæ margaritiferæ*,
de même que les *Meleagrinæ radiatæ*, sont indépendantes de toute
attache et s'isolent souvent les unes des autres.

On peut trouver l'huître depuis l'endroit découvert par la marée
basse jusqu'aux plus grandes profondeurs accessibles aux appareils
de sondage actuels.

Les ennemis ne lui manquent pas. Je néglige ceux qu'elle rencontre dans son tout jeune âge, alors qu'elle est émise à l'état de *spat*
par la mère, spats innombrables que guettent d'innombrables ennemis.
Par la suite, elle aura à craindre certaines étoiles de mer qui, fixées
sur sa coquille, attendent patiemment le moment où elle est forcée
de s'ouvrir pour s'installer dans la demeure et dévorer la malheureuse
huître. Puis ce sont les tarières et surtout une variété de tortues de
mer dont les fortes mâchoires viennent facilement à bout de la
coquille.

La pêche se fait le plus souvent au moyen de plongeurs et de
scaphandriers; dans les eaux peu profondes des parages du golfe Persique et de Shark's bay, par dragages au moyen de filets spéciaux.

---

[1] Dans nos établissements de l'Océanie, la nacre et la perle sont recueillies par des maisons anglaises, auxquelles la métropole est obligée de s'adresser pour ses besoins. Cette pêche est réglementée dans nos colonies, mais le contrôle est moins actif que dans les eaux anglaises; l'appauvrissement des bancs est la conséquence d'un système impuissant à imposer une méthode rationnelle, qui, seule, serait capable de sauvegarder une industrie faisant vivre un grand nombre de pêcheurs et constituant une source de richesses aussi intéressante pour les colonies que pour la métropole.

Elle est partout réglée et soumise à des contributions spéciales, qu'il soit délivré aux pêcheurs des patentes moyennant un droit fixe, ou que les lieux de pêche soient affermés à des entrepreneurs particuliers. Généralement, la pêche des sujets trop jeunes ou trop petits est interdite, et, la nacre ne prenant de valeur marchande que lorsque l'huître a atteint sa première année, les bancs et les lagons sont alternativement ouverts ou fermés à la pêche pendant une durée de trois ans.

Les perles présentent des couleurs très variées; celles qui sont recueillies dans des coquilles de mer sont blanches, grises ou noires, mais ces tons vont du blanc mat, rose, bleuâtre ou jaunâtre au noir vert foncé, en passant par une gamme de nuances plus ou moins accentuées. Les perles noires sont très estimées; les qualités supérieures sont rares, elles atteignent des prix fort élevés. Il en est de même des perles de couleur dites « de fantaisie », lorsqu'elles réunissent toutes les qualités qui constituent la belle perle.

Les perles d'eau douce présentent également une grande variété de couleurs : le blanc opaque, le gris, le jaune, le rose, le saumon, jusqu'au ton cuivre accentué; elles se font remarquer par une transparence plus grande que les perles marines, souvent aux dépens de la vivacité.

La valeur de la perle dépend de sa forme, de sa couleur, de sa pureté et de son éclat, autrement dit de son « orient ». Depuis 1889, elle a doublé, et cependant le prix en était déjà élevé.

La perle entrant en franchise, on ne saurait exactement déterminer le montant de l'importation en France, mais cette introduction peut être évaluée en moyenne à une valeur de 25 millions par an. La France a, aujourd'hui, établi des relations avec les pays producteurs. Elle en reçoit directement une partie des perles qu'elle emploie. On sait que l'enfilage des perles pour former des colliers se fait à Paris avec plus de goût et d'œil que dans aucun autre pays.

L'huître perlière n'est pas recherchée seulement pour les perles qu'elle peut contenir; souvent même il arrive que la nacre constitue le meilleur du bénéfice de la pêche. La nacre est cette substance brillante et exquisement irisée que chacun connaît; secrétée par le manteau du mollusque en couches successives, elle forme toute la substance de la coquille. C'est la *Meleagrina* qui fournit la nacre la plus épaisse et la plus fine; les mulettes en donnent une épaisse, mais peu brillante, qui sert à la fabrication des boutons de lingerie; enfin, la nacre très irisée des Haliotides est utilisée pour les incrustations. Il est à noter que les mollusques, dont les familles ont apparu sur le globe après l'époque primaire, ont une coquille seulement porcelainée. L'importation de la nacre de perle en France est d'environ moitié moindre que l'importation des perles elles-mêmes.

TABLE DES FIGURES.

TABLE DES MATIÈRES

DU TOME II.

LIVRE III.

EUROPE OCCIDENTALE (MOINS LA FRANCE).

(Suite.)

[Italie, Espagne, Portugal.]

LIVRE IV.

FRANCE.

www.ingramcontent.com/pod-product-compliance
Lightning Source LLC
LaVergne TN
LVHW050654060726
842527LV00001B/31